ELECTRICAL FIRE ENGINEERING
(THEORY AND PRACTICE)

전기화재공학

이론편

최충석 저

지우북스

ELECTRICAL FIRE ENGINEERING
(THEORY AND PRACTICE)

전기화재공학

이론편

최충석 저

지우북스

Preface

전기에너지를 이용한 전기기계기구의 발명은 인간의 생활 방식과 패턴을 진보시키고 있으며, 산업 현장의 생산 형식 및 기법 역시 나날이 진화시키고 있다. 전기에너지는 기존의 에너지에 비해 상대적으로 제어가 쉽고, 환경 친화적인 요소를 갖추고 있다. 전기에너지는 관련 기술기준 및 규정 등을 준수하여 적절하게 활용하면 안전한 에너지이므로 사용 분야는 주택, 공장, 빌딩, 조명, 차량, 가전, 정보, 통신, 소방 등 다양하다. 그런데 전기에너지의 활용은 대부분 발열반응, 전자기반응, 화학반응 등을 응용한 것이다. 이와 같이 전기에너지를 이용한 전기기계기구를 사용할 때 부적절한 여건이 형성되면 감전사고, 전기화재 및 전기설비사고 등과 같은 전기재해를 유발시킬 수 있다. 또한, 전기화재를 유발시키는 주요 인자는 설계 및 구조 불량, 취급 및 관리 불량, 공사 및 시공 불량, 경년 열화, 방화 및 실화 등이 있다.

전기화재의 발생은 단락, 과부하, 반단선, 누전, 접촉불량 및 아산화동증식 현상, 방전, 정전기 불꽃, 은이동 등이 있다. 그래서 대부분의 전기기계기구는 전기재해를 예방하기 위해 온도제어 및 안전장치를 설치하고 있다. 그러나 전기화재를 예방하기 위한 보호 장치는 사고를 예방하기 위한 최소한의 장치이며, 절대적인 안전장치는 아니다. 과학기술의 발전에 따라 전기에너지를 사용한 전기기계기기는 나날이 발전하고 있고, 신기술을 적용한 전기제품이 생산되어 보급되고 있다. 이와 같이 다양한 전기의 활용은 그 대상과 폭을 가늠하기 어렵고 새로운 기술의 태동에 따른 응용 및 융합 시스템이 점점 증가함에 따라 학습의 범위 및 패턴 등도 일부 변화가 필요하게 되었다. 따라서 산업 현장에서 우리들이 다루는 설비나 기기 등의 안전을 확보하기 위해서는 이론과 실무를 접목한 전기화재공학의 집필에 대한 필요성이 요구된다.

전기에 입문하여 어느덧 40년이 경과하였고, 그동안 꾸준한 연구와 교육, 다양한 산업설비의 진단 및 사고원인 조사 등을 통해서 방대한 자료를 축적할 수 있었다. 그런데 확보된 방대한 자료를 객관적인 서적으로 완성하는데 또 다른 인내와 검증이 필요했으며, 그 과정을 통해서 공학적인 사고와 판단이 중요하다는 것을 다시 인식하는 시간이었다. 특히, 전기화재공학의 집필은 폭넓은 이론과 다양한 실무적 경험을 토대로 객관적인 검증능력이 있을 때 가능하다는 것을 잘 알고 있다. 그래서 전기화재공학의 집필은 각 장마다 전문 용어에 대한 기초 지식과 개념을 제시하였고, 독자의 이해를 증진시키기 위해 실제도, 회로도 및 실체사진 등을 적절하게 제시하였다. 그리고 매 단원의 말미에 전기화재의 발생 사례를 과학적으로 분석하여 제시하였으며, 전기화재의 발생원인 및 경과 등을 공학적으로 입증함에 따라 향후 유사한 전기화재의 조사 및 연구는 물론 사고예방에 기여할 수 있도록 하였다. 전기화재 조사 및 감식 등에 입문하는 공학도, 학생들을 지도하는 교수님, 산업 현장에서 지식 기반이 부족한 엔지니어 등이 쉽게 활용할 수 있도록 단원을 구성하여 학습자가 내용을 이해하고 지식을 터득하는 데 도움이 되도록 노력하였다. 전기화재공학은 전체 11개의 장으로 구성하였으며, 부록에 용어의 정의 및 단위 표기와 물리량 등을 제시하였다. 또한, 본 서적을 집필하는데 참고하였던 서적, 연구논문 및 보고서 등을 제시하였다.

서적의 전반부인 PART Ⅰ은 제1장에서 제6장까지 구성되어 있다. 제1장은 전기이론의 기초, 간단한 교류회로, 3상회로, 전자기에 관한 법칙, 직류전동기, 유도전동기, 정전기, 전열기구의 구조 및 기능 등을 제시하였다. 제2장은 전기화재의 개요 및 발생경로, 전기화재의 출화형태 및 통전입증, 전기화재의 종류 등을 제시하였다. 제3장은 전기화재의 형태 및 발생 과정을 제시하여 전기에너지가 어떤 원리와 발열 과정에 의해 화재로 확산되는지에 대한 이론적인 근거를 과학적으로 입증하였다. 제4장은 전기재해의 발생 원리와 밀접한 전자계의 특징 및 차단기의 한계점 등을 통해서 전기의 성질, 전계와 관련된 법칙, 자계와 관련된 법칙, 전자기파, 포인팅 벡터 및 로렌츠의 힘, 기존 차단기의 한계점, 누설전류의 종류, 전기화재 및 오동작을 유발시키는 전류의 종류 및 특징 등을 제시하였다. 제5장은 전기기계기구를 안전하게 사용하기 위한 온도제어의 원리 및 종류, 반도체 온도제어, 퓨즈의 원리 및 특징, 퓨즈의 법령, 온도 퓨즈, 전류 퓨즈, 계전기 및 전도안전장치 등의 원리 및 특성을 제시하였다. 제6장은 공통 전기부품으로 주로 사용되는 변압기, 콘덴서, 저항기, 스위치, 계전기, 콘센트, 전원코드, 접속부품, 전동기 등의 전기화재 발생 과정 및 출화사례 등을 제시하였다.

서적의 후반부인 PART Ⅱ는 제7장에서 제11장까지 구성되어 있다. 제7장은 전열기기에 대한 부분으로 발열방식과 발열체의 종류, 전기난로, 온풍히터, 전기풍로, 보온기, 모발건조기, 전기다리미, 화로 및 족온기, 전기장판, 전기요 및 전기방석, 전기토스터, 오븐 토스터, 전기주전자, 전기밥솥, 전기온수기, 전자레인지, 전기프라이팬, 전기인두, 투입히터, 전기살충기, 의류건조기, 이부자리 건조기, 식기건조기 등에 대한 개략도, 회로도 및 조사의 요점 등을 제시하였다. 제8장은 전기에너지를 이용하여 조명에 사용하는 조명기기에 대한 부분으로 백열전구, 할로겐전구, 형광등, 수은등 및 나트륨등, 네온관등설비, LED 전구에 대한 개략도, 회로도 및 조사의 요점 등을 제시하였다. 제9장은 전동기기에 대한 부분으로 전기냉장고, 전기세탁기, 전기청소기, 냉난방기 및 제습기, 환풍기, 선풍기, 전기면도기, 공기청정기, 전기떡방아, 관상어사육장치, 정수기, 충전식 전동공구, 봉제용 전동기 등에 대한 개략도, 회로도 및 조사의 요점 등을 제시하였다. 제10장은 생활가전기기 및 정보통신기기에 대한 부분으로 라디오, 텔레비전, 오디오기기, 비디오테이프 레코더, 비디오카메라, 전기시계, 가습기, 온수세정좌변기, 퍼스널 컴퓨터, 게임기, 팩시밀리, 이동전화기, 복사기, 전기피아노, 정보통신기기 등에 대한 개략도, 회로도 및 조사의 요점 등을 제시하였다. 그리고 제11장에는 산업현장에서 주로 사용되는 전기설비에 대한 부분으로 누전차단기(RCD), 배선차단기(MCCB), 예비전원설비, 산업용 변압기(Tr), 케이블 및 부스바, 배전반 및 분전반, 발열전선, 전자개폐기, 전기용접기, 수배전설비, 태양광발전 시스템 등에 대한 개략도, 회로도 및 조사의 요점 등을 제시하였다.

독자들께서도 잘 아시는 바와 같이 서적의 출판은 저자의 원고를 출판사가 받아 도서 출판 전문가들에 의해서 제작되어 소비자들에게 보급되고 있다. 도서 출판 전문가들은 도서의 편집, 제작, 출판 및 보급 등에 대해서는 최고의 전문가들이다. 그러나 그들은 서적의 전반적인 부분에 대해서 전문가이지만 도서의 내용 및 활용 범위 등 세부적인 전문 지식에 대한 이론, 정보와 근거 등이 부족한 것이 현실이다. 그러므로 본 저서를 접하는 교수님, 엔지니어 및 관련 종사자 등의 조언과 충고는 본 저서의 문제점을 해결하거나 개선하는 데 직접적인 도움이 된다. 잘못된 정보와 지식을 방치하면 관련 종사자들이 그릇된 지식을 얻게 되고, 그 악순환의 고리는 관련 전문가 집단의 수준 저하 및 신뢰성 상실로 이어진다. 따라서 본 저서를 접하는 전문가들의 조언과 지적이 우리 모두를 위하고 관련 지식 산업의 성장에 기여한다는 사명감을 인식하시어 적극적인 충고와 조언을 부탁드린다. 그리고 이 책이 독자들에게 반려가 되어 향후 지속 성장 가능한 전문가가 되시는 데 동반자가 되기를 기대하는 바이며, 본 저서의 집필에 참고 자료가 되었던 여러 저서의 저자들과 출판을 위해 정성을 기울여 주신 출판 관계자 여러분께 깊은 감사의 말씀을 올린다.

(이메일) enetek@naver.com

(이동전화) 010.3695.7460

저자 최충석 씀

Contents

PART 01

PART 02

전기화재공학_이론과 실무
ELECTRICAL FIRE ENGINEERING(THEORY AND PRACTICE)

part 01

contents

Chapter 01

전기의 일반

contents

chapter 01 전기의 일반

section 1.1 전기이론의 기초

1.1.1 전하와 전류

전기회로의 해석에서 전기적인 성질을 갖고 있는 입자(粒子, particles)를 전하(電荷, electric charge)라 한다. 전하는 양성자(proton), 정전하(positive charge), 전자(electron) 및 부전하(negative charge) 등으로 분류된다. 전하는 M.K.S 단위로 쿨롱(coulomb, [C])이 쓰인다.

전기회로에서 에너지가 전송되려면 전하의 이동이 있어야 하며, 전하의 이동은 전류(電流, electric current)를 형성한다. 이때 전류의 세기 또는 전류는 회로의 어느 단면을 단위 시간에 통과하는 전하량으로 정의하며, M.K.S 단위는 암페어(ampere, [A])이다. 즉, 1 [A]는 매초 1 [C]의 전하가 이동할 때의 전류이다.

따라서 일정한 비율로 t [s] 동안에 Q [C]의 전하가 이동한다면 전류 I 와 전하량 Q 사이에는 다음과 같은 관계가 성립한다.

$$I = \frac{Q}{t} \text{ [A] 또는 } Q = It \text{ [C]} \quad (1.1)$$

<그림 1-1-1>과 같은 구리 도선(導線, copper wire)의 양 단자에 축전지를 연결하면 총 음전하와 총 양전하는 양단에 위치한다. 그 구리 전선이 축전지의 양단에 접속되는 순간 양이온은 그 자리에서 진동하나 구리 전선 내부의 자유 전자들은 양극 단자로 이동한다. 음극 단자는 구리 전선의 전자들이 양극 단자를 향하여 이동할 수 있도록 전자들을 공급하고, 축전지의 화학 반응은 양극 단자에서 전자들을 흡수하고 음극 단자에

서 전자의 일정한 공급을 유지시킨다.

전류의 흐름(I_c)은 해석의 편리성을 고려하여 정전하가 양(+)에서 출발하여 음(−)에 도달하는 것으로 정의하였다. 따라서 전자의 이동 방향(I_e)은 전류의 방향과 반대이므로 음(−)에서 출발하여 양(+)에 도달하는 것으로 정의된다.

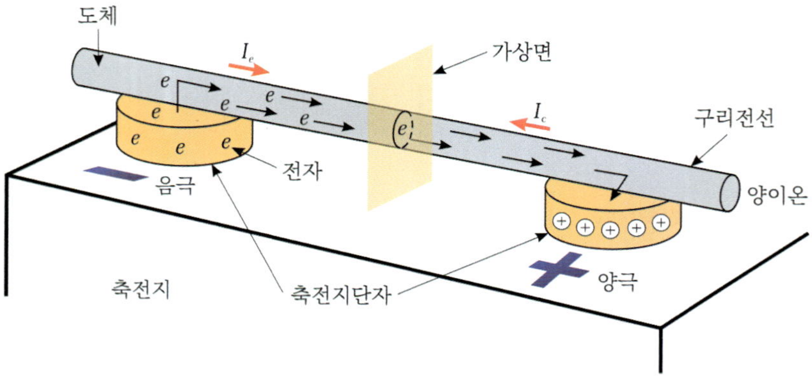

〈그림 1-1-1〉 전류의 이동

1.1.2 전위와 전압

<그림 1-1-2>와 같이 물은 수위가 높은 곳에서부터 낮은 곳으로 흐르며, 두 지점 사이의 수위차가 클수록 물 흐름의 세기 또는 물의 속도가 커진다. 다시 말해 수위차에 해당되는 에너지 변환이 일어난다. 마찬가지로 도선 속의 전하의 이동 역시 도선의 두 지점 간의 전위차(電位差, electric potential difference)가 형성될 때 이루어진다. 전위(電位, electric potential)는 전기적인 위치 에너지이고 이것이 바로 수위에 해당되며 전위차 또는 전압은 수위차, 수압 등에 비교될 수 있다.

물이 흘러 수위가 변화될 때 에너지 변환이 수반되듯이 전기회로에 전류가 흐를 때도 에너지의 변환 또는 전송이 일어나면서 이 전후에 있어서 전위차가 발생된다. 이때 두 점 간의 전위차는 단위정전하가 그 두 점 사이를 이동할 때 얻거나 잃게 되는 에너지로 결정되며, M.K.S 단위로 볼트(volt, [V])가 쓰인다.

즉, 1 [V]는 1 [C]의 전하가 두 점간을 이동할 때 얻거나 잃는 에너지가 1 [J]이 되는 두 점 간의 전위차를 말한다.

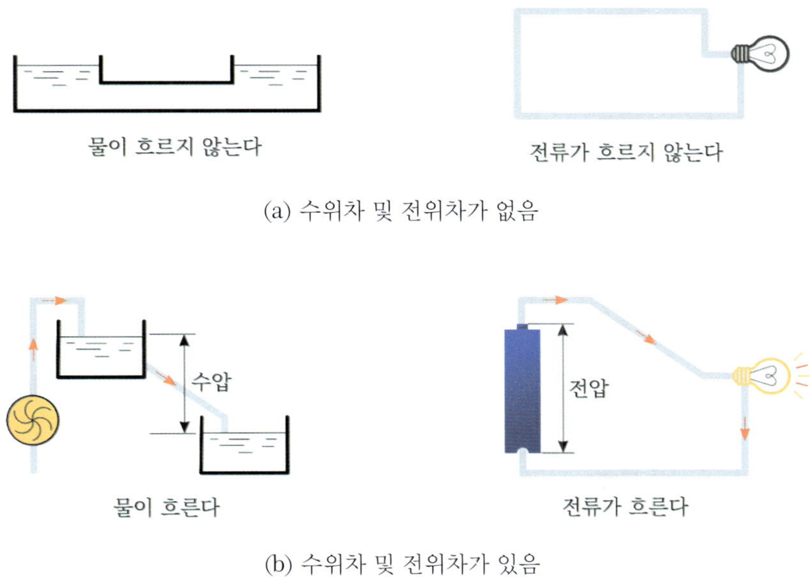

〈그림 1-1-2〉 수압(수위차)과 전압(전위차)의 비교

따라서 Q [C]의 전하가 어느 두 점 사이를 이동해서 얻거나 잃는 에너지가 W [J]이며, 이때 그 두 점 사이에 V [V]의 전위차가 형성된다면 <그림 1-1-3>의 사이에는 다음의 관계가 성립한다.

$$V = \frac{W}{Q} \text{ [V] 또는 } W = QV \text{ [J]} \tag{1.2}$$

어떤 회로 내의 한 점(a)에서 다른 점(b)까지 단위정전하가 이동되는데 있어서 외부에서 일을 해주어야 할 때 이동되는 전하가 에너지를 얻을 때 b의 전위는 a의 전위보다 높다. 두 점 사이의 전위를 비교할 때는 전위가 높은 쪽을 정(+), 전위가 낮은 쪽을 부(−)로 표시한다. 그러므로 a를 기준으로 했을 때 b의 전위는 정이 되며, 이때는 a에서 b로 전압상승(電壓上昇, voltage rise)이 일어난다. 그러나 전하가 에너지를 잃을 때는 a로부터 b로 전압강하(電壓降下, voltage drop)가 있다고 한다.

전원의 경우 회로가 구성되지 않은 상태에서 전원의 양쪽 단자 사이의 전위차 또는 개방전압을 그 전원의 기전력(起電力, $e.m.f$, electro-motive force)이라고 한다.

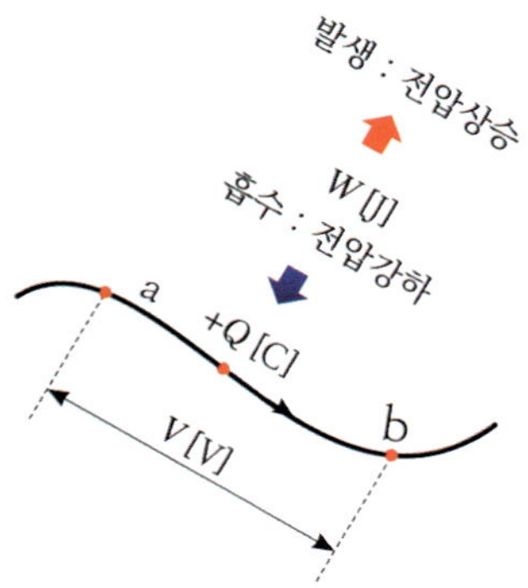

〈그림 1-1-3〉 전위차와 에너지 변화

1.1.3 전력과 전력량

전력(電力, electric power)은 전기가 단위시간에 하는 일의 양이다. 단위 시간에 변환 또는 전송되는 에너지로 정의되며, 이에 대한 M.K.S 단위로는 와트(watt, [W])가 쓰인다.

즉, 1 [W]는 매초 변환되는 에너지가 1 [J]일 때의 전력을 말하며, 변환되는 에너지 W [J]이 시간적으로 일정할 때의 전력 P는 다음과 같다.

$$P = \frac{W}{t} \text{ [W]} \tag{1.3}$$

또한, 식 (1.1), (1.4)로부터 $W = QV$, $Q = It$ 이므로 식 (1.3)은 다음과 같다.

$$P = VI \text{ [W]} \tag{1.4}$$

이로부터 t [s] 동안에 변환되는 에너지 또는 전력량 W는 다음과 같다.

$$W = Pt = VIt \text{ [J]} \tag{1.5}$$

전력의 실용단위는 킬로와트[kW]와 마력(horse power, [H.P])이 사용된다.

1 [kW] = 1,000[W] 또는 1 [H.P] = 746[W]

또한, 전력량의 단위는 와트아워(Watt Hour, [Wh]) 또는 킬로와트아워[kWh]가 사용된다.

1 [Wh] = 3,600[J] 또는 1 [kWh] = 1,000[Wh]

1.1.4 옴의 법칙

회로 구성의 기본 요소인 에너지 공급원(전지), 작동 손잡이(스위치), 에너지 소비원(꼬마전구)를 <그림 1-1-4>(a)와 같이 전선으로 연결하여 스위치를 닫으면 꼬마전구에 불이 켜진다.

즉, 전류가 전선에 흘렀다는 증거인데 이러한 전류의 통로를 전기 회로(電氣 回路, electric circuit) 또는 간단하게 회로라고 한다. 전기 회로를 <그림 1-1-4>(a)와 같이 그리는 것은 매우 불편하기 때문에 한국산업규격(KS)에서 정해진 기호에 맞게 <그림 1-1-4>(b)와 같이 간단하게 나타낸다.

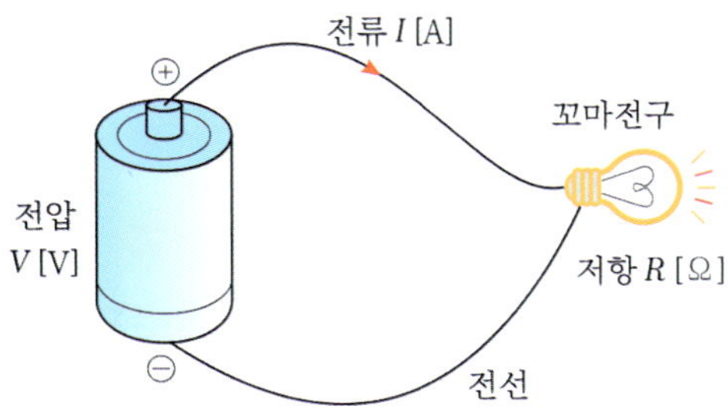

(a) 실제도

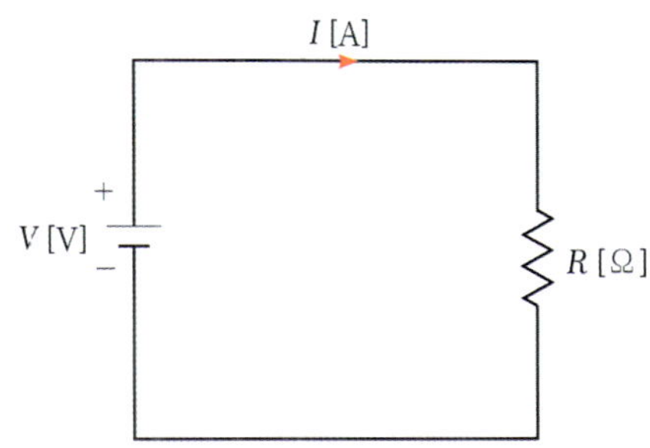

(b) 회로도

〈그림 1-1-4〉 전기 회로의 실제도와 회로도

전기 회로에서 전지 등과 같이 전류를 계속 흘려줄 수 있는 것을 전원(電源, power source)이라 한다. 그리고 꼬마전구 등과 같이 전원에서 전류를 공급받아 일을 하는 것을 부하(負荷, load)라 한다.

전압(電壓, electric voltage) V 의 단위는 볼트(volt, [V])를 사용하고, 전류(電流, electric current) I 의 단위는 암페어(ampere, [A])를 사용하며, 저항(抵抗, resistance) R 의 단위는 옴(ohm, [Ω])을 사용한다. 이들 V, I, R 의 관계를 나타내기 위하여 <그림 1-1-5>(a)와 같이 저항값이 R [Ω]인 전구에 전압이 V [V]인 전지를 전선으로 연결한 경우 직류 회로에 흐르는 전류 I [A]는 다음과 같이 된다.

$$I = \frac{V}{R} \text{ [A]} \qquad (1.6)$$

전기 회로에 흐르는 전류 I는 인가한 전압 V에 비례하고, 저항 R에 반비례하게 되는데 이를 옴의 법칙(Ohm's law)이라 한다. 회로에서 측정된 데이터는 그래프, 차트 등 시스템의 동작이나 응답 특성을 이해하는데 중요한 역할을 한다. 그러므로 취득한 데이터를 읽고 도식화하여 의미를 제시하는 기술 개발은 전문가의 가치를 한층 높이게 될 것이며, 회로도는 <그림 1-1-5>(b)와 같다.

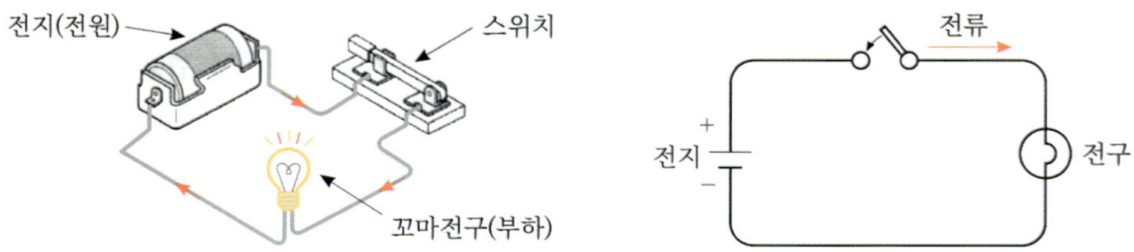

(a) 실제도 (b) 회로도

〈그림 1-1-5〉 옴의 법칙을 설명하기 위한 기본 회로

식 (1.6)으로부터 $R = V/I$ [Ω]인 관계가 성립되므로 1 [Ω]은 1 [A]의 전류가 흐를 때 1 [V]의 인가전압을 필요로 하는 도체의 저항값을 의미한다.

그리고 전류가 통하기 쉬운 정도는 전도율(傳導率, conductivity)을 사용하고, 기호는 σ, 단위는 [℧/m] 또는 [S/m]를 사용한다. 고유저항(固有抵抗, specific resistance) ρ [Ω·m]와 전도율 σ는 역수의 관계가 있어서 다음과 같은 식이 성립한다.

$$\sigma = \frac{1}{\rho} [℧/m] \tag{1.7}$$

따라서 단면적 S[m^2], 길이 l[m]인 저항이 R[Ω]이라고 하면 그 전도율 σ는 다음과 같이 된다.

$$\sigma = \frac{1}{\rho} = \frac{1}{\frac{RS}{l}} = \frac{l}{RS} \ [℧/m] \tag{1.8}$$

그러므로 물질의 저항은 길이에 비례하고 단면적에 반비례하는 것에서 다음과 같은 식을 얻을 수 있으며, 주요 도체의 저항률(抵抗率, resistivity)은 [표 1-1-1]과 같다.

$$R = \rho \frac{l}{S} \ [\Omega] \quad (1.9)$$

[표 1-1-1] 물질의 저항률

물 질	저항률[Ω·m]	물 질	저항률[Ω·m]
은	1.62×10^{-8}	대리석	$10^7\sim10^9$
동	1.72×10^{-8}	베크라이트	$10^6\sim10^{10}$
알루미늄	2.75×10^{-8}	플라스틱(PVC)	$1\sim10^{14}$
철	9.8×10^{-8}	플라스틱(P.E)	$1\sim10^{13}$
주석	11.4×10^{-8}	알코올	$4\sim10^4$
납	21.9×10^{-8}	벤젠	$2.7\sim10^{11}$
유리	$10^9\sim10^{11}$	톨루엔	$2.5\sim10^{11}$
자기	3×10^{11}		

일반적으로 금속도체는 온도가 상승하면 열운등(진동) 상태가 매우 활발해져 자유전자와의 충돌 횟수가 보다 많아지므로 이로 인해 자유전자의 원자간 이동이 보다 어려워지게 되어 도체의 저항이 증가한다.

따라서 0 [℃]에서 도체의 저항을 R_0, t [℃]에서의 저항값을 R_t 라 하면 다음의 관계식이 성립한다.

$$R_t = R_o + \alpha_o t R_o = R_o(1 + \alpha_o t)[\Omega] \quad (1.10)$$

α_0 는 도체의 종류에 따라 정해지는 온도계수(溫度係數, temperature coefficient)이다. 이 온도계수는 0 [℃]를 기준으로 1 [℃] 씩의 온도상승에 대한 저항의 증가 비율로서 온도 구간에 따라 약간씩 차이가 있다.

$$\alpha_0 = \frac{1}{234.5 + t} \ [1/℃] \quad (1.11)$$

일반적으로 금속 도체에서는 $\alpha > 0$인 관계가 성립된다. 그런데 전해액, 반도체 등에서는 $\alpha < 0$이 되어 온도가 높아지면 오히려 저항이 감소되는 경향을 보인다. 즉, 이와 같은 물질에서는 온도가 올라 갈수록 도전입자의 활동이 보다 활발해져서 물질의 도전성이 증가하기 때문이다.

1.1.5 줄의 법칙

전류가 흐르는 도체에서는 얼마간의 열이 발생한다는 사실을 처음 실험으로 입증한 사람은 줄(Joule)이다. 그는 "도체를 흐르는 전류에 의해서 단위 시간에 발생하는 열량은 I^2R에 비례한다."고 했는데 이 법칙을 줄의 법칙(Joule's law)이라 하며 이때 발생하는 열을 줄열(Joule's heat)이라고 부른다.

줄열은 도체를 통과하는 자유전자가 도체물질의 입자(원자)와 비탄성충돌을 일으킬 때 발생되는 열에너지가 외부로 방출된 것이다. 그리고 이때 자유전자와 물질 입자와의 충돌현상은 바로 도체에서 전류의 흐름을 저해하는 저항으로서 작용하게 된다. 결국 도체의 저항이 존재하는 한 줄열은 필연적으로 수반된다.

줄의 법칙 $H= kI^2Rt$ 로부터 1 [J]의 에너지는 1 [A]의 전류가 1 [Ω]의 저항에 1 [s] 동안 흐를 때의 열에너지로 정의된 것이기 때문에 M.K.S 단위계에서 비례상수 k는 1 이 되며, 줄열 H[J]은 다음과 같다.

$$H = I^2Rt \text{ [J]} \tag{1.12}$$

또한, 1 [J] = 1 / 4.2 [cal] = 0.24 [cal]의 관계가 있으므로 식 (1.12)는 다음과 같다.

$$H = \frac{1}{4.2}I^2Rt = 0.24I^2Rt \text{ [cal]} \tag{1.13}$$

줄의 법칙은 전기 에너지를 열에너지로 변환하여 나타낸 것으로 이 열에너지는 전등, 전기용접, 전열기 등에 이용된다. 그리고 전압과 전류의 곱인 전력을 줄의 법칙에 적용하면 다음과 같이 나타낼 수 있다.

$$P = EI = \frac{E^2}{R} = I^2R \text{ [W] 또는 [J/s]} \tag{1.14}$$

1.1.6 키르히호프의 법칙

옴의 법칙만으로 해석할 수 있는 회로는 비교적 간단한 회로이나 2개 이상의 기전력을 포함하는 회로는 옴의 법칙만으로 해결하기 힘들다. 복잡한 회로망(回路網, network)의 해석에는 키르히호프의 법칙이 사용되며, 전류법칙(電流法則, *K.C.L*, Kirchhoff's current law)과 전압법칙(電壓法則, *K.V.L*, Kirchhoff's voltage law)이 있다.

(1) 키르히호프의 제1법칙(전류법칙, *K.C.L*)

키르히호프의 제1법칙은 전류법칙을 말하며 도선의 임의의 분기점에 유입 또는 유출되는 전류의 대수합은 각 순간에 있어서 '0'이다.

즉, 분기점에 있어서 유입되는 총 전류는 유출되는 총 전류와 같다. <그림 1-1-6>에서 분기점 '0'에 유입되는 전류를 정(+)으로 하고 유출되는 전류를 부(−)로 하면 다음과 같다.

$$I_1 - I_2 + I_3 + I_4 - I_5 = 0 \quad (1.15)$$

일반적으로는 다음과 같이 나타낸다.

$$\sum_{k=1}^{n} I_k = 0 \quad (1.16)$$

식 (1.16)을 시간 t_1에서 t_2까지 적분하면 다음과 같은 수식이 성립한다.

$$\left(\int_{t_1}^{t_2} I_1\,dt + \int_{t_1}^{t_2} I_3\,dt + \int_{t_1}^{t_2} I_4\,dt\right) - \left(\int_{t_1}^{t_2} I_2\,dt + \int_{t_1}^{t_2} I_5\,dt\right) = 0 \quad (1.17)$$

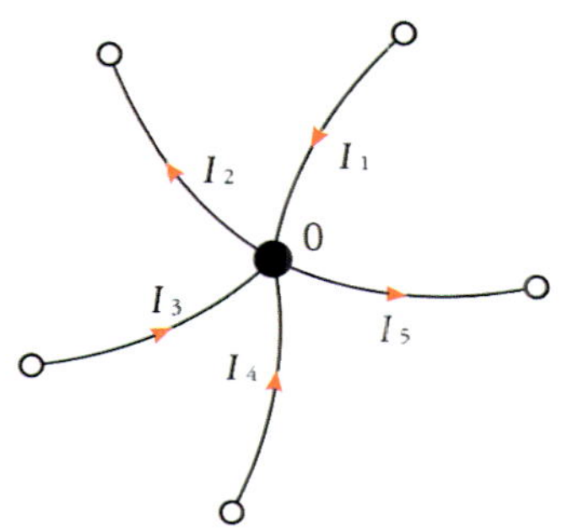

〈그림 1-1-6〉 키르히호프의 전류법칙

이 식은 시간 t_1 에서 t_2 사이의 분기점에 유입되고 유출되는 전하의 총합을 나타낸 것이다. 이것은 임의의 시간동안 도체의 한 분기점에 유입된 전하만큼 그 점에서 반드시 유출되기 때문에 그 점에 전하가 축적될 수도 없고 그곳으로부터 발생할 수도 없다는 것을 의미한다. 따라서 제1법칙을 전하보존의 법칙이라고 한다.

(2) 키르히호프의 제2법칙(전압법칙, *K.V.L*)

키르히호프의 제2법칙은 전압법칙을 말하며, 회로망 내의 임의의 폐회로에서 한 방향으로 일주하면서 취한 전압상승의 대수합은 각 순서에 있어서 '0' 이다.

<그림 1-1-7>의 폐회로에서 시계방향으로 일주할 때 전압상승을 정(+), 전압강하를 부(-)로 하여 총합을 취하면 다음과 같다.

$$-V_1+V_2+V_3+V_4=0 \tag{1.18}$$

일반적으로 다음과 같이 나타낸다.

$$\sum_{k=1}^{n} V_k=0 \tag{1.19}$$

그리고 이것은 폐회로에서 한 방향으로 일주하면서 취한 전압상승의 총합은 전압강하의 총합과 같음을 알 수 있다.

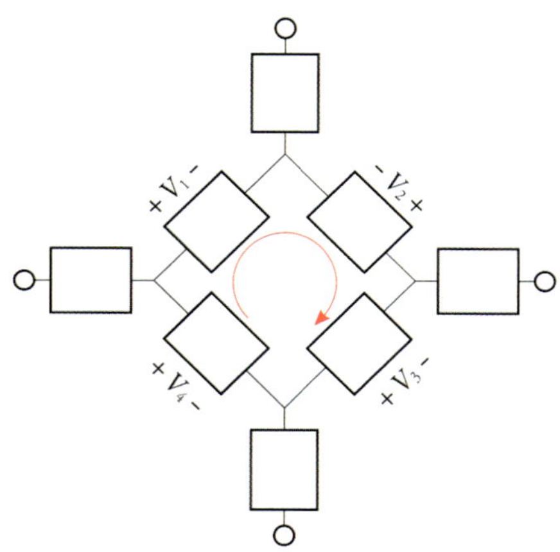

〈그림 1-1-7〉 키르히호프의 전압법칙

section 1.2 교류

전기회로에는 전원과 회로 소자의 종류 및 상태에 따라 시간적으로 변화하는 전류가 흐른다. 시간의 변화에 관계없이 크기와 방향이 일정한 전류를 직류(直流, DC, direct current)라 한다. 그리고 시간의 변화에 따라 그 크기와 방향이 주기적으로 변화하는 전류를 교류(交流, AC, alternating current)라 한다.

교류 중에서도 그 파형이 사인파 곡선을 그리는 전류를 정현파(正弦波, sine wave or sinusoidal wave)라 하며, 정현파가 일그러진 모양의 파형을 왜형파(歪形波, distorted wave) 또는 비정현파(非正弦波, non-sinusoidal wave) 교류라 한다.

1.2.1 전류 및 전압의 파형

전기 회로에는 전원과 회로 소자의 종류 및 상태에 따라 시간적으로 변화하는 전류가 흐른다. <그림 1-2-1>에는 여러 종류의 전류가 시간에 따라 변화하는 모양이 그려져 있다.

<그림 1-2-1>(a)와 같이 시간의 변화에 관계없이 크기와 방향이 일정한 전류를 직류(直流, DC, direct current)라 한다. 직류는 전열이나 전등용으로 사용하는 것도 무방하고 전지의 충전이나 전기분해, 전자회로 등에 사용된다.

<그림 1-2-1>(b)는 교류 중에서도 그 크기와 방향이 주기적으로 변화하는 전류를 정현파 교류라 한다. 정현파 교류라고 명명하는 것은 파형이 정현 곡선을 이루기 때문으로 가장 이상적인 교류 파형이다. 일반적으로 교류라 함은 정현파를 의미한다. 교류는 교류 발전기나 진공관 발진기에 의해서 얻을 수 있다. 그리고 전압 및 전류의 파형은 정현파와 매우 유사하다.

<그림 1-2-1>(c)는 <그림 1-2-1>(b)와 같은 정현파 교류가 어떤 이유에 의해 그 크기와 방향이 주기적으로 변화하면서 일그러진 파형이며, 왜형파 또는 비정현파 교류라 한다.

<그림 1-2-1>(d)는 <그림 1-2-1>(b)와 같은 정현파가 정류되어 생기는 맥류(脈流, pulsating current) 이다. 교류 성분을 포함한 직류 전압 또는 직류 전류를 말하며, 이상

적인 직류 성분을 얻기 위해서는 교류 성분을 제거하기 위해 평활 회로가 사용된다.

<그림 1-2-1>(e)와 같이 시간 변화에 따라 충격적으로 나타나는 전류를 펄스전류(pulse current)라 한다. 펄스전류는 아크용접에 있어서 주기적으로 중첩하여 흐르는 전류가 물질을 녹일 수 있는 역할을 하며, 매초 50 ~ 100회의 주기가 일반적으로 사용된다.

그리고 <그림 1-2-1>(f)의 ①은 1차지연요소(一次遲延要素, first order lag element)의 특성 곡선이며, 하나의 지수 함수상의 변화를 나타내는 요소를 말한다. <그림 1-2-1>(f)의 ②는 2차지연요소(二次遲延要素, second-order lag element)의 특성 곡선이다. 이와 같은 파형은 회로의 개폐시나 회로 정수의 변화 등에 기인해서 과도적으로 흐르는 전류에 의해서 발생하므로 과도전류(過度電流, transient current)라 한다.

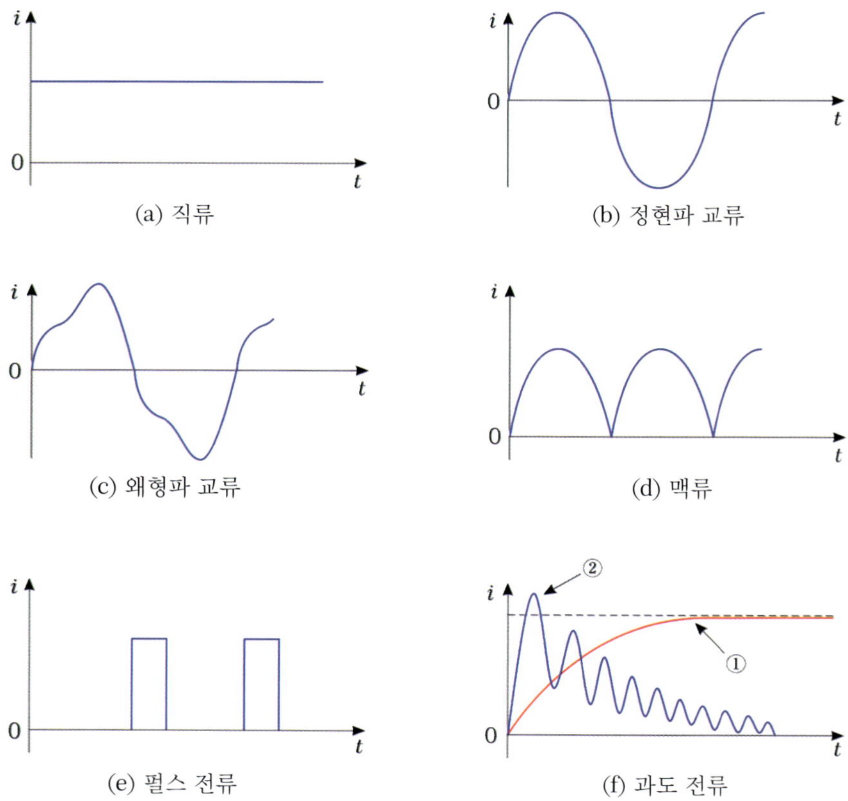

〈그림 1-2-1〉 전류 종류 및 파형

1.2.2 정현파 교류기전력의 발생

정현파 교류기전력이 발생하는 가장 간단한 장치는 <그림 1-2-2>(a)와 같은 2극 발전기이며, <그림 1-2-2>(b)는 <그림 1-2-2>(a)에 대한 단면도이다. 자속밀도 B [Wb/m^2]의 평균자계 내에 자계와 직각으로 놓은 길이 l [m]의 도체가 ω [rad/s]의 각속도와 v [m/s]의 선속도로 운동하는 경우를 생각하자. <그림 1-2-2>(b)와 같이 중심각 θ의 위치에 있어서 도체의 선속도 v를 벡터적으로 자계의 방향에 평행인 성분과 수직인 성분으로 직각 분해해 보면 그때 평행인 성분의 크기는 $v\cos\theta$, 수직성분의 크기는 $v\sin\theta$가 된다. 이 중 도체가 자속을 자르는데 기여하는 성분은 수직성분이며, 도체는 매초당 자속을 $v\sin\theta$ [m]의 속도로 자르게 된다.

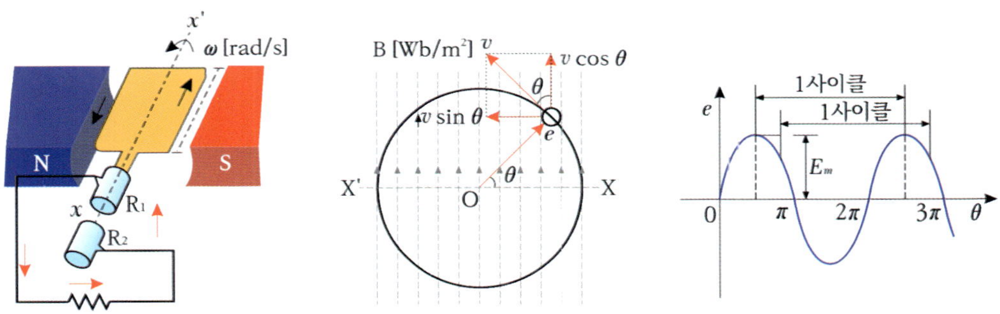

(a) 2극 발전기의 원리도 (b) 전기자의 단면도 (c) 정현파 기전력

〈그림 1-2-2〉 정현파 기전력의 발생

매초당 한 쪽 도체에 의해서 잘리는 자속의 양을 계산해보면 자속밀도가 B [Wb/m^2]이므로 $Blv\sin\theta$ [Wb]가 되며, 양쪽 도체를 감안하면 $2Blv\sin\theta$ [Wb]가 된다.

패러데이 법칙에 의해 도체가 매초 1 [Wb]의 비율로 자속을 자르는 경우 도체 내에 1 [V]의 기전력이 유기되므로 도체에 발생되는 유기기전력은 다음과 같다.

$$e = 2Blv\sin\theta \ \text{[Wb]} \qquad (1.20)$$

각 θ가 기선 $\overline{OX}$ 로부터 t초 후의 위치라면 다음과 같다.

$$\theta = \omega t \qquad (1.21)$$

그러므로 식 (1.20)은 다음과 같이 나타낸다.

$$e = 2Blv\sin\theta = 2Blv\sin\omega t \text{ [V]} \tag{1.22}$$

식 (1.21)을 그래프로 나타내 보면 <그림 1-2-2>(c)와 같은 정현파가 되며, 여기서 정현파의 진폭(振幅, amplitude) 또는 최대치(最大値, maximum value)인 $2Blv$를 E_m이라 하면 E_m은 유기기전력 e의 최대치가 된다.

$$e = 2Blv\sin\omega t = E_m\sin\omega t \text{ [V]} \tag{1.23}$$

<그림 1-2-2>(c)에서 기전력이 한번 변화하여 다시 원상태가 되기까지를 1 사이클(cycle)이라 하며, 1 [s] 동안의 사이클의 수를 주파수(周波數, frequency) f라 하고 주파수의 단위는 헤르츠(hertz, [Hz])가 사용된다.

1.2.3 주파수와 주기

정현파 기전력은 <그림 1-2-2>(a)와 같은 2극 방식 외에 다극 방식에 의해서도 발생될 수 있다. 그러나 다극 방식의 경우 도체인 전기자(電氣子, armature)가 공간적으로 360° 회전하지 않고도 도체에 발생되는 기전력은 1 사이클이 될 수 있다.

따라서 정현파 교류에서는 공간각에 관계없이 1 사이클의 각을 2π[rad]으로 정하고 이것을 기준으로 하여 표시되는 각을 특히 전기각(電氣角, electrical angle)이라 한다.

주파수 f인 정현파의 경우 1 [s] 동안에 변화하는 전기각은 $2\pi f$ [rad]이 되며, 이를 각속도(角速度, angular velocity) 또는 각주파수(角周波數, angular frequency) ω라 한다.

$$\omega = 2\pi f \text{ [rad]} \tag{1.24}$$

<그림 1-2-2>(a)와 같은 2극 방식의 경우 1 [s] 사이의 전기각 또는 각주파수 ω는 바로 전기자의 회전 각속도와 일치하지만 다극 방식의 경우에는 일치하지 않는다. 전기각을 θ, 전기자의 회전각을 θ'라 하면 다음과 같다.

4극 방식의 경우 $\theta = 2\theta'$, 6극일 때 $\theta = 3\theta'$, 8극일 때 $\theta = 4\theta'$ ⋯ 가 되어 일반적으

로 P극 방식인 경우 다음과 같은 관계가 성립된다.

$$\theta = \frac{P}{2}\cdot\theta' \qquad (1.25)$$

따라서 P극 발전기의 경우 전기자의 1 회전시마다 $P/2$ 사이클의 기전력이 유기되므로 전기자의 1 분간의 회전수(rpm, revolutions per minute)를 N_s라 하면 기전력의 주파수(周波數, frequency) f 는 다음과 같다.

$$f = \frac{P}{2}\cdot\frac{N_s}{60} = \frac{PN_s}{120}\ \text{[Hz]} \qquad (1.26)$$

여기서, N_s를 동기속도(同期速度, synchronous velocity)라 한다.

정현파 교류에서는 1 주기에 2π [rad]을 변화하는데 걸리는 시간을 주기(週期, period) T 라 하고, 1 주기 사이에 정현파 교류가 전파되는 공간적 거리 λ 를 파장(波長, wavelength)이라 한다. 그리고 주파수 f , 주기 T, 파장 λ 인 정현파를 생각하면 주파수와 주기는 역수 관계가 있고, $\omega = 2\pi f$ 이므로 이들 사이에는 다음의 관계가 있다.

$$T = \frac{1}{f} = \frac{2\pi}{\omega}\ \text{[s]} \qquad (1.27)$$

$$\lambda = \frac{C_0}{f}\ \text{[m]} \qquad (1.28)$$

여기서, C_0 는 진공 중의 광속으로 3×10^8 [m/s]이다.

그리고 각속도 $\omega = 2\pi f$ 를 식 (1.22)에 대입하면 다음과 같은 유기기전력 e 를 얻을 수 있다.

$$e = E_m \sin\omega t = E_m \sin 2\pi f t\ \text{[V]} \qquad (1.29)$$

1.2.4 순시치와 위상

식 (1.29)와 같은 표현식에서 e는 시간의 변화에 따라 순간순간 나타나는 정현파의 값을 의미하기 때문에 e를 순시치(瞬時置, instantaneous value)라 하며, 식 (1.29)와 같은 표현을 순시치 표시식이라 한다. 통상 순시치는 e, v, i와 같이 소문자로 표시한다.

식 (1.29)는 <그림 1-2-2>(b)에서 $\overline{OX}$를 기점으로 한 것이지만 X점보다 반시계 방향으로 α [rad] 만큼 앞선 점을 기점으로 한 경우에는 $\theta = \omega t + \alpha$가 되므로 식 (1.29)는 다음과 같다.

$$e = E_m \sin(\omega t + \alpha) = E_m \sin(2\pi f t + \alpha) \text{ [V]} \tag{1.30}$$

α는 시간 $t = 0$에서의 각 또는 위상(位相, phase)을 의미한다. 그러므로 이것을 초기위상(初期位相, initial phase), 초기각(初期角, initial angle) 또는 간단히 위상이라고 한다. 식 (1.23)은 초기각 $\alpha = 0$일 경우에 해당된다.

순시치 표시식은 정현파 전류의 경우에도 마찬가지가 되어 일반식은 다음과 같다.

$$i = I_m \sin(\omega t + \beta) \text{ [A]} \tag{1.31}$$

<그림 1-2-3>에 있어서 (a)는 정현파 전압 v와 정현파 전류 i가 동상(同相, inphase)임을 보여주고 있으며, (b)는 최대치가 같은 두 정현파 전압 사이에 위상차(位相差, phase difference)가 있음을 보여주고 있다. 그림에서 v_1은 v_2보다 위상이 θ만큼 앞서고 있으며, v_2는 v_1보다 위상이 θ만큼 뒤진다고 말한다. v_1, v_2를 비교할 경우 v_1을 진상(進相, leading phase), v_2를 지상(遲相, lagging phase)이라고도 한다.

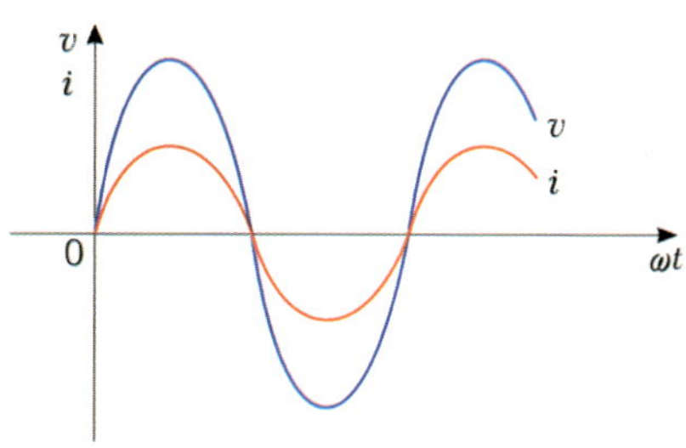

(a) 동상인 경우

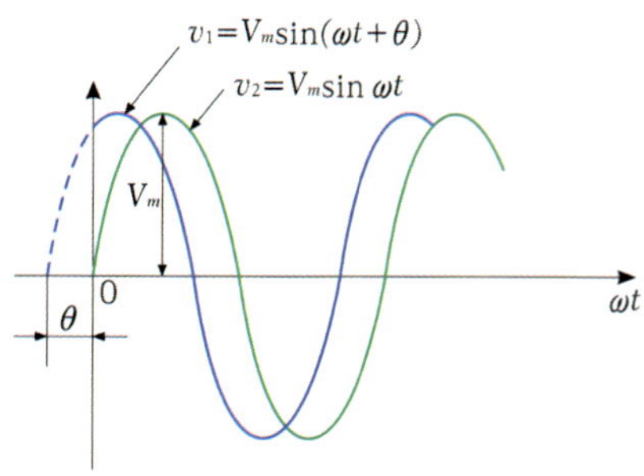

(b) 위상차가 있는 경우

〈그림 1-2-3〉 정현파의 위상 관계

1.2.5 정현파의 평균치, 실효치 및 전압의 종별

(1) 평균치

전압 및 전류에 대한 평균치(平均値, average value)는 어느 시간 구간($t_1 \sim t_2$)에서의 산술적인 평균값을 의미하지만 주기파의 경우 일반적으로 한 주기 내에 정(+)의 값과 부(−)의 값이 번갈아 존재하며, 서로 상쇄되기 때문에 평균값의 의미를 상실하게 된다.

그러므로 한 주기 내에 정(+), 부(−)의 값이 동시에 존재할 경우에는 그 절댓값에 대한 산술 평균값이 그 평균값으로서 의미를 갖으며, <그림 1-2-4>(a)와 같다.

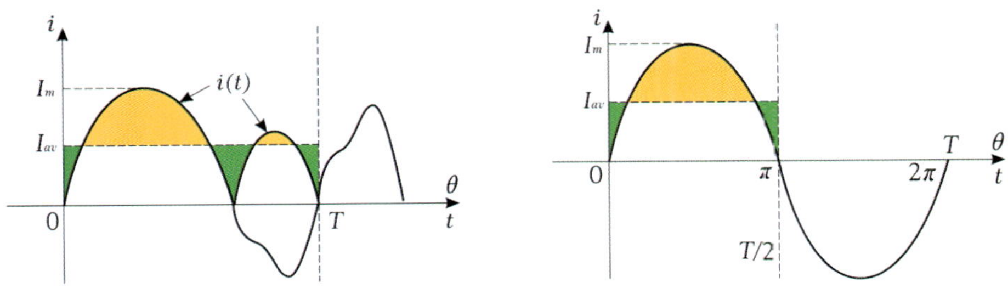

(a) 주파수와 평균값 (b) 정현파의 평균값

〈그림 1-2-4〉 평균값

이때 평균치를 I_{av} 라 하면 평균치에 대한 일반적인 정의는 다음과 같다.

$$I_{av} = \frac{1}{T}\int_0^T |\, i(t) \,|\, dt \; [A] \tag{1.32}$$

그러나 <그림 1-2-4>(b)와 같이 정현파 정(+)의 값과 부(−)의 값이 대칭적 구조를 갖는 경우 반주기 또는 반파에 대한 평균값은 나머지 반주기에 대한 평균값과 역시 같기 때문에 반주기에 대한 평균값은 한 주기 전체에 대한 평균값으로서 의미를 갖게 된다.

따라서 이런 경우는 반주기인 $0 \sim T/2$ 사이의 평균값을 구하면 된다. 이때 $i = I_m \sin\omega t$ [A]로서 표시되는 정현파 전류에 대한 평균치를 구해보면 다음과 같이 각각 나타낼 수 있다.

$$I_{av} = \frac{1}{T/2}\int_0^{T/2} i(t)\,dt = \frac{1}{T/2}\int_0^{T/2} I_m \sin\omega t\,dt\ [\mathrm{A}] \tag{1.33}$$

또는

$$I_{av} = \frac{1}{\pi}\int_0^{\pi} i\,d\theta = \frac{1}{\pi}\int_0^{\pi} I_m \sin\theta\,d\theta\ [\mathrm{A}] \tag{1.34}$$

즉, 평균값은 반주기를 구하면 알 수 있으므로 다음과 같다.

$$I_{av} = \frac{1}{\pi}\int_0^{\pi} I_m \sin\theta\,d\theta = \frac{I_m}{\pi}[-\cos\theta]_0^{\pi} = \frac{2}{\pi}I_m \simeq 0.637\,I_m\ [\mathrm{A}] \tag{1.35}$$

결국 정현파 전류 및 전압의 평균값은 다음과 같다.

$$I_{av} = \frac{2}{\pi}I_m \simeq 0.637\,I_m\ [\mathrm{A}] \tag{1.36}$$

$$V_{av} = \frac{2}{\pi}V_m \simeq 0.637\,V_m\ [\mathrm{V}] \tag{1.37}$$

(2) 실효치

시간가변전류 및 전압의 크기를 정의하는 방법에 산술적 평균치 외에 전력적인 측면에서의 실효치(實效値, effective value)가 있다.

저항 R에 직류 I가 흐를 때 전력 P_{dc}는 다음과 같다.

$$P_{dc} = IV = I^2R\ [\mathrm{W}] \tag{1.38}$$

역시 같은 저항 R에 시간가변전류 또는 주기파전류 $i(t)$가 흐를 때의 평균 전력 P_{av}와 이때의 순시전력 p는 다음과 같이 나타낸다.

$$p = i^2R\ [\mathrm{W}] \tag{1.39}$$

$$P_{av} = \frac{1}{T}\int_0^{T} p\,dt = \frac{1}{T}\int_0^{T} i^2R\,dt\ [\mathrm{W}] \tag{1.40}$$

이때 $P_{dc} = P_{av}$ 라면 전력적인 측면에서 직류 I는 시간가변전류 $i(t)$에 등가가 되며,

이때의 직류 I값을 시간가변전류 $i(t)$에 대한 실효치로 정의한다. 다시 말해 실효치는 전력적인 측면에서 시간가변전류 및 전압을 직류로 환산한 값이라고 할 수 있다.

주기파전류 $i(t)$ 에 대한 실효치는 식 (1.38)과 식 (1.40)으로부터 다음과 같이 구해진다.

$$I^2 R = \frac{1}{T}\int_0^T i^2(t)\, R\, dt$$

$$\therefore I = \sqrt{\frac{1}{T}\int_0^T i^2\, dt}\ [\mathrm{A}] \qquad (1.41)$$

결국 실효치는 순시치 $i(t)$ 의 제곱에 대한 평균치의 평방근을 의미하므로 실효치(*r.m.s*, root mean square value)라고 한다. 전류, 전압의 실효치는 I, V와 같이 대문자로 표기함으로써 순시값 i, v 및 최댓값 I_m, V_m과 구분해서 쓴다.

그러면 $i(t) = I_m \sin\omega t$ [A]로 표시되는 정현파 전류에 대한 실효치를 구해보고자 한다. 물론 식 (1.40)에 의해 구해질 수 있으나 정현파는 반파 대칭이므로 반파 또는 반주기에 대한 실효값은 한 주기에 대한 실효값과 같다.

따라서 정현파의 실효치는 반주기분에 대한 실효치를 구하는 것으로써 충분하다.

$$I = \sqrt{\frac{1}{T/2}\int_0^{T/2} i^2\, dt}\ [\mathrm{A}] \text{ 또는 } I = \sqrt{\frac{1}{\pi}\int_0^{\pi} i^2\, d\theta}\ [\mathrm{A}] \qquad (1.42)$$

그러므로 순시전류 i 를 대입하여 정리하면 다음과 같다.

$$I = \sqrt{\frac{1}{\pi}\int_0^{\pi} i^2\, d\theta} = \sqrt{\frac{1}{\pi}\int_0^{\pi} (I_m \sin\theta)^2\, d\theta} \qquad (1.43)$$

$$= \frac{I_m}{\sqrt{2}} \simeq 0.707\, I_m\ [\mathrm{A}]$$

결국 정현파 전류 및 전압의 실효치는 각각 다음과 같다.

$$I = \frac{I_m}{\sqrt{2}} \simeq 0.707\, I_m\ [\mathrm{A}] \qquad (1.44)$$

$$V = \frac{V_m}{\sqrt{2}} \simeq 0.707\, V_m\ [\mathrm{V}] \qquad (1.45)$$

또한, 식 (1.44), 식 (1.45)로부터 다음과 같이 실효값과 최댓값의 관계를 다음과 같이 나타낼 수 있다.

$$I_m = \sqrt{2}\, I\,[A] \text{ 또는 } V_m = \sqrt{2}\, V\,[V] \tag{1.46}$$

그러므로 정현파의 순시치 표시식은 다음과 같이 표현될 수도 있다.

$$i = I_m \sin\omega t = \sqrt{2}\, I \sin\omega t\ [A] \tag{1.47}$$

$$v = V_m \sin\omega t = \sqrt{2}\, V \sin\omega t\ [V] \tag{1.48}$$

전압계, 전류계 등 대부분 교류용 계기는 순시값의 제곱에 비례하는 토크(torque)를 지시하도록 되어 있기 때문에 그 눈금은 실효값을 나타낸다.

(3) 전압의 종별

전기설비에 사용되는 전압은 저압, 고압 및 특별고압의 3종으로 구분되며 다음과 같다.

① 저 압

직류 ; 750[V] 이하

교류 ; 600[V] 이하

② 고 압

직류 ; 750[V] 초과, 7,000[V] 이하

교류 ; 600[V] 초과, 7,000[V] 이하

③ 특별고압

7,000[V] 초과 (직류 또는 교류)

section 1.3 간단한 교류회로

1.3.1 저항 회로

<그림 1-3-1>(a)와 같은 저항 R만을 가지는 회로에 $i = I_m \sin\omega t$ [A]의 정현파 전류가 흐른다면 저항 양단의 전압은 옴의 법칙에서 다음과 같이 나타낸다.

$$v = Ri = RI_m \sin\omega t \text{ [V]} \tag{1.49}$$

여기서, v의 최대치를 V_m이라 하면 바로 RI_m과 같게 된다.

전압과 전류의 최대치 사이에는 다음과 같이 나타낸다.

$$V_m = RI_m \text{ [V]} \tag{1.50}$$

전압, 전류의 실효치 사이에는 식 (1.46)으로부터 다음과 같이 나타낸다.

$$V = RI \text{ [V] 또는 } I = \frac{V}{R} \text{ [A]} \tag{1.51}$$

<그림 1-3-1>(b)는 저항 R만으로 된 교류회로에서 순시치 전압과 전류의 관계를 보여준다.

참고 저항만의 회로의 특징

① 전압과 전류는 동일 주파수의 정현파이다.
② 전압과 전류는 동상이다.
③ 전압과 전류의 최대치 또는 실효치의 비는 R이다.

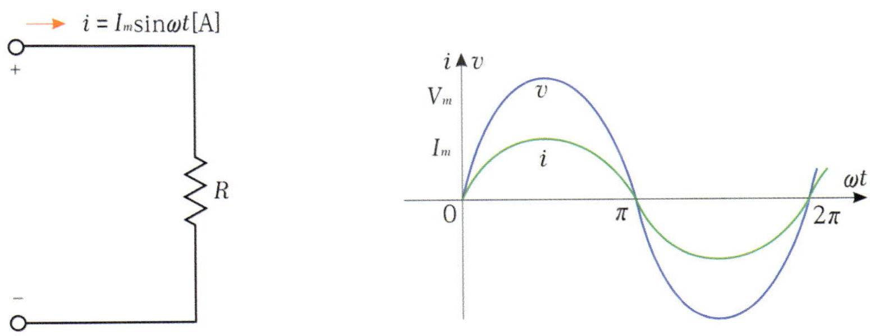

(a) 저항만의 회로 (b) 순시값 전압과 전류

〈그림 1-3-1〉 저항회로의 전압-전류 관계

1.3.2 인덕턴스 회로

인덕턴스(inductance)는 회로의 전류 변화에 대한 전자기 유도에 의해 생기는 역기전력의 비율을 나타내는 양이다. <그림 1-3-2>(a)와 같이 $i = I_m \sin\omega t$ [A]의 정현파 전류가 인덕턴스 L만을 갖는 이상적인 인덕터(inductor)에 흐를 때 전류의 방향으로 생기는 전압강하 v는 다음과 같다.

$$v = L\frac{di}{dt} = L\frac{d}{dt}(I_m \sin\omega t) = \omega L I_m \cos\omega t = \omega L I_m \sin(\omega t + 90°)\ \text{[V]} \quad (1.52)$$

여기서, ωLI_m은 바로 v의 최대치가 된다.

$$V_m = \omega LI_m\ \text{[V]} \quad (1.53)$$

그리고 전압, 전류의 실효치 사이에 관계를 알아보면 다음과 같다.

$$V = \omega LI\ \text{[V]}\ \text{또는}\ I = \frac{V}{\omega L}\ \text{[A]} \quad (1.54)$$

<그림 1-3-2>의 (b)는 인덕턴스 회로에서 v, i의 관계를 보여주고 있다.

> **참고** 인덕턴스 회로의 특징
> ① 전압과 전류는 동일주파수의 정현파이다.
> ② 전압은 전류보다 위상이 90° 앞선다.
> ③ 전압과 전류의 최대치 또는 실효치의 비는 ωL이다.

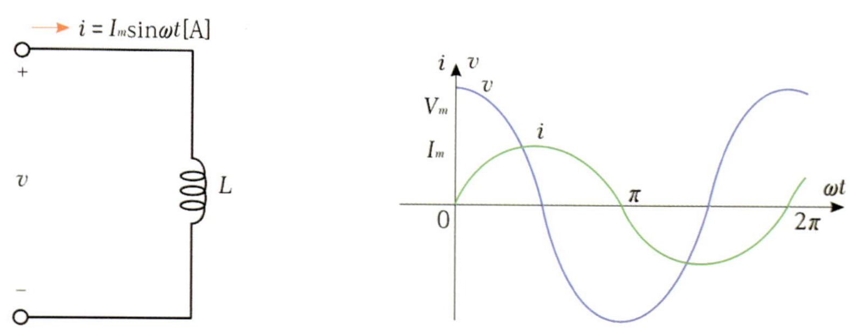

(a) 인덕턴스의 회로 (b) 순시값 전압과 전류

〈그림 1-3-2〉 인덕턴스 회로의 전압-전류 관계

인덕턴스 회로를 저항 회로의 경우와 비교하면 ωL 은 저항회로에서의 R과 같은 일종의 교류저항임을 알 수 있다. 그러므로 이것을 저항(抵抗, resistance)과 유사한 개념을 갖는 리액턴스(reactance)라 하며 X_L 로 표시하며 단위는 옴[Ω]이다.

$$X_L = \omega L = 2\pi f L \ [\Omega] \tag{1.55}$$

따라서 식 (1.52)와 (1.54)는 각각 다음과 같이 쓸 수 있다.

$$v = X_m I_m \sin(\omega t + 90°) \ [V] \tag{1.56}$$

$$V = X_L I \ [V] \text{ 또는 } I = \frac{V}{X_L} \ [A] \tag{1.57}$$

이는 인덕턴스만의 교류 회로에서는 옴의 법칙이라고 할 수 있다. ωL 은 보통의 저항과는 달리 전압이 전류보다 위상이 90° 앞서게 하는 효과가 있으므로 이를 특히 유도성 리액턴스(inductive reactance)라 부른다.

1.3.3 커패시턴스 회로

<그림 1-3-3>(a)와 같이 커패시턴스 C만을 갖는 이상적 커패시터에 $i = I_m \sin \omega t$ [A]로 표시되는 정현파 전류가 유입될 때 전류방향으로의 전압강하 v는 다음과 같다.

$$v = \frac{1}{C}\int i \, dt = \frac{1}{C}\int I_m \sin \omega t \, dt = -\frac{1}{\omega C} I_m \cos \omega t$$

$$= \frac{1}{\omega C} I_m \sin(\omega t - 90°) \ [V] \tag{1.58}$$

여기서, v의 최대치는 $\frac{1}{\omega C} I_m$ 이 된다.

$$V_m = \frac{1}{\omega C} I_m \ [V] \tag{1.59}$$

그러므로 전류의 실효치 사이에는 다음의 관계가 성립한다.

$$V = \frac{1}{\omega C} I \ [V] \text{ 또는 } I = \omega C V = \frac{V}{1/\omega C} \ [A] \tag{1.60}$$

<그림 1-3-3>(b)는 이때의 전압과 전류 사이의 관계를 보여준다.

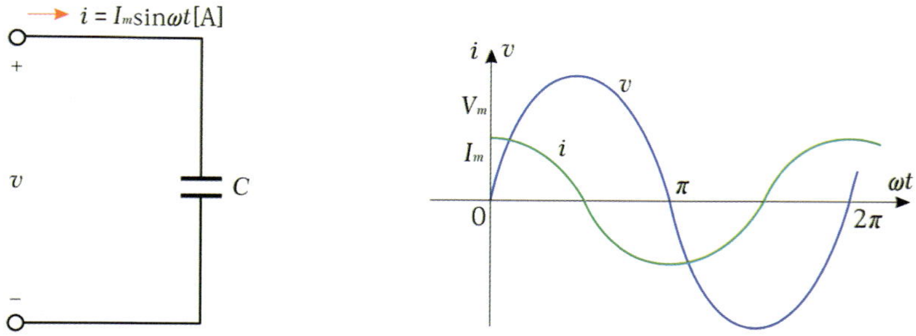

(a) 커패시턴스의 회로

(b) 순시값 전압과 전류

〈그림 1-3-3〉 커패시턴스 회로의 전압-전류 관계

참고 커패시턴스 회로의 특징

① 전압과 전류는 동일주파수의 정현파이다.
② 전압은 전류보다 위상이 90° 늦다.
③ 전압과 전류의 최대치 및 실효치의 비는 $1/\omega C$이다.

커패시턴스의 회로에서 $1/\omega C$를 용량성 리액턴스(capacitance reactance)라 하여 X_c로 표시된다. 그리고 $1/\omega C$은 ωL과 같이 회로 전류를 제한하는 교류저항으로서 역할을 하지만 인덕턴스와는 달리 전압이 전류보다 위상이 90° 뒤지는 효과가 있다. 따라서 유도성 리액턴스와 구별하기 위해서 유도성 리액턴스 X_L의 부호는 정(+), 용량성 리액턴스 X_c의 부호는 부(−)로 표현한다.

$$X_c = -\frac{1}{\omega C} = -\frac{1}{2\pi f\, C}\ [\Omega] \qquad (1.61)$$

따라서 식 (1.58)과 (1.60)은 각각 다음과 같이 쓸 수 있으며, 이는 커패시턴스만의 교류회로에서는 옴의 법칙이라 할 수 있다.

$$v = |X_c|\, I_m \sin(\omega t - 90°)\ [\mathrm{V}] \qquad (1.62)$$

$$V = |X_c|\, I\ [\mathrm{V}] \text{ 또는 } I = \frac{V}{|X_c|}\ [\mathrm{A}] \qquad (1.63)$$

1.3.4 단상교류 전력과 역률

단상교류(單相交流, single phase alternating current)에서 전압과 전류의 곱을 전력(電力, electric power)으로 표현하는 것은 전열기, 백열전구 등의 저항부하에 해당된다. 이때는 실효치를 사용하는 직류와 같이 취급된다. 그러나 저항만의 회로가 아니고 코일, 콘덴서가 혼합된 경우에는 전압과 전류의 파형이 위상차가 발생하므로 전력의 값도 다르게 표현된다.

전압 V와 전류 I 사이에 θ의 위상차가 있을 때 전력 $P = VI\cos\theta\,[\mathrm{W}]$로 표시된다. P는 소비전력(消費電力, power consumption) 또는 유효전력(有效電力, active power)이라 부른다. 또한, $P_a = VI\,[\mathrm{VA}]$는 피상전력(皮相電力, apparent electric power)이라 하고 P_a 또는 S로 표시한다. 그리고 $\cos\theta$는 그 때의 역률(力率, power factor)이라 하며, 피상전력에 대한 유효전력의 비율을 말하는 것으로 전압과 전류의 곱이 어느 정도 비율로 전력이 소비되는가를 알 수 있다. 그리고 전압과 전류 사이에 무효분이 있으면 $P_r = VI\sin\theta\,[\mathrm{Var}]$로 표현되며, 무효전력(無效電力, reactive power)이라 한다. 전력설비에서 무효분이 증가하면 설비의 효율이 나빠지고, 시스템의 특성 역시 저하될 수 있다.

section 1.4 3상 회로

전기 설비의 주파수(周波數, frequency)는 같지만 위상(位相, phase)을 달리하는 여러 개의 기전력(起電力, electromotive force)이 동시에 존재하는 교류 방식을 다상 방식(多相 方式, polyphase system)이라 한다. 다상 방식을 사용하여 같은 전력을 전송하는 경우 단상에 비해 송전선을 많이 절약할 수 있고, 회전 자계(回轉 磁界, revolving magnetic field)를 얻을 수 있다는 이점이 있다. 다상 방식 가운데 현재 가장 많이 쓰이는 것은 3상 방식(三相 方式, three-phase system)이다.

발전, 송전, 배전 등 산업용 전력 계통에는 대부분 3상 방식이 적용된다. 대칭 3상 방식의 경우 순시 전력의 총합이 항상 일정하기 때문에 3상 전동기는 일정한 회전력을 얻어 진동과 소음이 작은 이점이 있다. 3상 교류는 $2\pi/3$[rad]의 위상차를 갖는 주파수의 동일한 단상교류가 3개 모여 있으므로 동일 전력을 전송하는 것이 단상교류에 비해 전선량이 적게 소모되므로 경제적인 방법이다. 또한, 코일을 $2\pi/3$[rad]씩 각도를 띄워 배치하고 3상 교류를 가하면 간단히 회전자계를 얻을 수 있는 장점 때문에 동력용 전원으로 적합하다.

1.4.1 상전압과 선간전압

3상 회로(3相 回路, three-phase circuit)에는 상전압(相電壓, phase voltage)과 선간전압(線間電壓, line voltage)이라 부르는 전압이 있다. Y 결선(star connection)의 경우는 송전선 상호의 전압으로 선간전압은 상전압의 $\sqrt{3}$ 배이며, 선전류와 상전류는 같다. 그리고 Δ 결선(delta connection)에서는 상전압과 선간전압은 같지만 선전류(線電流, line current)는 상전류(相電流, phase current)의 $\sqrt{3}$ 배로 된다.

1.4.2 회전자계

전류에 의한 자계의 세기 또는 자화력은 전류에 비례한다. <그림 1-4-1>과 같이 어느 코일에 $i = I_m \sin\omega t$ [A]의 단상교류를 흘렸을 때의 자계의 세기 H는 비례상수를

k 라 하면 다음과 같다.

$$h = kI_m \sin \omega t = H_m \sin \omega t \ [\mathrm{AT/m}] \tag{1.64}$$

그리고 발생자계는 항상 OO' 축 위에서 교대로 변화한다. 이와 같은 자계를 교번자계(交番磁界, alternating magnetic field)라 한다. 단상교류에 의해서 생기는 이와 같은 교번자계는 한 축 위에서 교대로 변화하지만 공간에 $2\pi/n$ 씩 간격을 두고 배치된 n 개의 코일에 n 상 교류의 전류를 흘리면 그 합성자계는 공간을 회전하는 자계로 된다.

여기서, ◉ 는 전류가 나오는 쪽이고, ⊗ 는 전류가 들어가는 쪽이다.

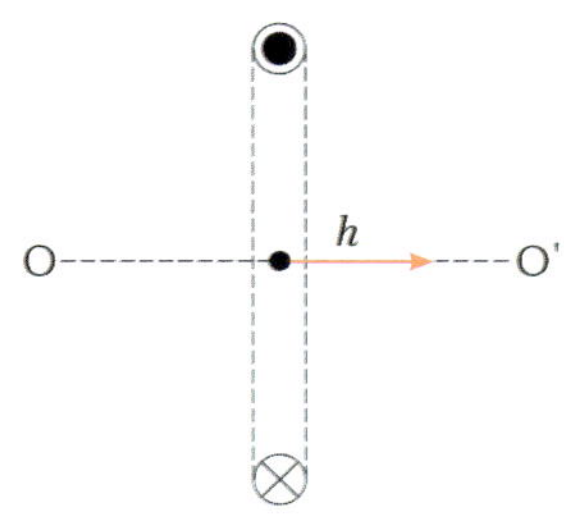

〈그림 1-4-1〉 전류가 만드는 자계

<그림 1-4-2>와 같이 A, B, C 3개의 코일이 공간에 $2\pi/3$[rad]씩 배치된 3상 코일에 평형 3상 교류 i_a, i_b, i_c를 흘렸을 때 중심부에서의 합성자계에 대해 생각해보자.

i_a, i_b, i_c에 의해서 생기는 자계를 각각 h_a, h_b, h_c라 하고 그것의 정(+) 방향을 <그림 1-4-2>와 같이 정하면 A, B, C 3개의 코일이 공간에 $2\pi/3$ 씩 배치된 3상 코일에 평형 3상 교류 i_a, i_b, i_c 를 흘렸을 때 발생하는 자계를 각각 h_a, h_b, h_c 라 하면 다음과 같이 나타낸다.

$$h_a = H_m \sin\omega t \ [\mathrm{AT/m}] \tag{1.65}$$

$$h_b = H_m \sin(\omega t - 120°) \ [\mathrm{AT/m}] \tag{1.66}$$

$$h_c = H_m \sin(\omega t + 120°) \ [\mathrm{AT/m}] \tag{1.67}$$

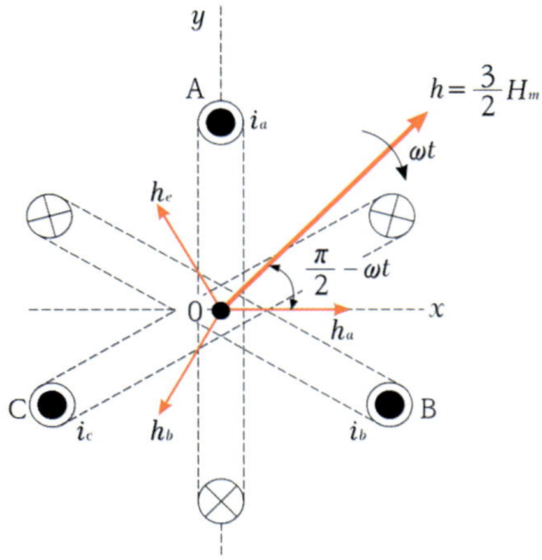

〈그림 1-4-2〉 회전자계

다음에는 이들의 합성자계를 구하기 위해서 각각의 자계를 x 축과 y 축으로 분해하여 각각의 합성성분을 h_x, h_y 라 하면 다음과 같다.

$$h_x = h_{ax} + h_{bx} + h_{cx} \tag{1.68}$$

$$= H_m \sin\omega t + H_m \sin(\omega t - 120°) \cdot \cos(-120°)$$

$$+ H_m \sin(\omega t + 120°) \cdot \cos 120°$$

$$= H_m \left\{ \sin\omega t - \frac{1}{2}\sin(\omega t - 120°) - \frac{1}{2}\sin(\omega t + 120°) \right\}$$

$$= \frac{3}{2} H_m \sin\omega t \ [\mathrm{AT/m}]$$

$$\because \begin{cases} \sin(\alpha + \beta) = \sin\alpha \cdot \cos\beta + \cos\alpha \cdot \sin\beta \\ \sin(\alpha - \beta) = \sin\alpha \cdot \cos\beta - \cos\alpha \cdot \sin\beta \end{cases}$$

$$h_y = h_{ay} + h_{by} + h_{cy} \tag{1.69}$$

$$= 0 + H_m \sin(\omega t - 120°) \cdot \sin(-120°)$$

$$+ H_m \sin(\omega t + 120°) \cdot \sin 120°$$

$$= H_m \left\{ \frac{\sqrt{3}}{2}\sin(\omega t - 120°) - \frac{\sqrt{3}}{2}\sin(\omega t + 120°) \right\}$$

$$= \frac{3}{2} H_m \cos\omega t \ [\mathrm{AT/m}]$$

그러므로 합성자계의 순시치를 h, 합성자계가 x 축과 이루는 각을 θ 라 하면 다음과 같이 표현된다.

$$h = \sqrt{h_x^2 + h_y^2} = \frac{3}{2} H_m \ [\mathrm{AT/m}] \tag{1.70}$$

$$\theta = \tan^{-1}\frac{h_y}{h_x} = \tan^{-1}(\cot \omega t) = \frac{\pi}{2} - \omega t \tag{1.71}$$

이상의 결과를 정리하면 평형 3상 교류를 코일에 흘릴 때 합성자계의 크기는 시간에 관계없이 항상 일정하며, 그 방향은 시계방향으로 ω [rad]의 각속도로 회전함을 알 수 있다.

3상 전동기는 이 회전자계(回轉磁界, rotating magnetic field)를 응용한 것이며, 이때 전류의 상순이 바뀌면 합성자계의 회전방향도 바뀌게 되어 결국 전동기의 회전방향이 바뀌게 된다.

1.4.3 3상 교류회로의 전력

3상회로의 전력은 그 결선방식이나 평형, 불평형에 관계없이 각 상의 전력을 단상에서와 마찬가지 방법으로 계산한 후 이들의 합을 구하면 된다.

부하에서의 상전압을 V_a, V_b, V_c 라 하고, 상전류를 $\dot{I}_a$, $\dot{I}_b$, $\dot{I}_c$ 라 할 때 각 상에서 상전압과 상전류의 상차를 각각 θ_a, θ_b, θ_c 라 할 수 있다. 그러므로 3상회로의 유효전력(P)과 무효전력(P_r)은 다음과 같이 표현된다.

$$P = V_a I_a \cos\theta_a + V_b I_b \cos\theta_b + V_c I_c \cos\theta_c \ [\mathrm{W}] \tag{1.72}$$

$$P_r = V_a I_a \sin\theta_a + V_b I_b \sin\theta_b + V_c I_c \sin\theta_c \ [\mathrm{Var}] \tag{1.73}$$

평형회로의 경우는 $V_a = V_b = V_c = V_p$, $I_a = I_b = I_c = I_p$, $\theta_a = \theta_b = \theta_c = \theta$ 이므로 상전압과 상전류를 이용한 유효전력과 무효전력은 다음과 같다.

$$P = 3 V_p I_p \cos\theta \ [\mathrm{W}] \tag{1.74}$$

$$P_r = 3 V_p I_p \sin\theta \ [\mathrm{Var}] \tag{1.75}$$

즉, 상전압과 상전류를 이용하여 전력을 나타내면 한 상에서의 유효전력과 무효전력의 3배가 됨을 알 수 있다.

여기서, θ 는 부하에서의 상전압과 상전류를 나타내고 있지만 한편으로는 부하의 임피던스 각(impedance angle)을 의미하기도 한다. 그러나 3상 회로에서 자주 거론되는 것은 대부분 선간전압(V_l)과 선전류(I_l)이므로 식 (1.74)와 (1.75)를 V_l과 I_l로 표현해 보면 다음과 같다.

$$\Delta \text{ 결선에서는 } I_p = \frac{1}{\sqrt{3}} I_l\,[\mathrm{A}], \quad V_p = V_l\,[V] \tag{1.76}$$

$$\text{Y 결선에서는 } I_p = I_l\,[\mathrm{A}], \quad V_p = \frac{1}{\sqrt{3}} V_l\,[\mathrm{V}] \tag{1.77}$$

그러므로 선간전압(V_l)과 선전류(I_l)를 사용한 유효전력과 무효전력은 다음과 같다.

$$P = \sqrt{3}\, V_l I_l \cos\theta \ \ [\mathrm{W}] \tag{1.78}$$

$$P_r = \sqrt{3}\, V_l I_l \sin\theta \ \ [\mathrm{Var}] \tag{1.79}$$

그러나 이 식을 사용하는데 있어서는 각 θ가 선간전압과 선전류의 상차가 아니라 상전압과 상전류의 상차임을 명심해야 한다.

section 1.5 전자기에 관한 법칙

도체(導體, conductor)에 전류가 흐르면 그 주위에 자기가 나타난다. 자기(磁氣, magnetism)가 있는 공간에 전류가 흐르고 있는 도체가 있으면 그 도체에 힘이 작용한다. 전동차나 전기세탁기 등에 사용되고 있는 전동기는 이와 같은 작용을 이용한 것이다. 역으로 자기가 있는 공간에서 도체가 운동하면 도체에 전압이 나타나는데 이를 이용한 것이 발전소(發電所, electric power station)의 발전기(發電機, generator)이다. 또한, 전선을 감은 코일 내의 자기를 변화시키면 코일에 전압이 나타나는데 이것을 응용한 기기가 변압기(變壓器, electric transformer)이다.

1.5.1 앙페르의 오른 나사 법칙

<그림 1-5-1>과 같이 전선에 전류를 흘리고 그 부근에 자침을 가져가면 자침은 어떤 방향을 향하게 된다. 자침을 이동하면서 그 방향을 알아보면 원형의 자기력선(磁氣力線, lines of magnetic force)이 생겼음을 알 수 있다. 이와 같이 도선에 전류가 흐르면 그 주위에 자장이 생긴다. 이 경우 전류의 방향과 자장의 방향은 각각 오른 나사의 진행방향과 회전방향이 일치한다. 이와 같은 성질을 앙페르의 오른 나사 법칙(Ampere's right-hand screw rule)이라고 한다.

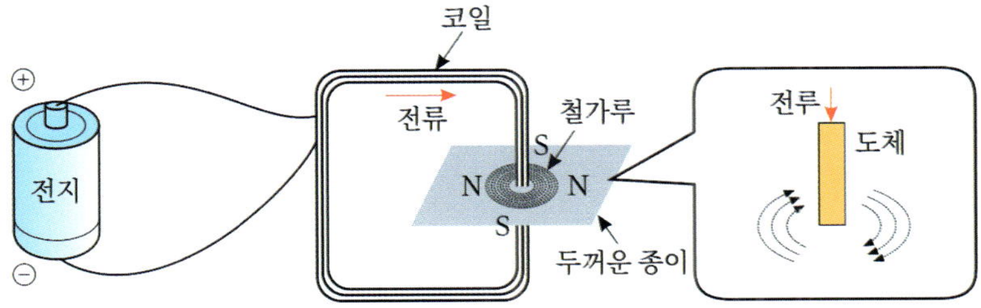

〈그림 1-5-1〉 전류에 의한 자장

1.5.2 전자력의 원리

2개의 자석을 가까이 하면 흡인력(吸引力, attractive force) 또는 반발력(半撥力, repulsive force)이 작용한다. 전류가 흐르는 2개의 코일을 가까이 해도 이들 사이에 힘이 작용한다. 자장 내에 있는 도체에 전류를 흘리면 힘이 작용한다. 이와 같은 힘을 전자력(電磁力, electromagnetic force)이라 한다.

자기장(磁氣場, magnetic field) 내에 도체를 놓고 전류를 흘리면 그 전류의 방향을 따라 도체에 작용하는 힘의 방향이 전류의 방향과 자장의 영향에 어떤 일정한 관계가 있음을 알 수 있다. <그림 1-5-2>는 자기력선에 의한 전자력의 방향을 설명한 것이다. 먼저, 도체에 전류가 흐르고 있지 않을 때 자석만의 자기력선은 <그림 1-5-2>(a)와 같다. 자석이 없을 때 도체에 전류가 흐르고 있으면 자기력선은 <그림 1-5-2>(b)와 같다. 그리고 자장 내에 전류가 흐르고 있으면 도체에는 <그림 1-5-2>(c)와 같은 방향의 힘 F가 생긴다. 여기서 ⊗는 전류가 들어가는 쪽을 의미한다.

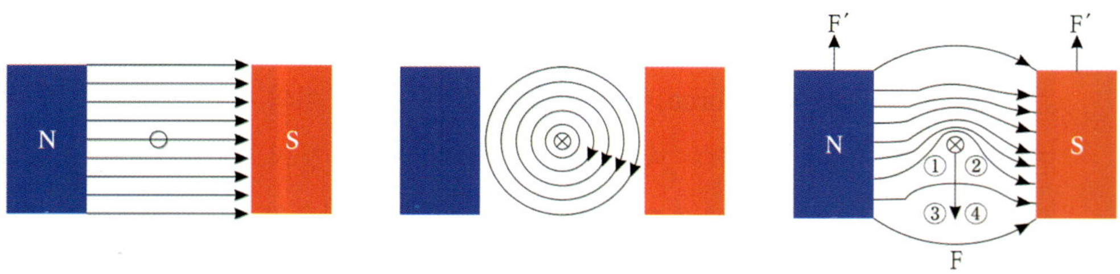

(a) (b) (c)

〈그림 1-5-2〉 전자력에 의한 힘의 방향

1.5.3 플레밍의 왼손 법칙(전자력)

전류와 자계 사이에 작용하는 힘은 전류와 자계의 양자에 대하여 수직이고 또한 전류 및 힘의 세 방향은 우수계를 형성한다. 이 관계를 알기 쉽게 설명한 것이 플레밍의 왼손 법칙(Fleming's left-hand law)이다.

<그림 1-5-3>과 같이 왼손의 엄지손가락, 둘째손가락 및 가운뎃손가락을 서로 직각이 되도록 하면 $F = BIl$ [N]에 의하여 다음과 같은 관계가 있다.

① 엄지손가락 : 힘의 방향(F의 방향)

② 둘째손가락 : 자계의 방향(B의 방향)

③ 가운뎃손가락 : 전류의 방향(I의 방향)

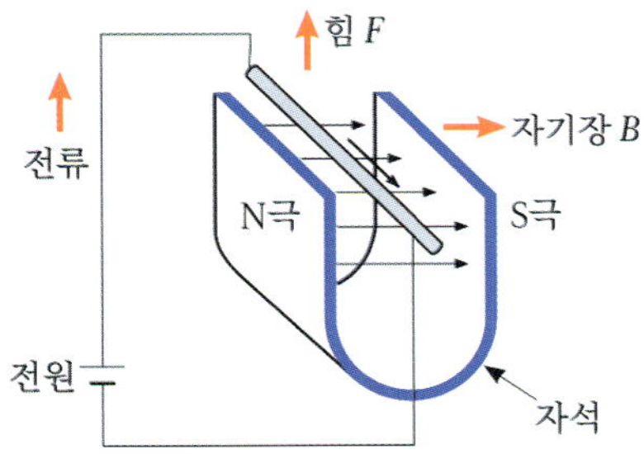

(a) 전기장 내에서의 도체 운동

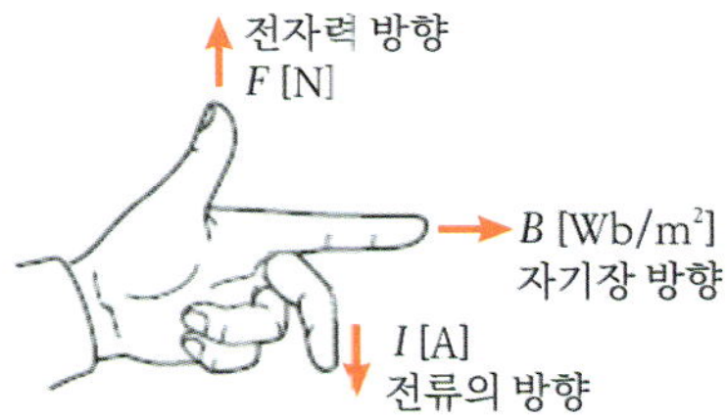

(b) 자력선과 손의 비교

〈그림 1-5-3〉 플레밍의 왼손 법칙에 의한 전자력 발생의 방향

1.5.4 플레밍의 오른손 법칙(전자유도)

기전력 U, 속도 v, 자속밀도 B가 서로 수직인 경우 이들의 방향관계를 이용하여 편리하게 나타낼 수 있다. 오른손의 엄지손가락, 둘째손가락 및 가운뎃손가락을 서로 직각이 되도록 하면 $U = vBl$ [V]에 의하여 다음과 같은 관계가 있다. 이것을 플레밍의 오른손 법칙(Fleming's right-hand law)이라고 하며, <그림 1-5-4>와 같이 표현된다.

① 엄지손가락 : 도체의 운동방향(v의 방향)

② 둘째손가락 : 자속의 방향(B의 방향)

③ 가운뎃손가락 : 기전력의 방향(U의 방향)

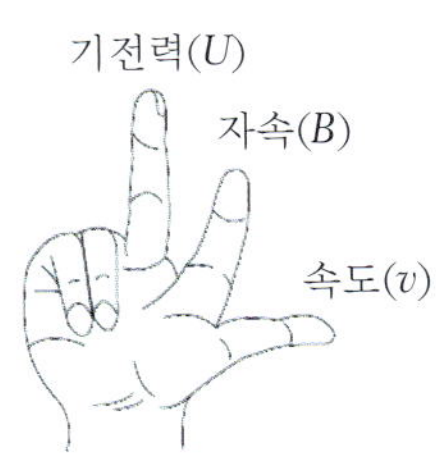

(a)

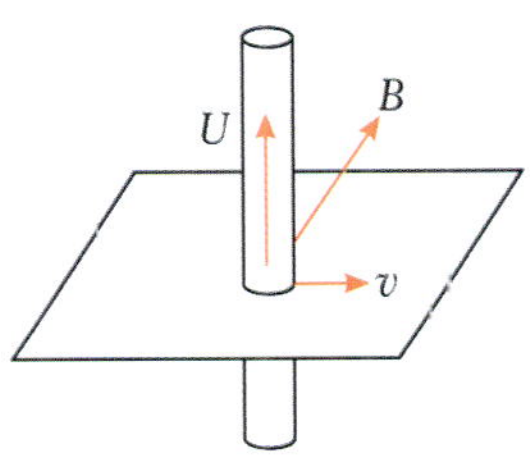

(b)

〈그림 1-5-4〉 플레밍의 오른손 법칙

section 1.6 직류전동기

1.6.1 직류전동기의 원리

직류전동기(直流電動機, DC electric motor)의 원리는 자계 중에 코일을 설치하고 이것에 전류를 흘리면 플레밍의 왼손 법칙에 따른 전자력을 얻을 수 있다.

<그림 1-6-1>(a)와 같이 자극 N극과 S극 사이에 코일 a b c d를 놓고 이것에 직류전원으로부터 브러시 B_1과 B_2, 정류자편 C_1과 C_2를 거쳐 전류를 흘리면 코일 a b 및 c d 변에는 각각 시계방향의 토크(torque)가 생기므로 코일 전체가 시계방향으로 회전한다. 그리고 반회전한 다음에 <그림 1-6-1>(b)의 위치에 와도 a b 및 c d에는 시계방향의 토크가 발생하므로 코일 전체는 <그림 1-6-1>(a)의 경우와 같이 시계방향으로 회전한다.

이와 같이 하여 코일에 전류가 흐르는 동안에는 시계방향으로 계속해서 회전한다. 이것이 직류전동기이며, 그 원리로부터 알 수 있는 바와 같이 직류발전기를 그냥 직류전동기로 사용할 수 있다. 따라서 직류전동기의 구조는 직류발전기와 거의 같으며 계자권선(界磁捲線, field winding)과 전기자권선(電氣子捲線, armature winding)의 연결방식에 따라 분권, 직권, 복권으로 분류되는 것도 발전기와 같다.

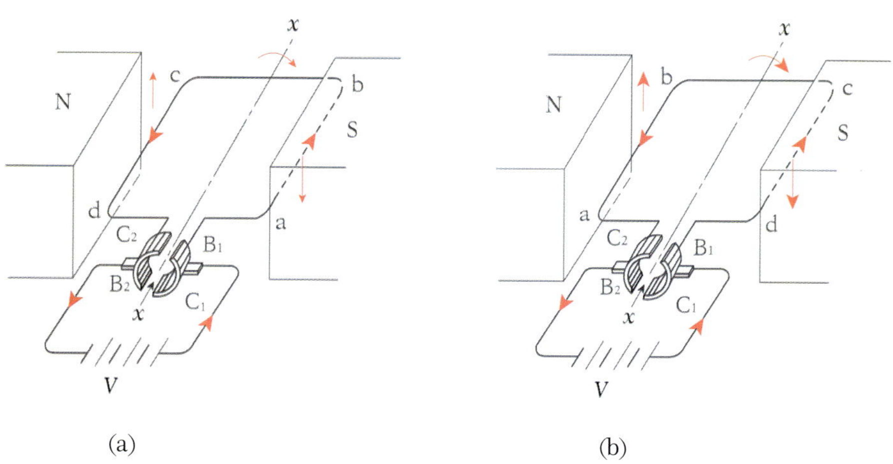

〈그림 1-6-1〉 직류전동기의 작동원리

1.6.2 직류전동기의 기본 구조

직류기는 자로를 구성하는 자극철심(磁極鐵心, pole core), 전기자철심(電氣子鐵心, armature core), 계철(繼鐵, yoke)과 전로를 구성하는 전기자권선(電氣子捲線, armature winding), 정류자(整流子, commutator), 브러시(brush), 기자력을 만들어주는 계자권선(界磁捲線, field winding) 등이 있다.

이 외에 중형기 이상의 직류기에는 자극 N과 S의 중간 위치에 보극(補極, commutating pole)이 있는 것이 많으며, 자극표면에 보극권선(compensating winding or interpole winding)이 감겨있는 것도 있다. 계철은 연동철을 구부려서 용접하든가 다이캐스트(die cast) 등으로 만든다.

전기자철심은 두께 0.5 [mm] 정도의 규소강판을 원형 또는 익형으로 가공하고 적층(積層, lamination)하여 원통상으로 한다. 대형기에서는 적층 5~10 [cm] 마다 폭 1 [cm] 정도의 통풍덕트(air duct) 또는 통풍구(通風口, ventilation hole)를 만든다. 그리고 철심을 조이는 볼트가 과전류 통로가 되지 않도록 절연 볼트를 사용한다.

순철에 규소(silicon)를 2~5 [%] 함유시킨 규소강판 양면에 절연 바니쉬를 도포하여 강판 표면을 절연하고 적층하여야 하는데 이렇게 하는 것은 철심에 교번자속이 통함으로써 생기는 와류손(渦流損, eddy current loss)과 히스테리시스손(hysteresis loss)을 줄이기 위해서이다.

전기자코일에는 도전율 97 [%] 이상의 연동을 절연하여 사용한다. 절연은 전기적 내력뿐만 아니라 운전 중의 압력에 견딜 수 있는 기계적 강도를 가져야 한다.

주자극은 두께 0.8~1.6 [mm]의 연동판을 펀칭(punching)해서 적층한 다음 리벳(ribbet)으로 조이고 계철에 볼트로 고정한 자극판을 붙이는 경우도 있다.

계자권선은 전류가 적고 권수가 많은 분권권선과 전류가 크고 권선수가 적은 직권권선을 사용하며 구조가 다르다. 분권권선은 에나멜 절연 또는 면절연을 한 가는 전선을 권선틀에 몇 겹으로 겹쳐서 감고 운모지, 절연포 등으로 절연한 것을 사용한다. 직권권선은 굵은 나동봉을 감거나 리본모양의 동대를 운모지, 석면지 등을 끼워서 평권으로 감은 것을 사용한다.

1.6.3 직류전동기의 종류와 특성

직류전동기는 철심, 권선, 정류자 등으로 구성되며, <그림 1-6-2>는 직류전동기의 구조와 각 부분의 명칭을 나타낸 것이다.

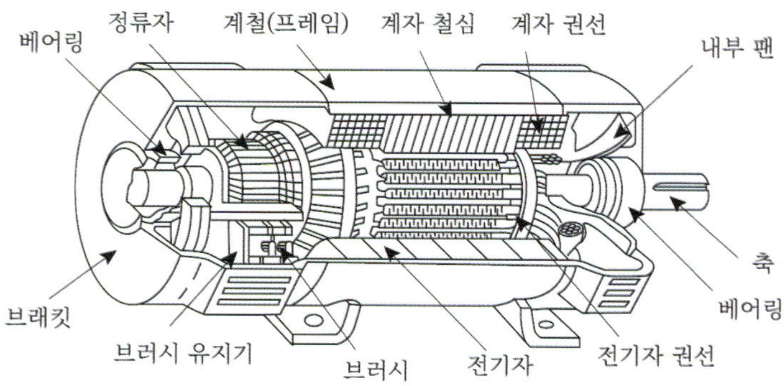

〈그림 1-6-2〉 직류전동기의 구조 및 명칭

전기 에너지를 운동 에너지로 변환하는 전동기(電動機, motor)는 다른 동력에 비해 효율이 우수하고, 소형으로 제작이 가능하여 경제성이 뛰어난 기기이다. 전동기에 의해서 변환된 에너지는 물건을 이동 또는 운반시킬 수 있고, 제어가 편리하다는 특징을 갖고 있다. 직류전동기는 자석을 만드는 방법에 따라 다음과 같이 분류되며, <그림 1-6-3>과 같이 전기자권선과 계자권선이 접속된다.

(1) 타여자 전동기

타여자 전동기(他勵磁 電動機, separately excited motor)는 여자 전류를 다른 직류 전원에서 공급하는 방식이다. 즉, 외부의 직류전원으로 전자석을 여자하는 방식이다.

(2) 자여자 전동기

자여자 전동기(自勵磁 電動機, self excited motor)는 여자 전류를 전동기 자신의 유기 기전력으로 공급하는 방식이다. 따라서 전기자에 가하는 동일한 전원으로 전자석을 여자시키는 방식으로 다음과 같은 것들이 있다.

① 분권전동기는 전기자의 양단에 병렬로 분권계자권선을 설치한 것이다.

② 직권전동기는 전기자 권선에 직렬로 직렬계자권선을 설치한 것이다.

③ 복권전동기는 분권과 직권의 2 개의 계자권선을 설치한 것이다.

a. 가동복권전동기는 양쪽 권선의 자속이 서로 합해지도록 설치한 것이다.

b. 차동복권전동기는 양쪽 권선의 자속이 서로 차이가 발생하도록 설치한 것이다.

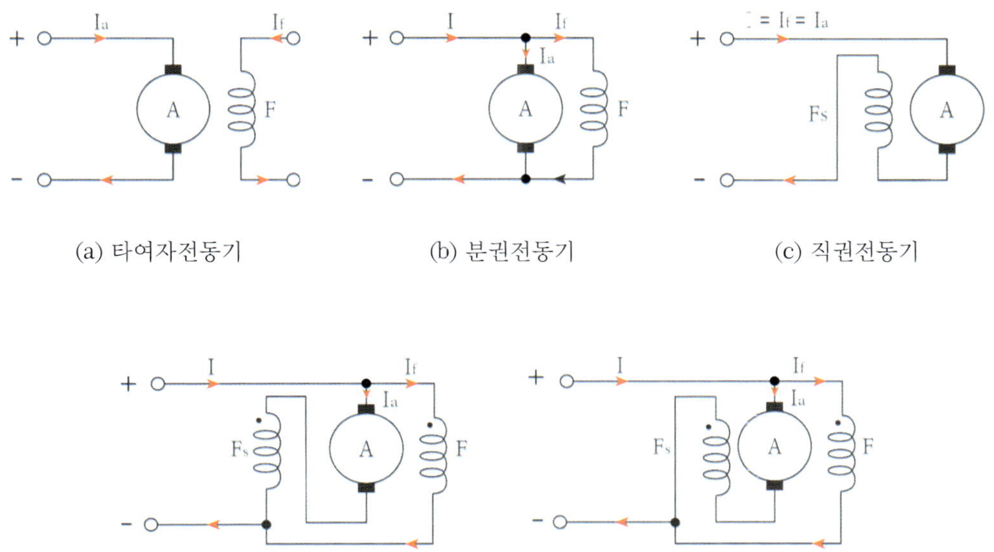

(a) 타여자전동기 (b) 분권전동기 (c) 직권전동기

(d) 가동복권전동기 (e) 차동복권전동기

〈그림 1-6-3〉 직류전동기의 접속

section 1.7 유도전동기

1.7.1 유도전동기의 개요

(1) 유도전동기의 기본법칙

유도전동기(誘導電動機, induction motor)는 다음과 같은 2 가지 기본법칙을 응용한 전동기이다.

첫째는 전자유도의 법칙으로 도체가 자속을 끊으면 기전력이 유기되며, 이 기전력의 방향은 플레밍의 오른손 법칙에 따른다.

둘째는 자계와 전류 사이에 기계적인 힘이 작용한다는 법칙으로 이 힘의 방향은 플레밍의 왼손 법칙에 따른다. 즉, 전류를 흘리고 있는 도체가 자계 안에 놓여 있을 때 이것에 기계적인 힘이 작용한다.

자속밀도를 B [Wb/m²], 도체의 길이를 l [m], 도체와 자속에 대해서 모두 직각방향이 되는 속도를 v [m/s], 그 방향의 힘을 f [N], 유기기전력을 e [V], 전류를 I [A]라 하면 다음과 같은 관계가 성립한다.

그러므로 플레밍의 오른손 법칙에 의해 전자 유도되는 유기기전력 e 는 다음과 같이 표현된다.

$$e = Blv \text{ [V]} \tag{1.80}$$

또한, 플레밍의 왼손 법칙에 의해 발생되는 전자력 f 는 다음과 같이 표현된다.

$$f = Bil \text{ [N]} \tag{1.81}$$

(2) 유도전동기의 원리

유도전동기의 원리는 <그림 1-7-1>과 같은 아라고 원판(Arago's disk)에 의해 설명할 수 있다. 1824년에 아르고의 원판(Arago's rotating disc)이라고 부르는 현상이 발견되었다. 이 원판 가까이의 수평축 둘레를 회전하는 영구자석을 놓고 자석을 핸들로 어떤 방향으로 빨리 돌리면 동원판은 자석이 만드는 자계의 자속을 끊으므로 동판 안에 기전력이 유기되고 이 안에 전류가 흐른다. 이 전류는 자계 안에 있으므로 힘이 생기며 이 힘에 의하여 동판이 회전한다.

따라서 동원판의 회전속도는 자속을 끊을 만큼 자석의 속도보다 느리게 되어야 한다. 만일, 같은 속도로 회전하면 동판은 자속을 끊지 못하므로 기전력이 유기되지 않고 전류가 흐르지 않아 회전하는 힘이 생기지 않기 때문이다.

유도전동기는 이러한 원리에 따른 것인데 실제의 3상 유도전동기에서는 자석을 돌리는 대신에 고정된 3상 교류를 흘렸을 때 생기는 회전자속을 1886년 테슬라(Nicola Tesla)가 처음 이용하였으며, 적당한 권선을 감은 원통형의 철심(회전자)이 동판 대신의 역할을 한다.

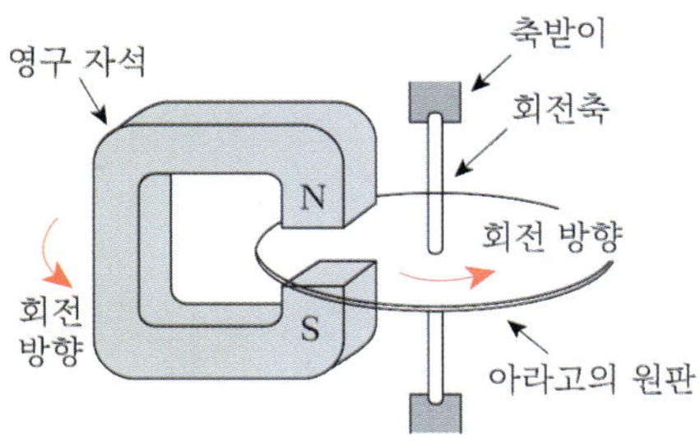

(a) 원판의 회전

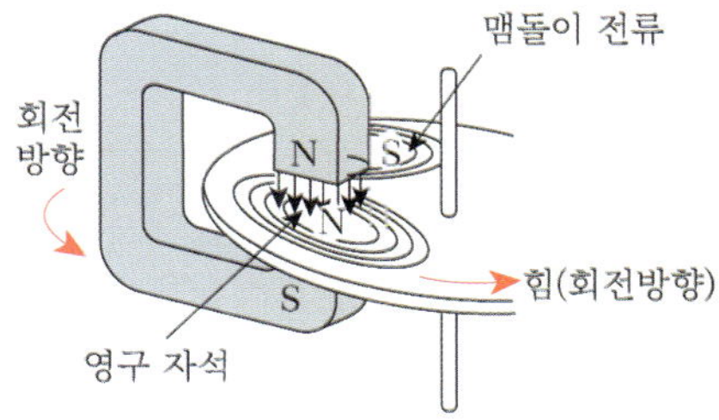

(b) 맴돌이 전류

〈그림 1-7-1〉 아라고 원판의 회전 및 맴돌이 전류

(3) 회전자계

자속을 회전시키면 앞에서 설명한 바와 같이 자석의 자극을 실제로 돌리는 대신에 고정자(固定子, stator)에 3상권선을 감고 이것에 3상교류(三相交流, three-phase alternating current)를 흘려서 만들어지는 회전자계(回轉磁界, rotating magnetic field)를 이용한다.

<그림 1-7-2>와 같이 3개의 코일 Ⅰ, Ⅱ, Ⅲ을 서로 120°만큼씩 떨어뜨려서 감고 이들 각각에 120° 씩 위상이 다른 3상교류를 다음과 같이 흘렸다고 하자.

$$I_m \sin \omega t \ \text{[A]} \tag{1.82}$$

$$I_m \sin\left(\omega t - \frac{2}{3}\pi\right) \ \text{[A]} \tag{1.83}$$

$$I_m \sin\left(\omega t - \frac{4}{3}\pi\right) \ \text{[A]} \tag{1.84}$$

그러면 코일 Ⅰ에 흐르는 전류에 의하여 O점에 만들어지는 자계는 O_{x_1}의 방향이 되고, 그 크기는 전류에 비례한다. 이것을 나타내면 다음과 같다.

$$H_m \sin \omega t \ \ [\mathrm{AT/m}] \tag{1.85}$$

그리고 코일 Ⅱ의 전류로 만들어지는 자계는 O_{x_2}를 향하며, 이것은 다음과 같다.

$$H_m \sin\left(\omega t - \frac{2}{3}\pi\right) \ \ [\mathrm{AT/m}] \tag{1.86}$$

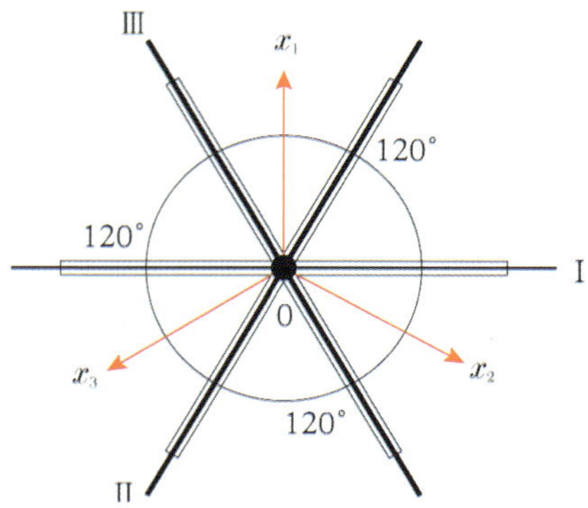

〈그림 1-7-2〉 회전자계

또한, 코일 Ⅲ으로 만들어지는 자계는 O_{x_3}의 방향이며, 이것을 나타내면 다음과 같다.

$$H_m \sin\left(\omega t - \frac{4}{3}\pi\right) \ \ [\mathrm{AT/m}] \tag{1.87}$$

이들 3개의 자계를 합성한 자계가 O점에 생긴다.

여기서, 이것을 O_{x_1}의 방향과 O_{x_1}의 직각방향, 즉 종축과 횡축으로 분해할 수 있다.

세로 방향(종축)의 성분은 다음과 같다.

$$H_m \sin \omega t - H_m \sin\left(\omega t - \frac{2\pi}{3}\right)\cos\frac{\pi}{3} - H_m \sin\left(\omega t - \frac{4\pi}{3}\right)\cos\frac{\pi}{3}$$

$$= H_m\left[\sin \omega t - \cos\frac{\pi}{3}\left\{\sin\left(\omega t - \frac{2\pi}{3}\right) + \sin\left(\omega t - \frac{4\pi}{3}\right)\right\}\right]$$

$$= H_m\left[\sin \omega t - \cos\frac{\pi}{3} \times 2\sin(\omega t - \pi)\cos\frac{\pi}{3}\right]$$

$$= H_m \left[\sin \omega t + \frac{1}{2} \sin \omega t \right]$$

$$= \frac{3}{2} H_m \sin \omega t \ [\mathrm{AT/m}] \tag{1.88}$$

가로 방향(횡축)의 성분은 다음과 같다.

$$H_m \sin\left(\omega t - \frac{2\pi}{3}\right) \cos\frac{\pi}{6} - H_m \sin\left(\omega t - \frac{4\pi}{3}\right) \cos\frac{\pi}{6}$$

$$= \frac{\sqrt{3}}{2} H_m \left\{ \sin\left(\omega t - \frac{2\pi}{3}\right) - \sin\left(\omega t - \frac{4\pi}{3}\right) \right\}$$

$$= \sqrt{3}\ H_m \cos(\omega t - \pi) \sin\frac{\pi}{3}$$

$$= -\frac{3}{2} H_m \cos \omega t \ [\mathrm{AT/m}] \tag{1.89}$$

따라서 O점의 합성자계의 크기는 다음과 같다.

$$\sqrt{\left(\frac{3}{2} H_m \sin \omega t\right)^2 + \left(\frac{3}{2} H_m \cos \omega t\right)^2} = \frac{3}{2} H_m \ \ [\mathrm{AT/m}] \tag{1.90}$$

이것은 t를 포함하지 않기 때문에 시간과는 관계가 없고, 언제나 세기가 일정하다. 다음에 합성자계와 횡축 사이의 각을 θ라 하면 다음과 같다.

$$\theta = \tan^{-1} \frac{\dfrac{3H_m}{2} \sin \omega t}{-\dfrac{3H_m}{2} \cos \omega t} = -\tan^{-1}(\tan \omega t) = -\omega t \tag{1.91}$$

자계는 전류와 같은 주기를 가지며 동기속도(同期速度, synchronous speed)로 시계 방향으로 회전하고, 그 세기는 각 코일이 만드는 최대자계의 3/2 배이다.

회전자계는 동기속도로 회전하므로 매분의 회전수를 N_s라 하고 극수를 P, 주파수를 f라 하면 다음과 같이 나타낸다.

$$N_s = \frac{120 f}{P} \ [\mathrm{rpm}] \tag{1.92}$$

(4) 회전방향

위의 경우는 권선 Ⅱ에 권선 Ⅲ 보다 위상이 120° 앞선 전류를 흘렸을 때이다. 이것과 반대로 해서 권선 Ⅲ에 권선 Ⅱ 보다 120° 앞선 전류를 흘리고 3상 교류의 위상을 Ⅰ, Ⅱ, Ⅲ의 순서로 하면 횡축방향의 자계는 부호가 바뀌어 $(3H_m \cos\omega t)/2$가 되고, $\theta = \omega t$ 이므로 회전자계의 회전방향은 위의 경우와 반대로 반시계 방향이 된다.

그러므로 3상 유도전동기는 <그림 1-7-3>과 같이 고정자의 2개 단자를 바꾸면 회전방향을 반대로 할 수 있다.

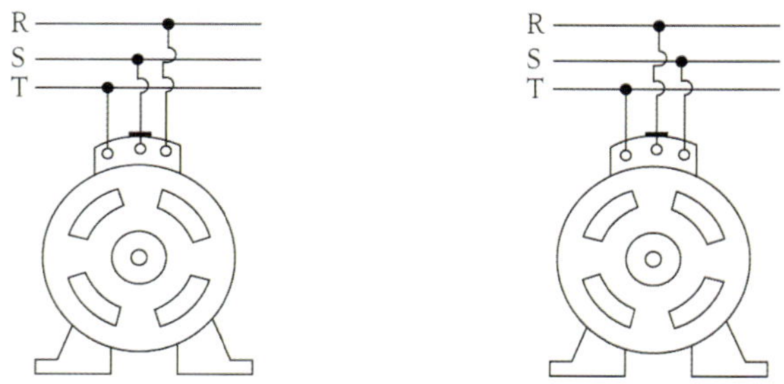

(a) 정방향　　　　(b) 역방향

〈그림 1-7-3〉 회전방향

1.7.2 유도전동기의 구조

(1) 고정자

고정자(固定子, stator)는 <그림 1-7-4>와 같이 규소강판(硅素鋼板, silicon steel lamination)을 성층해서 만들며 이 철심의 주내에 파져 있는 슬롯(slot)에 코일을 넣어 이것에 고정자테(stator frame)를 두른 것이다. 고정자 권선은 소형전동기의 경우 환형의 2중 면권선을 사용하고 용량이 큰 전동기에는 평각선을 2중면권으로 해서 감는다.

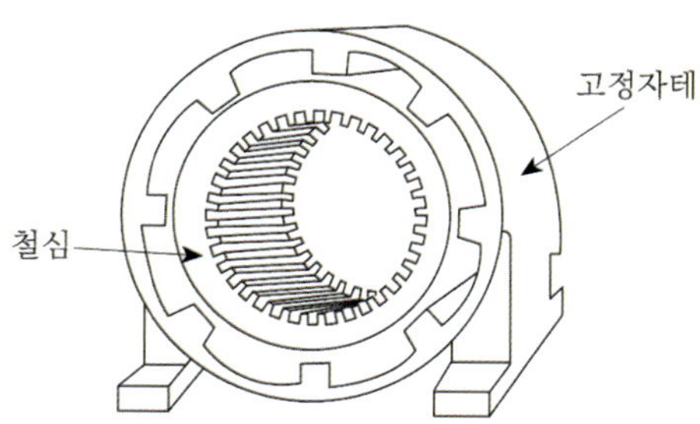

〈그림 1-7-4〉 고정자의 구조

(2) 회전자

회전자철심(回轉子鐵心, rotor core)은 원통형으로 되어 있고 규소강판을 성층해서 만든다. 회전자철심의 외주에 있는 슬롯에 회전자권선을 감는데 이 회전자 권선은 고정자와 같은 극수의 다상권선(3상권선)으로 하는 경우와 회전자철심의 슬롯에 굵은 동봉을 끼우고 이 동봉의 양단을 <그림 1-7-5>와 같이 동제의 단락환(端絡環, end-ring)으로 단락한 농형권선으로 제작하는 경우의 2 가지가 있다.

따라서 다상권선을 감은 회전자를 권선형 회전자(wound rotor)라 하고, 단락환 권선으로된 회전자를 농형회전자(籠形回轉子, squirrel cage rotor)라 한다.

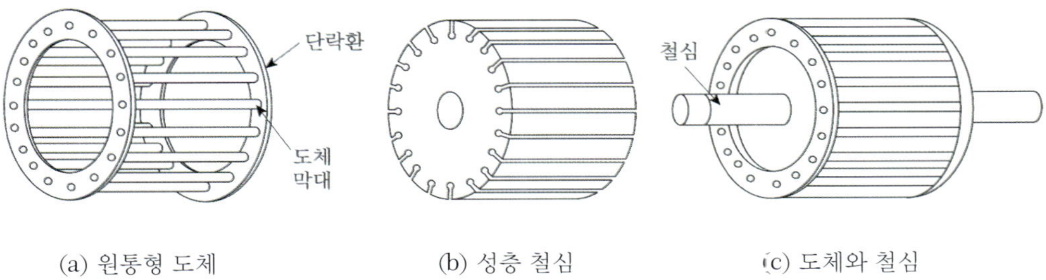

〈그림 1-7-5〉 농형 회전자의 도체와 철심

1.7.3 유도전동기의 기동

(1) 기동전류

유도전동기의 기동시에 슬립 $s = 1$ 이다. 즉, 회전자가 정지하고 있어 고정자에서 발생하는 회전자속은 동기속도로 회전자권선을 끊게 되어 회전자권선에 큰 기전력이 유기되므로 회전자에 흐르는 전류는 전부하 전류의 5배 이상 되는 것이 보통이다. 이렇게 기동시에 전류가 많이 흐르는데도 불구하고 기동시키는 순간에는 2차 리액턴스가 커져 2차 역률이 나빠지므로 기동토크는 적다. 그러므로 기동전류(起動電流, starting current)를 제한하고 기동토크를 크게 하려고 여러 가지 기동법이 이용되고 있다.

(2) 권선형전동기의 기동법

권선형전동기(捲線形電動機, wound rotor motor)에서 위의 2가지의 결점은 비례추이의 현상을 이용하면 한꺼번에 해결할 수 있다. <그림 1-7-6>과 같이 슬립링(活動環,

slip ring)을 거쳐서 회전자에 기동저항(起動抵抗, starting resistor)을 연결한다. 우선 저항을 최대로 하고 개폐기 S를 닫고 전동기가 가속하는데 따라 핸들을 반시계 방향으로 돌려 점차 저항을 줄이고 적당한 속도에 이르면 단락장치로 슬립링 사이를 단락함과 동시에 브러시를 올리도록 한다.

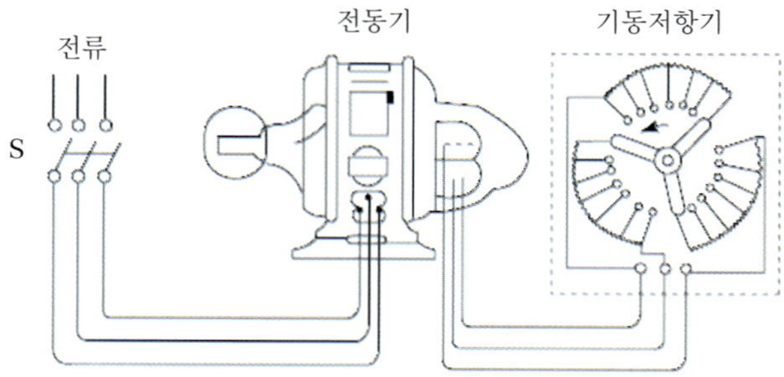

〈그림 1-7-6〉 권선형의 기동법

(3) 농형전동기의 기동법

농형전동기(籠形電動機, squirrel cage motor)는 권선형과 같이 회전자에 저항을 넣을 수 없으므로 기동전류를 제한하기 위하여 공급전압을 낮추어야 한다. 그런데 토크는 공급전압의 2승에 비례하므로 기동토크가 작아진다. 이것이 농형 전동기의 결점이며 무부하 또는 경부하가 아니면 기동이 안 된다. 따라서 농형은 일반적으로 소용량의 것이 많으며 기동법은 3가지가 있다.

① 전전압기동

3.7 [kW], 5 [Hp] 이하의 소용량 전동기는 기동장치 없이 직접 전전압을 공급해서 기동시킨다. 이때의 기동전류는 전부하 전류의 6배 정도가 되지만 전부하전류 자체가 적으므로 지장이 없다.

② Y − Δ 기동

고정자 3상 권선을 운전시에는 Δ로 연결하고, 기동시에만 Y로 연결하면 1상 권선에 가해지는 전압은 기동시 전전압의 $1/\sqrt{3}$ 이며, 60 [%] 정도가 된다. 이것을 Y - Δ 기동이라 한다.

Y, Δ로 고정자 권선의 접속을 바꾸려면 <그림 1-7-7>과 같이 처음에 개폐기를 기동측 방향으로 투입하고, 최고속도에 도달했을 때 운전측 방향으로 절체하면 된다.

이러한 경우 기동토크는 $(1/\sqrt{3})^2 = 1/3$이 되지만 기동전류는 전부하 전류의 약 3배가 되어 전전압 기동전류의 1/2로 감소한다. 보통 10~15 [kW] 정도까지 이 방법에 의하여 기동시킨다.

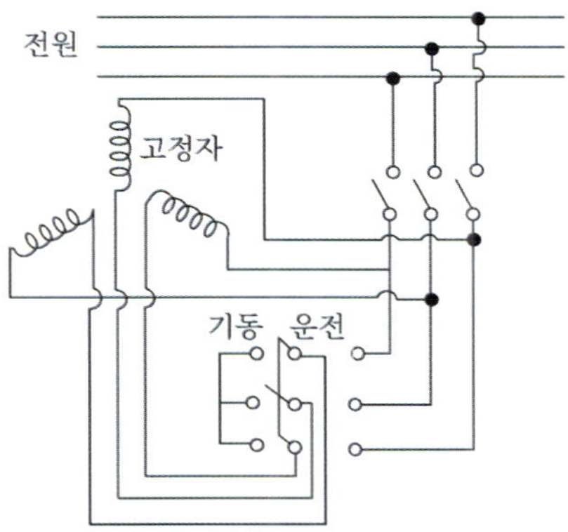

〈그림 1-7-7〉 Y - Δ 기동법

③ 기동보상기에 의한 기동

기동보상기(起動補償器, starting compensator)라 하는 단권변압기를 써서 공급전압을 낮추어서 기동시키는 방법이다. 보통 10~200 [kW] 정도의 전동기를 이 방법으로 기동시킨다. <그림 1-7-8>은 고정자에 공급되는 전압을 전원전압의 1/2 또는 1/3로 감소시킨다. 즉, 기동할 때는 개폐기를 b에 닫고 가속시킨 다음에 a로 바꾼다. 이렇게 하면 개폐기를 바꾸어 닫는 도중에 고정자의 자속이 영이 되는 결점이 있으므로 이것을 피하기 위하여 <그림 1-7-9>와 같이 3종의 개폐기를 사용하여 우선 a와 b를 닫고 기동시키고 가속된 다음에 a를 연다. 이때 보상기는 리액터(reactor)가 되므로 전동기에는 이 리액터를 거쳐서 전압이 가해지는 것이 된다. 다음에 c를 닫고 b를 열면 전전압이 직접 가해진다. 이 방법을 Korndorffer의 기동법이라 한다.

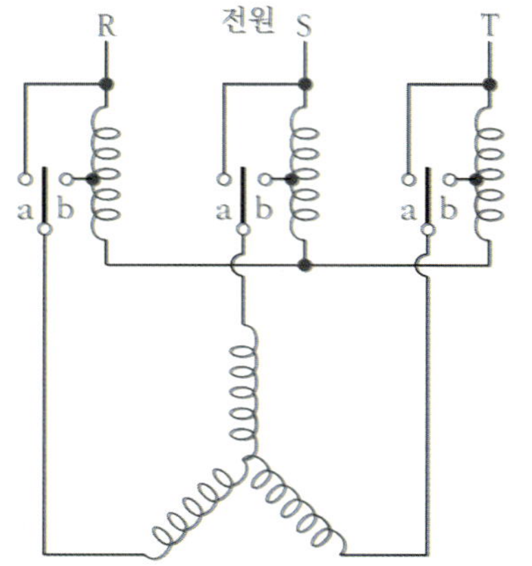

〈그림 1-7-8〉 기동보상기에 의한 기동

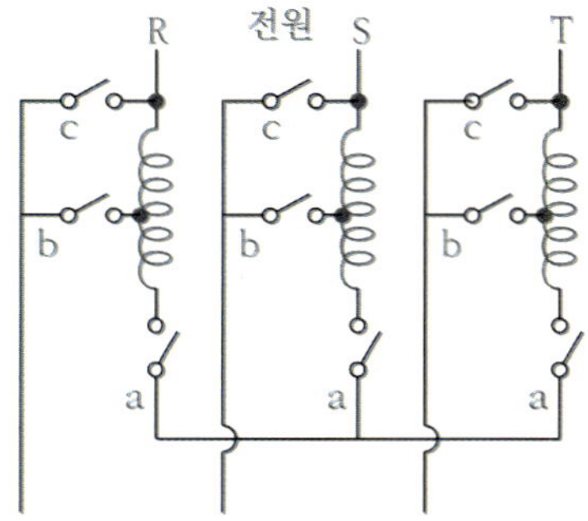

〈그림 1-7-9〉 Korndorffer법에 의한 기동

④ 리액터 기동

리액터(reactor) 기동은 전원과 전동기 사이에 공극이 있는 직렬리액터를 삽입하여 전동기 단자에 가해지는 전압을 떨어뜨리는 방법이다. 이것의 원리는 <그림 1-7-10> 과 같이 전동기를 등가적으로 리액턴스 X_m [Ω]이라 생각하고, 전동기의 인가전압이 a 배($a < 1$)가 되도록 리액터를 선정하여 이 리액턴스를 X [Ω]이라 하면 다음과 같다.

$$\frac{X}{X_m} = \frac{1-a}{a} \tag{1.93}$$

전동기를 직입 기동한 경우의 기동전류를 I 라 하면 $I = V / X_m$ (V는 전원전압)이고, 리액터 기동의 경우 기동전류를 I' 라 하면 다음과 같다.

$$I' = \frac{V}{X + X_m} = \frac{V}{X_m\left\{\left(\frac{1-a}{a}\right)+1\right\}} = \frac{V}{X_m \frac{1}{a}} = a \cdot \frac{V}{X_m} = a\,I \text{ [A]} \tag{1.94}$$

위 식에서 기동전류는 직입전류의 a 배, 토크는 a^2 배가 된다. 이 기동법으로 하면 가속하여 전동기의 임피던스가 증가하면 전동기의 분담전압이 증가하므로 부하토크의 증대에 어느 정도 대응할 수 있다.

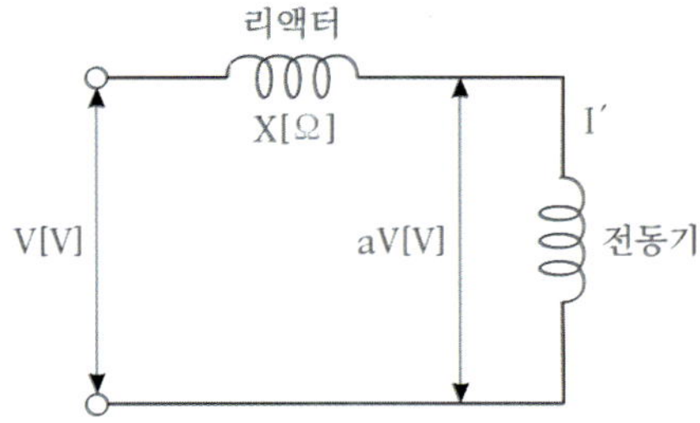

〈그림 1-7-10〉 리액터에 의한 기동

1.7.4 단상유도전동기

단상유도전동기(單相誘導電動機, single-phase induction motor)는 회전자가 각형으로 고정자가 단상권선으로 되어있기 때문에 회전자계를 자기 스스로 얻을 수 없다. 이러한 기동은 2가지로 분류된다.

첫째, 위상차를 이용한 기동법은 (1) 분상 기동형, (2) 콘덴서 기동형, (3) 세이딩 코일형, (4) 모노 사이클형 등이 있다.

둘째, 단상직권정류자 전동기를 이용한 기동법은 (5) 반발 기동형 등이 있다.

(1) 분상 기동형 유도전동기

분상 기동형 유도전동기(phase split start type induction motor)는 주권선 M에 대하여 전기가 90° 늦은 위치에 가는 기동권선 S를 놓고, 주권선전류 I_M과 기동권선전류 I_S의 위상이 늦도록 불안정한 2상 회전자계로 기동한다. 회전개시 후 속도의 약 80 [%] 정도로 되면 원심력 스위치가 작동하여 기동권선 S를 회로에서 분리한다.

특징은 기동토크가 적고, 원심개폐기가 기계적인 약점이 되기 쉬우며, 기동전류가 크기 때문에 콘덴서전동기의 발달에 따라 이용도가 현저히 감소하고 있다.

◇ 용도 ; 펌프, 공업용 재봉틀 등

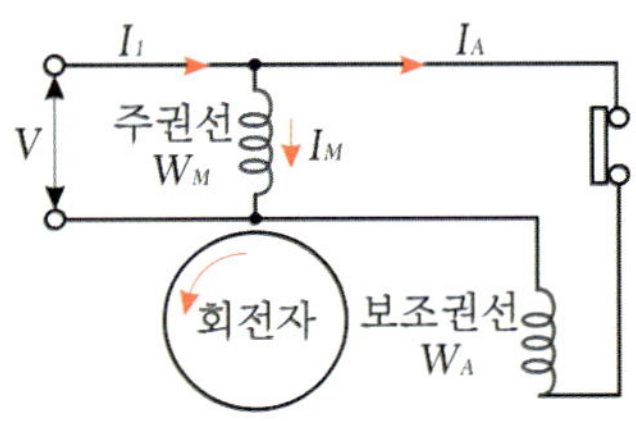

〈그림 1-7-11〉 분상 기동형 유동전동기

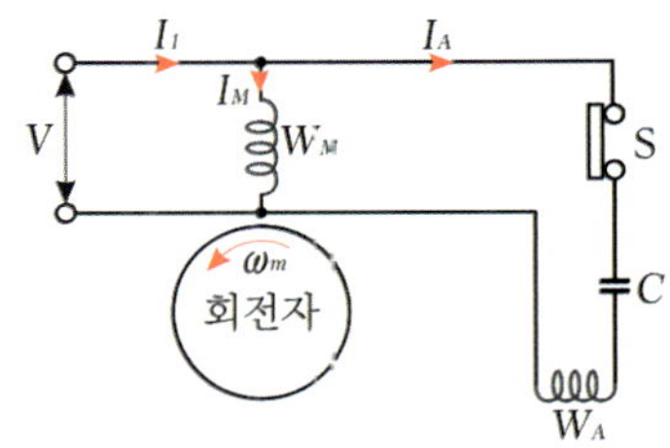

〈그림 1-7-12〉 콘덴서형 유도전동기

(2) 콘덴서형 유도전동기

콘덴서형 유도전동기(condenser induction motor)는 기동권선 S에 기동용 콘덴서 C를 삽입하여 주권선전류 I_M과의 위상차를 이용한다. 이것은 콘덴서의 사용방법에 따라 콘덴서 기동형, 2가 콘덴서 전동기, 영구 콘덴서 전동기로 분류된다.

◇ 용도 ; 펌프, 세탁기, 환풍기, 냉장고, 공업용 재봉틀 등

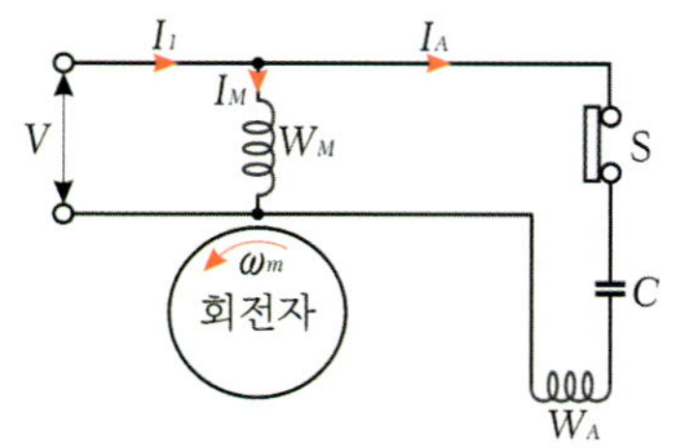

〈그림 1-7-13〉 콘덴서 모터용 전동기

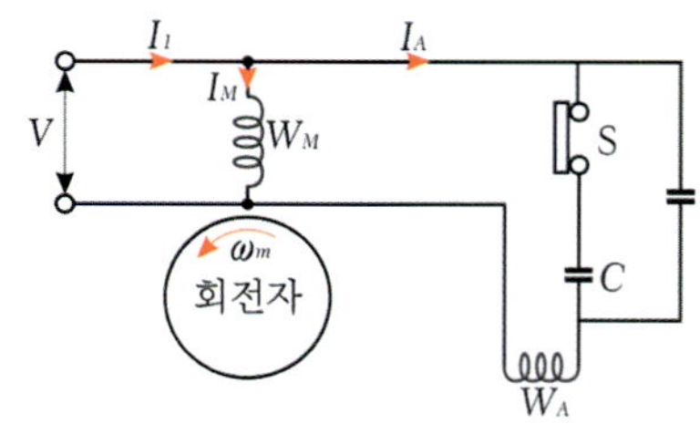

〈그림 1-7-14〉 콘덴서 모터 콘덴서 기동형 전동기

(3) 세이딩 코일형 유도전동기

세이딩 코일형 유도전동기(shading coil single-phase induction motor)는 회전자가 농형이고 고정자의 성층철심은 몇 개의 돌극으로 되어 있다. 자극철심에는 1차 권선만이 감겨 있고 자극의 일부는 세이딩에 코일이 감겨져 있다.

특징은 기동토크가 대단히 적고 운전 중에도 세이딩에 전류가 흐르기 때문에 효율과 역률은 모두가 낮고 속도변동률이 크다. 구조가 간단하고 견고하기 때문에 수 10[W] 이하의 소형전동기에 널리 사용된다.

◇ 용도 ; 소형환풍기, 오디오 등

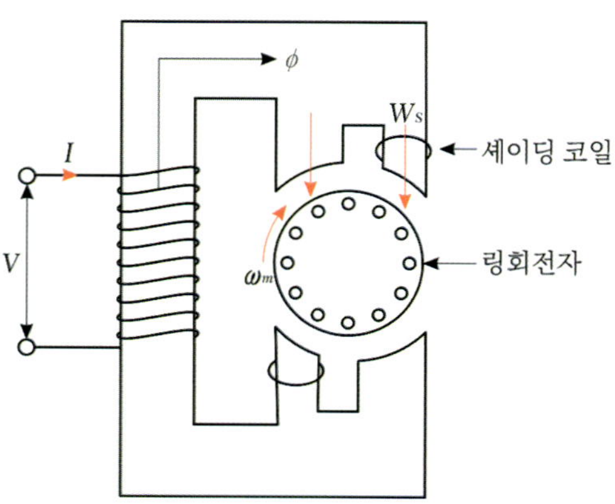

〈그림 1-7-15〉 세이딩 코일형 전동기

(4) 모노 사이클형 유도전동기

모노 사이클형 유도전동기(mono-cyclic induction motor)는 일반적인 3상 각형 유도전동기의 3상 고정자권선에 저항 R과 리액턴스 X를 연결하여 불안전한 회전자계를 얻는다. 이 전동기는 기동토크가 대단히 적기 때문에 손실이 크고, 효율이 나쁘므로 50 [W] 이하의 용도로 사용된다.

◇ 용도 ; 환풍기, 소형 선풍기 등

(5) 반발 기동형 유도전동기

고정자는 주권선만을 설치하고, 회전자권선은 직류기의 전기자와 같으므로 정류자, 브러시를 통해서 단락시킨다. 반발 기동형 유도전동기(repulsion start type induction motor)는 다른 전동기에 비해 기동토크가 크기 때문에 많은 힘을 필요로 하는 곳에 적당하다. 기동토크는 전부하 토크의 300~500 [%] 정도이며 기동전류는 전부하 전류의 약 350 [%]이다.

◇ 용도 ; 펌프, 공기압축기 등

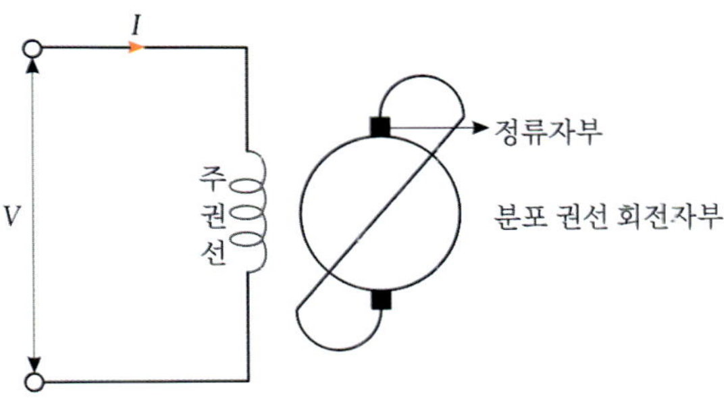

〈그림 1-7-16〉 반발 기동형 전동기

1.7.5 교류정류자전동기

교류정류자전동기(交流整流子電動機, AC commutator motor)는 직류전동기의 회전자와 유도전동기의 고정자를 조합한 것으로 교류로 운전하지만 직류전동기와 같은 특성을 나타낸다.

(1) 단상직권정류자전동기

직류직권전동기에 교류를 인가하면 반사이클마다 전류의 방향이 바뀌지만 자계와 전기자 전류의 방향이 동시에 변화하므로 회전방향은 바뀌지 않는다. 이것이 단상직권정류자전동기의 회전원리이고 특성적으로도 직류직권전동기와 유사하고 기동토크가 크기 때문에 전기드릴, 믹서 등에 이용한다. 또한, 직류 및 교류 양용으로 사용할 수 있는 것으로 유니버설전동기, 만능전동기 등이 있다.

(2) 3상분권정류자전동기

가장 많이 사용되는 유형의 전동기이며 그 원리는 다음과 같다. 이것은 권선형 3상 유도전동기의 회전자권선에 3상 전원을 인가한 것으로 고정자권선을 2차 권선이라 한다. 더욱이 회전자와 같은 슬롯으로 직류기의 전기자 권선과 같은 3차권선을 시설하여 정류자와 브러시를 고정자권선에 붙인다. 분권직류전동기와 유사한 특성을 나타내며 효율, 역률이 좋고 광범위한 속도제어가 가능하다.

section 1.8 정전기

1.8.1 정전기의 발생

두 물체의 접촉으로 인한 정전기(靜電氣, static electricity) 발생의 과정은 <그림 1-8-1>과 같이 나타낼 수 있다. 즉, 두 물체의 접촉으로 인한 접촉면에서의 전기이중층의 형성과 전기이중층의 분리에 의한 전위상승 및 분리된 전하 소멸의 3단계로 나누어지며, 대전현상은 이 3단계 과정이 연속적으로 일어날 때 발생한다.

일반적으로 물체 내부에는 정(+) 또는 부(−)의 전하가 존재하지만 그 양이 같으므로 총 전하량은 '0'이 되어 물체는 전기적으로 중성을 유지하고 있으나 접촉 전 물체의 표면 근방에 존재하는 공기 중의 타 이온을 흡착할 수 있는 흡착층과 물체 중의 불순물 등으로 인한 각종 이온이 존재하고 있어 그로 인해 물체는 정(−) 또는 부(−)의 이온을 흡착하기 쉬운 성질을 가지게 된다. 이러한 성질에 의해 두 물체 A, B가 접촉할 때 물체 A가 정이온을 물체 B가 부이온을 흡착하기 쉽다고 가정하면 물체 A가 더 많은 정이온을 물체 B가 더 많은 부이온을 흡착하기 때문에 접촉면을 통해서 전하의 재분배가 이루어지고 <그림 1-8-1>(b)와 같이 전기이중층이 형성된다.

물체의 표면은 공기와의 사이에 흡착층이 존재하여 질량이 서로 다른 각종 이온이 흡착되기 때문에 최종적인 평형상태의 전기이중층이 형성되기 위해서는 시간이 필요하다.

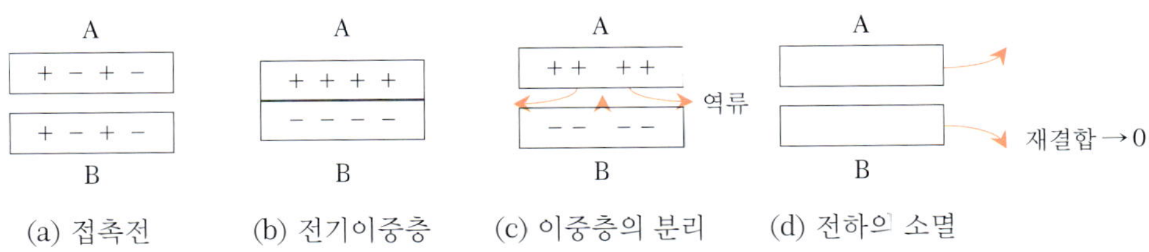

〈그림 1-8-1〉 접촉에 의한 정전기 발생과정

1.8.2 정전기 발생의 종류

(1) 마찰에 의한 발생

두 물체의 마찰이나 마찰에 의한 접촉위치의 이동으로 전하의 분리 및 재배열이 일어나서 정전기가 발생하는 현상을 말한다. 접촉과 분리의 과정을 거쳐 정전기가 발생하는 대표적인 예로서 고체, 액체류 또는 분체류 등에 의해서 발생하는 정전기는 주로 이러한 마찰에 의해서 재해가 발생한다.

(2) 박리에 의한 발생

서로 밀착되어 있는 물체가 떨어질 때 전하의 분리가 일어나 정전기가 발생하는 현상을 말한다. 이것을 접촉면적, 접촉면의 밀착력, 박리속도 등에 의해 정전기 발생량이 변화하며 일반적으로 마찰에 의한 것보다 더 큰 정전기가 발생한다는 것이 실험을 통해서 확인되고 있다.

(3) 유동에 의한 대전

액체류가 파이프 등 내부에서 유동할 때 액체와 관벽 사이에 정전기가 발생한다. 액체류가 파이프 등 고체와 접촉하면 액체류와 고체와의 경계면에 전기이중층이 형성되어 이때 발생된 전하의 일부가 액체류와 함께 유동하기 때문에 정전기가 발생하는 현상이다. 정전기의 발생에 가장 크게 영향을 미치는 요인은 액체의 유동속도이지만 흐름의 상태에도 관계가 있으므로 굴곡, 밸브, 유량계의 형태와 수 등과도 관계가 있다.

(4) 분출에 의한 발생

분체류, 액체류, 기체류 등이 단면적이 작은 분출구를 통해 공기 중으로 분출될 때 분출하는 물질과 분출구와의 마찰로 인해 정전기가 발생한다. 이 경우 분출되는 물질과 분출구를 구성하는 물질과의 직접적인 마찰에 의해서도 정전기가 발생하지만 실제로 더 큰 정전기를 발생시키는 요인은 분출되는 물질의 구성입자들 사이의 상호충돌이다. 유체가 분사할 때 순수한 가스 자체는 대전현상을 나타내지 않지만 가스 내에 먼지 등이 흡입되면 분출시에 대전한다.

(5) 충돌에 의한 발생

분체류와 같은 입자 상호 간이나 입자와 고체와의 충돌에 의해 접촉, 분리가 행하여짐으로써 정전기가 발생되는 현상이다.

(6) 파괴에 의한 발생

고체나 분체류와 같은 물체가 파괴되었을 때 전하분리에 의해 정(+), 부(−)의 전하의 균형이 무너져 정전기가 발생하는 현상이다.

(7) 교반이나 침강에 의한 발생

액체가 교반할 때 정전기가 발생한다. 탱크로리 또는 탱커는 수송 중에 대전하므로 접지하도록 규정하고 있다. 실험에 의하면 진동주파수에 따라 대전전압의 극소값이 생성된다. 이것은 탱크내벽과 기름의 마찰에 의한 대전이라는 것으로 설명되지 않는다. 이 극소부분을 제외하면 대전은 진폭이 커질수록 커지며 진동 주기가 빨라질수록 커진다.

(8) 기타 정전기의 발생

전하를 내포하고 있는 액체류가 동결되어 파괴되면 정·부 전하의 균형이 깨지면서 전기이중층이 형성되어 정전기가 발생한다.

1.8.3 정전기 발생에 영향을 주는 요인

(1) 물체의 특성

정전기 발생은 접촉 분리라는 두 물체의 상호특성에 의하여 지배되며 한 물체만의 특성에는 전혀 영향을 받지 않는다. 일반적으로 대전량은 접촉이나 분리하는 두 가지 물체가 대전서열 내에서 가까운 위치에 있으면 적고 먼 위치에 있을수록 대전량이 큰 경향이 있다.

(2) 물체의 표면상태

물질의 표면 상태는 정전기의 발생에 영향을 주며 일반적으로 표면이 깨끗하면 발생이 적어지게 된다. 물체표면이 수분이나 기름 등에 의해 오염되었을 때에는 산화, 부식에 의해 정전기가 크게 발생한다.

(3) 물질의 이력

정전기의 발생은 접촉, 분리가 일어날 때 최대가 되며 이후 접촉, 분리가 반복됨에 따라 발생량도 점차 감소한다. 그러므로 접촉, 분리가 처음으로 일어났을 때 재해발생 확률도 최대가 된다.

(4) 접촉면적 및 압력

접촉면적은 정전기의 발생에 큰 영향을 주며 이것이 클수록 발생량이 커지고, 접촉 압력이 증가하면 접촉면적도 증가하므로 결국 정전기의 발생량도 증가하게 된다.

(5) 분리속도

분리 과정에서는 전하의 완화시간에 따라 정전기 발생량이 좌우되며 전하완화 시간이 길면 전하분리에 주는 에너지도 커져서 발생량이 증가한다. 따라서 분리속도가 빠를수록 정전기의 발생량은 커지게 된다.

1.8.4 정전기 유도 및 축적

(1) 정전기 유도

하나의 대전체가 절연된 물체에 접근하면 절연체에도 정전기가 유도되는데 대전체와 가까운 곳에는 대전체와 반대극성의 전하가 유도되고 먼 곳에는 동일 극성의 전하가 유도된다. 이에 유도된 물체의 먼 곳을 접지시키면 대전체와 동일한 전하는 소멸하게 되며 접지를 제거한 후 대전체를 제거하면 유도된 물체에는 대전체와 반대 전하만 남게 된다.

(2) 정전기 축적

생성된 정전기는 지면이나 다른 물체로부터 절연되어 있을 경우 축적하게 된다. 실험에 의하면 절연저항이 1 [MΩ] 이상이면 정전기가 충분히 흐르지 못하여 축적되며 석유류 제품에 생성된 정전기는 석유류 전기전도도(도전율)가 10,000 [1/Ωm] 정도 이하이면 정전기가 축적되는 것으로 알려져 있다.

1.8.5 정전기 재해의 발생 한계

(1) 방전과 착화 관계

방전이 발생하면 방전경로 내에 있는 물질은 여기(勵起, excitation)되고 화학 반응력이 높아진다. 그러므로 연소 범위 내에 있는 가연성 물질은 방전(放電, discharge)에 의해 착화되고 적당한 조건이 갖추어지면 화재, 폭발로 발전한다. 가연성 물질이 착화하는데 필요한 에너지는 최소착화에너지(MIE, minimum ignition energy)로서 정의되고 측정치의 재현성을 높이기 위해 연속이 아닌 1차 방전에 의해 착화하는 것을 전제로 하여 측정된 에너지량이다.

정전기 재해를 일으킨 사고 예를 보면 사고현장의 대전현상에서는 적어도 수회 이상의 일련의 반복방전에 의해 재해가 발생하는 것으로 알려져 있다. 따라서 정전기 재해에 따른 최소착화에너지는 반복방전의 경우 각 1회마다의 방전에너지가 중요한 자료가 된다. 그러나 반복방전에 의한 최소착화에너지에 대한 자료는 아직 발표된 것이 없다.

가연성 물질이 방전에 의해 여기되고 이것이 원인이 되어 화재나 폭발이 발생하는 데에는 방전에 의해 여기된 분자는 방전이 지속되는 기간 중에 여기상태를 유지할 것과 방전이 종료되기 전에 여기에너지의 재생산이 이루어지는 연소과정에 도달하기 위해 최소한 두 가지 요건이 필요하다.

반복방전에서는 1회마다의 에너지는 적어도 반복회수의 증가에 의해 착화점에 주입하는 전체에너지는 증가하게 된다. 선행 방전에 의해 잔류 여기분은 반복회수가 증가할수록 크게 된다. 따라서 1회에 끝나는 방전보다 반복방전 쪽이 착화위험성이 높다.

(2) 인체의 전격 발생한계

인체에 대한 전격은 정전기가 대전되어 있는 인체가 접지 또는 대전되어 있는 다른 물체와 근접하여 방전하는 경우와 대전되어 있는 물체에 인체가 접근하여 방전하는 경우에 발생하는 두 가지가 있다.

① 인체로부터의 방전

인체에 대전되어 있는 전하량이 $2 \sim 3 \times 10^{-7}$ [C] 이상이 되면 이 전하가 방전하는 경우에 통증을 느끼게 된다. 인체의 대전전위로 표현하면 인체의 정전용량을 보통 100 [pF]으로 할 경우 약 3 [kV]가 되며 이들의 관계는 [표 1-8-1]과 같다.

[표 1-8-1] 인체대전과 전격

인체전위 [kV]	전격의 정도	비 고
1.0	전혀 느끼지 못함	
2.0	손가락 끝 부분에 감지되나 통증은 없음	감지전압
2.5	방전한 부분이 침으로 감지되나 통증은 없음	
3.0	통증을 감지할 수 있음	
4.0	손가락으로 감지할 수 있음	방전발광이 보임
5.0	손등까지 전격 통증을 느낌	방전발광이 길어짐
6.0	손가락에 강한 통증을 느끼며 전격을 받은 후 머리가 무겁게 느껴짐	
7.0	손가락과 손바닥에 강한 통증을 피부로 느낌	
8.0	손에 통증을 느낌	
9.0	손 전체에 강한 통증을 느낌	
10.0	손 전체에 강한 통증을 느끼며 전기흐름을 감지할 수 있음	
11.0	손가락에 강한 피부경감과 손 전체에 강한 전격을 느낌	
12.0	강한 전격으로 손 전체를 강타 당하는 느낌	

② 감전전류와 인체의 현상

전류에 의한 인체의 반응 및 사망의 한계는 그 속성상 인체실험이 어렵다. 그리고 어떤 실험결과가 나와도 그것에 대해 검증하기가 현실적으로 불가한 점과 인간의 다양성, 사고 당시의 상황 변수 등 신뢰도가 현저히 낮다. 하지만 인체 감전에 따른 그 위험도는 통전 전류의 크기, 통전 시간, 통전 경로, 전원의 종류 등에 의해서 결정된다. [표 1-8-2]는 인체의 통전 전류에 대한 인체의 반응을 근사치로 나타낸 것이다.

[표 1-8-2] 인체의 통전 전류에 대한 인체의 반응

<table>
<tr><th>통전 전류 [mA]</th><th>전류의 형태</th><th>인체 반응</th><th>비 고</th></tr>
<tr><td>2 이하</td><td>최소 감지 전류</td><td>인체가 감지할 수 있는 전류</td><td rowspan="5">a. 각각의 값은 대략적인 추정치로 여건에 따라 변동될 수 있음
b. 교류 상용주파수 60[Hz]</td></tr>
<tr><td>7~8</td><td>고통 한계 전류</td><td>인체가 고통을 참을 수 있는 한계 전류</td></tr>
<tr><td>10~15</td><td>이탈 전류</td><td>인체의 운동 자유를 잃지 않는 최대의 전류</td></tr>
<tr><td>15~20</td><td>교착 전류</td><td>근육 경련이 심해지고 신경이 마비되어 운동이 자유롭지 않게 되는 전류</td></tr>
<tr><td>20 초과</td><td>심실 세동 전류</td><td>심장의 맥동에 영향을 주어 혈액 순환이 곤란하게 되어 심장 기능을 잃게 되는 전류</td></tr>
</table>

③ 대전된 물체에서 인체로 방전

대전(帶電, electrification)된 물체에서 인체로 방전이 일어날 경우에도 전격발생 전하량은 $2 \sim 3 \times 10^{-7}$ [C]이지만 이 경우에는 물체의 정전용량이 각각 다를 수 있다. 물체의 대전전위에 대한 전격발생은 일률적으로 결정되지 않고 정전용량에 따른 값을 가지게 된다. <그림 1-8-2>는 대전물체가 도체인 경우에 있어서 정전용량에 따른 전격발생전위를 나타낸 것이다.

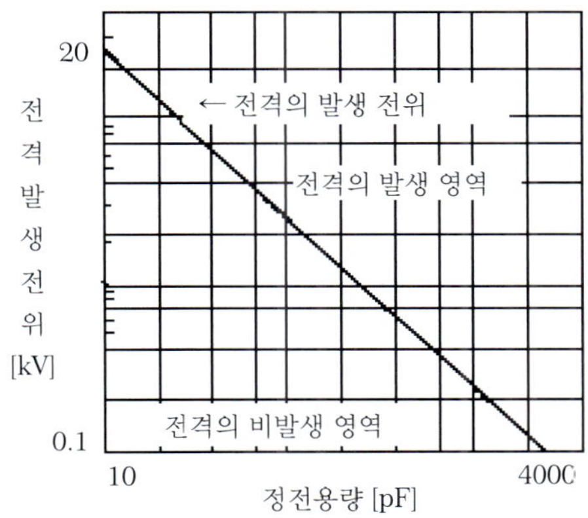

〈그림 1-8-2〉 정전용량에 따른 전격의 발생 전위

(3) 화재 및 폭발의 발생

정전기에 의한 방전에너지가 최소착화에너지보다 큰 경우에는 가연성 또는 폭발성 물질이 존재하는 경우에 화재 및 폭발이 발생할 수 있게 된다. 그러나 방전에너지는 간단히 구할 수 없기 때문에 대지전위나 대전전하량에 의해서 표현하게 된다. 그러나 정전기의 방전에너지는 대전 상태가 같아도 대전물체가 도체인 경우와 부도체인 경우에 각각 다른 특성을 나타낸다.

① 대전물체가 도체인 경우

대전물체가 도체인 경우에는 방전이 발생할 때 거의 대부분의 전하가 모두 방출된다. 정전유도에 의해 축적되어 있던 정전기 에너지가 최소착화에너지와 같은 경우에 화재 및 폭발이 발생한다고 보면 이 에너지를 가지는 대전전위 또는 대전전하량을 구할 수 있다. 이들의 관계는 다음식과 같다.

$$W = \frac{1}{2}QV = \frac{1}{2}CV^2 = \frac{1}{2}\frac{Q^2}{C} \text{ [J]} \tag{1.95}$$

여기서, W : 정전기에너지[J] C : 도체의 정전용량[F]
V : 대전전위[V] Q : 대전전하량[C]

식 (1.95)에서 대전전위 V는 다음과 같다.

$$V = \sqrt{\frac{2W}{C}} \text{ [V]} \tag{1.96}$$

또한, 대전전하량 Q는 다음과 같다.

$$Q = \sqrt{2CW} \text{ [C]} \tag{1.97}$$

주어지는 도체의 정전용량은 정전용량 측정기로 실측할 수 있고 물체의 대전전위나 대전전하량은 대전전위 측정기나 대전전하량 측정기로부터 어느 하나만을 실측하면 다음과 같다.

$$Q = CV \text{ [C]} \tag{1.98}$$

② 대전물체가 부도체인 경우

대전물체가 부도체인 경우에는 방전이 발생하더라도 축적된 모든 에너지가 전부 방출되는 것이 아니다. 따라서 화재 및 폭발에 대한 일반적인 지표를 얻을 수 없다. 그러나 30 [kV] 정도로 대전되어 있는 대전체가 기중방전을 일으켰을 때 수백 μJ 의 방전에너지가 방출되어 착화원으로 되는 경우도 있다. 따라서 이와 같은 결과를 참고로 하여 폭발 및 화재의 가능성은 다음과 같은 대전 상태가 제시될 수 있다.

<1> 최소착화에너지가 수십 μJ 인 가연성 물질에 대해서는 대전전위가 약 1 [kV] 이상이거나 대전전하밀도가 약 1×10^{7} [C/m²] 이상인 대전된 상태

<2> 최소착화에너지가 수십 μJ인 가연성 물질에 대해서는 대전전위가 약 5 [kV] 이상이거나 대전전하밀도가 약 1×10^{6} [C/m²] 이상인 대전된 상태

<3> 대전하고 있는 물체에 인체가 접근했을 때 전격을 느끼는 정도의 대전된 상태

<4> 대전하고 있는 물체에 직경 30 [mm] 이상의 접지된 금속구를 접근시켰을 때 파괴음 및 발광을 동반하는 방전을 발생시키는 대전된 상태

section 1.9 전열기구의 구조 및 기능

전열기구(電熱器具, electric heating appliance)는 전류에 의해 발생된 열을 이용하는 기구로서 사용목적에 따라 산업용과 가정용, 그리고 이동 유무에 따라 이동식 및 고정식 기구로 구분된다. 이중 이동식 전열기구는 전기난로, 전기다리미, 전기인두 등과 같이 손으로 운반하기 쉽고 수시로 옥내배선에 접속하거나 또는 옥내배선에서 분리할 수 있도록 꽂음 플러그가 달린 코드 등이 부속된 기구를 말한다. 또한, 고정식 전열기구는 전기항온기, 전기오븐, 전기로 등과 같이 나사못 등으로 조영물에 붙이거나, 중량이 크고 일정한 위치에서 사용하는 전열기구를 의미한다.

1.9.1 전열 이론

(1) 열의 이동

열(熱, heat)은 고온부에서 저온부로 이동하며, 열의 전달방법은 물체의 온도가 주변온도보다 높아지면 주변에 열을 발산하게 되며 전도(傳導, conduction), 대류(對流, convection) 및 복사(輻射, radiation) 등에 의해 전달된다.

① 전도

고체 상태인 물체 내부의 두 점 사이에 온도차가 발생할 때 열이 고온에서 저온으로 이동하는 현상으로서 열전도(熱傳導, heat conduction) 온도차에 비례하고 열저항(熱抵抗, thermal resistance)에 반비례하게 된다. 이러한 열전도 특성은 전기에 관한 옴의 법칙(Ohm's law)과 비교하면 이해하기 쉽다. 즉, 전류 [A] = 전압 [V] / 저항 [Ω]이라 할 때 열류 [W] = 온도차 [K] / 열저항 [K/W]으로 비교된다. 이때 열저항은 물체의 단면적이 클수록 작고 물체가 길수록 크며 물체의 재질에 따라서 다르다. 열이동은 양쪽 부위의 온도차와 물체의 단면적이 클수록 크고 물체가 길수록 작아지게 된다.

② 대류

액체 또는 기체상태 물질의 열이동 현상을 설명한 이론으로 액체 또는 기체의 온도가 상승하면 부피가 팽창하여 밀도가 작아지므로 가볍게 되어 상승하게 되고, 상승한 후의 빈자리를 차가운 유체가 흘러들어 메우며 이 차가운 유체에 온도가 상승하게 되는 동작을 반복하므로 열이 전달되게 된다. 그러므로 대류현상에 의해서 효율적으로 열을 이동시키려면 물체의 아랫부분을 가열해야 한다.

③ 복사

열을 빛과 같은 파장(波長, wavelength) 형태로 설명한 이론으로 공간을 통해서 복사되는 전자파(電磁波, electromagnetic wave) 중 적외선(赤外線, IR; infrared ray) 대역의 파장을 물체에 조사하면 온도가 상승하게 된다. 이와 같은 파장특성을 가진 열의 이동방법을 설명한 것이 열복사(熱輻射, thermal radiation) 이론이다.

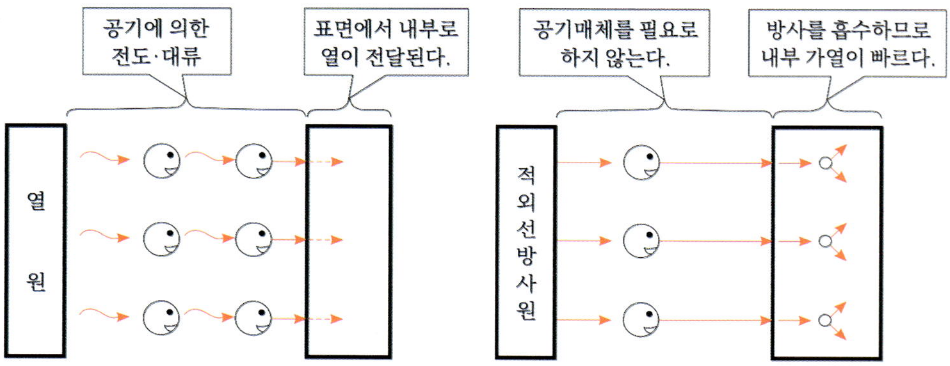

(a) 전도 및 대류 (b) 복사(방사)

〈그림 1-9-1〉 열의 전달 형태

1.9.2 열량 계산

(1) 열량의 단위

열량(熱量, calory)의 단위는 킬로칼로리[kcal]가 가장 많이 사용되고 있으며, 1 [kcal]는 증류수 1 [kg]의 온도를 1 기압 0 [℃]에서 1 [℃] 상승시키는 데 필요한 열량을 의미한다. 이 양은 물의 온도에 따라서 변화하므로 정확한 온도를 표기해야하나 온도를 지정하지 않은 경우에는 일반적으로 다음과 같으며 [표 1-9-1]에 열에너지 단위 환산표를 나타냈다.

$$1\,[\mathrm{kcal}] = 4,186\,[\mathrm{J}]$$

$$1\,[\mathrm{kWh}] \fallingdotseq 860\,[\mathrm{kcal}]$$

[표 1-9-1] 열에너지의 단위환산표

kcal	kWh	kJ	kg · m	BTU
1	$1,163\times10^{-3}$	4,186	426,935	3,968
859,846	1	$3,6\times10^{-3}$	$3,670\times10^{5}$	3412,14
$2,388\times10^{-1}$	$2,777\times10^{-4}$	1	$1,019\times10^{2}$	$9,478\times10^{-1}$
$2,342\times10^{-3}$	$2,724\times10^{-6}$	$9,806\times10^{-3}$	1	$9,294\times10^{-3}$
0,251	$2,930\times10^{-4}$	1,055	107,586	1

(2) 전기와 열의 유사성

전기전도(電氣傳導, electrical conduction)는 열전도(熱傳導, heat conduction)와 유사하므로 온도를 전압, 열류를 전류로 대치하면 열전도 계산에 전기회로 수식을 응용할 수 있다. 또한, 방사 및 대류의 경우에도 온도차가 적을 경우에는 이 계산을 적용할 수 있다.

① 열저항 법칙

열은 온도가 높은 곳으로부터 낮은 곳으로 흐른다. 단면적이 균일한 막대의 한쪽이 다른 쪽보다 높고 막대의 축방향으로만 열이 흐른다고 가정하면 단위시간에 막대를 흐르는 열량(熱量, calory)이다. 즉, 열류는 막대 양단의 온도차가 크고 막대의 단면적이 클수록 커지고 막대가 길수록 작아진다. 또한, 막대의 재질에 의해서 열류는 다른 값을 가진다.

$$I = K\cdot\frac{A}{l}\theta \ [\mathrm{W}] \tag{1.99}$$

여기서, I : 열류[W] = [J/s], θ : 온도차[K], A : 단면적[m^2], l : 길이[m], K : 비례정수

비례정수 K는 재질에 따라 결정되는 정수로서 열전도율이라고 하며 단위는 [W/m · K]로 표시된다.

전기의 경우 I를 전류[A], θ를 전위차[V], K를 도전율[Ω^{-1}/m]로 표시할 때 도전율의 역수가 저항률인 것과 같이 열전도율의 역수를 열저항률 ρ로 할 수 있으며, 단위는 [m · K/W]로 표시할 수 있다.

$$\theta = I\left(\rho \cdot \frac{l}{A}\right) = R \cdot I \text{ [V]} \tag{1.100}$$

위 수식에서 괄호 안은 전기의 저항에 상당하는 것으로서 이것을 열저항(熱抵抗, thermal resistance)으로 단위는 [K/W]이며, 정상상태에서 열의 흐름을 표시하는 수식으로 열에 대한 옴의 법칙이라 할 수 있다.

② 방열과 수열

방사, 대류에 의하여 물체의 표면으로부터 방열(放熱, radiating)되거나 표면에 수열되는 경우 물체 표면에서의 단위면적당 열류밀도는 표면 상태 및 온도차에 의해서 다른 값을 가진다. 이 값은 방사의 경우에 표면의 열발산율 및 표면과 주위의 절대온도에 의해 변화하며, 대류의 경우에는 온도차의 여러 가지 함수 및 표면 상태에 따라서 다른 값을 갖는다.

$$\rho = \frac{I}{S} = \alpha\,\theta \ \text{ [W/m}^2\text{]} \tag{1.101}$$

여기서, ρ : 열류밀도[W/m²], I : 열류[W], S : 표면적[m²], θ : 온도차[K], α : 비례정수

식 (1.101)은 열저항으로 변경할 수 있으며, 다음과 같이 나타낸다.

$$\frac{\theta}{I} = \frac{1}{\alpha S} \ \text{ [K/W]} \tag{1.102}$$

이는 물체 표면으로부터 방열 또는 수열되는 경우 전기의 접촉저항과 유사하다고 할 수 있다.

③ 가열과 냉각

〈1〉 비열과 열용량

비열(比熱, specific heat)은 물체 1 [kg]의 온도를 1 [K] 상승시키는데 필요한 열량[J]이며, 단위는 [J/K · kg]으로 표시된다. 예로 W [kg]의 물체를 온도 θ [K]만큼 상승시킬 경우 필요한 열량 Q [J]는 물체의 비열을 c 라고 할 때 다음과 같이 된다.

$$Q = W \cdot c \cdot \theta \ [\mathrm{J}] \qquad (1.103)$$

이때 $W \cdot c$는 1 [kg]의 물체를 1 [K] 온도 상승시키는 열량이므로 물체의 열용량[J/K]이라 한다. 물체의 열용량을 비열로부터 계산하려면 물체의 중량을 알아야하므로 열저항과 조합하여 계산하는 경우에는 치수에 따라서 계산하는 것이 편리하다. 예를 들면, 물체의 밀도를 ρ [kg/m^3], 체적을 V[m^3]라 할 때 물체의 중량 W[kg]는 다음과 같다.

$$W = \rho \cdot V \ [\mathrm{kg}] \qquad (1.104)$$

그리고 물체의 열용량 C [J/K]는 다음과 같다.

$$C = W \cdot c = c \cdot \rho \cdot V \ [\mathrm{J/K}] \qquad (1.105)$$

그러므로 식 (1.103)은 다음과 같이 된다.

$$Q = c \cdot \rho \cdot V \cdot \theta = C \cdot \theta \ [\mathrm{J}] \qquad (1.106)$$

이때 $c \cdot \rho$는 비열[J/K · kg]에 밀도[kg/m^3]를 곱한 것으로 단위체적당의 열용량[J/K · m^3]이 된다. 단위체적당의 열용량을 체적비열이라고도 하며, 이 값과 물체의 치수로부터 열용량(熱容量, thermal capacity)을 계산할 수 있다.

〈2〉 가 열

위 식 (1.106)을 고쳐 쓰면 다음과 같다.

$$\theta = \frac{Q}{C} = \frac{\text{열량}}{\text{열용량}} \ [\mathrm{K}] \qquad (1.107)$$

즉, 물체의 온도상승은 가해진 열량에 비례하고 열용량에 반비례한다. 이는 전기법칙에 있어서 전위상승은 가해진 전기량과 비례하고 정전용량에 반비례하는 콘덴서를 충전하는 경우와 같다. 열용량을 C[J/K], 열류를 I[W]로 하면 온도상승 θ[K]는 다음 식과 같이 된다.

$$\theta = \frac{1}{C} \int I \, dt \ [\mathrm{K}] \qquad (1.108)$$

이는 정전용량 C를 전류 I로 충전하는 경우의 전위상승과 동일하다. 이상은 물체가 완전히 열용량만이며 외부에 대한 열 누설이 없다고 가정한 경우이나 실제로는 누설이 발생하고 온도상승이 클수록 누설열량도 커지므로 온도상승은 가해진 열량과 반드시 비례하지는 않는다. 전기의 경우에도 같으며 콘덴서에 누설이 있는 경우에는 정전용량 C에 병렬로 누설저항 R이 있는 것으로 근사화된다. 일정 열류로 물체를 가열하는 경우의 온도상승은 <그림 1-9-2>(b)로부터 다음과 같은 식을 얻을 수 있다.

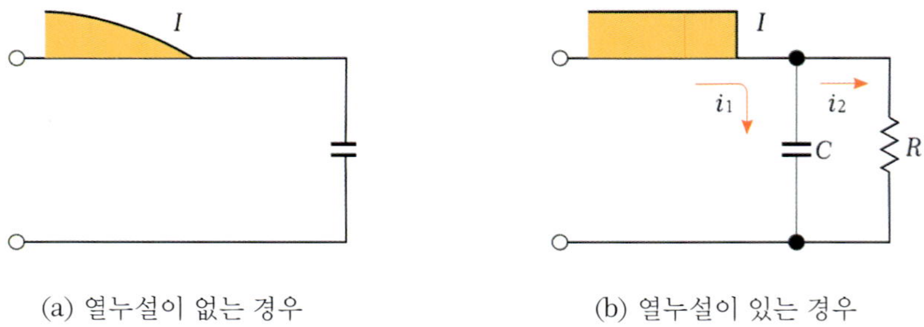

〈그림 1-9-2〉 물체가열의 등가회로

$$I = i_1 + i_2 \ [A] \quad (1.109)$$

$$\theta = \frac{1}{C}\int i_1 \, dt = R i_2 \ [K] \quad (1.110)$$

$$\theta = R \cdot I(1 - e^{-\frac{t}{RC}}) \ [K] \quad (1.111)$$

위 수식은 일정한 열류로 가열하는 경우의 온도상승을 표시하는 기본식으로 <그림 1-9-3>과 같다.

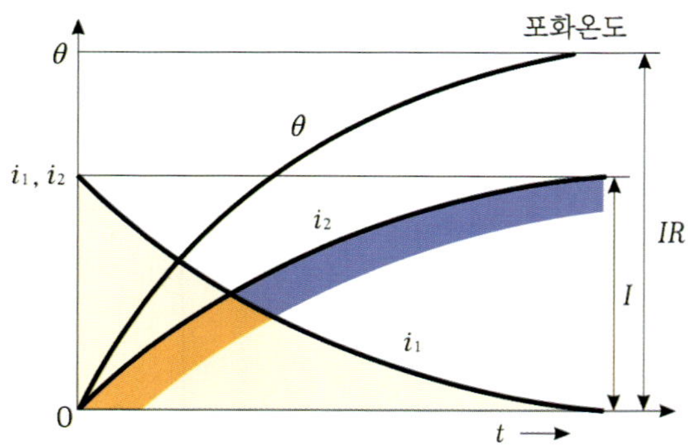

〈그림 1-9-3〉 일정열류 가열시 피열물의 온도상승 특성

이때 가해진 열류 I 중에서 i_1은 열용량으로 흡수된 열류이며 온도상승이 커짐에 따라 외부로 누설되는 i_2는 점차 커지고 i_1은 적어지게 된다. 결국 온도상승이 커지면 가해진 열류의 전부가 외부로 누설되어 온도상승이 정지되며 이 최종온도를 포화열 온도라 한다. 식 (1.111)에서 $t=\infty$의 경우 포화온도는 $\theta = I \cdot R$로 된다.

〈3〉 냉 각

물체의 열용량을 C [J/K], 축적되고 있는 열량을 Q [J]라 하면 물체의 온도 θ_0는 식 (1.107)로부터 다음과 같다.

$$\theta_0 = \frac{Q}{C} \text{ [K]} \tag{1.112}$$

이때 물체의 열절연이 완전하여 누설에 의한 열손실이 없으면 물체는 항상 이와 같은 온도를 유지하지만 실제의 경우에는 반드시 열누설이 있으므로 온도는 점차 저하된다. 이는 <그림 1-9-4>와 같이 정전용량 C에서 축적되는 전기량이 저항 R을 통해서 방전되어 전위가 저하되는 경우와 같다. 이때 전기법칙에 있어서 전위강하와 같이 온도강하는 다음과 같이 계산된다.

$$\theta = \theta_0 e^{-\frac{t}{RC}} \text{ [K]} \tag{1.113}$$

이때 식 (1.113)은 <그림 1-9-5>와 같이 되며 이는 온도상승 그림을 역으로 한 것과 근사한 형태를 갖는다.

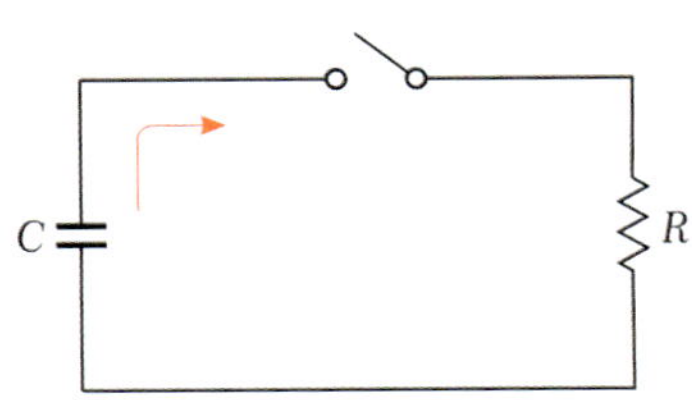

〈그림 1-9-4〉 물체 냉각의 등가회로

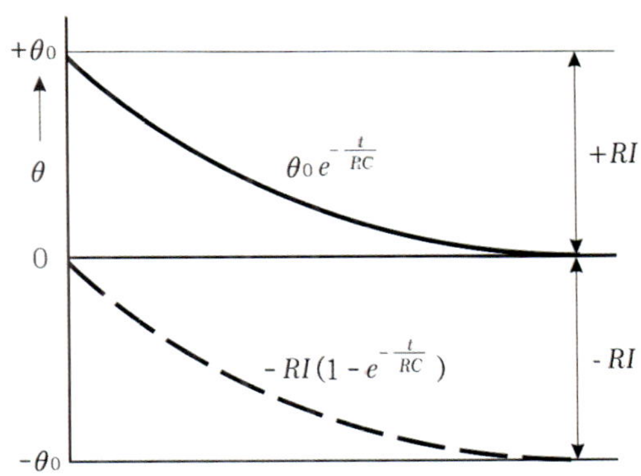

〈그림 1-9-5〉 물체 냉각의 온도변화

1.9.3 전기가열의 특징

열을 얻는 수단은 전기(電氣, electricity), 석탄(石炭, coal), 석유(石油, petroleum), 가스(gas) 등의 여러 가지 방식이 있으며 이중 전기에 의한 가열방식을 다른 열원과 비교하면 아래와 같은 많은 장점이 있다.

(1) 위생성(衛生性)

무연(無煙), 무취(無臭)이며 이산화탄소, 일산화탄소 등의 유해 배기가스 또는 공해물질 등을 발생시키지 않는 무공해 에너지원으로 실내사용이 가능하다.

(2) 간편성(簡便性)

스위치의 간단한 조작으로 열을 얻을 수 있으며 온도조절장치 및 시간동작스위치 등을 부착하여 사용하면 넓은 범위의 온도를 자동 조절할 수 있으며 원격제어도 가능하다.

(3) 안전성(安全性)

전기에 의한 발열은 불꽃을 내지 않으므로 인화의 위험성이 적고 발열할 때에 산소를 필요로 하지 않으므로 발열체를 밀폐구조로 할 수 있으며 유해가스 발생이 없으므로 다른 가열원을 사용할 때보다 안전하다.

(4) 신속성(迅速性)

석유, 석탄 등을 연료원으로 하는 경우와 같이 점화, 예열 시간이 거의 없으며 정상 사용온도까지 빠르게 올라가므로 신속하게 사용할 수 있다.

(5) 소형화(小型化)

연료 저장부가 필요 없고 발열부를 소형화할 수 있으므로 전열기구를 소형화하여 좁은 공간에서 사용할 수 있다.

(6) 편의성(便宜性)

석유, 석탄 등을 연료원으로 하는 것에 비하여 연료의 저장 및 보급에 의한 불편이 없다.

(7) 초고온(超高溫)

석탄, 석유, 가스 등의 연소방법으로 얻을 수 있는 최고온도는 공업적으로 약 1,500[℃]이나, 전기를 이용한 아크 가열 등에 의한 온도는 3,000[℃] 이상, 플라즈마(plasma)[1)]에 의한 가열방법으로는 수 10,000[℃] 이상의 고온을 얻을 수 있다.

(8) 균일성(均一性)

연소를 이용한 가열은 물체표면으로부터 열을 받게 되어 물체 내부 및 외부에 온도차가 발생하나 전기에 의한 가열은 유도가열, 유전 가열 등에 의한 가열방법은 피열물의 내부 및 외부에서 균일하게 열을 발생시킬 수 있다.

(9) 고효율(高效率)

연료를 이용한 가열은 연소가스, 불완전 연소 등에 의해 방열되나 전기가열은 발생가스가 없고 밀폐, 보온성이 좋으므로 열효율이 좋다.

(10) 융통성(融通性)

전열은 산소가 필요하지 않으므로 전기로 등의 내부 가스를 조절할 수 있으므로 진공용해, 산화방지용 불활성 가스 등을 충전하여 사용할 수 있으며, 방사열을 원하는 방향으로 향하게 할 수 있다.

1.9.4 전기가열 방식의 분류

전기를 열로 변환하는 방법은 저항가열, 아크가열, 유도가열, 유전가열 등이 있으며 가정용 전열기구에는 저항가열 방식이 가장 많이 사용된다.

(1) 저항 가열

도체(導體, conductor)에 전압을 인가하여 전류가 흐르게 되면 도체 내부의 전류 흐름을 방해하는 현상이 나타나며 이것을 전기저항이라 한다. 도체 내부에서 전류의 흐름

1) 플라즈마(plasma)는 초고온에서 음전하를 가진 전자와 양전하를 띤 이온으로 분리된 기체 상태를 말한다. 이때 전하 분리도가 상당히 높으면서도 전체적으로 음과 양의 전하수가 같아서 중성을 띠게 된다.

을 방해하는 에너지가 열로 변환되며, 전류에 의한 발열작용을 이용한 것을 저항 가열(抵抗加熱, resistance heat)이라고 한다. 이때 발생한 열을 줄열 또는 저항열이라고 하며 전기다리미, 전기토스터 등과 같은 가정용 전열기구의 대부분이 이 가열방식을 이용하고 있다. 저항 가열방식에는 도전성의 피열물에 직접 전류를 흐르게 하여 가열하는 직접식과 저항체인 발열체에 전류를 흐르게 하여 발열체로부터 발생된 열을 방사, 전도, 대류 등에 의하여 피열물에 전달하는 간접식이 있다.

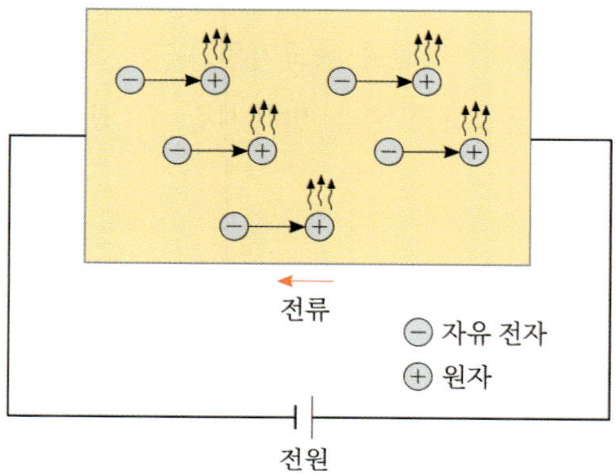

〈그림 1-9-6〉 저항 가열의 원리

열(熱, heat)은 온도의 차이에 의해 한 물체에서 다른 물체로 옮겨가는 에너지이며, 소비된 전기에너지의 양을 측정하면 저항가열에 의해 발생된 열을 측정할 수 있다. 이때 저항가열에 의한 발열량 Q는 줄의 법칙을 사용하여 구할 수 있다.

$$Q = 0.24\, I^2 R t\,[\mathrm{cal}] = I^2 R t\,[\mathrm{J}] \tag{1.114}$$

줄의 법칙은 저항이 있는 도체에 일정 시간동안 전류를 흘렸을 때 발생한 총열량은 전류의 제곱과 도체의 저항 및 전류의 도통 시간에 비례한다는 것을 의미한다. 여기서 I^2R은 소비전력을 나타내므로 전력 P[W]로 이 식을 치환하면 다음과 같다.

$$Q = 0.24\, P t\,[\mathrm{cal}] = P t\,[\mathrm{J}] \tag{1.115}$$

따라서 소비전력 1,000[W]의 도체에서 1시간 동안 발생된 열은 다음과 같다.

$$Q = 0.24 \times 1{,}000\,[\mathrm{W}] \times 3{,}600\,[\mathrm{s}] = 864\ [\mathrm{kcal}]$$

실제 10[℃]의 물 1 [L]를 500 [W] 용량의 전기주전자에서 끓일 때 사용된 열량은 다음과 같다.

$$Q = (100-10)\times 1{,}000\times 1 = 90{,}000 \ [\text{cal}]$$

$$t = \frac{90{,}000}{0.24\times 500} = 750 \ [\text{s}]$$

이는 전기주전자의 발열효율을 100 [%]로 가정한 경우이며 실제 전기주전자 발열체에서 발생한 열은 주전자 외부 및 주위 온도, 주전자를 올려놓은 탁자 표면의 온도를 올리는 등의 열손실이 발생한다. 그러므로 전열기구의 열효율(η)은 전열기능에 매우 중요한 변수가 된다.

$$\eta = \frac{\text{가열에 사용된 열량}}{\text{전열기에 사용된 전기량}} = \frac{\text{출력}}{\text{입력}} \tag{1.116}$$

앞의 예에서 전기주전자의 열효율 η를 90 [%]라 하면 다음과 같다.

$$t = \frac{90{,}000}{0.24\times 500\times 0.9} \fallingdotseq 833.3 \ [\text{s}] \fallingdotseq 14 \ [\text{min}]$$

결국 열효율이 100 [%]일 때 12분 30 [s]에서 끓는 물이 90 [%] 효율인 경우에는 약 14분이 걸리게 된다.

(2) 아크 가열

아크열을 가열에 이용하는 방식으로서 직접방식과 간접방식이 있다. 직접방식은 도전성의 피열물에 직접 전류를 흐르게 하여 가열하는 방식이며, 간접방식은 저항체인 발열체에 전류를 흐르게 하여 발열체 양단에서 발생된 아크의 열을 피열물에 전달하여 가열하는 방식이다.

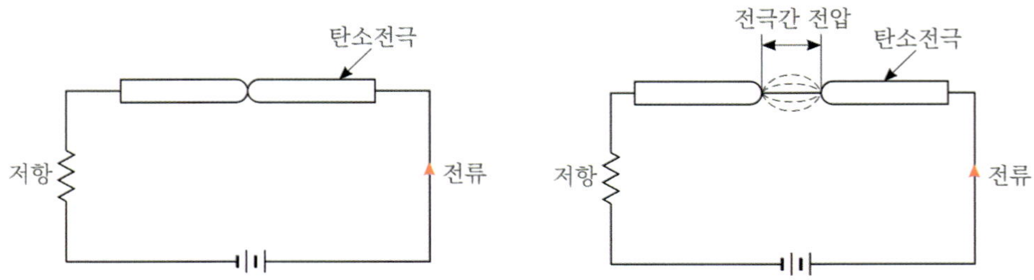

(a) 폐회로　　(b) 아크의 발생

〈그림 1-9-7〉 아크방전의 원리

(3) 유도 가열

유도 가열(誘導 加熱, induction heat)은 전자유도(電磁誘導, electromagnetic induction) 현상을 이용한 가열방식으로 금속을 관통하는 자속(磁束, magnetic flux)이 변화하면 금속내부에서 자속의 변화를 방해하는 방향으로 유도기전력(誘導起電力, induced electromotive force)이 발생하는 것을 전자유도 현상이라 한다. 그리고 이때 발생된 역기전력(逆起電力, counter electro-motive force)에 의해 <그림 1-9-8>과 같이 와전류(渦電流, eddy current)가 흐르게 되며 금속에서 열이 발생하게 된다.

유도 가열방식에는 도전성의 피열물을 직접 도통하는 와전류손을 이용한 직접식과 절연성의 피열물을 도전성 용기에 넣고 용기에서 발생된 전류손에 의해 피열물을 가열하는 간접식이 있다. 전동기, 변압기 등의 철심에서 발생하는 와전류는 열을 발생하여 절연을 파괴하고 효율을 저하시키는 작용을 하지만 전자조리기(電子調理器, induction heater), 전력량계(電力量計, water-hour meter), 자동판매기(自動販賣機, vending machine)의 동전감지기 등에서는 이러한 성질을 유익하게 사용한 것이다.

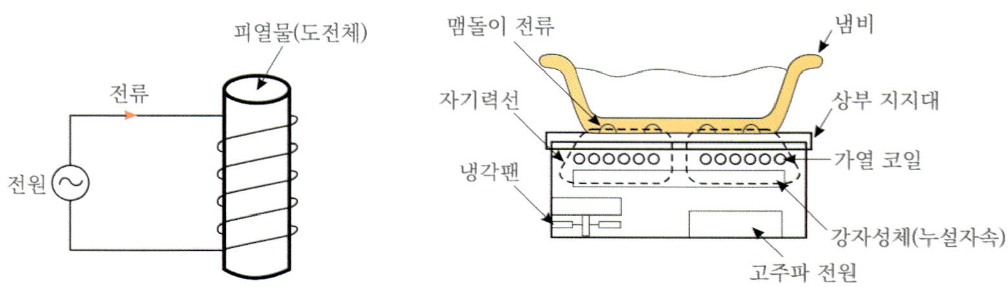

(a) 직접식　　(b) 유도 가열의 예

〈그림 1-9-8〉 유도 가열 방식

즉, 전자조리기의 가열면(加熱面, hot plate)을 도통하는 와전류가 자성체로 된 냄비를 발열하여 음식물을 조리하게 된다. 전자조리기 내부의 코일이 발생시킨 자기력선이 조리용 냄비의 바닥면을 통과할 때 전자유도작용에 의한 와전류가 발생하여 냄비 바닥면을 가열하여 음식물을 조리하게 된다.

(4) 유전 가열

유전 가열(誘電 加熱, dielectric heat)은 유전손실이 큰 물질에 고주파 전계를 방사하면 열이 발생하는 현상을 이용한 직접 가열방식이다. 모든 물질은 전체적으로 보면 전기적으로 극성이 없는 중성이나 물질을 구성하는 각각의 분자는 불규칙적인 (+), (−)극성을 띄고 있으므로 외부에서 전계를 가하면 전계의 (−)극에는 분자의 (+)극이, 전계의 (+)에는 분자의 (−)극이 정렬하여 자석과 같은 형태가 된다. 이때 외부의 전계 방향을 반대로 인가하면 분자는 반대 방향으로 정렬하게 되므로 이러한 과정을 반복하여 수행하면 물질을 구성하는 분자들이 서로 충돌하면서 마찰열을 발생하게 된다.

유전 가열방식은 가정용 전자레인지, 산업용으로는 농수산물의 건조·가공, 섬유, 합판 등의 가열·성형·가공 등에 사용되고 있으며, 전자레인지의 경우에는 발진부에 있는 마그네트론(magnetron)에 의해 2.45 [GHz]의 고주파가 발생되며 이 고주파는 도파관을 통하여 조리실 내부로 분산된다. 분산된 고주파는 식품의 내부에 침투하여 식품 분자의 극성을 변환시키므로 이때의 마찰열에 의해 식품이 조리되는 것으로 일반 가정에서는 1 [kW] 이하의 것을 많이 사용하고 있다. 그러나 유전가열방식은 전자파의 누설에 의하여 사용자의 건강과 통신설비 등에 심각한 영향을 미치므로 장치를 차폐할 필요가 있다.

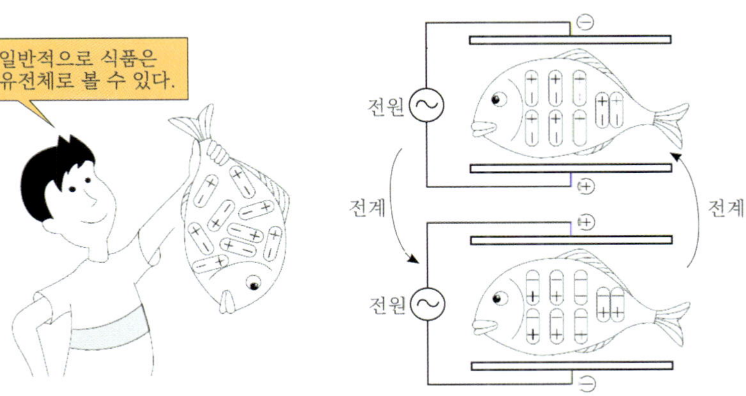

〈그림 1-9-9〉 전자레인지에 응용된 유전 가열의 예

(5) 전자빔 가열

방향성이 좋은 전자의 흐름을 전자빔(electron beam)이라 하며 전자빔을 이용한 가열을 전자빔가열(electron beam heat)이라 한다. 즉, 진공도가 10^{-4}~10^{-5} [mmHg]의 진공 중에서 밀도가 큰 전자빔을 시료에 조사하여 용접, 용해 및 증발 등 가열가공을 하는 것이다.

<그림 1-9-10>과 같이 열음극으로부터 방출된 전자를 10~150 [kV]의 고압으로 가속하고, 전자레인지로 충분히 집속하여 시료에 조사한다. 이때 시료측에는 약 10^8 [W/cm^2]의 큰 전력밀도가 얻어지며 시료가 내열재라 하더라도 즉시 용융, 증발된다.

그러나 진공상태가 아니면 가열할 수 없는 것이 단점이지만 최근 전자빔을 진공용기의 밖으로 방출시켜 대기 중 또는 대기압의 헬륨 등의 불활성 가스 중에서 작업을 하는 것도 가능하게 되었다. 전자빔가열방식은 진공 중에서 전계에 의하여 고속으로 가속된 전자빔을 피열물에 충돌시켜 그 운동에너지를 피열물에 전달함으로써 피열물을 강력하게 가열할 수가 있다. 따라서 이를 이용하여 금속이나 세라믹의 가열, 용해, 증착, 용접 및 가공 등에 이용할 수 있다.

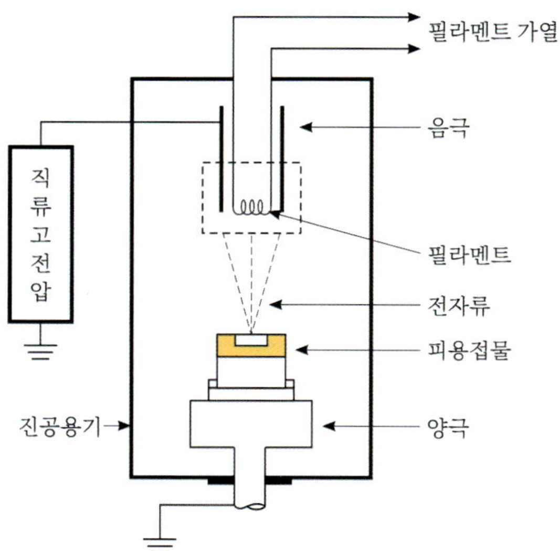

〈그림 1-9-10〉 전자빔 가열

참고 전자빔 가열방식의 특징

① 전자빔을 소구경화 할 수 있으므로 지름 10 [μm] 이하의 작은 구멍을 가공
② 전자빔을 국한된 부분에 조사(照射)할 수 있으므로 열에 의한 피열재의 피해를 최소화
③ 고융점 및 금속박 재료 등의 용접이 용이함
④ 원하는 형태의 가공이 가능함
⑤ 전자빔의 밀도를 자유롭게 조절할 수 있으므로 가열의 세기를 조절할 수 있음
⑥ 연소에 의한 방식이 아니므로 진공상태의 가열이 가능함

(6) 적외선 가열

적외선(赤外線, infrared rays)의 방사열을 이용한 방식으로 주로 적외선 전구로부터 방사된 적외선을 피열물의 표면에 조사하여 가열하는 방식이다. 적외선 가열(赤外線加熱, heat by infrared radiation)방식은 열원으로부터 피열물이 방사열에 의해 가열되므로 특히 컨베이어 방식으로 조업하는 공장에서 널리 사용되고 있다. 적외선건조에 사용하는 전구는 방사에너지를 피열물에 집중시키기 위하여 유리구를 특수형으로 하고 전구의 배면에 알루미늄 진공증착을 하여 반사면으로 만든다. 적외선 가열방식은 두께가 얇은 재료에 적합하며 섬유 및 도장 등의 건조에 가장 많이 사용된다.

참고 적외선 가열방식의 특징

① 신속하고 효율적이며 표면가열이 가능하다.
② 조작이 간단하고 온도조절이 용이하며 시간 지연성이 거의 없다.
③ 설비비가 적고 가열에 필요한 구조물의 설치공간이 비교적 적다.
④ 적외선 전구를 소켓에 배열하므로 구조가 간단하다.

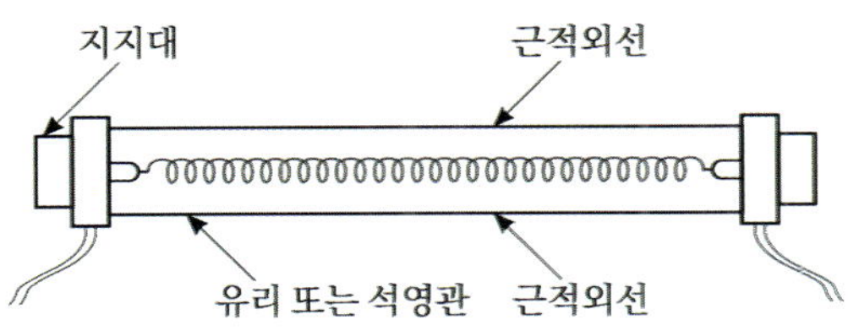

〈그림 1-9-11〉 적외선 히터의 구조

(7) 초음파 가열

초음파 가열(超音波 加熱, ultrasonic heat) 방식은 피열물에 초음파 진동을 인가하면 물체에 마찰열이 발생하는 것을 이용한 방식으로 주로 용접분야에 사용되며 용접하고자 하는 금속에 일정한 압력을 가한 후 초음파진동을 인가하여 용접을 한다. 초음파 용접에 사용되는 주파수는 1 [kHz]~200 [MHz]의 초음파가 가장 많이 사용되고 있다.

플라스틱 부품을 조립, 접합, 가공하는 방법은 접착제 또는 용제를 사용하였으나 접착제의 건조에는 시간이 필요하고 용제의 사용은 악취가 발생하여 작업자의 건강에 좋지 않았다. 이에 대한 개선방안으로 초음파 플라스틱 용접기가 전기, 기계, 자동차 분야의 플라스틱 제품, 식품 포장 용기 등의 접착에 이용되고 있다.

참고 초음파 용접의 특징

① 초음파진동에 의하여 표면의 산화피막이나 흡착층이 파괴되므로 전기저항용접에 비하여 표면에 대한 전처리작업이 용이하다.
② 냉간압접 등에 비해 가압하중이 적으므로 변형될 우려가 적다.
③ 가열이 불필요하다.
④ 고체 상태에서 용접하므로 열에 대한 피용접물에 대한 열적 영향이 적다.
⑤ 가는 선 또는 금속박막의 용접도 가능하다.
⑥ 재질이 다른 금속의 용접이 가능하다.

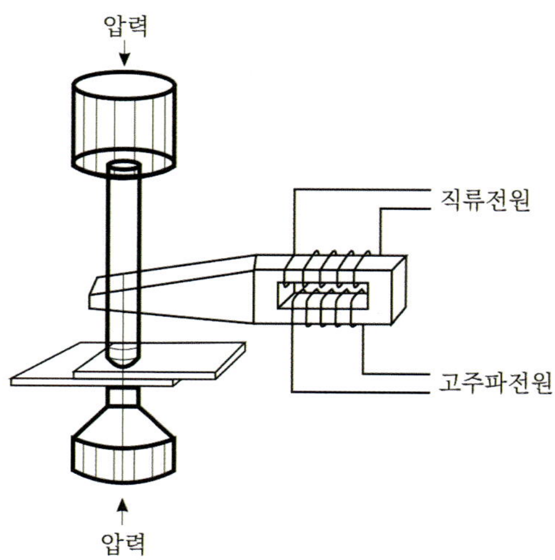

〈그림 1-9-12〉 초음파 가열

exercise

연습문제

01 어떤 두 점 사이를 10 [C]의 전하량이 이동하여 외부에 대해 200 [J]의 일을 했다면 두 점 사이의 전위차는 몇 [V]인가? (　　)

① 10　　② 20　　③ 30　　④ 40

해설 $W = QV$[J]에서 $V = \frac{W}{Q} = \frac{200}{10} = 20$[V]

02 정격이 220 [V], 60 [W]인 백열전구의 저항값 [Ω]은 얼마인가? (　　)

① 507　　② 607　　③ 707　　④ 807

해설 $P = IV = I^2R = \frac{V^2}{R}$[W]에서 $R = \frac{V^2}{P} = \frac{220^2}{60} \fallingdotseq 807$[Ω]

03 어떤 저항 R에 220 [V]의 전압을 인가해서 10 [A]의 전류가 1분간 흘렀다면 저항 R에서 발생한 에너지를 열량 H [cal]로 환산하면 얼마인가? (　　)

① 31,680　　② 3,168　　③ 21,680　　④ 2,168

해설 $I = \frac{V}{R}$[A]에서 $R = \frac{V}{I} = \frac{220}{10} = 22$[Ω]

$H = 0.24I^2Rt$ [cal]에서 $H = 0.24I^2Rt = 0.24 \times 10^2 \times 22 \times 60 = 31,680$[cal]

04 우리나라의 상용주파수인 60 [H]에 대한 각속도 ω[rad/s]는 얼마인가? (　　)

① 177　　② 277　　③ 377　　④ 477

해설 $\omega = 2\pi f$[rad/s]에서 $\omega = 2\pi f = 2 \times 3.14 \times 60 = 377$[rad/s]

05 3,600 [rpm]으로 운전되고 있는 발전기가 60 [Hz]를 발생하고 있다. 1 [Hz]의 기하학적 회전각[rad]은 얼마인가? (　　)

① π　② 2π　③ 3π　④ 4π

해설 발전기의 극수를 P 라 하고 1분간의 회전수를 N_s 라 하면 다음과 같다.

$$P = \frac{120f}{N_s} = \frac{120 \times 60}{3,600} = 2$$

이때의 기하학적인 회전각은 다음과 같다.

$$2\pi \times \frac{2}{P} = 2\pi \times \frac{2}{2} = 2\pi[\text{rad}]$$

06 전압의 종류에서 교류 전압의 범위를 적절하게 나타낸 것은? (　　)

① 600[V] 이하　② 750[V] 이하　③ 1,000[V] 이하　④ 7,000[V] 이하

07 교류회로에서 저항만의 회로의 특징이 아닌 것은? (　　)

① 전압과 전류는 동일 주파수의 정현파이다.
② 전압과 전류는 동상이다.
③ 전압과 전류의 최대치 또는 실효치의 비는 R 이다.
④ 전압과 전류는 동상이 아니다.

08 교류회로에서 인덕턴스 회로의 특징이 아닌 것은? (　　)

① 전압과 전류는 동일주파수의 정현파이다.
② 전압은 전류보다 위상이 90° 늦다.
③ 전압은 전류보다 위상이 90° 앞선다.
④ 전압과 전류의 최대치 또는 실효치의 비는 ωL 이다.

09 교류회로에서 커패시턴스 회로의 특징이 아닌 것은? (　　)

① 전압과 전류는 동일주파수의 정현파이다.
② 전압은 전류보다 위상이 90° 늦다.
③ 전압은 전류보다 위상이 90° 앞선다.
④ 전압과 전류의 최대치 및 실효치의 비는 $1/\omega C$ 이다.

10 3상회로의 전압과 전류에 대한 설명이 부적절한 것은? (　　)

① Δ결선에서 상전압과 선간전압은 같다.
② Δ결선에서 선간전류는 상전류의 $\sqrt{3}$ 배 이다.
③ Y결선에서 상전류와 선간전류는 같다.
④ Y결선에서 상전압은 선간전압의 $\sqrt{3}$ 배 이다.

해설 Y결선에서 선간전압은 상전압의 $\sqrt{3}$ 배 이다.

11 전동기와 같은 기기에서 3상 전원을 선호하는 이유는? (　　)

① 회전자계를 얻기 쉽기 때문이다.
② 전압을 바꾸기 쉽기 때문이다.
③ 전류를 바꾸기 쉽기 때문이다.
④ 전기공사가 쉽기 때문이다.

12 전력삼각도에서 나타내는 전력의 종류가 아닌 것은? (　　)

① 피상전력　② 유효전력　③ 무효전력　④ 잉여전력

13 전동기의 회전 원리를 적절하게 설명한 것은? (　　)

① 플레밍의 왼손 법칙　② 플레밍의 오른손 법칙
③ 앙페르의 오른나사 법칙　④ 줄의 법칙

14 발전기의 회전 원리를 적절하게 설명한 것은? (　　)

① 플레밍의 왼손 법칙　② 플레밍의 오른손 법칙
③ 앙페르의 오른나사 법칙　④ 줄의 법칙

15 농형유도전동기의 기동법이 아닌 것은? (　　)

① 전전압기동　② 파워기동　③ Y-Δ 기동　④ 리액터기동

16 정전기의 발생 종류에 해당되지 않는 것은? (　　)

① 마찰　② 박리　③ 충돌　④ 냉동

17 물질의 정전기 발생에 영향을 주는 요인이 아닌 것은? (　　)

① 표면상태　② 접촉면적　③ 누전　④ 분리 속도

18 전기가열의 특징에 해당되지 않는 것은? (　　)

① 매우 높은 온도를 얻을 수 있다.　② 내부 가열이 불가능하다.
③ 조작이 용이하다.　④ 열효율이 높다.

19 전열기의 열전달 메커니즘에 해당되지 않는 것은? (　　)

① 전도　② 대류　③ 복사　④ 여기

20 적외선 가열방식의 특징이 아닌 것은? (　　)

① 신속하고 효율적이며 표면가열이 가능하다.
② 조작이 간단하고 온도조절이 용이하며 시간 지연성이 거의 없다.
③ 설비비가 적고 가열에 필요한 구조물의 설치공간이 비교적 적다.
④ 가는 선 또는 금속박막의 용접도 가능하다.

[정답표]

1	2	3	4	5	6	7	8	9	10
②	④	①	③	②	①	④	②	③	④
11	12	13	14	15	16	17	18	19	20
②	④	①	③	②	①	④	②	③	④

Chapter 02

전기화재의 종류

contents

chapter

02 전기화재의 종류

section 2.1 전기화재의 개요 및 발생경로

2.1.1 전기화재의 개요

전기에너지를 열원으로 발생하는 화재를 일반적으로 전기화재(電氣火災, electric fire)라고 한다. 전기화재의 발생요인은 여러 가지가 있지만 여기서는 전기화재의 원리와 주된 발생요인에 관해서 예시를 들어 설명한다.

(1) 전기화재의 원리

도체 중에 전류가 흐르면 도체 내부의 저항에 의해 필연적으로 열이 발생한다. 이 열을 줄열(Joule's heat)이라고 한다. 또한, 공간을 통한 전극간의 전압이 그 공간의 내전압을 넘는 경우에는 전극 사이에 불꽃을 수반하는 방전이 발생한다. 전기의 발열작용(發熱作用, exothermic action) 및 방전현상(放電現象, discharge phenomenon)은 여러 가지 전기기기의 주요기능 또는 국부기능으로서 이용되고 있지만 배제하여야 할 부정적 요소가 되는 경우가 많다.

전기화재는 이러한 발열작용과 방전현상의 이용 조건의 부족 및 이런 것들이 극도로 현저한 경우에 발생한다. 즉, 전기화재의 발생은 기본적으로는 전류의 발열작용으로서 줄열과 방전에 의해서 발생되는 불꽃에 기인하는 것이다.

(2) 줄열

도체에 전류를 흘렸을 때 발생하는 열량(熱量, quantity of heat)은 전류의 2승과 도체 저항의 곱에 비례한다. 이것을 줄의 법칙(Joule's law)이라고 하며 이때 발생하는 열이 줄열이다. 따라서 저항 $R[\Omega]$의 도체에 I [A]의 전류가 t 초간 흐르면 도체 중에 발생하는 열량 H는 다음과 같은 식으로 나타낸다.

$$H = I^2 R \cdot t \ \text{[J]} = 0.24\, I^2 R \cdot t \ \text{[cal]} \tag{2.1}$$

여기서, H ; 열량, I ; 전류, R ; 도체의 저항, t ; 시간

저항 R은 도체의 길이에 비례하고 단면적에 반비례하므로 동종의 도체라 하더라도 길이가 길고, 단면적이 적은 가는 도체는 저항이 커져 발열량은 증가한다. 전열기구 등에는 이 줄열을 효율적으로 추출할 수 있는 저항체 즉, 발열체가 사용되고 있다.

일반적인 전로에 쓰이고 있는 도체의 고유저항은 대단히 적기 때문에 통상의 사용조건에서 전선로의 발열량은 적고 온도가 극도로 상승하는 것은 없지만 다음과 같은 경우는 줄열에 의한 온도상승이 현저하게 되어 출화요인이 된다. 또한, 원래의 전로 이외의 경로를 전류가 흘러 그 경로의 금속접합부 및 유기절연재에 형성된 탄화도전로에서 발생하는 열도 줄열이고 출화요인이 된다.

① 규정된 조건하에서 안전히 흘릴 수 있는 최대전류보다 큰 전선의 허용전류를 흘려 과부하가 발생된 경우
② 코드를 묶어서 사용, 이부자리 밑, 담요 밑의 코드배선, 전동기 및 트랜스권선에 자장의 축적 등으로 발생한 줄열의 방산이 저하된 경우
③ 배선접속부에서 접촉저항이 증가하여 축열이 많이 발생된 경우
④ 불꽃 방전이 포함된 전선의 단락이 발생한 경우
⑤ 전동기의 구속운전이 장시간 지속된 경우
⑥ 단상 3선식 전원의 중성선이 단선된 경우
⑦ 3상 전동기의 고장으로 단상 운전이 지속된 경우
⑧ 전력계통의 수전설비에서 고조파장해가 발생하여 전압 및 전류 변형이 지속적으로 일그러진 경우

(3) 방전불꽃

방전불꽃은 전극간 방전에 의한 것, 정전기 방전에 의한 것, 낙뢰에 의한 것 등으로 구분된다. 기체 중의 전극에 고전압을 인가하면 기체 원자가 전리(電離, ionization)하

여 발생한 양이온(positive ion)과 전자(電子, electron)가 전계의 작용에 의해 각각 반대 방향으로 힘을 받기 때문에 기체 중을 전류가 흐르게 되는데 이것을 전극간 방전이라 한다.

전극간 방전 중에서 타운젠트방전(townsend discharge)은 미광방전, 암광방전 또는 암방전이며 자속방전의 제1단계이다. 그리고 제2단계는 대표적인 자속방전 형식인 글로우방전(glow discharge)이다. 또한, 제3단계는 아크방전(arc discharge)이며, 이것은 호광방전 또는 전호방전이다. 아크방전은 초기에는 전류치가 적지만 자속방전의 최종단계에 도달하면 큰 전류가 흘러 매우 높은 수천℃ 이상의 불꽃(spark)을 발생하는 특징이 있다.

화재의 원인이 되는 것은 많은 경우 아크방전에 의한 불꽃으로 인화성 가스 및 분진만이 아니고 면먼지, 전선피복 등에도 착화되는 것이 있다. 또한, 유기절연재를 탄화시켜 절연파괴를 유발시킨다.

정전기에 의한 것은 방전전압이 큰 것으로부터 불꽃방전(spark discharge), 스트리머 코로나방전(streamer corona discharge), 코로나방전(corona discharge) 등이 있다. 방전형태는 대전물체와 접지체와의 양자에 의해서 정해지므로 판정하는 것이 어렵지만 대전물체라든가 접지체가 비교적 평평한 구조인 것에서는 에너지가 큰 착화성 방전이 일어나기 쉽고, 반대로 바늘 및 칼형 등과 같은 돌기한 형상이면 코로나방전이므로 에너지가 작아서 착화하기 어렵다.

〈1〉 코로나

코로나를 성질로 분류하면 직류코로나(direct corona), 교류코로나(alternating corona), 고주파코로나(high frequency corona), 임펄스코로나(impulse corona)가 있다.

① 직류코로나

직류코로나는 글로우 코로나, 브러쉬 코로나, 스트리머 코로나, 코로나 펄스 등으로 분류되며 각각의 특징은 다음과 같다.

a. 글로우코로나(glow corona)

침과 평판 사이에 전압이 2,000 [V] 정도 도달하면 침 선단에 자색의 광점이 나타난다. 광은 극히 약하지만 실내가 어두우면 상당히 밝다. 또한, 후각이 좋은 사람은 오존과 같은 냄새를 맡을 수 있으며 NO, NO_2 가스가 발생하는 냄새이다.

b. 브러쉬코로나(brush corona)

침선단과 평판전극과의 거리가 수 cm 이상이고, 전압을 상승시키면 불꽃이 발생하기 전에 침단에서 지금까지와 다른 길게 늘어진 형태의 코로나가 발생한다. 이 단계의 코로나는 글로우코로나로 정하지 않고 찍찍하는 소리와 함께 발광한다. 전류의 변화는 10 [μA] 이상의 값에서 전류계의 눈금이 심하게 요동한다.

c. 스트리머코로나(streamer corona)

전압을 더욱 상승하면 코로나의 발광부가 전극 사이를 이어서 발광이 일어나는 방전형식이다. 특히, 침과 평판전극의 사이에 잘 일어난다. 주의해서 잘 보면 가느다란 광이 많이 모여 있고 그것이 명멸을 반복하고 있는 것을 알 수 있다.

d. 코로나펄스(corona pulse)

코로나방전의 전류를 오실로스코프로 관측할 때 인가전압이 낮게 코로나가 개시되면 시간간격은 대략 수 마이크로초 발생과 소멸되는 코로나펄스가 일어남을 알 수 있다. 특히, 부극성의 경우에는 상당히 규칙적인 펄스가 발생하는데 이것을 말한다.

② 교류코로나

50~60 [Hz] 정도의 교류 상용주파수를 전극 사이에 인가하는 경우에 반주기마다 그 극성에 따라 코로나가 발생하는데 이것을 말한다.

③ 고주파코로나

고주파에 있어서도 불평등 전계(電界, electric field)의 경우에 코로나발생이 있다. 그 개시전압도 직류 또는 교류에 비해 현저한 차이는 없는 것으로 알려져 있다. 직류 또는 교류에 비교하여 현저한 차이가 있는 것은 코로나 전류가 크다. 그러므로 코로나에 공급되는 에너지가 큰 것이 요구된다.

④ 임펄스코로나

임펄스전압이 인가될 때 발생하는 코로나에 대해서는 직류 또는 교류 코로나만큼 상세한 점까지는 명확하지는 않지만 성질은 다음과 같은 특징을 가지고 있다.

a. 코로나 개시전압은 직류 또는 교류의 경우와 차이는 없다.

b. 양극코로나 형식에 대해서는 스트리머코로나로 되기 쉽고 잘 일어난다.

〈2〉 낙뢰의 종류

뇌운(雷雲, thunderstorm cloud)이 발달하여 뇌운과 지표면과의 전위차가 있는 정도의 크기로 되어 발생하는 방전현상이 낙뢰(落雷, lightning strike)이다. 뇌전압은 1억~10억 [V] 정도로 순간에 흐르는 전류는 수 만 암페어 정도이다. 낙뢰는 직격뢰, 측격뢰, 유도뢰, 침입뢰 등으로 나누어진다. 발화원으로 분류하면 직접뢰와 간접뢰 등이 있다. 직격뢰는 직접뢰를 말하며, 측격뢰, 유도뢰, 침입뢰 등의 3개를 간접뢰 등으로 분류하고 있다.

① 직격뢰

직격뢰(直擊雷, direct surge)는 뇌방전의 주방전회로가 직접 피재해 건조물 등을 통하여 형성되는 것으로 낙뢰라고 불리는 것이다. 지붕에 구멍을 내기도 하고 안테나 등 금속부분은 녹여 용단되기도 한다.

② 측격뢰

측격뢰(側擊雷, side stroke surge)는 낙뢰의 주방전로에서 분기한 방전로가 피재해 건조물 등을 지나는 경우든지 수목 등이 직격뢰에 의해서 수목의 전위가 높아져 부근에 있는 피재해 건조물 등에 재방전하는 경우를 말한다.

③ 유도뢰

유도뢰(誘導雷, induced lightning surge)는 부근의 낙뢰에 의해 유기된 경우와 운간방전에 의해 유기된 경우를 말한다. 송전선 및 배전선의 유도뢰에 의한 피해의 정도는 다르지만 침입뢰와 마찬가지인 형상을 나타낸다.

④ 침입뢰

침입뢰(侵入, trespass surge)는 송배전선에 낙뢰로 뇌전류가 송전선 및 배전선 위를 진행하여 건물 또는 발전소 및 변전소 등의 기기를 통하여 방전하는 것을 말한다.

2.1.2 전기화재의 발생경과

전기화재의 발생경과는 설계 및 구조 불량, 취급 및 관리 불량, 공사 및 시공 불량, 경년 열화(劣化, deterioration), 기타 등으로 나누어진다.

(1) 설계 및 구조 불량

전기기구의 설계 및 구조가 나쁘기 때문에 출화한 예로서 다음과 같은 것이 있다.

① 충전용 전기면도기의 콘덴서가 흡습하여 절연저하를 일으켜 충전 중에 출화하였다.
② 텔레비전 전원스위치의 수지부가 ON/OFF 할 때 불꽃으로 탄화되어 출화하였다.
③ 충전기 내 변압기의 가까운 근처에 셀렌정류기가 붙어 있기 때문에 셀렌정류기의 발열에 의해 변압기의 방열효과가 국부적으로 저하되어 권선으로부터 출화하였다.
④ 냉장고의 서리제거 히터선의 잘못으로 냉장고의 배면까지 배선되어 있으므로 배선 접촉에 의해서 출화하였다.
⑤ 텔레비전의 고압회로 리드선의 절연내력이 충분히 높지 않기 때문에 먼지, 수분 등에 의해 리드선과 지지대 사이에 불꽃이 발생하여 리드선 피복으로부터 출화하였다.

(2) 취급 및 관리 불량

기구 그 자체는 문제가 없고 사용법을 잘 알지 못해서 부적절한 사용방법에 의해 출화한 예로서 다음과 같은 것이 있다.

① 욕실에서 전기세탁기를 오랜 세월 사용하고 있었기 때문에 습기에 의해 전동기의 권선 절연이 열화되어 층간단락으로 출화하였다.
② 전기난방기를 나무로 만든 지지대 속에 넣어 사용했는데 스위치를 끄는 것을 잊었기 때문에 지지대로부터 출화하였다. 테이블탭(table tap)에 전열기구와 다른 전기기기를 연결하여 사용했는데 전열기구가 연결된 것을 잊고 다른 전기기기를 사용하려고 테이

블탭의 플러그를 콘센트에 꽂아 사용했기 때문에 전열기 자체가 통전되어 출화하였다.

③ 텔레비전 위에 화분을 놓아두고 있어서 물이 넘쳐흘러 텔레비전 케이스 내에 들어가 고전압부에서 누설전류가 발생하여 출화하였다.

④ 집진기 필터의 청소 불량으로 필터가 막혀서 콘덴서의 방열효과 저하에 의해 단락되었기 때문에 전동기가 구속운전이 되어 권선에서 출화하였다.

⑤ 수은등(400 [W])의 가까운 근처에 골판지상자를 쌓아 놓은 것에 의해 출화하였다.

⑥ 기구 코드 및 연장용 코드를 뭉쳐 사용해 과열하여 출화하였다.

⑦ 3 대중 2 대의 절연이 불량해서 히터를 1 대만 오랫동안 사용하고 있었다. 어느 날 잘못으로 절연불량을 일으키고 있는 2 대에 대해서도 통전하였지만 습관에 의해 정상적인 히터 1 대만 스위치를 OFF하고 다른 2 대를 통전 방치하였기 때문에 출화하였다.

⑧ 플러그를 콘센트에 꽂아 놓아 모발건조기가 낙하하여 스위치가 ON 되어 과열로 출화하였다.

⑨ 건조기로 사용하고 있는 작업용 히터 전원의 ON / OFF를 온도조절기(thermostat)로 조작하고 있었기 때문에 기온이 설정온도보다 낮게 될 때 히터가 통전되어 히터 앞에 쌓아 놓은 골판지상자에서 출화하였다.

(3) 공사 및 시공 불량

기기가 정상이고 순서대로 취급하더라도 설치공사에 결함이 있어 출화한 예로서 다음과 같은 것이 있다.

① 교류용 콘덴서를 상용 내전압 이내로 감소시키지 않고 직류회로에 사용했기 때문에 콘덴서로부터 출화하였다.

② 단상 3선식의 중성선(中性線, neutral conductor)에 실수로 퓨즈를 넣었기 때문에 퓨즈가 단선되었을 때 전기기기에 과전압이 걸려 출화하였다.

③ 3상 3선식의 1 선이 조임 부족에 의해 빠져 과전압, 과전류가 흘러 전기기기로부터 출화하였다.

④ 코드의 비틀림 접속으로 테이프의 열화로 완화되어 접촉 불량으로 출화하였다.

⑤ 접속기에 있어서 코드의 조임 불량에 의해 출화하였다.

⑥ 비닐코드(vinyl cord)를 스테이플(staple)로 지지할 때 절연피복이 찢어져 단락되어 출화하였다.
⑦ 콘센트 함(outlet box) 내의 전선단말처리를 할 때 절연테이프를 충분히 감지 못하여 그 곳에서 절연이 파괴되어 출화하였다.
⑧ 지선 가까이 설치한 철제간판의 모서리에 바람으로 흔들린 지선의 비접지선이 장기간 닿아 피복이 찢어져 누전되어 출화하였다.
⑨ 매달음식 형광등을 천장에 직접 부착하였기 때문에 안정기의 방열효과가 저하되어 권선의 과열로 출화하였다.
⑩ 옥내용 전기기기를 옥외에 설치하여 빗물 등에 의해 절연이 열화되어 출화하였다.
⑪ 커버나이프스위치(CKS, cover knife switch)의 전류퓨즈 대용으로 철선을 사용하여 철선이 발열로 덮개에 착화되어 출화하였다.

(4) 경년 열화

전기기기를 장기간 사용하고 있으면 옥외의 비, 바람, 태양광 및 옥내의 온도, 습도, 코드의 연장 등 끊임없이 외부 스트레스가 기기에 작용하고 있어 절연성능 등의 열화(劣化, deterioration)에 의해 출화한 예로서 다음과 같은 것이 있다.

① 형광등을 장기간 사용하여 안정기가 경년 열화되어 출화하였다.
② 전동기의 설치장소가 보일러실로 콘크리트 때문에 코일이 흡습하고 절연이 열화되어 층간단락을 일으켜 출화하였다.

(5) 기타

상기 이외의 이유로 출화한 예로서 다음과 같은 것이 있다.

① 승강기의 문에 이물질이 끼어 문이 닫히지 않고 전동기가 구속 운전되었기 때문에 변압기에 과전류가 흘러 과열에 의해 출화하였다.
② 냉장고 밑으로 쥐가 둥지를 만들어 코드를 갉았기 때문에 단락되어 출화하였다.
③ 교통사고에 의해 가로등이 꺾이어 배선의 피복이 찢어진 채로 민가의 철제차양에 닿았기 때문에 누전되어 출화하였다.
④ 서있는 나무가 강한 바람에 흔들려 전주상의 전선인류클램프 덮개를 손상시켜 비로

젖은 나무의 가지가 직접클램프에 닿아 누전되어 출화하였다.

⑤ 동절기에 난방 등에 의한 결로 혹은 오물 부착에 의해 스위치 절연체에 연면누설전류가 흐르게 되어 대지에 지락회로가 형성되어 트래킹(tracking)에 의해 출화하였다.

⑥ 자가용변전실에 있어서 쥐가 진상콘덴서의 단자부를 지날 때 단락시켰기 때문에 출화하였다.

⑦ 전동기 전원용 전자개폐기 단자 사이에 바퀴벌레 등이 끼여 1 상이 차단되었기 때문에 전동기가 단상운전의 상태로 되어 발열되어 출화하였다.

section 2.2 전기화재의 출화형태 및 통전입증

2.2.1 전기화재의 출화형태

일반적으로 화재현장(火災現場, the scene of a fire)에서 원인조사는 처음에 출화개소를 한정하고, 다음에 그 출화개소에 존재하는 출화의 가능성이 있는 화원에 대해서 각각을 검증한다. 전기화재를 발화원으로 분류하면 원칙적으로 전기를 이용하는 전기배선 및 전기기기에 의한 출화, 누전경로로부터 출화, 정전기 불꽃에 의한 출화 등의 3종류로 나누어진다.

(1) 전기배선 또는 전기기기로부터 출화

출화개소 부근에 전기배선(電氣配線, electric wiring) 또는 전기기기(電氣機器, electrical instrument)가 발견된 경우는 처음에 통전입증(通電立證, applying an electric current to)을 실시해야 한다.

그리고 화재의 종합적인 상황을 객관적으로 분석하기 위해서 전기화재의 발생경과에 따른 설계 및 구조 불량, 취급 및 관리 불량, 공사 및 시공 불량, 경년 열화, 방화 또는 실화 등의 거시적 관점(巨視的 觀點, macroscopic viewpoint)에서 접근한다.

다음에 그 기기가 전열기 또는 전열부를 갖는 기기의 경우는 취급 및 관리 불량에 의한 출화인지 아닌지, 설계 및 구조 불량에 의한 과열 출화인지 아닌지, 그렇지 않은 경우는 각각의 배선, 부품에 의한 트래킹, 누전, 단락, 반단선, 아크방전, 과부하, 접촉불량, 아산화동증식 발열현상, 은이동 등의 출화요인의 과학적인 입증에 따라서 전기배선 또는 전기기기로부터 출화를 판정한다.

(2) 누전에 의한 출화

출화개소 부근이 누전경로를 형성할 수 있는 개소인지 어떤지를 검토하여 혹시 그렇다면 어디에서 전기가 누설되어 어느 접지물에 전류가 흘러들어가 출화개소를 형성하였는지 검증하여 출화원인을 판정한다. 접지점을 한정하는 것은 쉽지 않지만 이 경우는 출화점을 구성하는 금속부재가 접지되어 있는 것을 입증한 것으로 충분하다.

(3) 정전기 불꽃에 의한 출화

출화개소 부근에 정전기(靜電氣, static electricity)의 발생 요건과 정전기 불꽃에 의한 가연성가스, 먼지 등의 착화물이 존재하고 있는지의 여부를 조사한다. 또한, 동시에 불꽃이 발생할 수 있는 것과 같은 조건의 유무 및 정전기 불꽃의 에너지가 착화물의 최소발화에너지(MIE, Minimum Ignition Energy) 이상으로 될 수 있는지의 여부를 검증함으로써 출화(出火, firing)의 가부를 판정한다.

2.2.2 전기화재의 통전입증

화재가 전기에 기인한 것인지의 여부 또한, 전기의 어떠한 원인에 의한 것인가를 규명하기 위해서는 각각의 현상 혹은 기기의 특징을 알고 객관적인 근거에 따라서 이것을 입증해 나가지 않으면 안 된다.

전선, 배선기구 또는 전기기기 등으로부터 출화되기 위해서는 어떤 형태이든 이들이 통전상태라는 것이 전제된다.

전기설비 기계기구의 통전의 유무를 조사하는 경우 전기계통의 배선도 및 기기의 결선도에 따라서 부하측(負荷側, electric load part)으로부터 전원측(電源側, electric source part)으로 향하여 조사를 진행시키는 것이 원칙이다.

왜냐하면, 부하측으로 통전의 흔적이 발견된 경우 그 개소까지의 통전이 입증된 것이고 그 곳에서 전원측을 조사할 필요가 없어지기 때문이다. 통전입증에 포함되는 조사의 요점(要點, point)은 <그림 2-2-1>과 같으며, ① → ② → ③ → ④ 순서로 통전입증을 실시하는 것이다.

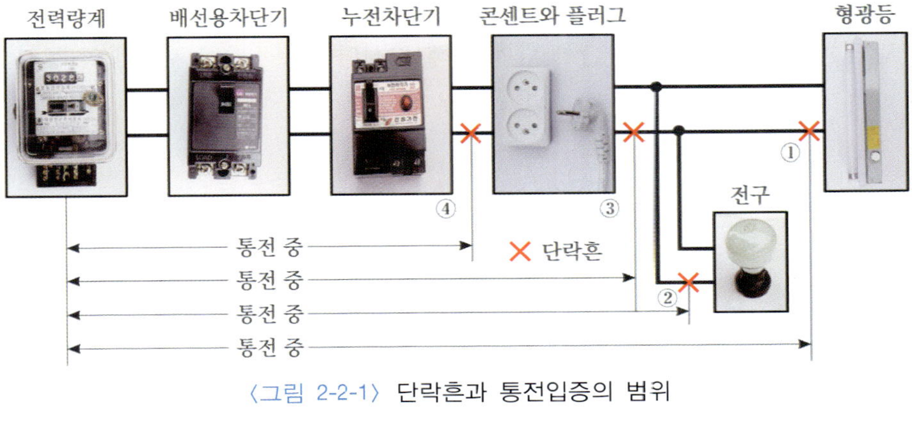

〈그림 2-2-1〉 단락흔과 통전입증의 범위

section 2.3 전기화재의 종류

2.3.1 단락

전선의 절연피복(絕緣被覆, insulated coating)이 손상되어 도체 상호가 직접 접촉하거나 못 등의 금속을 매개로 도체 상호가 이어진 것을 말한다. 저항이 대단히 적기 때문에 대전류가 흘러 접촉부분에 빠삭빠삭하는 큰 소리와 동시에 전기불꽃이 발생하여 용융흔(鎔融痕, molten mark) 또는 용융 흔적이 생기고 전선의 접촉개소가 용단된다.

(1) 단락의 발생요인

단락(短絡, electric short)의 발생요인을 전선 절연피복의 손상 원인으로 분류하면 다음 세 가지가 있다.

① 전선에 외력이 가해져 절연피복이 파손되어 단락

가구류 등 중량물에 의한 압박, 스테이플 고정시의 손상, 스테이플 고정 등 고정부와 가동부 경계에 반복 가해지는 비틀림 및 굽힘에 의한 손상, 밟거나 잡아당기는 등 거친 취급, 쥐에 의한 절연피복의 손상 및 경시적인 재질의 열화 등에 의해 최종적으로는 절연 파괴되고 도체가 직접 접촉되어 단락이 발생하는 현상이다.

② 접촉불량 등 국부발열에 의해 절연열화가 진행되어 단락

비전문가 및 부적절한 수리에 의한 비틀림 접속 부분 및 빈번한 굴곡에 의해 생긴 반단선 부분 등의 접촉(속) 불량에 의해 전선이 국부적으로 발열하여 절연 열화됨에 따라 도전로가 형성되어 단락이 발생하는 현상이다.

③ 화재열 등 외부 열에 의해 절연파괴되어 단락

①과 ②에 의해서 생긴 용융흔을 1차 용융흔(primary molten mark) 또는 1차 용융 흔적이라 한다. 그리고 ③의 경우를 2차 용융흔(secondary molten mark) 또는 2차 용융 흔적이라고 일반적으로 분류하지만 외형상 각각의 특징이 있고 판별할 수 있는 경우도 있다.

참고 Dead short Circuits

A dead short occurs when a live wire comes in contact with a common or ground wire. In properly fused circuits this will cause the fuse to blow and the circuit to de-energize. This type of situation does not create sufficient heat to ignite combustibles. However, it is possible that the circuit is not fused properly. This type of situation can ignite surrounding combustibles causing a fire.

참고 Limited Short Circuit

Wires come in contact such that the volume of material is smaller than the fusible link. This will create a spark or flash and result in melting of the copper of the wiring. Characteristic beading of the copper wire is normally observed. This situation can also cause ignition of combustibles provided the mass of the combustibles contacting the heat source is small enough that the heat source can cause it to reach ignition temperatures and initiate a self-sustaining exothermic oxidation reaction or fire. It is difficult to ignite concentrated, solid combustibles such as wood, plastic and even paper with this type of heat source. However, cotton products, sawdust, wood chips and combustible gases can be ignited.

(2) 단락출화의 특징

단락불꽃은 국부적, 순간적 에너지로서는 크지만 국부적, 순간적이기 때문에 주위의 가연물의 온도를 그 발화온도까지 높이는 것은 적으므로 단락(短絡, electric short)이 생기더라도 그것이 발화로 이어지는 경우는 확률적으로 오히려 낮다고 할 수 있다.

그러나 가연성 기체 및 열용량이 적은 면먼지, 목분, 솜 등에 충분히 착화할 수 있고 연속적으로 단락불꽃이 발생한 경우 '전선에 외력이 가해져 절연피복이 파손되어 단락된' 것과 같이 이미 온도가 상승했기 때문에 탄화(炭化, carbonization) 또는 흑연화(黑鉛化, graphitization)가 진행하고 있는 피복류에는 착화할 가능성이 높다.

단락불꽃에 의한 출화의 경우 가연성 기체의 인화폭발 및 퇴적한 면먼지에 착화하여 급속히 불꽃이 넓어지는 경우는 예외로 하고 통상의 착화물에는 화염의 상승이 느리고 담배 등의 미소 화원에 의한 출화와 유사한 출화형태를 나타낸다. 즉, 단락개소를 중심으로 출화개소 부근이 국부적으로 깊게 타 들어가고 무염연소에 의한 출화의 형태를 나타내는 것이 많다.

(3) 용융흔의 종류

화재현장의 배선 및 코드류에 용융흔이 남아 있는 것이 많지만 이것들의 어느 것이 출화 원인이 된 것인가 또는 화재에 의해서 2차적으로 발생한 것인가를 판단하는 것은 출화 원인의 입증을 위한 중요한 요점의 한가지이다. 전기에 의한 단락흔 및 외부화염에 의한 단락흔 판별에 있어서 각각의 용융흔의 특징을 정리하면 [표 2-3-1]과 같다.

화재열에 의해서도 용융흔이 생기는 열흔이 발생하지만 단락에 의한 것이 아니기 때문에 광택이 없는 것은 물론 용단개소가 둥그스름함이 적고, 용융범위가 넓으며, 용융흔적이 아래로 흐른 것이 현저하다. 그 때문에 동선의 일부가 가늘게 되어있는 것이 많다. 또한, 단락흔 및 외부화염에 의한 단락흔의 발생개소에서도 화재열에 의해서 동의 융점 1,083 [℃] 이상으로 되면 녹아서 각각의 특성을 잃으므로 감식에 있어서는 이것도 충분히 고려할 필요가 있다.

따라서 전기적인 단락 용융흔 및 외부화염에 의한 단락 용융흔을 육안으로 식별하는 경우 일반화된 오류를 범하기 쉬우므로 표면의 용융 형태, 표면 및 단면구조, 에너지 및 열 특성 등을 종합적으로 분석하여 판정하는 것이 바람직하다.

[표 2-3-1] 전기에 의한 단락과 외부 화염에 의한 단락의 비교

구분	표면형태	탄화물 (XMA 분석)	금속조직 (금속현미경)	Void 분포 (금속현미경)	EDX 분석
단락	대부분 구형이고, 광택이 있는 경우가 많음	일반적으로 탄소는 검출되지 않음	용융흔 전체가 미세한 동과 산화제1동의 공유결합 조직으로 점유하며, 동의 초기결정 성장은 없음	큰 보이드가 용융흔의 중앙에 생기는 경우가 많음	OK, CuL line이 용융된 부분에서 검출되지 않으나 정상부분에서는 검출
외부 화염에 의한 단락	구형이 아니던가, 광택이 없는 경우가 많음	탄소가 검출되는 경우가 많음	동의 초기결정 성장이 보이지만 동의 초기결정 이외의 금속 결정으로 변형됨	일반적으로 미세한 보이드 많이 생김	CuL line이 용융된 부분에서 검출되지만 정상부분에서는 소량 검출

주1) 표면 상태의 제한된 정보를 이용하여 판별했을 때의 신뢰성은 60 [%] 정도로 낮으므로 다른 정보와 종합적으로 검증할 필요가 있다.
주2) 탄화물의 오염은 육안으로도 분명히 관찰할 수 있는 경우가 있다.
주3) 금속조직의 차이는 단락흔의 냉각속도의 차에 의한 것이므로 한번 발생한 공유결합결정은 화재열 약 800~1,000 [℃]로 재가열 되더라도 금속조직에는 변화를 초래하지 않는다.
주4) 보이드(void) 발생의 메커니즘은 대기 중의 산소가 용융한 동에 흡수되어 냉각시에 가스로 되어 다시 분리하기 위해서 발생한다. 외부 화염에 의한 단락은 주위의 온도가 높아 냉각속도가 느리기 때문에 적은 보이드가 고르게 퍼져서 용융된 부분 전체에 존재하는 경우가 많다.
주5) XMA(X-ray Microanalyzer)는 전자빔을 이용한 여기원으로서 시료에서 발생하는 원소를 정성 분석할 수 있는 것으로 물질의 조성을 알아내는데 유용하다.
주6) EDX(Energy Dispersive X-ray Analysis, 에너지분산X선 분석기)는 단일성분을 갖는 원소의 화학성분변화를 알 수 있는 분석기로서 물질의 CuL, CuK, and OK lines 스팩트라를 알 수 있다.

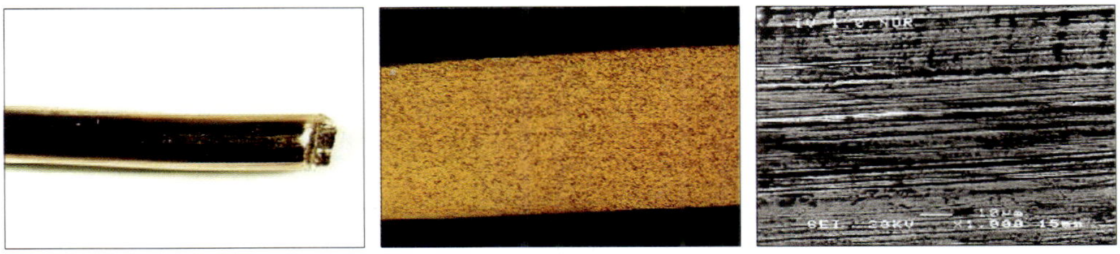

(a) 실체사진(×20) (b) 금속현미경 사진(×100) (c) SEM(20 kV, 15 mm, ×1,000)

〈그림 2-3-1〉 정상 단선의 사진(1.0 [mm] IV)

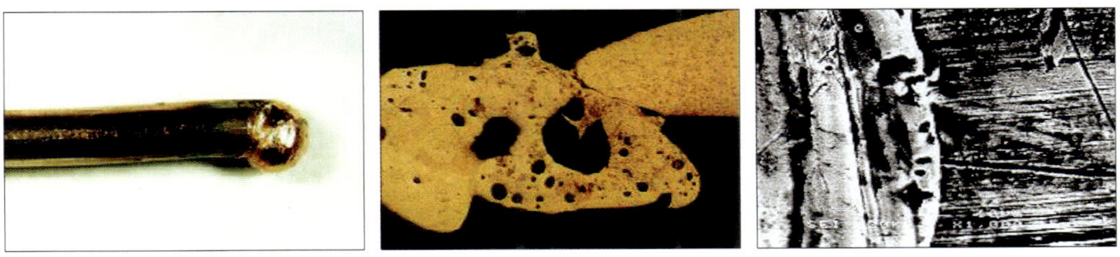

(a) 실체사진(×20) (b) 금속현미경 사진(×100) (c) SEM(20 kV, 15 mm, ×1,000)

〈그림 2-3-2〉 단선의 단락전선(1차 용융흔) 사진(1.0 [mm] IV)

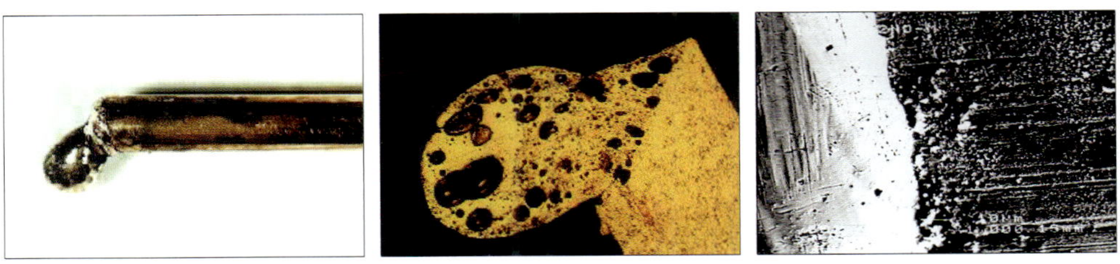

(a) 실체사진(×20) (b) 금속현미경 사진(×100) (c) SEM(20 kV, 15 mm, ×1,000)

〈그림 2-3-3〉 절연피복의 손상에 따른 단선의 단락전선(2차 용융흔) 사진(1.0 [mm] IV)

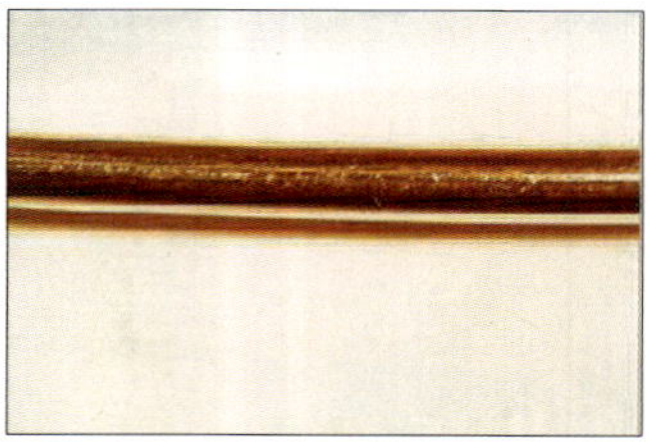

(a) normal

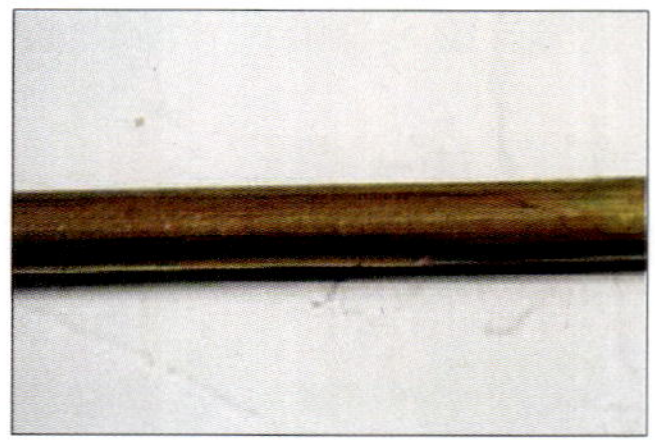

(b) 150 [℃]

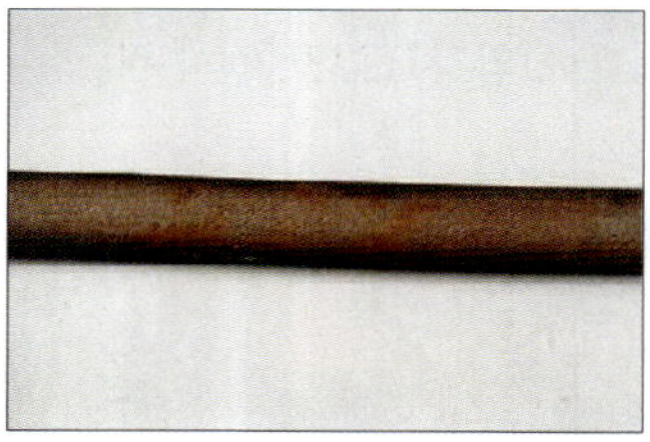

(c) 300 [℃]

(d) 500 [℃]

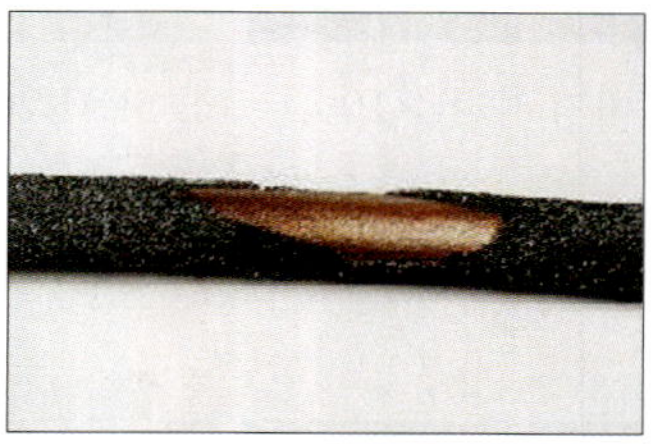

(e) 700 [℃]

(f) 900 [℃]

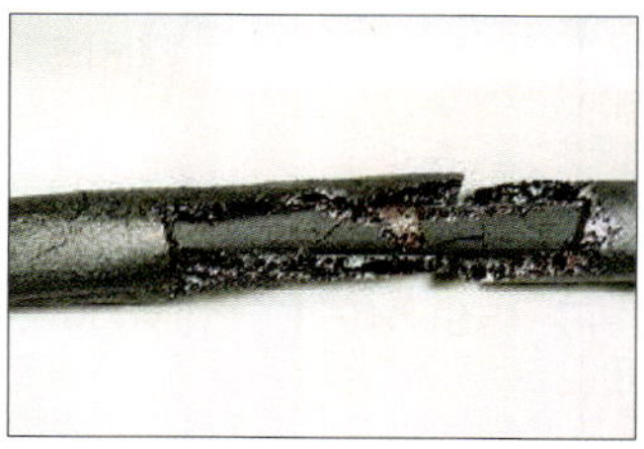

(g) 1,000 [℃]

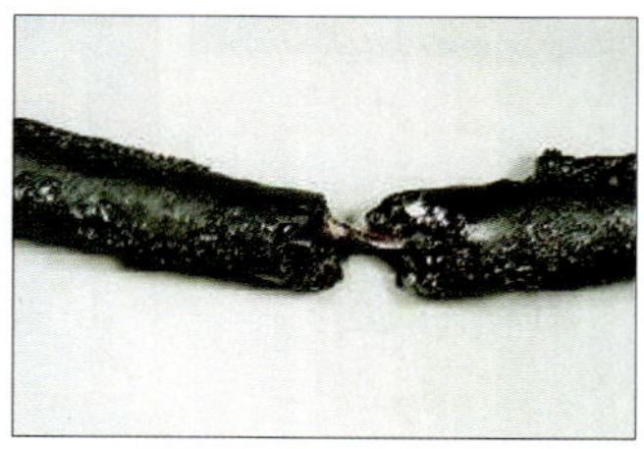

(h) 1,050 [℃]

〈그림 2-3-4〉 열열화 온도에 따른 전선의 실체사진(IV 1.6 [mm], mag.×10)

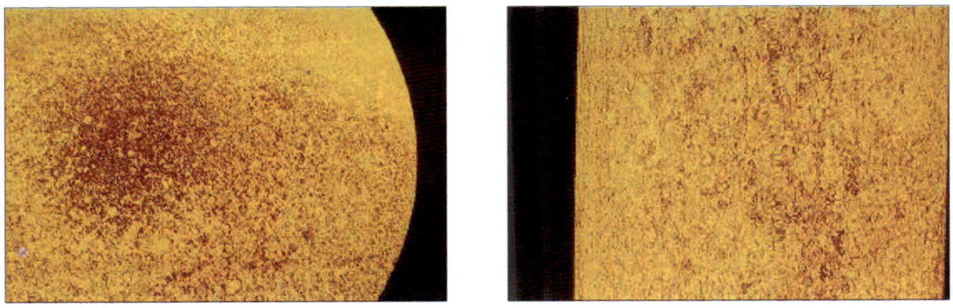

① 세로 단면 ② 가로 단면

(a) normal wire

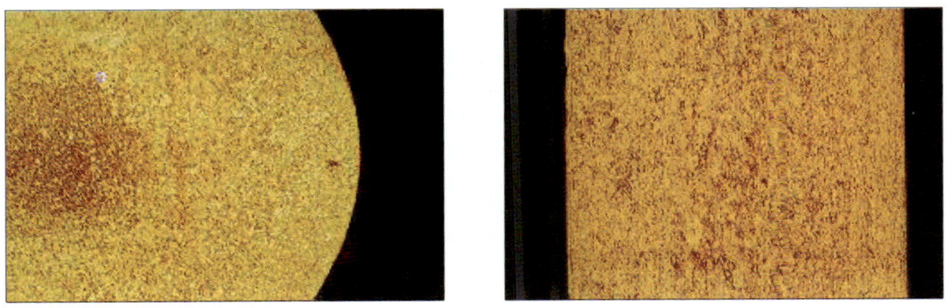

① 세로 단면 ② 가로 단면

(b) 150 [℃]

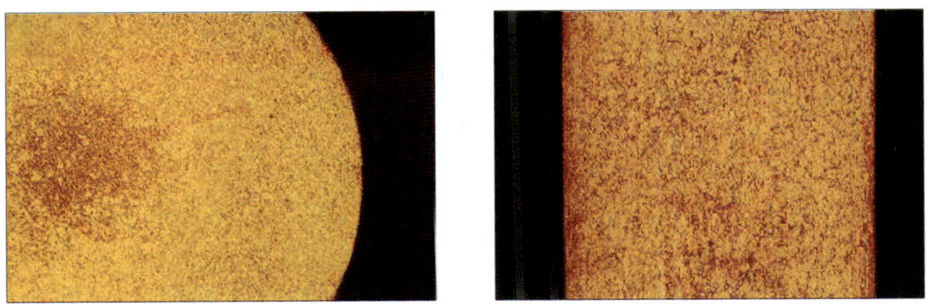

① 세로 단면 ② 가로 단면

(c) 300 [℃]

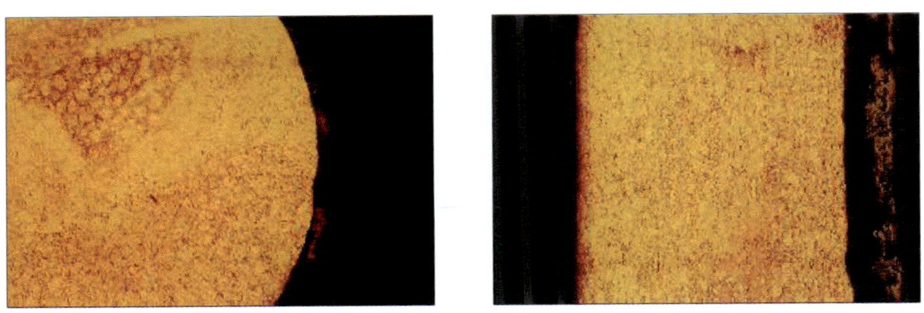

① 세로 단면 ② 가로 단면

(d) 500 [℃]

〈그림 2-3-5〉 열열화 온도에 따른 전선의 금속현미경 사진(IV 1.6 [mm], mag.×100) ➜ 계속

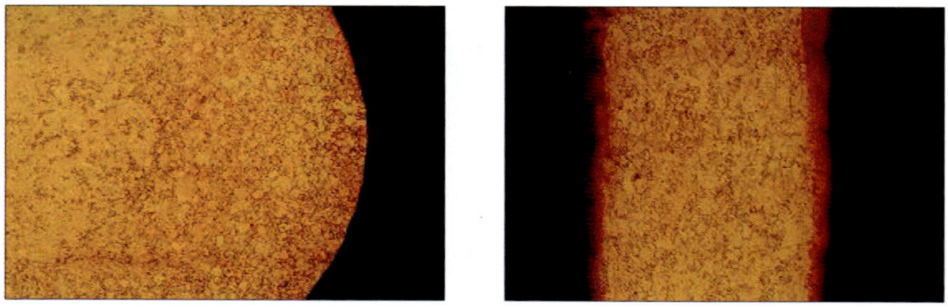

① 세로 단면　　② 가로 단면

(e) 700 [℃]

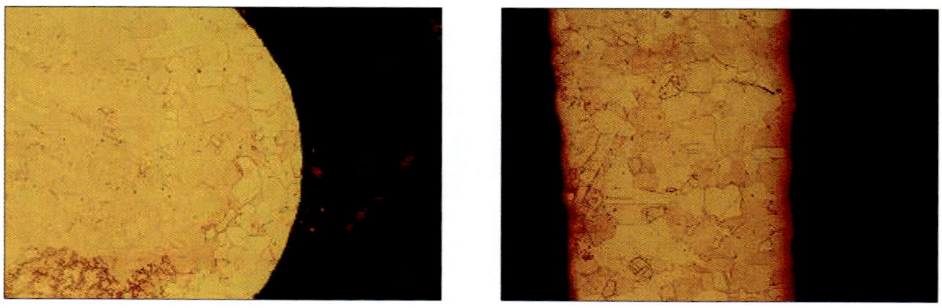

① 세로 단면　　② 가로 단면

(f) 900 [℃]

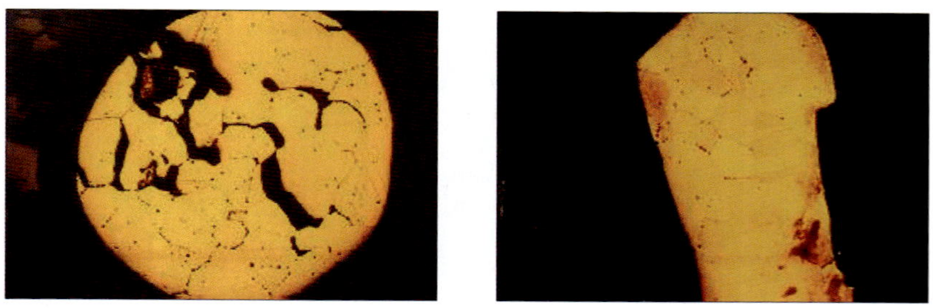

① 세로 단면　　② 가로 단면

(g) 1,000 [℃]

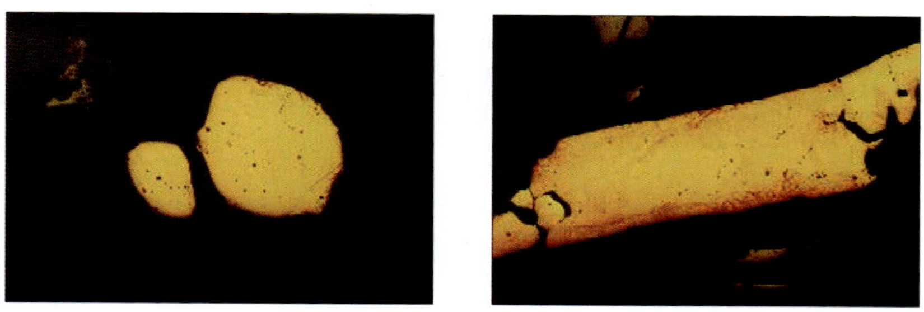

① 세로 단면　　② 가로 단면

(h) 1,050 [℃]

〈그림 2-3-6〉 열열화 온도에 따른 전선의 금속현미경 사진(IV 1.6 [mm], mag.×100)

(a) normal(정상전선)

(b) 150 [℃]

(c) 300 [℃]

(d.1) 500 [℃](내부)

(d.2) 500 [℃](외브)

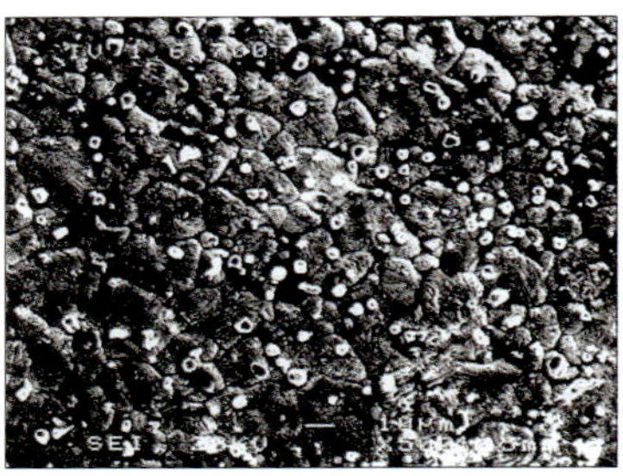

(e.1) 700 [℃](내부)

(e.2) 700 [℃](외부)

〈그림 2-3-7〉 열열화 온도에 따른 전선의 SEM 사진(IV 1.6 [mm]) ➜ 계속

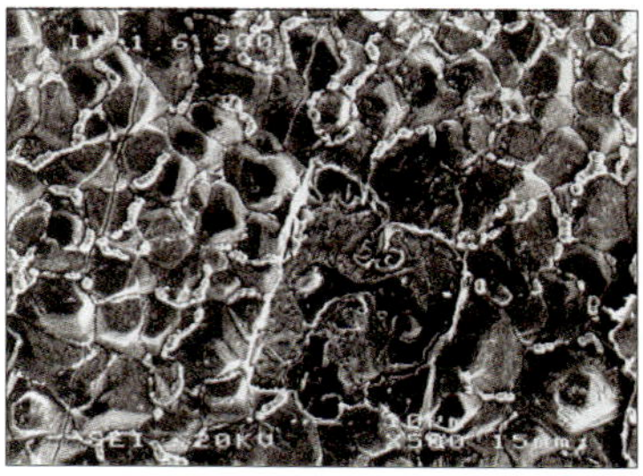

(f.1) 900 [℃](내부)

(f.2) 900 [℃](외부)

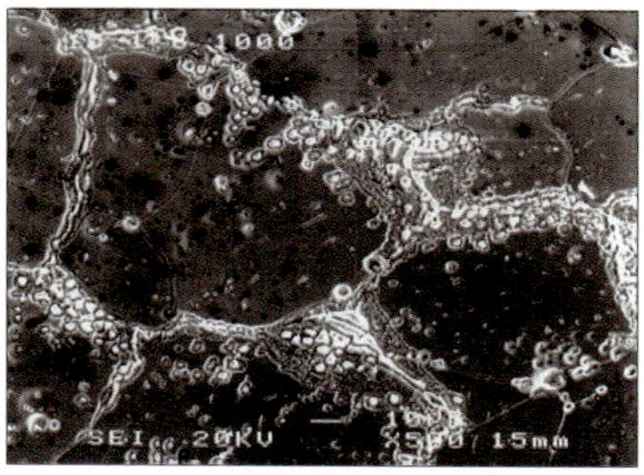

(g.1) 1,000 [℃](내부)

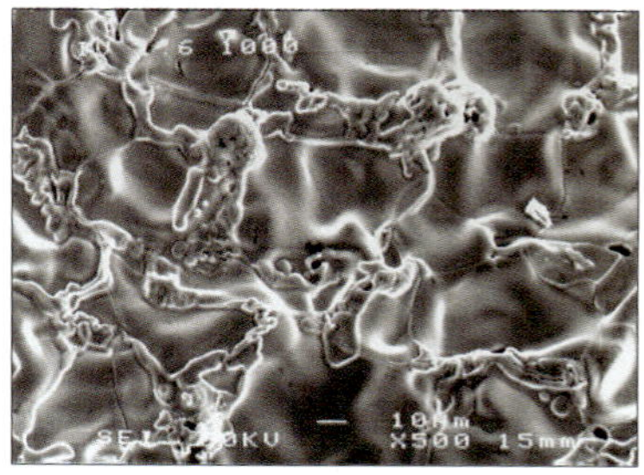

(g.2) 1,000 [℃]외부)

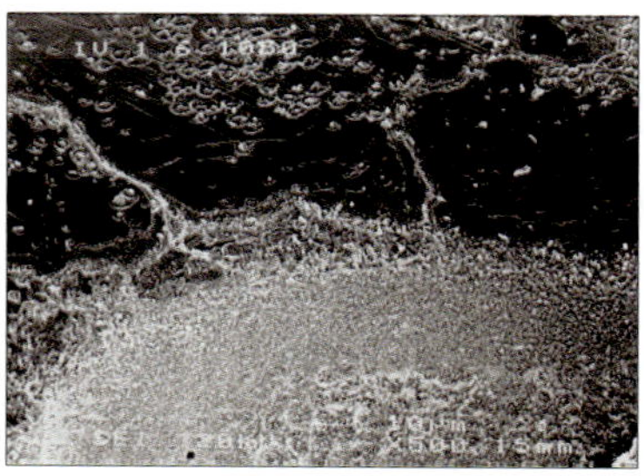

(h.1) 1,050 [℃](내부)

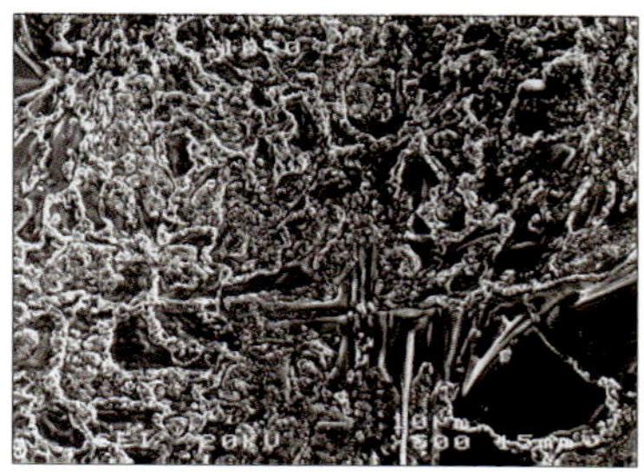

(h.2) 1,050 [℃](외부)

〈그림 2-3-8〉 열열화 온도에 따른 전선의 SEM 사진(IV 1.6 [mm])

(4) 단락전류

단락의 경우라도 단락전류(短絡電流, short-circuit current)는 무제한으로 큰 전류가 흐르는 것은 아니고 기본적으로는 옴의 법칙에 따라 전압과 저항의 상관관계에 의해서 결정된다. 이 경우 전압은 주상변압기 2차측의 전압이고 저항은 주상변압기로부터 단락개소에 도달하기까지의 회로임피던스로 전선의 굵기와 길이, 주상변압기의 용량 등에 의해서 결정되는 값이다. 따라서 간단히 단락전류를 산출하는 것은 할 수 없지만 일반 수용가의 배선의 단락전류는 약 100 ~ 1,000 [A]가 흐른다.

(5) 조사의 요점

전선의 단락에 기인한 화재는 화염의 세기 및 용융흔의 발생 정도 등에 일단 특징이 있지만 어느 것이든 단독으로 결정적인 물증이 되는 것이 아니다. 따라서 단락에 의한 출화인가 아닌가의 결정에 있어서는 전선의 배선경로, 취급상태, 착화물의 연소성, 출화개소의 화염 정도, 용융흔의 형태 및 다른 화원의 가능성 등을 종합하여 판단해야 한다.

2.3.2 과부하

전선은 온도상승에 따라 기계적 강도 및 절연의 저하 등에 대하여 안전하게 전류를 흘릴 수 있는 최대전류가 정해져 있다. 이것이 허용전류(許容電流, allowable current)이고 전선의 물리적인 성질, 절연피복의 최고허용온도 및 전선의 시설상태에 의해서 값이 결정된다.

전선 이외의 전기부품, 전기기기에서 지정된 조건하에 그 부품 및 기기를 사용할 수 있는 한도가 정격전압, 정격전류, 정격시간 등으로 정해져 있다. 이와 같은 정격 등의 값을 넘겨 사용한 경우를 과부하(過負荷, overload)라고 한다.

(1) 과부하의 원인

〈1〉 전선의 과부하

전선이 과부하 상태가 되는 주된 원인은 사용 부하의 총합이 전선의 허용전류를 넘는 경우이다. 또한, 다음과 같은 경우는 허용전류 이하라도 실질적으로는 과부하의 상태가 되는 것이다.

① 이부자리, 장판의 아래 및 단열재 사이를 전선이 통하고 있는 경우
② 전류감소계수를 무시한 금속관 배선 및 경질비닐관 배선의 경우
③ 코드릴(cord reel)에 코드를 감은 상태로 코드의 허용전류에 가까운 전류를 흘린 경우
④ 꼬아 만든 전선의 소선 일부가 단선되어 있는 경우

〈2〉 전기부품 및 기기의 과부하

다이오드, 반도체, 코일, 콘덴서 등의 전기부품은 일정한 저항을 갖고 있다. 이것들의

전기부품이 전기적으로 파괴 조건인 임피던스가 감소되면 전류가 증가하여 그 영향이 다른 부품의 정격을 넘는 과부하로 나타나는 경우가 있다. 또한, 전동기를 가지는 기기로서 전동기의 회전이 방해되는 기계적 과부하 경우와 권선에 정격을 넘은 전류가 흘러 전기적으로 과부하의 상태가 된다.

(2) 출화기구

전선과 코일의 절연피복, 비닐 및 에나멜(enamel)의 최고사용온도는 그 발화온도에 비교하면 훨씬 낮기 때문에 허용전류를 조금 넘어 사용하더라도 즉시 출화하는 것은 없다. 그러나 이 상태가 장시간 계속되면 서서히 절연이 열화되어 온도가 더욱 상승하면 절연물로부터는 분해가스가 발생하게 되어 마침내 절연이 파괴되어 선간단락 또는 코일의 층간단락을 일으켜 출화되는 위험을 가진다.

전선의 과부하에 의한 출화는 단락출화의 형태를 나타내는 것이 대부분이고 단락이 발생하기 전에 그 개소의 절연물이 탄화된 경우가 많기 때문에 용융흔 자체도 구별하기 어려운 것이 많다.

(3) 조사의 요점

과부하가 원인으로 단락된 것인지 어떤지를 알기 위해서는 출화기구에서 기술하였던 것과 같은 과부하의 요인 유무에 관해서 조사할 필요가 있다. 즉, 전선의 허용전류와 부하의 크기, 배선의 상태, 회로 내의 문제 유무, 코드류의 사용 상태 등이다. 이 중 한 개라도 해당하는 것이 있으면 일단 과부하를 의심해 볼 필요가 있지만 코드류 등의 사용형태에 의해서 실제의 허용전류가 다른 것은 재현실험에 의해서 발열의 유무를 확인해야만 한다.

전선의 과부하에 의한 단락은 열에 의한 절연파괴에 의해서 발생한다. 그 때문에 기계적 손상이 없는 전선에는 금속관 및 염화비닐의 내부, 이부자리, 장판의 밑, 릴에 감은 코드층의 중앙부근 등 비교적 방열조건이 나쁜 개소에 국부적으로 발생하기 쉽다. 단지, 방열조건에 차가 없는 경우는 전선피복 전체가 동일한 열손상을 받는다. 예를 들면 전체적으로 절연피복이 용융하기도 하고 내부에 열손상의 흔적이 남기도 한다. 이들은 원인 판정에 중요한 요소가 된다.

전동기 및 전자밸브의 과부하 출화의 경우는 권선이 전체적으로 소손하여 권선부분에 층간 단락흔이 보이는 것이 보통이다. 그 경우 베어링이 탄 흔적, 구동부의 구속, 기동장치(콘덴서)의 단락 또는 단선, 그 밖의 기계적 또는 시간적 과부하의 상태 등을 종합하여 조사할 필요가 있다.

[표 2-3-2] 절연종별에 따른 절연재료의 분류

종류	최고허용온도[℃]	재 료
Y	90	면, 비단, 재생셀룰로스, 프레스보드, 종이, 목재, 요소수지, 아크릴산수지, 폴리에틸렌, 폴리스티렌, 염화비닐, 가황천연고무 등으로 구성되며, 바니시류를 함침하지 않고 기름 속에 담그지 않은 것
A	105	유변성 천연수지에 함침하거나 절연유, 합성유에 담근 아래의 것 면, 비단, 재생 셀룰로스, 프레스 보드, 종이, 목재, 바니시 클로스, 셀룰로스 아세테이트 필름, 가교 폴리에스테르 수지, 에나멜선용 유성 바니시, 폴리아미드 바니시, 폴리비닐포르말, 클로로프레인 고무
E	120	에나멜선용 폴리우레탄 수지, 에폭시 수지, 유변성 아스팔트, 유변성 합성수지 바니시, 가교 폴리에스테르 수지 등으로 절연 처리한 다음의 것 셀룰로스 충전 성형품, 면, 종이 적층품, 가교 폴리에스테르 수지, 폴리에틸렌텔레프탈레이트 필름(섬유), 바니시 처리 폴리에틸렌
B	130	유변성 아스팔트, 유변성 합성수지 바니시, 가교 폴리에스테르 수지, 에폭시 수지, 폴리우레탄 수지 등으로 절연 처리한 다음의 것 유리섬유, 석면, 바니시 유리 클로스, 바니시 아스베스트, 마이카 제품, 유리 적층품, 석면 적층품, 에나멜선용 실리콘 수지, 폴리에틸렌텔레프탈레이트, 폴리삼불화에틸렌 수지
F	155	내열성이 특히 좋은 알키드 수지, 에폭시 수지, 가교 폴리에스테르 수지, 폴리우레탄 수지, 실리콘알키드 수지, 실리콘페놀 수지 등으로 절연 처리한 다음의 것 유리 섬유, 석면, 바니시 유리 클로스, 바니시 아스베스트, 마이카 제품
H	180	실리콘 수지로 절연 처리한 다음의 것 유리 섬유, 석면, 바니시 유리 클로스, 바니시 아스베스트(실리콘 수지 바니시), 고무 유리 클로스(실리콘 고무), 마이카 제품, 유리 적층품, 석면 적층품, 실리콘 고무
C	180 이상	유리 또는 시멘트와 같은 무기 접착재료로 절연 처리한 다음의 것 마이카, 도자기(세라믹스), 유리, 석영, 기타 유사한 두기물 내열성이 특히 좋은 실리콘 수지(허용 온도는 225[℃])로 절연 처리한 다음의 것 바니시 유리 클로스, 바니시 아스베스트(특히 내열성이 좋은 실리콘 수지 바니시), 마이카, 폴리사불화에틸렌 수지(허용 온도는 250[℃])

[표 2-3-3] 최고허용온도에 따른 절연재료의 분류

<table>
<tr><th colspan="3">온도 [℃]</th><th rowspan="2">50 [℃]</th><th rowspan="2">100 [℃]</th><th rowspan="2">150 [℃]</th><th rowspan="2">200 [℃]</th><th rowspan="2">250 [℃]</th><th rowspan="2">300 [℃]</th><th rowspan="2">400 [℃]</th></tr>
<tr><th>수지의 종류</th><th>종별</th><th>최고허용온도 [℃]</th></tr>
<tr><td>크릴수지</td><td>Y</td><td>90</td><td rowspan="5">50 ~120 시간</td><td rowspan="5">연화 또는 용융</td><td></td><td></td><td></td><td></td><td></td></tr>
<tr><td>폴리에틸렌</td><td>Y</td><td>50</td><td></td><td></td><td></td><td></td><td></td></tr>
<tr><td>염화비닐수지</td><td>Y</td><td>70</td><td></td><td></td><td></td><td></td><td></td></tr>
<tr><td>AS수지</td><td>Y</td><td>90</td><td></td><td></td><td></td><td></td><td></td></tr>
<tr><td>요소수지</td><td>Y</td><td>90</td><td></td><td></td><td></td><td></td><td></td></tr>
<tr><td>고밀도 폴리에틸렌</td><td>E</td><td>120</td><td rowspan="5">>90 ~200 시간</td><td rowspan="5">연화 또는 용융</td><td></td><td></td><td></td><td></td><td></td></tr>
<tr><td>ABS수지</td><td>Y</td><td>90</td><td></td><td></td><td></td><td></td><td></td></tr>
<tr><td>EVA수지</td><td></td><td></td><td></td><td></td><td></td><td></td><td></td></tr>
<tr><td>폴리프로필렌</td><td></td><td></td><td></td><td></td><td></td><td></td><td></td></tr>
<tr><td>폴리염화비닐리덴</td><td>Y</td><td>90</td><td></td><td></td><td></td><td></td><td></td></tr>
<tr><td>폴리아미드</td><td>A</td><td>105</td><td rowspan="5">500 ~700 시간</td><td rowspan="5">20~30 시간</td><td rowspan="5">연화 또는 용융</td><td></td><td></td><td></td><td></td></tr>
<tr><td>폴리아세탈</td><td></td><td></td><td></td><td></td><td></td><td></td></tr>
<tr><td>PET수지</td><td></td><td></td><td></td><td></td><td></td><td></td></tr>
<tr><td>폴리우레탄</td><td>E</td><td>120</td><td></td><td></td><td></td><td></td></tr>
<tr><td>폴리카보네이트</td><td>E</td><td>120</td><td></td><td></td><td></td><td></td></tr>
<tr><td>폴리3불화연화</td><td>B</td><td>130</td><td rowspan="3">>1,200 시간</td><td rowspan="3">200 ~300 시간</td><td rowspan="3">1.0 ~1.5 시간</td><td rowspan="3">연화 또는 용융</td><td></td><td></td><td></td></tr>
<tr><td>에틸렌</td><td></td><td></td><td></td><td></td><td></td></tr>
<tr><td>폴리불화비닐리덴</td><td></td><td></td><td></td><td></td><td></td></tr>
<tr><td>멜라민수지</td><td>H</td><td>180</td><td rowspan="3">>9,000 시간</td><td rowspan="3">2천 ~3천 시간</td><td rowspan="3">12~20 시간</td><td rowspan="3">연화 또는 용융</td><td></td><td></td><td></td></tr>
<tr><td>변성 PPO수지</td><td></td><td></td><td></td><td></td><td></td></tr>
<tr><td>폴리설폰</td><td></td><td></td><td></td><td></td><td></td></tr>
<tr><td>디아릴프탈레이트수지</td><td>H</td><td>180</td><td rowspan="4">>7만 시간</td><td rowspan="4">>2만 시간</td><td rowspan="4">>5천 시간</td><td rowspan="4">>1천 시간</td><td rowspan="4">100 시간 정도</td><td rowspan="4">>100 시간</td><td rowspan="4">연화 또는 용융</td></tr>
<tr><td>에폭시수지</td><td>E,B, H</td><td>120~180</td></tr>
<tr><td>페놀수지</td><td>H</td><td>180</td></tr>
<tr><td>폴리4불화에틸렌</td><td>C</td><td>180 이상</td></tr>
<tr><td>폴리벤티미다졸</td><td></td><td></td><td>>20만 시간</td><td>>10만 시간</td><td>>5만 시간</td><td>>2만 시간</td><td>>1만 시간</td><td>>5천 시간</td><td>연화 또는 용융</td></tr>
<tr><td>폴리이미드</td><td>C</td><td>180 이상</td><td>>100만 시간</td><td>>100만 시간</td><td>>50만 시간</td><td>>20만 시간</td><td>>10만 시간</td><td>>1만 시간</td><td>연화 또는 용융</td></tr>
</table>

2.3.3 반단선

반단선(反斷線, disconnected wire)은 전선이 절연피복 내에서 단선되어 그 부분에서 단선과 이어짐을 되풀이하는 상태, 또는 완전히 단선되지 않을 정도로 심선 또는 소선의 일부가 남아 있는 상태를 말한다. 즉, 전선 전체의 10 [%] 정도 이상이 단선된 상태를 반단선이 발생하였다고 하며, 전선의 반복적인 구부림이 있는 곳에서 소선(素線, stranded wire)이 끊어져 반단선 상태가 되기 쉽다.

(1) 출화기구

코드의 소선이 전부 단선되어 절연피복 내에서 단선과 이어짐을 되풀이하는 경우 소선이 이착할 때마다 불꽃이 발생한다. 이 불꽃에 의해 절연피복의 비닐이 녹고 절연피복의 밖으로 불꽃이 나오면 부착한 먼지 등에 출화한다. 또한, 이 불꽃에 의해서 절연피복의 내부표면에 흑연이 생성되어 이 흑연에 미소전류가 흘러 흑연이 증식되고, 시간의 경과에 따라 점점 선간의 절연도 저하하여 최종적으로는 선간단락되는 경우가 많다. 이 경우 흑연화(黑鉛化, graphitization)가 될 때까지는 부하전류에 영향이 있고, 그 이후는 부하전류의 유무에 관계없이 출화하는 것이 특징이다.

그리고 단선되어 있는 소선의 접촉 또는 반단선 부분의 접촉저항에 의해 국부적으로 발열되어 피복이 절연 파괴되고 선간단락에 도달하는 경우도 있다. 코드 소선의 일부가 끊어져 있는 경우 또는 한번 단선된 소선의 일부가 접촉하여 용착한 경우도 앞의 경우와 마찬가지로 이 부분의 저항치가 높아져 국부적으로 발열량이 증가하여 선간절연은 파괴된다.

(2) 조사의 요점

반단선 코드는 부하를 사용하고 있을 때는 물론 절연피복 내부의 흑연화가 진행하여 선간에서 전류가 누설하게 되면 무부하의 상태라도 출화할 수 있다. 따라서 우선 부하의 상태를 조사하는 것이 중요하다. 즉, 부하전류가 흐르고 있지 않았음에도 불구하고 코드의 단선개소에서 출화한 화염 정도가 보이면 반단선 의심이 충분히 기대되는 것이다.

그리고 상황증거로 부하에 반복통전, 피복의 국부적인 발열이 있는 반단선에 따라 일반적인 여러 가지 현상에 대해서 발화지점을 목격자에게 확인하는 것도 필요하다. 반단선에 의한 화재의 경우도 이후에 단선개소를 보면 단락이 생기고 있는 것이 많지만 일반적으로 다음과 같은 점에서 일반적인 단락단선과 다르다.

단락단선에는 단선개소의 각 선단에 큰 용융흔이 발생하며 각각의 소선이 용착하여 한 덩어리로 되어 있는 것이 많다. 반단선 코드에는 이전부터 단선되어 있던 단선의 부하측 선단에 반드시 단락흔이 생긴다고는 할 수 없다. 또한, 단선측 소선의 일부에는 각각의 앞에 이착시에 생긴 작은 용융흔이 발생된다. 이때 소선의 일부가 단선되어 있지 않고 붙어 있는 경우는 소선의 앞에 작은 용융흔이 나오지 않는다. 더구나 기계적인 단선의 흔적이 남아 있는 소선이 단선측 및 비단선측에 보이는 것이 보통이다.

2.3.4 트래킹과 흑연화 현상

(1) 트래킹

전압이 인가된 이극 도체 간의 고체절연물 표면에 수분을 많이 함유한 먼지 등 전해질의 미소물질, 전해질을 함유하는 액체의 증기 또는 금속가루 등의 도체(導體, conductor)가 부착하면 그 절연물 표면의 부착물 간에 소규모 방전이 발생한다. 이것이 반복되면 절연물의 표면에 점차로 도전성의 통로(通路, track)가 형성되는데 이 현상을 트래킹(tracking)이라고 한다.

무기절연물(無機絶緣物, inorganic insulating material)은 이 경우에 도전성물질의 생성이 적기 때문에 트래킹에 대해서 문제가 적지만 유기절연물(有機絶緣物, organic insulating material)은 탄화되어 도전성물질(흑연)이 생기기 쉽기 때문에 문제가 된다.

(2) 흑연화 현상

목재, 고무, 프라스틱 등과 같은 유기절연물은 일반 화염을 받아 탄화된 경우는 무정형탄소(無定形炭素, amorphous carbon)로 되어 전기를 통과시키지 않는다. 그러나 강한 불꽃에 의해 고열을 받아 소손된 물질은 산소결핍을 동반하는 탄화가 진행되어 무정형 탄소가 결정형 탄소로 일부 변형됨에 따라 흑연화(黑鉛化, graphitization)되어 도전성(導電性, conductivity)을 나타내게 된다.

흑연화 현상(黑鉛化 現象, graphite phenomenon)은 유기절연물이 누전회로 중에 발생하는 불꽃, 전기회로의 스위치, 릴레이 등의 접점 개폐시에 발생하는 불꽃 등에 장시간 노출되면 절연체 표면에 적은 탄화도전로가 생성되어 그 부분을 통해서 전류가 흘러 줄열을 발생하여 고온이 되고 인접부분을 열로 새롭게 흑연화시켜 전류를 통과시키게 된다. 이것이 다음에서 다음으로 이어져 서서히 입체적으로 확대되어 전류가 증가하여 결국은 넓은 범위로 발열 발화하는 현상을 말한다.

이상과 같이 트래킹과 흑연화 현상은 발생의 시작이 다르지만 해당 트래킹에 있어서도 표면의 방전에 의해서 유기절연물 중의 탄소가 흑연화되어 출화되는 결과가 같으므로 트래킹과 흑연화 현상을 혼용하여 부르는 경우도 있다.

(3) 출화기구

전기불꽃이 발생하면 근처의 유기절연재가 탄화됨과 동시에 흑연화되지만 불꽃은 고온만으로 열용량이 적기 때문에 곧 냉각된다. 이 때문에 1회의 불꽃으로 생성되는 흑연은 극히 미량이고, 전극간의 절연파괴까지는 도달하지 않는다.

그러나 반복적인 불꽃의 생성과 축열이 발생하여 전로가 형성되면 전류는 이 부분을 계속적으로 흐르게 된다. 흑연은 비금속으로 큰 전기전도도를 가지고 있지만 금속에 비교하면 그 고유저항은 훨씬 크고 초기의 적은 전류라도 발열하기도 하고 발열에 의해서 소실하는 순간에 불꽃을 발생하기도 한다. 그리고 이러한 열 및 불꽃에 의해서 주위 절연재의 탄화와 흑연화가 진행해간다.

트래킹의 초기는 전류가 적어서 발열범위도 적기 때문에 절연재가 독립 연소하는 것은 없으나 시간의 경과에 따라 탄화도전로가 점점 커지며 무염연소의 상태로 현상을 진행시킨다. 그러나 이것이 일정한 단계를 지나가면 전류치도 발열면적도 상당히 커지기 때문에 한 번에 발화, 독립 연소하여 화재로 이어진다.

<그림 2-3-9>는 원형전극을 수평으로 놓고 두 전극 사이에 누설전류가 흘러 탄화도전로가 생성되고 출화되는 과정을 나타낸 것이다. 원형 전극 사이에 수분, 먼지, 금속가루 등의 이물질이 쌓이면 이물질을 매개로 두 전극 사이에 누설전류가 조금씩 흐르기 시작한다. 누설전류가 흐르면 줄열이 발생하여 그 열로 표면을 건조시킨다. 다시 이물질이 쌓이면 누설전류가 흐르고 이와 같이 과정이 반복됨에 따라 두 전극 사이에 탄화도전로가 형성되는데 이것을 트래킹 현상이라 한다. 즉, 두 전극 사이에 탄화도전로가 형성되면 전원의 공급이 있으면 발열체와 같은 특징을 나타내며, 전원이 차단되면 자연소화되는 특징이 있다. 그리고 생성된 탄화도전로의 저항을 측정하면 수백 옴 이하로

낮게 측정되는 것을 확인할 수 있으며, 절연체의 성질은 대부분 없어지고 발열체의 특성을 나타낸다.

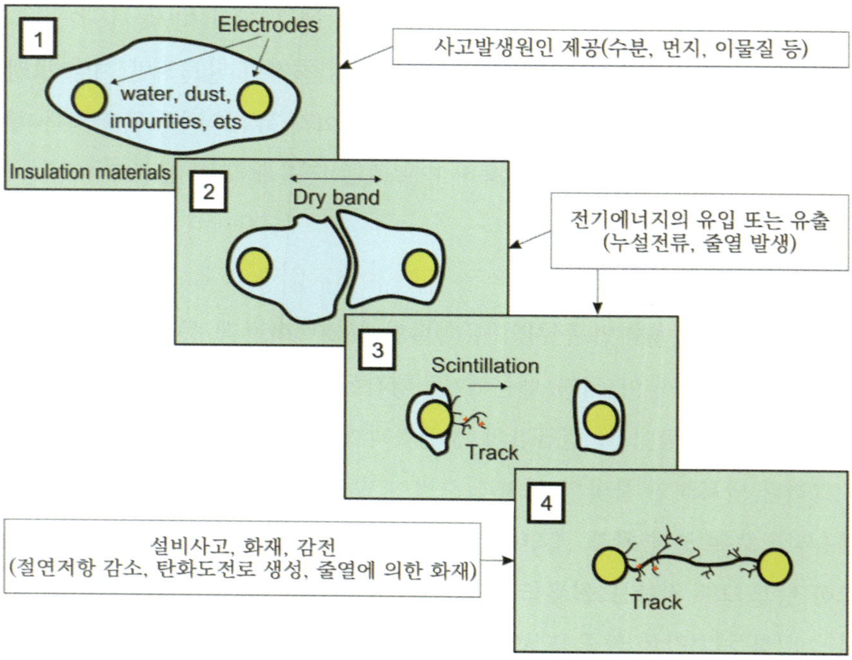

〈그림 2-3-9〉 원형전극을 수평으로 놓고 누설전류가 흘러 탄화도전로가 생성

일반적으로 트래킹은 전기적 스트레스와 오염물의 복합적인 요인으로 발생하며, 전극 사이에 탄화도전로가 완성되면 이물질의 유입이 없어도 발열과 방전은 지속된다.

<그림 2-3-10>은 원형전극을 수평으로 놓고 두 전극 사이에 누설전류가 흘렀을 때 발생되는 탄화도전로의 성장 및 트래킹 현상을 나타낸 것이다. 금속가루 및 물기 등이 유입되면 원형전극 주변에 미세한 스트리머 패턴(streamer pattern)의 방전이 발생한다. 이물질의 유입이 멈추면 방전은 멈추고 다시 이물질이 유입되면 방전이 지속되는 과정을 반복한다. 즉, 이물질의 유입과 방전이 반복됨에 따라 표면에는 깊은 탄화도전로가 생성되고 두 전극 사이를 연결하게 된다. 이와 같이 두 전극 사이에 탄화도전로가 완성되면 이물질의 유입이 없어도 발열과 방전은 지속되어 그 열은 더욱 커지고 착화되어 화재로 성장하는 것이다.

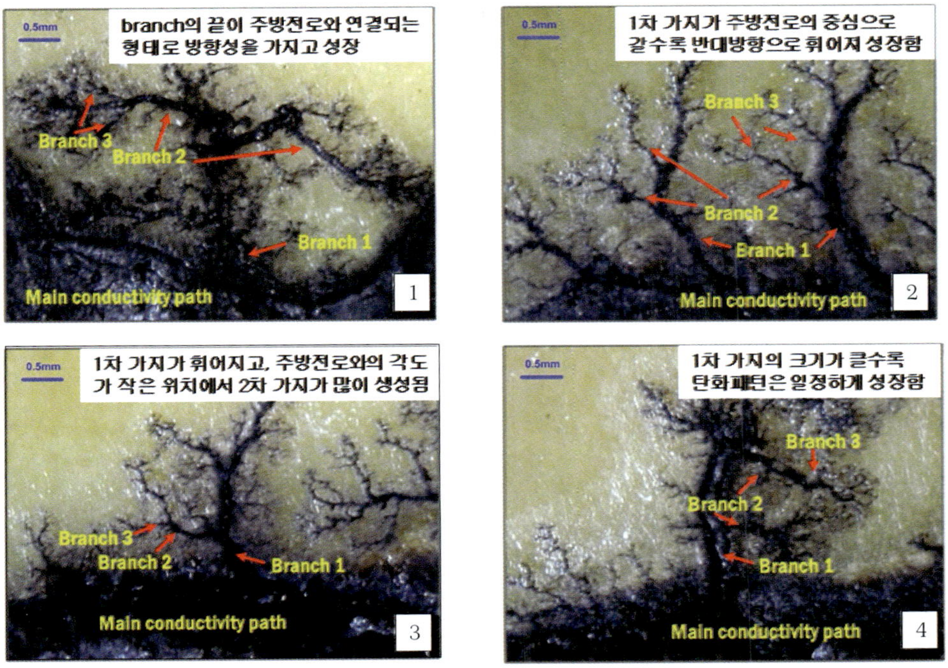

〈그림 2-3-10〉 원형전극을 수평으로 놓았을 때의 트래킹 현상

(4) 조사의 요점

도전성 흑연이 발생하고 있는지 어떤지는 수집한 탄화물의 저항을 테스터 등에 의해 측정하여 조사한다. 테스터 봉의 간격이 10 [mm] 정도일 때 수백 옴 정도이면 출화의 가능성은 높아진다. 그러나 흑연은 소실되기 쉽고 화재열에 의해서도 일부 생성될 수 있기 때문에 탄화물의 저항측정만으로 트래킹이 생긴 것인지 어떤지를 단정하는 것보다 현장에 위치한 절연물의 상태를 입체적으로 해석하여 판정하는 것이 요구된다.

트래킹에 의해 생긴 흑연은 전로의 가까운 기기의 내부, 배전선로 및 누전경로에 존재하는 경우가 대부분이다. 또한, 트래킹에 의해 출화한 경우는 흑연부분에 전류가 흐를 때 발생하는 고열에 의해 도체에는 용융흔이 생겨 흑연 부분은 깊게 불타 들어가는 것이 보통이다. 단, 화재규모가 커지면 주위의 열도 강하게 되기 때문에 깊은 연소 흔적을 판별할 수 없는 경우도 있다.

이와 같은 특징은 흑연이 전기적 요인에 의해서 발생한 것인가 화재열에 의한 2차적인 것인지 아닌지 판별의 근거로 된다. 또한, 전기적으로 발생하는 경우는 전극 간의 일부에 제한적으로 형성되지만 화재열에 의한 것은 광범위한 조사로부터 양자를 구분하는 것이 가능하다.

2.3.5 누전

일반수용가의 전기는 배전용변압기 또는 주상변압기에 의해서 강압 또는 배전하게 된다. 주상변압기는 1차측의 고압이 2차측 선로의 혼촉에 의한 사고를 예방하기 위해서 2차측의 중성선 또는 1선이 접지되어 있으며, 비접지측과 대지 간의 전위차가 변압기 2차측의 전압이 된다.

전선로의 지선으로부터 옥내배선, 콘센트를 지나서 부하까지 비접지측의 절연불량 개소가 건조물의 접지된 금속조영재 등에 닿으면 그 조영재로부터 접지도체를 지나서 대지에 전류가 흘러 주상변압기의 접지선을 통해 변압기로 되돌아가는 누전회로를 형성한다. 이 누전경로 속에 전류가 집중되어 저항이 비교적 큰 개소 예를 들면, 함석판과 함석판과의 맞닿는 부분이 있으면 이 부분이 과열되어 출화에 이르게 되는데 이것을 누전(漏電, leakage current)에 의한 화재라 한다.

(1) 누전의 3요소

누전화재에는 이와 같이 전선의 충전부에서 금속조영재 등으로 전류가 흘러들어 오는 누전점(漏電點, leakage current point), 과열개소인 출화점(出火點, fire point), 접지물로 전기가 흘러들어 오는 접지점(接地點, grounding point) 등의 3요소가 있다.

원인조사에 있어서도 이것을 분명히 하는 것이 중요한 요점이다. 또한, 누전개소는 반드시 출화건물에 있다고는 한정하지는 않지만 경우에 따라서는 인접건물 혹은 그것보다도 떨어진 곳에 있는 경우도 적지 않다.

① 누전점

비접지측 전선로의 절연이 파괴되어 접지된 금속조영재 등과 접촉하는 것이 누전화재의 전제이다. 단, 반드시 전선이 직접 이것에 접촉한 경우만 한정하지 않고 전기기기의 금속케이스, 금속관, 안테나 지선 등의 금속부재 또는 유기재의 흑연화 부분을 경유하여 누전되는 것도 있다. 또한, 누전차단기가 설치되어 있으면 일부의 누전화재는 방지할 수 있지만 누전점이 누전차단기보다 전원측의 경우 차단기는 작동하지 않으며 누전을 방지할 수 없다. 또한, 저압용 고감도형 누전차단기는 부동작 전류가 15[mA]이고, 차단전류가 30 [mA]이므로 전선로에서 누설전류가 29 [mA] 이하로 흐를 때 전기화재 예방에 기여할 수 없다. 그리고 전기설비의 과부하 사고를 예방하기 위해서 설치하는 배선차단기 역시 전기화재 예방에 기여할 수 없다.

즉, 저압 전선로에서 발생되는 누설전류의 대부분은 수 밀리암페어에서 수십 밀리암페어이며, 전기화재를 유발시키는 저항성누설전류(I_{gr}) 역시 약 10 [mA]에서 출화가 가능하므로 전기화재를 효과적으로 예방하기 위해서는 6 ~9 [mA]의 저항성누설전류가 전선로에 흐를 때 그 상태를 경보할 수 있는 기능이 내장된 누전차단기를 설치해야 한다.

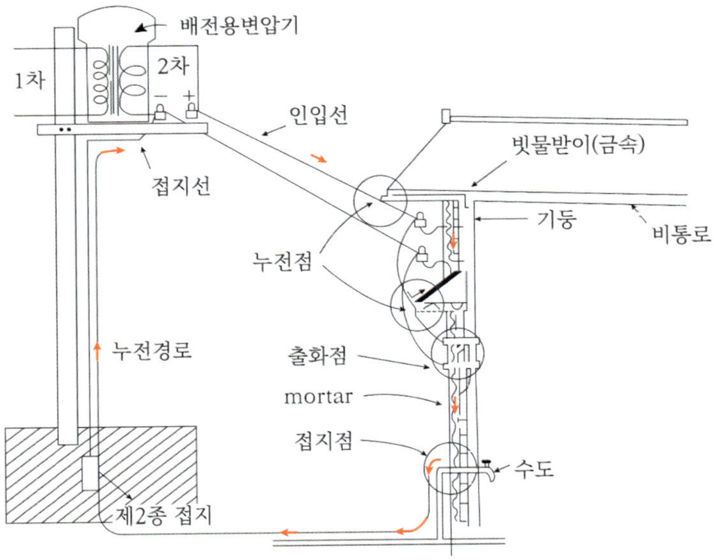

〈그림 2-3-11〉 누전화재 경로 예

참고 경로

배전용변압기 2차측 → 인입선 → 누전점(빗물받이) → 출화점 → 접지점(수도관) → 대지 → 접지선

② 출화점

출화원인의 조사는 우선 출화개소를 한정하여 그 발화원을 규명해 가는 순서이다. 누전화재에 있어서도 마찬가지로 출화개소의 상황으로부터 누전화재 가능성의 유무를 판단하여 가능성이 있으면 누전점 및 접지점으로 이것을 논리 짓기 위한 조사로 이행한다. 이와 같이 일반적으로는 출화점을 최초에 판명한다. 출화되기 쉬운 부분은 누설전류가 비교적 집중하여 흐르는 개소에서 다음과 같은 장소를 들 수 있다.

a. 몰탈의 이음매
b. 금속관과 몰탈의 접촉개소
c. 못으로 고정한 함석판의 맞닿는 부분 등

누전점은 한곳이라도 그 후 다수의 분기경로를 지나서 두 개 이상의 접지점에서 땅속으로 흘러들어 오는 것이 보통이다. 따라서 출화점은 복수가 되는 경우가 있다. 또한, 누전점 및 접지점이 그대로 출화점이 되는 경우도 있다. 특히, 흑연화에 따라 유발된 경우, 못 또는 철판이 전선피복에 물리어 누전이 발생한 경우 누전점에서 출화하는 경우가 많다.

③ 접지점

가스관 및 수도관, 소화전의 배관 또는 건물의 구조철골 등 건물로부터 연속하여 땅속에 매설된 금속체가 접지물로 되는 것이 일반적이다. 인접건물 또는 떨어진 건물로 접지되어 있는 경우도 있다. 이들 접지물과 그물망, 벽체함석, 전선관 등의 건물조영재와 접촉개소가 접지점이 되지만 접지점은 벽체의 속에 있는 경우가 대부분이고 실제로 특징을 발견하기가 매우 곤란하다. 접지점이 판명되지 않은 경우는 출화점 근처 금속조영재의 접지저항을 측정하여 접지의 사실을 밝힌다.

(2) 조사의 요점

앞의 설명에서와 같이 누전화재에 대한 조사의 요점은 보통의 전로에서 전류가 누설되어 건물 및 부대설비 또는 공작물에 유입된 누전점, 누전전류의 전로에 있어서 발열 발화한 출화점, 누설전류가 대지로 흘러 든 접지점을 규명하는 것에 있어서 누전의 사실과 이것에 기초한 출화의 인과관계를 밝혀 가는 것이다.

① 출화점

출화점은 철망과 철판 상호 간의 이음매 또는 이것들과 철사 등의 다른 금속의 접촉부로 대표되므로 라스 벽체내부 및 이면 등에서 발생하는 위치적인 특징을 갖고 있다. 또한, 연소 내부에는 흑연화가 형성되어 있는 것이 많이 있다. 그러나 흑연화의 검출은 출화점을 한정하기 위해 귀중한 근거의 하나이지만 모든 것은 아니다.

참고 출화점을 확인하는 기타의 근거

a. 출화개소 근처에 금속부재의 접촉점 등 전류가 집중하는 개소가 있다.
b. 많은 경우 출화개소 부근의 망의 이음매 및 철사, 철판의 접촉개소 등에 전기적인 용융흔이 있다.
c. 금속부재의 발열에 의해서 출화한 것의 경우는 반드시 출화점에 용융흔이 발생하는 것은 아니지만 출화점 이외의 개소에 전기적 용융흔 및 출화에 도달하지 않은 목재 에 그을린 부분이 남게 된다. 이것들이 확인되면 누전발생과 동시에 그 개소가 출화점을 입증하는 개소이다. 이상과 같이 출화점을 결정하기 위해서는 출화개소의 위치적 특징 및 연소상태, 흑연화 발생상태, 누설전류의 경로 및 금속재의 접속상태 등을 종합해서 판단한다.

② 누전점

출화개소의 상태에서 누전화재가 있는 것을 판정하려면 다음의 어느 것에서 전류가 누설되었는가에 대해 누전점을 명확히 해야만 한다. 누전점은 전선의 비접지측과 접지된 금속조영재 또는 이것에 접속한 금속체와의 접촉점이고 접촉시의 불꽃으로 용융흔이 발생하기 쉽다. 단, 누설전류치가 적은 경우에는 용융흔이 발생하지 않는다. 어떤 곳에서 누전점의 검색은 이러한 접촉개소의 인식에 의한 것이지만 그 방법은 인입선, 옥내배선 및 전기기기로 나누어 검색하는 것이 좋다.

a. 전주에서 분전반 또는 배전반까지의 지선으로부터 누전

누전개소가 되기 쉬운 부분이 노출하고 있는 부분의 전선에 대해서 육안으로 용이하게 누전점이 있는지 어떤지 판단을 할 수 있지만 벽체 내부 및 장소적으로 간단히 관측할 수 없는 부분에 대해서는 전선과 대지 간의 절연저항을 측정하여 본다. 그리고 측정치가 5 [kΩ] 정도로 낮으면 옥내배선 중 어느 개소에서 누전되고 있는 것으로 판단되므로 이 범위 전체에 걸쳐서 상세히 검색을 해야 한다.

b. 옥내배선 및 전기기기로부터 누전

옥내배선의 경우와 마찬가지로 각 배선회로마다 대지 간의 절연저항을 측정하여 우선 누전된 회로를 한정함으로써 시작된다. 절연저항치가 낮은 회로로 판명되면 다음에 그 회로의 분전반에서 먼 기기로부터 순차적으로 회로에서 밖으로 가며 절연저항의 변화를 조사한다. 이 조사과정의 특정한 곳에서 절연저항이 갑자기 변화하면 누전개소는 그 때 끊어진 전기기기이다.

전기기기를 전부 빼더라도 절연저항이 오르지 않은 경우는 옥내배선에 누전점이 있는 것으로 된다. 옥내배선의 경우는 적당한 개소에서 전선을 끊어서 절연저항의 변화를 조사한다. 절연저항이 이상한 전기기기 및 배선의 범위를 파악할 수 있으면 상세히 관찰하여 누전개소를 규명하여 가지만 벽체의 일부를 파괴할 필요가 있는 경우는 건물구조 및 배선의 위치를 도면 등에 의해서 파악한 뒤에 파괴범위를 최소한으로 한정한다.

누전점이 출화 후 금속부재에서 떨어진 경우 및 화재규모가 큰 경우에는 절연저항의 측정이 불가능하다. 이러한 경우는 건물의 구조, 배선상태 또는 전기기기의 사용상태 등으로부터 누전개소가 될 것 같은 개소를 각각 조사하는 것밖에는 유효한 방법은 없다.

③ 접지점

접지점에 대해서는 복수의 점 또는 면에서 처음부터 접지물에 접하고 있는 경우가 많으므로 누전점과 같이 전기적인 용융흔을 형성하는 것은 드물다. 따라서 접지물과 발열물건 또는 이것과 전기적으로 연결되는 금속부재와의 접촉개소를 육안으로 확인하여 테스터 및 접지저항계에 의해 도통확인 및 접지저항 측정을 한다.

2.3.6 접촉불량 및 아산화동증식 발열현상

도체의 접속(촉)부의 접촉상태가 불량이 되면 전류가 흐를 때 발열하여 접촉부 근처 전선의 절연피복이 발화하는 것이 있다. 이 발열요인은 접촉저항(接觸抵抗, contact resistance)의 증가에 따라 줄열에 의한 접촉불량(接觸不良, poor contact)과 특수산화물의 생성에 의한 아산화동증식 발열현상이 있다.

(1) 출화기구

〈1〉 접촉저항에 의한 발열

금속 및 도체상호의 접촉저항은 보통 약 0.1 [Ω] 이하이지만 외견상의 접촉면적의 감소, 접촉압력의 저하 및 산화피막의 형성 등에 의해 접촉저항은 증가한다. 접촉저항이 증가하면 그것에 비례하여 줄열도 커져 접촉부의 국부적인 발열을 가져온다. 발열하면 2차적인 산화피막이 형성되어 접촉부의 온도는 더욱 높아지고 접촉하고 있는 가연물을 발화시키는 온도에 도달한다.

접촉불량은 진동에 의한 접속단자부 나사의 느슨함, 접촉면의 부식, 개폐기 칼 및 플러그의 변형 등에 의해 발생한다. 또한, 전류의 공급 및 중단 반복에 따른 열냉의 반복은 칼받이의 탄성피로에 의해 칼을 잡아주는 칼받이의 복원력이 감소되어 접촉압력을 저하시켜 접촉상태를 점차로 악화시킨다.

〈2〉 아산화동증식 발열현상

접촉불량 개소에 이착으로 불꽃이 발생하면 불꽃의 고온에 직면한 동제 도체의 일부가 산화하여 아산화동(Cu_2O)이 생기는 경우가 있다. 이때 아산화동이 성장하면서 발열현상이 생긴다. 이 현상을 아산화동증식 발열현상이라고 하며 전선 등의 도체가 고온으로 되어 전선피복 및 배선기구의 절연체(가연물)를 발화시킨다. 이 현상의 발생기구는 아직까지 과학적으로 입증된 사실이 없다. 그러나 반도체의 작동 원리 및 해석에 활용되는 전자 및 정공의 이동 원리를 적용하여 다음과 같이 설명을 유추할 수 있다.

반도체와 금속 또는 다른 이종의 금속을 접촉시키면 PN 접합이 가능하며, 그것을 다이오드라 한다. 다이오드는 한쪽 방향으로는 전자를 이동시키고, 반대쪽으로는 전자의 이동을 허락하지 않는 특징이 있는데 이것을 정류 기능이라 한다. 즉, 아산화동 역시 P형 반도체의 정공이 캐리어인 것과 같이 동이 접촉한 경우는 아산화동에서 동으로 향하는 방향이 순방향이 된다. 즉, 순방향은 전류가 흐르지만 역방향은 전류가 거의 흐르지 않는다. 아산화동은 동과의 접촉면으로부터 1～10 [μm]의 깊이 까지는 캐리어가 가속되지만 이때 전위 구배가 급하기 때문에 전자는 급격히 가속되어 원래 전기전도에는 기여하지 않는 전자에 부딪쳐 이것을 이온화시키고 캐리어도 가속되어 연쇄적으로 이온화되는 것이다. 따라서 전자사태(電子沙汰, electron avalanche) 현상을 일으켜 계면이 파괴되어 동을 용융시키고 아산화동을 발생시키는 것으로 추정되고 있다.

(2) 조사의 요점

접촉불량 및 아산화동증식 발열현상에 의한 출화는 어느 쪽이든 도체부분을 흐르는 전류의 발열작용에 따르는 것이므로 부하전류가 흐르고 있는 것이 전제된다. 즉, 이것이 없으면 어느 쪽도 출화원인으로 배제하는 것이 가능하다.

부하전류가 흐르고 있는 경우는 그 크기를 조사한다. 경험적으로는 전류가 적은 경우에 접촉저항에 의한 발열이 원인으로 출화한 경우는 대개 이 접속부의 접촉불량 유무에 의해서 접속나사의 느슨함 또는 접촉면의 맞물림 상태 및 부서짐 등으로부터 판단할 수 있는 경우가 있다.

아산화동증식 발열현상에는 아산화동 부분의 결손으로 도체의 잔존부분뿐만 아니라 결손부분을 회수할 필요가 있다. 아산화동은 생성과정에서 표면에 산화동 피막이 생성되며 화재현장의 것은 더욱이 탄화물이 부착되어 있으므로 덩어리의 외관으로부터 이것을 식별하는 것은 어렵다. 아산화동은 대단히 딱딱하고 유리와 같이 쉽게 부서진다. 그리고 분쇄물의 표면은 적갈색의 금속 광택을 갖고 있으며 이것을 현미경으로 30~80배 확대하여 관찰하면 루비(ruby)와 닮은 비정질 결정이 보인다.

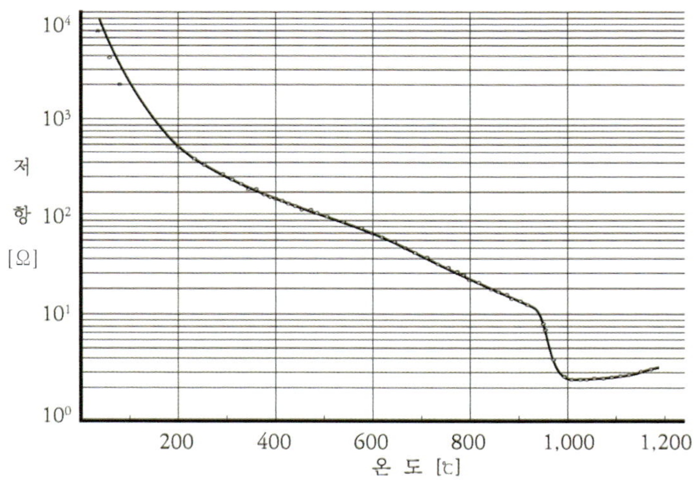

〈그림 2-3-12〉 아산화동의 저항-온도 특성곡선

특히, 이와 같은 적갈색 결정의 아산화동을 화재 현장에서 발견할 수 있으며 그곳이 출화개소일 가능성이 상대적으로 높고, 주변의 가연물 및 연소의 확산 패턴을 종합하면 출화점으로 판정할 수 있을 것이다. 또한, 현미경이 없는 경우는 회수한 검은 산화물 덩어리의 저항을 측정하여 영 또는 무한대가 아니면 건조기(乾燥機, dryer) 등으로 가열하여 저항의 변화를 조사한다. 이때 온도상승에 따라 저항이 내려가면 그 속에 아산화동이 함유되어 있다고 판단해도 좋다.

출화개소인 접촉불량 개소에 아산화동이 없으면 기본적으로는 접촉저항에 의한 발열이 원인이 된다. 그러나 아산화동은 딱딱하고 결손되기 쉬우므로 반드시 이것을 회수할 수 있다고는 말할 수 없다. 그러므로 아산화동이 발견되지 않더라도 즉시 다른 원인 조사로 이행하는 것은 아니고 부하전류의 크기, 도체의 굵기 및 접촉면의 거친 상태 등으로부터 종합적으로 판단해야만 된다.

2.3.7 방전

(1) 출화기구

공기 중에 있는 2개의 평행판 전극 사이에 직류전압을 가하면 극히 얼마 안 되는 전류가 흘러 방전(放電, discharge)한다. 기체는 보통 절연체이지만 전자(電子, electron) 및 이온(ion)이 조금 존재하며 이것이 전계에 의해서 이동하여 전류가 흐른다. 전압이 낮을 때 흐르는 전류를 암류(暗流, dark current)라고 한다.

전극 간의 전압을 올리면 전류도 점점 증가하지만 전압이 어떤 값 이상으로 되면 전류가 일정하게 되는 영역이 있다. 그 위에 전압을 더 공급하면 다시 전류가 흐르기 시작하며 더욱 높은 전압을 공급하면 전류가 비약적으로 증대하여 격렬한 소리와 동시에 방전한다. 이것을 불꽃방전이라고 하며 불꽃방전(spark discharge)의 발생에 필요한 전압을 불꽃전압 또는 파괴전압이라고 한다.

전극 간의 전계가 현저히 불균일한 경우에는 전계가 큰 부분에 극부적인 방전이 생기는데 이것을 코로나방전이라고 한다. 평판전극과 침전극 사이에 가한 직류전압을 점점 올리면 침에 희미한 보라색의 광점이 나타나는데 이것을 글로우 코로나(glow corona)라고 한다. 이것보다 전압을 올리면 길게 연장된 형태의 브러시 코로나(brush corona)를 발생하며 더욱 전압을 올리면 반대측의 평판전극에 도달하는 스트리머 코로나(streamer corona)가 발생한다. 3개의 코로나 중 스트리머 코로나 및 브러시 코로나는 전압 및 전극의 형상에 의해서는 가스 및 증기에 착화할 가능성이 있고 스트리머 코로나의 쪽이 그 가능성은 크다. 또한, 침전극의 양극측이 착화 위험이 크다.

직류 대신에 60 [Hz] 교류를 가한 경우에는 그 반주기마다 극성에 따르는 코로나를 발생하는 것이 된다. 송전선 같은 평행 원통도체에 있어서도 기압 및 온도 등의 변화에 의해 방전조건이 조절되면 코로나를 발생하여 코로나손이 생긴다. 더욱이 전압을 올리면 불꽃방전이 되어 계속해서 아크방전(arc discharge)으로 된다.

공기 속에서 불꽃방전이 발생할 때의 전압은 전극의 형상, 기압, 습도 등에 의해 변하지만 건조한 공기는 대략 전극 사이 1 [cm]일 때 인가전압은 30 [kV] 이상이다. 아크방전은 전류가 크고 음극부근에서 수천 ℃의 고온이 되어 가스 및 증기, 먼지 등 일부의 고체에도 착화할 수 있다. 아크방전은 아크등 및 전기용접에 이용되고 있다. 또한, 수암페어 이상의 전류가 흐르고 있는 상태에서 전극을 분리하거나 스위치를 끄면 아크가 크게 발생한다. 네온관과 같이 고압배선으로 충전부가 노출하고 있는 경우는 그 부분으로부터 가까운 부근의 접지도체로 이어지는 방전이 생기기 쉽다. 이때 습기찬 목재는 전류가 흐르기 쉽기 때문에 쉽게 탄화되어 도전화가 잘 발생한다.

(2) 조사의 요점

방전 불꽃에 의한 가연성 가스, 증기, 먼지의 착화는 방전 불꽃 발생의 가능성 및 착화물의 존재를 조사한다. 네온관 설비로서는 방전에 의해 전압 강하되어 점등이 잘 되지 않기도 하고 광량이 저하하고 있는 것이 대부분이며 이 상태의 유무에 대해서 조사한다. 또한, 목재 등 유기절연체에 고압방전에 의한 전류가 흐른 경우는 그 탄화흔이 발생된다.

2.3.8 정전기 불꽃

(1) 정전기 대전과 방전

정전기(靜電氣, static electricity or electrostatics) 대전의 종별은 발생형태에 따라 접촉대전, 침강대전, 분출대전, 파쇄대전 및 유동대전 등으로 분류된다.

정전기 대전은 전하가 발생되는 과정과 발생한 전하가 누설되는 과정의 양자가 합쳐진 결과로 나타난다. 따라서 물체가 대전하지 않은 것과 전하의 발생이 없는 것은 별도인 것을 잘 이해할 필요가 있다.

방전을 그 형태에 따라 불꽃방전, 코로나방전 및 아크방전 등으로 분류하면 대전된 도체로부터의 방전은 코로나방전 또는 불꽃방전이 된다. 이것은 정전기대전으로 전하의 공급 속도가 대체로 적고 방전에 의해 급격히 잃어지는 전하를 보충할 수 없기 때문에 방전이 단시간에 종료하기 때문이다.

(2) 조사의 요점

정전기 불꽃에 의한 화재는 가연성 가스, 증기, 먼지 등에 인화되어 발생하고 있다. 또한, 다른 전기화재와 다르게 화재 후에 불꽃흔 등의 물적 증거가 남는 것은 거의 없고, 연소상태에도 특징은 나타나지 않는다. 따라서 원인의 입증은 상황증거에 의해 판단한다.

정전기화재가 발생하기 위해서는 정전기의 대전, 연소범위농도에 해당하는 가연성 기체, 먼지의 체류 및 이들 가연성 물질의 최소발화에너지(MIE, minimum ignition energy) 이상의 에너지를 갖는 방전불꽃의 발생 등 3요소가 갖추어지는 것이 필요하다.

① 정전기의 대전 및 방전에 대해서는 취급물건의 성형, 출화시의 작업내용, 작업자의 행동, 접지 등 대전방지조치의 상황, 경과시간, 기상상황 등으로부터 그 가능성의 유무를 판단한다. 경우에 따라서는 재현실험에 의해서 이것을 확인한다.

② 착화물의 상태에 대해서는 취급물건, 취급상태, 환경조건 등으로부터 폭발분위기를 형성하고 있는지 어떤지를 판단한다.

③ 가연성기체 및 먼지가 위험분위기를 형성하고 있는 장소에서는 정전기불꽃만이 아니고 릴레이 접점, 전동기의 브러시, 온도조절기, 스위치류의 개폐시 등에 발생하는 전기불꽃에 의해서도 쉽게 발화한다. 따라서 이것들의 화원 등에 대해서도 충분히 고려하여 조사하고 그 위에서 판정하는 것이 필요하다.

2.3.9 은이동

직류전압이 인가된 은(도금을 포함)의 이극 도체 사이에 절연물이 있을 때 그 절연물 표면에 수분이 부착하면 은의 양이온이 절연물 표면을 음극측으로 이동하여 그곳에 전류가 흘러 발열한다. 즉, 이와 같이 은(銀, silver)이 확산(擴散, diffusion)되어 전기 도전로를 형성하고 그때의 발열에 의한 사고를 은이동(銀移動, silver migration)에 의한 화재라고 한다.

전극을 포함한 전류경로는 고온이 되기 때문에 트래킹과 같이 전극이 용융되기도 하고 반도체가 파손되는 것으로 알려지고 있다.

감식요령에 대해서는 우선 직류전압과 은이온의 확인을 하면 좋지만 전원에 대해서는 교류를 직류로 정류하고 있는 경우 외에 교류를 인가하고 있는 것의 반도체 히터와 같이 부하 그것의 정류작용을 이용하는 경우가 있다.

은이온의 검출에 대해서는 전극에는 없고 전극 간의 전류경로에 대해서 조사하지 않으면 안 되므로 유의할 필요가 있다. 이 외의 현상을 발생 또는 촉진시키는 요인으로서 절연물의 흡습성, 고온 및 다습인 사용 환경, 산화 또는 환원성 가스의 존재 등을 생각할 수 있다.

[표 2-3-4] 은의 물리적 특성

원소기호	Ag
원자번호	47
원 자 량	107.868
녹 는 점	961.9 [℃]
끓 는 점	2,212 [℃]
비 중	10.49
전기저항률	1.59×10^{-8} [Ω · m] at 20 [℃]
열전도율	419 [W/m · K], 상온~100 [℃]
전기저항온도계수	0.0041, 상온~100 [℃]
결정구조	fcc, 면심입방구조

exercise

연습문제

01 화재와 관련성이 가장 깊은 법칙은 어느 것인가? (   )

① 앙페르의 오른나사 법칙 ② 줄의 법칙
③ 플레밍의 오른손 법칙 ④ 플레밍의 왼손 법칙

02 전기 화재에 의한 출화 형태가 아닌 것은? (   )

① 전기배선 또는 전기기기로부터 출화 ② 누전에 의한 출화
③ 정전기 불꽃에 의한 출화 ④ 기계장치에 의한 출화

03 전기 화재의 발생경과에 해당되지 않는 것은? (   )

① 설계 및 구조 불량 ② 경년 열화
③ 공사 및 취급 불량 ④ 전압 불량

04 옥내용 전로에 누전차단기(RCD)의 설치하는 가장 중요한 목적은 무엇인가? (   )

① 스위치 작동을 점검하기 위해서 ② 인체의 감전 보호를 위해서
③ 전구를 적절히 교체하기 위해서 ④ 전기회로를 분기하기 위해서

05 산업현장에 배선용차단기(MCCB)의 설치하는 가장 중요한 이유는 무엇인가? (   )

① 스위치 작동을 점검하기 위해서 ② 과전류를 차단하기 위해서
③ 전구를 적절히 교체하기 위해서 ④ 전기회로를 분기하기 위해서

06 전기 화재가 발생하였을 때 통전 입증은 어떻게 하는가? (　　)

① 전원 측에서 부하 측으로 입증
② 부하 측에서 전원 측으로 입증
③ 전원 측과 부하 측을 동시에 입증
④ 임의로 선정하여 입증

07 누전 경로가 형성되어 화재가 발생하기 위해서 필요한 3요소가 아닌 것은? (　　)

① 누전점　② 출화점　③ 단락점　④ 접지점

08 전열기의 화재 예방 대책으로 적합하지 않은 것은? (　　)

① 남은 코드는 말아서 묶어 사용한다.
② 사용목적 외에 사용하지 않는다.
③ 가연물 근처에서 사용하지 않는다.
④ 발열부 근처에 가연물을 두지 않는다.

09 단락화재의 특징에 해당되지 않는 것은 어느 것인가? (　　)

① 대전류
② 격렬한 불꽃
③ 전선의 용융 흔적
④ 접지점

10 단락(electric short)의 정의가 잘 설명된 것은 어느 것인가? (　　)

① 전선로에 전류가 많이 흘러서 전선이 용단된 경우
② 전선 또는 스위치가 서로 과열되어 접속된 경우
③ 전선 내부 소선의 일부 또는 전부가 끊어진 경우
④ 전선의 2가닥 또는 그 이상의 전선이 서로 접촉한 경우

11 과전류에 의한 전기화재 예방 방법으로 적절하지 않은 것은? (　　)

① 부하 전류에 적합한 배선기구 사용
② 부하 용량에 적합한 과전류 차단기 설치
③ 부하 용량에 적합한 굵기의 전선 사용
④ 비닐 절연 전선을 전열기 배선으로 사용

12 전선에 과전류가 흐를 경우 나타나는 특징이 <u>아닌</u> 것은? (　　)

① 저항의 증가　　② 절연 피복의 탄화
③ 전선의 용융　　④ 감전사고

13 절연종별에 따른 절연재료의 분류에서 E종의 최고허용온도는? (　　)

① 90 [℃]　　② 120 [℃]
③ 130 [℃]　　④ 155 [℃]

14 반단선의 특징이 <u>아닌</u> 것은 어느 것인가? (　　)

① 절연전선의 절연물 내부에 탄화물이 형성됨
② 전선피복 탄화물의 저항이 수백 ~ 수천 오옴 정도임
③ 전선에 중량물 또는 기계적인 외력이 가해질 때 잘 생김
④ 전류가 많이 흐르거나 전압이 많이 인가될 때 잘 생김

15 전기 화재가 가장 많이 발생하는 유형은? (　　)

① 누전　　② 단락　　③ 정전기　　④ 낙뢰

16 알루미늄 전선의 녹는 온도는 얼마 정도인가? (　　)

① 470 [℃]　　② 570 [℃]　　③ 670 [℃]　　④ 870 [℃]

17 전선으로 사용되는 연동선의 녹는 온도는 얼마 정도인가? (　　)

① 953 [℃]　　② 1,053 [℃]　　③ 1,083 [℃]　　④ 1,183 [℃]

18 아산화동의 저항-온도 특성은? (　　)

① 정(+) 특성　　② 부(−) 특성　　③ 제(÷) 특성　　④ 적(×) 특성

19 절연물이 산소 결핍의 상태에서 고온의 불꽃에 의해 탄화되어 도전성 물질로 화학적인 변화를 일으키는 것을 무엇이라 하는가? (　　)

① 접촉불량 또는 아산화동증식　　② 트래킹 또는 흑연화
③ 반단선 또는 과부하　　④ 단락 또는 정전기 현상

20 전선의 연결에서 접촉불량이 발생하면 화재로 이어지는 이유는? (　　)

① 저항의 증가에 따른 과열의 발생　　② 전압의 증가에 따른 방전 현상
③ 누전의 증가에 따른 접지점 발생　　④ 기계적 마찰에 의한 전압 상승

21 트래킹 또는 흑연화 현상을 유발시킬 수 있는 오염원이 아닌 것은? (　　)

① 증류수　　② 산기 또는 염기　　③ 금속분말　　④ 자외선

22 다음 물질 중에서 도전율이 가장 좋은 것은 어느 것인가? (　　)

① 금(gold)　　② 은(silver)
③ 동(copper)　　④ 알루미늄(aluminum)

23 정전기 화재가 발생하기 위한 조건이 아닌 것은 어느 것인가? (　　)

① 물체가 전기의 성질을 갖도록 대전된 상태
② 전선이 기계적인 스트레스를 받아 일부 단선된 상태
③ 연소 범위 내에 존재하는 가연성 물질의 존재
④ 최소착화에너지 이상의 에너지를 갖는 정전기 불꽃의 발생

24 동일한 전압이 인가되었을 때 방전에 의한 전기화재의 발생 가능성이 높은 경우는 어느 것인가? (　　)

① 전극 사이에 절연유가 있을 때　　② 전극 사이에 증류수가 있을 때
③ 전극 사이가 가까워질 때　　④ 전극 사이가 멀어질 때

25 은이동(silver migration)에 의한 전기화재의 발생이 가능한 이유는? (　　)

① 단락 현상　　② 용융 현상　　③ 확산 현상　　④ 결정 현상

26 전기화재가 발생한 현장의 통전입증은 어떤 절차에 의해서 실시하며 그 방법을 과학적으로 제시하시오.

27 전기화재의 발생경과를 분류하고 각각에 대해 논하시오.

28 전기화재의 출화형태를 제시하고 각각에 대해서 논하시오.

29 누전차단기의 설치목적을 설명하고, 작동원리에 대해 논하시오.

[정답표]

1	2	3	4	5	6	7	8	9	10
②	④	④	②	②	②	③	①	④	④
11	12	13	14	15	16	17	18	19	20
④	④	②	④	②	③	③	②	②	①
21	22	23	24	25	26	27	28	29	
①	②	②	③	③	본문 참조				

Chapter 03

전기화재의 형태 및 발생 메커니즘

contents

chapter

01 전기화재의 형태 및 발생 메커니즘

section 3.1 단락 화재의 패턴 및 메커니즘

3.1.1 구리 전선의 용융 패턴

구리(Cu, copper)는 전기와 열이 잘 통하는 비철금속으로 녹는점 1,083 [℃], 끓는점 2,562 [℃], 밀도 8.94 [g/cm^3] 이다. 붉은 색의 광택이 나는 금속으로 전성과 연성이 풍부해 가공하기 쉬우며, 은(銀, silver) 다음으로 열과 전기의 전도율이 높아 주로 도체로 사용된다. 구리 전선이 전기에너지에 의해 용융되었을 때 용융흔은 전류의 세기, 도체의 종류 및 형태에 따라 결정된다.

<그림 3-1-1>은 구리 전선의 단락과 용융 패턴을 나타낸 것이다. 전기 에너지의 종류 및 도체의 형상에 따라서 다양한 패턴이 형성될 수 있으며, 동일한 조건에서도 단락 각도, 전류의 크기 및 주변 환경 등에 따라서 일부 변경될 수 있다. 구리 전선의 단락과 용융 패턴은 ① 구슬형(bead type), ② 단면 구슬 부착형(sectional bead attachment type), ③ 흩어짐형(splatter type), ④ 새긴눈형(notch type), ⑤ 흘러 늘어진형(drooping type), ⑥ 경계 형성형(demarcation formation type) 등이 있다.

(1) 구슬형(bead type)

<그림 3-1-1>(a)는 구슬형(bead type)의 일반적인 단락 패턴으로 단선(單線, solid wire)과 연선(撚線, stranded wire)의 단락, 단선과 단선의 단락 등에서 주로 발생하며 접촉 시간이 짧고, 전류가 많이 흐를 때 형성되는 패턴이다. 즉, 단락이 발생할 때 단락면의 용융에 의해 생성된 구슬 모양의 구리가 끝단에 일부 달라붙고 주변에도 일부 비산되는 특징을 나타낸다.

(2) 단면 구슬 부착형(sectional bead attachment type)

<그림 3-1-1>(b)는 단면 구슬 부착형(sectional bead attachment type)으로 구슬형과 유사한 조건에서 발생되는 패턴으로 연선의 단락, 단선과 단선의 단락 등에서 발생한다. 즉, 용융된 부분이 제한되어 있으며, 단락이 발생한 부분 외에는 특이 사항이 거의 없는 것이 특징이다.

(3) 흩어짐형(splatter type)

<그림 3-1-1>(c)는 흩어짐형(splatter type)으로 전류가 흐를 때 순간적인 단락이 반복되면서 도체가 용융되어 비산되고, 재결합하면서 도체 표면에 구슬 모양으로 달라붙은 패턴이다. 그러므로 도체 표면뿐만 아니라 주변의 물체의 표면에도 작은 구슬모양의 구리가 붙어 있는 것을 확인할 수 있다.

(4) 새긴눈형(notch type)

<그림 3-1-1>(d)는 새긴눈형(notch type)으로 굵은 전선과 가는 전선이 단락되었을 때 주로 발생되는 패턴이다. 예를 들면 동대(bus bar)와 단선의 단락이 발생할 때 단선이 용융되어 끊어지고, 동대는 표면의 일부가 파이는 특징을 나타낸다. 즉, 굵은 전선과 가는 전선의 단락이 발생했을 때 가는 전선의 대부분이 녹고, 굵은 전선의 표면 일부가 녹아 새긴눈 형태로 패턴이 형성되는 것이다.

(5) 흘러 늘어진형(drooping type)

<그림 3-1-1>(e)는 흘러 늘어진형(drooping type)으로 단락 부분의 도체가 일부 축열되어 있는 상태에서 단락이 발생될 때 나타나는 패턴으로 순간적인 단락보다는 열적 스트레스가 동반되었을 때 주로 생성된다. 즉, 도체가 줄열 또는 주변의 열에 의해 상당한 축열이 진행되면서 단락이 발생하므로 용융 범위가 넓고 흘러내리는 패턴이다.

(6) 경계 형성형(demarcation formation type)

<그림 3-1-1>(f)는 경계 형성형(demarcation formation type)으로 흘러 내림형보다 적게 열화(劣化, deterioration)가 진행될 때 형성되는 패턴으로 상대적으로 용융이 빠르고 제한적으로 재결합이 진행될 때 주로 형성된다.

① 개략도 ② 실체사진

(a) 구슬형(bead type)

① 개략도 ② 실체사진

(b) 단면 구슬 부착형(sectional bead attachment type)

① 개략도 ② 실체사진

(c) 흩어짐형(splatter type)

① 개략도 ② 실체사진

(d) 새긴눈형(notch type)

① 개략도 ② 실체사진

(e) 흘러 늘어진형(drooping type)

① 개략도 ② 실체사진

(f) 경계 형성형(demarcation formation type)

〈그림 3-1-1〉 구리 전선의 단락과 용융 패턴

3.1.2 비닐평형코드(VFF)의 소손 패턴

비닐 코드(PVC insulated flexible code for electrical appliances or Vinyl Code)는 코드의 한 종류로 연선에 염화 비닐 수지로 절연한 전선으로 습기와 약품에 강하나 열에 약한 단점을 가지고 있다.

<그림 3-1-2>는 정상적인 비닐평형코드(VFF, 1.25 $[mm^2] \times$ 2C)의 표면 및 단면 사진을 나타낸 것이다. <그림 3-1-2>(a)는 전선의 표면을 나타낸 것으로 제품의 주요 사양을 알 수 있다. 그리고 <그림 3-1-2>(b)는 절연 피복을 칼로 절단한 것으로 내부에 연선이 나선 모양으로 꼬여 있고, 절연체가 밀착되어 있는 구조이다. 또한, <그림 3-1-2>(c)는 구리 전선의 금속현미경 사진을 나타낸 것으로 비정질체인 구리의 성질을 잘 나타내고 있고, 연신(延伸, elongation)되어 있는 구조를 알 수 있다.

(a) 실체사진

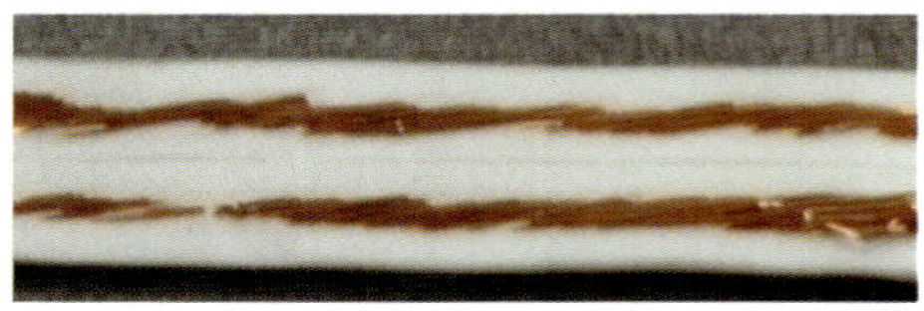

(b) 단면 실체사진

(c) 도체의 금속 단면 사진

〈그림 3-1-2〉 정상적인 VFF의 표면 및 단면 사진

<그림 3-1-3>은 도체에 전류가 흐르지 않고 있을 때 일반연소 화염의 공격을 받아 도체가 용융된 비닐평형코드(VFF, 1.25 $[mm^2] \times$ 2C)를 나타낸 것이다. <그림 3-1-3>(a)는 대부분의 연선이 용융되어 재결합에 관여한 형태를 나타내고 있다. 즉, 끝부분은 하나의 덩어리 모양을 나타내는 것을 알 수 있고, 표면은 비교적 거친 형태를 나타낸다.

<그림 3-1-3>(b)는 용융된 구리 도체의 금속 현미경 사진으로 비정질의 구리 모양이 확대된 것을 알 수 있다. 또한, 비교적 형태가 선명하고 규칙적인 구멍(void)이 형성되는 패턴을 나타낸다. 즉, 외부에서 비교적 일정하게 열이 공급됨에 따라 열이 공급된 부분의 온도 편차가 적고, 넓은 범위가 고르게 열을 받음에 따라 구리 입자의 크기도 비교적 고르게 확대되는 것이다.

(a) 실체사진　　(b) 도체의 금속 단면 사진

〈그림 3-1-3〉 일반연소 화염에 의해 용융된 VFF으 사진

<그림 3-1-4>는 도체에 전류가 흐르고 있을 때 일반연소 화염의 공격에 의해 도체가 단락된 비닐평형코드(VFF, 1.25 [mm^2] × 2C)를 나타낸 것이다. <그림 3-1-4>(a)는 연선의 일부가 용융되어 재결합에 관여한 형태를 나타내고 있다. 즉, 도체의 표면을 감싸고 있는 절연체는 모두 탄화된 것을 알 수 있고, 연선의 일부가 용융되어 덩어리 모양을 나타내는 것을 알 수 있다. 용융된 부분은 상대적으로 윤기가 있고, 그 밖의 부분은 비교적 거친 형태를 나타낸다. <그림 3-1-4>(b)는 용융된 구리 도체의 금속 현미경 사진으로 비정질의 구리 모양이 확대된 것을 알 수 있다. 또한, 구멍(void)의 크기가 불규칙하게 형성되어 있으며, 구멍 주변에 불규칙적으로 흘러내림 패턴이 형성된 것을 알 수 있다. 또한, 비정질 구조(非晶質 構造, amorphous structure)의 경계면(境界面, boundary surface)이 불규칙하게 형성되는 특징을 나타내는 것을 알 수 있다.

(a) 실체사진

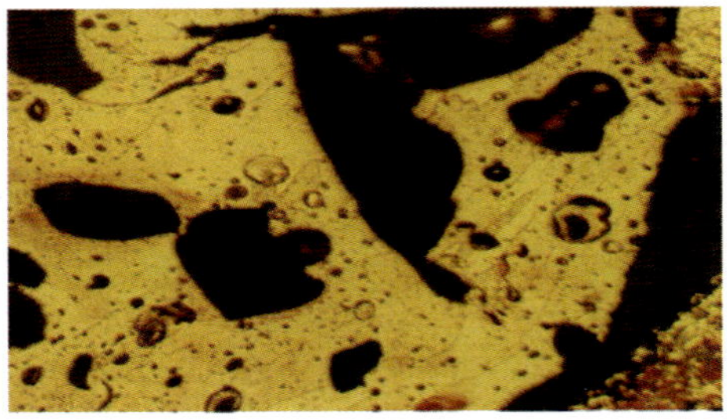

(b) 도체의 금속 단면 사진

〈그림 3-1-4〉 도체에 전류가 흐르고 있을 때 일반연소 화염에 의해 단락된 VFF의 사진

<그림 3-1-5>는 과전류에 의해 용융된 비닐평형코드(VFF, 1.25 [mm^2] × 2C)를 나타낸 것이다. <그림 3-1-5>(a)는 실체사진으로 연선의 일부가 용융되어 재결합에 관여한 형태를 나타내고 있고, 단면이 비교적 거칠게 형성된 것을 알 수 있다. 또한, 연선의 표면이 고르게 탄화된 패턴을 나타내며, 윤기가 있는 것을 알 수 있다. <그림 3-1-5>(b)는 용융된 끝 부분의 단면을 나타낸 금속 현미경 사진으로 비정질의 구리 모양이 확대된 것을 알 수 있다. 또한, 일정한 패턴의 수지상 조직(樹枝狀 組織, dendritic structure)이 성장된 것을 알 수 있고, 그들의 방향성도 비교적 일정한 방향을 갖고 있는 것을 알 수 있다. 즉, 과전류에 의해서 구리 도체가 용융되고 재결합한 용융 단면은 기존 단락된 구리 도체의 패턴과 차이가 있음을 알 수 있다.

(a) 실체사진

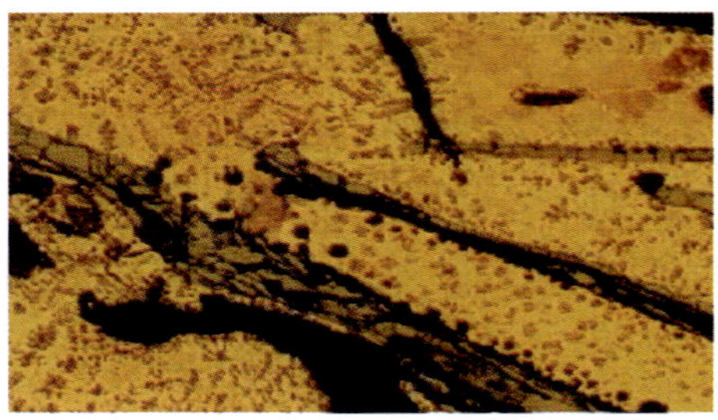

(b) 도체의 금속 단면 사진

〈그림 3-1-5〉 과전류에 의해 용융된 VFF의 사진

<그림 3-1-6>은 단락에 의해 용융된 비닐평형코드(VFF, 1.25 [mm^2] × 2C)를 나타낸 것이다. <그림 3-1-6>(a)는 실체사진으로 연선의 일부가 용융되어 재결합에 관여한 형태를 나타내고 있고, 단면에 형성된 용융흔은 비교적 윤기가 있는 것을 알 수 있다. 또한, 용융이 발생한 부분을 제외한 대부분은 비슷한 탄화 패턴을 나타내고 있는

것을 알 수 있다. <그림 3-1-6>(b)는 단락에 의해 용융된 부분의 단면을 나타낸 금속 현미경 사진으로 비정질의 구리 모양이 선명하며, 확대된 것을 알 수 있다. 또한, 구멍(void)이 생성된 것을 알 수 있고, 비정질 구조의 경계면이 비교적 선명하게 형성되며 일정한 방향성을 나타내는 특징이 있다. 이와 같이 방향성이 형성되는 이유는 전류가 흐를 때 표피효과(表皮效果, skin effect), 앙페르의 법칙(ampere's law) 및 로렌츠의 힘(Lorentz's force) 등을 따르기 때문으로 판단된다. 그리고 [표 3-1-1]은 에너지원에 따른 비닐평형코드(VFF)의 실체사진 및 금속조직을 비교한 것이다.

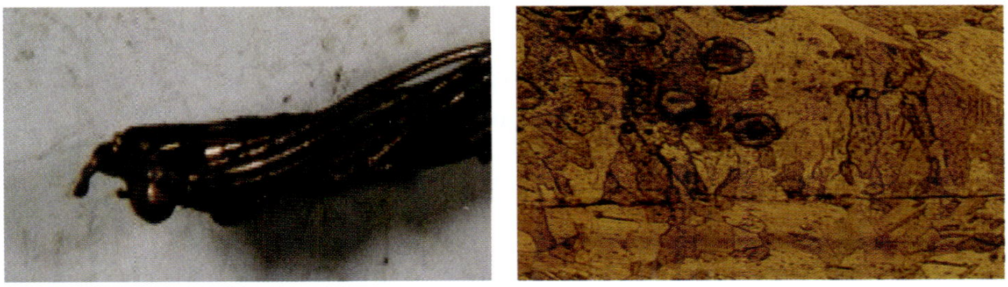

(a) 실체사진 (b) 도체의 금속 단면 사진

〈그림 3-1-6〉 단락에 의해 용융된 VFF의 사진

[표 3-1-1] 에너지원에 따른 비닐평형코드(VFF)의 실체사진 및 금속 조직 비교

에너지원	실체사진	금속 조직
정상 전선	적갈색 표면 윤기 있음	그레인(grain) 확인 연신 구조(elongation structure) 확인
일반화염	표면 탄화물 부착 표면 윤기 적음	보이드(void) 생성 연신 구조(elongation structure) 없음
화염 + 단락	단면부 거침 표면 탄화물 부착 용융 망울 생성	연신 구조(elongation structure) 없음 불규칙 보이드(void) 생성 그레인(grain) 확대 성장 주상 조직(columnar structure) 성장
과전류	표면 탄화물 부착 단면부 울퉁불퉁 ※전류크기에 따라 다름	연신 구조(elongation structure) 없음 수지상 조직(dendritic structure) 성장 입자(particles)의 방향성 생성
단락	표면 탄화물 부착 용융 망울 생성 ※단락 조건에 따라 다름	연신 구조(elongation structure) 없음 보이드(void) 생성 경계면(boundary surface) 생성 주상 조직(columnar structure) 성장

3.1.3 비닐캡타이어평형코드(VCTFK)의 소손 메커니즘

<그림 3-1-7>은 비닐캡타이어평형코드(VCTFK)의 소손 메커니즘을 나타낸 것이다. 전원은 공급되었으나 전기를 사용하지 않는 대기모드(standby mode)에서 일반연소 화염에 의해 절연물이 소실되고 도체가 단락되어 화재가 진행되는 메커니즘을 설명한 것이다. <그림 3-1-7>(a)는 정상 전선을 나타낸 것으로 내부에 소선(素線, stranded wire)을 감싼 절연물이 있고, 그 밖으로 2중 절연이 되어 있다. <그림 3-1-7>(b)는 일반 화염이 인가된 초기단계로 최외각 절연물의 변형이 발생하기 시작하며, 그 때의 온도는 150 [℃] 정도이다. <그림 3-1-7>(c)는 일반연소 화염에 의해 최외각 절연물에 착화되어 심한 변형 및 탄화가 진행되는 단계이며, 그 때의 온도는 450 [℃] 정도이다. <그림 3-1-7>(d)는 탄화가 상당히 진행된 단계로 소선 사이에 단락이 발생함에 따라 화염은 더욱 커지며 불규칙적인 불꽃이 방사되며 연소가 진행된다.

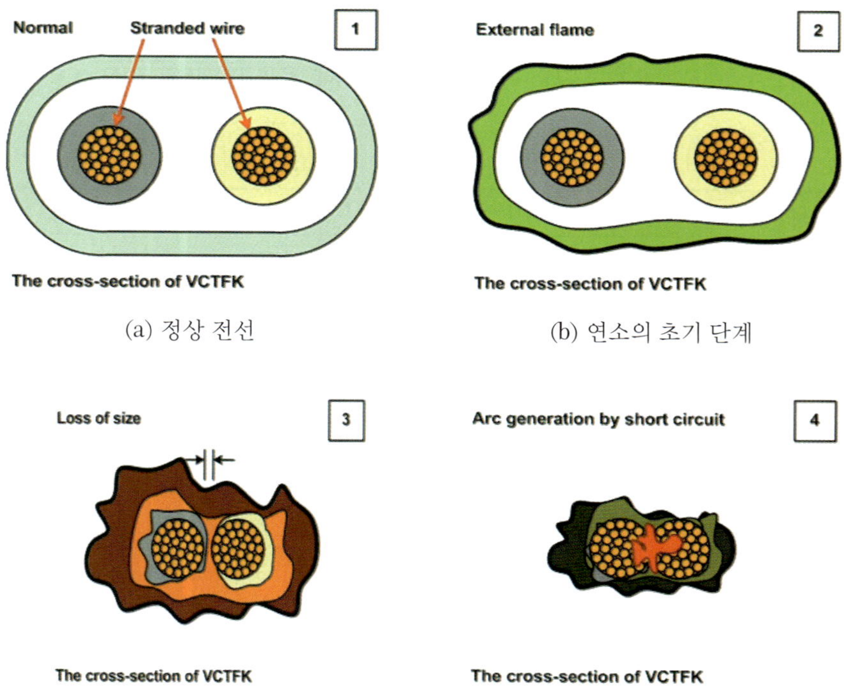

(a) 정상 전선　(b) 연소의 초기 단계

(c) 탄화의 활성화 단계　(d) 소선의 단락 단계

〈그림 3-1-7〉 비닐 캡타이어 평형코드(VCTFK)의 소손 메커니즘

3.1.4 일체형 코드 사이의 단락 메커니즘

<그림 3-1-8>은 일체형 비닐평형코드(VFF)의 소손 메커니즘을 나타낸 것이다. 일체형 코드의 소선 사이에 금속(못)을 이용하여 지지하여 전기를 사용하던 중 진동이 반복됨에 따라 절연물이 소손되었을 때의 단락화재 메커니즘을 설명한 것이다. <그림 3-1-8>(a)는 전류의 진행 방향에 따라 앙페르의 오른나사 법칙에 의한 전자기력이 발생하는 것을 나타낸 것이다. 즉, 두 전선 사이에는 반발력(척력)이 작용한다. <그림 3-1-8>(b)는 물리적인 진동에 의해 절연물이 소손된 후 소선 사이에 간헐적인 단락에 의한 불꽃이 발생하고, 시간의 경과에 따라 그 범위는 커지는 것을 나타낸 것이다. <그림 3-1-8>(c)는 두 소선 사이의 단락 및 용융 면적이 점점 커져 불꽃이 더욱 커지며, 주위에 가연물이 있을 때 일반화재로 확산될 수 있다. <그림 3-1-8>(d)는 단락의 최종 단계로 전원측의 용융 전선은 오목한 패턴을 보이고, 부하측의 전선은 약간 볼록한 패턴을 보이는 것이 일반적인 현상이다.

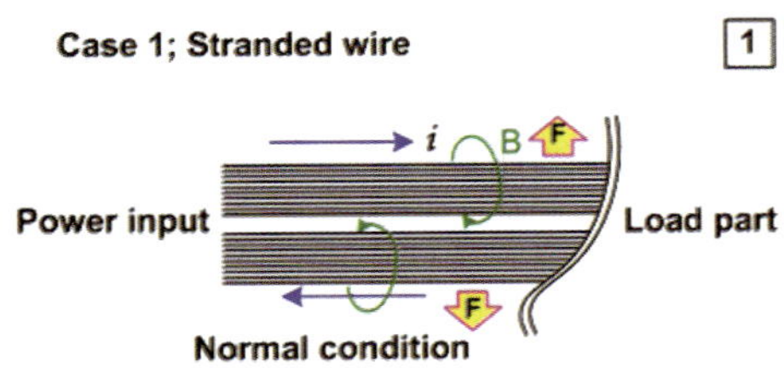

(a) 정상 전선

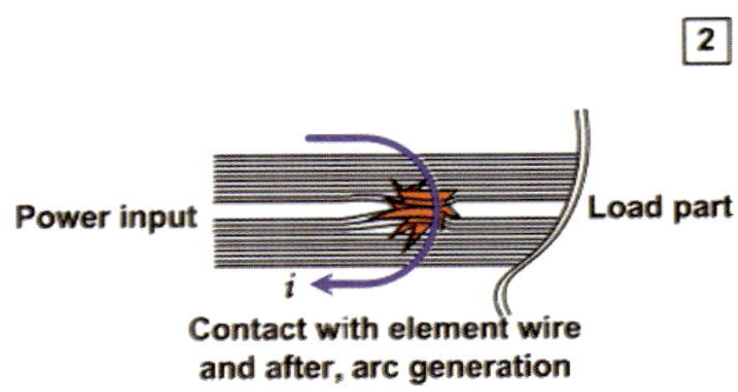

(b) 간헐적인 단락 단계

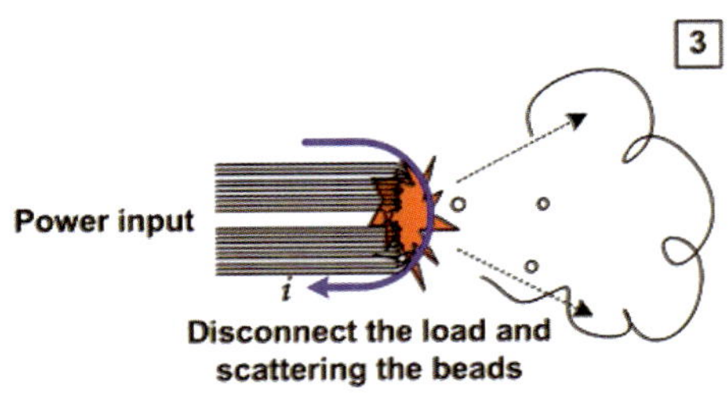

(c) 단락 및 비산 단계

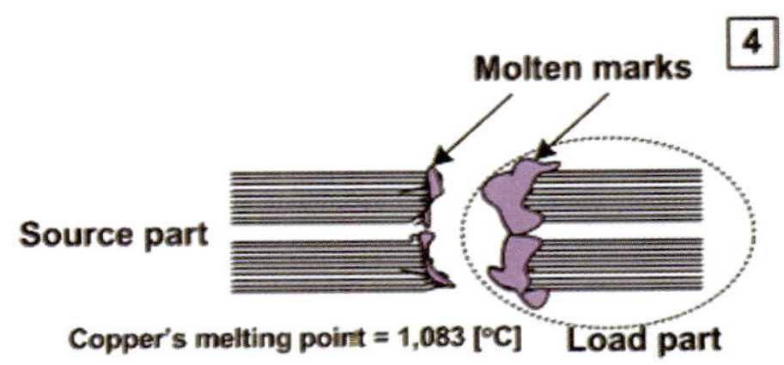

(d) 단락된 소선

〈그림 3-1-8〉 일체형 비닐평형코드(VFF)의 소손 메커니즘

3.1.5 도금형 히터의 출화 사례

(1) 발생 개요

도금을 위해 도금 용액 탱크를 예열 중 히터에서 순간적인 이상으로 도금용액 탱크 덮개가 소실되었다. 현장 수거품은 도금용 히터 1점 Φ25, 3 [kW], 600 [V] 비닐 캡타이어 케이블(VCTF) 1점 3.5[mm^2] × 3C 등 이다.

(2) 도금용 히터의 외형 분석

<그림 3-1-9>는 도금용 히터의 구성도이며, 3상 전원을 이용하는 것으로 발열부의 길이는 500[mm], 비발열부는 450 [mm] 이다. 소손된 부분은 비발열부의 상부 쪽으로 약 143 [mm]이며, 용융흔이 형성되었다. 히터의 사양은 SUS 304 환봉으로 용융온도는 약 1,520 [℃]이고, 변색온도는 430～480 [℃] 이다. 그리고 히터의 온도는 예열 40 [℃]이고, 사용온도는 50～65 [℃] 이다.

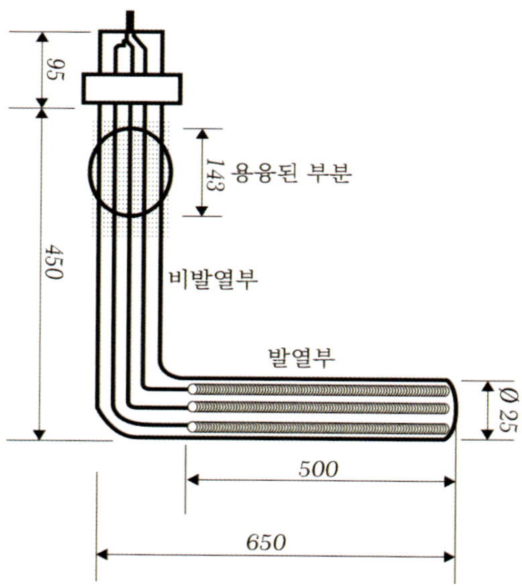

〈그림 3-1-9〉 도금용 히터의 구성도

(3) 수거품의 분석

<그림 3-1-10>은 사고현장에서 수거한 제품의 실체사진을 나타낸 것이다. <그림 3-1-10>(a)는 사고 현장에서 수거한 물품으로 A~C 부분이 심하게 용융되었으며, 전원 연결부인 D 부분도 탄화 흔적이 있다. 비발열부 상부로 A~C 부분으로 143 [mm] 정도 심하게 변형되었으며, 전원 연결부인 D 부분도 탄화 흔적이 있다. <그림 3-1-10>(b)는 <그림 3-1-10>(a)의 A 부분으로 확대 사진이며, 히터(SUS 304) 외부가 심하게 용융된 것을 알 수 있다. <그림 3-1-10>(c)는 <그림 3-1-10>(a)의 B 부분으로 변색 및 소손 패턴을 분석한 결과 내부에서 외부로 진행된 것으로 판단된다. <그림 3-1-10>(d)는 <그림 3-1-10>(a)의 C 부분으로 소손된 형태가 전원선의 한 선을 따라 진행했음을 알 수 있다. <그림 3-1-10>(e)는 <그림 3-1-10>(a)의 D 부분으로 전원선의 외피 절연물(PVC)이 탄화된 것을 알 수 있다. <그림 3-1-10>(f)는 소손된 부분을 절단한 사진으로 소손된 발열체의 내부를 분석하기 위해서 4개로 절단하였다. <그림 3-1-10>(g)> <그림 3-1-10>(f) F의 우측 단면 사진으로 전원선 3선 중 1선과 외피(SUS, stainless steel) 사이에 방전이 있었음을 알 수 있다.

<그림 3-1-10>(h)는 <그림 3-1-10>(f) F의 내부 사진으로 내부에 충전되어 있는 전원선, 보빈 및 마그네슘(MgO)을 제거한 후 펼친 실체사진으로 균열의 흔적이 있다. <그림 3-1-10>(i)는 <그림 3-1-10>(f)의 실체 현미경 사진으로 금속의 균열 및 변색이 발생했음을 알 수 있다. <그림 3-1-10>(j)는 전원선의 실체사진으로 전원선 부분의 절연물을 제거한 실체사진으로 3상 전원을 사용했음을 알 수 있다.

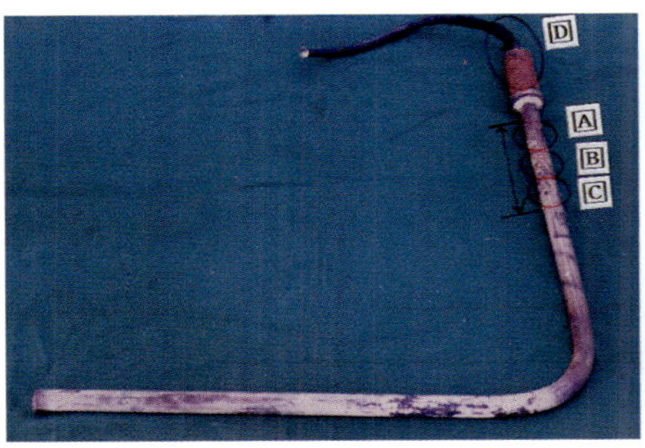

(a) 소손된 히터의 실체사진

(b) (a)의 A 부분

(c) (a)의 B 부분

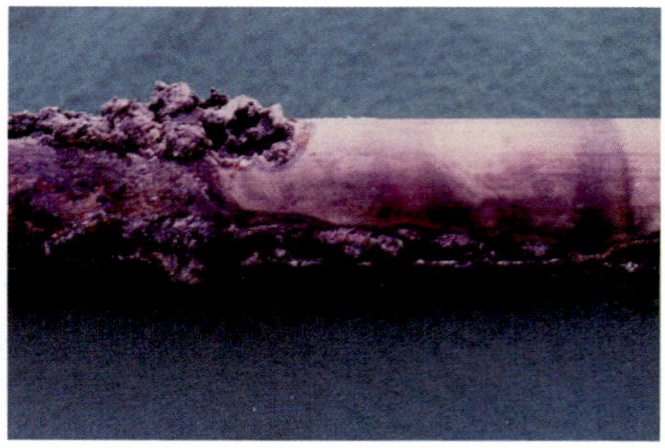

(d) (a)의 C 부분

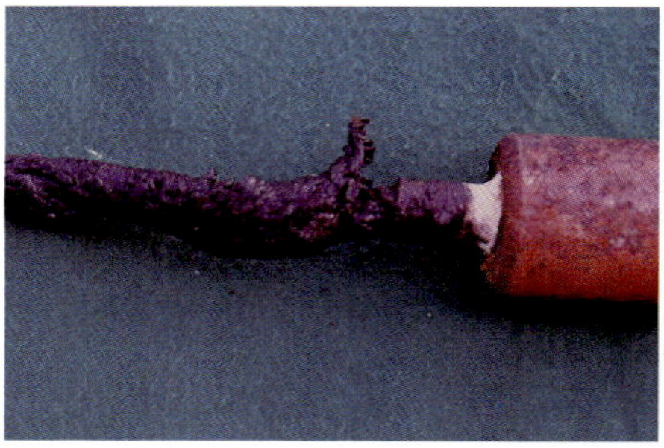

(e) (a)의 D 부분

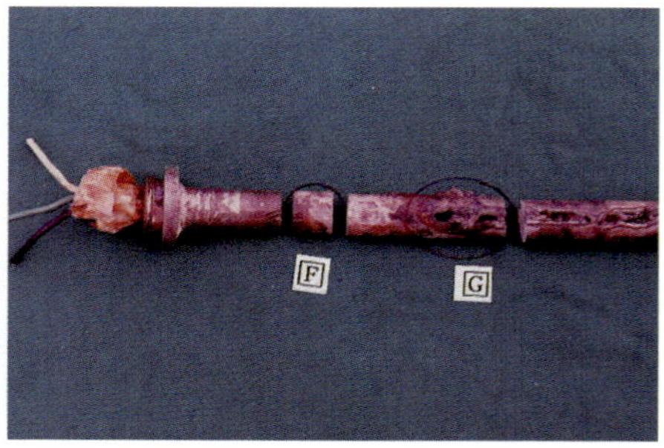

(f) 소손된 부분의 절단 사진

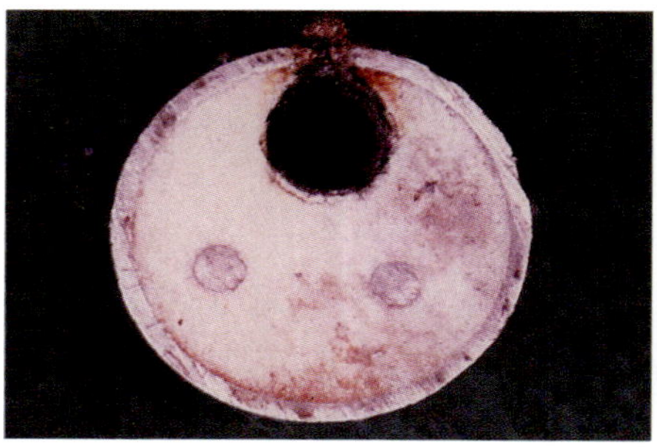

(g) (f) F의 우측 단면

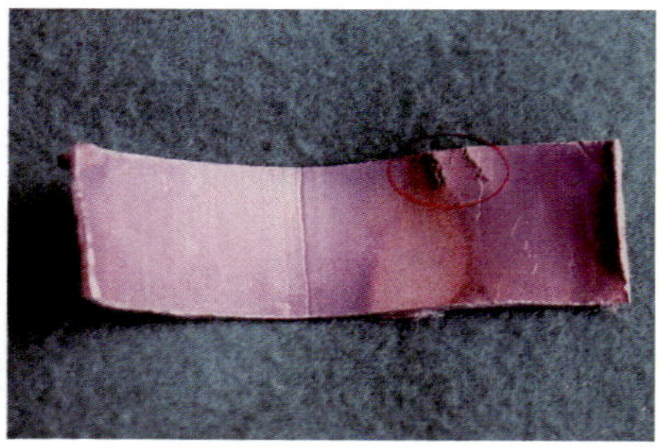

(h) (f) F의 내부 사진

(i) (h)의 실체현미경 사진

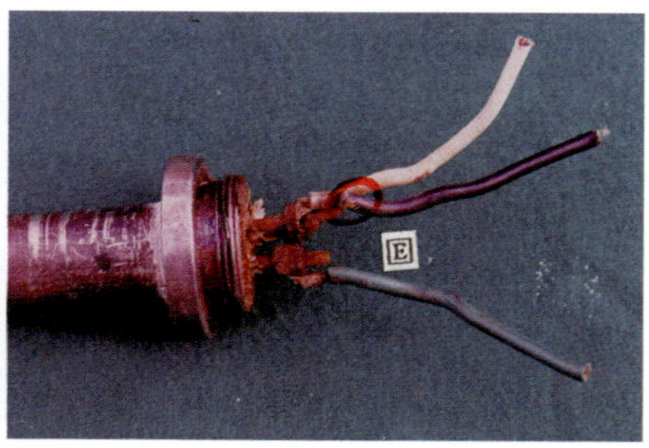

(j) 전원선의 실체사진

〈그림 3-1-10〉 소손된 히터의 실체사진

<그림 3-1-11>은 <그림 3-1-10>(j)의 Ⓔ 부분의 구리 도선을 금속현미경 사진으로 나타낸 것이다. 구리 전선이 단순히 열을 받아 금속 입자가 커진 상태를 보이고 있고, 일반 전선에 형성된 연신구조는 없어진 것을 알 수 있다.

〈그림 3-1-11〉 〈그림 3-1-11〉(j)의 Ⓔ 부분에 대한 금속현미경 사진

(4) 결언

도금 공정에서 발생한 화재의 원인 분석에서 히터의 소손된 부위는 비발열부 상부로 143 [mm] 정도가 용융되었다. 히터의 외형 분석 결과 전원선의 탄화 흔적이 있었고, 발열체의 외피인 스테인리스강(SUS, stainless steel)의 여러 곳이 길이 방향으로 소손되었다. 히터의 내부 분석 결과 전원선 3선 중 1선과 외피 사이에 방전이 있었다. 또한, 내부 충전물을 제거한 후 내부를 실체 현미경으로 분석한 결과 열화의 진행을 확인할 수 있는 균열 및 변색이 있었다. 전원선의 금속 조직을 금속 현미경으로 분석한 결과 전기적인 원인에 의한 단락(합선)의 흔적은 없었다. 즉, 탱크 용액과 발열체 상부의 온도차로 경계면 부근에서 반복적인 열 열화가 빠르게 진전되었다. 이로 인해 외피 내부에서 일부 균열이 발생하였고, 그에 따른 전계 불평형으로 절연은 더욱 악화되었다. 이런 과정의 반복으로 발열체와 외피 사이에 단락(합선)이 발생하여 급격한 온도상승과 동시에 사고가 이어진 것으로 판단된다.

section 3.2 과부하에 의한 전기화재

3.2.1 과전류에 의한 비닐절연전선의 소손 패턴 변화

전선은 도전재료와 절연재료로 구성되어 있다. 도전재료는 구리(Cu, copper), 알루미늄(Al, aluminium), 철(Fe, iron) 등이 있으며, 대표적인 도전재료는 구리이고 용융온도는 약 1,083 [℃]이다. 절연재료는 플라스틱(plastic), 고무(rubber), 면(cotton) 등이 있으며, 대표적인 절연재료는 플라스틱이다. 플라스틱의 원료는 폴리염화비닐(PVC; Polyvinyl Chloride)이며, 가공성이 우수하다는 장점이 있는 반면 열에 약하다는 결점을 갖고 있다.

비닐절연전선에 과전류가 흐를 때 줄열에 의한 발열로 절연물이 소손되는 과정을 열화 단계별로 설명이 가능하다. 비닐절연전선 절연물의 화학반응은 염화칼슘(calcium chloride, $CaCl_2$)의 흡습작용에 의한 절연파괴에 의한 것으로 알려져 있다. 다음은 폴리염화비닐(PVC)의 반응 과정을 나타낸 것이다.

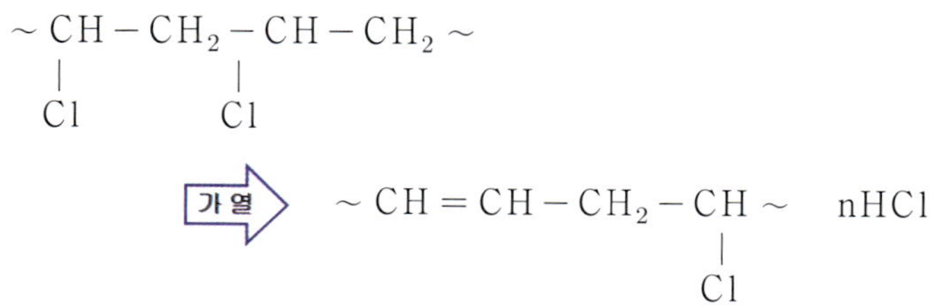

(3.1)

또한, 비닐절연전선 충진제의 반응 과정은 다음과 같다.

$$CaCO_3(\text{충진재}) + 2HCl \xrightarrow{\text{가열}} CaCl_2 + H_2O + CO_2 \qquad (3.2)$$

<그림 3-2-1>은 600 [V] 내열비닐절연전선(HIV)의 정상 제품에 대한 실체사진을 나타낸 것이다. 비닐절연물의 내부는 매우 균일한 물성을 보이는 것으로 확인되며, 도체는 암갈색을 나타내는 것을 알 수 있다.

<그림 3-2-2>는 열화의 1단계를 나타낸 것으로 비닐절연전선에 과전류가 흐르면

도체와 직접 접촉하는 내부에서 열화학적 변화가 진행되어 물방울 모양의 구멍(void)이 비교적 균일하게 형성되는 것을 알 수 있다. 또한, 열화의 1단계는 110 [℃] 정도이며, 비닐절연전선의 탈염화 반응이 일어난다.

<그림 3-2-3>은 열화의 2단계를 나타낸 것으로 절연물의 내부는 그물 모양의 구조가 형성되고, 165 [℃] 정도에서 발생하는 반응이다.

<그림 3-2-4>는 열화의 3단계를 나타낸 것으로 절연물이 용융 및 탄화되고 다량의 연기가 발생하는 단계이다. 그리고 내부는 심하게 탄화가 진행되고, 외부까지 열적 스트레스가 진행되어 표면 탄화가 시작하며, 207 [℃] 정도에서 발생하는 반응이다.

<그림 3-2-5>는 열화의 4단계로 절연물의 용융 및 탄화의 마지막 단계이다. 절연물의 내부 및 외부 구분 없이 심하게 탄화가 진행되어 절연물이 도체에서 이탈하기 시작하며, 230 [℃] 정도에서 발생한다.

(a) 정상 전선의 내부 (b) 절연물의 내부

〈그림 3-2-1〉 600 [V] 내열비닐절연전선(HIV)의 정상 제품에 대한 단면 실체사진

(a) 발열 온도 110 [℃] (b) 절연물의 내부

〈그림 3-2-2〉 600 [V] 내열비닐절연전선(HIV)의 열화 1단계

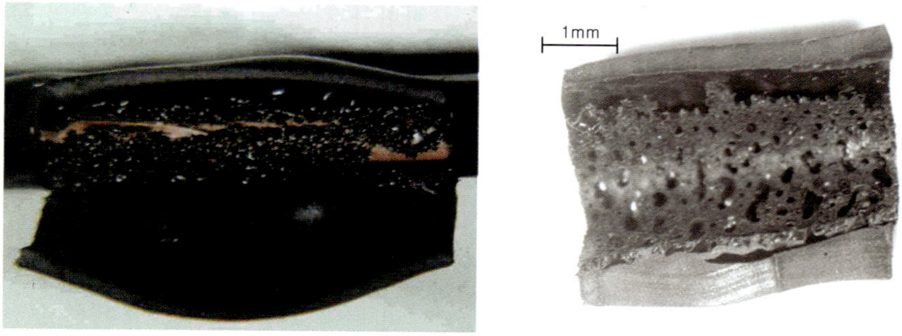

(a) 발열 온도 165 [℃]　　　(b) 절연물의 내부

〈그림 3-2-3〉 600 [V] 내열비닐절연전선(HIV)의 열화 2단계

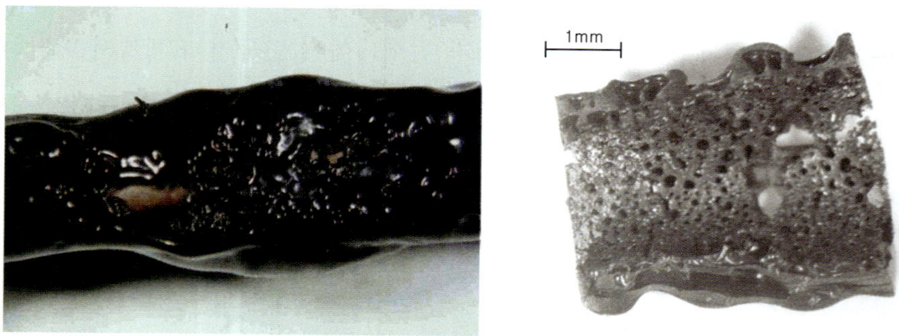

(a) 발열 온도 207 [℃]　　　(b) 절연물의 내부

〈그림 3-2-4〉 600 [V] 내열비닐절연전선(HIV)의 열화 3단계

(a) 발열 온도 230 [℃]　　　(b) 절연물의 내부

〈그림 3-2-5〉 600 [V] 내열비닐절연전선(HIV)의 열화 4단계

[표 3-2-1]은 과전류에 의해 열화된 절연물의 단계별 특성 변화 및 패턴을 요약한 것이다. 대부분의 전기설비 및 기기 등의 절연물로 사용되는 폴리염화비닐(PVC, Polyvinyl Chloride)이 열적 스트레스에 의해 소손되었을 때 나타나는 특징이다.

[표 3-2-1] 과전류에 의해 열화된 절연물의 단계별 특성 변화 및 패턴

열화 단계	절연물의 특성 변화
정상 PVC	절연물의 내부 및 외부가 매끄러운 상태
열화 1단계	절연물의 내부에서 연기 발생 절연물의 안쪽에서 작은 구멍(void)이 생성 약 110 [℃] 정도에서 탈염화 반응이 일어남
열화 2단계	절연물이 부풀어 오르고 다층으로 분리 절연물의 내부는 그물 모양의 구조가 형성 약 165 [℃] 정도에서 발생하는 반응
열화 3단계	절연물이 용융 및 탄화되고 다량의 연기가 발생 외부는 탄화가 시작되어 그물망 구조가 형성 약 210 [℃] 정도에서 발생하는 반응
열화 4단계	절연물이 도체로부터 이탈하기 시작함 내부 절연물의 변색이 발생하기 시작 약 230 [℃] 정도에서 발생하는 반응

3.2.2 과전류에 의한 전선의 단선 특성

(1) 과전류가 흘러 용단된 단선의 방사 패턴

<그림 3-2-6>은 과전류가 흘러 용단된 구리 단선의 방사 패턴을 초고속카메라(HSIS, High Speed Image System)로 촬영하여 나타낸 것이다. 과전류의 공급은 대전류공급장치(PCITS, Primary Current Injection Test System, ODEN AT/1X BH-62421, Programma, Sweden)를 이용했으며, 600 [V] 내열용비닐절연전선(HIV, 2.0 [mm])의 도체에 과전류를 인가하여 용단되었을 때의 패턴을 해석하였다. 용단전류는 339 [A], 용단시간은 74 [s] 일 때의 방사 패턴이다.

<그림 3-2-6>(a)는 제1단계로 도체의 과열이 발생되며, 과전류가 흐르면 도체의 온도가 급격하게 상승하는 것을 알 수 있고, 중심부에서 더욱 밝은 색을 나타낸다. <그림 3-2-6>(b)는 제2단계로 도체의 휨 현상이 발생하는 단계이며, 발열이 가장 많이 발생하는 중심부에서 뒤틀어짐과 동시에 아래로 휨 현상이 발생한다. <그림 3-2-6>(c)는 제3단계로 파열음과 불꽃을 수반하는 폭발 과정으로 도체가 끊어지면서 용융된 구리 방울이 비산된다. <그림 3-2-6>(d)는 제4단계로 플룸(plume)의 생성이 되는 과정으

로 안개구름과 같은 형상을 나타내며, 사방으로 밝은 빛이 방사된다. <그림 3-2-6>(e)는 제5단계로 용융된 구리 방울의 비산 과정이며, 빛의 밝기는 줄어들고 용융된 구리 방울이 사방으로 비산되는 것을 알 수 있다. <그림 3-2-6>(f)는 제6단계로 도체의 단선 단계로 단선된 부분이 확인되며, 도체의 온도 역시 점점 내려간다.

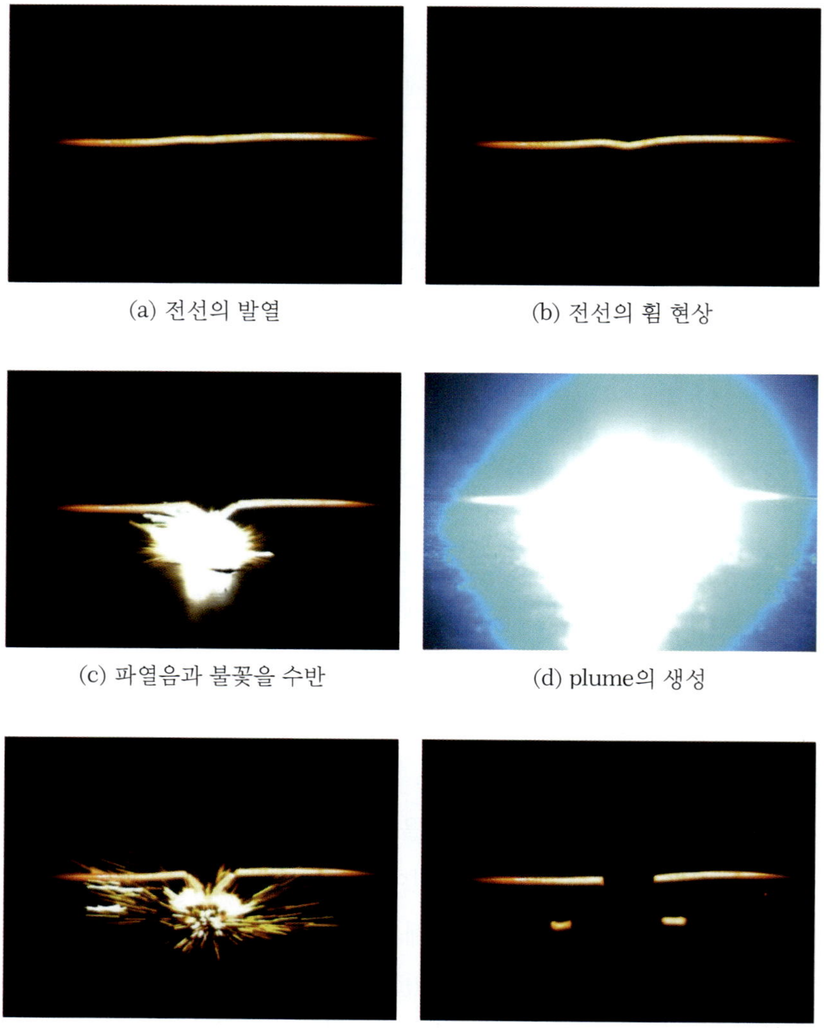

(a) 전선의 발열　(b) 전선의 휨 현상

(c) 파열음과 불꽃을 수반　(d) plume의 생성

(e) 용융 망울의 비산　(f) 단선의 절단

〈그림 3-2-6〉 과전류가 흘러 용단된 구리 단선의 방사 패턴

(2) 과전류가 흘러 용단된 단선의 용융 패턴

<그림 3-2-7>은 과전류가 흘러 용단된 구리 단선의 실체사진을 나타낸 것이다. 전선은 600 [V] 내열용비닐절연전선(HIV, 2.0 [mm])이며, 과전류 공급은 대전류공급장치(PCITS)를 사용하였다.

<그림 3-2-7>(a)는 정상 전선의 도체 표면을 나타낸 것으로 암갈색의 산화막이 형성되어 있고, 표면이 매끄러운 것을 알 수 있다. 전기설비에 사용되는 도체의 직경 2.0 [mm]인 정상 전선의 허용전류는 35[A] 정도이다. <그림 3-2-7>(b)는 과전류 226 [A]를 흘려 용단된 도체를 나타낸 실체사진이다. 도체의 표면은 균일하게 검정색으로 탄화된 것을 알 수 있고, 용단된 단면은 비교적 원형에 가까운 것으로 확인된다. <그림 3-2-7>(c)는 과전류 339 [A]를 흘려 용단된 도체를 나타낸 실체사진이다. 도체의 표면은 거칠게 변했으며, 용단된 단면 역시 거친 형태를 나타내는 것으로 확인된다. <그림 3-2-7>(d)는 과전류 452 [A]를 흘려 용단된 도체를 나타낸 실체사진이다. 도체의 표면은 매우 거칠게 변했으며, 용단된 단면은 더욱 뾰족한 형태의 원형을 나타내고 윤기가 있는 것으로 확인된다. 즉, 과전류의 크기가 커질수록 도체의 도면은 거칠고 검정색으로 변화되는 패턴을 나타내며, 용단된 단면은 윤기가 생성되는 것으로 판단된다.

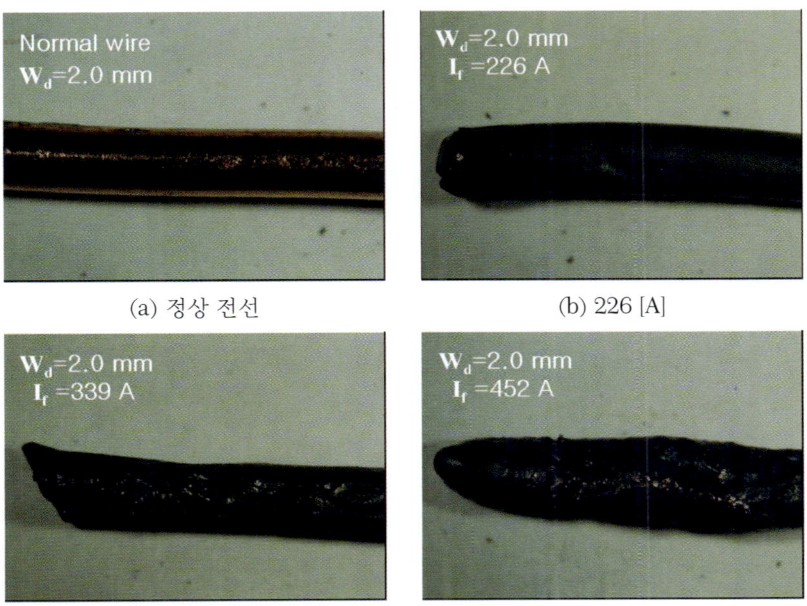

(a) 정상 전선　(b) 226 [A]

(d) 339 [A]　(c) 452 [A]

〈그림 3-2-7〉 과전류가 흘러 용단된 구리 단선의 실체사진

(3) 과전류가 흘러 용단된 단선의 금속 현미경 사진 분석

<그림 3-2-8>은 과전류가 흘러 용단된 직경 1.2 [mm] 단선의 금속 현미경 사진을 나타낸 것이다. <그림 3-2-8>(a)는 정상 구리 전선의 단면을 나타낸 것으로 규칙적인 비정질 구조(非晶質 構造, amorphous structure)가 확인되며, 구리 고유의 색상인 적갈색을 나타낸다. 그러나 일정 시간이 경과되어 산화반응에 따른 산화막이 형성되면 색상은 암갈색으로 변화되어 도체는 안정화 단계에 도달하는 것이다. <그림 3-2-8>(b)는 과전류 105 [A]를 흘려 용단된 구리 전선의 단면을 나타낸 것이다. 그리고 구리 고유의 비정질 구조는 대부분 없어지고 수지상 구조가 성장된 것을 알 수 있고, 성장 각도는 약 30°로 분석되었다. 또한, 도체는 산화반응이 일어나 암갈색으로 변화된 것이 확인된다. <그림 3-2-8>(c)는 과전류 157 [A]를 흘려 용단된 구리 전선의 단면을 나타낸 것이다. 구리 고유의 비정질 구조는 대부분 없어지고 수지상 구조가 약 26°로 성장되었으며, 도체는 암갈색으로 변화된 것이 확인된다. <그림 3-2-8>(d)는 과전류 210 [A]를 흘려 용단된 구리 전선의 단면을 나타낸 것이다. 구리 고유의 비정질 구조는 대부분 없어지고 수지상 구조가 약 15°로 성장되었으며, 도체는 암갈색으로 변화된 것이 확인된다.

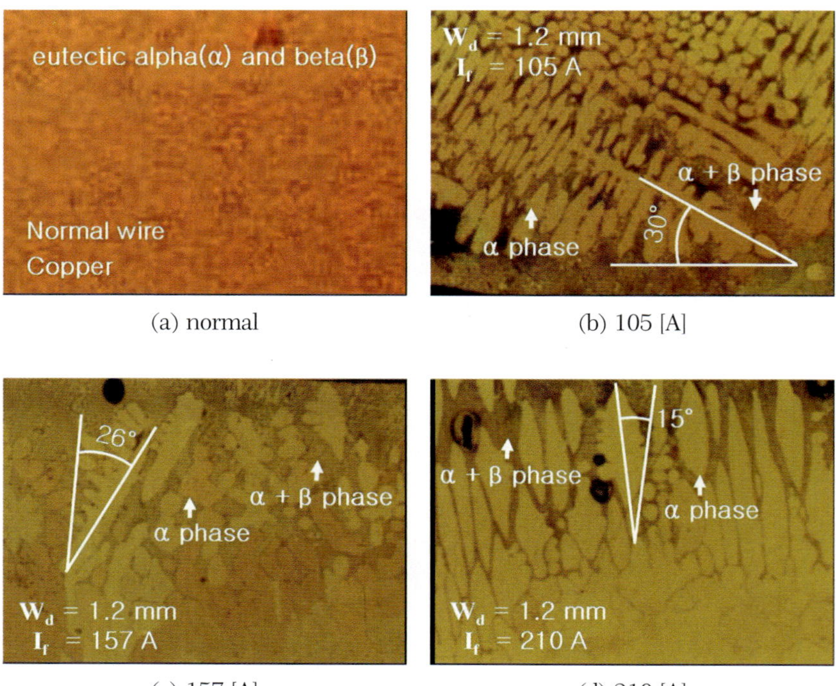

(a) normal (b) 105 [A]

(c) 157 [A] (d) 210 [A]

〈그림 3-2-8〉 과전류가 흘러 용단된 직경 1.2[mm] 단선의 금속 현미경 사진

<그림 3-2-9>는 과전류가 흘러 용단된 직경 1.6 [mm] 단선의 금속 현미경 사진을 나타낸 것이다. <그림 3-2-9>(a)는 정상 구리 전선의 단면을 나타낸 것으로 규칙적인 비정질 구조가 확인되며, 구리 고유의 색상인 적갈색을 나타낸다. <그림 3-2-9>(b)는 과전류 161 [A]를 흘려 용단된 구리 전선의 단면을 나타낸 것이다. 그리고 구리 고유의 비정질 구조는 대부분 없어지고 수지상 구조가 성장된 것을 알 수 있고, 성장 각도는 약 20°로 분석되었다. 또한, 도체는 산화반응이 일어나 암갈색으로 변화된 것이 확인된다. <그림 3-2-9>(c)는 과전류 240 [A]를 흘려 용단된 구리 전선의 단면을 나타낸 것이다. 구리 고유의 비정질 구조는 대부분 없어지고 수지상 구조가 약 17°로 성장되었으며, 도체는 암갈색으로 변화된 것이 확인된다. <그림 3-2-9>(d)는 과전류 320 [A]를 흘려 용단된 구리 전선의 단면을 나타낸 것이다. 구리 고유의 비정질 구조는 대부분 없어지고 수지상 구조가 약 12°로 성장되었으며, 도체는 암갈색으로 변화된 것이 확인된다.

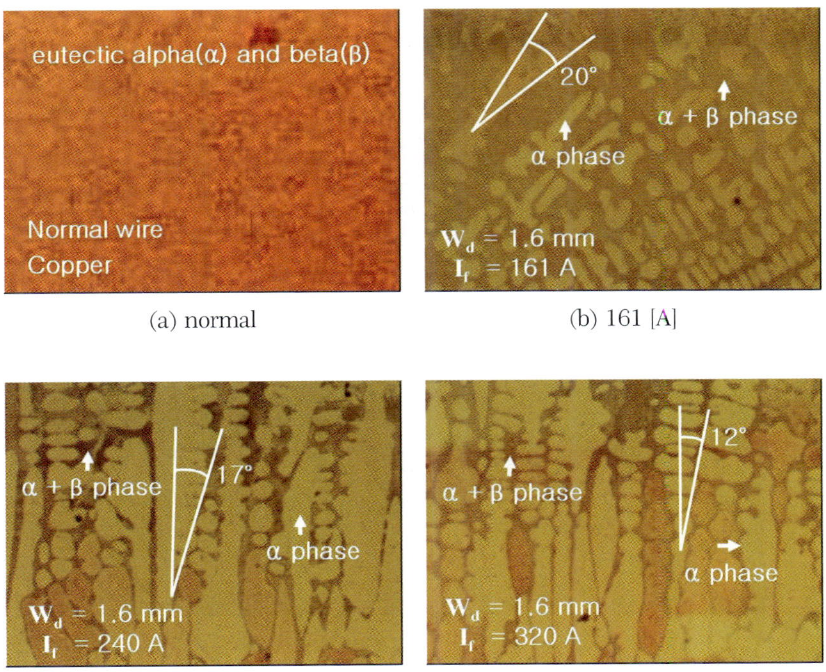

(a) normal (b) 161 [A]

(c) 240 [A] (d) 320 [A]

〈그림 3-2-9〉 과전류가 흘러 용단된 직경 1.6[mm] 단선의 금속 현미경 사진

<그림 3-2-10>은 과전류가 흘러 용단된 직경 2.0 [mm] 단선의 금속 현미경 사진을 나타낸 것이다. <그림 3-2-10>(a)는 정상 구리 전선의 단면을 나타낸 것이다. <그림 3-2-10>(b)는 과전류 226 [A]를 흘려 용단된 구리 전선의 단면을 나타낸 것이다. 그리고 구리 고유의 비정질 구조는 대부분 없어지고 수지상 구조가 성장된 것을 알 수 있고, 성장 각도는 약 15°로 분석되었다. 또한, 도체는 산화반응이 일어나 암갈색으로 변화된 것이 확인된다. <그림 3-2-10>(c)는 과전류 339 [A]를 흘려 용단된 구리 전선의 단면을 나타낸 것이다. 구리 고유의 비정질 구조는 확대되었으며, 일정한 방향성을 갖는 형태로 배열되는 것을 알 수 있다. <그림 3-2-10>(d)는 과전류 452 [A]를 흘려 용단된 구리 전선의 단면을 나타낸 것으로 비정질 구조는 더욱 커졌으며, 수지상 구조는 대부분 없어졌다. 또한, 비정질 입자들 사이에 구멍(void)이 생성되며, 도체는 산화반응에 따른 암갈색으로 변화된 것이 확인된다.

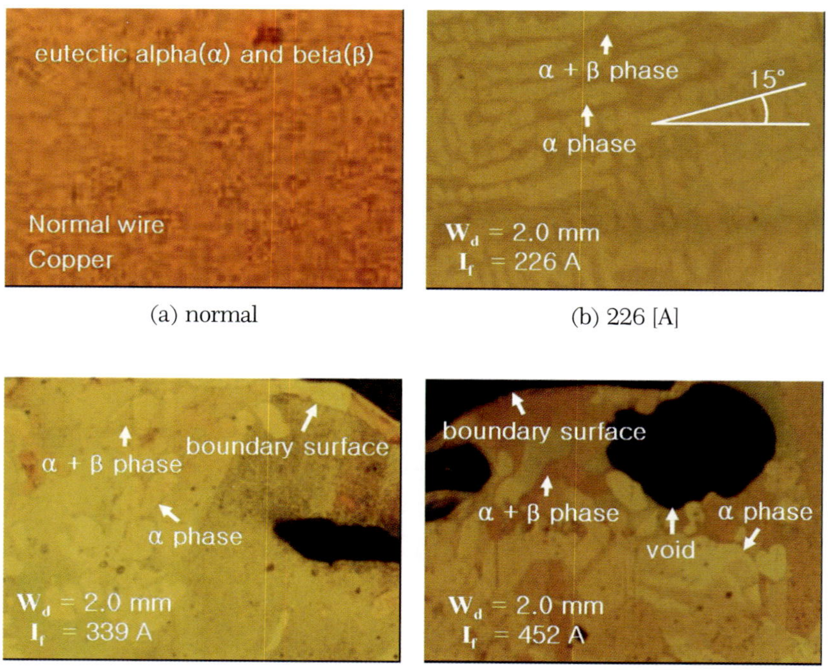

(a) normal (b) 226 [A]

(c) 339 [A] (d) 452 [A]

〈그림 3-2-10〉 과전류가 흘러 용단된 직경 2.0[mm] 단선의 금속 현미경 사진

(4) 공급된 전류의 크기에 따른 용융 전선의 결정 변화

<그림 3-2-11>은 공급된 전류의 크기에 따른 용융 결정의 성장패턴을 나타낸 것이다. 과전류의 크기가 증가하면 단선 시간은 줄어들고 수지상 조직의 성장 각도는 점점 작아지는 특징이 있다. 그리고 수지상 조직의 입자 크기는 용단 전류의 증가에 따라 primary arm은 커지고 secondary arm과 tertiary의 숫자는 작아지는 것으로 분석되었다. 또한, 과전류의 공급량이 용단 전류의 2배 정도가 되면 단락 전선의 단면 패턴에서 관측되는 주상조직이 나타나고, 규칙적인 방향성을 형성하는 것을 알 수 있다. 즉, 구리 전선에서 단락 사고가 발생하여 도체가 용융과 재결합이 이루어지면 구리 고유의 비정질 구조는 규칙성을 얻어 수직 배열되는 패턴을 나타내고, 도체의 외부쪽에 경계면을 형성하는 것으로 분석된다. 따라서 용융된 구리 도체의 금속 조직 분석을 통해서 사고 당시의 전류 통전 유형을 유추할 수 있고, 사고 당시의 전류 크기 및 메커니즘 해석이 가능하다.

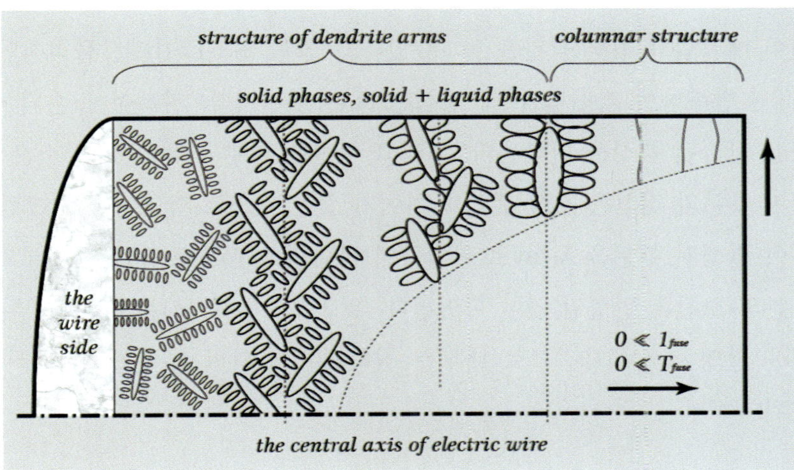

〈그림 3-2-11〉 공급된 전류의 크기에 따른 용융 결정의 성장패턴

section 3.3 반단선에 의한 전기화재

기계적 피로(機械的 疲勞, mechanical stress)에 의해 손상된 전선을 통전시키면 도체의 저항은 그 단면적에 반비례하기 때문에 그 부분의 저항 값이 커져 국부적인 발열량이 증가하거나 불꽃이 발생하여 피복 등 주위의 가연물에 의해 착화될 수 있다. 일반적으로 도체 또는 소선의 10 [%] 이상이 끊어지면 반단선(反斷線, disconnected wire)이라 한다. 도체의 반단선이 발생하면 용융흔은 전원 쪽과 부하 쪽 양쪽에 발생하는 것이 일반적인 패턴이다.

3.3.1 반단선의 발생 메커니즘

<그림 3-3-1>은 비닐캡타이어원형코드(VCTFK, 1.25 [mm^2] × 2C)의 반단선 발생 메커니즘을 나타낸 것이다. <그림 3-3-1>(a)는 정상 제품의 VCTFK를 나타낸 것으로 표면이 매끄럽고 평평한 것을 알 수 있다. <그림 3-3-1>(b)는 물리적인 충격이 특정한 곳에 반복하여 가해졌을 때 생성된 소손 패턴이다. 피복이 소손되어 벌어졌으며, 안쪽은 탄화된 특징을 나타낸다. 그리고 주변은 일부 변색되었고, 소손부분을 제외한 나머지 부분의 전선은 정상 전선과 차이가 없는 것으로 확인된다. <그림 3-3-1>(c)는 소손이 발생된 부분을 X-ray로 촬영하여 나타낸 패턴으로 소선의 일부가 용단되었고, 대부분의 소선은 변형된 것이 확인된다. <그림 3-3-1>(d)는 소손된 부분을 절단하여 단면을 촬영한 실체사진으로 내부는 심하게 탄화되었고, 소선의 일부에서 용융흔이 확인된다.

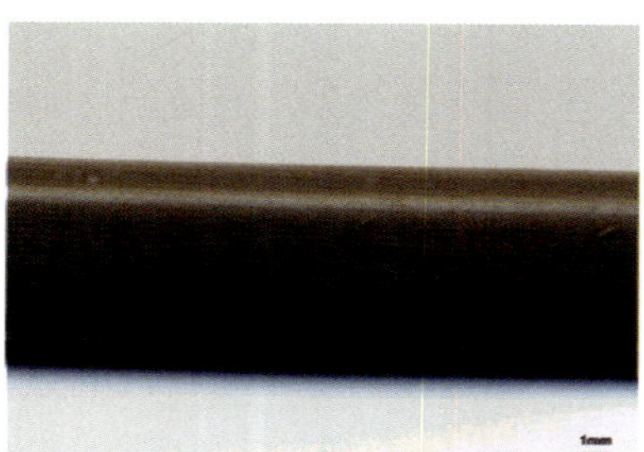
(a) 정상 제품의 VCTFK

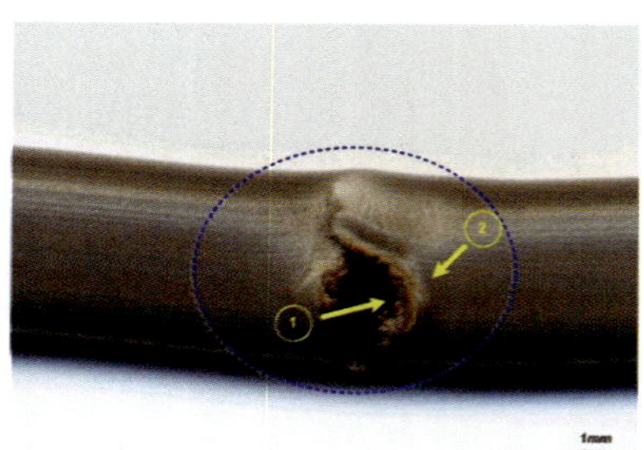
(b) 탄화된 실체사진

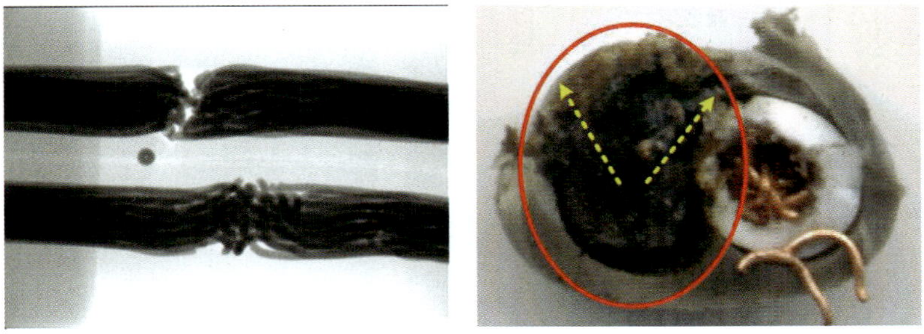

(c) X-ray 촬영된 패턴　　　　(d) 단면 실체사진

〈그림 3-3-1〉 VCTFK의 반단선 발생 메커니즘

3.3.2 반단선에 의한 화염의 착화 및 성장 메커니즘

<그림 3-3-2>는 비닐캡타이어원형코드(VCTFK)에서 반단선이 발생할 때 발생되는 화염 착화 및 성장 메커니즘을 나타낸 것이다. 화염의 성장 과정은 초고속이미지시스템(HSIS)을 이용하여 실시간으로 데이터를 취득하였다. <그림 3-3-2>(a)는 전선에서 반단선이 발생하여 화염이 확인되는 초기단계로 미소불꽃이 간헐적으로 진행되는 것이 확인된다. <그림 3-3-2>(b)는 반단선 부분의 저항 증가 및 축열에 따른 화염의 성장 단계를 나타낸 것이다. 미소불꽃은 더욱 커져 연속성이 있는 화염으로 성장된 것을 알 수 있고, 주변의 작은 가연물에 착화시킬 수 있는 불꽃이 되었다. <그림 3-3-2>(c)는 화염이 성장된 단계로 간헐적인 불꽃이 연속적인 화염으로 성장한 것을 알 수 있고, 주변의 가연물이 있다면 착화의 가능성이 더욱 커진다. <그림 3-3-2>(d)는 화염의 방사 단계를 나타낸 것으로 절연물만 연소되는 것이 아니라 내부의 도체도 동시에 용융되어 절연물과 같이 방사됨에 따라 열하중은 최고의 단계이므로 주위에 가연성 물질이 있는 경우 일반화재로 확산될 가능성이 높다.

(a) 초기 단계　　　　(b) 저항 증가 및 축열 단계

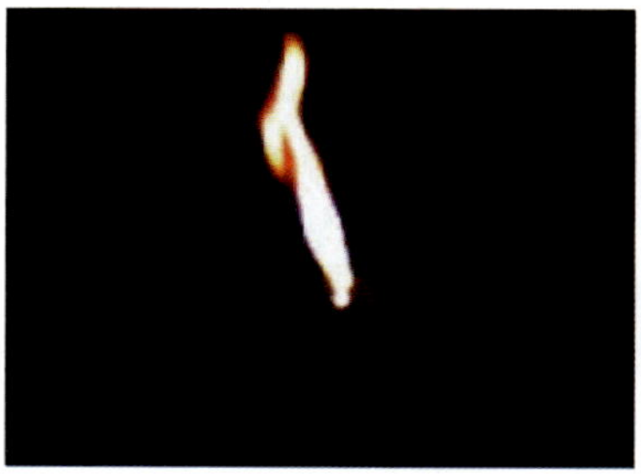

(c) 화염의 성장 단계

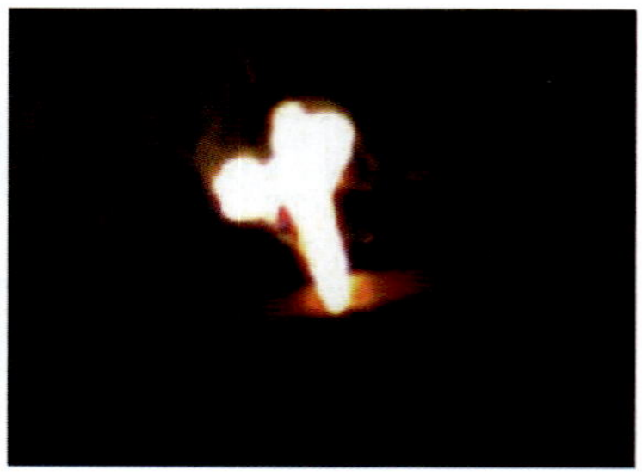

(d) 화염의 방사 단계

〈그림 3-3-2〉 VCTFK의 화염 착화 및 성장 메커니즘

3.3.3 반단선에 의해 용단된 소선의 금속 조직 분석

<그림 3-3-3>은 반단선된 VCTFK의 금속 조직을 분석한 것이다. <그림 3-3-3>(a)는 물리적인 충격을 반복적으로 받아 외피의 변색이 확인되며, 작은 구멍이 형성된 것을 알 수 있다. <그림 3-3-3>(b)는 소손된 부분의 내부를 확인하기 위해 절연 피복을 제거한 실체사진이다. 탄화된 검정색 가루가 확인되며, 소선의 대부분은 단선되었고 일부는 용융된 것으로 분석된다. <그림 3-3-3>(c)는 단선된 부분의 소선을 확대 촬영한 것으로 일부 소선의 끝부분에 용융흔이 확인되며, 탄화된 절연물이 부착되어 있다. <그림 3-3-3>(d)는 용융된 소선의 단면을 금속현미경으로 촬영하여 나타낸 것이다. 구리 고유의 비정질 구조가 많이 변형되어 방향성이 형성된 것을 알 수 있고, 입자 사이에 구멍(void)이 생성된 것으로 확인된다.

(a) 표면의 실체사진

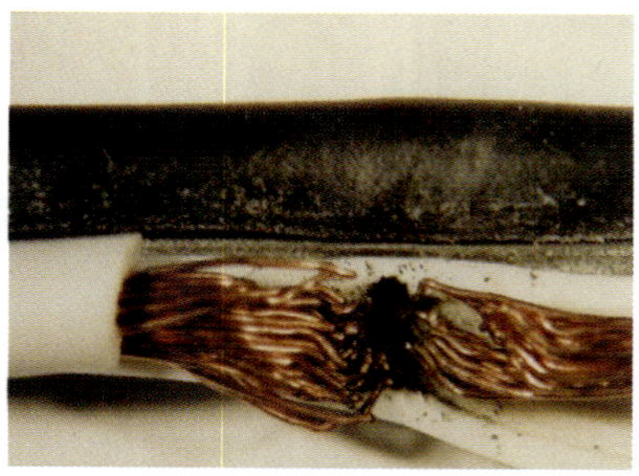

(b) 소선의 단선

(c) 단선된 소선의 용융흔

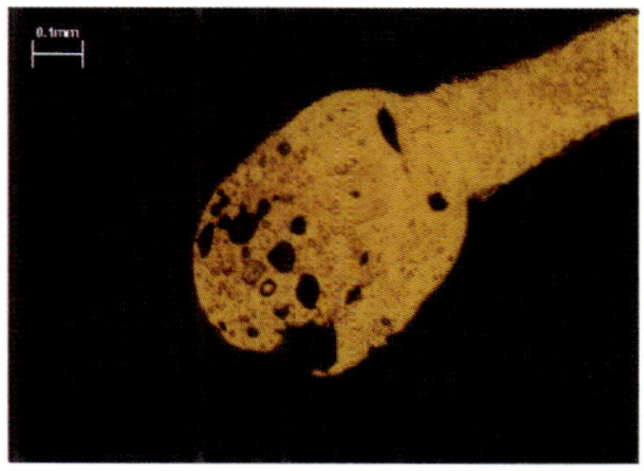

(d) 용융된 소선의 금속 조직

〈그림 3-3-3〉 반단선된 VCTFK의 금속 조직 분석

3.3.4 VCTFK의 단선율과 허용전류의 관계

<그림 3-3-4>는 비닐 캡타이어 원형코드(VCTFK)의 단선율과 허용전류의 관계를 나타낸 것이다. 분석에 활용된 전선은 ① VCTFK 0.75 [mm^2], 0.18 [mm] / 30, 7A, ② VCTFK 1.25 [mm^2], 0.18 [mm] / 50, 12A, ③ VCTFK 2.0 [mm^2], 0.26 [mm] / 37, 17A 이다.

<그림 3-3-4>(a)는 VCTFK의 스트레스와 단선율의 변화를 나타낸 것으로 물리적인 충격에 대한 특성은 VCTFK 1.25 [mm^2], 0.18 [mm] / 50인 것으로 분석되었다. 그리고 <그림 3-3-4>(b)는 VCTFK의 단선율과 허용전류의 변화를 나타낸 것이다. 단선율은 VCTFK 1.25 [mm^2]가 우수한 것으로 분석되었고, 허용전류는 전선의 굵기가 굵은 VCTFK 2.0 [mm^2]인 것으로 해석되었다.

즉, 이동용 기계기구의 전선을 선정할 때 단순히 허용전류만을 계산하여 선정하는 것보다 소선의 굵기 및 가닥수 등을 종합적으로 고려하여 선정할 때 설비의 안전성을 높일 수 있다는 것이 확인되었다.

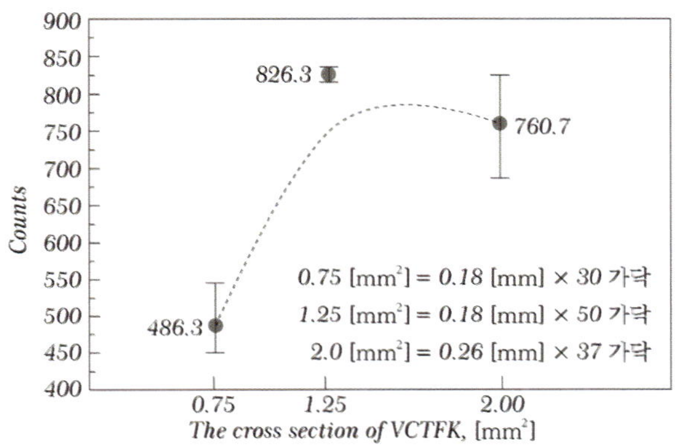

(a) 물리적 스트레스와 단선율의 변화

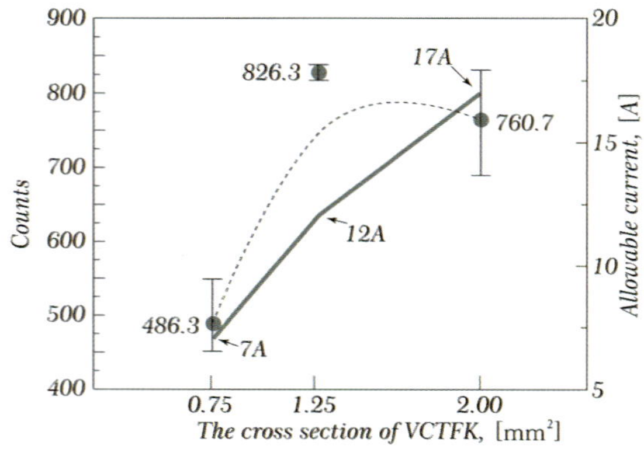

(b) 단선율과 허용전류의 변화

〈그림 3-3-4〉 비닐캡타이어원형코드(VCTFK)의 단선율과 허용전류의 관계

3.3.5 물리적인 피로에 의한 비닐평형코드의 단선 특성

(1) 전선의 반복적인 구부림 실험

비닐평형코드(VFF)는 편리성 때문에 각종 전기기구에 사용되고 있다. 그러나 비닐평형코드는 기계적인 충격에 취약한 특성이 있다. 따라서 반복적인 스트레스를 받게 되면 소선의 일부가 단선되기 시작하며, 그 수가 많아지면 발열과 더불어 단선됨에 따라 전기기구의 고장원인이 되어 큰 사고로 이어질 수 있다.

<그림 3-3-5>는 전선의 반복적인 구부림 실험을 위한 개략도를 나타낸 것이다. 일반적으로 이동용 전선은 물리적인 피로에 강하고, 유연성이 좋아야 한다. 하지만 일반적으로 유연성이 있으면 물리적인 성능이 떨어지고, 유연성이 좋으면 기계적으로 약하게 된다. 이러한 기계적인 성능과 유연성 관계를 객관적으로 제시하기 위해서 구부림을 반복하여 그 횟수에 따라 단선되는 현상을 알기 위한 것이다. 물리적인 스트레스 실험은 비닐평형코드(VFF, 0.75 [mm^2], 30 / 0.18)를 사용했으며, 전선의 어느 한 곳에 물리적인 피로를 일정하게 주었을 때 전선의 단선율을 측정한다.

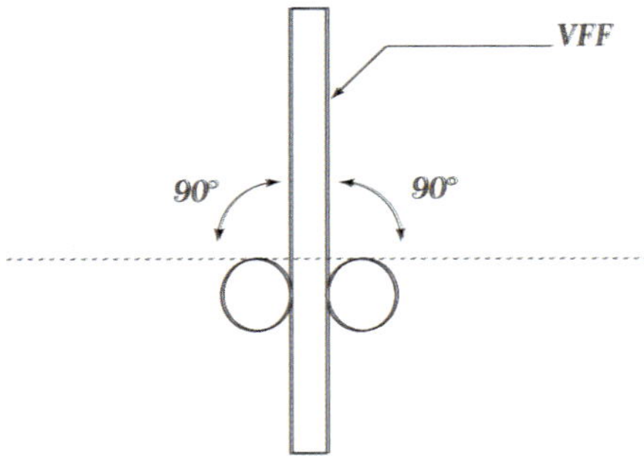

〈그림 3-3-5〉 전선의 반복적인 구부림 실험을 위한 개략도

(2) 반복적 구부림에 따른 소선의 단선 수 및 단선율

일정한 조건에서 비닐평형코드(VFF, 0.75 [mm²], 30 / 0.18)에 반복적으로 물리적인 피로를 주었을 때 내부의 도체(소선)가 어느 정도 손상되는지를 재현한 결과는 [표 3-3-1]과 같다. 결과에서도 알 수 있듯이 40회 이상의 물리적인 피로를 주면 단선율이 급격하게 증가하는 것을 알 수 있다. 그리고 반복적인 피로가 80회에 도달하면 거의 모든 소선이 단선됨을 확인할 수 있다.

[표 3-3-1] 물리적인 피로에 의한 비닐평형코드(VFF)의 단선 수

구부림 횟수	30회	40회	50회	60회	70회	80회
단선된 소선수	1	8	12	19	26	30
	2	12	12	6	23	30
	3	12	14	22	30	30
	2	6	5	21	30	30
	1	14	12	23	29	30
	0	14	5	25	27	30
	1	10	21	18	21	30
	4	11	17	12	25	30
	5	22	22	21	28	30
	11	23	17	25	27	29
단선된 소선의 가닥	1.9	13.2	13.7	19.2	26.6	29.9

<그림 3-3-6>은 반복적인 물리적인 피로에 따른 소선의 단선율을 나타낸 것이다. 비닐평형코드(VFF, 0.75 [mm²], 30 / 0.18)의 소선 한 가닥의 굵기는 0.18 [mm] 이다. 반복적인 물리적인 스트레스를 30회 가했을 때 소선의 약 10 [%]가 단선되었으며, 80회 정도의 물리적인 스트레스를 반복 인가하면 소선이 모두 단선되는 것으로 확인되었다. 즉, 물리적인 충격이 크지 않더라도 반복적으로 특정한 곳에 스트레스가 중첩되면 소선의 일부에서 변형이 유발되고, 그 때 발생된 열과 저항의 증가에 따라 단선은 가속될 수 있다. 그러므로 물리적인 충격 및 진동이 있는 전기기기 및 기계를 사용한 곳의 전선은 단선보다 연선을 사용하는 것이 설비의 안전성을 향상시킨다.

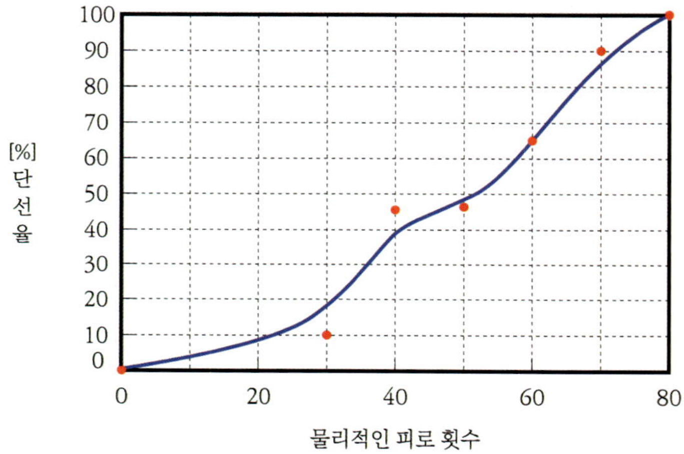

〈그림 3-3-6〉 반복적인 물리적인 피로에 따른 소선의 단선율

section 3.4 트래킹과 흑연화 현상에 의한 전기화재

절연물의 표면에 전압이 인가되면 오염된 표면을 따라 누설 전류가 흐르게 되며 열이 발생한다. 발생한 열은 줄열(Joule's heat)이며, 절연 재료의 표면을 국부적으로 건조시켜 건조대(乾燥帶, dry band)를 형성시킨다. 이때 미소방전(微少放電, scintillation discharge)이 발생하고 줄열에 의해 절연물의 표면은 탄화물로 변형된다.

트래킹(tracking) 현상은 전압이 인가된 서로 다른 도체 사이의 고체절연물 표면에 수분을 많이 함유한 먼지, 전해질을 함유하는 액체의 증기 또는 금속가루 등의 도체가 부착되면 그 절연물 표면의 부착물을 매개로 누설전류가 흘러 미소방전이 발생하여 도전성 통로가 점점 커져 절연이 파괴되는 현상을 말한다.

트래킹 현상을 일으키는 요소는 수분, 염분, 먼지, 도전성 분말, 화학 약품, 산성비 등이 있다. 또한, 트래킹 현상은 인가전압의 크기, 전극의 형상, 절연 재료의 표면 상태, 누설 전류의 크기, 방전의 상태 등에 따라 차이가 있다.

트래킹에 의한 절연 재료의 소손은 무기 절연 재료보다 유기 절연 재료에서 발생하는 것이 대부분이다. 유기 절연 재료는 탄소 분자로 구성되어 있어서 열에 약하며 내구성 등이 나쁘다. 또한, 표면 오염에 대한 열화의 가능성이 있는데 대표적인 것이 트래킹에 의한 절연 파괴가 있다. 무기 절연물은 트래킹에 의한 사고가 적지만 유기 절연물은 탄화하여 도전성 물질이 되기 쉽기 때문에 전기 설비 사고 또는 화재의 가능성이 있다.

흑연화 현상(黑鉛化 現象, graphite phenomenon)은 트래킹 현상과 유사한 메커니즘을 갖고 있으며, 탄화물의 특성은 동일하다. 일반적으로 목재가 화염을 받아 탄화될 때는 무정형탄소로 되어 전기를 통과시키지 않지만 고열의 불꽃 및 화염 등으로 순간 탄화가 진행되면 산소가 결핍된 상태에서 탄화가 진행되므로 무정형탄소는 결정성 탄화물로 일부 변형되어 도전성을 나타낸다. 즉, 누전회로 중에 발생하는 불꽃, 전기회로의 스위치, 릴레이 등의 접점을 개폐할 때에 발생하는 불꽃 등에 반복적으로 장시간 노출되면 절연체 표면에 점점 도전성 통로가 생성되어 그 부분을 통해서 전류가 흘러 줄열에 의한 탄화가 인접부분으로 확산되는 현상이다.

3.4.1 트래킹에 의한 출화 메커니즘

<그림 3-4-1>은 평판전극의 트래킹에 의한 출화 과정을 나타낸 것이다. 페놀수지의 표면이 물, 먼지, 안개 등의 오염원을 매개로 누설전류가 흐름에 따라 줄열에 의한 소손이 확대되어 출화되는 과정이다. <그림 3-4-1>(a)는 절연물의 표면이 오염되면 발수성의 절연재료가 친수성으로 변화되어 누설전류가 흐르기 시작하는 초기 단계이다. <그림 3-4-1>(b)는 전극 사이를 흐르는 누설전류에 의해 줄열의 발생으로 H_2, O_2, CO, CO_2 등의 가스가 발생되는 것을 나타낸 것이다. <그림 3-4-1>(c)는 건조대의 형성 및 초기 미소방전이 간헐적으로 발생하는 과정을 나타낸 것이다. <그림 3-4-1>(d)는 건조대 및 미소방전의 발생주기가 빨라지고 면적이 넓어지며, 일부 탄화가 발생하는 과정을 나타낸 것이다. <그림 3-4-1>(e)는 탄화도전로의 형성 및 방전 불꽃이 더욱 커지는 단계이다. <그림 3-4-1>(f)는 전극 사이의 탄화도전로가 완성되고 적열부가 생성되므로 출화 및 연소가 활발하게 진행되는 단계이다.

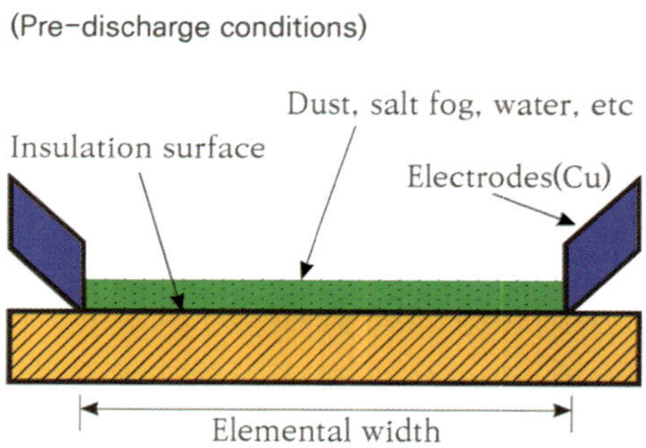

(a) 표면 오염

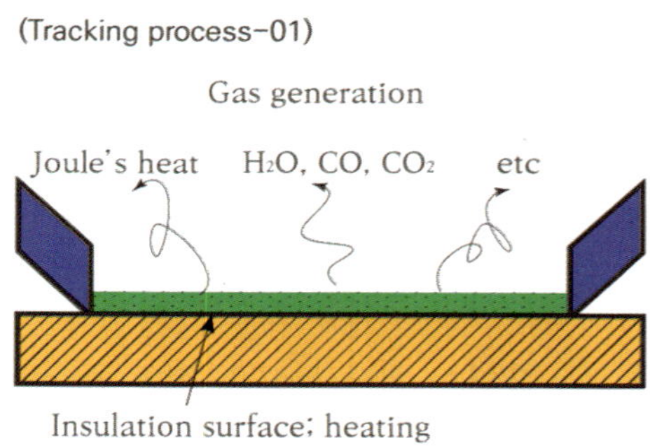

(b) 가스 발생

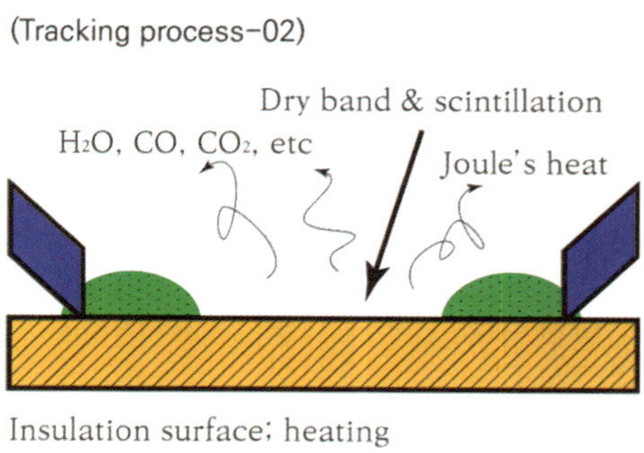

(c) 건조대 및 미소방전 발생

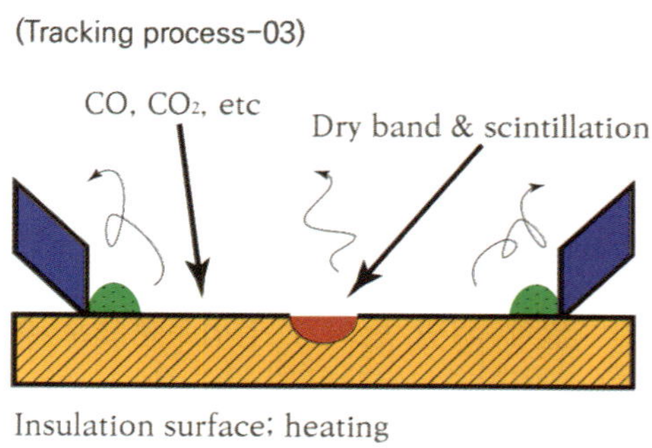

(d) 탄화물 생성

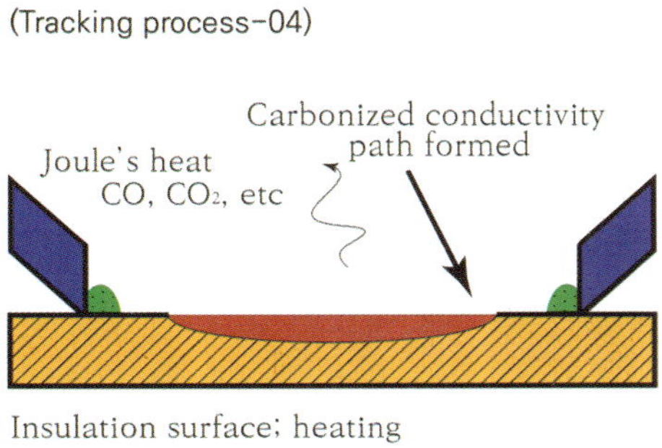

(e) 탄화도전로 확대

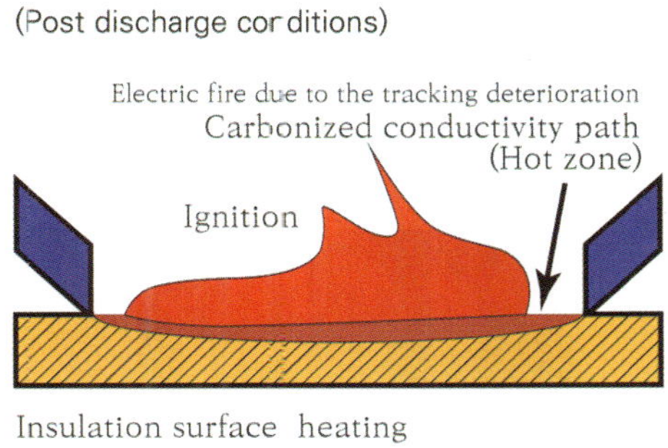

(f) 적열부 형성 및 출화

〈그림 3-4-1〉 평판전극의 트래킹에 의한 출화 과정

3.4.2 페놀수지의 트래킹 과정

<그림 3-4-2>는 페놀 수지를 수직으로 놓고 트래킹이 진행될 때의 실체사진을 나타낸 것이다. 전극간 거리는 20 [mm]이며, 인가전압은 220 [V]로 대기 모드(standby mode)에서 트래킹이 재현되었다. <그림 3-4-2>(a)는 전극 사이에 NaCl 1 [%] 용액을 1.0 [mℓ/min] 뿌린 후 하부 전극에서 트래킹이 시작된 것을 알 수 있다. 이와 같이 표면의 오염에 의한 초기 탄화도전로의 형성 과정이 제1단계이며, 절연재료 표면의 침식은 습기와 해안 지방의 염분, 무기질, 섬유질 및 침적성, 가스 분위기 등 침식 인자들에 의해 표면이 오염되어 탄화도전로가 형성되는 과정이다.

그리고 동일한 환경이 지속되면 <그림 3-4-2>(b), <그림 3-4-2>(c), <그림 3-4-2>(d)의 과정을 거쳐 탄화도전로의 분단과 미소발광 방전의 발생이 반복되며, 이것을 트래킹의 제2단계라 한다. 즉, 페놀 수지의 침식된 표면으로 탄화도전로를 통하여 누설전류가 흐르고 이때 줄열로 건조대가 형성되어 탄화도전로가 분단된다. 따라서 분단된 탄화도전로 사이의 전위차로 인하여 미소발광방전이 발생하거나 방전에 의한 도전성 잔여물의 형성이 많아져 흑연화된 탄화도전로가 최단거리로 생성된다.

<그림 3-4-2>(e)는 제3단계로 방전에 의한 표면의 탄화개시 및 트랙의 형성 과정이다. 즉, 도전로의 분단점에서 미소발광 방전이 반복되면 방전의 열에너지에 의해 재료 표면이 탄화되거나 열화(劣化, deterioration)됨으로서 도전성 트랙이 지속적으로 형성되어 최종적으로 단락에 의한 절연파괴가 발생한다. 단락이 발생된 탄화도전로의 저항

은 수백 옴 정도로 흔히 사용되는 전열기의 발열체의 특성과 비슷하여 주변에 가연성 물질이 있을 때 출화로 이어질 수 있다.

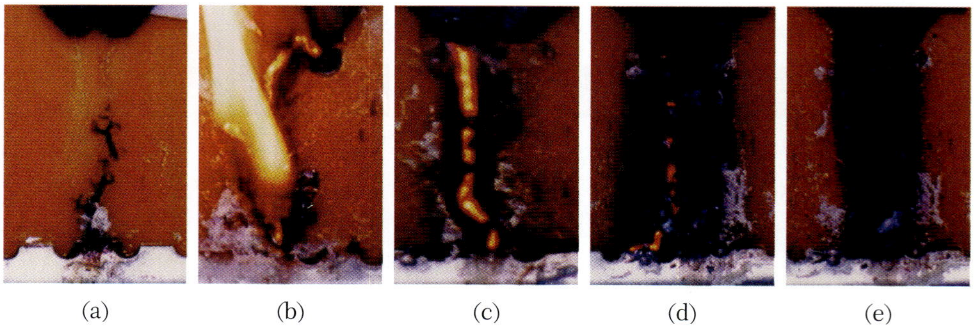

〈그림 3-4-2〉 페놀 수지를 수직으로 놓고 트래킹이 진행된 실체사진

<그림 3-4-3>은 <그림 3-4-2>와 같은 조건에서 트래킹이 진행될 때의 누설전류의 변화를 나타낸 것이다. 트래킹이 진행되는 동안 지속적인 미소방전이 있음을 알 수 있고, 간헐적인 불규칙인 불꽃이 형성되었다. 미소방전이 지속되는 동안 약 40 [mA]의 누설전류가 흘렀으며, 330분 정도 경과한 후에 절연파괴(絕緣破壞, breakdown)가 발생하였다.

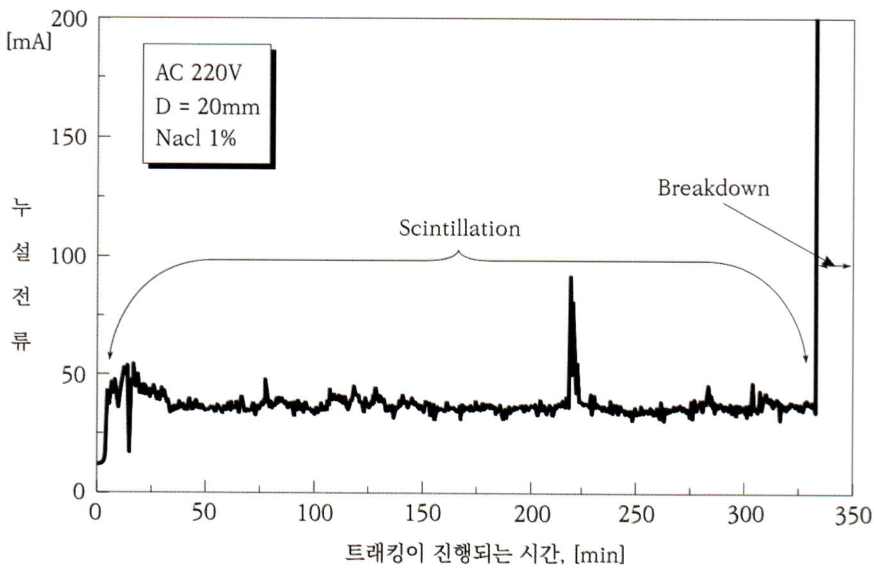

〈그림 3-4-3〉 시간의 경과에 따른 누설전류의 변화

<그림 3-4-4>는 주사전자현미경(SEM)으로 페놀 수지의 표면을 분석한 것이다. <그림 3-4-4>(a)는 정상 시료의 표면 사진으로 입자가 비교적 고르게 분포되어 있는 것을 확인할 수 있다. <그림 3-4-4>(b)는 일반 화염의 공격을 받아 탄화된 표면을 나타낸 것으로 고유의 입자 배열은 없어지고 불규칙적인 입자들이 서로 엉켜 있는 것을 알 수 있다. <그림 3-4-4>(c)는 트래킹에 의해 탄화된 페놀 수지의 표면 구조를 나타낸 것으로 다수의 구멍(void)이 형성되었으며, 망상의 입자 형태를 보이고 있다. 즉, 탄화물의 색은 검정으로 같지만 입자 배열의 차이가 있는 것을 알 수 있다.

(a) 정상 제품 (b) 일반 화염을 받은 제품 (c) 트래킹 제품

〈그림 3-4-4〉 주사전자현미경(SEM)을 이용한 페놀 수지 표면의 분석

3.4.3 누전차단기(RCD) 전원측의 트래킹 발생 및 소손 패턴

<그림 3-4-5>는 트래킹이 진행되는 누전차단기의 실체사진이며, 저압용 고감도형 누전차단기(RCD)이다. 최대감도전류는 30 [mA]이고, 작동시간은 0.03 [s]로 전원측 단자 사이에 단상 220 [V], 60 [Hz]을 공급하였다. 전원측의 두 단자 사이에 NaCl 1 [%] 용액을 떨어뜨렸을 때의 트래킹 진행과정 및 출화 패턴을 나타낸 것이다.

<그림 3-4-5>(a)는 전원측의 양단 단자 사이에 NaCl 1 [%] 용액을 떨어뜨리기 위한 준비 단계이다. <그림 3-4-5>(b)는 전원측의 양단 단자 사이에 염수를 일정한 간격으로 낙하시켜 전극 사이가 오염되기 시작함에 따라 누설전류가 흘러 발열이 되고, 그 때 발생된 열에 의해 전극 사이는 다시 건조되는 과정이 반복된다. <그림 3-4-5>(c)는 연기의 발생 및 착화 단계를 나타낸 것이다. 전극 사이에 탄화도전로가 형성되었고, 불꽃을 수반하는 연소가 진행되는 과정이다.

<그림 3-4-5>(d)는 트래킹의 최성기에 도달한 것을 나타낸 것으로 트래킹 현상도 더욱 강렬하게 진행되어 화염의 크기가 더욱 커진 것을 알 수 있다. 그런데 연소 및 방전이

발생하는 곳이 누전차단기의 전원측이므로 부하측의 누설전류가 없으므로 누전차단기는 켜짐 상태(ON)을 유지함에 따라 전원을 지속적으로 공급되는 것을 알 수 있다.

즉, 누전차단기의 전원측에서 누설전류가 발생하면 누전 경로가 누전차단기를 통과하지 못하기 때문에 누전차단기는 누설전류를 검출할 수 없어서 회로를 차단할 수 없는 것이다.

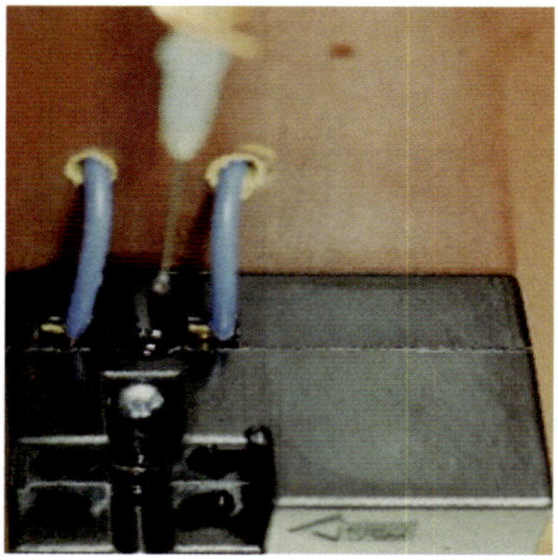

(a) 준비 단계

(b) 발열 및 미소 방전 발생

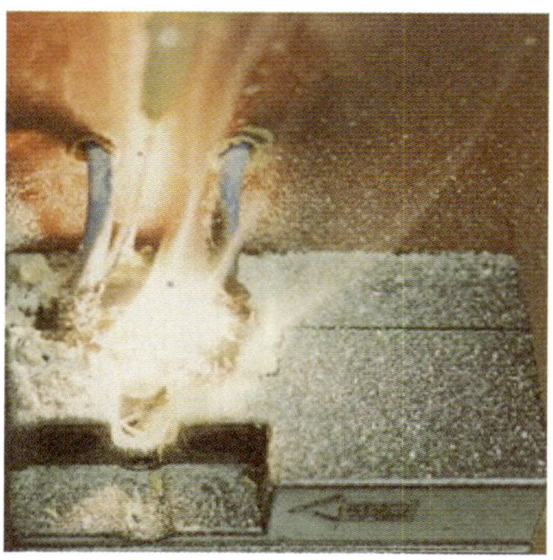

(c) 연기의 발생 및 착화

(d) 출화 및 방사 패턴

〈그림 3-4-5〉 트래킹이 진행되는 누전차단기의 출화 패턴

<그림 3-4-6>은 누전차단기(RCD)의 전원측을 촬영한 실체사진이다. <그림 3-4-6>(a)는 정상 제품의 누전차단기의 전원측을 나타낸 것으로 두 전극 사이의 거리는 약 13

[mm] 정도이다.

<그림 3-4-6>(b)는 일반연소 화염에 의해 탄화된 RCD를 나타낸 것으로 두 단자 사이는 탄화가 심하게 진행되었고, 주변 역시 비슷한 색상으로 소손된 것을 확인할 수 있다. 즉, 일반연소 화염에 의해 탄화가 발생하면 직사 화염의 공격을 받은 부분은 심하게 탄화되며, 주변도 비교적 넓게 변색이 발생하는 특징이 있다. <그림 3-4-6>(c)는 트래킹에 의해 탄화된 RCD를 나타낸 것으로 두 단자 사이는 탄화가 심하게 진행되었으나 두 전극 사이에서 조금만 떨어진 곳은 누전차단기 본래의 색상을 유지하는 것을 알 수 있다. 즉, 전기적인 트래킹은 전원측의 두 단자 사이의 최단거리에서 발생하므로 두 단자 사이가 아닌 곳은 전기적인 충격을 거의 받지 않는다. 따라서 일반연소 화염에 의해 소손된 RCD와 트래킹에 의해서 소손된 RCD의 소손 패턴의 차이가 있음을 알 수 있다.

<그림 3-4-6>(d)는 <그림 3-4-6>(b)의 절연저항을 측정한 것이다. 일반연소 화염에 의해 소손된 탄화물의 절연저항은 메거 옴(MΩ)으로 측정되어 전기가 통전할 수 없다는 것이 확인되었다. 즉, 일반연소 화염에 의해 페놀 수지가 탄화되면 정상 제품의 페놀 수지와 유사한 절연 성능을 유지한다.

<그림 3-4-6>(e)는 <그림 3-4-6>(d)의 절연저항을 측정한 것이다. 트래킹에 의해 소손된 탄화물의 절연저항은 수백 옴 정도로 작아지는 것이 확인되었다. 즉, 전원측 두 단자 사이에서 트래킹이 발생하면 페놀 수지의 고유 물성이 변화되어 절연 성능은 급격하게 저하되고 발열체와 같은 특성을 나타낸다. 따라서 트래킹에 의해 탄화된 페놀 수지는 발열체의 성질과 유사한 특성을 나타내므로 전기가 흐르고 주변에 가연물이 있으면 화염이 더욱 성장하여 일반화재로 확산될 수 있다.

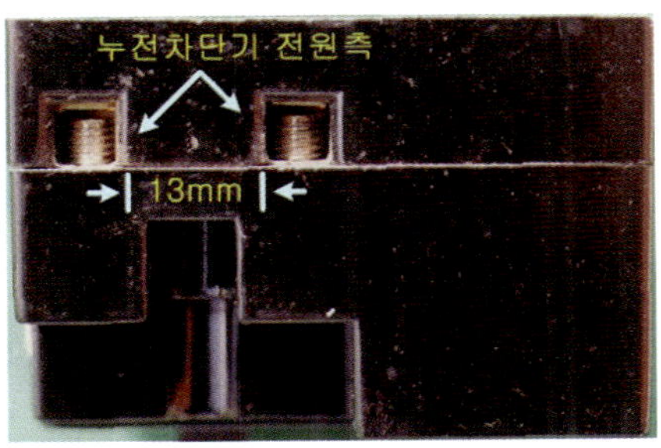

(a) 정상 제품의 RCD

(b) 일반연소 화염에 의해 탄화된 RCD

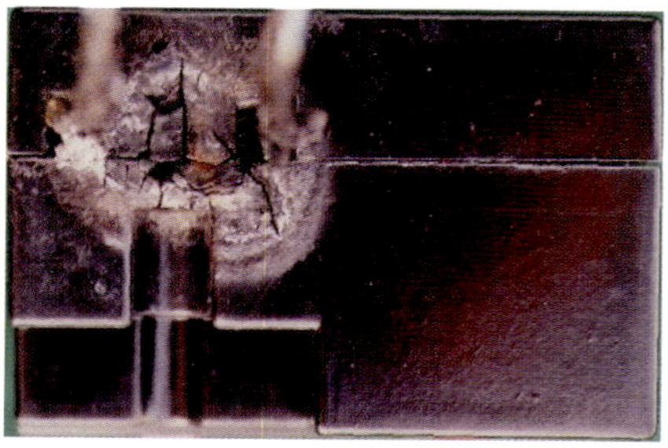

(c) 트래킹에 의해 소손된 RCD

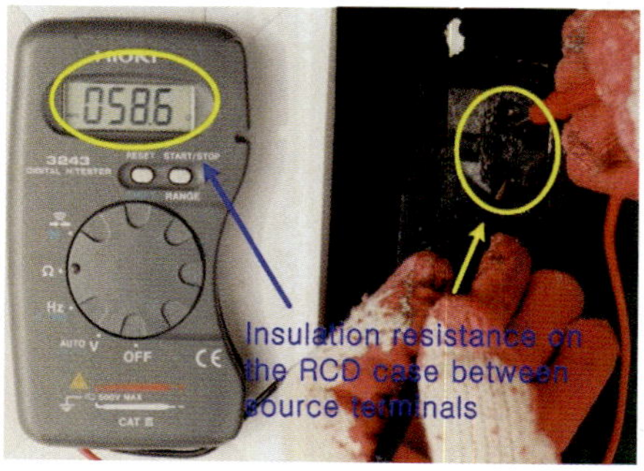

(d) 일반연소 화염에 의해 탄화된 RCD

(e) 트래킹에 의해 소손된 RCD

〈그림 3-4-6〉 누전차단기 전원측의 실체사진

section 3.5 누전에 의한 전기화재

3.5.1 누전화재의 경로

누전(漏電, electric leakage)은 전선로의 절연이 불완전하여 전기의 일부가 전선 밖으로 세어 나와 주변의 도전성 물질에 흐르는 현상을 의미한다. 누전의 주된 원인은 전기장치나 오래된 전선의 절연 불량, 전선 피복의 손상 또는 습기의 침입 등이다. 그리고 한번 누전현상이 일어나면 그 부분에 계속 누설전류가 흘러 절연상태가 더욱 악화될 수 있다. 누전의 피해는 누전되어 전류가 흐르는 부분에 신체의 일부가 닿으면 감전 사고를 유발시킬 수 있다. 또한, 누설전류가 흘러 그 때 발생된 열이 인화 물질에 공급될 때 대형화재가 발생할 수 있다.

누전화재를 예방하기 위해서는 전선이 낡아서 절연 피복이 손상되었는지를 수시로 확인하는 것이 필요하다. 저압용 전기설비에서 발생되는 전기화재의 대부분은 저항성 누설전류(Igr)가 10 [mA] 정도 흐르면 출화될 수 있다. 그러므로 전기화재를 효과적으로 예방하기 위해서는 10 [mA] 이내의 저항성누설전류를 검출할 수 있는 성능이 필요하며, 그 신호를 LED 램프로 경보할 수 있는 누전차단기를 설치해야 한다. 그리고 실외의 전기시설물은 빗물이 닿지 않도록 주의해야 하며, 가정집에서 세탁기나 보일러 등을 청소할 때도 물을 사용하지 않는 것이 좋다. 건축물의 누전을 점검하려면 모든 전기장치의 전원을 꺼짐 상태에서 전선로를 점검하는 것이 안전사고를 예방하는 길이며, 부득이 활선 상태에서 점검을 실시할 때는 표준작업절차(標準作業節次, SOP, standard operation procedures)를 준수해야 한다.

그리고 전기를 사용 목적에 적합하도록 변환하는 배전변압기(주상변압기)의 2차 측은 제2종 접지공사(E_2)가 되어 있다. 이 때문에 비접지측의 절연불량 개소가 건조물의 접지된 금속 조영재 등에 닿으면 그 조영재로부터 접지 도체를 지나서 대지에 전류가 흘러 주상변압기의 접지선을 통해 변압기로 되돌아가는 누전 회로를 형성한다. 이 누전 경로 속에 전류가 집중되어 저항이 비교적 큰 철망, 함석판, 못 등이 있으면 그 부분이 과열되어 출화에 이르는 것이다.

3.5.2 누전화재의 출화기구(예)

출화점을 흐르는 전류는 건물 내 누전경로의 각 접촉개소의 접촉저항, 누설전류가 흐르는 각 재질의 고유저항, 그 위에 건물 및 접지선의 접지저항 값에 좌우된다. 접지저항은 지면의 건습에 의해서 값이 크게 다르다. 누전전류가 집중되는 개소가 출화점이 되지만 이 부분의 줄열이 직접발화로 이어지는 경우와 근접 목재를 도전화하여 이것을 흐르는 전류에 의해서 발화하는 경우가 있다.

(1) 모르타르의 이음매

목조 모르타르의 벽은 목재 위에 방수 펠트(felt)를 덮어서 굵기 1 [mm] 정도의 금속 와이어 또는 스테이플로 목재에 고정하고 그 위에 모르타르(mortar)를 칠한 구조로 되어 있다. 이 철망(鐵網, lath)에 누설전류가 흐르면 라스의 이음매에 국부적으로 발열하는 것이 있다.

즉, 누설전류는 라스의 이음매로 전류가 집중하여 흐르고, 접촉개소가 한정되기 때문에 그 부분이 발열상태로 되고 옆의 목재를 탄화시켜 공기의 공급이 불충분한 경우는 목재를 서서히 도전시킨다. 이 경우 전류의 크기 등에 의해 접촉점이 연소되어 끊어지는 경우와 끊어지지 않은 경우가 있다.

연소되어 끊어지면 주전류의 위치가 이동하지만 동시에 전로가 끊어질 때 불꽃이 발생하여 부근에 있는 목재의 탄화 및 도전화를 촉진한다. 즉, 끊어진 라스를 통해 흑연화된 부분에 전류가 흐르면 트래킹에 의한 경우와 마찬가지로 흑연화가 진행되어 출화로 이어진다.

모르타르 벽이 있는 건물 라스와 접촉할 가능성이 있는 전선관, 수도 및 가스관, 담, 비를 막는 덮개 등의 함석판, 지선의 지지금구, 외벽함석의 고정못 또는 연돌, 간판, 안테나 등의 지선 장착용의 못 등이 있다.

(2) 함석판과 함석판이 맞닿는 부분

함석판 및 함석판이 맞닿는 부분은 판의 끝을 보통 1.8 [m] 당 수본의 못을 박았으므로 접촉 면적이 크고 상당한 대전류가 흐르지 않는 한 목재를 탄화하는 정도의 과열이 생기는 일은 없다. 그러나 시간이 지나서 낡은 함석의 못 및 나사 등이 풀어져 맞닿는 부분의 접촉이 불완전하게 되는 경우가 있다. 이러한 상황으로 누설전류가 흐르면 전로에 한정된 접촉개소가 발열한다. 못 부분에 전류가 집중되기 쉽고 국부적으로 고온이 되기 쉽다.

단, 외기에 의한 냉각효과도 크고 옆의 목재의 탄화가 진행하면 고온부와의 사이에 틈이 생기기 때문에 연소가 발전하지 않은 것이 많다. 접점 이착시의 불꽃에 의해서 목재가 흑연화되어 이것에 전류가 흘러 발화하는 경우도 있다.

(3) 벽붙이 스위치에서 출화

내화건축물의 옥내배선에는 금속관 공사를 실시한 것이 많고 벽붙이 스위치 등의 취급에 강판제 아웃렛박스가 사용된다. 스위치 접점의 불량에 의한 개폐시의 불꽃 또는 결로 침입에 의한 트래킹에 의해서 스위치 내부의 절연재에 흑연화가 시작된다.

흑연화는 이극의 방향으로 진행되는 경우와 스위치의 취급함 방향으로 진행하는 경우가 있다. 후자의 경우 흑연화가 스위치 취급함까지 도달하면 전선에서 흑연화 부분을 경유해 취급함→취급나사→아웃렛박스→금속관으로 누설전류가 형성된다. 금속관은 철관을 통해서 대지로 접지되어 있으므로 큰 누설전류가 흐르게 되고 스위치 내부의 흑연화 부분에서 발화로 이어진다.

3.5.3 누전화재의 출화사례

<그림 3-5-1>은 누전에 의해 화재로 이어지는 과정을 나타낸 것이다. 주상변압기 2차 측이 대지에 접지(E_2)되어 있으므로 물받이 및 건물 벽 내브에서 누전된 전류가 대지를 매개로 폐회로(閉回路, closed loop)를 형성하므로 사고가 발생하는 것이다.

<그림 3-5-1>(a)는 건축물의 벽 내부에 설치된 금속 망에 누설전류가 흘러 발열이 되는 과정을 나타낸 실체사진이다. 금속의 연결점은 접촉(속) 저항이 크기 때문에 전류의 흐름이 어렵게 되어 전류가 흐르지 못하는 만큼 발열된다. 따라서 시간이 경과됨에 따라 축열은 많아져 가연물의 발화점에 도달하면 화염이 발생하게 되는 것이다.

<그림 3-5-1>(b)는 누전에 의해 소손된 금속 망을 나타낸 실체사진이다. 금속이 서로 교차되는 부분이 새긴눈형(notch type)로 용융된 것이 확인된다. 즉, 누설전류는 그 크기가 정격전류에 비해 상대적으로 적기 때문에 순간적인 단락이 발생될 때와 같은

많은 패턴의 생성은 어렵고 반복적인 방전 및 불꽃에 의해 소손 범위가 넓어지는 특징이 있다.

<그림 3-5-1>(c)는 금속 망을 고정하기 위해 설치한 나무의 탄화 패턴을 나타낸 실체사진이다. 발열과 불꽃방전이 발생하여 화염이 생성된 중심 부분이 가장 심하게 탄화되며, 브이패턴(V-pattern)을 형성하며 연소가 진행되는 것으로 확인되었다.

즉, 누전 화재가 발생하기 위해서는 누전점, 출화점, 접지점 등의 3요소가 필요하다. 누전의 개소는 한곳 또는 그 이상이 될 수 있으므로 출화의 개소도 다수가 될 수 있다. 누전점의 누설 전류가 적은 경우 용융흔이 형성되는 경우가 거의 없으므로 감식은 인입선, 옥내배선 및 전기기기 등으로 나누어 조사하는 것이 좋다. 그리고 출화점은 누설 전류가 집중되어 발열에 따른 축열이 용이한 곳에서 형성되기 쉬우므로 건물의 재료가 무엇으로 되어 있고, 구조는 어떤 형태인지를 복합적으로 고려해야 한다. 또한, 접지점에는 용융흔 형성이 거의 없으므로 접지물과 발열 물건 또는 이것과 전기적으로 연결되는 금속 조영재와의 접촉 개소를 육안으로 확인하여 테스터 및 접지저항계 등으로 통전 확인 및 접지저항 등을 측정하여 확정한다.

(a) 벽 내부의 출화점 (b) 용융된 금속 (c) 탄화된 목재

〈그림 3-5-1〉 누전에 의해 형성된 출화점의 실체사진

section 3.6 접촉불량 및 아산화동증식 현상에 의한 전기화재

3.6.1 접촉불량

전선 연결부는 필연적으로 접촉저항(接觸抵抗, contact resistance) R_c가 발생하며, 그 때 발생되는 집중저항(集中抵抗, constriction resistance) R_e와 경계저항(境界抵抗, film resistance) R_i의 합으로 나타낸다. 즉, IEC 60943은 전선의 접촉부에서 발생되는 전기저항을 <그림 3-6-1>과 같이 전선의 접촉면에서 발생되는 저항의 관계를 제시하고 있고, 관계식은 다음과 같다.

$$R_c = R_e + R_i = \frac{\rho}{2na} + \frac{\rho_0}{n \pi a^2} \; [\Omega] \tag{3.3}$$

여기서, ρ : 접촉재료의 고유저항률　　n : 전기적 접촉점의 수
a : 접촉점의 반경　　ρ_0 : 표면저항

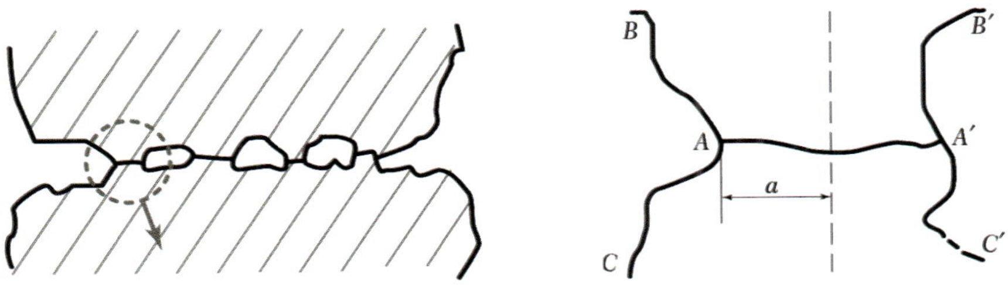

(a) 접촉 단면　　(b) 반지름 a 의 접촉면

〈그림 3-6-1〉 전선의 접촉면에서 발생되는 저항의 관계

3.6.2 접촉불량이 발생한 전원플러그

<그림 3-6-2>의 (a)-①은 정상 제품 220 [V] 비접지식 플러그를 나타낸 것이다. 플러그의 칼은 원형으로 제작되어 있고, 표면이 매우 매끄러운 것으로 확인된다. <그림 3-6-2>의 (a)-②는 정상 제품 220 [V] 비접지식 플러그의 칼을 나타낸 것으로 표면이 매끄럽고, 일정한 모양을 갖고 있다. <그림 3-6-2>의 (a)-③은 접촉불량에 의해 소손된 220 [V] 비접지식 플러그를 칼이 일부 변색되었고, 칼을 지지하는 몸통의 중심이 심

하게 변형되고 탄화된 것이 확인된다. <그림 3-6-2>의 (a)-④는 접촉불량에 의해 소손된 220 [V] 비접지식 플러그의 칼의 실체사진으로 끝 부분의 심한 변색과 거칠어진 것을 알 수 있다.

<그림 3-6-2>의 (b)-①은 정상 제품 220 [V] 접지식 플러그를 나타낸 것이다. 플러그의 칼은 원형으로 제작되어 있고, 표면이 매우 매끄러운 것으로 확인된다. <그림 3-6-2>의 (b)-②는 접촉불량에 의해 소손된 220 [V] 접지식 플러그의 칼이 일부 변색되었고, 칼을 지지하는 몸통의 중심이 심하게 변형되고 탄화된 것이 확인된다.

<그림 3-6-2>의 (c)-①은 정상 제품 110 [V] 비접지식 플러그를 나타낸 것이다. 플러그의 칼은 막대형으로 제작되어 있고, 표면이 매우 매끄러운 것으로 확인된다. <그림 3-6-2>의 (c)-②는 접촉불량에 의해 소손된 110 [V] 비접지식 플러그의 칼이 일부 변색되었고, 칼을 지지하는 몸통의 중심이 심하게 변형되고 탄화된 것이 확인된다.

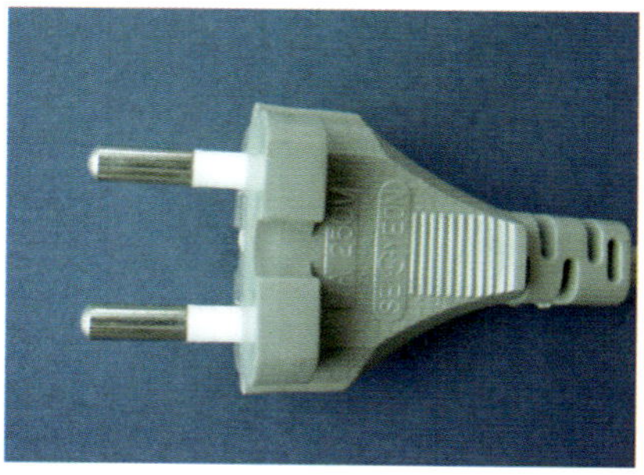

① 정상 제품

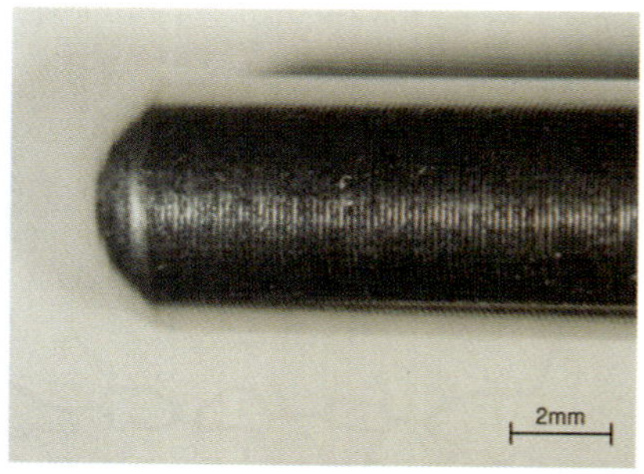

② 정상 제품의 칼

③ 접촉불량으로 소손된 제품

④ 접촉불량으로 소손된 칼

(a) 비접지식, 220 [V]

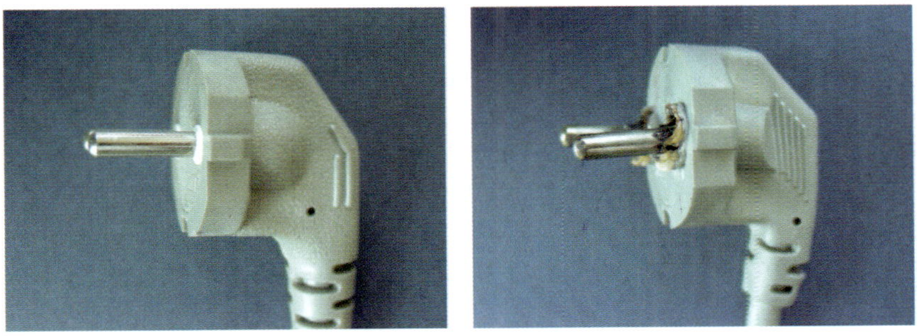

① 정상 제품　　　　② 접촉불량으로 소손된 제품

(b) 접지식, 220[V]

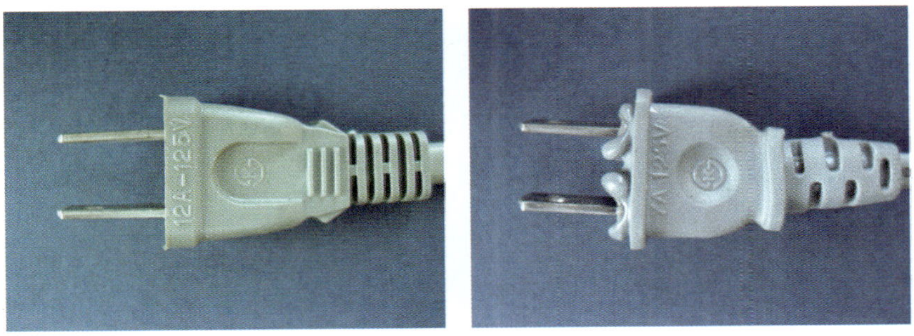

① 정상 제품　　　　② 접촉불량으로 소손된 제품

(c) 비접지식, 110 [V]

〈그림 3-6-2〉 정상 제품과 접촉불량이 발생한 전원플러그의 형태 비교

3.6.3 저압용 누전차단기 접속부의 발열 및 금속 조직

<그림 3-6-3>은 접촉 불량이 발생한 단자를 나타낸 것이다. <그림 3-6-3>(a)는 비접촉 기기인 열화상카메라를 이용하여 촬영한 것으로 접촉 불량이 발생한 부분이 적열되어 있는 것을 알 수 있다. 그리고 <그림 3-6-3>(b)는 정상 제품으로 표면이 윤기가 있는 것을 알 수 있고, <그림 3-6-3>(c)는 접촉 불량이 발생한 것으로 표면이 변색되었고, 고유의 색이 없어진 것을 알 수 있다.

<그림 3-6-4>는 접촉 불량이 발생한 단자의 실체사진 및 금속 단면 사진을 나타낸 것이다. <그림 3-6-4>(a)는 정상 제품이며, <그림 3-6-4>(b)는 정상 제품의 금속 조직이다. 구리 고유의 비정질 구조가 비교적 규칙적으로 배열되어 있는 것을 알 수 있다. <그림 3-6-4>(c)는 접촉 불량이 발생한 것으로 불꽃이 확인되며, 도체의 표면이 암갈

색으로 변색된 것을 알 수 있다. 또한, <그림 3-6-4>(d)는 접촉 불량이 발생한 구리 전선의 금속 조직을 나타낸 것으로 구리 전선 고유의 비정질 구조가 없어지고, 새로운 경계면이 형성된 것이 확인된다. 즉, 저압용 누전차단기의 전원 접속부에서 접촉 불량이 발생했을 때의 특성을 요약하면 다음과 같다.

① 접촉 불량이 발생한 부분의 발열 상황을 적외선열화상로 확인할 수 있음
② 정상 상태의 단자 외형은 표면이 매끄럽고 약간의 광택이 있음
③ 접촉 불량이 발생한 단자는 산화피막이 형성되고 회백색을 나타냄

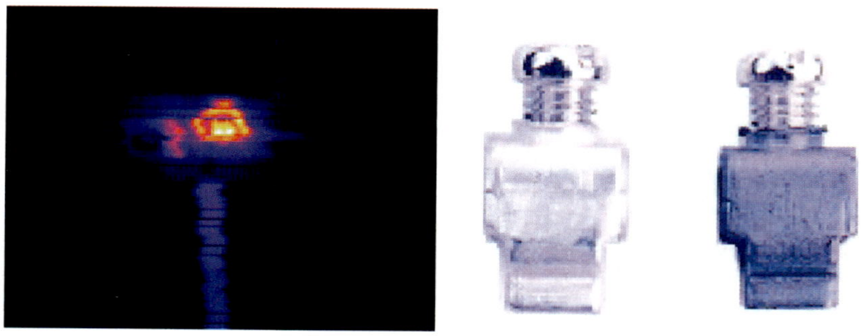

(a) 열화상카메라 사진 (b) 정상 단자 (c) 접촉불량

〈그림 3-6-3〉 접촉불량이 발생한 단자의 특성

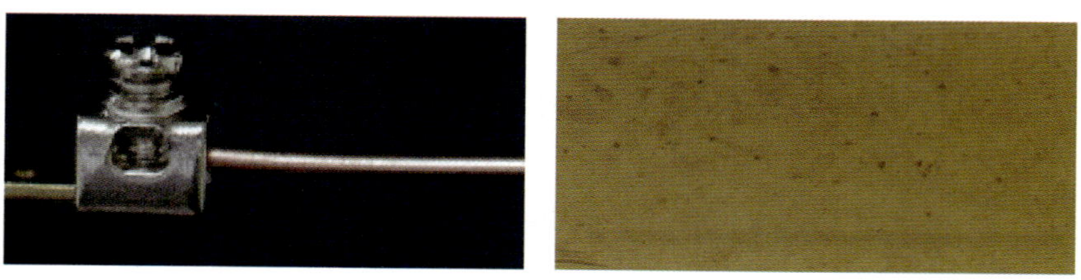

(a) 정상 상태 (b) 금속 단면 조직

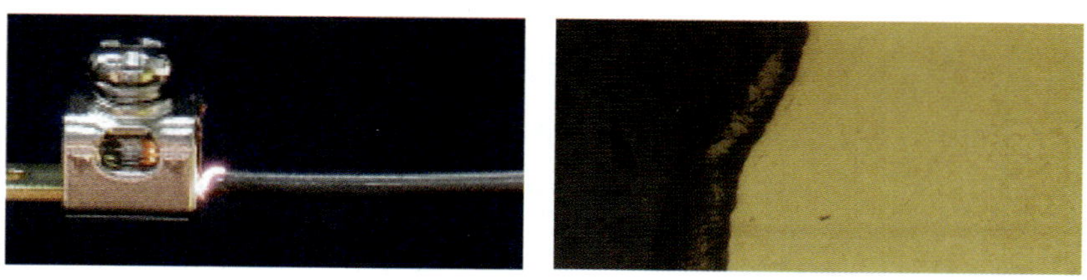

(c) 접촉불량 발생 (d) 접촉불량된 금속 단면 조직

〈그림 3-6-4〉 접촉불량이 발생한 단자의 실체 및 금속 단면 사진

3.6.4 접촉불량에 의한 전선피복의 열화

<그림 3-6-5>는 접촉불량에 의한 접속전선 피복의 시간경과에 따른 열화진행 과정을 나타낸 것이다. <그림 3-6-5>(a)는 전선이 적절하게 체결된 정상상태를 나타낸 것이다. 그리고 <그림 3-6-5>(b)는 불완전하게 체결된 상태에서 전류가 통전되고 약 10분이 경과된 후의 실체사진으로 접속부에서 전선피복이 수축되면서 탄화되고 있는 것을 알 수 있다. <그림 3-6-5>(c)와 <그림 3-6-5>(d)는 각각 20분과 40분이 경과된 때로 <그림 3-6-5>(b)와 유사한 특징을 나타내며 수축된 크기가 증가함을 볼 수 있다. <그림 3-6-5>(e)와 <그림 3-6-5>(f)는 각각 60분 및 80분이 경과된 때로 전선도체가 검게 탄화된 피복에 덮여 있으며 피복에서 기포가 생성됨을 볼 수 있다. <그림 3-6-5>(g)와 <그림 3-6-5>(h)는 각각 100분 및 120분이 경과된 때로 접속부 근처로부터 용융이 심하게 발생함을 알 수 있다. 즉, 전선이 접속부에 부적절하게 체결되어 접촉불량이 발생한 상태에서 전류가 흐르면 시간경과에 따라 열화가 진행되어 전선의 피복이 탄화되기 시작하고, 더 많은 시간이 경과하면 전선의 피복은 부풀어 오르고 기포가 생성됨을 알 수 있다. 이는 과전류나 외부화염에 의해 열화될 때와 차이가 있음을 알 수 있다.

(a) 실험 전

(b) 10분 경과

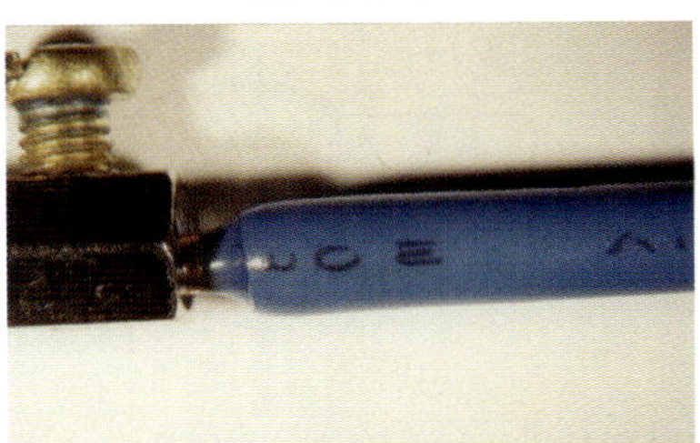

(c) 20분 경과

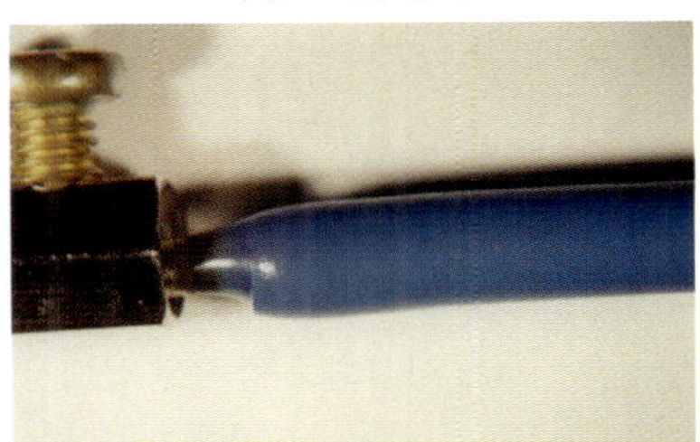

(d) 40분 경과

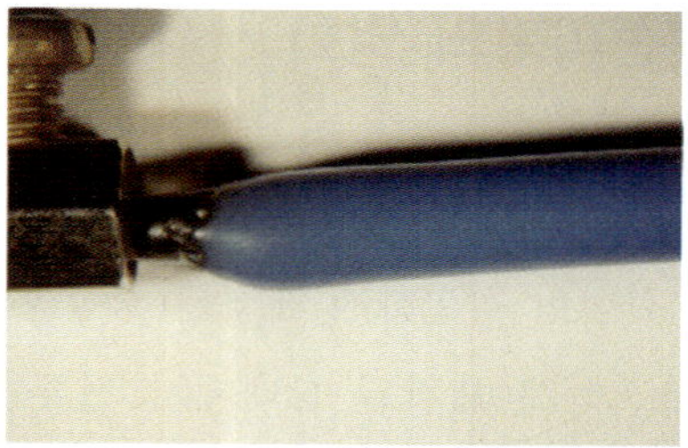

(e) 60분 경과

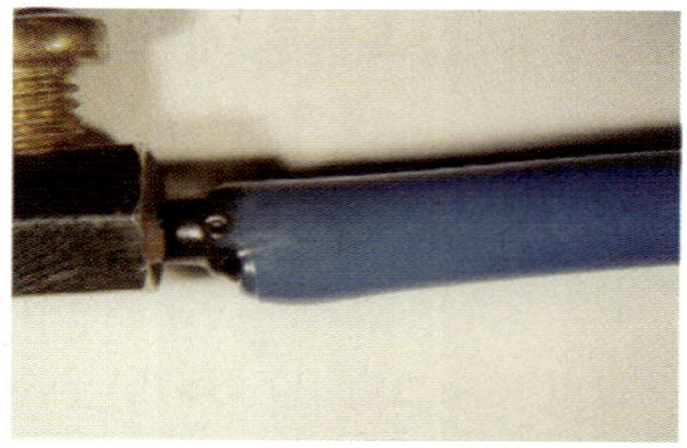

(f) 80분 경과

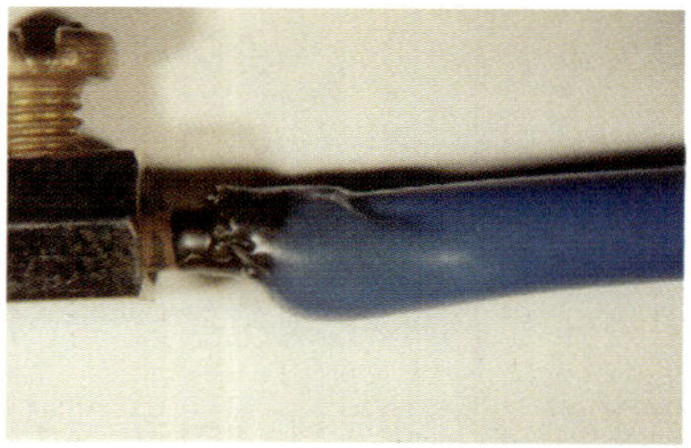

(g) 100분 경과

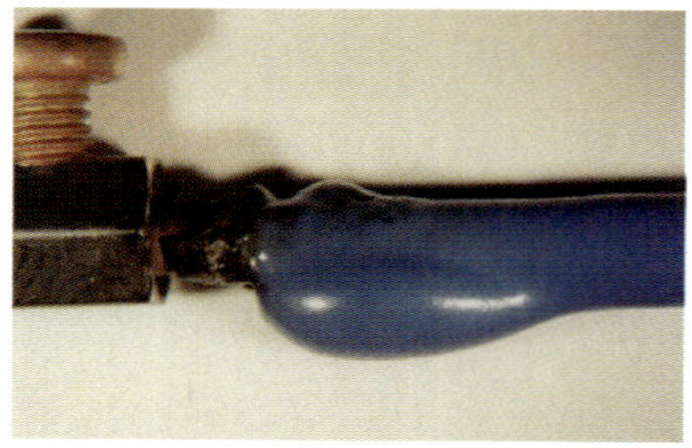

(h) 120분 경과

〈그림 3-6-5〉 시간경과에 따른 접촉불량에 의한 전선피복의 열화

3.6.5 아산화동의 증식 과정

<그림 3-6-6>은 전선의 단선면의 접촉 불량에 의해 생성되는 아산화동(Cu_2O)의 증식 과정을 나타낸 것이다. <그림 3-6-6>(a)는 600 [V] 내열용비닐절연선(HIV) 1.6 [mm]에 2 [A]의 전류를 흘릴 때 전선의 접촉 불량에 의해 생성된 아산화동의 실체사진이다. 중앙에 적열부(赤熱部, hot zone)가 형성되며, 길이 방향으로 적열로(赤熱路, band part glowing)가 형성되어 있음을 알 수 있다. 그리고 지속적인 아산화동의 증식은 용융부(熔融部, melting part)가 구리를 용융시킴에 따라 증식이 진행되는 것이다. <그림 3-6-6>(b)는 <그림 3-6-6>(a)의 개략도를 나타낸 것으로 용융부, 적열로, 적열부 등으로 구성되어 있다.

(a) 아산화동 증식된 실체사진

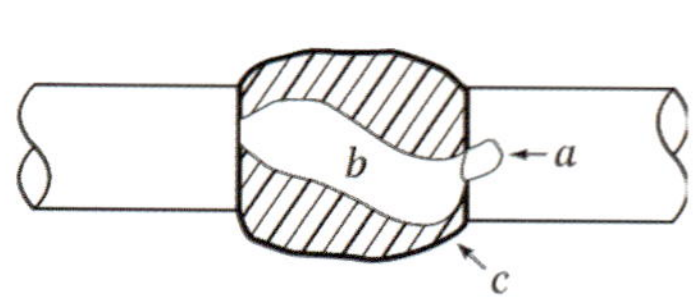

(b) 적열부의 개략도

a : Melting part, b : Band part glowing, c : Red hot part

〈그림 3-6-6〉 접촉 불량에 의해 성장된 아산화동의 형태

<그림 3-6-7>은 전선이 단선되었을 때 단선면의 접촉 불량에 의해 생성되는 아산화동의 증식 과정을 나타낸 것이다. 전선이 단선되고 불완전한 접촉 상태의 접촉면에서 청백색의 불꽃이 발생하고, 진동이 지속되면 청백색의 불꽃 사이로 황색의 불꽃이 나타난다. 황색의 불꽃은 점점 커지며 접촉면을 진동시키지 않아도 불꽃은 계속 유지된다. 이와 같이 황색의 불꽃 전체를 적열부라 하며, 중심의 적열로에 의해서 증식이 확대된다.

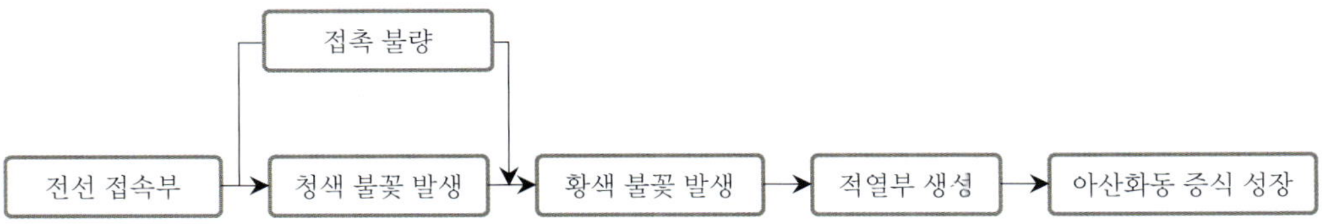

〈그림 3-6-7〉 전선이 단선되었을 때 단선면의 접촉 불량에 의해 생성되는 아산화동의 증식 과정

<그림 3-6-8>은 실체 현미경으로 촬영한 아산화동 표면의 실체사진이다. <그림 3-6-8>(a)는 재현실험에 의해 생성된 아산화동의 실체사진이다. 직경 1.6 [mm]인 구리전선을 인위적으로 절단하고 불완전하게 접속시킨 상태에서 2 [A]의 전류를 흘렸을 때 성장한 아산화동이다. 단면의 중심은 적갈색의 유리질 결정을 나타내며, 표면은 암갈색을 나타낸다. <그림 3-6-8>(b)는 사고 현장에서 수거한 압착 단자를 나타낸 실체 사진이다. 중심부는 적갈색의 유리질 결정을 나타내며, 표면은 암갈색을 나타낸다. 즉, 아산화동은 구리(동)의 비정질 구조에서 산소가 부족한 결정으로 변하기 때문에 순수한 구리와 다른 비정질 구조의 유리질이 성장되는 것이며, 색상도 변하는 것이다.

(a) 재현실험된 아산화동 (b) 화재 현장에서 수거한 압착단자

〈그림 3-6-8〉 실체 현미경으로 촬영한 아산화동 표면의 실체사진

<그림 3-6-9>는 아산화동 단면의 금속 현미경 사진을 나타낸 것이다. <그림 3-6-9>(a)는 재현실험에 의해 생성된 아산화동의 금속 단면 구조로 구리 전선(銅線, copper wire)의 연신 구조(沿線 構造, elongation structure)는 없어지고, 불규칙적인 구조와 균열(龜裂, cracking)을 확인할 수 있다. <그림 3-6-9>(b)는 화재 현장에서 수거한 압착단자의 금속 단면 구조로 재현실험에 의해 생성한 아산화동과 유사한 불규칙적인 결정형 구조가 확인된다. 즉, 아산산화동의 금속 단면 구조 역시 구리의 단면 구조와 차이가 있는 것이 확인되었다.

(a) 재현된 아산화동의 단면 구조

(b) 수거한 압착단자의 단면 구조

〈그림 3-6-9〉 아산화동 단면의 금속 현미경 사진

<그림 3-6-10>은 아산화동 단면의 주사전자현미경(SEM, Scanning Electron Microscope) 사진을 나타낸 것이다. <그림 3-6-10>(a)는 재현실험에 의해 생성된 아산화동의 SEM 사진이며, <그림 3-6-10>(b)는 화재 현장에서 수거한 압착단자의 SEM 사진이다. 이것들은 전선(電線, copper wire) 교유의 연신 구조(延伸 構造, elongation structure)가 없어지고 부정형의 유리질 구조를 보이고 있다.

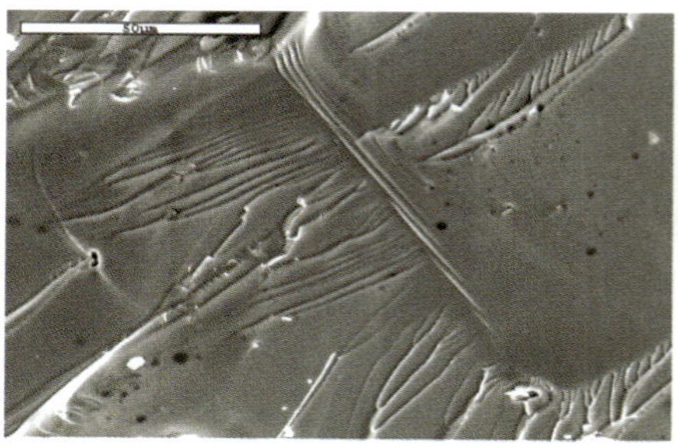

(a) 재현된 아산화동의 단면 구조

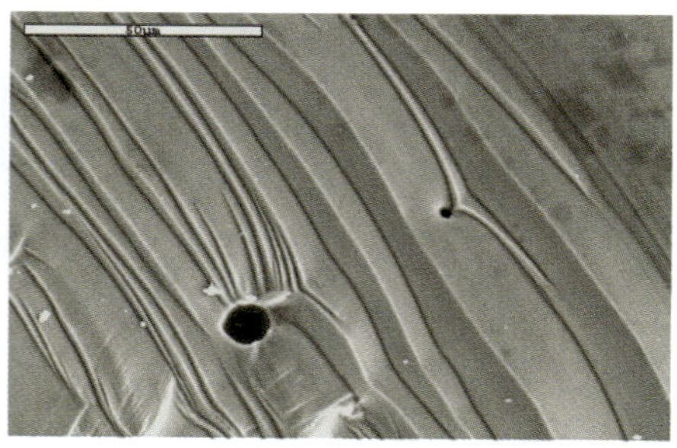

(b) 수거한 압착단자의 단면 구조

〈그림 3-6-10〉 아산화동 단면의 주사전자현미경(SEM) 사진

<그림 3-6-11>은 시차주사열량계(DSC, Differential Scanning Calorimetry)에 의한 아산화동의 용융 온도를 분석한 것이다. <그림 3-6-11>(a)는 재현실험에 의해 생성된 아산화동의 DSC 분석으로 용융 온도는 약 1,231 [℃]로 분석되었다. 그리고 <그림 3-6-11>(b)는 화재 현장에서 수거한 압착 단자의 DSC 분석으로 용융 온도가 약 1,236 [℃]로 분석되었다. 즉, 구리 전선의 DSC에 의한 용융 온도가 약 1,083 [℃]이며, 아산화동의 DSC에 의한 용융 온도는 약 1,235 [℃]로 유사한 특징을 확인할 수 있다.

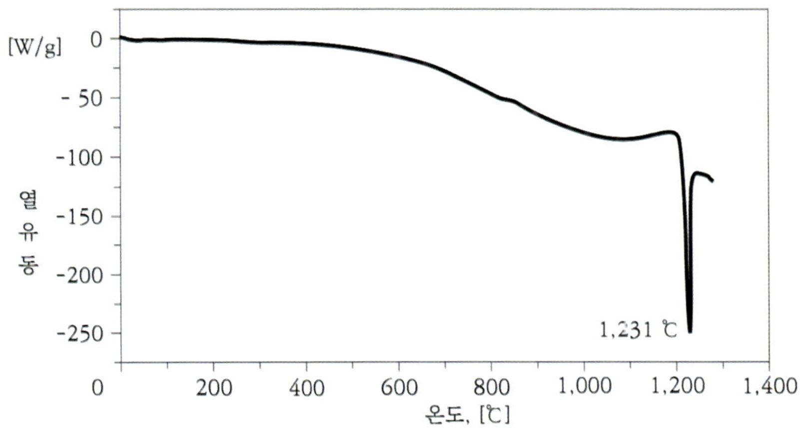

(a) 재현실험에 의해 생성된 아산화동

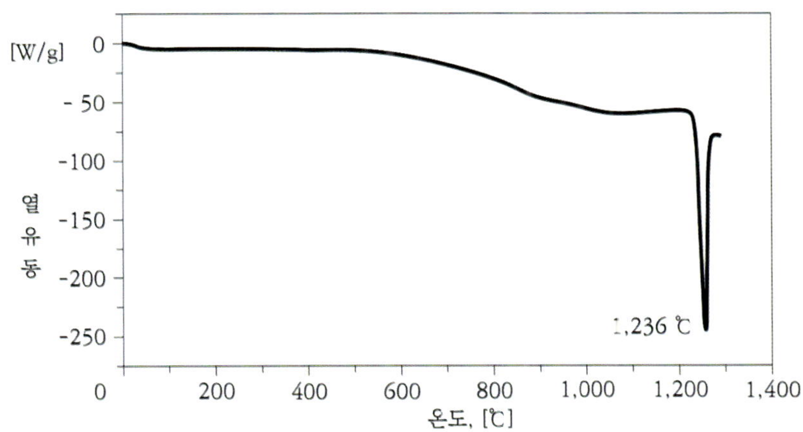

(b) 화재 현장에서 수거한 압착단자

〈그림 3-6-11〉 시차주사열량계(DSC)에 의한 아산화동의 용융 온도 분석

section 3.7 방전에 의한 전기화재

3.7.1 22.9 [kV] 폐쇄배전반 진공차단기의 사고

<그림 3-7-1>은 사고가 발생한 229.9 [kV] 진공차단기(VCB)를 나타낸 것이다. 일반적으로 전기설비사고를 발생시키는 요인은 이물질 침투, 절연물 배합 및 제작 불량, 수분침투, 외피손상, 관리 소홀 등이 있다. 또한, 설비를 오랜 기간 사용함에 따라 경년열화, 설치불량, 물리적 스트레스 등에 의해서도 사고는 발생한다. 절연파괴의 과정은 극간에서 발생할 수 있고, 전극과 대지 사이에서도 발생할 수 있다. 절연재료가 열에 의해 물성이 나빠지거나 먼지, 수분과 같은 주변 영향 등에 의해 발생되기도 한다.

<그림 3-7-1>(a)는 사고가 발생한 VCB의 실체사진으로 진공차단기를 수납, 활용하는 폐쇄분전반 내부의 진공차단기의 전극을 인입, 인출하는 인출부의 삽입부에서 발생한 것을 나타낸 것이다. 삽입구는 전체적으로 표면이 탄화되어 있고, 셔터 역시 모두 용융되었다. 사고가 발생했을 때 대기 모드 상태였으며, 삽입구에서 차단기가 인출된 상태였다. 방전은 진공차단기 1차 측에서의 안전셔터와 케이블 말단에서 발생하였다.

<그림 3-7-1>(b)는 사고지점(accident spots)을 기준으로 측면도를 나타낸 개략도이다. 안전셔터 부분과 가이드 내부의 케이블 말단에 연결된 전극이 절연파괴된 상태로서 전극이 용융되었고, 가이드 내부가 탄화된 것을 확인할 수 있다. 탄화된 형태로 보아 연면 또는 기중 방전에 의한 것으로 판단된다. 국내 검사기준에서는 폐쇄분전반의 경우 22.9 [kV]에서는 200 [mm] 이상의 절연이격거리가 요구되며, 권장사항에서도 220 [mm] 이상 절연이격하면 안전하다고 명시되어 있다. 본 사고 물품의 경우 전극과 셔터 사이의 거리는 약 220 [mm]로 제작상의 문제점은 발견되지 않았다. 따라서 내부 이물질에 의해 절연이 열화(劣化, deterioration)되어 방전사고로 이어진 것으로 판단할 수 있다. 사고모델로서 금속 이물질, 수분, 그리고 먼지 및 수분이 있는 각각의 경우를 검증하여 가장 가능성이 있는 주변 환경 및 관리 등이 원인이 되는 경우의 사고패턴을 입증할 수 있다.

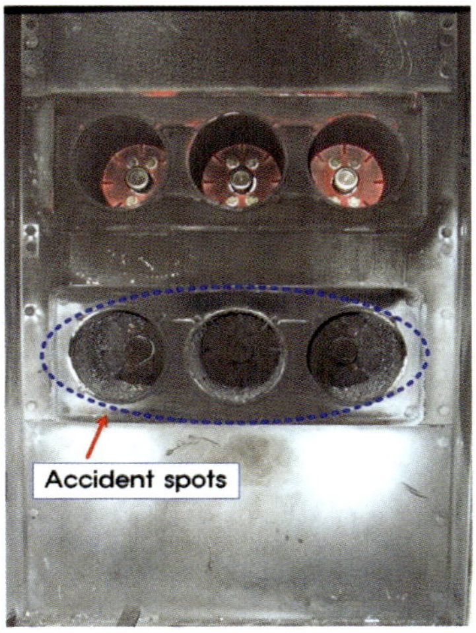

(a) VCB의 실체사진

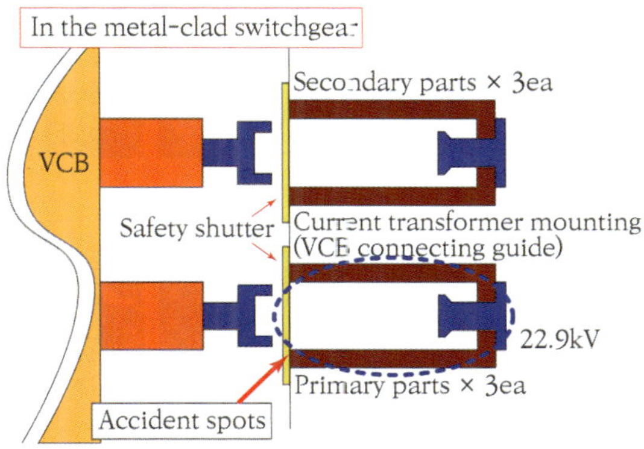

(b) 사고가 발생한 22.9[kV] VCB의 개략도

〈그림 3-7-1〉 사고가 발생한 22.9[kV] VCB의 실체사진

<그림 3-7-2>는 원통형 용기 내부에서의 방전과정을 재현한 것이다. 전극은 순동으로 제작하였으며, 셔터부분은 철로 구성된 사각평판을 이용하였다. 이때 순동 전극과 철 평판의 거리는 사고현장에서 설치되었던 케이블 말단과 안전셔터 사이의 거리 220 [mm]를 유지하였다. 전압은 1 [kV/s]의 상승속도로 인가하였으며, 절연파괴 전압을 측정하였다. 원통형 용기의 내부에서 발생되는 방전과정은 초고속이미지시스템(HSIS)을 이용하여 초당 1,000프레임으로 촬영하였다. 재현 실험이 진행될 때의 온도는 10 [℃], 습도는 60 [%]를 유지시켰다. 절연파괴 전압은 교류 실효값으로 측정되었으며, 방전개시 전압은 102 [kV] 이다.

<그림 3-7-2>(a)는 원통형 용기 내부에서의 방전 과정을 5 [ms] 간격으로 제시한 실체사진이다. <그림 3-7-2>(b)~(f)는 방전 과정을 나타낸 것이다. 초기 불꽃방전이 발생했을 때 전류가 가장 많이 흘러 불꽃이 가장 큰 것을 확인할 수 있으며, 이들 불꽃에 의해 방전로가 스트리머 형태로 진행되는 것이 확인되었다. 초기 방전이 개시되고 약 25 [ms]가 경과하면 방전은 종료하는 것으로 분석되었고, 원통형 용기 내부의 연면을 통해서는 불꽃이 방전되지 않았다. 방전로는 모의전극과 안전셔터 부분에서 가장 가까운 부분에서 시작되었다가 종료에 이른 것으로 분석되었다.

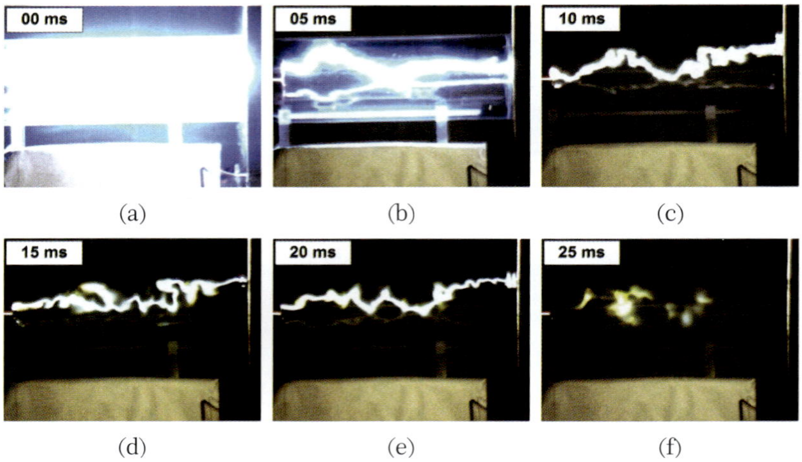

(a) (b) (c) (d) (e) (f)

〈그림 3-7-2〉 원통형 용기 내부에서의 방전과정

<그림 3-7-3>은 오염된 원통형 용기 내부에서의 방전과정을 나타낸 실체사진이다. 분진과 수분이 원통형 용기 내부의 표면에 부착된 상태에서 전압을 인가했을 때 불꽃방전 시점부터 방전되는 과정을 HSIS에 의해 촬영한 것이다. 5 [ms]의 간격으로 나타낸 것으로 일반적인 기중 방전과정과는 차이가 있는 것이 확인되었다. 즉, 원통형 용기 안쪽의 표면에서 연면방전이 발생되는 것이 확인되며, 원통형 용기 내부의 가운데 기중에서도 방전이 번갈아 발생하는 것을 알 수 있다. 방전개시 전압은 15 [kV] 이며, 방전시간은 25 [ms] 보다 긴 시간 동안 이루어졌다. 따라서 사고 후 원통형 용기 내부의 표면에 고른 탄화물이 생성되고 오염되었다는 것은 사고 제품 역시 연면방전과 기중방전이 발생했다는 것을 알 수 있다.

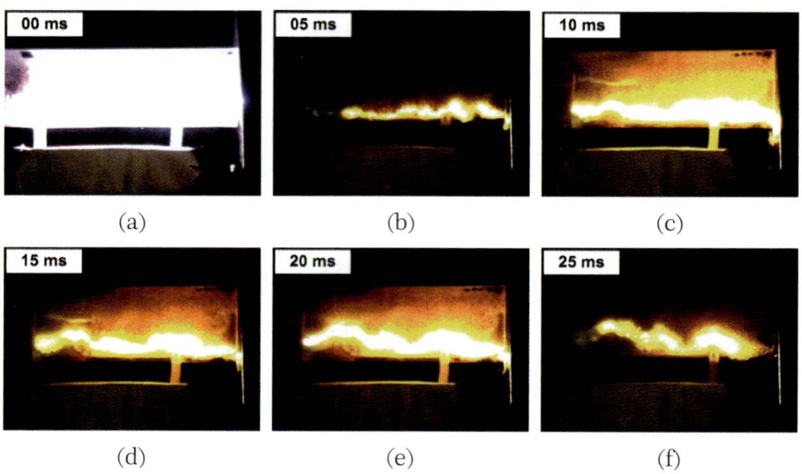

(a) (b) (c) (d) (e) (f)

〈그림 3-7-3〉 오염된 원통형 용기 내부에서의 방전과정

3.7.2 연면방전이 발생한 배선차단기 전원측 부스바의 사고

배선차단기(MCCB)는 과부하 및 단락보호를 겸한 차단기로서 몰드 케이스 내에 수용되어 있는 기기이며, 전기설비 사고의 예방을 위해 설치하는 기기이다. 트립 장치에는 ① 바이메탈이 차단기를 흐르는 전류에 의하여 가열되어 만곡되므로 트립 동작을 하는 것, ② 코일에 전류를 통하여 과전류에 의하여 철반을 흡인하여 동작하는 것, ①과 ②의 방식을 결합한 열동전자식 및 전자식 등이 있다. 트립 특성은 정격전류의 100 [%]를 연속으로 통전했을 때 정상적으로 전기를 공급할 수 있고, 정격전류의 125 [%] 및 200 [%]의 전류가 흐를 때는 과련 규정에 따라 회로를 차단할 수 있어야 한다.

<그림 3-7-4>는 연면 방전이 발생한 MCCB 전원측 부스바의 실체사진을 나타낸 것이다. <그림 3-7-4>(a)는 사고 현장에서 수거한 제품을 나타낸 것으로 MCCB의 표면이 심하게 탄화되었고, 전원측 부스바(bus bar)가 연면방전에 의해 심하게 소손되어 변형된 것이 확인된다. MCCB는 켜짐 상태(ON)에 있었고, 전기의 공급 역시 정상적으로 진행된 것으로 조사되었다.

<그림 3-7-4>(b)는 소손된 S상의 부스바를 MCCB에서 분리하여 나타낸 실체사진이다. MCCB와 체결된 부분이 심하게 용융되었으며, 연결점에 가까운 부분의 좌측과 우측이 심하게 반원형으로 파인 것을 알 수 있다. 부스바가 대칭 형태로 소손된 이유는 S상과 R상, S상과 T상 사이에서 격렬한 연면 방전이 발생했다는 것을 입증하는 것이다.

즉, 차단기류 전원측의 각각의 상 사이에서 발생될 수 있는 연면방전은 다음과 같은 조건이 형성될 때 쉽게 발생된다.

① 각 상 사이에 차폐재가 없을 때
② 인입선은 부스바(bus bar)를 사용하고 지나치게 넓을 때
③ 표면은 은(銀, silver)으로 도금함에 따라 표면누설전류의 이동이 쉬울 때
④ 배선 사이의 간격이 좁고 표면이 은도금되어 있어서 전자계의 상호 간섭이 심할 때
⑤ 접속(촉) 불량, 금속 돌출부, 표면오염 등으로 전계 집중이 발생될 때
⑥ 부하의 증감 및 시간의 경과에 따라 전하의 표면 누설이 발생할 때 등

(a) 사고제품

(b) 소손된 부스바

〈그림 3-7-4〉 연면방전이 발생한 배선차단기(MCCB) 전원측 부스바의 실체사진

3.7.3 낙뢰의 발생 유형

낙뢰(落雷, lightning strike) 또는 벼락은 번개와 천둥을 동반하는 급격한 방전현상이다. 일반적으로 강한 소나기를 내리며, 우박을 동반하는 경우도 있다. 낙뢰 방전이 일어나려면 적란운 안에 물방울과 빙정이 공존하여 비가 내려야 한다. 뇌운 안에서 어떻게 이러한 전하의 분리가 일어나는지에 대해서는 정확히 밝혀진 것이 없다. 현재 비교적 많은 사람들이 지지하는 견해는 다음과 같다.

첫째, 구름 속에서 커다란 얼음 입자와 작은 얼음 입자가 충돌하면 마찰에 의해 전기가 발생하여 큰 쪽은 양전기, 작은 쪽은 음전기를 띤다. 얼음 입자가 둘로 분열할 때에는 큰 쪽이 양전기, 작은 쪽이 음전기를 띤다. 또한, 온도차가 있는 얼음끼리 마찰시키면 따뜻한 쪽이 음전기를 띤다. 이와 같이 전하 분리가 일어난 후에 작은 입자는 상승 기류에 의해 구름 밖으로 달아나고, 양전기를 띠는 것은 구름 상부에 머물러 있다고 생각된다.

둘째, 적란운 속에서 전계는 위쪽이 양전기를 띠고 있으므로 구름 속의 빗방울의 윗면은 유도에 의해 음전기, 아래쪽 면은 양전기를 띤다. 이 빗방울이 낙하할 때 음이온은 빗방울 밑면에 흡착되고 양이온은 반발한다. 그 결과 양이온은 상승 기류에 의해 위쪽으로 운반되고 음전기를 띤 빗방울은 아래로 떨어진다.

자연계에서 발생되는 낙뢰의 뇌전압은 1~10억 볼트 정도이며, 순간에 흐르는 전류는 수 만 암페어 정도이다. 낙뢰는 번개와 천둥을 동반하는 급격한 방전현상으로 열뢰(熱雷), 계뢰(界雷), 전도뢰

(顚倒雷) 등으로 나눈다. 낙뢰는 발생하고 소멸하는 형태에 따라 <그림 3-7-5>과 같이 분류한다.

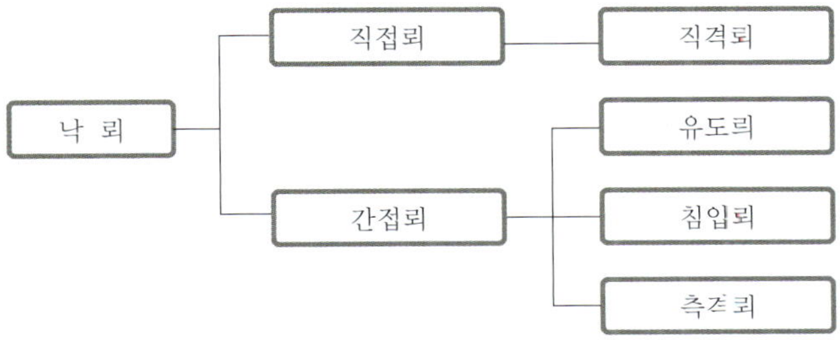

〈그림 3-7-5〉 낙뢰의 종류 및 분류

<그림 3-7-6>은 낙뢰의 종류를 나타낸 실체사진이다. 대부분의 낙뢰는 하늘에서 대지로 떨어지거나 하늘에서 구름과 구름 사이에서 발생되는 경우가 많은 것으로 조사되고 있다. 그러나 낙뢰의 일부는 지상에서 하늘로 진행되는 경우도 있을 수 있고, 폭우 또는 비가 내리지 않는데도 지상의 건축물 또는 차량 등에 낙뢰가 떨어지는 경우도 발생하는 것으로 보고되고 있다. <그림 3-7-6>(a)는 구름과 구름사이에서 발생한 낙뢰를 나타낸 것이고, <그림 3-7-6>(b)는 구름과 대지 사이에서 발생한 낙뢰를 나타낸 실체사진이다. 또한, <그림 3-7-6>(c)는 하늘에서 건축물의 지붕으로 떨어진 낙뢰이며, <그림 3-7-6>(d)는 차량위에 낙뢰가 떨어져 소손된 상태를 나타낸 실체사진이다.

(a) cloud to cloud

(b) cloud to ground

(c) cloud to house

(d) direct surge of vehicle

〈그림 3-7-6〉 낙뢰의 종류에 따른 실체사진

section 3.8 정전기 불꽃에 의한 전기화재

3.8.1 정전기의 성질

정전기(靜電氣, static electricity)는 전기적인 성질을 갖고 있는 전하가 정지 상태에 있어 흐르지 않고 머물러 있는 전기를 의미한다. 정전기의 반대되는 개념으로 동전기(動電氣, dynamic electricity)가 있으나 일반적으로 말하는 전기가 동전기를 의미한다.

우리들이 경험하는 생활 속의 정전기는 건조한 겨울철에 털이 많은 스웨터를 벗다가 따끔한 정전기를 느낀 경험이 있을 것이다. 자동차에 열쇠를 꽂을 때 불꽃이 튀거나 금속으로 된 문고리를 잡다가 전기가 통한 일 등도 모두 정전기 때문에 일어나는 것이다. 습도가 낮은 날 털 카펫 위를 걸을 때에도 수만 볼트의 정전기가 생길 수 있다. 그러나 정전기는 전압만 높을 뿐 전류는 아주 짧은 순간 동안만 흐르기 때문에 정전기로 인해 큰 부상을 입는 경우는 극히 드물다.

일상생활에서 정전기를 방지하는 방법은 천연 소재로 만들어진 카펫을 사용하고 문의 금속 손잡이에 천연 섬유를 씌워 두어야 한다. 또한, 컴퓨터에 정전기가 흐르면 내부에 이상이 생길 수 있으므로 케이스와 메인보드를 연결하는 나사가 접지 역할을 해 정전기를 방지한다. 그리고 금속 물체를 바로 잡지 말고 물체에 손끝을 살짝 대어 정전기를 방전시킨 다음 물체를 잡으면 정전기의 피해를 어느 정도 줄일 수 있다.

그리고 정전기의 응용은 산업의 다양한 분야에서 폭 넓게 적용되고 있다. 대표적인 응용 사례로 복사기가 있다. 전류에 의해 음전하를 띤 토너 입자들은 정전기에 의해 상이 비친 곳에만 달라붙게 된다. 이러한 원리를 이용하여 종이를 밀착시킨 다음 종이 뒤에서 강한 양전하를 쪼이면 음전하의 토너 입자들이 종이 쪽으로 다시 옮겨 붙게 되는 것이다. 이밖에 공기 속의 먼지를 모으는 장치인 집진기, 차량의 표면을 잘 도색하기 도장기술 등도 정전기의 원리를 이용하면 효과적이다.

3.8.2 물질의 착화에너지

물질의 폭발한계(爆發限界, explosion limit)는 가연성 기체와 공기와의 혼합 기체에 아크 등을 발생시킨 경우 폭발을 일으키는 한계 농도가 있는데 이 농도를 폭발한계라고 한다. 가연성가스 또는 증기는 공기 또는 산소 중에서 어떤 한정된 범위의 농도가 되었을 때에만 연소가 일어난다. 이것은 화염이 자유로이 전파되어가기 위해서는 점화에 의해서 화염이 발생해도 그 연소에서 발생한 열량이 다음 부분의 혼합기체를 발화온도까지 가열되지 않으면 연소가 계속되지 않기 때문이다.

따라서 이 농도범위를 벗어난 혼합기체는 연소가 전파되지 않는다. 이 농도범위를 폭발범위 또는 연소범위라 하며, 그 한계를 폭발한계 또는 연소한계라 한다. 가연성가스 또는 증기의 저농도는 폭발하한계이며, 고농도는 폭발상한계이다. 이 한계의 수치는 가연성가스 또는 증기의 혼합기체에 대한 용적백분율을 사용해 표시한다. 더구나 가연성분진에 대해서도 똑같이 폭발한계라 부르는 조성범위가 있지만 기체인 경우와 틀려서 실험횟수의 평균치로 제시하는 것이 일반적이다. 또한, 상한계는 측정이 곤란해서 명확하지 않은 것이 많다. 일반적으로 폭발범위는 가연성가스 또는 증기가 공기와 혼합했을 경우보다도 산소와 혼합되었을 경우가 넓으며, 위험성도 증대한다.

그리고 물질의 발화는 최소착화에너지(MIE, minimum ignition energy)를 넘어야 가능하며, 최소착화에너지라고도 한다. 최소착화에너지는 가연성가스나 액체의 증기 또는 폭발성분진이 공기 중에 있을 때 이것을 발화시키는데 필요한 최저의 에너지를 말한다. 그 단위는 밀리 줄(mJ)을 사용해 표시한다.

[표 3-8-1]은 분진종류별 폭발한계 및 최소착화에너지를 나타낸 것이며, [표 3-8-2]는 가스 및 증기별 최소착화에너지를 정리한 것이다.

[표 3-8-1] 분진종류별 폭발한계 및 최소착화에너지

분진의 종류	폭발하한계 [g/m³]	최소착화에너지 [mJ]
마그네슘	20	80
알루미늄	35	20
철	120	100
소맥분	60	160
석탄	35	40
유황	35	15
펄프	60	80
에폭시	20	15
폴리에틸렌	20	10
폴리프로필렌	20	30
폴리스티렌	20	40
베레후탈렌	50	20
콜크	35	45
목분	40	30

[표 3-8-2] 가스 및 증기별 최소착화에너지

가연성가스, 증기	최소착화에너지 [mJ]	혼합기체농도 [vol.%]
이황화탄소	0.009	28~30
수소	0.019	28~30
아세틸렌	0.019	
이황화수소	0.064	
에틸렌	0.096	
벤젠	0.20	4.7
시크로헥산	0.22	3.8
부탄	0.25	4.7
프로판	0.26	5~5.5
메탄	0.28	8.5
암모니아	0.77	
아세톤	0.15	

section 3.9 은이동에 의한 전기화재

은(銀, silver, Ag)은 융점이 약 960 [℃] 정도이며, 아름다운 백색의 금속으로서 연성(軟性, ductility)이 크고, 열 및 전기가 가장 잘 흐르는 물질이다. 동(銅, copper, Cu)과 합금하여 여러 가지 장식품, 기구, 화폐 등을 만드는 데 사용된다. 공업적으로는 전기전자 부품을 접합할 때 은랍[1)](銀鑞, silver solder)이 사용되며, 중요설비의 인쇄회로기판(PCB, Printed Circuit Board)의 배선 회로의 재료로 사용된다.

<그림 3-9-1>은 은이동이 발생하여 소손된 제품의 실체사진을 나타낸 것이다. <그림 3-9-1>(a)는 스피커에 감은 은코일이 녹아서 콘지의 표면에 확산된 것으로 눈꽃처럼 스며들어간 형상을 나타낸 것으로 확인된다. <그림 3-9-1>(b)는 전자기기의 PCB의 배선에 사용된 은합금이 녹아서 확산된 것을 알 수 있다. 그러므로 회로와 회로 사이에 누설전류가 점점 더 많이 흐르게 되어 발열에 따른 소손이 발생하는 것이다. 이상과 같이 은이동의 발생은 점진적으로 진행되며 주변의 온도가 높고, 열이 잘 축적되는 기기에서 잘 발생하는 것으로 보고되고 있다. 또한, 은이동에 의한 누설전류는 대부분 매우 적기 때문에 초기에 매우 적은 불씨가 발생함에 따라 조기에 적절한 점검 및 진단을 실시하면 대형 화재로 발생될 가능성은 상대적으로 적으나 정밀 전기전자 제품은 오작동의 주된 원인이 된다.

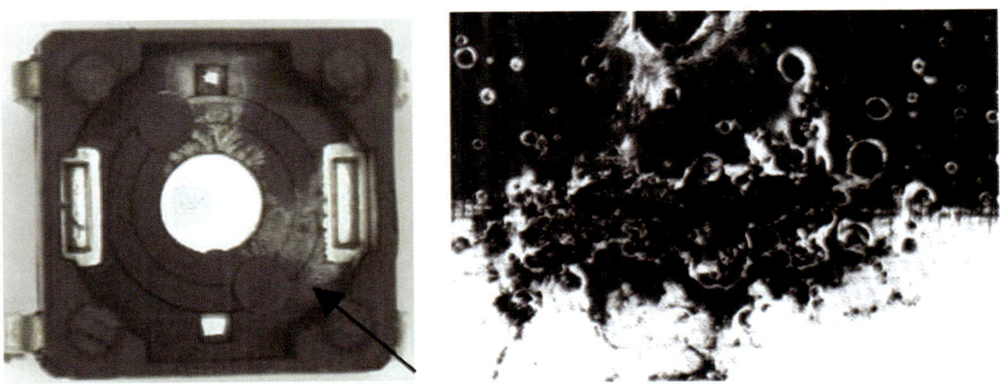

(a) 콘지에 확산된 은　　(b) PCB의 표면에 확산된 은

〈그림 3-9-1〉 은이동이 발생하여 소손된 제품의 실체사진

1) 은랍은 은을 함유한 납땜용 합금으로 강도 및 내열성을 필요로 하는 부품, 높은 전도성을 필요로 하는 전기부품 등의 접합에 사용된다.

exercise

연습문제

01 구리 전선의 용융 패턴 중에서 '단선과 단선의 단락 등에서 주로 발생하며 접촉 시간이 짧고, 전류가 많이 흐를 때 형성되는 패턴'은 어느 것인가? (　　)

① 구슬형(bead type)
② 단면 구슬 부착형(sectional bead attachment type)
③ 흩어짐형(splatter type)
④ 새긴눈형(notch type)

02 구리 전선의 용융 패턴 중에서 '용융된 부분이 제한되어 있으며, 단락이 발생한 부분 외에는 특이 사항이 없는 것이 특징'인 것은 어느 것인가? (　　)

① 구슬형(bead type)
② 단면 구슬 부착형(sectional bead attachment type)
③ 흩어짐형(splatter type)
④ 새긴눈형(notch type

03 구리 전선의 용융 패턴 중에서 '도체 표면뿐만 아니라 주변의 물체의 표면에도 작음 구슬모양의 구리가 붙어 있는 것'은 어느 것인가? (　　)

① 새긴눈형(notch type)
② 경계 형성형(demarcation formation type)
③ 구슬형(bead type)
④ 흩어짐형(splatter type)

04 구리 전선의 용융 패턴 중에서 '굵은 전선과 가는 전선의 단락이 발생했을 때 가는 전선의 대부분이 녹고, 굵은 전선의 표면 일부가 녹는 패턴'은 어느 것인가? (　　)

① 흘러 늘어진형(drooping type)
② 흩어짐형(splatter type)
③ 새긴눈형(notch type)
④ 경계 형성형(demarcation formation type)

05 구리 전선의 용융 패턴 중에서 '단락이 발생할 때 이미 전선에서 축열이 되었을 때 주로 발생되는 패턴으로 순간적인 단락보다는 열적스트레스가 동반되었을 때 주로 생성'되는 어느 것은? (   )

① 구슬형(bead type) ② 흘러 늘어진형(drooping type)
③ 흩어짐형(splatter type) ④ 새긴눈형(notch type)

06 구리 전선의 용융 패턴 중에서 '흘러내림형보다 적은 열화가 진행될 때 형성되는 패턴으로 상대적으로 용융이 빠르고 제한적으로 진행될 때 주로 형성'되는 어느 것인가? (   )

① 경계 형성형(demarcation formation type) ② 흩어짐형(splatter type)
③ 새긴눈형(notch type) ④ 구슬형(bead type)

07 비닐평형코드에 대전류가 흘러 용융되었을 때 형성되는 금속구조의 패턴? (   )

① 면심 구조 ② 섬유상 구조 ③ 수지상 구조 ④ 망상 구조

08 비닐절연전선 충진제의 가열 반응 과정에서 생성되는 물질이 아닌 것은? (   )

① $CaCl_2$ ② H_2O ③ CO_2 ④ $BaTiO_3$

09 전선에 과전류가 흘러 열화된 절연물의 단계별 특성 변화 및 패턴에서 열화의 제1단계가 아닌 것은? (   )

① 절연물이 용융 및 탄화되고 다량의 연기가 발생
② 절연물의 내부에서 연기 발생
③ 절연물의 안쪽에서 작은 구멍(void)이 생성
④ 약 110[℃] 정도에서 탈염화 반응이 일어남

10 전선에 과전류가 흘러 열화된 절연물의 단계별 특성 변화 및 패턴에서 열화의 제4단계가 아닌 것은? (   )

① 절연물이 도체로부터 이탈하기 시작함 ② 절연물이 부풀어 오르고 다층으로 분리
③ 내부 절연물의 변색이 발생하기 시작 ④ 약 230[℃] 정도에서 발생하는 반응

11 과전류가 흘러 용단된 구리 단선의 방사 패턴의 순서가 적절한 것은? (　　)

ㄱ. 전선의 발열	ㄴ. 전선의 휨 현상	ㄷ. 파열음과 불꽃을 수반하는 폭발
ㄹ. 플름의 생성	ㅁ. 용융 망울의 비산	ㅂ. 단선의 절단

① ㅂ → ㄱ → ㄴ → ㄷ → ㄹ → ㅁ　　② ㄹ → ㅁ → ㅂ → ㄱ → ㄴ → ㄷ
③ ㄱ → ㄴ → ㄷ → ㄹ → ㅁ → ㅂ　　④ ㄷ → ㄹ → ㅁ → ㅂ → ㄱ → ㄴ

12 전류의 크기에 다른 수지상 구조의 성장에서 전류가 많이 흐를수록 금속구조의 각도는 어떻게 생성되는가? (　　)

① 수지상 구조의 각도가 좁아진다.　　② 수지상 구조의 각도가 커진다.
③ 망상 구조의 각도가 좁아진다.　　④ 망상 구조의 각도가 커진다.

13 반단선이 발생한 부분의 소손 패턴을 정확하게 설명한 것은? (　　)

① 표면 전체에 탄화물이 생성되며 소손된 곳으로 V 패턴이 많이 형성된다.
② 절연물의 내부에 용융흔이 생성되고 V 패턴이 많이 형성된다.
③ 단면에 탄화물이 생성되나 내부배선의 용융흔은 발생하지 않는다.
④ 단면에 탄화물이 생성되며 내부배선의 용융흔이 일부 발생한다.

14 평판 전극에서 발생되는 트래킹의 출화 과정을 적절하게 나타낸 것은? (　　)

ㄱ. 탄화도전로 확대	ㄴ. 적열부 형성 및 출화	ㄷ. 표면 오염
ㄹ. 가스 발생	ㅁ. 건조대 및 미소방전 발생	ㅂ. 탄화물 생성

① ㅂ → ㄱ → ㅁ → ㄷ → ㄹ → ㄴ　　② ㄹ → ㅁ → ㅂ → ㄱ → ㄷ → ㄴ
③ ㄱ → ㅂ → ㄷ → ㄹ → ㅁ → ㄴ　　④ ㄷ → ㄹ → ㅁ → ㅂ → ㄱ → ㄴ

15 누전차단기가 켜짐 상태에 있고, 전원측 단자에서 트래킹이 발생되었을 때 누전차단기의 작동손잡이는 어느 위치에 있는가? (　　)

① 꺼짐으로 이동　　② 작동 안함　　③ 트립으로 이동　　④ 예측할 수 없음

16 전선 연결부에서 필연적으로 발생되는 접촉불량의 지배 인자가 아닌 것은? (　　)

① 전선의 연결방법　② 접촉점의 반경　③ 전기적 접촉점의 수　④ 표면저항

17 저압용 누전차단기의 전원 접속부에서 접촉 불량이 발생했을 때의 특성이 아닌 것은? (　　)

① 접촉 불량이 발생한 부분의 발열 상황을 적외선열화상로 확인할 수 있음
② 정상 상태의 단자 외형은 표면이 매끄럽고 약간의 광택이 있음
③ 접촉 불량이 발생한 단자는 산화피막이 형성되고 회백색을 나타냄
④ 접촉 불량이 발생한 부분의 발열 상황을 일반 카메라로 확인할 수 있음

18 아산화동의 용융온도는 대략 어느 정도인가? (　　)

① 670 [℃]　② 960 [℃]　③ 1,083 [℃]　④ 1,230 [℃]

19 아산화동의 특징을 부적절하게 설명한 것은? (　　)

① 적갈색을 나타낸다.　② 주황색을 나타낸다.
③ 물리적인 충격에 약하다.　④ 온도에 대한 부특성을 나타낸다.

20 배선용차단기의 배선 간격이 좁을 때 발생되는 방전은? (　　)

① 뇌방전　② 스트리머방전　③ 연면방전　④ 아크방전

21 분진종류별 폭발한계 및 최소착화에너지에서 폭발하한계가 가장 낮은 것은? (　　)

① 마그네슘　② 철　③ 소맥분　④ 콜크

22 가스 및 증기별 물질에서 최소착화에너지가 가장 낮은 것은? (　　)

① 부탄　② 암모니아　③ 아세틸렌　④ 벤젠

23 은의 용융온도는 대략 어느 정도인가? (　　)

① 670 [℃]　② 960 [℃]　③ 1,083 [℃]　④ 1,230 [℃]

[정답표]

1	2	3	4	5	6	7	8	9	10
①	②	④	③	②	①	③	④	①	②
11	12	13	14	15	16	17	18	19	20
③	①	④	④	②	①	④	④	②	③
21	22	23							
①	③	②							

Chapter 04

전자계의 특징 및 차단기의 한계점

contents

chapter

04 전자계의 특징 및 차단기의 한계점

section 4.1 전기의 성질

4.1.1 전기의 종류

전기(電氣. electricity)는 움직임의 형태에 따라 동전기(動電氣, dynamic electricity)와 정전기(靜電氣, static electricity)로 분류한다. 전기는 빛처럼 빠르고 공기처럼 자유로운 에너지이다. 전기는 손실이 없다면 대략 $v = 3 \times 10^8$ [m/s]로 이동하며, 빛의 속도와 같다.

전하(電荷, electric charge)는 전기적인 성질을 갖고 있는 입자(particles)이다. 따라서 전기는 생긴 모양, 형태, 장소 등에 관계가 없이 고유의 성질을 갖는 에너지이다. 전류(電流, electric current)는 전하의 이동을 의미한다. 전류는 크기와 방향의 변화 유무에 따라 직류(直流, DC, direct current)와 교류(交流, AC, alternating current)로 나눈다. 직류(DC)는 시간의 변화와 관계없이 크기(magnitude)와 방향(direction)이 일정한 에너지이다. 교류(AC)는 시간의 변화에 따라 크기와 방향이 변하는 모든 전류를 의미한다. 대표적인 교류는 정현파(正弦波, sinusoidal wave)이며, 사인파(sine wave)라고도 한다. 전기(電氣, electricity)는 전류가 흘러가는(flow) 것을 의미한다. 즉, 물의 흐름과 매우 유사하기 때문에 물에 비유하여 전기를 설명하면 쉽게 이해할 수 있다.

4.1.2 전기의 장점과 단점

(1) 장점

전기는 장점과 단점을 동시에 갖고 있는 대표적인 에너지이다. 전기의 장점은 발열 반응(exothermic reaction), 전자기 반응(electromagnetic reaction), 화학 반응(chemical reaction) 등이 있으며 각각의 용도에 맞도록 제어할 수 있는 에너지이다.

① 발열 반응

전열기, 모발건조기, 전기장판, 전기난로 등이 발열 반응을 응용한 기기이다.

② 전자기 반응

발전기, 전동기, 변압기 등이 전자기 반응을 응용한 기기이다.

③ 화학 반응

전기도금, 전기분해, 건전지, 축전지 등이 화학 반응을 응용한 기기이다.

(2) 단점

전기의 단점은 감전사고(electric shock accident), 전기화재(electrical fire), 전기설비사고(Electric engineering and construction accident) 등을 유발시킬 수 있는 에너지이다.

① 감전사고

사람, 동물, 생물 등의 생명체에서 발생하며 사망에 이를 수 있다.

② 전기화재

연소 가능한 물질 모든 것에서 발생이 가능하며 착화시킬 수 있다.

③ 전기설비사고

전기에너지를 사용하는 모든 기기, 설비, 시스템에서 발생하며 파손시킬 수 있다.

section 4.2 전계와 관련된 법칙

전계(電界 electric field)는 전기적인 힘이 작용하는 공간이다. 즉, 전기가 존재하면 필연적으로 전계가 형성되며, 각각의 물질에 따라 그 크기와 성질은 차이가 있다. 이들의 관계는 많은 법칙과 원리를 통해서 상당 부분이 과학적으로 입증되었고, 그 원리를 응용하여 다양한 기기들이 개발되어 우리들의 생활에 적용되고 있다.

4.2.1 전계에 대한 쿨롱의 법칙

프랑스 물리학자 쿨롱(Charles-Augustin de Coulomb, 1736-1806)은 하나의 대전체 가까이에 다른 대전체를 놓으면 두 개의 전하 사이에 힘이 작용한다는 사실을 실험으로 증명하였다. 이것은 대전체의 근처에 전기적 영향이 미치는 공간이 형성되며, 다른 도전체가 가까이 오면 그 물체에 힘이 미친다는 것이다. 이와 같이 전기적인 힘이 작용하는 공간을 전계(電界, electric field)라고 한다. 거리 r [m] 만큼 떨어져 있는 두 개의 정지된 점전하 Q_1 , Q_2 사이에 작용하는 힘을 F [N]라 하면 다음과 같은 식으로 표현이 가능하다.

$$F = k\frac{Q_1 Q_2}{r^2}\ [\mathrm{N}] \tag{4.1}$$

즉, 두 점전하 사이에 작용하는 힘은 Q_1 과 Q_2 사이의 곱에 비례하고 거리의 제곱에 반비례하며, 방향은 Q_1 과 Q_2 사이를 연결하는 직선상에 있다. Q_1 과 Q_2 가 같은 극성이면 반발력(半撥力, repulsive force)이 작용하며, 다른 극성이면 흡인력(吸引力, attractive force)이 작용한다. 식에서 k 를 지배하는 것은 물질의 유전율(誘電率, permittivity)이며, 유전율은 진공의 유전율(space permittivity, dielectric constant in vacuum)과 비유전율(比誘電率, relative permittivity)의 곱으로 나타낸다. 즉, $\epsilon = \epsilon_0\,\epsilon_r$ 이며, 진공 중에서 비유전율 $\epsilon_r = 1$ 이다.

$$\epsilon_0 = 8.855 \times 10^{-12}\ [\mathrm{F/m}] \tag{4.2}$$

$$\frac{1}{4\pi\epsilon_0} ≒ 9\times10^9 \tag{4.3}$$

$$F = k\frac{Q_1 Q_2}{r^2} = \frac{1}{4\pi\epsilon_0}\frac{Q_1 Q_2}{\epsilon_r r^2} = 9\times10^9\frac{Q_1 Q_2}{\epsilon_r r^2}\,[\mathrm{N}] \tag{4.4}$$

4.2.2 전계의 세기(intensity of electric field)

전기적인 성질을 갖고 있는 전하 사이에는 쿨롱의 법칙에 따른 힘이 작용하는 것을 알 수 있다. 따라서 그 주위의 전계의 모양을 조사하려면 점전하(點電荷, point charge)로 된 검전하(檢電荷, test charge)를 이용하면 된다.

검전하에 작용하는 힘을 단위 점전하에 작용하는 힘으로 환산하면 그 점에 작용하는 전계의 세기(intensity of electric field)를 의미한다. 그리고 이러한 전기력이 작용하는 공간을 그 대전체에 의한 전계(電界, electric field) 또는 전기장(電氣場, electric field)이라 한다.

따라서 δQ 를 검전하라 하고 δF 를 δQ 에 작용하는 힘이라 하면 전계의 세기 E 는 다음과 같이 정의된다.

$$E = \lim_{\delta Q\to\infty}\frac{\delta F}{\delta Q}\,[\mathrm{N/C}] \tag{4.5}$$

M.K.S 단위계에서는 $\delta Q = 1$ [C]에 작용하는 힘이 1 [N]이 되는 전계의 세기 E 를 단위로 하며 다음과 같은 관계가 있다.

$$E = [\mathrm{N/C}] = \frac{[\mathrm{N\cdot m}]}{[\mathrm{C\cdot m}]} = \left[\frac{\mathrm{J}}{\mathrm{C}}\frac{1}{\mathrm{m}}\right] = [\mathrm{V/m}] \tag{4.6}$$

그리고 전계의 세기 E [V/m]인 점의 전하 Q [C]가 받는 힘은 다음과 같다.

$$F = QE\,[\mathrm{N}] \tag{4.7}$$

$$E = \frac{F}{Q}\,[\mathrm{V/m}] \tag{4.8}$$

즉, 힘의 방향은 전계의 방향과 일치하는 것을 알 수 있다. 전계의 원천인 전하 분포에 따른 진공 중에서 전계의 계산 예를 나타내면 다음과 같다.

$$E = \frac{F}{Q} = \frac{1}{4\pi\epsilon_0\epsilon_r}\frac{Q}{r^2} \doteqdot \frac{1}{4\pi\epsilon_0}\frac{Q}{r^2}\,[\mathrm{V/m}] \tag{4.9}$$

4.2.3 전위(電位, electric potential)

여러 개의 점전하에 대한 전계는 각각의 전하에 대한 벡터 합(vector sum)을 구하면 된다. 다른 하나의 방법은 전위(電位, electric potential)라는 스칼라량(scalar quantity)을 사용하면 쉽게 얻을 수 있다. 전계 중의 두 점 P_1에서 P_2도 전하 Q를 이동하는데 필요한 일을 계산한다. P_1과 P_2 사이의 거리를 δl이라고 하면 이때 수행한 일 δW는 다음과 같이 나타낼 수 있다.

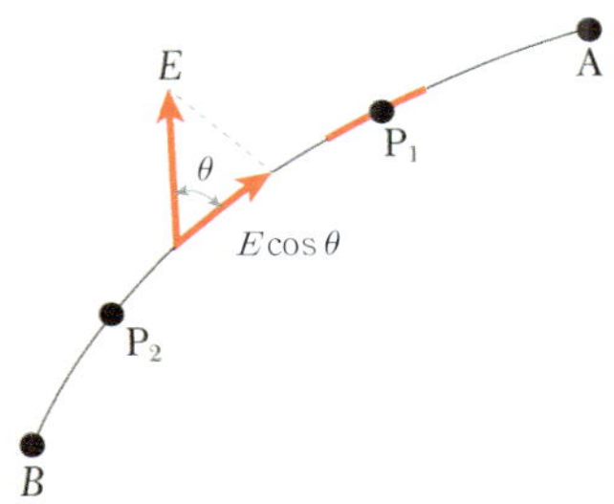

〈그림 4-2-1〉 두 점 사이의 일

$$\delta W = -QE\,\delta l\cos\theta\,[\mathrm{J}] \tag{4.10}$$

따라서 전계 중의 임의의 점 A에서 B까지 전하 Q를 이동시키는 데 필요한 일은 다음과 같이 표현된다.

$$W_{AB} = -\int_A^B QE\cdot\delta l\,[\mathrm{J}] \tag{4.11}$$

즉, 이 만큼의 에너지를 Q가 있는 전계에 가하지 않으면 전하를 A에서 B로 이동시킬 수 없다. 특히 단위 전하를 A에서 B까지 이동시키는 데 필요로 하는 일의 양을 AB 사이의 전위차(電位差, electric potential difference)라고 한다. 이것을 V_{AB}로 나타내면 다음과 같이 표현된다.

$$V_{AB} = -\int_A^B E \cdot dl \,[\mathrm{V}] \qquad (4.12)$$

그러나 자연계의 모든 물질은 에너지 보존의 법칙에 의해 지배를 받는다. 따라서 전계가 도중의 경로에는 관계하지 않음을 알 수 있고, 두 점 사이의 전위차는 두 점에 의해서만 정해지고 폐곡선을 따라서 일주하면 반드시 다음과 같은 식이 성립한다.

$$\oint E \cdot dl = 0 \qquad (4.13)$$

한 개의 점전하에 대한 전계 내의 두 점 사이의 전위차는 점 P에 전하 Q가 있고 P점에서 점 A, B까지의 거리를 각각 r_1, r_2라 하면 적분 경로를 AB의 직선이라 하고, P점에서 이 위의 임의의 한 점 T까지의 거리를 r이라고 하자. 그러므로 앞의 식을 이용하면 다음과 같은 결과를 얻을 수 있다.

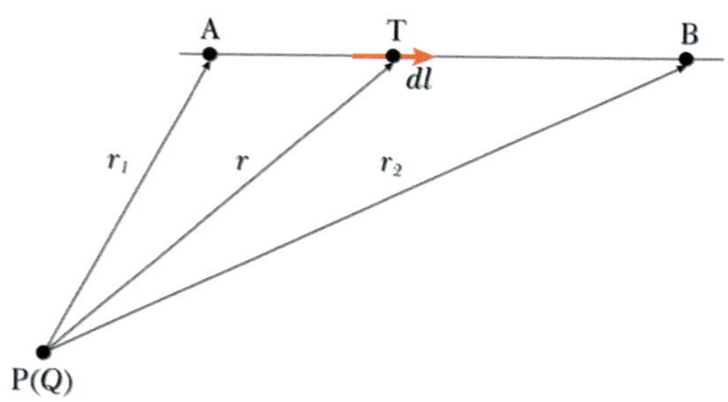

〈그림 4-2-2〉 두 점 사이의 전위차

$$V_{AB} = -\int_A^B E \cdot dl = -\frac{Q}{4\pi\epsilon_0}\int_{r_1}^{r_2}\frac{1}{r^2}\,dr = \frac{Q}{4\pi\epsilon_0}\left(\frac{1}{r_2} - \frac{1}{r_1}\right) [\mathrm{V}] \qquad (4.14)$$

그러므로 한 쪽의 점을 고정시켜 놓으면 다른 모든 점과의 전위차를 비교할 수 있게 된다. 기준점 A를 무한원점으로 하였을 때 이 점과 B점 사이의 전위차를 B점의 전위(電位, electric potential)라 한다.

$$V_B = -\int_{\infty}^{B} E \cdot dl \text{ [V]} \tag{4.15}$$

$$V_B = \frac{Q}{4\pi\epsilon_0}\frac{1}{r_2} \text{ [V]} \tag{4.16}$$

전위 혹은 전위차의 M.K.S 단위는 볼트(volt)라고 한다. 1 [C]의 전하를 운반하는 데 필요한 일이 1 [J] 일 때의 전위 또는 전위차가 1 [V]이다. 실제 산업 현장에서 정전 현상이 거의 미치지 않는 장소를 기준으로 한다는 의미에서 대지(大地, earth)를 영전위(零電位, zero potential)라 하고, 이것을 기준 전위(基準 電位, reference potential)라 한다.

4.2.4 정전 응력

대전 도체의 표면에 작용하는 정전 응력(靜電 應力)을 구하기 위해서는 도체 표면의 미소 면적 부분 δS를 가정하자. 이 부분의 전계는 δS 부분의 전하에 의한 E_{1n}과 δS 이외의 부분에 의한 전계 E_{2n}의 합성 값이라고 가정할 수 있으며 다음과 같이 나타낼 수 있다.

$$E = E_{1n} + E_{2n} = \frac{\sigma}{\epsilon_0} \text{ [V/m]} \tag{4.17}$$

또한, 도체 내부에서는 δS의 부분에 의한 전계는 크기는 동일하며 방향은 반대이므로 도체 내부의 전계가 '0'이 된다.

$$E_{1n} - E_{2n} = 0 \tag{4.18}$$

그러므로 식 (4.17) 및 식 (4.18)에서 다음과 같은 결과를 얻을 수 있다.

$$E_{1n} = E_{2n} = \frac{\sigma}{2\epsilon_0} \text{ [V/m]} \tag{4.19}$$

따라서 δS 부분의 전계 중에서 δS 이외의 전하에 의한 전계는 $\sigma/2\epsilon_0$ 이고, 이 전계에 의하여 δS 부분의 전하 $\sigma\,\delta S$가 힘을 받게 되며 힘 F는 다음과 같다.

$$F = E_{2n}\,\sigma\,\delta S = \frac{1}{2}\,\frac{\sigma^2}{\epsilon_0}\,\delta S\ [\mathrm{N}] \tag{4.20}$$

따라서 도체 표면의 단위 면적에 작용하는 힘 f 는 다음과 같다.

$$f = \frac{F}{\delta S} = \frac{1}{2}\,\frac{\sigma^2}{\epsilon_0} = \frac{1}{2}\,\epsilon_0\,E^2\ [\mathrm{N/m^2}] \tag{4.21}$$

이것을 정전 응력 또는 정전 압력이라고 한다. 이 힘은 σ^2 또는 E^2 에 비례하므로 대전 전하의 종류에 관계없이 항상 정(正)이고 외부로 향하므로 이로 인하여 도체 표면은 외부로부터 장력을 받으며, E 의 값이 주위 공기의 절연 내력 3×10^6 [V/m] 보다 커지면 코로나 방전이 발생할 수 있다.

section 4.3 자계와 관련된 법칙

자계(磁界, magnetic field)는 자기의 힘이 미치는 공간을 의미한다. 대표적인 자계는 지구자기이며 강자성체에서 그 세기가 더욱 크다. 자계에 대한 현상은 많은 학자들에 의해서 과학적으로 입증되었고 그 원리 및 특성을 이용하여 다양한 기기 및 장치들이 개발되어 우리들의 삶에 많은 도움을 주고 있다.

4.3.1 자기현상

지구의 대부분은 자철광(磁鐵鑛, magnetite)이며, 자석은 쇠붙이를 끌어당기는 성질이 있으므로 중심을 매달면 남과 북을 가리킨다. 이러한 성질의 근원을 자기(磁氣, magnetism)라고 하고 그 물체를 자석(磁石, magnet)이라 한다.

자석의 자극은 주위의 물질에 대하여 자기적인 힘을 미치는데 이 힘을 자기력(磁氣力, magnetic force)이라고 하며, 자기력이 미치는 공간을 자계(磁界, magnetic field)라고 한다. 자기력선(磁氣力線, line of magnetic force)은 상호 간에 교차하지 않으며, 자석의 N 극에서 발산하여 S 극으로 수렴하는 성질을 가지고 있다.

4.3.2 자계에 대한 쿨롱의 법칙

자석 사이에 작용하는 힘의 양을 해석하는 데 정지되어 있는 정전기에 작용하는 쿨롱의 법칙이 동일하게 적용된다. N 극과 S 극의 자석을 공기 중에 놓으면 서로 간에 흡인력(吸引力, attractive force)이 작용할 것이다.

그런데 자석에서 자극을 분리할 수 없으므로 힘을 측정하기 위한 자석은 매우 가늘고 길어서 한 자석의 양극이 서로 영향을 미치지 않는 매우 긴 것을 가정한다. 이와 같은 자극을 점자극(點磁極, point pole)이라 한다.

이러한 조건일 때 두 점자극을 각각 m_1, m_2, 자극 사이의 거리를 r, 자극 상호 간에 작용하는 힘을 F라 하면 다음과 같은 함수로 나타낸다.

$$F = k\frac{m_1 m_2}{r^2} = \frac{1}{4\pi\mu_0}\frac{m_1 m_2}{\mu_r r^2} = 6.33\times10^4\frac{m_1 m_2}{\mu_r r^2}\ [\text{N}] \qquad (4.22)$$

자석에 작용하는 힘의 방향은 두 자극을 연결하는 직선상에 있다. 이것을 자기에 관한 쿨롱의 법칙(Coulomb's law)이라 하고, 이 법칙으로부터 자극의 세기에 대한 단위가 정의된다. M.K.S 유리화 단위계에서는 진공 중에 서로 같은 세기의 두 점자극을 1 [m] 거리에 놓았을 때 작용하는 힘이 6.33×10^4 [N]이 되는 것을 단위로 하여 1 웨버(Weber, [Wb])라 한다.

여기서, m_1, m_2 는 웨버[Wb]이고 r 은 거리[m]이다.

그리고 μ_r 은 매질의 종류에 따라 결정되는 값이므로 매질의 비투자율(比透磁率, relative permeability)이라 한다.

4.3.3 자계의 세기

자석의 자극 근처에 다른 작은 자석이나 철편을 놓아두면 여기에 자력이 작용하는 것을 알 수 있다. 이와 같이 자기의 힘이 미치는 공간을 자계(磁界, magnetic field) 또는 자기장(磁氣場, magnetic field)이라고 한다. 이때 자기장의 상태를 표시하기 위하여 자계의 크기와 방향은 다음과 같이 정의한다.

자계 중의 한 점에 단위 점자하인 1 [Wb]를 놓았을 때 이 자하에 작용하는 힘의 크기 및 방향을 그 점에서의 자계의 세기(intensity of magnetic field) 또는 자기력(磁氣力, magnetic force)이라 하며, 기호는 H, 단위는 [A/m] 또는 [N/Wb] 를 사용한다.

즉, 1 [A/m]의 자계의 세기는 1 [Wb] 의 자하에 1 [N] 의 자기력이 작용하는 자계의 크기를 나타내며, 자계의 크기와 방향을 함께 나타내는 것을 자계의 세기라고 한다. 만일 m [Wb]의 점자극에서 r [m] 떨어진 점의 자계의 세기 H 는 다음과 같이 나타낸다.

$$H = \frac{m}{4\pi\mu r^2} = 6.33 \times 10^4 \frac{m}{\mu_r r^2} \ [\mathrm{A/m}] \tag{4.23}$$

H [A/m]의 자계 내에 m [Wb]의 자극을 놓았을 때 이 자극에 작용하는 힘 F [N] 는 다음과 같이 나타낸다.

$$F = m\,H\,[N] \tag{4.24}$$

4.3.4 자위 및 자위차

어떤 공간 내에 점자하(點磁荷, point magnetic charge) m'[Wb]의 자극을 놓았을 때 이 자극에 작용하는 힘이 F[N]이라면 자계의 세기 H[AT/m]는 다음과 같이 나타낸다.

$$H = \frac{F}{m'} \text{ [N]} \tag{4.25}$$

그러므로 자계의 세기(H)는 단위 정자하(正磁荷, positive magnetic charge)에 작용하는 힘과 같으며, 자기력의 방향과 일치한다. 점자하 m'[Wb]를 자계 H의 역방향으로 이것과 θ의 기울기를 이루는 방향으로 거리 δl 만큼 움직일 때의 일 dW는 다음과 같이 표현된다.

$$dW = -F\delta l = -m' H \delta l \tag{4.26}$$

즉, 점자하 m'[Wb]를 점 B에서 A까지 이동시키는 데 필요한 일은 다음과 같다.

$$W = -m' \int_B^A H \cdot \delta l \text{ [J]} \tag{4.27}$$

따라서 무한 원점에서 자계 중의 임의의 P 점까지 단위 점자하를 운반하는 데 소요되는 일을 그 점에 대한 자위(磁位, magnetic potential)라 하며 다음과 같다.

$$U_P = \frac{W}{m'} = -\int_\infty^P H \cdot \delta l = -\int_\infty^P H\cos\theta\, \delta l \text{ [AT]} \tag{4.28}$$

그리고 단위 점자하를 자계의 역방향으로 두 점 A, B 사이를 움직일 때의 일을 자위차(磁位差, magnetic potential difference)라고 하며, 다음과 같이 표현한다.

$$U = \frac{W}{m'} = -\int_B^A H \cdot \delta l = -\int_B^A H\cos\theta\, \delta l \text{ [AT]} \tag{4.29}$$

자위의 단위는 1 [Wb]의 자하를 운반할 때의 일이 1 [J]이 되는 두 점 사이의 자위차를 의미하며, 1 [J/Wb] 또는 1 [AT] 등으로 정의 된다. 또한, θ는 자계 H와 거리 δl이 이루는 각이다.

공기 중에 점자하 m [Wb]에서 r [m]의 거리에 있는 한 점 P 의 자계는 A, B 를 m 에서 각각 r_1, r_2 의 거리에 있는 점이라 하면 $\theta = \pi$, $r = r_2 - l$ 등의 관계가 있다. 그러므로 A, B 두 점 사이의 자위는 다음과 같다.

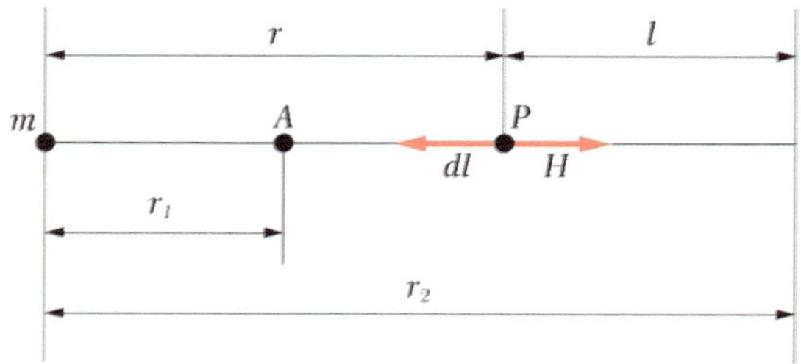

〈그림 4-3-1〉 두 점 사이의 자위차

$$U = -\int_0^{r_2-r_1} \frac{m}{4\pi\mu_0}\frac{1}{r^2}\,dl \qquad (4.30)$$

$$= \frac{m}{4\pi\mu_0}\left[\frac{1}{r_2-l}\right]_0^{r_2-r_1} = \frac{m}{4\pi\mu_0}\left(\frac{1}{r_1}-\frac{1}{r_2}\right) \text{ [AT]}$$

만일 $r_2 \to \infty$ 일 때의 자위 U는 A 점의 자위 U_A 는 다음과 같다.

$$U_A = \frac{1}{4\pi\mu_0}\frac{m}{r_1} \text{ [AT]} \qquad (4.31)$$

마찬가지 방법으로 B 점의 자위 U_B 는 다음과 같다.

$$U_B = \frac{1}{4\pi\mu_0}\frac{m}{r_2} \text{ [AT]} \qquad (4.32)$$

그러므로 U_A 와 U_B의 차를 나타내면 다음과 같다.

$$U = U_A - U_B = -\int_B^A H\cdot dl \text{ [AT]} \qquad (4.33)$$

즉, 두 점 A, B 사이의 자위차는 A 점의 자위와 B 점의 자위차를 나타낸다. 자계 H 의 l 방향의 성분을 H_l 이라 하면 다음과 같은 관계가 있다.

$$H_l = H\cos\theta = \frac{-dU}{dl}\ [\mathrm{AT/m}] \qquad (4.34)$$

또한, U의 성분을 x, y, z 각각의 함수로 나타내면 자계 H는 다음과 같다.

$$H = -grad\,U = -\nabla U = -\left(i\frac{\partial U}{\partial x} + j\frac{\partial U}{\partial y} + k\frac{\partial U}{\partial z}\right)\ [\mathrm{AT/m}] \qquad (4.35)$$

자계 중에서 같은 자위의 점으로 이루어진 면을 등자위면(等磁位面, equipotential surface)이라고 하며 자력선과 직교한다. 그런데 자기에는 전기의 도체에 해당하는 성분이 없으므로 어떤 물체를 자계 중에 놓았을 때 표면이 항상 등자위면이 되는 것은 아니다.

4.3.5 전기 쌍극자

물질은 (−) 전하를 띤 전자와 (+)를 띤 핵이 평형을 이루고 전기적으로 중성을 이루고 있다. 그러나 총 (−) 전하와 총 (+) 전하의 위치가 일치하지 않을 때 (−) 전하를 띤 물질과 (+) 전하를 띤 물질이 일정한 거리를 두고 떨어져 있는 상태를 전기 쌍극자(電氣 雙極子, electric dipole)라고 한다.

자극의 세기가 $\pm m$ [Wb], 길이가 l [m]인 미소 자석이 놓여 있을 때 임의의 점에서 자위 및 자계를 구할 수 있다. 자석의 중심을 좌표의 원점으로 취했을 때 임의의 점 $P(r, \theta)$의 자위 U는 다음과 같다.

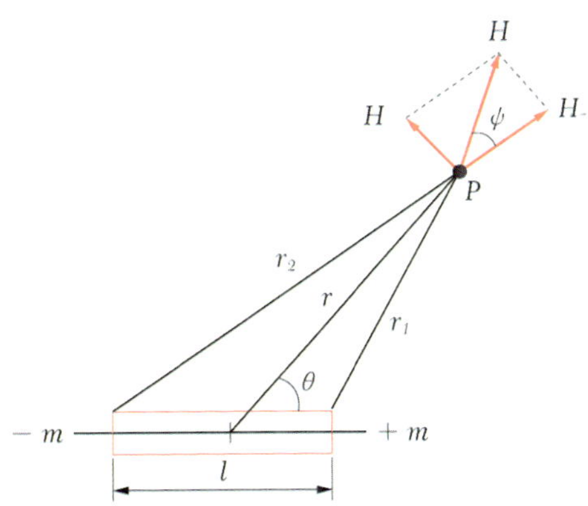

〈그림 4-3-2〉 미소 자석

$$U = \frac{m}{4\pi\mu_0}\left(\frac{1}{r_1} - \frac{1}{r_2}\right) = \frac{m}{4\pi\mu_0}\frac{r_2 - r_1}{r_1 r_2}\ [\mathrm{AT}] \qquad (4.36)$$

r_1 과 r_2 는 다음과 같이 나타낼 수 있다.

$$r_1 \fallingdotseq r - \frac{l}{2}\cos\theta \qquad (4.37)$$

$$r_2 \fallingdotseq r + \frac{l}{2}\cos\theta \qquad (4.38)$$

그러므로 r_1 과 r_2 를 자위 U 의 기본식에 대입하여 정리하면 다음과 같다.

$$U = \frac{m}{4\pi\mu_0}\frac{r_2 - r_1}{r_1 r_2} = \frac{m}{4\pi\mu_0}\frac{\left(r + \frac{l}{2}\cos\theta\right) - \left(r - \frac{l}{2}\cos\theta\right)}{\left(r - \frac{l}{2}\cos\theta\right)\left(r + \frac{l}{2}\cos\theta\right)}$$

$$= \frac{m}{4\pi\mu_0}\frac{l\cos\theta}{\left(r^2 - \frac{l^2}{4}\cos^2\theta\right)}\ [\mathrm{AT}] \qquad (4.39)$$

미소 자석이므로 l 은 매우 작고, 미소 자석의 중심에서 임의의 점 P 까지의 거리 r 은 상대적으로 멀다. 즉, $r \gg l$ 의 관계가 성립하므로 자위는 다음과 같이 나타낼 수 있다.

$$U = \frac{m}{4\pi\mu_0}\frac{l\cos\theta}{r^2}\ [\mathrm{AT}] \qquad (4.40)$$

그리고 자기 모멘트 $M = ml$ [Wb · m] 이므로 다음과 같다.

$$U = \frac{1}{4\pi\mu_0}\frac{M\cos\theta}{r^2}\ [\mathrm{AT}] \qquad (4.41)$$

또한, 임의의 P 의 자계 H 의 r 방향과 이에 대한 수직 방향의 성분을 구좌표계의 미분 방정식으로 나타내면 H_r 및 H_θ 는 다음과 같다.

$$H_r = -\frac{\partial U}{\partial r} = \frac{2M\cos\theta}{4\pi\mu_0 r^3}\ [\mathrm{AT/m}] \qquad (4.42)$$

$$H_\theta = -\frac{1}{r}\frac{\partial U}{\partial \theta} = \frac{M \sin\theta}{4\pi\mu_0 r^3} \text{ [AT/m]} \tag{4.43}$$

즉, 전기 쌍극자의 값과 같은 패턴이 된다. 그리고 임의의 점 P 에서 자계 H 의 크기 및 방향은 다음과 같다.

$$H = \sqrt{H_r^2 + H_\theta^2} = \frac{M}{4\pi\mu_0 r^3}\sqrt{3\cos^2 + 1} \text{ [AT/m]} \tag{4.44}$$

$$\psi = \tan^{-1}\left(\frac{1}{2}\tan\theta\right) \tag{4.45}$$

4.3.6 자화의 근원

자기 모멘트(magnetic moment)는 자기 능률이라 한다. 자기 모멘트의 발생은 흐르는 전류가 만드는 것, 외부 자기장 안에 놓인 자석 또는 전류 회로에 의한 것, 원자핵 주위를 회전하는 전자에 의한 것 등이 있다. 자기는 크기와 방향을 가지는 벡터량으로 N(+)극에서 발산하여 S(−)극으로 수렴한다.

일반적으로 자기장 H 안에 자석 또는 전류 회로를 놓으면 자석이나 회로에는 모멘트를 가진 짝힘이 작용한다. 특히 자기 모멘트의 방향이 자기장에 수직일 때 최대의 모멘트를 갖는 짝힘이 생긴다. 또한, 원자 내에서 원자핵의 주위를 회전하는 전자의 경우도 폐회로를 흐르는 전류와 등가이므로 자기 모멘트를 생각할 수 있다. 즉, 궤도 자기 모멘트는 연속적인 값을 가질 수 없고 자기 모멘트의 최소 단위에 정수를 곱한 보어 마그네톤(Bohr magneton)이라는 비연속적인 값만을 얻을 수 있다.

원자의 자기 능률을 나타낸 것으로 스핀 자기 능률 M_s (spin magnetic moment)와 궤도 운동 자기 능률 M (orbital motion magnetic moment)을 나타낸 것이다. '0' 점을 중심으로 $+e$ 인 전하를 갖는 원자핵이 있으며, 그 주위를 반지름 r 의 궤도 운동을 하고 있는 $-e$ 의 전하를 갖는 전자가 자전하고 있는 것을 나타내고 있다. 즉, 전자는 자전하면서 원자핵의 주위를 궤도 운동하고 있는 것이다.

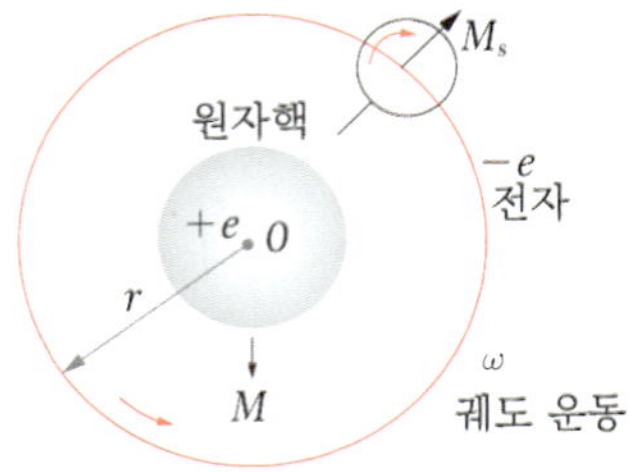

〈그림 4-3-3〉 원자의 자기 능률

전자의 궤도 운동을 구하기 위해 반지름 r 의 원운동을 하고 있는 전자의 회전 각속도를 ω 라 하면 매초 $\omega/2\pi$ 회의 속도로 회전하므로 이 전자의 회전에 의해서 발생하는 전류 $I = -e\omega/2\pi$ [A] 이다. 전류 I[A]가 단면적 S[m^2]을 포위하는 폐회로에서 발생되는 자기 능률 $M = \mu_0 NSI$[Wb·m]이다. 그리고 코일의 감은 수 N 을 '1' 이라 하면 $M = \mu_0 SI$[Wb·m]이 되고, 단면적 $S = \pi r^2$ [m^2]을 대입하면 전자의 궤도 운동에 따른 자기 능률(M)은 다음과 같다.

$$M = \mu_0 \left(-\frac{e\omega}{2\pi} \right) \pi r^2 = -\frac{1}{2} \mu_0 e \omega r^2 \ [\mathrm{Wb \cdot m}] \quad (4.46)$$

이 전자의 질량이 m 일 때 전자의 각운동량 $P = m\omega r^2$ 이므로 궤도 운동 자기 능률 M (orbital motion magnetic moment)은 다음과 같이 표현된다.

$$M = -\frac{\mu_0 e}{2m} P \ [\mathrm{Wb \cdot m}] \quad (4.47)$$

궤도 운동 자기 능률만을 실험적으로 실증할 수 없으므로 궤도 운동 이외의 전자는 다른 각운동량이 있을 것으로 가정한다. 그리고 그 때의 에너지를 스핀 자기 능률 M_s (spin magnetic moment)라 정의한다. 실험에 의해 입증된 결과에 의하면 스핀 자기 능률은 각운동량 P 는 다음과 같은 관계가 있다.

$$M_s = -\frac{\mu_0 e}{m} P \ [\mathrm{Wb \cdot m}] \quad (4.48)$$

즉, 스핀 자기 능률은 궤도 운동 자기 능률의 2 배가 되는 것을 알 수 있다. 이것을 일반화하여 나타내면 다음과 같다.

$$M = -g\frac{\mu_0 e}{2m}P\ [\mathrm{Wb \cdot m}] \qquad (4.49)$$

g 는 자이로 자기 계수(磁器係數, gyromagnetic coefficient)라고 한다. 궤도 운동에 대해서는 $g=1$, 스핀에 대해서는 $g=2$ 가 된다. 강자성체는 스핀에 대하여 $g=2$ 또는 '2' 에 가까운 값이 실측되고 있다. 강자성체의 역할은 $g=2$ 인 스핀에 의한 자기능률이므로 강자성체에 대한 자성의 본질이다.

4.3.7 히스테리시스 곡선

니켈, 철, 코발트, 망간 등과 같은 강자성체(强磁性體, ferromagnetic)를 자화시킬 때 자계의 세기 H 를 증가시키면 자속 밀도 B 도 증가하게 된다. 그러나 자계의 세기를 계속 증가시켜도 자속 밀도는 어느 범위에 이르면 증가하지 않게 되는데 이와 같은 현상을 자기 포화(磁氣 飽和, magnetic saturation)라 한다.

자계의 세기 H 와 자속 밀도 B 의 관계를 나타낸 것인데 이 곡선을 자화 곡선(磁化曲線, magnetization curve) 또는 $B-H$ 곡선이라고 한다.

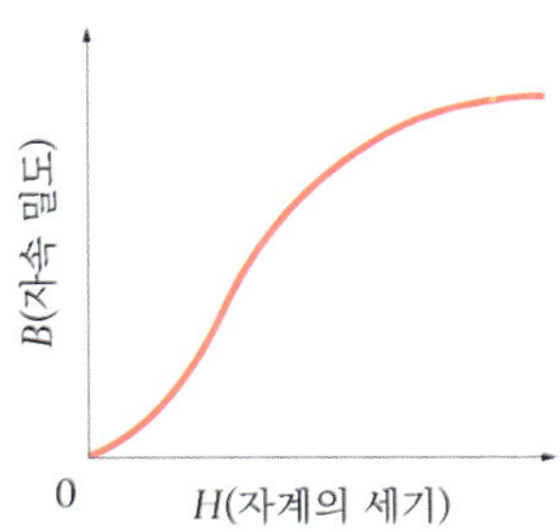

〈그림 4-3-4〉 자화 곡선

자화되지 않은 강자성체를 자장 중에 놓고 자계의 크기를 <그림 4-3-5>의 $0 \rightarrow +H_m \rightarrow 0 \rightarrow -H_m \rightarrow 0 \rightarrow +H_m$ 과 같이 변화시키면 철편 중의 자속 밀도 B 는 $0 \rightarrow a \rightarrow b \rightarrow c \rightarrow d \rightarrow e \rightarrow f \rightarrow a$ 와 같이 변화한다.

이 경우 B 와 H 의 관계를 표시한 곡선을 히스테리시스 곡선(hysteresis loop)이라고 한다. 자성체를 $+H_m$ 으로 자화시킨 후 자계의 세기 H 를 '0' 으로 하여도 자성체는 B_r 값만큼 자기가 남게 되는데 이를 잔류 자기(殘留 磁氣, residual magnetization)라고 한다.

이 잔류 자기 B_r 값을 '0' 으로 만드는데 소요되는 자계의 크기 H_c 를 보자력(保磁力, coercive force)이라고 한다.

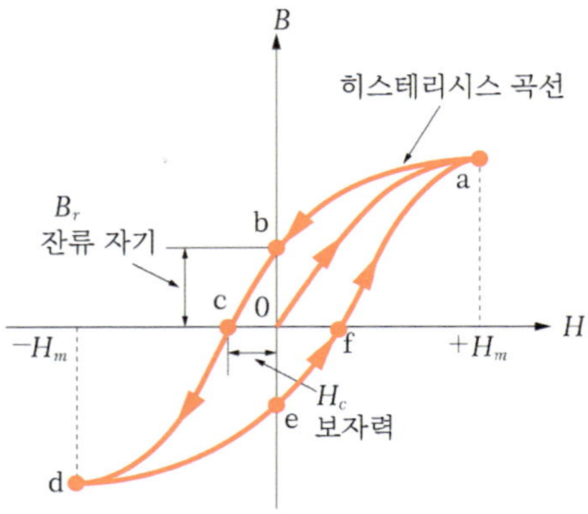

〈그림 4-3-5〉 히스테리시스 곡선

히스테리시스 환을 1 회 그려서 처음의 a 점에 되돌아가면 히스테리시스 환의 면적만큼 여분의 에너지가 필요로 하게 됨을 알 수 있다.

$$w_k = \oint H \cdot dB = \text{히스테리시스 내의 면적} \tag{4.50}$$

자계의 에너지는 처음과 동일하므로 히스테리시스 면적에 해당하는 에너지는 손실이며, 이것은 열로 발산된다는 것이 확인되었다. 전기기기에서는 대부분 교류를 사용하므로 1 [Hz]에서 w_h 만큼의 에너지가 소비되므로 매초 f [Hz]에서는 단위체적당 다음과 같은 손실이 발생한다.

$$P_h = f\, w_h \ [\mathrm{W/m^3}] \tag{4.51}$$

P_h 는 히스테리시스 손실이며, 규소강(硅素鋼, silicon steel)을 사용함으로써 줄일 수 있다. 그리고 스테인메츠(Steinmetz) 는 여러 가지 전기기기용 자성체를 조사하여 w_h 가 최대 사용 자속 밀도의 약 1.6 제곱에 비례한다는 실험식을 다음과 같이 얻었다.

$$w_h = \eta\, B_m^{1.6}\ [\mathrm{J/m^3}] \tag{4.52}$$

이 실험식에서 η 는 히스테리시스 계수(hysteresis coefficient)라고 부르며, 재료에 따라 다른 값을 나타낸다. 또한, B_m 의 지수 1.6 은 스테인메츠의 상수(Steinmetz's constant)라고 부른다.

4.3.8 앙페르의 오른나사 법칙

도선에 전류가 흐를 때 그 주위에 자계가 발생한다는 현상을 1820년 덴마크의 물리학자 에르스텟(H. C. Oersted, 1777~1851)에 의해서 발견되었다. 에르스텟은 도선 가까이에 놓은 자침이 도선에 흐르는 전류에 의하여 움직인다는 사실로부터 전류가 흐르는 도선 주위에 자계가 발생된다는 것을 발견하였다. 도체 주위에는 동심원상으로 철가루가 배열되는 것을 볼 수 있는데 이로 미루어 보아 도체에 전류가 흐르면 도체 주위에는 자기장이 형성됨을 알 수 있다.

그 후 1822년 프랑스의 과학자 앙페르(A. M. Ampere, 1775~1836)의 실험적 연구에서 중요한 법칙을 발견하였다. 이때 자기력선의 방향은 전류가 흐르는 방향으로 오른나사가 진행할 때 나사의 회전 방향과 일치한다. 이것을 앙페르의 오른나사 법칙(Ampere's right-handed screw rule)이라고 한다.

4.3.9 플레밍의 법칙

존 앰브로즈 플레밍(John Ambrose Fleming, 1849~1945)은 영국의 전기기술자이며 물리학자이다. 플레밍의 법칙은 전류, 자장, 도체 운동의 3방향에 관한 것으로 플레밍의 오른손 법칙(Fleming's right hand rule)과 플레밍의 왼손 법칙(Fleming's left hand rule)으로 이루어져 있다.

(1) 플레밍의 왼손 법칙

N 극과 S 극으로 형성된 자기장 B [Wb/m^2] 내에 도체를 놓고 도체에 직류 전류 I [A]를 흘려주면 도체는 힘을 받아 움직이게 되는데 이 힘 F 를 전자력(電磁力, *e.m.f*, electromagnetic force)이라고 한다. 그런데 전자력의 크기 F [N]은 다음 식으로 나타낼 수 있다.

$$F = BI\ell \sin\theta \ [\mathrm{N}] \tag{4.53}$$

여기서, B는 자속 밀도 [Wb/m^2], I는 전류 [A], ℓ은 도체의 길이 [m]이다.

전자력에 의한 도체의 이동 방향은 플레밍의 왼손 법칙(Fleming's left hand rule)에 따른다. 이 법칙은 왼손의 세 손가락을 서로 직각으로 펼치고 둘째손가락을 자기장 방향, 셋째손가락을 전류의 방향에 일치시킬 때 엄지손가락 방향이 도체의 운동 방향이 된다. 전동기의 회전 방향은 플레밍의 왼손 법칙에 의하여 결정된다.

(2) 플레밍의 오른손 법칙

전자 유도에 관한 실험 방법을 나타낸 것으로 N극과 S극 사이의 자기장 내에 있는 도체를 상하로 움직이게 되면 도체에 기전력이 유도되어 검류계의 바늘이 움직이게 된다. 마찬가지로 코일 내부로 자석을 넣었다 뺐다 하면 코일에 기전력이 유도되어 검류계의 바늘이 움직이게 된다. 이러한 현상들을 전자 유도(電磁 誘導, electromagnetic induction)라고 한다. 이때 N극과 S극 사이의 자기장 B 내에서 도체가 힘 F의 방향으로 운동을 하게 될 때 유도되는 전류 I의 방향을 나타낸 것이 플레밍의 오른손 법칙(Fleming's right hand rule)이다.

이 법칙은 오른손의 세 손가락을 서로 직각으로 펼치고 첫째손가락을 도체의 운동 방향, 둘째손가락을 자기장의 방향에 일치시킬 때 셋째손가락의 방향이 전류가 흐르는 방향이 된다. 발전기의 전압 발생 방향은 플레밍의 오른손 법칙에 의하여 결정된다.

4.3.10 비오-사바르의 법칙

프랑스의 물리학자 비오(Jean-Baptiste Biot, 1774 ~ 1862)와 그의 조수인 사바르(Félix Savart 1791 ~ 1841)는 1820년 전류가 흐르는 도선에 의해 만들어지는 자기장의 세기를 계산할 수 있는 적분식을 제안했다. 이것을 비오-사바르의 법칙(Biot-Savart's law)이라고 부르며, 자석의 성질은 전기와 무관한 성질이 아니라 전하에 의해 만들어지는 성질이라는 것이 밝혀졌다.

즉, 전선에 흐르는 전류에 의해서 발생되는 자계의 세기는 전류의 크기와 거리에 따라 다르게 된다. 전류 I [A]가 흐르는 도체의 미소 부분 dl [m] 지점에서 r [m] 떨어진 P 점의 자계의 세기 dH [A/m]는 dl 과 점 P를 연결하는 방향이 dl 과 이루는 각을 θ [rad]라고 할 때 다음과 같이 나타낸다. 이 식을 비오-사바르의 법칙(Biot-Savart's law)이라고 한다.

$$dH = \frac{Idl\sin\theta}{4\pi r^2}\ [\mathrm{AT/m}] \tag{4.54}$$

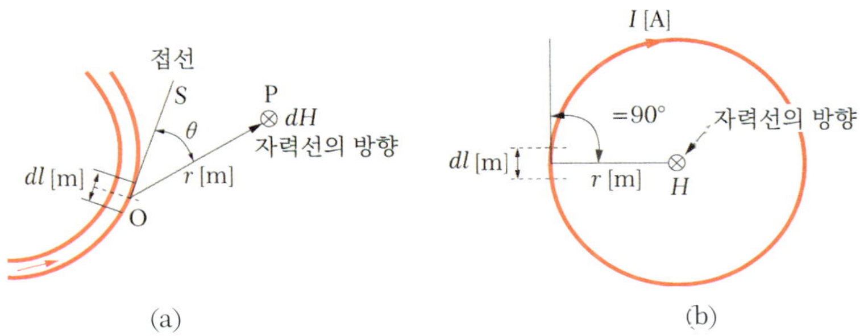

〈그림 4-3-6〉 비오-사바르의 법칙

예를 들면 반지름이 r [m]인 원형 코일에 전류가 흐를 때 원형 코일의 중심에서의 자계의 세기 H_0 는 다음과 같이 나타낸다.

$$H_0 = \int_0^{2\pi r}\frac{Idl\sin 90^0}{4\pi r^2} = \frac{I}{4\pi r^2}\int_0^{2\pi r} dl\ [\mathrm{AT/m}] \tag{4.55}$$

반지름 $r[\mathrm{m}]$, 구의 표면적 $S = 4\pi r^2[\mathrm{m}^2]$이면 구의 원둘레 $l = 2\pi r[\mathrm{m}]$ 이다. 만일 원형 코일의 감은 횟수가 N 일 경우에 자계의 세기는 다음과 같다.

$$H = \frac{NI}{2r}\ [\mathrm{AT/m}] \tag{4.56}$$

4.3.11 자기력(磁氣力, magnetic force)

자기력은 자극 사이에 작용하는 힘을 의미한다. 즉, 자석과 같이 자성을 가진 물체가 서로 밀거나 당기는 힘이며 자력이라 한다. 자기 쌍극자인 자석의 경우 종류가 다른 N극과 S극 사이에는 인력(引力, attractive force)이 작용하고, 같은 종류의 N극과 N극, S극과 S극 사이에는 척력(斥力, repulsive force)이 작용한다. 자극의 세기에 비례하는 양의 어떤 실체가 각각의 자극에 존재한다고 하면 두 자극 사이의 거리가 멀수록 자기력이 약하고, 거리가 가까울수록 자기력이 강하다.

또한, 같은 거리의 자석이라 하더라도 자석의 힘이 강할수록 자기력이 강하다. 자기장의 방향은 그 점에 놓인 나침반의 N극이 가리키는 방향으로 표시한다. 따라서 자석 주위의 자기장의 방향은 자석의 N극에서 멀어지는 방향이며 자기력선을 그렸을 때 자기력선의 접선 방향이 된다.

자기장 내에서 운동하는 대전 입자 q가 받는 자기력 $\overrightarrow{F_B}$는 입자 $\vec{v}$와 자기장 $\vec{B}$의 벡터곱으로 표현할 수 있다.

$$\overrightarrow{F_B} = q\,\vec{v} \times \vec{B}\ [\mathrm{N}] \tag{4.57}$$

다시 말해 운동하는 대전 입자가 받는 자기력의 방향은 입자의 운동 방향과 자기장의 수직인 방향이고 크기는 다음과 같다. 이때 자기장의 단위는 테슬라[T]를 사용하며 자기력은 뉴턴[N]을 사용한다.

$$F_B = qvB\sin\theta\ [\mathrm{N}] \tag{4.58}$$

1 [m/s]의 속력으로 움직이는 1 [C]의 전하가 1 [T]의 자기장을 수직으로 통과할 때 이 전하는 1 [N]의 자기력을 받게 된다. 자기력은 입자가 움직일 때만 작용하며 속력이 클수록 자기력이 크다.

자기력의 크기를 측정하는 장치로 보통 지구자기의 세기와 방향을 측정하는 기기를 가리키지만 넓은 의미로는 물체가 가진 자화의 세기를 재는 장치를 포함한다. 원리적으로는 자기장 속에 수평으로 자석을 매달고, 자석이 움직이는 방향을 측정하는 것과 자기장 속에서 코일을 회전시키고 코일에 발생하는 유도기전력을 측정해서 자기장의 세기를 재는 것 등이 있다.

section 4.4 전자기파

4.4.1 전자기파의 성질

전자기파(電磁氣波, electromagnetic wave)는 전기장과 자기장이 시간에 따라 변할 때 발생하는 에너지와 운동량이다. 매질이 없어도 공간을 통하여 한 영역에서 다른 영역으로 전파된다. 전자기파의 예로 빛, X선, 적외선, 자외선, 라디오파, 마이크로파 등이 있다.

주기적으로 세기가 변화하는 전자기장이 공간 속으로 전파해 나가는 현상으로 전자파(電磁波, electron wave)라고도 한다. 전자기파를 구성하는 전기장과 자기장은 서로 수직을 이루고, 전자기파는 전기장과 자기장에 수직인 방향으로 진행한다.

그리고 맥스웰 방정식(Maxwell's equations)에 따라 변화하는 전기장은 변화하는 자기장을 만들어 내며, 변화하는 자기장은 다시 패러데이의 법칙에 따라 변화하는 전기장을 유도한다. 이렇게 주기적으로 세기가 변화하는 전기장과 자기장의 한 쌍이 공간 속으로 전파되는 것을 전자기파라고 한다.

https://en.wikipedia.org/wiki/Electromagnetic_radiation

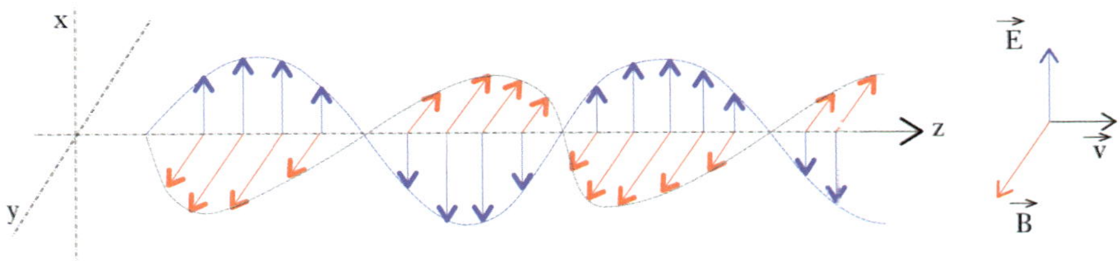

〈그림 4-4-1〉 A linearly polarized sinusoidal electromagnetic wave, propagating in the direction +z through a homogeneous, isotropic, dissipationless medium, such as vacuum. The electric field (blue arrows) oscillates in the ±x-direction, and the orthogonal magnetic field (red arrows) oscillates in phase with the electric field, but in the ±y-direction.

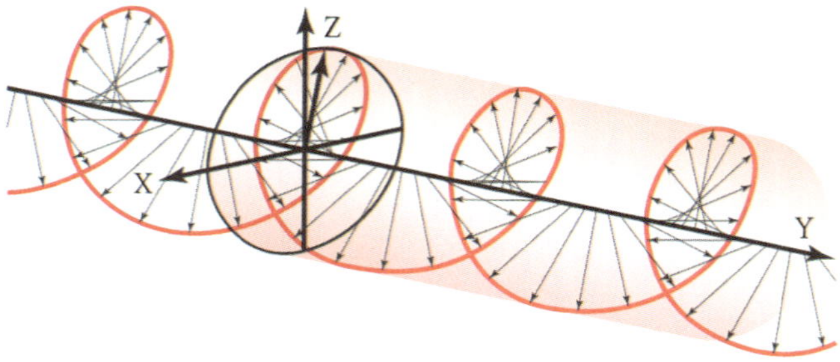

〈그림 4-4-2〉 Electromagnetic waves can be imagined as a self-propagating transverse oscillating wave of electric and magnetic fields. This 3D animation shows a plane linearly polarized wave propagating from left to right. Note that the electric and magnetic fields in such a wave are in-phase with each other, reaching minima and maxima together.

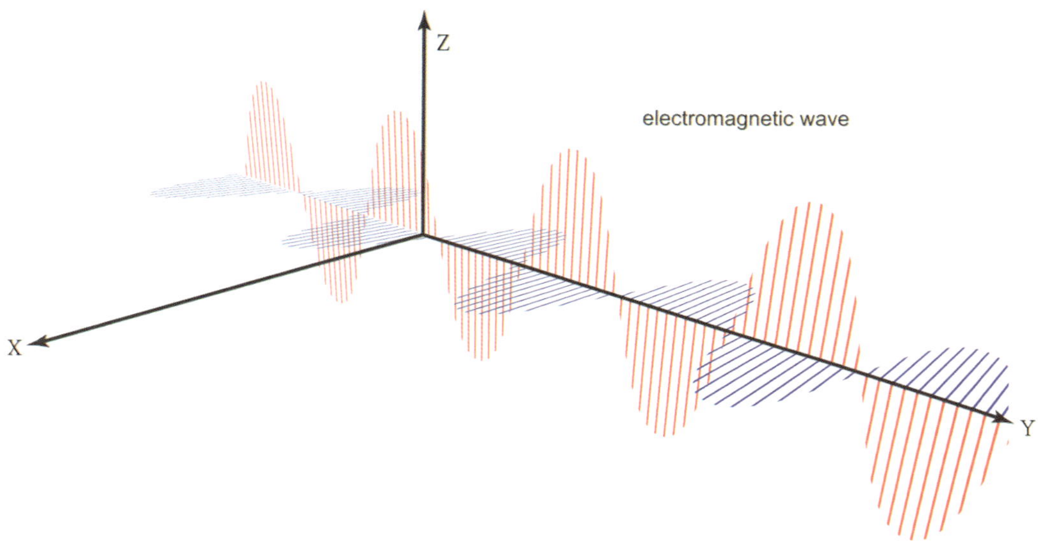

〈그림 4-4-3〉 Representation of the electric field vector of a wave of circularly polarized electromagnetic radiation.

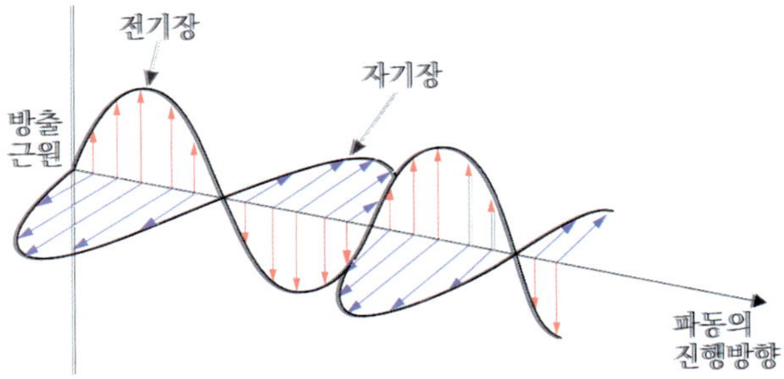

〈그림 4-4-4〉 전기장과 자기자의 진행 방향

전자파는 주로 파장의 길이가 약 1 [mm] 이상인 전자기파를 전파(라디오파)라고 부른다. 막대기로 수면의 한 점을 주기적으로 반복해 때리면 그 점을 중심으로 물결파가 발생하여 주변으로 멀리 퍼져 나간다. 같은 원리로 주기적으로 진동하는 전하는 시간에 따라 변화하는 전기장의 파동을 만든다.

전자기파는 횡파에 속하므로 가로방향으로 진행한다. 그리고 파장, 세기, 진동수에 상관없이 일정한 속력 3×10^8 [m/s]으로 퍼져나간다. 또한, 전자기파는 빛과 같이 반사, 굴절, 회절, 간섭을 하며 광자의 운동량과 에너지를 갖는다.

전자기파의 속도는 맥스웰의 전자기 이론에 의해 구할 수 있다. 유전율 ε, 투자율 μ 인 매질에서의 전자기의 속도는 다음과 같이 표현된다.

$$v = \frac{1}{\sqrt{\epsilon \mu}} \ [\mathrm{m/s}] \tag{4.59}$$

진공 속에서의 유전율(ϵ_0)과 투자율(μ_0)은 다음과 같다.

$$\epsilon_0 = 8.855 \times 10^{-12} \ [\mathrm{c^2/N \cdot m^2}] \tag{4.60}$$

$$\mu_0 = 4\pi \times 10^{-7} = 1.26 \times 10^{-6} \ [\mathrm{N/A^2}] \tag{4.61}$$

진공 속에서의 전자기파의 속도는 빛의 속도와 같으며 다음과 같다.

$$c = \frac{1}{\sqrt{\epsilon_0 \mu_0}} \fallingdotseq 3 \times 10^8 \ [\mathrm{m/s}] \tag{4.62}$$

또한, 이는 진공에서의 광속 c 와 같다. 따라서 빛도 전자기파의 일종임을 알 수 있다.

이러한 사실은 굴절률 실험을 통해서도 확인할 수 있다.

$$n = c\sqrt{\epsilon_0 \mu_0} \tag{4.63}$$

매질이 있어야만 진행할 수 있는 음파와는 다르게 전자기파는 매질이 없어도 진행할 수 있다. 따라서 공기 중은 물론이고, 매질이 존재하지 않는 우주공간에서의 전자기파의 전달이 가능하다.

그러나 공기에 비해 밀도가 높은 수중에서는 전자기파의 감쇠가 크게 나타나 수중의 물체를 탐사하는 데는 적합하지 않다. 따라서 전자기파는 물의 표면에서 일어나는 현상을 관측하는데 이용되며, 수중의 물체를 탐지하는 데에는 음파가 주로 사용된다.

4.4.2 전자기파의 종류 및 특징

(1) 전자기파의 종류

전자기파는 진동수와 파장의 길이에 따라 분류될 수 있다. 그러나 전자기파는 진동수와 파장의 범위가 넓으며 일부는 겹쳐지기도 하여 정확한 구분이 어렵기도 하다.

① 라디오파

라디오파(radio wave)는 약 1 [mm] 이상의 파장으로 전도성 도선 속에서 전하를 가속하여 발생시킨다. 라디오와 텔레비전 통신 등에 사용된다.

② 마이크로파

단파장 라디오파인 마이크로파(microwave)는 약 1 [mm]에서 30 [cm] 사이의 파장으로 전자 장치에 의해 발생된다. 레이더, 물질의 원자나 분자적 성질의 연구, 전자레인지 등에 사용된다.

③ 적외선

적외선(赤外線, IR, infrared rays)은 약 1 [mm]에서 가시광선의 가장 긴 파장인 760 [nm] 사이의 파장으로 뜨거운 물체와 분자에 의해 발생된다. 적외선 복사를 이용하여 물리 치료, 적외선 사진 등에 응용된다.

④ 가시광선

가시광선(可視光線, visible ray)은 사람의 눈으로 검출되는 스펙트럼의 범위로 4×10^{-7} [m]의 파장인 보라색에서 7×10^{-7} [m]의 파장인 빨강색까지의 색으로 구분된다.

⑤ 자외선

자외선(紫外線, UV, ultraviolet rays)은 약 400 [nm]에서 0.6 [nm] 사이의 파장으로 태양이 중요한 원천이다. 태양에서 나오는 대부분의 자외선은 대기권 상층부나 성층권의 원자에 흡수된다.

⑥ X선

X선(X-rays)은 약 10 [nm]에서 10^{-4} [nm] 사이의 파장으로 고에너지로 가속된 전자를 금속 표적에 충돌 시킬 때 발생한다. 물질의 내부 투시 검사 및 의학의 진단 및 치료 등에 활용된다.

⑦ 감마선

감마선(gamma ray)은 약 10^{-10} [m]에서 10^{-14} [m] 사이의 파장으로 방사성 핵에 의해 방출된다. 감마선은 투과성이 강하고 생체 조직에 흡수되면 심각한 손상을 입힌다.

(2) 전자기파의 특징

전자기파는 전기장과 자기장으로 구성되어 있어서 주기적으로 변화하며, 파장의 길이에 따라 다른 성질을 가지고 있다. 전자기파는 비슷한 성질을 가진 파의 구간을 정하여 파장이 긴 영역부터 라디오파, 마이크로파, 적외선, 가시광선, 자외선, X선, 감마선 등으로 분류되며 다음과 같은 특징이 있다.

① 전기장의 진동 방향, 자기장의 진동 방향, 전자기파의 진행 방향은 항상 서로 수직이다.
② 공간상의 한 점에서 유도 전기장과 유도 자기장은 서로 동일한 위상으로 변화한다.
③ 전기장과 자기장의 변화에 의하여 진행하는 파동으로 매질이 없는 진공 중에서도 전파한다.
④ 전자기파의 진공에서의 전파 속도는 모두 $c = 3 \times 10^8$ [m/s] 로 같다.

4.4.3 맥스웰 방정식(Maxwell's equations)

영국의 물리학자 맥스웰(James Clerk Maxwell, 1831.6.13 ~ 1879.11.5)이 1873년에 전기와 자기의 통합으로 고전 전자기학을 완성한 방정식이다.

① Gauss's law for electricity (가우스의 법칙, 전기장과 전하의 관계)

전기장(E)의 원천은 전하(電荷, electric charge)이다. 양전하와 음전하가 모두 가능하며, 독립적으로 존재할 수 있다는 것을 설명하였다.

$$\oint \vec{E} \cdot d\vec{s} = \frac{q}{\epsilon_0} \tag{4.64}$$

② Gauss's law for magnetism (자기장에 대한 가우스 법칙)

자기장(B)의 원천은 자하(磁荷, magnetic charge)에서 생겨나지 않는다. 자기단극은 존재하지 못한다는 것을 의미하며, 자하는 언제나 N극과 S극이 쌍(双, pair)으로 존재한다는 것이다.

$$\oint \vec{B} \cdot d\vec{s} = 0 \tag{4.65}$$

③ Faraday's law of induction (패러데이 법칙)

전기장은 시간적 변화를 통해서 전기장을 만들어낸다. 즉, 전자유도에 대한 것으로 하나의 회로에 의해서 생기는 기전력은 이 회로의 지속 쇄교수의 시간에 대한 변화비율에 비례한다는 것이다. 또한, 전기 분해에 의해서 전극에 석출되는 물질의 양은 물질의 종류가 같은 때는 용액을 통과하는 전기량에 비례하고, 용액을 통과하는 전기량이 같은 때는 물질의 화학 상량에 비례한다는 것이다.

$$\oint \vec{E} \cdot dl = -\frac{d\Phi_s}{dt} \tag{4.66}$$

④ Ampere's law (암페어의 법칙)

전기장의 시간적 변화는 자기장을 만들어낸다. 즉, 자기장은 전류 또는 변하는 전기장에 의해 생성되며, 이때 전류의 흐름이 발생한다. 맥스웰은 축전기에서 전계가 변화할 때 자기장이 발생한다는 것을 측정하였고, 이로써 전선뿐만 아니라 전계의 강도가 변화하는 모든 곳에서 자기장이 발생한다는 것을 입증하였다.

$$\oint \vec{B} \cdot dl = -\mu_0 i \tag{4.67}$$

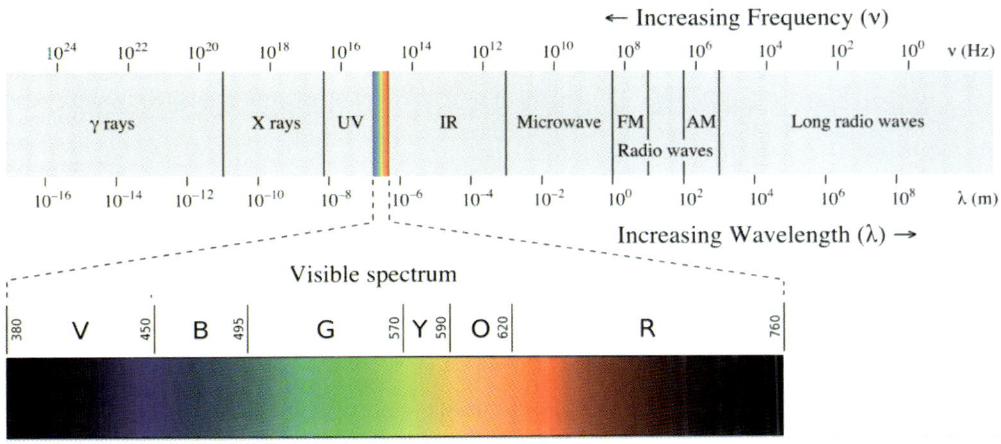

〈그림 4-4-5〉 Electromagnetic spectrum with visible light highlighted.

section 4.5 포인팅 벡터 및 로렌츠의 힘

4.5.1 포인팅 벡터

포인팅 벡터(Poynting vector)는 영국의 물리학자 조셉 헨리 포인팅에 의하여 1883년 도출된 전자기장의 에너지 흐름을 나타내는 벡터를 말한다.

포인팅 벡터는 공간에서 방사 전계와 방사 자계는 상호 직각이며, 그 위에 그 양쪽의 전파 방향이 직각인데 이와 같을 때 전파 방향에 직각인 단위 면적을 통과하여 흐르는 전자 에너지이다.

전계 강도를 E [V/m], 자계 강도를 H [A/m]로 하면 회로에서 전압과 전류의 곱을 전력으로 나타나듯이 전계 강도와 자계 강도의 곱($E \times H$)으로 표현되는 전력을 나타내는 것이다.

E와 H의 곱 P로 나타내므로 전류의 흐름에 의해 1 [m^2]에서 흘러나오는 전력이며, 포인팅 벡터는 다음과 같은 수식으로 표현할 수 있다.

$$P = E \times H [\mathrm{V/m \cdot A/m}] = E \times H [\mathrm{VA/m^2}] = E \times H [\mathrm{W/m^2}] \quad (4.68)$$

그러나 전계 강도(E)와 자계 강도(H)의 비는 항상 일정한 $E/H = 120\pi$ 이므로 $H = E/120\pi$ [A/m]의 관계가 성립된다. 120π 인 값은 자유 공간의 임피던스에 해당한다. 따라서 $W = E^2/120\pi$ [$\mathrm{W/m^2}$]로 되어 전계 강도를 알면 그 장소를 통과하는 포인팅 벡터가 계산된다. 즉, 정전계에서 발생되는 정전에너지(u_e)와 정자계에서 생성되는 자계에너지(u_m)은 다음과 같다.

$$u_e = \frac{1}{2} \epsilon_0 E^2 [\mathrm{J}] \quad (4.69)$$

$$u_m = \frac{1}{2} \mu_0 H^2 [\mathrm{J}] \quad (4.70)$$

그러므로 전류가 흐를 때 생성되는 포인팅 벡터(P)는 전계와 자계의 벡터곱(vector cross)으로 표현된다.

$$\vec{P} = \vec{E} \times \vec{H} \ [\mathrm{W/m^2}] \quad (4.71)$$

또한, 전기 기기 및 설비에 전류가 흐를 때 생성되는 전계와 자계에서 생성되는 전자장 에너지(u)는 정전에너지(u_e)와 자계에너지(u_m)의 합으로 표현되그로 다음과 같이 표현된다.

$$u = u_e + u_m = \frac{1}{2}\epsilon_0 E^2 + \frac{1}{2}\mu_0 H^2 \text{ [J]} \tag{4.72}$$

4.5.2 로렌츠의 힘

로렌츠의 힘(Lorentz's force)은 하전입자가 전자기장에서 받는 힘을 의미한다. 전기장의 세기를 E, 자기력선의 밀도를 B, 전자의 전하 q, 속도를 v라고 하면 전자가 받는 로렌츠의 힘 F는 다음과 같이 표현된다.

$$F = F_e + F_m = q(E + v \times B) \text{ [N]} \tag{4.73}$$

즉, 운동하는 전하에는 힘을 미치지만 힘의 방향은 v와 B에 수직이므로 정자기장은 운동하는 하전입자에 대해 일을 하지 않고 운동의 방향을 바꿀 뿐이다. 로렌츠의 힘은 금속의 전자론에도 도입되었는데 이와 같이 간단한 식으로 임의의 전자기장 내에 있는 힘의 작용 전체를 나타낸다.

(1) 움직이는 전자에 전기장을 인가할 때 발생하는 현상

양극으로 달려가는 전자의 방향에 수직으로 다른 전기장을 하나 더 걸어주면 운동 방향에 수직으로 걸린 전기장에 의해 전자가 또 힘을 받게 되므로 전자가 원래 궤도를 벗어나 옆으로 휘게 된다. 따라서 수직으로 걸린 전기장의 방향과 전자가 꺾어지는 방향만 비교해 보면 간단히 전자의 전하가 양인지 음인지 결정할 수 있다. 전기장 방향으로 꺾이면 양의 전하를 가진 것이고, 반대로 꺾이면 음의 전하를 가진 것이다.

도선에 전류를 흘려주면 도선 주위로 자기장이 생겨나며 이것을 암페어의 법칙(Ampere's law)이라 한다. 생겨난 자기장의 방향은 엄지손가락을 전류 방향을 향하게 하고 오른손으로 도선을 감싸 쥘 때 나머지 손가락이 뻗는 방향으로 기억하면 쉽다.

(2) 움직이는 전자에 자기장을 인가할 때 발생하는 현상

전류가 흐르는 도선을 자기장에 놓으면 도선 주위의 자기장은 시계 반대 방향으로 회전하는 원형으로 생긴다. 외부 자기장과 도선에 의해 생겨난 자기장을 합쳐보면 도선의 윗부분은 외부 자기장과 도선에 의한 자기장이 같은 방향을 향하고 있어 자기장이 강해진다. 반대로 아래 부분은 외부 자기장과 도선에 의한 자기장의 방향이 반대여서 자기장이 약해진다.

자기장이 강하다는 말은 자기력선이 조밀하다는 것이고, 자기장이 약하다는 것은 자기력선이 듬성듬성 있다는 말이다. 당연히 도선 입장에서는 아래로 움직이고 싶을 것이다. 다른 말로 도선이 받는 힘은 자기장에 비례하기 때문에 도선을 아래로 미는 힘이 도선을 위로 밀어 올리는 힘보다 크게 되어 둘을 합치면 결국 아래 방향으로 힘을 받게 되는 것이다. 마찬가지로 도선을 없애고 전자가 흐른다고 생각해도 전자는 전하가 마이너스 값을 가지므로 전자는 독자의 눈으로부터 지면 속으로 들어가는 방향으로 생각하면 같은 조건이 된다.

전기장과 자기장이 둘 다 존재할 때 전기장은 자신의 방향으로 힘을 주고, 자기장은 입자의 운동 방향과 자신과의 수직 방향으로 힘을 준다. 각기 별개이니 그냥 더하면 되므로 $F = F_e + F_m$ [N]으로 표현된다. 다만 전기장의 방향, 자기장의 방향, 하전입자의 운동방향 등을 고려해야 하므로 이 식은 3차원 방향을 다 고려한 벡터식이 되어야 한다. 그래서 이 식을 제대로 쓰면 $F = q(E + v \times B)$ [N]이 되고, 힘의 방향은 벡터가 알아서 결정해 준다. 로렌츠의 힘은 톰슨의 음극관 실험뿐 아니라 브라운관 TV, 사이클로트론 가속기의 근본 원리이다. 결론적으로 로렌츠의 힘을 이해하지 못하고서는 전하를 가진 입자들의 운동을 이해할 수 없다.

즉, 전선로에 전기가 흐르고 있다는 것은 전계와 자계가 동시에 흐르고 있다는 것을 의미한다. 그러므로 전기설비 및 기기 등을 개발하여 전기를 제어하기 위해서는 전계와 자계를 동시에 제어할 수 있어야 우수한 제품인 것이다. 그런데 전기의 이동은 빛의 속도와 거의 같고 매우 빠르며 동시 동작으로 다양한 특성을 갖고 있기 때문에 정교한 제어가 매우 어렵다는 단점을 갖고 있다. 특히, 전선로에 전류가 흐를 때 생성되는 누설전류는 저항성누설전류(Igr), 용량성누설전류(Igc), 유도성누설전류(Igl)에 대한 벡터합(vector sum)이다.

여기서, 저항성누설전류(Igr)는 줄의 법칙에서 설명되는 바와 같이 화재를 유발시키는 화재전류이며, 용량성누설전류(Igc)는 설비 및 기기의 오동작을 유발시키는 오동작전류이다. 그리고 건축물 내의 전기설비에서 생성되는 유도성누설전류(Igl)는 그 값이 매우 적어서 회로 해석을 할 때 '0'으로 처리하는 것이 과학적인 판단이다.

따라서 전기설비에 설치하는 우수한 차단기 및 보호 장치는 화재전류(Igr)는 정확하게 검출하여 경보 및 차단할 수 있어야 한다. 동시에 기기 및 설비의 오동작을 유발시키는 오동작전류(Igc)는 일정한 대역(범위)에서 내성이 있도록 설계하는 것이 필요하고, 기기 자체의 포화현상(saturation phenomena) 및 오동작(malfunction)을 유발시키지 않는 것이 좋은 제품이다.

section 4.6 차단기의 한계점 및 누설전류의 종류

4.6.1 차단기의 종류 및 특징

(1) 차단기의 정의

차단기(遮斷器, circuit breaker)는 전기회로에 과전류 즉, 정격전류 이상의 전류가 흐를 때 이로 인한 사고를 예방하기 위해 전류의 흐름을 끊는 기계 기구이다. 퓨즈와 같은 용도로 사용되나 퓨즈는 한번 작동되면 새로운 것으로 대체해야 하지만 차단기는 계속 사용할 수 있는 장점이 있다.

(2) 차단기의 종류

차단기의 종류는 기본적인 원리를 응용하여 목적에 따라 여러 종류의 차단기를 만들 수 있다. 차단기를 동작별로 구분하면 전류동작형, 전압동작형, 전력형 등으로 나눌 수 있다. 그리고 전류동작형은 다시 전자식과 기계식으로 나뉜다. 정격감도별로 구분하면 고감도형, 중감도형, 저감도형 등이 있고, 각각 작동 속도에 따라 고속형과 시연형 등이 있다.

한국 및 대부분의 국가에서는 전류동작형 차단기를 채택하고 있으며, 대표적인 차단기는 인체의 감전사고 예방을 목적으로 설치하는 누전차단기와 전기설비사고를 예방하기 위해 설치하는 배선차단기 등이 있다.

(3) 차단기의 규정 조건 및 확인 방법

누전차단기에 대한 규정은 한국산업규격(KS, Korean Industrial Standards)을 획득한 제품이면 되고, 그 밖의 모든 인증 및 평가 등은 참고 사항이다.

즉, 추가 인증이 많다고 제품의 성능이 우수하거나 좋다고 판정하는 것은 생산자의 주장을 동조하는 오류를 범할 수 있으므로 자체 검증시험 및 품평회 등을 실시하여 확인하는 것이 필요하다.

KS는 한국산업규격의 약호이다. KS는 산업 표준화를 위해 제정된 산업 규격을 보급 및 활용하여 제품의 품질 개선과 생산능률의 향상, 거래의 단순화와 공정화의 도모 및 소비자 보호를 위해 만들어진 제도이다. 그리고 KS의 분류 및 번호는 각 부문별로 부문 기호 및 4급수의 번호를 붙인다. KS 마크 표시제도가 있으며 KS 해당 제품에는 KS 마크 ㉿를 붙인다.

[표 4-6-1] KS 기호 및 부문

기호	부문	기호	부문
A	기본	G	일용품
B	기계	H	식료품
C	전기	K	섬유
D	금속	L	요업
E	광산	M	화학
F	토건		

(4) 누전경보기의 화재안전기준(NFSC 205)

제1조(목적)

이 기준은 「화재예방, 소방시설 설치 · 유지 및 안전관리에 관한 법률」 제9조제1항에 따라 소방청장에게 위임한 사항 중 누전경보기의 설치 · 유지 및 안전관리에 필요한 사항을 규정함을 목적으로 한다.<개정 2015.1.23, 2017.7.26.>

제2조(적용범위)

「화재예방, 소방시설 설치 · 유지 및 안전관리에 관한 법률 시행령」(이하 "영"이라 한다) 별표 5 제2호 다목에 따른 누전경보기는 이 기준에서 정하는 규정에 따라 설비를 설치하고 유지 · 관리하여야 한다.<개정 2012.8.20, 2015.1.23, 2017.7.26.>

제3조(정의)

이 기준에서 사용하는 용어의 정의는 다음과 같다.

1. "누전경보기"란 내화구조가 아닌 건축물로서 벽, 바닥 또는 천장의 전부나 일부를 불연재료 또는 준불연재료가 아닌 재료에 철망을 넣어 만든 건물의 전기설비로부터 누설전류를 탐지하여 경보를 발하며 변류기와 수신부로 구성된 것을 말한다.<개정 2012.8.20.>

2. “수신부”란 변류기로부터 검출된 신호를 수신하여 누전의 발생을 해당 특정소방대상물의 관계인에게 경보하여 주는 것(차단기구를 갖는 것을 포함한다)을 말한다. <개정 2012.8.20.>
3. “변류기”란 경계전로의 누설전류를 자동적으로 검출하여 이를 누전경보기의 수신부에 송신하는 것을 말한다.<개정 2012.8.20.>

제4조(설치방법 등)

누전경보기는 다음 각 호의 방법에 따라 설치하여야 한다.<개정 2012.8.20.>

1. 경계전로의 정격전류가 60 [A]를 초과하는 전로에 있어서는 1급 누전경보기를, 60 [A] 이하의 전로에 있어서는 1급 또는 2급 누전경보기를 설치할 것. 다만, 정격전류가 60 [A]를 초과하는 경계전로가 분기되어 각 분기회로의 정격전류가 60 [A] 이하로 되는 경우 당해 분기회로마다 2급 누전경보기를 설치한 때에는 당해 경계전로에 1급 누전경보기를 설치한 것으로 본다.
2. 변류기는 특정소방대상물의 형태, 인입선의 시설방법 등에 따라 옥외 인입선의 제1지점의 부하측 또는 제2종 접지선측의 점검이 쉬운 위치에 설치할 것. 다만, 인입선의 형태 또는 특정소방대상물의 구조상 부득이한 경우에는 인입구에 근접한 옥내에 설치할 수 있다.<개정 2012.8.20.>
3. 변류기를 옥외의 전로에 설치하는 경우에는 옥외형으로 설치할 것<개정 2012.8.20>
   전기설비의 3상 수배전반에 설치하는 누전경보기는 누설전류가 0.2[A], 0.5[A], 1.0[A] 이상 흘러야 작동된다. 따라서 지락 및 단락 등 대형 사고가 발생했을 때만 작동하므로 대부분의 저압 단상 전선로에서 발생되는 누설전류의 검출 기능이 없으므로 전기화재의 경보 및 감전사고의 예방에 효과가 없다.

4.6.2 주택용 차단기 및 산업용 차단기의 특성 비교

전기설비기술기준의 판단기준 부칙 제2015-44호의 제1조 규정이 2017년 1월 1일 변경되었다. 자가용전기설비는 공사계획신고(변경) 시점을 기준으로 적용하며, 일반용전기설비는 사용전 점검 신청일자를 기준으로 적용한다. 다만, 건축법 제11조, 제14조, 주택법 제15조에 의거 2017년 1월 1일 이전에 건축법에 따른 건축허가 또는 신고, 주택법에 따른 사업 승인을 확인할 수 있는 서류를 제출한 것에 대하여는 종전의 기준에 따를 수 있다. [표 4-6-2]는 주택용 및 산업용 배선차단기이며, [표 4-6-3]은 주택용 및 산업용 누전차단기의 KS 표준을 비교한 것이다.

[표 4-6-2] 주택용 및 산업용 배선차단기의 KS 표준 비교

<table>
<tr><th>항목</th><th>주택용 배선차단기 (KS C 8332)</th><th>산업용 배선차단기(KS C 8321)</th></tr>
<tr><td>시험</td><td>KS C IEC 60898-1(주택용 및 이와 유사한 용도의 과전류보호용 차단기-제1부 : 교류용 차단기)</td><td>KS C IEC 60947-2(저전압 개폐장치 및 제어장치-제2부 : 차단기)의 8.(시험) 적용</td></tr>
<tr><td>적용범위</td><td>정격전압 AC 380 [V] 이하
정격전류 125 [A] 이하
정격 단락차단용량 25 [kA] 이하</td><td>정격전압 AC 1,000 [V] 이하
정격전류 2,000 [A] 이하
정격 단락차단용량 200 [kA] 이하</td></tr>
<tr><td>오손등급</td><td>오손등급 2 적용
- 결로에 의한 일시적 전도성 오손</td><td>오손등급 3 적용
- 건조한 비전도성 오손</td></tr>
<tr><td>동작시간 및 동작특성</td><td>과전류 트립
- 정격전류의 1.13배에서 부동작
- 정격전류의 1.45배에서 동작
순시트립 : $I_{\Delta t}$ 0.1초<table><tr><th>형</th><th>범위</th></tr><tr><td>B</td><td>3 In 초과 5 In 이하</td></tr><tr><td>C</td><td>5 In 초과 10 In 이하</td></tr><tr><td>D</td><td>10 In 초과 20 In 이하</td></tr></table></td><td>과전류 트립
- 정격전류의 1.05배에서 부동작
- 정격전류의 1.3배에서 동작
순시트립
- 트립전류 설정값의 80 [%]에서 0.2초 이내 비트립
- 트립전류 설정값의 120 [%] 0.2초 이내 트립</td></tr>
<tr><td>절연특성</td><td>절연저항 측정 : 직류 500 [V] 5초인가 후 절연저항 연속측정
- 조건에 따라 2 [MΩ], 5 [MΩ] 이상
절연내력 측정
- 규정된 시험전압을 1분간 인가</td><td>절연저항 측정 : 없음
절연내력 측정
- 규정된 시험전압을 5초간 인가</td></tr>
<tr><td>기계적 및 전기적 내구성</td><td>부하개폐 : 4,000회
무부하개폐 시험 : 없음</td><td>부하개폐
- 전류프레임별 400~6,000회
무부하개폐
- 전류 프레임별 1,100~4,000회</td></tr>
</table>

In : 정격전류

[표 4-6-3] 주택용 및 산업용 누전차단기의 KS 표준 비교

<table>
<tr><th>항목</th><th>주택용 누전차단기 (KS C 4621)</th><th>산업용 누전차단기 (KS C 4613)</th></tr>
<tr><td>인용표준</td><td>KS C IEC 61009-1, 2-1, 2-2</td><td>KS C IEC 60947-1, 60947-2</td></tr>
<tr><td>시험</td><td>KS C IEC 61009-1의 9.0(시험)</td><td>KS C IEC 60947-2의 8.0(시험)</td></tr>
<tr><td>적용범위</td><td>정격전압 AC 380 [V] 이하
정격전류 125 [A] 이하
정격 단락차단용량 25 [kA] 이하</td><td>정격전압 AC 1,000 [V] 이하
정격전류 2,000 [A] 이하
정격 단락차단용량 200 [kA] 이하</td></tr>
<tr><td>정격</td><td>정격전압 [V]
- AC 110, 220, 380
정격감도전류 [mA]
- 6, 10, 15, 30, 50, 100, 200, 300, 500</td><td>정격전압 [V]
- AC 110, 220, 380, 440, 460, 480, 600, 690
정격감도전류 [mA]
- 6, 10, 15, 30, 50, 100, 200, 300, 500
- 1, 3, 10, 30 [A]</td></tr>
<tr><td>오손등급</td><td>오손등급 2 적용
- 결로에 의한 일시적 전도성 오손</td><td>오손등급 3 적용
- 건조한 비전도성 오손</td></tr>
<tr><td>동작시간 및 동작특성</td><td>과전류 트립
- 정격전류의 1.13배에서 부동작
- 정격전류의 1.45배에서 동작
순시트립 : $I_{\Delta t}$ 0.1초<table><tr><th>형</th><th>범위</th></tr><tr><td>B</td><td>3 In 초과 5 In 이하</td></tr><tr><td>C</td><td>5 In 초과 10 In 이하</td></tr><tr><td>D</td><td>10 In 초과 20 In 이하</td></tr></table></td><td>과전류 트립
- 정격전류의 1.05배에서 부동작
- 정격전류의 1.3배에서 동작
순시트립
- 트립전류 설정값의 80 [%]에서 0.2초 이내 비트립
- 트립전류 설정값의 120 [%] 0.2초 이내 트립</td></tr>
<tr><td>절연특성</td><td>절연저항 측정 : 직류 500 [V] 5초간 인가 후 절연저항 연속측정
- 조건에 따라 2 [MΩ], 5 [MΩ] 이상
절연내력 측정
- 규정된 시험전압을 1분간 인가</td><td>절연저항 측정 : 없음
절연내력 측정
- 규정된 시험전압을 5초간 인가</td></tr>
<tr><td>기타</td><td>누전동작특성 검증 누전전류값 6회
전자부품 경년 변화시험
기계적 충격 및 타격시험
난연성, 내열성, 내부식성 시험</td><td></td></tr>
</table>

In : 정격전류

4.6.3. 기존 차단기의 특징 및 추가되어야 할 성능

(1) 현재 건축물에 설치되고 있는 차단기의 설치목적 및 한계점

[표 4-6-4]는 기존 누전차단기, 누전경보기 및 배선차단기의 설치 목적 및 주요 특징을 나타낸 것이다. 누전차단기는 인체의 감전사고 예방을 위해서 설치하는 것이며, 전기화재 및 설비 사고를 효과적으로 예방하는 데는 한계가 있다. 그리고 배선차단기는 전기설비에 전기를 안정적으로 공급하고 전기설비의 사고 예방을 위해 설치하는 것으로 감전사고 및 전기화재 예방 기능이 없는 기기이다. 또한, NFSC 205에 언급되어 있는 누전경보기는 3상 고압 및 특별고압설비에 설치하는 것으로 전기화재 발생의 대부분인 저압설비에는 그 효과 없으며, 실체 누설전류에 의한 전기화재 발생을 예방하는 기능이 없다. 즉, 3상 전선로에서 발생되는 단락 및 지락사고 등 대용량 전류가 흐를 때 경보하는 기능을 하는 기기이다.

[표 4-6-4] 기존 차단기의 특징

구분	기존 일반 누전차단기 ELB	기존 일반 누전경보기 ELD, NFSC 205	기존 일반 배선차단기 MCCB
설치 목적	인체 및 생명체의 감전 사고를 예방	3상 수배전설비에 설치되며, 단락 및 지락 사고 등을 경보	전선로에 과전류가 흘렀을 때 발생되는 전기설비사고의 예방
특징	고감도형의 동작전류는 30[mA], 작동시간 0.03[s] 이하에서 작동	누전경보기는 누설전류가 0.2[A], 0.5[A], 1.0[A] 이상 흘러야 작동됨	전기기계 및 기구의 전기설비사고를 예방하기 위해 설치함
한계점	전기화재의 발생 가능 전류인 5 ~ 29[mA]의 저항성누설전류(Igr)의 검출 기능, 순간지락 정전보호 기능, 화재경보 표시기능, 용량성누설전류(Igc)의 내성 기능 등이 없음	지락 및 단락과 같은 대형 사고가 발생했을 때만 작동하고, 저항성누설전류(Igr)의 검출 기능, 순간지락 정전보호 기능, 화재경보 표시기능, 용량성누설전류(Igc)의 내성 기능 등이 없음	전기설비사고의 예방을 위한 것이 목적이며, 저항성누설전류(Igr)의 검출 기능, 순간지락 정전보호 기능, 화재경보 표시기능, 용량성누설전류(Igc)의 내성 기능 등이 없음

(2) 기존 누전차단기의 주요 성능 및 조건

[표 4-6-5]는 현재 저압 건축물에 설치되는 저압용 누전차단기의 주요 사양을 나타낸 것이다. 저압 건축물에 설치되는 누전차단기는 반드시 KS 인증을 획득해야 하며, 인체의 감전

사고를 예방할 수 있는 기능이 있어야 한다. 즉, 누전차단기는 인체 및 생명체의 감전 사고를 예방하기 위해 설치하는 최소한의 보호 장치이며, 누전차단기가 설치되었다고 감전 사고를 모두 예방하는 것은 아니다. 또한, 누전차단기는 감전 사고를 예방하기 위한 기기이므로 저항성누설전류(Igr = 화재전류)를 적절하게 검출하고 예방하는 기능은 없는 기기이다.

[표 4-6-5] 현재 저압 건축물에 설치되는 저압용 누전차단기의 주요 사양(예)

<table>
<tr><th colspan="3">사양 및 형명</th><th>슬림형 (Slim Type)</th><th>와이드형 (Wide Type)</th></tr>
<tr><td colspan="3">프레임의 크기 [mm]</td><td>32 × 62</td><td>68 × 70</td></tr>
<tr><td colspan="3">극수(Pole), 소자수(Element)</td><td>2P2E</td><td>2P2E</td></tr>
<tr><td colspan="3">상선식(Phases & Wires)</td><td>1Ø 2W</td><td>1Ø 2W</td></tr>
<tr><td colspan="3">정격전류(Rated Current [A]</td><td>15A, 20A, 30A</td><td>15A, 20A, 30A</td></tr>
<tr><td colspan="3">정격전압(Rated Voltage) AC</td><td>AC 220V</td><td>AC 220V</td></tr>
<tr><td colspan="3">정격감도전류 [mA]</td><td>30</td><td>30</td></tr>
<tr><td colspan="3">동작시간 [s]</td><td>0.03 이내</td><td>0.03 이내</td></tr>
<tr><td colspan="3">정격차단전류 [kA]</td><td>2.5</td><td>2.5</td></tr>
<tr><td colspan="2" rowspan="5">외형치수[mm]
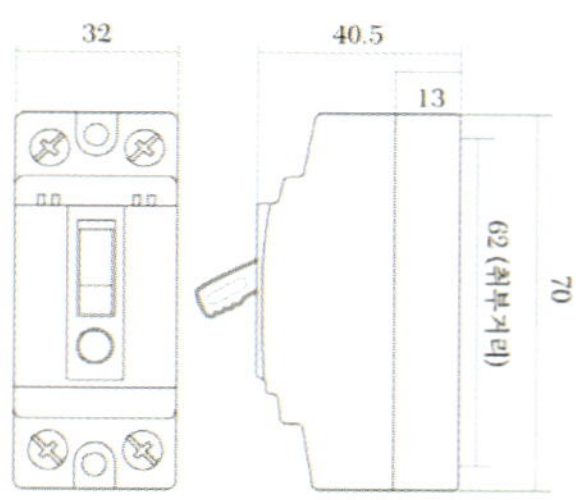</td><td>a</td><td>32</td><td>68</td></tr>
<tr><td>b</td><td>70</td><td>70</td></tr>
<tr><td>c</td><td>40.5</td><td>40.5</td></tr>
<tr><td>d</td><td>13</td><td>13</td></tr>
<tr><td>e</td><td>62</td><td>60.4</td></tr>
<tr><td colspan="3">제품중량 [g]</td><td>89</td><td>123</td></tr>
<tr><td colspan="3">누전검출 트립방식</td><td>전자식 전류동작형</td><td>전자식 전류동작형</td></tr>
<tr><td colspan="3">과전류 트립방식</td><td>열동식 / Thermal</td><td>열동식 / Thermal</td></tr>
<tr><td colspan="3">대기전력[W]</td><td>1</td><td>1</td></tr>
<tr><td colspan="3">부착방식</td><td>나사 및 DIN-Rail</td><td>나사 및 DIN-Rail</td></tr>
<tr><td rowspan="4">부속장치</td><td>보조접점</td><td>AX</td><td>○</td><td>○</td></tr>
<tr><td>경보접점</td><td>AL</td><td>○</td><td>○</td></tr>
<tr><td>단자커버</td><td>TB</td><td>○</td><td>○</td></tr>
<tr><td>절연베리어</td><td>B</td><td>○</td><td>○</td></tr>
<tr><td colspan="3">취득규격</td><td>KS</td><td>KS</td></tr>
</table>

(3) 전기화재 예방 및 오동작 방지를 위해 추가되어야 할 성능 및 이유

[표 4-6-6]은 전기화재를 효과적으로 예방 및 오동작 방지를 위한 기능을 요약한 것이며, 그 이유를 설명한 것이다. 현재 건축물에 설치되는 저압용 누전차단기는 감전 사고를 예방하기 위한 최소한의 규정이며, 전기화재의 유발전류를 효과적으로 검출하고 예방하기 위해서는 저항성누설전류(Igr = 화재전류), 용량성누설전류(Igc = 오동작전류) 등을 구분하여 검출할 수 있는 기능이 있어야 한다. 기존의 누전차단기는 종합누설전류(Ig)를 검출하는 기능만을 갖고 있어서 전선로에 연결된 부하의 종류에 관계없이 단순히 종합전류(I)를 검출하여 차단하는 원리이다.

[표 4-6-6] 효과적인 전기화재 예방 및 오동작 방지를 위한 기능(예)

추가 항목	성능 및 이유(근거)
전기화재 경보 기능	전기화재의 유발 전류인 저항성누설전류(Igr)가 6 ~ 8 mA 흐르면 즉시 LED 전구 또는 표시등으로 표시할 수 있을 것
저항성누설전류(Igr) 검출 기능	저항성누설전류(Igr = 화재전류)가 전선로에 6 ~ 8 mA 흐르면 실시간 검출하여 관리자 또는 사용자가 그 사실을 인지할 수 있는 특성을 보유할 것
용량성누설전류(Igc) 내성 기능	LED 전구, 컴퓨터, 통신기기, 사무기기 등을 많이 사용함에 따라 전선로에 충전전류가 필연적으로 많이 발생되므로 차단기는 90 ~ 120 mA의 용량성 누설전류(Igc = 오동작전류)에 대해 견딜(내성) 수 있을 것. 단, Igc가 120 mA 이상 흐르거나 무한으로 흐르도록 설계된 누전차단기는 내부(자체)에서 포화된 충전전류가 축적되어 누전차단기 자체(내부)에 의한 오동작이 발생할 수 있고, 차단기 수명 역시 저하될 수 있음
순간지락 정전보호 기능	작은 물방울, 나뭇가지, 설치류 등의 순간접촉 및 가벼운 터치에 의해 차단기가 차단되지 않고 견딜(내성) 수 있도록 차단을 지연시킬 수 있으며, 기존의 인체의 감전사고 예방을 위한 성능은 유지할 수 있을 것
대기전력 최소 성능	에너지 정책 및 경제성을 위해 0.1 W 이하의 성능을 유지시킬 것. 대기전력이 적게 흐르면 차단기의 성능 저하를 예방할 수 있고, 사용자는 전기료를 절감할 수 있을 것
사물인터넷(IoT) 단자(wide type)	누전차단기는 정보통신기기와 융합하여 건축물의 전기설비를 실시간 관리하여 전기재해를 효과적으로 예방 및 안전한 전기사용으로 삶의 질을 향상시킬 수 있는 사물인터넷(IoT) 기능이 가능한 단자가 있을 것

section 4.7 전기화재 및 오동작을 유발시키는 전류

4.7.1 용어의 정의

(1) 합성누설전류(Ig)

합성누설전류(Ig)는 저항성누설전류(Igr), 용량성누설전류(Igc) 및 유도성누설전류(Igl)의 벡터 합이다. 그러나 전선로의 누전으로 인한 화재는 저항성누설전류(Igr)에 비례하고, 절연 상태는 저항성누설전류(Igr)에 반비례한다. 그런데 유도성누설전류(Igl)는 건축물 및 공장 등에는 그 크기와 양이 매우 적어서 누설전류를 해석하고 설명할 때 '0'으로 처리한다.

(2) 저항성누설전류(Igr) = 화재전류

저항성누설전류(Igr)는 전선로의 소손 또는 절연저항의 감소 등에 의해서 발생되는 누설전류이다. 따라서 저항성누설전류(Igr)를 실시간 검출하고 적절하게 조치함에 따라 전기화재를 예방할 수 있고, 설비의 수명과 사용의 안전성을 확보할 수 있는 것이다.

(3) 용량성누설전류(Igc) = 오동작전류

용량성누설전류(Igc)는 전선로와 대지 사이에 필연적으로 생성되는 정전용량에 의해서 발생하는 충전전류이다. 따라서 기기, 장치 및 전선로 등에 용량성누설전류(Igc)가 많이 흐르거나 차단기 자체의 내부에서 많이 발생하면 기기나 장치의 수명을 단축시키고 설비의 오동작으로 전원의 공급이 차단되는 문제점을 유발시키는 전류이다.

(4) 유도성누설전류(Igl)

유도성누설전류(Igl)는 전선로가 수십 킬로미터(km) 이상의 긴 전선로에서 발생된다. 그러므로 건축물 및 공장 등에는 그 크기와 양이 매우 적어서 누설전류를 해석하고 설명할 때 '0'으로 처리한다.

(5) 순간지락

순간지락은 지락(地絡, grounding)의 한 형태이다. 지락은 전로와 대지와의 사이에 절연이 저하되어 아크(arc or spark)의 발생 또는 도전성 물질에 의해서 통전으로 전로 또는 기기의 외부에 위험한 전압이 나타나거나 전류가 흐르는 현상이다. 그리고 이 전류를 지락전류라 하며, 이 현상을 일반적으로 누설전류 또는 누전이라고 한다. 이와 같은 사고를 예방하기 위해서는 1) 보호접지의 이행, 2) 누전차단기의 설치, 3) 이중절연기기의 사용 등이 있다. 그리고 순간지락은 전원 단자 사이 또는 전선로 사이에 작은 물방울, 나뭇가지, 설치류 등의 순간접촉 및 가벼운 터치에 의해 발생하는 것으로 전기기기 및 설비에 문제가 없는데도 불구하고 전원 공급이 중단되어 생활이 불편하고 생산시설이 정지되어 피해를 크게 발생시킨다는 문제점이 있다.

(6) 대기전력

대기전력(待機電力, standby power)은 전기기기 및 전기제품의 스위치를 꺼진 상태(OFF)로 했는데도 소비되는 전력을 말한다. 기기 및 장치의 동작과 관계없이 사용자가 의식하지 않는 사이에 소모되는 전기에너지를 말한다. 국제에너지기구는 경제협력개발기구(OECD) 회원국들의 경우 가구당 전력소비량의 10 [%]인 60 [W]가 대기전력일 것으로 추정한다. 미국은 약 5 [%]로 보고되고 있으며 매년 약 13억 달러에 달한다. 즉, 심각한 대기전력의 문제해결을 위해 국제에너지기구는 2010년까지 모든 전자제품의 대기전력을 1 [W] 이하로 줄이도록 세계 각국에 권고했다.

(7) 사물인터넷(IoT)

사물인터넷(IoT, Internet of Things)은 인터넷을 기반으로 모든 사물을 연결하여 사람과 사물, 사물과 사물 간의 정보를 상호 소통하는 지능형 기술 및 서비스를 말한다. 이 용어는 1999년 매사추세츠공과대학교(MIT)의 오토아이디센터(Auto-ID Center) 소장 케빈 애시턴(Kevin Ashton)이 향후 무선인식(RFID, radio frequency identification)[1]과 기타 센서(sensor)를 일상생활에 사용하는 사물에 탑재한 사물인터넷이 구축될 것이라고 전망하면서 처음 사용한 것이다. 사물인터넷은 기존의 유선통신을 기반으로

1) 무선인식은 반도체 칩이 내장된 태그(Tag), 라벨(Label), 카드(Card) 등의 저장된 데이터를 무선주파수를 이용하여 비접촉으로 읽어내는 인식시스템이다.

한 인터넷이나 모바일 인터넷보다 진화된 단계로 인터넷에 연결된 기기가 사람의 개입 없이 상호 간에 알아서 정보를 주고받아 처리한다. 이를 구현하기 위한 기술 요소로는 유형의 사물과 주위 환경으로부터 정보를 얻는 센싱 기술, 사물이 인터넷에 연결되도록 지원하는 유무선 통신 및 네트워크 인프라 기술, 각종 서비스 분야와 형태에 적합하게 정보를 가공하고 처리하거나 각종 기술을 융합하는 서비스 인터페이스 기술이 핵심이며, 사물인터넷 구성 요소에 대한 해킹이나 정보 유출을 방지하기 위한 보안 기술도 필요하다.

4.7.2 전선로에 흐르는 누설전류의 종류 및 특징

전기설비의 기기 또는 전선로의 기능이 열화(劣化, deterioration)되거나 전선로에 접속(촉)된 전기기기의 대지 절연 저항이 저하되면 전기기기 및 전선로에서 대지로 누설전류(漏泄電流, leakage current)가 흐르고 그 양이 커지면 전기화재, 감전사고, 전기설비사고 등을 발생시킨다.

또한, 열화된 전선로나 전기기기가 인체에 접촉되면 인체를 통하여 누설전류가 흐르게 된다. 이와 같은 누설전류가 커지면 전기화재 및 감전 사고를 발생시키며 이것을 저항성누설전류(Igr)라 한다.

전선로의 전선과 대지 사이에는 정전 용량이 필연적으로 형성되는데 이것을 용량성누설전류(Igc)라 하며, 차단기의 오동작 원인이다. <그림 4-7-1>은 전선로에서 발생되는 누설전류의 경로 및 기존 차단기가 합성누설전류(Ig)를 검출하는 원리를 나타낸 것이다.

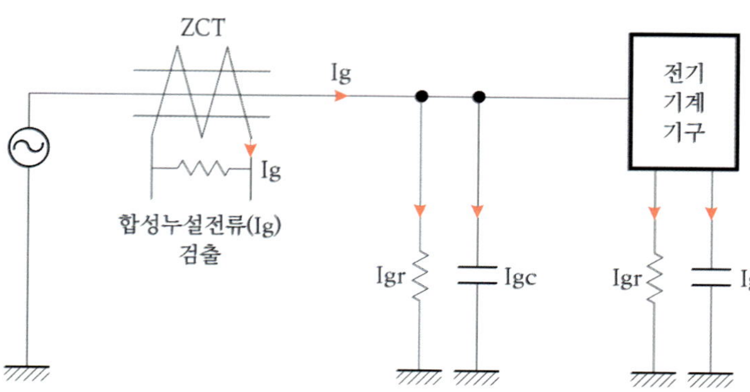

〈그림 4-7-1〉 누설전류의 경로 및 기존 차단기의 합성누설전류 검출

전기설비의 누설전류를 검출하기 위해서는 영상변류기(零相變流器, ZCT, Zero phase current transformer)를 사용하고 있다. 기존 방법의 영상변류기를 이용하여 누설전류를 검출하면 저항성누설전류(Igr)와 용량성누설전류(Igc)가 합쳐진 합성누설전류(Ig)가 검출된다. 저항성누설전류(Igr)는 전원전압과 동상이고, 용량성누설전류(Igc)는 전압보다 위상이 90도 앞선다.

합성누설전류(Ig)는 저항성누설전류(Igr)와 용량성누설전류(Igc)의 벡터 합으로 나타내며 누설전류의 성분과 분포를 <그림 4-7-2>에 나타낸다.

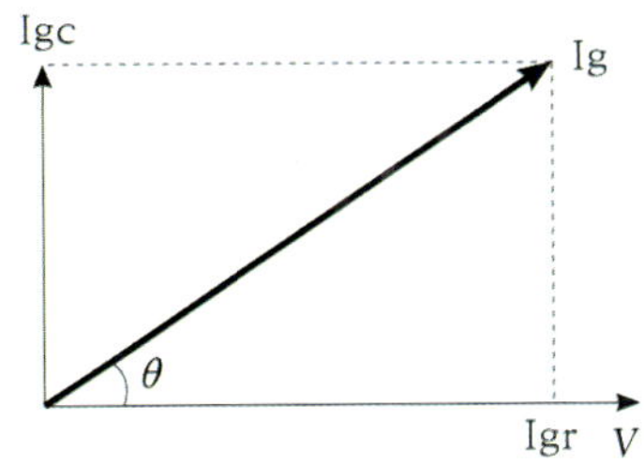

〈그림 4-7-2〉 누설전류의 성분과 분포

전기화재 및 감전사고 등을 방지하기 위해서는 저항성누설전류(Igr)를 검출하여 누전경보 또는 누전차단 등을 할 수 있어야 한다. 그런데 기존 방법에 의한 검출 기술은 합성누설전류(Ig)에서 저항성누설전류(Igr)를 분리하기가 불가능하다. 따라서 현재 시판되는 대부분의 누전경보기 또는 누전차단기는 합성누설전류(Ig)를 이용하여 누전경보기 또는 누전차단기를 제작하여 보급하므로 전기화재를 실질적으로 예방할 수 없다.

전기화재를 실제 유발시키는 것은 저항성누설전류(Igr)이며, 용량성누설전류(Igc)는 오동작을 유발시키는 전류이다. 따라서 저항성누설전류(Igr)를 약 6 ~ 9 [mA]에서 정확하게 검출하고 경보할 수 있다면 저압용 전기설비에서 발생되는 대부분의 전기화재를 예방할 수 있을 것이다.

또한, 전선로에 연결된 컴퓨터, LED 전구, 가전기기 등은 필연적으로 용량성누설전류(Igc)가 생성된다. 그런데 그 값이 약 26 [mA] 이상이 흐르면 전선로에 문제가 없는데도 불구하고 누전차단기는 오동작하여 전기의 공급이 중단되므로 사용의 불편 및 생산성 저하를 유발시킨다.

기존의 누전차단기 또는 누전경보기는 저항성누설전류(Igr)를 검출하는 기능과 용량성누설전류(Igc)를 통과시키는 기능이 없는 단순한 합성누설전류(Ig)만을 검출하여 회로를 차단하므로 오동작으로 전기 사용의 불편함을 유발시키고, 전기화재의 예방효과가 미약한 것이다.

<그림 4-7-3>(a)와 같이 $I_{gr} > I_{gc}$ 인 경우는 합성누설전류(Ig)와 저항성누설전류(Igr)의 크기가 비슷하면 안전에는 큰 문제가 없다. 그러나 <그림 4-7-3>(b)와 같이 $I_{gr} < I_{gc}$ 인 경우는 용량성누설전류(Igc)가 커졌기 때문에 저항성누설전류(Igr)가 적어도 합성누설전류(Ig)는 크게 표시되는 것을 알 수 있다. 즉, 용량성누설전류(Igc)가 전선로에서 커지면 차단기는 오동작하여 전원의 공급이 중단된다.

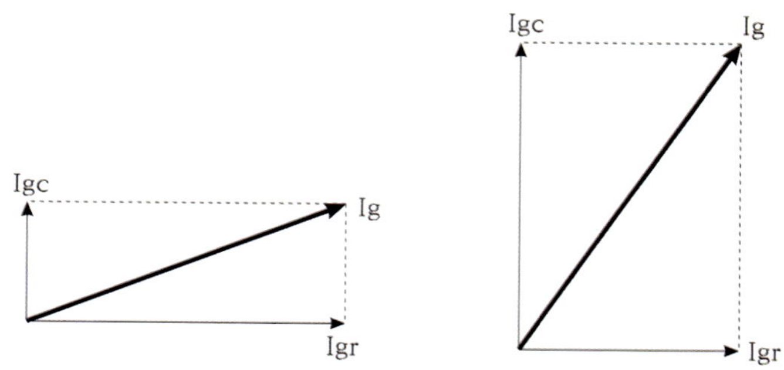

(a) Igr > Igc (b) Igr < Igc

〈그림 4-7-3〉 저항성 누설전류(Igr)와 합성누설전류(Ig)의 관계

현재 국내에 설치된 누전차단기의 동작 전류는 인체 감전보호를 목적으로 고감도형을 적용하였다. 따라서 누전차단기의 차단전류는 30[mA]로 설정되어 있고, 용량성누설전류(Igc)가 적은 전선로에서는 저항성누설전류(Igr)와 합성누설전류(Ig)가 비슷하므로 설비 운용에는 지장을 초래하는 경우가 드물다.

그런데 병원, 학교, 주상복합빌딩, 축사, 재래시장, 노래방, 호텔, 빌딩, 상가, 식당, 주택, 공장 등과 같은 다중이용시설, LED 전구가 설치된 곳, 전산기기, 컴퓨터 및 가전기기 등이 많이 설치된 곳은 필연적으로 용량성누설전류(Igc)가 커져 기존 누전차단기의 오동작으로 불시 정전이 발생된다.

그래서 일부 사용자 및 관리자는 누전차단기의 오동작에 의한 불편함을 해소하기 위해 작동전류가 50 [mA], 100 [mA], 200 [mA], 500 [mA] 등 중감도 또는 저감도 누전차단기를 설치하여 전기를 사용하므로 전기화재 및 감전사고 등의 예방은 불가능하며 큰 사고로 이어지는 것이다.

즉, 전선로의 전기화재를 유발시키는 저항성누설전류(Igr)를 정확하게 검출하고, 오동작의 원인인 용량성누설전류(Igc)는 통과시키는 회로의 설계 및 새로운 개념의 누전경보차단기의 개발이 필요하며, 그 원리 및 이론적 근거는 다음과 같이 설명할 수 있다. 단상회로에 공급되는 전원전압(v)은 정현파이므로 다음과 같이 나타낸다.

$$v = \sqrt{2}\, V \sin(\omega t) \ [\mathrm{V}] \tag{4.74}$$

여기서, V는 전원전압(v)의 실효값이고, 각속도 $\omega = 2\pi f$, f는 전원 주파수이다. 즉, 전선로에 흐르는 합성누설전류(i_g)도 정현파이므로 다음과 같다.

$$i_g = \sqrt{2}\, I_g \sin(\omega t + \theta) \ [\mathrm{A}] \tag{4.75}$$

여기서, I_g는 합성누설전류(i_g)의 실효치, θ는 전원전압(v)와 합성누설전류(i_g)와의 위상각이다. 이 합성누설전류(i_g)를 전원전압(v)의 극성이 정(+)일 때 $0 < \omega t < \pi$ 구간에서 적분한 값을 P 라고 하면 다음과 같다.

$$P = \sqrt{2}\, I_g \int_0^{\pi} \sin(\omega t + \theta)\, d(\omega t) = 2\sqrt{2}\, I_g \cos\theta \ [\mathrm{A}] \tag{4.76}$$

그런데 4-7-2에서 알 수 있듯이 $I_{gr} = I_g \cos\theta$ 이므로 $I_{gr} = \dfrac{1}{2\sqrt{2}} P$ 이다.

즉, I_{gr}은 P에 비례한다. 또한, 이 합성누설전류(i_g)를 전원전압(v)의 극성이 부(−)일 때 $\pi < \omega t < 2\pi$ 구간에서 적분한 값을 Q 라 하면 다음과 같다.

$$Q = \sqrt{2}\, I_g \int_{\pi}^{2\pi} \sin(\omega t + \theta)\, d(\omega t) = -2\sqrt{2}\, I_g \cos\theta \ [\mathrm{A}] \tag{4.77}$$

이 경우도 $I_{gr} = I_g \cos\theta$ 이므로 저항성누설전류(I_{gr})는 절댓값(Q)에 비례한다. 이상의 연산 과정을 보면 합성누설전류(i_g)를 전원전압(v)의 반주기 마다 적분하여 저항성누설전류(I_{gr})를 검출할 수 있음을 알 수 있다.

따라서 저항성누설전류(I_{gr})는 합성누설전류(I_g)를 전원의 반주기 동안 적분하여 얻을 수 있으며, 전원 전압을 검출하여 동기 신호 발생에 보내어 전원의 반주기 마다 동기 신호가 발생하게 한다. 영상변류기에서 검출한 합성누설전류를 반파적분기에 보내어 동기신호에 따라 전원의 반파 기간씩 적분하면 전원의 반파 기간마다 저항성누설전류

(I_{gr})을 얻을 수 있다.

<그림 4-7-4>(a)는 기존의 누설전류 검출회로이다. 영상변류기(ZCT)로 검출한 합성누설전류(I_g) 신호를 증폭하고 이것을 기준치와 비교하여 누전차단 신호를 출력하는 회로이다.

<그림 4-7-4>(b)는 저항성누설전류(I_{gr})를 검출하기 위한 회로를 나타낸 것이다. 영상변류기로 검출한 합성누설전류(I_g) 신호를 전원의 반파 기간마다 디지털 적분을 한 후 이것을 기준치와 비교하여 누전차단 신호를 출력한다.

개발된 누전경보 차단회로는 기존의 회로에 비하여 전선로에 흐르는 저항성누설전류(I_{gr})를 항상 감시할 수 있고, 저항성누설전류(I_{gr})가 어느 기준치에 도달하면 경보신호를 발생할 수 있다. 따라서 개발된 저항성누설전류(I_{gr}) 검출 회로는 기존의 누설전류 검출 회로보다 전압 검출 및 동기 신호 발생부가 추가되었다.

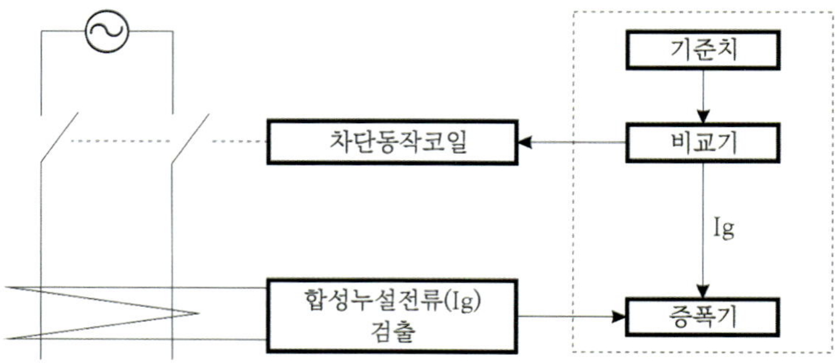

(a) 기존의 누설전류 검출 회로

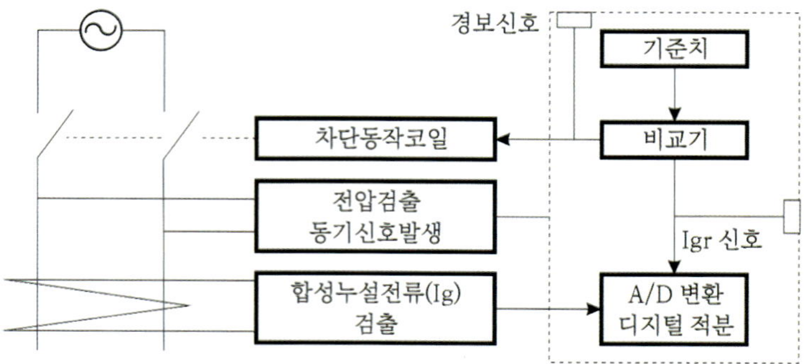

(b) 개발된 저항성누설전류(Igr)의 검출 회로

〈그림 4-7-4〉 저항성누설전류(Igr)의 누전경보 및 차단회로의 구성

section 4.8 누전경보기능이 내장된 누전차단기

4.8.1 누전경보기능이 내장된 누전차단기의 특성 곡선

전선로에 흐르는 누설전류의 종류는 저항성누설전류(Igr), 용량성누설전류(Igc) 및 유도성누설전류(Igl)의 합으로 나타내며, 거의 모든 누전차단기는 합성누설전류(Ig)를 검출하도록 설계되어 있다. <그림 4-8-1>(a)와 같이 저항성누설전류(Igr)가 용량성누설전류(Igc)보다 클 때는 누설전류(Ig)와 저항성누설전류(Igr)가 비슷하여 문제가 없다. 그런데 <그림 4-8-1>(b)와 같이 용량성누설전류(Igc)가 저항성누설전류(Igr)보다 클 때는 누설전류(Ig)가 저항성누설전류(Igr)와 차이가 커져 누전차단기가 오동작하여 전원을 차단하게 되며, 사용자 및 관리자는 전기 사용의 불편함을 경험하게 된다.

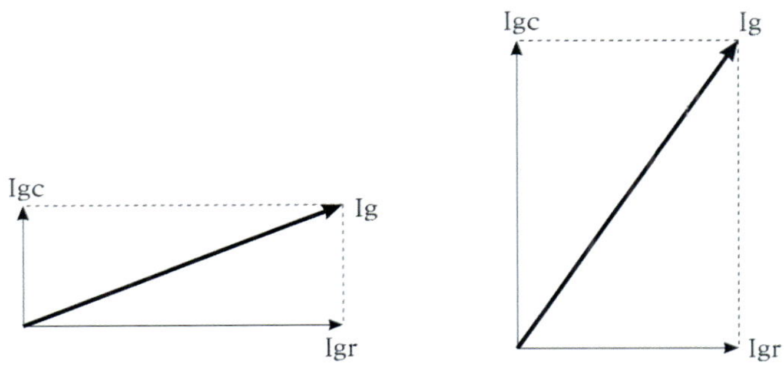

(a) Igr > Igc (b) Igr < Igc

〈그림 4-8-1〉 저항성누설전류(Igr)와 합성누설전류(Ig)의 관계

그리고 저압 전기설비에서 발생되는 전기화재의 화재전류는 저항성누설전류(Igr)이며, 오동작을 유발시키는 오동작전류는 용량성누설전류(Igc)이다. 즉, 전기화재를 효과적으로 예방하고 경보하기 위해서는 6 ~ 8 [mA] 정도의 저항성누설전류(Igr)를 실시간 검출하고, 용량성누설전류(Igc)는 적절하게 통과(pass)시키는 기술이 동시에 구현될 수 있어야 한다. <그림 4-8-2>는 개발된 단상 누전차단기의 차단전류 및 누전경보전류에 대한 특성 곡선이다. 전선로에서 화재를 유발시키는 화재전류(Igr)가 6 ~ 8 [mA] 정도 흐르면 LED 램프가 반복적으로 점등함에 따라 관리자 또는 사용자가 쉽게 확인할 수 있고, 적절한 조치가 가능하므로 전기화재를 예방할 수 있는 것이다.

또한, 개발된 단상 누전경보차단기는 오동작 방지기능이 내장되어 있어서 용량성누설전류(Igc)가 90 ~ 120 [mA] 정도 흘러도 회로에 대한 내성이 있어서 전원 공급이 안정적으로 진행되고, 그 값 이상이 흐르면 회로를 순간적으로 차단하는 기능이 내장되어 있다.

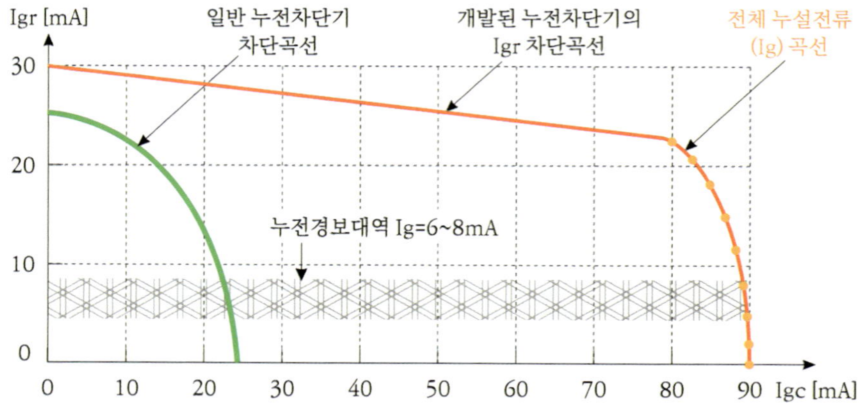

〈그림 4-8-2〉 개발된 단상 누전차단기의 차단전류 및 누전경보전류에 대한 특성 곡선

<그림 4-8-3>은 순시지락에 의한 정전보호 기능이 있는 누전차단기의 특성 곡선이다. 개발된 단상 누전경보차단기는 저항성누설전류(Igr)가 26 [mA]를 초과하여도 감전 지속 시간이 짧으면 차단 시간을 순간적으로 제어하여 차단기가 작동하지 않으므로 전기설비의 신뢰성과 안전성이 우수하다. 또한, 쥐, 나뭇가지, 바퀴벌레, 물방울 등과 같은 순간 지락에 대해서는 내성이 있는 회로가 내장되어 있어서 누전차단기의 오동작이 없으며 전원 품질이 우수하여 전원 공급의 신뢰성이 매우 좋다.

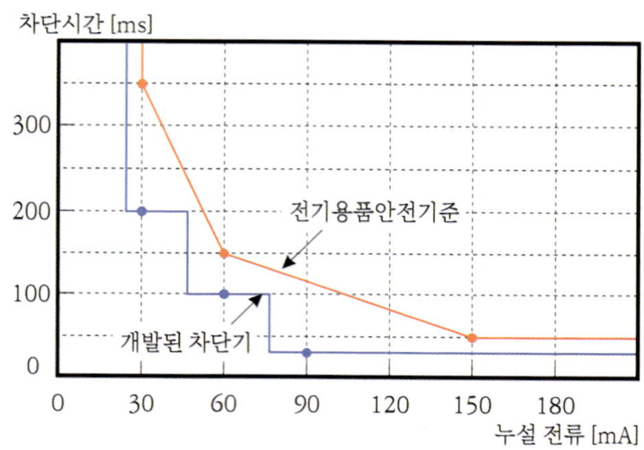

〈그림 4-8-3〉 개발된 단상 누전차단기의 누설전류와 차단시간의 특성

4.8.2 누전경보기능이 내장된 누전차단기의 실체사진 및 활용

<그림 4-8-4>는 누전경보기능이 내장된 단상 누전차단기의 실체사진을 나타낸 것으로 KS C 4621 및 KTR ECU-2018-007084 인증 및 공인 시험된 제품(주식회사 이텍코리아, etecko@naver.com)이다. <그림 4-8-4>(a)는 슬림형(slim type)으로 주로 분기회로에 설치하며 16 [A], 20 [A], 32 [A] 등을 나타낸 것이다. 기존 누전차단기의 성능을 완벽하게 발휘하며 전선로에 화재전류가 6 ~ 8 [mA] 정도 흐르면 LED 램프가 반복적으로 점등함에 따라 전기화재를 예방할 수 있는 것이다. 그리고 <그림 4-8-4>(b)는 와이드형(wide type) 32 [A]를 나타낸 것으로 주로 분전반의 가장 앞에 설치한다. 슬림형과 동일한 성능이 구현되며, 전선로에 흐르는 누설전류 크기를 숫자로 누전차단기의 표면에 실시간 표시할 수 있다. 그러므로 전력설비의 상태를 이력 관리할 수 있는 것은 물론 전기설비의 진단 및 점검 주기 등을 효과적으로 결정할 수 있다. 또한, 부하측의 하단에 사물인터넷(IoT) 단자가 설치되어 있어서 화재전류(Igr)를 실시간 관리모니터 또는 이동전화로 전송하는 기능이 내장되어 있다.

JER-E2S, 16A　JER-E2S, 20A　JER-E2S, 32A　JER-2022LS, 32A

(a) 슬림형　(b) 와이드형

〈그림 4-8-4〉 누전경보기능이 내장된 단상 누전차단기의 실체사진

<그림 4-8-5>는 누전경보기능이 내장된 누전차단기의 활용 예를 나타낸 것이다. 분전반의 메인에 와이드형을 설치하고 각각의 분기회로에 슬림형을 설치한 형태이다. 물론 부하의 크기 및 종류에 따라 슬림형을 전단에 설치해도 특성에는 차이가 없으며, 각각의 누전차단기는 설계된 성능을 구현할 수 있다. 이와 같은 시스템은 병원, 학교, 주

상복합빌딩, 축사, 재래시장, 노래방, 호텔, 빌딩, 상가, 식당, 주택, 공장 등과 같은 다중 이용시설, LED 전구가 설치된 곳, 전산기기, 컴퓨터 및 가전기기 등이 많이 설치된 곳, 누설전류의 발생이 쉽게 형성되는 전선로 등에 설치하면 감전사고의 예방, 전기설비의 오동작 방지 및 전기화재의 경보 등을 혁신적으로 수행할 수 있다.

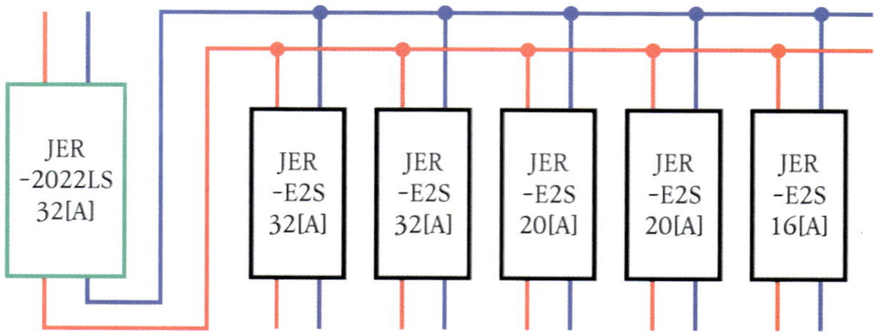

〈그림 4-8-5〉 분전반에 누전차단기(누전경보기능 내장)를 설치(예)

[표 4-7-1]은 누전경보기능이 내장된 단상 누전차단기의 정격사양을 나타낸 것이다. KS 규격 및 기존 누전차단기의 사양을 동등 이상으로 유지하고 있는 것을 알 수 있다. 특히, 화재전류(Igr)가 6 ~ 8 [mA] 흐를 때 LED 램프가 반복적으로 깜박이는 기능이 있으며, 오동작전류(Igc)의 90 ~ 110 [mA]에 대한 내성이 있어서 전원 공급의 신뢰성이 우수하다. 그리고 쥐, 나뭇가지 및 작은 물방울 등에 의해서 발생되는 순간지락 정전 보호 기능이 있어서 안전한 전기의 공급 및 사용이 가능하다. 또한, 대기전력이 0.1 [W] 이하로 기존의 누전차단기에 비해 성능이 3 ~ 8배 이상 우수하다.

와이드형은 누설전류 크기를 숫자로 누전차단기의 표면에 실시간 표시할 수 있다. 그러므로 전력설비의 상태를 이력 관리할 수 있는 것은 물론 전기설비의 진단 및 점검 주기 등을 효과적으로 결정할 수 있다. 또한, 부하측의 하단에 사물인터넷(IoT) 단자가 설치되어 있어서 화재전류(Igr)를 실시간 관리모니터 또는 이동전화로 전송하는 기능이 내장되어 있다.

[표 4-7-1] 누전경보 및 절전 기능이 내장된 단상 누전차단기의 정격사양

<table>
<tr><th colspan="3">사양 및 형명</th><th>슬림형 (Slim Type)</th><th>와이드형 (Wide Type)</th></tr>
<tr><td colspan="3">모델명</td><td>JER-E2S</td><td>JER-2022LS</td></tr>
<tr><td colspan="3">프레임의 크기 [mm]</td><td>32 × 62 × 40.5</td><td>68 × 70</td></tr>
<tr><td colspan="3">극수(Pole), 소자수 (Element)</td><td>2P2E</td><td>2P2E</td></tr>
<tr><td colspan="3">상선식 (Phases & Wires)</td><td>1Ø 2W</td><td>1Ø 2W</td></tr>
<tr><td colspan="3">정격전류 (Rated Current, A)</td><td>15A, 20A, 30A</td><td>15A, 20A, 30A</td></tr>
<tr><td colspan="3">정격전압 (Rated Voltage, AC)</td><td>AC 220V</td><td>AC 220V</td></tr>
<tr><td colspan="3">정격감도전류 [mA]</td><td>30</td><td>30</td></tr>
<tr><td colspan="3">동작시간 [s]</td><td>0.03 이내</td><td>0.03 이내</td></tr>
<tr><td colspan="3">정격차단전류 [kA]</td><td>2.5</td><td>2.5</td></tr>
<tr><td colspan="2" rowspan="5">외형치수 [mm]
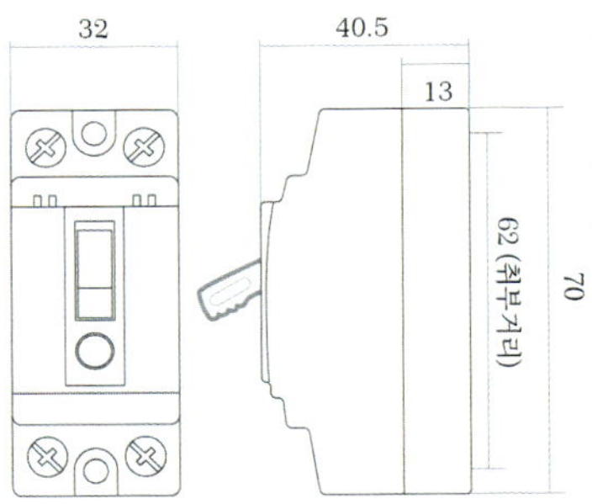</td><td>a</td><td>32</td><td>68</td></tr>
<tr><td>b</td><td>70</td><td>70</td></tr>
<tr><td>c</td><td>40.5</td><td>40.5</td></tr>
<tr><td>d</td><td>13</td><td>13</td></tr>
<tr><td>e</td><td>62</td><td>60.4</td></tr>
<tr><td colspan="3">제품중량 [g]</td><td>89</td><td>123</td></tr>
<tr><td colspan="3">누전검출 트립방식</td><td>전자식 전류동작형</td><td>전자식 전류동작형</td></tr>
<tr><td colspan="3">과전류 트립방식</td><td>열동식, Thermal</td><td>열동식, Thermal</td></tr>
<tr><td colspan="3">순간지락 정전보호 기능</td><td>있음</td><td>있음</td></tr>
<tr><td colspan="3">누전경보기능, Igr 6 ~ 8 [mA]</td><td>있음</td><td>있음</td></tr>
<tr><td colspan="3">오동작방지기능, Igc 90 ~ 110 [mA]</td><td>있음</td><td>있음</td></tr>
<tr><td colspan="3">대기전력 [W]</td><td>0.1</td><td>0.1</td></tr>
<tr><td colspan="3">사물인터넷(IoT) 단자</td><td>-</td><td>있음</td></tr>
<tr><td colspan="3">부착방식</td><td>나사 및 DIN-Rail</td><td>나사 및 DIN-Rail</td></tr>
<tr><td rowspan="4">부속장치</td><td>보조접점</td><td>AX</td><td>○</td><td>○</td></tr>
<tr><td>경보접점</td><td>AL</td><td>○</td><td>○</td></tr>
<tr><td>단자커버</td><td>TB</td><td>○</td><td>○</td></tr>
<tr><td>절연베리어</td><td>B</td><td>○</td><td>○</td></tr>
<tr><td colspan="3">국가인증 취득규격</td><td>KS</td><td>KS</td></tr>
<tr><td colspan="3">KTR 공인시험성적서</td><td>있음</td><td>있음</td></tr>
</table>

[표 4-7-2]는 누전경보기능이 내장된 누전차단기와 기존 누전차단기의 성능을 비교한 것이다. 누전경보기능이 내장된 누전차단기는 KS규정 및 기존 누전차단기의 성능을 동등 이상 유지하고 있다. 그리고 기존 누전차단기에 없는 전기화재 예방기능, 순간지락 정전보호기능, 누전경보기능, 오동작방지기능 등이 있어서 절전기능 역시 기존 차단기에 비해 매우 우수한 것으로 비교된다.

[표 4-7-2] 누전경보 및 절전기능이 내장된 누전차단기와 기존 일반 누전차단기의 성능 비교

구 분	누전차단기 누전경보 및 절전기능 내장	기존 일반 누전차단기	기존 일반 Igr 누전차단기
공통 사양	KS 규격 획득	KS 규격 획득	KS 규격 획득
설치 목적	감전사고 예방 전기화재 경보	감전사고 예방	감전사고 예방
전기화재 예방, 경보	있음	없음	없음
순간지락 정전보호	있음	없음	없음
화재전류 경보 저항성누설전류(Igr)	6 ~ 8 [mA] Igr 흐르면 경보 LED 램프 깜박거림	없음	없음
오동작방지기능 용량성누설전류(Igc)	Igc 90 ~ 110 [mA] 내성 있음	없음	일부 Igc 60 ~ 90 [mA]
대기전력 절전기능	0.1 [W]	0.3 ~ 0.8 [W]	0.3 ~ 0.8 [W]
차단기능	있음	있음	있음
사물인터넷(IoT) 단자	있음 (Wide Type)	없음	없음
시험단자(TB)	있음	있음	있음
정격전압, 60 [Hz]	단상 220 [V]	단상 220 [V]	단상 220 [V]
정격차단전류	2.5 [kA]	2.5 [kA]	2.5 [kA]
정격감도전류	30 [mA]	30 [mA]	30 [mA]
부동작전류	15 [mA]	15 [mA]	15 [mA]

exercise

연습문제

01 전기의 반응이 아닌 것은? (　　)

① 발열반응　② 전자기반응　③ 화학반응　④ 흡열반응

02 전기에너지에 의해서 발생되는 사고가 아닌 것은? (　　)

① 폭발사고　② 감전사고　③ 전기화재　④ 전기설비사고

03 동일한 성질을 갖고 있는 전하 사이에 작용하는 힘은? (　　)

① 자기력　② 전자력　③ 흡인력　④ 반발력

04 서로 다른 극성을 갖고 있는 전하 사이에 작용하는 힘은? (　　)

① 자기력　② 전자력　③ 흡인력　④ 반발력

05 전계의 단위를 적절하게 나타낸 것은? (　　)

① N/C 또는 V/m　② N · m 또는 V · m　③ N　④ V

06 전위(압)의 단위를 적절하게 나타낸 것은? (　　)

① V　② N　③ C　④ Ω

07 정전계에서 도체 표면의 단위 면적에 작용하는 힘 $[N/m^2]$ 은 무엇인가? (　　)

① 자기력　② 정전 응력　③ 전자력　④ 정전기력

08 자계의 단위를 적절하게 나타낸 것은? (　　)

① A/m 또는 N/Wb　② N·m 또는 V·m　③ N　④ V

09 자위의 단위를 적절하게 나타낸 것은? (　　)

① V　② N　③ C　④ AT

10 물질은 (−) 전하를 띤 전자와 (+)를 띤 핵이 평형을 이루고 전기적으로 중성이다. 그러나 총 (−) 전하와 총 (+) 전하의 위치가 일치하지 않을 때 (−) 전하를 띤 물질과 (+) 전하를 띤 물질이 일정한 거리를 두고 떨어져 있는 상태를 무엇이라 하는가? (　　)

① 등전위면　② 전기 쌍극자　③ 자기력선　④ 전기력선

11 다음 재료 중에서 강자성체가 아닌 것은? (　　)

① 니켈　② 철　③ 코발트　④ 구리

12 전선에 흐르는 전류에 의해서 발생되는 자계의 세기는 전류의 크기와 거리에 따라 다르다는 것을 나타낸 법칙은? (　　)

① 플레밍의 오른손 법칙　② 비오-사바르의 법칙
③ 플레밍의 왼손 법칙　④ 렌츠의 법칙

13 전기장과 자기장이 시간에 따라 변할 때 발생하는 파동은 무엇인가? (　　)

① 전자기파　② 정현파　③ 여현파　④ 고조파

14 전자기파의 특징이 아닌 것은? (　　)

① 전기장의 진동 방향, 자기장의 진동 방향, 전자기파의 진행 방향은 항상 서로 수직이다.
② 공간상의 한 점에서 유도 전기장과 유도 자기장은 서로 동일한 위상으로 변화한다.
③ 전기장과 자기장의 변화에 의하여 진행하는 파동으로 매질이 없는 진공 중에서도 전파한다.
④ 전자기파의 진공에서의 전파 속도는 빛 보다 빠르다.

15 맥스웰 방정식에서 전기장과 전하의 관계를 나타낸 것은? (　　)

① $\oint \vec{E} \cdot d\vec{s} = \frac{q}{\epsilon_0}$　② $\oint \vec{B} \cdot d\vec{s} = 0$

③ $\oint \vec{E} \cdot dl = -\frac{d\Phi_s}{dt}$　④ $\oint \vec{B} \cdot dl = -\mu_0 i$

16 맥스웰 방정식에서 자기장에 대한 가우스 법칙을 나타낸 것은? (　　)

① $\oint \vec{E} \cdot d\vec{s} = \frac{q}{\epsilon_0}$　② $\oint \vec{B} \cdot d\vec{s} = 0$

③ $\oint \vec{E} \cdot dl = -\frac{d\Phi_s}{dt}$　④ $\oint \vec{B} \cdot dl = -\mu_0 i$

17 맥스웰 방정식에서 패러데이 법칙을 나타낸 것은? (　　)

① $\oint \vec{E} \cdot d\vec{s} = \frac{q}{\epsilon_0}$　② $\oint \vec{B} \cdot d\vec{s} = 0$

③ $\oint \vec{E} \cdot dl = -\frac{d\Phi_s}{dt}$　④ $\oint \vec{B} \cdot dl = -\mu_0 i$

18 맥스웰 방정식에서 자기장은 전류 또는 변하는 전기장에 의해 생성된다는 것을 나타낸 것은? (　　)

① $\oint \vec{E} \cdot d\vec{s} = \frac{q}{\epsilon_0}$　② $\oint \vec{B} \cdot d\vec{s} = 0$

③ $\oint \vec{E} \cdot dl = -\frac{d\Phi_s}{dt}$　④ $\oint \vec{B} \cdot dl = -\mu_0 i$

19 전류가 흐를 때 생성되는 포인팅 벡터(P)는 전자장과 자기장의 벡터곱(vector sum)으로 표현되는데 적절하게 표현된 것은? (　　)

① $\overrightarrow{P} = \overrightarrow{E} \times \overrightarrow{H}$ [W/m^2]　② $u_e = \frac{1}{2}\epsilon_0 E^2$ [J]
③ $u_m = \frac{1}{2}\mu_0 H^2$ [J]　④ $\overrightarrow{F_B} = q\overrightarrow{v} \times \overrightarrow{B}$ [N]

20 로렌츠의 힘은 하전입자가 전자기장에서 받는 힘을 의미하는데 적절하게 표현된 것은? (　　)

① $\overrightarrow{P} = \overrightarrow{E} \times \overrightarrow{H}$ [W/m^2]　② $u_e = \frac{1}{2}\epsilon_0 E^2$ [J]
③ $u_m = \frac{1}{2}\mu_0 H^2$ [J]　④ $F = q(E + v \times B)$ [N]

21 누전차단기의 설치 목적은? (　　)

① 인체 및 생명체의 감전 사고를 예방　② 3상 전선로의 단락 및 지락사고 등을 경보
③ 전기설비에서 발생되는 설비사고의 예방　④ 반단선 및 접촉 불량에 의한 사고 예방

22 누전경보기(NFSC 205)의 설치 목적은? (　　)

① 인체 및 생명체의 감전 사고를 예방　② 3상 전선로의 단락 및 지락사고 등을 경보
③ 전기설비에서 발생되는 설비사고의 예방　④ 반단선 및 접촉 불량에 의한 사고 예방

23 배선차단기의 설치 목적은? (　　)

① 인체 및 생명체의 감전 사고를 예방　② 3상 전선로의 단락 및 지락사고 등을 경보
③ 전기설비에서 발생되는 설비사고의 예방　④ 반단선 및 접촉 불량에 의한 사고 예방

24 전기설비에서 흐르는 누설전류 중에서 전기화재를 유발시키는 누설전류는? (　　)

① 저항성누설전류(Igr)　② 용량성누설전류(Igc)
③ 유도성누설전류(Igl)　④ 종합누설전류(Ig)

25 전기설비에서 흐르는 누설전류 중에서 오동작을 주로 유발시키는 누설전류는? (　　)

① 저항성누설전류(Igr)　　② 용량성누설전류(Igc)
③ 유도성누설전류(Igl)　　④ 종합누설전류(Ig)

26 주택과 같은 전기설비에 흐르는 누설전류 중에서 회로 해석에 무시하는 누설전류는? (　　)

① 저항성누설전류(Igr)　　② 용량성누설전류(Igc)
③ 유도성누설전류(Igl)　　④ 종합누설전류(Ig)

27 작은 물방울, 나뭇가지, 설치류 등의 순간접촉 및 가벼운 터치에 의해 차단기가 차단되지 않고 견딜(내성) 수 있도록 차단을 지연시킬 수 있는 것을 무엇이라 하는가? (　　)

① 순간지락 정전보호 기능　　② 대기전력 최소 기능
③ 용량성누설전류(Igc)의 내성 기능　　④ 저항성누설전류(Igr)의 검출 기능

28 합성누설전류(Ig)에 대해서 설명하시오.

29 전기화재를 유발시키는 저항성누설전류(Igr = 화재전류)에 대해서 설명하시오.

30 오동작을 유발시키는 용량성누설전류(Igc = 오동작전류)에 대해서 설명하시오.

31 유도성누설전류(Igl)에 대해서 설명하시오.

32 순간지락에 대해서 설명하시오.

33 대기전력에 대해서 설명하시오.

34 사물인터넷(IoT)에 대해서 설명하시오.

35 누전경보기능이 내장된 누전차단기의 주요 성능에 대해 설명하시오.

[정답표]

1	2	3	4	5	6	7	8	9	10
④	①	③	④	①	①	②	①	④	②
11	12	13	14	15	16	17	18	19	20
④	②	①	④	①	②	③	④	①	④
21	22	23	24	25	26	27	28	29	30
①	②	③	①	②	③	①	본문 참조		
31	32	33	34	35					
본문 참조									

Chapter 05

온도제어 및 안전장치

contents

chapter

05 온도제어 및 안전장치

section 5.1 온도제어의 원리 및 종류

온도제어(溫度制御, temperature control)는 가열하고자 하는 물체를 원하는 온도에서 일정하게 유지하기 위한 동작이다. 사용자가 열원의 동력을 수동으로 조절하는 것을 수동제어(手動制御, manual control)라 하며, 미리 설정된 조건에 따라 제품이 스스로 조절하는 것을 자동제어(自動制御, automatic control)라고 한다.

자동온도조절기(自動溫度調節器, automatic temperature controller or thermostat)는 자동온도 조절을 수행하는 장치이다. 일반적으로 전열기구에서 사용되는 자동온도 조절 방법은 바이메탈(bimetal) 등을 사용한 기계식 제어 방법과 반도체 소자를 이용한 전자식 제어 방법으로 구분할 수 있다. 최근에는 전자제어 기술의 발전에 힘입어 반도체 소자를 이용한 전자식 온도 제어 방법이 많이 사용되고 있다.

기계 방식의 온도조절기는 발열체에서 발생되는 열을 감지하는 감온 센서부와 감온 센서로부터의 물리량에 의해 전원을 개폐하는 스위치부 및 이들을 지지하는 지지물로 구성된다. 현재 사용되고 있는 감온 센서는 금속 열팽창계수(熱膨脹係數, thermal expansion coefficient)의 차를 이용하는 바이메탈식, 자석의 변화를 이용한 영구자석식, 액체 및 기체의 온도 팽창을 이용한 팽창식 등이 있으며, 일반적으로 바이메탈식이 널리 사용되고 있다.

최근 반도체 기술의 발달에 부응하여 이를 응용한 전자제어 방식이 널리 이용되고 있다. 이 방식은 발열체와 동시에 설치된 감열선이 발열체의 온도를 감지해서 전력제어 반도체 소자를 동작시켜 발열체에 흐르는 전류를 제어한다. 기계식 온도조절방식(유접점식)에 비교하여 무접점방식이라고도 하며, 온도 변화에 따라 반도체 센서의 저항값이 변화되는 성질을 이용한 저항변화식, 금속의 열기전력을 이용한 열기전력식 등이 있다.

5.1.1 바이메탈을 이용한 온도제어

바이메탈(bimetal)은 열팽창계수가 높은 금속과 낮은 금속을 합쳐서 하나의 판으로 만든 것으로 전열기구에서 가장 많이 사용되는 온도조절장치이다. 이 방식은 열에너지를 기계적 에너지로 변환하는 방식으로 −50~500[℃]까지의 넓은 온도 제어 영역을 갖는 온도 조절기를 만들 수 있으며, 전기적 입력 없이 온도에 의해서만 작동한다는 장점이 있다.

그러나 가공처리 하는 과정에서 응력을 받기 때문에 반드시 열처리 공정을 거쳐야 하는 번거로움이 있으며, 열팽창 계수의 차이에 의해 구부러지는 동작을 하기 때문에 단순히 구부러진 것만으로 전기적 문제가 해결되지 않을 때가 많다.

예를 들면 전기적으로 큰 전류를 요하는 발열선의 경우 접점이 붙는 순간이나 떨어지는 순간 확실치 못한 작동으로 인해 접점이 상하게 되고 전자파장애(電磁波障碍, EMI, electromagnetic interference)가 발생하는 경우가 있다.

바이메탈의 끝단 가까이 발열체와 직렬로 전기접점을 접속하여 놓으면 가열에 의해 바이메탈이 구부러진 정도 차이에 의해 접점이 열려 전기가 끊어져 발열이 멈춘다. 그렇게 하여 바이메탈이 냉각되어 원래 위치에 되돌아가므로 접점이 닫혀 다시 가열된다. 이렇게 해서 전기회로의 개폐를 반복하여 일정한 폭의 온도를 유지하는 기구로 되어 있다. 바이메탈을 이용한 자동온도조절기는 다음과 같은 것이 있다.

(1) 서동식 자동온도조절기

서동식은 바이메탈의 온도변화에 의한 진동에 비례하여 접점을 개폐하는 것으로 서서히 움직이는 방식이다.

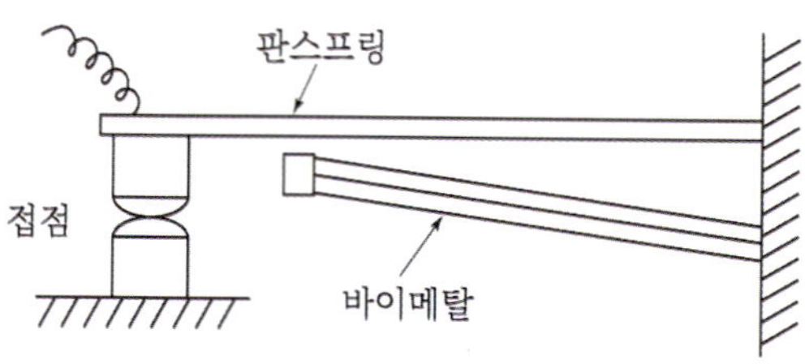

〈그림 5-1-1〉 서동식 자동온도조절기

(2) 속동식 자동온도조절기

속동식은 접점의 개폐가 빠르게 움직인다는 의미로 바이메탈의 온도변화에 의해 변위가 생길 때 용수철의 힘에 의해 접점의 개폐를 급속히 행하도록 하는 것이다.

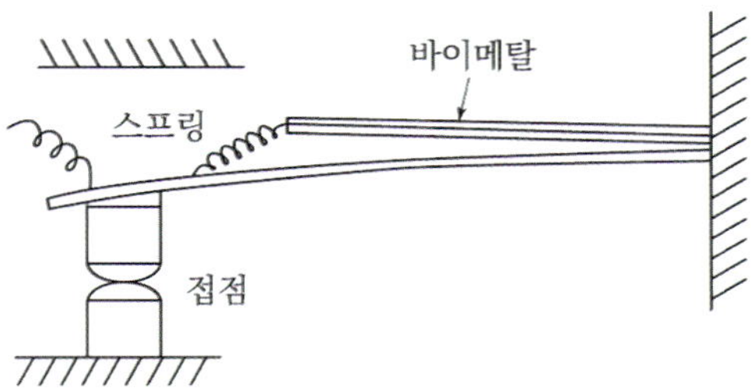

〈그림 5-1-2〉 속동식 자동온도조절기의 동작

5.1.2 액체 및 기체의 팽창을 직접 이용하는 것

전열기구의 제어용에는 대개 사용되고 있지 않지만 냉장고의 자동온도조절기 등에 사용된다. 원리는 가스, 기름 등의 팽창을 벨로우즈(bellows), 피스톤(piston) 등의 움직임으로 추출하여 접점을 개폐하도록 한 것으로 동작정밀도는 높다.

벨로우즈는 관의 돌출부위 끝에 용접한 쭈글쭈글한 쇠 테두리를 말한다. 즉, 벨로우즈를 이용한 온도제어는 관과 종단 이음관과의 상대적인 축 방향 움직임을 허용하면서 그 사이의 가스 또는 액체를 밀폐시키고 관 내부에 채워진 내용물의 팽창을 이용하는 방법이다.

<그림 5-1-3>은 공기 스프링식 현가장치 차고의 전자제어를 나타낸 것이다. 공기 벨로우즈의 팽창은 4개의 솔레노이드 밸브가 순서에 따라 전자적으로 제어된다. 솔레노이드 밸브는 압력 형성을 위해 솔레노이드 밸브는 압축공기 배출을 위해 사용된다. 규정 차고에 도달하면 솔레노이드 밸브들은 초기위치로 복귀함에 따라 팽창이 되는 것이다. 그리고 공기 벨로우즈의 수축은 3개의 솔레노이드 밸브가 순서에 따라 전자적으로 제어된다. 이때 솔레노이드 밸브들은 압축공기 배출에 사용된다. 벨로우즈의 압축공기는 규정 차고에 도달할 때까지 솔레노이드 밸브와 소음기를 거쳐서 대기 중으로 방출함에 따라 공기가 수축되는 특징이 있다.

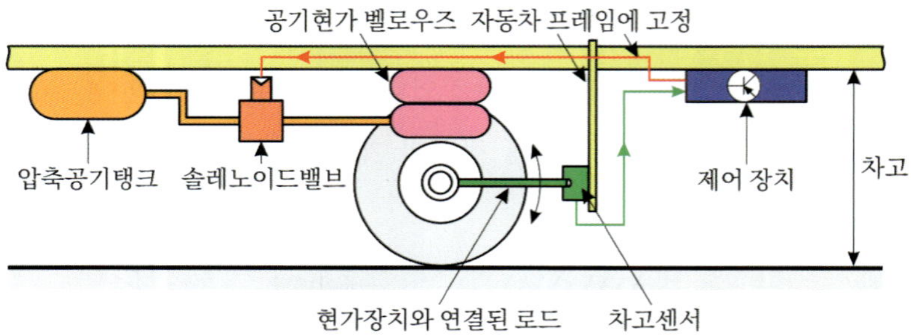

〈그림 5-1-3〉 공기 스프링식 현가장치 차고의 전자제어

5.1.3 자성체를 이용하는 것

모든 물질은 강한 자기장 안에서는 자기모멘트를 나타내므로 일종의 자성체(磁性體, magnetic substance)이다. 자성체 중에서 니켈, 철, 코발트, 망간 등은 강자성체(强磁性體, ferromagnetic substance)이며, 원자의 자기모멘트가 정렬되어 있는 물질이다. 이와 같은 강자성체는 고온에서 자석(磁石, magnet)에 의해 흡착하지 않게 된다. 이와 같은 큐리점(curie point)을 응용한 온도제어 장치가 마그네트론 타입 서모스탯이며, 동작 전과 동작 후의 형태는 <그림 5-1-4>와 같다.

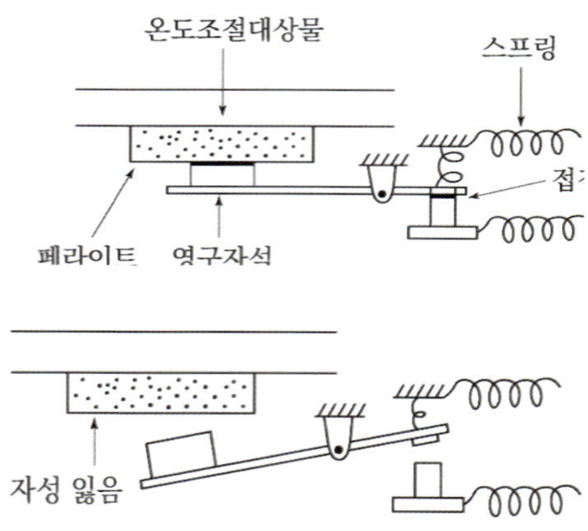

〈그림 5-1-4〉 마그네트론 타입 서모스탯(magnetron type thermostat)

section 5.2 반도체 온도제어

5.2.1 서미스터

서미스터(Thermistor, thermally sensitive resistor)는 온도에 민감한 저항기로서 니켈(Ni), 철(Fe), 코발트(Co), 망간(Mn), 티타늄(Ti) 등의 산화물을 조합하여 1,500[℃]의 고온에서 소성(燒成, burning)하여 만든 세라믹형 반도체이며 모양은 <그림 5-2-1>과 같다.

서미스터는 온도변화에 대한 저항 변화 값이 커서 전열제품의 온도감지용 센서로 주로 사용되고 있다. 바이메탈은 온도센서와 조절부의 기능을 동시에 수행하기 때문에 간단한 구조로 되어있지만 서미스터는 온도센서의 역할만 수행하기 때문에 온도조절을 하는 제어회로가 추가로 필요하므로 기계식에 비해 복잡하게 구성된다.

즉, 전기요나 전기장판 등과 전자식 온도제어 방식을 택하고 있는 제품들은 전기다리미나 전기스토브 등과 같이 바이메탈을 사용하는 제품과는 회로구성 자체가 근본적으로 다르게 구성되어 있다.

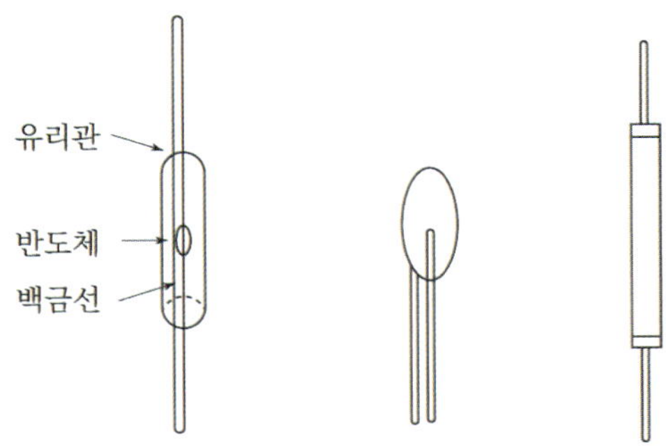

〈그림 5-2-1〉 서미스터의 모양

<그림 5-2-2>는 서미스터와 바이메탈을 조합한 예이다. 온도가 상승하면 서미스터의 저항 R_1이 줄어 R_2에 흐르는 전류가 증가하여 R_2의 온도가 상승하여 바이메탈 스위치를 열어 열원을 자르고 온도가 내려가면 바이메탈 스위치가 ON되어 열원이 들어가게 되어 있다.

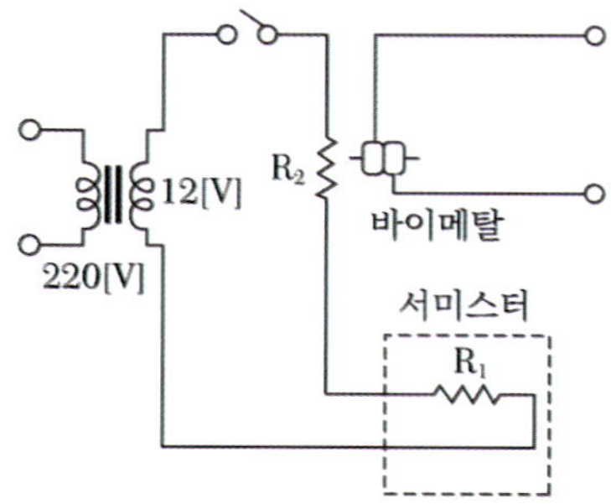

〈그림 5-2-2〉 서미스터와 바이메탈을 조합한 예

최근은 서미스터와 반대로 온도가 상승하면 저항이 커지는 재료가 개발되고 있다. 이것을 이용한 온도제어는 회로가 간단한 것이 특징이다. 소형 발열기구의 발열원과 직렬로 이것을 접속하여 놓으면 전류가 흘러 온도가 상승하면 감온저항체의 저항이 커져 전류가 감소한다. 전류가 감소하면 온도가 내려간다. 저항이 적어져 전류가 증가하여 온도가 오른다. 이와 같이 자동적으로 일정한 온도를 유지할 수 있다. 릴레이와 스위치도 불필요한 간단한 회로가 된다. 최근의 전자모포, 전기탈취기 등에는 이러한 소자를 사용한 것이다.

서미스터의 온도와 저항 특성을 고려하여 분류하면 온도의 정특성을 나타내는 PTC (Positive Temperature Coefficient), 온도의 부특성을 나타내는 NTC(Negative Temperature Coefficient), 온도의 임계값을 이용하는 CTR(Critical Temperature Resistor) 등이 있다.

(1) NTC 서미스터

일반적으로 서미스터라 하면 NTC 서미스터를 가리킨다. 이것은 온도에 따라 저항률이 음(−)의 온도계수를 갖는 것으로 온도가 상승하면 도리어 저항률이 감소하는 특성을 나타낸다. 서미스터의 저항값은 수 옴에서 수 메거 옴까지 다양한 범위의 센서가 있다.

NTC 서미스터는 신뢰성이 높아 계측용으로 적합하며 사용상의 안전을 고려하여 센서부를 유리와 같은 재료로 덮어 사용한다. 센서의 형상은 비드형(bead type), 프로브형(probe type), 디스크형(disk type), 로드형(rod type) 등 다양한 모양이 있다. 이들 서미스터는 저항률이 크므로 온도감소계수를 작게 할 수 있기 때문에 센서의 응답속도가 빠르다. 그러나 동일한 저항으로 동일한 온도계수를 갖는 센서를 생산하기가 곤란하므로 호환성을 갖기 어렵다는 단점이 있다.

NTC 서미스터는 전자회로의 온도보상, 온도측정, 제어용, 통신기 및 증폭기의 자동 이득조절 등에 응용되고 있으며 최근에는 전자체온계, 냉각기, 자동차의 냉각수 온도검출 등에 사용된다.

<그림 5-2-3>은 NTC 서미스터의 전압과 전류의 특성곡선을 나타낸 것으로 저항값은 주위온도에 의한 외부로부터의 가열과 전류의 흐름에 의해 발생되는 열에 의한 내부로부터의 가열로 구분된다.

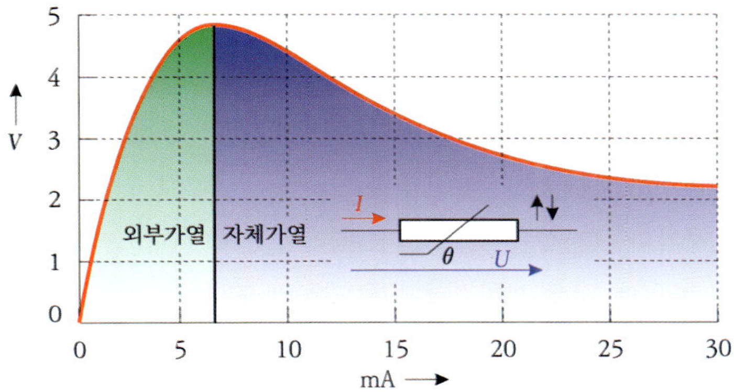

〈그림 5-2-3〉 NTC 서미스터의 전압과 전류 특성 곡선

① 외부 가열식 NTC 서미스터의 작동영역

외부 가열식 NTC 서미스터는 <그림 5-2-3>의 특성곡선에서 기울기가 상승하는 영역에서 작동시킨다. 이 영역에서는 NTC 서미스터가 전혀 가열되지 않을 만큼 흐르는 전류가 작기 때문이다. NTC 서미스터는 대부분 그 크기가 아주 작아 외부 온도변화에 아주 빠르게 반응한다. 또한, 온도계수(α)가 아주 크기 때문에 온도차 ±0.0001 [K] 까지도 정확하게 측정할 수 있다. 온도에 따라 저항값이 변하지 않는 저항은 10 [kΩ]로 사용되며, 서미스터에 직렬 또는 병렬로 결선하여 NTC 서미스터의 특성을 용도에 따라 변화시킬 수 있다.

② 자체 가열식 NTC 서미스터

자체 가열식 NTC 서미스터는 <그림 5-2-3>의 특성곡선에서 기울기가 하강하는 영역에서 작동시킨다. 디스크형 또는 막대형으로 만들어 외부온도의 영향을 받지 않도록 한다. 이 형식의 서미스터는 자체에 흐르는 전류에 의해 가열된다. 자체 가열식 NTC 서미스터의 온도는 공급되는 전기 에너지에 대해 복사 및 전도에 의해 다시 외부로 방출되는 열에너지가 평형을 이룰 때까지 계속 상승한다. NTC 서미스터가 매체에 의해 냉각되면 저항값이 변화한다.

자체 가열식 NTC 서미스터의 용도는 옴저항과 직렬로 연결하여 전압을 안정시키는 데 이용한다. 예를 들면 고주파수 저전압용, 진폭 안정화용 또는 증폭기 변조용 등으로 사용한다. 시동 NTC 서미스터로서 스위치 ON 시의 전류피크를 감쇠시키는 데 이용하며, 릴레이 ON 지연 또는 OFF 지연 등에 사용된다.

(2) PTC 서미스터

PTC 서미스터는 $BaTiO_3$(티탄산바륨)에 Pb(납), Sr(스트론튬)을 적당히 첨가한 세라믹 반도체로서 양(+)의 온도계수를 갖는다. 즉, 온도가 올라감에 따라 저항률이 선형적으로 증가하는 특성을 갖고 있다. 따라서 PTC 서미스터에 전류를 흘리면 서미스터 자체의 줄열에 의해 서미스터의 온도는 상승한다.

온도가 일정 위치(T_2)에 도달하면 저항이 급격하게 증가하여 서미스터에 흐르는 전류가 감소한다. 그러면 이번에는 줄열의 발생이 약해져 온도상승은 정지되고 온도(T_2)는 일정하게 된다. 그대로 두면 온도는 일정한 곳(T_1)까지 내려가 저항값은 줄어든다. 저항이 감소하면 전류가 흘러서 가열이 시작된다. 이처럼 어떤 일정압력을 서미스터에 가하면 서미스터 자체가 온도검출을 함과 동시에 전류조절도 자동적으로 T_1과 T_2 사이의 온도를 유지하는 것이다.

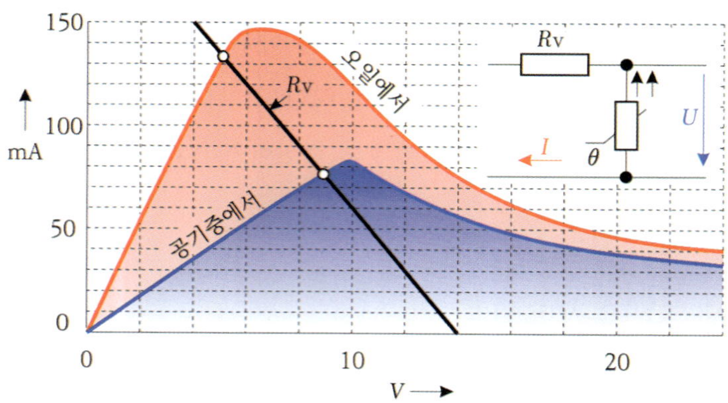

〈그림 5-2-4〉 PTC 서미스터의 전류과 전압 특성 곡선

<그림 5-2-4>는 PTC 서미스터의 전류와 전압의 특성곡선을 나타낸 것으로 저항값은 주위 온도에 의한 외부로부터의 가열과 전류의 흐름에 의해 발생되는 열에 의한 내부로부터의 가열로 구분된다.

① 외부 가열식 PTC 서미스터

외부 가열식 PTC 서미스터는 <그림 5-2-4>와 같이 외부온도에 의해서만 저항값이 변하도록 하려면 자체전류에 의해서는 거의 가열되지 않도록 해야 한다. 온도측정 및 제어에 이용되는 범위는 저항값이 급격히 상승하는 정격저항부터 최종저항까지의 영역이다. 특히 외부 가열식 PTC는 주로 전기기계의 과열을 방지하는 데 사용된다. 온도범위는 대략 60 ~ 180 [℃] 정도이다.

② 자체 가열식 PTC 서미스터

자체 가열식 PTC 서미스터는 <그림 5-2-4>와 같이 자체에 흐르는 전류에 의해 가열된다. 즉, 공급전력과 방출열량이 같으면 외부온도와 관계없이 특정 온도수준을 일정하게 유지한다. 온도가 감소하면 저항도 따라서 감소하므로 전류는 더 많이 흐르게 되고 결국 전력소비는 더욱 더 증가한다. 더 많은 전기 에너지가 공급되면 PTC는 다시 높은 온도로 가열된다. 온도가 상승하면 PTC의 저항이 증가한다. 그리고 저항이 증가하면 전류는 다시 감소한다. 전압이 상승함에 따라 PTC는 더 많은 전력을 소비한다. 이를 통해 저항은 더 급격하고 더 크게 상승하므로 전류소비는 감소한다. 넓은 범위에서 보면 소비전력은 전압과는 하등의 관계가 없다. 이 이유 때문에 PTC는 온도가 안정된 가열소자로 사용되며 스피커 또는 릴레이코일 등에 직렬로 연결된 PTC는 과전류를 방지하는 기능을 한다.

(3) CTR 서미스터

CTR(Critical Temperature Resistor) 서미스터는 PTC 서미스터보다 더 급격한 저항특성을 갖는 것으로 양(+)의 온도계수를 갖고 있다. 따라서 정온가열장치, 온도경보 등과 같이 이상온도가 발생하였을 때 주로 사용된다.

5.2.2 사이리스터

사이리스터(thyrister)는 전동기, 전기난로 및 전기로의 온도제어, 자동차에서는 고전압 축전기 점화장치, 교류발전기의 과전압보호장치, 전기기관차 등의 전동기의 속도제어, 자유롭게 전등의 밝기를 가감할 수 있는 조광장치 등 폭넓은 전력제어(電力制御, power control)의 용도에 사용되고 있다. 사이리스터에는 많은 종류가 있지만 대표적인 것이 실리콘정류제어소자(SCR, silicon controlled rectifier)이며, [표 5-2-1]은 SCR의 특징과 용도를 나타낸 것이다.

<그림 5-2-5>는 SCR의 기호 및 출력 특성을 나타낸 것이다. 캐소드(cathode, K)에 대하여 정격 전압 신호를 게이트(gate, G)에 가하면 애노드(anode, A)와 캐소드 사이가 ON의 상태가 된다. 이것을 사이리스터의 Turn ON이라고 하며, 애노드로부터 캐소드로 향하는 순방향 전압이 가해지면 전류가 흐른다.

사이리스터는 한번 Turn ON하면 게이트 전류가 '0'으로 되어도 ON의 상태가 계속된다. 이것이 OFF의 상태(Turn OFF)로 되기 위해서는 애노드 전류를 유지전류 값 이하로 하지 않으면 안 된다.

교류의 경우는 부의 반 사이클이 되면 역전압이 가해져 Turn OFF가 되나 직류의 경우는 역전압을 가할 필요가 있다. 이와 같이 순방향에 전압이 가해지고 있는 영역에서는 게이트 신호에 의해서 자유롭게 ON하는 시점을 바꿀 수 있고 간단히 출력전류를 제어할 수 있다.

[표 5-2-1] SCR의 특징과 용도

특 징	용 도
• 게이트 전류가 흘리지 않는 한 순방향, 역방향 어느 쪽으로 전압을 인가하여도 애노드 전류는 흐르지 않는다. • 게이트 전류를 흘리는 것에서 순방향에는 임의의 전류에서 애노드 전류를 흘리는 것이 가능하다.	• 전동기의 속도제어 • 무접점스위치 • DC chopper • 각종 정류기 • 대전류펄스발생기 • 각종 조광장치

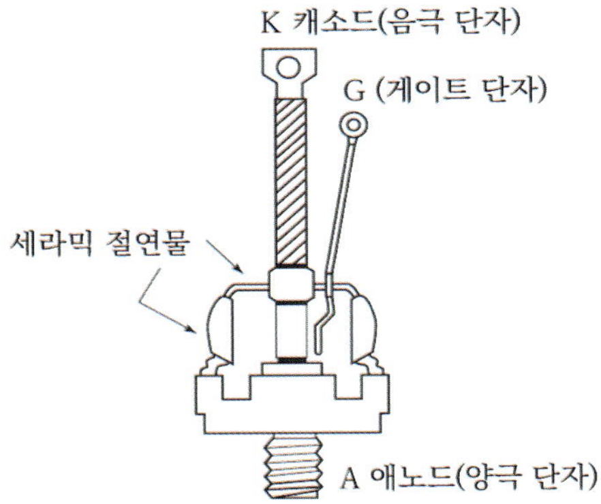

(a) 단면도(스터드형)

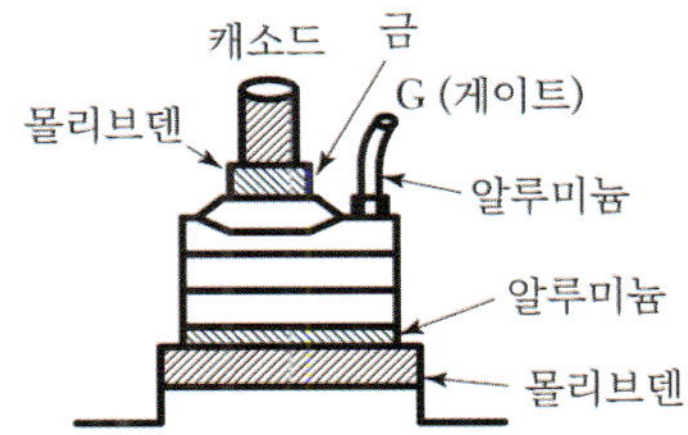

(b) 내부 구조

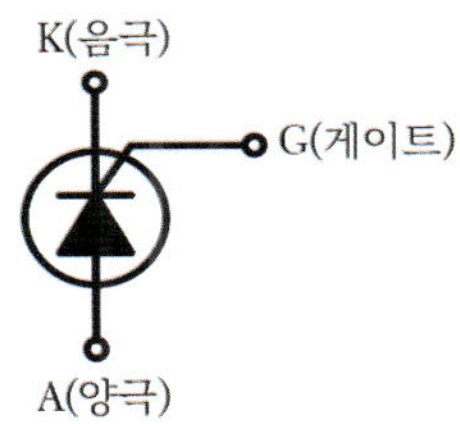

(c) 기호

〈그림 5-2-5〉 SCR의 기호 및 출력 특성

section 5.3 퓨즈의 원리 및 특징

퓨즈(fuse)는 전선에 규정 값 이상의 과도한 전류가 계속 흐르지 못하게 자동적으로 차단하는 장치이다. 과전류가 흐를 경우 전류에 의해 발생하는 열로 퓨즈가 녹아서 끊어진다. 퓨즈는 (전류)^2 × (저항)에 의한 발열작용을 이용한 퓨즈 금속체의 온도를 용융온도까지 상승시켜 용단시키는 간단한 이론을 응용한 것이다. 퓨즈는 권선이나 전선에 사용하는 동보다도 훨씬 용융온도가 낮고 전기저항이 큰 납, 아연, 주석 및 그 합금이 이용되고 있다.

만일 퓨즈에 흐르는 전류가 증가하면 그 전류의 제곱에 비례하여 발열량이 증가하므로 전류가 증가하면 퓨즈온도는 급격히 상승한다. 물론 발열량의 일부는 단자나 공기 중으로 방사되지만 발열량이 많으므로 퓨즈의 온도는 계속 상승하여 마침내는 용융온도에 도달하여 용단된다. 그 결과 퓨즈에 흐르던 전류는 차단되는 것이다.

퓨즈는 이처럼 간단한 구조로서 단락사고, 과부하사고 등이 일어났을 때 자동적으로 사고전류를 차단하여 사고의 계속과 확대를 방지하는 중대한 역할을 맡고 있으나 이것에도 장점과 단점이 있다.

5.3.1 퓨즈의 장점

① 가격이 싸다. 퓨즈는 같은 역할을 하는 차단기 등과 비교하면 가격이 매우 싸다.

② 보수가 용이하다. 단, 가동 및 회전 부분이 없으므로 설치 후 조임이 헐거워지거나 접촉 불량이 발생하지 않도록 해야 한다.

③ 성능이 잘 알려져 있다. 한국에서 전기가 사용된 이래 퓨즈가 사용되어 오고 있기 때문에 그간의 실적으로 퓨즈의 성능은 잘 알려져 있다.

④ 구조가 간단하다. 용융되는 부분과 설치하는 부분뿐이므로 구조가 극히 간단하다.

5.3.2 퓨즈의 단점

① 한번 용단된 퓨즈는 새로운 것으로 교체하여야 한다. 이 때문에 수고와 시간이 걸린다.

② 3개 중 1개만 용단되는 일이 있다. 3개 모두를 같은 정격전류치의 퓨즈를 사용하더라도 사용 중의 열화(劣化, deterioration) 또는 취급상태의 헐거워짐 등으로 발열량이 고르지 않아 3개 중 1개만 용단되는 일이 있다. 이 때문에 3상 전동기가 단상운전으로 되어 소손되는 일이 생긴다.

③ 지락사고 또는 순간단락이 있는 경우에 용단되지 않을 때가 있다. 퓨즈의 정격전류치는 통상 퓨즈에 흐르는 전류에서 용단되지 않는 정격전류치의 것을 선정하여 설치하고 있기 때문에 앞에서 설명한 바와 같이 지락사고가 발생하여도 퓨즈에 흐르는 전류는 평소상태일 때와 그다지 변화가 없기 때문에 용단되지 않는다. 따라서 복합적인 보호 장치가 필요하다.

5.3.3 용단특성에 따른 퓨즈의 분류

최근 다양한 전기기계 장치가 사용되므로 그 장치의 성능에 맞는 퓨즈를 사용하고 사고시 정확히 차단시킬 목적으로 특성화된 퓨즈가 제작되고 있다. 퓨즈의 용단특성은 일정전류를 퓨즈에 흘릴 때 어느 정도의 시간에 용단되는가를 말하는 것으로서 사업장에서 실제로 사용하고 있는 퓨즈에 한하여 특성상으로 분류하면 A종 퓨즈, B종 퓨즈, 전동기용 퓨즈의 3가지로 나눠진다. A종 및 B종 퓨즈의 구분은 고리나 통 등의 표면에 A, B의 기호를 명기하도록 되어 있다.

이와 같은 3종류의 퓨즈 특성을 표기하면 [표 5-3-1]과 같이 되는데 10 [A] 퓨즈를 예로 들어 설명하면 다음과 같다. 정격전류 10 [A]인 A종 퓨즈는 11[A]가 흘러도 용단되지 않으나 13.5 [A]가 흐르면 60분 이내에 용단되고, 2배인 20 [A]가 흐르면 2분 이내에 용단된다. 그러나 같은 용량의 B종 퓨즈는 13 [A]가 흘러도 용단되지 않으나 16 [A]가 흐르면 60분 이내, 20 [A]가 흐르면 A종 퓨즈와 마찬가지로 2분 이내에 용단된다. 같은 용량의 전동기 퓨즈는 11 [A]가 흘러도 용단되지 않으나, 13.5 [A]가 흐르면 120분 이내, 20[A]가 흐르면 4분 이내에 용단되고 50 [A]에서는 3 [s] 이내에는 용단되지 않으나 45 [s] 이내에 용단된다.

이와 같은 결과에서 볼 때 A종 퓨즈는 B종 퓨즈에 비해 작은 전류로서 용단되고 전동기용 퓨즈는 정격전류의 5~6배까지의 동안은 시간적으로 완만한 비율로 용단된다는 것을 알 수 있다.

[표 5-3-1] 각종 퓨즈의 특성(퓨즈 수평 설치, 주위온도 10~30 [℃])

종별	정격전류의 백분율 / 정격전류	110 [%]	130 [%]	135 [%]	160 [%]	200 [%]	500 [%]
A종	1~ 30 A	용단되지 않음		60분 이내 용단		2분 이내 용단	
	31~ 60 A	〃		〃		4분 〃	
	61~ 100 A	〃		120분 이내 용단		6분 〃	
	101~ 200 A	〃		〃		8분 〃	
	201~ 400 A	〃		〃		10분 〃	
	401~ 600 A	〃		〃		12분 〃	
	601~1000 A	〃		180분 이내 용단		20분 〃	
B종	1~ 30 A		용단되지 않음		60분 이내 용단	2분 이내 용단	
	31~ 60 A		〃		〃	4분 〃	
	61~ 100 A		〃		120분 이내 용단	6분 〃	
	101~ 200 A		〃		〃	8분 〃	
	201~ 400 A		〃		〃	10분 〃	
	401~ 600 A		〃		〃	12분 〃	
	601~1000 A		〃		180분 이내 용단	20분 〃	
전동기용	1~ 60 A	용단되지 않음		120분 이내 용단		4분 이내 용단	3초 이상 45초 이하 용단
	60 A 이상	〃		180분 〃		8분 〃	〃

section 5.4 퓨즈의 법령

퓨즈는 이상상태가 발생했을 때 용단되어야 하는 중요한 역할을 맡고 있기 때문에 한국산업규격에 의해 고리, 통형, 선형 퓨즈 등이 만들어지고 있다. 기타 전기관계법령에 의해서도 제조, 특성, 정격, 사용상의 규제를 받고 있으므로 그 내용은 다음과 같다.

5.4.1 전기용품안전관리법

전기용품안전관리법은 현재 다량으로 만들어져 가정, 상점, 공장 등에서 사용되는 전기용품에 대해서 제조, 판매, 사용상의 규제를 가함으로서 부적합 전기용품에 의한 화재나 감전에는 110 [V] 및 220 [V] 퓨즈 가운데 다음 범위의 것을 포함하고 있다.

- 실퓨즈 ; 110, 220 [V]용의 것
- 관형퓨즈 ; 200 [A] 이하
- 고리퓨즈 ; 〃
- 통형퓨즈 ; 〃
- 선형퓨즈 ; 〃
- 플러그퓨즈 ; 〃
- 전동기용퓨즈 ; 12 [kW] 이하

따라서 이 범위의 퓨즈를 사용할 때는 반드시 「전」자 표시가 되어 있는 것을 사용해야 한다. 「전」자 표시는 실퓨즈의 뭉치, 고리퓨즈의 고리, 관형퓨즈의 관, 표면 등에 정격전류와 함께 표시되어 있으며 통형퓨즈, 플러그퓨즈, 성형퓨즈에서는 정격전압(퓨즈가 사용될 수 있는 회로의 전압), 정격전류, 정격차단전류(단락사고 때 퓨즈가 안전하게 끊을 수 있는 전류) 등과 함께 표시되어 있다.

5.4.2 전기설비기술기준

(1) 퓨즈의 특성

전기용품안전관리법에 적용되는 것을 제외하고는 모두 다음의 [표 5-4-1]과 같은 조건을 갖지 않으면 안 된다고 규정되어 있다. 물론 전기용품안전관리법에 적용되지 않는 200 [A] 이상의 A종 퓨즈, B종 퓨즈는 어느 것이나 이 특성을 만족시킨다.

[표 5-4-1] 전기설비기술기준에 정하는 특성

정격전류 \ 정격전류의 백분율	110 [%]	160 [%]	200 [%]
1 ~ 30 A	용단되지 않음	60분 이내 용단	2분 이내 용단
31 ~ 60 A	〃	〃	4분 〃
61 ~100 A	〃	120분 이내 용단	6분 〃
101 ~200 A	〃	〃	8분 〃
201 ~400 A	〃	〃	10분 〃
401 ~600 A	〃	〃	12분 〃
601 A 이상	〃	180분 이내 용단	20분 〃

(2) 실퓨즈의 사용제한

실퓨즈는 천장에 설치되어 있는 로우젯 또는 이것과 유사한 좁은 장소에 한하여 사용 가능하므로 그 이외의 장소에서는 사용할 수 없다고 정해져 있다. 커버나이프스위치(CKS, cover knife switch)에 실퓨즈를 사용하는 일이 있는데 이것은 규칙에 위반되므로 사용해서는 안 된다. 그 이유는 조임나사로 실퓨즈를 조일 때 그 모양이 변화되어 차단되어서는 안될 적은 전류로도 용단되는 일이 일어나기 때문이다.

(3) 비포장퓨즈는 고리퓨즈를 사용할 것

앞에서 기술한 로우젯 이외의 개소에서 비포장퓨즈를 사용할 때는 반드시 고리퓨즈를 사용하지 않으면 안 된다고 정해져 있는데 그 이유는 (2)항과 마찬가지다.

(4) 필요한 차단용량을 가지고 있을 것

배선이나 전기기기 내부 등에서 단락사고가 일어나면 과대한 전류가 흐르는데 이것을 단락전류라고 말하며 그 전류 값은 수전실의 변압기용량, 전선의 굵기, 변압기에서 단락사고가 일어난 개소까지의 거리 등에 의해서 정해진다. 그 개략적인 값은 [표 5-4-2]와 같다.

퓨즈는 그 설치점에 흐르는 단락전류 즉, 퓨즈 설치점에서 전동기 등의 부하 사이에서 단락사고가 발생하더라도 그 사고전류를 안전하게 차단할 수 있는 것이 아니면 안 된다고 규정하고 있다.

[표 5-4-2] 단락전류의 개략적인 산술

변압기 용량 [kVA]	변압기에서의 거리	
	10 [m]	60 [m]
10	1,200 A	700 A
20	2,200 A	1,000 A
30	2,200 A	2,000 A
50	4,000 A	3,000 A
100	8,000 A	4,000 A
200	11,000 A	5,000 A
500	18,000 A	6,000 A

통형퓨즈나 플러그퓨즈 등에는 여러 가지 차단특성을 가진 것은 [표 5-4-3]과 같이 제작되고 있다. 그 중에서 설치점까지의 거리, 수전용변압기의 용량 등에서 단락사고시에 흐르는 단락전류치를 추정하여 그 단락전류치 이상의 차단성능을 가진 퓨즈를 선정하여야 한다.

그러나 고리퓨즈와 같이 가용부분이 노출된 것은 정격차단전류가 퓨즈에 표시되어 있지 않은데 그 이유는 그 상태에서(나이프스위치에 설치하여 퓨즈가 노출된 상태) 사용하면 200~300 [A] 정도밖에 안전하게 차단할 수 없기 때문이다. 이 때문에 고리퓨즈는 커버나이프스위치나 금속상자개폐기와 같이 밀폐된 내부에 설치하여 사용하는 것이 반드시 필요하며, 이 상태에서 사용하기 시작한 고리퓨즈는 차단특성을 갖게 된다.

예를 들면 커버나이프스위치 또는 상자형 개폐기에 고리퓨즈를 장착하면 스위치의 정격에 따라 차이는 있지만 대체로 220 [V], 1,500 [A] 또는 2,500 [A]를 차단할 수 있다.

[표 5-4-3] 통형퓨즈 및 플러그퓨즈의 차단성능에 의한 급별 분류

급 별	차단용량 [A]	급 별	차단용량 [A]
AC 1	1,000 A 이하	AC 20	20,000 A 〃
AC 2	2,500 A 〃	AC 35	35,000 A 〃
AC 5	5,020 A 〃	AC 50	50,000 A 〃
AC 10	10,000 A 〃	AC 100	100,000 A 〃

(5) 퓨즈의 정격전류 선정 조건

백열등, 형광등 회로에는 그 배선의 굵기에 의해 정해지는 상시 안전하게 흐릴 수 있는 전류 이하의 정격전류 퓨즈를 사용해야 한다. 또한, 전동기 회로에는 그 전선의 허용전류 2.5배 이하의 정격전류 퓨즈를 사용하도록 정해져 있다.

(6) 최적의 퓨즈 선정

① 퓨즈 정격전압이 사용회로의 전압에 적합할 것

퓨즈의 정격전압은 그것을 사용하는 회로의 전압 110 [V], 220 [V] 및 440 [V] 등과 같거나 그것 이상일 필요가 있다. 이것을 실제로 판매되고 있는 것에 적용하면 다음과 같다.

고리퓨즈는 정격전압이 250 [V]의 것만이 제작되므로 110 [V] 또는 220 [V] 회로에는 이것을 사용한다. 따라서 440 [V] 회로에는 고리퓨즈를 사용할 수 있다.

통형퓨즈는 정격전압이 250 [V], 500 [V] 및 600 [V]의 것이 만들어지고 있으므로 110 [V]와 220 [V] 회로에는 정격전압이 250 [V]의 것을 사용하고, 440 [V] 회로에는 500 [V] 또는 600 [V]의 것을 사용한다.

선형퓨즈는 정격전압이 125 [V], 250 [V], 500 [V] 및 600 [V]의 것이 제작되고 있으므로 110 [V] 회로에는 정격전압이 125 [V], 220 [V] 회로에는 정격전압 250 [V], 440 [V] 회로에는 정격전압 500 [V] 또는 600 [V]의 것을 사용한다.

② 퓨즈의 정격전류가 전기설비기술기준에 관한 규칙에 의해 정해져 있는 조건을 만족하는 것일 것

퓨즈는 여러 가지 정격전류의 것이 만들어지고 있으므로 이것들 중에서 전기설비 기술기준에 관한 규칙에 정해져 있는 조건에 합당한 정격전류의 것을 선정하도록 한다. 이것을 정리하면 [표 5-4-4] 및 [표 5-4-5]와 같다.

[표 5-4-4] 표준 정격전류

전류 \ 퓨즈	고리퓨즈		통형퓨즈		선형퓨즈		전동기용 퓨즈	
정격전류 [A]	3	5	1	3	1	3	1	1.25
	10	15	5	10	5	10	1.6	2
	20	30	15	20	15	20	2.5	3.2
	40	50	30	40	30	40	4	5
	60	75	50	60	50	60	6.3	8
	100	150	75	100	75	100	10	12.5
	200	300	150	200	150	200	16	20
			300	400	300	400	25	32
			500	600			40	50
			700	800			제품 중에는 전동기용량[kW]으로 표시한 것도 있음	
			900	1,000				

③ 퓨즈의 정격차단전류가 회로의 단락차단전류 이상일 것

이것은 필요한 차단용량에서 설명한 것과 같이 퓨즈를 설치한 회로의 단락전류를 안전하게 차단할 수 있는 퓨즈를 선정할 필요가 있다.

④ 전동기의 조작개폐기에 A종이나 B종 퓨즈를 사용하면 과부하운전에 의한 소손사고의 방지가 불가능하므로 과부하 방지장치를 설치할 것

일반 사업장에서는 전동기 운전용의 조작개폐기에는 내부에 고리퓨즈를 설치하고 있는데 이 방식으로는 전동기에 과부하가 발생하였을 때 퓨즈가 용단되지 않으므로 전동기가 소손되거나 하는 사고가 발생한다. 왜 퓨즈가 설치되어 있는데도 전동기가 소손되는 것일까? 그 이유를 생각해 보면 다음과 같다.

예를 들면, 3상 220 [V], 5.5 [kW]의 전동기를 직입 기동할 때 정격전류는 15 [A] 정도이므로 만약 전동기 특유의 기동전류가 없다면 상자개폐기에 설치하는 고리퓨즈는 전등회로와 마찬가지로 30 [A] 퓨즈를 사용하여도 좋을 것이다. 5.5 [kW] 전동기용 배선에는 [표 5-4-5]에서 애자사용 배선일 때는 2.0 [mm], 관에 넣을 때는 2.6 [mm]의 전선을 사용한다. 또한, [표 5-4-6]에서 애자사용 배선이나 B종 30 [A] 퓨즈로 된다.

그러나 전동기에는 기동시에 최고치가 전동기 정격전류의 5 배에 이르는 기동전류가 약 1～2초간 흐르므로 30 [A] 퓨즈로는 곧 용단되어 버린다. 따라서 전동기는 기동하지 못한다. 이 때문에 [표 5-4-6]과 같이 50 [A] 퓨즈를 사용하면 기동전류로서는 용단되지 않으므로 전동기는 정상적인 운전 상태로 되지만 퓨즈의 특성에서 설명한 것처럼 퓨즈는 정격 전류치의 130 [%] 일 때 이것은 전동기 정격전류의 약 5 배인 65 [A]까지 용단되지 않으므로 전동기가 상당히 과부하상태에서 계속해서 2 분간이나 과열되어 소손되어 버린다. 이처럼 전동기의 기동시 기동전류가 흐르므로 설치하는 퓨즈의 용량이 커지게 되기 때문에 퓨즈로서는 과부하 운전에 의한 소손사고를 방지할 수 없게 된다. 그러므로 소손사고를 방지하기 위해서는 어떻게 하든지 전동기에 과전류가 지속적으로 흐를 때는 자동적으로 회로를 차단하는 장치가 필요하게 된다.

전기설비 기술기준에 대한 규칙에는 0.2 [kW] 이하를 제외한 모든 전동기에 과전류가 흐르면 자동적으로 회로를 차단하는 과전류 방지장치를 시설하도록 하고 있다. 이 때문에 5 배의 전류에서 수초간 용단되지 않는 특성을 가진 전동기용 퓨즈를 고리퓨즈 대신에 상자개폐기에 설치하면 기동전류가 흘러도 용단되지 않고 130 [%] 이상의 과부하전류가 흐르면 용단되는 과부하 보호장치로 되므로 소용량 전동기에는 이 방식을 채용하도록 권장하고 있다.

중용량 이상의 전동기에는 110 [%] 과부하로 되면 작동하는 열동계전기 부착 전자개폐기를 설치하든지 전동기차단기를 조작개폐기 대신 설치하면 과부하 운전을 완전히 방지할 수 있다.

[표 5-4-5] 전등회로의 퓨즈 용량

분기회로	종별	퓨즈용량[A]
	15 A 분기회로	15 A 이하
	20 A 분기회로	15 ~ 20
	30 A 분기회로	20 ~ 30
	50 A 분기회로	39 ~ 50

간선	전선굵기		애자배선			금속관, 합성수지 전선관 배선		
	[mm]	[mm²]	전선의 허용전류	A 종 퓨즈	B 종 퓨즈	전선의 허용전류	A 종 퓨즈	B 종 퓨즈
	1.6		27	30	20	19	20	15
	2.0		35	30	30	24	20	20
	2.6		48	50	30	33	30	30
		5.5	49	50	30	34	30	30
	3.2		62	50	50	43	30	30
		8	61	50	50	43	30	30
		14	88	75	75	62	50	50
		22	115	125	100	81	75	75
		30	139	150	125	97	100	75
		38	162	175	150	113	125	100
		50	190	200	150	133	150	125
		60	217	225	200	152	150	125
		80	257	250	200	180	200	150
		100	298	300	250	208	225	200
		125	344	350	300	240	250	200
		150	395	400	300	276	300	250
		200	469	500	400	328	350	300
		250	556	600	500	389	400	300
		325	650	700	600	455	500	400
		400	745	800	700	520	500	500

[표 5-4-6] 200 [V] 이상 3상 유도전동기의 퓨즈 용량(B종 퓨즈)

정격 출력 [kW]	전부하 전 류 [A] (참고치)	배선의 종류에 따른 전선의 굵기				퓨즈용량[A]			
		애자배선		금속관, 합성수지제 전선관 등		직입기동		기동기 사용	
		최소 전선	최대 긍장	최소 전선	최대 긍장*	조 작 스위치	분 기 스위치	조 작 스위치	분 기 스위치
0.2	1.8	1.6 mm	144 m	1.6 mm	144 m	* 1.25 * 1.4 * 1.6	15		
0.4	3.2	1.6	81	1.6	81	* 2.0 * 2.5	15		
0.75	4.8	1.6	54	1.6	54	* 3.2 * 4.0 * 5.0	15		
1.5	8	1.6	32	1.6	32	* 6.3 * 8.0	20		
2.2	11.1	1.6	23	1.6	23	* 8.0 * 9.0 * 10.0	30		
3.7	17.4	1.6	15	2.0	23	* 14.5 * 16.0	50		
5.5	26	2.0	16	2.6	27	· 50	60	· 30	50
7.5	34	2.6	20	3.2	31	· 75	100	· 50	75
11	48	3.2	22	14mm^2	37	· 100	150	· 75	100
15	65	14mm^2	28	22	43	· 100	150	· 100	100
18.5	79	14	23	30	47	· 150	200	· 100	150
22	93	22	30	30	40	· 150	200	· 100	150
30	125	30	30	50	49	· 200	300	· 150	200
37	160	38	30	80	63	· 200	300	· 150	200

주) * 표를 한 것은 시판중 kW로 표시된 전동기용 퓨즈의 정격전류를 나타낸다.

* 2.0, 2.5 등은 0.4 [kW] 전동기의 특성(회전수)에 의해 정격전류가 흐르기 때문에 이 중에서 선정하는 것을 의미한다.

· 표를 붙인 것에는 전동기차단기, 열동계전기가 부착된 전자개폐기를 설치할 필요가 있다.

5.4.3 퓨즈의 올바른 사용법

(1) 퓨즈 대신에 철사나 동선을 사용하지 말 것

철이나 동은 퓨즈에 사용되고 있는 납, 아연 등에 비해 현격히 용융온도가 높기 때문에 상당한 과전류가 흐른 경우 용단되기까지의 시간이 길게 되어 전선이나 전기기기에 쇼크를 주어 손상시키거나 온도를 상승시켜 소손이나 화재를 일으키므로 절대로 사용해서는 안 된다. 또한, 과대한 정격전류치의 퓨즈를 사용하면 철사나 동선을 사용한 경우와 똑같은 결과가 되므로 주의하여야 한다.

(2) 퓨즈를 확실히 설치할 것

퓨즈는 열에 의해 용단되므로 만약 설치단자의 조임이 헐거워지면 접촉저항에 의한 발열로 이상이 없는데도 퓨즈가 용단된다. 이런 일을 방지하기 위해서는 퓨즈는 반드시 확실하게 설치하여야 한다. 또한, 변색이나 발열을 일으키는 퓨즈는 없는지 점검하면 이런 사고는 미연에 방지할 수 있다

(3) 동일한 개폐기에는 같은 정격전류의 퓨즈를 사용할 것

퓨즈는 전등용 개폐기에는 2 개, 동력용개폐기에는 3개가 설치되는데 이 가운데 1 개 또는 2 개가 용단된 때는 반드시 용단된 것과 동일한 정격전류의 퓨즈를 사용해야 한다. 3 개중 1 개, 2 개중 1 개를 작은 정격전류의 것을 사용하게 되면 그것만이 다시 용단되어 전등이 소등되거나 전동기가 소손되게 된다.

(4) 실퓨즈를 사용하지 말 것

특정장소 이외에는 실퓨즈를 사용해서는 안 된다. 이따금 수용가에서 나이프스위치용 통형퓨즈의 예비품이 없어서 통형퓨즈 설치용 단자에 실퓨즈를 감아서 사용하는 것을 보게 되는데 이렇게 사용하면 어떤 전류치에서 퓨즈가 용단되는지를 알 수 없기 때문에 여러 가지 장애가 발생한다.

(5) 용단된 퓨즈는 서로 꼬아서 사용하지 말 것

한번 용단된 2 개의 고리퓨즈를 꼬아서 1 개로 사용하는 것을 볼 수 있는데 이것도 접촉저항 때문에 갑자기 용단되므로 사용해서는 안 된다.

(6) 예비퓨즈를 반드시 준비할 것

퓨즈가 용단된 경우에 근처에 예비퓨즈가 없으면 동선이나 철선(철사) 등을 사용하게 되므로 반드시 예비퓨즈를 준비하여 일정한 장소에 준비하여 보관하여야 한다.

(7) 퓨즈가 용단되었을 때는 반드시 원인을 조사할 것

퓨즈가 용단된 경우에는 그 회로에 용단된 원인이 있으므로 조사하도록 한다. 조사를 실시하여 알 수 없는 경우에는 전문가의 진단을 받아 2차 사고를 방지해야 한다.

section 5.5 온도 퓨즈

온도 퓨즈(thermal fuse)는 온도가 매우 상승할 때 규정의 분위기 온도로 녹아 끊어지고, 전기회로를 끊는 안전장치이다. 재질은 열에 의해 녹기 쉬운 납, 아연 또는 그들의 합금으로 만들어져 있고 이것들의 성분 배합비율에 의해 80~230[℃] 범위의 온도 퓨즈가 있다. 또한, 열로 녹을 때 끊어지기 쉽도록 온도 퓨즈의 중앙에 추를 붙이는 경우도 있다.

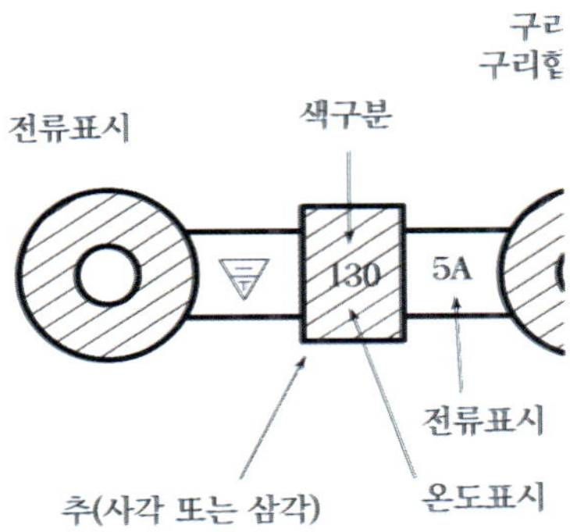

〈그림 5-5-1〉 온도퓨즈

[표 5-5-1] 온도퓨즈 용단온도의 색 분포

색 분포	흑	갈	적	녹	황	청	자	백
용단온도[℃]	100	110	120	130	150	170	200	230

5.5.1 가용체에 통전하는 형태

온도퓨즈의 용단 온도는 이 추 부분에 붙인 빛깔에 의해서 온도구분이 표시되고 있다. 또한, 전류퓨즈의 기능을 동시에 갖고 있다.

5.5.2 고신뢰성 온도 퓨즈

감온 부분인 가용체에 통전하지 않고 분위기 온도만에 의해서 회로를 차단하는 것에서 용단온도의 정도가 높다.

section 5.6 전류 퓨즈

전류 퓨즈는 과전류가 일정시간 연속으로 흐를 경우에 이것을 자동적으로 용융시켜 회로를 차단하여 과전류에 의해서 생기는 장해를 방지할 목적으로 사용하는 것으로 납, 아연, 은, 니켈, 백금 또는 이것을 주성분으로 하는 합금으로 이루어지고 있다. 소호방식, 구조, 기능, 용도에 의해 다음과 같이 구분된다.

5.6.1 전류 퓨즈의 소호방식별 분류

(1) 한류 퓨즈

한류 퓨즈의 구조는 내열성이 뛰어난 자기(磁器)에 관, 강화플라스틱, 그 밖의 내열재료의 원통 내에 퓨즈 요소를 채워 그 주위에 석영, 붕사모래, 알루미나 등의 소호제를 충전하고 양단을 밀봉한 것이다. 단락전류에 의해 발생한 퓨즈요소의 금속 나사는 급속히 소호제에 확산 침투하여 냉각되고, 그 아크에너지도 소호제에 흡수된다. 이 때문에 극간전압은 급속히 상승하여 단락전압의 상승을 억제하면서 차단을 완료한다.

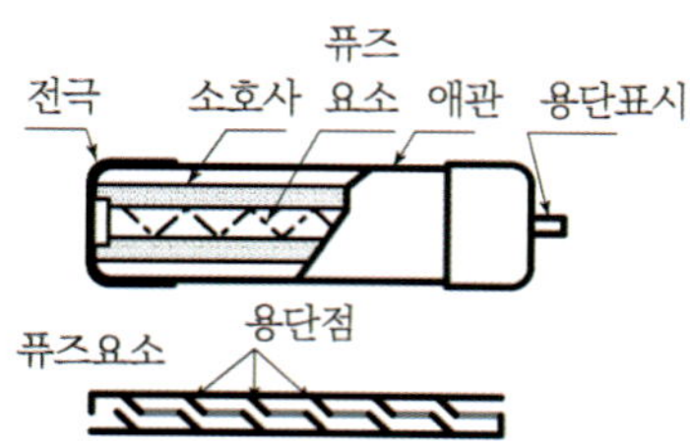

〈그림 5-6-1〉 한류퓨즈 링크의 구조

(2) 방출 퓨즈

방출 퓨즈의 구조는 내열재료 통의 한편을 밀폐하고 다른 쪽 면을 개구하여 그 내부에 파이버 등에 열분해하면 소호성 가스가 발생하는 절연재를 사용하여 퓨즈요소를 채운 것이다. 차단시에는 개구부에서 가스의 방출에 의해서 아크를 냉각하여 지연시켜 소호한다.

구조와 동작기구는 <그림 5-6-2>와 같으며 구성품은 Insulator, Upper Contact Assembly, Hinge Endfitting, Fuse Unit 및 Lower Endfitting 등이다. 그리고 퓨즈를 투입할 때는 Upper Endfitting의 Roller가 Latch를 타고 넘어 Contact와 Loading Spring을 압축시키면서 Latch턱에 걸리도록 되어 있어서 충격이나 진동에 쉽게 풀리지 않는다.

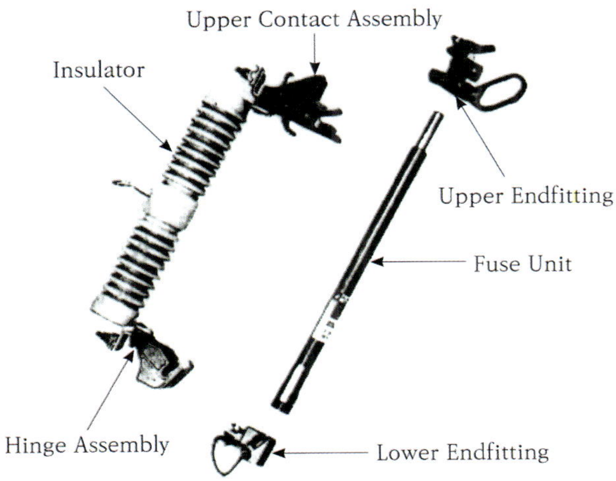

〈그림 5-6-2〉 방출퓨즈의 구조

(3) 인입 퓨즈

인입 퓨즈의 구조는 내열재료의 통 내에 짧은 퓨즈요소(fuse element)를 용수철로 상시 잡아당긴 상태로 장착하여 그 주위에 붕사 그 밖의 소호제를 충전한 것이다. 퓨즈요소가 용단하면 전극을 용수철로 바싹 당겨 아크를 소호제의 속에 인입하여 소호한다. 원리적으로는 방출 퓨즈에 가깝지만 차단시에 분출하는 불꽃 및 가스의 양은 적고, 소리도 적다.

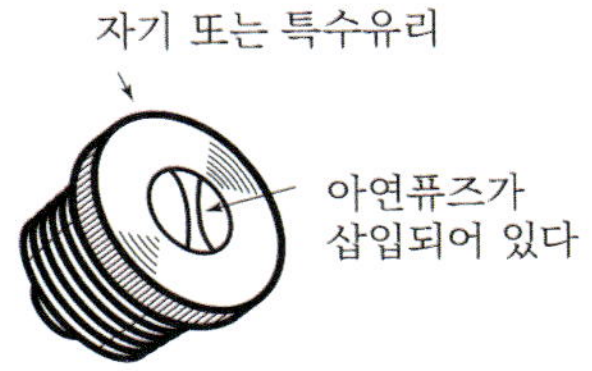

〈그림 5-6-3〉 인입퓨즈

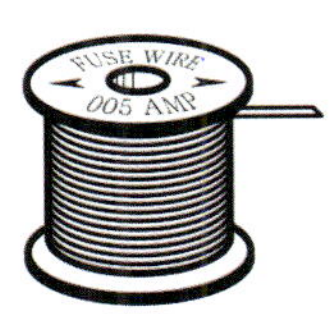

〈그림 5-6-4〉 실퓨즈

5.6.2 전류 퓨즈의 구조별 분류

(1) 실 퓨즈

실 퓨즈의 대부분은 납, 아연 또는 그것들의 합금 등을 선형으로 한 것으로 필요한 길이만큼 절단하여 사용하는 것이다. 용량은 5 [A] 이하의 것이 일반적으로 만들어지고 있다.

(2) 고리 붙임 퓨즈

고리 붙임 퓨즈는 선형 또는 띠형의 퓨즈요소의 양단에 고리를 이용하여 이것을 나사에 의해 퓨즈홀더(fuse holder)에 체결하여 사용하는 것으로 퓨즈요소에 동제의 조각을 용착한 것으로 아연판 등을 필요한 형상으로 펀칭한 것이 있다. 용도는 커버나이프스위치, 금속상자개폐기 등의 내부에 설치한다.

고리단자의 구조에 따라 갑종과 을종으로 구분되며 갑종은 퓨즈양단에 동으로 만든 고리단자를 납땜으로 붙인 것으로 600 [A]까지 제작되고 있다. 을종은 퓨즈 본체와 동일 재료로 찍어낸 것을 말하며 15 [A] 이하의 소전류용의 것이 만들어지고 있다. 전동기용으로 사용되는 퓨즈는 갑종고리퓨즈와 동일 구조로서 32 [A]까지 제작되고 있다.

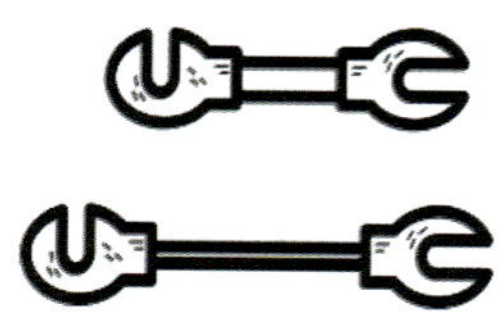

〈그림 5-6-5〉 고리퓨즈

(3) 통형 퓨즈

통형 퓨즈는 유리(glass), 자기(magnetic), 파이버(fiber) 등의 통 속에 납, 아연 또는 그것들의 합금의 퓨즈요소를 넣어 통의 양단에 통형 단자 또는 칼날형 단자를 갖추어 이것들의 단자를 퓨즈홀더에 장착하여 사용하는 것이다. 60 [A]까지는 통형 및 칼날형 단자의 것이 있으나 75 [A] 이상은 칼날형 단자로 된 것뿐이며 최대는 1,000 [A]까지 있다. 통형퓨즈는 내부의 퓨즈만 교체하여 사용하는 재사용과 끊어진 통 전체를 교체하는 비재사용이 있다.

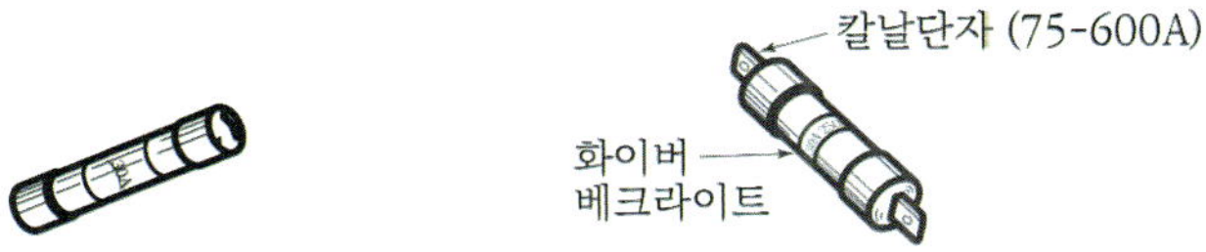

〈그림 5-6-6〉 원통퓨즈(배전반, 분전반용)

(4) 나사 퓨즈

나사 퓨즈는 내부에 퓨즈요소를 넣고 퓨즈홀더에 비틀어 넣어 사용하는 것으로 일반적으로는 전구의 꼭지쇠와 닮은 형태의 속에 퓨즈홀더를 넣어 사용하는 구조로 되어 있다.

〈그림 5-6-7〉 나사퓨즈

5.6.3 전류 퓨즈의 기능별 분류

(1) 표시형 퓨즈

표시형 퓨즈는 통형 퓨즈 내부에 트리거와 그것을 밀어내고자 하는 용수철을 넣어 퓨즈요소로 트리거를 인지한 모양이 되고 있는 것으로 퓨즈요소가 용단되면 트리거가 통 밖으로 돌출되는 것으로 용단 표시를 한다.

(2) 경보형 퓨즈

경보형 퓨즈는 용수철로 뻗어진 퓨즈요소가 용단할 때 용수철의 동작에 의해서 경보회로를 구성하는 퓨즈이다.

(3) 밀폐형 퓨즈

밀폐형 퓨즈의 구조는 내열성이 좋은 관 또는 강화합성수지 등의 원통 내에 퓨즈요소를 넣어 주위에 석영입자 등의 소호제를 충전하여 양단을 밀폐한 것으로 한류작용을 나타내기 때문에 한류 퓨즈라고도 불린다. 퓨즈요소는 통상 은이 사용되고 직선상으로 펼친 것, 나선형으로 감은 것, 내열프레임에 휘어감은 것 등이 있다.

(4) 포장형 퓨즈 링

포장형 퓨즈 링은 퓨즈요소의 외주가 절연물로 보호된 퓨즈 링이다.

(5) 비포장형 퓨즈 링

비포장형 퓨즈 링은 노출한 퓨즈요소로 구성되어 있는 퓨즈 링이다.

(6) 재사용 퓨즈

재사용 퓨즈는 통형 또는 비틀어 넣은 퓨즈 등이 있으며 퓨즈요소가 용단된 경우 퓨즈요소 또는 퓨즈요소를 함유하는 부분을 바꿔 퓨즈로서 되풀이하여 사용할 수 있는 구조인 것이다.

(7) 비재사용 퓨즈

비재사용 퓨즈는 퓨즈가 용단된 경우 퓨즈요소를 교환할 수 없는 구조의 것이다.

5.6.4 전류 퓨즈의 용도별 분류

(1) 배선용 퓨즈

배선용 퓨즈는 가장 일반적으로 사용되는 퓨즈로서 흔히 퓨즈라고 부르는 것을 가리킨다. 전선보호를 하는 경우 회로전류에 합친 정격치의 것을 선정하지만 많은 경우 전기사업법의 기술기준을 보완하는 민간 전기기술규정 안의 내선공사에 관하는 규정인 내선규정에 의한다.

(2) 전동기용 퓨즈

전동기용 퓨즈는 전동기회로에 사용하기 위해서 전동기의 기동전류를 벗어난 특성을 갖게 한 퓨즈로 전자개폐기의 열동계전기(熱動繼電器, THR, thermal relay)와 닮은 동작특성을 가지고 있다. 따라서 한류 퓨즈 같은 고차단용량 퓨즈는 제작 불가능하고,

고리 부침 퓨즈 등으로 제작된다. 최근에는 경제성, 안전성 등의 점에서 전자개폐기 또는 전동기보호용 플리커로 바뀌고 있다.

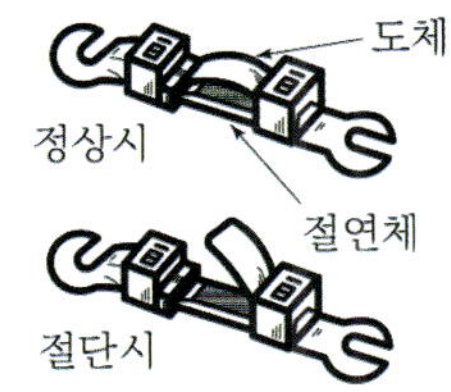

〈그림 5-6-8〉 전동기용 퓨즈

(3) 전자기기용 퓨즈

전자기기용 퓨즈는 일반적으로 소전류정격의 소형 퓨즈로 100 [V] 이하의 것이 많다. 수지 또는 유리관의 퓨즈로 차단용량은 적다. 라디오, 텔레비전 등의 전원회로에 사용되고 있다.

(4) 반도체 보호용 퓨즈

반도체 보호용 퓨즈는 대전류 통과에 대하여 약한 특성을 가진 반도체를 보호하는 퓨즈로 단락전류 차단시에 높은 한류특성을 갖게 하여 통과전류와 시간의 곱인 열손실을 극소수가 되도록 한 퓨즈이다. 일반적으로 한류 퓨즈보다 한류효과를 높이는 설계로 되어있기 때문에 통상 부하전류의 통전특성을 다소 저하시키므로 통전시의 온도상승이 높든가 체적이 상당히 커진다. 경우에 따라서는 수냉식을 사용하는 것도 있다.

5.6.5 용단특성

① 저압에 사용하는 비포장 퓨즈로 고리 부침 이외의 것은 수평으로 설치할 때 정격전류 1.25배의 전류에 견디고 1.45배의 전류에는 5 분간 2 배의 전류로는 1 분 이내에 용단하도록 규정하고 있다.

② 가전제품에 사용되는 통형퓨즈의 용단특성 등은 다음 [표 5-6-1]과 같다.

③ [표 5-6-2]는 통형퓨즈의 용단형별 기호와 정격전류를 나타낸 것이다.

[표 5-6-1] 통형 퓨즈의 용단특성 등

<table>
<tr><th colspan="2">항 목</th><th>특징 및 규격</th></tr>
<tr><td>정격전압</td><td>퓨즈의 최대사용전압
(교류의 경우는 실효치)</td><td>교류용 125 ~ 250 [V]
직류용 31.5 [V], 125 [V], 250 [V]</td></tr>
<tr><td>정격전류</td><td>퓨즈에 표시된 전류</td><td>2~31.5 [mA]까지의 사이에 규격은 30종류로 분류</td></tr>
<tr><td>차단용량</td><td>과전류가 흘러서 순시에 회로를 차단할 때의 전류한도를 표시하고 전류에 대한 퓨즈의 강도를 나타내는 기준</td><td>100~1,000 [A] 사이에 7종류로 규격분류 되어 있다. 단, 교류용으로 정격전류 1[A] 이상의 것은 정격전류의 20배 이상(최소 300 [A])</td></tr>
<tr><td>용단특성</td><td>용단시에 있어서 규정된 과전류를 흘린 경우에 그 전류와 가용체가 용단할 때까지의 시간과의 관계를 나타내는 표</td><td rowspan="3">본 규격에는 다음과 같이 구분한다.
① 보통 용단형
보통 일반전자기기 보호용
② 시간지연 용단형
전동기 또는 그것을 포함한 회로
③ 순시 용단형
주로 반도체 보호용</td></tr>
<tr><td>통전용량</td><td>가용체가 용단하지 않은 것을 보증된 전류치</td></tr>
<tr><td>용단전류</td><td>가용체를 용단시키는 전류</td></tr>
</table>

[표 5-6-2] 통형퓨즈의 용단형별 분류

<table>
<tr><th rowspan="2">기호</th><th colspan="3">정격전류</th><th rowspan="2">용단형</th></tr>
<tr><th>통전용량</th><th>용단전류</th><th>용단시간</th></tr>
<tr><td>NN</td><td>130 [%]</td><td>200 [%]</td><td>30초 이내</td><td rowspan="5">보통 용단형</td></tr>
<tr><td rowspan="2">NM</td><td rowspan="2">110 [%]</td><td>135 [%]</td><td>1시간 이내</td></tr>
<tr><td>200 [%]</td><td>2분 이내</td></tr>
<tr><td rowspan="2">NR</td><td rowspan="2">130 [%]</td><td>160 [%]</td><td>1시간 이내</td></tr>
<tr><td>200 [%]</td><td>2분 이내</td></tr>
<tr><td rowspan="2">TS</td><td rowspan="2">110 [%]</td><td>135 [%]</td><td>1시간 이내</td><td rowspan="4">시간 지연 용단형</td></tr>
<tr><td>300 [%]</td><td>3초 이내</td></tr>
<tr><td rowspan="2">TL</td><td rowspan="2">110 [%]</td><td>135 [%]</td><td>1시간 이내</td></tr>
<tr><td>300 [%]</td><td>6초 이내</td></tr>
<tr><td rowspan="2">SL</td><td rowspan="2">110 [%]</td><td>135 [%]</td><td>1시간 이내</td><td rowspan="4">순시 용단형</td></tr>
<tr><td>250 [%]</td><td>1초 이내</td></tr>
<tr><td rowspan="2">SH</td><td rowspan="2">110 [%]</td><td>135 [%]</td><td>6분 이내</td></tr>
<tr><td>200 [%]</td><td>0.5초 이내</td></tr>
</table>

section 5.7 계전기 및 전도안전장치

5.7.1 계전기

과부하(過負荷, overload)는 기기나 설비의 설계된 운전범위를 초과하여 가동되는 상태를 의미한다. 그리고 전기전자 설비에서 사용되는 계전기(繼電器, relay)는 입력이 어떤 값에 도달하였을 때 작동하여 다른 회로를 개폐하는 장치로 과부하계전기(過負荷繼電器, overload relay), 과전류계전기(過電流 繼電器, OCR, overcurrent relay), 과전압계전기(過電壓繼電器, OVR, overvoltage relay), 열동계전기(熱動繼電器, THR, thermal relay), 압력계전기(壓力繼電器, pressure relay), 광계전기(光繼電器, photo relay) 등이 있다. 전동기에 이상한 힘이 작용하여 회전수가 떨어지기도 하고, 멈추기도 하는 경우에는 전동기에 과전류가 흘러 권선의 소손 및 절연의 파괴 또는 배선에 장해를 일으킨다. 과부하릴레이는 이와 같은 고장을 방지하기 위해서 설정된 전동기 보호 장치이다.

<그림 5-7-1>은 열동계전기의 회로 및 명칭을 나타낸 것이다. 온도의 변화에 따라 움직이는 계전기이며, 가열 코일에 흐르는 전류로 바이메탈을 가열하고 전류량에 따라 바이메탈이 변위하는 것을 이용하여 접점을 개폐한다. 열동형계전기는 주로 한시 계전기로서 온도 제어가 필요한 장치의 켜짐과 꺼짐을 자동으로 하는 장치이다. 또는 과부하계전기로서 전동기의 과부하에 의한 소손 방지용 인터록(interlock)으로 주로 사용된다. 과부하계전기로서는 단자 1, 2 및 5, 6 으로 전동기의 과부하에 의해 규정값 이상의 대전류가 흐르면 가열 코일이 가열되어 바이메탈은 코일의 화살표 방향으로 구부려 연결봉을 통해 보호회로의 접점을 열고, 이에 따라 전동기의 운전을 정지시켜 보호한다. 다시 운전을 시작하고자 하면 원인을 조사하여 시정한 후 복귀 버튼을 누르면 다시 원래의 상태로 복귀가 된다.

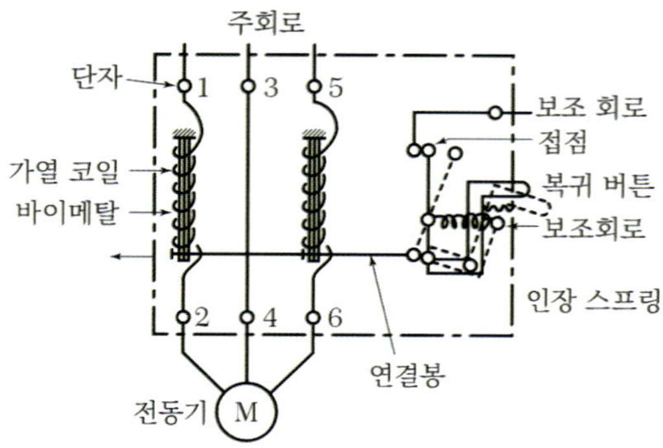

〈그림 5-7-1〉 열동계전기의 회로 및 명칭

5.7.2 전도안전 스위치

전열기구는 온도조절장치가 내장되어 있으므로 일정온도 이상이 되면 동작이 정지된다. 그러나 장기간 사용, 고장 등에 의하여 온도조절장치가 동작하지 않는 경우에는 화재로 이어질 수 있으므로 이상 온도, 전류, 사용상태 등을 감지하여 전열기구가 위험한 상태로 되면 자동적으로 전원을 차단하는 안전장치(安全裝置, safety device)를 설치한다.

온도 과상승방지기는 바이메탈식 자동온도조절기의 온도설정을 안전장치용으로서 통상의 자동온도조절기보다도 높은 값을 설정하여 사용하는 것이 일반적이고 한번 동작한 때에 온도가 내려가면 자동적으로 복귀하는 자동복귀식과 사람이 확인하고 나서 복귀시키는 수동복귀식이 있다.

전열기구 등은 정상적으로 놓고 사용하고 있으면 안전하지만 무엇인가의 충격 등으로 전도(轉倒, overturning)하여 발열부가 마루의 면에 접근되면 과열로 출화하게 된다. 이것을 방지하기 위해서 설치한 스위치이다. 이 스위치는 전기기구의 자중으로 스위치가 ON 상태로 되며, 전도 등에 의해서 스위치에 힘이 가해지지 않게 되면 스위치가 용수철의 힘으로 차단되는 구조로 되어 있다.

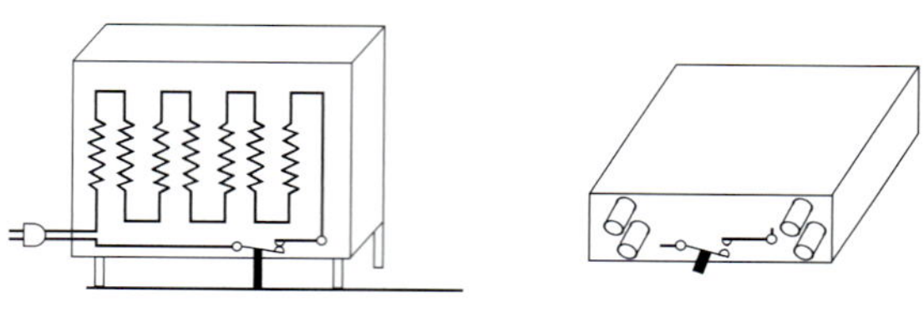

(a) 동작 전　　(b) 동작 후

〈그림 5-7-2〉 전도안전 스위치

5.7.3 전원자동정지 장치

(1) 진동시 전원자동정지 장치

강한 진동 및 충격을 받은 때 벨(bell)이 움직여 레버가 올라가 스위치 접점이 OFF 되고 스위치의 OFF 신호를 연소제어기가 검지하면 연소회로의 전원을 차단한다.

(2) 통전방치시 자동전원정지 장치

다리미(iron) 및 전기주전자에 사용되며 실수로 전원을 끊지 않았을 경우의 사고방지와 쓸데없는 전기의 사용을 막기 위해서 설치된다. 광 스위치는 발광부와 수광부 및 그 사이를 가로막은 금속봉(steel pole)으로 이루어져 있고, 다리미를 정상적으로 사용하고 있는 상태에서는 금속봉이 빛을 단속적으로 가로막는다. 그러나 다리미를 방치해 놓거나 옆으로 쓰러질 때는 발생한 빛이 봉에 가려지는 일없이 수광측에 닿기 때문에 광 스위치는 ON의 상태를 계속한다. 그러면 전원회로가 광 스위치의 ON 신호를 검지하여 약 1 분 후에 전원이 끊어진다. 또한, 다리미를 세운 채로 방치할 때 발생한 빛이 봉에 가로막아지고 수광측에 닿지 않기 때문에 광 스위치는 OFF의 상태를 유지한다. 그러면 타이머 회로가 광 스위치의 OFF 신호를 검지하여 타임스위치가 작동하여 약 10분 후에 전원이 차단된다. 이와 같이 광 특성을 응용한 원리 및 용도를 보면 [표 5-7-1]과 같다.

[표 5-7-1] 광 센서의 원리 및 용도

원리 및 용도 / 효 과	원 리	용 도
외부광전효과	광전자 방출효과, 광전자 증배관	정밀광측정, 고속미약광검출, 자외선검출
내부광전효과	광도전효과(CdS, CdSe)	카메라 노출계, 빛 제어용, 포토커플러, 포토릴레이
	광기전력효과 (포토다이오드, 포토트랜지스터)	자외선검출, 조도계, 분광광도계, 정밀광학기기, 카드판독기, 연기탐지, 조광시스템, 경보장치 등
열 효 과	초전효과(유전체)	
	발열효과	서모파일(열전쌍), 바로미터(서미스터)

exercise

연습문제

01 온도제어에 사용하는 바이메탈의 작동 원리를 적절히 설명한 것은? (   )

① 도전재료의 저항률의 차이를 이용
② 금속의 열팽창 계수의 차이를 이용
③ 절연재료의 열화 특성을 이용
④ 발열체의 임피던스 특성을 이용

02 온도에 따라 저항률이 부(−)의 온도계수를 갖는 서미스터는 어느 것인가? (   )

① NTC ② PTC ③ CTR ④ PNP

03 온도에 따라 저항률이 급격하게 변화하며 정(+)의 온도계수를 갖는 서미스터는? (   )

① NTC ② PTC ③ CTR ④ PNP

04 일반적으로 사용되는 퓨즈의 장점이 아닌 것은? (   )

① 가격이 저렴하다. ② 보수가 용이하다. ③ 구조가 간단하다. ④ 연속 사용할 수 있다.

05 퓨즈의 올바른 사용법이 아닌 것은? (   )

① 철사 또는 동선을 사용하지 말 것
② 퓨즈를 확실히 설치할 것
③ 실퓨즈를 사용할 것
④ 정격용량의 퓨즈를 사용할 것

06 온도퓨즈의 재질로 적합한 것은 어느 것인가? (   )

① 납, 아연 ② 아연, 철 ③ 청, 구리 ④ 구리, 납

07 온도퓨즈의 색 분포에서 흑색의 용단 온도는 몇 도[℃]인가? (　　)

① 100　② 120　③ 150　④ 170

08 온도퓨즈의 색 분포에서 녹색의 용단 온도는 몇 도[℃]인가? (　　)

① 100　② 120　③ 130　④ 150

09 온도퓨즈의 색 분포에서 백색의 용단 온도는 몇 도[℃]인가? (　　)

① 140　② 170　③ 200　④ 230

10 어떤 퓨즈에 정격전류의 2배 전류가 흐르면 열량은 몇 배로 되는가? (　　)

① 2배　② 4배　③ 6배　④ 8배

해설 (열량) ∝ (전류)^2 × (저항)

11 발열체의 저항이 500[Ω]인 전열기에 전류 3[A]를 2분간 흘렸을 때 발생한 열량[kJ]은 얼마인가? (　　)

① 540　② 640　③ 740　④ 840

해설 $H = I^2Rt$ [J]에서 $H = I^2Rt = 3^2 \times 500 \times 2 \times 60 \times 10^{-3} = 540$ [kJ]

12 과전류가 일정시간 연속으로 흐를 경우에 이것을 자동적으로 용융시켜 회로를 차단하여 전기설비 사고의 확산을 방지하기 위해 설치하는 퓨즈는? (　　)

① 전압 퓨즈　② 전류 퓨즈　③ 전력 퓨즈　④ 저항 퓨즈

13 저압에 사용하는 비포장 퓨즈로 고리 부침 이외의 것은 수평으로 설치한 경우 정격전류의 몇 배에 견디어야 하는가? (　　)

① 1　② 1.1　③ 1.25　④ 1.5

14 전동기에 과전류가 흘러 권선의 소손 및 절연파괴 등의 사고를 예방하기 위해서 설치하는 보호기기는? (　　)

① 전류 절환 스위치　　② 과부하계전기
③ 비율차동계전기　　④ 전압절환 스위치

15 전열기가 넘어졌을 때 전원을 차단하기 위해 설치하는 스위치는? (　　)

① 커버나이프스위치　　② 누름단추스위치
③ 텀블러스위치　　④ 전도안전스위치

16 바이메탈의 동작원리를 설명하시오.

17 퓨즈의 원리를 설명하고 장점 및 단점에 대해서 설명하시오.

18 전기기기에 사용되는 퓨즈를 선정할 때 고려해야 할 사항에 대해 논하시오.

[정답표]

1	2	3	4	5	6	7	8	9	10
②	①	③	④	③	①	①	③	④	②
11	12	13	14	15	16	17	18		
①	②	③	②	④	본문 참조				

Chapter

06

공통 전기부품

contents

chapter 06 공통 전기부품

section 6.1 변압기

6.1.1 변압기의 동작원리

변압기(變壓器, transformer)는 상호 유도 원리를 이용하여 교류 전압을 높이거나 낮추는 데 사용되는 기기이다. <그림 6-1-1>에 나타낸 바와 같이 규소강판으로 성층한 철심에 2개의 권선을 감은 형태로 되어 있다. 한쪽의 권선에 정현파 교류전압을 가하면 철심에는 정현파 교번자속이 생기고, 이 자속과 쇄교(鎖交, interlinkage)하는 다른 쪽의 권선의 감은 횟수에 따라 서로 다른 크기의 교류 전압이 유도된다. 이와 같이 변압기는 일정 크기의 교류 전압을 받아 전자유도현상에 의하여 다른 크기의 교류전압으로 바꾸어서 이 전압을 부하에 공급하는 역할을 한다. 이때 전원측에 접속되어 있는 권선을 1차권선(1次捲線, primary winding)이라고 하고, 부하측에 접속되어 있는 권선을 2차권선(2次捲線, secondary winding)이라고 한다.

1차 권선의 감은 수를 n_1, 2차 권선을 감은 수를 n_2라 하고 1차 권선에 가해 준 교류 전압을 V_1[V], 2차 권선에 유도된 교류 전압을 V_2[V]라고 하면 다음과 같은 관계가 성립한다.

$$\frac{V_1}{V_2} = \frac{n_1}{n_2} = a \tag{6.1}$$

또는

$$V_2 = \frac{n_2}{n_1} V_1 = \frac{1}{a} V_1 \tag{6.2}$$

여기서, $n_1 / n_2 = a$를 권수비라 하며, 1차 권선의 감은 수와 2차 권선의 감은 수를 적당히 정함으로써 일정한 공급 전압 V_1에 대하여 2차 권선에 유도되는 전압 V_2를 원하는 값으로 얻을 수 있다.

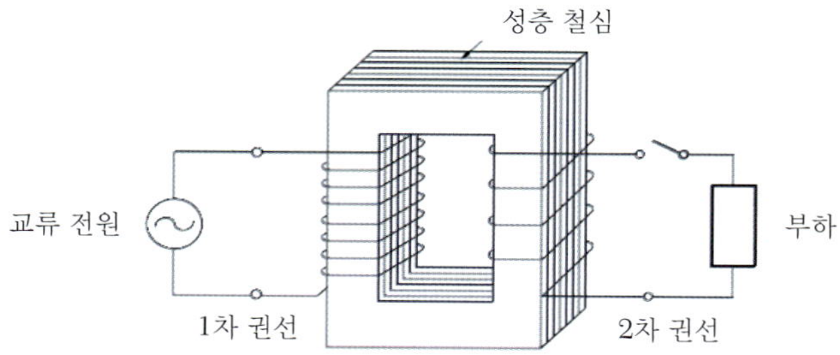

〈그림 6-1-1〉 변압기의 원리도

[표 6-1-1] 변압기의 종류

<table>
<tr><th colspan="2">종 류</th><th>동 작</th><th>사용개소</th></tr>
<tr><td colspan="2">전원변압기</td><td rowspan="2">1차권선과 2차권선의 권수비로 2차 권선측에 각각의 전압을 얻음
회로의 1차측과 2차측을 절연</td><td>전자기기 및 형광등의 전원회로</td></tr>
<tr><td colspan="2">고압변압기
(전자레인지용)</td><td>전자레인지</td></tr>
<tr><td colspan="2">승압전용변압기</td><td>브라운관에 필요한 높은 전압 20~30 [kV]를 얻음</td><td>텔레비전 고압회로</td></tr>
<tr><td rowspan="5">저
주
파
변
압
기</td><td>정합변압기</td><td rowspan="5">임피던스 변환
전압의 변환
전위차에 의한 회로간의 절연
평형, 불평형 회로의 변환
위상반전</td><td rowspan="5">전자기기 회로에 사용
임피던스정합을 목적으로 하는 것이 많지만 복합적인 역할을 받아 사용</td></tr>
<tr><td>입(출)력 변압기</td></tr>
<tr><td>절연 변압기</td></tr>
<tr><td>동조(발진) 변압기</td></tr>
<tr><td>계단(단간) 변압기</td></tr>
</table>

6.1.2 변압기의 구조

변압기는 자기회로인 철심과 전기회로인 권선의 두 부분으로 구성되어 있고, 이 부분을 배치하는 방식에 따라 <그림 6-1-2>와 같이 내철형과 외철형 등의 형태로 구분한다. 내철형은 <그림 6-1-2>(a)와 같이 철심이 안쪽에 있고 권선은 양쪽의 철심각에 감겨져 있으며, 외철형은 <그림 6-1-2>(b)와 같이 권선이 철심의 안쪽에 있고 권선은 철심에 둘러싸여 있다. 변압기 철심은 일정한 모양으로 절단한 규소 강판을 겹쳐서 성층하여 만들지만 최근에는 <그림 6-1-2>(c)와 같이 권선 주위에 방향성 규소 강대를 나선형으로 감아서 만든 권철심형도 많이 쓰이고 있다.

승압용은 1 차 권선이 굵고, 2차 권선이 가는 구조이다. 또한, 1 차, 2 차 동시에 각 권선 사이에는 전위차가 있어서 종이 또는 플라스틱의 절연재를 사용한다. 바이메탈식의 보호 장치를 넣은 것도 있다. 자심에는 규소강판을 사용하고 있기 때문에 중량이 있고 전력용량에 비례하여 변압기 전체가 커진다. 공통인 1 개의 자심과 절연된 2개의 코일의 조합으로 이루어져 있고 자심을 매개로 하여 2개의 코일이 쇄형으로 결합되어 있다. 변압기는 내온도성, 내습도성, 절연성을 고려하여 변압기 전체의 함침 및 충전에는 왁스(wax), 에폭시(epoxy) 등의 합성수지가 사용되고 권선에는 절연 동선이, 상간에는 각종 절연지가 사용되고 있다. 자심에는 규소강판, 철-니켈 합금, 페라이트 등이 사용되고 있다.

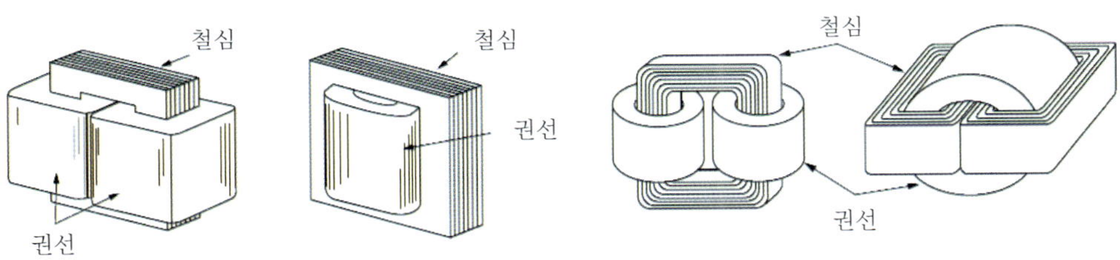

(a) 내철형 (b) 외철형 (c) 권철심형

〈그림 6-1-2〉 변압기의 모양

6.1.3 변압기의 극성

송배전 방식은 3상 교류 방식이 대부분이므로 3상 변압기를 사용하거나 단상 변압기 3 대를 알맞게 사용한다. 2 대 이상의 단상 변압기를 결선하는 경우 결선이 잘못되면 변압기가 파손되므로 변압기의 극성을 미리 알아야 한다. 변압기 극성(極性, polarity)은 어느 순간에 1 차 단자와 2 차 단자에 나타나는 유기 기전력의 상대적인 방향을 말한다.

<그림 6-1-3>에서 변압기 외함(外函, electrical box or enclosure)의 같은 쪽에 있

는 고압 및 저압 단자인 A와 a를 접속하고, 다른 단자 B와 b 사이에 전압계 V를 연결하고, 고압측인 A, B 사이에 적당한 전압 V_1을 가했을 때의 저압측 a, b 사이의 전압을 V_2, 그리고 V의 지시를 V_o라고 하자.

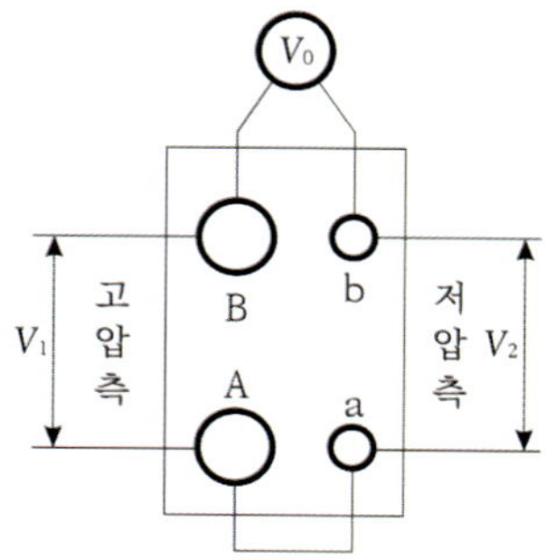

〈그림 6-1-3〉 변압기의 극성 시험

그리고 변압기의 지시가 $V_o = V_1 - V_2$ 이면 A와 a 그리고 B와 b는 같은 극성이 되고, 변압기의 1차와 2차 권선은 <그림 6-1-4>(a)의 관계로 된다. 이와 같이 고압 및 저압 단자의 극성이 같은 쪽에 있는 변압기를 감극성(減極性, subtractive polarity) 변압기라고 한다. 또한, <그림 6-1-4>(b)와 같이 <그림 6-1-4>(a)와는 반대로 $V_o = V_1 + V_2$ 로 되어 A와 a, 그리고 B와 b의 극성이 다른 변압기를 가극성(加極性, additive polarity)이라 한다.

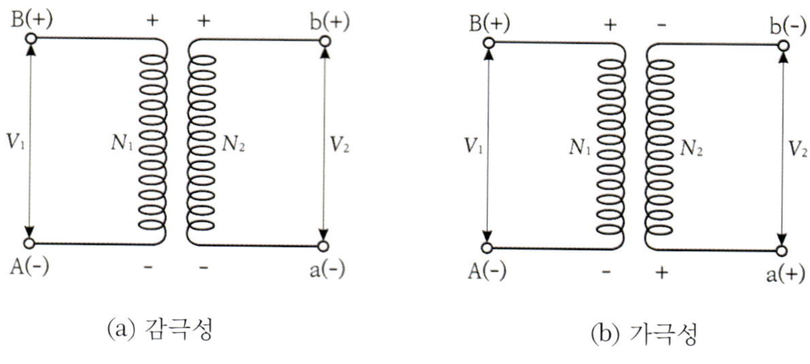

(a) 감극성

(b) 가극성

〈그림 6-1-4〉 변압기의 극성

감극성과 가극성의 극성을 쉽게 구별하기 위하여 변압기 외함에 <그림 6-1-5>와 같이 단자 기호를 붙인다. 대문자 U, V는 고압 단자를 나타내고, 소문자 u, v는 저압 단자를 나타낸다.

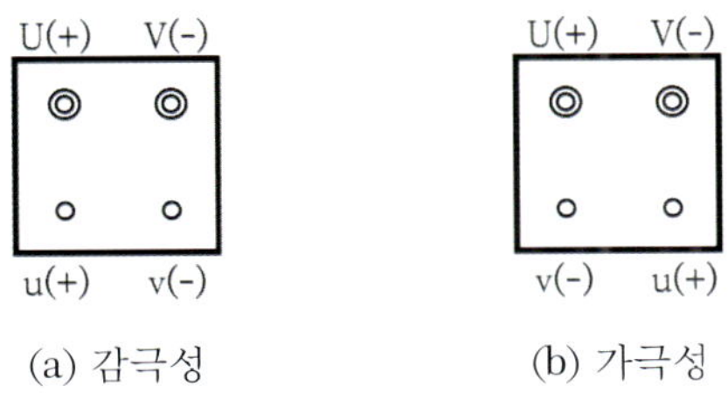

〈그림 6-1-5〉 변압기의 극성

6.1.4 승압전용 변압기

승압전용 변압기는 권수비 비율이 20배 정도로 큰 변압기이지만 입력전압의 주파수가 15 [kHz]로 높기 때문에 철심에는 주파수 특성이 좋은 페라이트(ferrite)를 사용하고 있다. 2차 전압은 높지만 전류가 적기 때문에 2차 권선은 대단히 가는 절연전선을 많이 감아 놓고 전압이 대단히 높기 때문에 습도 및 먼지로 방전이 발생하지 않도록 2차 권선의 전체를 타이어형으로 절연한 <그림 6-1-6>과 같은 독특한 형태를 하고 있다.

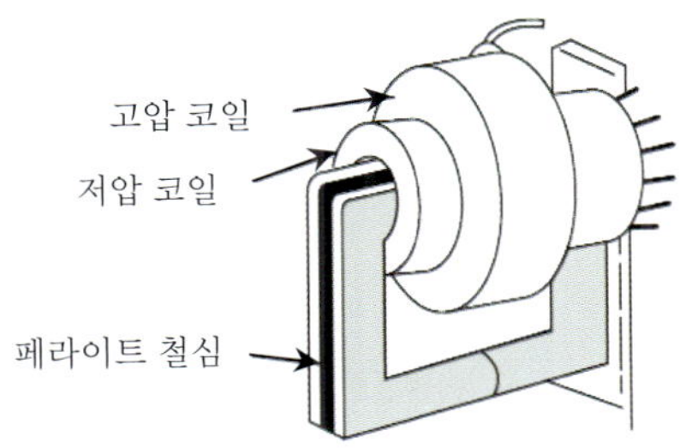

〈그림 6-1-6〉 승압전용 변압기의 구조

6.1.5 조사의 요점

① 코일 및 변압기는 어느 것이나 장기간 사용 중에 절연열화의 가능성이 있다. 먼지 및 습기에 의한 절연열화, 변색, 팽창, 냄새 등 외관의 이상이 없는가를 관찰해야 한다.

② 전자레인지용 고압변압기는 2차 전압이 높기 때문에 전원을 차단하고 점검한다.

③ 전원변압기 및 승압전용 변압기 등 고전압부에 사용되는 부품은 프린트 기판에 땜납이 확실히 되지 않으면 불꽃 및 방전이 발생한다.

④ 변압기 내부에서 출화한 경우는 권선에 단락흔을 남기는 것이 많고, 단락흔의 유무에 의해서 발화원으로 판정할 수 있다. 단지, 드물게 절연열화에 의한 발열로 권선의 절연물 및 절연도료만 무염연소(훈소)하고 단락흔이 없는 경우가 있다.

⑤ 변압기를 제작할 때 권선을 동일한 압력으로 권선해야 권선 사이가 동일하여 층간 단락의 발생 가능성이 낮다. 그런데 불규칙적인 압력으로 권선함에 따라 권선 사이의 공극이 커져 물리적인 진동 및 전자 유도 현상에 의해 권선 사이의 절연이 점점 나빠져 권선의 층간 단락에 의해 사고를 발생시키는 경우가 있다.

section 6.2 콘덴서

콘덴서(condenser)는 전기전자 회로에 많이 사용하고 있는 소자로 회로 간의 결합, 바이패스(bypass) 회로, 저항 및 코일과 조합한 각종 필터, 코일과 조합한 공진회로, 교류전동기의 기동 및 분상용, 상용전원의 역률개선 등에 사용되고 있다. 콘덴서의 기본 구조는 유전체(절연물)를 2매의 전극판으로 씌워 롤형 또는 적층형 등으로 제작하여 단자 또는 리드선을 붙인 것이다.

6.2.1 종류와 구조

[표 6-2-1]은 콘덴서의 종류에 따른 용도 및 특징을 요약한 것이다.

[표 6-2-1] 콘덴서의 종류

종 류	용 도	특 징
종이콘덴서	산업용 전기전자 기기에 사용	신뢰성, 안정성이 우수하다.
금속종이콘덴서 (MP콘덴서)	텔레비전의 수평회로, 세탁기 및 냉장고 전동기의 분상용	약간 소형, 경량. 자기회복 작용이 있기 때문에 신뢰성이 높다.
플라스틱 필름콘덴서	텔레비전, 비디오 등의 전자회로에 널리 사용	소형, 경량. 신뢰성이 높다. 전기적 특성이 좋다. 유전체로 한 필름 종류로 호칭이 다르다.
금속플라스틱 필름콘덴서		
자기콘덴서 (세라믹콘덴서)	텔레비전, 비디오 등의 고주파회로 및 온도보상을 필요로 하는 회로 등에 사용	고주파 특성이 좋다. 유전체 종류로 온도특성이 다른 것을 얻을 수 있다. 가장 소형, 경량이다.
마이카콘덴서	산업용 전자기기 및 용량의 정밀도를 요하는 회로에 사용	경년열화가 적다. 온도특성이 좋다. 용량의 정밀도가 좋다.
알루미늄전해콘덴서	텔레비전, 비디오 등의 전원회로, 결합회로, 바이패스회로 등 무극성 타입은 냉장고 및 세탁기 등의 콘덴서 시동 모터의 시동용 등에 사용	다른 것과 비교해 전기적 특성이 나쁘지만, 소형으로 대용량의 것이 가능하다.
알루미늄고체전해 콘덴서		상기의 전해콘덴서와 비교하여 저온 특성이 좋다.
탈탄전해콘덴서 (전해질: 액체)	텔레비전, 비디오 등 결합회로, 바이패스회로 등에 사용	상기의 전해콘덴서와 비교하여 전기적 특성이 좋다.
탈탄고체전해콘덴서		전해콘덴서 중에서 가장 수명이 길다.

(1) 가변 콘덴서

가변 콘덴서(variable condenser) 또는 바리콘(varicon or variable condenser)은 정전용량(靜電容量, capacity)의 값을 바꿀 수 있는 콘덴서이며, 텔레비전이나 라디오의 송수신기에 축전기로써 사용된다. 일반적으로 몇 장의 고정극판 사이에 회전극판이 회전해 들어가 상대 부분의 면적을 바꿈으로써 정전용량을 변화시키는 구조로 되어 있다. 고정자와 회전자 사이의 유전체(誘電體, dielectric)로서 플라스틱 필름을 쓰는 것, 자기(磁器)를 쓰는 것, 공기를 쓰는 것 등이 있다.

① 플라스틱 필름 가변 콘덴서

플라스틱 필름 가변 콘덴서는 유전체로서 폴리에틸렌 또는 폴리스타이렌 필름을 고정극판에 코팅한 것으로 보통 폴리바리콘이라고 한다. 소형화할 수 있는 것이 특징이며, 트랜지스터라디오에 많이 쓰인다.

② 자기 가변콘덴서

자기 가변콘덴서는 유전체로서 산화타이나늄 자기, 타이타늄산바륨 자기, 스테아타이트질 자기 등에 은을 달구어 입힌 것 2매를 고정자로 하고, 금속 원판으로 된 회전자 1 매를 삽입하여 스프링으로 압착한 구조로 되어 있다. 세라믹바리콘이라고도 하는데 정전잡음이 없으며 고주파와 고전압 회로에 많이 사용된다.

③ 공기 가변 콘덴서

공기 가변 콘덴서는 유전체로서 공기를 쓴 것이며, 회전자의 각도에 대하여 정전용량이 직선적으로 변하는 용량직선형, 회전각과 파장의 관계가 직선적인 파장직선형, 회전각에 주파수의 변화가 비례하는 주파수 직선형이 있다. 보통 에어바리콘이라 하는데 정전용량의 경년변화나 온도에 의한 변화가 없고 주파수 특성도 좋지만 형체가 큰 것이 결점이다.

④ 반도체 가변 콘덴서

반도체 가변 콘덴서는 다른 것들과는 원리가 전혀 다르며, 반도체 다이오드의 접합용량을 양단에 가하는 직류전압으로 바꾸는 것으로 보통 바리캡이라고 한다. 전자 동조장치나 원격제어에 의한 동조 장치에 사용된다.

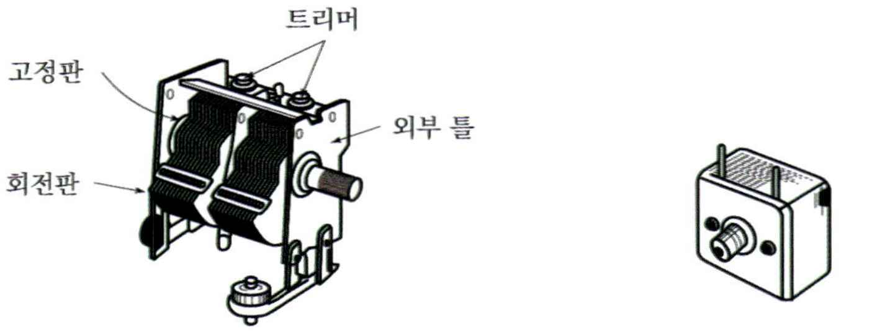

(a) 2련 바리콘 (b) 트랜지스터용

〈그림 6-2-1〉 가변 콘덴서

(2) 종이 콘덴서

종이 콘덴서(paper condenser)는 특별히 만든 얇은 종이로 여기에 절연용의 파라핀 등을 함침(含浸, impregnation)[1]하여 유전체로 만들어진 콘덴서이다. 종이 콘덴서는 주로 저주파 회로에 사용된다.

(3) MP 콘덴서

MP 콘덴서(MP condenser)는 금속화 종이(metalized paper)를 사용한 콘덴서이다. 전기용량으로서 전자회로에 사용하는 부품이다. 절연물로서 래커지(lacquer paper)[2]를 사용하고, 그 양면에 아연 또는 알루미늄 등과 같은 경금속을 약 0.05 ~ 1 [μm] 두께로 증착해서 금속화하여 용량을 형성한다. 종래의 종이 콘덴서에 비해 소형이며, 대용량의 것이 얻어진다. 절연지 대신에 마일라(mylar)[3] 등의 플라스틱을 사용한 것은 MM 콘덴서라고 한다.

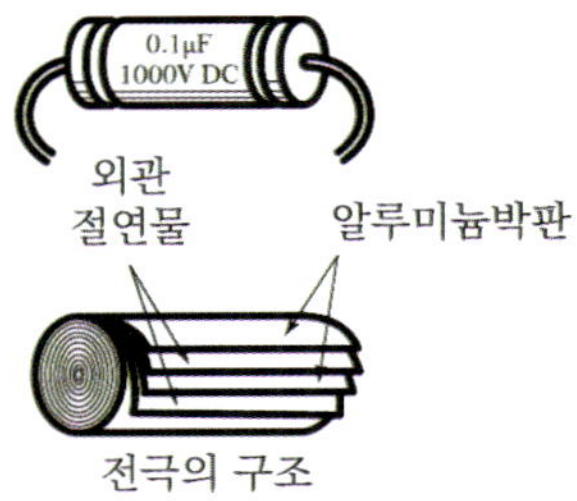

〈그림 6-2-2〉 종이 콘덴서

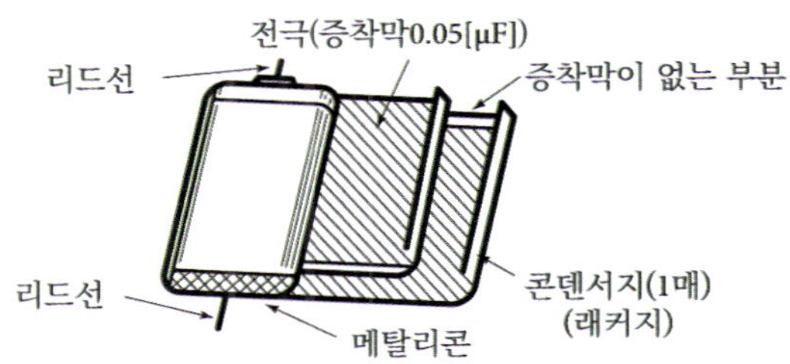

〈그림 6-2-3〉 MP 콘덴서

1) 함침은 화학 약품을 스며들게 하는 조작이며, 삼투라고도 한다. 목재에 방부재를 스며들게 하는 것. 탄소질 재료에 여러 가지 물질을 스며들게 하는 것 등이 같은 원리이다.
2) 래커지는 래커지 섬유소나 합성수지 용액에 수지, 가소제, 안료 등을 종이에 바른 것이다.
3) 마일라는 상품명으로 열가소성 수지의 하나로 기계적으로도 전기적으로도 대단히 강하지만 열수에 침해되며, 알칼리에 약하다.

(4) 운모 콘덴서

운모 콘덴서(mica condenser)는 전기회로에 사용하는 콘덴서 중 유전체에 운모 박판을 이용한 콘덴서이다. 알루미늄 박막 또는 주석 박막을 25 ~ 50 [m]의 운모판과 교대로 포개서 죄어 수지(樹脂, resin)로 굳힌 것과 은을 운모판에 구어 붙여 직접 전극으로 하고 수지로 굳힌 것이 있다. 운모 콘덴서는 다른 콘덴서에 비해 온도에 따른 용량변화가 적고 절연저항이 높으며, 고주파까지 사용되는 등의 장점이 있어 소용량의 콘덴서로서 널리 사용된다.

(5) 전해 콘덴서

전해 콘덴서(electrolytic condenser)는 전자회로용 전원의 평활회로나 바이어스를 가할 때에 직류전압에 남아 있는 맥류(脈流, pulsating current)를 제거하기 위해 사용되는 콘덴서이다. 알루미늄을 이용한 것과 탄탈럼 박막(tantalum film)을 이용한 것이 있으나 알루미늄이 더 경제적이다.

구조는 알루미늄 혹은 탄탈의 얇은 막에 전기화학적으로 산화피막을 만들고 금속박막을 양극, 산화피막을 유전체, 전해액을 음극으로 한 것이다. 알루미늄의 경우에는 알루미늄박 표면을 에치(etch)[4]하여 유효 표면적을 증가시키고, 화학적인 전해를 실시하여 산화피막을 형성하여 전해액이 스며든 종이와 함께 감아서 알루미늄 케이스에 봉입하여 콘덴서를 만든다.

(6) 세라믹 콘덴서

세라믹 콘덴서(ceramic condenser)는 유전율이 높은 산화타이타늄(titanium dioxide, TiO_2)이나 타이타늄산바륨(barium titanate, $BaTiO_3$) 등의 세라믹을 유전체로 하는 콘덴서이다. 자기 콘덴서라고도 하며, 소형으로 할 수 있는 특징이 있다. 산화타이타늄탄을 주원료로 하는 것은 이것에 마그네슘, 칼슘, 바륨, 스트론튬, 카드뮴, 규소, 지르코늄 등의 산화물을 부원료로 단독 또는 조합해서 첨가하여 필요한 모양으로 성형하여 제작한다.

일반적으로 약 1,250 ~ 1,350 [℃]에서 소성(燒成, sintering) 처리해서 유전체를 만

4) 에치는 화학적 처리 등에 의하여 결정 표면에 생기는 구멍이다.

든다. 여기에 전극으로서 은조성액을 칠하여 환원 소성시키고 리드선(lead wire)을 부착한 다음 절연도료를 칠해서 완성한다.

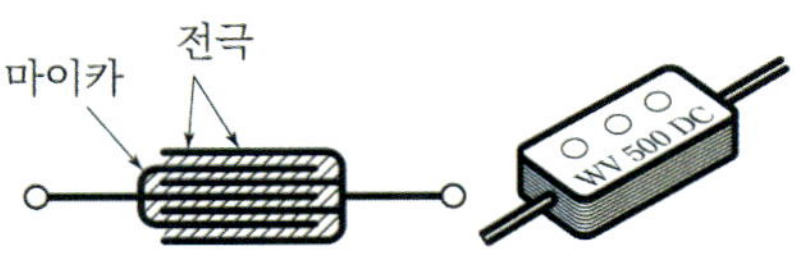

〈그림 6-2-4〉 운모 콘덴서

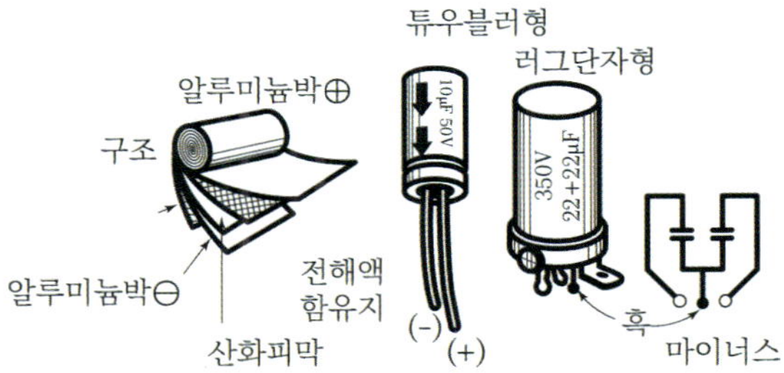

〈그림 6-2-5〉 전해 콘덴서

6.2.2 콘덴서의 극성 판별

<그림 6-2-6>은 회로시험기를 이용하여 콘덴서와 전류의 관계를 판별하는 방법을 나타낸 것이다. <그림 6-2-6>(a)는 회로시험기로 교류를 판정하기 위한 회로이다. 회로시험기의 작동 손잡이를 교류전압계(ACV)에 놓고 리드선을 전해 콘덴서의 양 단자에 연결하면 회로시험기의 지침이 좌우로 반복해서 움직이는데 이것을 교류가 흐르고 있다는 것을 의미한다. 그리고 <그림 6-2-6>(b)는 회로시험기로 직류를 판정하기 위한 회로이다. 회로시험기의 작동 손잡이를 직류전압계(DCV)에 놓고 리드선을 전해 콘덴서의 양 단자에 연결하면 회로시험기의 지침이 순간적으로 한번 움직이는데 이것을 직류가 흐르고 있다는 것을 의미한다.

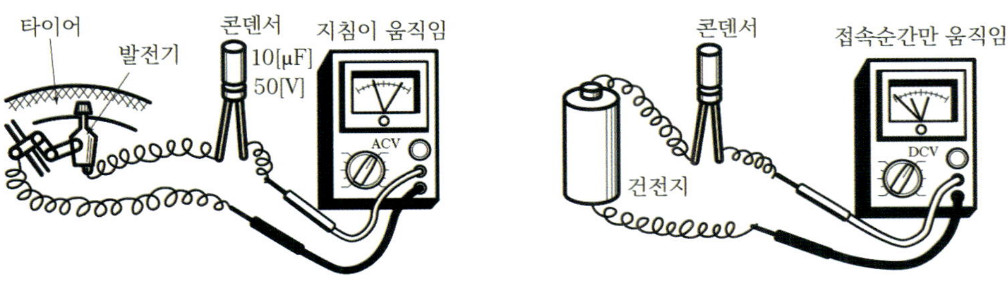

(a) 콘덴서와 교류의 관계

(b) 콘덴서와 직류의 관계

〈그림 6-2-6〉 콘덴서와 전류의 관계

6.2.3 조사의 요점

① 콘덴서는 경년열화 및 제조 잘못 등에 의해 유전체의 일부가 절연파괴를 일으켜 단락상태가 되기도 하고, 전극판과 리드선과의 접합부분이 단선되는 것도 있다.

② 전해콘덴서는 전해액이 증발하여 내부압력이 증가하기도 하고 용량이 감소하는 것도 있다.

③ 콘덴서의 내부압력이 매우 증가하면 파열할 우려가 있기 때문에 대형의 전해 콘덴서에는 내부압력 감소용의 밸브가 붙어 있어 내부압력이 기준값 이상으로 되면 밸브가 열려 압력을 외부로 방출하는 구조의 것 또는 내부압력의 이상을 검출하여 전극과 단자 간의 리드선을 자동적으로 절단하여 콘덴서에 흐르는 전류를 차단하는 구조의 것도 있다.

④ 콘덴서는 습기가 많은 장소에서 사용하고 있을 때 절연이 저하되어 트래킹(tracking)에 의해 발화하는 경우도 있다.

section 6.3 저항기

6.3.1 저항기의 종류

저항기(抵抗器, resistor)는 저항을 얻기 위해 사용하는 부품으로 전자 회로를 구성하는 소자이다. 고정저항기와 가변저항기가 있으며, 재료와 구조에 따라 많은 종류가 있다. <그림 6-3-1>은 저항기의 구조 및 명칭을 나타낸 것이다.

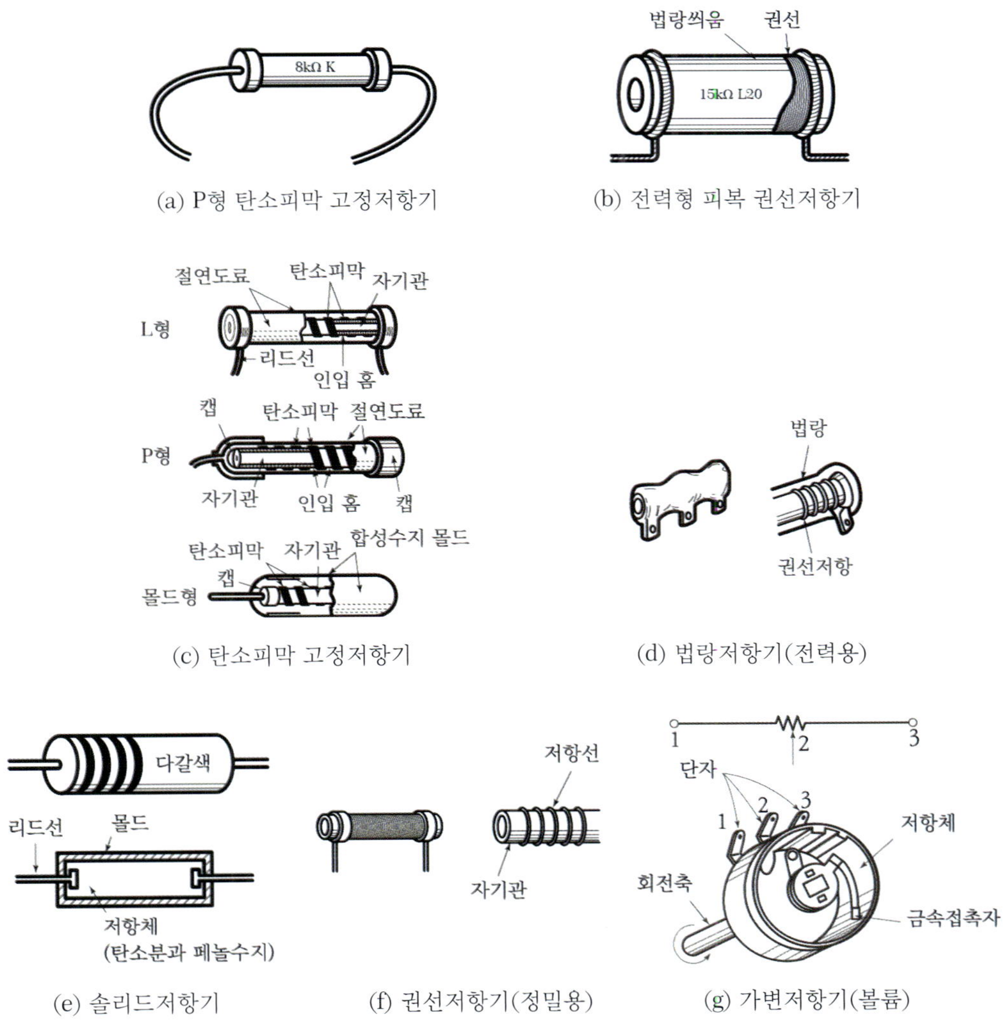

〈그림 6-3-1〉 저항기의 구조 및 명칭

전기전자 회로에 많이 사용하고 있는 소자로 전류의 제한, 전압의 강압, 신호전압의 분압, 전압강하를 이용하여 전류에서 전압으로 변환, 임피던스의 정합 등에 널리 사용되고 있다. 고정저항기는 탄소계와 금속계로 분류하며 용도와 특징은 [표 6-3-1]과 같다. 가변저항기 역시 탄소계와 금속계로 분류하며, 용도와 특징은 [표 6-3-2]와 같다.

[표 6-3-1] 고정저항기의 종류

종 별	종 류	용 도	특 징
탄소계	탄소피막저항기 (카본저항)	가전제품	초고저항값의 것까지 제조가능하다. 온도에 대해 약간 약하다.
	고체저항기 (솔리드저항)	가전제품	기계적으로 견고하고 소형, 경량, 저항치 범위가 넓다.
	고체저항기 (세라믹저항)	소형 가전제품	내열성이 좋다.
금속계	권선저항기	대전력회로	대전력용, 온도계수가 적다. 고주파 특성이 나쁘다.
	금속피막저항기	전자기기, 음향기기	잡음은 대단히 적다. 고정밀품, 경년변화가 적다.
	산화금속피막저항기	전자기기, 음향기기	저잡음, 내열성이 좋다. 고주파 특성이 좋다.
	퓨즈저항기	보호회로	평상시 저항기로 작용하고 과전류가 흐를 때 단선상태로 된다.

[표 6-3-2] 가변저항기의 종류

종 별	종 류	특 징
탄소계	탄소피막가변저항기	가장 다량으로 제조되고 있다. 공기 중의 습기 및 가스의 영향을 받기 쉽다. 주로 밀폐 구조로 되어 있다.
	솔리드가변저항기	탄소피막형으로 전력, 내습성, 잡음특성 등이 좋다.
금속계	금속피막가변저항기	권선형에 비해 소형으로 주파수 특성이 좋고, 고저항의 것을 얻을 수 있다. 탄소계에 비해 내열성, 부하내력, 잡음특성, 온도특성 등이 좋다.
	금속글래스가변저항기	다른 가변저항기에 비해 내열성, 부하내력 등 탁월한 신뢰성이 있다.
	퓨즈저항기	전력용의 것을 얻을 수 있다. 온도계수가 작고 안정성이 좋다. 고저항치를 얻기 힘들다. 주파수 특성이 나쁘다.

6.3.2 색 저항의 표기

전기, 전자, 통신 기기 등에 사용되는 저항은 권선 저항, 가변 저항, 고정 저항, 색 저항 등이 있다. 이런 저항 중에서 색 저항 구조가 간단하고 가격이 저렴하여 많이 사용되고 있다. 그런데 색 저항은 표면에 저항 값을 기록해 놓지 않고 색의 배열에 따라 값이 결정된다. [표 6-3-3]은 저항의 색띠 코드이며 [표 6-3-4]는 색띠의 숫자를 나타낸 것이며, <그림 6-3-2>는 색 저항의 표기 순서 및 의미를 나타낸 것이다.

[표 6-3-3] 저항의 색띠 코드

색 별	영문명	제 1색띠	제 2색띠	제 3색띠	제 4색띠
흑 색	black	0	0	10^0(=1)	
갈 색	brown	1	1	10^1(=10)	
적 색	red	2	2	10^2(=100)	± 2%
등 색	orange	3	3	10^3(=1K)	
황 색	yellow	4	4	10^4(=10K)	
녹 색	green	5	5	10^5(=100K)	
청 색	blue	6	6	10^6(=1M)	
자 색	violet	7	7	10^7(=10M)	
회 색	gray	8	8	10^8(=100M)	
백 색	white	9	9	10^9(=1G)	
금 색	gold			10^{-1}(=0.1)	± 5%
은 색	silver			10^{-2}(=0.01)	±10%
무 색	no color				±20%

※ K(킬로)=10^3, M(메가)=10^6, G(기가)=10^9, T(테라) = 10^{12}

[표 6-3-4] 색띠의 숫자

제 1 색띠	제 1 숫자	제 3 색띠	배수 표시
제 2 색띠	제 2 숫자	제 4 색띠	허용오차 표시

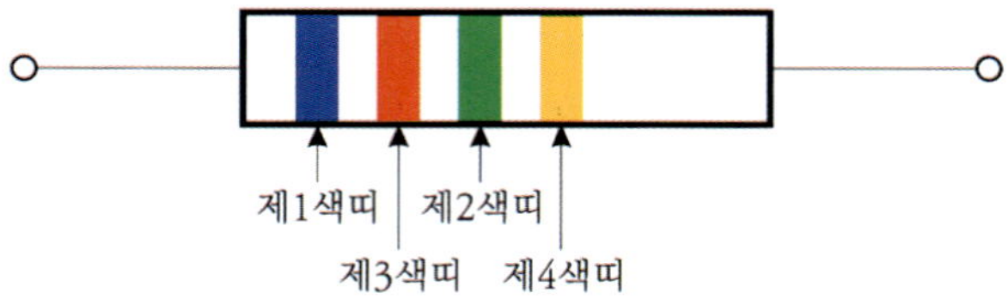

(a) 색띠의 배열 순서

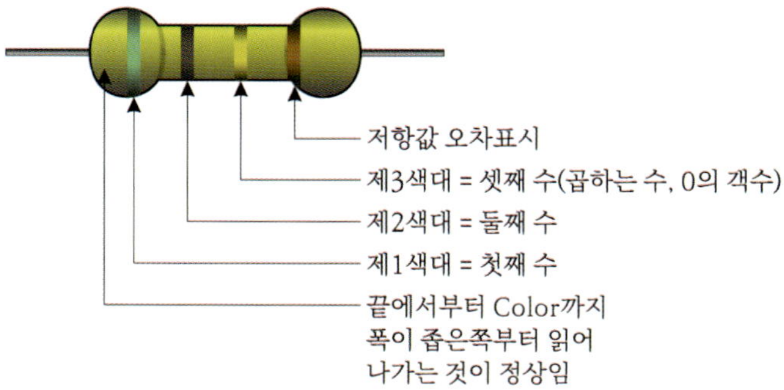

(b) 4색 저항의 배열 순서 및 의미

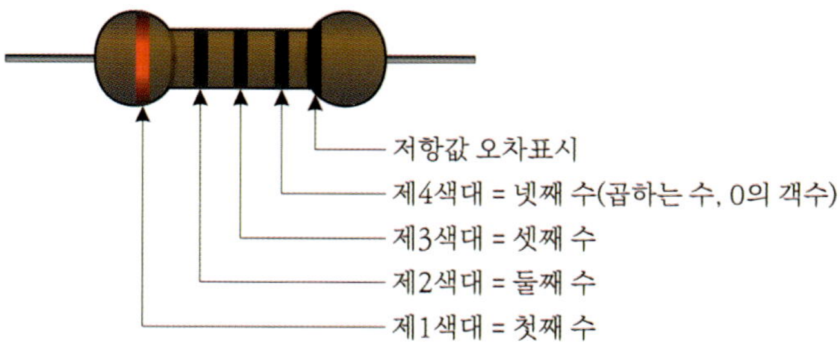

(c) 5색 저항의 배열 순서 및 의미

〈그림 6-3-2〉 색 저항의 표기 순서 및 의미

6.3.3 조사의 요점

① 고정저항기에 전류를 흘리면 발열하기 때문에 허용용량 이하에서 사용해야 한다.

② 허용용량이 큰 저항기는 발열량도 많으므로 방열을 고려해야만 한다.

③ 전력용량이 큰 저항기가 프린트 기판에 접촉하지 않고 있는지 어떤지 확인한다.

④ 리드선에 내열 튜브가 붙어 있는지 어떤지, 저항기 주변의 연소상황을 자세히 확인한다.

⑤ 가변저항기는 구조상 미끄럼 이동면의 저항체와 미끄럼 이동자 간의 접촉을 확인한다.

⑥ 미끄럼 이동자와 중간 단자 간의 접촉이 사용조건으로 열화한 지를 확인한다.

⑦ 저항체와 단자간의 단선사고 등을 조사한다.

section 6.4 스위치

6.4.1 스위치의 종류

스위치(switch)는 전기회로의 개폐나 접속 상태를 변경하기 위해서 사용하는 기구이며 개폐기라고도 한다. 구조는 접점과 그것을 동작시키는 기구로 되어 있다. 손으로 동작시키는 간단한 것에서 전자력에 의하여 작동되는 대형까지 매우 많은 방식과 구조가 있다. 전력용에서는 개폐에 수반되는 불꽃이나 열에 의한 접점의 소손을 피하기 위하여 빨리 끊는 기구를 설치한 것이 있으며, 대형에는 소호장치[5)]를 붙이기도 한다. 신호회로에는 다접점의 스위치가 사용되며 또는 전기신호로 동작하는 계전기, 진공관, 반도체 등을 이용한 전자스위치는 논리회로로서 이용된다. [표 6-4-1]은 스위치의 종류에 대한 용도 및 특징을 요약한 것이다.

[표 6-4-1] 스위치의 종류

종 류	용 도	특 징
로터리스위치	가전제품	웨이퍼 매수 증감으로 회로가 자유로 설정된다.
시소스위치	전자기기의 전원 절환	각각의 접촉형으로 대향형, 슬라이드형, 슬립형으로 분류된다.
토글스위치	가전제품	가동접촉편이 단순구조이므로 신뢰성이 좋다. 절환동작이 경쾌하다. 투입전류의 셔터링이 적다. 내환경성이 우수하다.
슬라이드스위치	가전제품의 미소전류 절환 및 전원절환	가동접촉편이 양면접촉으로 self-cleaning 효과 때문에 전기적 안정성, 신뢰성이 높다.
누름스위치	가전제품	자연스럽게 동작한다.
마이크로스위치	가전제품	고정밀도로 안정한 동작과 신뢰성, 내구성이 우수하다. 복합적인 사용방법이 된다.

5) 소호장치는 전기회로의 개폐기에 설치하여 여닫을 때 생기는 아크 방전을 빨리 꺼지게 하는 장치이다.

(1) 로터리스위치

로터리스위치는 접촉부와 절환기구부로 되어 있고 접촉에 필요한 부분은 금 또는 은 도금, 접속단자부는 땜납접속 등으로 처리되어 있다. 고정부 절연재로서는 페놀수지 적층판이 일반적이지만 고절연, 고내압 사양의 것으로서는 에폭시수지 또는 세라믹이 사용되고 있다. 오랜 기간 사용하면 접촉부의 마모로 잡음(雜音, noise)이 발생하기도 하고 불꽃이 발생하는 경우가 있다. 또한, 절환기구도 스프링의 늘어남 등으로 고정부에 따른 절환이 자연스럽게 되지 않는 경우가 있다.

(2) 시소스위치

시소스위치는 로커(locker)의 중심을 지점으로 스프링에 의해 가압된 압봉이 가동편 활동부의 공통단자를 지점으로 상하운동을 하여 접점부에 압력을 가해 ON/OFF 동작을 한다. 접점부에는 은 또는 은합금이 사용되고 가동편 및 단자에는 황동판이 사용되고 있다. 로커 봉, 기판의 절연재로서 페놀수지가 사용되고 있다. 오랜 기간 사용하면 접점부의 마모 및 용수철의 열화, 봉의 마모 등의 원인으로 잡음이 발생하여 동작이 자연스럽게 되지 않는 경우가 있다.

(3) 토글스위치

토글스위치는 가동철편의 절환 동작으로 구별되는 시소 방식과 브란코 방식이 있다. 시소 방식은 평판상의 가동접편의 중앙을 지점으로 가동편이 시소와 같은 활동(기능)을 한다. 형상은 초소형으로부터 대형까지 있으며, 전류용량도 정격 30 [A] 정도까지인 것도 있다. 브란코 방식은 가동철편의 형상과 움직임이 브란코와 동일하다. 어느 쪽의 방식도 접점부는 동합금에 은도금으로 처리되어 있다. 용기 및 습동자의 절연재에는 페놀계 합성수지가 쓰이고 있다.

(4) 슬라이드스위치

슬라이드스위치는 스위치의 조작 손잡이를 밀어 가동철편을 접합시키는 구조로 가동접점에는 용수철 성질의 동합금, 베릴륨(beryllium)동 합금 및 인듐 동합금, 단자 도전부에는 동합금이 사용되고 있다. 조작부, 기판의 절연재는 페놀수지 적층판이 사용되고 있다. 오랜 시간 사용하면 가동접촉부가 부실해져 접촉불량이 되는 경우가 있다.

(5) 누름스위치

누름스위치는 기판, 단자, 칩 등과 같은 웨이퍼부와 슬라이드, 용기, 용수철 등과 같은 조작 기구부로 구성되어 있다. 다만, 누름 스위치를 취급하는 경우 스위치에 무리한 변형하중이 가해지도록 장착을 하면 조작키가 무겁게 되어 복귀 불능이 되는 경우가 있다.

(6) 마이크로 스위치

마이크로 스위치의 구조는 구동력을 스위치 기구에 전달하는 액츄에이터, 가동접점을 갖춘 도전 용수철재를 사용한 스냅 동작(snap action) 기구부, 가동접점의 전환을 전기신호로 추출하는 고정접점 및 단자부로 구성되어 있다. 케이스의 절연재는 주로 페놀수지가 사용되고 있다.

6.4.2 저압용 스위치의 소손 패턴

(1) 스위치의 열화 메커니즘

전기에너지를 사용하는 기기의 전원을 적절하게 차단하고 투입하기 위해서 사용되는 스위치는 회로를 구성하는 중간에 설치된다. 전선을 스위치에 고정하기 위해서 사용되는 클립은 열화의 발생 가능성이 높은 부분이다. 사고가 발생하는 경과를 정밀분석하면 각각의 시나리오에 의해서 화재로 이어지게 된다. 스위치는 벽체의 내부에 설치되므로 전선과 클립 부분의 접속부에서 접촉 불량이 발생하여 장시간 반복적인 스트레스가 진행되더라도 화염과 불꽃을 사용자는 인지하기가 매우 어렵다.

<그림 6-4-1>은 연결 배선과 클립 사이에서 발생한 접촉 불량에 의해 형성되는 화재 발생 과정을 나타낸 것으로 <그림 6-4-1>(b)는 초기에 접속부의 접촉 불량이 발생하면 국부적으로 발열이 발생한다. <그림 6-4-1>(c)는 장시간 사용할 때 지속적으로 축열되어 발열 부위가 넓어지고 일부는 아산화동 증식이 발생하면서 전선의 일부가 열적 피로에 의해 적열된다. <그림 6-4-1>(d)는 출화가 발생되는 것으로 상기의 과정이 반복되면서 축열되었던 열이 절연 재료의 발화 온도 시점까지 이르면 주변을 연소시켜 화재로 진전된다.

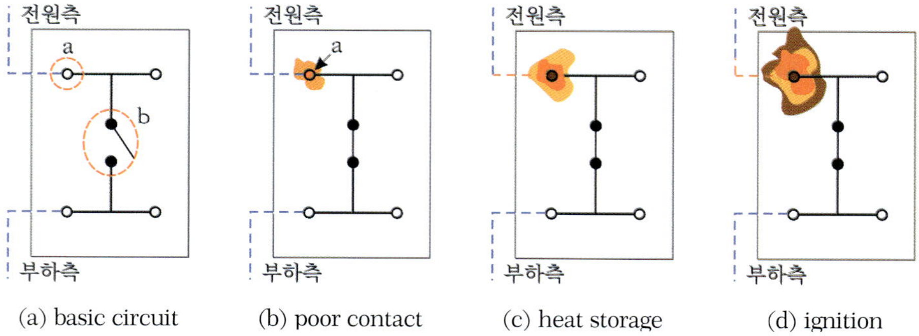

〈그림 6-4-1〉 연결 배선과 클립 사이의 접촉 불량에 의한 스위치의 소손 과정

그리고 스위치를 통해서 전기를 공급하고 차단할 때 매개 역할을 담당하는 곳이 접촉자이다. 접촉자는 사용자에 의해 물리적인 스트레스를 반복적으로 받게 된다. <그림 6-4-2>는 가동 접점의 접촉 불량에 의해 발생될 수 있는 화재 진전 시나리오를 나타낸 것이다. <그림 6-4-2>(a)는 가동 접점의 위치를 나타낸 것으로 물리적 힘에 의해 휘거나 이물질에 의해 접촉에 이상이 발생하였을 경우 접촉 불량에 의해 조명의 깜박거림 등이 발생할 수 있다. 접촉 불량은 접촉단자에서 접촉 저항에 의한 전압 강하가 발생하는 것으로 이에 따른 현상으로 조명이 깜박거리거나 조도가 낮아질 수 있는 것이다. <그림 6-4-2>(b)에서 나타난 것과 같이 접촉 불량이 발생하면 미소 아크가 발생하는 것을 알 수 있다. <그림 6-4-2>(c)는 미소 아크가 반복적으로 발생하면서 축열되고 가동 접점 일부가 발열되는 것을 알 수 있다. 대부분의 접촉 재료는 아산화동 증식 발생을 억제하는 재료가 사용되고 있어서 아산화동 증식은 거의 발생하지 않으나 발열 범위가 확대되면서 축열이 이루어진다. <그림 6-4-2>(d)는 축열된 열이 주변의 절연재료의 발화 온도 시점까지 이르게 되면 탄화되면서 화재로 이어지게 된다. 따라서 이러한 다양한 화재 진전 메커니즘을 정확히 이해하면 화재 원인을 객관적으로 밝힐 수 있다.

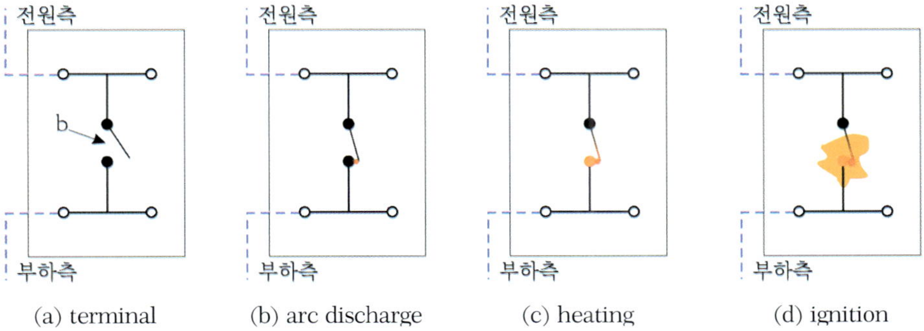

〈그림 6-4-2〉 가동 접점의 접촉 불량에 의해 발생될 수 있는 화재 진전 과정

또한, 가동 접점 사이에 절연이 파괴되어 화재가 진전되는 과정을 <그림 6-4-3>에 나타냈다. <그림 6-4-3>(a)는 단자 사이에 이물질이 부착된 것으로 수분이나 먼지 등이 단자 사이에 끼면 누설전류가 흐르게 된다. <그림 6-4-3>(b)는 누설전류가 흐르는 표면에 미소 불꽃 방전이 발생하여 절연재료를 탄화시키면서 더 많은 전류가 흐를 수 있도록 도전로가 형성된다. <그림 6-4-3>(c)는 탄화 도전로가 형성된 것으로 많은 전류가 흐르게 되어 표면이 탄화되면서 많은 열을 발생시키고 축열된다. <그림 6-4-3>(d)는 축열되었던 열에 의해 발화되는 과정을 나타낸 것이다. 상기의 과정이 반복되다가 발화 온도 시점이 되면 주변을 태우면서 화재로 진전하게 되는 것이다.

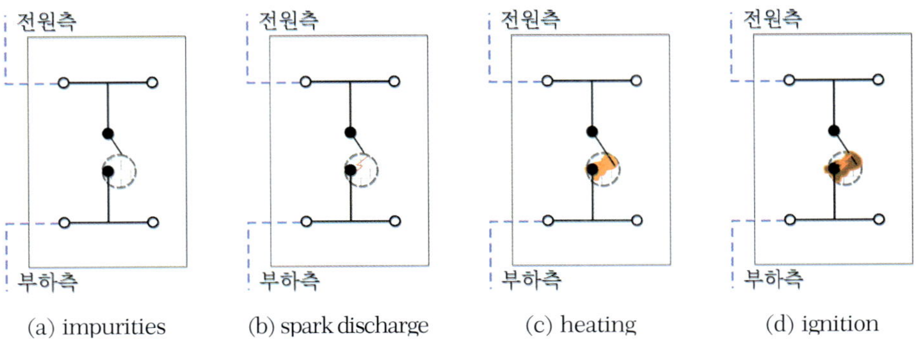

〈그림 6-4-3〉 가동 접점 사이에 절연이 파괴되어 화재가 진전되는 과정

(2) 스위치의 소손 패턴 분석

재현 실험에 사용된 저압용 스위치의 전면은 <그림 6-4-4>(a)와 같으며, 배선이 스

위치에 연결된 상태는 <그림 6-4-4>(b)와 같다. 스위치에 연결되는 배선은 피복을 벗기고 스위치 클립의 구멍에 밀어 넣으면 내부에 설치된 탄성 강판에 의해 고정되도록 설계되어 있다. 즉, 볼트 또는 나사 등과 같은 연결 장치를 사용하지 않고 전선과 스위치 클립의 직접 접촉에 의해 고정되므로 공사(시공)가 쉽다. 또한, 스위치에서 배선을 분리(제거)할 때는 고정 클립을 누르면 쉽게 분리가 가능한 구조이다.

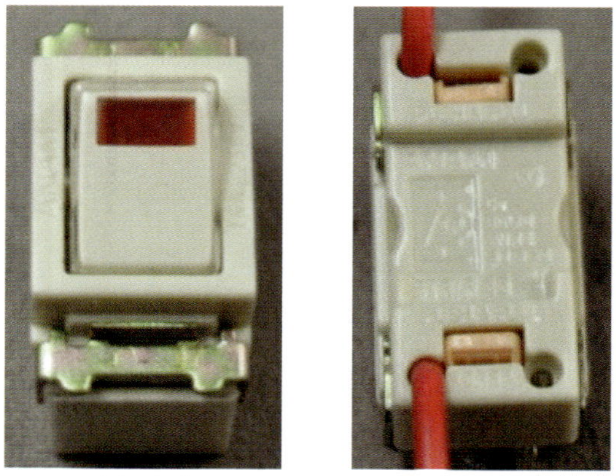

(a) 전면　　(b) 후면

〈그림 6-4-4〉 재현 실험에 사용된 저압용 스위치의 실체사진

<그림 6-4-5>는 실험에 사용된 스위치의 주요 부분을 나타낸 것으로 저압용 단극으로 정격전류 15 [A], 정격전압 250 [V]이다. 스위치의 구성은 배선을 연결하는 클립 및 지지대, 가동 접점, 표시램프, 덮개 및 외함, 고정금구 등으로 되어 있음을 알 수 있다. 좌측의 첫 번째 위치한 것이 배선을 분리할 때 사용되는 누름 핀이며, 두 번째의 것은 고정 클립이다. 그리고 가장 우측의 금속은 스위치의 고정 금구 중앙에 위치하며 전원을 ON/OFF할 때 상 · 하로 가동되는 가동접점이다.

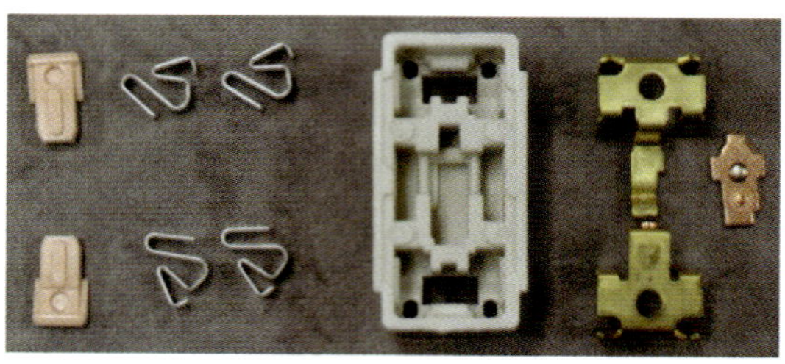

〈그림 6-4-5〉 분해된 단극 스위치의 실체사진

<그림 6-4-6>은 한국산업규격(KS)의 난연성 시험이 완료된 스위치의 단면 및 분해도를 나타낸 것이다. 고정금구 및 클립은 비교적 양호한 형태를 유지하고 있으나 내부에 설치된 클립 지지대, 가동 접점, 표시램프 등에서 변색이 확인되었다. 또한 화염의 심도가 큰 것은 외부이며, 내부는 열적 변형이 일부 확인된다 배선을 연결하는 클립, 고정금구 등은 소손의 흔적이 거의 없으나 외함, 클립 지지다, 가동 접점, 표시 램프 등은 탄화 및 변색이 확인되었다. 그리고 접지저항측정기(Earth Tester, C.A 6470, Chauvin Arnoux, France)를 이용하여 스위치의 절연상태를 측정한 결과 양호한 것으로 확인되었다.

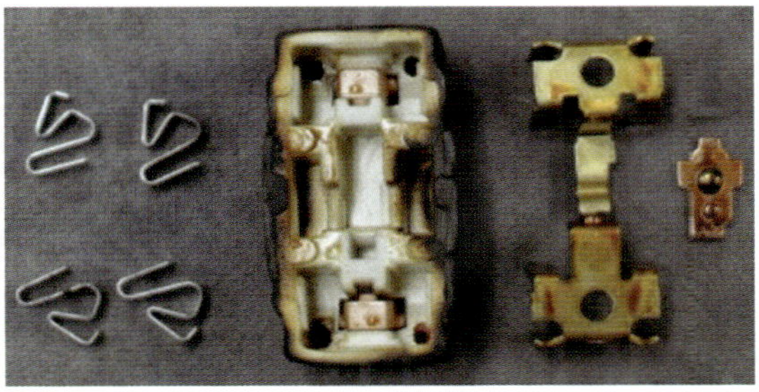

〈그림 6-4-6〉 화염에 의해 소손된 단극 스위치의 실체사진

<그림 6-4-7>은 동일한 제품의 스위치에 과전류가 인가되었을 때 소손된 상태를 나타낸 것이다. 과전류의 통전에 따라 스위치에서 가속열화가 안정적으로 발생하도록 대전류공급장치(PCITS)를 이용하여 정격전류의 5배인 75 [A]를 일정하게 공급하였다. 과전류에 의해 탄화된 스위치는 배선을 연결하는 클립 및 클립 지지대 등에서 소손의 흔적이 거의 없으나 고정금구, 가동 접점, 표시 램프 등은 심하게 탄화되었다. 즉, 접촉저항이 큰 부분에서 집중적으로 소손되었고 내부에서 외부로 탄화가 진행되는 패턴을 나타냈다.

〈그림 6-4-7〉 과전류의 통전에 따라 스위치가 가속 열화되어 소손된 실체사진

(3) 결언

옥내용 조명 설비를 ON/OFF 하기 위해 사용된 스위치가 일반 화염에 의해 소손된 스위치를 분해한 결과 고정금구 및 클립은 비교적 양호한 형태를 유지하고 있으나 내부에 설치된 클립 지지대, 가동 접점, 표시램프 등에서 변색이 확인되었다. 또한, 화염의 방향성은 밖에서 안쪽으로 진행된 패턴을 보인다. 배선을 연결하는 클립, 고정금구 등은 소손의 흔적이 거의 없으나 외함, 클립 지지대, 가동 접점, 표시 램프 등은 탄화 및 변색이 확인되었다.

그러나 과전류의 통전에 따른 스위치의 열화 실험에서 배선을 연결하는 클립, 클립 지지대 등은 소손의 흔적이 거의 없으나 고정금구, 가동 접점, 표시 램프 등은 심하게 탄화되었다. 즉, 접촉 저항이 큰 부분에서 집중적으로 소손되었고 내부에서 외부로 탄화가 진행된 것이 확인되었다.

6.4.3 조사의 요점

① 스위치도 오랜 기간 사용하면 구동 용수철의 열화, 미끄럼 이동부의 파손, 접점부의 마모에 의한 열화, 접점부의 산화, 유황과 다른 물질의 화합 등 환경오염에 의한 접촉 불량이 일어나는 경우도 있다.

② 스위치의 단자 간 및 단자 주변과 절연부의 절연저항이 중요한 요점이 되며, 절연저항의 열화는 회로 사이의 누설전류를 크게 하여 단락소손, 절연 파괴되는 경우도 있다.

③ 원인은 절연재료의 표면 먼지, 오물, 부식, 마모가루 또는 사용 환경에 영향을 받는다. 그 때문에 다른 냄새, 외관으로 높은 온도가 오른 변색, 부풀어 커짐 등이 있으면 전원코드를 빼어 관찰해야 한다.

④ 또한, 스위치를 바꿔 구동용 용수철의 열화가 없는가를 조사한다.

⑤ 대전류를 ON/OFF 하는 릴레이는 개폐시에 생기는 아크방전 및 셔터링(shattering)[6]으로 접점이 소모되어 접촉 불량이 일어나기도 하고 때때로 용융 때문에 전원이 차단되지 않는 경우가 있다.

6) 셔터링은 스위치의 빈번한 개폐동작으로 접점이 가늘어 지고 접점이 부서져 없는 현상을 말한다. 즉, 셔터링이 심하면 불꽃이 발생하며, 접촉불량 및 용착의 원인이 된다.

section 6.5 계전기

6.5.1 계전기의 종류

계전기(繼電器, relay)는 전기회로에서 회로를 두 개로 나누어 한쪽에서 신호를 만들고 그 신호에 따라 다른 쪽 회로의 작동을 제어하는 기기이다. 즉, 회로를 열거나 닫을 필요가 있을 때 사용하는 전자부품이 계전기이며, 일종의 전기 스위치라 할 수 있다.

(1) 일반 제어 릴레이

일반 제어 릴레이의 기본적 구조는 동작형태에 따라 경첩형태(hinge type)와 플랜지형태(flange type)로 나누어지고 플랜지형태는 전자석의 여자 유무에 의해서 플랜지가 상하 운동하여 플랜지에 설치된 접점기구가 접점회로를 개폐한다. 경첩형태 릴레이는 전자석의 여자 유무에 의해서 접촉단자가 그 지지점을 중심으로 일정한 원운동을 하여 접촉단자에 설치된 가동측 접점이 접점회로를 개폐한다. 접점의 오물은 접점불량을 일으킨다. 케이스 및 기판의 절연재는 페놀, 폴리에스터 수지(polyester resin) 등이 사용되고 있다.

(2) 소형 릴레이

소형 릴레이는 일반적인 릴레이 가운데 비교적 소형의 것을 말한다. 단지 형태가 적으며 기능상은 일반용 릴레이와 본질적으로 다르지 않다. 구조는 개방형과 밀폐형으로 나누어지고 개방형은 접점에 오물, 먼지가 부착하면 접촉 장해를 일으키기 쉽기 때문에 덮개가 덮여 있다. 밀폐형은 부식성 가스를 함유한 분위기, 습기 등의 환경에서 사용되는 기기에 쓰이고 있다. 플라스틱 용기로 릴레이를 넣은 플라스틱 차폐형태와 금속의 케이스를 사용하여 선은 글라스단자를 통해 인출되어 있는 하드차폐 형태가 있다. 케이스 및 기판의 절연재는 페놀, 폴리카보네이트가 사용된다.

6.5.2 계전기 접점의 종류

계전기 접점의 종류는 사람이 직접 조작하여 작업 명령을 내리거나 명령 처리의 방법을 변경하는데 사용되는 것이 수동 스위치이다. 수동 스위치의 종류에는 조작 방법이나 조작단의 모양에 따라 여러 가지로 나눌 수 있으나 보통은 동작 기능에 따라 복귀형 수동 스위치와 유지형 수동 스위치로 나눈다.

복귀형 수동 스위치는 사람이 조작할 동안에만 회로가 닫히거나 열려 있고, 손을 떼면 원래의 상태로 복귀하는 것으로 누름버튼스위치가 대표적인 것이다.

계전기의 접점(接點, point of contact)은 a 접점, b 접점 및 c 접점 등이 있다. 계전기의 a 접점(arbitral contact or make contact)은 조작하고 있는 동안에만 닫히는 접점으로 조작 전에는 열려 있는 접점이다. 그리고 계전기의 b 접점(break contact)은 조작하고 있는 동안에만 열리는 접점으로 조작 전에는 닫혀 있는 접점이다. 또한, 계전기의 c 접점(change-over contact)은 절환 또는 전환 접점이라는 뜻으로 a 접점과 b 접점을 공유하고 있고, 조작 전에는 b 접점에 가동부가 접촉되어 있다가 조작하면 a 접점으로 이동한다. <그림 6-5-1>은 계전기의 접점 동작 회로와 타임 차트(time chart)를 나타낸 것이다.

재료명	a접점	b접점	c접점
접점기호	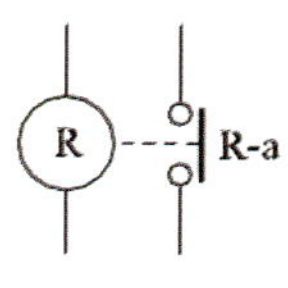	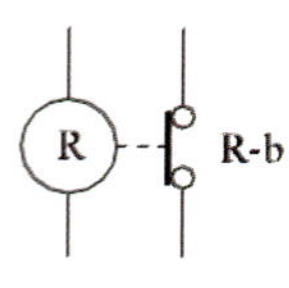	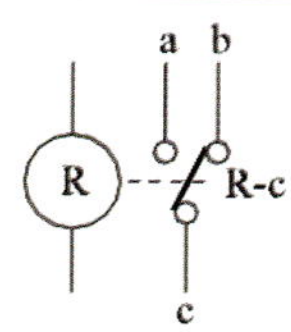
접점의 개폐	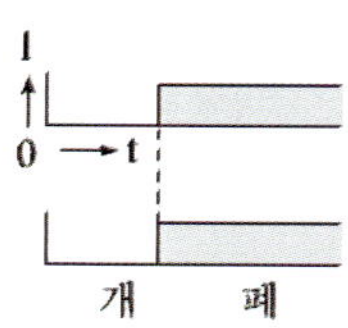	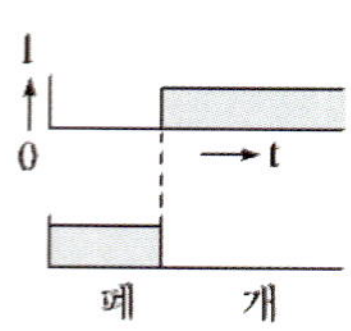	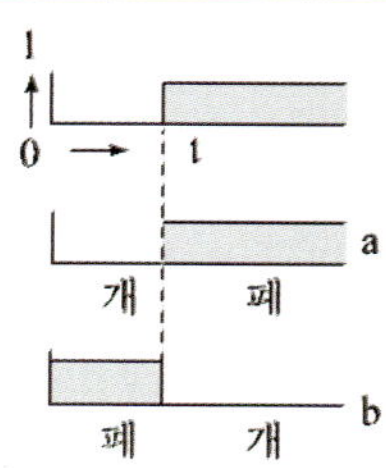

〈그림 6-5-1〉 계전기의 접점 동작 회로와 타임 차트

6.5.3 전자계전기

전자계전기(電磁繼電器, electromagnetic relay)는 전자력에 의한 철편의 흡인력을 이용해서 접점을 개폐하는 기능을 가진 기기로서 전류를 흘려줄 때 여자되는 전자 코일과 a 접점 및 b 접점으로 구성되어 있다. 전자계전기의 a 접점은 전자 코일에 전류가 흐르지 않는 상태에서는 가동 접점과 고정 접점이 떨어져 있어서 개로(開路, open) 상태이지만 전자 코일에 전류가 흐르면 접점이 고정 접점에 접촉해서 폐로(閉路, closed) 상태가 되는 접점을 말한다.

전자계전기의 b 접점은 전자 코일에 전류가 흐르지 않은 상태에서 폐로 상태(閉路 狀態, closed state)이고, 전자 코일에 전류가 흐르면 가동 접점으로부터 떨어져서 개로 상태(開路 狀態, open state)가 되는 접점을 말한다. 전자계전기는 검출기에서 보내온 신호에 따라 주회로를 제어하는 기능을 가진 기기이다. 전자계전기를 이용한 것은 릴레이, 플리커 릴레이(flicker relay), 타이머(timer), 온도계전기(temperature relay), 전자접촉기(electromagnetic contactor), 과전류계전기(OCR, over current relay), 카운터(counter) 등이 있다. <그림 6-5-1>은 8핀 전자계전기의 실체사진을 나타낸다.

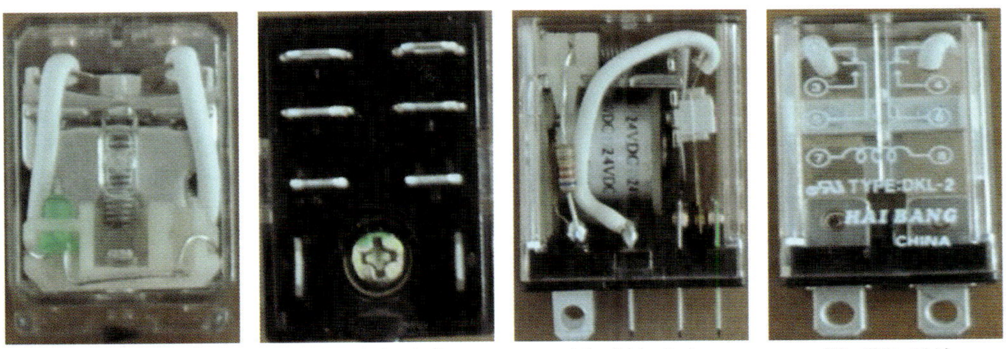

(a) 상부 사진 (b) 하부 사진 (c) 내부 사진 (d) 회로 구성

〈그림 6-5-2〉 8핀 전자계전기의 실체사진

전자계전기는 전자 코일에 전류를 흘려보냈을 때 발생된 전자력을 이용하여 접점을 개폐하는 기능을 가진 장치로 구조 및 명칭은 <그림 6-5-3>과 같다. 전자 코일에 전류가 흐르면 고정 철심이 전자석으로 유도되어 철심이 흡인되고, 그것에 연결된 가동 접점은 스프링의 힘으로 원래상태로 복귀된다. 구동 전압은 직류 6~100 [V]와 교류 6~

220 [V]에 주로 사용된다. 여자 전류는 5~150 [mA] 정도이고, 접점 용량은 1 [A] 정도이다.

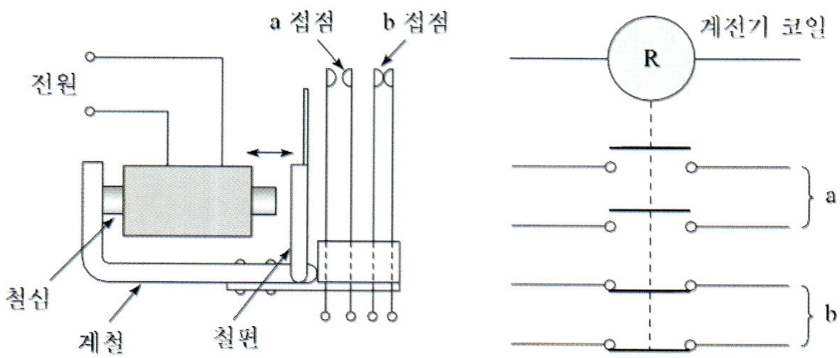

〈그림 6-5-3〉 전자계전기의 구조 및 명칭

전자계전기는 전자흡인력으로 접점을 닫히거나 열리게 하는 계전기이다. 8핀 전자계전기(2a 2b), 11핀 전자계전기(3a 3b), 14핀 전자계전기(4a 4b) 등이 있다. 일반적으로 8핀과 11핀 전자계전기가 가장 많이 사용되며, 내부의 결선도 및 베이스의 구조는 <그림 6-5-4>와 같다.

8핀 전자계전기는 1번과 3번, 8번과 6번 등이 a 접점이다. 그리고 1번과 4번, 8번과 5번 등은 b 접점이며, 전원은 2번과 7번으로 공급되도록 되어 있다. 11핀 전자계전기는 1번과 4번, 3번과 6번, 11번과 9번 등은 a 접점이다. 또한 1번과 5번, 3번과 7번, 11번과 8번 등은 b 접점이고, 전원은 2번과 10번으로 공급된다.

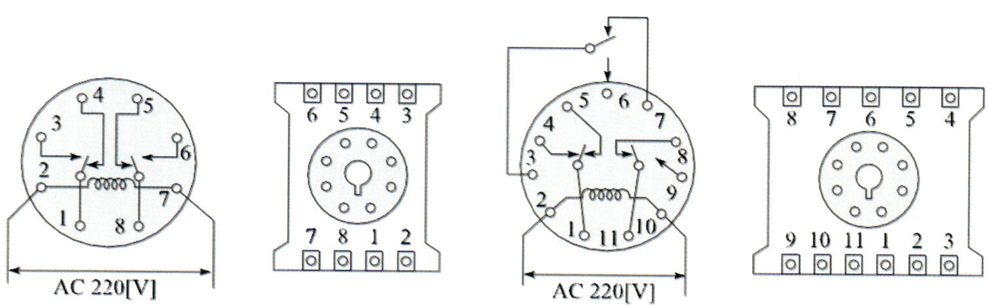

(a) 8핀 내부 회로도　(b) 8핀 베이스　(c) 11핀 내부 회로도　(d) 11핀 베이스

〈그림 6-5-4〉 전자계전기의 내부회로도 및 베이스

section 6.6 콘센트

6.6.1 콘센트의 개요

콘센트(outlet)는 전기의 옥내배선에서 실내에 사용하는 코드를 접속하기 위해 배선에 연결하여 플러그를 삽입하는 기구이다. 콘센트는 전압, 주파수, 모양, 크기, 그리고 커넥터 형태에 따라 다르다. 각 나라에서 사용되는 타입은 A형부터 M형까지 그리고 IEC 60906-1 등의 다양한 종류가 국가 기준에 따라 사용된다. 콘센트의 디자인은 각 규격에 따라 서로 다른 디자인을 가지고 있어 호환되는 플러그만 꽂을 수 있으며, 플러그 핀의 위치나 각도 역시 서로 달라 호환되는 콘센트에만 결합된다. 서로 다른 규격들은 어댑터를 이용하여 콘센트와의 기계적인 호환이 이루어진다.

핀이 2개 달린 플러그와 콘센트는 1904년 미국의 하비 허벨(Harvey Hubbell)이 개발하여 특허 등록하였다. 오늘날에는 2핀 외에 3핀도 사용되는데 3핀형 콘센트에서 3개의 접촉 핀 중 하나는 연결된 장치의 절연 불량을 보호하기 위한 접지를 담당한다. 전 세계적으로 2개의 전압과 주파수 표준을 많이 사용하는데 첫 번째는 북아메리카 표준으로 플러그 타입 A와 B를 사용하며, 120 [V] / 60 [Hz]가 기준이다. 두 번째는 유럽 표준으로 플러그 타입 C에서 M까지를 사용하며, 220 ~ 240 [V] / 50 [Hz]가 기준이다. 이밖에 2개의 표준 이외에도 100 ~ 240 [V] 사이의 50 [Hz] 또는 60 [Hz]의 다양한 규격을 이용하기도 한다.

우리나라는 C형 또는 F형 플러그 규격을 이용하며, 제품에 따라 접지형 플러그를 이용한다. 가정용 플러그와 콘센트의 KS 규격은 코드 비교환형 플러그 전용의 2핀 콘센트의 경우 정격전압은 130 [V] 또는 250 [V], 정격전류는 2.5 [A]이다. 플러그 전용의 2핀 콘센트의 경우 정격전압은 130 [V] 또는 250V, 정격전류는 6 [A] 이다. 2핀 콘센트와 2핀 접지극 콘센트의 정격전압은 130 [V] 또는 250 [V], 정격전류는 10 [A], 16 [A], 32 [A] 이다. 2핀 접지극과 3핀 접지극 콘센트의 정격전압은 440 [V], 정격전류는 16 [A], 32 [A] 이다. 산업용 콘센트는 정격전압 690 [V] 이하, 정격전류 250 [A] 이하이다. 일반적으로 가정용 콘센트에는 16 [A], 250 [V]로 표기되어 있다.

6.6.2 콘센트의 종류

콘센트는 전압의 종별에 따라 구분되며 접지를 할 수 있는 접지형과 접지를 할 수 없는 비접지형 등이 있다. 한국은 감전사고 및 전기설비사고 등을 예방하기 위해 접지형 콘센트를 사용하는 것을 원칙으로 하고 있다. 그러나 설비의 용량이 적고 감전 위험성이 낮은 곳에는 비접지형을 사용할 수 있다.

(1) 110 [V], 노출형 콘센트

<그림 6-6-1>은 110 [V]에 사용하는 콘센트이며 노출형의 실체사진을 나타낸 것이다.

<그림 6-6-1>(a)는 접지형을 나타낸 것으로 칼을 꼽을 수 있는 구멍이 3개 있으며, 직사각형 모양의 구멍 2개는 서로 대칭으로 배치되어 있다. 그리고 반원 모양의 구멍 1개는 접지극과 연결할 수 있는 곳이다.

<그림 6-6-1>(b)는 비접지형을 나타낸 것으로 칼을 꼽을 수 있는 구멍이 2개 있으며, 직사각형 모양이 서로 대칭으로 배치되어 있다. 접지형과 매우 유사하나 접지극이 없는 것을 알 수 있다. 따라서 접지가 필요한 기계기구의 연결에 사용하는 것은 부적절한 것을 알 수 있다.

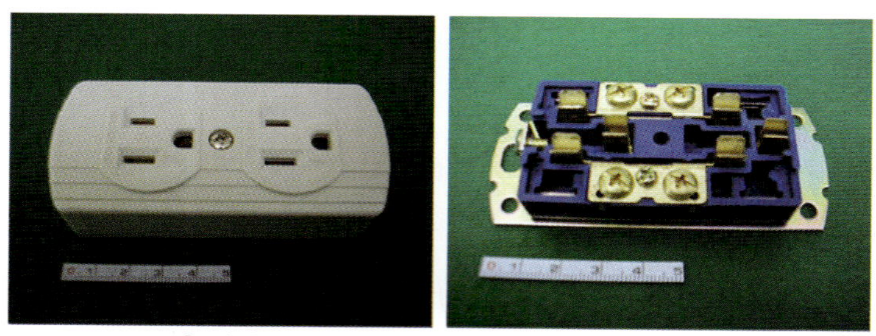

① 외형 ② 내부

(a) 접지형

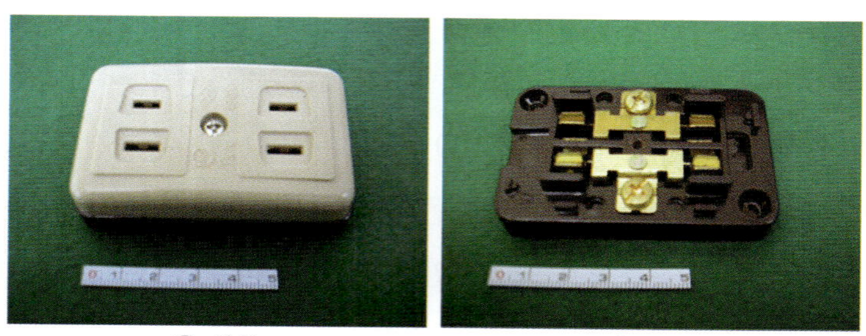

① 외형 ② 내부

(b) 비접지형

〈그림 6-6-1〉 110 [V], 노출형 콘센트의 실체사진

(2) 110 [V], 매입형 콘센트

<그림 6-6-2>는 110 [V]에 사용하는 콘센트이며 매입형의 실체사진을 나타낸 것이다. <그림 6-6-2>(a)는 접지형을 나타낸 것으로 칼을 꼽을 수 있는 구멍이 3개 있으며, 직사각형 모양의 구멍 2개는 서로 대칭으로 배치되어 있다. 그리고 반원 모양의 구멍 1개는 접지극과 연결할 수 있고, 노출형과 매우 유사하나 단지 외함이 없는 구조이다.

<그림 6-6-2>(b)는 비접지형을 나타낸 것으로 칼을 꼽을 수 있는 구멍이 2개 있으며, 직사각형 모양이 서로 대칭으로 배치되어 있다. 접지형과 매우 유사하며 단지 외함이 없는 구조이다. 즉, 접지가 필요한 기계기구의 연결에 사용하는 것은 부적절한 것을 알 수 있다. 즉, 접지형과 비접지형의 차이는 접지극의 유무만 차이가 있지 다른 특성은 동일하다.

① 전면

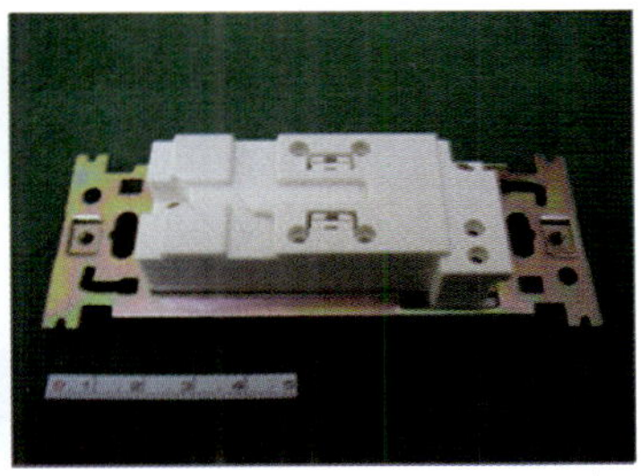

② 후면

(a) 접지형

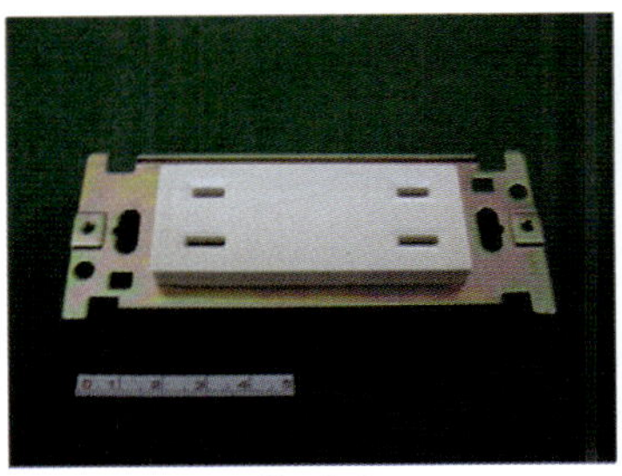

① 전면

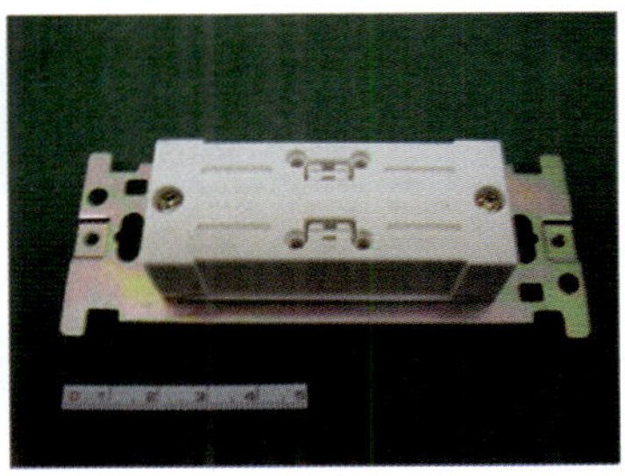

② 후면

(b) 비접지형

〈그림 6-6-2〉 110 [V], 매입형 콘센트의 실체사진

(3) 220 [V], 노출형 콘센트

<그림 6-6-3>은 220 [V]에 사용하는 콘센트이며, 노출형의 실체사진을 나타낸 것이다.

<그림 6-6-3>(a)는 접지형을 나타낸 것으로 칼을 꼽을 수 있는 원형 구멍이 2개 있으며, 접지극은 원의 바깥쪽에 2개 형성되어 있다.

<그림 6-6-3>(b)는 비접지형을 나타낸 것으로 칼을 꼽을 수 있는 원형 구멍이 2개 있으며, 접지형과 매우 유사하나 접지극이 없는 것을 알 수 있다. 따라서 접지가 필요한 기계기구의 연결에 사용하는 것은 부적절한 것을 알 수 있다.

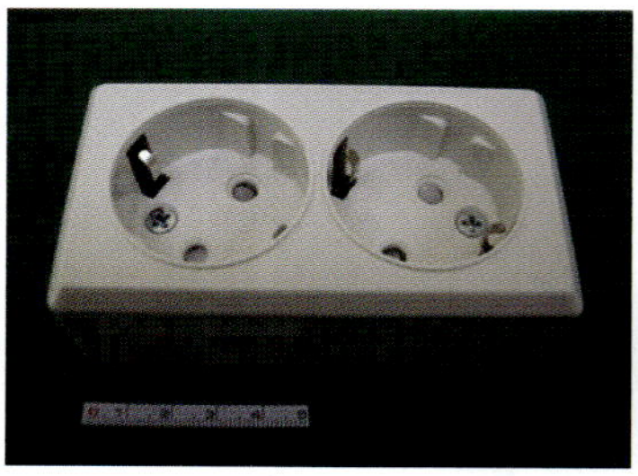

① 외형

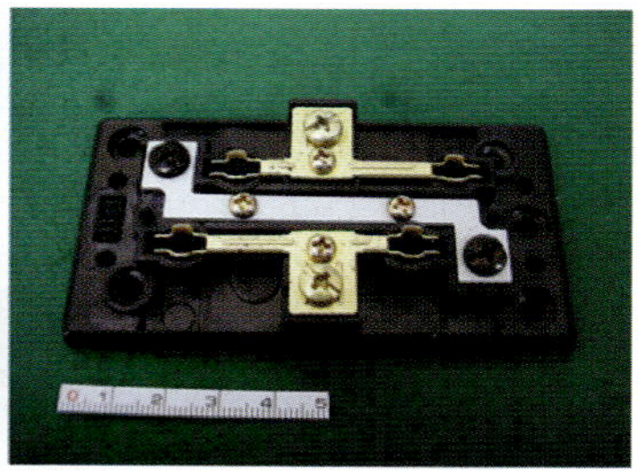

② 내부

(a) 접지형

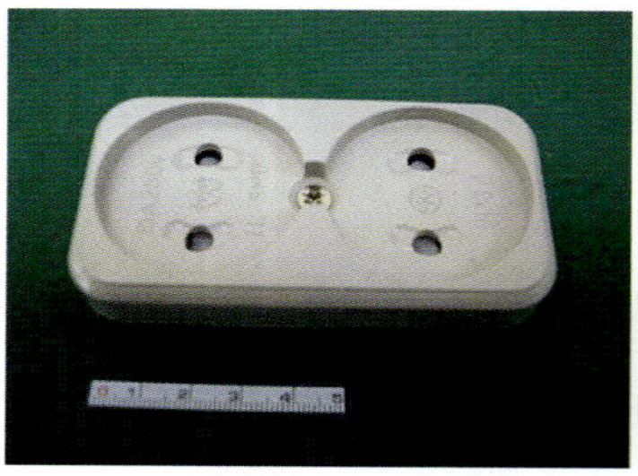

① 외형

② 내부

(b) 비접지형

〈그림 6-6-3〉 220 [V], 노출형 콘센트의 실체사진

(4) 220 [V], 매입형 콘센트

<그림 6-6-4>는 220 [V]에 사용하는 콘센트이며, 노출형의 실체사진을 나타낸 것이다.

<그림 6-6-4>(a)는 접지형을 나타낸 것으로 칼을 꼽을 수 있는 원형 구멍이 2개 있으며 접지극은 원의 바깥쪽에 2개 형성되어 있다.

<그림 6-6-4>(b)는 비접지형을 나타낸 것으로 칼을 꼽을 수 있는 원형 구멍이 2개

있으며, 접지형과 매우 유사하나 접지극이 없는 것을 알 수 있다. 따라서 접지가 필요한 기계기구의 연결에 사용하는 것은 부적절한 것을 알 수 있다. 즉, 접지형과 비접지형의 차이는 접지극의 유무만 차이가 있지 다른 특성은 동일하다.

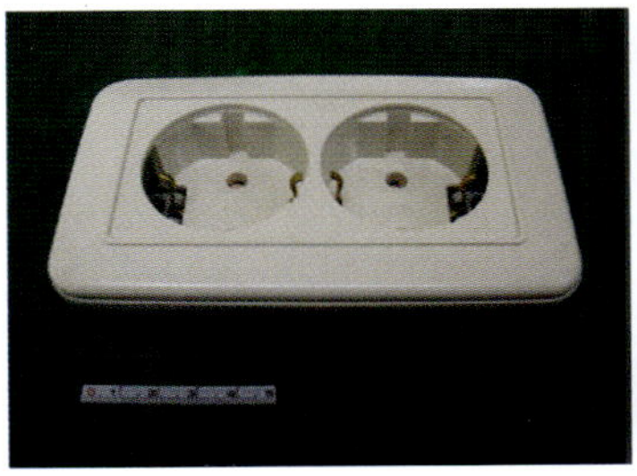

① 외형

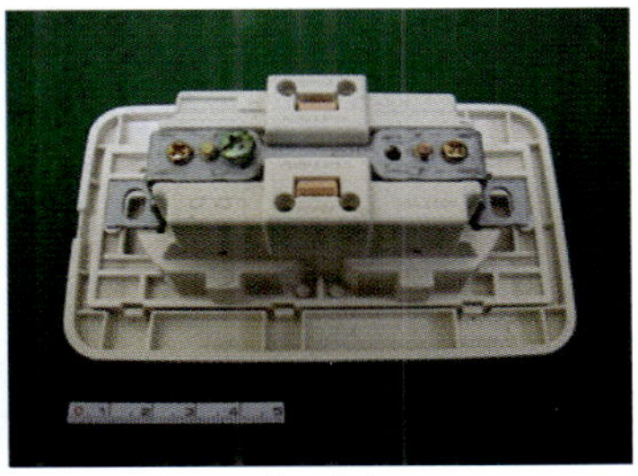

② 내부

(a) 접지형

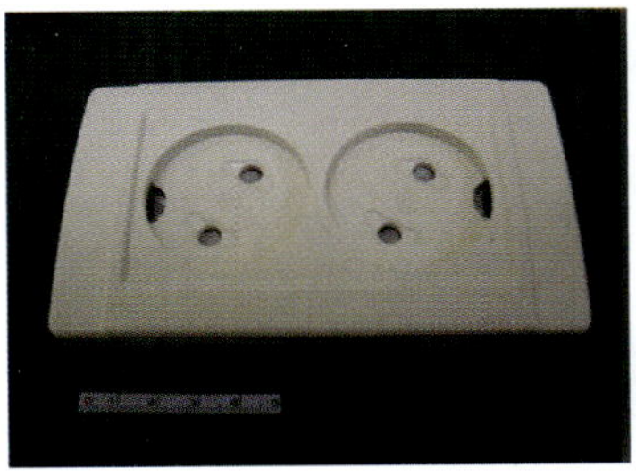

① 외형

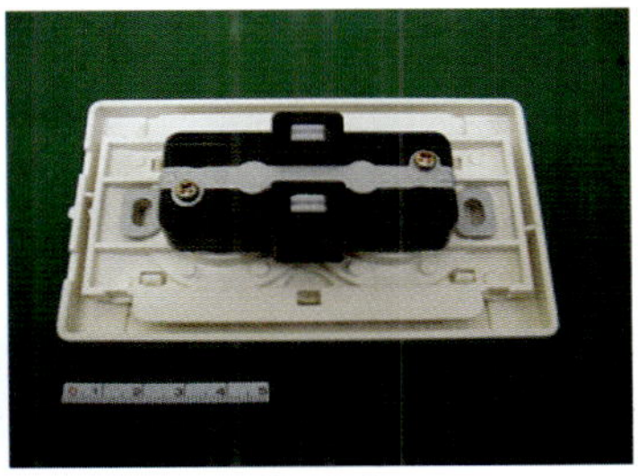

② 내부

(b) 비접지형

〈그림 6-6-4〉 220V, 매입형 콘센트의 실체사진

(5) 콘센트의 X-ray 패턴

<그림 6-6-5>는 콘센트 내부를 확인하기 위해 X-ray로 촬영한 실체사진이다.

<그림 6-6-5>(a)는 110 [V], 노출형 콘센트를 나타낸 것으로 접지형은 양쪽에 접지극이 있는 것으로 알 수 있으나 비접지형은 없는 것을 알 수 있다. <그림 6-6-5>(b)는 110 [V], 매입형 콘센트를 나타낸 것으로 접지형은 양쪽에 접지극이 있는 것으로 알 수 있으나 비접지형은 없는 것을 알 수 있다.

<그림 6-6-5>(c)는 220 [V], 노출형 콘센트를 나타낸 것으로 접지형은 양쪽 끝에 접지극이 있는 것으로 알 수 있으나 비접지형은 없는 것을 알 수 있다. <그림 6-6-5>(d)는 220 [V], 매입형 콘센트를 나타낸 것으로 접지형은 양쪽 끝에 접지극이 있는 것으로 알 수 있으나 비접지형은 없는 것을 알 수 있다.

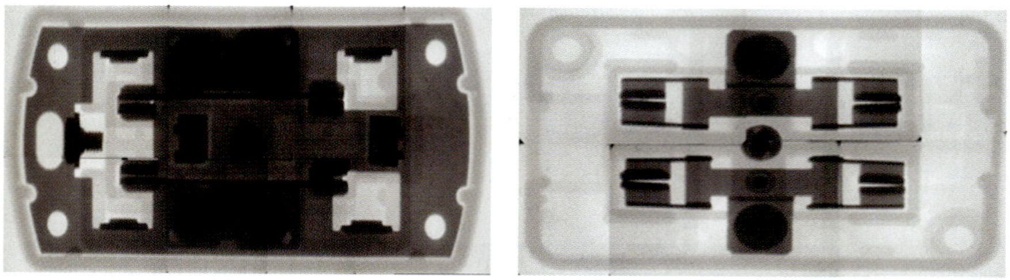

① 접지형　　② 비접지형

(a) 110 [V], 노출형 콘센트

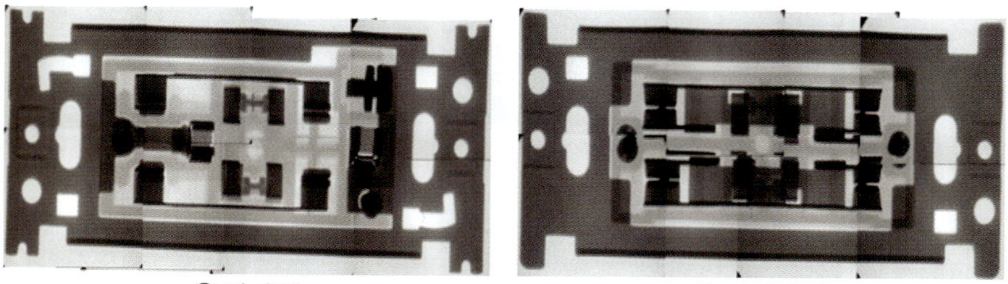

① 접지형　　② 비접지형

(b) 110 [V], 매입형 콘센트

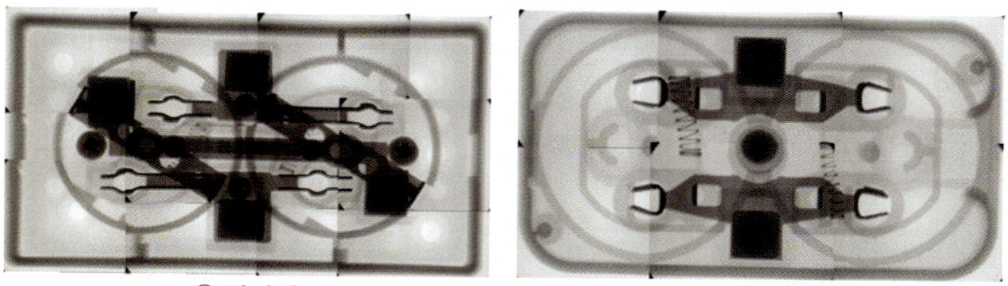

① 접지형　　② 비접지형

(c) 220 [V], 노출형 콘센트

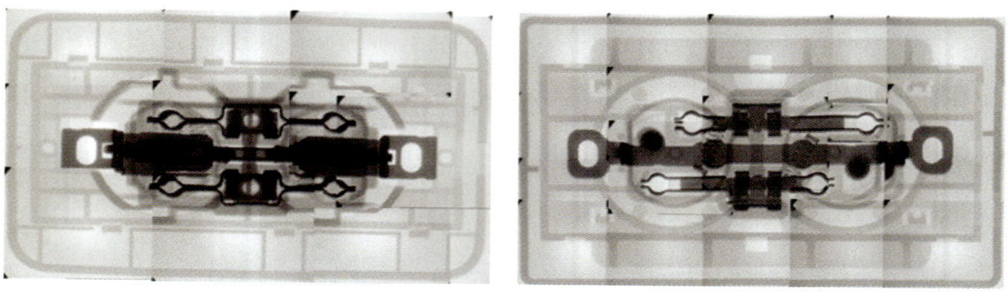

① 접지형　　② 비접지형

(d) 220 [V], 매입형 콘센트

〈그림 6-6-5〉 콘센트의 X-ray 패턴

(6) 콘센트의 소손 패턴

<그림 6-6-6>은 콘센트가 소손되었을 때의 특징을 확인하기 위해 나타낸 실체사진이다.

<그림 6-6-6>(a)는 110 [V], 노출형의 접지형 콘센트를 나타낸 것으로 일반연소 화염에 의해 외부의 일부가 탄화되었을 때의 패턴이다. 화염의 공격을 직접 받은 곳은 균일이 심하고, 간접 화염을 받은 곳은 변형이 발생한다. 또한, 내부에 있는 칼받이 역시 화염에 의해 열적 스트레스를 받으므로 변색이 발생한다.

<그림 6-6-6>(b)는 110 [V], 매입형의 비접지형 콘센트를 나타낸 것으로 접지형과 소손 패턴을 나타낸다. 즉, 접지의 유무와 관계없이 화염의 공격 방향 및 세기에 의해 소손 정도가 결정된다.

<그림 6-6-6>(c)는 110 [V], 비접지형 콘센트가 트래킹(tracking)에 의해 소손되었을 때를 나타낸 것이다. <그림 6-6-6>(c)의 ①은 정상 제품을 나타낸 것으로 전극과 전선의 연결 단자 등이 깨끗하다. <그림 6-6-6>(c)의 ②는 노출형 콘센트의 두 전극 사이에 트래킹이 발생하여 소손되었을 때의 패턴이다. 양쪽의 칼받이 일부가 용융되어 소손되며, 두 전극의 최단거리에서 지속적인 방전에 의해 소손되는 특징을 보인다.

<그림 6-6-6>(c)의 ③은 매입형 콘센트의 두 전극 사이에 트래킹이 발생하여 소손되었을 때의 패턴이다. 이것도 두 전극의 최단거리에서 방전이 반복적으로 발생하여 새긴눈형(notch type)으로 소손된 특징을 나타낸다. 특히, 트래킹이 발생된 부분의 절연물을 테스터로 저항을 측정하면 보통 발열체의 저항과 유사한 저항값을 나타낸다.

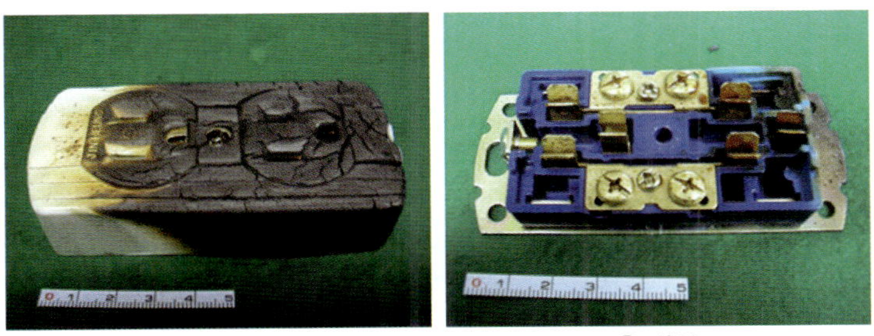

① 외형 ② 내부

(a) 110 [V], 노출형, 접지형

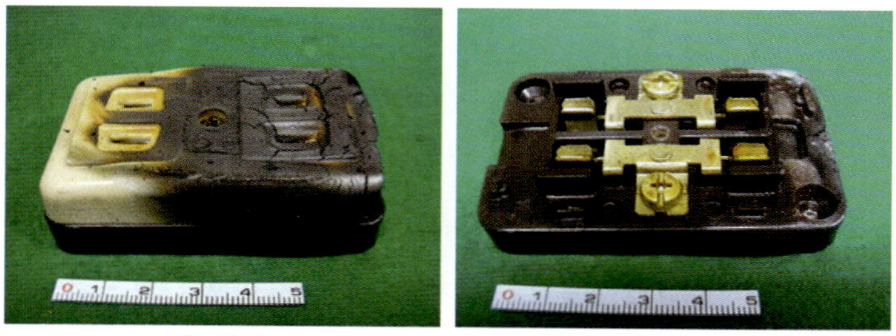

① 외형 ② 내부

(b) 110 [V], 노출형, 비접지형

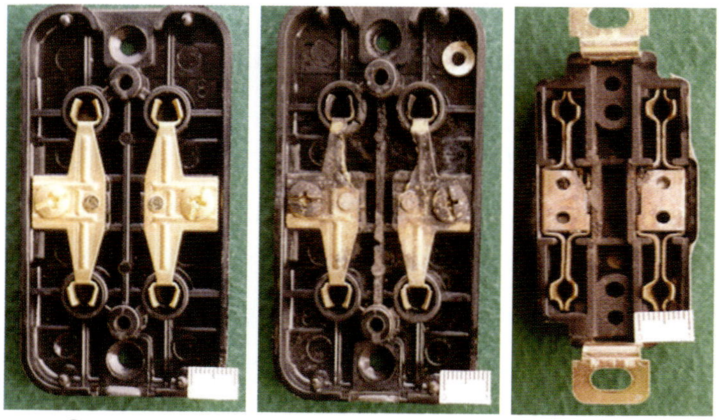

① 정상 제품 ② 트래킹된 제품 ③ 트래킹된 제품

(c) 110 [V], 비접지형

〈그림 6-6-6〉 콘센트의 소손 패턴

6.6.3 재현 실험에 의해 소손된 콘센트의 특징

<그림 6-6-7>은 콘센트의 절연 파괴에 따른 화염의 확산 정도를 나타낸 것이다. 대기모드(standby mode)의 콘센트에 공급된 전압은 교류 220 [V]이며, 벽에 매입된 상태이다.

<그림 6-6-7>(a)는 두 전극 사이에 누설전류가 간헐적으로 흐르고 있던 상태에서 일정 시간이 경과될 때 초기 불꽃의 발생을 나타낸 것이다. <그림 6-6-7>(b)는 불꽃이 성장하여 방사되는 형태를 나타낸 것이다. 불꽃은 벽과 콘센트의 틈 사이로 확산되었으며, 매우 강렬하게 진행됨을 알 수 있었다. 이와 같은 격렬한 방사는 약 2 [s] 정도 지속되었으며, 주위에 가연물이 있는 경우 <그림 6-6-7>(c)와 같이 콘센트의 절연물에 착

화되어 점진적인 일반 화재로 확산됨을 알 수 있다. 즉, 전기적인 불꽃이 인접한 가연성 물질에 착화시킴으로서 일반화재로 진전되는 것이다. 화염의 확산은 시간의 경과, 주위 온도 및 습도, 기류 등과 밀접한 관계가 있음을 알 수 있다.

<그림 6-6-7>(d)는 화재가 진압된 후의 사진으로 탄화 패턴을 분석한 결과 불꽃은 약 50~70 [cm] 정도 방사됨을 알 수 있었다. 즉, 이 범위에 가연성 분진, 가스, 섬유 등 인화성이 우수한 물질이 있는 경우 일반 화재로 확산될 가능성이 매우 높음을 알 수 있다.

(a) 간헐적인 불꽃 발생
(b) 불꽃의 방사
(c) 화염의 성장
(d) 탄화 패턴

〈그림 6-6-7〉 콘센트의 절연 파괴에 따른 화염의 확산 과정

<그림 6-6-8>은 화염의 확산 범위와 시간에 따른 벽의 온도 상승 분포를 나타낸 것이다. <그림 6-6-8>(a)는 화염의 확산 정도를 나타낸 것으로 눈금 한 칸의 길이는 10 [cm] 정도이다. 중심부에서 최대 약 50~70 [cm] 정도 확산되었으며, 시간의 경과에 따라 상승 기류를 타고 상부로 확산되었다. <그림 6-6-8>(b)는 시간의 경과에 따른 벽의 온도 분포를 나타낸 것이다. 콘센트 중심을 0번으로 했으며, 사진에 나타낸 바와 같이 20 [cm] 간격으로 K-type 열전대를 설치하였다. 상승 기류에 의한 화염의 확산이 3번에서 가장 빠름을 확인할 수 있었고, 약 150 [s] 경과하였을 때 온도가 약 300 [℃]까

지 상승했다. 즉, 매우 빠른 화염의 확산을 보여주고 있으며, 시간의 경과에 따라 온도는 점점 증가하므로 천장 기류(天障氣流, ceiling jet)를 타고 화염은 급속도로 확산된다. 그리고 4번, 5번에 설치된 열전대의 온도에서도 알 수 있듯이 특별한 조건이 아니면 화염은 상승 기류에 매우 밀접함을 확인 할 수 있었다.

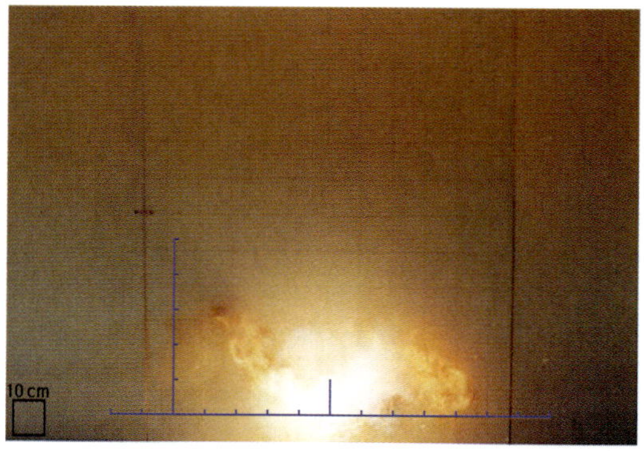

(a) 화염의 확산 범위

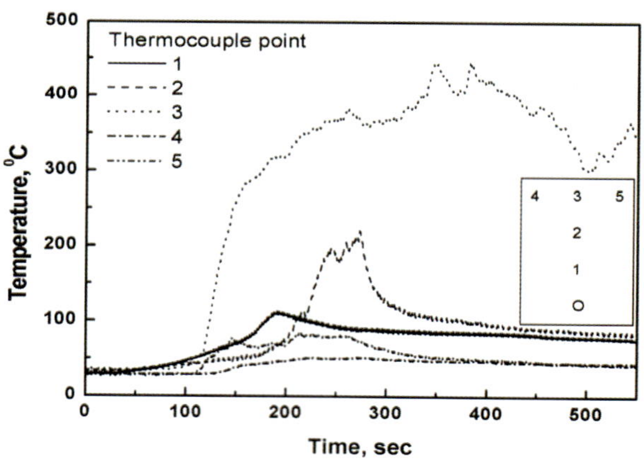

(b) 시간의 경과에 따른 벽의 온도 분포

〈그림 6-6-8〉 화염의 확산 범위와 시간에 따른 벽의 온도 상승 분포

<그림 6-6-9>는 트래킹에 의해 소손된 콘센트의 실체사진 및 저항 변화를 나타낸 것이다. <그림 6-6-9>(a)는 소손된 콘센트 표면의 실체사진으로 칼받이의 일부가 용융되었으며, 절연물인 수지(resin)도 심하게 탄화되었다. <그림 6-6-9>(b)는 트래킹된 5개의 콘센트에 대해 동일한 조건에서 절연 저항치를 측정한 것이다. 저항의 변화를

보면 상부 기준의 약 4 ~ 6 [mm] 위치에서 가장 적은 저항 값 100~300 [Ω]을 나타냈다. 즉, 트래킹의 초기에는 전극 사이의 전면을 통해서 이루어지다가 일정한 상태에 도달하면 전극 사이의 최단 거리를 통해서 트래킹이 진전된다.

(a) 소손된 콘센트 표면의 실체사진

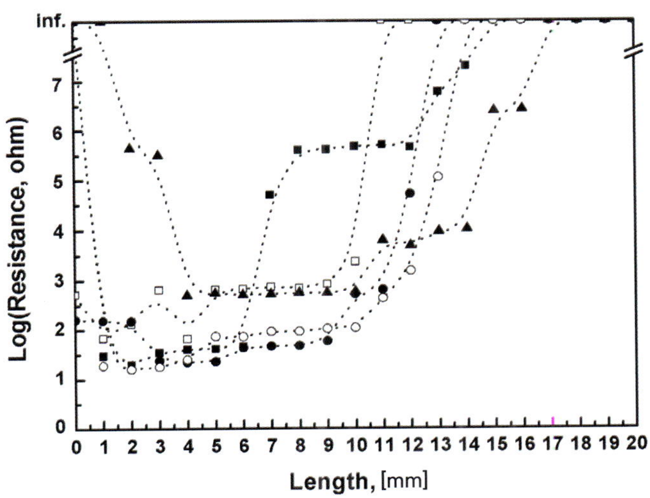

(b) en 전극 사이의 저항

〈그림 6-6-9〉 트래킹에 의해 소손된 콘센트의 실체사진 및 저항 변화
▲; sample 1, □; sample 2, ■; sample 3, ○; sample 4, ●; sample 5

<그림 6-6-10>은 소손된 콘센트 칼받이의 실체 현미경 사진을 나타낸 것이다. 용융된 구리가 비산되어 표면을 덮고 있음을 확인할 수 있다. 또한, 급격한 열량 변화에 따른 재결합이 있었던 것으로 판단되며 칼받이 고유의 결정구조가 없어졌다.

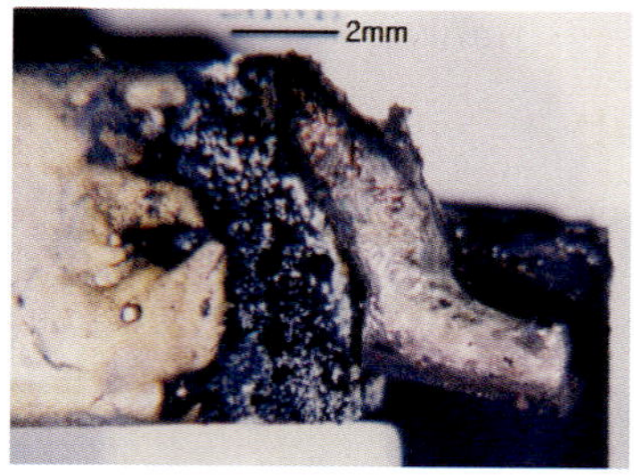

〈그림 6-6-10〉 소손된 콘센트 칼받이의 실체 현미경 사진

<그림 6-6-11>은 <그림 6-6-10>의 금속 현미경 사진을 나타낸 것이다. <그림 6-6-11>(a)는 정상 부분의 금속 조직으로 구리(銅, copper)의 특징을 잘 보이고 있다. <그림 6-6-11>(b)는 트래킹에 의해 소손된 부분의 금속 현미경 사진이다. 비정질 구조가 없어지고 수지상 조직(樹枝狀 構造, dendrite structure)과 보이드(void)가 고르게 분포되어 있다.

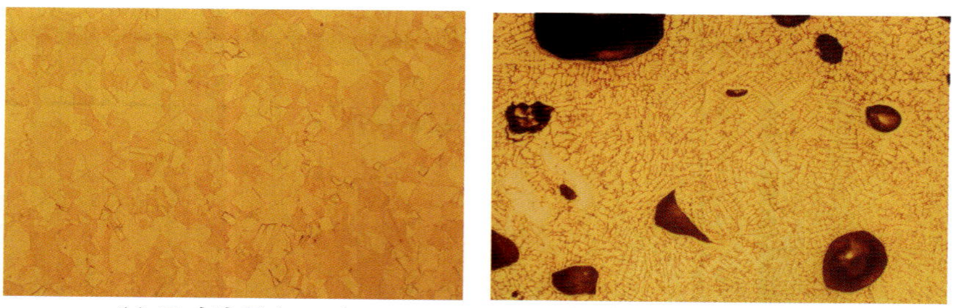

(a) 구리의 금속 조직

(b) 용단된 부분의 금속 조직

〈그림 6-6-11〉 〈그림 6-6-10〉의 용융된 부분의 금속 현미경 사진

<그림 6-6-12>는 용융된 칼받이의 주사전자현미경(SEM) 및 에너지분산분석기(EDX)의 해석 결과이다. <그림 6-6-12>(a)는 칼받이의 SEM 사진으로 정상 부분과 용융된 부분의 표면 구조가 큰 차이가 있다. 이와 같은 사실은 이미 발표한 연구에서도 확인되었으며, 용융과 재결합에 따른 소손의 정도가 심함을 알 수 있다. <그림 6-6-12>(b)는 <그림 6-6-12>(a)에 나타낸 것과 같이 용융된 경계면을 선주사(line scanning)하여 나타낸 EDX 곡선이다. 경계면을 중심으로 조성의 변화가 매우 심하게 일어났으며, 탄화 및 산화 반응도 있었음을 알 수 있다.

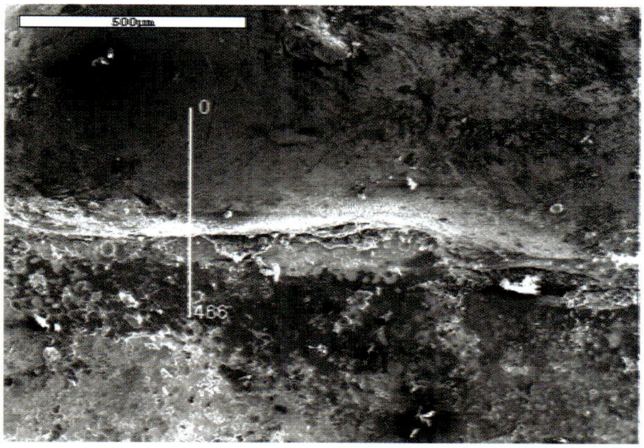

(a) SEM 사진

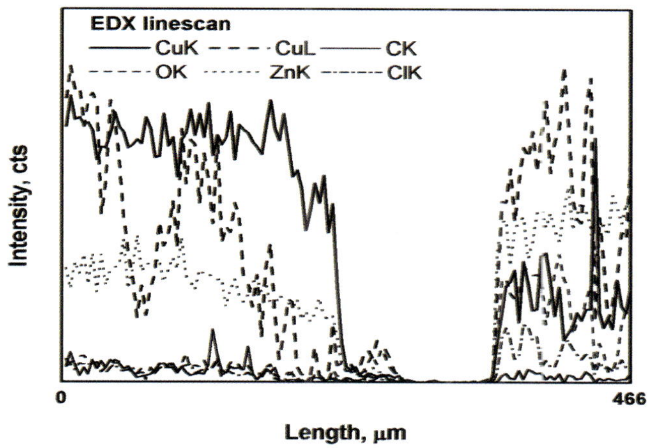

(b) EDX 곡선

〈그림 6-6-12〉 용융된 칼받이의 SEM 사진 및 EDX 곡선의 결과

<그림 6-6-13>은 소손된 콘센트 절연물의 열 특성을 분석한 것이다. <그림 6-6-13>(a)는 열중량분석기(TGA, thermogravimetric analysis)의 곡선으로 정상 시료의 경우 248.8 [℃]에서 급격한 열량 변화를 나타냈으며, 소손된 시료는 287.8 [℃]에서 열량 변화가 나타나고 있다. 이와 같은 변화의 원인은 탄화에 의한 트래킹 진전에 따른 물성 변화에 의한 것이다. 유리전이온도(琉璃轉移溫度, Tg, glass transition temperature)는 서냉한 유리의 열팽창 곡선에 있어서 저온과 고온의 직선 식으로 표시되며, 이 두 직선을 연장해서 만나는 점이다. 즉, 유리질 재료가 고체 상태에서 액체 상태로 옮기는 유리

전이에 관계하는 중요한 온도이며, 경계는 연속적이지만 구조에 관련하여 현저한 물성 변화가 일어난다. 그래프의 해석에서 알 수 있듯이 대략 300[℃]에서 Tg가 형성되는 것으로 분석되었다. <그림 6-6-13>(b)는 시차주사열량측정법(DSC)에 의해 분석한 곡선으로 분석 결과 정상시료와 소손된 시료의 열량 변화를 확인할 수 있다.

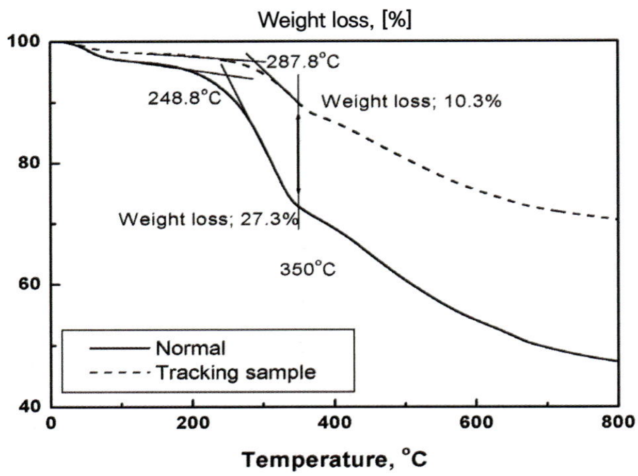

(a) TGA 곡선

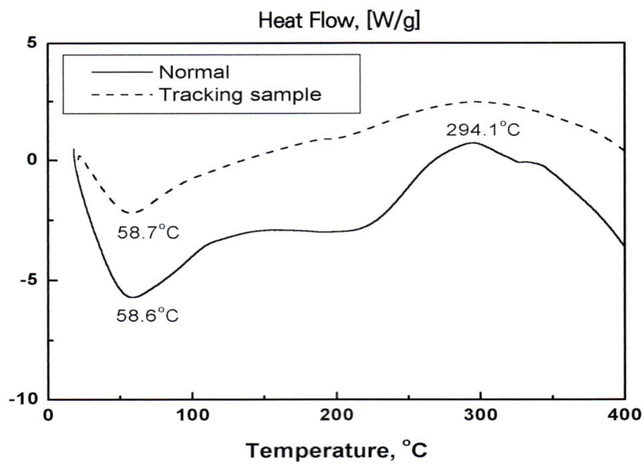

(b) DSC 곡선

〈그림 6-6-13〉 소손된 콘센트 절연물의 열 특성 분석

section 6.7 일체형 코드

저압기기용 일체형 코드는 절연재료에 따라 비닐코드, 고무코드로 나눌 수 있으며, 전압에 따라 110 [V], 220 [V], 접지극의 유무에 따라 접지형과 비접지형으로 나눌 수 있다.

비닐코드는 주로 옥내에서 교류 300 [V] 이하의 소형 전기기구에서 사용되는 염화비닐수지를 재료로 절연된 코드로 가요성 및 절연성이 우수하며, 색상이 선명하고 겉모양이 아름답다. 구조는 연동선을 꼬아 합친 것 위에 절연체(PVC)로 절연된 것이며, 도체의 최고 허용온도는 60 [℃]이다.

고무코드는 주로 옥내에서 교류 300 [V] 이하의 천장에 매다는 전등 또는 실내의 조명기구, 소형 전기기구, 콘센트 등에 사용되는 코드로 전기적 특성 및 물리·화학적 내성이 양호하고, 외관이 깨끗하며 유연하여 이동용으로 사용되고 있다.

일체형 전원코드(power cord)는 직류 전원 코드(DC power cord)와 교류 전원 코드(AC power cord)로 분류되지만 전기 회로와 회로를 서로 연결한다는 기능에서 차이를 구별하기 어렵다. 전기기기의 전원코드는 코드와 플러그로 구성되어 있고, 일반적으로 연장코드(extension cord) 및 멀티탭(multi tap)을 포함해서 설명한다.

6.7.1 코드의 종류와 용도

코드는 전등 및 전기기계 기구에 설치되기 때문에 가동성을 갖게 이동용으로 만들어진 것이다. 도체에는 직경 0.18~0.32 [mm]인 가는 연동선을 30본, 50본, 70본 등으로 합쳐서 피복한 것이다. 일반 주택에서 15 [A] 분기회로에 접속하고 사용할 수 있는 코드는 2.5 [m] 이하 길이의 금실코드를 제외하고는 단면적 0.75 [mm^2](직경 0.18 [mm] 30본, 허용전류 7 [A]) 이상의 것이 아니면 안 된다. 또한, 이동용이므로 건조한 쇼윈도우, 쇼케이스 내와 같이 특수 장소 이외는 조영재에 고정하는 것은 금지되어 있다. 코드의 주된 종류와 용도를 [표 6-7-1]에 나타냈다.

그리고 플러그는 플러그의 캡(cap) 부분의 재질은 플라스틱, 고무, 염화비닐 등이 있다. 플러그의 형태는 110 [V], 220 [V] 등이 있으며, 전류는 각각에 대해서 기준이 설정되어 있다.

[표 6-7-1] 코드의 종류와 용도

명 칭	특 징	용 도
면코드	열에 강하다. 습기 및 기름에 약하다.	전열기기, 천정 밑
환형코드		천장 밑
비닐코드	물과 기름에 강하다. 열에 약하다.	텔레비전, 스탠드, 냉장고, 세탁기 등 열이 발생하는 기구 이외의 전기기기
고무코드	열에 강하고 가공이 쉽다.	전열기기, 스토브
비닐절연 비닐코드	내수성이 있다.	전기드릴 등 전동기를 사용하는 기기 (움직임이 있는 것)

6.7.2 일체형 코드의 구조 분석

<그림 6-7-1>은 220 [V] 일체형 비닐코드(VCTF, 1.25[mm^2] × 3C)의 외형과 내부 구조를 X선 투과분석장치(Pcba | Analyzer, Pheonix|X-ray, Germany)를 이용하여 분석한 것이다. <그림 6-7-1>(a)와 <그림 6-7-1>(b)는 외형으로 플러그와 연장코드가 PVC 수지로 일체 성형되었으며, 플러그 핀과 90도의 위치에 접지극이 있다. <그림 6-7-1>(c)와 <그림 6-7-1>(d)는 내부구조로 두 개의 플러그 핀이 각각 연장코드에 접속되어 있고 접지극용 금속체가 성형된 수지 내에서 넓게 분포하고 있음을 알 수 있다. 또한, 연장코드의 접속은 압착에 의한 접속방식을 사용하여 소선의 일부는 끊어지거나 밖으로 밀려나옴을 볼 수 있으며 접속 상태가 나쁘거나 외력이 작용할 경우 소선이 끊어지게 되어 접촉불량 등 국부 발열에 의한 절연물의 용융, 탄화로 전기재해를 일으킬 수 있다.

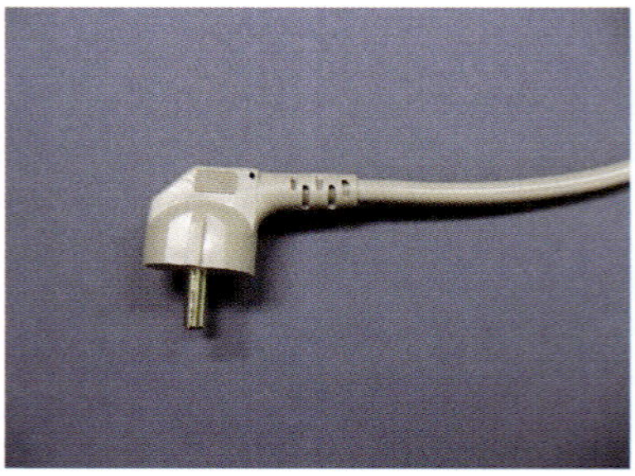

(a) 외형(측면)

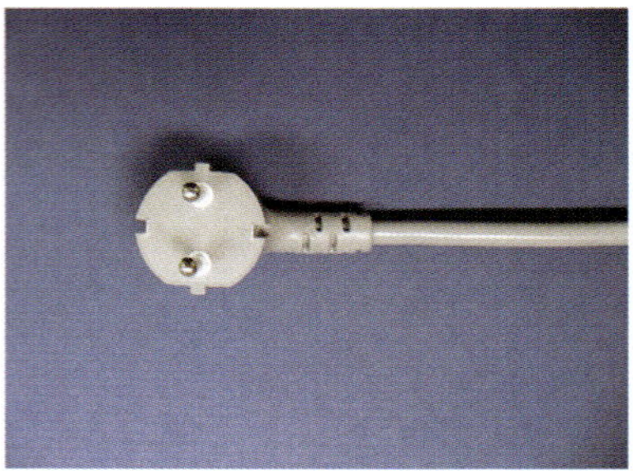

(b) 외형(정면)

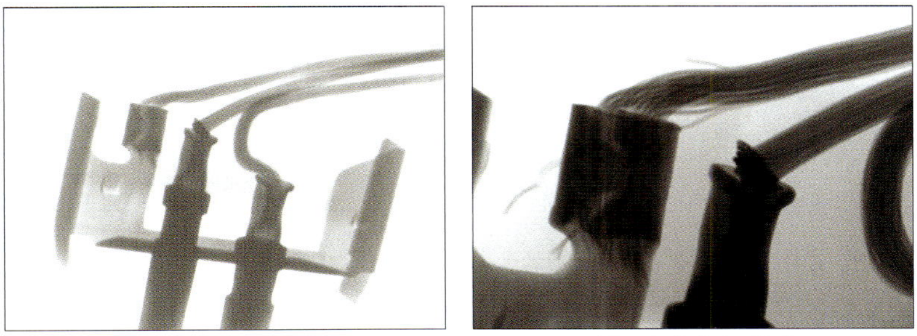

(c) 내부구조(전체) (d) 전선접속 상태

〈그림 6-7-1〉 220 [V] 일체형 비닐코드(VCTF, 1.25[mm^2] × 3C)의 구조

<그림 6-7-2>는 220 [V] 일체형 비닐코드(VCTFK, 1.25[mm^2] × 2C)의 외형과 내부구조를 분석한 것이다. <그림 6-7-2>(a)와 <그림 6-7-2>(b)는 외형으로 접지극이 없으며 플러그와 연장코드가 PVC 수지로 납작하게 일체 성형됨을 볼 수 있다. <그림 6-7-2>(c)와 <그림 6-7-2>(d)는 일체형 코드의 내부구조로 두 개의 플러그 핀이 각각 연장코드에 접속되어 있으며 연장코드의 접속은 압착에 의한 접속방식을 사용하였다. 연장코드의 접속 상태가 나쁘거나 외적인 인장력이 작용하여 소선의 일부가 끊어지게 되면 그 부분에서 국부적인 발열이 발생하여 절연물이 용융, 탄화하여 전기재해를 일으킬 수 있다.

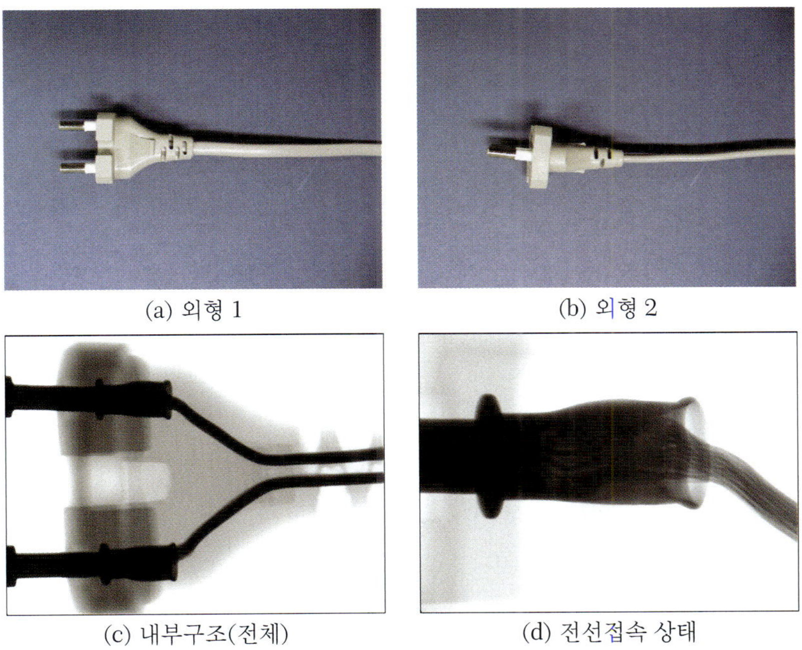

(a) 외형 1 (b) 외형 2

(c) 내부구조(전체) (d) 전선접속 상태

〈그림 6-7-2〉 220 [V] 일체형 비닐코드(VCTFK, 1.25[mm^2] × 2C)

<그림 6-7-3>은 110 [V] 일체형 비닐코드(VCTF 0.75[mm^2] × 3C)의 외형과 내부구조를 분석한 것이다. <그림 6-7-3>(a)와 <그림 6-7-3>(b)는 외형으로 두 개의 플러그와 접지극이 연장코드에 연결되어 PVC 수지로 삼각형의 형태로 일체 성형됨을 볼 수 있다. <그림 6-7-3>(c)와 <그림 6-7-3>(d)는 일체형 코드의 내부구조로 두 개의 플러그 칼이 각각 상하로 연장코드에 접속되어 있으며 접지극이 중간에 연장코드와 연결됨을 볼 수 있다. 연장코드의 접속은 압착에 의한 접속방식을 사용하였다. 연장코드와 플러그의 접속 상태가 나쁘거나 외적인 인장력이 작용하여 소선의 일부가 끊어지게 되면 그 부분에서 국부적인 발열이 발생하여 절연물이 용융, 탄화하여 전기재해를 일으킬 수 있다.

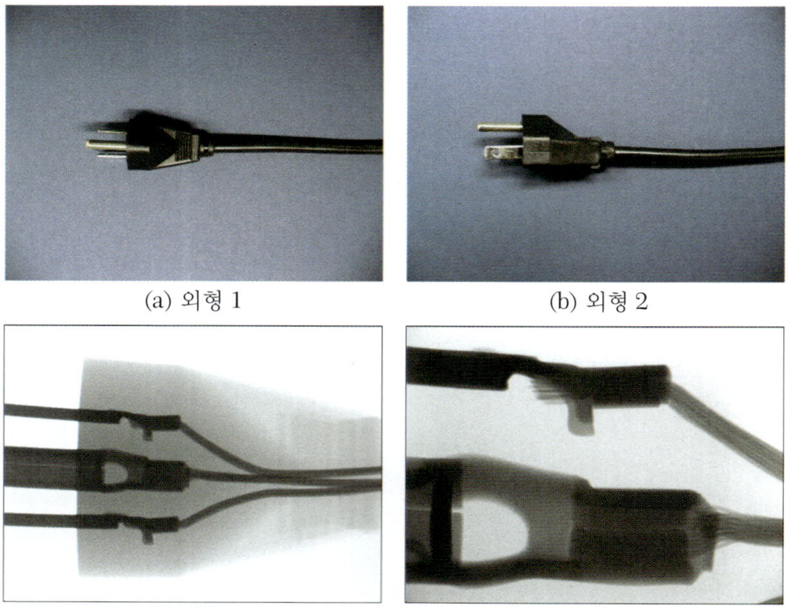

(a) 외형 1 (b) 외형 2

(c) 내부구조(전체) (d) 전선접속 상태

〈그림 6-7-3〉 110 [V] 일체형 비닐코드(VCTF 0.75[mm^2]×3C)

<그림 6-7-4>는 110 [V] 일체형 비닐코드(VCTFK 1.25[mm^2] × 2C)의 외형과 내부구조를 분석한 것이다. <그림 6-7-4>(a)와 <그림 6-7-4>(b)는 외형으로 접지극이 없으며, 플러그와 연장코드가 PVC 수지로 납작하게 일체 성형됨을 볼 수 있다. <그림 6-7-4>(c)와 <그림 6-7-4>(d)는 일체형 코드의 내부구조로 두 개의 플러그 칼이 각각 연장코드에 접속되어 있으며 같은 종류의 PVC 수지로 성형됨을 알 수 있다. 그리고 연장코드의 접속은 압착에 의한 접속방식을 사용한다. 연장코드에 기계적인 인장력이 가

해질 경우 플러그와 연장코드의 접속부에서 소선이 끊어지기 쉬우며 이와 같이 소선이 단선되면 접촉저항 증가에 따른 발열로 코드 절연물이 용융하여 화재로 이어질 수 있다.

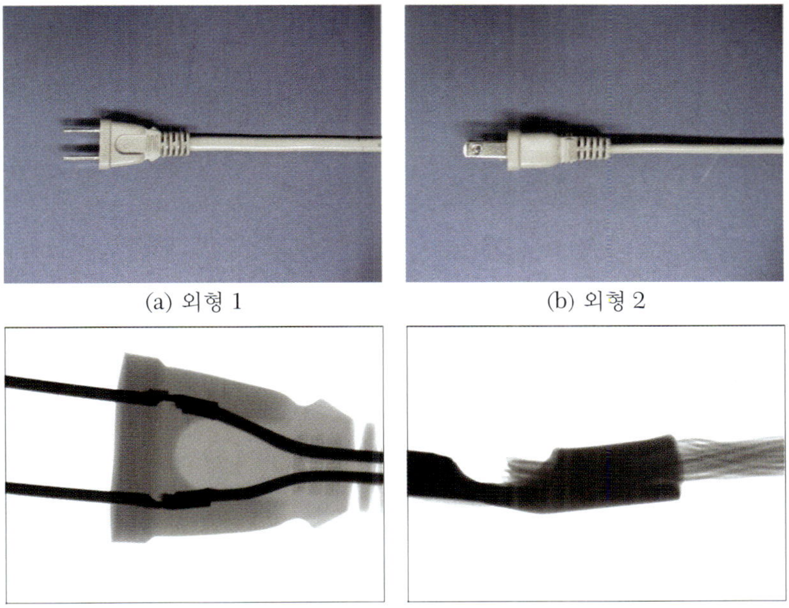

(a) 외형 1 (b) 외형 2

(c) 내부구조(전체) (d) 전선접속 상태

〈그림 6-7-4〉 110 [V] 일체형 비닐코드(VCTFK 1.25[mm^2] × 2C)

대부분 일체형 코드의 플러그 몸체는 PVC 수지로 일체 성형됨을 알 수 있었으며 플러그 핀 및 접지극 도체와 연장코드의 접속방법은 압착에 의한 접속방식을 사용한다. 일체형 코드에 기계적인 인장력이 지속적으로 가해질 경우 이들 접속부에서 소선이 단선되는 현상이 발생할 수 있으며, 소선 절단에 의한 불꽃과 발열로 피복과 코드 절연물이 용융할 수 있다. 즉, 연장코드를 잡고 플러그를 뺄 경우에는 전선 내부의 소선이 끊어져 과부하 사용이나 선간단락 등에 의한 화재 가능성이 있다.

6.7.3 일체형 코드의 화재발생 과정 및 화재원인

일체형 코드의 전기적인 화재발생 요인으로 과전류, 반단선에 의한 저항증가, 방열불량, 트래킹에 의한 화재를 들 수 있으며, 최종적으로 단락이 발생하여 화재로 이어진다. [표 6-7-2]는 일체형 코드의 전기적 요인에 의한 화재발생 과정을 나타낸 것이다.

[표 6-7-2] 일체형 코드의 전기적 요인에 의한 화재발생 패턴

패턴	발화원인	화재발생 과정
A	과전류 (과부하)	전선발열 → 피복용융 → 심선접촉 → 단락 → 불꽃 → 발화
B	저항증가 (반단선)	소선절단 → 저항증가 → 발열 → 단선 → 불꽃 → 피복용융 → 단락 → 불꽃 → 발화
C	방열불량 (묶음배선)	전선발열 → 피복용융 → 심선접촉 → 단락 → 불꽃 → 발화
D	트래킹 (오손)	발열 → 탄화 → 오손 → 미소 불꽃방전 → 발열 → 탄화 → 단락 → 발화

일체형 코드에서 발생하는 화재는 플러그 부분, 플러그와 연장코드의 접속 부분, 연장코드 부분, 연장코드와 부하기기의 접속부 부근을 들 수 있다. 일체형 코드의 부위별 화재발생 원인은 [표 6-7-3]과 같다. 코드 및 플러그에서의 화재원인을 정리하면 접촉 또는 접촉불량, 반단선, 방열불량에 의한 전선과열, 절연물의 절연열화, 과부하 등에 의해 최종적으로 선간단락이 발생하여 화재에 이른다.

[표 6-7-3] 일체형 코드의 부위별 화재발생 원인

부 위 별	화재발생 원인
플러그 부분	접촉 불량에 의한 발열, 열 열화, 트래킹 등 ① 플러그의 칼과 콘센트 칼받이의 접촉 불량에 의한 발화 ② 성형된 플러그 내의 칼과 연장코드의 접속부에서 접촉 저항 증가에 의한 발열, 발화 ③ 플러그의 양 칼날 사이 절연재료의 열화에 의한 발화
플러그와 연장코드 접속부분	반단선, 피복의 손상 ① 반복적인 구부림과 인장 등 외력에 의한 반단선으로 발화 ② 연장코드의 피복이 외적요인에 의해 손상, 단락되어 발화
연장코드 부분	반단선, 피복의 파손, 묶음배선, 과부하, 방열불량 ① 반복적인 구부림과 인장 등 외력에 의한 반단선으로 발화 ② 연장코드의 피복이 외적요인에 의해 파손, 단락되어 발화 ③ 도체상호를 연장하여 접속하는 부분에서 접촉저항에 의한 발열, 발화 ④ 과부하나 방열불량에 의한 발열, 발화
연장코드와 기기접속 부분	반단선, 피복의 파손 ① 반복적인 구부림과 인장 등 외력에 의한 반단선으로 발화 ② 연장코드의 피복이 외적요인에 의한 파손, 단락되어 발화

6.7.4 멀티탭과 일체형 코드를 접속할 때의 형태

<그림 6-7-5>는 110[V] 멀티탭에 비접지형 일체형 코드가 접속되었을 때의 외형과 내부구조를 분석한 것이다. <그림 6-7-5>(a)와 <그림 6-7-5>(b)는 비접지형 멀티탭에 비접지형 일체형 코드가 접속된 것이다. 플러그와 칼받이 사이가 헐거울 경우나 완전히 삽입되지 않을 경우에는 접촉 불량이 일어날 가능성이 높다. <그림 6-7-5>(c)와 <그림 6-7-5>(d)는 접지형 멀티탭에 비접지형 일체형 코드가 삽입되었을 때의 내부구조로 플러그가 칼받이 사이에 완전히 밀착된 상태이지만 플러그 몸체와의 간격이 상당히 넓으며, 이물질이 들어갈 때 절연물의 절연파괴에 의한 트래킹으로 화재가 발생할 수 있다.

(a) 접속상태(정면)

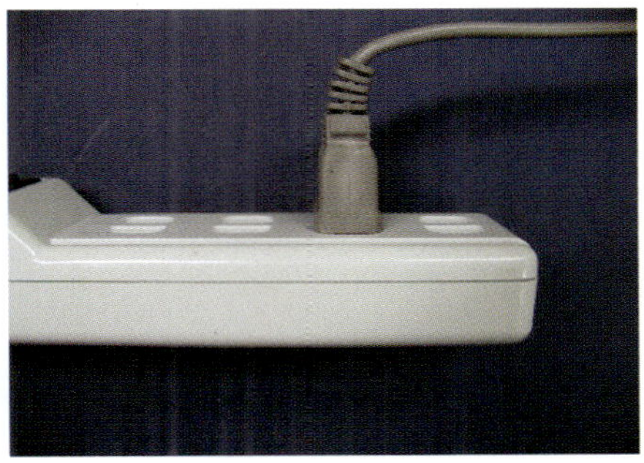

(b) 접속상태(측면)

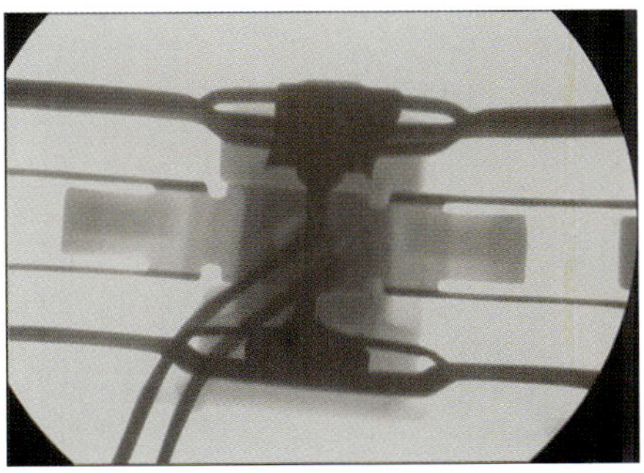

(c) 내부구조(정면)

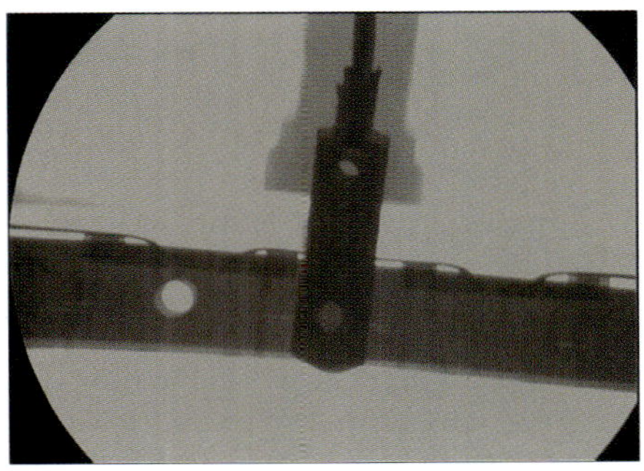

(d) 내부구조(측면)

〈그림 6-7-5〉 110 [V] 비접지형 일체형 코드의 접속

<그림 6-7-6>은 110 [V] 멀티탭에 접지형 일체형 코드가 접속되었을 때의 외형과 내부구조를 분석한 것이다. <그림 6-7-6>(a)와 <그림 6-7-6>(b)는 접지형 멀티탭에 접지형 일체형 코드가 접속된 모습이다. 플러그와 칼받이 사이가 헐거울 경우나 완전히 삽입

되지 않을 경우에는 접촉 불량이 일어날 가능성이 높음을 알 수 있다. <그림 6-7-6>(c)와 <그림 6-7-6>(d)는 내부구조로 플러그가 칼받이 사이에 완전히 밀착된 상태이지만 플러그 몸체와의 간격이 상당히 넓으며, 이물질이 들어갈 때 절연물의 절연파괴에 의한 트래킹으로 화재가 발생할 수 있다.

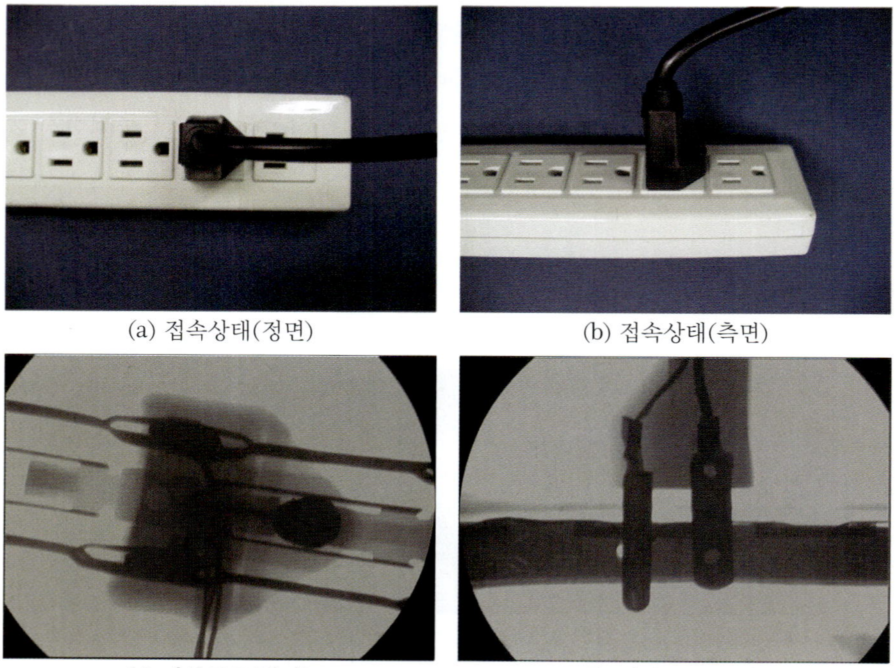

(a) 접속상태(정면) (b) 접속상태(측면)

(c) 내부구조(정면) (d) 내부구조(측면)

〈그림 6-7-6〉 110 [V] 접지형 일체형 코드의 접속

<그림 6-7-7>은 220 [V] 접지형 멀티탭에 비접지형과 접지형 일체형 코드가 접속되었을 때의 외형과 내부구조를 분석한 것이다. <그림 6-7-7>(a)와 <그림 6-7-7>(b)는 접지형 멀티탭에 비접지형 일체형 코드와 접지형 일체형 코드가 각각 접속된 상태이다. <그림 6-7-7>(c)와 <그림 6-7-7>(d)는 각각 <그림 6-7-7>(a)와 <그림 6-7-7>(b)의 내부구조로 감전사고 방지를 위해 내장된 스프링이 구부러져 있으며, 멀티탭 자체의 결함이나 무리한 힘을 가할 경우 내부의 회전하는 플라스틱 부품의 파손으로 스프링이 극간 단락을 일으켜 화재가 발생할 수 있다. <그림 6-7-7>(e)와 <그림 6-7-7>(f)는 접지형 멀티탭에 비접지형과 접지형 일체형 코드를 동시에 삽입했을 때의 외형과 내부구조로 완전히 삽입되지 않거나 칼받이가 헐거울 경우에는 접촉 불량으로 화재가 발생될 수 있다.

(a) 비접지형 코드의 접속

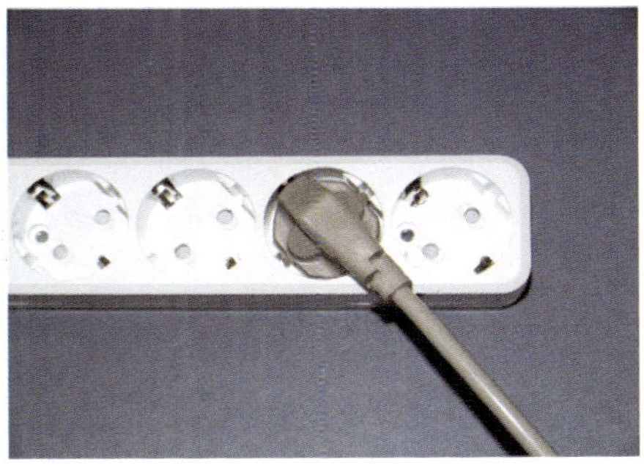

(b) 접지형 코드의 접속

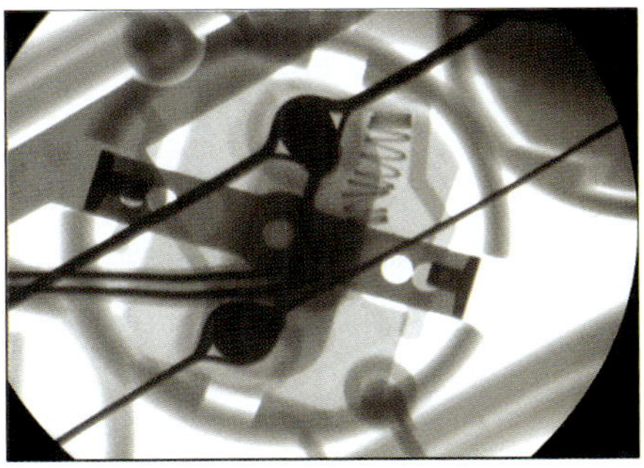

(c) 내부구조(무접지형 코드)

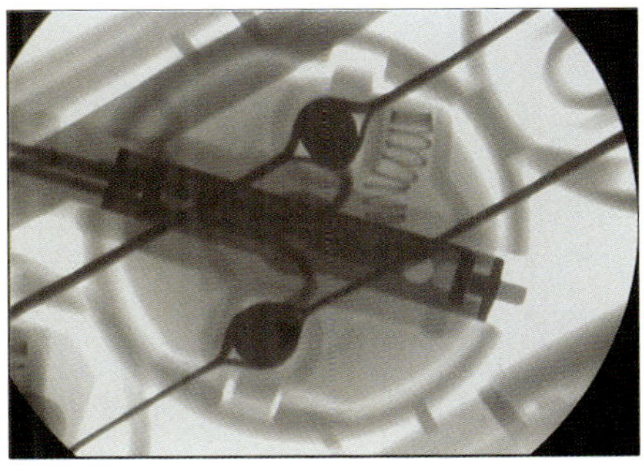

(d) 내부구조(접지형 코드)

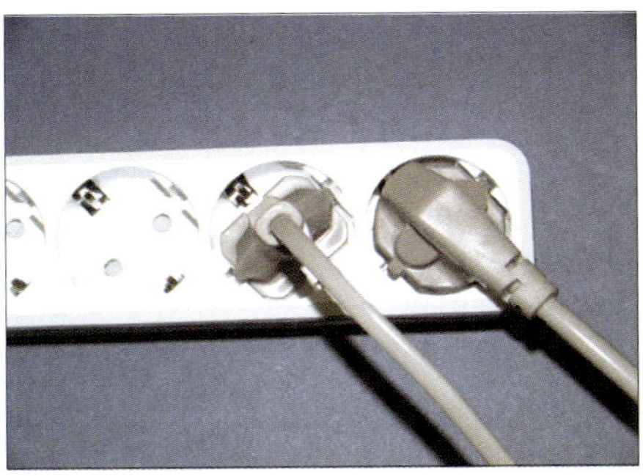

(e) 일체형 코드의 접속(외형)

(f) 내부구조(측면)

〈그림 6-7-7〉 접지형과 비접지형의 접속상태 분석

<그림 6-7-8>은 멀티탭의 구조적 결함으로 일체형 코드를 멀티탭에 삽입할 때 멀티탭 내부의 절연물이 파손되어 내부의 스프링이 극간 단락을 일으켜 전기재해로 이어지기 전에 차단한 것이다. <그림 6-7-8>(a)는 소손된 멀티탭의 내부 실체사진으로 좌측에서 2번째의 칼받이 부분이 심하게 소손된 것을 볼 수 있으며, 스프링은 용융되었다. <그림 6-7-8>(b)는 스프링에 의해 극간 단락된 부분을 확대한 것으로 심하게 용융되었으며, 회전하는 절연물이 파손되었고 발생한 열에 의해 용융되었다.

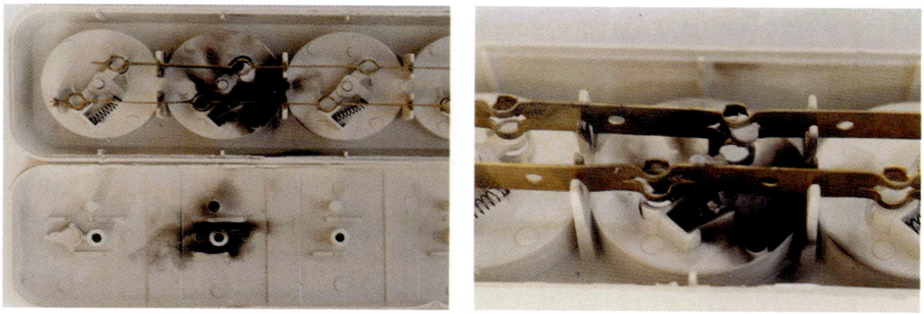

(a) 소손된 멀티탭 내부　　(b) 소손된 부분의 확대

〈그림 6-7-8〉 외력에 의해 극간 단락이 발생한 멀티탭의 구조분석

6.7.5 접촉 불량된 일체형 코드의 소손 패턴

<그림 6-7-9>는 220 [V] 노출콘센트와 220 [V] 일체형 코드의 접속에서 접촉 불량이 발생했을 때의 실체사진이다. 부하는 220 [V] 600 [W] 백열전구를 사용했으며, 플러그 칼과 콘센트의 칼받이가 불완전 접속이 발생하여 1시간이 경과한 때의 플러그 몸체의 열화 상태를 정상제품과 비교한 것이다. <그림 6-7-9>(a)는 220 [V] 비접지형 플러그로 좌측은 정상품의 외형을 나타내며 우측은 접촉 불량에 의해 열열화된 플러그로 플러그 핀을 통해 전도된 열에 의해 핀 지지물과 플러그 몸체가 심하게 용융, 탄화되고 변형되었다.

<그림 6-7-9>(b)는 220[V] 접지형 플러그로 좌측은 정상품의 외형을 나타내며 우측은 접촉 불량에 의해 열열화된 플러그로 <그림 6-7-9>(a)와 같이 플러그 핀 지지물과 플러그 몸체가 심하게 용융, 변형되었다. <그림 6-7-9>(c)는 110 [V] 비접지형 플러그로 좌측은 정상품의 외형을 나타내며, 우측은 접촉 불량에 의해 열열화된 플러그로 플러그 칼과 맞닿은 플러그 몸체 절연물이 열 변형을 일으켰다.

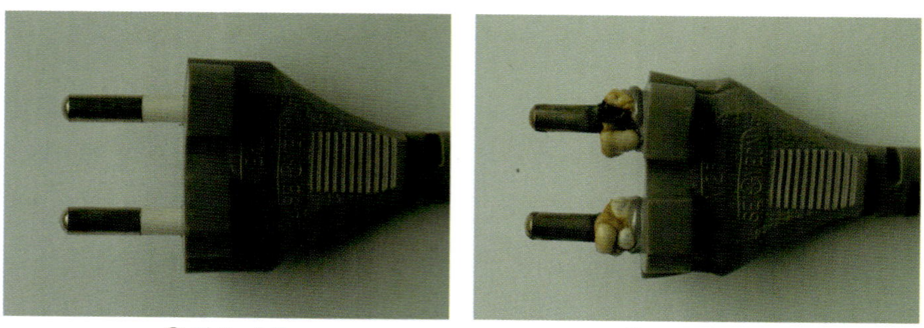

① 정상 제품　　② 소손된 제품

(a) 220 [V] 일체형 비닐코드(비접지)

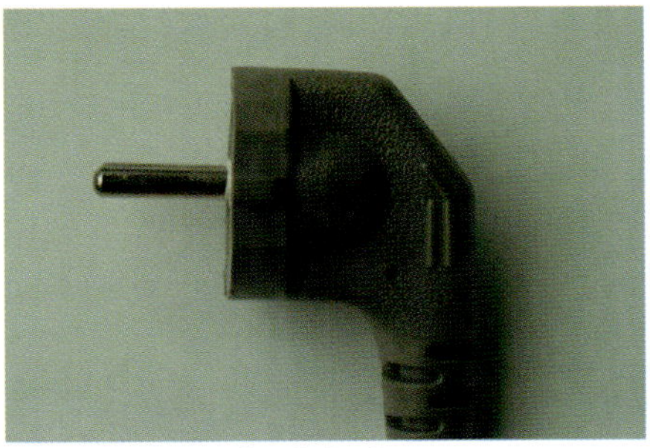

① 정상 제품

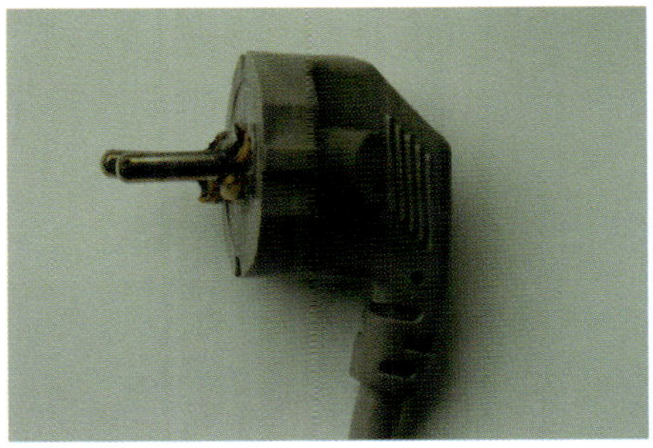

② 소손된 제품

(b) 220 [V] 일체형 비닐코드(접지)

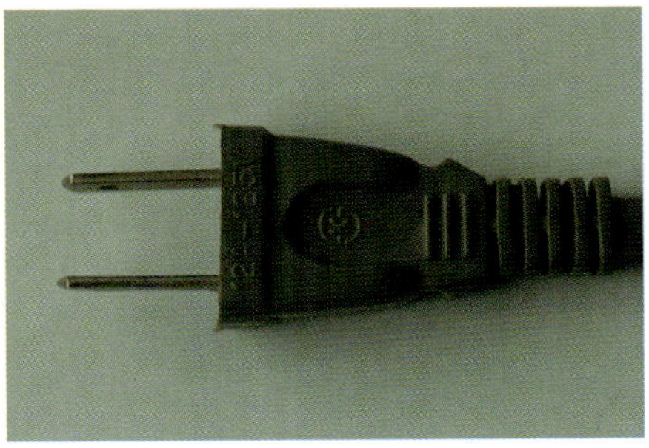

① 정상 제품

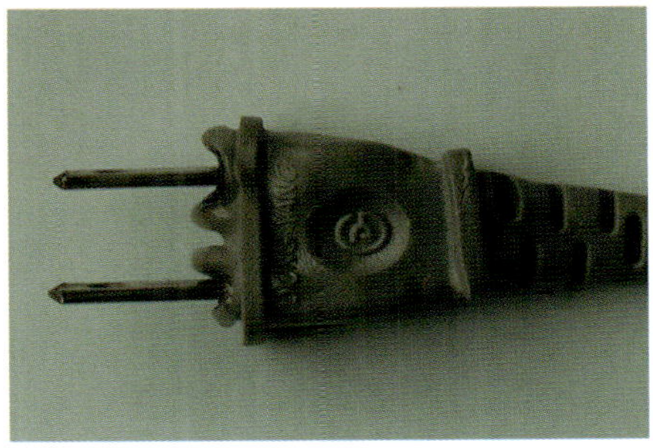

② 소손된 제품

(c) 110 [V] 일체형 비닐코드(비접지)

〈그림 6-7-9〉 접촉 불량에 의한 일체형 비닐코드 몸체의 외형 변화

<그림 6-7-10>은 부하를 600 [W]를 연결하고 멀티탭 칼받이와 플러그 칼의 접촉 불량에 의한 외형변화를 실체현미경을 이용하여 분석한 것이다. <그림 6-7-10>(a)는 멀티탭 칼받이에 형성된 실체사진으로 접촉 불량이 발생될 때 생성된 아크에 의해 도체가 검게 산화되고 심하게 용융된다. <그림 6-7-10>(b)는 접촉된 플러그 칼로 끝부분에 접촉 불량할 때 발생한 고온의 불꽃에 의한 변형이 발생된다.

(a) 멀티탭 칼받이

(b) 플러그 칼

〈그림 6-7-10〉 멀티탭 칼받이와 플러그 칼의 외형변화 분석(600 [W])

<그림 6-7-11>은 <그림 6-7-10>의 용융된 부분에 대한 표면구조를 SEM으로 분석한 것이다. 칼받이와 칼의 기본 구조가 없어지고 새로운 패턴이 형성된다. 즉, 순간 고열로 용융되고 공기 중에서 재결합이 진행됨에 따라 무질서한 구조가 형성된다.

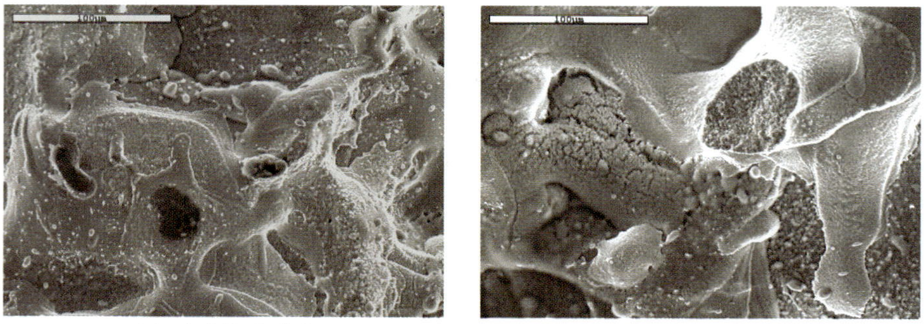

(a) 멀티탭 칼받이 (b) 플러그 칼

〈그림 6-7-11〉 산화된 도체 표면의 SEM 구조분석(600 [W])

6.7.6 조사의 요점

(1) 허용전류

전원코드는 [표 6-7-4]에 나타낸 바와 같이 소선의 수와 소선의 직경에 의해 허용전류가 정해지며 허용전류 이상의 전류가 흐르면 발열량이 많아져 절연물의 피복이 녹아 출화하는 것도 있다. 허용전류 이상의 전류가 흐를 가능성이 있는지 어떤지 조사한다.

[표 6-7-4] 비닐코드의 허용전류

소선수 / 소선직경 [본/mm]	공칭단면적 [mm^2]	허용전류 [A]
30 / 0.18	0.75	7
50 / 0.18	1.25	12
37 / 0.26	2.0	17
45 / 0.32	3.5	23
70 / 0.32	5.5	35

(2) 경년 열화

전열기 및 천장 조명기구 등에 사용하고 있는 면코드, 환형코드는 사용 환경에 따라 절연피복부의 고무가 경화되어 외력으로 깨어짐이 발생하는 경우가 있고 금속부재에 의한 단락 또는 선간단락에 의해 불꽃이 발생하여 출화하는 경우가 있다.

(3) 반단선

플러그 및 기구의 연결부분은 기계적으로 힘이 가해져 반단선 상태가 되기 쉽다. 발열되어 단선된 경우는 그 부분의 불꽃에 의해 피복이 불타는 경우도 있다. 코드를 보고 절단부분의 유무, 절단부분의 상황이 기계적인지 전기적인지, 소선에 발생한 용융흔의 상황 등을 조사한다.

(4) 코드의 고정 유무

코드가 스테이플 또는 못 등으로 고정되어 있는 경우는 그 부분에서 반단선이 발생할 가능성이 높다.

(5) 묶은 부분

코드의 길이가 콘센트에서 기구까지 길이보다 길고 코드가 남는 경우에 이 부분을 묶는 경우가 있다. 이 상태로 전기가 흐르면 방열이 불량하여 축열로 출화하는 경우가 있다.

(6) 주변 환경

코드가 카펫(carpet)의 아래를 통과하여 사용되고 있으면 코드자체의 방열효과가 악화되어 발열하는 경우가 있다.

(7) 비틀어 접속한 부분

코드는 장시간 사용에 의한 절연피복의 가동성에 의한 열화 및 물리적인 힘이 국부적으로 인가되어 단선되는 경우가 있다. 즉, 접속공사를 할 때 코드의 심선을 비틀어 접속하는 것이 많지만 잡아당김에 의해 반단선 상태가 발생하기 쉽고, 소선의 부식 등에 의한 접촉저항의 증가 등에 의해 과열되어 출화하는 경우가 있다.

(8) 플러그

플러그가 변형되면 접촉 불량이 되어 콘센트 내에서 발열하는 경우가 있다. 또한, 플러그 칼의 연소 상태로 콘센트에 꽂혀있던 것인지 어떤지 판단할 수 있는 경우가 있다.

section 6.8 접속부품

접속(接續, connection)은 전기회로에 있어서 전원, 저항, 스위치 등의 전기적 연결을 의미한다. 그리고 이와 같은 접속에 사용되는 부품이 접속부품이다. 회로 및 기기를 전기적으로 접속하는 방법에 여러 가지가 있고 그 기능이 요구된다. 특히, 접속부품은 전류를 잘 흘리고 신호를 잘 전달하며, 절연을 잘 유지시킬 수 있어야 한다.

6.8.1 접속부품의 종류

접속방법으로 분류하면 용접에 의한 것, 땜납에 의한 것, 기계적 접촉에 의한 것 등으로 나누어진다. 또한, 착탈을 전제로 한 것은 커넥터 및 소켓 등이 있으며, 착탈을 하지 않는 것은 용접 및 압착 등이 있다. 전기회로에 사용되는 주된 접속부품을 [표 6-8-1]에 나타냈다.

[표 6-8-1] 주요 부속부품

종류	분류	비고
컨넥터	원통형 커넥터 인쇄배선용 커넥터 환형, 각형 커넥터 고주파 동축 커넥터	기기 내의 배선접속 프린트 기판에 사용 신호 전송회로에 사용 동축케이블의 접속
플러그와 셔터	전원플러그, 콘센트 단두, 쌍두 플러그 핀플러그, 집적회로용	전원회로 헤드폰 등에 사용 신호 전송회로의 접속
소켓	전자관용 소켓 트랜지스터용, 집적회로용 퓨즈홀더, 기타 소켓	브라운관 등에 사용 프린트 기판에 사용 퓨즈 지지
단자대		신호 및 전류 중계용
압착단자		기기 내의 배선접속

압착단자(壓着端子, solderless terminal or crimp-type terminal lug)는 전선의 단말처리를 위하여 쓰는 동관 단자이다. 압착단자는 전선끼리 또는 전선과 단자대를 전기적

으로 접합할 때 사용되는 부품이다. 압착단자를 전선의 한쪽 끝에 끼워 넣고 압착 펜치로 접합부를 압착하여 전선과 고정시킨다. 압착단자는 전선의 단면적[mm^2]으로 표시하는 것과 단자 결합부 구멍의 지름에 의하여 규격화되어 있다.

압착단자는 구멍이 1 개 또는 2 개인 동관 단자가 대부분인데 접합부가 노출되어 있는 노출 압착단자와 접합부에 절연체가 부착되어 있는 절연피복부 압착단자가 있다. 압착단자를 사용할 때는 적절한 치수의 압착단자를 사용해야 함은 물론 적절한 압착 펜치를 사용하는 것도 중요하다.

전선의 단말 처리 방법으로는 압착단자 외에 단자와 전선을 납땜하여 연결하는 납땜단자도 있다. 납땜단자는 전기 전도성이 가장 좋지만 작업 속도나 비용에서 압착단자에 비하여 비효율적이다. 압착단자는 비용이나 속도에서 납땜단자에 비하여 유리하지만 연결부의 저항치가 높고 안정되지 않은 곳에서는 연결부위가 약해질 수 있다는 단점이 있다.

압착단자는 전선과 전선 또는 전선과 소자 등을 연결함에 따라 접촉(속)부에서 저항이 증가되거나 물리적인 충격에 견디지 못하면 접촉 불량에 의한 설비사고를 유발시킬 수 있다. 그러므로 한국산업규격(KS)에서도 압착단자의 재질은 무산소동(無酸素銅, OFC, Oxygen-Free Copper)을 사용해야 한다고 명시하고 있다. 동(Cu)은 산소가 있으면 아산화구리(Cu_2O)와 수소(H)의 반응으로 물(H_2O)을 생성하여 수소 취성을 일으켜 내식성도 나쁘게 된다. 그러므로 무산소동은 동(Cu)을 제조하는 과정에 탈산제인 인(P), 실리콘(Si), 마그네슘(Mg), 칼슘(Ca), 리튬(Li), 베릴륨(Be), 티타늄(Ti), 지르코늄(Zr) 등을 소량 집어넣어 산소를 약 0.008 [%] 이하가 되도록 제거한 것을 말한다. <그림 6-8-1>은 압착단자의 종류를 나타낸 것이다.

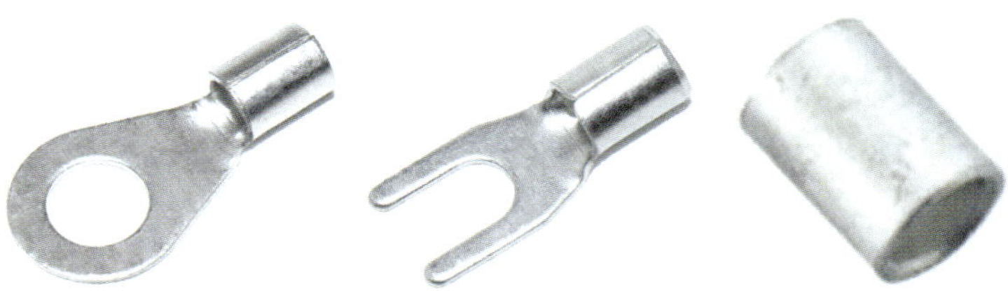

(a) 고리형　　(b) U자형　　(c) 슬리브형

〈그림 6-8-1〉 압착단자

6.8.2 접속방법 및 접속조임 기준

전선의 접속방식은 가열에 의한 방식과 기계적 압력에 의한 방식이 있다. 가열방식은 용접이나 납땜과 같이 영구적인 접속방식으로 도체상호 간이 결정적으로 일체화된다. 기계적 압력에 의한 방식은 분리가 가능한 방식과 분리 불가능한 방식이 있다. 이 방식들은 도체상호가 영구적으로 일체화되는 것이 아니고 작업시에 가한 기계적 압력으로 접속이 유지되는 것으로 분리가 가능한 나사로 조이는 방식은 물론이고 분리가 불가능한 압축이나 압착 등의 접속방식도 일단 잔류응력이 사라지면 접속품질이 현저하게 떨어져 접촉저항이 증가하게 된다. 이러한 관점에서 기계적 압력방식은 반영구적인 접속방식이라 하겠다. 배선기구류의 접속방식으로 예전에는 가열에 의한 방식이 주를 이루었지만 최근에는 기계적 압력방식에 의한 접속방식이 사용되고 있다.

전선과 단자대의 접속방법, 접속전선의 범위, 조임 토크 등은 한국산업규격 KS C 2625 및 국제전기코드(IEC)에 규정되어 있으며, 한국산업규격에 규정되어 있는 전선과 단자대의 종류는 다음과 같다.

(1) 나사 조임 단자대

전선의 접속에 나사를 사용하는 구조인 단자대의 총칭으로 전선 접속부의 모양에 따라 나사 단자대, 스터드 단자대, 클램프 단자대 및 눌러 조임 단자대가 있다.

① 나사 단자대

나사 단자대는 단자나사 머리부의 아랫면에서 직접 또는 와셔 등을 끼워서 전선 또는 압착단자를 조여 붙여 접속하는 구조의 단자대이다. KS C 2625에 규정된 전선과 단자대의 접속방식과 유사하게 IEC 60947-1에도 단자대의 전선 접속방식이 명시되어 있다. <그림 6-8-2>는 나사 단자대를 나타낸 것으로, 하나 이상의 나사머리 아래에서 도체가 죄어지는 타입이다. 조임 압력은 나사 머리에 의해 직접 가해지거나 와셔, 조임판, 퍼짐방지 장치 등을 통해 가해진다.

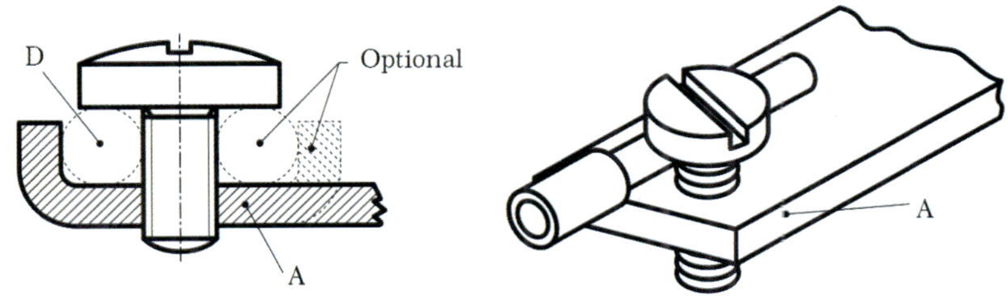

(a) 나사머리를 통한 직접 가압방식

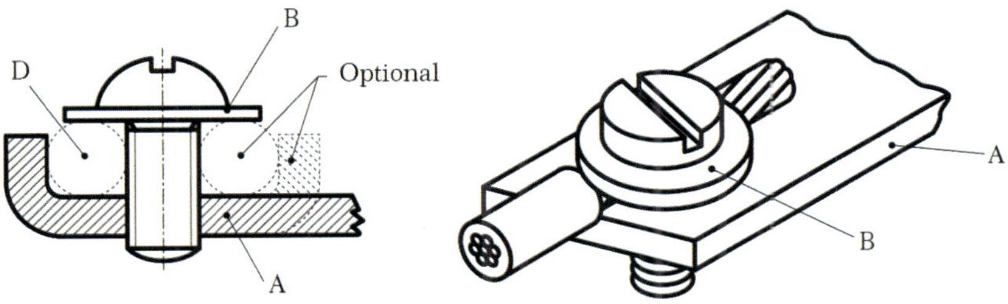

(b) 중간물 부분을 통한 간접 가압방식(Ⅰ)

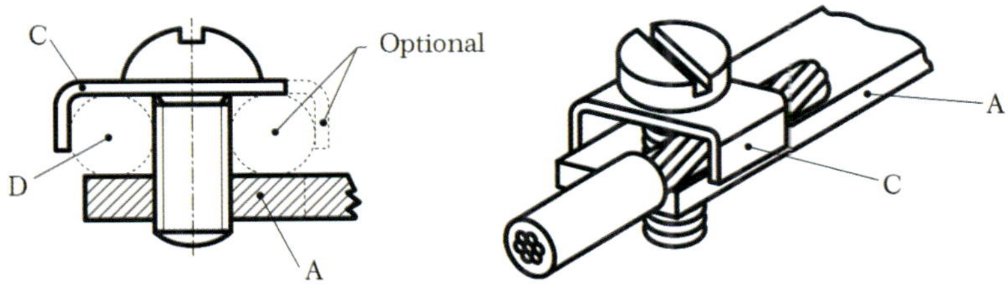

(c) 중간물 부분을 통한 간접 가압방식(Ⅱ)

〈그림 6-8-2〉 나사 단자대
A : 고정부분, B : 와셔 또는 조임판, C : 퍼짐방지 장치, D : 도체공간

② 스터드 단자대

스터드 단자대는 도전쇠 또는 절연물에 스터드 볼트를 고정하고 여기에 비틀어 박은 너트로 직접 또는 와셔 등을 끼워서 전선 또는 압착단자를 조여 붙여 접속하는 구조의 단자대이다. <그림 6-8-3>은 스터드 단자대를 나타낸 것으로 도체를 하나 또는 두 개의 너트 아래에서 조이는 나사 타입 터미널이다. 조임 압력은 적절한 형태의 너트로 직접 가해지거나 중간물 부분(와셔, 조임판, 퍼짐방지장치 등)을 통해서 가해진다.

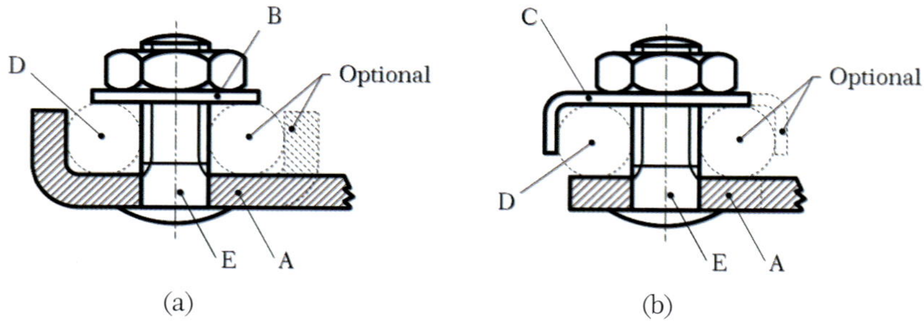

〈그림 6-8-3〉 스터드 단자대

A : 고정부분, B : 와셔 또는 조임판, C : 퍼짐방지장치, D : 도체공간 E : 스터드

③ 클램프 단자대

클램프 단자대는 도전쇠와 조임쇠(클램프) 사이에 전선을 삽입하고 조임쇠의 누름 압력으로 전선을 조여 붙여 접속하는 구조의 단자대이다.

④ 눌러 조임 단자대

눌러 조임 단자대는 통모양의 도전쇠에 전선을 삽입하고 도전쇠에 부착한 나사의 앞 끝에서 직접 또는 받침쇠를 끼워서 전선을 조여 붙여 접속하는 구조의 단자대이다.

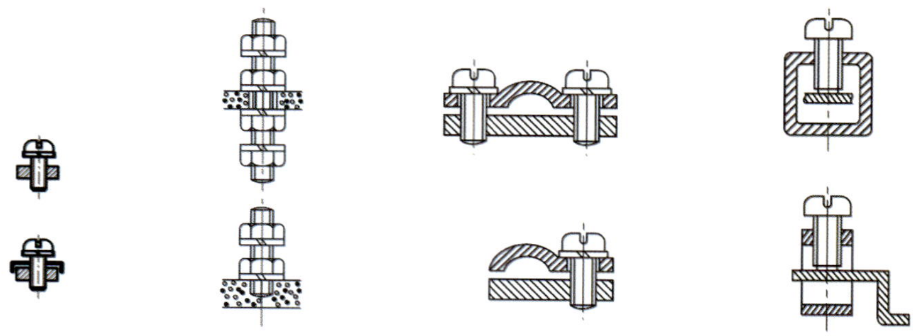

(a) 나사 단자대 (b) 스터드 단자대 (c) 클램프 단자대 (d) 눌러조임 단자대

〈그림 6-8-4〉 나사 조임 단자대

(2) 러그 단자대

러그 단자대는 납땜으로 접속하기 위한 러그가 있는 구조의 단자대이다. <그림 6-8-5>에 러그 단자대를 나타냈다. 나사 또는 너트에 의해 케이블 러그 또는 바를 죄는 타입이다. 케이블 러그의 전체치수는 [표 6-8-2]에 나타냈다.

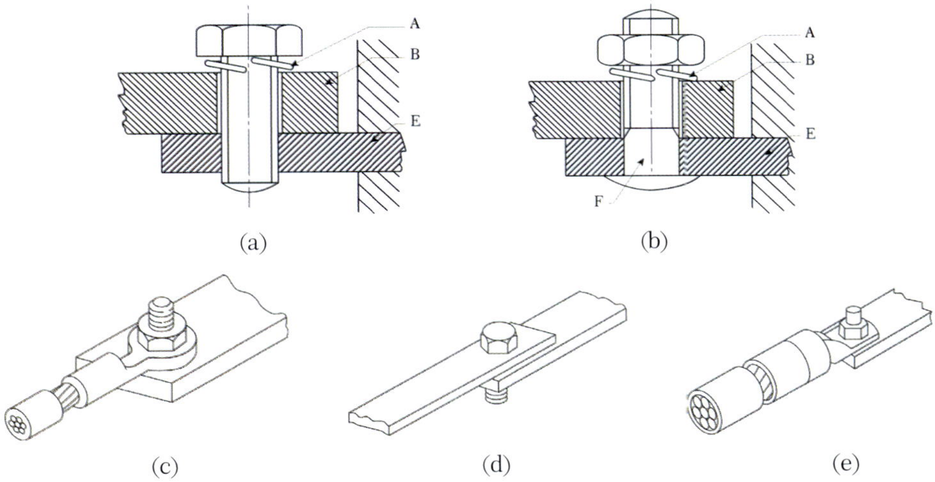

〈그림 6-8-5〉 러그 단자대

[표 6-8-2] 구리 도체에 접속된 저압 스위치 기어류 단자대 러그의 치수

도체단면적 [mm^2]		치수 [mm^2]						마운팅 볼트에 대한 여유 구멍치수
Flexible	Solid or Stranded	L max.	N max.	W max.	W Gauge	Z max.	M min.	H
6	10	22	6	10		12	6	M5
10	16	26	6	10		12	6	M5
16	25	28	6	10		12	6	M5
25	35	33	7	12	12.5	17	7	M6
35	50	38	7	12	12.5	17	7	M6
50	70	41	7	12	12.5	17	7	M6
70	95	48	8.5	16	16.5	20	8.5	M8
95	120	51	10.5	20	20.5	25	10.5	M10
120	150	60	10.5	20	20.5	25	10.5	M10
150	185	72	11	25	25.5	25	11	M10
185	240	78	12.5	31	32.5	31	12.5	M12
240	300	89	12.5	31	32.5	31	12.5	M12
300	400	105	17	40	40.5	40	17	M16
400	500	110	17	40	40.5	40	17	M16

NOTE : Other different dimensions of cable lugs are available

(3) 기중 단자대

기중 단자대는 <그림 6-8-6>은 기둥 터미널을 나타낸 것으로 도체가 구멍에 삽입되어 나사의 몸통에 의해 죄어진다. 조임 압력은 나사의 몸통에 의해 직접 가해지거나 나사 몸통에 의해 가해진 중간물 부분을 통해 가해진다.

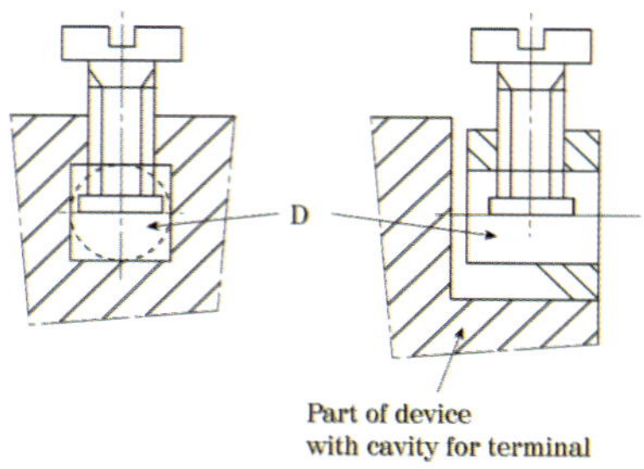

(a) 압력판 비사용 단자대

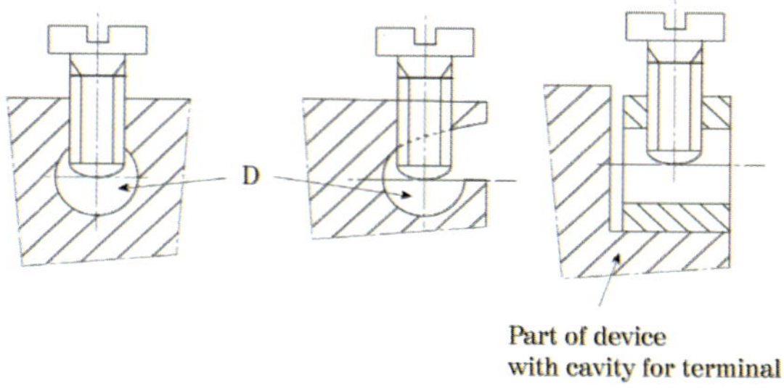

(b) 압력판 사용 단자대

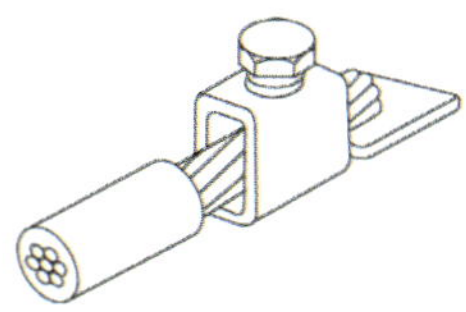

(c) 직접 가압방식 단자대(Ⅰ)

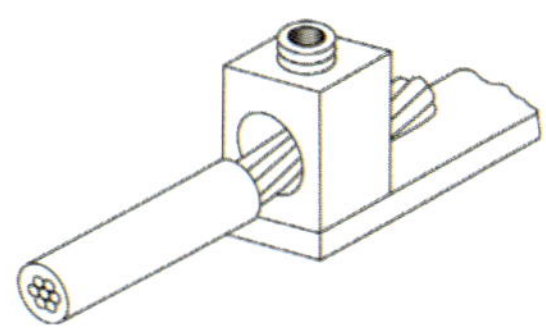

(d) 직접 가압방식 단자대(Ⅱ)

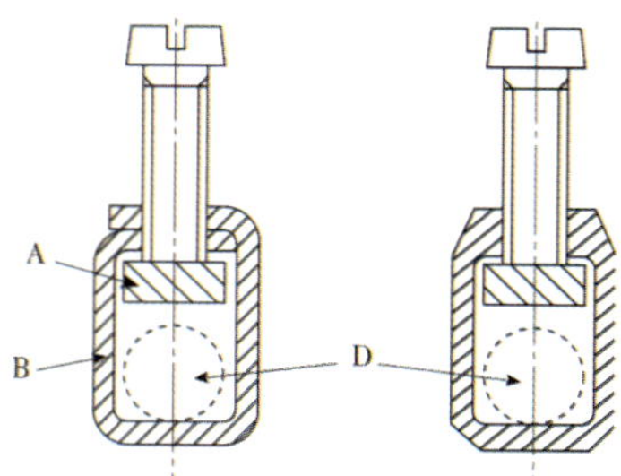

(e) 간접 가압방식 단자대

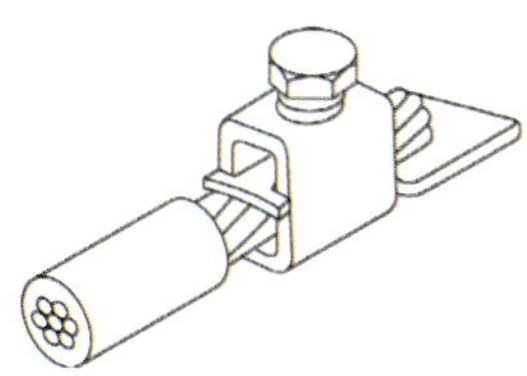

(f) 간접 가압방식 단자대

〈그림 6-8-6〉 기둥 단자대

A : 고정부분, B : 조임 유닛의 몸체, D : 도체공간

(4) 안장 단자대

안장 단자대는 <그림 6-8-7>은 안장 단자대를 나타낸 것으로 두 개 이상의 나사 또는 너트에 의해 안장 아래의 도체를 죄는 나사타입이다.

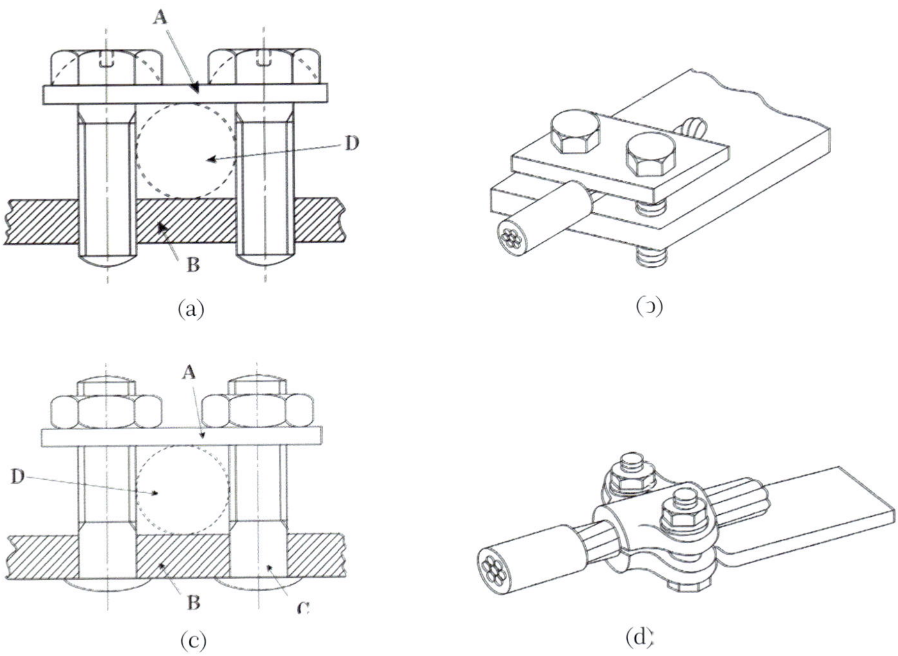

〈그림 6-8-7〉 안장 단자대

A : 안장, B : 고정부, C : 스터드, D : 도체공간

(5) 기타

① 터브 단자대

터브 단자대는 평행 접속단자를 사용해서 접속하는 구조의 단자대이다.

② 래핑 단자대

래핑 단자대는 전선을 감아 붙여 접속하기 위한 핀이 있는 구조의 단자대이다.

③ 나사 없는 단자대

나사 없는 단자대는 도전쇠와 스프링 사이에 전선을 삽입하고 직접 또는 받침쇠를 끼워서 스프링의 누름압력으로 접속하는 구조의 단자대이다.

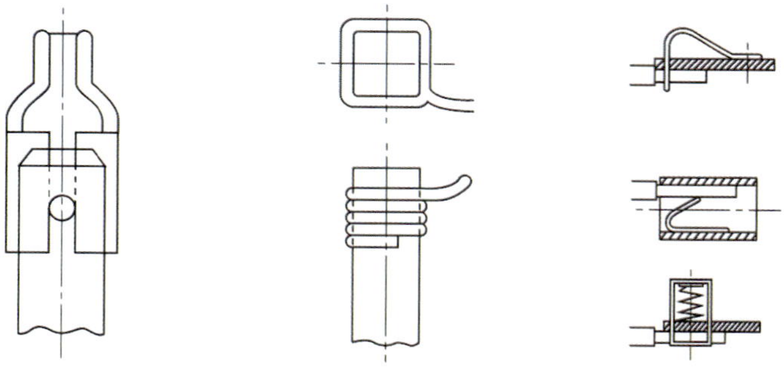

(a) 터브 단자대 (b) 래핑 단자대 (d) 나사 없는 단자대

〈그림 6-8-8〉 기타 단자대

6.8.3 단자대의 규정

단자대는 형태와 모양에 따라 다양한 접속 방법이 있고, 관련 규정은 KS C 2620, 2621, 2625, IEC 60943, 60947-1, 내선규정, 전기설비기술기준 등을 적용받는다. 그리고 단자대의 접속 조임과 관련된 치수, 토크, 온도, 전선의 접속 기준 등이 명시되어 있다. 나사 단자대 및 스터드 단자대에 사용하는 단자나사의 호칭지름은 정격적합전선에 따르며 [표 6-8-3]과 같다.

[표 6-8-3] 단자나사의 호칭지름(KS C 2625 공업용 단자대)

정격 적합전선		단자나사의 호칭지름 [mm]
연선 [mm^2]	단선 [mm]	
0.5, 0.75, 1.25	0.5, 0.8, 1	3, 3.5, 4
2	1.2, 1.6	3.5, 4
3.5, 5.5	2	4, 5
8, 14	-	5, 6
22	-	6, 8
38, 60	-	8, 10
100, 150	-	10, 12
200	-	12
250, 325	-	16

나사조임 단자대의 단자나사 조임 토크는 [표 6-8-4]의 값의 2/3 로 한다.

[표 6-8-4] 조임 토크(KS C 2625 공업용 단자대)

단자나사의 호칭지름[mm]	2.5	3	3.5	4	5	6	8	10	12	16
조임 토크[N · m]	0.4	0.5	0.8	1.2	2.0	2.5	6.0	10.0	14.0	25.0

누전차단기와 배선차단기의 경우 전선과 단자대에 사용하는 단자나사의 호칭지름은 유사하다. 이중 누전차단기 단자나사의 호칭지름 및 단자에 적합한 600 [V] 비닐절연전선 굵기는 [표 6-8-5]와 같다. 그리고 이면 접속 스터드를 사용할 때 스터드 나사 크기는 [표 6-8-6]과 같으며, 누전차단기의 조임토크는 [표 6-8-7]에 나타낸다.

[표 6-8-5] 단자나사의 호칭지름 및 전선의 굵기(KS C 4613)

정격전류 [A]	단자나사호칭(최소) [mm]		단자에 적합한 600[V] 비닐절연전선 굵기의 범위
	1개조일 때	2개조일 때	
15	4 또는 3.5	3	∅ 1.6 ~ 2.6 [mm], 2.0 ~ 5.5 [mm^2]
20	5 또는 4	3.5	∅ 1.6 ~ 2.6 [mm], 2.0 ~ 5.5 [mm^2]
30	5	4	∅ 2.0 ~ 3.2 [mm], 3.5 ~ 8 [mm^2]
40	6 또는 5	5	5.5 ~ 14 [mm^2]
50	6 또는 5	5	8 ~ 22 [mm^2]
60	6 또는 5	5	8 ~ 22 [mm^2]
75	8	6	14 ~ 38 [mm^2]
100	8	6	22 ~ 50 [mm^2]

[표 6-8-6] 스터드의 나사크기(KS C 4613)

정격전류[A]	스터드의 나사호칭[mm]	정격전류[A]	스터드의 나사호칭[mm]
30 이하	5	400 초과 600 이하	24
30 초과 50 이하	6	600 초과 1000 이하	27
50 초과 100 이하	10	1000 초과 1200 이하	30
100 초과 225 이하	12	1200 초과	전류밀도가 1 ~ 2 [A/mm^2]인 동대가 접속 가능한 구조
225 초과 400 이하	20		

[표 6-8-7] 조임 토크(KS C 4613 누전차단기 단자대, 온도시험시)

단자나사의 호칭지름 [mm]	3	3.5	4	4.5	5	6	8	10 이상
조임토크 [kg · cm]	5	8	12	15	20	25	55	75

6.8.4 전선과 전선의 접속

전선을 접속하는 경우에는 전선 간의 접촉저항에 의하여 접속부분의 온도 상승값이 접속부 이외의 온도 상승값을 넘지 않도록 해야 한다. 내선규정과 KS C 2621에 나타나 있는 구리 전선의 접속방법은 다음과 같다.

(1) 직선 접속

① 가는 단선(2.6 [mm] 이하)의 직선접속(트위스트 조인트)

② 직선맞대기용(B)형에 의한 압착접속(단선과 연선에 적용됨)

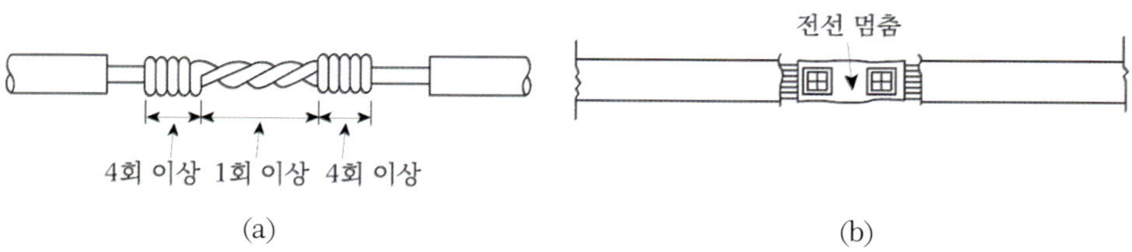

〈그림 6-8-9〉 직선 접속

(2) 분기 접속

① 가는 단선(2.6 [mm] 이하)의 분기접속

② T형 커넥터에 의한 분기접속(단선과 연선에 적용됨)

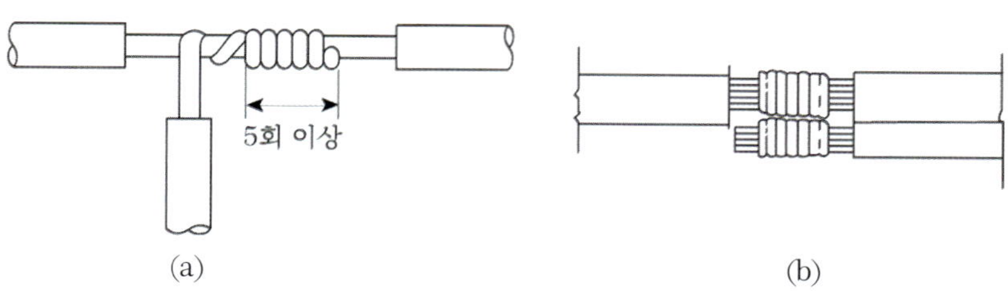

〈그림 6-8-10〉 분기 접속

(3) 종단 접속

① 가는 단선(2 [mm] 이하)의 종단접속(주로 금속관배선 등의 박스 안에서 함. <그림 6-8-11>(a)

② 가는 단선(2 [mm] 이하)의 종단접속으로 지름이 다른 경우 주로 배선과 전등기구용 심선과의 접속인 경우에 이용. <그림 6-8-11)>(b)

③ 동선 압착단자에 의한 접속을 압착단자 및 동판단자에 대해서도 같이 적용. <그림 6-8-11>(c)

④ 비틀어 꽂는 형의 전선접속기에 의한 접속. <그림 6-8-11>(d)

⑤ 종단겹침용 슬리브(B형)에 의한 접속으로 링슬리브 라고도함. <그림 6-8-11>(e)

⑥ 직선겹침용 슬리브(P형)에 의한 접속. <그림 6-8-11>(f)

⑦ 꽂음형 커넥터에 의한 접속으로 주로 가는 전선을 박스 내 등의 접속에 사용. <그림 6-8-11>(g)

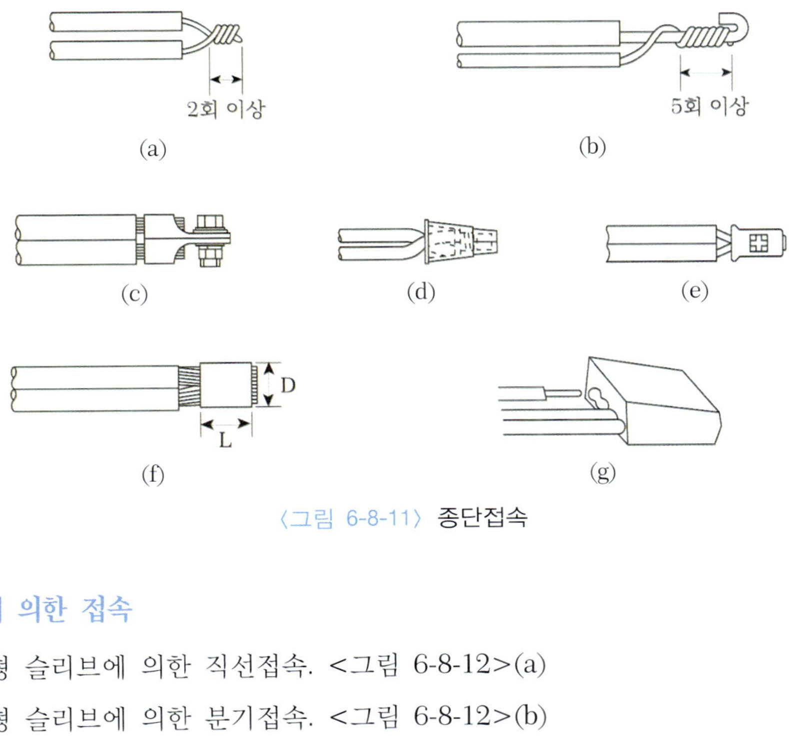

〈그림 6-8-11〉 종단접속

(4) 슬리브에 의한 접속

① S자형 슬리브에 의한 직선접속. <그림 6-8-12>(a)

② S자형 슬리브에 의한 분기접속. <그림 6-8-12>(b)

③ 매킹타이어 슬리브에 의한 직선접속으로 양쪽비틀림과 한쪽비틀림이 있음. <그림 3.12>(c)

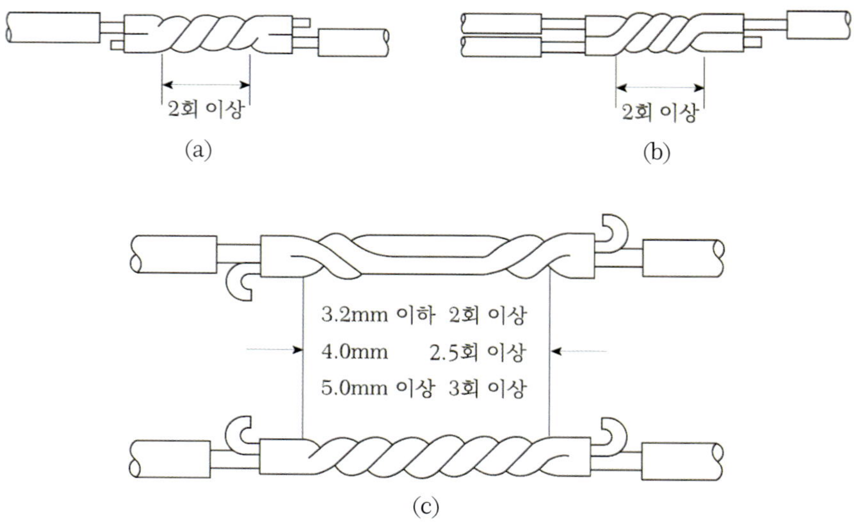

〈그림 6-8-12〉 슬리브에 의한 접속

6.8.5 전선의 접속법

전선을 접속하는 경우에는 전선의 허용전류에 의하여 접속부분의 온도 상승값이 접속부 이외의 온도 상승값을 넘지 않도록 하는 것 이외에 전선의 종별에 따라서 다음 각 호에 따른다.

(1) 나전선 상호(다심형전선의 절연물로 피복되어 있지 아니한 도체를 포함) 또는 나전선과 절연전선(다심형전선의 절연물로 피복한 도체를 포함), 캡타이어케이블 또는 케이블과 접속하는 경우에는 다음에 의하여야 한다.

① 전선의 인장하중을 20 [%] 이상 감소시키지 아니할 것. 다만 점퍼선을 접속하는 경우와 같이 전선에 가하여지는 장력이 전선의 강도에 비하여 현저하게 적은 경우는 제외한다.

② 접속슬리브(스프리트슬리브 제외), 전선접속기를 사용하여 접속할 것. 다만, 가공전선 상호를 접속하는 경우 또는 광산의 갱도 내에서 접속부분에 슬리브(스프리트슬리브 제외), 전선접속기류를 사용하는 것이 기술상 곤란할 때는 제외한다.

③ 절연전선상호 또는 절연전선과 코드, 캡타이어케이블 또는 케이블을 접속하는 경우에는 ①에 따르는 외에 접속부분의 절연전선의 절연물과 동등 이상의 절연효력이

있는 접속기를 사용하는 경우를 제외하고는 접속부분을 그 부분의 절연전선의 절연물과 동등 이상의 절연효력이 있는 것으로 충분히 피복하여야 한다. [표 6-8-8]은 절연테이프에 의한 피복방법과 테이프 감는 회수는 최저로 하고 전선의 굵기에 따라서 증가시킨다는 것을 나타낸 것이다.

[표 6-8-8] 절연테이프에 의한 피복방법

테이프 구분	면절연테이프	고무테이프	비닐테이프
테이프감기 두께	약 0.4 [mm]	약 0.8 [mm]	약 0.2 [mm]
방법	고무테이프를 반폭 이상 겹쳐서 한번 감고 그 위에 또다시 면절연테이프를 반폭이상 겹쳐서 1회 이상 감는다.(각 2겹 이상)		비닐테이프를 반폭이상 겹쳐서 2번 이상 감는다.(4번 이상)

(2) **평형도체합성수지절연전선 상호를 접속하는 경우는 (1)에 준하는 외에 접속부분의 평형도체합성수지절연전선의 절연물과 동등 이상의 절연효력이 있는 접속기를 사용하는 경우 이외에는 접속부분을 그 부분의 평형도체합성수지절연전선의 절연물과 동등 이상의 절연효력이 있는 것으로 충분히 피복한다.**

(3) **도체에 알루미늄을 사용하는 절연전선 또는 케이블을 옥내배선, 옥측배선 또는 옥외배선에 사용하는 경우로서 당해 전선을 접속할 때에는 전선 접속기를 사용하여야 한다. 전선접속기구는 옥내배선용 전선접속구의 통칙 KS C 2810에 적합하여야 한다.**

6.8.6 접속부의 열화특성에 따른 화재진전 과정

전기기기에 전원을 공급하기 위해서는 필연적으로 접속부가 발생된다. 즉, 분리가능하다는 것은 하나의 시스템이 분리되기 위해 전기적으로 나누어지는 것을 의미하며 착탈에 의한 것이 대부분으로 흔히 콘센트, 플러그와 스위치 등이 대표적인 예이다. 접속기구류 등에서는 이러한 방법으로 비전문가 등이 쉽게 전기적으로 분리할 수 있는 제품이 많이 출시되어 있고, 시스템 내부로 들어가 보면 분리 가능한 전기적 접속방법으로는 스크루(screw), 스프링(spring) 등에 의한 스위치 등이 있으며, 이외에도 다양한 접속방법이 있다. 전선 꼬기(twist), 압착(compression), 납땜(soldering)이나 용접(welding)

등에 의한 방법에서도 특수한 경우 분리하여 사용되기도 하나 여기에서 구분하는 대상은 단순한 상태에서 변형을 가하지 않고 분리하는 것을 의미한다. 이러한 접속방법은 전기에너지를 사용하는데 매우 중요하며 전기화재의 많은 부분이 이러한 접속부의 접촉 불량에 의해 화재로 진전되는 과정을 가진다.

(1) 칼받이 또는 칼의 마모에 의한 발열메커니즘

일반적으로 콘센트, 플러그의 착탈의 경우 콘센트의 칼받이 또는 플러그의 칼 부분이 마모되어 접속하였을 때 접촉이 불완전하여 발생하는 과정을 보면 <그림 6-8-13>과 같은 메커니즘으로 발열이 진행한다.

<그림 6-8-13>의 ①은 좌측의 벽면 콘센트에 우측의 플러그가 접속되어 있는 경우를 나타낸 것이다. 이때 <그림 6-8-13>의 ②와 같이 칼받이 또는 칼의 마모에 의해 접촉이 불완전할 경우 전기적으로는 아주 적은 양의 전류가 접촉저항에 의해 소모되는 형태를 가지며 전체적으로 접촉저항에 의한 전압강하가 발생한다. <그림 6-8-13>의 ③은 접촉저항에 의해 발열이 되는 것으로 접속부 주변을 중심으로 줄열이 발생하며 기기의 구조 특성상 발열과 축열을 반복하여 발생한다. <그림 6-8-13>의 ④는 축열된 열에 의해 주변의 절연재료가 발화온도를 넘어서 화재로 이어지는 과정을 나타낸 것이다.

이상과 같이 콘센트, 플러그의 접속부에서 접촉 불량에 의한 사고는 지속적인 부하의 사용에서 발생할 수 있으며, 플러그를 빼어 놓는 것으로도 예방이 가능하다. 이외에도 콘센트와 플러그에 의한 화재는 트래킹(tracking), 금속이 물질의 극간 접촉에 의한 화재, 과부하에 의한 화재 등 많은 원인으로 발생하게 된다.

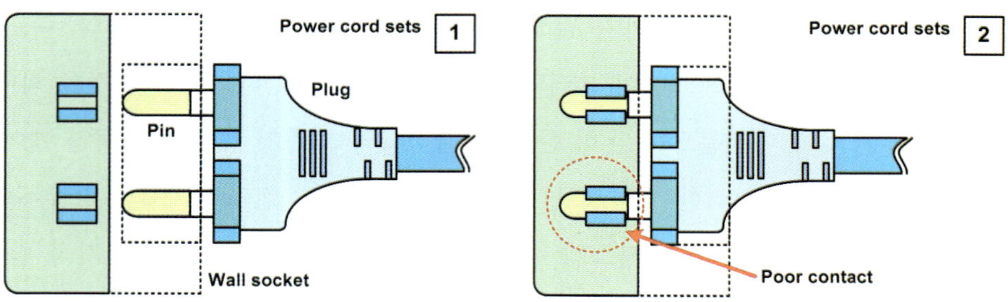

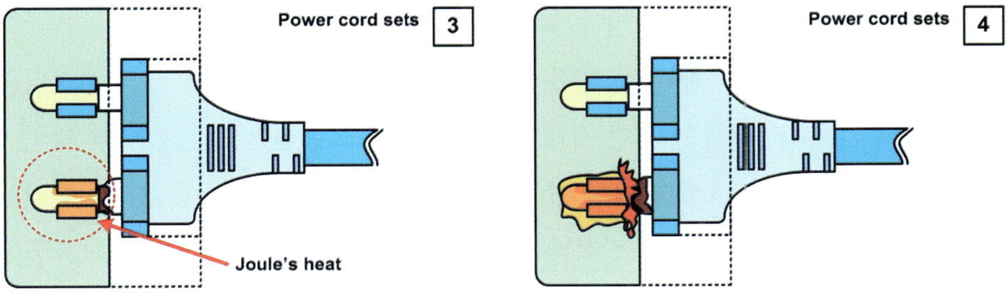

〈그림 6-8-13〉 칼받이 또는 칼의 마모에 의한 발열메커니즘

(2) 압착단자의 압착부분에서 접촉 불량

전기 접속부는 매우 다양하여 압착단자의 경우 전선과 접속되는 압착부분에서 접속과 볼트를 이용한 스크루(screw) 접속 등이 복합적으로 결합하여 있다. 전원이 공급되는 상태에서 압착단자의 압착부분에서 접촉이 저하된 경우 <그림 6-8-14>와 같이 발열되면서 화재로 이어지게 된다. 연선에 접속된 압착 부분에서 압착단자(pressed terminal)이 이완되거나 조임 상태가 불완전하여 접촉 불량이 되면 그 부분에 접촉저항이 발생한다. 접촉저항에 의한 전압강하가 일어나며 발열과 축열이 반복되고 일부는 열전도도가 높은 구리전선을 따라 열이 전도되는 현상이 발생한다. <그림 6-8-14>의 [3]은 접촉저항이 지속적으로 발생하다 접속부에서 산화동이 증식되는 것으로 확인할 수 있다. 산화동이 증식되면 열 발생이 지속적으로 발생하고 주변에 있는 가연물 특히 절연피복에 열전달이 되어 <그림 6-8-14>의 [4]와 같이 발화온도 이상에서 화재로 이어진다.

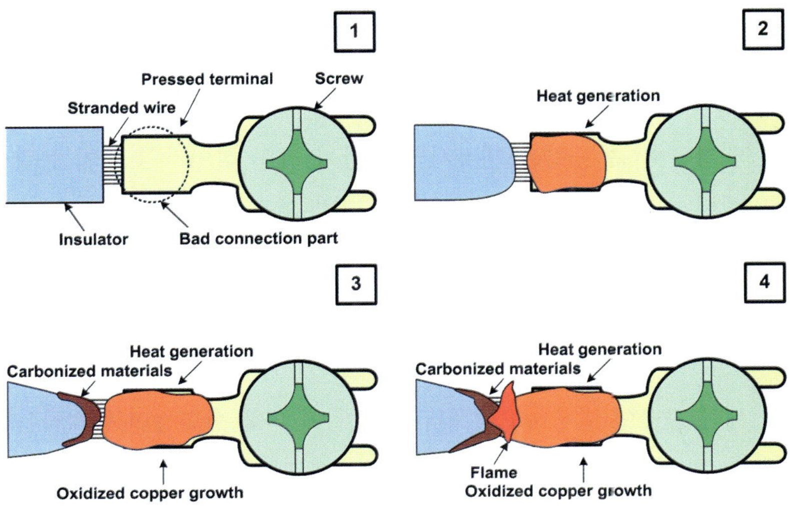

〈그림 6-8-14〉 압착단자의 압착부분에서 접촉 불량에 의한 화재진전 과정

(3) 압착단자의 나사 조임 부분에서 접촉 불량

나사의 조임 상태가 불량한 경우의 예로서 <그림 6-8-15>와 같은 메커니즘을 통해 화재로 이어진다. 나사의 조임 상태가 불량하면 <그림 6-8-15>의 ②와 같이 압착단자 조임부와 나사 사이에서 미세한 아크가 발생하는 것을 확인할 수 있다. 이러한 현상은 줄열에 의한 발열과 축열이 반복적으로 지속되며 일정시간이 지나면 산화동이 증식하면서 불꽃은 거의 없어지는 경향을 보인다. 이때 산화동이 증식하는 부분은 지속적인 열 발생으로 주변 가연물로 착화되어 화재로 이어진다.

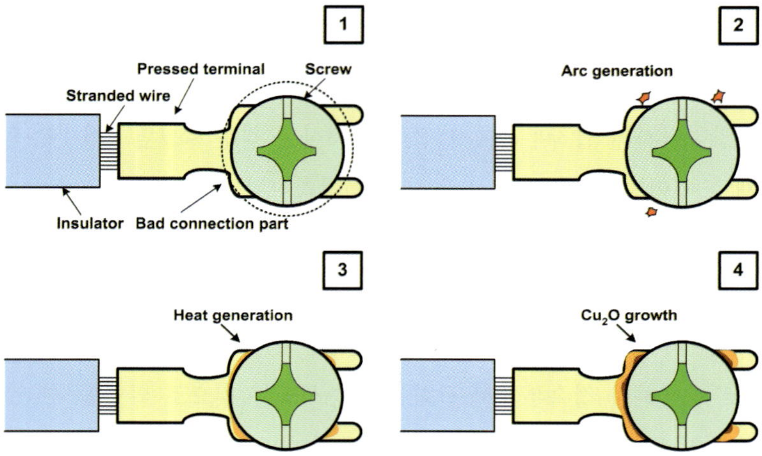

〈그림 6-8-15〉 압착단자의 나사 조임 부분에서 접촉 불량에 의한 발열 과정

이상은 접속부의 접촉이 불량하여 화재로 진전되는 과정의 일부를 보여준 것으로 단순한 전기기기라도 수많은 접속부가 존재하여 이에 대한 주의와 관리가 요구된다. 또한 대부분의 경우 접촉 불량은 제작시의 결함이 크며 설치자의 설치 불량이나 관리소홀, 용도 변경에 따른 접촉 불량, 과도한 물리적 피로에 의한 사고 등도 있다.

이외에도 부식에 의해 도전재료 표면 저항이 증가하는 경우가 있는데 이 경우 허용전류 이상이 흘러 화재로 이어질 수 있다. 이를 다시 요약하면 나사의 경우 관리소홀, 주변산화물, 불완전 설치 등으로 인해 부식, 풀림, 과도한 조임 등이 발생할 수 있으며 이는 미세한 불꽃이 발생하고 지속되면 발열에 의해 산화동이 증식하는 형태로 재료가 변형되며 주변 착화대상물이나 발화물질에 의해 화재로 이어진다.

스프링의 경우는 부식, 경년열화에 의한 이완, 이물질 등에 의해 접촉이 불량하여 미세한 불꽃과 발열, 금속 사이의 이온화 현상이 발생할 수 있으며 표면 부식, 산화동, 열화 대상물의 용융 등으로 발열되며 주변 물질에 착화되어 화재로 이어진다.

전선의 경우에도 일부에서 전선 꼬기에 의한 접속부의 접촉 불량이 발생할 수 있으며 나전선의 부식, 물리적 충격에 의한 반단선으로 접촉 불량이 발생하고 금속 사이의 이온화 현상이 지속되거나 부식이나 반단선에 의한 허용전류 초과로 과전류가 흘러 발열된다. 이는 열화대상물의 용융이나 표면이 탄화 등으로 인해 변형되고 발열되는 열은 주변 착화물질에 의해 화재로 이어진다.

납땜 등에 의한 경우 경년열화에 의한 부식, 납땜 불량으로 인한 접촉저항이 발생하여 열화대상물을 용융시키거나 표면 부식에 의한 허용전류 저하로 과전류가 흘러 발열되는 현상이 나타난다. 따라서 이러한 현상에 의해 주변 착화물에 열이 전이되어 화재로 이어진다.

6.8.7 조사의 요점

① 구조는 어느 것이나 전기적 접속부로 도전부와 절연부, 리드선과 접속부로 이루어져 있다. 접속부 및 리드선 접속부에는 접촉 불량에 따른 전기저항의 증가에 의한 발열이 있다.

② 기계적 접촉이 불충분한 요소는 나사의 느슨함, 불충분한 투입, 용수철 압력의 저하, 탈락, 변형 등이 있다. 접속부의 관리 부실에 의한 요소는 접속부의 오물, 먼지, 기름, 그리스 등과 같은 이물의 부착 등이 있다.

③ 그리고 접속부에서 발생되는 금속의 산화 및 부식을 유발시키는 화학 반응 요소는 아황산가스, 염산, 유화수소, 질소산화물, 염소, 오존(ozone), 암모니아(ammonia), 염화나트륨(sodium chloride) 등이 있다.

④ 또한, 접속부 및 절연부에서 트래킹 현상, 곰팡이 발생, 결로 등의 생성은 도체 및 절연체의 절연저하를 유발시켜 사고를 발생시킨다.

⑤ 전기설비의 사고의 주된 요소는 온도의 증가, 접속 또는 접촉 압력의 저하, 습도의 증가 등이 대부분이며, 절연부의 파손 및 변형에 의한 단락도 발생될 수 있다.

⑥ 접촉 부분의 저항치 및 접촉강도를 직접 측정하기 위해서 특별한 측정기가 필요하기 때문에 이것을 대신해 온도상승 상태를 본다.

⑦ 접속부 부분에 접촉이 부적절할 때 발생하고 접촉강도가 저하하면 저항치가 증가하여 열이 발생하기 때문에 이것을 조사한다.

section 6.9 전동기

전동기(電動機, electric motor)는 전류가 흐르는 도체가 자기장 속에서 받는 힘을 이용하여 전기에너지를 역학적 에너지로 바꾸는 장치이다. 일반적으로 전동기를 말하며, 전원의 종류에 따라 직류전동기와 교류전동기로 분류된다. 교류전동기는 3상 교류용과 단상 교류용으로 구분되며, 산업용 설비에서는 3상 교류용 전동기를 주로 사용하고 있다.

6.9.1 직류전동기의 구조

<그림 6-9-1>은 직류전동기의 구조와 명칭을 나타낸 것으로 주요 구성품은 철심, 권선, 정류자, 전기자, 베어링 등이 있다.

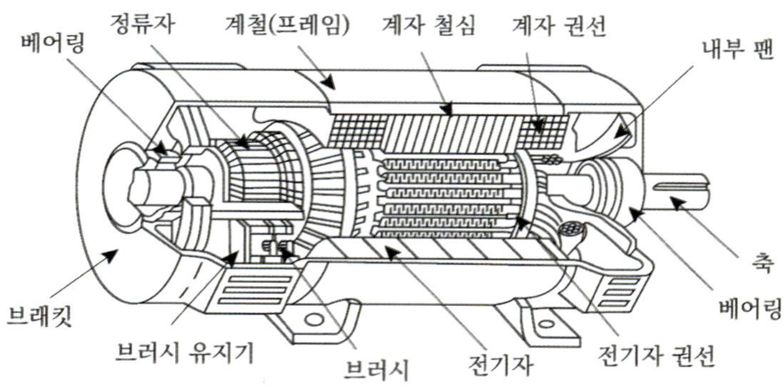

〈그림 6-9-1〉 직류 전동기의 구조와 명칭

6.9.2 전원의 종류에 따른 분류

(1) 직류전동기

직류전동기(直流電動機, DC motor)는 직류 전류가 회전자와 고정자를 흐르면서 자계를 형성하게 되며 토크를 발생시켜 전동기를 회전시킨다. 정류자는 전기자 권선과 결합되어 있는 기계적 장치이며, 위치에 관계없이 동일한 방향으로 전기자 전류가 항상 순환되도록 한다. 계자 권선과 전기자 권선의 연결한 방식에 따라 직권전동기, 분권전동기, 복권전동기 등이 있다.

① 직권전동기

직권전동기(直捲電動機, series motor)는 계자 권선과 전기자 권선을 직렬 연결한 방식이다.

② 분권전동기

분권전동기(分捲電動機, shunt motor)는 계자 권선과 전기자 권선을 병렬 연결한 방식이다.

③ 복권전동기

복권전동기(腹捲電動機, compound motor)는 가동복권발전기와 차동복권발전기가 있다.

a. 가동복권전동기(加動複捲電動機, cumulative compound motor)는 직권 계자 권선과 전기자 권선의 기자력이 합해지도록 되어 있는 방식이다.

b. 차동복권전동기(差動複捲電動機, differential compound motor)는 직권 계자 권선과 전기자 권선의 기자력이 반대 방향으로 작용하여 서로 상쇄되도록 한 방식이다.

(2) 교류전동기

교류전동기(交流電動機, AC motor)는 교류 전원으로 운전되며, 생활 주변에서 가장 널리 쓰이는 전동기이다. 교류전동기는 외부 고정자와 내부 회전자로 구성되어 있다. 교류 전류가 고정자 권선에 공급되면 전자기 유도에 의해 자기장이 변화한다. 이때 회전자에서 회전하는 자기장에 의해 유도 전류가 생기고 토크에 의해 회전자에 있는 축에서 회전력이 발생한다. 회로의 구성 및 에너지원의 종류에 따라 유도 전동기, 동기 전동기, 정류자 전동기 등이 있다.

① 유도전동기

a. 단상유도전동기

단상유도전동기(單相誘導電動機, single-phase induction motor)는 단상 교류 전원

으로 운전되는 유도 전동기이며, 기동력을 주기 위해 각종 기동 장치가 부착되어 있다.

예) 분상기동형전동기, 콘덴서기동형전동기, 영구콘덴서형전동기, 세이딩코일형전동기

b. 3상유도전동기

3상유도전동기(三相誘導電動機, three-phase induction motor)는 120°(2π/3)의 위상을 갖는 코일 3개를 순차적으로 권선한 것을 이용하여 전자석을 만들어 그 에너지로 동력을 발생시키는 기기이다. 고정자의 안쪽에 회전자를 둔 다음 전기를 보내주면 고정자에 회전 자기장이 발생하고 회전자는 고정자의 회전 자기장 속도로 시계 방향으로 회전하는 전동기이다.

예) 보통농형전동기, 특수농형전동기, 권선형전동기

② 동기전동기

동기전동기(同期電動機, synchronous motor)는 전기적 에너지를 기계적 에너지로 바꾸는 장치의 일종으로 부하의 크기에 관계없이 전원 주파수에 비례하는 일정 속도로 회전하는 교류 전동기이다. 동기전동기는 3상 대형 전동기에 널리 사용된다. 고정자 쪽은 3상 유도전동기와 동일한 구조로 보아도 되지만 회전자는 직류 여자된 자극을 둔다. 정상으로 운전할 경우의 회전자속도는 전원 주파수가 일정하므로 부하의 경중에 관계없다는 것이 동기전동기의 특징이다. 또한, 직류 여자를 어느 값으로 하면 역률(力率)이 1 로 되어 동일한 입력으로 교류 쪽에서 흘러들어 가는 전류를 최솟값으로 할 수 있는 것도 특징이다. 이와 같은 역률 조정은 유도 전동기로는 할 수 없다.

예) 회전자극형 동기전동기, 회전전기자형 동기전동기

③ 정류자전동기

정류자전동기(整流子電動機, commutator motor)는 직류 직권전동기와 거의 같은 구조를 가진 교류전동기이다. 계자 자속과 전기자 전류가 동시에 극성을 바꿈으로써 같은 방향의 회전을 할 수 있다. 직권전동기와 동일한 구성으로 단상 교류 전압을 가하는 것을 단상직권정류자전동기라 하며, 이것은 회전이 매우 빨라 수천 rpm 또는 그 이상의 높은 속도를 얻을 수 있다.

예) 가정용전기청소기, 믹서, 전기드릴

3상 전원에서 사용하는 정류자 전동기는 바깥 틀에 부착된 핸들의 조작으로 많은 브러시를 동시에 이동함으로써 속도를 크게 변속할 수 있기 때문에 속도 제어를 필요로 할 경우에 사용된다. 속도를 자유롭게 변경할 수 있는 점은 직류 전동기와 유사하지만 전원을 얻는 것은 직류의 경우보다 손쉽다. 그러나 브러시의 수가 많으므로 이것의 소모 등 관리상의 문제점이 직류기보다 많다.

예) 직권형 정류자전동기, 분권형 정류자전동기, 유니버설 정류자전동기

6.9.3 전동기의 결선 및 회로도

(1) 타여자전동기

타여자전동기(他勵磁電動機, separately excited motor)는 <그림 6-9-2>와 같이 계자 권선과 전기자 권선에 다른 전원을 연결하는 방식으로서 산업용으로 많이 사용된다. 타여자전동기는 계자 권선에 공급되는 전류가 전기자 전류와 다른 전원을 사용하므로 자속이 일정하여 정속도 특성을 갖는다.

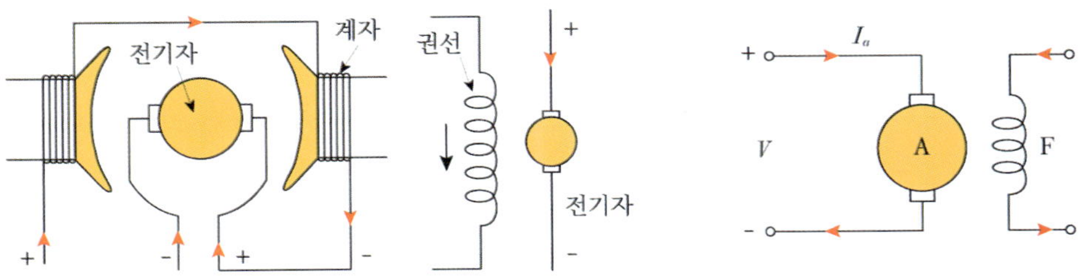

〈그림 6-9-2〉 타여자전동기의 실제도 및 회로도

(2) 직권전동기

직권전동기(直捲電動機, series motor)는 <그림 6-9-3>과 같이 계자 권선(界磁 捲線, field winding)과 전기자 권선(電氣子 捲線, armature winding)을 전원에 직렬로 연결한 구조이다. 계자 권선은 비교적 굵은 코일을 수회 정도 권선하여 사용한다. 직권전동기는 부하에 따라 달라지는 전류가 그대로 계자 권선을 통과한다. 이 전류가 작아지면 속도는 매우 커지게 되는 변속도 특성을 갖는다. 무부하 상태에서의 운전은 속도가 증가하여 회전자가 원심력에 의해 이탈될 수도 있다. 그러므로 무부하 운전이나 벨

트 등을 연결한 운전을 하면 위험하므로 직결 또는 기어 결합 등으로 체결하여야 한다. 기동할 때 전기자 전류와 자속이 동시에 증가하므로 기동 토크가 크고 가속이 빠르므로 효율이 좋다.

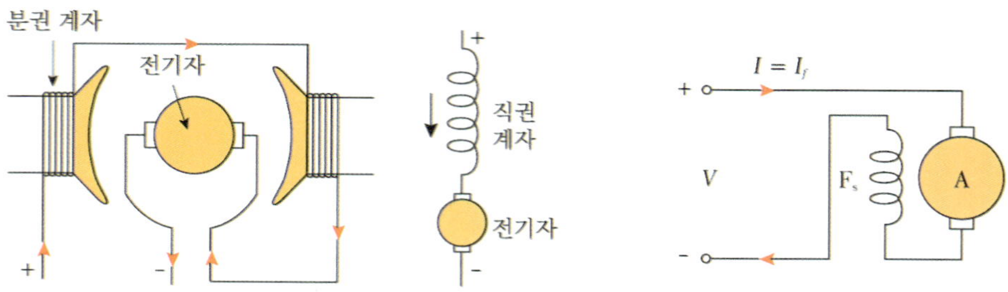

(a) 실제도 (b) 회로도

〈그림 6-9-3〉 직권 전동기의 실제도 및 회로도

(3) 분권전동기

분권전동기(分權電動機, shunt motor)는 <그림 6-9-4>와 같이 계자 권선을 전기자 권선과 병렬로 연결한 구조이다. 계자 권선은 코일이 가늘고 권선 횟수가 대단히 많으며 흐르는 전류도 작다. 계자 전류는 전기자 전류의 1 / 10 ~ 1 / 20 정도의 크기이다. 무부하에서 정격 부하에 이르기까지 속도의 변동이 거의 없다. 그래서 분권전동기를 정속도 특성의 전동기라고 한다.

분권전동기의 기동 토크는 직권전동기보다 낮지만 속도 조절이 용이하다. 분권전동기가 작은 부하에서 작동하고 있을 때 계자 권선이 끊어지면 속도가 지나치게 상승되어 위험하다.

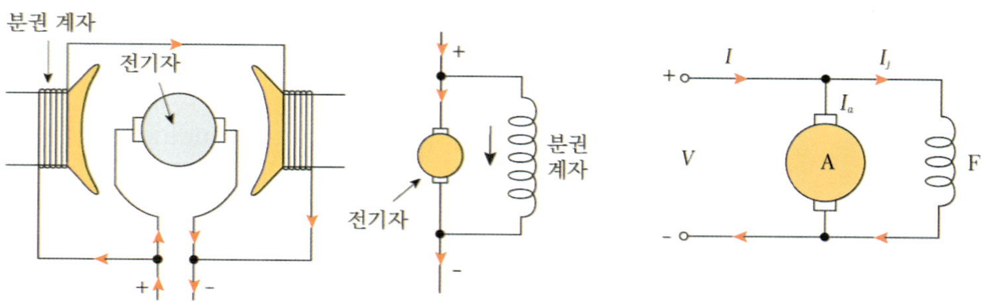

(a) 실제도 (b) 회로도

〈그림 6-9-4〉 분권 전동기의 실제도 및 회로도

(4) 복권전동기

복권전동기(複捲電動機, compound motor)는 <그림 6-9-5>와 같이 직권과 분권을 조합한 형태이다. 두 개의 계자 권선이 전기자 권선과 직렬 및 병렬로 연결된 구조이다. 직권 계자 권선과 전기자 권선의 전류 흐름 방향에 따라 가동복권전동기와 차동복권전동기 등으로 분류된다.

복권전동기의 속도와 토크는 직권 전동기와 분권전동기의 중간 특성을 갖는다. 분권전동기와 마찬가지로 계자 전류를 변화시켜 속도를 제어할 수 있다.

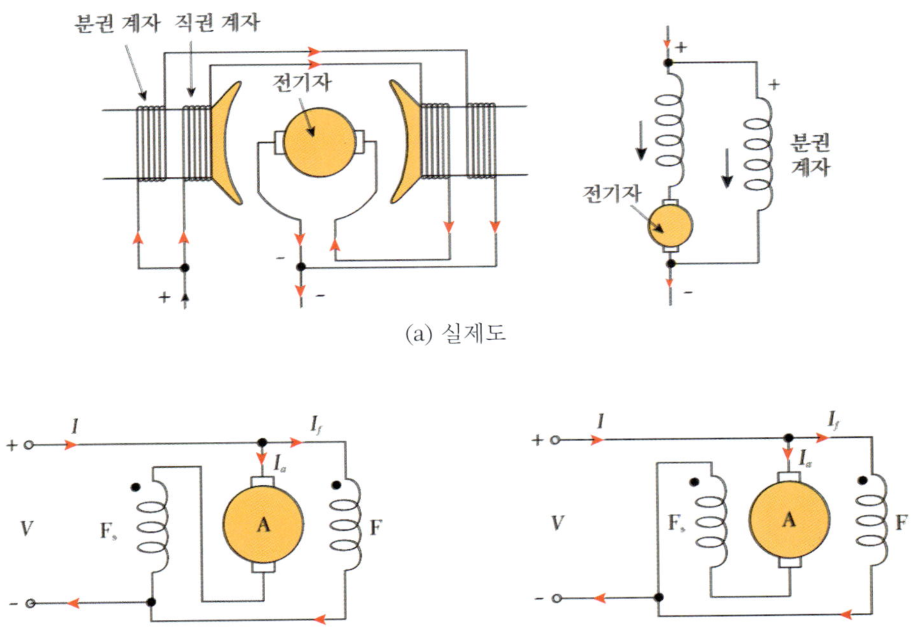

(a) 실제도

(b) 가동복권전동기의 회로도

(c) 차동복권전동기의 회로도

〈그림 6-9-5〉 복권전동기의 실제도 및 회로도

6.9.4 전동기의 종류에 따른 특징 및 용도

전동기는 그 구조에 의해 많은 종류가 있지만 가정용 전원으로 사용하는 가장 일반적인 전동기는 유도전동기와 정류자전동기이다. 또한, 유도전동기는 기동방식에 의해 다음과 같은 종류가 있다. [표 6-9-1]은 전동기의 종류에 따른 특징 및 용도를 나타냈다.

[표 6-9-1] 전동기의 종류에 따른 특징 및 용도

종 류		특 징	용 도
단상유도전동기	분상기동전동기	비교적 구조가 간단하다. 기동전류가 커서 토크가 적다. 일반적으로 사용	소형냉장고
	콘덴서기동전동기	기동토크가 크다. 기동전류가 적다. 구조가 약간 복잡하다.	냉장고
	콘덴서전동기	원심력 스위치가 없고 신뢰도가 높다. 기동전류가 적다. 역률이 비교적 좋다. 기동토크가 그다지 크지 않다.	에어콘 세탁기 환풍기 선풍기
	콘덴서기동콘덴서 전동기	기동토크가 크다. 기동전류다 적다. 역률이 좋다. 구조가 약간 복잡하다.	대형냉장고 에어콘
	세이딩코일형 전동기	구조가 대단히 간단하다. 기동토크가 적다. 역률이 낮고 대출력에는 부적합하다.	소형선풍기 소형팬
정류자전동기		기동회전력이 크고 소형으로 대출력이 얻어진다. 회전수를 높이는 것이 가능하다. 전압변환 및 속도조정이 쉽다.	청소기 믹서기 모발건조기

6.9.5 베어링, 보호장치 및 허용온도

(1) 베어링

소형전동기의 베어링은 볼베어링(ball bearing) 또는 기름 합금금속(oil alloy metal)을 사용하고 있다. 따라서 일반적으로는 주유를 필요로 하지 않는다. 윤활유는 온도가 높아지면 점도가 내려가 유출하기 쉽게 된다. 고온에서 사용되고 있는 경우는 1~2년마다 주유할 필요가 있다. 또한, 차폐베어링(shield bearing)에는 주유할 수 없다. 고정자와 회전자 사이의 간극은 매우 작고 베어링 축과 가로방향으로는 흔들림이 없는 상태로 고정되어 있다. 베어링이 마모되면 고정자와 회전자 사이의 간극이 불균일하게 되고 전자음 진동이 커져 고정자와 회전자가 접촉되면 회전자가 구속되어 기동불능으로 된다.

(2) 보호장치

전동기는 과부하상태로 운전하면 온도상승으로부터 발열 및 발화에 도달하는 것이 예측되기 때문에 과부하계전기(過負荷繼電器, overload relay), 온도퓨즈 등을 설치하여야 한다.

① 온도퓨즈

권선 내부 또는 전동기 표면에 고신뢰성 온도퓨즈를 장착하여 규정 이상의 온도에 도달하면 퓨즈가 끊어지게 되어 있다.

② 과부하계전기

바이메탈과 히터를 조합한 것으로 과부하 운전이 되면 운전전류가 증가하게 되고 히터의 발열이 커져 바이메탈이 만곡하여 스위치를 끊는 구조로 되어 있다. 운전정지 후 수초~수십 초 후에 자동복귀하는 형식이 일반적이고, 수동복귀 형식이 과부하계전기가 작동한 것을 알리기 위해서 적색의 버튼이 튀어나가는 것이 있다. 과부하의 원인을 제거한 후에 복귀시키는 것으로 된다.

에어컨(air conditioner), 냉장고 등과 같이 전동기 케이스 표면에 과부하계전기를 설치한 것은 전동기의 온도를 간접적으로 감지하여 그 온도와 전동기의 운전전류에 의한 히터의 열을 합해서 동작시켜 통전을 차단시킨다.

(3) 온도상승과 허용온도

소형전동기의 효율은 60~90 [%]이고, 나머지는 손실로서 전동기 내부의 열이 된다. 따라서 이 손실에 의한 발열과 냉각팬 등에 의한 방열의 열평형이 되고, 전동기의 온도가 허용온도 이하로 평형상태가 되도록 설계되어 있다. 과부하운전 및 방열이 나쁘게 되면 전동기의 온도가 높아지고 권선의 절연 열화를 가속시키게 된다. 더욱 진행하면 절연이 파괴되어 권선 사이의 부분적 단락으로부터 발열·발화에 도달한다.

6.9.6 조사의 요점 및 출화사례

(1) 조사의 요점

전동기의 방열 정도 및 먼지의 쌓인 정도를 검사하고 냉방기 및 세탁기와 같은 외기에 직접 노출하여 물을 사용하는 기기의 전동기는 흡습 및 물의 침입에 의해 권선의 절연피복에 핀홀(pin-hole) 및 리크(leak)가 발생하여 절연불량이 되는 경우가 있다. 기기의 절연측정 결과에 의해 전동기 몸체의 절연을 측정한다. 전동기 베어링의 마모는 소음이 발생한다. 벨트를 사용하고 있는 것은 벨트를 제거하고 회전자를 돌려본다. 냉방기 및 냉장고 압축기(壓縮機, compressor)의 전원 인출 단자부가 매우 뜨거울 때는 접촉 불량이 예상되고, 소켓을 빼어 접촉면을 살펴봐야 한다. 사용기간이 길고, 회전력이 저하한 정류자전동기는 분해하여 카본 브러시의 마모 정도를 조사한다.

(2) 출화사례

조작반의 스위치는 OFF이지만 주회로의 스위치는 ON 상태인 2 접촉기식 Y-Δ기동방식 3상유도전동기가 경년열화에 의해 권선의 절연이 파괴되어 상간단락에 의해 출화하였다. 2 접촉기식 Y-Δ기동방식에서는 조작반의 스위치를 OFF한 만큼 전동기의 권선에 전압이 걸리기 때문이다. 이 점을 개선한 것으로 3 접촉기식 Y-Δ기동방식이 있다.

exercise

연습문제

01 전기설비에서 변압기는 무엇을 변환하기 위해서 사용하는가? (　　)

① 저항　　② 전력　　③ 전류　　④ 전압

02 변압기의 구성요소에 해당하는 것은? (　　)

① 철심, 권선　　② 권선, 스위치　　③ 스위치, 플러그　　④ 플러그, 철심

03 대한민국에서 사용된 변압기의 극성은 대부분 어느 것인가? (　　)

① 가극성　　② 감극성　　③ 양극성　　④ 다극성

04 전기기기 또는 전력설비에 콘덴서를 사용하는 목적이 <u>아닌</u> 것은? (　　)

① 교류 전동기의 기동　　② 전기설비의 전압 변환
③ 상용전원의 역률 개선　　④ 인덕턴스와 조합된 공진회로

05 회로 내에서 전류의 제한, 전압의 강압, 신호전압의 분압, 임피던스 정합 등에 사용되는 소자는 무엇인가? (　　)

① 정류기　　② 저항기　　③ 전동기　　④ 발전기

06 로커(locker)의 중심을 지점으로 스프링에 의해 가압된 압봉이 가동편 활동부의 공통단자를 지점으로 상하운동을 하여 전원을 ON / OFF하는 스위치는? (　　)

① 누름 스위치　　② 로터리 스위치　　③ 슬라이드 스위치　　④ 시소 스위치

07 전기회로의 연결에 사용되는 접점의 종류가 아닌 것은? (　　)

① a 접점　② b 접점　③ c 접점　④ d 접점

08 전자력에 의한 철편의 흡인력을 이용해서 접점을 개폐하는 기능을 가진 기기로서 전류를 흘려 줄 때 여자되는 전자 코일과 a 접점 및 b 접점으로 구성되어 있는 것은 무엇인가? (　　)

① 전자계전기　② 배선용차단기　③ 누전차단기　③ 전류제한기

09 전기의 옥내배선에서 실내에 사용하는 코드를 접속하기 위해 배선에 연결하여 플러그를 삽입하는 기구를 무엇이라 하는가? (　　)

① 계전기　② 콘센트　③ 스위치　④ 차단기

10 콘센트에서 발생되는 사고 중에서 가장 빈도가 높은 것은? (　　)

① 반단선　② 은이동　③ 접촉불량　④ 단락

11 일체형 코드의 구성요소가 아닌 것은? (　　)

① 플러그 부분　② 플러그와 연장코드 부분
③ 연장코드 부분　④ 단자대 부분

12 일체형 코드의 연장코드 부분에서 발생되는 사고의 유형이 아닌 것은? (　　)

① 반복적인 구부림과 인장 등 외력에 의한 단락으로 발화
② 연장코드의 피복이 외적요인에 의해 파손 및 단락되어 발화
③ 도체상호를 연장하여 접속하는 부분에서 접촉저항에 의한 발열 및 발화
④ 과부하나 방열 불량에 의한 발열 및 발화

13 접속부품의 종류에서 접속 방법에 따른 분류가 아닌 것은? (　　)

① 용접에 의한 것　② 땜납에 의한 것
③ 기계적 접촉에 의한 것　④ 본딩에 의한 것

14 전선과 전선의 접속 방법이 아닌 것은? (　　)

① 직선 접속　② 임의 접속　③ 종단 접속　④ 슬리브 접속

15 나전선 상호 또는 나전선과 절연전선, 캡타이어케이블 또는 케이블과 접속할 때 고려할 사항을 부적절하게 설명한 것은? (　　)

① 전선의 인장하중을 20[%] 이상 감소시키지 아니할 것
② 접속슬리브 및 전선접속기를 사용하여 접속할 것
③ 접속부분의 전선은 절연물과 동등 이상의 절연효력이 있는 접속기를 사용할 것
④ 절연테이프에 의한 피복방법과 테이프 감는 회수는 최저할 것

16 전기기기 또는 전기설비 내의 배선 접속에 주로 이용되는 것은? (　　)

① 단자대　② 압착단자　③ 플러그　④ 소켓

17 전기에너지를 회전에너지로 변환하는 기기는 무엇인가? (　　)

발전기　② 정류기　③ 전동기　④ 저항기

18 전동기가 과부하상태로 운전하면 온도상승에 의해 발화의 위험성이 있으므로 이를 예측하기 위한 것은? (　　)

① 과부하계전기, 온도 퓨즈　② 온도 퓨즈, 누전차단기
③ 누전차단기, 전도안전 스위치　④ 전도안전 스위치, 과부하계전기

19 전동기 중에서 계자 권선에 공급되는 전류가 전기자 전류와 다른 전원을 사용하므로 자속이 일정하여 정속도 특성을 갖는 것은 ? (　　)

① 직권전동기　② 타여자전동기
③ 분권전동기　④ 복권전동기

20 전동기 중에서 기동토크가 가장 큰 것은? (　　)

① 타여자전동기　② 가동복권전동기　③직권전동기　④ 분권전동기

21 스위치의 종류는 제시하고, 특징에 대해서 설명하시오.

22 스위치의 종류는 제시하고, 특징에 대해서 설명하시오.

23 일체형 코드의 종류를 제시하고, 용도를 설명하시오.

24 일체형 코드의 부위별 화재발생 원인을 설명하시오.

25 나사조임 단자대의 종류는 어느 것이 있는가?

26 전동기의 종류에 따른 특징 및 용도를 설명하시오.

[정답표]

1	2	3	4	5	6	7	8	9	10
④	①	②	②	②	④	④	①	②	③
11	12	13	14	15	16	17	18	19	20
④	①	④	②	④	②	③	①	②	③
21	22	23	24	25	26				
본문 참조									

참고문헌

(1) 최충석, "소방전기설비", 도서출판 동화기술, 2018.
(2) 최충석, "소방전기회로", 도서출판 동화기술, 2018.
(3) 최충석, "전기공학개론", 도서출판 동화기술, 2018.
(4) 최충석 외 9, "화재감식(Ⅰ, Ⅱ)", 도서출판 동화기술, 2013.
(5) 신백균, 박강식, 이경섭, 이선우, 최충석, "전기응용", 동일출판사, 2013.
(6) 김현우, 백동현, 최충석, "소방전기실습", 성안당, 2010.
(7) 양승렬, 안병권, 최충석, 황한열, "자연과학개론", 도서출판 동화기술, 2014.
(8) 김진수, 조정형, 진병일, 최재연, 최충석, "전기일반", 대한교과서주식회사, 2003.
(9) 이덕출, 이능헌, "전기회로", 동일출판사, 2002.
(10) 전춘생, "전자기학", 동명사, 1998.
(11) 이복희, 백용현, "송배전공학", 보성문화사, 1989.
(12) 이윤종, "신편 전기기계", 동명사, 1988.
(13) 김두현, 김상철, 김응식, 김찬오, 이동훈, 이성일, 정재희, 최충석, 강성화, 조성곤, "전기안전공학", 동화기술, 2013.
(14) 이덕출, 정연택, "신편 전기철도", 동명사, 1986.
(15) 김광렬, 노수영, 김영주, "최신 연소공학", 동화기술, 1998.
(16) 이덕출, "전열공학", 동일출판사, 1996.
(17) 김창주 외 3 공역, "금속조직학", 학문사, 1993.
(18) 양훈영, "신금속재료학", 문운당, 1996.
(19) 김남, 김수형, 신용섭, "정보통신공학", 기전연구사, 1999.
(20) 김진수, 이덕출, "전기공학기초", 동일출판사, 2000.
(21) D. S. Miller, "Discharge Characteristics", A.A.Balkema, 1994.
(22) Malcolm P. Stevens, "Polymer Chemistry", Third Edition, Oxford, 1999.
(23) L. H. Sperling, "Introduction to Physical Polymer Science", Second Edition, Wiley- Interscience, 1992.
(24) J. S. T. Looms, "Insulators for High Voltages", Peter Peregrinus Ltd., 1988.
(25) J. R. Cogdell, "Foundations of Electric Power", Prentice Hall, 1999.
(26) 日本火災學會編, "火災と建築", 共立出版株式會社, 2002.
(27) Ohmsha, "電氣設備技術基準解釋", 2003.
(28) 최충석 외 5, "저압용 누전차단기의 차단특성 및 그라파이트 분석에 관한 연구", J. of KOSOS, Vol.14, No.1, pp.49-54, 1999.3.
(29) 최충석 외 2, "열열화된 600V 2종 비닐절연전선의 특성변화 분석", J. of KIEE, Vol.49C, No.1, pp.8-12, 2000.1.
(30) 최충석 외 1, "형광등용 안정기의 화재원인 판정에 관한 연구", J. of KIFSE, Vol.14, No.3, pp.1-5, 2000.3.
(31) 송길목 외 3, "층간단락에 의해서 소손된 PT의 특성해석에 관한 연구", pp.131-134, KIFSE 학술지, 2000.4.28.
(32) 김혁수 외 3, "환풍기용 전동기 권선의 층간단락에 의한 화재위험성 분석", pp.135-139, KIFSE 학술지, 2000.4.28.
(33) 최충석 외 2, "옥내용 전선의 전류변화에 따른 아산화동 증식현상", pp.90-93, KOSOS 학술지, 2000.6.2.

(34) 최충석 외 4, "동선 접속부에서의 전기적 적열현상에 관한 연구", pp.41-43, KIIEE 학술지, 2000.6.3.
(35) 최충석 외 4, "몰드형 계기용변압기의 소손원인 해석에 관한 연구", pp.1557-1559, KIEE 학술지, 2000.7.18-20.
(36) 최충석 외 4, "연동선의 아산화동 증식속도와 전류와의 관계", pp.1513-1515, KIEE 학술지, 2000.7.18-20.
(37) 최충석 외 2, "동전선의 열열화에 의한 특성변화 분석", pp.64-67, KOSOS 학술지, 2000.11.3.
(38) 최충석, "열적 스트레스 변화에 따른 600V 비닐절연전선의 특성 분석", J. of KIFSE, Vol.15, No.1, pp.108-115, 2001.3.
(39) C. S. Choi et al 2, "A Study on the Growing Properties of the Cu2O with Variation of Load Current", APSS 2001, pp.271-274, 2001.11.28-30.
(40) C. S. Choi et al 2, "A Study on the Properties of RCD(ELB) Case Deteriorated by Tracking", APSS 2001, pp.275-278, 2001.11.28-30.
(41) 최충석 외 2, "강제 열화된 몰드 변압기의 열 특성 해석", pp.124-126, KIEE 학술지, 2001.4.27.
(42) 최충석 외 2, "저압설비에 사용되는 누전차단기의 트래킹 특성에 관한 연구", pp.74-79, KOSOS 학술지, 2001.5.11.
(43) 최충석 외 4, "전선 접속부 생성물 분석에 의한 전기화재 판정", pp.134~142, KSFS 학술지, 2001.5.25.
(44) 최충석 외 4, "염수에 의해 열화된 누전차단기 절연재료의 특성에 관한 연구", pp.878-881, KIEEME 학술지, 2001.7.12-14.
(45) 최충석 외 5, "Standby Mode에서 출화된 콘센트의 화염 패턴 및 전기적 특성에 관한 연구", J. of KIFSE, Vol. 16, No.1, pp.39-44, 2002.1.
(46) C. S. Choi et al 3, "A study on the characteristics of tracking deterioration between electrodes on phenolic resin used for low voltage", ICEE 2002 Vol.3, pp.1135-1138, 2002.7.7-11.
(47) C. S. Choi et al 2, "A study on the electrical properties for the contact part of crimp-type terminal according to the current variation", ICEE 2002, Vol.3, pp.1187-1190, 2002.7.7-11.
(48) C. S. Choi et al 2, "Thermal Characteristics of RCD Case according to Water Treatment", 29th Int. symposium on Combustion, pp.67, 2002.7.21-26.
(49) C. S. Choi et al 3, "Heating Characteristics according to the Mechanical Pressure at the Terminal of Circuit Breaker for Low Voltage", 29th Int. symposium on Combustion, pp.68, 2002.7.21-26.
(50) C. S. Choi et al 4, "A Study on Electric Fire Analysis of Insulating Materials Due to the Tracking Deterioration", ACED 2002, pp.606~609, 2002.11.17-20.
(51) 최충석 외 5, "비닐절연전선의 소손 원인 판정기법에 관한 연구", pp.129-137, KSFS 학술지, 2002.6.28.
(52) 최충석 외 5, "과부하에 의해 변형된 비닐절연전선의 구조변화 분석", pp.398-401, KIEEME 학술지, 2002.7.8-10.
(53) 최충석 외 5, "열 열화 온도에 따른 IV의 수축률 및 조직 분석", pp.1416-1418, KIEE 학술지, 2002.7.10-12.
(54) 최충석 외 5, "수처리에 의한 페놀수지의 표면 특성에 관한 연구", pp.1431-1433, KIEE 학술지, 2002.7.10-12.
(55) 최충석 외 2, "누전차단기 외함 전원측 단자사이의 트래킹에 의한 탄화특성 분석", J. of KIFSE, Vol.17, No.4, pp.13-19, 2003.12.
(56) C. S. Choi et al 4, "A Study on the Carbonization Characteristics of Insulating Materials between RCD Terminals Deteriorated by NaCl Solutions", ICPADM 2003 Vol.1, pp. 427-430, 2003.6.1-5.
(67) C. S. Choi et al 2, "The properties variation of PVC insulated plug damaged by poor contact", ICPADM 2003 Vol. 1, pp. 431-434, 2003.6.1-5.
(58) C. S. Choi et al 3, "The Analysis of Dendrite Structure of Electric Wire Melted Fusing Current", J-K Joint Sym., on

ED & HVE, 2003.11.6-7.
(59) 최충석 외 4, “열적 피로에 의한 전원 코드의 발화 특성과 전기화재 분석에 관한 연구”, pp.164-170, KIFSE 학술지, 2003.4.18-19.
(60) 최충석 외 4, “기계적 피로에 의한 전원 코드의 화재위험성”, pp. 366-371, KOSOS 학술지, 2003.5.16-17.
(61) 최충석 외 4, “탄화물질 분석을 통한 전기화재 판정”, pp. 89-94, KSFS 학술지, 2003.5.30.
(62) 김향곤 외 2, “구부림 피로에 의한 연선의 반단선 특성 해석”, pp.464-467, KIEEME 학술지, 2003.7.10-12.
(63) 김향곤 외 3, “과전류에 의해 열화된 비닐코드의 특성 분석”, pp.489-492, KIEEME 학술지, 2003.7.21-23.
(64) 송길목 외 4, “과전류 열화에 의해 용단된 전선의 수지상 조직 성장특성에 관한 연구”, pp.1463-1465, KIEE 학술지, 2003.7.21-23.
(65) 김향곤 외 3, “저압용 전원선의 접촉 불량에 따른 열적 특성에 관한 연구”, pp.1466-1468, KIEE 학술지, 2003.7.21-23.
(66) 최충석 외 4, “기계적 피로에 의한 연선의 열화패턴 분석”, pp. 99-104, KIFSE 학술지, 2003.10.17-18.
(67) 최충석 외 2, “일체형 비닐코드의 과전류 열화에 의한 열적 특성 분석”, pp. 105-111, KIFSE 학술지, 2003.10.17-18.
(68) 최충석 외 3, “전압파형 해석을 통한 전원코드의 접촉불량 특성에 관한 연구”, pp. 305-310, KOSOS 학술지, 2003.10.31-11.1.
(69) 최충석 외 2, “과전류에 의해 용단된 연동선의 단면조직 분석”, pp. 311-316, KOSOS 학술지, 2003.10.31-11.1.
(70) 최충석 외 5, “과전류에 의해 용단된 전선의 수지상 조직분석 및 전기화재 분석기법”, pp. 167-173, KSFS 학술지, 2003.12.5.
(71) 송길목 외 3, “트래킹에 의해 열화된 페놀수지의 탄화특성”, J. of KIEE, 53C-1-1, pp. 1-7, 2004.1.
(72) 최충석 외 2, “과전류에 의해 용단된 소선의 특성 해석에 관한 연구”, J. of KOSOS, Vol.19, No.1, pp.60-65, 2004.3.
(73) 최충석 외 2, “외부화염에 의해 소손된 비닐코드의 단락 특성에 관한 연구”, J. of KIFSE, Vol.18 No.4, pp.72-77, 2004.12.
(74) 최충석 외 4, “저압용 누전차단기 접속부의 발열 및 금속조직 분석에 관한 연구”, J. of KIFSE, Vol.18 No.4, pp.57-63, 2004.12.
(75) 최충석 외 2, “VCTFK의 반복피로에 의한 소손 패턴의 특성 해석”, J. of KOSOS, Vol.19 No.4, pp.42-47, 2004.12.
(76) C. S. Choi et al 3, “The Fire Characteristics of MOF Insulation Cover Used in 22.9 kV Class Temporary Power Installations”, Fire Science and Technology, Pro. of the sixth Asia-Oceania Sym., pp. 711-716, 2004.3.17-20.
(77) C. S. Choi et al 5, “The Scattering Patterns Analysis of Particles by Varying Short-Circuit Angles between Electric Wires”, Fire Science and Technology, Pro. of the sixth Asia-Oceania Sym., pp. 717-722, 2004.3.17-20.
(78) C. S. Choi et al 5, “Electrical Properties of PVC Insulated Plug by Poor Contact”, Fire Science and Technology, Pro. of the sixth Asia-Oceania Sym., pp. 723-727, 2004.3.17-20.
(79) C. S. Choi et al 4, “The Electrical arc Direction Patterns by Short-circuit angle”, pp. 218, 30th Int. Sym. on Combustion, 2004.7.25-31.
(80) C. S. Choi et al 3, “A Study on the Dielectric Breakdown Process of Insulation Cover for Instrument Transformer by Salt Water”, pp. 224, 30th Int. Sym. on Combustion, 2004.7.25-31.
(81) C. S. Choi et al 4, “The Fire Dispersive Patterns of Power Cord Sets Occurred in the Wall-model”, pp. 227, 30th Int. Sym. on Combustion, 2004.7.25-31.

(82) 김동욱 외 4, "전선 단락시 접촉각도에 따른 화염 및 용흔 특성 분석", pp. 53-58, KOSOS 학술지, 2004.4.30-5.1.

(83) 최충석 외 4, "벽면 모델에서 외부화염에 의해 단락된 비닐코드의 화재확산 패턴", pp.163-168, KSFS 학술지, 2004.5.13-14.

(84) 송길목 외 5, "벽면 모델링을 이용한 저압용 일체형 코드의 화재확산 패턴", pp. 330-334, KIIEE 학술지, 2004.5.7-8.

(85) 최충석 외 4, "외부화염에 의한 고무코드의 단락화재 및 비산특성", pp. 20-25, KIFSE 학술지, 2004.6.25-26.

(86) 최충석 외 4, "외부화염에 의해 단락된 비닐코드 및 고무코드의 화재 패턴", pp. 1655-1657, KIEE 학술지, 2004.7.14-16.

(87) 최충석 외 3, "염수에 의해 열화된 절연커버 및 옥외용 가교폴리에틸렌 절연전선의 표면 구조 변화", pp. 1897-1899, KIEE 학술지, 2004.7.14-16.

(88) 최충석 외 4, "누전차단기 접속부의 스위칭에 따른 아크 비산 특성", pp. 125-130, KIFSE 학술지, 2004.11.4-5.

(89) 송길목 외 4, "단자대의 조임토크 불량에 의한 아크패턴 및 성분분석", pp. 131-136, KIFSE 학술지, 2004.11.4-5.

(90) 김향곤 외 3, "22.9kV 수전설비에 사용되는 절연커버의 화재위험성", pp. 206-212, KIFSE 학술지, 2004.11.4-5.

(91) 김동우 외 3, "외부화염에 의한 휴대폰 충전기 배터리의 출화 특성", pp. 165-166, KSFS 학술지, 2004.12.3.

(92) 최충석 외 4, "옥내용 비닐코드 및 고무코드의 화재확산특성 분석", J. of KIIEE, Vol.19, No.1, pp.130-135, 2005.1.

(93) 김향곤 외 3, "22.9kV 수전설비 시스템에 설치된 계기용변성기의 소손원인 판정에 관한연구", J. of KIFSE, Vol.19, No.1, pp.93-98, 2005.3.

(94) 길형준 외 3, "건설현장의 수전설비에 사용되는 계기용변성기 절연커버의 성능개선에 관한연구", J. of KIIEE, Vol.19, No.2, pp.55-62, 2005.3.

(95) 최충석 외 3, "전원코드의 접촉 불량에 의해 형성된 파형 및 플러그의 특성", J. of KOSOS, Vol.20, No.1, pp.87-93, 2005.3.

(96) 최충석 외 3, "22.9kV 수변전설비의 실태 및 계기용변성기 절연커버의 출화특성에 관한 연구", J. of KOSOS, Vol.20, No.2, pp.56-60, 2005.6.

(97) 최충석 외 3, "고감도형 누전차단기 접점의 스위칭에 따른 아크 비산특성", J. of KIFSE, Vol.19, No.2, pp.63-68, 2005.6.

(98) C. S. Choi et al 4, "Analysis of Dispersive Characteristics and structures of Copper Wire Melted by Overcurrent", IEEJ Trans. PE, Vol.125, No.12, pp.1327-1331, 2005.12.

(99) C. S. Choi et al 2, "The Fire Hazard of Screwed Electric Contacts Due to Mechanical Vibration at Low Voltage Equipment", Inter. J. of Safety, Vol.4 No.2, pp.18-23, 2005.12.

(100) C. S. Choi et al 4, "Analysis of Dispersive Characteristics and structures of Copper Wire Melted by Overcurrent", IEEJ Trans. PE, pp.51-1～5, 2005.8.11.

(101) C. S. Choi et al 2, "Deterioration Properties of Screwed Electric Contacts Damaged by Mechanical Vibration", Pro. of APSS 2005, pp.1925-1930, 2005.11.3.

(102) 최충석 외 4, "22.9kV 수전설비에 사용되는 계기용변성기(MOF)의 소손원인판정", KSFS 학술지, pp.314-321, 2005.3.

(103) 김향곤 외 4, "옥내용 텀블러 스위치의 화재 메커니즘 해석", KSFS 학술지, pp.322-327, 2005.3

(104) 김동욱 외 3, "부주의에 의해 출화된 모발건조기의 화재사례연구", KIFSE 학술지, pp.26-30, 2005.5.27.

(105) 최충석 외 5, "직렬아크에 따른 도체의 산화물 증식 및 전압파형분석", KIEE 학술지, pp.1832-1834, 2005.7.1.
(106) 송길목 외 3, "6.6kV 케이블 사고분석", KIEE 학술지, pp.60-63, 2005.11.25.
(107) 송길목 외 3, "220V / 110W 백열전구의 온도특성에 따른 화재분석에 관한 연구", J. of KIFSE, Vol.20, No.1, pp.43-49, 2006.1.
(108) 송길목 외 4, "AC 전류에 의해 용단된 나전선의 발열 특성", J. of KIIEE, Vol.20, No.1, pp.77-84, 2006.1.
(109) 최충석 외 4, "직렬아크에 따른 도체의 산화물 증식 및 전압 파형 분석", J. of KIEE, Vol.55P, No.3, pp.146-152, 2006.9.
(110) 최충석 외 4, "22.9kV 변압기 부싱 절연커버의 실태 조사 및 열화 특성", J. of KIFSE, Vol.20, No.3, pp.35-41, 2006.9.
(111) 송길목 외 2, "22.9kV 폐쇄분전반의 사고모델을 통한 실험적 검증", J. of KIEE, Vol.55P, No.2, pp.110-114, 2006.6.
(112) C. S. Choi et al 3, "Poor Contact Dependent Characteristics of Electric Fire for Terminal Block", J. of KIEEME Vol.7, No.7, 2006.11.
(113) C. S. Choi et al 4, "Analysis of Surface Structure and Composition for Terminal Block caused by Poor Contact", CMD 2006, 2006.4.2-5.
(114) D. O. Kim et al 3, "The properties of oxidation growth and overheating by poor contact", ICPADM 2006, pp.392-395, 2006.6.26-30.
(115) C. S. Choi et al 3, "The Analysis of Fire Characteristics of Tumbler Switches due to Deterioration of Contacts", ICPADM 2006, pp.944-947, 2006.6.26-30.
(116) C. S. Choi et al 3, "Flame Spread and Damaged Properties of RCD Cases by Tracking", IEEJ, pp.32-1-32-6, 2006.9.13-15.
(117) 김동욱 외 3, "세탁기에서 접촉 불량에 의한 화재위험성", KSFS 학술지, pp.167, 2006.6.2.
(118) 김영석 외 4, "드럼세탁기에서의 진동분석 및 접촉 불량에 의한 화재가능성", KOSOS 학술지, pp.79-84, 2006.6.8-9.
(119) 김향곤 외 4, "전기기기용 비닐절연전선에서의 직렬 아크에 의한 열화 특성 분석", KIEEME 학술지, pp.234-235, 2006.6.22-24.
(120) 김동우 외 4, "가연물 특성에 따른 저압용 차단기의 스위치 아크에 의한 화재특성", KIEE 학술지, pp.37-38, 2006.7.12-14.
(121) 김동욱 외 4, "이상전압에 따른 PCB의 동작특성", KIIEE 학술지, pp.279-282, 2006.11.3.
(122) 김동우 외 4, "저압용 차단기의 단자구조에 따른 접촉면적 및 접촉저항에 관한 연구", KIFSE 학술지, pp.99-104, 2006.11.17-18.
(123) 김향곤 외 3, "전열기의 열선 단락 특성 및 화염 패턴 분석", KSFS 학술지, pp.115, 2006.12.8.
(124) C. S. Choi et al 3, "Flame Spread and Damaged Properties of RCD Cases by Tracking", IEEJ Trans. PE, Vol.127, No.1, pp.321-326, 2007.1.
(125) 김향곤 외 3, "비닐절연전선의 산화물 성장 특성과 화재조사에의 적용", J. of KIEE, Vol.56P, No.1, pp.37-44, 2007.3.
(126) 이기연 외 4, "냉온정수기의 전원 제어 시스템 개선에 관한 연구", J. of KIEE, Vol.56P, No.1, pp.45-50, 2007.3.
(127) 김동욱 외 4, "이상전압에 따른 정수기 PCB의 보호대책", J. of KIIEE, Vol.21, No.8, pp.64-70, 2007.6.

(128) 김동우 외 4, "저항부하에서 배선용 차단기 접속단자부의 접속결함에 의한 화재위험성 분석", KIEE 학술지,pp.88-90, 2007.4.20.
(129) 김동욱 외 4, "사용 환경에 따른 서모스탯의 발열요소에 관한 연구", KOSOS 학술지, pp.207-212, 2007.4.26-27.
(130) 최충석 외 4, "과전류에 의해 탄화된 KIV의 소손패턴 해석에 관한 연구", KIFSE 학술지, pp.289-293, 2007.4.26-27.
(131) 김동욱 외 4, "과전류에 따른 KIV 전선의 열화 특성", KSFS 학술지, pp.170, 2007.6.29.
(132) 이기연 외 4, "가정용 전기제품의 과전압 보호장치에 관한 연구", KSFS 학술지, pp.175, 2007.6.29.
(133) 김향곤 외 4, "저압용 전기제품의 접촉불량에 의한 소손 패턴 해석", KIEE 학술지, pp.76-81, 2007.10.26.
(134) 김동욱 외 4, "이상전압이 인가된 드럼세탁기의 PCB의 특성 해석", KIEE 학술지, pp.89-94, 2007.10.26.
(135) 김동우 외 4, "저압용 전기설비 접속부의 접촉불량 감지기법 분석", KIFSE 학술지, pp.332-337, 2007.11.15-16.
(136) 이기연 외 4, "전자회로기판의 소손원인 판정 기법에 관한 연구", KSFS 학술지, pp.176, 2007.6.29.
(137) 최충석 외 3, "백열전구의 소손패턴 해석을 통한 화재조사 기법", KSFS 학술지, pp.85-87, 2007.12.13.
(138) 문현욱 외 4, "멀티탭의 구조 분석을 통한 접속단자 결함요소 개선", KSFS 학술지, pp.132, 2007.12.13.
(139) C. S. Choi et al 3, "Temperature Diffusion Distribution of Electric Wire Deteriorated by Overcurrent", IEEJ Trans. PE, Vol.128, No.1, pp.194-198, 2008.1.
(140) 최충석 외 1, "저압용 방수 콘센트의 개발 및 평가에 관한 연구", J. of KIEE, Vol.57P, No.2, pp.181-185, 2008. 6
(141) 김동욱 외 1, "원적외선 히터에서 출화된 화재의 원인분석", J. of KIFSE, Vol.22 No.2, pp.91-96, 2008.6
(142) 최충석 외 1, "열 스트레스에 의한 비닐절연전선의 탄화 패턴 및 결정 구조의 변화", J. of KIEE, Vol.57P, No.3, pp.332-337, 2008.9.
(143) 김향곤 외 4, "외부 화염에 의한 백열전구의 소손 패턴 분석", J. of KIEE 논문지, Vol.57P, No.4, pp.451-456, 2008.12.
(144) 김동우 외 4, "MCCB 및 단자대 접속부의 접촉불량에 의한 소손특성 및 과열 감지 기법에 관한 연구", J. of KIFSE, Vol.22, No.4, pp.54-60, 2008.11.
(145) 김향곤 외 4, "백열전구의 소손 패턴 분석을 통한 화재조사 연구", J. of KIFSE, Vol.22, No.5, pp.22-28, 2008.12.
(146) 최충석 외 2, "저항성 누설전류(Igr) 검출 콘센트의 개발 및 안전성 평가", J. of KIEE 논문지, Vol.58P, No.2, pp.221-226, 2009.6.
(147) 최충석 외 1, "LED 가로등의 발열 패턴 및 전류 특성에 관한 연구", J. of KIEE, Vol.58P, No.4, pp.357-361, 2009.9.
(148) 최충석, "조명등기구 배선용 커넥터의 안전성 평가 및 분석에 관한 연구", J. of KIEE, Vol.58P, No.4, pp.541-545, 2009.12.
(149) 최충석 외 1, "PL에 근거한 LED 가로등의 결함 요소 발굴 및 분석", J. of KIEE, Vol.58P, No.4, pp.633-638, 2009.12.
(150) 최충석, "PL 판정을 위한 저압용 스위치의 소손 패턴 해석기법", J. of KIFSE, Vol.24, No.5, pp.136-141, 2010.
(151) 최충석, "유효성분 동작형 누전차단기(Igc Free ELB)의 원리 및 동작 특성 해석", J. of KIEE, Vol.59P, No.20, pp.456-461, 2010.12.

(152) 최충석, “하우징 형태(Housing Type)로 제작된 배선 연결 커넥터의 안전성 평가에 관한 연구”, J. of KIEE, Vol.59P, No.20, pp.462-466, 2010.12.

(153) 최충석, “층간 단락된 3상 몰드변압기의 소손 패턴 및 금속 조직 해석”, J. of KOSOS, Vol.25, No.6, pp.86-91, 2010.

(154) C. S. Choi, “Efficient Safety Management and Finding Causes for Faults in 22.kV, 3-Phase Mold Transformers”, ICAP 2010 Conference, pp.398-403, Oct. 20-22, 2010.

(155) C. S. Choi et al 1, “Safety Management of Auger Crane Extenders to Ensure Efficient Construction of Distribution Lines”, ICAP 2010 Conference, pp.392-397, Oct. 20-22, 2010.

(156) 최충석, “3상 22.9 / 3.3kV 유입변압기의 소손패턴 해석 및 발화원인 판정에 관한 연구”, J. of KIEE, Vol.60, No.6, pp.1274-1279, 2011.6.

(157) 최충석, “3상 170kV 가스절연개폐장치(GIS)의 사고 원인 분석 및 예방 대책”, J. of KOSOS, Vol.26, No.4, pp.41-46, 2011.

(158) 박형기 외 1, “가전용 커패시터의 소손원인 규명 및 발열 메커니즘 해석”, J. of KOSOS, Vol.26, No.6, pp.13-19, 2011.

(159) 최충석, “에너지원에 따른 이동전화기 배터리의 소손패턴 해석에 관한 연구”, J. of KIFSE, Vol.25, No.6, pp.21-26, 2011.

(160) 최충석, “에너지원의 종류에 따른 비닐평형코드(VFF)의 소손원인 판정기법에 관한 연구”, J. of KIFSE, Vol.25, No.6, pp.83-88, 2011.

(161) 최충석, “생리식염수에 의해 손상된 이동전화기용 배터리의 특성 해석에 관한 연구”, KIFSE 학술지, pp.20-23, 2011.4.23.

(162) 박형기 외 1, “가전제품의 스위칭 고장 원인에 대한 신뢰성 평가”, KIFSE 학술지, pp.77-79, 2011.4.23.

(163) 최충석, “PL 판정을 위한 3상 몰드변압기의 소손 패턴 분석”, J. of FISET, Vol.3, No.1, pp.4-8, 2012.

(164) 최충석, “누수가 발생한 정수기의 위험요소 발굴 및 소손패턴 해석에 관한 연구”, J. of KOSOS, Vol.27, No.3, pp.57-62, 2012.

(165) 최충석, “일반화염에 의해 소손된 정수기의 연소 확산 패턴 및 화재위험성 평가”, J. of KIFS, Vol.26, No.3, pp.35-39, 2012.

(166) 최충석, “정수기용 압축기의 안전성 평가 및 소손 패턴 분석에 관한 연구”, J. of KOSOS, Vol.28, No.2, pp.21-25, 2013.

(167) 박형기 외 1, “전자기기의 신호전송을 위한 Photo Couplers(P / C) 의 위험 요소 발굴”, J. of KOSOS, Vol.28, No.2, pp.26-30, 2013.

(168) 박형기 외 1, “전기시스템의 절전모드에 적용되는 PCB의 오작동 원인 개선에 관한 연구”, J. of KOSOS, Vol.28, No.3, pp.51-55, 2013.

(169) 이재혁 외 1, “열동전자식 MCCB의 열적 스트레스에 따른 소손 패턴 및 작동 특성”, J. of KOSOS, Vol.28, No.3, pp.69-73, 2013.

(170) 김승삼 외 1, “2.5 mm2 HIV에 일반화염 및 DC 단락 전류를 인가하여 생성된 기공의 정량적 분포 해석”, J. of KOSOS, Vol.28, No.4, pp.38-42, 2013.

(171) 이병설 외 1, “ 3상 3선식 Plug-In MCCB의 인장력 및 접촉저항 평가에 관한 연구”, J. of KOSOS, Vol.28, No.4, pp.43-47, 2013.

(172) 이병설 외 1, “ 3상 4선식 Plug-In MCCB의 온도 특성 및 단시간 전류 성능에 관한 연구”, J. of KOSOS, Vol.28, No.7, pp.14-18, 2013.

(173) 최충석 외 1, "1ф 2W MCCB의 기준 비교 및 내열 특성 평가에 관한 연구", J. of KIFSE, Vol.28, No.4, pp.21-28, 2014.

(174) 최충석 외 1, "PCITS에 의해 소손된 1ф 2W MCCB의 소손 패턴 및 작동 특성, J. of KIFSE, Vol.28, No.5, pp.8-13, 2014.

(175) 김점식 외 1, "축소 모의된 22.9 kV-Y 배전선로의 유도 전압에 대한 신뢰성 검증", J. of KOSOS, Vol.30, No.4, pp.1-6, 2015.

(176) 김점식 외 1, "낙뢰 예방 배전선로의 현장 적용을 위해 모의된 22.9 kV-Y의 접지저항에 따른 유도전압의 평가", J. of KOSOS, Vol.30, No.5, pp.1-6, 2015.

(177) 임종민 외 1, "구리-카본 전극을 이용한 아크 방전 장치의 구성 및 특성 해석", KIFSE 학술지, pp.77-78, 2016.11.17-18.

(178) J임종민 외 1, "평면형 구리-카본 전극을 사용한 직렬 아크 방전의 방사 패턴에 관한 연구", KIFSE 학술지, pp.91-92, 2017.4.27-28.

(179) 이형일 외 1, "벨트 히터의 난연성 시험 및 소손 패턴 해석", KIFSE 학술지, pp.93-94, 2017.4.27-28.

(180) 산업자원부, "전기설비기술기준의 외국기준 비교 조사연구", 1997.1-1997.12.

(181) 산업자원부, "유기질 절연재료의 열화에 의한 발화현상 연구", 1997.1-1998.12.

(182) 산업자원부, "전열기구에 의한 발화현상 연구", 1997.1-1999.12.

(183) 산업자원부, "배선용 및 기기용 전선의 화재위험성에 관한 연구", 1999.1-2001.12.

(184) 기술표준원, "전기분야 KS 규격의 국제규격 부합화-절연협조", 2001.4-2001.12.

(185) 산업자원부, "저압기기용 일체형 코드의 열화특성과 화재위험성 연구", 2002.1-2003.12

(186) 산업자원부, "도로 전기시설물 및 임시전력설비 전기안전 조사 연구", 2004.4-2005.10.

(187) 산업자원부, "저압용 전기설비 접속부의 화재위험성 평가기법 및 화재예방 대책기술 개발", 2004.4-2007.3.

(188) 한국전기안전공사, "화재발화점 조사 및 잔존물 수거지침", 2005.3.1-12.31.

(189) 산업자원부, "가정용 전기제품의 전기화재 안전성평가 연구", 2006.1.1-2007.12.31.

(190) 산업자원부, "인공지능형 방향성 유도등 개발 및 신뢰성 평가 기법 개발", 2007.10.1.-2008.09.30.

(191) 대우전자(주), "가전기기 신뢰성 향상에 관한 연구", 1991.9-1992.5.

(192) 두산FMBU(주), "전력용 케이블 및 MOF의 사고원인 분석", 2015.7-8.

(193) 춘천지방법원, "전기화재 원인 규명을 위한 정밀 감정", 2000.9.

(194) 정전기연구회, "정전기에 의한 분진의 최소착화에너지(MIE) 측정", 1998.12-2000.11.

(195) 한국가스공사, "천연가스 사용시설에서의 정전기 발생과 방지에 관한 연구", 1999.9-2000.6.

(196) 서울지방법원 의정부 지원, "화재현장에서 수거한 수중모터의 화재원인 감정", 2002.7.

(197) 삼성전자(주), "충전기 전원공급용 전원선의 열화특성 및 원인분석", 2003.2.1-3.31.

(198) (주)원봉, "냉온수기 소손 원인 판정에 관한 연구", 2004.5.24-6.7.

(199) (주)SK텔레텍, "휴대폰 충전기 및 콘센트의 출화원인 판정", 2004.5.3-6.9.

(200) 삼성전자(주), "시스템 에어컨 실외기의 안정성 평가에 대한 연구", 2004.4-2015.7.

(201) 인천지방법원, "2횡권 실리콘 히타선의 화재원인 판정", 2005.1.18-2.17.

(202) (주)광명전기, "계기용 변성기(MOF) 소손원인 판정", 2005.1.5-1.14.

(203) 롯데호텔(주), "조명용 스위치의 소손원인 판정", 2005.1.10-1.21.

(204) 삼성전자(주), "드럼세탁기의 시스템 안정성 평가에 대한 연구", 2005.1.1-7. 30.

(205) 델타EGCS(주), "감전보호 시스템의 안전성 평가", 2005.1.15-6.30.

(206) 유닉스전자(주), "모발건조기의 출화원인 판정", 2004.11.1-11.23.

(207) 서울지하철공사, "고압 케이블 및 궤도 분전함의 소손원인 규명", 2005.5.

(208) 일진디스플레이(주), "24kV VCB 및 고압 패널간의 절연파괴 사고 분석", 2005.12.5-12.26.

(209) 삼성화재해상보험(주), "소손된 분전반의 화재 원인 규명", 2006.1.16-1.27.

(210) 현대건설(주), "Underground에 시공된 LV Cable의 사고원인 분석 및 검증", 2005.11.29-2006.2.17.

(211) 웅진코웨이(주), "냉온정수기의 전기안전성 평가", 2006.1.25-6.30.

(212) 인코크손해사정(주), "원적외선 히터의 출화원인 판정", 2006.9.18-9.29.

(213) 삼성전자(주), "170kV SPACER 사고원인", 2010.4.29-5.6.

(214) 삼성전자(주), "전력케이블의 화재원인 조사 및 분석", 2011.3.16-4.14.

(215) 삼성전자(주), "UPS ROOM BUS DUCT 사고 원인의 분석", 2012.5.26-6.7.

(216) 삼성전자(주), "태양광발전시설 소손 사고의 원인 분석", 2014.7.1-7.15.

(217) 삼성전자(주), "3상 변압기의 소손 분석", 2010.9.2-9.16.

(218) 삼성전자(주), "이동전화기의 소손 및 화재 재현 실험", 2010.9.6-10.30.

(219) 서울남부지방법원, "전기용접기의 화재 원인 및 분석", 2014.6-2015.3.

(220) 서울고등법원, "가정용 휴대폰 충전기의 동종 여부에 대한 분석", 2017.3-6.

(221) 두산인프라코어, "누전화재의 조사 및 분석", 2016.7-8.

(222) J. D. Dehaan, "Kirk's Fire Investigation", 2012.

(223) David R. Lide et al, "Handbook of Chemistry and Physics", CRC Press, 1995.

(224) 화학교재연구회 옮김, "일반화학", 사이플러스, 2014.

(225) 김병희 외 15, "이화학사전", 한국사전연구사, 1992.

(226) Giorgio Rizzoni, "Electrical Engineering", Fifth Edition, Mc Graw Hill, 2008.

(227) Hayt Kemmerly Durbin, "Engineering Circuit Anlaysis", Mc Graw Hill, 2008.

(228) Colin Bayliss and Brian Hardy, "Transmission and Distribution Electrical Engineering", Newness, 2007.

(229) 이원강, "소방전원보존형 자가발전 시스템(EPS-F)의 개발 및 특성 분석에 관한 연구", 전주대학교 박사학위 논문, 2012.

(230) 이장우, "가스시설 금속플렉시블호스(CSST)의 소손 패턴 및 해석 기법에 관한 연구", 전주대학교 박사학위 논문, 2017.

(231) 이재오, "제연구역 출입문의 작동패턴 해석 및 최적모델 설정에 관한 연구", 전주대학교 박사학위 논문, 2014.

(232) 박형기, "가전제품의 최적 설계를 위한 위험 요소 발굴 및 신뢰성 평가 기술에 관한 연구", 전주대학교 박사학위 논문, 2014.

(233) 조희수, "인화성 액체의 연소 거동 및 탄화 패턴의 조사기법에 관한 연구", 전주대학교 박사학위 논문, 2016.

(234) 김점식, "22.9 kV-Y 배전선로 낙뢰사고 예방기술의 개발 및 통계적 분석에 의한 신뢰성 평가", 전주대학교 박사학위 논문, 2016.

(235) 이병설, "스마트 분전반용 누전 및 과부하 관리시스템의 개발에 관한 연구", 전주대학교 박사학위 논문, 2018.

(236) 조희수, "인화성 액체의 화염 전파 속도 및 소훼 패턴 해석에 관한 연구", 전주대학교 석사학위 논문, 2013.

(237) 김승삼, "DC12V의 병렬 아크에 의해 소손된 전선의 패턴 해석에 관한 연구", 전주대학교 석사학위 논문, 2015.

(238) 이병설, 배전반의 최적화를 위한 플러그인 배선용차단기(Plug-In MCCB)의 특성 평가에 관한 연구", 전주대

학교 석사학위 논문, 2014.

(239) 이재혁, "열동전자식 MCCB의 소손 패턴 및 작동 기구부의 메커니즘 판정에 관한 연구", 전주대학교 석사학위 논문, 2013.

(240) 이형일, "동파방지용 정온전선 및 벨트히터의 소손 패턴 분석에 관한 연구", 전주대학교 석사학위 논문, 2018.

(241) 고완수, "분전반에 설치된 저항성 누설전류 시스템의 특성 평가에 관한 연구", 전주대학교 석사학위 논문, 2017.

(242) 박민수, "연소시험법에 따른 바닥재의 연소 및 탄화 특징에 관한 연구", 전주대학교 석사학위 논문, 2019.

(243) 박은주, "먼지 조건에 따른 모터발화 현상 및 탄화 패턴에 관한 연구", 전주대학교 석사학위 논문, 2019.

(244) 유상효, "축열식 지열설비 제어시스템의 안전성 평가에 관한 연구", 전주대학교 석사학위 논문, 2019.

(245) 이정훈, "동물성 지방의 발화 및 탄화 패턴 해석에 관한 연구", 전주대학교 석사학위 논문, 2019.

(246) 임종민, "구리-탄소 전극을 이용한 직렬 아크 방전 장치의 구성 및 특성 해석에 관한 연구", 전주대학교 석사학위 논문, 2017.

(247) B. S. Lee, C. S. Choi, " A Study on the Fabrication of the Sensor Module for the Detection of Resistive Leakage Current (Igr) in Real Time and Its Reliability Evaluation", Journal of the Korean Society of Safety, Vol. 33, No. 1, pp. 28-34, 2018

(248) W. S. Ko, B. S. Lee, C. S. Choi, "Process Development of a Standard Operating Procedure (SOP) for the Manufacturing of Standardized Distribution Boards", Journal of the Korean Society of Safety, Vol. 33, No.5, pp. 21-27, 2018

(249) H. S. Joe, C. S. Choi, "Growth Characteristics and Hydrocarbon Patterns of Flammable Liquid on a Vinyl Layer", Fire Sci. Eng., Vol. 32, No. 5, pp. 15-21, 2018

(250) J. W. Lee, C. S. Choi, "Patterns and Characteristics of Corrugated Stainless Steel Tubing for a Yellow Insulation Ring Type by Artificially Deteriorated", Fire Sci. Eng., Vol. 32, No. 5, pp. 1-6, 2018

(251) E. J. Park, C. S. Choi, "Heat and Thermal Image Patterns of Fan Motors according to Dust Types", Proceeding of 2018 KIFSE Annual Fall Conference, 과학기술회관, pp.39-40, 2018.11.8-9

(252) M. S. Park, C. S. Choi, "A Study on the Weight Reduction and Glass Transition Temperature of Vinyl linoleum for Indoor", Proceeding of 2018 KIFSE Annual Fall Conference, 과학기술회관, pp.95-96, 2018.11.8-9

(253) S. H. Yu, C. S. Choi, "A Study on the Fabrication and Insulation Resistance Characteristics of Geothermal Facilities Control System", Proceeding of 2018 KIFSE Annual Fall Conference, 과학기술회관, pp.97-98, 2018.11.8-9

(254) W. S. Ko, C. S. Choi, "Development of a Test Device to Evaluate Leakage Current and Overload Alarms", Proceeding of 2018 KIFSE Annual Fall Conference, 과학기술회관, pp.99-100, 2018.11.8-9

(255) D. I. Kang, E. P. Lee, C. S. Choi, "A Study on the Fire-extinguishing Characteristics of Diesel using Field Treated Water", Proceeding of 2018 KIFSE Annual Fall Conference, 과학기술회관, pp.119-120, 2018.11.8-9

(256) J. M. Lim, C. S. Choi, "Restrike Voltage and Discharge Continuous Time when Series Arc is Generated", Proceeding of 2018 KIFSE Annual Fall Conference, 과학기술회관, pp.133-134, 2018.11.8-9

(257) J. H. Lee, C. S. Choi, "A Study on the Operating Distance of the Single Alarm Detector in Kitchen", Proceeding of 2018 KIFSE Annual Fall Conference, 과학기술회관, pp.135-136, 2018.11.8-9

(258) C. S. Choi, D. I. Kang, W. S. Ko, J. M. Lim, J. O. Lee, "Malfunction and the Accidental Cause Judgment for Industrial MCCB", Proceeding of 2018 KIFI Annual Fall Conference, 대전대, p.255, 2018.11.16.

찾아보기

(ㄱ)

(ㄴ)

(ㅅ)

(ㅇ)

(ㅈ)

(ㅊ)

(ㅋ)

(ㅌ)

(ㅍ)

(ㅎ)

(ABC)

(123)

최 충 석 (공학박사)

○ 연락처
E-mail : enetek@naver.com / choi365@jj.ac.kr
이동전화 : 010-3695-7460 연구실 : 063-220-3119

○ 학력 및 경력

(현) 전주대학교 공과대학 소방안전공학과 정교수
인하대학교 공과대학 전기공학과 공학사 / 공학석사 / 공학박사
서울대학교 공과대학 산업안전최고전략과정(AIS) 수료
Kumamoto University, Japan, 객원연구원(한국과학재단우수과학자선발)
인하대학교 산업과학기술연구소 선임연구원
KESCO 전기안전연구원 과장 / 부장 / 팀장 / 수석연구원 / 부원장
2011년 전주대학교 수퍼스타 교수상 수상

○ 전문가 활동

(사)한국화재조사학회, 부회장, 학술이사, 평의원, 종신회원
(사)한국화재소방학회, 학술이사, 편집이사, 평의원, 종신회원
(사)대한전기학회, 학술이사, 편집이사, 평의원, 시니어회원, 종신회원
(사)한국조명전기설비학회, 평의원, 종신회원
(사)한국안전학회, 편집이사, 편집위원, 평의원, 종신회원
(사)한국법과학회, 이사, 평의원, 종신회원
IEEE, NFPA, JAFCN, IEEJ etc member
한국안전보건공단, "KOSHA CODE 제정위원회" 위원
전기신문사, "전기설비" 편집자문위원
강원도, 전라북도, "화재조사연구회" 자문위원
한국수력원자력(주), "산업안전증진위원회" 위원
한국화재보험협회 방재시험연구원, "FILK 품질인증 심의회" 심의위원 등
Marquis Who's Who 세계인명사전에 등재
2017, 2018, 2019 알버트 넬슨 마르퀴즈 평생공로상 수상
(2017, 2018, 2019 Albert Nelson Marquis Lifetime Achievement Award)

○ 관심 분야

첫째, 전기재해(화재, 감전, 설비사고) 원인분석 및 감정
둘째, 융합기술을 이용한 전기설비의 안전성 향성 및 신뢰성 평가
셋째, 에너지 절감 및 환경 친화적인 시스템 개발 및 현장 적용 등

전기화재공학 이론편

1판 1쇄 발행 2019년 2월 20일

저　　자 | 최충석
발 행 인 | 서철종
발 행 처 | 도서출판 지우북스
주　　소 | 경기도 고양시 일산서구 강성로 147 동문시티프라자 814호
전　　화 | 031-915-6670(代)
팩　　스 | 031-915-6671
이 메 일 | jwbooks@nate.com
홈페이지 | wwww.jwbooks.co.kr
출판등록 | 2017년 2월 16일 제 410-2017-000032 호

ISBN 979-11-88673-32-2

정가 58,000원

ELECTRICAL FIRE ENGINEERING
(THEORY AND PRACTICE)

이 책의 특징

전기화재공학은 이론과 실무가 융합된 학문으로 전문적인 지식과 실무적인 경험을 과학적으로 제시할 수 있어야 한다. 따라서 본 서적은 각 장마다 전문 용어에 대한 기초 지식과 개념을 설명하였고, 학습자의 이해를 돕기 위해 각각의 기기 및 설비마다 실제도, 회로도 및 실체사진 등을 제시하였다.

그리고 본 서적은 전기화재에 대한 그 동안의 연구 결과와 사고 현장에서 객관적으로 수집된 방대한 자료를 과학적으로 분석하여 사례별로 제시하였으며, 향후 유사한 전기화재의 조사 및 연구는 물론 사고 예방에 기여할 수 있도록 하였다.

서적의 전반부는 전기의 일반, 전기화재의 종류, 전기화재의 형태 및 발생 메커니즘, 전자계의 특징 및 차단기의 한계점, 온도 제어 및 안전장치, 공통 전기부품 등을 제시하였다. 그리고 서적의 후반부는 전열기기, 백열전구, 전동기기, 생활가전기기 및 정보통신기기, 전기설비 등을 제시하였다. 또한, 서적의 말미에 용어의 정의, 기호, 단위표기 및 물리량, 참고문헌 등을 제시함에 따라 학습자들이 더 많은 정보와 지식을 얻는데 도움이 되도록 구성하였다.

ISBN 979-11-88673-32-2

ELECTRICAL FIRE ENGINEERING
(THEORY AND PRACTICE)

전기화재공학

실무편

최충석 저

지우북스

ELECTRICAL FIRE ENGINEERING
(THEORY AND PRACTICE)

전기화재공학

실무편

최충석 저

지우북스

Preface

전기에너지를 이용한 전기기계기구의 발명은 인간의 생활 방식과 패턴을 진보시키고 있으며, 산업 현장의 생산 형식 및 기법 역시 나날이 진화시키고 있다. 전기에너지는 기존의 에너지에 비해 상대적으로 제어가 쉽고, 환경 친화적인 요소를 갖추고 있다. 전기에너지는 관련 기술기준 및 규정 등을 준수하여 적절하게 활용하면 안전한 에너지이므로 사용 분야는 주택, 공장, 빌딩, 조명, 차량, 가전, 정보, 통신, 소방 등 다양하다. 그런데 전기에너지의 활용은 대부분 발열반응, 전자기반응, 화학반응 등을 응용한 것이다. 이와 같이 전기에너지를 이용한 전기기계기구를 사용할 때 부적절한 여건이 형성되면 감전사고, 전기화재 및 전기설비사고 등과 같은 전기재해를 유발시킬 수 있다. 또한, 전기화재를 유발시키는 주요 인자는 설계 및 구조 불량, 취급 및 관리 불량, 공사 및 시공 불량, 경년 열화, 방화 및 실화 등이 있다.

전기화재의 발생은 단락, 과부하, 반단선, 누전, 접촉불량 및 아산화동증식 현상, 방전, 정전기 불꽃, 은이동 등이 있다. 그래서 대부분의 전기기계기구는 전기재해를 예방하기 위해 온도제어 및 안전장치를 설치하고 있다. 그러나 전기화재를 예방하기 위한 보호 장치는 사고를 예방하기 위한 최소한의 장치이며, 절대적인 안전장치는 아니다. 과학기술의 발전에 따라 전기에너지를 사용한 전기기계기기는 나날이 발전하고 있고, 신기술을 적용한 전기제품이 생산되어 보급되고 있다. 이와 같이 다양한 전기의 활용은 그 대상과 폭을 가늠하기 어렵고 새로운 기술의 태동에 따른 응용 및 융합 시스템이 점점 증가함에 따라 학습의 범위 및 패턴 등도 일부 변화가 필요하게 되었다. 따라서 산업 현장에서 우리들이 다루는 설비나 기기 등의 안전을 확보하기 위해서는 이론과 실무를 접목한 전기화재공학의 집필에 대한 필요성이 요구된다.

전기에 입문하여 어느덧 40년이 경과하였고, 그동안 꾸준한 연구와 교육, 다양한 산업설비의 진단 및 사고원인 조사 등을 통해서 방대한 자료를 축적할 수 있었다. 그런데 확보된 방대한 자료를 객관적인 서적으로 완성하는데 또 다른 인내와 검증이 필요했으며, 그 과정을 통해서 공학적인 사고와 판단이 중요하다는 것을 다시 인식하는 시간이었다. 특히, 전기화재공학의 집필은 폭넓은 이론과 다양한 실무적 경험을 토대로 객관적인 검증능력이 있을 때 가능하다는 것을 잘 알고 있다. 그래서 전기화재공학의 집필은 각 장마다 전문 용어에 대한 기초 지식과 개념을 제시하였고, 독자의 이해를 증진시키기 위해 실제도, 회로도 및 실체사진 등을 적절하게 제시하였다. 그리고 매 단원의 말미에 전기화재의 발생 사례를 과학적으로 분석하여 제시하였으며, 전기화재의 발생원인 및 경과 등을 공학적으로 입증함에 따라 향후 유사한 전기화재의 조사 및 연구는 물론 사고예방에 기여할 수 있도록 하였다. 전기화재 조사 및 감식 등에 입문하는 공학도, 학생들을 지도하는 교수님, 산업 현장에서 지식 기반이 부족한 엔지니어 등이 쉽게 활용할 수 있도록 단원을 구성하여 학습자가 내용을 이해하고 지식을 터득하는 데 도움이 되도록 노력하였다. 전기화재공학은 전체 11개의 장으로 구성하였으며, 부록에 용어의 정의 및 단위 표기와 물리량 등을 제시하였다. 또한, 본 서적을 집필하는데 참고하였던 서적, 연구논문 및 보고서 등을 제시하였다.

서적의 전반부인 PART Ⅰ은 제1장에서 제6장까지 구성되어 있다. 제1장은 전기이론의 기초, 간단한 교류회로, 3상회로, 전자기에 관한 법칙, 직류전동기, 유도전동기, 정전기, 전열기구의 구조 및 기능 등을 제시하였다. 제2장은 전기화재의 개요 및 발생경로, 전기화재의 출화형태 및 통전입증, 전기화재의 종류 등을 제시하였다. 제3장은 전기화재의 형태 및 발생 과정을 제시하여 전기에너지가 어떤 원리와 발열 과정에 의해 화재로 확산되는지에 대한 이론적인 근거를 과학적으로 입증하였다. 제4장은 전기재해의 발생 원리와 밀접한 전자계의 특징 및 차단기의 한계점 등을 통해서 전기의 성질, 전계와 관련된 법칙, 자계와 관련된 법칙, 전자기파, 포인팅 벡터 및 로렌츠의 힘, 기존 차단기의 한계점, 누설전류의 종류, 전기화재 및 오동작을 유발시키는 전류의 종류 및 특징 등을 제시하였다. 제5장은 전기기계기구를 안전하게 사용하기 위한 온도제어의 원리 및 종류, 반도체 온도제어, 퓨즈의 원리 및 특징, 퓨즈의 법령, 온도 퓨즈, 전류 퓨즈, 계전기 및 전도안전장치 등의 원리 및 특성을 제시하였다. 제6장은 공통 전기부품으로 주로 사용되는 변압기, 콘덴서, 저항기, 스위치, 계전기, 콘센트, 전원 코드, 접속부품, 전동기 등의 전기화재 발생 과정 및 출화사례 등을 제시하였다.

서적의 후반부인 PART Ⅱ는 제7장에서 제11장까지 구성되어 있다. 제7장은 전열기기에 대한 부분으로 발열방식과 발열체의 종류, 전기난로, 온풍히터, 전기풍로, 보온기, 모발건조기, 전기다리미, 화로 및 족온기, 전기장판, 전기요 및 전기방석, 전기토스터, 오븐 토스터, 전기주전자, 전기밥솥, 전기온수기, 전자레인지, 전기프라이팬, 전기인두, 투입히터, 전기살충기, 의류건조기, 이부자리 건조기, 식기건조기 등에 대한 개략도, 회로도 및 조사의 요점 등을 제시하였다. 제8장은 전기에너지를 이용하여 조명에 사용하는 조명기기에 대한 부분으로 백열전구, 할로겐전구, 형광등, 수은등 및 나트륨등, 네온관등설비, LED 전구에 대한 개략도, 회로도 및 조사의 요점 등을 제시하였다. 제9장은 전동기기에 대한 부분으로 전기냉장고, 전기세탁기, 전기청소기, 냉난방기 및 제습기, 환풍기, 선풍기, 전기면도기, 공기청정기, 전기떡방아, 관상어사육장치, 정수기, 충전식 전동공구, 봉제용 전동기 등에 대한 개략도, 회로도 및 조사의 요점 등을 제시하였다. 제10장은 생활가전기기 및 정보통신기기에 대한 부분으로 라디오, 텔레비전, 오디오기기, 비디오테이프 레코더, 비디오카메라, 전기시계, 가습기, 온수세정좌변기, 퍼스널 컴퓨터, 게임기, 팩시밀리, 이동전화기, 복사기, 전기피아노, 정보통신기기 등에 대한 개략도, 회로도 및 조사의 요점 등을 제시하였다. 그리고 제11장에는 산업현장에서 주로 사용되는 전기설비에 대한 부분으로 누전차단기(RCD), 배선차단기(MCCB), 예비전원설비, 산업용 변압기(Tr), 케이블 및 부스바, 배전반 및 분전반, 발열전선, 전자개폐기, 전기용접기, 수배전설비, 태양광발전 시스템 등에 대한 개략도, 회로도 및 조사의 요점 등을 제시하였다.

독자들께서도 잘 아시는 바와 같이 서적의 출판은 저자의 원고를 출판사가 받아 도서 출판 전문가들에 의해서 제작되어 소비자들에게 보급되고 있다. 도서 출판 전문가들은 도서의 편집, 제작, 출판 및 보급 등에 대해서는 최고의 전문가들이다. 그러나 그들은 서적의 전반적인 부분에 대해서 전문가이지만 도서의 내용 및 활용 범위 등 세부적인 전문 지식에 대한 이론, 정보와 근거 등이 부족한 것이 현실이다. 그러므로 본 저서를 접하는 교수님, 엔지니어 및 관련 종사자 등의 조언과 충고는 본 저서의 문제점을 해결하거나 개선하는 데 직접적인 도움이 된다. 잘못된 정보와 지식을 방치하면 관련 종사자들이 그릇된 지식을 얻게 되고, 그 악순환의 고리는 관련 전문가 집단의 수준 저하 및 신뢰성 상실로 이어진다. 따라서 본 저서를 접하는 전문가들의 조언과 지적이 우리 모두를 위하고 관련 지식 산업의 성장에 기여한다는 사명감을 인식하시어 적극적인 충고와 조언을 부탁드린다. 그리고 이 책이 독자들에게 반려가 되어 향후 지속 성장 가능한 전문가가 되시는 데 동반자가 되기를 기대하는 바이며, 본 저서의 집필에 참고 자료가 되었던 여러 저서의 저자들과 출판을 위해 정성을 기울여 주신 출판 관계자 여러분께 깊은 감사의 말씀을 올린다.

(이메일) enetek@naver.com

(이동전화) 010.3695.7460

저자 최충석 씀

Contents

PART 01

PART 02

전기화재공학_이론과 실무
ELECTRICAL FIRE ENGINEERING(THEORY AND PRACTICE)

part 02

contents

Chapter 07

전열기기

contents

chapter

07 전열기기

section 7.1 발열방식과 발열체의 종류

전열기(電熱器, electric heating instrument)는 전류의 발열작용을 이용하여 열을 발생시키는 기구이다. 열을 발생시키기 위해서 니크롬선이나 다른 종류의 합금을 나선형으로 감은 뒤 열판 아래에 부착한 구조이다. 전기의 발열작용을 이용한 기기는 난방, 조리기구, 건조기구, 위생기기, 공작기기 등 그 종류는 다양하다. 발열방식 및 발열체는 기기의 종류 및 사용목적에 따라 여러 가지가 있으며 출화위험 및 감식방법도 각각 다르다.

7.1.1 발열방식

(1) 저항발열

저항발열은 전기저항체에 전류를 흘려 발생하는 줄열을 이용하는 것으로 가장 고전적이고 일반적인 발열방식이다. 전열기의 대부분은 이 저항탈열을 이용한 것이다.

(2) 고주파 유도발열

고주파 유도발열은 매우 높은 주파수의 전파를 유전체(誘電體, dielectric substance)[1] 또는 물기가 있는 절연체(絕緣體, insulator)[2]에 조사하면 물질 속의 분자가 고속 진동하여 이때 분자의 충돌마찰에 의해서 발열작용이 일어난다. 이것이 고주파 유도발열로 전자레인지에 응용되고 있다.

1) 유전체는 정전기장을 가할 때 전기편극은 생기지만 직류전류는 생기지 않게 하는 물질이다.

2) 절연체는 전기나 열을 전달하지 않는 물질이며, 부도체라고도 한다.

(3) 전자유도발열

전자유도발열은 코일에 전류를 흘리면 자력선이 생긴다. 이 자력선 속에 자성체를 설치하면 자성체에 무수히 많은 맴돌이전류(eddy current)가 발생함과 동시에 자성체의 저항에 의해서 발열한다. 전자조리기 및 IH 밥솥(induction heat cooker)은 이 전자유도발열을 이용한 것이다.

7.1.2 저항발열체의 종류

(1) 보빈식 히타

보빈식 히타는 전열선을 내열성의 보빈에 권선한 히터로 모양은 <그림 7-1-1>과 같다.

사용기구 : 전기화로, 족온기 등

(2) 코일 히터

코일 히터는 전열선이 노출된 상태에서 코일형의 히터로 자기제의 내열판 홈에 넣어 사용하기도 하고, 판형의 절연프레임에 감아서 사용하기도 하며 <그림 7-1-2>와 같다.

사용기구 : 전기풍로, 온풍기, 모발건조기 등

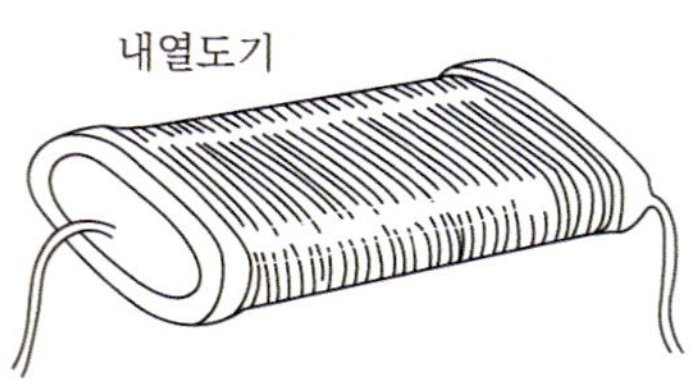

〈그림 7-1-1〉 보빈식 히터

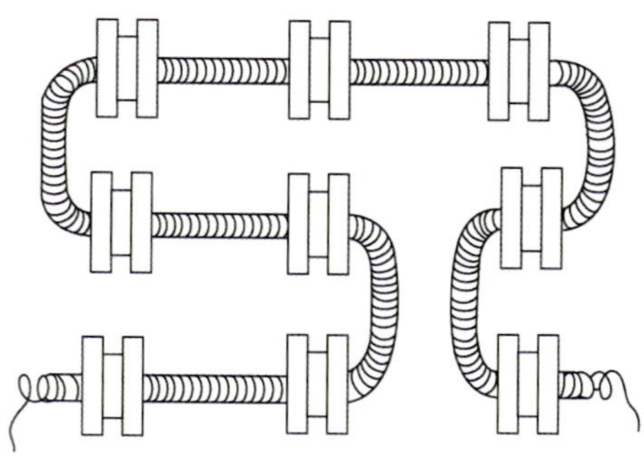

〈그림 7-1-2〉 모발건조기의 히터

(3) 운모 히터

운모 히터는 운모(mica)에 띠형의 전열선을 감은 판형의 히터이며 <그림 7-1-3>과 같다.

사용기구 : 토스터, 다리미 등

(4) 공간 히터

공간 히터는 공간 히터(space heater)를 금속판으로 둘러 싼 히터로 가열면적을 크게 함과 동시에 가열면의 온도분포를 균일하게 할 수 있다. 금속판에 의한 밀봉도를 높여 방수성능을 갖게 한 것도 있으며 <그림 7-1-4>와 같다.

사용기구 : 전기포트, 화로 등

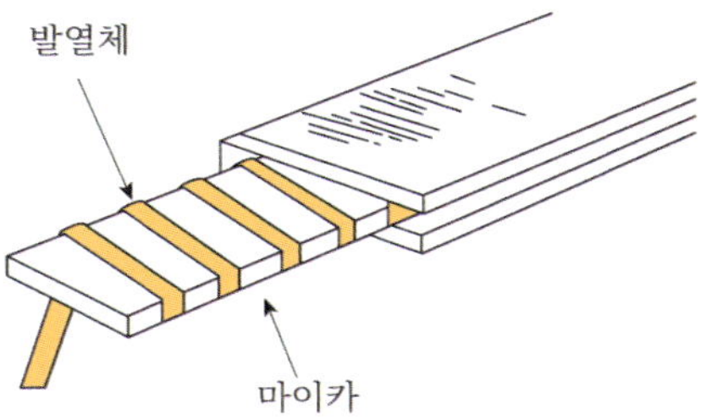

〈그림 7-1-3〉 운모 히터

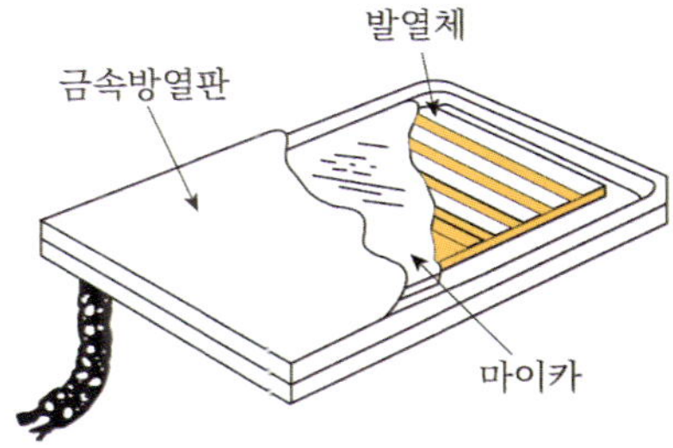

〈그림 7-1-4〉 공간 히터

(5) 차폐 히터

차폐 히터는 금속파이프 속에 코일형의 전열선을 통과시켜 산화마그네슘 등의 절연분말을 충전하여 전열선과 파이프와의 절연을 유지함과 동시에 금속파이프의 양단을 밀봉한 히터이다. 전열선의 수명이 길고, 액체 중에서도 쓸 수 있는 것이 특징이다. 또한, 알루미늄, 다이캐스트(die cast)[3] 등에 주입하여 쓰는 경우도 있으며 <그림 7-1-5>와 같다.

사용기구 : 전기밥솥, 다리미, 전기풍로, 전기프라이팬, 전기온수기, 온풍히터 등

(6) 석영관 히터

석영관 히터는 석영관 및 세라믹관의 속에 코일형의 전열선을 통과시킨 것으로 파이프 표면에서 열방사가 큰 것을 이용한 히터이며 <그림 7-1-6>과 같다.

사용기구 : 전기스토브, 오븐 토스터, 전기난로 등

---

3) 다이캐스트는 정밀한 금형을 사용하여 자동 또는 수동으로 재료를 넣고 가열하여 압력을 가해서 주조하는 방법이다. 정밀도가 높아서 기계 다듬질이 필요 없으며, 그대로 도금이나 도장이 가능하다.

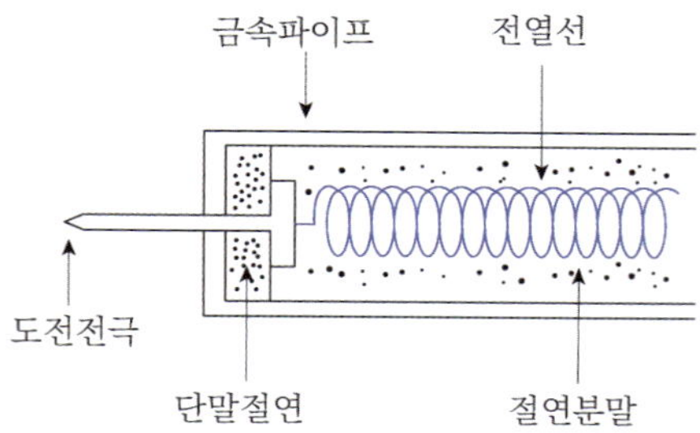

〈그림 7-1-5〉 차폐 히터

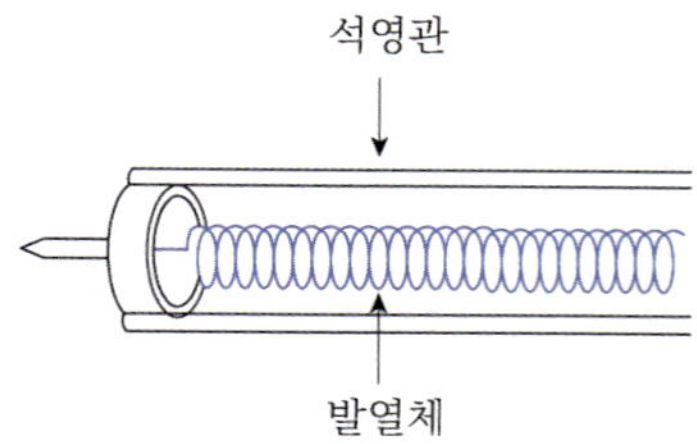

〈그림 7-1-6〉 석영관 히터

(7) 코드 히터

코드 히터는 유리섬유 및 석면 등의 내열코어에 가는 전열선을 감아 그 위를 내열성의 수지 등으로 절연한 코드형의 히터이며 <그림 7-1-7>과 같다.

사용기구 : 전기모포, 전기카펫 등

(8) 선형발열체

선형발열체는 중심에 알루미나와 같은 물질을 놓고 전열선으로 포장한 다음 절연층을 충전한다. 그리고 외피는 금속관으로 씌운 형태를 갖고 있으며 <그림 7-1-8>과 같다.

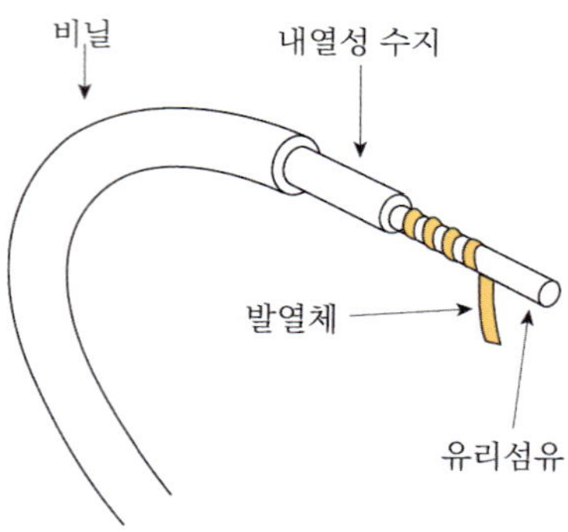

〈그림 7-1-7〉 코드 히터

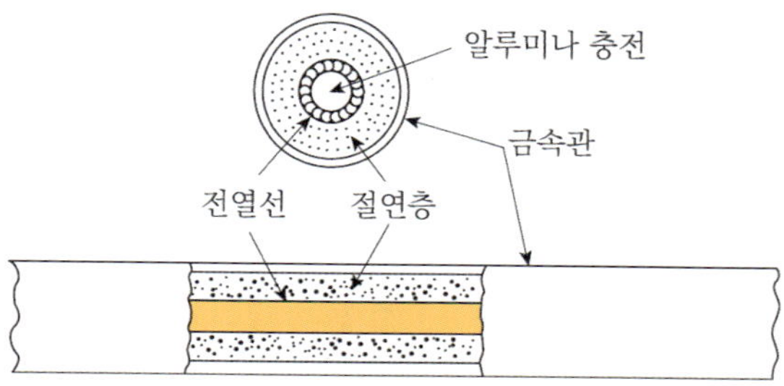

〈그림 7-1-8〉 선형발열체

(9) 적외선 히터

적외선 히터는 적외선램프라고 말하며 구조는 조명용 전구와 거의 동일하며, 실체사진은 <그림 7-1-9>와 같다. 램프이기 때문에 유리관의 안에 전열선이 아니라 필라멘트(filament)가 들어가 있지만 빛이 아니라 그것으로부터 나오는 적외선, 원적외선 등을 이용하며 히터의 일종이다. 최근에는 글라스 튜브(glass tube)에 석영관을 사용한 적외선 히터가 대부분 쓰이고 있다.

(10) 반도체 히터

서미스터는 온도에 따라 저항치가 크게 변화하는 반도체로 온도가 상승하면 저항도 상승하는 PTC 서미스터와 온도가 상승하면 저항이 내려가는 NTC 서미스터가 있으며 모양은 <그림 7-1-10>과 같다. 예를 들면, 티탄산바륨($BaTiO_3$)을 주성분으로 하는 세라믹반도체의 PTC 서미스터는 어떤 온도가 되면 급격히 저항치가 증가하는 온도특성을 가지고 있고 그 위에 전압을 걸면 자체 발열하는 히터로서의 기능도 가지고 있다. 이 PTC 서미스터를 발열체로서 이용하면 어떤 일정 온도 이상이 되면 저항치가 급격히 증가하여 전류 흐름이 없어져 온도상승이 정지하고 온도가 내려가면 다시 통전하여 발열하는 안정한 열원으로서 쓸 수 있다. 요컨대 반도체 히터는 그것 자체가 저항발열체 및 온도제어 기능을 가진 히터이다.

PTC 서미스터에 의해서 유지되는 온도는 전원전압 및 주위온도, 송풍에 의한 영향을 그다지 받지 않기 때문에 송풍을 필요로 하는 전열기에 대부분 쓰이고 있다. 세라믹 히터는 PTC 서미스터를 발열체로 한 온풍히터의 것이다. 또한, CTR 서미스터는 PTC 서미스터의 일종이지만 어떤 온도로 급격히 저항치가 올라가는 특성이 있는 것으로 정온 센서(sensor)로 이용되고 있다.

사용기구 : 온풍히터, 모발건조기, 건조기, 이불건조기, 전기살충기, 난로, 전자밥솥 등

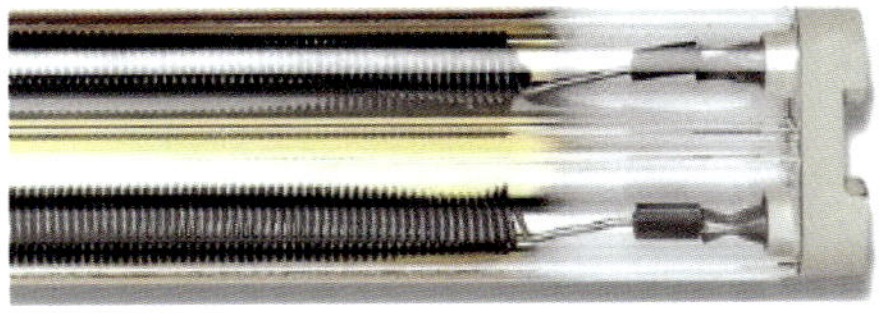

〈그림 7-1-9〉 적외선 히터

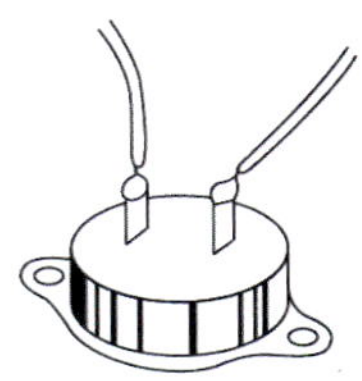

〈그림 7-1-10〉 반도체 히터

section 7.2 전기난로

7.2.1 전기난로의 구조와 기능

발열체로부터 발생된 열을 복사, 대류 등의 현상을 이용한다. 사무실, 주택 거실 등을 난방하는 전기난로(電氣煖爐, electric radiant heaters)는 석유, 가스 등의 연료를 연소시켜 사용하는 연소형 난방기구와 비교하여 청결하고 안전하다. 그러나 가연물이 인접한 경우 장시간 통전방치, 일정 방향으로 고정하여 사용하는 등의 부주의한 사용과 안전장치 고장 등의 제품고장에 의해 화재가 발생할 수 있다.

전기난로는 발열방법에 의해 발열체의 뒷면에 있는 반사판으로 열을 반사하는 반사형과 대류형, 반사형과 대류형이 복합된 혼합형 등으로 구분한다. 대류형은 자연대류방식과 송풍기를 이용한 강제대류방식이 있다. 어느 방식이나 전기난로 전도에 의한 화재를 예방하기 위한 전도방지장치가 있다. 한국산업규격에서는 전기난로(전기스토브, KS C 9205)의 적용범위를 정격 소비전력 2 [kW] 이하인 반사형, 대류식 및 혼합형으로 규정한다.

(1) 반사형 전기난로

반사형 전기난로는 발열체로부터 발생된 방사열(放射熱)을 발열체 뒷부분의 스테인리스(stainless), 알루미늄(Al)으로 된 반사판으로 일정 방향 반사하는 방향성 전열기인 반사형 전기난로는 대부분 온도조절장치가 없으며, 절환스위치로 2개의 발열체를 선택 동작시켜 연속적으로 발열체를 가열시킨다. 제품에 따라서 별도의 발열체를 사용하여 증기를 발생하거나, 반사판 뒷면에 송풍기를 부착하거나, 전기난로를 회전시켜서 넓은 부분을 보온하는 방식도 있다.

전기난로에 사용하는 발열체는 <그림 7-2-1>과 같이 나사모양으로 진공의 석영관, 유리 세라믹관의 중간에 넣어서 사용하며, 발열체를 내장한 석영관 표면의 방사 또는 복사열을 이용하여 난방에 사용한다. 석영관 발열체는 열보다 적외선의 투과성이 좋으므로 적외선 난로라고도 하며, 대부분 600~800 [W]의 정격소비전력을 갖는다. <그림 7-2-2>는 히터동작을 제어하는 절환스위치와 전도시 화재를 방지하기 위한 전도스위치로 구성되어 있다.

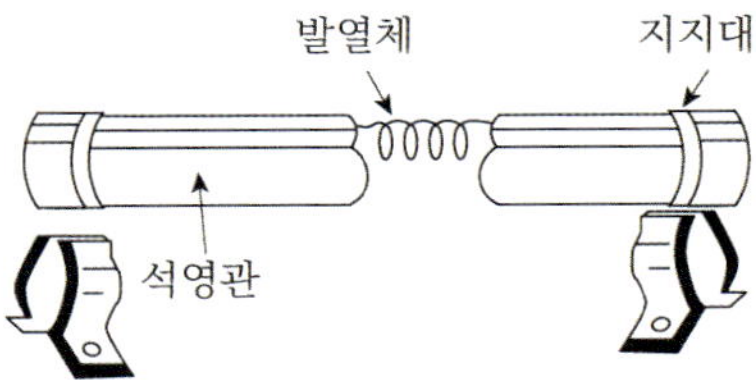

〈그림 7-2-1〉 석영관 발열체의 구조

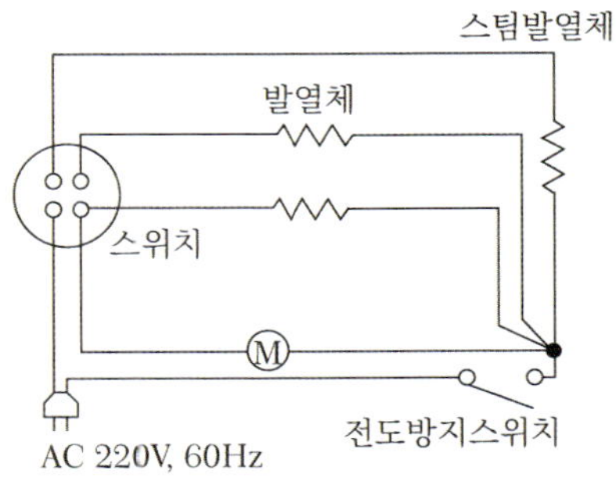

〈그림 7-2-2〉 반사형 난로

(2) 대류형 전기난로

대류형 전기난로는 발열체에서 발생된 열을 공기를 이용하여 밀폐된 공간을 효율적으로 난방하는 대류형 난로로 대류방식에 의해 전열기를 회전시키는 자연대류방식과 송풍기를 이용하는 강제대류방식으로 구분한다. 열 확산성이 반사형 난로보다 우수하므로 가정용보다 사무실, 병원 등의 넓은 면적을 난방하는 목적으로 주로 사용되며, 정격소비전력은 1.5～3 [kW]의 범위가 많이 사용된다.

<그림 7-2-3>은 자연대류형 전기난로의 회로도로 전도스위치가 동작하면 발열체 및 회전용 모터의 인가전원이 차단되어 화재를 방지하며, 대류형 난로의 각 부분 명칭을 나타낸다.

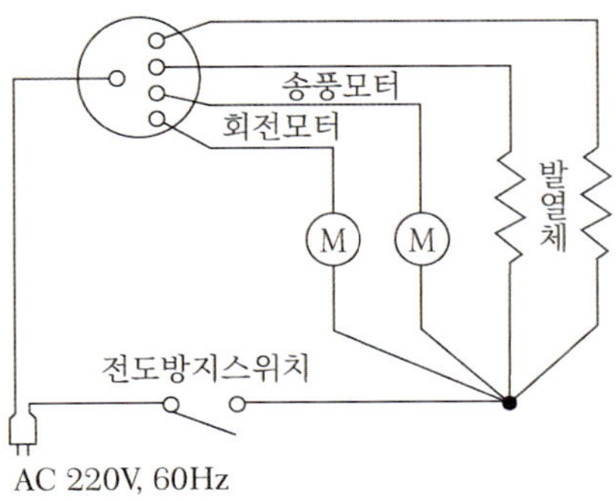

〈그림 7-2-3〉 대류형 난로의 회로도

7.2.2 조사의 요점

① 스위치 접점의 접촉 불량에 의한 발열을 확인한다.
② 불가항력에 의한 전원 스위치 투입 및 스위치의 구조 확인한다.
③ 전원코드 인출부분의 누름 불량에 따른 절연파괴의 유무를 확인한다.
④ 가연물의 접촉, 접근에 따르는 복사열을 확인한다.
⑤ 전도 안전스위치의 기능정지의 작동 여부를 확인한다.
⑥ 팬 전동기의 층간단락, 구속운전 등의 과열 원인을 확인한다.
⑦ 내열코드 대신 일반 코드를 사용했는지 여부를 확인한다.

7.2.3 출화사례

① 침대 가까이 사용하고 있어서 취침 중에 침대에서 떨어진 이부자리가 전기스토브에 접촉하여 출화하였다.
② 전도 안전스위치를 비닐테이프로 눌러 고정하여 지지대 위에서 사용하고 있는 전기스토브가 전도하여 출화하였다.
③ 전원코드를 콘센트에 접속한 채로 전원스위치를 빼고 외출 중 고양이가 텀블러스위치를 접촉시켜 통전되었기 때문에 접촉하고 있는 가연물에 착화되었다.

section 7.3 온풍히터

7.3.1 온풍히터의 구조와 기능

(1) 열풍건조기

건조는 물체의 물기, 습기가 상대적으로 낮게 된 상태를 말하는 것으로 일반적으로 가열에 의하거나 냉동에 의해 습기를 증기상태의 가벼운 입자로 만들어 건조시킨다. 이 중 전기가열에 의해 건조시켜 팬(fan)으로 증기를 날리는 증기가열에 의한 전열건조법이 많이 쓰이고 있다. 또한, 건조온도를 정확히 조정할 필요가 있을 경우 고주파건조, 적외선건조 등과 같은 특수한 방식을 가진 전기건조법이 이용된다.

일반적으로 규정하고 있는 국내의 한국산업규격(KS C 9319)의 회전드럼식 전기 의류 건조기(tumbler type electric clothe dryers)에서는 전동기 및 전열장치를 가진 가정용 회전 드럼식 전기 의류 건조기로서 건조용량 5 [kg] 이하, 정격 소비전력 5 [kW] 이하로 규정하고 있다.

열풍건조는 미리 공기가열기로 열풍을 만들어 놓고 이것을 건조실이나 건조하고자 하는 대상에 보내 건조하는 방법이지만 보통은 가열실 내에 발열체를 놓고 로내(爐內) 가열건조와 열풍건조방법을 겸용한 것이 많다. <그림 7-3-1>은 열풍건조기의 일반구조를 나타낸 것으로써 전동기의 회전날개에 의해 피건조물에 열풍을 전달하는 방식이다.

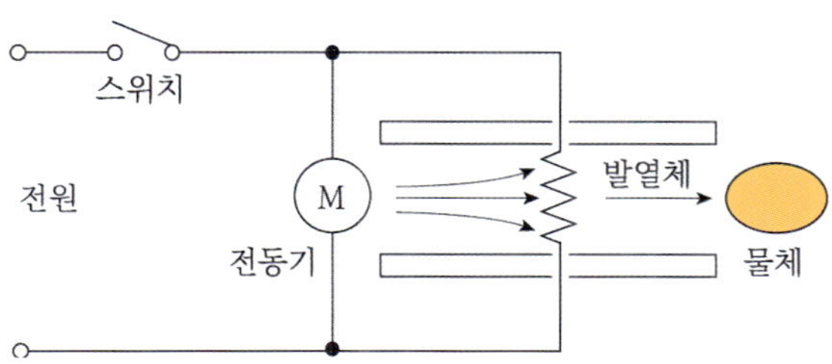

〈그림 7-3-1〉 열풍건조기

위의 방식은 모발건조기의 구조와 같으며 큰 용량을 건조할 수 있도록 전동기와 발열체의 용량이 커진 형태를 하고 있다. 송풍속도는 보통 0.2~2 [m/s]이나 건조에 필요한 공기량 A_1은 공기가 흡수하여 얻는 수분량을 w [kg/m³], 재료로부터의 증발수분량을 W [kg/h]라 하면 $A_1 = W / w$ [m³/h]로 나타낼 수 있고, 피건조물을 연속 처리할 경우 그 가열을 위한 공기량도 고려하여 A_2를 구하면 다음의 식으로 나타낼 수 있다.

$$A_2 = \frac{Q}{c\rho(\theta_2 - \theta_1)} \quad [\text{m}^3/\text{h}] \tag{7.1}$$

Q ; 단위시간에 피건조물에 공급하는 열량 [kcal/h]
c ; 공기의 비열
ρ ; 공기의 비중
θ_1 ; 피건조물의 초기온도
θ_2 ; 열풍의 온도

가열을 열풍만으로 실시하면 실제로는 θ_2를 그리 높게 취할 수 없고 A_2가 매우 많이 필요하므로 건조실에도 발열체를 넣어서 가열한다. 실내가열을 크게 하면 A_2는 매우 적어지며 건조에는 최소로 필요한 A_1만으로 처리된다. 물론 이 경우도 공기는 예열되고 있으나 $A_1 > A_2$이므로 공기량의 계산에는 A_1을 계산하면 된다.

(2) 전기온풍기

발열체의 뒷부분에 송풍기(送風機, fan)를 부착하고 전열선에 바람을 불어넣어서 난방하는 전기온풍기는 송풍용 전동기가 고장 나는 경우 등을 가정하여 온도가 일정값 이상 상승하는 경우 전원을 차단하는 온도 과상승 방지장치를 내장한다. 발열체 재료는 주로 니크롬선을 사용하지만 속열성을 좋게 하기 위해 반도체 발열체를 사용하기도 하며, 정격소비전력은 500~1,500 [W] 범위를 많이 사용한다. <그림 7-3-2>는 전기온풍기의 회로도와 구조로서 전도스위치가 동작하면 발열체 및 송풍 회전용 전동기의 인가전원이 차단되어 화재를 방지하며, 온풍 흡출구 등으로 구성된다.

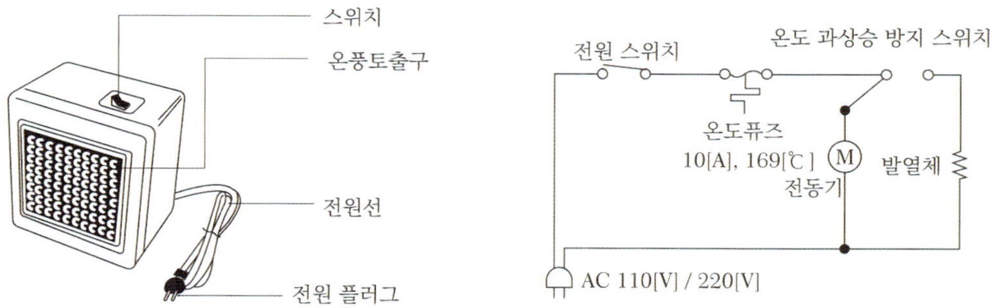

(a) 구조와 명칭　　(b) 회로도

〈그림 7-3-2〉 전기온풍기

7.3.2 통전 및 방열

히터의 후방에서 팬으로 송풍하여 히터와 접촉하여 따뜻한 공기를 온풍으로 배출함으로써 실내를 전체적으로 따뜻하게 하는 것을 목적으로 한 난방기구이다. 발열체에 차폐히터를 사용한 것으로 세라믹 반도체소자 PTC를 사용한 것이 있지만 온도제어의 용이성, 안전성, 전력효율 등의 관점에서 현재는 후자가 주류를 이루고 있다. 세라믹반도체를 발열체로 한 전기온풍히터는 일반적으로 세라믹 히터라고 불리고 있다. 세라믹히터의 발열부의 구조, 통전 및 방열의 과정은 다음과 같다.

(1) 통전

① 단자 → ② 전극판 → ③ 도전판 → ④ 전극 → ⑤ PTC 소자 → ⑥ 전극 → ⑦ 도전판 → ⑧ 전극판 → ⑨ 단자

(2) 방열

① PTC 소자(발열체=방열부) → ② 전극 → ③ 방열팬 → ④ 방열팬에 바람을 통해서 온풍을 보낸다.

온풍히터는 간단한 구조의 것을 제외하고 운전제어용 마이크로컴퓨터가 삽입되어 있다. 안전장치로는 온도제어용 열전대 외에 온도퓨즈 및 전류퓨즈, 전도 안전스위치가 삽입되어 있지만 실수로 끄는 것을 잊었을 때 방지장치 및 정전 검지기능을 대비한 것도 있다.

7.3.3 조사의 요점

① 단순구조의 것은 전기스토브와 거의 같은 구조와 회로를 갖고 있다.

② 마이콤제어로 운전되는 것은 거의 안전하게 설계되어 있지만 전원코드 인출 부분의 절연파괴 및 전도 안전스위치의 기능정지에 따른 전도 출화를 생각할 수 있다.

③ 차폐히터를 사용한 온풍히터는 전동기의 트러블, 전동기회로의 단선 등에 따른 히터의 과열을 생각할 수 있다.

7.3.4 출화사례

히터를 사용한 벽걸이식의 온풍히터로 설계불량에 의해 전동기회로에 조합된 온도퓨즈가 용단되어 팬이 정지되었기 때문에 과열로 출화하였다.

section 7.4 전기풍로

7.4.1 전기풍로의 구조와 기능

전기풍로 또는 쿠킹히터는 코일히터를 노출한 채로 자기제의 내열판 홈속에 권형 또는 동심원형에 수납한 것으로 동 형상의 차폐히터를 사용한 것이다. 전자는 동 용량의 히터가 2본 내지는 3본으로 구성되어 변환스위치로 열량을 선택하는 것이 많지만 차폐히터를 사용한 전기풍로는 쿠킹 히터(cooking heater)라고도 불리고, 탁상형의 것과 부엌시스템(kitchen system)에 조합하여 입식(built-in type)이 있다. 열량조절은 통전율 제어에 의한 무단계 열량조절방식이 채택되고 있다.

전기풍로는 발열체로부터 발생된 열의 전도를 이용해서 용기 내의 물건을 가열하는 전열기로서 가스를 연료로 하는 조리기구와 비교하면 절대적으로 적게 사용되지만 취급이 간편하므로 간이용으로 사무실 등에서 사용하며, 연료가 떨어졌을 때 비상용 조리기로 사용하기도 한다. 가스, 석유 등을 사용하는 연소방식의 조리기구와 비교하여 간단하고 청결한 장점이 있다. 장시간 통전방치, 일정 방향 고정사용 등의 부주의한 사용에 의해 주위 가연물이 발화된 경우 화재가 발생할 수 있다.

한국산업규격(KS C 9203)에서 전기풍로(電氣風爐, electric hot plates)의 적용범위는 정격 전압 300 [V] 이하, 소비전력 3.5 [kW] 이하의 가정용 전기곤로로 규정하고 있다. 전기풍로는 발열체, 전원을 개폐하는 동작스위치, 전원선 등으로 구성되며, 발열체의 열전도를 이용하여 용기 내의 음식물 등을 가열하는 조리기구이다. 현재 대부분의 전기풍로는 파이프 내부에 전열선을 삽입하여 발열체를 보호한 차폐히터(shield heater)를 사용한다. 차폐히터는 <그림 7-4-1>과 같이 니크롬선으로 된 발열체를 니켈합금으로 된 보호용 파이프 내부에 넣고, 산화마그네슘 등의 절연 분말재를 충전한 후 권선 상태로 제작하여 발열선의 열전도 면적을 넓게 하여 효율을 높인 것이다.

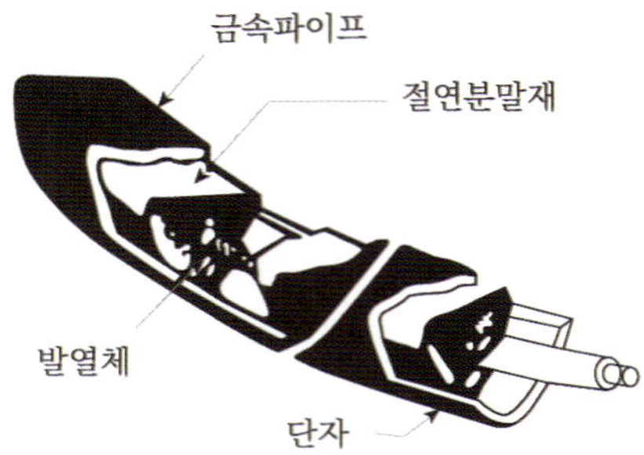

〈그림 7-4-1〉 차폐히터의 구조

<그림 7-4-2>는 전기풍로의 회로도 및 구조를 나타낸 것으로 대부분의 전기풍로는 열량조절기능이 없으며, 발열체 및 전원스위치, 전원선 등으로 구성된다.

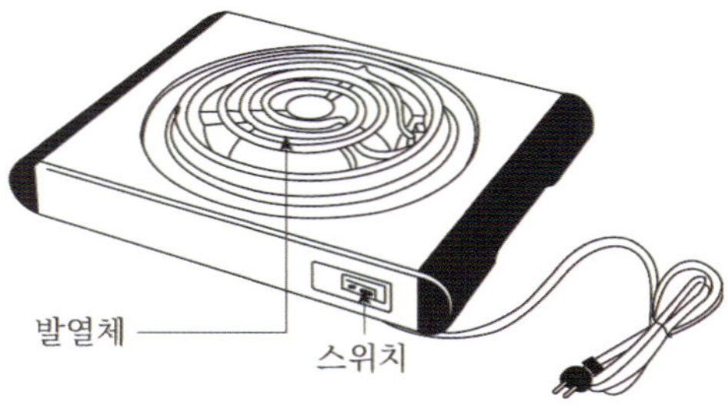

(a) 구조

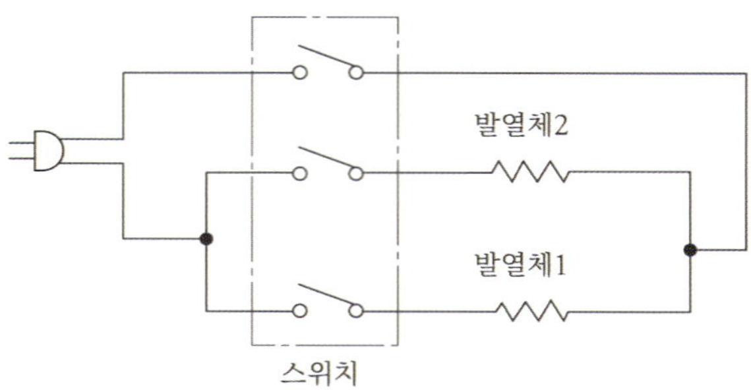

(b) 회로도

〈그림 7-4-2〉 전기풍로의 회로도 및 구조

전기풍로는 발열선의 종류에 따라 니크롬선(nichrome wire), 차폐히터(sheath heater) 및 온도조절기가 없는 것, 부착된 것으로 구분할 수 있으며, 오븐레인지(oven range)와 조합한 쿠킹히터형(cooking heater type)과 레인지후드(range hood)와 결합한 시스템 키친형(system kitchen type) 등으로 구분한다. 일반적인 형태의 전기풍로로 시중에서 많이 유통되고 있는 2개사 제품을 비교하여 보면 그 제품의 각 사양은 [표 7-4-1]과 같다.

[표 7-4-1] 전기풍로 사양

구 분 \ 제 품	A 제품	B 제품
전 원	단상 110 / 220 [V], 60 [Hz]	단상 220 [V], 60 [Hz]
소비 전력	800 [W]	600 [W]
발열체 형태	전열선 밀폐형	전열선 밀폐형

[표 7-4-2]는 전기풍로 코드 굵기 및 길이를 나타낸 것으로 부품의 조립상태 및 기계적 구조는 양호하여 통상의 사용 상태에서 위험이 생길 우려가 없어야 한다. 풍로 전원선의 최소코드 길이는 소비전력 600 [W] 이하는 1.9 [m], 600 [W] 초과 1,200 [W] 미만은 1.4 [m] 이상 등으로 규정하고 있다.

[표 7-4-2] 전기풍로 코드 굵기 및 길이

제 품 \ 구 분		길이 [m]	비 고
A 800 [W]	시료 1	1.40	KS C 9203의 전기곤로에서 정격소비전력 600 [W] 이하는 1.9 [m] 이상, 600 [W] 초과 1,200 [W] 미만은 1.4 [m] 이상으로 규정함
	시료 2	1.40	
	시료 3	1.40	
B 600 [W]	시료 4	1.47	
	시료 5	1.47	
	시료 6	1.43	

7.4.2 조사의 요점

쿠킹히터가 삽입된 부엌시스템 중에서 초기에 제조된 것들 중에는 다이얼 스위치의 구조불량으로 오통전이 되기 쉬운 것이 있다. 눌러서 돌리면 통전하며 약 → 중 → 강으로 바뀌는 구조이지만 플라스틱으로 만들어져 있기 때문에 누르지 않더라도 회전하는 모양으로 변형되어 어떤 물건이 다이얼스위치에 맞닿아 통전되는 경우도 있다.

① 스위치접점의 접촉 불량에 의한 발열 착화될 수 있다.
② 가연물의 접촉, 접근에 수반되는 복사열에 의해 착화될 수 있다.
③ 통전방치, 오통전에 의한 근처 가연물의 착화될 수 있다.

7.4.3 출화사례

① 원룸맨션의 주인이 부엌시스템에 삽입된 쿠킹히터의 스위치 접촉으로 통전하였지만 이것을 알지 못하고 그대로 외출하여 히터 위에 놓인 가연물에 착화하였다.
② 음주 후 심야에 귀가한 주거자가 쿠킹히터에 냄비를 올려놓은 채로 잠들어 출화하였다.

section 7.5 보온기

7.5.1 보온기의 구조와 기능

전기히터로 가열한 플레이트를 사용하고 주로 도자기 요리용의 조리기구이다. 차폐히터를 플레이트에 압착한 플레이트 일체형과 플레이트 분리식이 있다. 히터용량은 1.3 [kW] 전후의 것이 대부분이고, 플레이트 온도는 자동온도조절기가 내장된 열전대로 수십~1,300 [℃] 정도 범위로 조절되게 되어 있다. 또한, 단독 생활자용 소형보온기 등 온도조절기능을 갖지 않은 것도 있다.

7.5.2 조사의 요점

조리하면서 식사를 하는 것을 목적으로 한 기구이므로 원래의 사용방법에 한정하여 사용하면 기본적으로 출화요인이 되기 어렵지만 면, 신문지 등 착화하기 쉬운 물건을 위에 놓고 사용하면 출화위험이 있다.

① 전원부의 연결 플러그의 접촉 불량이 발생했는지 확인한다.
② 전원선 또는 내부 연결선에 반단선이 발생하여 탄화된 흔적이 있는지 확인한다.
③ 방열판에 탄화흔적이 있는지 확인한다.
④ 온도조절기 기판에 트래킹 발생흔적이 있는지 확인한다.

section 7.6 모발건조기

7.6.1 모발건조기의 구조와 기능

한국산업규격(KS C 9311)에 기술된 전기모발건조기(hand-hold hair dryer)의 적용범위는 전동송풍기와 전열장치를 내장한 손잡이 모양의 것으로 규정하고 있다. 국내에서 가장 많이 시판되는 제품별 사양은 [표 7-6-1]과 같다.

[표 7-6-1] 전기모발건조기 제품별 사양

구 분 / 제 품	사용전압[V]	소비전력[W]
A 제품	110 / 220	760
B 제품	110 / 220	710

모발건조기는 보통 손으로 제품을 직접 잡고 머리에 가까이 대면서 사용하게 된다. 이렇게 인체와 접촉하여 사용하는 전기제품이므로 화상, 화재, 감전 및 전자파로부터 안전한 구조로 되어 있어야 한다. 전기모발건조기는 합성수지로 된 손잡이와 운모를 감싼 구조로 되어 있는 발열선, 송풍전동기, 110 / 220 [V] 절환스위치가 내장되어 있는 간단한 구조로 되어 있다.

일반적으로 발열선의 용량은 600~1,000 [W], 팬 전동기(fan motor)는 6~20 [W]이며, 손잡이 부분에 위치한 스위치를 조작하여 송풍전동기의 전압을 변화시킴으로써 풍량과 발열선의 동작을 조절하는 구조로 되어 있다. 동작스위치는 온풍-약, 온풍-강, 냉풍의 3단계로 조절하며, 온풍-약 동작은 발열선-약 / 송풍전동기-약으로, 온풍-강 동작은 발열선-강 / 송풍전동기-강, 냉풍의 경우에는 발열선은 정지시키고 송풍전동기만 강으로 구분되어 동작한다. <그림 7-6-1>(a)는 전기모발건조기의 일반적인 구조와 명칭이며, <그림 7-6-1>(b)는 회로도를 나타낸다.

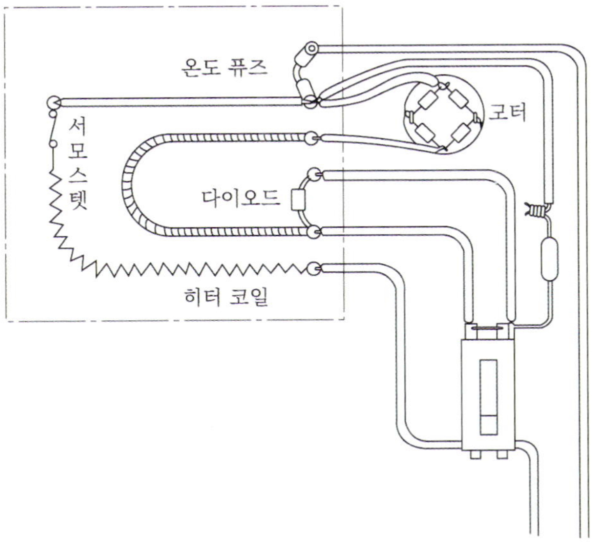

(a) 구조와 명칭

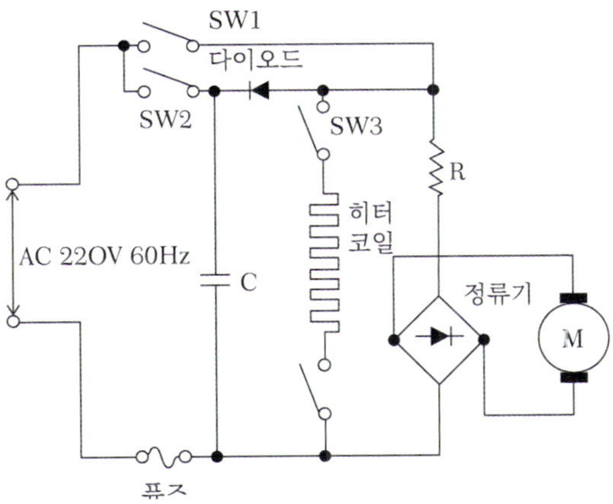

(b) 회로도

〈그림 7-6-1〉 전기모발건조기

7.6.2 조사의 요점

종전은 오통전, 스위치 OFF의 망각 등에 의한 모발건조기로부터의 출화는 종종 있었지만 리미터 및 온도퓨즈 등 안전기능의 도입으로 최근에는 이러한 화재는 적어지고 있다.

① 전원코드의 반단선에 의한 절연파괴를 확인한다.
② 인접한 코일히터의 접촉에 의한 국부발열을 확인한다.
③ 퇴적한 먼지에 의한 불티의 비산을 확인한다.
④ 구속운전에 의한 전동기의 과열을 확인한다.

7.6.3 출화사례

① 이부자리의 위에서 모발건조기를 사용했을 때 히터부근에서 흩날린 먼지에 불이 붙어 비산하였는데 그것을 알아차리지 못하고 외출하여 이부자리에서 출화하였다.
② 스위치를 OFF 한다는 것을 잊고 통전된 상태로 세면대 위에 놓은 모발건조기가 낙하하여 그 충격으로 3 본의 코일히터 중 2 본이 도중에서 접촉상태가 되었다. 이때문에 통전히터의 접촉부분보다 전원측 부분에 과전류가 흘러 국부과열에 의해 출화하였다.
③ 모발건조기의 팬 전동기의 코어를 고정한 너트가 1개 빠져있었기 때문에 팬이 기울어 로크상태가 되어 그대로 스위치가 끊어진 것으로 생각하고 방치해 전동기 권선이 과열되어 출화하였다.

section 7.7 전기다리미

전기다리미는 스팀이 나가지 않는 보통다리미와 스팀다리미가 있다. 또한, 본체에 전원코드를 접속한 후 통전하면서 사용하는 것으로 받침대에 놓을 때만 통전하여 열판을 가열하여 사용할 때는 그 여열로 다림질을 하는 무선식이 있다. 본체의 내부구조는 큰 차이는 없지만 화재예방의 관점에서는 받침대에 올려놓을 때만 통전하는 것, 다리미 사용중 전원코드에 스트레스가 걸리지 않은 것 등으로 후자의 쪽이 보다 높은 안전성을 가진 구조라고 할 수 있다.

온도제어 기능으로서는 바이메탈을 이용한 열전스위치와 약 230 [℃]에 작동하는 온도퓨즈가 삽입되어 있지만 기종에 따라서 열전스위치만 있는 것도 있다. 전기다리미는 운모판에 니크롬선을 감은 발열체를 바닥쇠와 중추쇠 사이에 끼워 열을 밑면에 전하는 것으로 의류의 주름을 잡거나 펴는 세탁다림질용의 전열기이다.

한국산업규격(KS C 9201)에 기술된 전기다리미의 적용범위는 단상교류로 정격 전압 300 [V] 이하, 정격 소비전력 100 [W] 초과 2 [kW] 이하인 가정용 및 영업용 다리미에 대하여 규정하고 있으며 그 사양은 [표 7-7-1]과 같다.

[표 7-7-1] 전기다리미 제품별 사양

구 분 \ 제 품	A 제품	B 제품
사용 전압[V]	220	220
소비 전력[W]	1,200	1,100
밑면 보증 온도[℃]	최저 40, 최고 210	-

한국산업규격에서는 전기다리미의 종류 및 형식을 [표 7-7-2]와 같이 용도에 의해 가정용 및 영업용, 종류에 의해 드라이, 증기, 코드 없는 다리미 등으로 구분하며, 동작형태에 의해 보통다리미, 자동다리미, 스팀다리미로 분류한다.

[표 7-7-2] 전기다리미의 종류와 형식

용도별	종 류	비 고
가정용	드라이다리미	-
	증기다리미	증기 발생 및 방식에는 적하식, 탱크식 및 기타 방식이 있다.
	코드 없는 다리미	
영업용	드라이다리미	-
	증기다리미	증기 발생 및 방식에는 적하식, 탱크식 및 기타 방식과 그런 발생 장치가 내장되어 있지 않는 것도 있다.

7.7.1 전기다리미의 구조와 기능

(1) 보통다리미

플러그를 꽂고 빼는 플러그방식과 핸들 부분에 스위치가 달려서 온도를 조절하는 스위치방식이 있다. <그림 7-7-1>(a)는 보통다리미의 구조, <그림 7-7-1>(b)는 회로도를 나타낸다.

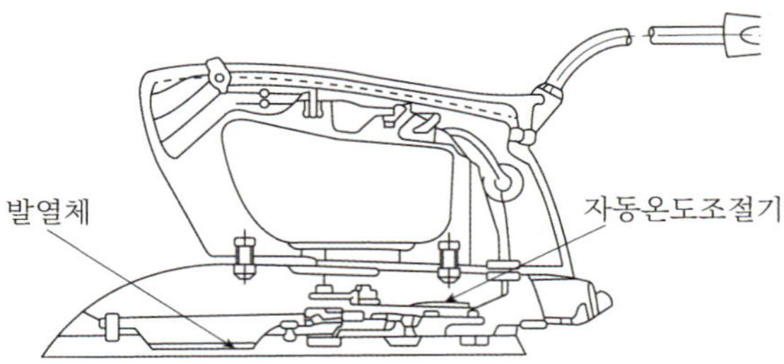

(a) 구조와 명칭

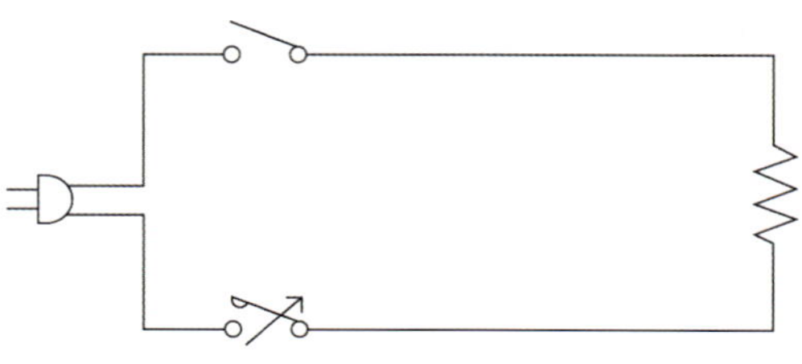

(b) 회로도

〈그림 7-7-1〉 보통 다리미(스위치 방식)

(2) 자동다리미

온도눈금을 표시한 회전식 스위치와 바이메탈식 자동온도조절기가 있어서 눈금에 표시된 섬유 종류별로 일정온도를 유지하도록 되어 있다. <그림 7-7-2>는 자동다리미의 구조와 회로도를 나타내며, [표 7-7-3]은 표시 눈금별 동작온도를 나타낸다.

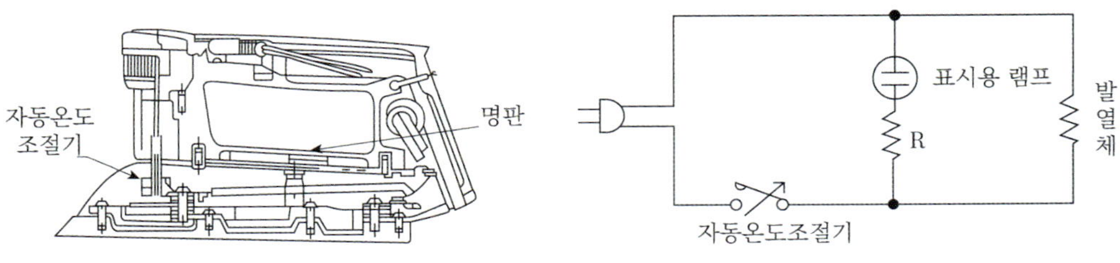

(a) 구조와 명칭 (b) 회로도

〈그림 7-7-2〉 자동 다리미

[표 7-7-3] 표시 눈금별 온도

다이얼 눈금	섬유명	온도[℃]
화학섬유, 견(絹)	데블론, 크레하론 등	85 ~ 95
	카시미론, 본넬, 카네카론, 엑스란 등	100 ~ 120
	견, 테트론, 아세테이트, 레이온, 나일론 등	125 ~ 140
모(毛)	모직물, 모편물	150 ~ 160
면(綿)	면제품	175 ~ 185
마(麻)	마포, 리넨류	185 ~ 215

(3) 스팀다리미

스팀다리미는 탱크방식과 적하방식이 있으며, <그림 7-7-3>은 스팀다리미의 회로도를 나타낸다.

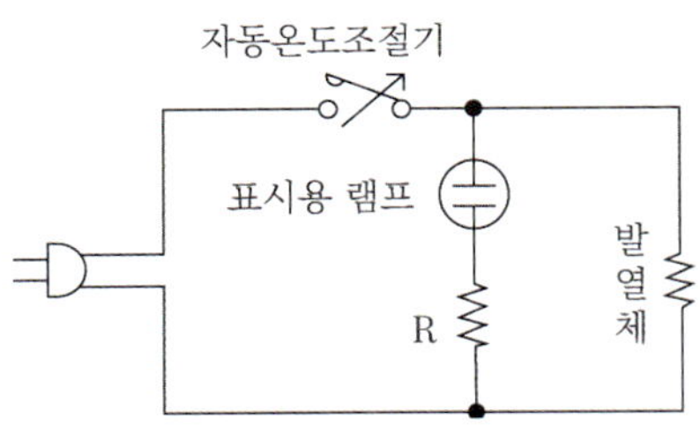

〈그림 7-7-3〉 스팀다리미 회로도

① 탱크방식

보통다리미에 물탱크를 내장하여 증기를 발생시키며, 다리미 손잡이에 위치한 막대 모양의 수량조절장치를 이용하여 급수관으로부터 다리미 밑면의 분출구로 증기가 분사된다. <그림 7-7-4>는 스팀다리미에 있어서 탱크방식 다리미의 구조를 나타낸다.

② 적하방식(滴下方式)

자동다리미에 물탱크를 내장하고 있으며, 증기실 내부의 가열판 위에 물이 떨어지면 순간적으로 증기를 발생시키며 손잡이 윗부분에 증기 발생 및 양을 조절하는 스위치가 달려 있어 사용 중 자유롭게 증기를 발생시킨다. <그림 7-7-5>는 적하식 스팀다리미의 구조를 나타낸다.

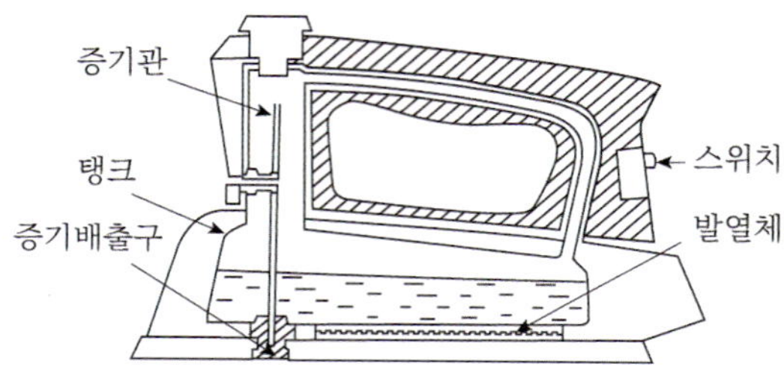

〈그림 7-7-4〉 탱크방식 스팀다리미

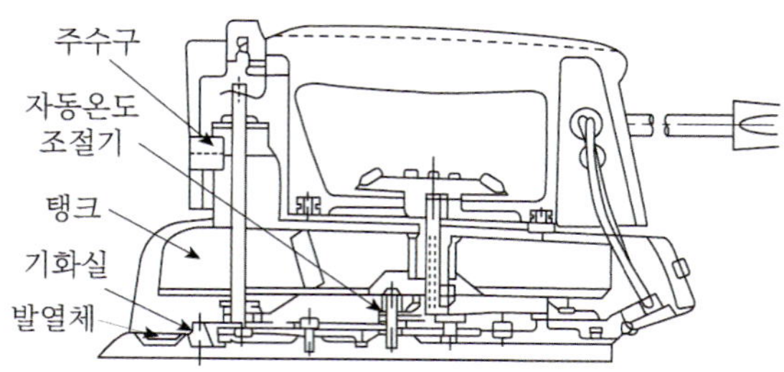

〈그림 7-7-5〉 적하방식 스팀다리미

7.7.2 전기다리미의 일반규정

전기다리미에서 발생되는 제반 발열특성과 제품의 안전성 및 화재가 발생할 수 있는 취약부분을 실험하기 위한 한국산업규격(KS C 9201)에 기술된 전기다리미의 구조 일반은 다음과 같다.

① 기체는 보통의 사용 상태에 있어서 위험이 생길 우려가 없으며, 충분한 내구성을 가지고 모양이 똑바르며 조립상태가 양호하고 또한 동작이 원활할 것
② 스위치를 가진 것은 스위치의 개폐상태를 문자, 기호, 색 또는 빛에 의해 보기 쉬운 곳에 표시할 것
③ 사용 중에 다리미질을 멈추는 경우에 밑면이 직접 나무지지대 또는 마루면 등에 접촉하지 않도록 가대를 부속하든가 자립형 구조로 할 것
④ 충전부의 경우 사람이 쉽게 닿을 수 없는 위치에 있을 것
⑤ 물을 사용하는 것은 통상 사용 상태에서 충전부에 물이 튀지 않는 구조일 것

7.7.3 조사의 요점

온도제어 기능에 의해 열판의 무제한 온도상승이 억제되므로 종래의 다리미에 비교하여 안전성은 높아지고 있지만 그래도 열판의 온도는 최대 200[℃] 정도까지는 되기 때문에 가연물의 위에서 장시간 통전을 방치하면 저온 착화 형태에 의한 출화위험이 있다.

① 외부 스트레스에 의한 전원코드의 절연파괴에 의해 출화될 수 있다.
② 온도스위치 고장에 의한 다리미가 과열되어 출화될 수 있다.

7.7.4 출화사례

① 가연성이 있는 받침대 위에 놓고 다리미의 전원플러그를 콘센트에 꽂고 그대로 장시간 방치했기 때문에 다리미에 접하고 있는 받침대와 의류를 태웠다.
② 온도스위치가 고장 난 다리미를 방치했기 때문에 다리미 받침대로부터 출화하였다.

section 7.8 화로 및 족온기

7.8.1 구조와 기능

전기화로는 소프트형(soft type)과 하드형(hard type)이 있다. 소프트형의 화로는 코드형의 히터를 면으로 고정하여 그 위를 방수시트 또는 면으로 덮은 것으로 되어 있다. 하드형의 화로는 나무 및 철판으로 둘러싼 얇은 프레임의 표면에 파일지(pile paper) 등의 포를 덮은 것이다.

종전에는 보빈식의 히터를 발열체로 한 것이 많았지만 최근의 것은 공간히터가 주로 사용되며 적외선램프를 사용한 것도 있다. 온도는 열전대로 자동 조절되고, 120 [℃] 정도의 온도퓨즈로 과열 보호되어 있다. 족온기의 발열체는 공간히터 외에 반도체히터를 쓴 것이 많다. 기본적인 회로는 하드형의 전기화로와 동일하지만 반도체히터를 사용한 족온기는 열전대가 없고, 발열체의 자기온도 제어특성을 이용한 온도조절과 전류퓨즈에 의한 회로보호가 행하여지고 있다.

7.8.2 조사의 요점

① 외부 스트레스에 의한 전원코드의 절연파괴로 출화될 수 있다.

② 온도퓨즈 대신 철사 또는 전류퓨즈의 사용으로 과열보호기능의 정지로 출화될 수 있다.

③ 수분 침입에 의한 절연파괴로 출화될 수 있다.

7.8.3 출화사례

비전문가에 의한 수리로 소프트형 전기화로의 방수 덮개가 손상되어 물이 새어 들어가 전원선과 히터선이 단락되어 히터선의 발열로 덮개에 착화 발화하였다.

section 7.9 전기장판, 전기요 및 전기방석

7.9.1 구조와 기능

전기장판, 전기요, 전기방석 등은 발열체에서 나오는 고은의 열을 받아 인체의 보온 역할을 하는 것으로 일반 침구류에 부가적으로 이용되어진다. 전기장판인 경우 보일러가 상용화되기 전까지 가정의 안방이나 거실의 바닥에 위치하여 추운 겨울을 따뜻하게 보낼 수 있도록 한 것으로 장판 밑에 발열선을 연결하여 온도를 높인다.

전기요는 장판과 달리 인체를 덮을 때 사용되는 것으로 이불 이외에 부가적으로 열을 발생시켜 보온이 되도록 하는 것이다. 전기방석은 국부 보온이나 고온이 필요시 이용되는 것으로 위의 제품들은 동절기 저온으로 인한 인체의 영향을 최소화하기 위해 사용되고 있다.

7.9.2 전기장판

전기장판(電氣壯版, electric heated resin sheet)은 석유나 가스를 사용하는 난방기구들에 비해 청결하고 간편하여 일반 가정에서 상용 또는 보조난방으로 널리 사용하는 겨울철 난방기구이다. 전기장판은 전열선을 이용하는 제품으로 사람의 몸에 직접 접촉하여 사용되기 때문에 오랜 시간 켜 놓고 사용하거나 또는 방치한 경우에 과열로 인한 화재 및 화상 등 인체에 손상을 입을 수도 있으며, 누전에 의한 감전의 우려도 있는 난방기구이다.

전기장판은 인체와 화재에 대해 안전성이 중요한 제품으로 한국산업규격(KS C 9220)에 기술된 전기장판의 적용범위는 합성수지를 주재료로 한 몸체의 내부에 전열장치를 갖는 교류 220 [V]의 감열선 방식의 것으로 규정하며, 전기장판 각 부분의 용어를 정의하면 다음과 같다.

몸체는 기본적으로 평평한 합성수지로 가요성이 있고 내부 발열체의 온도를 보온하는 부분이며, 제어기(controller)는 몸체의 전기적인 회로를 열거나 닫고 또는 온도를 조절 및 변화시키기 위한 장치이다. 감열선은 온도를 검지하여 제어장치에 전달하기 위해 몸체 내부에 배치한 선이고 설정온도는 온도 보정점에 있어서 제조자가 지정하는 온도를 말한다. [표 7-9-1]은 일반적인 전기장판의 사양을 나타낸 것이다.

[표 7-9-1] 전기장판 제품별 사양

구 분 \ 제 품	A 제품	B 제품
크기(가로×세로)	1,350 [mm] × 1,800 [mm]	1,350 [mm] × 1,800 [mm]
사용 전압 [V]	110 ~ 220	110 ~ 220

(1) 바이메탈식

바이메탈식(bimetal type) 전기장판은 수동식 바이메탈, 보조 히터, 장판 발열체 등으로 구성되며 <그림 7-9-1>과 같이 가장 간단한 구조를 가지고 있다.

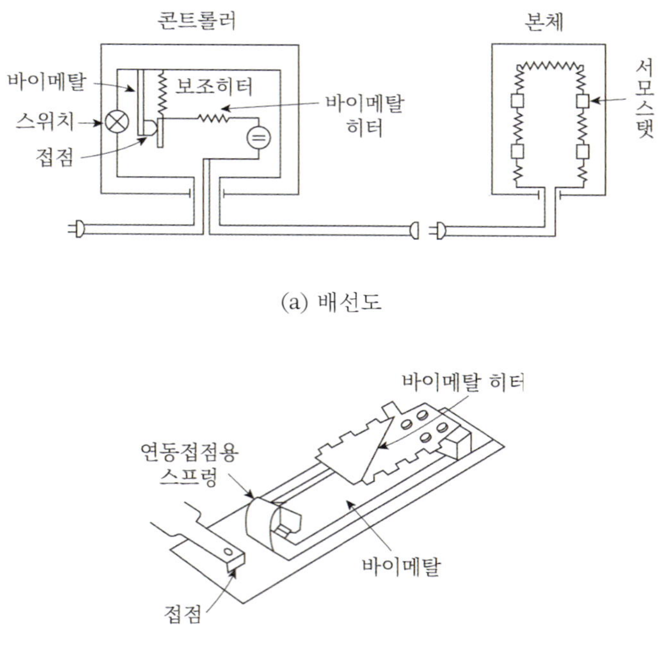

(a) 배선도

(b) 온도조절기 구조

〈그림 7-9-1〉 바이메탈식 전기장판

전기장판의 스위치를 동작시키면 바이메탈과 보조 히터를 통과한 전류는 장판 발열체로 유입되어 장판 발열체를 발열시켜서 온도가 상승하게 된다. 일정시간 이상 동작하여 온도가 상승한 전기장판은 보조 히터가 동작하고, 발생된 열에 의해 바이메탈이 동작하여 접점을 개폐시키므로 전기장판의 온도를 조절하게 된다. 이때 보조 히터는 주위 온도에 반응하므로 낮은 온도에서는 통전율이 크고, 높은 온도에서는 통전율이 작아져서 전기장판은 일정한 온도를 유지하게 된다.

(2) 전자안전식

전기장판 본체와 온도조절기는 콘센트와 플러그로 연결되어 있으며 자동온도조절기는 장판 발열체 온도변화에 의한 저항값의 변화에 의해 온도조절 동작을 수행한다. 전기장판을 동작시키면 전류는 전파정류기와 차동변압기 L_2를 통해서 전원부에 도달하며, L_3를 통해서 흐르는 전류가 직류계전기를 여자시켜 계전기의 접점을 닫는다. 이때 전류는 보조히터 및 바이메탈, 발열체의 차동변압기 L_1을 통과하여 모포의 온도를 상승시킨다. 장판의 온도가 상승하여 차동변압기 $L_1 > L_2$가 되면 온도조절 동작을 수행한다.

즉, 발열체 2차 권선의 L_3는 $L_1 = L_2$가 될 때까지 여자되어 직류계전기에 유입되는 전류를 차단하므로 계전기 접점이 열려서 발열체로 전류가 유입되지 않아 전기장판의 온도가 저하된다. <그림 7-9-2>는 전자안전식 전기장판의 회로도를 나타낸다.

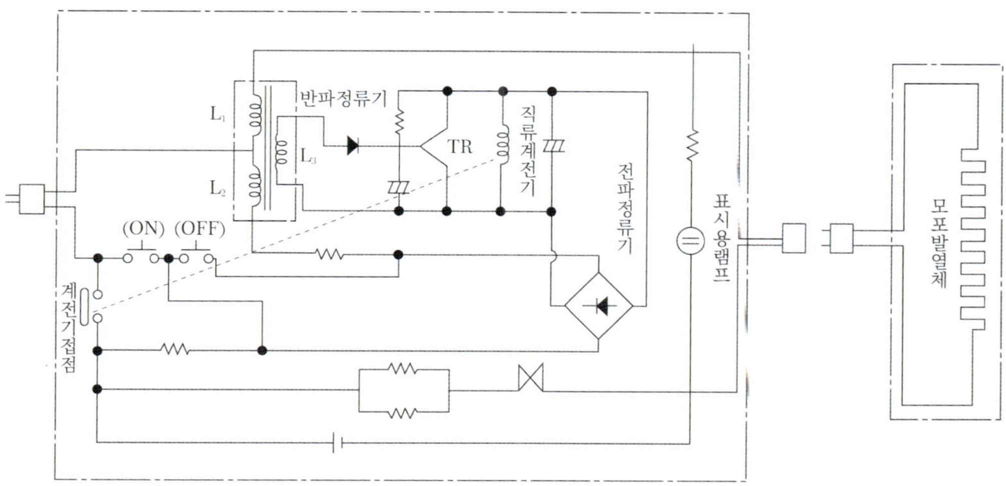

(a) 콘트롤러 (b) 장판 발열체(본체)

〈그림 7-9-2〉 전자안전식 전기장판의 회로도

(3) 신호선 방식

신호선 방식의 전기장판은 직선으로 된 발열선 위에 피복으로 나일론을 사용하고 그 위에 신호선(信號線, signal wire)을 감은 것으로 <그림 7-9-3>은 신호선 방식 전기장판의 회로도와 동작원리를 나타낸다.

회로도에서 스위치 ON의 위치로 된 경우 전기장판을 동작시키면 저항 R_1이 단락되어 계전기 코일 K가 여자되므로 계전기 접점 CK가 투입된다. 이때 신호선 및 장판 발열체에 ⇢ 방향으로 전류가 흘러서 전기장판의 온도가 상승하게 된다.

반면, 스위치를 OFF의 위치에 있도록 하면 계전기 코일 K가 단락되어 계전기 접점 CK가 개로되고, 발열체로 전류가 흐르지 않게 되어 전기장판의 온도가 낮아진다. 이때 전류는 → 방향으로 흐르게 된다. 과열된 경우에는 나일론의 A 및 B 부분의 온도가 과도하게 상승하면 나일론의 발열선과 신호선 사이의 저항이 저하되어 ⓓ, ⓔ, ⓕ의 전류가 ○→ 방향으로 ⓔ와 ⓖ 사이를 흐른다.

결국 분류에 의해 계전기 코일 K에 흐르는 전류가 감소되어 규정치 이하로 되면 계전기 코일 K의 여자상태가 약화되어 계전기 접점 CK를 개로시킨다. 계전기 접점 CK가 개로되면 전류는 발열체로 흐르지 않게 되어 전기장판의 과열을 방지하게 된다.

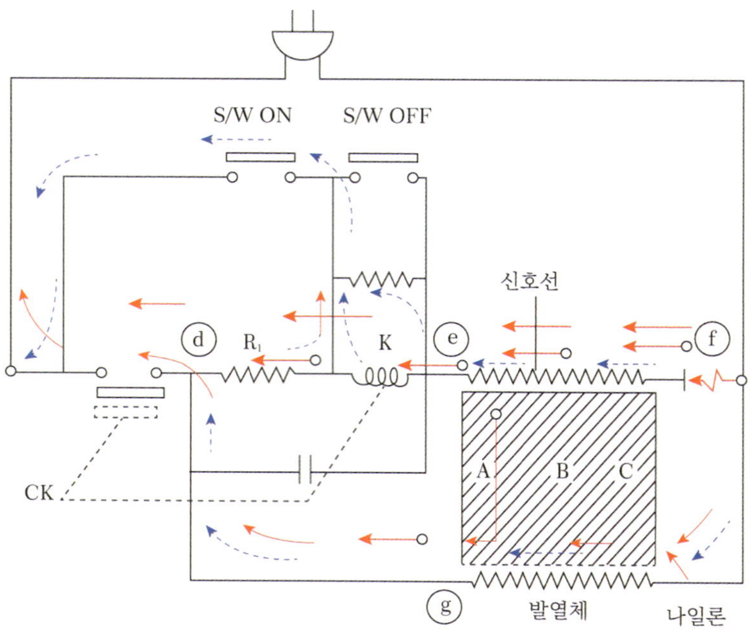

〈그림 7-9-3〉 전기장판의 신호선 방식에 의한 회로도

7.9.3 전기요

전기요(電氣窯, electric blanket)는 석유나 가스 등을 사용하는 난방기구들에 비해 청결하고 간편하여 일반 가정에서 상용 또는 보조난방으로 널리 사용한다. 전열선을 이용한 겨울철 난방기구로 인체와 접촉하여 사용하기 때문에 누전이 되면 감전사고로 이어지며, 사용자 임의의 분해 및 수리 등에 의해 과열되면 화재가 발생할 수 있다. 한국산업규격(KS C 9307)에 기술된 전기요의 적용범위는 [표 7-9-2]와 같다.

[표 7-9-2] 전기이불의 종류 및 정격

종 류	외피의 종류	용 도	크기 [mm](가로×세로)	정격전압
전기모포	모직물	취침시 몸 위로 덮어서 사용하는 것	구분하지 않음	220 [V] 전용 110 / 220 [V] 겸용
전기이불	면직물			
전 기 요	면직물	취침시 몸 아래에 깔아서 사용하는 것	소 900×1,800 중 1,100×1,800 대 1,350×1,800	

전기이불(heating pad)의 종류는 <그림 7-9-4>와 같이 몸체의 내부에 전열장치를 갖는 것으로 단상 교류 300 [V] 이하의 감열선식 전기요, 전기모포, 전기이불에 대하여 규정하고 있다. 전기요 각 부분의 용어는 전기장판(KS C 9200)과 같으나 몸체의 경우 기본적으로 평평한 모직물 또는 면직물 등으로 가요성이 있고, 내부에 발열체를 가지고 따듯한 기운을 얻기 위해서 사용된다.

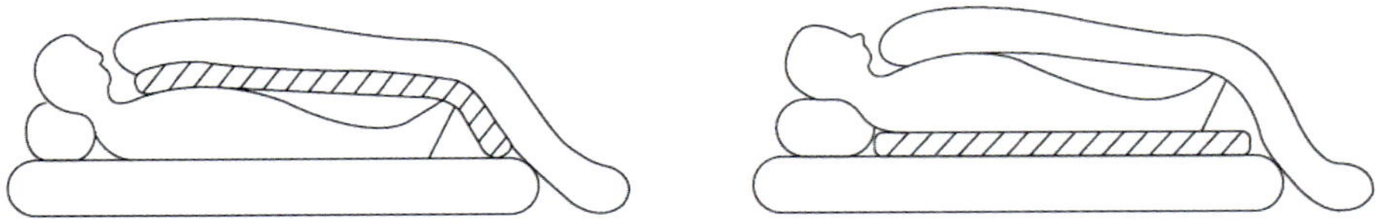

(a) 전기모포, 전기이불 (b) 전기요

〈그림 7-9-4〉 전기이불의 종류

전기요는 전열선, 컨트롤러, 전원 플러그 등으로 구성되어 있고, 전기장판과 동일한 구조를 갖고 있다. 시중에 유통되고 있는 것은 대부분 단상 110~220 [V], 소비전력 72 / 90~100 [W] 정도이다.

[표 7-9-3] 전기요 사양

구 분 \ 제 품	A 제품	B 제품
사용 전원	단상 110~220[V], 60[Hz]	단상 110~220[V], 60[Hz]
소비 전력	72[W]	90[W] 초과 100[W] 이하
열선 피복	내한내열성	내한내열성
최고보증온도	60±10[℃]	63±10[℃]
온도검지방식	감 열 선 식	감 열 선 식
기체 재질	폴리에스텔 100[%]	보온성 부직포

(1) 바이메탈식

바이메탈식(bimetal type) 전기요는 수동식 바이메탈, 보조 히터, 발열체 등으로 구성되어 있다. <그림 7-9-5>는 바이메탈식 전기요의 배선도 및 온도조절기의 구조를 나타낸 것이다. 전기요의 스위치에 의해 바이메탈과 보조 히터를 통과한 전류는 장판 발열선으로 유입되어 온도가 상승하며, 일정시간 이상 동작하여 보조 히터의 열에 의해 바이메탈이 동작하면 접점을 열어서 온도를 조절하게 된다. 이때 보조히터는 주위온도에 반응하여 낮은 온도에서는 통전율이 크고, 높은 온도에서 통전율이 작아지므로 전기요는 일정한 온도를 유지하게 된다.

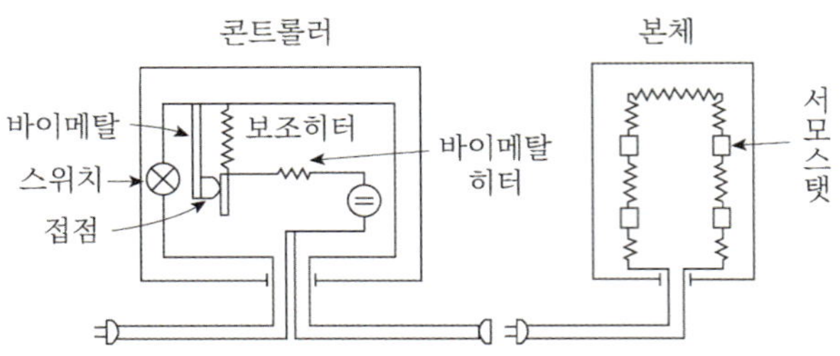

(a) 배선도

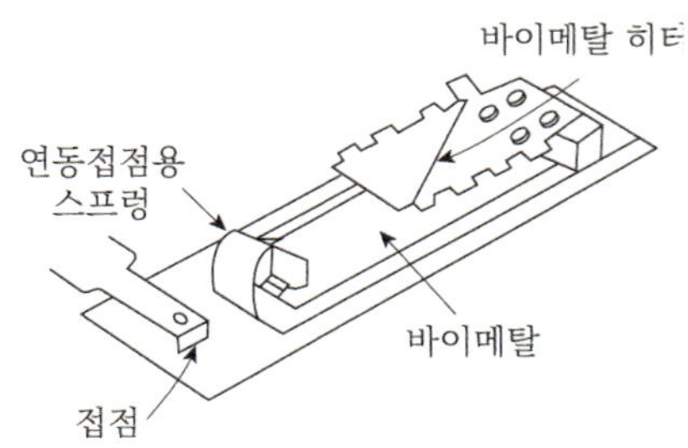

(b) 온도조절기의 구조

〈그림 7-9-5〉 바이메탈식 전기요

(2) 전자안전식

전기요 본체와 온도조절기는 <그림 7-9-6>과 같이 콘센트와 플러그로 연결되어 있으며, 자동온도조절기는 발열체 온도변화에 의한 저항값의 변화에 의해 온도조절 동작을 수행한다.

전기요를 동작시키면 전류는 전파정류기와 차동변압기 L_2를 통해서 전원부에 도달하며, L_3를 통해서 흐르는 전류가 직류계전기를 여자시켜 계전기의 접점을 닫는다. 이때 전류는 보조히터 및 바이메탈, 발열체의 차동변압기 L_1을 통과하여 온도를 상승시킨다.

일정시간 경과 후 온도가 상승하여 차동변압기 $L_1 > L_2$가 되면 발열체 2차권선의 L_3는 $L_1 = L_2$가 될 때까지 여자되어 직류계전기에 유입되는 전류를 차단하므로 계전기 접점이 열려서 발열체로 전류가 유입되지 않아 전기요의 온도가 저하되어 온도조절을 한다.

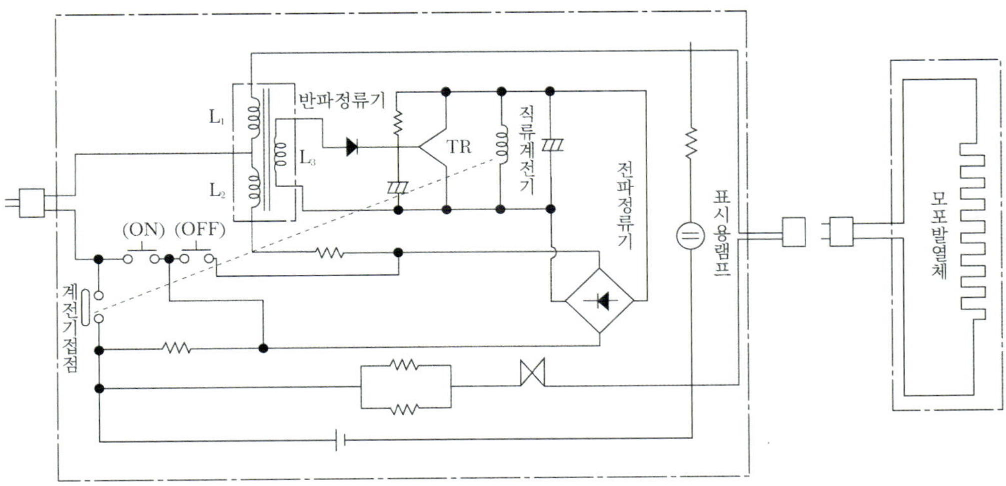

(a) 콘트롤러　　　(b) 장판 발열체(본체)

〈그림 7-9-6〉 전자안전식 전기요

(3) 신호선 방식

신호선 방식의 전기요는 직선으로 된 발열선 위에 피복으로 나일론을 사용하고, 그 위에 신호선(信號線, signal wire)을 감은 것으로 <그림 7-9-7>(a)는 신호선 및 발열선 등으로 구성된 신호선 발열선의 구조이며, <그림 7-9-7>(b)는 회로도를 나타낸다.

<그림 7-9-7>에서 스위치가 ON인 경우 전기요를 동작시키면 저항 R_1이 단락되어 계전기 코일 K가 여자되므로 계전기 접점 CK가 투입되어 신호선 및 발열체에 ⇢ 방향으로 전류가 흘러서 온도가 상승하게 된다. 스위치가 OFF인 경우 계전기 코일 K가 단락되므로 계전기 접점 CK가 개로되어 발열체로 전류가 흐르지 않고 → 방향으로 흘러 전기요의 온도가 낮아진다.

또한, 과열된 경우에는 나일론의 A · B 부분 온도가 과도하게 상승하면 나일론의 발열선과 신호선 사이의 저항이 저하되어 ⓓ, ⓔ, ⓕ의 전류가 ○→ 방향으로 흘러 ⓔ와 ⓖ 사이를 통과한다.

결국 분류에 의해 계전기 코일 K에 흐르는 전류가 감소되어 규정치 이하로 되면 계전기 코일 K의 여자상태가 약화되어 계전기 접점 CK를 개로시킨다. 계전기 접점 CK가 개로되면 전류는 발열체로 흐르지 않게 되어 전기요의 과열을 방지하게 된다.

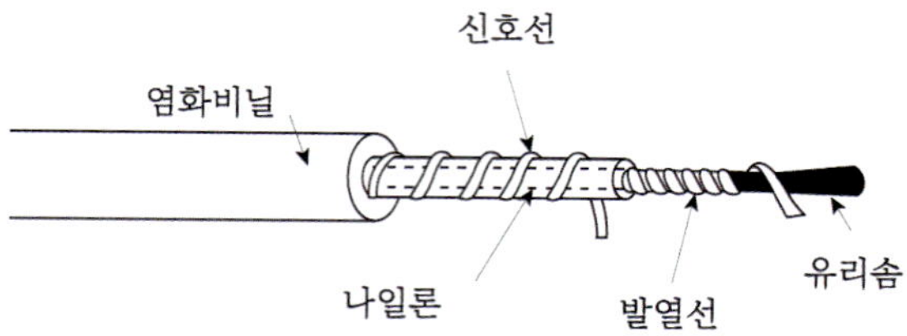

(a) 발열선 및 신호선

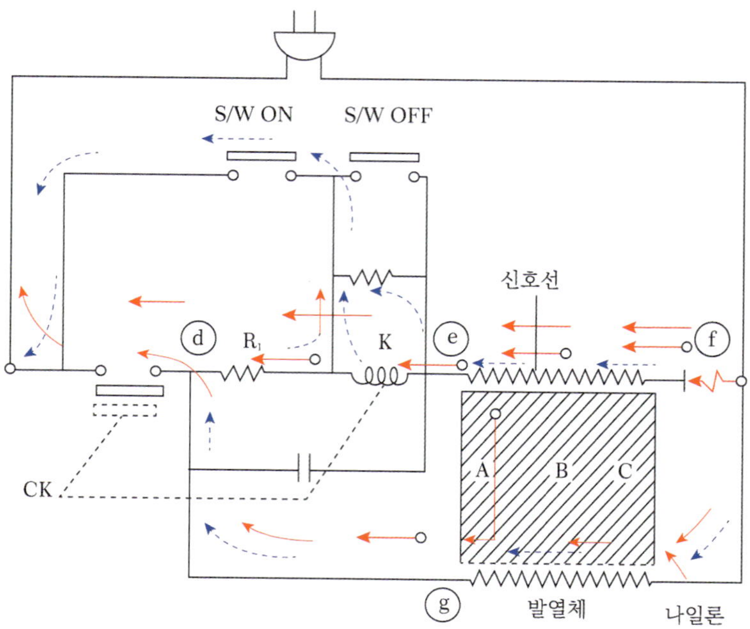

(b) 회로도

〈그림 7-9-7〉 신호선 전기요

7.9.4 전기방석

전기방석은 전기장판, 전기난로 등 다른 전열기에 비해 사용빈도는 적지만 일부 사무실, 실험실 등에서 난방용으로 사용된다. 전열선에 의해 발생된 열을 이용하는 편리한 제품이나 인체와 직접 접촉하여 사용하므로 고장, 사용불량 등에 의해 축열, 과열되면 화상, 화재가 발생할 수 있으며 누전이 발생하면 감전사고가 발생할 수 있다.

발열체, 전원선 등으로 구성된 전기방석은 전압이 인가된 발열체에 의해 가열되며, 사용불량 및 고장 등의 원인에 의해 축열되어 과열상태가 되어도 온도과상승방지기 등의 안전장치가 없다. 그러므로 자동온도조절기 및 안전장치가 부착된 전기장판, 전기요 등 다른 전열기보다 축열, 과열에 의한 인체 화상 및 화재위험성이 높다. <그림 7-9-8>(a)는 전기방석의 회로도로 전원선과 전열선이 직접 연결되어 있으며, <그림 7-9-8>(b)는 구조를 나타낸다.

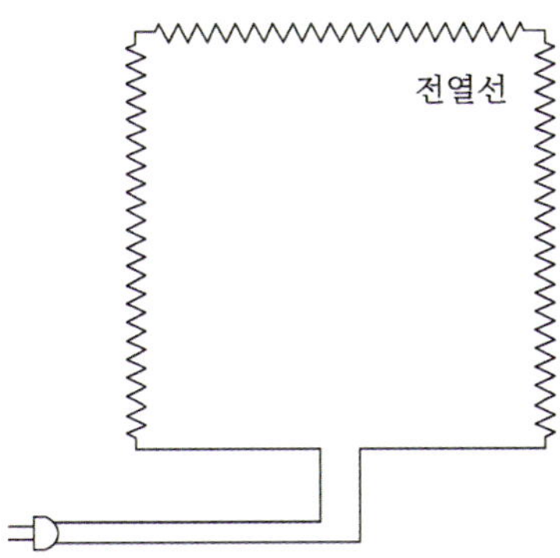

(a) 회로도

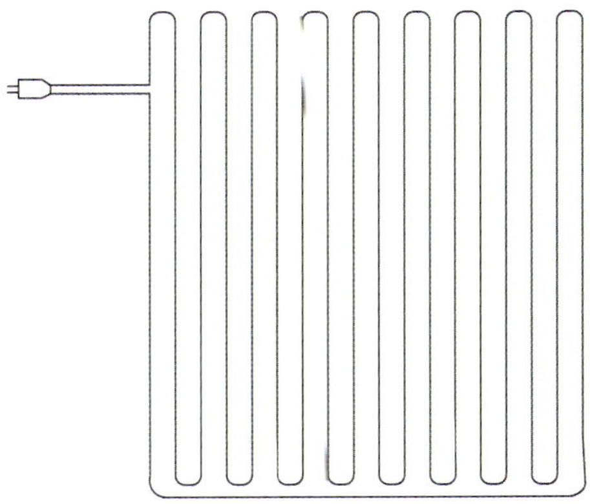

(b) 구조

〈그림 7-9-8〉 전기방석 회로도 및 구조

전기방석에 대한 한국산업규격은 없다. 따라서 특성이 매우 유사한 전기이불의 KS C 9307 규격을 통한 구조 및 치수, 절연저항, 온도 측정 등의 기준을 정하고 있다. [표 7-9-4]와 같이 시중에서 시판되는 정격전압 220 [V], 소비전력 13 [W]의 A사 제품에 대한 사양을 나타낸 것이다.

[표 7-9-4] 전기방석 사양

구분 \ 제품	A
사용 전원	단상 220 [V], 60 [Hz]
소비 전력	13 [W]
열선 피복	내한내열성
기체 재질	보온성 부직포

(1) 단선방식 코드히터의 구조

내열코어에 전열선을 감고 그 외측은 NTC 서미스터로 나온 감열층과 신호선으로 구성된다. 신호선은 감열층의 저항변화를 신호전류로 대체하여 제어기 속의 사이리스터에 게이트 전류로 전달한다. 사이리스터는 게이트전류가 있을 때만 순방향에 주전류를 흘리는 반도체소자이다.

따라서 신호전류의 유무에 의해서 전열선에 흐르는 전류를 ON/OFF 하는 스위칭 기능을 한다. 예를 들면 설정온도보다 높아지면 서미스터의 저항이 내려가 사이리스터에 걸리는 전압이 감소하여 게이트전류가 없어지고 주전류가 끊어져 발열이 멈춘다.

(2) 2선방식

발열선과 감열선이 따로따로 되어 있고 감열선의 검지신호에 의해 온도제어된다. 감열선의 감열층은 부의 저항온도특성을 가지며, 이 저항변화를 신호로서 제어기의 온도제어회로에 전하는 것에 의해서 히터전류를 제어한다. 과열보호를 위해 발열선의 나일론계 감열층은 일정 온도가 되면 용융하게 된다.

따라서 검지선과 전열선을 단락시켜 온도퓨즈를 용단하여 히터전류를 차단한다. 전기모포와 전기카펫(carpet)은 용량 및 본체 내부의 배선방법, 제어기의 구조 등에 따라 차이가 있지만 기본적인 회로구성은 동일하다.

7.9.5 조사의 요점

① 전원코드의 반단선에 따른 발열 및 불꽃으로 출화될 수 있다.

② 전열선의 단선에 따르는 이착 불꽃으로 출화될 수 있다.

③ 제어기의 고장에 의한 코드히터의 과열로 출화될 수 있다.

7.9.6 출화사례

① 전기모포의 스위치를 넣더라도 빠른 속도로 온도가 상승하지 않았기 때문에 모포 위에 잠시 휴식하고, 스위치를 그대로 둔 상태에서 외출하여 전원코드가 모포와 접속되어 가감장치(adapter) 부근에서 반단선 상태로 되어 있었기 때문에 과열로 출화하였다.

② 전기모포의 코드히터 전열선이 외부 스트레스 등에 의해 단선되어 이 개소에서 단속적으로 발생한 불꽃이 발생하여 주변의 모포에 착화되었다.

section 7.10 전기토스터

7.10.1 전기토스터의 구조와 기능

전기토스터는 빵을 굽는 조리용 전열기구로서 식생활 습관이 변화하여 아침식사를 빵으로 대용하거나 간식용으로 식빵 등을 사용하는 일이 많아지면서 수요가 증가하는 조리용 전열기이며, 발열체가 노출되어 제품에 이상이 발생하면 과열이나 감전 등의 사고가 발생할 위험성이 많은 제품이다.

한국산업규격(KS C 9206)에 기술된 전기토스터(electric toasters)의 적용범위는 단상교류 정격전압 300[V] 이하, 정격 소비전력 2[kW] 이하의 주로 가정용 팝업의 것으로 규정한다. 전기토스터는 구조에 의해 오븐형(oven type)과 팝업형(popup type)으로 구분한다.

<그림 7-10-1>은 오븐형 토스터의 회로도를 나타낸다. 오븐형 토스터는 토스터용의 얇은 빵에서부터 핫도그 등의 두꺼운 빵까지 구울 수 있으며 본체 앞면을 개폐하여 빵을 넣고 꺼낸다. 또한, 빵을 놓는 받침대는 본체 앞면의 개폐에 따라 앞뒤로 이동하는 것이 대부분이며 보빈형(bobbin type) 발열체를 주로 사용한다.

팝업형(popup type) 토스터는 자동식과 수동식이 있으며 대부분은 2장의 빵을 동시에 굽도록 되어 있다. 윗면에 빵을 넣고 빼는 투입구가 2개 있고, 이 투입구의 양면에 3장의 발열체가 배열되어 있어서 각 발열체 사이로 빵이 이동하게 되어 있다.

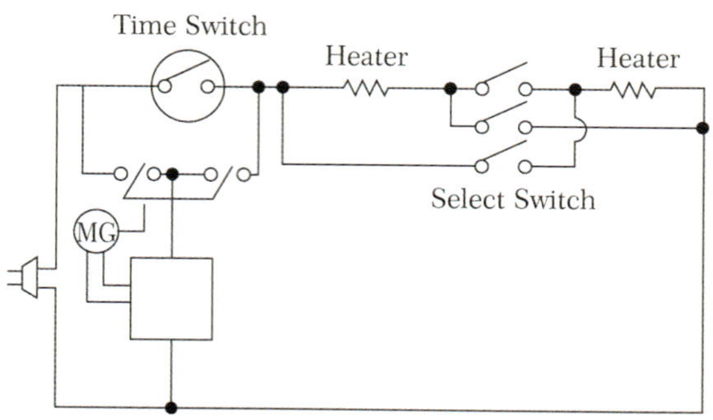

〈그림 7-10-1〉 오븐형 전기토스터의 회로도

<그림 7-10-2>는 팝업형 전기토스터의 구조이며 동작원리에 따라 바이메탈식, 시계식, 전자동식 등으로 구분할 수 있다. 한국산업규격에서는 전기토스터를 팝업형으로 제한하며 [표 7-10-1]과 같이 조작방법에 의해 수동형, 자동형, 전자동형 등으로 구분한다.

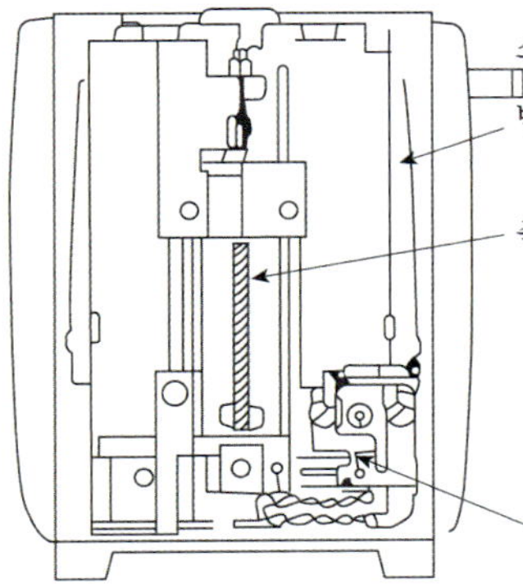

〈그림 7-10-2〉 팝업형 토스터의 구조

[표 7-10-1] 전기토스터의 종류

종 류	조 작
수 동 형	빵을 연소에 넣는 일이나 구워진 빵을 꺼내는 일 모두 수동으로 하는 것
자 동 형	빵을 소실에 넣는 일은 수동으로 하고, 빵이 구워지면 자동적으로 소실에서 나오도록 되어있는 것
전자동형	빵을 소실 입구에 놓으면 자동적으로 빵이 소실에 들어가고 빵이 구워지면 자동적으로 소실에서 나오도록 되어있는 것

(1) 수동형

이 방식은 스위치를 수동으로 절환하는 방식으로 <그림 7-10-3>과 같이 본체 옆면의 손잡이를 밑으로 해서 스위치를 동작시켜서 발열체를 동작시키고, 위로 올려서 스위치를 절환하여 전원을 차단하는 구조로 되어 있다.

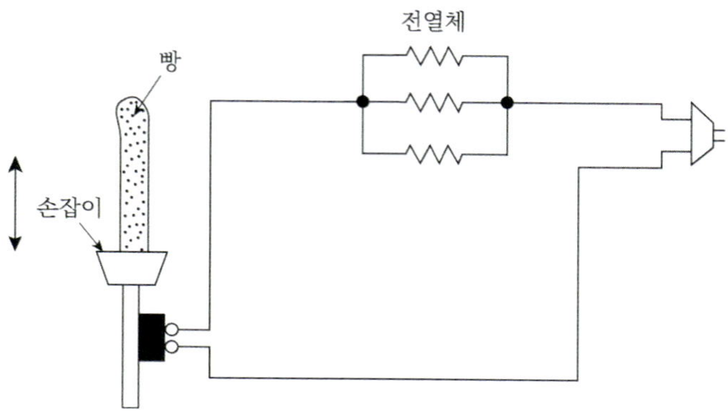

〈그림 7-10-3〉 수동식 토스터 회로도

(2) 자동형

① 바이메탈식

<그림 7-10-4>는 회로도로 손잡이를 밑으로 하면 접점이 닫혀 통전된다. 빵이 구워지면 발열체 온도가 상승하여 연결된 바이메탈(bimetal)의 동작으로 손잡이를 정지시키며, 동시에 연결된 나사의 힘으로 빵이 나오면서 접점이 열린다.

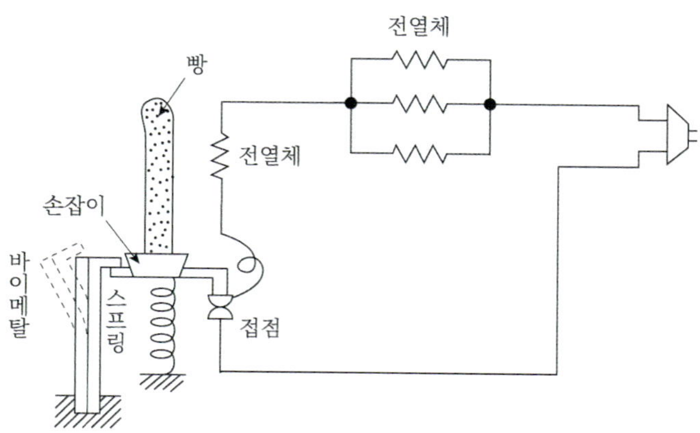

〈그림 7-10-4〉 바이메탈식 토스터 회로도

② 시계식

<그림 7-10-5>(a)는 스프링, 태엽 등으로 구성된 자동형 시계식 토스터의 구조이며, 시계식 손잡이를 밑으로 하면 접점이 닫혀 통전되면서 태엽이 감기게 된다. 발열체는 태엽의 동작시간 동안 동작하며 점선위치에 도달하면 태엽에 의해 빵이 나오면서 접점

이 열려 동작이 정지된다. <그림 7-10-5>(b)는 회로도를 나타낸다.

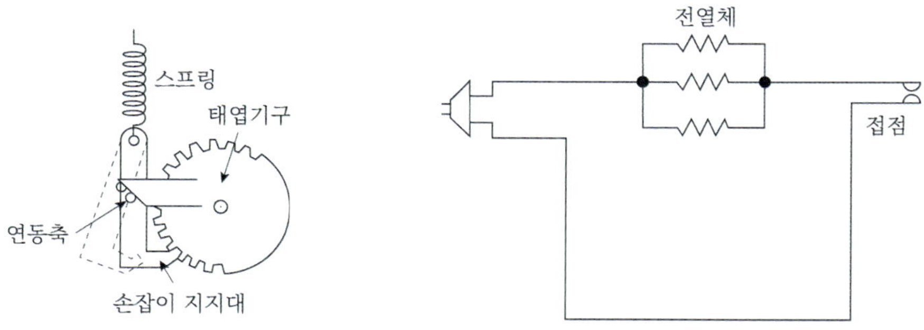

(a) 구조 (b) 회로도

〈그림 7-10-5〉 시계식 구조 및 회로도

③ 전자동식

전자동식 전기토스터는 사용자의 스위치 조작이 필요 없고, 빵을 넣으면 일정하게 구워서 토출시키는 방식이다.

<그림 7-10-6>은 전자동식 전기토스터의 회로도로 빵을 넣으면 무게에 의해 밑판이 내려가 보조접점을 닫고 인장선에 전류가 흐른다. 인장선은 일종의 발열체로 열을 받으면 늘어나서 주접점을 닫아 발열체를 가열한다. 빵이 타기 시작하면 바이메탈이 동작해서 보조접점을 열고 인장선을 잡아당겨서 빵이 나온다.

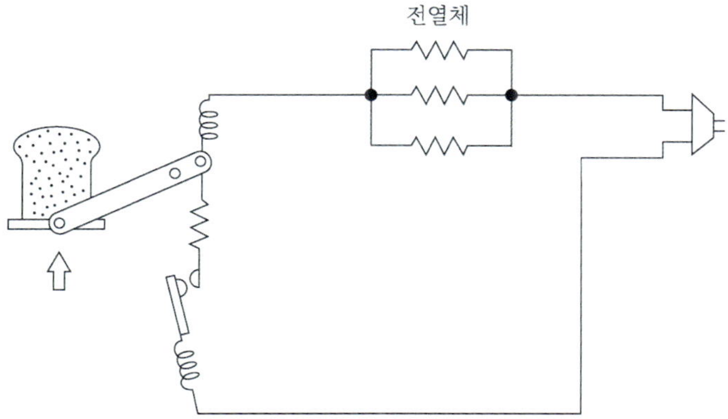

〈그림 7-10-6〉 전자동식 구조 및 회로도

시중에서 판매되고 있는 전기토스터 중 일반적으로 많이 보급되어 있는 2개사 제품을 선택하여 그 제품의 사양을 보면 [표 7-10-2]와 같다.

[표 7-10-2] 전기토스터 사양

구 분 \ 제 품	A 제품	B 제품
사용전원	단상 220 [V], 60 [Hz]	단상 220 [V], 60 [Hz]
소비전력	720 [W]	710 [W]
재 질	알루미늄 코팅, 스틸 / 니켈 도금	-
방 식	자동식	자동식
기 타	수 입	국 산

7.10.2 조사의 요점

① 전원코드의 절연파괴에 따른 발열로 출화될 수 있다.

② 받침대 승강기구의 고장에 의한 계속통전 과열로 출화될 수 있다.

7.10.3 출화사례

자동식의 토스터에 빵을 넣고 그 자리를 이탈했는데 빵 받침대의 승강기구가 고장난 상태에서 통전이 계속되어 빵이 탄화되고 발화하였다.

section 7.11 오븐 토스터

7.11.1 오븐 토스터의 구조와 기능

보통의 토스터가 얇은 빵만을 굽는데 비하여 오븐 토스터(oven toaster)는 굽는 것 외에 핫도그(hot dog), 과자, 두꺼운 빵 등도 구울 수 있다. 또한, 튀김 및 도자기의 재가열 등에도 이용되고 있다. 상하에 있는 발열체는 석영관 히터가 대부분 쓰이고 있지만 하부의 히터보다 상부의 히터의 용량이 커지고 있다. 가열온도 조절을 할 수 있는 것으로 선택스위치로 여러 단계에 바꿔 할 수 있지만 가열시간은 시계장치의 타이머 스위치로 조절하는 것이 보통이다.

그러나 최근 간이조리기구로서의 기능을 높여 마이크로컴퓨터에 의한 가열시간 및 가열온도의 제어기능 및 과열방지기능을 갖춘 기종도 증가하고 있다.

7.11.2 조사의 요점

① 목재 선반 가운데 등에 고정된 장소에서 장기간 사용한 경우 저온착화의 위험이 발생될 수 있다.

② 타이머에 이물의 침입 및 부식 등에 의한 장시간 연속 통전 가열로 출화될 수 있다.

③ 프린트 기판에 국물 등이 침입하여 스위칭제어 불능이 되어 장시간 연속 통전 가열로 출화될 수 있다.

7.11.3 출화사례

① 오븐 토스터를 컬러박스(color box)의 선반에 넣어 이 장소에서 상시 사용함으로써 저온착화에 의해 선반판으로부터 출화하였다.

② 마이콤제어 오븐 토스터의 제어기판에 국물이 흘러들었기 때문에 스위치가 끊어지지 않고 장시간 연속통전이 되어 오븐 토스터의 수지 부분이 용융되었다.

③ 생선구이를 오븐 토스터에 넣고 재가열한 채로 외출하여 타이머가 도중에서 멈추었기 때문에 스위치가 끊어지지 않고 탄화한 생선으로부터 발화함과 동시에 오븐 토스터를 놓은 선반에 착화되었다.

section 7.12 전기주전자

7.12.1 전기주전자의 구조와 기능

전기주전자(電氣酒煎子, electric kettles)는 물만 끓이고 보온기능을 갖지 않은 것과 보온기능을 가지는 것이 있다. 발열체는 용기 밑바닥부에 공간히터를 사용하며, 리미터 온도계와 온도퓨즈에 의한 과열보호가 실행되고 있다. 또한, 마이크로 컴퓨터빔 파워 스톱퍼가 붙은 주전자도 보급되고 있다.

전원코드와 주전자 본체와의 접속은 플러그식의 것도 있지만 코드를 뺄 때에 빠져서 주전자의 전도를 막는 마그네트식 플러그도 많이 쓰이고 있다.

음료용수를 가열하는데 사용하는 주방용 전열기인 전기주전자는 알루미늄(Al) 등 경금속을 주재료로 사용한 원통형 본체와 본체 밑부분에 내장된 발열체, 일체형 코드, 스위치, 온도조절장치, 안전장치 등으로 구성된다.

한국산업규격(KS C 9309)에 기술된 전기주전자의 적용범위는 단상교류로 정격 전압 300 [V] 이하, 정격 소비전력 1.5 [kW] 이하의 용기와 발열체를 일체로 한 주로 가정용의 것으로 정격전압은 220[V]로 규정하며 온도조절 방식에 의해 [표 7-12-1]과 같이 보통형과 자동형으로 구분하며, 주로 자동형을 사용한다.

[표 7-12-1] 가정용 전기주전자의 종류와 특징

종 류	특 징
보통형	수온을 비등점에 이르지 않는 일정 온도를 지속적으로 유지할 수가 없는 것
자동형	• 자동온도조절기에 의해서 수온을 제어하고, 비등점에 이르지 않는 일정 온도를 지속적으로 유지할 수 있는 것 • 온도를 조절할 수 있는 것과 없는 것

전기주전자의 구조는 <그림 7-12-1>과 같이 손잡이, 뚜껑, 본체, 발열체, 온도조절기 등으로 구성된다.

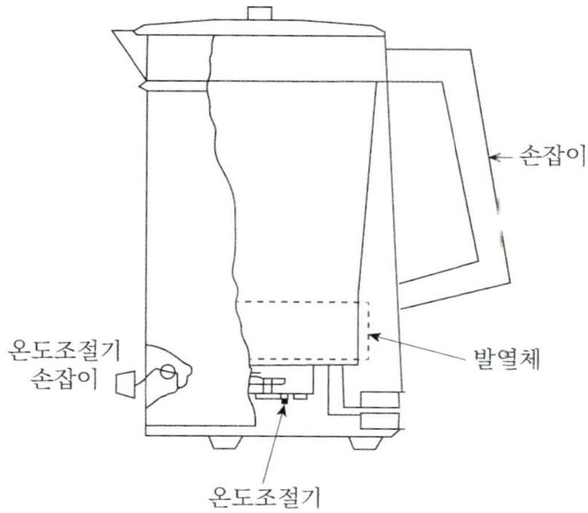

〈그림 7-12-1〉 전기주전자 구조

(1) 보통형

보통형 전기주전자는 온도조절 기능이 없으며, <그림 7-12-2>와 같다. 전자 회로도는 정해진 온도에 도달하면 전원을 차단한다. 발열체의 동작 상태를 표시하는 표시등(表示燈, PL, pilot lamp), 설정된 수온에서 전기회로를 개폐하는 온도스위치 등으로 구성된다.

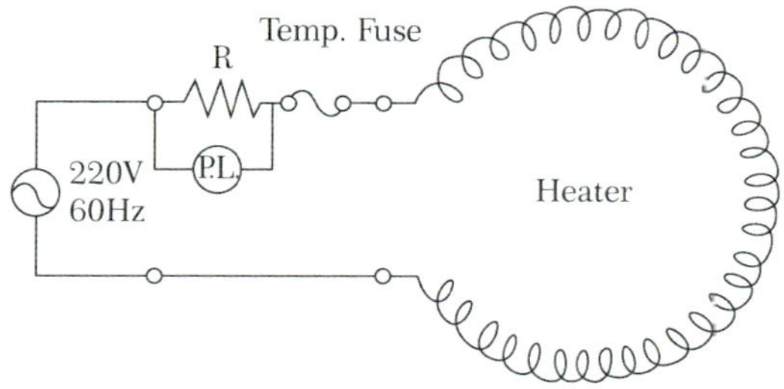

〈그림 7-12-2〉 보통형 전기주전자 회로도

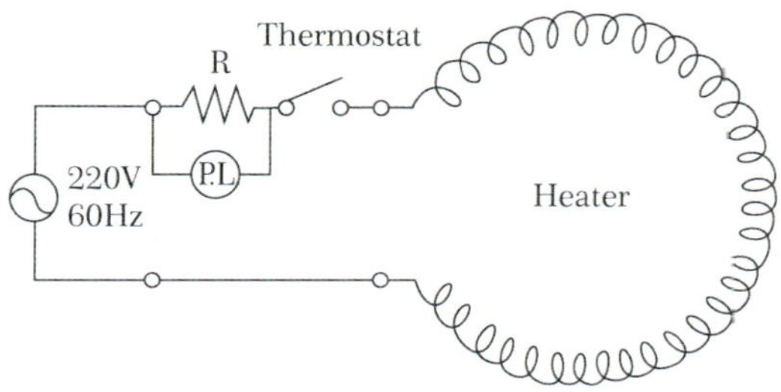

〈그림 7-12-3〉 자동형 전기주전자 회로도

(2) 자동형

자동형 전기주전자는 <그림 7-12-3>과 같이 일반형에 비해 설정된 온도를 일정하게 유지하는 자동온도조절장치가 추가로 내장되어 있다. 제품에서 표시하는 눈금별 온도는 [표 7-12-2]와 같이 저온 40~50[℃]부터 연속 100[℃] 등으로 구분한다.

[표 7-12-2] 전기주전자 표시 눈금별 온도

눈금	온도[℃]
저	40 ~ 50
중	60 ~ 70
고	90 ~ 100
연속	100

① 전기자동주전자

자동온도조절기에 의해 탕의 온도조절을 임의로 설정할 수 있는 것이 특징이다. 또한, 가장 간단한 구조는 자동온도조절기가 없고 비등기능밖에 가지지 않은 것도 있다.

② 전기주전자

탕을 끓이는 기능과 보온기능을 가진 주전자이다. 탕을 끓이는 스위치를 넣고 비등할 때까지는 탕을 끓이는 열전대와 보온열전대(TRS, Thermal Reed switch)는 같이 닫히고 있지만 탕이 끓으면 탕을 끓이는 열전대와 보온열전대가 OFF가 된다. 그 후는 TRS만이 ON/OFF를 되풀이하여 탕이 적온에 유지한다. TRS는 불활성가스를 봉입한 유리관 내에 자성체 접점을 설치하여 그 회전에 감은 페라이트(ferrite)를 사용한 마그네트(magnet)를 설치한 것이다.

큐리 온도(Curie temperature) 이하에서는 페라이트가 자속을 통과시키기 때문에 자성체는 자화되지 않고 접점은 닫힌 상태이지만 일정 온도에 도달하면 페라이트가 자성을 잃어 자속을 통과시키지 않게 되고 자성체가 자화되어 접점이 열린다.

7.12.2 조사의 요점

① 전원코드의 절연파괴에 따른 발열로 출화될 수 있다.

② 전자접촉기 가동편의 로크에 따른 코일의 과열로 출화될 수 있다.

③ 빈 용기 가열에 의한 리미터 열전대의 기능열화에 따른 출화로 출화될 수 있다.

7.12.3 출화사례

온도퓨즈가 끊어진 전기주전자를 비전문가가 수리하여 온도퓨즈와 리미터 열전대를 회로에서 제거하여 사용함으로써 빈 용기 가열에 의해 출화하였다.

section 7.13 전기밥솥

7.13.1 전기밥솥의 구조와 기능

전기밥솥은 기능면으로 분류하면 취사기능만 있는 것과 취사 후 2~3시간 정도 보온기능을 가지는 일반 전기밥솥, 취사와 12시간 정도의 보온기능을 가지는 전자밥솥, 보온기능만 있는 것으로 나누어진다.

가열방법으로 나누면 쌀과 물을 넣은 안쪽 가마를 바닥면 또는 안 가마 전체에 히터로 직접 가열하여 취사하는 직접가열식과 안 가마와 바깥쪽 가마 사이에 일정량의 물을 넣어 밖의 가마 밑바닥에서 가열하는 간접가열식이 있지만 온도제어 및 열효율 등을 감안하면 직접가열식이 주류로 되어 있다. 또한, IH 밥솥은 취사히터가 없지만 전자유도발열방식에 의해 안쪽 가마 자체가 직접 발열하여 취사하기 때문에 직접가열식으로 분류된다.

대부분의 가정에서 사용하는 전기밥솥은 전열체를 이용하여 밥을 자동으로 짓는 조리용 전열기구로서 다양한 기능과 특징을 가진 업체의 제품들이 시중에 유통된다.

한국산업규격(KS C 9310)에서는 전기밥솥(electric rice cookers)의 적용범위를 정격전압 300 [V] 이하, 정격소비전력 2 [kW] 이하의 주로 가정용 전기솥으로 규정한다. 또한, 정격전원은 정격주파수 60 [Hz], 단상교류 220 [V] 전용 및 110 / 220 [V] 겸용 등으로 규정하고 있다.

기본적인 취사기능 외에 보온유지기능의 유무 및 압력을 이용한 취사방식 여부에 의해 [표 7-13-1]과 같이 전기솥, 전자-겸용 전기솥, 전기압력솥 등으로 구분한다.

[표 7-13-1] 전기밥솥의 기능 분류

명 칭	내 용
전 기 솥	전열을 이용해서 주로 쌀밥을 자동적으로 짓는 기구를 말하는 것으로 단시간 보온할 수 있는 기능을 가지는 것도 포함한다.
전자 - 겸용 전 기 솥	전자자의 보온기능을 겸해서 가지고 있는 전기솥
전기압력솥	0.1 [kgf/cm^2](게이지 압력) 이상의 압력으로 밥을 짓는 전기솥

[표 7-13-2]는 최대 취사용량, 본체, 내피, 외피, 기체 등 전기밥솥 구조 및 실험에 사용되는 관련 용어로서 한국산업규격에서 정의된 사항이다.

[표 7-13-2] 전기밥솥의 용어 정의

용 어	내 용
최대취사량	전기솥의 종류에 따라 1 회에 취사할 수 있는 쌀의 최대용량(l)을 표시한 것
본 체	뚜껑 그리고 내피를 제외한 부분
내 피	쌀과 물을 넣는 용기
외 피	간접 가열식의 내피 솥을 넣는 용기
기 체	본체와 뚜껑 그리고 내피의 총칭

<그림 7-13-1>은 물, 쌀 등에 의한 밀봉기능이 우수하여 오손에 의한 손상 가능성이 적으므로 전기밥솥에 주로 사용되는 스페이스식 및 시즈식 발열체의 구조를 나타낸다.

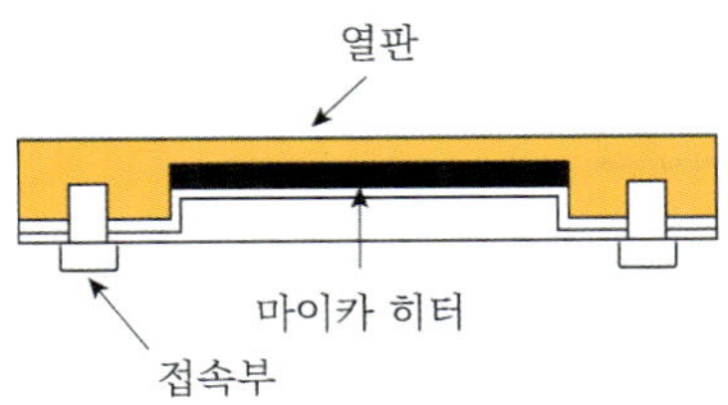

(a) 스페이스식 발열체

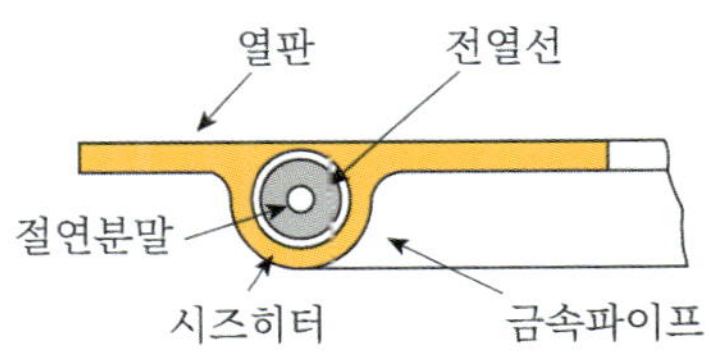

(b) 시즈식 발열체

〈그림 7-13-1〉 전기밥솥 발열체의 형태

전기밥솥은 한국산업규격에서 취사방식에 의해 [표 7-13-3]과 같이 발열체의 열을 직접 전도하여 사용하는 직접가열식과 물 등을 사용하여 내피솥을 간접 가열하여 취사하는 간접가열식 등으로 구분한다. 또한, 기존 기계식 전기밥솥에서 취사재료의 특성에 적합한 온도를 조절할 수 있는 마이컴 방식(micom method), 내피 솥을 전체를 일정하게 가열할 수 있는 IH 방식(Induction Heat method), 압력기능을 추가한 전기압력 밥솥 등으로 기능이 다양화되고 있다.

[표 7-13-3] 전기밥솥의 동작 분류

가열 방식	내 용
직접가열식	쌀과 물을 넣은 외피를 직접 가열해서 취사
간접가열식	내피에 쌀과 물을 넣고, 내피와 외피 사이에 일정한 양의 물을 넣고 내피솥을 간접적으로 가열해서 취사

(1) 직접가열식

직접가열식은 발열체, 자동온도조절기, 파일롯 램프, 자동스위치가 있는 외피와 물눈금이 달려있는 내피, 뚜껑 등으로 구성되어 있으며 발열체가 내피를 직접 가열하여 취사하는 방식이다.

직접가열식 전기밥솥의 자동장치는 밥솥 내부의 밑바닥이 용수철에 의해 압력을 받아 접속되어 밑바닥의 온도를 정확하게 측정하는 중앙접촉식(center touch type) 서모스탯(thermostat)과 서모스탯에 전기적 또는 기계적으로 접속된 릴레이스위치, 스위치의 연동에 의해서 회로를 개폐하는 기구 등으로 구성되어 있다. <그림 7-13-2>는 직접가열식 전기밥솥의 구조 및 명칭, 회로도를 나타낸다.

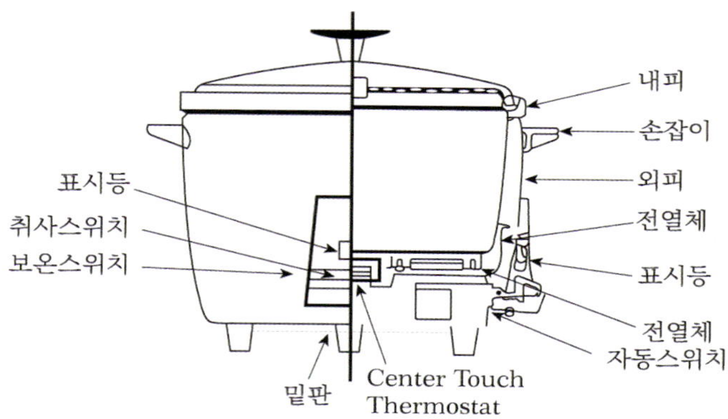

(a) 구조 및 명칭

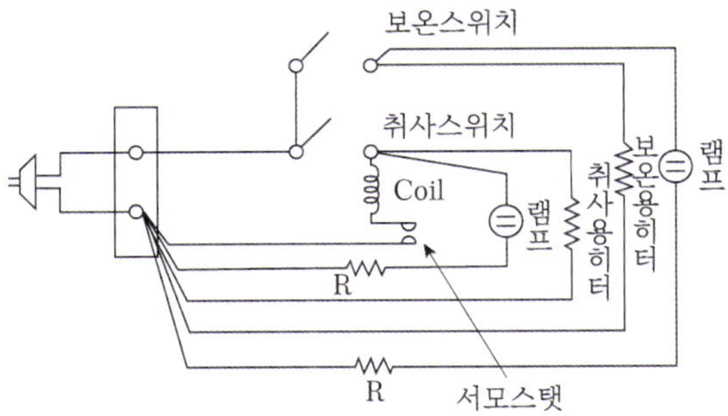

(b) 회로도

〈그림 7-13-2〉 직접가열식 전기밥솥

(2) 간접가열식

간접가열식은 외피, 열동스위치, 내피, 발열체 및 뚜껑 등으로 구성된다. 발열체, 열동스위치는 외피의 밑바닥에 부착되어 있다. 그리고 외피에 가열물을 넣어 내피를 간접적으로 가열하여 취사하는 방식으로 주로 운모 발열체를 사용하며, 발열체는 외피 바닥에 부착된다. <그림 7-13-3>은 간접가열식 전기밥솥의 구조, 회로도를 나타낸다.

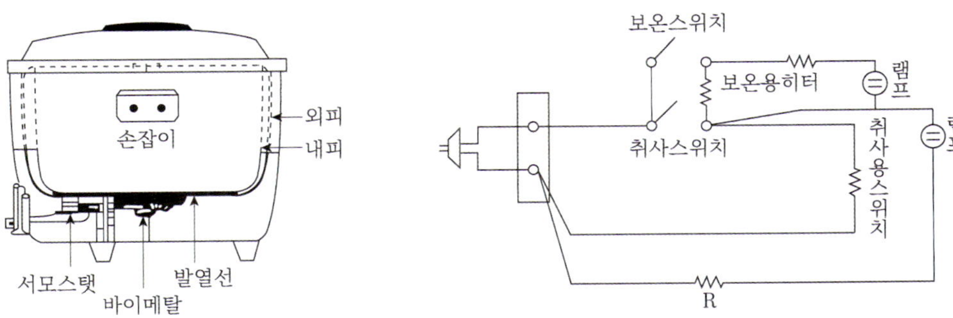

(a) 구조 (b) 회로도

〈그림 7-13-3〉 간접가열식 전기밥솥

(3) 마이컴 전기밥솥

기계식 전기밥솥의 온도조절장치는 온도변화에 의한 금속의 물성 변화를 이용한 바이메탈을 사용했으나 마이컴방식은 온도감지센서와 프로그램 기능을 이용하여 최적의 온도를 조절할 수 있는 마이컴을 사용한다. 마이컴 방식의 특징은 프로그램 기능에 의해 잡곡, 죽, 현미밥 등 취사재료에 적합한 최적의 온도 및 시간을 설정하여 취사할 수 있으며 부가장치 없이 취사 예약을 할 수 있다는 장점이 있다.

(4) 유도가열식(IH) 밥솥

유도가열(誘導加熱, induction heat) 방식에 의해 내피를 강력하게 발열시켜서 급속하게 취사할 수 있는 IH 밥솥은 1988년 일본에서 개발되었다. 그러나 일반 밥솥은 열판이 내피의 밑바닥을 가열하는데 비해 IH 밥솥은 전기코일에 의해 발생된 자력에 의해 내피 전체가 발열하므로 취사속도가 빠르다.

밥솥의 측면과 밑면의 에너지밀도를 약 3대 1로 차등화시켜 측면부를 더욱 가열하여 가열된 쌀이 내피 안에서 상하좌우로 급격히 이동하면서 강한 대류를 형성, 쌀을 골고루 익힐 수 있는 장점이 있다. <그림 7-13-4>는 유도가열식 밥솥의 구조를 나타낸 것이다.

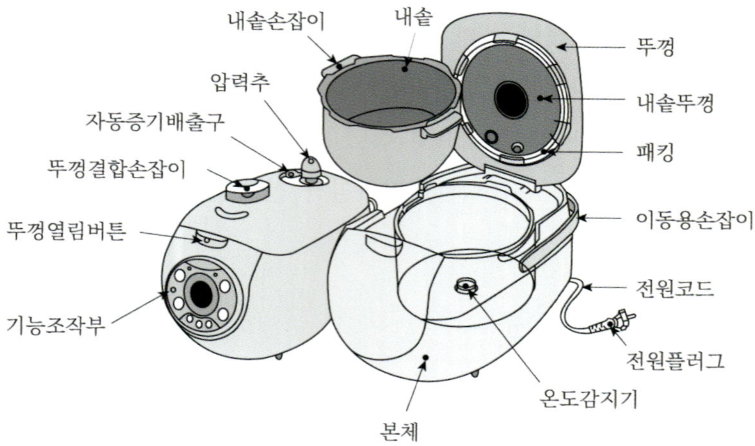

〈그림 7-13-4〉 유도가열식 밥솥의 구조 및 명칭

(5) 전기압력 보온밥솥

일반적으로 시판되고 있는 전기압력 보온밥솥의 사양은 [표 7-13-4]과 같다.

[표 7-13-4] 전기밥솥 사양

구 분 \ 제 품	A 제품	B 제품
사용전원	단상 220 [V], 60 [Hz]	단상 220 [V], 60 [Hz]
소비전력	720 [W]	350 [W]
종 류	전자-겸용 전기솥	전자-겸용 전기솥
최대취사량	1.80 [l]	0.72 [l]

7.13.2 조사의 요점

① 전원코드의 절연파괴에 따른 발열로 출화될 수 있다.

② 열전대의 작동불량에 따른 과열로 출화될 수 있다.

③ 스위치기구의 불량에 따른 계속 통전으로 출화될 수 있다.

④ 콘덴서의 절연파괴에 따른 발열로 출화될 수 있다.

⑤ 전자식코일, 가열코일 등의 절연파괴 또는 층간단락에 따른 발화로 출화될 수 있다.

⑥ 제어기판에 이물질 부착에 의한 제어불능에 의한 과열 발화로 출화될 수 있다.

7.13.3 출화사례

① 전자밥솥으로 보온 중에 릴식 전원코드가 기구설치 출구부근에서 생긴 반단선에 의해 절연파괴를 일으켜 출화하였다.

② 전기밥솥 본체의 플러그를 꽂고 뺄 때에 발생한 불꽃에 의해 플러그의 몰드수지가 흑연화하여 전원코드의 비닐피복에 착화하였다.

section 7.14 전기온수기

가정에서 쓰고 있는 전기온수기는 낙하식, 압상식, 감압판식에 분류되지만 현재는 대부분이 압상식이다.

7.14.1 전기온수기의 구조와 기능

(1) 압상식

압상식은 주로 부엌에서 사용되며 수도에 직결하여 탱크급수 수도꼭지를 돌리면 탱크 내에 물이 들어가 그 만큼만 온수가 나온다. 호스가 막히고, 얼기도 하면 탱크의 내압이 높아지므로 탱크 파손을 방지하기 위한 안전밸브가 붙어 있다. 탱크, 발열체 및 탱크 내의 파이프 등은 전부 내구성이 있는 스테인리스를 사용하고 있고, 탱크 내의 주위에는 단열효과가 좋은 유리섬유 등으로 채워 방열이 적다.

(2) 낙하식

낙하식은 창 등에 놓은 자중으로 수도꼭지로부터 온수가 나가는 방식이다. 탱크내의 급수는 급수밸브에 의해서 이루어지며 급수할 때 규정 수위 이상 넣더라도 통풍관으로부터 넘치게 되어 있다. 이 방식은 물을 써버리면 물을 보충해야 한다.

(3) 감압판식(중앙 급탕용)

수도관으로부터 감압판을 통하여 탱크 내로 급수하고 그 수압에 의해서 탱크 내의 온수를 밀어내는 방식으로 감압판의 2차 압력은 0.6 [kg]으로 설정하며, 급탕배관선단의 구멍을 개폐함으로써 온수가 나온다.

7.14.2 조사의 요점

① 스위치, 전기배선 등의 절연부 절연파괴를 확인할 필요가 있다.
② 열전대의 작동을 확인할 필요가 있다.
③ 히터의 이상과열을 확인할 필요가 있다.

section 7.15 전자레인지

전자레인지(microwave range)는 전자기파를 이용하여 식품을 가열하는 조리 기구이다. 전자레인지는 빠른 속도로 전기장의 방향을 바꾸기 위해 마그네트론을 사용하여 1 [s]에 2.45 [GHz]의 전자기파로 식품을 가열한다. 전기장의 방향이 1 [s]에 10 ~ 300억 번까지 바뀌는 전자기파를 마이크로파라고 부르는데 마이크로파는 통신이나 텔레비전 방송 등에 이용된다. 통신에 이용되는 전자기파와의 간섭을 피하기 위해서 전자레인지에서는 정해진 진동수의 마이크로파만 사용하도록 하고 있다. 이와 같은 원리를 이용한 가전기기는 전자레인지와 오븐 레인지 등으로 분류된다.

7.15.1 전자레인지

(1) 구조

외함, 가열실 및 문 등으로 이루어져 있다. 외함은 강판, 가열실은 스테인리스 강판 또는 알루미늄판으로 만들어져 있다. 가열실 천장은 플라스틱 덮개로 되어 있고 그 위에 마그네트론(magnetron) 및 도파관 등이 설치되어 있다.

(2) 기능

발진부는 전파를 발생하는 마그네트론, 전파를 가열실에 인도하는 도파관 및 마그네트론을 냉각하는 냉각팬으로 이루어져 있다.

전원부는 마그네트론의 동작에 필요한 히터전압과 직류고전압을 만드는 고압변압기, 고압콘덴서, 고압다이오드 등으로 이루어져 있다.

제어부는 가열시간을 제어하는 타임스위치 및 제어회로로 이루어져 있다.

가열실은 전파적으로 밀폐된 식품의 가열실, 식기 받침대 및 식품을 출납하기 위한 문으로 이루어져 있다. 또한, 균일가열을 위해 받침대를 돌리는 회전테이블, 전파를 교반하는 교반기(攪拌機, stirrer)가 설치되어 있다.

7.15.2 오븐 레인지 조사의 요점

오븐 레인지는 전자레인지 가열실에 오븐 그릴 등의 전열장치가 추가되어 있다.

(1) 오븐 내부의 상태

식품 및 그 포장지가 장시간 가열되면 탄화하여 출화하는 것이 있다. 탄화물은 마이크로파에 의해 불꽃이 발생하기도 하고 식품 중의 철분에 의해 불꽃이 되는 것이 있다. 또한, 탈산소제를 넣은 채로 가열하면 출화하는 경우가 있다. 전파가 침투하는 정도가 적은 폴리에틸렌, 멜라민, 페놀 등을 사용하면 그것 자체가 발열, 불꽃이 발생하기도 한다. 오븐고 내의 급전구 덮개가 식품의 찌꺼기 등으로 더러워진 경우 조리할 때 식품의 찌꺼기에 전파가 집중되어 탄화하여 출화하는 것이 있다.

(2) 기판의 상황

전원기판에 기름, 먼지 또는 바퀴벌레 등이 부착하면 이극 단자 간에 트래킹이 발생하여 출화하는 것이 있다. 이 경우의 출화로서는 외관적으로 조작 판넬측의 케비넷이 소손하여 오븐고 내에는 탄 흔적이 보이지 않는다. 또한, 바퀴벌레의 시체가 보이거나 기판의 일부에 국부적 연소가 보인다. 마그네트론 접속단자 부근의 방열판에 방전흔이 보인다.

7.15.3 출화사례

오븐고의 문을 열면 문 스위치의 합성수지제 래치(latch)가 용융 혹은 파손되어 있다. 래치 스위치는 문이 열릴 때 전원이 차단되어 외부로 전파를 방사시키지 않기 위한 리미터 스위치로 사용 중에 빈번히 문을 열면 접점이 마모되어 접촉 불량으로 출화하는 경우가 있다. 그리고 구동전동기의 층간단락은 제어전동기 및 송풍전동기의 권선을 주의 깊게 조사한다.

① 50 [Hz] 사양의 전자레인지를 60 [Hz]에서 사용하여 전원변압기가 과열하여 발화하였다.

② 타임스위치가 고장 나 오븐레인지에 코코넛을 넣어 따뜻하게 하였지만 전원스위치를 끄는 것을 잊었기 때문에 코코넛에서 발화하였다.

section 7.16 전기프라이팬

7.16.1 전기프라이팬의 구조와 기능

전기프라이팬(hot plate)은 대부분의 가정에서 고기 등을 굽거나 파전 등을 부칠 때 많이 사용하는 조리용 전열기구로서 한국산업규격(KS C 9210)에 기술된 전기프라이팬(electric cooker for household)의 적용범위는 정격전압 300 [V] 이하, 정격소비전력 2 [kW] 이하의 주로 가정에서 전열을 직접 이용하여 사용하는 가정용 조리기구로 규정하고 있다.

전기프라이팬은 온도조절방식에 의해 자동온도조절식과 절환스위치식으로 구분되며, 현재는 주로 자동온도조절방식을 사용한다. 전기프라이팬은 금속제 용기의 밑면에 발열체를 부착하고 온도조절기가 연결된 구조로 되어 있으며, 구조 및 회로도는 <그림 7-16-1>과 같다.

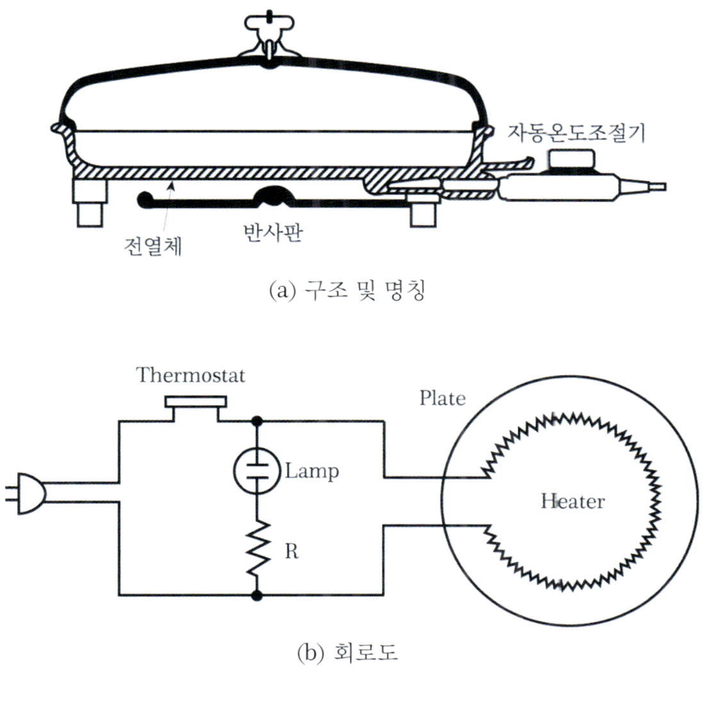

〈그림 7-16-1〉 전기프라이팬의 구조 및 회로도

(1) 자동온도조절식

알루미늄으로 된 판(plate)에 1 [kW] 전후의 시즈발열체를 붙인 구조로 되어 있으며, 앞면에 있는 온도조절기용 손잡이를 조작하여 열판의 온도를 50~350 [℃]로 조절하는 방식이다.

(2) 절환스위치식

절환스위치식은 온도조절기손잡이를 이용하여 각 분리된 용량의 발열체의 전원공급을 조작하여 온도를 조절하는 방식이다. 소비전력 910 [W]이며, 자동온도조절방식의 예로 [표 7-16-1]의 A제품 전기프라이팬의 사양을 들 수 있다.

[표 7-16-1] 제품 사양

제 품 / 구 분	A 제품
사 용 전 원	단상 220 [V], 60 [Hz]
소 비 전 력	910 [W]
온도조절방식	자동온도조절식

7.16.2 조사의 요점

① 전원코드의 단선 및 변형을 확인할 필요가 있다.

② 발열부 부착물 및 소손 등을 확인할 필요가 있다.

③ 열전대 작동 상태 및 소손 상황을 확인할 필요가 있다.

④ 온도제어 장치의 소손 및 작동 상태를 확인할 필요가 있다.

section 7.17 전기인두

7.17.1 전기인두의 구조와 기능

전기인두는 땜납붙이용, 재봉용, 조발용으로 분류된다. 전기납땜인두의 발열특성 및 제품의 안전성, 화재가 발생할 수 있는 취약부분을 파악하기 위하여 구조 및 재료로 구분하여 보면 한국산업규격(KS C 9202)에 기술된 전기납땜인두의 구조 일반은 모양이 올바르고 조립이 양호하다.

인두 끝 및 발열체를 교환할 수 있는 구조인 것은 쉽게 교환할 수 있고, 확실하게 부착될 것과 명판은 보기 쉬운 곳에 쉽게 지워지지 않는 방법으르 종류, 정격전압[V], 정격소비전력[W], 용량 및 크기, 제조자명 또는 약호, 제조년 또는 약호 등의 표시를 해야 한다.

전원 코드의 유효길이는 1.4 [m] 이상, 공칭 도체 단면적은 0.75 [mm²] 이상 되어야 한다는 규정이 명시되어 있다. 전기납땜인두의 구조 및 회로도는 <그림 7-17-1>과 같이 전원선과 발열체로 구성되어 있으며 동작스위치가 있는 것과 없는 것 등으로 구분된다.

전기납땜인두는 전파사, 실험실, 제품수리점 등에서 사용하는 전열기구로서 전기다리미와 동일하게 띠 모양의 니크롬선을 운모로 절연하거나 텅스텐(tungsten) 등의 발열체를 세라믹으로 소성하여 사용한다. 발열체 앞쪽에 금속제 팁(tip)을 연결한 구조로 동작스위치가 있는 것과 없는 것으로 등으로 구분한다.

(a) 구조

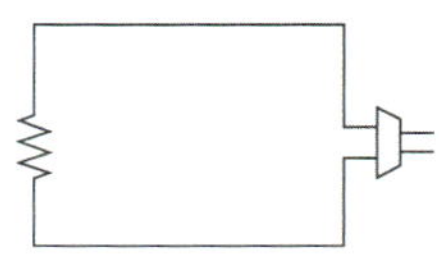

(b) 회로도

〈그림 7-17-1〉 전기납땜인두 구조 및 회르도

한국산업규격(KS C 9202)에 기술된 전기납땜인두(electric soldering irons)의 적용범위는 정격전압 220[V] 또는 110 / 220 [V] 겸용으로서 정격소비전력 500 [W] 이하로 규정하고 있다. [표 7-17-1]은 전기납땜인두의 절연성능 구분을 나타낸 것이며, 초고절연형, 고절연형, 일반형 등으로 구분한다. 또한, 시판되고 있는 전기납땜인두는 고절연형 제품의 사양을 예로 들면 [표 7-17-2]와 같다.

그리고 땜납붙이용 전기인두의 히터는 띠형의 니크롬선으로 운모 절연되어 있다. 자동온도조절기, 온도퓨즈 등의 제어 및 안전장치를 설치하고 있지 않기 때문에 통전방치, 회로 차단을 잊을 위험이 있다. 또한, 재봉용 전기인두는 열전대에 의해 온도조절(80～190 [℃])하며 부작동의 경우에 과열할 때는 온도퓨즈(226 [℃])에 의해서 회로가 차단된다.

[표 7-17-1] 전기납땜인두의 절연성능 구분

종 류	비고 [MΩ]
AA급(초고절연형)	1,000
A급(고절연형)	10
B급(일반형)	1

[표 7-17-2] 전기납땜인두의 제품 사양

구 분 \ 제 품	A 제품
사용전원	단상 110 [V], 60 [Hz]
소비전력	25 [W]
종 류	고절연형(A급)
동작스위치	없음

7.17.2 조사의 요점

① 통전 상황을 확인할 필요가 있다.

② 발열부 부착물의 확인할 필요가 있다.

③ 열전대 작동을 확인할 필요가 있다.

7.17.3 출화사례

전기인두의 플러그를 실수로 테이블탭에 꽂고, 통전 방치하여 합판의 선반에 출화하였다.

section 7.18 투입히터

투입히터는 가정용과 공업용으로 분류된다.

7.18.1 투입히터의 구조와 기능

① 가정용은 주로 관상어용으로 히터관 속에 온도를 검지하여 스위치를 ON/OFF 할 수 있는 리드 스위치가 내장되어 있으며, 온도조절은 불가능하다.
② 공업용은 금속파이프의 중앙에 나선형 발열체를 통과시켜 열전도가 좋은 고절연 분말이 충진되어 있다.

7.18.2 조사의 요점

① 히터의 통전상황을 확인할 필요가 있다.
② 열전대 등의 온도 센서의 작동상황 및 센서의 위치를 확인할 필요가 있다.

7.18.3 출화사례

아크릴로 제조된 수조의 접착면에서 누수되었기 때문에 투입된 히터가 노출되어 발열 출화하였다.

section 7.19 전기살충기

전기살충기는 약제의 형태로 페스트식, 매트식, 액체식 등으로 분류된다.

7.19.1 전기살충기의 구조와 기능

(1) 매트식

매트식은 발열체에 의해 약제를 가열하여 살충제의 성분을 휘발시킨다.

(2) 액체식

액체식은 전열체에 의해 탄소봉으로 흡인한 액체 약제를 가열하여 살충제의 성분을 휘발시킨다.

7.19.2 조사의 요점

① 전원의 통전 유무를 확인한다.
② 전원부의 연결 플러그의 접촉 불량이 발생했는지 확인한다.
③ 내장된 퓨즈의 상태를 확인한다.
④ 전원선 또는 내부 연결선에 반단선이 발생하여 탄화된 흔적이 있는지 확인한다.
⑤ 액체 약제가 누수되어 누전경로가 형성되었는지 확인한다.

7.19.3 출화사례

전기살충기를 식탁 밑에서 사용하고 있었기 때문에 물이 고여 전극 간에 트래킹이 생겨, 절연재가 흑연화하여 출화하였다.

section 7.20 의류건조기

습기의 배출방식에 의해 덕트식, 비덕트식으로 분류된다.

7.20.1 의류건조기의 구조와 기능

(1) 덕트식

덕트식 전동기의 프리에는 평벨트와 환벨트가 설치되어 있다. 평벨트는 프리를 경유하여 드럼을 천천히 50 [rpm] 정도로 저속 회전시키고, 한편은 환벨트를 통해 팬을 2,000 [rpm] 정도로 고속 회전시킨다. 팬의 회전에 의해 흡기구로부터 냉풍을 빨아 들여 히터를 통과하는 사이에 열풍이 되고 드럼 내에 들어가 세탁물을 건조시켜 습기는 배기구로부터 배출된다. 온도조절은 바이메탈식 열전대를 이용하며 안전장치는 문이 열릴 때 회로를 끊으며, 문 스위치 및 열풍 순환이 나쁜 내부가 고온이 될 때에 작동하는 보안용 바이메탈식 열전대 등이 있다.

(2) 비덕트식

비덕트식은 배기덕트를 설치할 수 없는 장소에 설치하는 것이다. 습기를 함유한 열풍을 열교환기에 통과시킴에 따라 습기를 결로시켜 기기 밖으로 배출하여 재가열로 건조한 열풍을 드럼에 보내는 것이다.

7.20.2 조사의 요점

① 기판의 상황을 확인한다.

② 히터 부분의 확인은 의류의 잔류염소에서 발생한 염소가스가 히터에 설치된 황동전극의 성분인 아연을 부식시켜 전극부에서 도통불량의 상태로 되어 통전시에 생긴 방전불꽃에 의해 출화하는 것이 있다. 히터의 용융흔의 유무와 표백제가 염소계인 것인가를 확인한다.

③ 건조물의 확인은 식물유 등을 빼낸 수건 등은 산화 발열하여 출화하는 것이 있다.

7.20.3 출화사례

의류건조기 히터단자 부분의 연결이 느슨해졌기 때문에 접촉 불량으로 과열하여 전선피복에 착화되었다.

section 7.21 이부자리 건조기

이부자리 건조기는 히터의 종류에 따라 니크롬선 및 철크롬선으로 제작한 히터와 반도체로 제작한 전자히터로 분류된다.

7.21.1 이부자리 건조기의 구조와 기능

이불 건조기는 본체, 호스, 매트의 3가지로 구성되어 있다. 그리고 본체는 타임스위치, 팬, 히터가 삽입되어 있다. 팬에 의해서 빨아 들여진 공기가 히터에 의해서 따뜻하게 되고 분출구에서 호스를 통해서 매트 내에 보내진다.

7.21.2 조사의 요점

① 전원의 통전 유무를 확인한다.
② 전원부의 연결 플러그에 접촉 불량이 발생했는지 확인한다.
③ 온도조절기의 작동 상태를 확인한다.
④ 전원선 또는 내부 연결선에 반단선이 발생하여 탄화된 흔적이 있는지 확인한다.

section 7.22 식기건조기

건조방식에 따라 자연대류식과 강제 건조식으로 분류된다.

7.22.1 식기건조기의 구조와 기능

(1) 자연대류식

자연대류식은 히터에 의해 따뜻하게 된 공기가 자연 대류하여 식기를 건조한다. 건조 시간은 타이머 스위치에 의해 제어된다.

(2) 강제건조식

강제건조식은 자연대류식과 다른 것은 팬에 의해서 빨아 들여진 공기가 히터에 의해서 따뜻하게 되고 강제적으로 식기를 건조한다.

7.22.2 조사의 요점

기판 등 절연부분의 열화 또는 물을 취급하기 때문에 습기에 의한 전극 간의 트래킹 유무를 확인한다. 또한, 전동기, 열전대, 전원코드 등의 이상 유무 확인이 요구된다.

① 전원의 통전 유무를 확인한다.
② 전원부의 연결 플러그의 접촉 불량이 발생했는지 확인한다.
③ 내장된 퓨즈의 상태를 확인한다.
④ 전원선 또는 내부 연결선에 반단선이 발생하여 탄화된 흔적이 있는지 확인한다.
⑤ 물이 누수되어 누전경로가 형성되었는지 확인한다.
⑥ 발열 히터의 소손 상태를 확인한다.

7.22.3 출화사례

식기건조기 히터의 전원차단용 온도릴레이 배선이 단선되어 건조기 내의 온도가 설정온도에 도달하더라도 히터전원이 차단되지 않았기 때문에 합성수지제 식기류가 연화 용융되어 일부가 히터 위에 떨어져 출화하였다.

exercise

연습문제

01 전기 저항체에 전류를 흘려 발생하는 줄열을 이용하는 발열 방식은? (　　)

① 저항 발열　　② 고주파 유도 발열
③ 전자 유도 발열　　④ 고전압 발열

02 대단히 높은 주파수의 전파를 유전체(절연체)에 조사하면 유전체 속의 분자가 고속 진동하여 이때 분자의 충돌마찰에 의해서 발열작용이 일어나는데 이와 같은 발열은 무엇인가? (　　)

① 저항 발열　　② 전자 유도 발열
③ 고전압 발열　　④ 고주파 유도 발열

03. 코일에 전류를 흘리면 자력선이 생기는데 이 자력선속에 자성체를 설치하면 자성체에 무수히 많은 맴돌이전류가 발생함과 동시에 자성체의 저항에 의해서 발열하는데 이와 같은 발열은 무엇인가? (　　)

① 고주파 유도 발열　　② 전자유도 발열
③ 고주파 유도 발열　　④ 고전압 발열

04 어떤 전열선이 노출된 상태 또는 자기제의 내열판 홈에 넣어 사용하기도 하는 히터는 어느 것인가? (　　)

① 운모 히터　　② 공간 히터
③ 코일 히터　　④ 보빈식 히터

05 금속파이프 속에 코일형의 전열선을 통과시켜 산화마그네슘 등의 절연 분말로 충전하여 사용하는 히터는? (　　)

① 석영관 히터　② 차폐 히터　③ 코일 히터　④ 적외선 히터

06 유리관 안에 들어 있는 필라멘트에서 방사되는 열선을 이용한 히터는? (　　)

① 적외선 히터　② 석영관 히터　③ 차폐 히터　④ 운모 히터

07 온풍 히터를 이용한 건조에 있어서 피건조물을 연속가열하기 위한 공기량(A_2)은 무엇에 비례하는가? (　　)

① 공기의 비열　② 공기의 비중
③ 피건조물에 공급되는 열량　④ 열풍의 온도

08 전기풍로의 전기화재 조사 요점이 아닌 것은? (　　)

① 스위치 접점의 접촉 불량에 의한 발열
② 가연물의 접근 또는 접촉에 따른 복사열
③ 통전 방치에 의한 근접 가연물의 착화
④ 사용된 발열체 또는 발열선의 재질

09 모발건조기의 전기화재 조사 요점이 아닌 것은? (　　)

① 전동기의 지속운전에 의한 발열
② 전원코드의 반단선에 의한 절연 파괴
③ 인접한 코일 히터의 접촉에 의한 국부 발열
④ 퇴적한 먼지에 의한 불티의 비산

10 전기다리미의 발열판의 온도[℃]는 어느 정도 상승하는가? (　　)

① 50　② 100　③ 150　④ 200

11 전기장판, 전기요 및 전기방석은 어떤 가열을 이용한 방식인가? (　　)

① 고주파가열　② 유도가열　③ 저항가열　④ 전자가열

12 한국산업규격(KS C 9309)에 기술된 전기주전자의 적용범위는 단상교류로 정격 전압은 얼마인가? (　　)

① 110 [V] 이하　② 220 [V] 이하　③ 300 [V] 이하　④ 440 [V] 이하

13 전기밥솥의 전기화재 조사 요점이 아닌 것은? (　　)

① 전원코드의 절연파괴에 의한 발열　② 콘덴서의 표시된 극성의 판별 확인
③ 열전대의 작동불량에 의한 발열　④ 스위치 기구의 고장에 의한 계속 통전

14 일반 가정용으로 사용되고 있는 전기프라이팬은 정격소비전력 [kW]이 얼마 이하인가? (　　)

① 0.5　② 1　③ 1.5　④ 2

15 전기인두에 사용되고 있는 전원코드의 유효길이[m]는 얼마 이상인가? (　　)

① 0.6　② 1.0　③ 1.4　④ 1.8

16 전열에 사용되는 발열체의 종류는 무엇이 있는가?

17 전기난로의 출화사례를 제시하시오.

18 전기온풍기의 통전 과정을 설명하시오.

19 전기온풍기의 방열 과정을 설명하시오.

20 전기주전자의 종류와 특징을 설명하시오.

[정답표]

1	2	3	4	5	6	7	8	9	10
①	④	②	③	②	①	③	④	①	④
11	12	13	14	15	16	17	18	19	20
③	③	②	④	③	본문참조				

Chapter

08

조명기기

contents

chapter 08 조명기기

section 8.1 백열전구

백열전구(白熱電球, incandescent lamp)는 유리구 속에 탄소선이나 텅스텐으로 만든 가느다란 선을 넣고, 여기에 전류를 흐르게 하여 빛을 내는 기구이다. 1879년 미국의 토머스 에디슨과 영국의 조지프 윌슨 스완에 의해 발명되었다.

필라멘트 코일의 재질인 텅스텐은 융점이 약 3,300 [℃]이므로 고온으로 가열이 가능하다. 그러나 공기 중에서는 필라멘트 코일이 연소되므로 전구의 내부는 진공으로 처리한다. 그리고 전구의 내부는 진공으로 만든 다음에 불활성 가스인 질소, 아르곤, 크립톤 등을 봉입하여 제작한다.

텅스텐은 PTC 저항 특성을 갖고 있어서 뜨거울 때에 비해 차가울 때 저항이 더 작다. 그러므로 전구를 스위치 ON 할 때 순간적으로 큰 서지(surge) 전류가 흘러 필라멘트 코일이 파손될 수 있다. 또한, 온도가 높을 때는 텅스텐 필라멘트가 증발 및 연소됨에 따라 전구유리의 색깔이 검게 오염될 수 있다.

일반 백열전구의 수명은 약 1,000 시간 정도이고, 자동차용으로 사용되는 할로겐전구는 약 1,500 ~ 2,000 시간 정도이다.

8.1.1 백열전구의 구조

<그림 8-1-1>은 백열전구의 구조와 명칭을 나타낸 것이다. 불활성 기체를 봉입하여 필라멘트가 산화되는 것을 막기 위해 유리구 안에 넣는 가스를 봉입한다.

① 지지선(support)은 필라멘트를 지지하는 금속선이다.

② 도입선(lead-in wire)은 전류를 필라멘트로 운반하는 전기 도체이다.

③ 차단판(heat deflecting disc)은 전구의 목 부분이 시작되는 곳에 있는 금속 원반이다. 핀치와 베이스를 열로부터 보호한다.

④ 유리구(bulb)는 유리로 된 부분이다. 외부 환경으로부터 필라멘트를 보호하는 역할을 한다.

⑤ 필라멘트(filament)는 주로 텅스텐으로 만들어진 아주 가는 금속선이다. 전류가 이 선을 통과하면서 빛을 낸다.

⑥ 핀치(pinch)는 도입선이 붙어 있는 부분이다.

⑦ 배기관(exhaust tube)은 유리구에서 공기를 빼낸 다음 밀봉하기 전에 불활성 기체를 채우는 데 사용되는 유리관이다.

⑧ 베이스(base)는 소켓에 꽂아 전기 회로와 연결하는 백열전구의 금속 끝 부분이다.

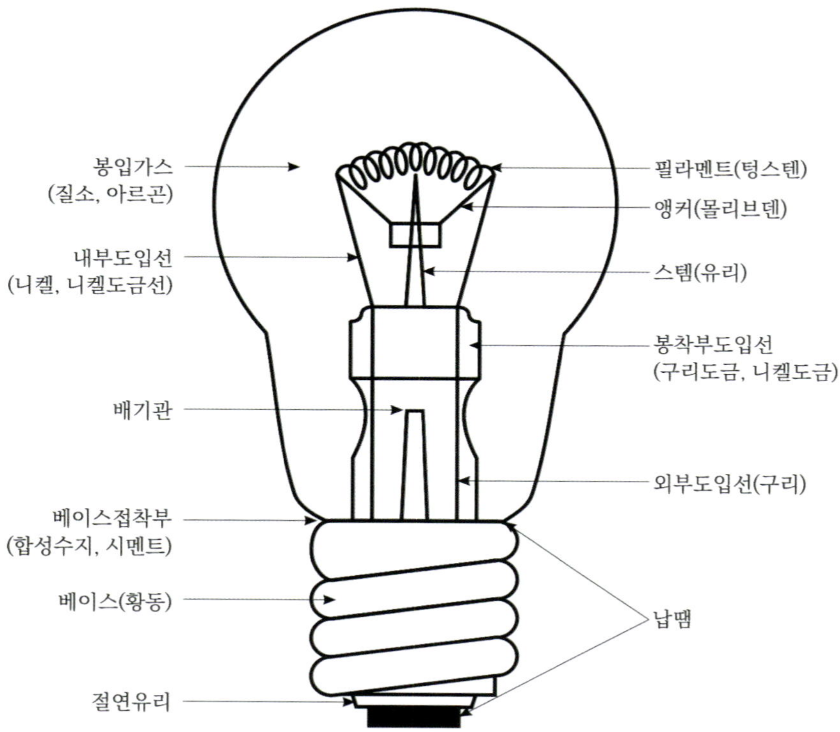

〈그림 8-1-1〉 백열전구의 구조

8.1.2 백열전구의 소손 패턴

(1) 유리구의 소손 패턴

외부에서 화염을 백열전구에 공급할 때 소손된 패턴은 다양한 특징을 나타낸다. 재현 실험은 전구에 전기를 공급한 점등상태와 공급하지 않은 소등상태로 구분하였다. 화염은 휴대용 부탄가스를 이용한 가스 토치(gas torch)를 이용했으며, 백열전구의 표면으로부터 약 15 [cm] 위치에서 수평으로 화염을 인가하였다. 또한, 백열전구가 점등된 상태로 상방향, 측방향, 하방향 등으로 설치된 상태에서 화염을 공급하고, 백열전구의 유리구가 소손되는 과정을 분석한다.

백열전구의 소손 패턴은 디지털캠코더와 초고속카메라(HSIS, USA)를 이용하여 촬영하였으며, 실체현미경(SV-11, Carlzeiss, Germany)을 이용하여 소손된 백열전구의 외형을 분석하였다. 또한, 주사전자현미경(SEM, JSM-6400, JEOL, Japan)과 에너지 분산분석기(EDX, Inca X-sight, Oxford, USA)를 이용하여 표면구조와 조성 분포를 분석하였다. <그림 8-1-2>는 백열전구에 화염을 공급할 때의 방향을 나타낸 것이다.

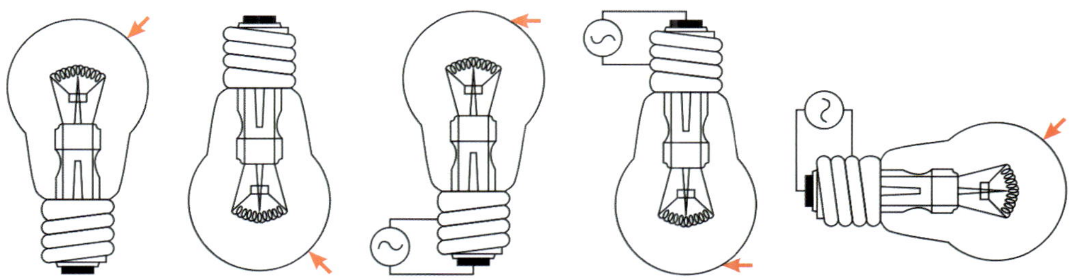

(a) 상, 소등 (b) 하, 소등 (c) 상, 점등 (d) 하, 점등 (e) 측, 점등

〈그림 8-1-2〉 백열전구에 화염을 공급할 때의 방향

<그림 8-1-3>은 백열전구가 점등되어 있고 화염을 상방향으로 공급할 때의 소손 과정을 나타낸 것이다. 화염에 의해 유리구가 용융되면서 구멍(hole)이 발생하였으며, 필라멘트의 산화가 천천히 진행되었다. 산화된 필라멘트 입자는 전구의 설치방향과 수직으로 상방향으로 상승한 후 유리구의 형태를 따라 하방향으로 하강하면서 유리구 내부의 관벽에 입자가 흡착되었다. 필라멘트가 산화되기 시작한 후 약 70~90 [s] 후에 필라멘트가 단선되었다.

(a) 유리구 용융

(b) 필라멘트 산화

(c) 관벽 흡착

(d) 필라멘트 단선

〈그림 8-1-3〉 백열전구가 점등되어 있고 화염을 상방향으로 공급할 때의 소손 과정

<그림 8-1-4>는 백열전구가 점등되어 있고 화염을 측방향으로 공급할 때의 소손 과정을 나타낸 것이다. 유리구가 화염에 의해 용융되면서 구멍(hole)이 생성되었으며, 필라멘트의 산화가 급속하게 진행되었다. 유리구 내에 산화된 필라멘트 입자가 백열전구의 설치 방향과 수직으로 타원형을 그리면서 산화된 필라멘트 입자가 이동하였으며 유리구 내 관벽에 흡착되었다. 필라멘트가 산화되기 시작하여 약 40~80[s] 후에 필라멘트가 단선되었다.

(a) 유리구 용융

(b) 필라멘트 산화

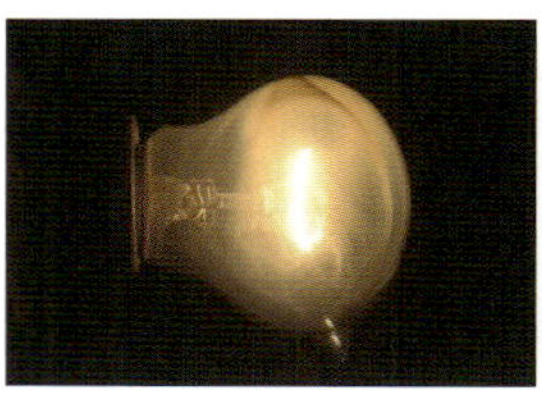
(c) 관벽 흡착

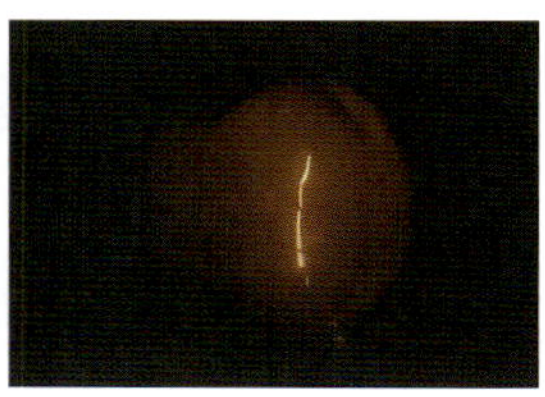
(d) 필라멘트 단선

〈그림 8-1-4〉 백열전구가 점등되어 있고 화염을 측방향으로 공급할 때의 소손 과정

<그림 8-1-5>는 백열전구가 점등되어 있고 화염을 하방향으로 공급할 때의 소손 과정을 나타낸 것이다. 유리구가 화염에 의한 필라멘트의 소손 과정을 나타낸 것으로 외부 열에 의해 유리구가 용융되면서 구멍(hole)이 생성되었으며, 상방향이나 측방향으로 설치된 경우보다 더 급속하게 필라멘트의 산화가 진행되었으며 산화된 필라멘트 입자가 유리구 내 관벽에 흡착되었다. 유리구가 용융되어 필라멘트가 산화되기 시작하여 약 30~40 [s] 후에 필라멘트가 단선되었다.

(a) 유리구 용융

(b) 필라멘트 산화

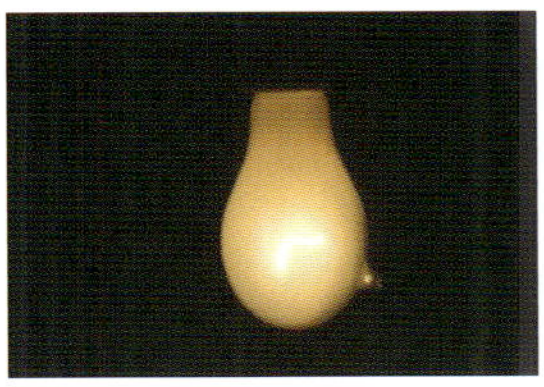

(c) 관벽 흡착

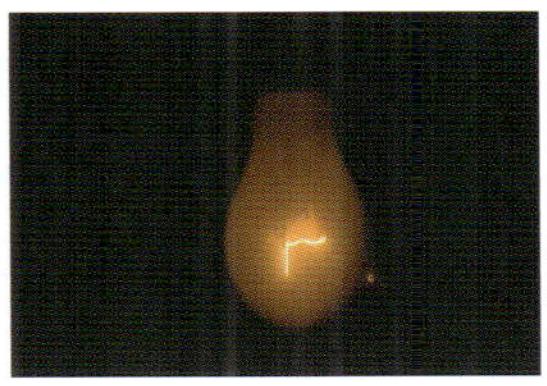

(d) 필라멘트 단선

〈그림 8-1-5〉 백열전구가 점등되어 있고 화염을 하방향으로 공급할 때의 소손 과정

<그림 8-1-6>은 백열전구가 소등되어 있고, 화염을 공급받아 소손된 패턴이다. 화염을 상향향으로 공급하든 하방향으로 공급하든 그 방향과 관계없이 화염을 공급받은 부분의 유리구가 용융되면서 외부로 부풀어 올랐으며, 구멍(hole)이 형성되어 내부의 가스가 밖으로 누출되었다. 유리구 소손 이외에는 다른 소손 현상은 관측되지 않았다.

① 옆에서 볼 때

② 위에서 볼 때

(a) 화염을 상방향으로 공급할 때

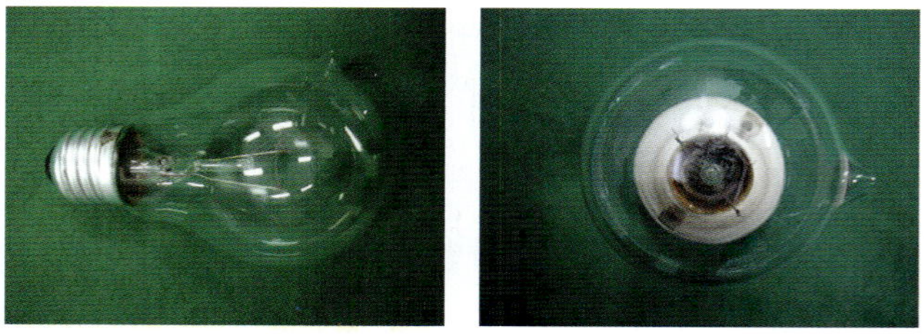

① 옆에서 볼 때　　　　　② 위에서 볼 때

(b) 화염을 하방향으로 공급할 때

〈그림 8-1-6〉 백열전구가 소등되어 있고 화염을 공급받아 소손된 패턴

<그림 8-1-7>은 백열전구가 점등되어 있고 화염을 공급받아 소손된 패턴을 나타낸 것이다. 백열전구가 점등된 상태에서 화염을 받으면 유리구가 용융되면서 유리구에 구멍(hole)이 생성되었고, 내부의 가스가 외부로 유출되면서 필라멘트의 산화가 진행되었다. 즉, 유리구에 구멍이 생성됨에 따라 필라멘트의 산화에 따른 유백색의 금속 증기가 발생되며, 구멍의 반대쪽 내부의 관벽에 더 진하고 불규칙한 유백색이 흡착된 것을 알 수 있다. 따라서 유리구의 구멍 발생 위치 및 내부의 유백색의 농도 등을 고려하면 화염의 공격 방향을 판정할 수 있다. 또한, 유백색의 물질은 유리구 내부에 있는 필라멘트, 도입선, 앵커, 스템, 배기관 등의 표면에서 확인할 수 있었다.

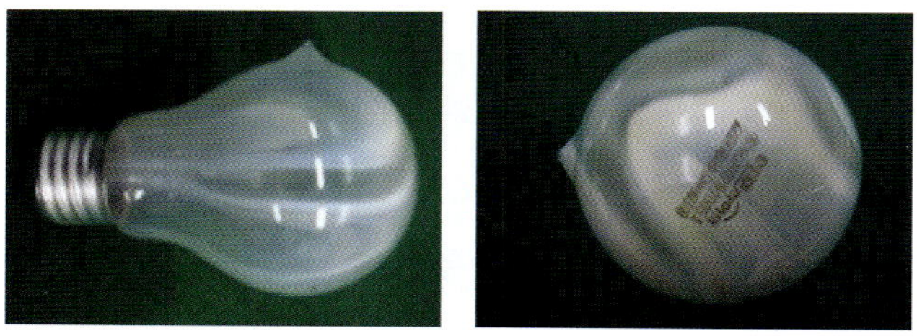

① 옆에서 볼 때　　　　　② 위에서 볼 때

(a) 점등되어 있고 화염을 상향향으로 공급할 때

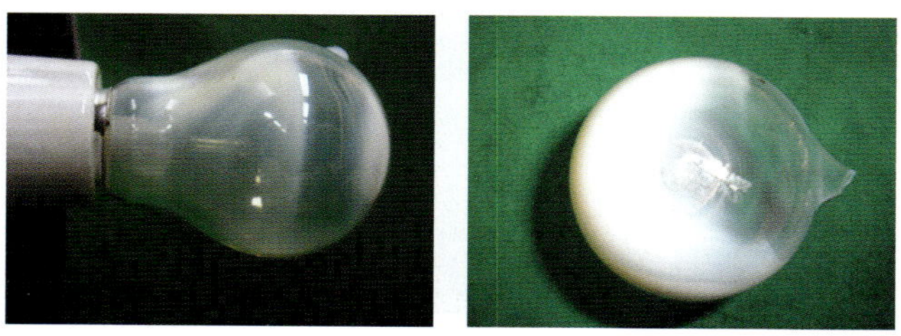

① 옆에서 볼 때　　　　　② 위에서 볼 때

(b) 점등되어 있고 화염을 측방향으로 공급할 때

① 옆에서 볼 때

② 위에서 볼 때

(c) 점등되어 있고 화염을 하방향으로 공급할 때

〈그림 8-1-7〉 백열전구가 점등되어 있고 화염을 공급 받아 소손된 패턴

(2) 도입선, 앵커 및 필라멘트의 소손 패턴

<그림 8-1-8>은 백열전구의 정상제품과 화염에 의해 소손된 제품의 실체사진을 비교한 것이다. <그림 8-1-8>(a)는 백열전구 도입선의 실체사진을 비교한 것이다. 정상 제품은 도입선으로 끝 부분에 필라멘트를 고정하며, 표면에 일부 붉은 빛이 있다. 그러나 화염에 의해 소손된 제품은 도입선 끝 부분에 유백색 물질이 부착되며, 표면은 밝은 빛을 보인다. 또한, 접속된 필라멘트는 약간 검게 변색된다.

<그림 8-1-8>(b)는 필라멘트를 지지하는 앵커로 고리형태로 필라멘트를 지지하고 있다. 정상 제품과 화염을 공격 받은 제품은 별다른 차이가 없으며, 앵커와 접촉 부분의 필라멘트가 검게 변색되어 있다.

<그림 8-1-8>(c)는 필라멘트를 나타낸 것으로 정상 제품보다 화염을 공격 받은 제품이 더 어두운 색상을 나타내며, 용단된 필라멘트의 끝부분에 용융흔이 형성된다.

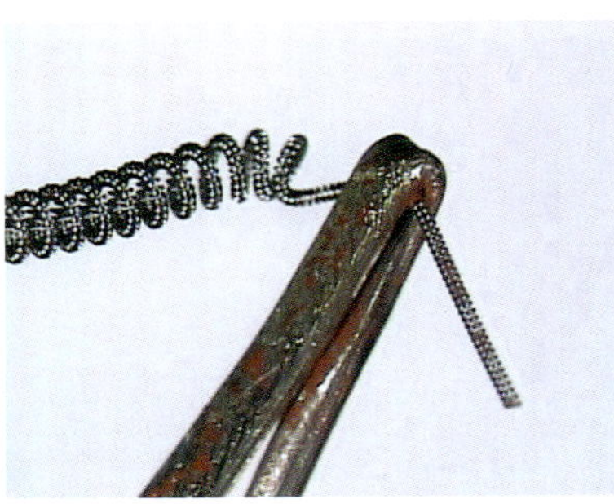

① 정상 제품

② 화염으로 소손된 제품

(a) 백열전구 도입선의 실체사진

① 정상 제품　　　② 화염으로 소손된 제품

(b) 백열전구 앵커의 실체사진

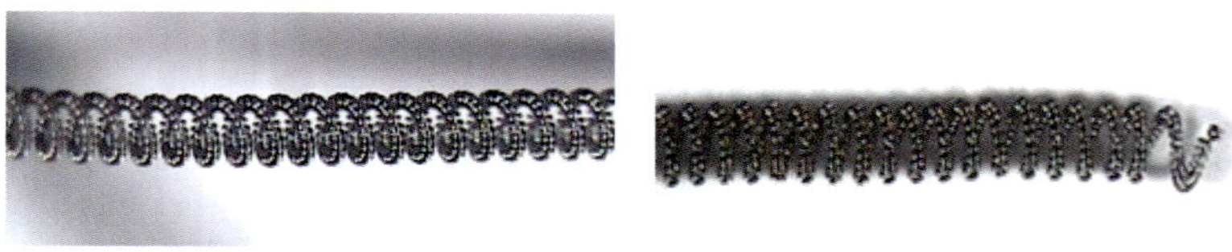

① 정상 제품　　　② 화염으로 소손된 제품

(c) 백열전구 필라멘트의 실체사진

〈그림 8-1-8〉 백열전구의 정상제품과 화염에 의해 소손된 제품의 실체사진 비교

(3) 도입선, 앵커 및 필라멘트의 EDX 및 SEM 분석

<그림 8-1-9>는 백열전구 도입선의 EDX 분석이다. <그림 8-1-9>(a)는 정상 제품의 EDX 분석으로 재질은 Ni(니켈, 98.2%)과 Fe(철, 1.80%)로 구성되어 있다. <그림 8-1-9>(b)는 화염으로 소손된 제품의 EDX 분석으로 산화된 텅스텐(W) 입자가 도입선 표면에 부착하였으며, 공기 중의 산소가 검출된다.

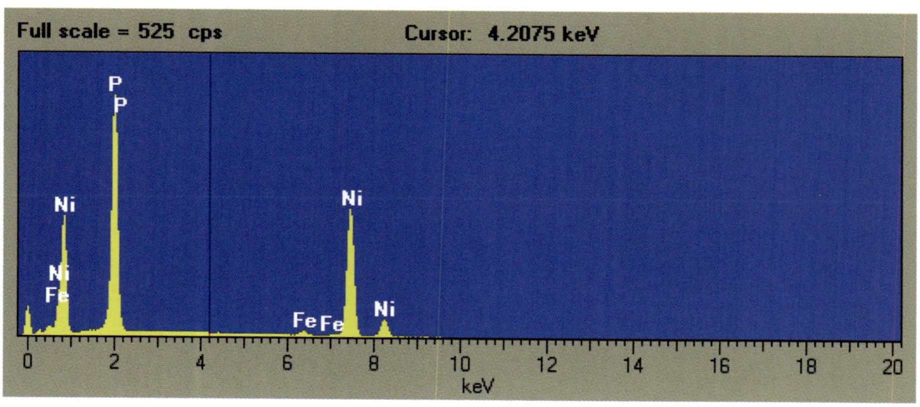

(a) 정상 제품의 EDX

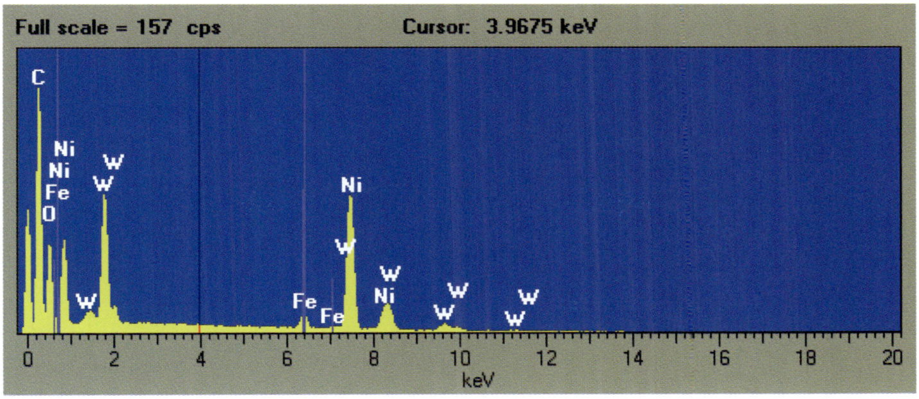

(b) 화염으로 소손된 제품의 EDX

〈그림 8-1-9〉 백열전구 도입선의 EDX 분석

<그림 8-1-10>은 백열전구 도입선의 SEM 분석이다. <그림 8-1-10>(a)는 정상 제품의 SEM 분석으로 도입선의 표면구조로 평평한 바탕에 미세한 입자가 일부에 싸여 있는 형태를 보인다. <그림 8-1-10>(b)는 화염으로 소손된 제픔의 SEM 분석으로 필라멘트가 용융된다.

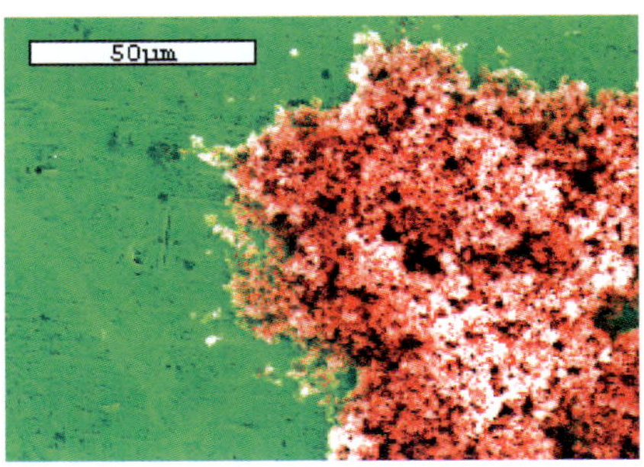

(a) 정상 제품의 SEM

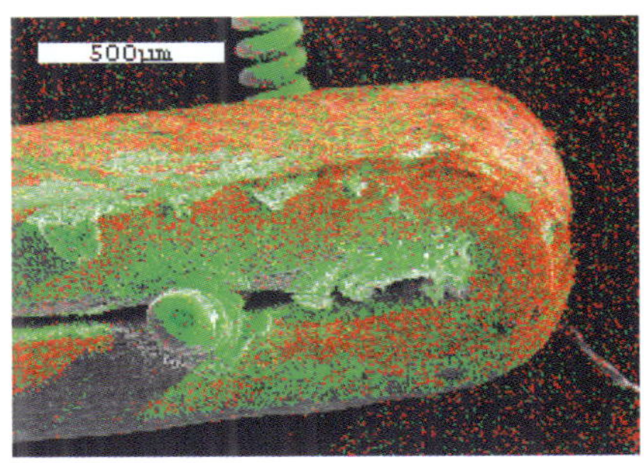

(b) 화염으로 소손된 제품의 SEM

〈그림 8-1-10〉 백열전구 도입선의 SEM 분석

<그림 8-1-11>은 백열전구 앵커의 EDX 분석이다. <그림 8-1-11>(a)는 정상 제품의 EDX 분석에서 재질은 몰리브덴(Mo, 89.91%), 산소(O, 9.90%) 및 약간의 철(Fe, 0.19%)이 검출된다. <그림 8-1-11>(b)는 화염으로 소손된 제품의 EDX 분석에서 몰리브덴(Mo) 성분의 표면에 산소와 산화된 텅스텐(W) 입자가 부분적으로 흡착된다.

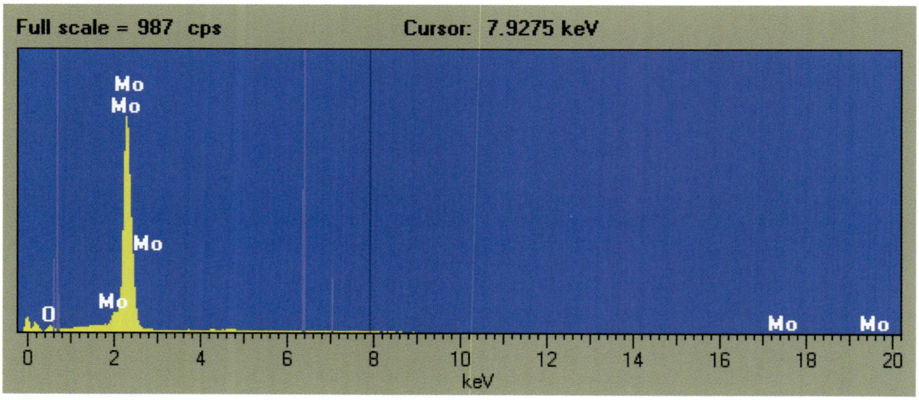

(a) 정상 제품

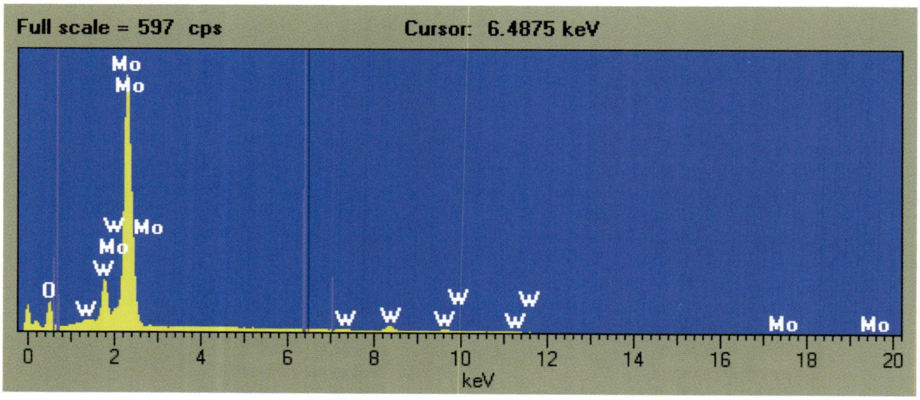

(b) 화염으로 소손된 제품

〈그림 8-1-11〉 백열전구 앵커의 EDX 분석

<그림 8-1-12>는 백열전구 앵커의 SEM 분석이다. <그림 8-1-12>(a)는 정상 제품의 SEM 분석으로 앵커의 표면구조로 가로방향의 연신 구조를 볼 수 있다. <그림 8-1-12>(b)는 화염으로 소손된 제품의 SEM 분석으로 열에 의해 연신 구조가 없어지고 무질서한 패턴을 나타낸다.

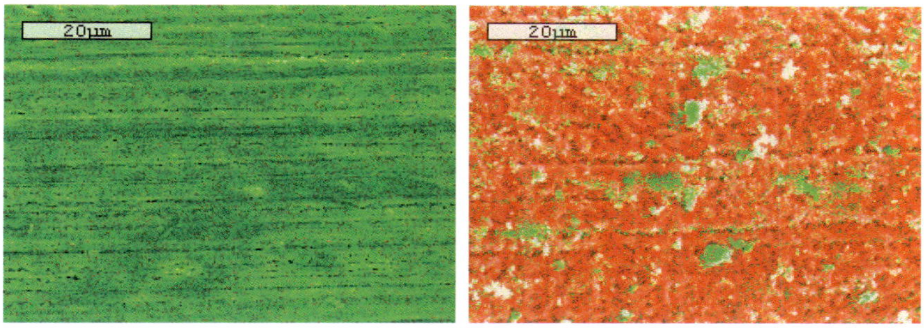

(a) 정상 제품 (b) 화염으로 소손된 제품

〈그림 8-1-12〉 백열전구 앵커의 SEM 분석

<그림 8-1-13>은 백열전구 앵커의 EDX 분석이다. <그림 8-1-13>(a)는 정상 제품의 EDX 분석에서 재질은 텅스텐(W, 99.00%)이 주재료로 되어 있으며, 약간의 산소(O, 1.00%)가 분포된다. <그림 8-1-13>(b)는 화염으로 소손된 제품의 EDX 분석에서 부착된 이물질은 산소(O)와 텅스텐(W)으로 확인되었다. 또한, 유리구 내측 표면의 유백색 물질에 대한 성분은 유리구가 용융되면서 산화된 필라멘트(W) 입자가 표면에 흡착한 것으로 확인된다.

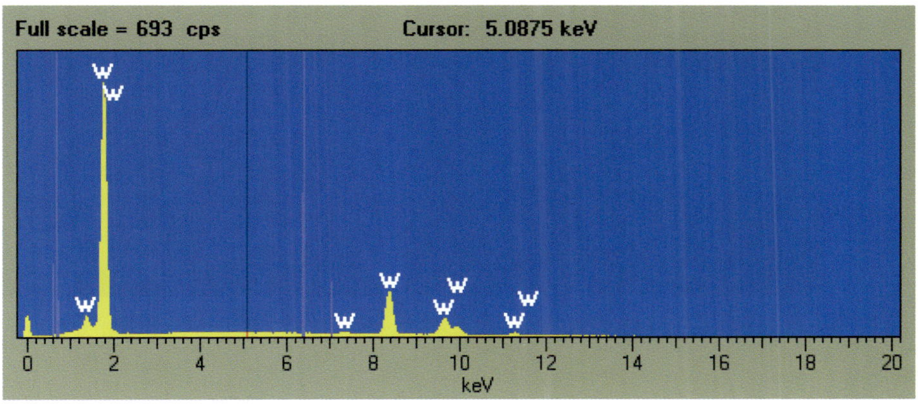

(a) 정상 제품

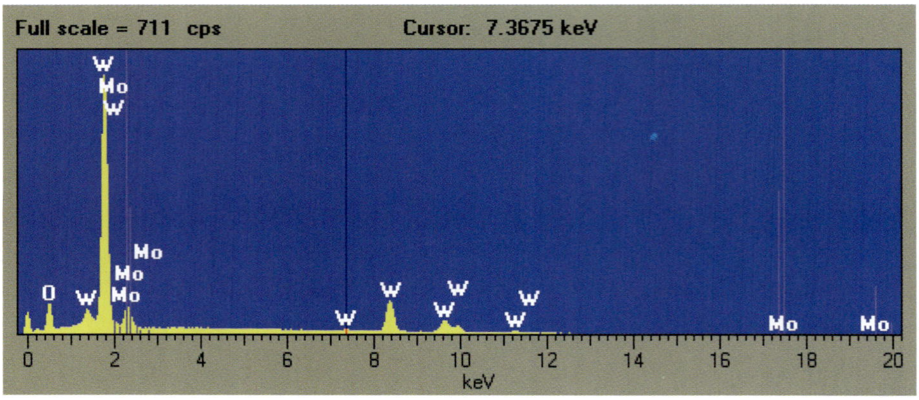

(b) 화염으로 소손된 제품

〈그림 8-1-13〉 백열전구 필라멘트의 EDX 분석

<그림 8-1-14>는 백열전구 필라멘트의 SEM 분석이다. <그림 8-1-12>(a)는 정상 제품의 SEM 분석으로 필라멘트의 구조는 필라멘트는 2중 코일 형태의 구조로 되어 있다. <그림 8-1-12>(b)는 화염으로 소손된 제품의 SEM 분석으로 표면에 약간의 이물질이 부착되고, 특이 사항은 없다.

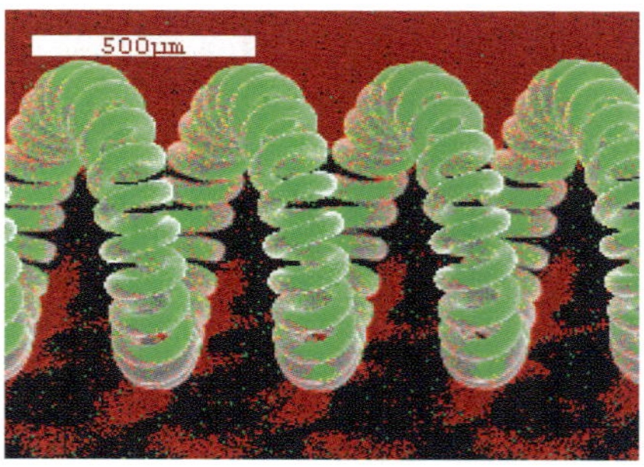

(a) 정상 제품

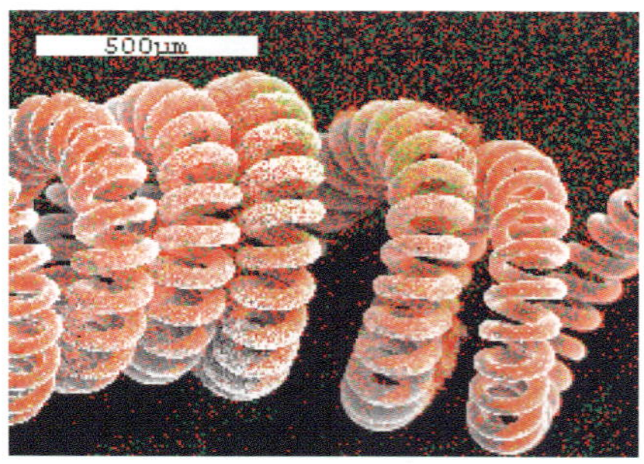

(b) 화염으로 소손된 제품

〈그림 8-1-14〉 백열전구 필라멘트의 SEM 분석

section 8.2 할로겐전구

8.2.1 할로겐전구의 특성

할로겐전구(halogen lamp)는 백열전구의 한 종류로서 유리구 안에 할로겐 물질을 주입하여 텅스텐의 증발을 더욱 억제한 램프이다. 백열전구에 비해 더 밝고 환한 빛을 내면서도 수명이 오래 가며 크기도 작고 가벼워 자동차 헤드라이트, 무대 조명, 인테리어 조명의 광원으로 많이 사용된다.

진공 상태의 유리구 안에 할로겐 물질을 주입시켜 전구의 수명을 길게 하고 효율을 개선한 것이다. 백열전구의 경우 텅스텐 필라멘트의 증발을 억제하기 위해 유리구 안에 아르곤과 질소의 혼합 가스를 주입하였으나 할로겐등은 브로민(Br, bromin)이나 아이오딘(I, iodine) 등의 할로겐 원소를 주입하여 텅스텐 필라멘트의 증발을 한층 더 억제하였다.

유리구 안에 주입된 할로겐 원소는 필라멘트의 소재인 텅스텐 증발 원자와 반응하여 결합하고, 이 결합된 물질은 유리구 안을 떠다니다가 필라멘트에 부딪히면서 그 열로 인해 다시 분해된다. 이때 텅스텐 원자는 필라멘트와 결합해 원래의 자리로 되돌아오고, 할로겐 원소는 또다시 텅스텐 증발 원자와 반응한다. 이런 과정을 반복하면서 필라멘트를 재생시키기 때문에 할로겐등은 백열전구에 비해 더 높은 온도에도 필라멘트가 견딜 수 있고, 이로 인해 더 밝고 환한 빛을 내면서도 수명이 오래가게 된다.

수명은 일반 백열전구에 비해 2～3배 정도이다. 그리고 백열전구에서 종종 나타나는 유리구 내벽의 흑화현상이 발생하지 않아 광속 저하가 7 [%] 정도에 불과하다. 전력 소모가 적고 자연광처럼 색을 선명하게 재현시킬 수 있고, 백열전구에 비해 1/20 정도로 크기가 작다.

할로겐전구의 전구재료는 수정(水晶, quartz) 유리이며, 유리는 할로겐전구가 방출하는 소량의 자외선(UV)을 여과시키는 기능을 한다. 전구의 크기가 작아 코일과 전구유리벽 사이의 간격이 좁기 때문에 작동 중에 전구유리는 약 300 [℃]까지 가열된다. 할로겐전구에는 필라멘트 코일이 1 개인 형식(H1, H3, H7, HB3, HB4 등)과 필라멘트 코일이 2 개인 형식(H4)이 있다. 용도는 주로 상품 조명, 차량 조명, 안개등 등에 사용된다.

8.2.2 할로겐전구의 작동

<그림 8-2-1>은 할로겐전구 구조(H4)와 재생작용을 나타낸 것이다. <그림 8-2-1>(a)는 할로겐전구의 구조와 명칭이다. 그러나 할로겐전구는 유리구의 표면온도가 300[℃] 이하로 낮아지면 수명과 광효율이 크게 저하한다. 따라서 할로겐전구에는 항상 정격전압 상태의 충분한 전류를 공급하여 유리구의 표면온도를 300[℃] 정도로 유지해야 한다.

그리고 할로겐전구는 전구의 온도가 높고, 또 광도가 높기 때문에 보통 백열전구를 할로겐전구로 교환할 때는 반사경과 렌즈도 그 특성에 적합한 것을 사용해야 한다. 순수 할로겐은 냉각상태에서 필라멘트를 부식시키는 성질이 있다. 따라서 이를 방지하기 위해 브로마인 수소(hydrogen-bromine)를 봉입하며, 다음과 같은 특징이 있다.

① 필라멘트 코일과 전구의 온도가 아주 높다

② 전구 내부에 봉입된 가스압력이 높다.

③ 백열전구에 비해 필라멘트의 가열온도가 높기 때문에 광효율이 아주 높다.

8.2.3 할로겐전구 내부의 재생작용

<그림 8-2-1>(b)는 할로겐전구 내부에서의 재생작용(再生作用, refresh operation)을 나타낸 것이다. 필라멘트가 가열되면 필라멘트로부터 텅스텐 원자가 증발된다(3). 필라멘트로부터 증발된 텅스텐 원자는 유리구 내의 온도 600 ~ 1,400[℃]에서 할로겐과 화학적으로 결합하여 안정된다(4). 이 화학적으로 결합하고, 안정된 가스분자들은 전구 내부에서의 열운동에 의해 더 뜨거운 필라멘트 쪽으로 이동하게 된다. 필라멘트 근방에 도달한 결합분자들은 거기서 텅스텐과 할로겐으로 분리되어, 텅스텐원자는 다시 필라멘트에 흡착된다(5). 이와 같은 과정을 반복하여 텅스텐 필라멘트(1)는 재생되고, 유리구는 항상 깨끗한 상태를 유지하게 된다. 할로겐전구는 백열전구에 비해 수명이 거의 2배 정도 더 길다.

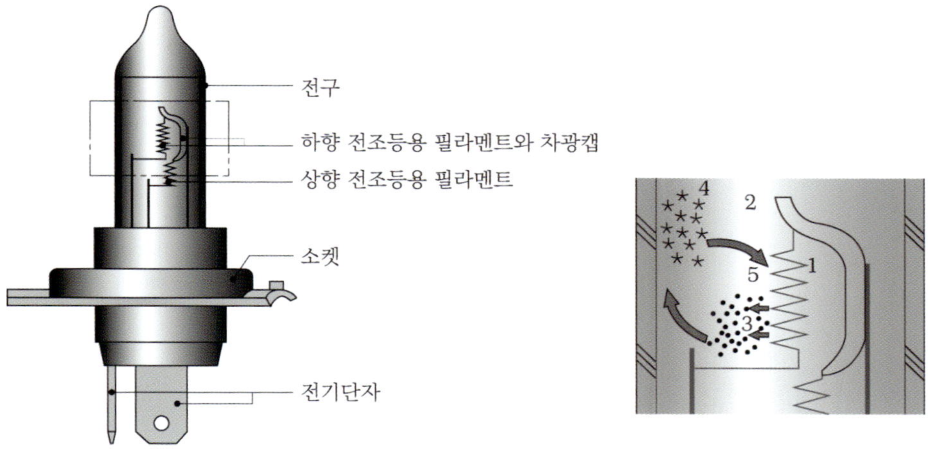

(a) 구조(H4)와 명칭 (b) 재생작용

〈그림 8-2-1〉 할로겐전구의 구조(H4)와 재생작용

8.2.4 텅스텐-할로겐전구

<그림 8-2-2>는 텅스텐-할로겐전구(tungsten-halogen lamp)의 구조와 단면을 나타낸 것이다. 기존의 백열전구보다 더 밝은 빛을 내고 오래 지속되지만 열을 더 많이 발산하는 전구이다. 용도는 자동차 헤드라이트, 무대 조명, 백화점, 미술관 등의 스포트라이트용 조명의 광원으로 사용된다. 용어의 정의는 다음과 같다.

① 필라멘트 지지선(filament support)은 필라멘트를 지지하는 금속선이다.

② 비활성 기체(inert gas)는 필라멘트의 발산을 늦추기 위해 유리구 안에 삽입된 가스이다. 고온에서 텅스텐과 결합될 때 요오드와 브롬이 첨가된다.

③ 접촉부(contact)는 백열전구의 베이스와 소켓 사이의 전기 접촉을 이루는 금속 부분이다.

④ 베이스(base)는 소켓에 꽂아 전기회로와 연결하는 백열전구의 금속 끝부분이다.

⑤ 전기회로(electric circuit)는 전류가 텅스텐 필라멘트를 통해 순환할 수 있도록 해주는 전구의 부품이다.

⑥ 텅스텐 필라멘트(tungsten filament)는 전류가 통과하면 광선을 방출하는 매우 가느다란 금속선이다.

⑦ 유리구(bulb)는 유리로 감싸인 부분이며, 기체 및 전등의 발광체가 들어 있다.

⑧ 핀(pin)은 대응하는 콘센트에 꽂았을 때 전기를 접촉하게 하는 원통형 금속 부분이다.

(a) 상품조명용

(b) 차량용

(c) 명칭

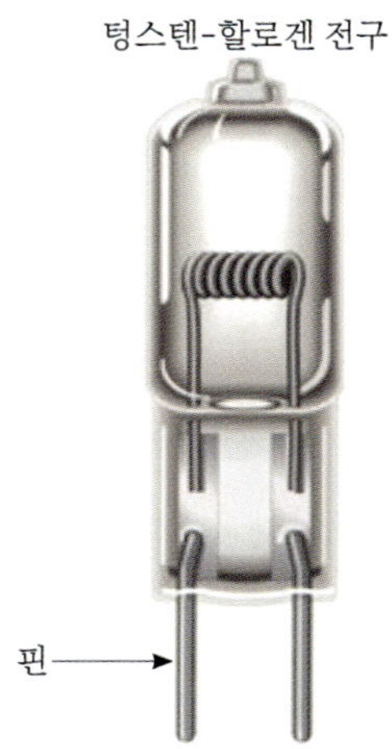

(d) 단면

〈그림 8-2-2〉 텅스텐-할로겐 전구의 구조와 단면

8.2.5 조사의 요점

① 스위치의 스위칭 불꽃에서 접점 근처의 몰드가 흑연화되는 것이 있다.

② 전구와 가연물이 접촉 또는 접근하여 출화되는 경우가 있으므로 가연물의 접촉 또는 접근한 상황을 주의 깊게 조사한다.

③ 구조불량에 의한 축열에 의한 것이지, 환경 불량에 의한 축열 인지를 조사한다.

8.2.6 출화사례

① 젖은 손수건을 전구에 씌워 건조 중 그대로 외출하여 손수건으로부터 출화하였다.

② 천장에 설치된 다운라이트 상부의 방열구가 유리섬유 단열재로 덮여 있었다. 그러므로 배선 케이블의 축열과 용융으로 단락이 발생되어 그때의 발생한 불꽃에 의해 단열재의 외피에 붙어 출화하였다.

③ 소형전기 스탠드를 침대의 목재프레임에 맞물리어 사용하고 있을 때 사용에 따른 진동에 의해 나무프레임으로부터 빠져 이불 위에 낙하하여 백열전구가 이부자리에 접촉하여 출화하였다.

section 8.3 형광등

8.3.1 형광등의 발광원리

형광등(螢光燈, FL, fluorescent lamp)은 진공으로 된 유리관에 수은과 아르곤 가스를 넣고 안쪽 벽에 형광 도료를 칠하여 수은의 방전으로 생긴 자외선을 가시광선으로 바꾸어 조명하는 광원이다. 유리관의 내벽에 형광물질이 도포되어 있다. 양쪽에 텅스텐 코일로 만들어진 2중, 3중 코일의 필라멘트로 설치된 전극을 넣고, 그 속에 열전자를 방출하는 이미터(emitter)를 충전한다. 이미터는 전자방사가 원활하게 될 수 있도록 바륨 등의 산화물이 사용된다. 유리관 내부는 진공으로 한 후 소량의 수은과 아르곤 가스를 봉입하고, 점등이 쉽도록 점등관을 사용한다. 형광등은 방전등이므로 방전이 시작되면 관전류가 점점 증가하여 전극을 파괴하므로 전류를 어느 값 이하로 제한하기 위하여 초크코일 등의 안정기를 사용한다.

점등 원리는 먼저 점등관의 바이메탈 전극이 발열하여 쌍전극에 접촉한다. 이때 형광등에는 정상의 2배 가까운 전류가 흘러 코일이 예열된다. 예열에 의하여 이미터로부터 열전자가 방출되고, 이는 방전에 의하여 포화증기가 된 수은증기에 작용하여 자외선을 발생시킨다. 자외선은 관벽의 형광물질에 의해 가시광선이 되며, 형광물질의 종류에 따라 백색, 주광색, 녹색, 청색 등 여러 가지의 빛이 램프로부터 방사된다.

형광등은 백열등에 비하여 효율이 좋고, 소비전력은 1/3 정도이다. 또한, 빛이 부드럽고, 수명도 약 3,000시간 정도이다. 형광등의 정격전압은 ± 6 [%] 이내이며, 전압이 높으면 흑화가 진행되어 수명이 짧아진다. 형광등은 1 회의 점멸로 약 1.5시간 정도 수명이 줄며, 점멸 횟수가 적은 곳에 사용하면 좋다. 주위의 온도에 의하여 특성이 변동하며, 0 ~ 40 [℃] 범위 외에서는 점등하기 어렵고 밝기가 저하한다. <그림 8-3-1>은 형광등의 내부구조 및 역할을 나타낸 것이다.

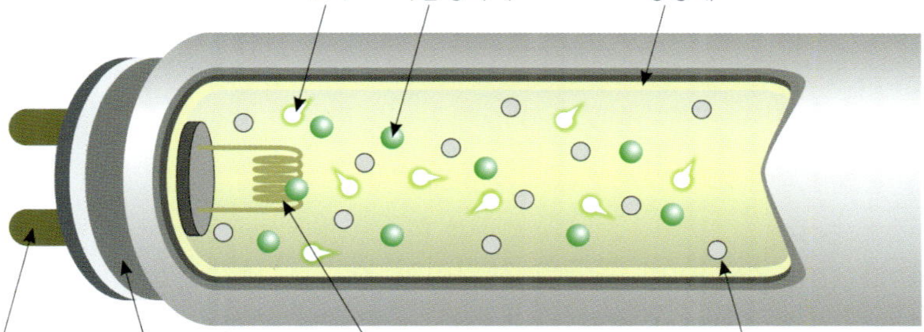

〈그림 8-3-1〉 형광등의 내부구조 및 역할

8.3.2 형광등의 종류

형광등의 크기는 와트수로 표시하며, 10 ~ 40 [W] 이외에 4 ~ 8 [W]의 저출력관, 60 ~ 110 [W]의 고출력관, 110 ~ 220 [W]의 초고출력관 등이 있다. 색은 일반조명용에 주광색, 백색, 온백색, 자연색, 자연백색 등이 있다. 특수조명용은 청, 녹, 황, 적, 도홍색 등의 착색형광등이 있다. 그 밖에 특수한 용도의 형광등에는 다음과 같은 것들이 있다.

① 반사형광등

반사형광등은 관의 내역에 반사막을 설치하여 직하광도를 높인다. 따라서 반사갓이 필요 없고 먼지가 많은 장소 등에 적합하다.

② 급속형광등

급속형광등은 점등관을 사용하지 않고, 특수코일과 도전 스트라이프를 사용하여 즉시 점등시킨다. 큰 빌딩, 공장, 지하도 등에서 사용한다.

③ 저온용

저온용은 −20 [℃]에서 사용할 수 있게 한 것으로 냉동실이나 한랭지에서 사용한다.

④ 직류형광등

직류형광등은 차량, 선박, 빌딩이나 공장의 비상등 등의 직류전원을 사용하는 곳에서 쓴다.

⑤ 살균등

살균등은 파장 260 [nm] 부근의 자외선이 가진 살균작용을 이용하는 것으로, 살균선 투과율이 좋은 특수유리를 사용한다. 공기살균, 소독, 보존을 위한 기물의 직접살균 등에 사용한다.

⑥ 건강선 형광등

건강선 형광등은 파장 280 ~ 320 [nm]의 자외선의 건강작용을 이용하여 지하실 등에서의 일광욕이나 치료, 가축 등의 사육에 사용한다.

⑦ 블랙라이트

블랙라이트는 자외선의 형광작용을 이용하여 금속 마무리 면, 주물, 보석, 미술품 등의 각종 정밀검사에 사용한다.

⑧ 화학램프

화학램프는 자외선이 가지는 광화학 반응 작용을 이용하여 복사기나 사진제판 등에 사용한다.

⑨ 기타

무자외선 형광등이나 식물육성용, 관상용, 잎담배 선별용, 포충용 형광등이 있다.

그리고 형광등은 점등 방식에 따라 스위치스타트 방식, 글로우스타트 방식, 래피트스타트 방식, 반도체스타트 방식, 고주파점등 방식 등으로 분류된다. 또한, 특수한 형태의 형광등으로서 전구와 같은 금구를 붙인 전구형태, 관경이 가는 슬림라인(slim line) 형태가 있다. 그리고 형광등의 교환방법은 백열전구와 다르며, <그림 8-3-2>는 형광등의 교환방법을 나타낸 것이다.

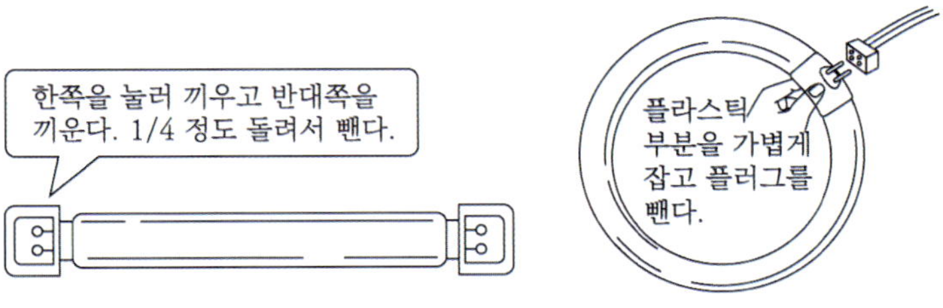

(a) 직선형 (b) 원형

〈그림 8-3-2〉 형광등의 교환방법

8.3.3 형광등의 구조와 기능

(1) 스위치스타트 방식

스위치스타트 방식은 스위치를 ON하면 스위치회로를 통하여 전류가 흘러 전극이 예열된다. 수초 동안 전극이 열을 받아 그 부분이 희미하게 빛나 방전하기 쉬운 상태가 된다. 그 때 스위치를 열면 전류가 갑자기 차단될 때의 아크로 높은 전압이 순간적으로 발생하여 그 전압으로 램프에 방전이 생긴다.

(2) 글로우스타트 방식

글로우스타트 방식은 전원전압을 가하면 점등관의 바이메탈전극과 고정전극 사이에서 방전한다. 이 방전에 의한 발열 때문에 바이메탈의 만곡으로 접점이 닫히고 교류전원으로부터 안정기를 통하여 양전극에 전류가 흘러 전극이 예열되어 열전자를 방사하게 된다. 점등관의 바이메탈 전극과 고정전극이 닫혀 전류가 흐르고 있는 상태로서는 대게 발열은 없도록 바이메탈 전극의 온도가 내려가 원래의 위치로 되돌아가 접점을 연다. 그 순간에 안정기에 생기는 유도전압에 의해서 형광램프가 점등한다.

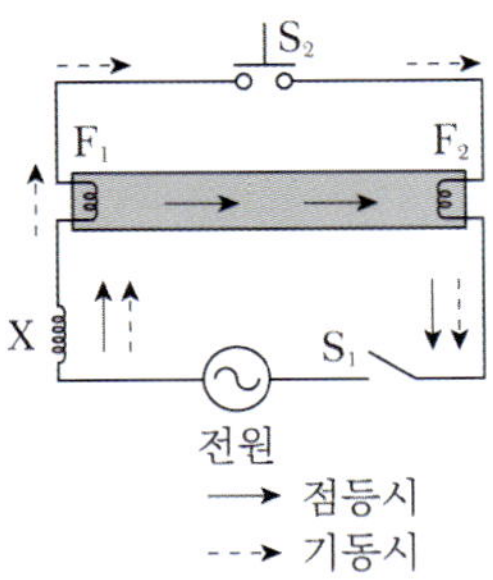

〈그림 8-3-3〉 스위치스타트 방식

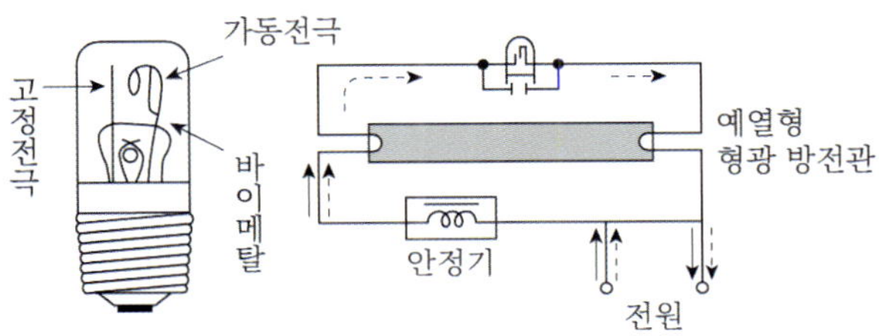

〈그림 8-3-4〉 글로우스타트 방식

(3) 래피드스타트 방식

래피드스타트 방식은 스위치를 넣으면 두개의 필라멘트 가열용 폐회로에 전류가 흘러 램프양단에 전원전압이 인가되어 유기전압이 걸린다. 그리고 폐회로에 흐르는 전류에 의해 코일이 약 800 [℃]로 가열되어 열전자를 방출하게 될 때 기동보조장치와 전극(filament coil) 간에 미소전류가 흘러 초기방전이 일어난다. 이 미소전류가 기동보조장치를 통해서 다른 쪽의 전극에 도달할 때 주방전으로 이어져 램프는 약 1초간 점등한다. 이 래피드스타트형으로서는 램프의 근방에 램프를 따라서 기동보조 도체가 필요하게 된다. 이 도체는 기구가 대용하는 경우와 램프 자체에 설치되어 있는 경우 2종류가 있다.

(4) 반도체스타트 방식

반도체스타트 방식은 전자스타트 방식기동의 역할을 하는 글로우와 수동스위치의 부분을 반도체소자에 옮겨놓은 것이다. 양쪽 방향성 사이리스터는 일정한 전압이 되면 <그림 8-3-6>의 반도체스타트 방식의 회로가 ON이 되어, 전압이 어떤 값 이하가 되면 OFF가 되는 스위칭소자로 예열기동을 하여 약 1 [s]에 점등한다.

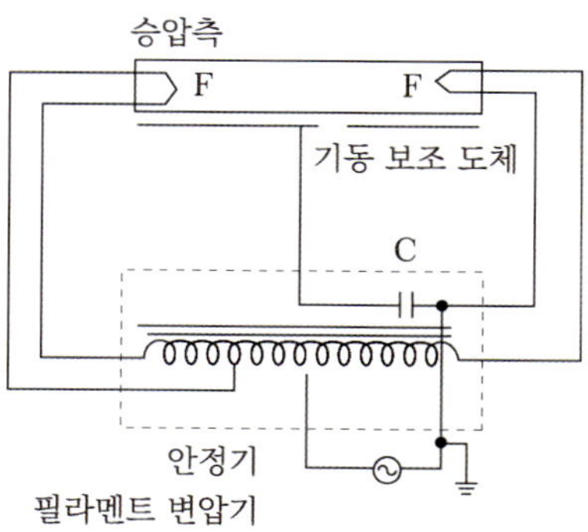

〈그림 8-3-5〉 래피드스타트 방식

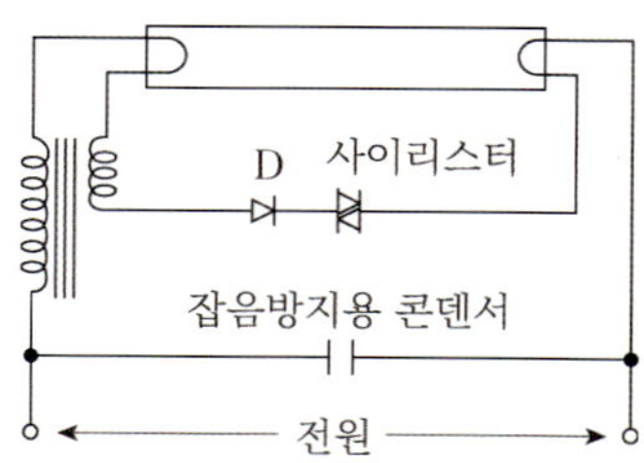

〈그림 8-3-6〉 반도체스타트 방식

(5) 고주파점등 방식

인버터식(inverter type) 안정기는 상용 교류전원을 전파 정류하여 트랜지스터 2석 push-pull 회로로 발진시켜 고주파로 형광램프를 점등시키는 것이다. 상용의 교류전원을 정류회로에서 전파 정류하여 그 다음에 평활회로에 의해 파형이 정형된 전압이 발진용 트랜지스터의 이미터에 인가된다. 이것과 동시에 전원에 있는 L_2를 통하여 트랜지스터 Tr_1과 Tr_2에 베이스전류가 공급된다. 이에 따라 어느 쪽이든지 한편의 트랜지스터(transistor)가 우선 통전하여, 콜렉터(collector)전류가 흐르기 시작한다. 콜렉터전류가 흐르기 시작하면 그 콜렉터전류에 의해 발진변압기 T에 전압이 유기되어 귀환권선에 의해 도통하고 있는 Tr은 불통, 불통의 Tr은 도통하는 방향에 귀환이 걸린다. 이와 같이 Tr은 교대로 동작하여 발진한다. 이때 Tr의 베이스전류 대부분은 권선전압에 의해 공급된다. Tr의 발진에 의해 발진변압기의 2차권선 및 필라멘트 권선에 전압이 유기되어 래피드스타트형 램프를 예열하며 즉시 점등된다.

(6) 전구형

전구형은 컴팩트 사이즈(compact size)의 전용램프와 점등회로를 일체화하여 전구와 같은 소켓을 붙인 것으로 점등회로에는 일반안정기와 전자화에 의해서 고효율, 경량화를 실현한 인버터가 붙어 있다.

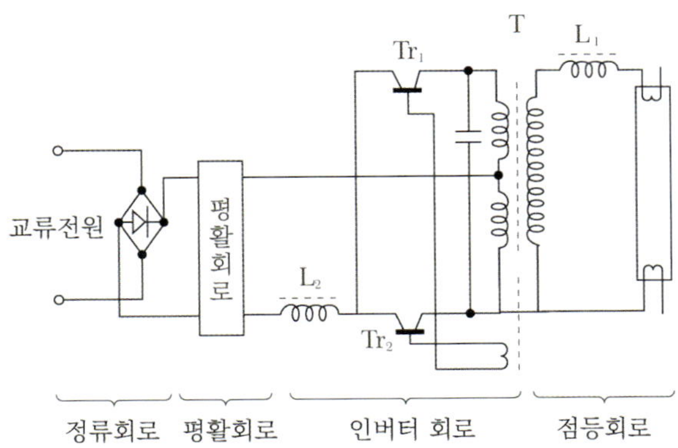

〈그림 8-3-7〉 고주파점등 방식

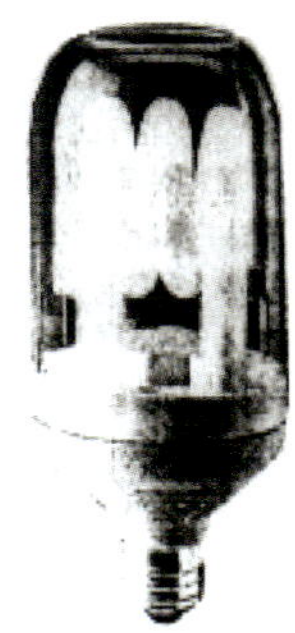

〈그림 8-3-8〉 전구형

(7) 슬림라인 형광등

슬림라인 형광등은 쇼케이스(showcase) 내부 등에 쓰이고 있는 것으로 관경이 가는 슬림라인 형태의 형광등은 1본의 핀전극으로 양전극 간에 갑자기 안정기로부터 높은 2차 전압을 가하여 전극의 예열 없이 기동시키는 것이다.

(8) 플리커 없는 방식

플리커 없는 방식은 방전등을 60 [Hz]로 점등하면 1 초간에 120회 점멸을 반복하기 때문에 깜박거림이 생기는데 이 깜박거림을 플리커라고 한다. 2등용의 안정기로 조명하고 있는 경우의 어떤 순간을 생각한 때에 한쪽의 램프가 소등하고 있는 순간에는 다른 쪽의 전구가 점등하는 교대점등 원리를 응용한 안정기가 플리커 없는 방식이라고 한다.

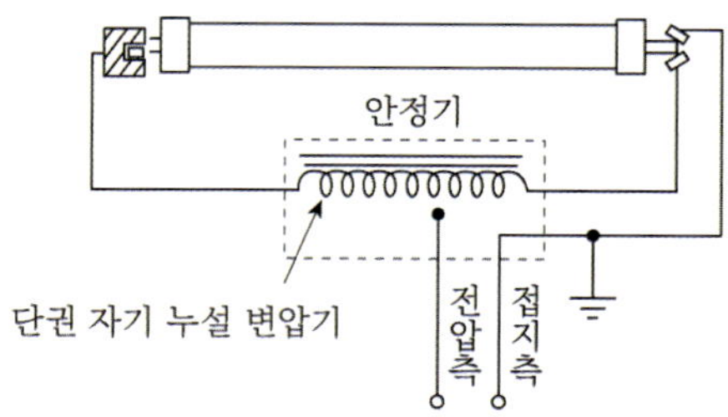

〈그림 8-3-9〉 슬림라인 형광등

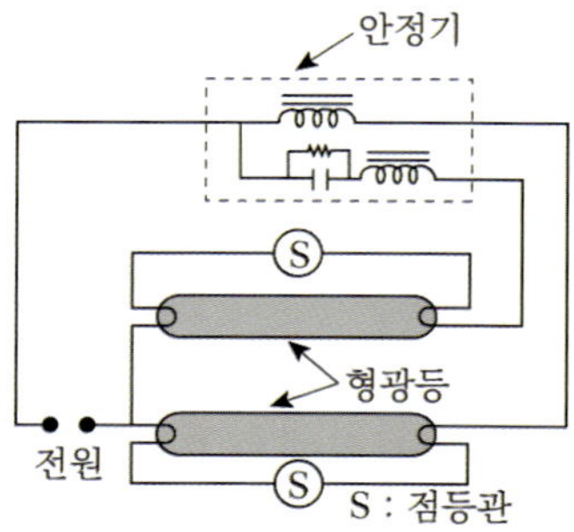

〈그림 8-3-10〉 플리커 없는 방식

8.3.4 조사의 요점

① 안정기는 권선이 절연 열화로 과전류가 흘러 발화된다.
② 콘덴서는 잡음방지 콘덴서의 상태를 확인한다.
③ 안정기의 층간단락 유무를 확인한다.
④ 내부 배선의 반단선 및 소손 등을 확인한다.

8.3.5 출화사례

(1) 등기구 외함과 내부 배선의 단락

<그림 8-3-11>은 형광등기구의 소손 패턴을 나타낸 것이다. 화재 현장에서 수거한 형광등기구의 외함으로 배선된 형광등기구의 내부배선, 전원선 등의 여러 개소에서 전기적인 용융 흔적이 식별된다.

<그림 8-3-11>(a)는 소손된 등기구 외함으로 화열을 많이 받은 곳은 회백색의 탄화

심도가 형성되는 것이 확인된다. <그림 8-3-11>(b)는 외함의 용융흔을 나타낸 것으로 화재로 전원선의 피복이 소실되고 외함의 모서리와 단락되어 형성된 용융흔으로 판단된다. <그림 8-3-11>(c)는 소손된 안정기로 고르게 소손되었으며, 물리적인 변형 및 파손 등은 없다. <그림 8-3-11>(d)은 안정기의 내부 코일을 나타낸 것으로 탄화가 심하게 진행된 것으로 판단된다. <그림 8-3-11>(e)와 (f)는 내부 배선에의 용융흔을 나타낸 것으로 전기적인 단락에 의해 생성된 것으로 판단된다. 즉, 조명등기구 내부의 배선의 절연 성능이 저하되면 전선 사이에 간헐적인 단락으로 불꽃의 발생과 축열 범위가 확대되어 주변의 가연성 물질에 착화되어 화재가 확산될 수 있다.

(a) 소손된 외함

(b) 외함의 용융 흔적

(c) 소손된 안정기

(d) 안정기의 내부 코일

(e) 내부 배선의 용융　　　　(f) 내부 내선의 용융

〈그림 8-3-11〉 형광등기구의 소손 패턴

(2) 조명등기구 안정기의 층간단락

<그림 8-3-12>는 조명등기구 안정기의 탄화 패턴 분석을 나타낸 것이다. <그림 8-3-12>(a)는 안정기 전면이며, <그림 8-3-12>(a)는 안정기 후면을 나타낸다. <그림 8-3-12>(c)는 외함을 제거한 안정기이며, 코일이 감겨 있는 부분에 탄화 심도가 생성된 것이 확인된다. <그림 8-3-12>(d)는 안정기 내부 권선을 나타낸 것으로 외부보다 내부가 더 많이 탄화되었다. <그림 8-3-12>(e)는 조명등기구의 안정기 코일을 촬영한 실체사진으로 심하게 탄화되었다. <그림 8-3-12>(f)는 층간 단락된 부분의 코일을 촬영한 것으로 안정기 권선의 일부에서 층간단락이 발생한 것이 확인된다. 즉, 이와 같이 안정기 내부의 코일에서 층간단락이 발생하면 지속적인 방전 및 불꽃이 발생하여 주변의 절연물을 점점 탄화시키고 일정 시간이 경화된 후 주변의 가연물로 화염이 확대될 수 있다.

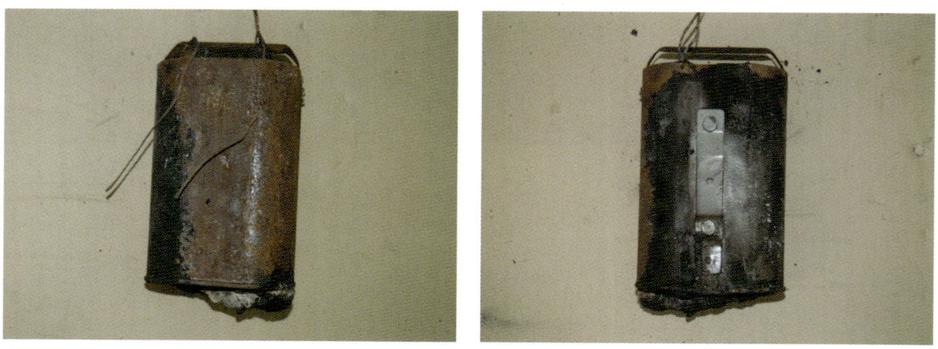

(a) 안정기의 전면　　　　(b) 안정기의 후면

(c) 외함을 제거한 안정기

(d) 안정기 내부 권선

(e) 안정기 코일

(f) 층간 단락된 코일

〈그림 8-3-12〉 조명등기구 안정기의 탄화 패턴 분석

(3) 외함과 내부 코드의 단락

<그림 8-3-13>은 조명등기구 외함과 내부 코드의 단락에 의한 탄화 패턴 분석한 것이다. <그림 8-3-13>(a)는 소손된 등기구를 나타낸 것으로 좌측에 탄화심도가 형성되었고, 등기구 표면은 오염되었다. <그림 8-3-13>(b)는 소손된 등기구 내부를 나타낸 것으로 등기구의 내부 배선의 일부가 심하게 소손되었고, 그 밖의 부분은 양호한 것을 알 수 있다. <그림 8-3-13>(c)는 등기구와 배선의 소손된 실체사진으로 내부 배선의 일부에서 용융흔이 확인된다. <그림 8-3-13>(d)는 용융된 내부 배선을 확대하여 나타낸 실체사진이다. 내부 배선은 는 0.5 [mm^2] × 2C를 사용했으며, 소선의 일부가 단선되었고 용융흔이 생성된 것이 확인된다. 이와 같이 소선이 단선되고 용융된 것은 날카로운 금속과 반복적인 접촉이 발생할 때 나타나는 특징으로 등기구 외함과 내부 배선의 단락에 의해 발생한 사고로 판단된다.

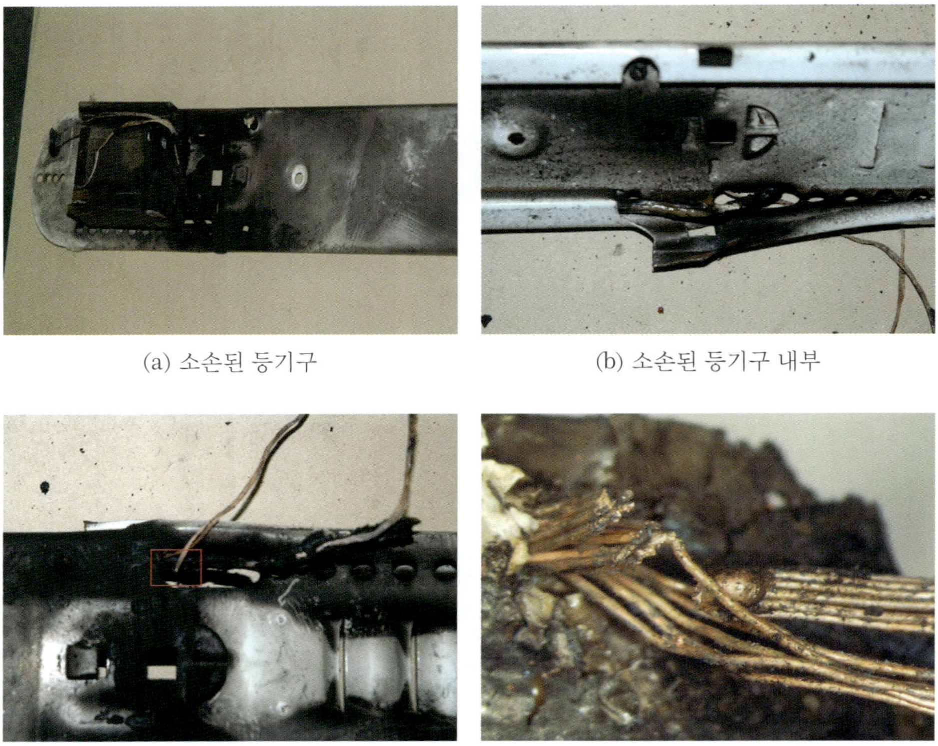

(a) 소손된 등기구　　(b) 소손된 등기구 내부

(c) 등기구와 배선의 소손　　(d) 용융된 내부 배선

〈그림 8-3-13〉 조명등기구 외함과 내부 코드의 단락에 의한 탄화 패턴 분석

(4) 형광등용 안정기의 출화패턴

형광등용 안정기의 단자 간에 내전압시험기를 이용하여 전압을 인가하였을 때의 발화된 형태를 <그림 8-3-14>에 나타냈다. <그림 8-3-14>(a)는 전압을 3,500 [V] 인가하였을 때 미세한 불꽃방전이 일어나고 있음을 보이고 있으며, <그림 8-3-14>(b)는 동일한 조건에서 약 2분 전압을 인가하였을 때의 사진이다. 전선에 불이 붙은 후 전원을 차단하여도 연소는 일정시간 계속 되었으며 주위에 인화물이 있을 경우 연속적인 화재로 이어질 수 있다. 즉, 전기화재 예방 및 안전을 고려해 볼 때 배선기구의 난연화는 대단히 중요하며 난연재료의 개발이 병행되어야 할 것이다.

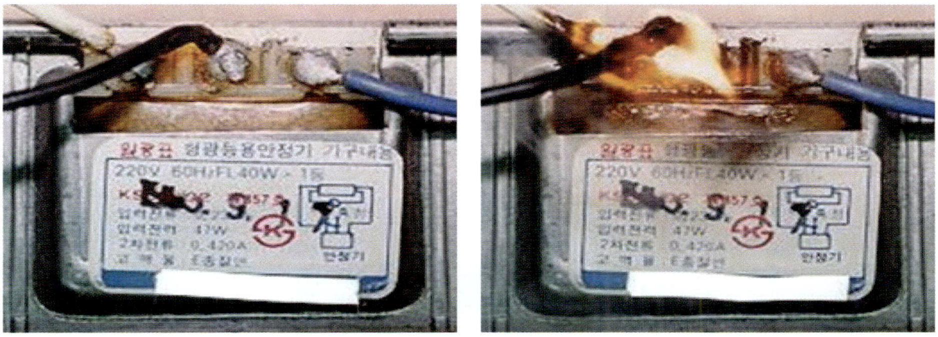

(a) 10초 경과 (b) 120초 경과

〈그림 8-3-14〉 형광등용 안정기의 출화패턴

안정기의 열화는 전기적인 요인, 환경적인 요인 및 기계적인 요인 등이 있다. <그림 8-3-15>는 절연열화에 의해 안정기의 절연물이 소실되어 코일의 단락에 의해 생성된 용융흔을 나타낸 것이다. 이 사진에서 알 수 있듯이 용융된 부분은 구슬모양을 하고 있으나 이것이 열에 의한 것인지, 전기적인 요인에 의한 것인지는 육안으로 판별은 사실상 어려움이 있다. 따라서 용융부분을 금속현미경 및 주사전자현미경으로 확대하여 구조를 분석할 필요가 있다.

(a) 실체사진 (b) 용융된 실체사진

〈그림 8-3-15〉 소손된 안정기의 실체사진

<그림 8-3-16>은 용융된 안정기 코일의 금속현미경 사진이다. <그림 8-3-16>(a)는 외부화염에 의해 열을 받은 동의 금속현미경 사진으로 단지 동(Cu)의 입자가 커진 상태를 보이고 있다. <그림 8-3-16>(b)는 단락에 의해서 생성된 용융부분의 사진으로

Cu 고유의 구조는 물론이고 입자들 사이의 보이드(void) 및 주상조직(columnar structure)이 잘 발달되어 있음을 알 수 있다. 이것은 단락에 의한 조직의 특성으로 순간적인 전기에너지의 공급에 의한 용융이라 말할 수 있으며 이런 특징을 응용하여 발화원의 종류를 판단할 수 있다.

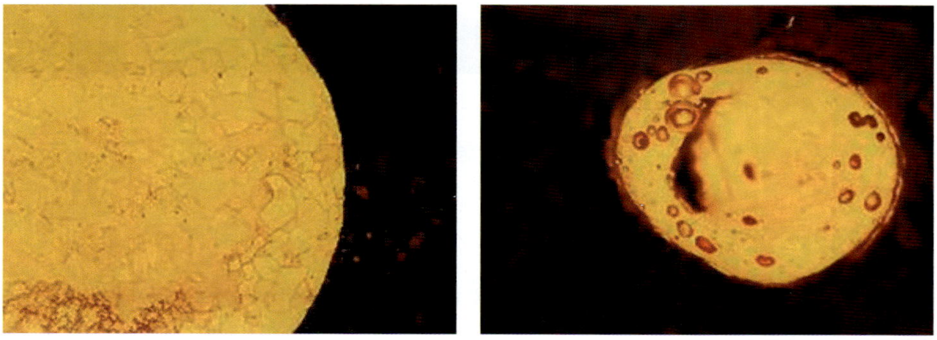

(a) 정상 코일의 단면사진 (b) 용융된 코일의 단면사진

〈그림 8-3-16〉 안정기 코일의 금속현미경 사진

<그림 8-3-17>은 용융된 코일의 표면구조 및 조성배열을 밝히기 위해 주사전자현미경(SEM)을 이용하여 나타낸 사진이다. <그림 8-3-17>(a)는 전선 고유의 입자배열을 보이고 있다. 그러나 <그림 8-3-17>(b)는 단락에 의해서 짧은 시간에 용융되고 재결합됨으로서 경계면을 중심으로 심하게 변형되어 있음을 보여준다. 즉, 단락시에 격렬한 발열반응이 일어났음을 의미한다.

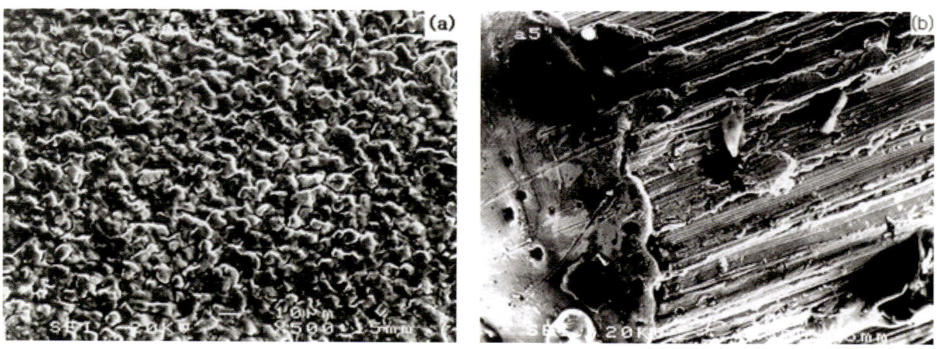

(a) 정상 코일의 SEM (b) 용융된 코일의 SEM

〈그림 8-3-17〉 안정기 코일의 SEM 이미지

<그림 8-3-18>은 에너지분산분석기(EDX)를 이용하여 용융부분의 스펙트라를 나타낸 것이다. <그림 8-3-18>(a)는 정상상태의 line scan 스펙트라로서 Cu의 주된 구성요소인 CuL, CuK 등이 고르게 분포하고 있다. <그림 8-3-18>(b)는 단락된 안정기 코일의 스펙트라로서 정상상태의 스펙트라와 다른 형태를 보이고 있다. 용융된 부분을 경계로 스펙트라의 세기가 심하게 변형되어 있음을 알 수 있다. 이것은 SEM 분석에서도 확인되었듯이 짧은 시간에 용융과 재결합에 의해 에너지의 이동이 급격했음을 알 수 있다.

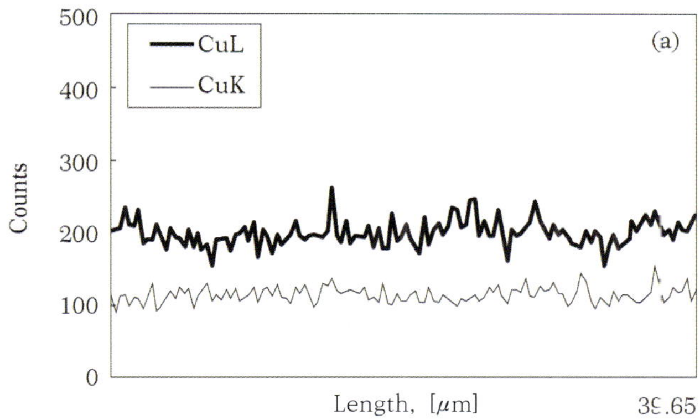

(a) 정상 코일의 EDX

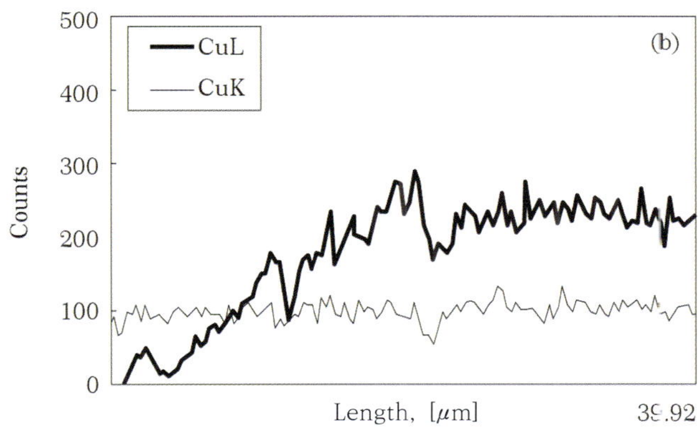

(b) 용융된 코일의 EDX

〈그림 8-3-18〉 안정기용 코일의 EDX 분석

section 8.4 수은등 및 나트륨등

8.4.1 수은등

수은등(水銀燈, mercury lamp)은 고압의 수은증기 속의 아크방전에 의해서 빛을 내는 전등이다. 점등 중의 증기압이 수 기압인 것을 고압수은등, 10기압 이상의 것을 초고압수은등이라고 한다. 일반적으로 단순히 수은등이라고 하는 것은 고압수은등이다.

그 구조는 바깥쪽에 큰 유리관이 있고, 그 속에 발광관이 있다. 발광관의 위와 아래 끝에는 주전극이 있고, 이 사이에서 아크방전을 일으킨다. 이 관 속에는 수은과 아르곤이 봉입되어 있다. 바깥쪽의 관은 안쪽의 관을 보온 보호하는 것으로 질소가스가 봉입된다.

점등 초기에는 작은 보조전극과 주전극 사이에서 방전을 일으키고, 즉시 주전극 사이의 방전으로 옮겨지는데 처음에는 수은 증기압이 낮지만 몇 분 후에 기압이 올라가 정상적인 빛을 내게 된다.

따라서 한번 소등하면 온도가 내려가 가스의 압력이 내려가기까지 10여 분 동안은 재점등할 수가 없다. 수은등은 100 [W] 이상 1,000 [W]까지의 대형의 것이 만들어져 있으며, 그 효율은 400 [W]의 것이 1 와트당 50 루멘(lm) 정도로서 500 [W]의 텅스텐 전구가 1 와트당 20 루멘 정도인 데 비해 대단히 좋다.

초고압수은등은 더 효율이 좋아 1 와트당 100 루멘 정도가 된다. 고압수은램프의 빛은 파장이 짧은 쪽에 많으므로 청색을 띠고 있으나 초고압이 되면 백색에 가까운 빛을 낸다. 따라서 수은등은 주로 도로, 공원, 광장, 공장 등의 조명에 사용된다.

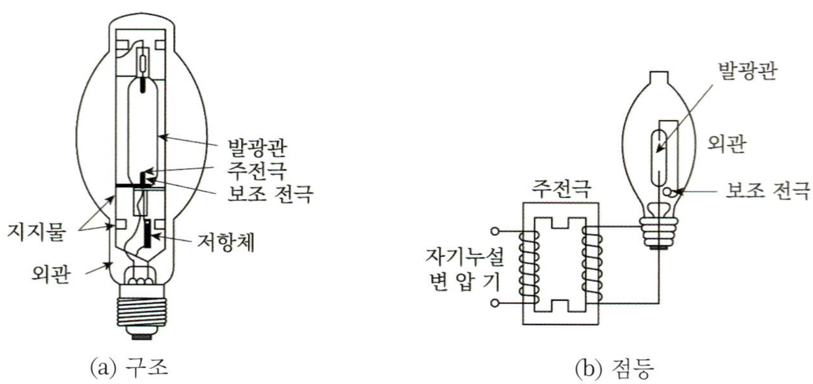

〈그림 8-4-1〉 고압수은등의 구조 및 점등

8.4.2 나트륨등

나트륨등(sodium lamp)은 나트륨 증기 중의 방전에 의한 발광을 이용한 전구이다. 590 [nm]에 가까운 색을 발산하므로 황색을 띤다. 램프는 외관과 내관이 있고 그 사이는 진공으로 되어 있으며, 내관의 내부에는 1 쌍의 전극과 미량의 나트륨이 들어 있다. 점등 중의 내관 속 나트륨 증기압이 0.004 [mmHg] 정도의 것을 저압 나트륨등이라고 한다. 램프 효율을 백열전구의 그것에 비하면 우수하며, 수십 ~ 수백 루멘 정도이다.

나트륨등은 형광등처럼 안정기를 병용할 필요가 있고, 점등 후 20 ~ 30분이 경과하지 않으면 충분한 빛을 낼 수 없으며, 그 빛이 황색광이기 때문에 우울한 기분이 있어서 일반 조명용으로 적합하지 않다. 그러나 안개 속에서도 빛을 잘 투과하여 장애물 발견에 유효하다는 점에서 교량, 고속도로, 일반도로, 터널 내의 조명 등에 사용된다.

(a) 반원형　(b) 직선형　(c) 구조

〈그림 8-4-2〉 나트륨등의 종류 및 구조

section 8.5 네온관등설비

8.5.1 네온관등의 종류

네온관의 종류에 따라 투명관, 착색관, 착색형광관 등으로 분류된다. 네온관등(neon tube lamp)은 가늘고 긴 유리관 양단에 원통형 전극을 두고 수 mmHg 정도의 네온, 기타의 가스를 봉해 넣은 방전등으로, 양광주의 빛을 이용한다. 주요 용도는 광고용의 네온사인이지만 표지나 스트로보스코프로도 사용된다.

네온인 경우는 등적색 100 [cd/m], 헬륨은 장미색 1 [cd/m], 수은은 청색 3 [cd/m]이며, 여기에 형광물질을 써서 임의의 색깔을 얻는다. 점등할 때는 네온변압기라고 하는 누설변압기(漏泄變壓器, leakage transformer)를 사용한다.

누설변압기는 누설자속이 큰 구조를 가진 변압기이다. 1차코일과 2차코일을 떼어놓았으며, 철심의 중간에 자속의 도피로가 만들어져 있다. 이 때문에 2개의 코일의 결합이 약하여 부하가 단락상태로 되어도 과대한 전류는 흐르지 않고 정전류성을 나타낸다. 주로 네온관등, 방전등, 아크 용접기, 전자레인지 등에 사용된다.

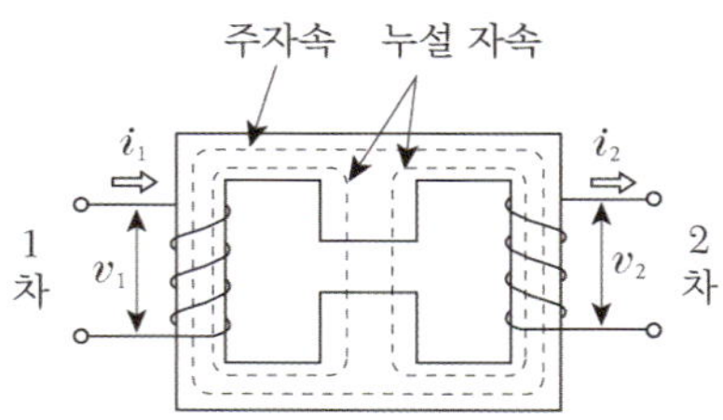

(a) 누설자속

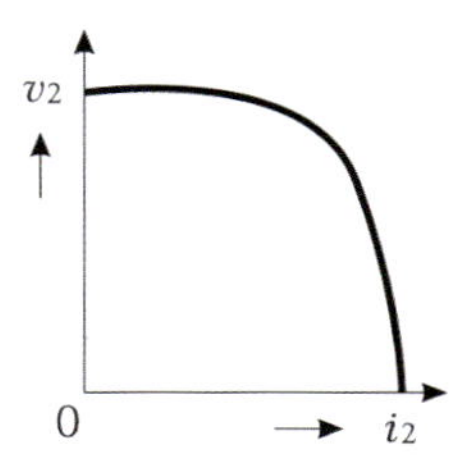

(b) 특성곡선

〈그림 8-4-3〉 누설변압기의 누설자속 및 특성곡선

8.5.2 네온관등의 구조와 기능

(1) 1 차측 배선공사

네온관등은 교류 220 [V]의 전원으로 네온변압기의 1 차측에 전기를 공급하여 네온변압기에 의해서 3,000～15,000 [V]로 전압을 올려 점등하는 것이다. 따라서 1 차측의 배선은 보통의 저압전로와 마찬가지인 방법으로 공사가 이루어질 수 있다. 옥외에 시설되는 네온관등설비의 1 차측 배선공사에 주로 시공되며 공사의 종류는 다음과 같다.

① 금속관공사

금속관공사(金屬管工事, electric conduit work)는 옥내 전기 배선 포설 방법의 일종으로 전선관의 일종인 금속관 속에 전선, 케이블을 통해 넣어 배선하는 공사 방법이다. 관 상호 및 관과 박스, 기타의 부속품과는 나사 접속이나 그 이상의 효력이 있는 방법에 의해 견고하고 전기적으로 완전하게 접속해야 하며, 관의 단구는 전선의 피복을 손상하지 않도록 부싱을 사용해야 한다.

② 케이블공사

케이블공사(cable wiring)는 케이블을 부설하는 공사이다. 구조용의 가공 케이블을 설비하는 공사 또는 전력 케이블 등을 설치하는 전기 배선 공사를 말한다. 케이블을 조영제의 하면 또는 측면에 따라 시설할 때의 지지점 간의 거리는 2[m]이하로 한다. 또한, 매설식인 경우 중량물의 압력을 받을 우려가 있는 곳은 1.2[m] 이상의 깊이에 방호장치를 하여 매설하며, 기타의 장소에는 0.6[m] 이상이다.

③ 애자사용공사

애자사용공사(碍子使用工事, insulator work)는 건물의 천장이나 벽면 등에 노브 애자, 핀 애자 등을 사용하여 전선을 지지하는 공사를 말한다. 전선이 조영재를 관통하는 부분이나 교차, 접근하는 부분에는 난연성 및 내수성의 절연관을 사용한다. 절연전선을 애자로 지지하고, 천장 표면, 벽 등 사람의 눈에 띄는 장소에 행하는 배선과 천장 등 사람의 눈에 띄지 않는 장소에 행하는 배선이 있다.

④ 합성수지관공사

합성수지관공사(合成樹脂管工事, rigid poly-vinyl conduit wiring)는 합성수지관인 경질비닐제가 대부분이다. 경질비닐관은 열에 약하고 기계적 충격과 중량물에 의한 압력 등 외력에 대해서는 금속관보다 뒤떨어진다. 그러나 중량이 가볍고 시공이 간편하고 내식성이 우수하며 가격이 저렴하여 근래에 많이 보급되고 있다.

(2) 자동점멸장치

자동점멸장치는 네온변압기의 1차측에 설치하여 주기성을 갖고 자동적으로 점멸시키기 위한 부속장치로 점멸회전을 전동기로 회전시켜 카본 브러시로 접동하여 점멸하고 있는 것이 많다.

① DC 전원

제어회로, 기억회로의 IC는 대부분 DC의 저압으로 구동된다. AC 220 [V]를 DC의 저압으로 변환하는 회로이다. 일반적으로 제어전원은 부하전원으로부터 얻는다.

② 제어회로

기억회로부의 기억을 인출하기 위한 회로에서 주로 점멸속도의 설정이 행하여진다. 회전식으로 전동기와 감속기에 대응하는 부분이다. 점멸속도는 볼륨을 조정함으로써 연속적으로 변화한다.

③ 기억회로

점멸패턴을 기억시켜 놓은 회로이다. 각 회로가 어디에서 ON하고, 어디에서 OFF하는가를 기억하고 있다. 메모리소자(memory device)라고 불리는 IC에 그 패턴이 되어 있지만 점멸패턴의 변경은 이 메모리 IC를 변환함으로써 가능하다.

④ 출력회로

트라이악(triac)과 그 게이트회로 또는 SSR(solid state relay)로 되어 있고 기억회로의 신호로 부하에 가는 AC 전원을 ON/OFF 한다. 회전식으로서는 브러시에 대응하는 부분이지만 전자의 경우는 그 소자의 허용전류를 넘는 과전류가 흐르면 순간에 소자는 파괴된다. 허용전류는 온도상승과 역비례하고, 서지 또는 접촉 불량 등에 의한 플리커 전류에도 민감하다. 따라서 사용전류에 충분한 여유를 두고 공사에도 주의가 필요하다.

⑤ 보호회로

차단기 또는 퓨즈가 일반적이며 그 용량은 부하전류로 결정된다. 부하전류는 특히 서지(surge)가 많은 부하로 점멸속도가 빠른 경우 많이 볼 수 있다.

(3) 네온변압기

네온관등회로에 전력을 공급하는 옥내용 또는 옥외용 네온변압기의 정격 2차전압은 1차 단자 간에 정격주파수의 정격 1차전압을 가한 경우의 2차 무부하 전압으로 나타내고 있다. 그 기준은 15,000 [V], 12,000 [V], 9,000 [V], 6,000 [V], 3,000 [V] 등으로 2차 단락전류는 인체의 감전에 대해 안전 한도를 생각하고 50 [mA] 이하로 정하고 있으며, 일반적으로 30 [mA]이다.

(4) 네온전선

관등회로에 사용하는 네온전선(insulated wire for neon tube)은 KS C에서 정하고 있으며, 전기용품안전관리법에 의한 형식승인된 것을 요한다.

① 15,000 [V]용 : 15,000 [V] 고무비닐전선, 15,000 [V] 고무클로로프렌네온전선

② 7,500 [V]용 : 7,500 [V] 고무비닐전선, 7,500 [V] 고무클로로프렌전선, 7,500 [V] 폴리에틸렌 비닐네온전선, 7,500 [V] 비닐네온전선

(5) 네온관

네온관은 직경 12～15 [mm] 유리관의 양단에 원추형으로 매달은 종형태의 전극을 설치하여 내부에 네온, 수은 가스를 봉입한 램프로 양단의 전극에 고전압을 가하여 방전시킨다.

8.5.3 조사의 요점

① 1차측 및 2차측 배선의 배선상태, 전기방식, 배선방법, 공사방법, 전선의 크기 및 보안장치에 대해서 설계도 등을 확인한다.

② 배선의 용융흔이 있기도 하나 연소 상황이 강한 경우는 주위의 조영재와 배선의 관계를 종합적으로 고려해야 한다.

③ 빗물의 침입, 쥐 등의 영향을 확인한다.

④ 방전관에 이상이 인지되는 경우는 유리관, 관지지대가 관등회로 전압이 높기 때문에 오손시 누설전류가 흘러 불꽃방전이 일어나 전선피복에 트래킹(tracking)이 생기는 경우가 있다.

⑤ 누설전류가 흘러 불꽃방전을 일으킨 상황을 확인한다.

8.5.4 출화사례

① 옥외 부분의 금속관에 들어있는 네온점멸기의 회전드럼에 접촉하고 있는 브러시의 동이 마모되어 동가루가 브러시의 단자부에 비산되었기 때문에 기판의 페놀수지 단자간이 흑연화되어 출화하였다.

② 광고용 네온간판의 네온관, 리드선 보호용 관통의 금속판넬 부분이 파손되어 빗물에 의해 리드선과 금속 판넬 사이에서 누설 방전하여 옆의 재료에 인화되어 출화하였다.

section 8.6 LED 전구

8.6.1 LED의 발광원리 및 재료

(1) 발광 원리

발광다이오드(LED, Light Emitting Diode)는 반도체를 이용한 p-n 접합이라고 불리는 구조로 만들어져 있다. 발광은 p-n 접합에서 전자가 가지는 에너지를 직접 빛 에너지로 변환되어, 거시적으로는 열이나 운동에너지를 필요로 하지 않는다. 전극으로부터 반도체에 주입된 전자와 정공은 다른 에너지 밴드(energy band)를 흘러 p-n 접합부 부근에서 밴드 간격을 넘어 재결합한다. 재결합할 때 밴드 간격에 상당하는 에너지가 광자(빛)를 방출하는 것이며, <그림 8-6-1>은 LED의 빛 방출 원리의 개략도를 나타낸 것이다.

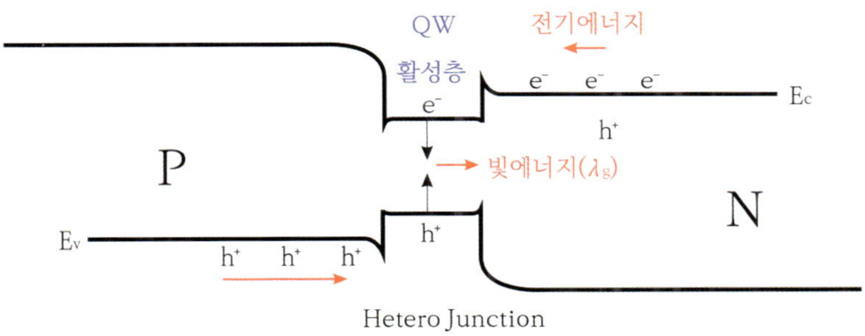

〈그림 8-6-1〉 LED의 빛 방출 원리의 개략도

LED는 일반적인 다이오드와 동일하게 극성을 가지고 있으며, 음극(cathode, K)에서 양극(anode, A)으로 정전압을 가해서 사용한다. 전압이 낮은 동안은 전압을 올려도 거의 전류가 흐르지 않고, 발광도 하지 않는다. 그러나 어느 전압 이상이 되면 전압 상승에 대하여 전류가 빠르게 흘러서 전류량에 비례해서 빛이 발생된다. 이 전압을 순방향 강하전압이라고 하고, 일반적인 다이오드와 비교해서 발광 다이오드는 순방향 강하전압이 높다.

발광 색에 따라 다르지만 빨간색, 오렌지색, 노란색, 초록색에서는 2.1 [V] 정도이다. 빨간빛을 내지 않는 것은 1.4 [V] 정도이다. 백색과 파란색은 3.5 [V] 정도이고, 고출력 제품은 5 [V] 정도인 것도 있다. 발광할 때 소비 전류는 표시등용은 수 [mA] ~ 50 [mA] 정도이지만 조명용은 소비 전력이 수 와트 정도의 대출력 LED도 생산되고 있다. 역방향으로 전압을 가하는 경우의 내전압은 일반적인 실리콘 다이오드보다 더 낮고 보통은 -5 [V] 정도이며, 정류의 목적으로 사용할 수 없다.

(2) 발광 재료

LED는 전류의 양에 따라 빛의 세기가 결정되며 최대 정격전류를 넘으면 수명이 짧아져서 소자가 파손되어 사용할 수 없게 된다. 정전압으로 구동하면 소자의 격차나 소자 온도에 의한 순방향 강하 전압의 변동으로 전류도 변하므로 기본적으로 전류량을 제어하는 사용법이 추천된다.

발광 다이오드의 순방향 강하 전압보다 높은 전압을 발생하는 직류 전원을 사용해서 직렬로 저항기나 정전류 다이오드를 연결하여 직류를 제한하는 방법이 적용된다. GaN 계열 발광 다이오드는 정전기나 서지 전류에 약하기 때문에 취급에 주의가 필요하다. 높은 출력이 요구되는 LED는 방열판 또는 방열선과 같은 방열 대책이 필요하다. 적절한 방열이 없는 경우에 제품의 수명이나 성능이 현저하게 떨어지거나 연기나 불꽃으로 인한 화재가 발생될 수 있다. [표 8-6-1]은 물질에 따른 LED의 발광 색을 나타낸 것이다.

[표 8-6-1] 물질에 따른 LED의 발광

원천 재료	색상
알루미늄 갈륨 비소(AlGaAs)	적외선, 빨강색
갈륨 비소 인(GaAsP)	빨강색, 오랜지색, 노랑색
인듐 질화 갈륨(InGaN) 질화 갈륨(GaN) 알루미늄 질화 갈륨(AlGaN)	오랜지색, 노랑색, 녹색, 파란색, 보라색, 자외선
인화 갈륨(GaP)	빨간색, 노란색, 녹색
셀렌화 아연(ZnSe)	녹색, 파란색
알루미늄 인듐 갈륨 인 (AlGaInP)	오랜지색, 노랑색, 녹색
다이아몬드(C)	자외선
산화 아연(ZnO)	근자외선
탄화 규소(SiC)	파랑색
사파이어(Al_2O_3)	파랑색
규소(Si)	파랑색

전계발광다이오드(LED, light emitting diode)는 Ga(갈륨), P(인), As(비소)를 재료로 하여 만들어진 반도체이다. 다이오드의 특성을 가지고 있으며, 전류를 흐르게 하면 붉은색, 녹색, 노란색으로 빛을 발산한다. LED를 이용한 전구는 수명이 길고 응답 속도가 빠르고 다양한 모양으로 만들 수 있어서 조명 및 표시 분야의 산업에 활용되고 있다. LED 전구의 사용 예의 대표적인 것이 교통신호등이며, 관련 기술의 진보에 따라 일반 조명, 식물 조명, 전광판, 피크 인디케이터(peak indicator) 등 응용의 폭이 확대되고 있다. [표 8-6-2]는 조명용으로 사용된 LED의 주요 사양을 나타낸 것이다.

[표 8-6-2] 조명용으로 사용된 LED의 주요 사양

Description	Part Name	Part Spec.	Package	Ref. No.	Q'ty ea
LED	LUWW5AM-KZ-4D8F	White (1W-6,000K)	SMD	LED 1~12	12
PCB	GLL-12V1.1	54.6×199.6×1.6t, MPCB	MPCB	LED Module	1
Diode -Schottky	RB051L-40	40 [V], 3 [A]	1F	D1,D2	2
WAFER	20037WR-04	2.0 [mm]	4P	CON1	1
HARNESS	H200M4P / 4P-4C	200 [mm], 4C	4P	LED Module	1
SOLDER	TLF-204-105S-1	PB Free			5 [g]

8.6.2 LED 교통신호등

LED 광원의 직진성이 가장 잘 발휘되는 설비 중의 하나로 교통신호등이 있다. <그림 8-6-2>는 교통신호등용 LED의 종류를 나타낸 것이다. 각각의 교통신호등은 LED 조합하여 제작된 것을 알 수 있어서 광원의 일부가 소손되어도 시스템의 기능에 영향이 적다. 그러므로 관리자 또는 사용자가 쉽게 인지하여 개수 또는 보수가 가능하다. 최근에는 시스템이 작동되는 동안의 상태를 보행자에게 인지할 수 있도록 잔여 시간을 표시하는 기능이 추가되어 안전의 신뢰도를 높이고 있다. 시스템에 공급되는 전원선은 등주의 내부를 통해서 공급하므로 외부에 노출되는 경우가 희박하나 등주 내부에서 외부에 거치된 등기구로 이어지는 부분의 절연 파괴로 인한 누전사고 또는 단락의 위험성이 있으므로 적절한 절연 협조가 요구된다.

(a) 4색 신호등

(b) 3색 신호등

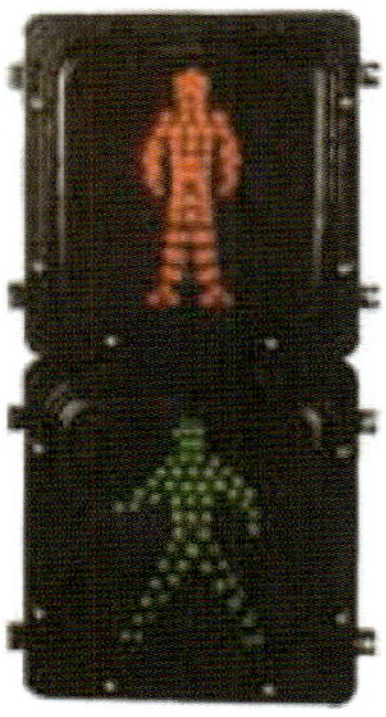

(c) 보행신호등

(d) 경보등

〈그림 8-6-2〉 교통신호등용 LED의 종류

[표 8-6-3]은 교통신호등용 LED의 표기 및 약어를 정리한 것이다. 교통신호등에 사용되는 LED의 색은 파랑(Blue), 초록(Green), 빨강(Red), 노랑(Yellow) 등이다. 또한, LED 교통신호등의 특징은 다음과 같다.

① 전력 소모가 5 ~ 15 [W]이므로 백열전구의 1 / 330 정도를 소모한다.

② 내구 수명은 기존 백열전구보다 15배 정도 길다.

③ 햇빛이나 안개 지역에서도 인식 및 시연성이 우수하다.

④ 유지비용을 줄일 수 있고, 전력소비의 절감이 가능하다.

[표 8-6-3] 교통신호등용 LED의 표기 및 약어

Package Outlines	Viewinh Angle	Color					Examples of Applications*						
		B	G	BG	R	Y	BL	KP	IC	DP	SS	M	L
5 ф Round	30°			※	※	※			※		※		

* Examples of Applications
BL=blacklight, KP=keypad, IC=indicator, DP=Display, SS=signal, M=automotive, L=light

그리고 [표 8-6-4]는 교통신호등용 LED의 규격, 중량 및 구성을 나타낸 것이다. 차량등4색, 차량등3색, 경보등, 보행신호등으로 분류한다.

[표 8-6-4] 교통신호등용 LED의 규격, 중량 및 구성

품 명	규격, W × B × H [mm]	중량 [kg]	구성
차량등4색	1400 × 350 × 120	13.12	R Y A G
차량등3색	1050 × 320 × 120	9.84	R Y G
경보등	700 × 320 × 120	6.56	Y Y
보행신호등	700 × 320 × 120	6.56	PR PG

[표 8-6-5]는 교통신호등용 LED의 정격 구분 및 제품사양을 나타낸 것이다. 차량등과 보행자등으로 분류하였으며, 정격은 동일한 사양을 요구한다.

[표 8-6-5] 교통신호등용 LED의 정격 구분 및 제품사양

구 분	차량등				보행자등	
	적색	황색	화살표	녹색	적색	녹색
정격전압 [V]	110 / 220 ± 10 [%] 50 / 60 [Hz]					
정격전류 [A]	0.04	0.04	0.04	0.04	0.04	0.04
소비전력 [W]	9	9	8	13	9	8
렌즈 / 외경 [ф]	착색 및 트명 렌즈 / 300 [ф]					
색도 [NM]	CIE(국제조명위원회) 표준색도 좌표계 500~600 [nm]에 적합할 것					
광도 [cd]	340 [cd] 이상					
총고주파함유율 [%]	40 [%] 이상					
작동온도 [℃]	-30 ~ -70 [℃]에서 정상 작동할 것					

<그림 8-6-3>은 교통신호등으로 사용된 Green LED의 모듈 1개를 나타낸 회로도이다. 회로는 LED 램프(green) 2개를 먼저 직렬로 연결하고, 8개를 병렬 연결하여 1개의 안전 저항(R_1)을 직렬로 연결하여 전원이 공급되도록 구성된다. 이와 같이 구성된 모듈 8개를 각각 병렬로 연결하여 하나의 교통신호등이 구성되며, 사용된 전체 LED 수는 128개이고 안전 저항은 8개이다.

상용 교류 220 [V], 60 [Hz]를 공급받아 전원공급장치(SMPS, switched mode power supply)를 이용하여 직류 전압을 공급할 때 발광하며, LED 램프가 구동될 때 전류는 약 42 [mA]로 흐른다.

LED 램프가 켜졌을 때 공급 전압은 23.8 [V]에서 24.6 [V] 정도이며, 전압 변동률은 약 3.2 [%]이다. 그리고 소비 전력은 836 ~ 1,050 [mW] 정도이며, 소비전력의 편차는 약 213 [mW] 이다.

그리고 일정한 전류 및 전압은 광원의 조도 및 휘도가 균일하며, 보행자 및 운전자가 신호등의 작동상태 식별이 우수하다.

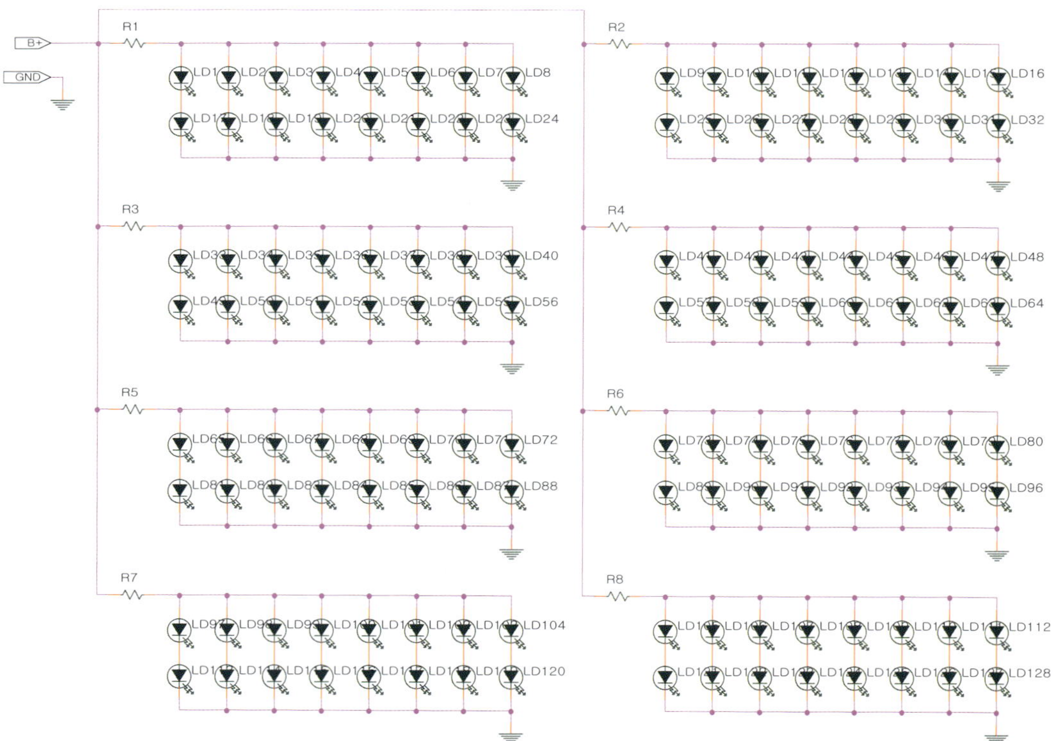

〈그림 8-6-3〉 교통신호등으로 사용된 Green LED 모듈 1개의 구성 회로도

8.6.3 LED 보행등

<그림 8-6-4>는 보행용 LED의 실체사진을 나타낸 것으로 <그림 8-6-4>(a)는 전면이며, <그림 8-6-4>(b)는 후면이다. 일정한 공간과 거리를 유지하여 LED가 배치되었으며, 기판은 베크라이트를 주로 사용한다. LED 램프가 점등될 때 발생되는 열을 효율적으로 방사될 수 있도록 통기성을 유지한다.

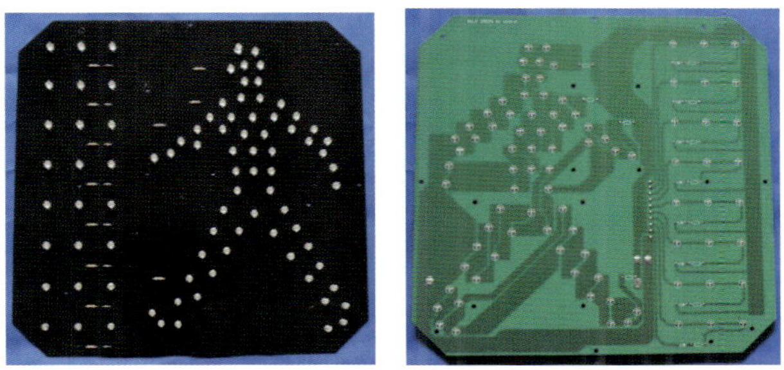

(a) 전면 (b) 후면

〈그림 8-6-4〉 보행용 LED의 실체사진

<그림 8-6-5>는 보행용으로 사용된 Green LED 모듈 1개의 구성 회로도이다. LED 램프에는 12 [V]의 직류 전원이 공급되고 잔여시간 표시 회로와 작동상태를 나타내는 회로가 연동되어 있다. 잔여시간을 나타내는 회로는 LED 램프를 3개와 안전저항 1개, 다이오드 1개 등을 각각 직렬 연결되어 있다. 그리고 작동상태를 나타내는 회로는 LED(Green) 램프 2개를 먼저 직렬로 연결하고, 다시 8개를 병렬 연결한 것에 1개의 안전 저항(safe resistance)을 직렬로 연결된 것이 4조로 구성하였다. 즉, 1개 조에 LED 램프 16개를 기본으로 4조가 병렬로 구성한다. 따라서 보행등용 LED 신호등은 LED가 총 수는 88이고, 안전 저항은 12개가 사용되었다.

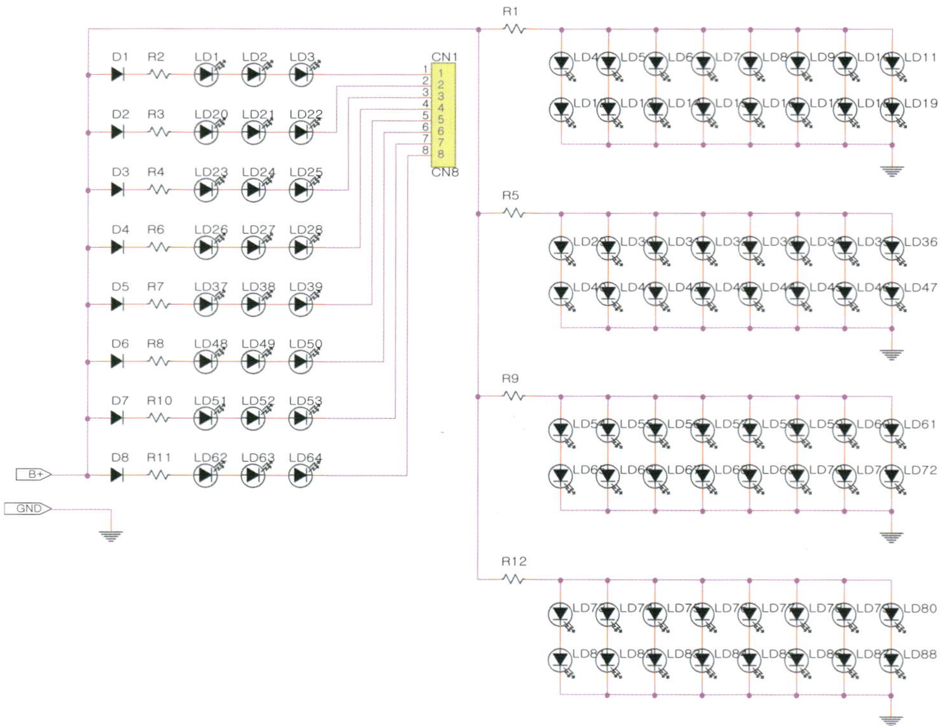

〈그림 8-6-5〉 보행용으로 사용된 Green LED 모듈 1개의 구성 회로도

8.6.4 LED 경관조명등

<그림 8-6-6>은 경관조명용 LED 램프 내부의 실체사진을 나타낸 것으로 <그림 8-6-6>(a)는 전면이며, <그림 8-6-6>(b)는 후면이다. 일정한 공간과 거리를 유지하여 LED가 배치되었으며, 기판은 베크라이트를 주로 사용한다. LED 램프가 점등될 때 발생되는 열을 효율적으로 방사시키기 위해 30 [mm] 정도를 이격시킨다. 경관조명용 LED 램프가 구동될 때 전류는 140 [mA]가 흐르며, 공급된 전압은 24.5 ~ 24.3 [V] 정도이다. 또한, 소비 전력은 3.30 ~ 3.32 [W]가 소비되고, 시스템의 안정성이 우수하다.

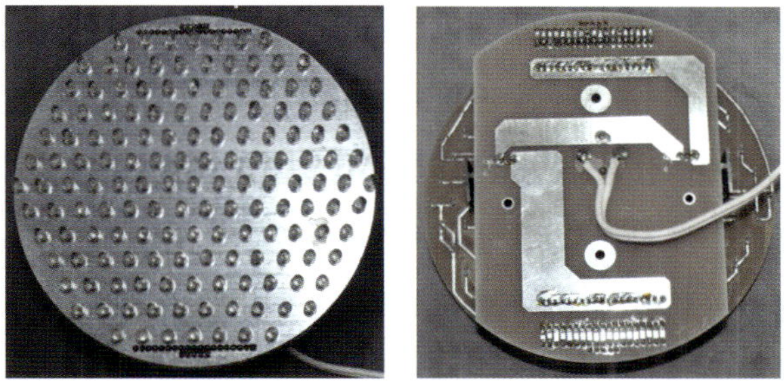

(a) 전면　　　　　(b) 후면

〈그림 8-6-6〉 경관조명용 LED 램프 내부의 실체사진

<그림 8-6-7>은 경관조명용 LED 모듈의 등가 회로를 나타낸 것이다. LED 램프에는 12 [V]의 직류 전원이 공급되고 U1과 U2를 병렬 연결하여 램프가 작동되도록 구성되어있다. 회로에는 12 [V]의 전원을 공급되도록 되어 있고, LED(yellow) 2개를 먼저 직렬로 연결하고, 다시 2개를 병렬 연결한 것에 1개의 안전 저항(safe resistance)을 직렬로 연결된 것이 1 조로 구성된다. 즉, LED 램프 4개(1조)를 기본으로 13개를 병렬 연결하여 U1을 형성하고, 동일한 형태의 U2를 병렬로 구성한다.

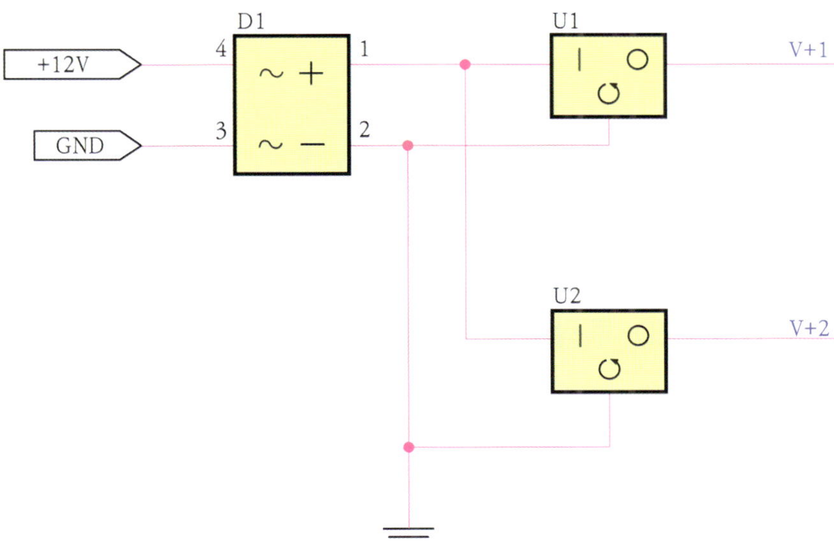

〈그림 8-6-7〉 경관조명용 LED 모듈의 등가 회로

[V]를 LED 램프에 공급한다. LED 램프가 구동될 때 전류는 452 ~ 460 [mA] 정도가 흐르며, 일정한 전류의 공급에 따른 광원의 밝기도 비교적 균일한 조도 및 휘도를 나타낸다. LED 램프가 켜졌을 때 공급 전압은 약 11.9 [V]이며, 소비전력은 5.47 ~ 5.66 [W] 정도이다.

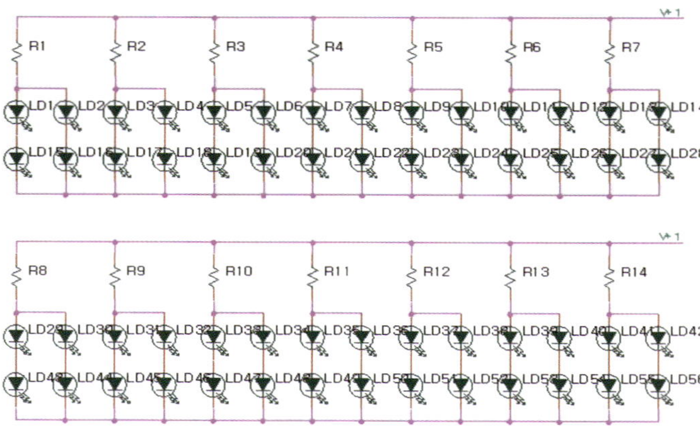

〈그림 8-6-11〉 투광조명용 LED 모듈의 회로도

8.6.6 LED 가로등 및 보안등

가로등용 또는 보안등용으로 사용되는 LED는 매우 유사한 특성이 요구된다. 보안등용은 단지 가로등용에 비해 광원이 사람에게 부드러운 느낌이 요구된다. 가로등용 및 보안등용으로 사용되는 광원의 직진성 및 세기는 우수하나 빛의 배광특성이 고르지 못하여 눈의 피로도가 높고 발열에 따른 조명효율이 저하된다. 그리고 교류 전원이 공급되는 부분의 보호 장치는 기존의 누전차단기(RCD) 및 배선차단기(MCCB) 등으로 가능하나 전원공급장치(SMPS, switched mode power supply)를 거쳐 공급되는 2차측의 직류 누설전류, 단락, 접촉(속) 불량 등에서 발생되는 사고의 예방에 어려움이 있는 것도 현실이다.

일반적으로 가로등의 용량은 도로의 크기 또는 상황 등에 따라 결정되며 대략 250 ~ 300 [W] 정도이다. LED 광원은 일반 광원에 비해 성능이 우수하므로 동일한 도로 여건이라면 120 ~ 150 [W]를 설치한다. 또한, 전압은 24 [V]이고, 전류는 6.7 [A] 정도가 흐른다. 점등시의 표면온도는 어느 부위에서도 60 [℃] 이상 발생해서는 안 된다.

<그림 8-6-12>는 가로등용 LED 램프 및 모듈 1 개의 실체사진을 나타낸 것이다. 일반적으로 9개의 모듈을 한 개의 조명기구에 일정한 간격으로 배치하고, 플라스틱 글로브를 씌워 습기, 먼지 등의 이물질의 유입이 없도록 설계한다. 즉, 한 개의 모듈에 24개의 LED를 방사형으로 배치하여 균일한 배광이 이루어지도록 한다.

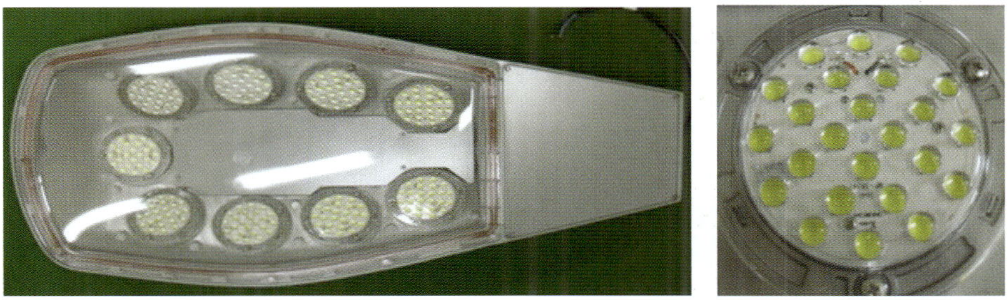

(a) 가로등용 LED의 실체사진 (b) 모듈 1 개

〈그림 8-6-12〉 가로등용 LED 램프 및 모듈 1 개의 실체사진

[표 8-6-6]은 램프의 종류 및 조명 특성의 비교한 것이다. 광원은 형광등이 가장 우수하며, 효율은 할로겐 램프가 가장 우수하다. 그러나 램프의 총효율 및 수명은 LED 램프가 우수한 것으로 조사된다.

[표 8-6-6] 램프의 종류 및 조명 특성의 비교

구분	LED 램프	백열 램프	형광 램프	할로겐 램프
광원 [lm/W]	59	10	75	20
드라이버 효율 [%]	80~89	100	80~90	100
조명기구 효율 [%]	80~90	30~50	50~70	30~50
총효율 [lm/W]	42	4	38	8
수명 [hr]	10,000 ~ 50,000	1,000	10,000	15,000

<그림 8-6-13>은 가로등용 LED 램프의 열확산 패턴을 분석한 것이다. 열확산 패턴은 열화상카메라(TVS-8502, Nippon Avionics Co., Japan)를 이용했으며, 글로부가 씌워진 상태에서 해석하였다. <그림 8-6-13>(a)는 램프 전면의 열 분포는 나타낸 것으로 비교적 균일한 열 확산 패턴을 보이며, 최고 표면온도는 약 34 [℃] 이다. <그림

8-6-13>(b)는 램프 측면의 열확산 패턴으로 상부 덮개의 온도 변화는 거의 없으며, 측면의 온도는 균일한 열확산 패턴을 나타낸다. AC / DC 컨버터(SMPS)를 통과한 전압은 DC 27 [V]이며, 전류는 DC 13 [A]가 흐른다. 즉, 충분한 광원을 얻기 위해서는 안정적인 전류의 공급이 중요하고, 감전사고 등에 대한 주의가 요구된다.

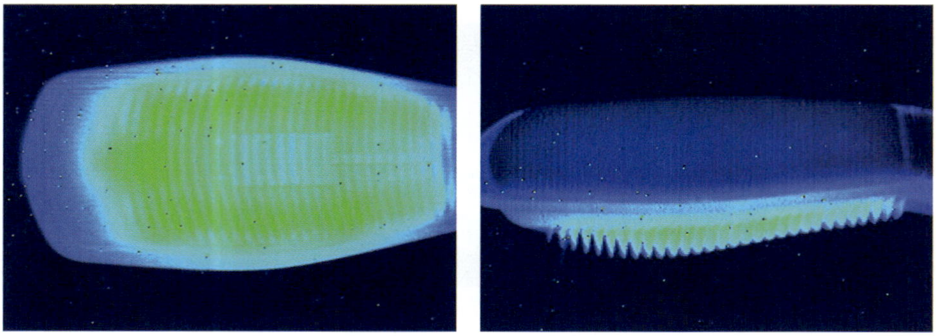

(a) 전면 (b) 측면

〈그림 8-6-13〉 가로등용 LED 램프의 열확산 패턴 분석

<그림 8-6-14>는 가로등용 LED 램프에 사용된 SMPS의 열확산 패턴을 분석한 것이다. AC 전원을 DC 전원으로 변화시키는 SMPS의 실체사진으로 전원선은 일반적으로 사용되는 가로등과 동등한 성능의 절연전선이 사용되며, 외부는 컨버터 내부의 시스템을 보호하기 위해 알루미늄을 사용한다. <그림 8-6-14>(b)는 LED 램프가 정상적으로 작동하고 있을 때의 열확산 패턴을 나타낸 것으로 표면의 온도가 40 ~ 60 [℃]까지 상승한다.

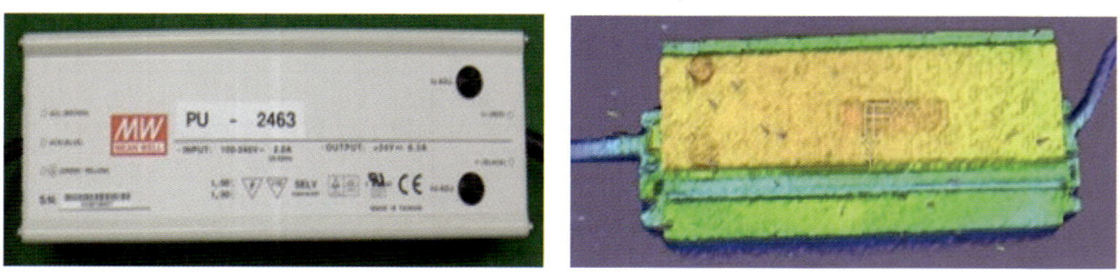

(a) AC / DC 컨버터의 실체사진 (b) AC / DC 컨버터의 열화상 패턴

〈그림 8-6-14〉 가로등용 LED 램프에 사용된 SMPS의 열확산 패턴 분석

<그림 8-6-15>는 시간에 따른 LED 램프 1개에 대한 발열 특성을 해석한 것이다. <그림 8-6-15>(a)는 전원을 인가한 즉시 촬영한 열화상 패턴으로 열확산이 거의 없으

며, 방열판은 알루미늄이다. <그림 8-6-15>(b)는 전원이 공급되고 4분이 경과된 후의 발열 패턴이다. <그림 8-6-15>(c)는 8분이 경과했을 때의 발열 패턴으로 균일한 발열을 나타냈다. <그림 8-6-15>(d)는 12분이 경과했을 때의 발열 패턴으로 발생된 열을 충분히 방사시키지 못할 때 나타나는 형상을 보이며 약 82[℃]까지 상승한다. 일반 전기기기에 사용되는 플라스틱(PVC) 절연재료의 허용온도 70[℃]보다 높은 것을 알 수 있다.

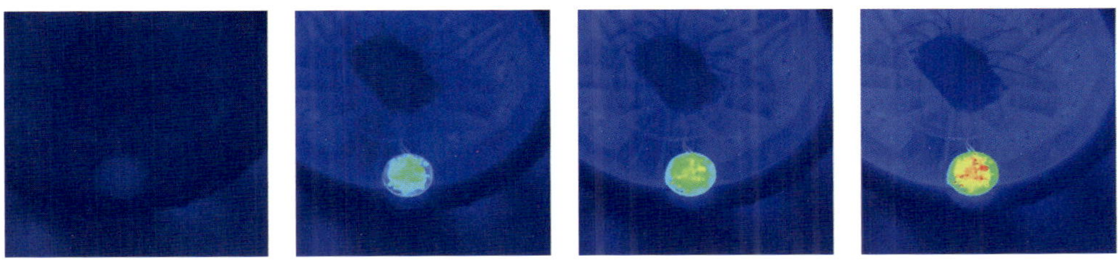

(a) 전원 인가 (b) 4분 경과 (c) 8분 경과 (d) 12분 경과

〈그림 8-6-15〉 시간에 따른 LED 램프 1개에 대한 발열 패턴의 변화

8.6.7 조명용 LED 바

<그림 8-6-16>은 조명용 LED 바의 전면과 후면의 실체사진으로 일정한 공간과 거리를 유지하여 배치한다. 또한, <그림 8-6-17>은 <그림 8-6-16>을 확대된 실체사진으로 발생된 빛의 적절한 방사 및 열적 스트레스에 견딜 수 있도록 알루미늄 강판을 사용한다.

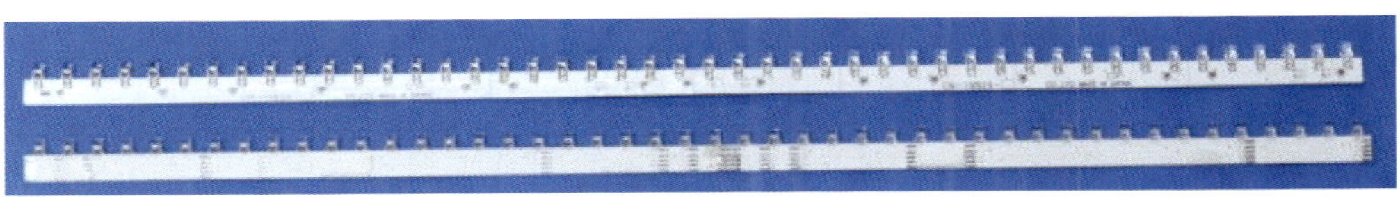

〈그림 8-6-16〉 조명용 LED 바의 전면과 후면의 실체사진

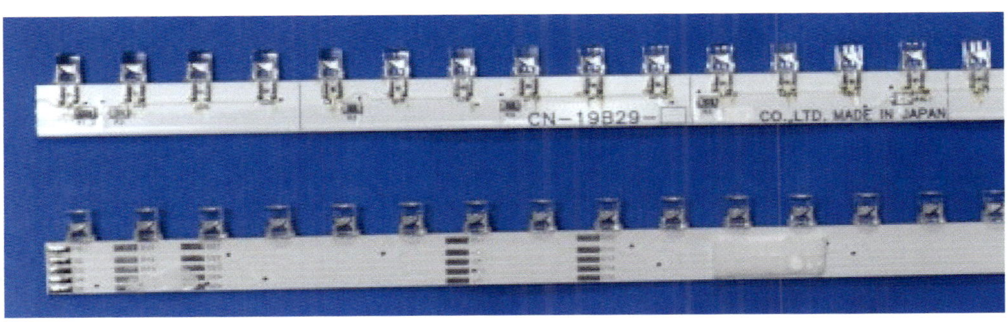

〈그림 8-6-17〉 확대 촬영된 조명용 LED 바의 전면과 후면의 실체사진

<그림 8-6-18>은 조명용 LED 바의 회로도를 나타낸 것이다. 회로에는 12[V]의 전원이 공급되도록 되어 있고, LED(yellow) 3개를 먼저 직렬로 연결하고 다시 1개의 안전저항(安全抵抗, safe resistance)을 직렬로 연결된 것이 1조로 구성된다. 즉, 이와 같은 동일한 구조 16개가 병렬 연결되므로 조명용 LED 바는 48개의 LED와 16개의 안전 저항으로 제작된다.

LED 램프가 구동될 때 전류는 262 [mA]가 흐르며, 공급 전압은 11.8 [V]이다. 그리고 소비 전력은 3.25 ~ 3.03 [W] 정도이며, 비교적 일정한 전력이 소비된다.

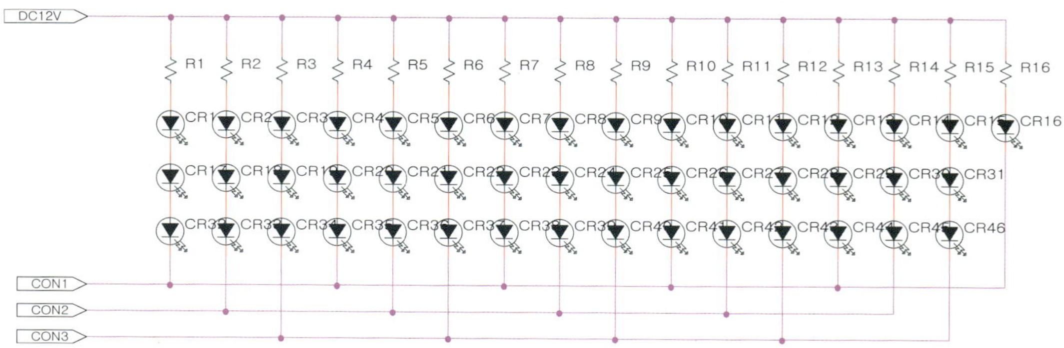

〈그림 8-6-18〉 조명용 LED 바 모듈의 회로도

8.6.8 LED 전광판

<그림 8-6-19>는 LED 전광판의 실체사진을 나타낸 것으로 일정한 공간과 거리를 유지하여 배치된다. 또한, 발생된 빛의 적절한 방사를 위해 표면은 알루미늄 강판을 사용한다. 그리고 기판은 대부분 베크라이트를 이용하며, 발생되는 열을 효율적으로 방사되도록 설계해야 한다.

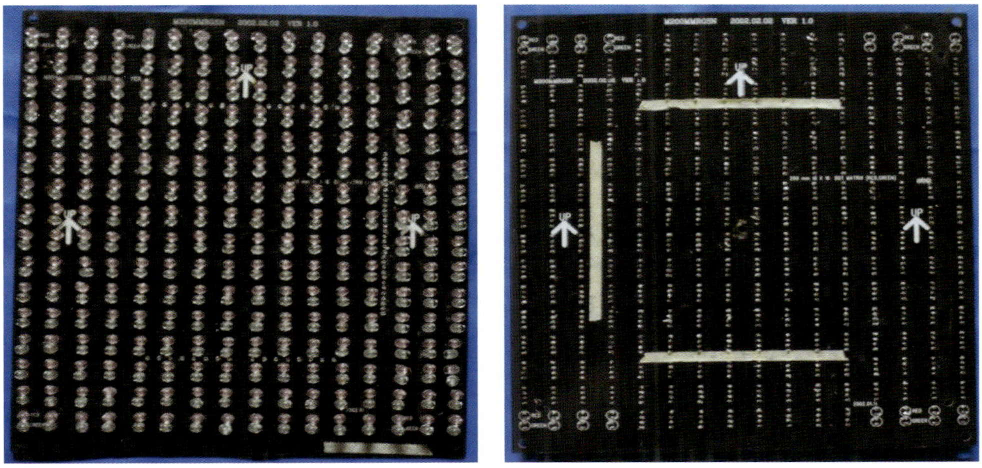

(a) 전면 실체사진 (b) 후면 실체사진

〈그림 8-6-19〉 LED 전광판의 실체사진(예)

<그림 8-6-20>은 LED 전광판 모듈의 회로도를 나타낸 것이다. 단상 교류 220 [V], 60 [Hz]의 상용 전원을 공급받아 SMPS를 이용하여 직류 전압 12 [V]의 직류 전원이 공급된다. LED 램프는 가로 32개, 세로 16개가 일정 간격으로 배치됨에 따라 다양환 문자의 정보를 제시할 수 있다.

LED 램프가 구동될 때 전류는 1.07 ~ 1.09 [A]가 흐르며, 공급 전압은 12.28 ~ 12.32 [V] 정도이다. 그리고 소비전력은 2.4 [W] 정도가 소비된다.

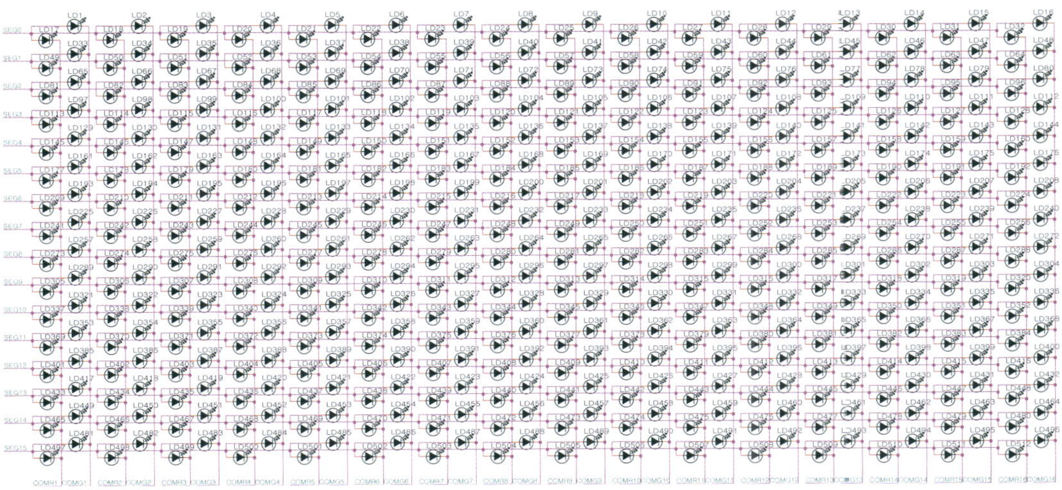

〈그림 8-6-20〉 LED 전광판 모듈의 회로도

8.6.9 LED 램프의 출화 패턴

(1) LED 글로브 및 모듈의 소손 패턴

LED 램프의 구성은 구동부, 방열부, LED 모듈부, 광유도부를 사용한 다운라이트로 되어 있고, 실내 및 실외 조명용으로 사용된다. 램프 점등시의 표면 온도는 어느 부위에서도 60 [℃] 이상 발생해서는 안 된다.

<그림 8-6-21>은 LED 램프의 글로브가 화염에 소손되었을 때의 특성을 분석하기 위해 나타낸 실체사진이다. 글로브의 재질은 반투명 폴리염화비닐수지(PVC, polyvinyl chloride resin)이며, 두께는 3.4 [mm] 이다. 또한, 연화점은 80 [℃] 정도이며, 연소가 발생했을 때 유독성 가스가 다량 발생한다. <그림 8-6-21>(a)는 외부 화염에 직접 노출되어 탄화된 패턴을 나타낸 것으로 불규칙적인 탄화물의 덩어리가 형성되고, 탄화 과정 중에 용융되어 흘러내린다. <그림 8-6-21>(b)는 간접 화염에 의해 소손된 패턴으로 흰색의 기포상이 균일하게 형성되며, 심하게 변형된다.

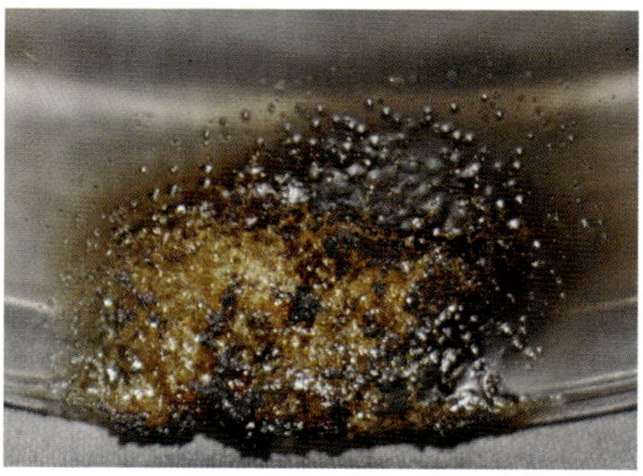

(a) 직사 화염에 노출

(b) 간접 화염에 노출

〈그림 8-6-21〉 LED 램프의 글로브가 화염에 소손된 실체사진

<그림 8-6-22>는 정상 제품의 LED 모듈(GALED, FoHS, Korea)을 나타낸 실체사진으로 한 개의 모듈에 6개의 광원이 직렬로 연결되어 있고, 그것을 병렬로 구성되었다. 방열판의 재질은 알루미늄(Al)을 이용하며, 물리적인 충격에도 패턴의 균열 및 절단은 없는 것으로 확인된다.

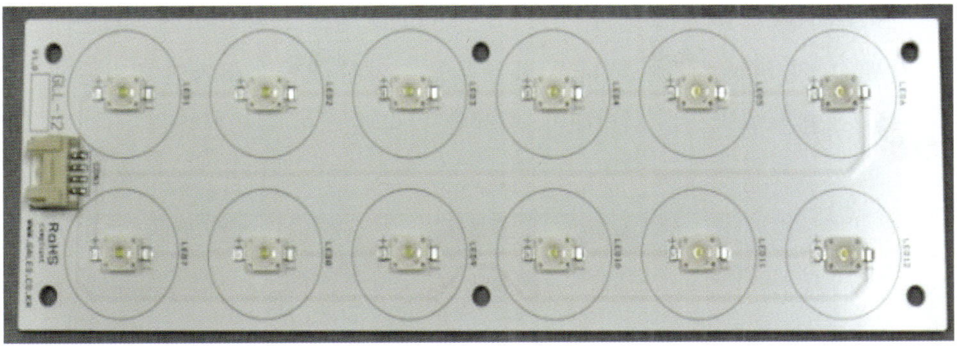

〈그림 8-6-22〉 정상 상태의 LED 램프 모듈의 실체사진

[표 8-6-7] 정상 상태의 LED 모듈의 전기 저항 특성을 나타낸 것이다. 전기 저항 특성은 디지털 테스터(Digital tester, Hitester, 3801-50, Hioki, Japan)를 이용했다. 순방향 저항은 약 1.74 [MΩ]이며, 역방향 저항의 약 140 [MΩ]으로 모두 양호한 특성을 나타낸다.

[표 8-6-7] 정상 상태의 LED 모듈의 전기 저항 특성

Sample No.	순방향 [MΩ]	역방향 [MΩ]
1	1.70	126
2	1.76	112
3	1.75	131
4	1.72	149
5	1.75	133
6	1.74	129
7	1.76	177
8	1.76	134
9	1.75	149
10	1.72	144
11	1.73	111
12	1.74	180
average value	1.74	140

<그림 8-6-23>은 화염에 의해 소손된 LED 램프 모듈이다. 초기에는 무염 연소가 진행되다가 일정 시간이 지나면 적은 불꽃을 약간 보이다가 자연 진화된다. 탄화된 램프의 표면은 회백색을 나타내며, 미세한 박리 현상이 확인된다.

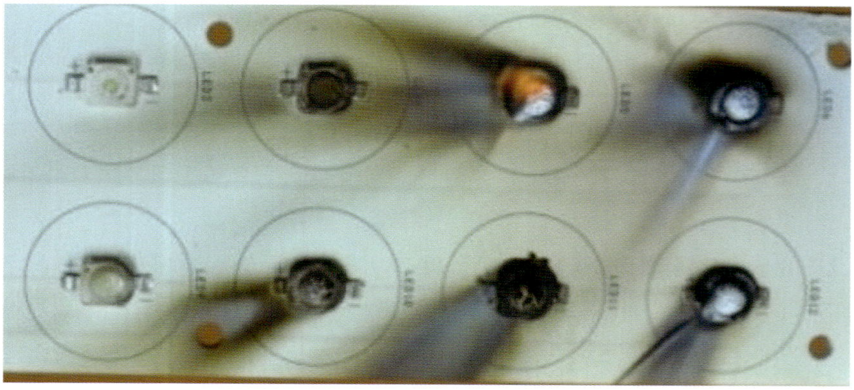

〈그림 8-6-23〉 화염에 의해 소손된 LED 램프 모듈

<그림 8-6-24>는 강한 화염에 의해 소손된 LED 램프 모듈의 전기저항이다. 강한 화염에 의해 소손된 LED 램프의 순방향 및 역방향의 저항은 무한대를 나타냈고, 램프는 발광되지 않는다. 즉, LED 램프가 열적 스트레스에 취약함을 확인할 수 있고, 회로 내의 램프 한 개만 소손되어도 구성 회로 전체의 기능이 마비되어 램프의 기능을 할 수 없다. 따라서 동일 회로로 구성된 모듈이 소손되면 수리가 불가능하고 단지 교체를 통해서 램프의 기능을 회복할 수 있다.

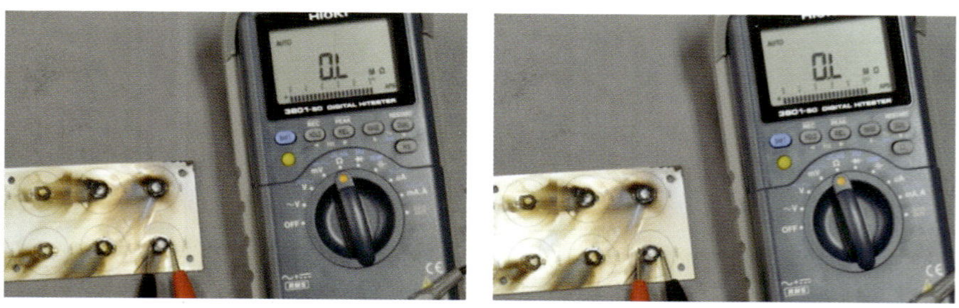

(a) 순방향　　(b) 역방향

〈그림 8-6-24〉 강한 화염에 의해 소손된 LED 램프 모듈의 전기저항

<그림 8-6-25>는 약한 화염에 의해 소손된 LED 램프 모듈의 전기저항이다. 순방향의 저항은 약 1.76 [MΩ]이며, 역방향의 저항은 약 236 [MΩ]으로 램프의 발광되지 않는다. 즉, 저항 값의 변화를 정확히 측정하면 화원의 진행 방향을 판단할 수 있는 과학적 근거로 활용할 수 있다.

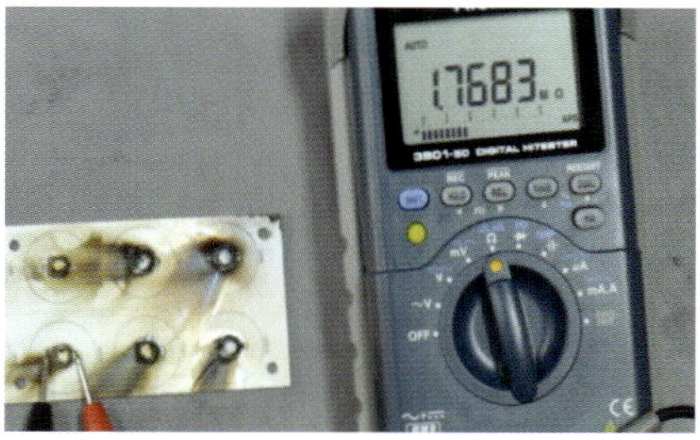

(a) 순방향

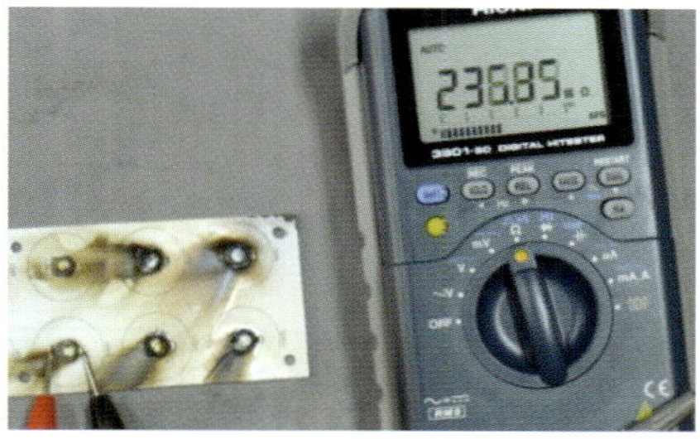

(b) 역방향

〈그림 8-6-25〉 약한 화염에 의해 소손된 LED 램프 모듈의 전기저항

(2) LED용 SMPS의 소손 패턴

① SMPS의 구조 및 동작원리

SMPS(Switching Mode Power Supply)는 스위칭 모드 전원 공급기이다. SMPS는 TV, 휴대폰충전기, 인터넷모뎀, 셋톱박스, LED 간판 등 직류 전원(DC)을 이용하는 대부분의 기기의 전원장치로 이용된다. SMPS의 내부 구조는 절연형과 비절연형으로 구분된다. 절연형은 광범위한 입력에 대한 대응이 가능하며, 효율이 높고 1차측과 2차측으로 구분하여 절연되어 있기 때문에 감전사고 방지를 위한 안전성으로 주로 사용된다.

<그림 8-6-26>은 절전형 SMPS의 동작 원리 및 주요 명칭을 블록 다이어그램 형태로 나타낸 것이다. 1차측는 300 [V]의 전압이 걸리므로 감전에 유의해야 하나 2차는 절연형 특성상 1차의 에너지가 2차측으로 전달될 수 없다. 그러므르 트랜스로 전압을 12[V] 이하로 강압시켜 시스템의 안전을 높인 구조이다.

동작원리는 전원선으로 입력되는 외부 잡음 및 1차측 자체에서 발생하는 잡음 제거를 위한 전자기 필터(EMI)가 있으며, 이후 1차측 정류(input rectifier and filter) 및 평활회로(平滑回路, smoothing circuit)를 이용하므로 교류 전원을 브리지다이오드(bridge diode)를 통해 교류를 직류 전원으로 변환하고, 대용량 콘덴서를 이용한 평활회로가 통과됨에 따라 하여 전원품질이 좋다. PWM[1] 제어회로의 Power MOS FET는

코일에 공급되는 전원을 끊었다가 연결했다가를 반복하는 스위칭 역할을 한다. 이와 같은 현상을 switching mode라 하고 12 [V], 5 [V], 3.3 [V], 2.5 [V] 등의 전압을 공급한다.

2차측의 전압은 연결된 부하의 변동에 따라서 변화될 수 있고, 전압의 불균형을 해소하고자 signal collection과 photo coupler isolation을 통해 2차측의 전압 변동 수준이 1차측으로 피드백(feed back)하여 전압을 일정하게 유지시킨다.

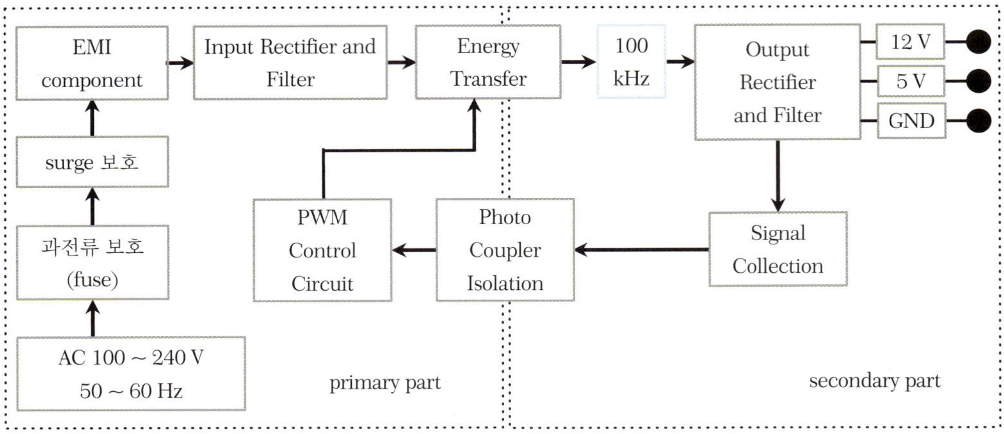

〈그림 8-6-26〉 절전형 SMPS의 동작 원리 및 주요 명칭

② SMPS의 구성

SMPS는 설치 위치에 따라 외함을 갖는 독립형, 등기구 내에 일체로 부착된 일체형, 등기구 내에 외함을 갖는 내장형으로 분류된다. 그리고 SMPS의 전력변환 방식에 따라 절연형과 비절연형으로 구분되며, 절연형은 SMPS 1차측의 접지극과 2차측의 접지극이 전기적으로 분리되어 있다. 또한, SMPS 1차측 전원선에 접지선의 형태에 따라 독립형과 내장형이 있으며, 접지선이 없는 것은 일체형이다. 그리고 방수 성능에 따라 방수형과 비방수형으로 분류한다. <그림 8-6-27>은 간판용 LED 램프의 SMPS 내부를 나타낸 것으로 주요 구성품은 전해콘덴서, 세라믹콘덴서, 다이오드, 색저항, 트랜스, 트랜지스터 등의 전자 소자이다.

1) PWM(pulse width modulation)은 펄스 폭 변조이며, 구형파의 듀티 사이클을 다른 신호에 따라 변화시키는 변조 방식이다. 아날로그 신호를 펄스화하는 방법의 하나로 파워 앰프에 응용하면 간단하게 대규모 출력을 얻을 수 있다.

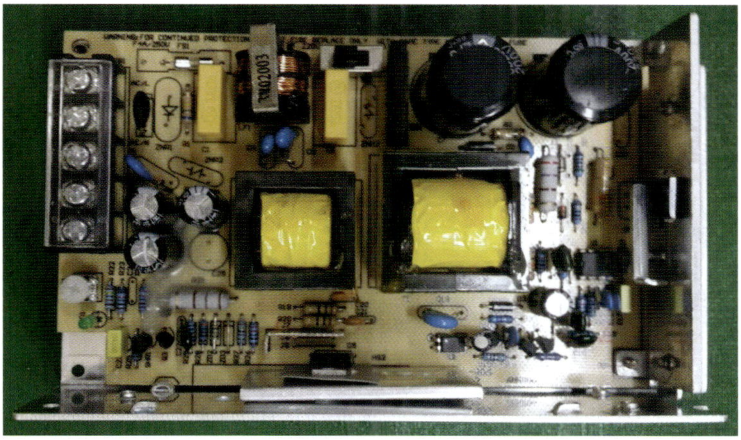

〈그림 8-6-27〉 간판용 LED 램프의 SMPS 내부

<그림 8-6-28>은 일반적인 LED 간판의 구성을 나타낸 것이다. LED 간판은 교류 전로 부분(A), SMPS를 이용하여 교류를 직류로 변환하는 전력변환 부분(B), 그리고 LED 모듈을 간판의 특성에 따라 배치한 조명장치 부분(C) 등으로 구성한다. 즉, 입력 전원이 교류를 SMPS의 접속단자에 연결되고, 입력된 교류전원이 SMPS 내부에서 변압 및 정류 등의 과정을 거쳐 직류로 변환 출력되어 조명장치를 동작하는 것이다. 조명장치는 직류가 흐르며, 다수의 LED 모듈이 직렬 또는 병렬로 연결하여 적합한 회로를 구성한다.

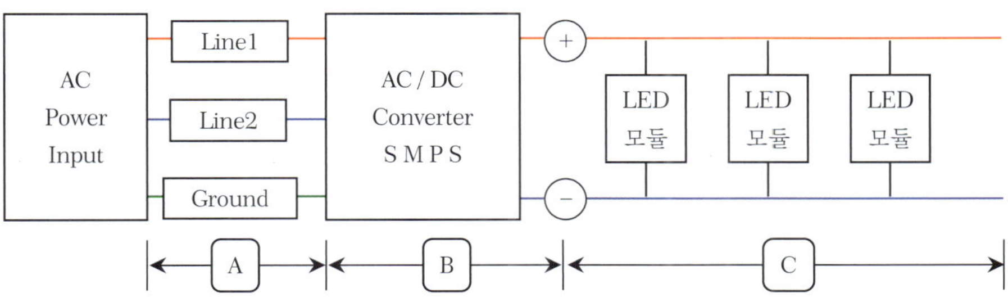

〈그림 8-6-28〉 LED 간판의 구성

③ LED 램프의 위험 요소

[표 8-6-8]은 LED 간판의 화재위험 요소 및 발생 메커니즘을 정리한 것이다. LED 조명설비는 발광효율이 우수한 반면 국부적인 발열이 심한 조명이다. 따라서 발광 중에 발생되는 열을 적절하게 방사 또는 방출시키지 못하면 절연재의 성능저하를 유발시키고, 전기화재를 발생시킬 수 있다.

[표 8-6-8] LED 간판의 화재위험 요소 및 발생 메커니즘

위험요소	사고발생 메커니즘
선간단락	피복손상 → 선간단락 → 지락 → 아크 → 화재발생
	피복손상 → 선간단락 → 미소방전 또는 발열 → 화재발생
절연파괴	먼지 및 물기유입 → 탄화도전로 형성 → 발열 및 불꽃 → 화재발생
이상전압	이상전압유입 → 부품손상 또는 아크 → 화재발생
	이상전압유입 → 발열 → 화재발생
국부발열	방열불량, 국부발열 → 부품손상, 화재발생
접속불량	체결불량 및 이완 → 아크 → 국부발열 → 소손 → 화재발생

④ SMPS의 소손 패턴

a. 외함 내부에서 화염을 공급하여 소손된 SMPS

<그림 8-6-29>는 인위적으로 내부에 착화시켜 소손된 SMPS의 탄화 패턴을 나타낸 것이다. <그림 8-6-29>(a)는 가스토치를 이용하여 착화시킨 이후의 실체사진으로 화염은 상부로 확산된 일반적 특징을 나타낸다. 그리고 검은색의 연기가 발생하고, 일정 시간이 경과되면 외함의 천장에 불꽃이 도달하면서 천장기류를 형성한다. <그림 8-6-29>(b)는 약 5분이 경과되었을 때 화염을 인위적으로 제거하고 촬영한 소손 패턴이다. 브이 패턴(V pattern)의 형상을 보이고 있고, 트랜스 및 전해콘덴서 등의 표면에 부풀어진 탄화물이 붙어 있다. 그리고 착화점의 하단은 일부 오염된 것을 제외하고 특이 사항이 없다.

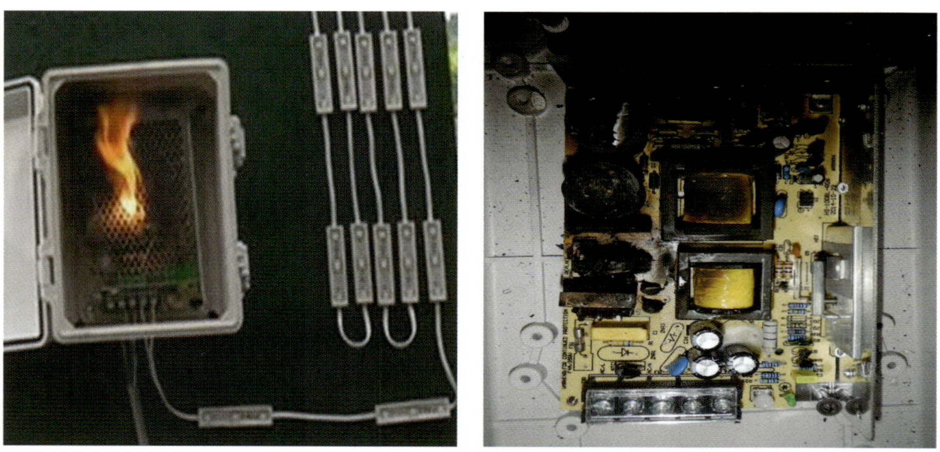

(a) 인위적인 착화 (b) 탄화된 실체사진

〈그림 8-6-29〉 인위적으로 내부에 착화시켜 소손된 SMPS의 탄화 패턴

b. 외함 밖에서 화염을 공급하여 소손된 SMPS

<그림 8-6-30>은 인위적으로 외함의 밖에 착화시켜 소손된 SMPS의 탄화 패턴을 나타낸 것이다. <그림 8-6-30>(a)는 가스토치를 이용하여 외함의 좌측 하부에 착화시킨 이후의 실체사진으로 화염은 상부로 확산된 일반적 특징을 나타낸다. 그리고 검은색의 연기가 발생하고, 일정 시간이 경과되면 외함은 소락된다. <그림 8-6-30>(b)는 약 5분이 경과되었을 때 화염을 인위적으로 제거하고 촬영한 소손 패턴이다. 표면이 고르게 탄화되는 패턴을 나타내며, 가운데 보다는 외함의 사방 테두리 쪽이 더 많이 탄화되는 특징이 있다.

(a) 인위적인 착화

(b) 탄화된 실체사진

〈그림 8-6-30〉 인위적으로 외함 밖에서 착화시켜 소손된 SMPS의 탄화 패턴

c. 과전압의 공급에 의해 소손된 SMPS

<그림 8-6-31>는 AC 220 [V]의 SMPS에 AC 440 [V]의 과전압을 공급할 때의 소손되는 과정을 나타낸 것이다. <그림 8-6-31>(a)는 과전압이 공급됨에 따라 콘덴서가 소손되고 전해액이 방출되며, 유독성 가스가 방출된다. <그림 8-6-31>(b)는 전원 인입부에서 불꽃이 발생되고, 연기와 같이 불꽃이 사방으로 비산되고 있다. 이와 같은 화염이 발생되는 과정에도 전원부의 퓨즈는 용단될 수도 있고, 안 되는 경우도 있기 때문에 사고조사를 할 때 퓨즈의 용단 유무만을 해석하면 오류를 범할 수 있다. <그림 8-6-31>(c)는 파손된 전해콘덴서의 실체사진을 나타낸 것으로 상부의 일부가 터지거

나 몸통이 심하게 팽창되는 특징을 나타낸다. <그림 8-6-31>(d)는 전원의 공급을 차단하고, 소손된 SMPS를 촬영한 실체사진이다. 전원 인입부의 배선 및 소자 주변에 탄화 심도가 생성되는 특징을 나타낸다.

(a) 콘덴서 소손 및 전해액 방출

(b) 전원 인입부의 불꽃 발생

(c) 파손된 콘덴서의 실체사진

(d) 전원부의 탄화된 패턴

〈그림 8-6-31〉 AC 220V의 SMPS에 AC 440V의 과전압을 공급할 때의 소손 패턴

d. 오염에 의해 소손된 SMPS

<그림 8-6-32>는 3 [%] 소금물과 약간의 톱밥으로 SPMS 내부를 오염시키고, AC 220 [V] 전원을 정상적으로 공급할 때 소손되는 과정을 나타낸 것이다. 인위적인 오염은 MOS FET와 브리지 다이오드 등의 주변을 시켰으며, SMPS의 용량은 100 [W] 이다.

<그림 8-6-32>(a)는 MOS FET 주변을 오염시키고 일정 시간이 경과되었을 때의 실체사진이다. 불꽃을 수반한 미소방전이 지속되며, 약간의 화염이 형성되어도 전원의 차단이 없이 공급되었다. <그림 8-6-32>(b)는 브리지 다이오드 주변을 오염시키고 일

정 시간이 경과되었을 때의 실체사진이다. 브리지 다이오드 역시 MOS FET와 유사한 화염의 성장 패턴을 나타낸다.

즉, SMPS 내부에 오염이 발생하면 표면에 누설전류가 흐르고, 그 경로를 통해서 미소방전과 건조대의 현상이 반복되게 된다. 이와 같은 과정이 장시간 반복되면 표면에 트래킹 경로가 생성되고, 축적된 열량이 점점 증가함에 따라 결국에는 절연파괴가 발생하고 주변에 가연성 물질이 있을 때 일반 화재로 진행될 수 있다.

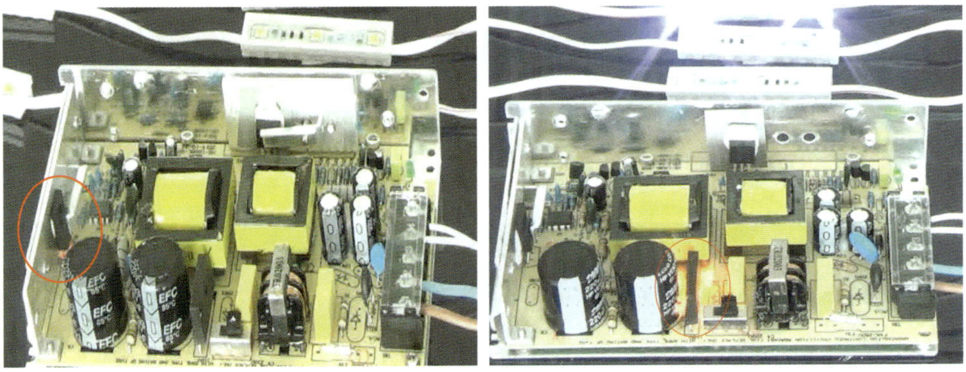

(a) MOS FET 주변의 불꽃 발생　　(b) 브리지다이오드 주변의 불꽃 발생

〈그림 8-6-32〉 소금물과 약간의 톱밥에 의해 오염된 SPMS 내부의 소손 패턴

e. LED 모듈의 선간단락에 의한 소손

<그림 8-6-33>은 LED 모듈 배선 사이에 인위적으로 선간단락을 유발시키고 소손될 때의 과정을 나타낸 것이다. <그림 8-6-33>(a)는 모듈 배선 사이를 인위적으로 선간단락시킨 초기 단계를 나타낸 것으로 단락이 발생된 후단은 LED 램프가 점등되지 않으며, 선간단락의 전단은 정상 상태와 같이 정상적인 조명이 가능하다. <그림 8-6-33>(b)는 불꽃이 생성되는 단계를 나타낸 것으로 LED 램프의 광원의 세기가 일부 변동되며, 연기가 발생되고 있으나 전원은 정상적으로 공급된다. <그림 8-6-33>(c)는 화염이 확산되는 단계로 LED 램프의 발광 역시 지속되며, 전원의 공급 중단이 없이 모듈 배선을 타고 불꽃이 성장하게 된다. <그림 8-6-33>(d)는 인위적으로 전원 공급을 차단하면 화염은 잠시 후에 스스로 꺼진다. 화염이 발생된 곳이 심하게 탄화되어 탄화심도를 형성하며, 모듈 배선을 정밀 분석하면 용융흔을 확인할 수 있다. 즉, SMPS의 후단에서 단락,

트래킹, 과부하, 접촉불량, 반단선 등의 전기화재가 발생하면 전원의 공급이 차단되지 못하기 때문에 화염은 지속적으로 성장하여 2차 재해를 유발시킬 수 있다.

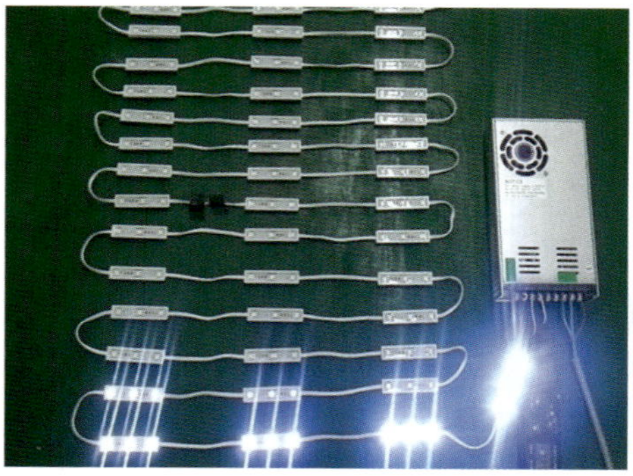

(a) 선간단락이 발생한 초기 단계

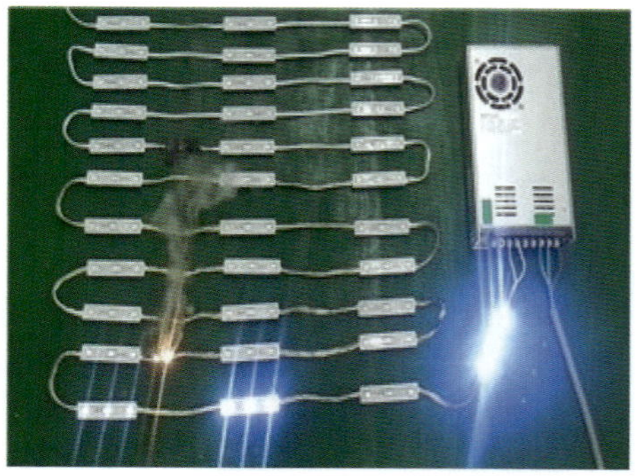

(b) 불꽃의 발생 단계

(c) 화염이 확산되는 단계

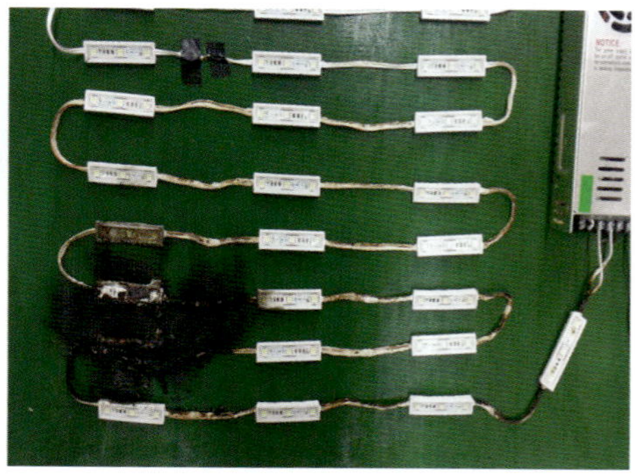

(d) 전원을 인위적으로 차단

〈그림 8-6-33〉 LED 모듈 배선에서 선간단락이 발생했을 때의 소손 패턴

exercise

연습문제

01 백열전구의 유리관 속에 소량의 질소, 아르곤을 주입하는 이유는? (　　)

① 산화방지　② 확산방지　③ 발열방지　④ 흡열방지

02 백열전구에 사용되는 텅스텐의 용융온도는 대략 어느 정도인가? (　　)

① 1,250 [℃]　② 1,500 [℃]　③ 2,500 [℃]　④ 3,300 [℃]

03 할로겐전구에 사용되는 전구재료는 무엇인가? (　　)

① 수정　② 운모　③ 유리　④ 알루미늄

04 정격전압 상태에서 충분한 전류를 공급하면 할로겐전구 유리구의 표면온도는 얼마인가? (　)

100 [℃]　② 200 [℃]　③ 300 [℃]　④ 400 [℃]

05 방전등의 일종인 형광등을 점등시키기 위해서 필요한 승압기기는? (　　)

① 스위치　② 방전관　③ 점등관　④ 안정기

06 수은등의 용도로 적합하지 않은 것은? (　　)

① 경기장 조명　② 교실 조명　③ 공장 조명　④ 가로 조명

07 방전등이 아닌 것은 어느 것인가? (　　)

① 형광등　② 나트륨등　③ 백열전구　④ 수은등

08 직경 12~15 [mm] 정도의 유리관의 양단에 원추형으로 매달은 종형태의 전극이 설치된 전구는 무엇인가? (　　)

① 나트륨등　② 형광등　③ 네온전구　④ 백열전구

09 수은등의 용도로 적합하지 않은 것은? (　　)

① 경기장 조명　② 교실 조명　③ 공장 조명　④ 가로 조명

10 방전등이 아닌 것은 어느 것인가? (　　)

① 형광등　② 나트륨등　③ 백열전구　④ 수은등

11 네온관은 직경 12~15[mm] 유리관의 양단에 원추형으로 매달은 종형태의 전극을 설치하여 내부에 어떤 가스를 봉입하는가? (　　)

① 네온, 수은 가스　② 아르곤, 질소 가스　③ 네온, 수소 가스　④ 질소, 수소 가스

12 전계발광다이오드(LED)를 만드는 재료가 아닌 것은? (　　)

① Ga(갈륨)　② P(인)　③ As(비소)　④ Pb(납)

13 LED 교통신호등의 특징은 잘못 설명한 것은? (　　)

① 전력 소모가 5~15[W]이므로 백열전구보다 매우 적다.
② 내구 수명은 기존 백열전구와 비슷하다.
③ 햇빛이나 안개 지역에서 인식 및 시연성이 우수하다.
④ 유지비용을 줄일 수 있고, 전력소비의 절감이 가능하다.

14 물질에 따른 LED의 발광 색상을 조사해 보시오.

15 과전압의 공급에 의해 소손된 SMPS의 특징에 대해서 논하시오.

16 LED 모듈의 선간단락에 의한 소손 특징에 대해서 논하시오.

[정답표]

1	2	3	4	5	6	7	8	9	10
①	④	①	③	④	②	③	③	②	③
11	12	13	14	15	16				
①	④	②	본문 참조						

Chapter 09

전동기기

contents

chapter

09 전동기기

section 9.1 전기냉장고

9.1.1 전기냉장고의 종류

전기냉장고(電氣冷藏庫, electric refrigerator)는 전기에너지를 이용하여 냉동 장치를 작동시키는 냉장고이다. 냉장고의 원리는 액체인 냉매가 기화하면서 열을 흡수하는 원리를 이용한다. 기체를 고압으로 압축하면 액체가 되는데 이 액체가 기화하면 냉각효과를 얻게 된다. 이와 같은 과정에 필연적으로 열이 발생하므로 넝각기에서 열을 흡수하여 방열판을 통해서 열이 배출 또는 제거된다.

개발된 초기의 냉장고는 암모니아, 염화메틸, 이산화황 등이 냉매로 이용되었는데 유독가스, 악취가 문제되었다. 1930년 듀퐁사가 화학적으로 안정된 프레온 가스를 냉매로 이용하였다. 하지만 프레온 가스는 대기의 오존층을 파괴하는 주범으로 알려지면서 냉매로 사용하지 않게 되었고, 이후 천연가스를 냉매로 이용하게 되었다.

냉장고 내부의 냉각방식은 냉장실 및 냉동실 이외의 곳에 증발기를 설치하여 팬으로 냉기를 강제 순환시키는 냉기강제순환방식, 냉장실 및 냉동실 각각에 증발기를 설치하는 냉기자연대류방식 등이 있다.

9.1.2 전기냉장고의 구조와 기능

전기냉장고의 일반적인 구성은 냉동장치, 전기회로장치 및 저장고(cabinet)의 세 부분으로 이루어진다. <그림 9-1-1>은 냉장고의 구조를 나타낸 것이고, <그림 9-1-2>는 냉장고의 냉각원리를 나타낸 것이다.

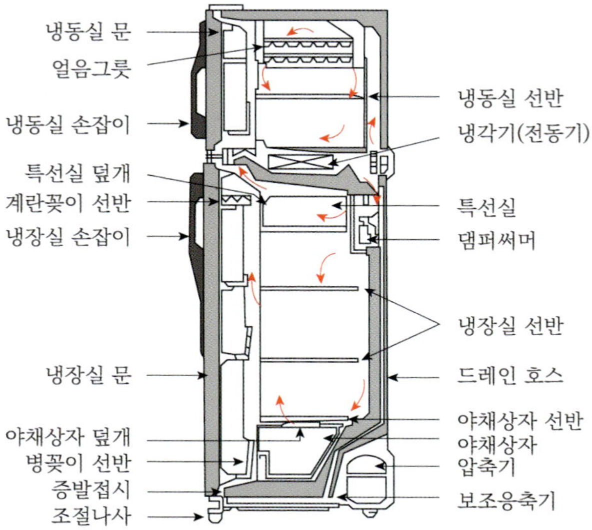

〈그림 9-1-1〉 냉장고의 구조

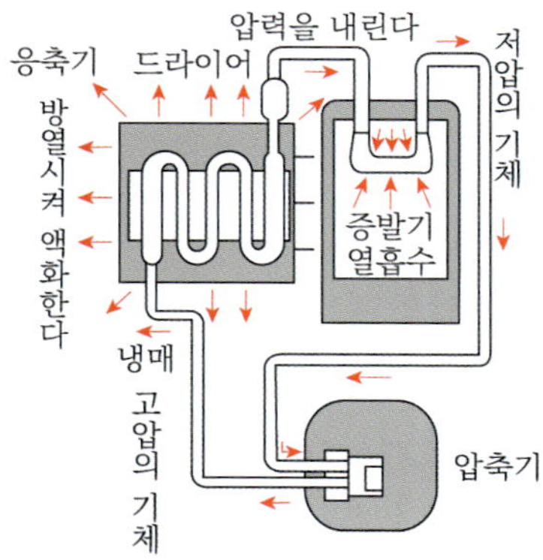

〈그림 9-1-2〉 냉장고의 냉각원리

(1) 압축기의 시동방법

압축기(壓縮機, compressor)에는 단상유도전동기가 사용되고 있으며, 전동기의 기동은 기동릴레이(starter)에 의해서 전동기의 기동권선의 전류 또는 기동용 콘덴서를 ON/OFF 하여 행하고 있다.

(2) 기동릴레이

기동릴레이는 전류형 릴레이, 전압형 릴레이, 무접점형 릴레이가 있다. 기동이 완료된 후에 기동권선(보조권선) 및 기동콘덴서를 OFF 시키는 기능을 한다.

〈1〉 전류형 릴레이

① <그림 9-1-3>에 나타낸 바와 같이 전동기 정지는 플랜지를 내려 접점 S를 OFF 하지만 전동기 주권선에 대전류가 흐르면 플랜지 코일은 강하게 자화되어 플랜지를 끌어올린다. 그래서 접점은 판 스프링의 힘으로 ON 되어 전동기 기동권선에도 통전하여 전동기가 회전을 시작한다.

② 전동기가 가속됨에 따라 주권선 전류가 감소하여 자력이 약해지며 주권선만으로도 운전할 수 있는 속도의 전류에 달하면 플랜지가 떨어져 접점 S가 열린다.

③ 전동기는 기동회로를 끊고 주권선만으로 회전을 계속한다.

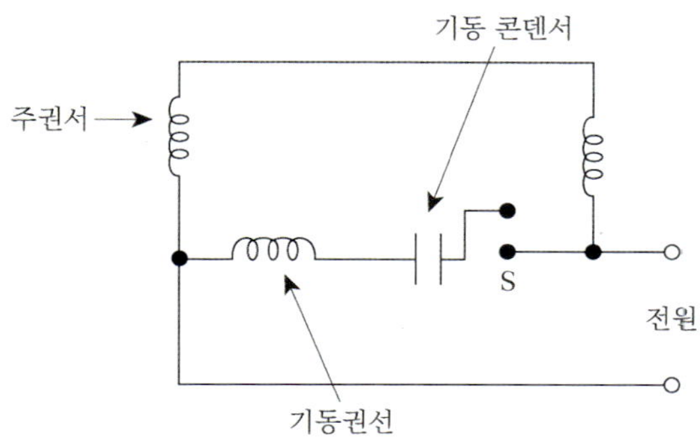

〈그림 9-1-3〉 전류형 릴레이의 회로

〈2〉 전압형 릴레이

① <그림 9-1-4>에 있어서 전동기의 주권선에 통전과 동시에 보조권선에도 기동용 콘덴서와 운전용 콘덴서를 통해서 위상이 앞선 전류가 흘러 전동기가 회전하기 시작한다. 이때 릴레이의 코일은 전동기 보조권선에 비해 저항이 크기 때문에 적은 전류가 흐른다.

② 전동기의 속도가 상승함에 따라 전동기 보조권선 양단의 전압이 상승한다. 이 때문에 릴레이의 코일 전압도 상승하여 코일의 자화에 의해 접점이 OFF 된다.

③ 전동기는 주권선과 보조권선인 운전용 콘덴서를 통해서 통전하여 회전을 계속한다.

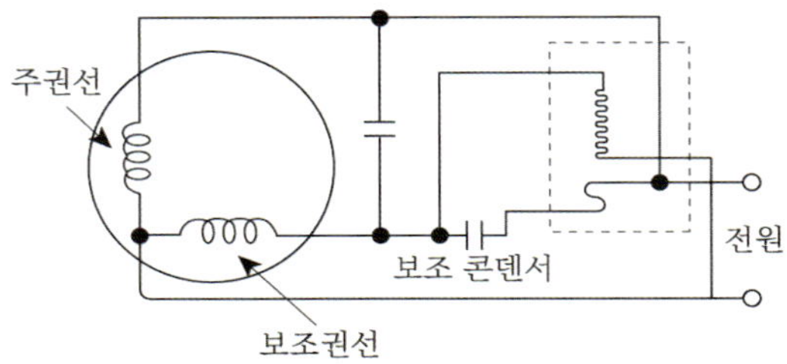

〈그림 9-1-4〉 전압형 릴레이의 회로

〈3〉 무접점형 릴레이

무접점형 릴레이는 릴레이 대신 반도체소자 PTC 서미스터가 쓰이고 있다. PTC 서미스터는 온도가 높아짐에 따라 그 저항치가 증가하는 정특성 저항온도계수를 가진 소자로 전류가 흐르면 릴레이의 자기발열에 의해 온도가 상승하여 1~3초 이내에 저항치가 증가하여 PTC 서미스터에 흐르는 전류가 작아져 기동용 콘덴서의 활동이 정지한다. 운전용 콘덴서는 운전 중에 교류전압이 가해지고 있기 때문에 MP 콘덴서 등이 사용되고 있다. 운전용 콘덴서를 사용하는 방식은 기동토크도 크게 얻어지며 부하변동이 비교적 큰 대형 냉장고 압축기 전동기에 사용된다.

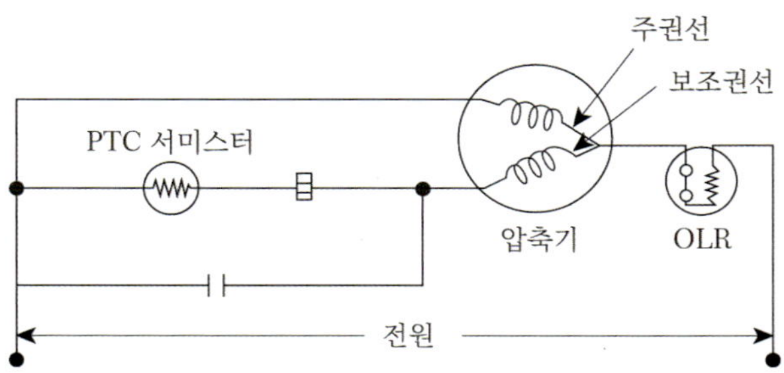

〈그림 9-1-5〉 무접점 릴레이의 회로

(3) 과부하릴레이

전동기에 이상한 힘이 걸려 회전수가 떨어져 멈추는 경우 전동기에 과전류가 흘러 권선이 소손되기도 하고 절연이 파괴되는 경우도 있다. 과부하릴레이는 이러한 고장을 방지하기 위해서 설정된 전동기 보호 장치이다. 구조는 히터와 바이메탈로 이루어져 있고 전동기와 직렬로 접속되어 있다. 과전류가 흐르면 바이메탈이 그 히터에 의해 가열되어 구부러져 접점을 열어 전류를 제한하여 전동기를 보호한다. 전원을 제거한 후 일정 시간이 지나면 바이메탈은 온도가 내려가 최초의 상태로 복귀되어 접점이 들어간다. 과부하계전기는 기동릴레이와 동시에 압축기의 측면에 설치되어 있다.

(4) 서리제거장치

증발기에 부착되어 결빙한 냉장고 내의 서리를 제거하기 위해서 작동시킨다. 증발기에 서리 부착이 많아지면 냉각력이 저하하면서 동시에 압축기의 운전이 빈번하게 된다. 증발기 서리의 융해방법은 자연서리 제거와 강제서리 제거가 있다. 강제서리 제거는 핫가스식(hot gas type), 히터가열식으로 분류되지만 여기서는 히터가열식에 관해서 서술한다.

히터가열방식은 압축기를 멈추고 증발기에 설치한 히터에 통전하여 서리를 용해시키는 방법으로 서리 제거 시간을 짧게 할 수 있다. 또한, 서리 제거 열전대의 접점이 접착 등에 의해 OFF 하지 않는 경우에는 서리제거용 히터가 연속적으로 통전되어 냉장고 내부의 온도가 매우 상승하기 때문에 그것을 막기 위해서 안전장치로서 온도퓨즈를 설치하였다. 이 온도퓨즈는 60～70 [℃]가 되면 용단되는 구조로 되어 있다. <그림 9-1-6>에 타이머식 서리제거 열전대의 회로도를 나타낸다. 통상 접점 A는 압축기를 운전시키기 위해 닫고 있다. 서리 제거 시간이 되면 접점 B가 닫혀 서리제거 회로가 구성되어 압축기의 운전이 정지된다. 또한, 서리제거가 끝나면 타이머가 작동하여 접점 A가 닫혀 냉각운전이 행하여진다.

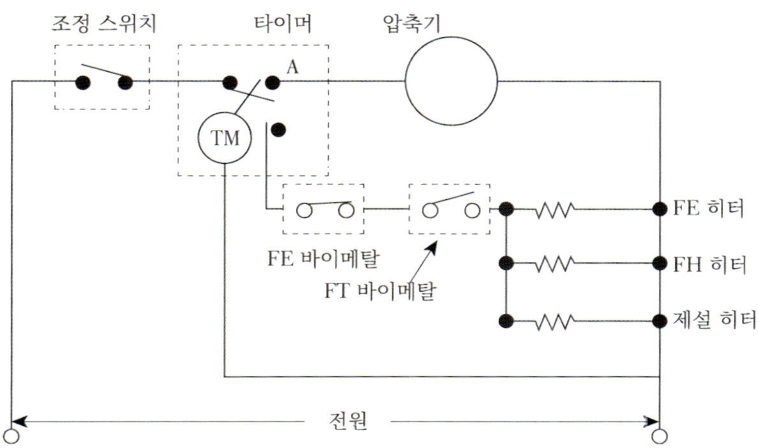

〈그림 9-1-6〉 서리 제거 회로

9.1.3 조사의 요점

(1) 압축기 내부 코일의 층간단락에 의한 출화

① 배면하부가 소손되었는지 유무를 확인한다.

② 압축기의 변색, 단자부분의 수지가 용융되어 원형이 훼손되었는지 유무를 확인한다.

③ 압축기 내부, 권선의 에나멜(enamel)도료의 변색, 단락흔 등을 확인한다.

(2) 내부배선으로부터 출화

① 냉장고 내부에 서리가 부착되어 있는가를 확인한다. 서리제거 히터선의 단선을 확인한다.

② 코어선이 노출한 배선에 대해 전기흔을 확인하여 배선피복의 빛깔 등에 의해 무슨 배선인가를 확인한다.

③ 냉장고 상부에 설치된 콘센트 내부로 물이 들어가기 때문에 칼받이에서 불꽃이 발생하여 몰드가 흑연화되었는지 유무를 확인한다.

④ 서리제거 열전대(thermostat) 내부의 절환스위치 접점부분에서 불꽃으로 톱니바퀴(페놀수지)가 흑연화되었는지 유무를 확인한다.

⑤ 냉장고 배면 하부에 있는 기동기 케이스 내부 리드선을 따라 결로 등에 의해 침입한 물로 단자간이 불꽃으로 흑연화되었는지 유무를 확인한다.

(3) 콘덴서의 절연열화에 의한 출화

① 배면 밑바닥부의 소손이 강하다.

② 콘덴서가 현저히 소손되어 있다. 콘덴서가 절연열화에 의해 발화하면 콘덴서의 케이스에 구멍이 뚫리기도 하고, 내부의 전극 및 유전체가 연소되어 탄화한다.

③ 콘덴서의 리드선에서 단락흔을 볼 수 있다.

(4) 기동릴레이로부터 출화

① 냉장고의 컴프레셔에 장치되어 있는 수지커버 내부의 기동릴레이가 열적영향에 의해 소자표면의 은이 녹아 다른 전극측에 이동하여 전류가 흘러 과열하여 출화한다.

② 정격으로 4 [hr] 동안 운전하고 과냉각방지 히터의 수동스위치를 OFF 하는 것을 잊

고 장시간 연속 통전되었기 때문에 히터고정 비닐이 용융하여 히터선이 층간 단락되어 발열로 합성수지제 내함에 불이 붙어 출화한다.

9.1.4 출화사례

(1) 개요

사무실에서 사용하던 냉장고에서 화재가 발생하였으나 조기에 근무자가 발견하여 전원을 차단하여 자연 진화되었다. 화재로 기능이 마비된 냉장고 외에는 피해가 없으며, 냉장고에 수납된 식품의 일부가 해빙된 것으로 조사되었다. 냉장고는 단상 220 [V], 60 [Hz] 전원을 공급받은 제품이며, 용량은 260 [L]이다.

(2) 수거품의 분석

화재가 진압된 후에 현장에 도착하여 화재의 연소 방향, 목격자 및 관계자 진술 등을 경청하고 현장조사를 실시한 결과 화재는 냉장고로 한정할 수 있었다. <그림 9-1-7>은 화재현장에서 수거한 냉장고의 외형과 내부를 촬영한 것이다. <그림 9-1-7>의 (a)~(c)은 냉장고 외부를 촬영한 것으로 특이사항이 없으나 <그림 9-1-7>의 (d)는 내부를 촬영한 것으로 상부 냉동실의 위쪽에 탄화 흔적이 확인된다.

(a) 측면 1　(b) 측면 2　(c) 후면　(d) 내부

〈그림 9-1-7〉 수거된 냉장고의 실체사진

<그림 9-1-8>은 출화점으로 판단된 냉동실을 나타낸 실체사진이다. <그림 9-1-8>(b)는 팬 전동기의 덮개를 제거한 것이며, <그림 9-1-8>(c)는 팬 전동기가 분리된 실체사진이다. 모서리와 상부의 경계면이 심하게 탄화되었고, 그을음이 퍼진 것을 알 수 있다.

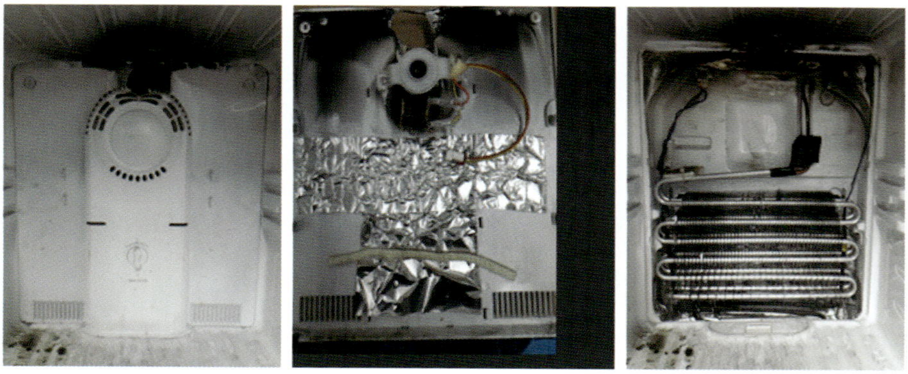

(a) 발화점 (b) 덮개 제거 (c) 팬 전동기의 분리

〈그림 9-1-8〉 냉동실 및 팬 전동기의 소손 패턴

<그림 9-1-9>는 팬 전동기의 소손 패턴 및 용융흔을 나타낸 것이다. 리드선(UL 1015, AWG[1] 22) 단자부 및 유리섬유직물(glass fiber cloth tape, HL-2715)로 수분이 침투한 것으로 판단된다. 따라서 에나멜선(enamel wire)의 외층 사이에 결로가 형성되었고, 시간의 경과에 다라 열화(劣化)가 점점 진행되어 내층 코일로 수분의 침투가 확산되어 절연 성능이 파괴됨과 동시에 불꽃을 수반한 층간 단락이 발생한 것으로 판단된다. 층간단락의 발생은 팬 전동기의 회전을 정지시켜 온도는 점점 상승하여 팬 전동기의 절연등급 Class E 120 [℃]를 초과함에 따라 축열은 더욱 가중되었고, 연소가 진행된 것으로 판단된다.

1) AWG는 American Wire Gauge의 약어이며, 케이블 및 전선의 절연물을 제외한 내심의 굵기를 표시하는 단위이다. AWG가 작을수록 굵은 내심을 가진 두꺼운 케이블 및 전선이며, AWG가 작은 케이블 및 전선을 사용하는 것이 안정적이다.

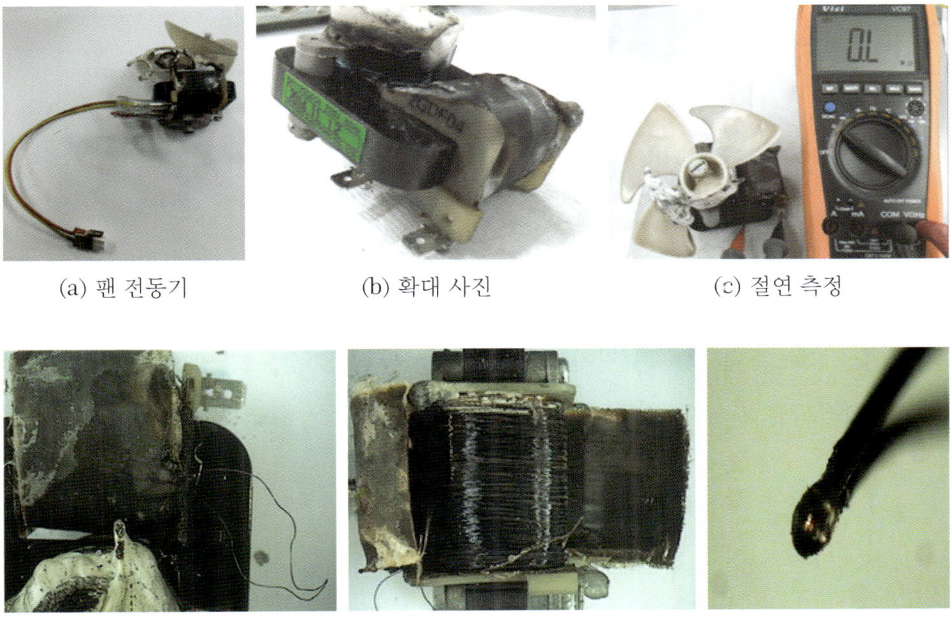

(a) 팬 전동기 (b) 확대 사진 (c) 절연 측정

(d) 탄화 패턴 (e) 내층 코일 (f) 용융흔

〈그림 9-1-9〉 팬 전동기의 소손 패턴 및 용융흔

(3) 결언

화재 현장에서 수거한 냉장고의 소손 패턴 및 관계자의 진술 등을 종합할 때 화재는 냉장고의 냉동실로 한정할 수 있다. 그리고 냉동실의 팬 전동기가 소손된 점, 전동기의 코일에서 층간단락이 발생한 점, 용융흔이 형성된 점 등을 고려할 때 팬 전동기에서 결로가 형성되었고, 그 때 발생된 절연 열화로 화재가 발생한 것으로 판단하는 객관적인 설명이다.

section 9.2 전기세탁기

9.2.1 전기세탁기의 종류

전기세탁기(電氣洗濯機, electric washing machine)는 전동기의 힘으로 물통 속에 강한 회전력을 주어 빨래를 하는 기계이다. 전자동세탁기와 자동세탁기 2종류로 분류되지만 건조까지 행하는 전자동세탁기도 시판된다. 수류에 의한 분류는 와권식, 교반식, 회전드럼식 등이 있다.

(1) 와권식

와권식은 세탁통의 바닥에 회전날개(moving blade)가 있어 이것을 분당 약 300 ~ 400회 회전을 하여 만든 수류에 의한 세탁방식이다. 일반적인 방법으로 세탁 효과가 크기 때문에 단시간에 세탁되는 점이 특징이나 빨래가 엉키거나 물살이 크기 때문에 섬유가 쉽게 풀어질 수도 있다.

(2) 교반식

교반식은 세탁통의 하부 중앙에 3~4장의 날개를 가지고 120°에서 180° 정도의 반복회전을 함으로써 세탁물을 교반시켜 세탁하는 방식이다.

(3) 회전드럼식

회전드럼식은 옆으로 누워있는 세탁통 내부에 여러 개의 요철 부위가 있어 회전시 빨래가 드럼 내에서 순차 낙하하여 세탁을 하는 것이다. 이 방식은 소량의 물로 세탁할 수 있다는 것이 특징이나 세탁 성능이 다른 방식에 비하여 나쁘고 세탁시간이 오래 걸린다.

9.2.2 전기세탁기의 구조

(1) 전자동세탁기

전자동세탁기는 하나의 조로 세탁과 탈수를 할 수 있는 것으로 스위치를 한번 조작하면 급수→세탁→헹굼→탈수까지 자동적으로 동작하며 끝나면 부저가 울리게 되어 있다. 각각의 행정을 자동적으로 바꾸는 방식으로 복수의 톱니바퀴(cam)와 접점을 내장한 기계적인 타임스위치뿐만 아니라 마이크로컴퓨터를 내장한 전자제어방식이 있다.

(2) 자동세탁기(2조식세탁기)

전자동세탁기와 달리 세탁기와 탈수기가 별도로 되어 하나의 용기 내부에 들어가 있고 각각 전동기가 있어서 세탁타임스위치, 탈수타임스위치, 수위스위치 등과 함께 별개의 통으로 세탁기 상부의 보드에 의해 배선이 내장되어 있다.

9.2.3 전기세탁기의 기능

전자동전기세탁기는 주수, 세탁, 헹굼, 탈수 등의 세탁 공정이 고두 자동적으로 되는 전기세탁기이다. <그림 9-2-1>에 나타낸 타이머식 전자동세탁기의 구조를 예로 각 행정별 동작에서 기능까지 설명하였다.

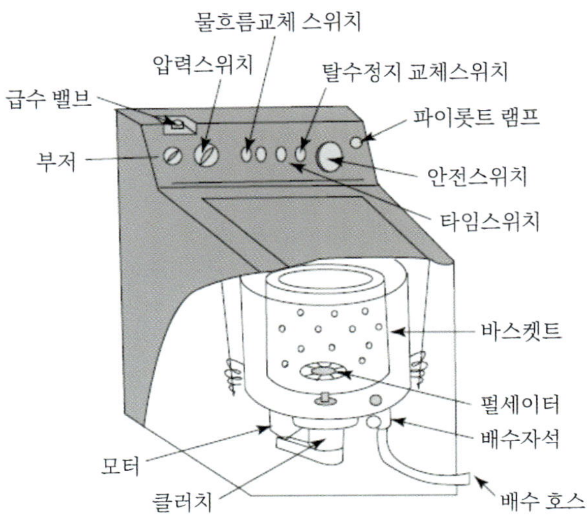

〈그림 9-2-1〉 자동세탁기의 구조

9.2.4 조사의 요점

① 전동기 코일의 층간단락에 의해 출화되었다.

② 전자밸브 가동편이 기계적 마모를 일으키거나, 코일의 절연열화에 의해 과열해서 출화하였다.

③ 콘덴서의 절연열화에 의해 출화되었다.

④ 기내 배선이 진동에 의해 결속부분 등의 피복이 손상하여 단락하는 경우가 있다.

⑤ 수시에 배수밸브 작동용 전자 코일의 부조화가 발생하여 2차 코일에 전류가 흐르지 않아 정상적으로 유지할 수 없는 상태가 되어 발생하는 현상이다.

⑥ 흡인할 때에 전류가 흐르면 회로의 접점이 1분간에 약 50~60회 동작하기 때문에 접점부분에 연속으로 아크가 발생하여 그 아크에 의해 몰드 성형수지가 발화하는 경우가 있다.

⑦ 전자 코일에는 변색이 없고 권선의 선단부에 전기적인 용융흔이 보인다.

⑧ 욕실 내에 설치하여 사용한 전기세탁기의 탈수타이머의 고장으로 연속 통전되고, 습기에 의해 권선이 절연열화가 과열하여 층간단락을 일으켜 출화한다.

⑨ 탈수타이머의 고장으로 전원이 차단되지 못해서 전기세탁기로 탈수 중, 구동용 콘덴서가 단락되어 구속 운전되었기 때문에 보조권선이 과열하여 권선인출구로 단락이 생겨 출화한다.

⑩ 전기세탁기의 기구코드가 창문에 끼어 소선의 일부 또는 전부가 단선되어 불꽃에 의해 비닐피복이 흑연화되어 출화한다.

9.2.5 출화사례

(1) 개요

주택의 욕실에 설치된 드럼세탁기를 이용하여 기름때가 묻은 면장갑 약 100 켤레를 세탁하는 공정에 원인 미상의 이유로 화재가 발생하여 세탁기가 전소되었다. 세탁기가 놓여 있던 욕실은 구획된 공간으로 화재는 확대되지 않았으나 연소할 때 발생된 그을음으로 주변이 심하게 오염된 것으로 조사되었다. 또한, 사용자의 진술에 의하면 과거에 화재 발생은 없었지만 이따금 세탁 및 건조가 완료되면 타는 냄새가 발생했다고 하였다.

(2) 수거품 분석

<그림 9-2-2>는 화재 현장에서 수거한 세탁기를 나타낸 실체사진이다. 제시된 감정물은 드럼 세탁기 연소 잔해로 전면 및 측면이 주연소된 형상이다. 후면은 전면에 비해 연소가 심하지 않으며, 전면의 세탁조 덮개는 좌측 부분이 소훼된 상태이다. 그리고 후면 전원코드 인입부 및 남아 있는 전원코드 부분에서 전기적인 특이점은 식별되지 않았다. 또한, 화염의 탄화 패턴 및 확산은 바닥에서 약 20 [cm]에 형성된 것으로 분석된다.

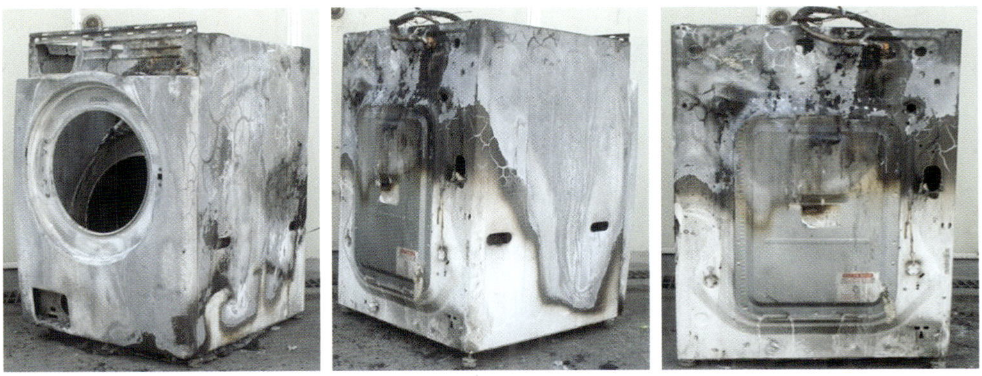

(a) 전면 (b) 측면 (c) 후면

〈그림 9-2-2〉 화재 현장에서 수거한 세탁기를 나타낸 실체사진

<그림 9-2-3>은 수거한 세탁기의 상부 및 후면 덮개 등을 제거한 실체사진이다. 세탁조 내부에는 면장갑 연소 잔해가 식별되는 상태로 수사 자료상의 진술에 의하면 튀김용 기름이 묻은 장갑이라는 진술을 하고 있고, 튀김유 성분을 확인할 수 있었다. 또한, 탄화심도 및 확산은 세탁조의 내부에 생성되어 상부 및 기류의 통로가 있는 구멍으로 진행된 것으로 분석된다. 일반적으로 튀김유로 사용되는 유지는 약 370 [℃] 이상에서 자체 발화되고, 장기간 사용할 때 산패에 따른 유지류의 특성 변화에 의해 발화점이 낮아지는 특성을 나타낸다. 그러나 유지가 건조 및 증발 과정을 거쳐 유증기로 바뀌면 발화점은 훨씬 더 내려가게 되고, 주변의 작은 불씨 또는 정전기 등에 의해서도 출화될 수 있다.

(a) 후면 덮개 제거 (b) 상부 덮개 제거 (c) 세탁조 내부

〈그림 9-2-3〉 수거한 세탁기의 상부 및 후면 덮개 등을 제거한 실체사진

<그림 9-2-4>는 수거한 세탁기의 바닥 및 외함을 제거한 실체사진이다. 세탁기 바닥면은 세탁조 직하단 부위인 중앙부 및 전면 쪽을 중심으로 연소 확대된 형상이다. 그리고 내부배관 및 내부배선 일부가 소락되어 바닥면에 융착된 상태이며, 외부보다 세탁조 내부가 더 많이 탄화된 것으로 판단되는바 화재는 내부에서 발생한 것으로 판단된다.

(a) 바닥 (b) 바닥의 장갑 제거 (c) 내부 드럼

〈그림 9-2-4〉 수거한 세탁기의 바닥 및 외함을 제거한 실체사진

<그림 9-2-5>는 수거한 세탁기를 분해하여 획득한 전원선, 배선, 인쇄회로기판(PCB), 퓨즈의 실체사진이다. 인쇄회로기판(PCB)의 일부는 탄화되었고 대부분은 표면이 심하게 그을음으로 덮인 것이 확인된다. 또한, PCB에 내장된 전원퓨즈는 용단되지 않은 정상 상태이며, 전원필터회로 기판, 전원코드(0.75 $[mm^2]$ × 3C) 및 내부배선 등에서 발화와 관련지을 만한 전기적 특이점이 없는 것으로 분석되었다. 즉, 화재가 발생되었을 때 세탁기에는 정상적으로 전기가 공급되고 있었던 것으로 해석된다.

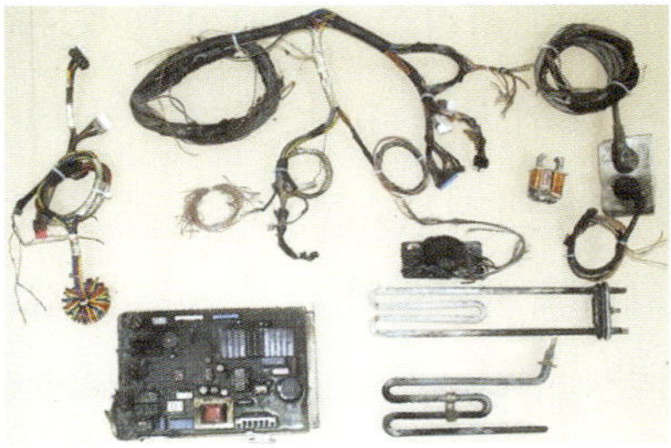

(a) 전원선 및 주요 부품

(b) PCB

(c) 퓨즈 실체사진

(d) 퓨즈 X-ray 사진

〈그림 9-2-5〉 수거한 세탁기를 분해하여 획득한 전원선 및 인쇄회로기판(PCB)

<그림 9-2-6>은 수거한 세탁기에서 분해된 전동기의 실체사진이다. 표면이 심하게 탄화된 것을 알 수 있으나 분해된 전동기의 드럼은 양호한 것을 알 수 있다. 즉, 세탁기 전동기의 고정자 및 회전자 권선 및 전원선 등은 정상적인 상태에서 화열에 의해 일부 스트레스를 받은 것으로 판단된다.

(a) 세탁기 전동기

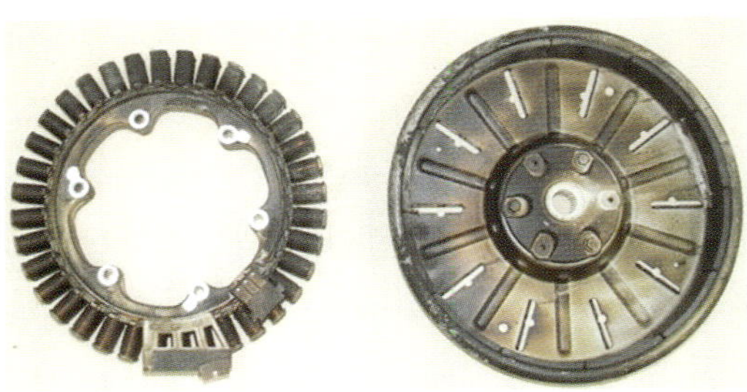

(b) 분해된 슬롯

〈그림 9-2-6〉 수거한 세탁기에서 분해된 전동기의 실체사진

<그림 9-2-7>은 수거한 세탁기에서 분해된 히터의 실체사진 및 X-ray 사진이다. 히터의 표면은 비교적 양호한 형태이며, 물리적인 충격 또는 소손 등의 특징은 확인할 수 없었다. 감정물로 제시된 건조용 히터에 접속된 서모스탯의 접점 분리 온도가 155 [℃]이고, 온도퓨즈는 240 [℃], 16 [A]이다. 그리고 세탁조가 금속 재질인 점과 밀폐된 공간에 히터가 설치되어 있는 점 등을 고려할 때 정상적인 상태에서 세탁조 주변 온도는 약 155 [℃]까지 상승할 수 있으며, 건조용 히터 및 인접한 세탁조 부분은 국부적으로 155 [℃] 이상의 온도로 상승할 수 있는 것으로 분석되었다. 또한, X-ray를 이용하여 히터 내부의 배선을 확인한 결과 매우 양호한 상태를 보이는 것으로 확인된 바 히터 역시 화재 당시에 정상 작동한 것으로 판단하는 것이 과학적인 논리이다.

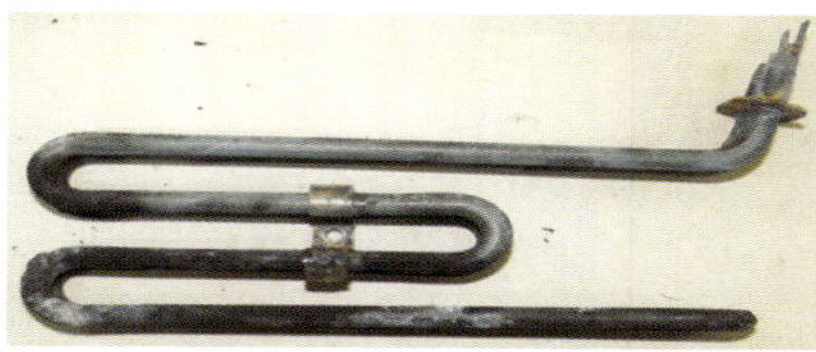

(a) 히터 1

(b) (a)의 X-ray 사진

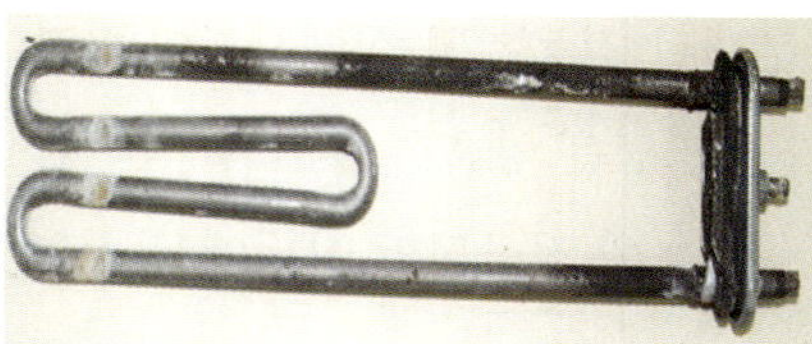

(c) 히터 2

(d) (c)의 X-ray 사진

〈그림 9-2-7〉 수거한 세탁기에서 분해된 히터의 실체사진 및 X-ray 사진

(3) 결언

이상의 조사 및 분석 결과에서 알 수 있듯이 평소 타는 냄새가 있었던 점, 기름이 묻는 면장갑을 세탁하고 건조시킨 점, 세탁기 전원이 정상적으로 공급되었고 퓨즈의 용단이 없는 점, 히터의 소손이 없이 정상적으로 작동된 점 등을 종합적으로 고려하면 본 사고는 건조과정에 발생된 유증기가 착화되어 발생한 것으로 판단된다.

section 9.3 전기청소기

9.3.1 전기청소기의 종류

전기청소기는 대부분 진공청소기(眞空淸掃機, vacuum cleaner)이며, 먼지를 흡수시키는 장치를 한 청소 기구이다. 공기 흡입구, 전동기, 프로펠러, 필터, 먼지받이, 케이스, 배기구 등으로 흡입구는 방이나 마루 등을 구석구석 청소할 수 있도록 끝이 다양한 형태가 있으며, 방이나 마루 등 각각의 장소에 알맞은 솔을 붙여 사용할 수 있다. 플라스틱 관과 잘 구부러지는 고무호스로 본체로 연결되어 있다. 전기청소기의 종류는 바닥이동형, 빗자루형, 휴대형, 부품수납형 등으로 분류한다.

9.3.2 전기청소기의 구조와 기능

전기청소기는 많은 종류가 있지만 가장 많이 쓰이고 있는 실린더형(cylinder type)을 예로 들어 설명한다. 단상직결정류자전동기에 직결된 터보팬(turbofan)을 매분 20,000~30,000회 고속으로 회전시키면 청소기 내부의 공기는 밖으로 방출되고, 내부의 기압이 대기압보다 낮게 되기 때문에 강한 흡인력을 일으켜 흡입구 부근의 먼지는 공기와 동시에 전기청소기 내부에 빨려 들어간다. 먼지를 함유한 공기는 전기청소기 내의 먼지 수집자루 및 필터 등에 여과되어 청정한 공기만이 전동기를 냉각하면서 소음장치를 관통하여 배기구로부터 외기로 방출된다. 일반적으로 청소기의 전동기는 고속회전이 요구되기 때문에 단상직결정류자전동기가 사용된다.

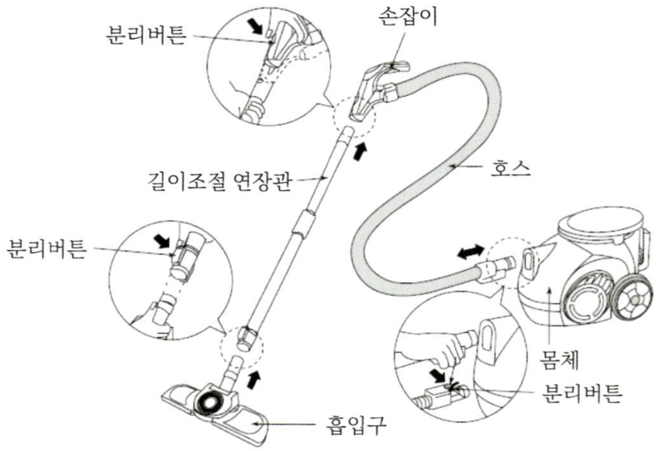

〈그림 9-3-1〉 청소기의 구조

9.3.3 출화사례

전동기 정류자의 일부가 기계적인 이상으로 손상되어 정류자의 브러시와 마찰이 심하게 되어 정류자가 과열되어 부근의 회전자권선에 열화되어 권선피복에 착화되었다.

section 9.4 냉난방기 및 제습기

9.4.1 냉난방기의 종류

냉난방장치(冷煖房裝置, heating and cooling devices)는 하나의 장치로 여름은 냉방, 겨울은 난방을 할 수 있는 기기이다. 난방의 경우 외기를 가열하여 그것에 필요한 열량을 실내에 방열해 난방에 사용할 수 있는 난방기이다. 일체형, 분리형 등 여러 가지 분류방법이 있지만 한국산업규격에는 유닛의 구성, 냉각방식, 정격냉방능력 및 정격난방능력 등으로 구분하고 있다.

(1) 기능에 의한 종류

① 냉방전용

② 냉방 및 난방 겸용

전열장치를 바꾸고 보조전열장치로서 열펌프와 병용하여 사용하는 것을 포함하지만 난방을 열펌프만으로 할 때는 냉각 및 열펌프 난방 겸용 또는 열펌프식도 좋다.

③ 냉방 및 전열장치난방 겸용

(2) 유닛 구성에 의한 종류

① 일체형

② 분리형

(3) 응축기의 냉각방식에 의한 종류

① 공냉식

② 수냉식

이밖에 정격냉방능력 1~10 [kW], 정격난방표준능력 1.6~18 [kW]의 범위 내에서 기종을 분류하여 나누어진다.

9.4.2 냉난방기의 구조와 기능

(1) 윈도우형(일체형)

증발기, 응축기, 압축기 등이 1개의 용기에 수납되어 일체이고 응축기로부터 방열은 팬에 의해서 강제적으로 냉각되어 윈도우 및 벽의 일부에 설치하는 구조로 되어 있다.

(2) 플로어형(일체형)

플로어형(floor type)은 윈도우형과 같이 증발기, 응축기를 1개의 용기에 수납하여 응축기로부터 방열이 강제 공냉과 다르고 물에 의한 냉각방식을 취하고 있다.

(3) 분리형

옥내기에 있는 증발기와 옥외기에 있는 압축기 및 응축기로 나눈 형태의 것으로 옥내기와 옥외기의 사이를 냉매가 흐르는 파이프로 연결하였다.

(4) 제습기

제습기(除濕機, dehumidifier)는 실내공기를 냉각시켜 방 안의 습도를 낮추는 장치이다. 기본적으로는 일체형의 냉방기와 같고 증발기, 응축기, 압축기 등이 하나의 용기에 수납된 구조로 되어있다. 냉방기와 다른 점은 제습된 수분을 담는 탱크를 갖고 있으며 가동식인 점이다. 제습시 공기의 흐름은 <그림 9-4-1>에 나타낸 바와 같이 습기가 있는 공기가 우선 증발기(냉각기)에 들어와 결로됨에 따라 수분을 빼앗아 다음에 응축기에 들어와 가열되어 건조한 적온의 공기가 송출된다. 냉방기와 다르고 증발기 가까이 응축기가 배치되어 있다.

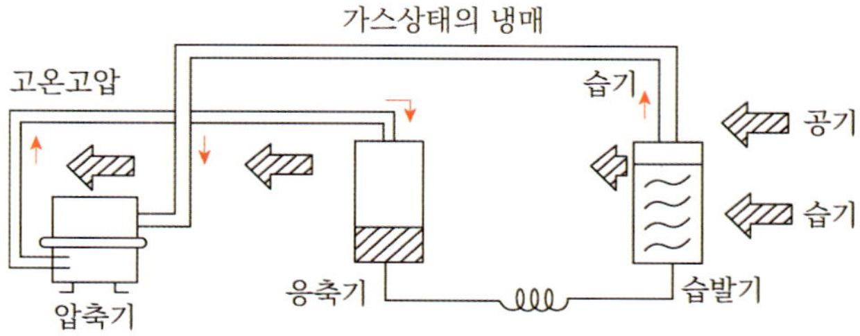

〈그림 9-4-1〉 제습시의 공기 흐름

9.4.3 냉난방기의 원리

냉방전용은 실내공기가 가지고 있는 열을 계속해서 실외로 방출한다. 컴프레셔 밸브로 공기의 흐름을 바꿔 반대로 실내에 방열하도록 한 것이 열펌프(heat pump)식 난방이다.

(1) 냉방의 경우

압축기에 의해 압축된 냉매는 고온고압의 기체이다. 응축기에 들어가 방열함으로써 냉각되어 기체로부터 저온고압의 액체가 된다. 이 액체가 모세관을 통과할 때에 관벽의 저항에 의해 저온저압의 기체가 된다. 이 액화가스가 용적이 큰 증발기에 들어가 감압 팽창하여 주위에서 열을 빼앗아 기화 증발한다. 이때의 찬 공기가 송풍되어 냉방이 된다.

(2) 난방의 경우

컴프레셔 밸브의 작동으로 냉동사이클 흐름이 반대로 되어 실내의 코일이 응축기로 작동되어 난방을 하게 된다.

9.4.4 조사의 요점

냉난방기는 소비전력이 크고 전류가 많이 흘러 콘센트에 플러그를 꽂은 상태로 놓을 때가 많기 때문에 콘센트 부분에서 트래킹에 의한 출화가 많다. 또한, 묶은 코드의 상태 및 테이블탭(table tap)에 의한 전원의 연장상황 등을 조사한다.

① 전원의 통전 유무를 확인한다.
② 전원부의 연결 플러그에 접촉 불량이 발생했는지 확인한다.
③ 내장된 퓨즈의 상태를 확인한다.
④ 전원선 또는 내부 연결선에 반단선이 발생하여 탄화된 흔적이 있는지 확인한다.
⑤ 물이 누수되어 누전경로가 형성되었는지 확인한다.
⑥ 발열 히터의 소손 상태를 확인한다.
⑦ 컴프레셔 전동기의 층간단락 상태를 확인한다.

⑧ 제습을 위해 설치된 히터의 소손 상태를 확인한다.

⑨ 방열판이 적절하게 열을 방사시켰는지 확인한다.

⑩ 제어용 회로의 소손상태를 확인한다.

⑪ 내부 절연물의 트래킹 흔적을 확인한다.

9.4.5 출화사례

① 냉난방기의 기구코드 1.25 [mm^2]에 0.75 [mm^2]를 비틀어 접속했기 때문에 접속부가 과열하여 부근의 발포섬유에 착화하여 출화하였다.

② 냉난방기 본체 플러그와 타이머콘센트의 접촉 불량에 의해 발생한 불꽃이 본체 플러그를 흑연화시켜 출화하였다.

section 9.5 환풍기

9.5.1 환풍기의 종류

환풍기는 수직형과 수평형으로 분류된다. 환풍기(ventilating fans)의 규격은 한국산업규격(KS C 9304)에 정하는 가정, 사무실 등에서 사용하는 환풍기 중 유도전동기에 의하여 구동되는 축류형 또는 원심형 날개를 가진 것으로 규정하고 있다. 이는 배기방식에 의한 분류이다. 날개의 지름을 표시할 때는 날개의 앞 끝에 의해 그려지는 원의 지름(cm)을 뜻한다. 또한, 환풍기의 정격전압은 단상 교류 220 [V], 정격주파수 60 [Hz]로 규정하고 있다. 소비전력은 전동기의 소비전력을 말하며 [표 9-5-1]과 같이 구분되어진다.

[표 9-5-1] 환풍기의 소비전력

종 류	소비전력 [W]	
	축류형	원심형
15	35 이하	65 이하
K15	35 이하	-
18	45 이하	70 이하
20	45 이하	70 이하
23	-	75 이하
25	60 이하	80 이하
30	80 이하	90 이하
40	120 이하	-
50	175 이하	-

[표 9-5-1]은 한국산업규격에서 정하는 것으로서 축류형과 원심형으로 분류한 환풍기의 각 날개 지름에 대한 소비전력을 보여주고 있다. 현재, 가정이나 사무실에서 많이 사용하고 있는 환풍기는 그 사용환경에 따라 열화의 정도가 다르다. 공기 중에 분진이 많이 분포되어 있는 봉제공장이나 일반사무실에서는 분진에 의한 환풍기의 기계적, 환경적 열화가 빨리 진행되며 일반가정에서도 부엌에서 사용되는 환풍기는 기름때, 먼지,

습기의 흡착 등에 의해 장시간 사용시 전기사고의 우려를 안고 있다. 일반적으로 발생할 수 있는 사고는 전동기의 층간단락에 의한 사고와 이물질의 부착에 의한 절연파괴 등을 들 수 있다.

9.5.2 환풍기의 구조와 기능

환풍기는 전동기, 날개, 셔터, 커버 및 장착프레임으로 구성되어 있고 전동기는 단상 유도전동기로 보통 콘덴서기동형의 것이 사용되고 있다. 베어링은 장시간 주유의 필요는 없지만 볼베어링(ball bearing) 및 함유금속베어링 등을 사용하고 있다. 날개는 플라스틱(plastic)이 많이 사용되며, 소리가 적고 효율이 좋은 날개형 등을 채용하고 있다. 또한, 물이 끓는 가스압을 검지하여 동작을 시작하는 것도 있다. 셔터의 개폐에 전동기를 이용하고 있는 것도 있다.

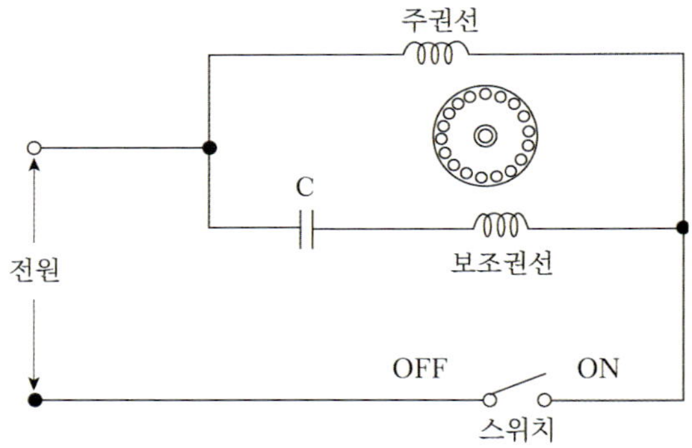

〈그림 9-5-1〉 환풍기의 회로도

9.5.3 조사의 요점

① 전원의 통전 유무를 확인한다.

② 전원부의 연결 플러그에 접촉 불량이 발생했는지 확인한다.

③ 전동기 권선의 층간단락 상태를 확인한다.

④ 전원선 또는 내부 연결선에 반단선이 발생하여 탄화된 흔적이 있는지 확인한다.

⑤ 기계적인 마모에 의한 터닝컬러 형성 흔적을 확인한다.

⑥ 수직사양의 환풍기를 수평으로 설치하였기 때문에 전동기의 과부하와 베어링의 기름이 떨어져 과열이 발생되었는지를 확인한다.

⑦ 전동기 권선이 부식되어 권선의 절연 불량으로 층간단락이 발생하여 팬이 회전되지 못했는지 확인한다.

9.5.4 출화사례

(1) 개요

심야 식당에서 발생한 화재로 종업원이 최초로 화재를 인지하여 진압을 실시하였으나 초기 진압에 실패하였다. 따라서 종업원은 화재 신고를 하였고, 출동한 소방대원에 의해 화재를 진압하였으며, 재산 피해는 발생했지만 인명 피해는 없었다. 현장 조사에서 최초의 출화점은 환풍기가 설치되어 있는 곳으로 한정할 수 있었고, 소손된 환풍기와 전원선 등을 수거하였다.

(2) 수거품의 분석

<그림 9-5-2>는 화재 현장에서 수거한 물품으로 환풍기 전동기 1점, 환풍기의 플라스틱 날개가 화염로 융착되어 있다. 또한, 환풍기 전동기에 전원을 공급하기 위해 연결된 전원코드 0.75 [mm^2] × 2C 1점을 나타낸 실체사진이다.

<그림 9-5-3>은 <그림 9-5-2>에서 전동기와 전원선을 분리한 실체사진이다. 전동기의 외함은 심하게 탄화되었고, 전원원의 끝단에 용융흔이 형성되었다.

<그림 9-5-4>는 전동기를 분해하여 고정자, 회전자, 외함 등을 나타낸 실체사진으로 환풍기의 고정자 및 회전자 권선은 모두 양호한 것을 알 수 있고, 회전자의 축 역시 매우 양호한 것으로 보아 물리적인 변형 및 전기적인 문제 등은 없는 것이 확인되었다. 또한, 화염이 외부에서 내부로 공격한 패턴을 보이는 것으로 보아 화재 발생의 원인과 관계가 없다고 판단하는 것이 과학적인 논리이다.

<그림 9-5-5>는 환풍기의 전동기에 전원을 공급하기 위해 사용된 전원선에 형성된 용융흔을 확대하여 나타낸 실체사진이다. 전원선은 연선을 사용하여 사용했으며, 단면의 양쪽에 용융흔이 형성되었다. 즉, 어떤 이유인지 단언할 수 없으나 전원선 상호 단락이 발생한 것으로 판단되며, 그 때 발생된 열과 불꽃에 의해 화재가 발생된 것으로 판단된다.

〈그림 9-5-2〉 수거된 환풍기와 전원선

〈그림 9-5-3〉 분리된 전동기와 전원선

〈그림 9-5-4〉 분해된 전동기

〈그림 9-5-5〉 전원선의 용융부분

(3) 결언

화재 현장에서 수거한 물품의 화재확산 패턴, 전동기의 고정자 및 회전자 권선의 용융 흔적이 없는 점, 회전자 축의 변형 및 변색이 없는 점, 전원선에 단락에 따른 용융흔이 발생된 점, 화재 범위가 환풍기가 설치된 주변으로 한정된 점, 그 밖의 방화 흔적이 없는 점 등을 고려할 때 환풍기의 전동기에 전원을 공급하는 전원선의 단락에 의한 화재로 판단된다.

section 9.6 선풍기

9.6.1 선풍기의 종류

탁상용, 벽걸이용, 천장형, 스탠드형 등으로 분류한다. [표 9-6-1]은 한국산업규격(KS C IEC 60335)에서 제시하고 있는 날개 직경과 최대 풍량의 관계를 나타낸 것이다. 그리고 [표 9-6-2]는 동일한 규격에 제시되어 있는 것으로 선풍기를 시험할 때 권선의 절연 온도와 표기 및 최대허용온도를 나타낸 것이다.

[표 9-6-1] 선풍기의 날개 직경과 최대 풍량의 관계

날개 직경[cm]	최대 풍량[m^3/min]	날개 직경[cm]	최대 풍량[m^3/min]
15	10 이상	40	55 이상
20	15 이상	45	75 이상
25	25 이상	50	90 이상
30	35 이상	60	130 이상
35	45 이상		

[표 9-6-2] 선풍기를 시험할 때 최대 권선 온도와 절연종별

절연종별	등급표기	권선의 최고허용온도[℃]	온도상승 최댓값[℃]
105종	A	140	75
120종	E	155	90
130종	B	165	95
155종	F	180	115
180종	H	200	140
200종	N	220	160
220종	R	240	180
250종	-	270	210

9.6.2 선풍기의 구조와 기능

전동기는 일반적으로 콘덴서 전동기가 쓰이고 있다. 날개(blade)는 전동기축을 따라 연결되어 날개가 회전한다. 전동기에 흐르는 전류를 변화시키면 회전수가 가감되기 때문에 풍량 조절을 할 수 있다. 보통 3단계의 풍량 조절이 가능하지만 최근에는 약보다 더 약한 미풍을 고를 수 있도록 한 것도 있고, 마이크로컴퓨터제어에 의해 풍량이 자동적으로 변화하는 것도 제품화되어 있다.

풍량 조절은 <그림 9-6-1>(a)에 나타낸 바와 같이 조정코일에 탭을 설치하여 주권선에 이러한 전압을 감소되지 않도록 하고 있다. <그림 9-6-1>(b)에 스위치는 중속의 위치에 있고 이때 주권선측에 가한 전압은 보조권선의 일부와 주권선에 분압되어 풍량이 약해진다.

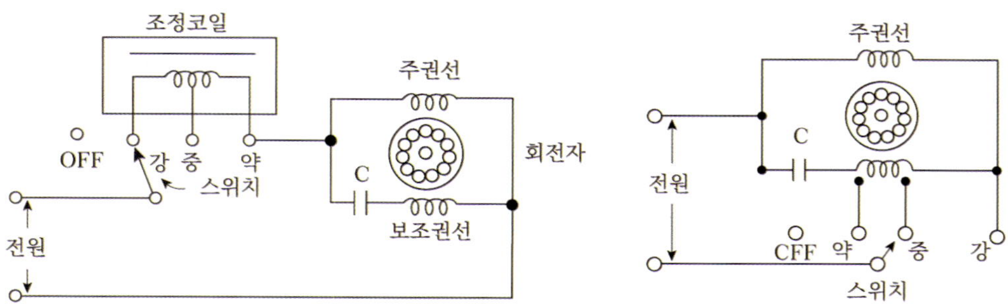

(a) 조정코일이 있는 것　　　(b) 보조권선을 조정하는 것

〈그림 9-6-1〉 선풍기의 회로도

9.6.3 조사의 요점

① 전동기의 층간단락 유무를 확인한다.

② 콘덴서의 절연열화 유무를 확인한다.

③ 기내 배선의 굴곡부분에서 단락 유무를 확인한다.

④ 절연재료의 열화 유무를 확인한다.

⑤ 고장으로 회전하지 않는 선풍기의 플러그를 꽂아 놓은 채로 방치 유무를 확인한다.

9.6.4 출화사례

(1) 개요

건물의 내부에서 연기가 발생하는 것을 종업원이 발견하여 신고한 것으로 화재 발생 시간은 오전이었으나 숙소에 사람이 없어서 인명피해는 없었다. 그러나 내부에 설치된 화장대 및 가제도구 일부가 소손되었다. 화재 현장에서 수거한 물품은 소손된 벽걸이 선풍기 본체, 전원선 및 조작부 등이다. 그리고 선풍기 날개는 화재로 소실되었고, 그 밖의 특이 사항은 없는 것으로 조사되었다.

(2) 수거품의 분석

<그림 9-6-2>는 화재 현장에서 수거한 선풍기의 전동기와 조작부이다. <그림 9-6-2>(a)는 선풍기의 전동기이며, 전동기의 외함에 구멍이 발생된 것이 확인된다. <그림 9-6-2>(b)는 선풍기의 조작부이며, 외함은 비교적 양호한 형태를 보이고 있다. 그리고 조작부와 전동기를 연결하는 전원코드 0.75 [mm^2] × 2C는 특이 사항이 없다.

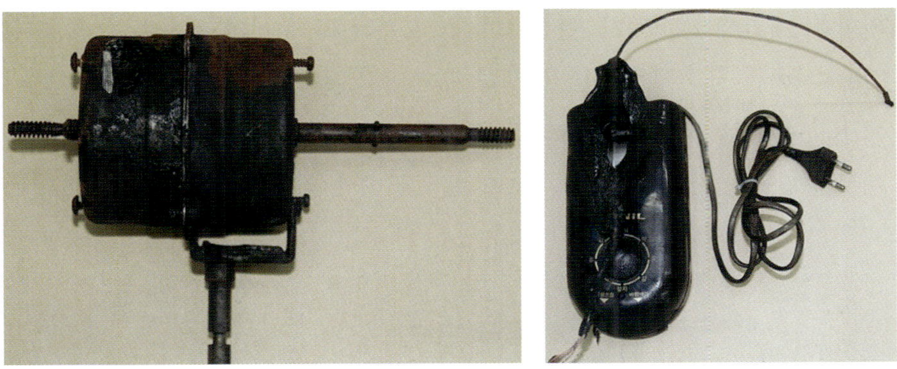

(a) 선풍기의 전동기 (b) 선풍기의 조작부

〈그림 9-6-2〉 화재 현장에서 수거한 선풍기의 전동기와 조작부

<그림 9-6-3>은 선풍기 조작부를 촬영한 실체사진으로 사고 당시 선풍기의 바람세기는 '강'의 위치에 설정되어 있고, 풍향조절은 '정지'의 위치에 설정되어 있으며, 동 조작부 내부는 연소되지 않은 상태이다. 그리고 내부배선 및 연결된 배선, 전원코드에서 단락흔 등의 전기적인 특이점이 식별되지 않는다. <그림 9-6-3>(c)는 선풍기 조작부

내부에 설치된 퓨즈의 실체사진으로 플라스틱 용기에 퓨즈가 수납되어 있고 용단된 것이 확인된다. 즉, 이와 같이 퓨즈가 용단되고 비산된 것은 선풍기의 배선에서 단락이 발생됐을 때 나타나는 패턴이다.

(a) 조작부의 확대 사진

(b) 조작부의 내부

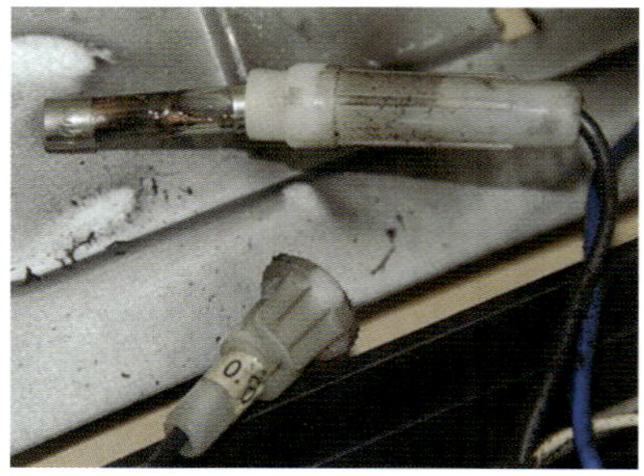

(c) 조작부의 퓨즈

〈그림 9-6-3〉 선풍기 조작부를 촬영한 실체사진

<그림 9-6-4>(a)는 소손된 전동기를 분해한 것으로 회전자와 축은 특이사항이 없으나 고정자 권선의 일부가 용융흔이 있는 것을 확인하였다. <그림 9-6-4>(b)는 전동기 외함을 제거하고 고정자 권선이며, A 부분과 B 부분이 용융흔이 확인된다. <그림 9-6-4>(c)는 <그림 9-6-4>(b)의 A 부분이고, <그림 9-6-4>(d)는 <그림 9-6-4>(b)의 B 부분으로 권선의 일부가 용융된 것이 확인된다. 즉, 전동기의 고정자 권선의 2곳에서 층간단락이 발생하였고, 그 때 발생된 열에 의해 화재로 확산된 것으로 판단된다.

(a) 분해된 전동기

(b) 전동기의 고정자 권선

(c) (b)의 A 부분

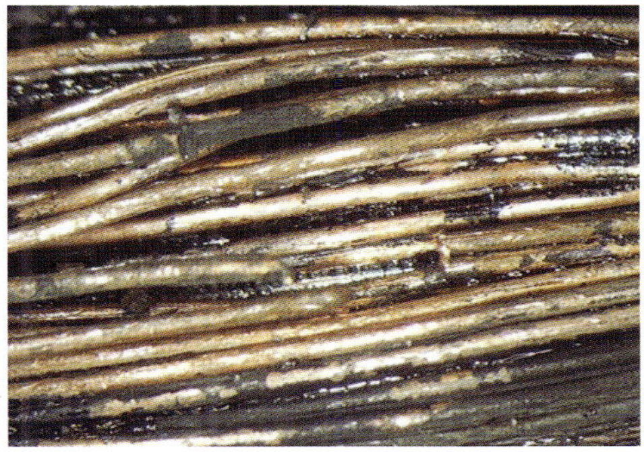

(d) (b)의 B 부분

〈그림 9-6-4〉 소손된 선풍기의 실체사진

(3) 결언

전동기 고정자 권선에 층간단락이 발생한 점, 조작부 퓨즈가 단락에 의해 용단된 패턴을 나타낸 점, 전원코드의 소손이 없는 점, 선풍기의 바람세기는 '강'의 위치에 설정되어 있고, 풍향조절은 '정지'의 위치한 점 등을 고려할 때 선풍기 과열에 의한 층간단락 사고로 판단된다.

section 9.7 전기면도기

9.7.1 전기면도기의 종류

전기면도기(電氣面刀器, electric shaver)는 수염 및 제모를 위한 전기기구이다. 구조는 겉날과 속날로 되어 있는데 겉날에는 다수의 작은 구멍 또는 홈이 있고 이것에 밀착한 속날이 있다. 속날은 고속으로 동작하여 겉날의 작은 구멍으로 들어온 수염을 절단한다. 날은 원형이며 속날이 회전하는 것과 직사각형으로 왕복운동을 하는 것이 있는데 어느 것이나 원리적으로는 동일하다. 겉날은 주로 스테인리스강이고 속날은 탄소강이 많으나 속날에 스테인리스강을 사용한 것도 있다. 날의 움직임 형태에 따라 회전식과 왕복식으로 분류된다. 또한, 전원은 전압 220 [V]를 사용하는 것, 충전기를 사용하는 것, 건전지를 사용하는 것 또는 각각을 병용하는 것이 있다. 많은 기종은 정류회로가 내장되어 있으며 전동기는 단상직결정류자전동기를 사용하고 있다. 또한, 니켈-카드늄(Ni-Cd) 전지를 내장한 것도 대부분이며 충전회로가 내장되어 있다.

9.7.2 전기면도기의 구조와 기능

(1) 회전식

회전식은 전동기의 회전을 그대로 내부날개에 연동하여 내부날개를 회전시키는 것으로 소리가 조용하고 진동이 적다.

(2) 왕복식

왕복식은 전동기의 회전을 왕복운동으로 바꾸는 방식과 전자구동에 의한 것이 있다. 전자구동식의 동력은 전자석으로 철심에 감긴 코일에 전기를 흘리는 것에 의해 내부날개를 지탱하고 있는 축이 왕복 운동한다. 회전식에 비해 소음이 크다.

9.7.3 조사의 요점

① 전원의 통전 유무를 확인한다.

② 전원부의 연결 플러그에 접촉 불량이 발생했는지 확인한다.

③ 전동기 권선의 층간단락 상태를 확인한다.

④ 전원선 또는 내부 연결선에 반단선이 발생하여 탄화된 흔적이 있는지 확인한다.

⑤ 기계적인 마모에 의한 터닝컬러 형성 흔적을 확인한다.

⑥ 누수에 의한 트래킹의 흔적이 있는지 확인한다.

9.7.4 출화사례

충전식 전기면도기의 정류용 종이콘덴서가 흡습하여 절연열화에 의해 출화하였다.

section 9.8 공기청정기

9.8.1 공기청정기의 종류

공기청정기(空氣淸淨器, air cleaner)는 오염된 공기를 정화하여 깨끗한 공기로 바꾸는 장치이다. 예를 들어 자동차의 공기청정기는 기관에 흡입되는 공기 속의 먼지나 토사를 제거함으로써 실린더의 마모를 방지하고, 또 공기가 실린더 내로 흡입될 때 일어나는 소음을 방지하는 역할을 한다.

습식은 공기청정기 바닥에 기름이 들어 있어 흡입된 공기가 이 유면에 충돌하여 방향을 바꿀 때 먼지 등을 제거한다. 건식은 여과지나 여과포를 여과재로 사용한 것으로 공기청정기 내에는 8메시 정도의 철망이 봉입되어 있어 이 철망이 먼지 등의 제거와 역화에 의해 일어나는 화재의 방지를 겸하고 있다. 일반적으로 대형 기관에는 습식이, 소형 기관에는 건식이 사용되는데 정화 효과는 98 [%]로 높지만 먼지의 부착에 의한 저항의 증가가 크기 때문에 정기적으로 청소를 해야 한다.

그리고 집진방식에 따라 전기집진방식과 기계집진방식이 있으며, 설치하는 방식에 따라 벽걸이형, 천장형, 거치형 등으로 분류된다.

9.8.2 공기청정기의 구조와 기능

팬에 의해 빨아들인 더러워진 공기를 필터, 방전전극 및 활성탄 필터를 통과시켜 청정하게 하여 실내에 되돌린다.

9.8.3 조사의 요점

통전전류치가 큰 전동기회로 및 고전압회로를 확인한다.

① 전원의 통전 유무 및 내장 퓨즈의 소손상태를 확인한다.

② 전원부의 연결 플러그에 접촉 불량이 발생했는지 확인한다.

③ 고전압 발생장치의 소손상태를 확인한다.

④ 전원선 또는 내부 연결선에 반단선이 발생하여 탄화된 흔적이 있는지 확인한다.

⑤ 제어용 회로기판의 트래킹 상태를 확인한다.

section 9.9 전기떡방아

9.9.1 전기떡방아의 종류 및 구조

전기떡방아는 맷돌로 만드는 것은 없고 전동기와 히터를 사용하여 증기로 익히는 동작으로 찹쌀을 가공한다. 전기떡방아는 증기를 발생시키는 스팀과 찹쌀을 가는 날개 및 맷돌로 구성되어 있다.

9.9.2 조사의 요점

전동기회로의 본체, 콘덴서, 히터회로 등을 확인한다.

① 전원의 통전 유무 및 내장 퓨즈의 소손상태를 확인한다.
② 전원부의 연결 플러그에 접촉 불량이 발생했는지 확인한다.
③ 전동기 권선의 층간단락 상태를 확인한다.
④ 전원선 또는 내부 연결선에 반단선이 발생하여 탄화된 흔적이 있는지 확인한다.
⑤ 기계적인 마모에 의한 터닝컬러 형성 흔적을 확인한다.
⑥ 누수에 의한 트래킹의 흔적이 있는지 확인한다.

section 9.10 관상어사육장치

9.10.1 관상어사육장치의 구조와 기능

(1) 공기펌프

공기펌프(air pump)는 진동판방식과 전동기방식의 것이 있다. 진동판방식은 내부의 변압기에 교류를 흘리는 것에 의해 생기는 자계와 영구자석의 반발을 이용하여 진동판(振動板, diaphragm)을 피스톤 운동시킴으로써 공기를 공급한다.

(2) 여과장치(상부, 하부)

여과장치에는 물을 순환시키는 펌프가 있고 수조상부로 사용하는 것으로 수중에서 사용하는 것이 있다. 순환장치의 전동기는 일반적으로 요철코일 기동식 전동기가 사용되고 있다.

(3) 조명장치

조명에는 일반적으로 형광등이 사용되고 수조상부에 설치되어 있다. 수조의 크기에 따라 10~40 [W]의 형광관이 사용되고 있다.

(4) 히터

히터는 세라믹 히터 및 석영관 히터가 있으며 설정온도를 조정할 수 있는 것은 외부에 열전온도장치가 설치되어 있으며, 전자식 또는 바이메탈 접점의 ON/OFF에 의해서 온도조절을 할 수 있다. 또한, 설정온도 고정의 것은 자동히터라 부르며 히터유닛 내부에 열전대가 내장되어 있다.

9.10.2 조사의 요점

① 장치에 콘센트를 설치하는 경우 콘센트의 용량 이상의 기기 사용 및 콘센트부분의 트래킹의 유무를 확인한다.

② 습기가 많은 장소에서 사용하는 것이기 때문에 콘센트 코드에 물기가 묻어 트랩이 되지는 않았는지, 코드의 굴곡 등으로 무리한 부담은 없었는지 등을 확인한다.

③ 전동기 및 변압기는 습기의 침입에 의한 권선의 절연열화 유무를 확인한다.

④ 히터는 열전대의 감열부가 물 위에 노출되어 있는지 유무를 확인한다.

⑤ 열전대(thermostat)가 효과적으로 작동하지 않고 히터에 통전이 계속되었는지 유무를 확인한다.

9.10.3 출화사례

여행 중 비닐팩에 넣은 열전대(thermostat)의 감열부가 수분의 증발에 의해 히터의 통전상태가 계속되어 출화하였다. 설정온도고정의 것은 자동히터라 불리고 히터유닛의 내부에 열전대를 내장하고 있다.

section 9.11 정수기

9.11.1 정수기의 종류

정수기(淨水器, water purifier)는 물리적, 화학적 과정을 거쳐 물을 깨끗하게 거르는 기구이다. 순수한 물은 수소 원자 2개와 산소 원자 1개가 결합된 물질로 화학기호는 H_2O이다. 증류수가 순수한 물에 가장 가까우며, 자연 상태로는 거의 존재하지 않는다. 자연 상태의 물은 공기나 토양, 암반 등과 접촉하는 과정에서 칼슘, 마그네슘, 철분 등의 여러 물질이 녹아 있는데 적당한 양은 우리 몸에 좋다.

그러나 환경이 오염되면서 원하지 않는 농약과 같은 화학 물질, 수은, 납 등과 같은 중금속 등이 문제가 되고 있다. 만일 원하지 않는 유해물질이 기준 이상으로 함유돼 있는 물을 식수로 사용하려면 이를 제거하는 장치가 필요한데 이것이 정수기이다. 정수기의 기본은 여과 또는 흡착 기능을 갖는 장치라 할 수 있으나, 무조건 잘 걸러 준다고 좋은 것은 아니다.

형태로 분류하면 수도꼭지에 직접 연결하는 직결형과 물을 용기에 담아서 필터를 통과하도록 하는 저장형이 있다. 정수원리나 방식에 따라 분류하면 자연여과식, 직결여과식, 이온교환수지식, 증류식, 역삼투압식 등으로 나눌 수 있다.

(1) 자연여과식

자연여과식은 저장된 물이 중력으로 세라믹 필터를 통과하면서 정수된다. 세라믹 필터의 기공의 크기보다 작은 바이러스, 중금속, 발암물질, 화학오염물질 등 미세한 오염물질 제거에 한계가 있다. 청소와 필터교환을 자주 해야 한다.

(2) 직결여과식

직결여과식은 수도꼭지에 정수기를 직접 연결하는 방식이다. 물이 수압에 의하여 마이크로필터를 지나면서 불순물이 걸러진다. 자연여과식과 마찬가지로 미세한 오염물질을 제거하기가 힘들며, 필터를 자주 갈아주어야 하는 단점이 있다. 이온교환수지식은 이온교환수지 필터를 이용하여 물 속에 녹아 있는 금속 이온을 분리·제거하는 방식이다. 유기물질을 제거하지 못하는 단점이 있다.

(3) 증류식

증류식은 물이 끓을 때 생기는 수증기를 식혀서 정수하는 방법이다. 용존산소나 미네랄까지 파괴되는 단점이 있다. 역삼투압식은 압력으로 물이 반트막을 통과하도록 하여 불순물을 걸러주는 방식이다. 오염물질뿐 아니라 미네랄까지 제거된다는 단점이 있다.

9.11.2 정수기 필터의 종류

정수기를 구입할 때는 사용이 편하고 필터 교환 및 구입이 쉬운 것을 선택해야 한다. 필터의 성능이 좋아야 하고, 내부를 쉽게 청소할 수 있어야 한다. 국제공인기구의 승인을 받은 제품인지 확인해야 하며, 사후관리를 쉽게 받을 수 있어야 한다. 현재 정수기 관련 법규에서 규정된 활성탄 필터, 이온교환수지 필터, 한외(限外) 필터, 역삼투막 필터, 나노 필터 등에 대해서 살펴보기로 한다.

(1) 활성탄 필터

일반적으로 가장 많이 사용되는 방식이다. 정수기에 사용되는 활성탄(活性炭, activated carbon)은 석탄, 목재, 야자열매 등을 태운 숯을 고온에서 수증기 처리해 제조한 활성탄 또는 화학섬유를 원료로 한 활성탄 소섬유 등이 있다.

활성탄의 흡착 기능은 내부의 미세한 기공들에 의한 넓은 내부 표면적이 큰 역할을 하는데 1[g]의 표면적이 무려 1,000 [m^2] 이상이 되기도 한다. 불용성 유기물, 염소와 트리할로메탄(THMs)과 같은 물질이나 휘발성 유기화합물(有機化合物, VOCs, Volatile Organic Compounds)을 제거하는데 효과적이다.

활성탄을 단독으로 사용도기도 하지만 보통은 비교적 큰 찌꺼기 등을 제거할 수 있는 재질(부직포)을 함께 사용하고 있다. 가정용으로는 세균 억제를 위해 활성탄 입자 표면에 은(Ag)을 코팅한 실버 카본이 주로 이용된다.

(2) 이온교환수지 필터

이온교환수지는 공업용수를 사용할 때 센물을 단물로 바꾸기 위한 산업적 목적으로 주로 사용되었으나 최근 들어 가정용으로도 사용되고 있다. 센믈을 단물로 바꾸면 물이 부드럽고 비누가 잘 풀어지는 특징이 있다.

(3) 한외 필터

한외(限外, ultra filtration) 필터는 가운데 구멍이 뚫린 실 형태의 구조로서 중공사막(中空絲膜, hollow fiber membrane) 필터로 더 잘 알려져 있다. 초기에는 인공 신장 혈액 투석기용으로 사용되다가 가정용 정수기 필터로 사용되었다. 표면의 기공 크기가 0.01~0.1 [μm] 정도로 일반적인 상수도 압력에서 사용할 수 있다. 정수량이 많아 별도의 저수탱크가 필요 없으며, 정수 과정에서 별도로 버려지는 물은 없다. 일반적으로 대장균 등의 세균 제거가 가능하다.

(4) 역삼투막 필터

배추가 절여지는 현상은 배추 속의 물이 진한 소금물 속으로 빠져 나오기 때문이다. 이처럼 농도가 묽은 용액 속의 물이 진한 농도의 용액 속으로 자연스럽게 이동하는 현상을 삼투(滲透, osmosis) 현상이라고 한다. 낮은 농도의 용액 쪽에 높은 압력을 걸어주면 삼투 현상과는 반대로 물이 농도가 진한 용액 쪽으로 이동하게 되는데 이를 역삼투(逆滲透, reverse osmosis) 현상이라 한다.

기공의 크기가 0.001 [μm] 정도인 필름 형태의 삼투막을 이용하는 것으로 바닷물을 민물로 바꾸는 해수 담수화나 정밀 산업용 또는 실험실에서 사용하는 초순수 제조에 주로 사용되고 있으나 최근에는 가정용으로도 응용되고 있다. 기공의 크기가 워낙 작아 여과된 물이 몸에 이롭다는 무기물까지도 제거되는 특징이 있다. 수압이 높아야 하므로 고압 펌프가 필요하며, 정수량이 적어 저수 탱크가 필요하다. 필터의 수명연장이나 효율 향상을 위해 원수의 일부만을 사용하므로 약 80[%]의 물을 그대로 버려야 하는 단점을 갖고 있다.

가정용의 경우 보통 역삼투막 필터 전단에 2개 또는 3개의 정수용 필터가 사용되고 있어서 결과적으로 정수된 물이 그대로 버려진다는 의미가 된다. 수돗물을 버리는 것도 손실이 큰데 정수된 물을 그대로 버린다는 것은 많은 손실을 내포되어 있음을 의미한다.

(5) 나노 필터

직경이 1 [nm] 정도의 기공 크기를 지닌다 해서 나노 필터(nano-filter)라 부른다. 기공의 크기는 중공사막 필터보다 적고 역삼투막 필터보다는 큰 수준으로서 지나치게 수압이 낮은 경우가 아니라면 별도의 고압 펌프 없이 일반 상수도에 접속해 사용이 가능하다. 역삼투압 필터에 비해 상대적으로 낮은 수압을 이용할 수 있지만 걸러낼 수 있는 물질은 그만큼 줄어든다. 역삼투막 필터와 마찬가지로 저수탱크가 필요하며, 정수 과정에서 많은 물이 버려진다.

9.11.3 정수기의 구조

<그림 9-11-1>은 정수기의 구조와 명칭을 나타낸 것이다. <그림 9-11-1>(a)는 전면으로 표시부, 온수안전코크, 냉수코크, 온수코크, 온수안전장치, 물받이 등이 있다. 그리고 <그림 9-11-1>(b)는 후면으로 방열판, 필터, 온수 및 냉수 탱크, 펌프, 감압 또는 체크 밸브, 기타 부속품 등으로 구성되어 있다.

외함은 안전한 상태에서 정수기를 사용할 수 있도록 지지해 줄뿐만 아니라 오염 물질이 내부로 유입되지 않도록 설계되어 있으며, 방열판은 물을 정수하는 과정에서 발생하는 열을 외부로 방출하여 시스템을 안정화시키기 위해서 설치하는 것으로 주로 후면에 설치한다.

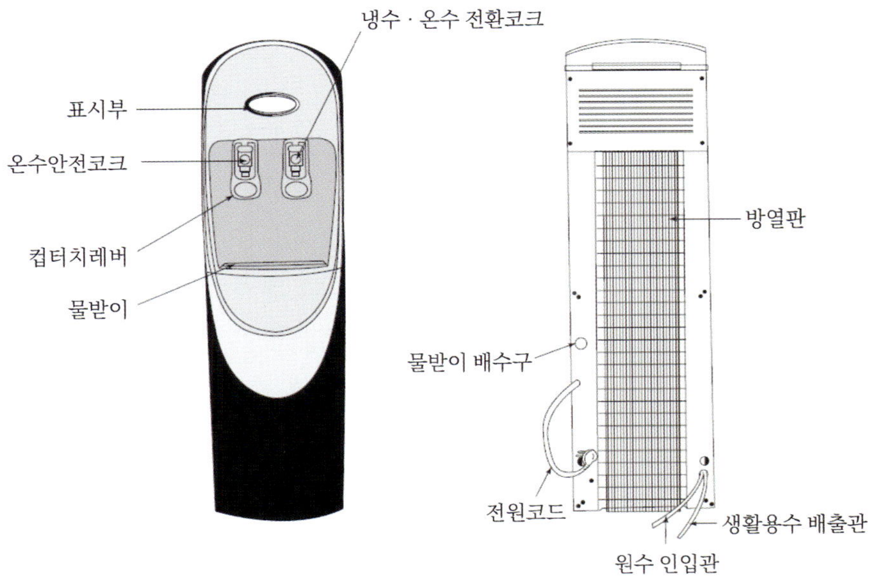

(a) 전면 (b) 후면

〈그림 9-11-1〉 정수기의 구조와 명칭

<그림 9-11-2>는 정수기의 회로도를 나타낸 것이다. 공급 받은 원수는 1차 필터를 통과하고, 감압 밸브 및 체크 밸브를 거쳐 2차 필터를 통함에 따라 이물질을 제거하여 외부로 배출한다. 그리고 정수가 완료된 깨끗한 물은 정수 탱크에 보관되고 사용자의 요구에 따라 온수 또는 냉수를 공급하는 과정이다. 필터는 정수기의 종류에 따라 다양한 방식 또는 재료가 채택되고 있으며, 물이 어느 정도 깨끗하게 정수되느냐를 좌우한다. 필터와 연결된 감압 또는 체크 밸브는 물의 양을 정확히 감지하여 필터에 적절한 양의 물이 공급될 수 있도록 펌프와 조화를 이룬다.

온수 및 냉수 탱크는 온도센서가 설치되어 있어서 일정한 온도를 설정하면 사용자가 원하는 종류의 물을 공급받도록 저장하는 곳이다. 따라서 정확한 온도제어가 중요할 뿐만 아니라 단열이 잘 되어야 한다.

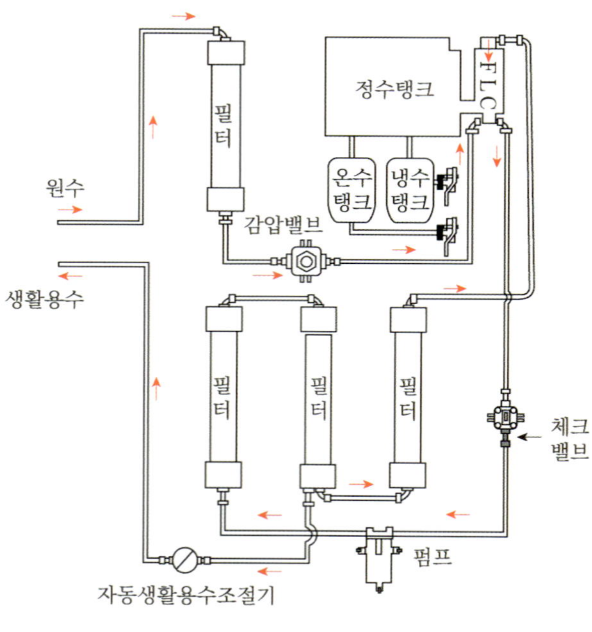

〈그림 9-11-2〉 정수기의 회로도

9.11.4 조사의 요점

① 전원 연결 플러그에 접촉 불량이 발생했는지 확인한다.

② 전원선 또는 내부 연결선에 반단선이 발생하여 탄화된 흔적이 있는지 확인한다.

③ 방열판이 벽에 너무 가까이 설치되었거나 하여 방열이 잘되지 않아서 열적 스트레스 흔적이 있는지 확인한다.

④ 온수 또는 냉수 탱크에 설치된 열 센서가 고장 또는 기능 저하로 온도 제어가 되지 않았나 확인한다.

⑤ 정수 탱크, 온수 또는 냉수 탱크가 파손으로 누수가 발생하여 누전이 발생했는가를 확인한다.

⑥ 정수기 내부에 바퀴벌레가 침입하여 접점의 소손에 의한 트래킹 또는 접촉 불량이 발생했는지 확인한다.

9.11.4 정수기의 소손사례

(1) 재현 실험에 의해 소손된 정수기의 패턴 해석

정수기는 물을 걸러 불순물을 제거하는 형태에 따라 수도꼭지에 직접 연결하는 직결형과 물을 용기에 담아서 필터를 통과하도록 하는 저장형 등이 있다. 정수기의 구성은 외함, 방열판, 필터, 온수 및 냉수 탱크, 펌프, 감압 또는 체크 밸브, 기타 부속품 등으로 구성되어 있다. 외함은 안전한 상태에서 정수기를 사용할 수 있도록 지지해 줄 뿐만 아니라 오염 물질이 내부로 유입되지 않도록 설계되어 있어야 한다. 방열판은 물을 정수하는 과정에서 발생하는 열을 외부로 방출하여 시스템을 안정화시키기 위해서 설치하는 것으로 주로 후면에 설치한다. 실험에 적용된 OO정수기(XX-05X, OO Electronics. Co., Korea)로 220 [V], 2P, 60 [Hz], 소비전력은 냉수 115 [W], 온수 500 [W] 이며, 실험이 재현되는 동안 정수기는 정상 작동 상태를 유지시켰다. 착화는 휘발성 유기용매(석유)를 함침시킨 사각형의 섬유 100 [mm] × 100 [mm]를 사용하였으며, 외부화염이 재현될 때는 정수기 좌측 하단 바깥에 착화시켰으며, 내부화염이 재현될 때는 정수기 좌측 하단 내부에 착화가 되도록 하였다.

<그림 9-11-3>은 화염을 정수기의 외부 하단에 인가했을 때의 연소 과정 및 화염의 패턴을 나타낸 것이다. <그림 9-11-3>(a)는 화염을 인가하고 10 [s] 경과되었을 때이며, <그림 9-11-3>(b)는 화염이 정수기의 외함에 착화되어 성장하는 단계이다. <그림 9-11-3>(d)는 화염이 정수기에 착화되어 150 [s] 경과되었을 때 불꽃은 상부까지 확산되었으며, <그림 9-11-3>의 (e)~(g) 시점에서는 화염뿐만 아니라 검은 연기가 더욱

많이 발생하고 탄화되어 떨어진 현상을 확인할 수 있다. 필터 및 물받이 등은 난연성이 없어서 바닥에 떨어진 상태에서도 지속적인 연소가 진행되었고, 그로 인해 화염은 더욱 확산되는 것을 알 수 있다. <그림 9-11-3>(h)는 화염이 착화되어 약 360 [s] 경과된 상태를 나타낸 것으로 일반 목조 화재(소형)보다 연소 시간이 길게 진행됨을 알 수 있었다. 즉, 정수기가 물을 사용하는 기기이지만 전기에너지에 의해 작동되고 플라스틱 소재의 필터 및 내장제 등이 많이 적용되어 방화 또는 실화가 발생했을 때 연소 범위 및 속도가 빠르므로 2차재해의 유발 가능성이 있음을 알 수 있다. 또한, 정수기의 외함이 강판으로 제작괴어 있어도 화염의 확산 패턴은 일반 건물의 측면화재와 동일한 특징을 보이는 것으로 확인되었다.

(a) 10 [s] (b) 50 [s] (c) 120 [s] (d) 150 [s]

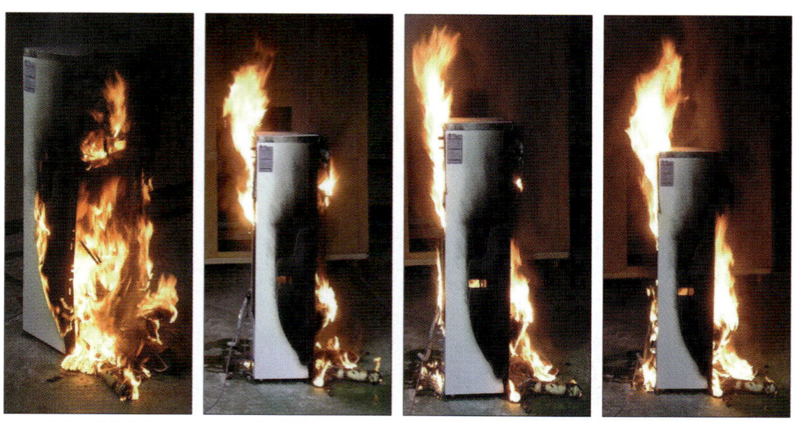

(e) 190 [s] (f) 250 [s] (g) 290 [s] (h) 360 [s]

〈그림 9-11-3〉 정수기 하단의 외부에 화염을 인가했을 때 연소 과정 및 화염의 패턴

<그림 9-11-4>는 <그림 9-11-3>의 과정이 완료된 후의 탄화 패턴 해석을 위해 나타낸 실체사진이다. 정수기가 화재로 360 [s] 정도 소손되었을 때 소화기를 이용하여 화재를 강제 진압시킨 후 분석을 실시하였다. <그림 9-11-4>(a)는 정면 사진이며, 금속성 재료를 제외한 대부분이 탄화되어 떨어졌다. <그림 9-11-4>의 (b)~(c)는 좌측 및 우측의 금속 강판의 실체사진으로 화염의 공격이 심한 부분에서 백화현상이 확인되고, 불완전 연소가 진행된 곳은 검정색의 탄화흔적을 보이고 있다. 그리고 <그림 9-11-4>의 (d)~(f)는 후면 및 내부를 나타낸 실체사진이다. 정수기의 골격인 강판과 후면의 방열판 등의 표면은 균일한 탄화 패턴을 보이며, 내부는 박리 현상을 확인할 수 있다. <그림 9-11-4>의 (g)~(i)는 화염에 의해 탄화되어 떨어진 것으로 표면이 고르게 탄화되었고 퇴적된 패턴을 보이고 있다. 즉, 단락 또는 접촉(속) 불량 등에 화재는 용융 흔적이 형성되나 방화 또는 실화 등에 의해 화염의 공격을 받은 정수기의 강판 표면은 비교적 균일한 탄화패턴을 나타내며, 강판의 용융 및 변형은 없는 것을 알 수 있다.

(a) 전면

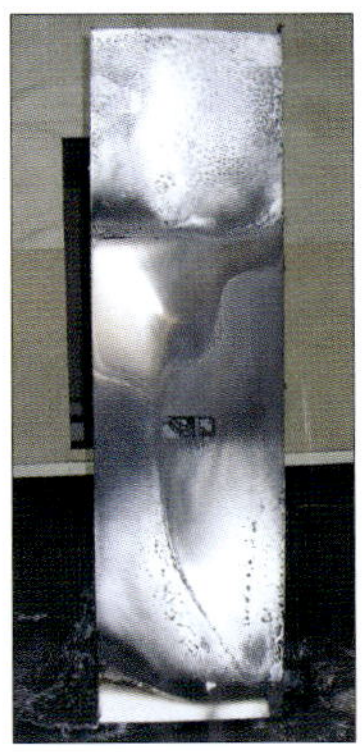
(b) 좌측

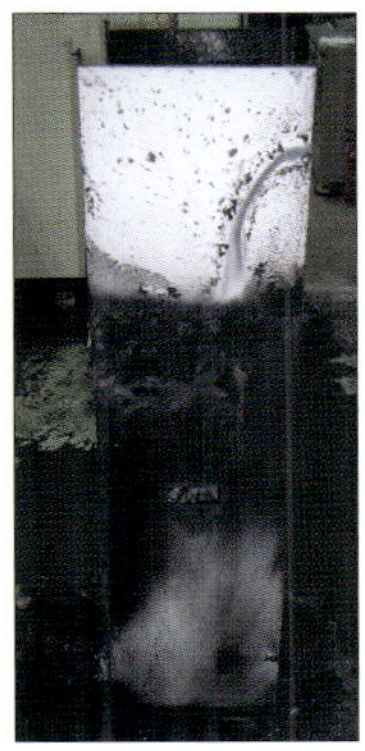
(c) 우측

(d) 후면 상부

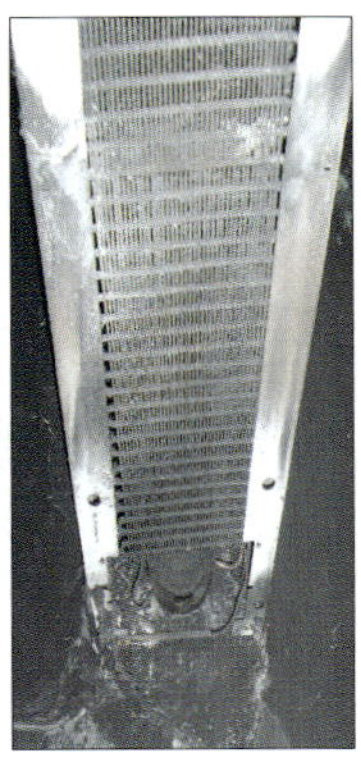
(e) 후면 하부

(f) 후면 안쪽

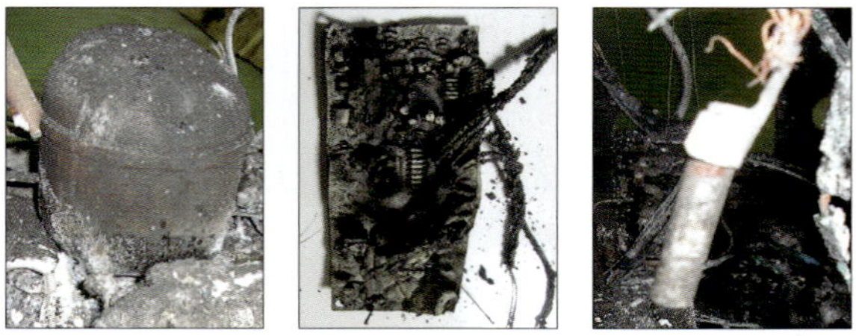

(g) 컴프레셔 (h) PCB (i) 퓨즈

〈그림 9-11-4〉 소손된 정수기의 탄화 패턴

<그림 9-11-5>는 화염을 정수기의 내부 하단에 인가했을 때의 연소 과정 및 화염의 패턴을 나타낸 것이다. <그림 9-11-5>(a)는 화염을 인가하고 50 [s]가 경과하였으나 검은색의 연기만 확인되고 외부로 화염이 방사되지 않았다. <그림 9-11-5>(b)는 화염이 외부로 일순간에 방사된 실체사진으로 120[s] 정도가 소요되었다. <그림 9-11-5>(c)는 정수기 외부로 진행된 화염을 나타낸 것이다. <그림 9-11-5>의 (d)~(f)는 화염이 상하로 빠르게 진행된 것으로 관측되었고, 이때부터 자기소화 기능을 완전히 상실한 것으로 판단된다. 즉, 내부에 화염이 인가되면 화염의 초기 확산 속도는 미약하나 일정시간이 경과된 후부터는 축열된 에너지에 의해 급속한 연소를 보이는 것을 알 수 있다. 따라서 정수기가 반소 이상 되는데 외부화염의 착화에서는 360 [s] 정도 소요된 것과 비교하면 절반 정도의 시간으로도 소손의 범위는 유사한 것으로 나타났다.

(a) 50 [s] (b) 120 [s] (c) 130 [s]

(d) 150 [s]　(e) 170 [s]　(f) 180 [s]

〈그림 9-11-5〉 정수기 하단의 외부에 화염을 인가했을 때 연소 과정 및 화염의 패턴

<그림 9-11-6>은 정수기가 화염의 공격 위치에 따른 어떤 탄화 패턴을 보이는지 해석하기 위해 나타낸 실체사진이다. <그림 9-11-6>(a)는 외부에 착화시켰을 때 소손된 것으로 균일한 탄화패턴을 보이고 있고, 바닥면에 떨어진 탄화물이 순차적으로 퇴적되는 것을 알 수 있다. <그림 9-11-6>(b)는 내부에 착화시켰을 때 소손된 것으로 브이패턴의 연소 패턴을 나타내며, 연소 흔적의 경계가 비교적 선명한 것을 알 수 있다. 즉, 외부에서 착화될 때는 밖으로 방사되는 열량이 많지만 내부에 착화되었을 때는 사방이 대부분 차폐되어 있어서 축열량이 상대적으로 많으므로 화염확산이 급격히 진행되는 것으로 확인되었다. 이와 같이 연소 상태의 차이를 통해서 어느 쪽에서 어떻게 화재가 진행되었는지를 판단할 수 있는 객관적 근거를 제시할 수 있게 되었다.

(a) 외부 착화 (b) 내부 착화

〈그림 9-11-6〉 화염의 공격 위치에 따른 탄화 패턴 비교

<그림 9-11-7>은 실험을 통해서 확보된 전원퓨즈(220 [V], 60 [Hz], 10 [A])의 실체사진이다. <그림 9-11-7>(a)는 정수기의 외부에서 착화시켰을 때 소손된 퓨즈의 예를 나타낸 것이다. 외부에서 화염이 공격함에 따라 전제적인 탄화가 발생했지만 금속 홀더 또는 인접 부분 등에서 더 많은 탄화가 발생한 것을 알 수 있다. 즉, 금속홀더가 있는 곳이 열전도율이 우수하므로 소손이 큰 것으로 판단된다. <그림 9-11-7>(b)는 정수기의 내부에서 착화시켰을 때 소손된 퓨즈의 예를 나타낸 것이다. 퓨즈의 형태가 비교적 완전하게 유지되어 있으나 금속 홀더 부분이 심하게 탄화된 것을 알 수 있다. 또한, 정수기에 착화되어 연소가 진행되는 동안 내장된 퓨즈 및 전원 제어용 보호 장치는 작동하지 않았다. 즉, 시스템의 단락 또는 과부하 등이 발생했을 때는 퓨즈 내부의 소손 흔적이 명확한 것이 특징인데 외부 화염을 받아 소손된 퓨즈는 금속 홀더 부분의 탄화가 집중되는 것으로 확인됨에 따라 사고원인 판정의 중요한 근거로 활용할 수 있을 것으로 판단된다.

(a) 내부에 착화되었을 때 (a) 외부에 착화되었을 때

〈그림 9-11-7〉 전원 퓨즈의 소손 패턴

(2) 화재현장에서 수거된 정수기의 소손 패턴 분석

화재현장에서 수거한 정수기는 00제품으로 AC 220 [V], 60 [Hz], 히터 430 [W], 전동기 80 [W], 냉수 5 [L], 온수 2 [L]를 공급할 수 있는 것이다. <그림 9-11-8>(a)는 화재 현장의 실체사진을 나타낸 것이며, <그림 9-11-8>(b)는 최초의 출화점으로 판단된 곳에 설치된 정수기를 분리한 실체사진이다. 정수기가 놓인 벽면의 화염 패턴은 브이 패턴(V-pattern)을 형성하고 있고, 벽면은 일반 벽지로 추정된다. 화염의 확산이 왼쪽 상부로 진행된 것으로 보이며, 그 밖의 화염의 유입은 없었던 것으로 판단된다.

(a) 최초의 출화점　　(b) 정수기 분리

〈그림 9-11-8〉 화재 현장의 실체사진

<그림 9-11-9>는 화재현상에서 수거한 제품과 정상 제품을 비교한 실체사진을 비교한 것이다. 각각의 좌측에 잇는 것이 정상 제품이고, 우측에 있는 것이 현장에서 수거된 제품이다. 수거된 물품을 정상제품과 비교하여 화염의 진행 방향을 해석한 결과 화염은 정수기의 오른쪽 하단부에서 왼쪽 상단부로 진행되어 상판 위의 플라스틱 쟁반을 소훼시킨 것으로 판단된다.

(a) 전면사진

(b) 우측사진

(c) 좌측사진

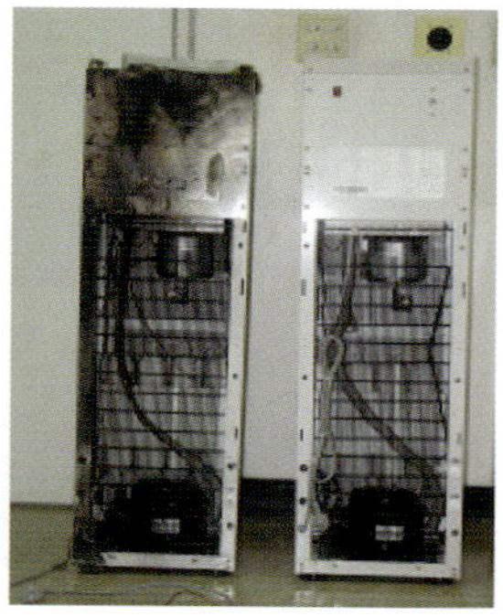

(d) 후면사진

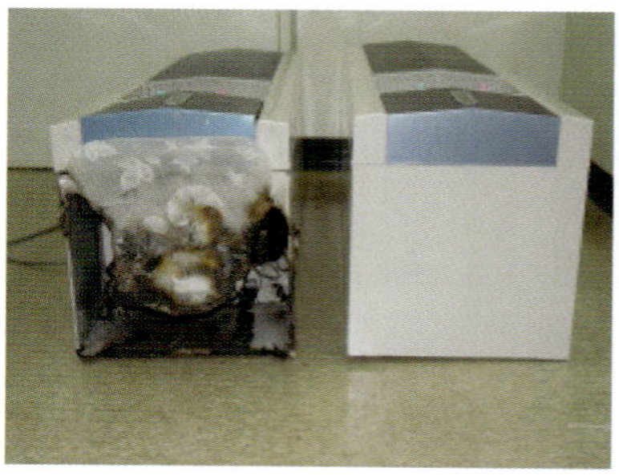

(e) 윗면사진

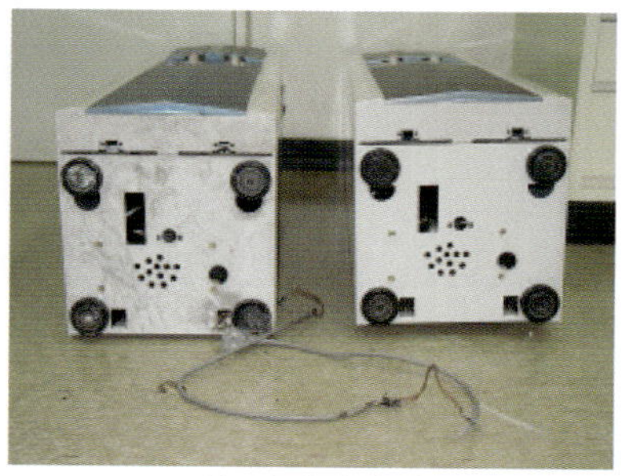

(f) 바닥면사진

〈그림 9-11-9〉 화재현상에서 수거한 제품과 정상 제품을 비교한 실체사진

<그림 9-11-10>(1)의 (a)는 수거된 물품의 우측면은 하단부에서 상단부로, 벽면에서 정수기 내부로 화염이 진행된 패턴을 보여준다. <그림 9-11-10>(1)의 (b)는 수거된 물품의 우측면 내부 역시 하단부에서 상단부로 화염이 진행된 패턴을 보여준다. <그림 9-11-10>(2)의 (c)는 좌측면 외부로 하단부는 화염의 영향을 받지 않았으며 상단부에

상판이 녹아 흘러내린 것으로 추정되는 용융물이 발견되었다. <그림 9-11-10>(2)의 (d)는 좌측면 내부로 하단부는 화염에 영향을 받지 않았으며, 벽면 방향으로 상판과 플라스틱 쟁반이 녹은 것으로 추정되는 용융물이 발견되었고, 상부 쪽으로 그을음이 진행된 패턴을 보여준다.

(a) 외부 (b) 내부 (c) 외부 (d) 내부
(1) 우측면 (2) 좌측면

〈그림 9-11-10〉 소손된 수거품 외함의 탄화 패턴

<그림 9-11-11>은 수거된 정수기의 윗면은 벽면에서 냉수조 사이로 화염이 진행되고 상단부에서 하단부로 화염이 진행된 패턴을 보여준다.

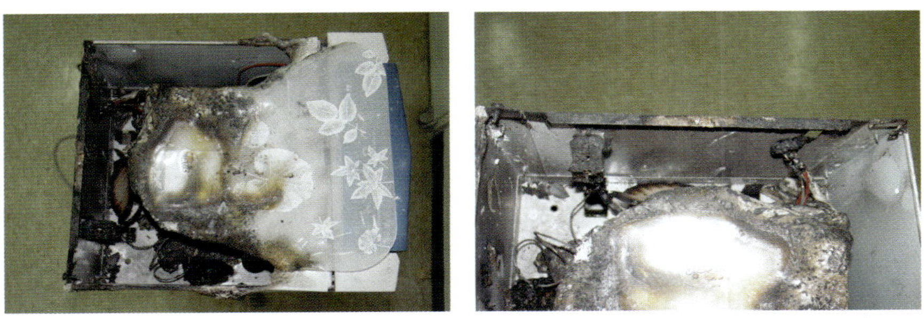

(a) 윗면 (b) 냉수온도조절기와 온수스위치

(c) 중판 내부

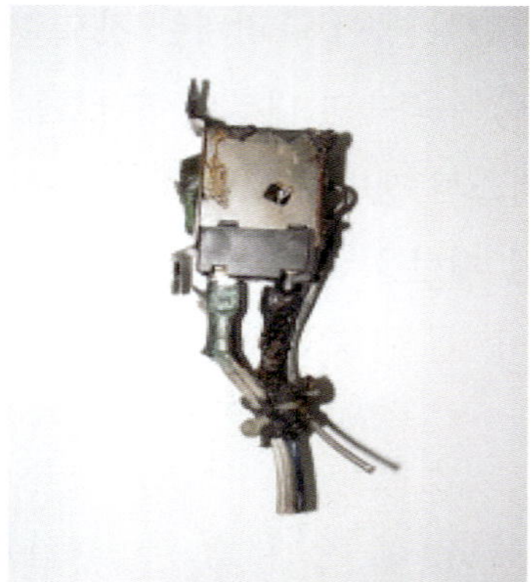

(d) 냉수온도조절기

〈그림 9-11-11〉 정수기 윗면의 탄화 패턴

<그림 9-11-12>는 수거된 정수기의 상단부는 벽면에서 정수기 방향으로 화염이 진행된 형태를 보이며, 전기적인 원인이 발견되지 않았다. 또한, 벽면에서 화염으로 상판과 상판 위의 플라스틱 쟁반이 용융되면서 상단부에서 하단부로 화염이 진행된 패턴을 보여주고 있다.

(a) 중판 뒷면 외부

(b) 중판 뒷면 내부

(c) 중판 내부

(d) 냉수조

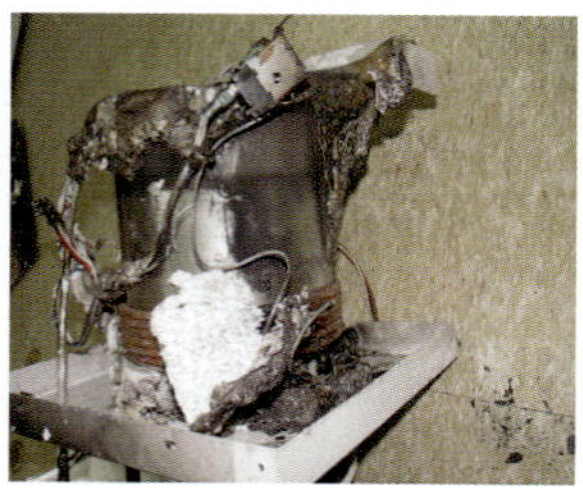

(e) 냉수조 좌측

(f) 냉수조 우측

〈그림 9-11-12〉 정수기 중판 및 냉수조의 탄화 패턴

<그림 9-11-13>은 하판 내부에서 수거된 물품의 온수조에는 화염의 영향을 적게 받았으며, 벽면의 우측에서 좌측으로 화염이 진행된 패턴과 정상적인 퓨즈와 전선의 용융 상태로 전기적인 원인은 발견되지 않았다.

(a) 온수조

(b) 냉수조 받침대 하단

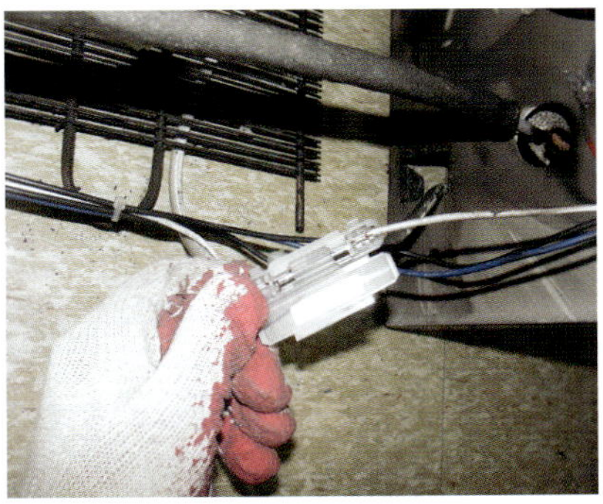

(c) 온도조절 퓨즈 케이스

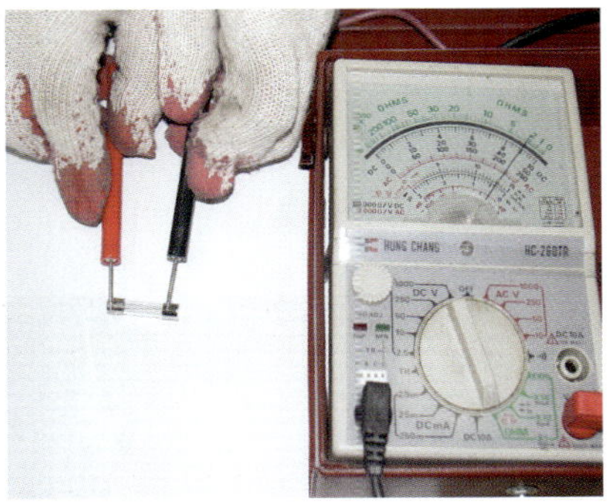

(d) 퓨즈 저항측정

〈그림 9-11-13〉 하판 내부의 소손 패턴

<그림 9-11-14>는 하판 내부의 응축기로 수거된 물품의 응축기에는 가스 주입 후 용접한 것으로 추정되는 동의 열화된 주입구를 볼 수 있으며, 단열재의 부분 소훼는 벽면의 화염 영향으로 판단된다.

(a) 응축기 전면

(b) 응축기 바닥면

〈그림 9-11-14〉 하판 내부의 응축기 패턴

<그림 9-11-15>는 방열판 및 전원선의 소손 패턴을 나타낸 것이다. 방열판은 벽면 하단부에서 상단부로 화염이 진행된 패턴과 벽면에서 정수기 내부로 화염이 진행된 패턴을 보여준다. 그리고 전원선의 인입구에 소손이 집중된 것으로 판단되나 벽면에서 정수기 내부로 화염이 진행된 패턴을 보이며, 누전이나 단락(합선) 등으로 판단되는 전기적인 원인은 발견되지 않았다.

(a) 방열판 하단 내부

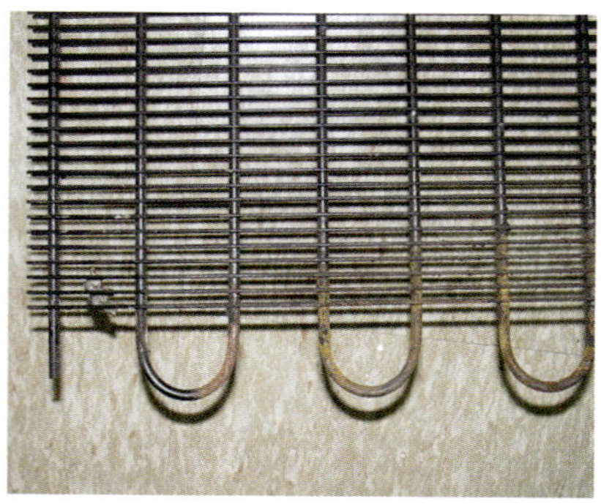

(b) 방열판 하단 외부

(c) 방열판 상단 내부

(d) 방열판 상단 외부

(e) 소훼된 제품의 후면

(f) 전원선 인입구 확대

〈그림 9-11-15〉 방열판 및 전원선의 소손 패턴

section 9.12 충전식 전동공구의 화재원인

(1) 현장조사

화재발생은 공장의 조립공정 옆에 있는 물품 수납박스 위에 놓은 전동공구에서 발생한 것이다. 전동 드릴에 사용된 축전지의 사용 전압은 9.6 [V], 1.7 [Ah]이며, 회전 속도는 0 ~ 320 / 900 [rpm]이다. 인명 피해는 없었고, 재산피해는 공장 내부의 오염 및 공정의 정지에 따른 생산차질이 발생하였다. 현장 수거품은 충전식 전동공구 1 점, 배터리 9.6 [V] / 1.7 [Ah], 전화선 1 점 등이다.

<그림 9-12-1>은 화재 현장의 연소 패턴을 촬영한 것이다. 연소의 방향성 및 탄소 심도를 보면 건물의 아래 모서리에서 위쪽으로 화재가 진전되었음을 알 수 있다. <그림 9-12-2>는 전동 공구를 수거한 장소로 전동 공구가 위치한 곳의 사진으로 전체적으로 표면이 고르게 소손되었음을 알 수 있다.

〈그림 9-12-1〉 화재 현장의 연소 패턴

〈그림 9-12-2〉 전동 공구를 수거한 장소

(2) 수거품의 분석

<그림 9-12-3> 전동 공구의 상부 그림으로 현장에서 수거했을 때와 동일한 상태의 사진으로 하단 부분이 가장 많이 연소되었으며, 배터리가 탈락된 상태로 나나난다. <그림 9-12-4>는 전동 공구의 후면 사진으로 사진 3의 후면 사진으로 비닐이 화재열에 의해 용융되어 있고, 소손 상태는 심하지 않다.

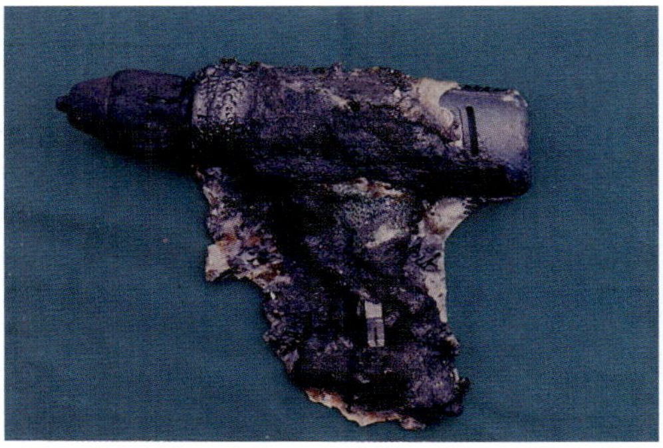

〈그림 9-12-3〉 전동 공구의 상부 사진

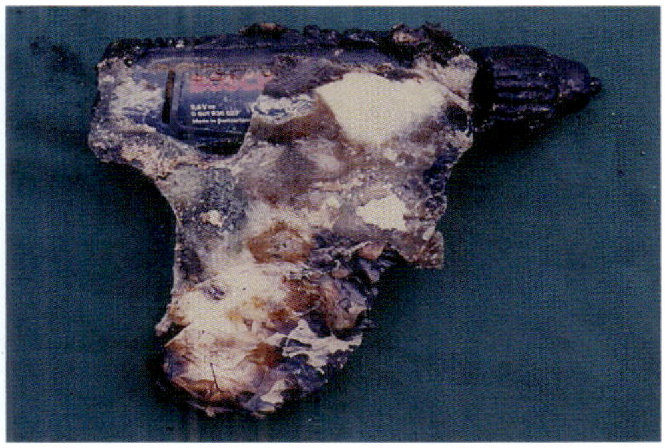

〈그림 9-12-4〉 전동 공구의 후면 사진

<그림 9-12-5> 전동 공구 중앙의 절단한 것으로 <그림 9-12-3>의 형태로 놓은 상태에서 전동 공구의 중앙을 절단한 것이다. <그림 9-12-6>은 전동 공구 표면에 붙은 비닐을 제거한 후의 사진으로 회전방향을 스위치가 역회전으로 선택되어 있었고, ON-OFF 스위치 밑에 노란색 테이프가 부착되어 있었다.

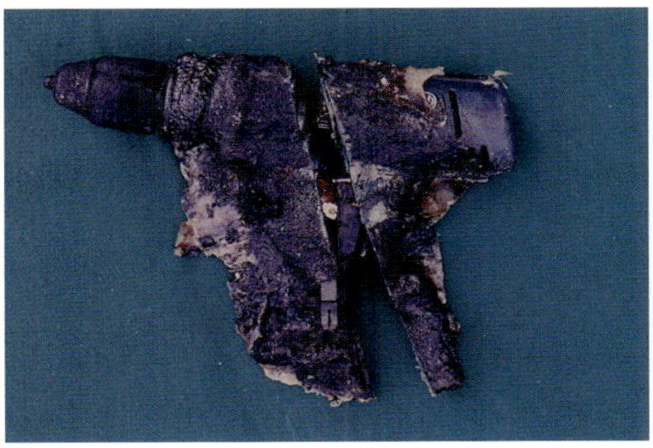

〈그림 9-12-5〉 전동 공구 중앙의 절단

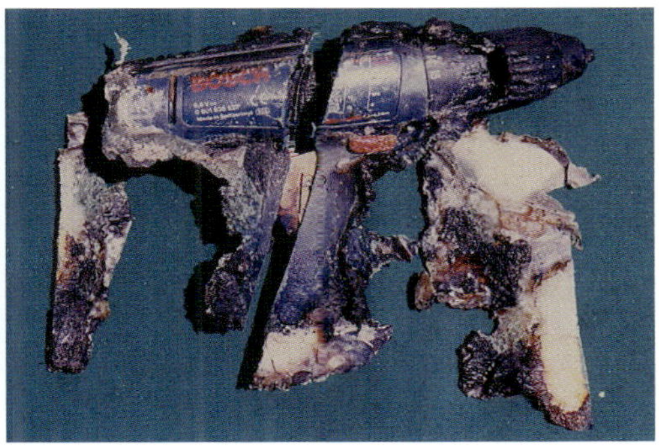

〈그림 9-12-6〉 전동 공구 표면의 비닐 제거

<그림 9-12-7>은 <그림 9-12-5>의 절단면 사진이다. ON-OFF 스위치 위쪽 부분에는 연소흔적이 없으며, 배터리 하단에서 상부로 소손된 패턴을 보이고 있다. <그림 9-12-8>은 전동 공구의 비교로 동일 제품과 비교한 것으로 배터리 고정 부분이 많이 소손되었고, 그 외의 부분은 표면만 탄화되었다.

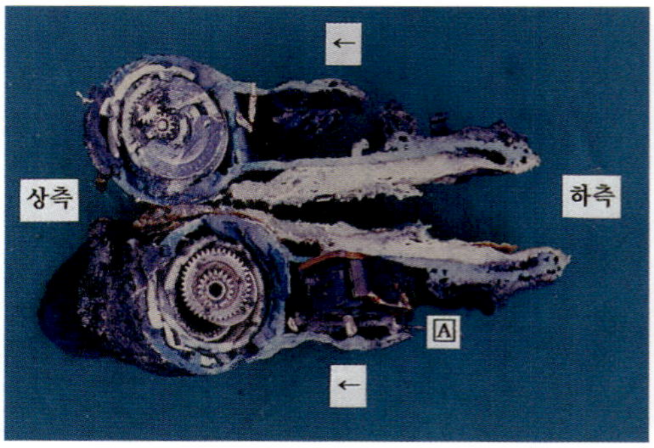

〈그림 9-12-7〉 〈그림 9-12-5〉의 절단면 사진

〈그림 9-12-8〉 전동 공구의 비교

<그림 9-12-9>는 정상 배터리이며, 본 수거품과 동일 사양의 배터리를 나타낸 것이다. <그림 9-12-10>은 소손된 배터리이다. 전동 공구 배터리로 케이스는 모두 소실되어 콘덴서 부분만 남았으나 전기적인 원인에 의한 용융흔을 발견할 수 없었다.

〈그림 9-12-9〉 정상 배터리

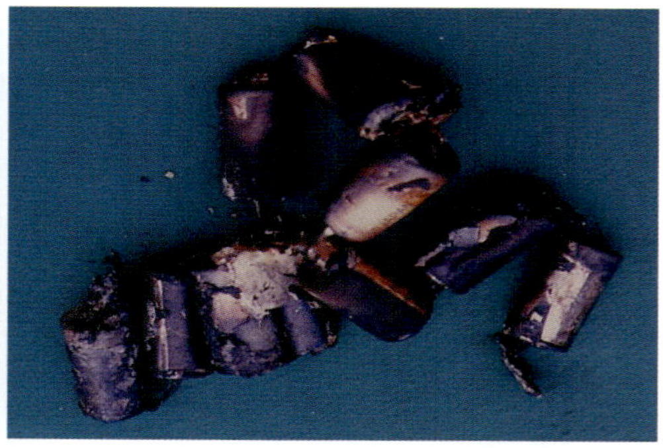

〈그림 9-12-10〉 소손된 배터리

<그림 9-12-11>은 현장에서 수거한 전화선이다. 현장에서 수거한 전화선으로 외부 열에 의해 소손된 형태를 보이고 있다. <그림 9-12-12>는 <그림 9-12-11>의 실체 현미경 분석이다. <그림 9-12-11>의 탄화된 부분의 실체 현미경 분석으로 외부 열에 의해 소손된 상태를 보이고 있다.

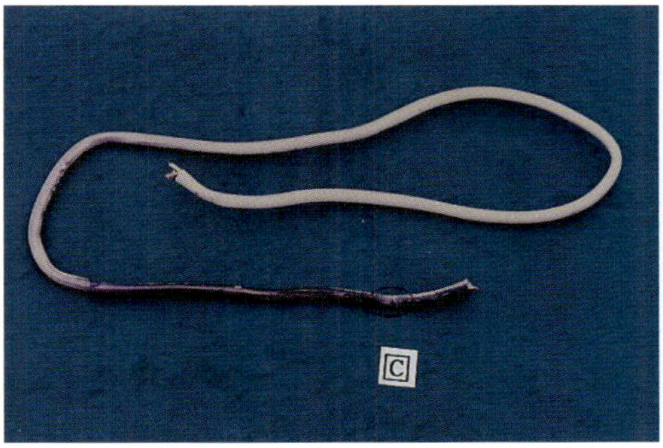

〈그림 9-12-11〉 현장에서 수거한 전화선

〈그림 9-12-12〉 〈그림 9-12-11〉의 확대 사진

(3) 재현실험

<그림 9-12-13>부터 <그림 9-12-18>은 재현 실험하는 과정을 나타낸 것이다. 충전식 핸드 드릴에 비닐을 감고 다시 종이와 비닐로 재차 배터리에 감은 다음 착화 에너지를 외부에서 공급하여 출화시키는 실험을 시하였다. 단, 화재 현장과 같은 동일한 조건의 설정은 현실적으로 불가능하므로 전동 공구의 분석 결과에 기초하여 가장 유사한 조건을 설정하여 재현 실험을 행하였다.

<그림 9-12-13>은 재현실험을 진행하기 위해 비닐 및 종이르 감은 상태이다. 전동 공구 및 배터리를 신문지와 비닐로 감아 놓은 모양을 나타낸 것이다. <그림 9-12-14>는 인위적인 화염을 착화한 것이다. 충전기 하단에 외부 화염을 인가하고 약 2분이 경과한 사진으로 불꽃을 확인할 수 있다. <그림 9-12-17>은 착화 후 19분 경과하였을 때 인위적으로 소화한 것으로 화재 현장에서 수거한 형태와 매우 유사하다. <그림 9-12-18>은 <그림 9-12-17>의 후면 사진으로 화재 당시 바닥에 깔려 있던 비닐이 원형 그대로 유지하고 있다.

〈그림 9-12-13〉 비닐 및 종이로 쌓았음

〈그림 9-12-14〉 인위적인 화염의 착화

〈그림 9-12-15〉 착화 후 12분 경과한 사진

〈그림 9-12-16〉 착화 후 17분 경과한 사진

〈그림 9-12-17〉 착화 후 19분 경과한 사진

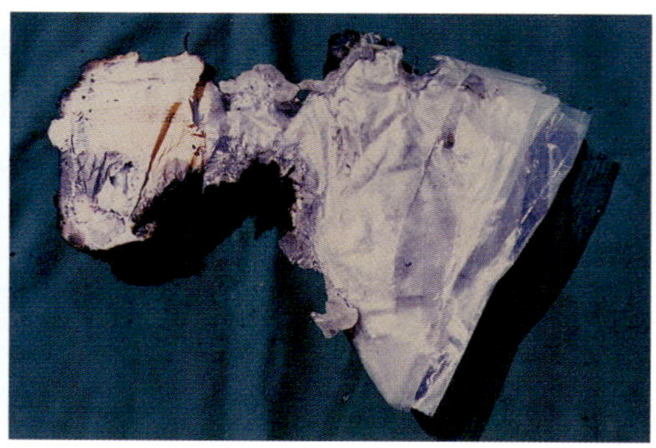

〈그림 9-12-18〉 〈그림 9-12-17〉의 후면 사진

(4) 결언

충전식 전동 공구와 배터리의 소손된 형태로 보아 배터리 부분에서 착화되어 화염이 상측방향으로 확산된 것으로 판단되며, 충전식 전동 공구 ON-OFF 스위치의 강제 통전 상태는 나타나지 않았다. 배터리의 자연 발화 및 전기적 화재 가능성을 분석한 결과 특이한 어떠한 것도 발견할 수 없었다. 전동 공구 내부를 절단하여 분석한 바 내부에서 충전원에 의해 발생될 수 있는 용융흔이나 발화된 흔적이 나타나지 않았다. 전동 공구와 배터리 접속 부분에서 화재가 발생하였다면 손잡이 부분을 중심으로 양쪽부분이 거의 비슷하게 탄화되어야 한다. 그러나 배터리만 대부분 소실되었고, 손잡이 부분은 탄화상태가 심하지 않았다. 전화선은 외부 열에 의해 용융된 형태로 나타나며 전기 화재로 추정되는 어떠한 원인도 발견되지 않았다. 인위적인 화염을 공급한 재현 실험에서 배터리 부근에 화원을 제공한 경우 약 19분 후에 진화한 소손 형태가 화재 현장에서 수거한 물품과 가장 유사한 화재패턴을 나타냈다. 즉, 전동 공구의 연소 패턴, 배터리의 소손 형태, 전동 공구의 단면 구조 분석, 전화선의 실체 현미경 분석, 최적 조건의 재현 실험을 종합해 볼 때 전기적인 화재의 발생 가능성은 없는 것으로 판정되며, 인위적인 화염에 의한 방화로 판단된다.

section 9.13 봉제용 전동기의 화재원인

봉제공장에서 종업원이 퇴근하고 사람이 없는 상태에서 원인 미상의 화재가 발생하였다. 단상 2선식(2Φ2W, 220[V]) 전원을 공급받아 재봉틀, 실내조명, 가전기기 등에 이용하고 있다. 인명피해는 없으나 공장 내부의 기기 및 집기류가 소손되어 사용이 불가능하게 되었다. 현장 수거품은 봉제에 사용된 전동기 1 점, 현장에서 수거한 용융 전선 2 점 등 이다. 화재 현장은 단상 2선식(2Φ 2W) 220 [V] 부하의 분전반에는 주개폐기(MCCB, 2P, 30 [A]) 1개와 분기개폐기(RCD, 2P, 30 [A]) 2개가 설치되어 있었다. 주개폐기(MCCB)는 ON의 상태에 있었다. 봉제공장에 공급되는 분기개폐기(RCD)는 ON의 상태에 있었고, 기타 설비에 공급되는 분기개폐기(RCD)는 OFF 상태였다. 봉제공장의 내부는 대부분 소손되었으며, 봉제용 재봉틀 1 의 주변이 심하게 소손되고 탄화심도가 형성된 것으로 보아 최초의 출화 지점으로 추정된다. 봉제용 재봉틀 1 의 전동기와 전원 공급용 전선이 심하게 탄화되었다.

(1) 감정물의 수거장소 및 전원 단선결선도

<그림 9-13-1>에서 알 수 있듯이 건물 출입문 좌측에 배전반이 설치되어 있고 내부에 옷걸이, 선풍기, 냉장고, 다리미, 라디오, 재봉틀, 조명기구 등이 있다. 전동기와 전선은 재봉틀 1 주위에 있는 전동기와 전선 등을 수거하였다. 그리고 <그림 9-13-2>는 공장에 공급된 전원의 단선결선도를 나타낸 것이다. 주개폐기(MCCB)는 ON의 상태에 있었다. 봉제공장에 공급되는 선로의 누전차단기는 ON의 상태에 있으며, 다른 선로의 누전차단기는 OFF의 상태이다.

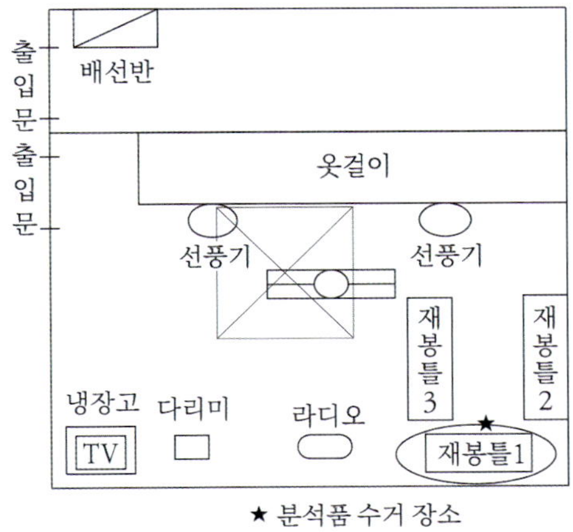

〈그림 9-13-1〉 화재현장의 단면도

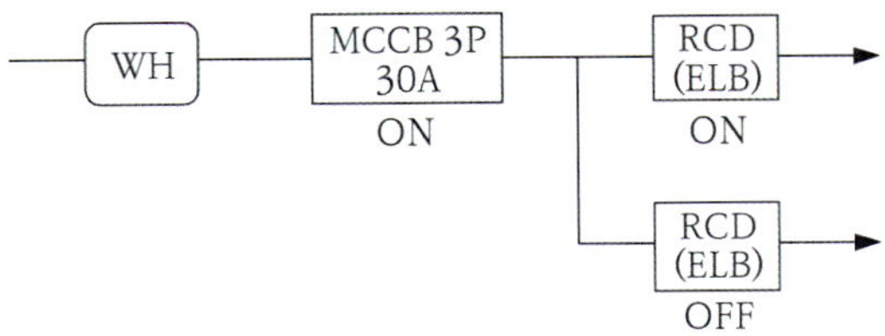

〈그림 9-13-2〉 공장에 공급된 전원의 단선결선도

(2) 수거품의 분석

<그림 9-13-3>은 현장에서 수거한 전선을 나타낸 것이다. 이 전선은 재봉틀 1 의 발판 스위치에 전원을 공급하기 위한 것이며 열에 이해 심하게 소손되었다. 그리고 <그림 9-13-4>는 재봉틀 1 에 설치되어 있던 전동기로 전원선의 끝단이 용융된 흔적을 보이며, 화염에 외부가 심하게 소손되었음을 알 수 있다. <그림 9-13-5>는 <그림 9-13-4>의 전동기를 분해하여 나타낸 것이다. 화염에 의해 심하게 소손되었으나 전선이 용단 또는 용융된 특이 사항을 발견할 수 없었다.

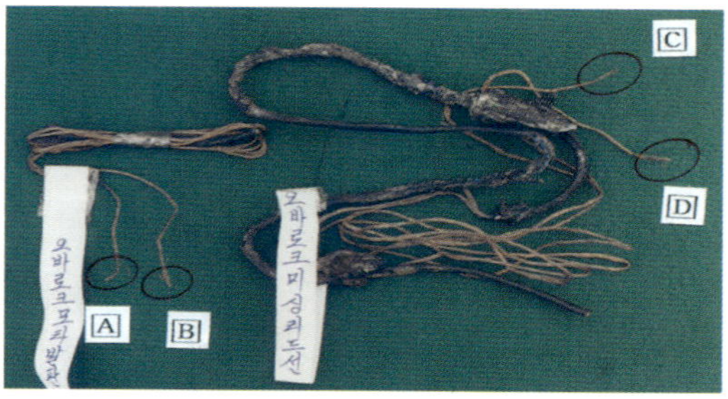

〈그림 9-13-3〉 현장에서 수거한 전선

〈그림 9-13-4〉 수거한 전동기

〈그림 9-13-5〉 〈그림 9-13-4〉의 분해

(3) 금속조직 분석

<그림 9-13-6>은 <그림 9-13-5>의 B 부분의 실체 현미경 사진으로 표면이 심하게 탄화되어, 전선의 용융된 흔적이 관측된다. <그림 9-13-7>은 <그림 9-13-6>의 금속 현미경 사진으로 외부 화염에 의해서 피복이 소실된 후 단락될 때 발생하는 여러 형태의 구멍(void)과 불규칙적인 주상 조직(columnar structure)이 관측된다.

〈그림 9-13-6〉 〈그림 9-13-4〉(B)의 실체사진

〈그림 9-13-7〉 〈그림 9-13-6〉의 금속 현미경 사진

<그림 9-13-8>은 <그림 9-13-4>[F]의 실체 현미경 사진이다. <그림 9-13-4>의 [F] 부분의 실체 현미경 사진으로 표면이 심하게 탄화되어, 전선의 용융된 흔적이 관측된다. <그림 9-13-9>는 <그림 9-13-8>의 금속 현미경 사진으로 여러 형태의 구멍(void)과 경계면(boundary surface)을 중심으로 규칙적인 주상조직(columnar structure)이 관측되는데 이것은 단락의 특징이다.

〈그림 9-13-8〉 〈그림 9-13-4〉[F]의 실체사진

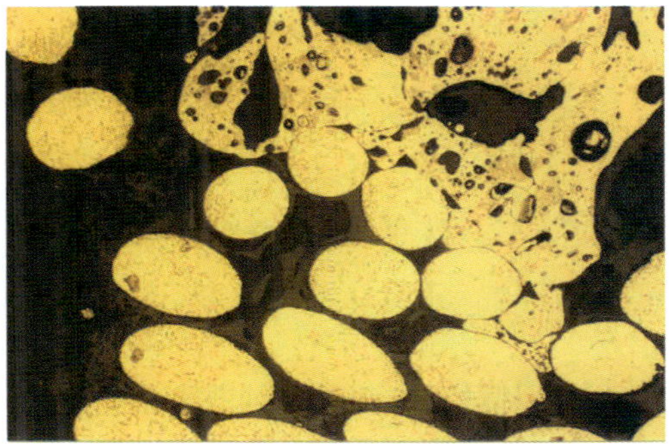

〈그림 9-13-9〉 〈그림 9-13-8〉의 금속 현미경 사진

(4) 결언

화재 현장의 연소 패턴을 볼 때 화재는 건물의 내부에서 시작된 것으로 판단된다. 배선차단기의 조작 스위치는 ON 상태에 있었다. 봉제공장의 선로에 설치된 누전 차단기는 ON 상태에 있었으며, 다른 선로의 누전차단기는 OFF 상태이다. 재봉틀에 설치된 전동기의 외형 및 내부를 분석한 결과 외부화염에 의한 탄화의 흔적을 발견할 수 있었고, 전선의 용융 흔적은 확인되지 않았다.

용융 전선의 외형을 분석한 결과 용융 흔적이 확인되었고, 1 개소([F])의 단면 조직에서 여러 형태의 구멍(void)과 경계면(surface)을 중심으로 규칙적인 주상조직(columnar structure)이 관측되는데 이것은 단락(합선)의 특징이다. 그러나 나머지 부분의 단면 조직은 외부 화염에 의해서 피복이 소실된 후 단락(합선)될 때 발생하는 여러 형태의 구멍(void)과 불규칙적인 주상조직(columnar structure)이 관측되었다. 즉, 용융된 1 개소([F])의 금속 단면 조직에서 전기적인 단락(합선)이 있었음을 알 수 있고, 이로 인해 주위의 가연성 물질에 착화되어 화재가 발생한 것으로 판단된다.

exercise

연습문제

01 전기냉장고에서 화재가 발생했을 때 전기화재의 조사요점이 아닌 것은? (　　)

① 냉장실 내부의 음식 보관 상태　　② 컴프레셔 내부 코일의 층간단락
③ 콘덴서의 절연열화 상태　　④ 기동릴레이의 접촉불량 상태

02 전기세탁기 화재가 발생했을 때 전기화재의 조사요점이 아닌 것은? (　　)

① 전동기의 층간단락 유무　　② 콘덴서의 절연열화 상태
③ 전기배선의 단락 유무　　④ 빨래의 건조 상태

03 전기청소기에 전원을 공급하는 코드에서 발생할 수 없는 사고는? (　　)

① 단락　　② 트래킹
③ 은이동　　④ 반단선

04 어떤 냉장고에 내장된 퓨즈의 용단 형태가 여러 조각으로 파손되었다면 어떤 것을 생각해야 하는가? (　　)

① 부하 측에서 전기적인 이상이 있었던 것으로 판단
② 정상적인 사용에 의한 퓨즈의 노화 현상으로 판단
③ 외부화염에 의한 퓨즈가 용단된 것으로 판단
④ 정확한 원인 판정이 불가함으로 임의로 처리

05 환풍기에 의한 전기화재 발생 가능성이 낮은 것은? (　　)

① 전동기의 층간 단락 및 절연 파괴
② 부러진 날개의 비산에 의한 충돌
③ 축의 휘어짐에 의한 기계적 마모
④ 전원 공급선의 반단선에 의한 절연 파괴

06 냉장고의 압축기 내부 코일의 층간 단락에 의한 출화의 특징이 아닌 것은? (　　)

① 배면 하부가 소손되어 있다.
② 압축기의 변색 및 단자부분의 수지가 용융된다.
③ 압축기 내부 및 권선의 에나멜 도료의 변색이 발생한다.
④ 냉장고 내부의 서리제거 히터선의 단선된다.

07 냉장고 내부 배선으로부터 출화되었을 때의 조사 대상이 아닌 것은? (　　)

① 배면 밑바닥부의 소손이 강하게 발생했는지 확인한다.
② 냉장고 내부에 서리가 부착되어 있는가를 확인한다.
③ 냉장고 상부에 설치된 콘센트 내부로 물이 들어갔는지 확인한다.
④ 서리제거 열전대 내부의 절환스위치 접점부분을 확인한다.

08 냉장고에 설치된 콘덴서의 절연 열화를 조사할 때 고려할 사항이 아닌 것은? (　　)

① 배면 밑바닥부의 소손이 강하게 발생한다.
② 콘덴서의 외부가 현저히 소손되어 있다.
③ 콘덴서 표면이 윤기가 있고, 기판에 고정되어 있다.
④ 콘덴서의 리드선에서 단락흔을 볼 수 있다.

09 세탁기의 조사의 요점에 대해 논하시오.

10 냉난반기의 조사의 요점에 대해 논하시오.

11 환풍기의 조사의 요점에 대해 논하시오.

12 선풍기의 조사의 요점에 대해 논하시오.

13 전기면도기의 조사의 요점에 대해 논하시오.

14 공기청정기의 조사의 요점에 대해 논하시오.

15 관상어사육장치의 조사의 요점에 대해 논하시오.

16 정수기의 조사의 요점에 대해 논하시오.

[정답표]

<table>
<tr><td>1</td><td>2</td><td>3</td><td>4</td><td>5</td><td>6</td><td>7</td><td>8</td><td>9</td><td>10</td></tr>
<tr><td>①</td><td>④</td><td>③</td><td>①</td><td>②</td><td>④</td><td>①</td><td>③</td><td colspan="2">본문참조</td></tr>
<tr><td>11</td><td>12</td><td>13</td><td>14</td><td>15</td><td>16</td><td></td><td></td><td></td><td></td></tr>
<tr><td colspan="6">본문참조</td><td></td><td></td><td></td><td></td></tr>
</table>

Chapter 10

생활가전기기 및 정보통신기기

contents

chapter 10 생활가전기기 및 정보통신기기

section 10.1 라디오

라디오(radio)는 방송국에서 발신하는 전파를 잡아 이것을 음성으로 복원하는 기기이다. 안테나로 수신한 각종 방송전파 속에서 바리콘에 의해 원하는 방송국의 신호를 선택하여 고주파 증폭회로에 의해 증폭한다. 증폭된 중간주파신호 중에는 소리 신호가 함유되어 있기 때문에 그 중에서 소리의 성분을 추출하는 것이 필요하며, 이것을 검파라고 부른다. 검파회로에 의해 추출된 소리 신호는 음량조절기와 저주파증폭회로에 의해 적당한 음향스피커에 의해 듣게 된다. 라디오는 신호를 수신하는 방법에 따라 진폭변조(振幅變調, AM, Amplitude Modulation)와 주파수변조(周波數變調, FM, frequency modulation)로 구분한다.

10.1.1 진폭변조

진폭변조(振幅變調, AM, Amplitude Modulation)는 전파의 진폭이 신호의 세기로 변화하는 변조 방식이다. AM은 반송파라는 전파에 전송하고자 하는 전파를 싣는 방법 중 하나로 음성 신호를 반송파에 그대로 싣는 방식이다. 이때 소리의 강약은 전파의 진폭 변화에 소리의 높낮이는 전파의 파장 변화에 그대로 반영된다. 즉, 반송파가 1,000 [kHz]이고 음성 신호가 3 [kHz]이면 AM으로 송출되는 전파는 997 ~ 1,003 [kHz] 범위에서 변한다. 그러나 전파의 진폭은 주변의 영향을 크게 받기 때문에 전달 과정에서 잡음이 섞이기 쉽다는 단점이 있다. <그림 10-1-1>은 진폭변조의 방식을 설명하기 위한 파형을 나타낸 것이다.

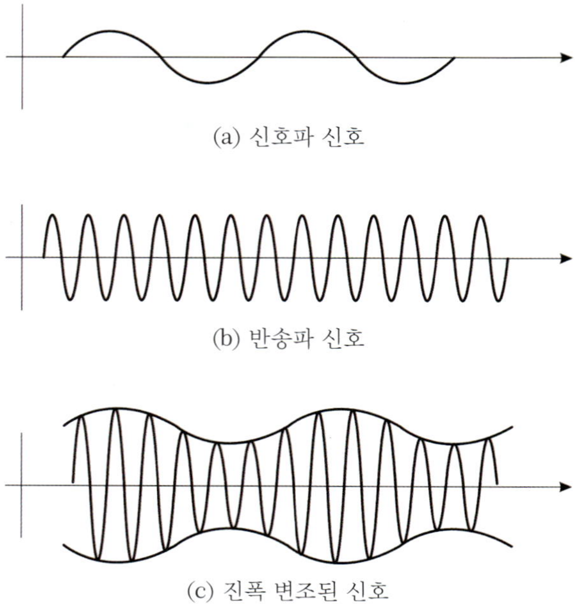

〈그림 10-1-1〉 진폭 변조된 파형

10.1.2 주파수변조

주파수변조(周波數變調, FM, frequency modulation)는 반송파의 주파수를 신호파의 진폭에 따라 변화시키는 변조 방식이다. 이 방식은 잡음을 제거하기 쉽고 음질이 좋으므로 FM 스테레오 방송, 텔레비전의 음성 등에 쓰인다. 변조 지수가 높아질수록 점유 대역폭이 늘어나고 측파대가 많이 생기므로 주파수 대역폭을 넓게 잡을 필요가 있다. 중파나 단파 대역에서는 사용되지 않지만 초단파(超短波, VHF, very high frequency) 대역에서는 많이 쓰인다. 라디오 방송에서도 기존의 중파 AM 방송에 의한 표준 방송보다 음질이 좋고 잡음이 적다. 스테레오 방송이 하나의 전파로 가능하므로 혼선이나 잡음 방해, 할당 주파수 등 문제가 되고 있는 현행의 중파 AM 방송을 대신해 FM 방송이 주류를 이루고 있다. <그림 10-1-2>는 주파수변조의 방식을 설명하기 위해 나타낸 파형이다.

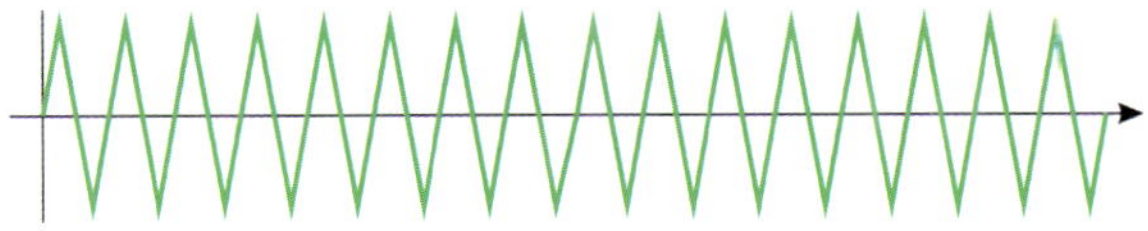

(a) 반송파 신호

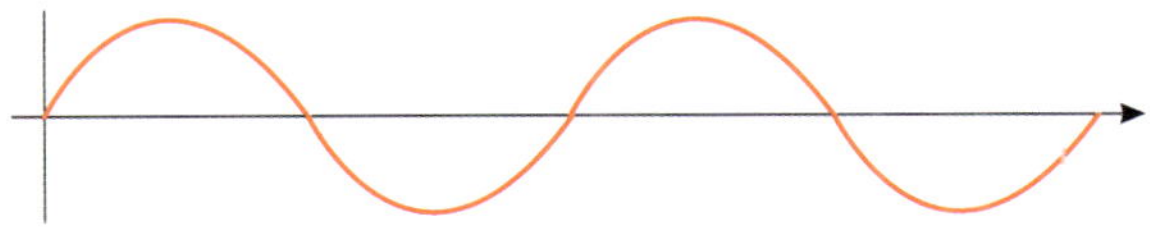

(b) 변조 신호

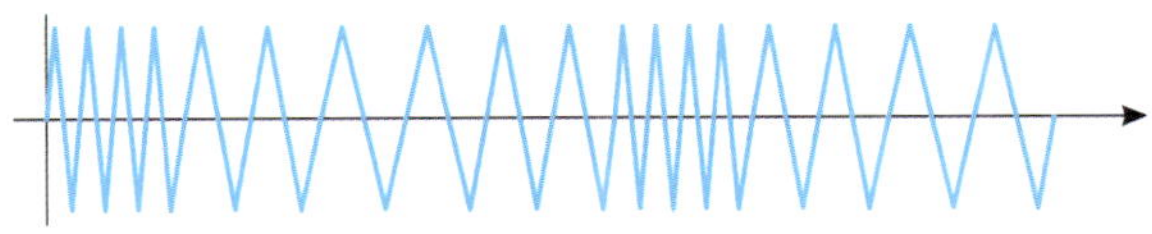

(c) 주파수 변조된 신호

〈그림 10-1-2〉 주파수 변조된 파형

<그림 10-1-3>은 가장 간단한 AM 라디오 수신기인 크리스탈 라디오(crystal radio)의 회로도이다. 크리스탈 라디오의 회로는 튜닝 회로(tuned circuit)와 복조 회로(demodulator)로 구성된다.

동조 주파수의 전압이 LC 회로에 인가될 때 임피던스는 무한대가 되고, 그 이외의 주파수가 인가될 때는 임피던스가 '0'으로 감소한다. 그래서 동즈 주파수일 때는 안테나에서 입력되는 전압이 다이오드로 전달되지만 동조 주파수 이외일 때는 다이오드에 인가되는 전압이 '0'으로 감소한다. 그리고 가변 콘덴서의 값이 작아질수록 동조 주파수는 증가한다.

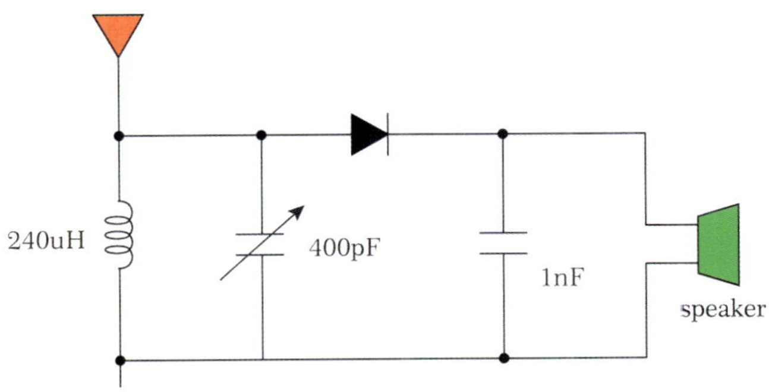

〈그림 10-1-3〉 크리스탈 라디오의 회로도

그러므로 크리스탈 라디오의 회로에서 LC 회로로 구성된 튜닝 회로의 동조 주파수 또는 공진주파수(共振周波數, resonant frequency)는 다음 식과 같다.

$$f_0 = \frac{1}{2\pi\sqrt{LC}} = \frac{1}{2\pi\sqrt{240\,\mu\text{H} \times 400\,\text{pH}}} = 513\,[\text{kHz}] \tag{10.1}$$

<그림 10-1-4>는 FM 신호의 송신과 수신 과정을 나타낸 것이다. 송신과 수신은 신호의 주고받는 것이며, 단지 그 순서가 다른 뿐이다. 그러므로 송신기(送信機, transmitter)는 일반적으로 음성, 음악, 텔레비전 화상 또는 전신부호, 데이터 등을 전기신호로 바꿔 전력을 크게 하여 공중의 무선전파나 전기 케이블의 전류의 형태로 내보내는 장치이다. 수신기(受信機, receiver)는 송신기와 반대의 프로세스를 갖는 장치이다.

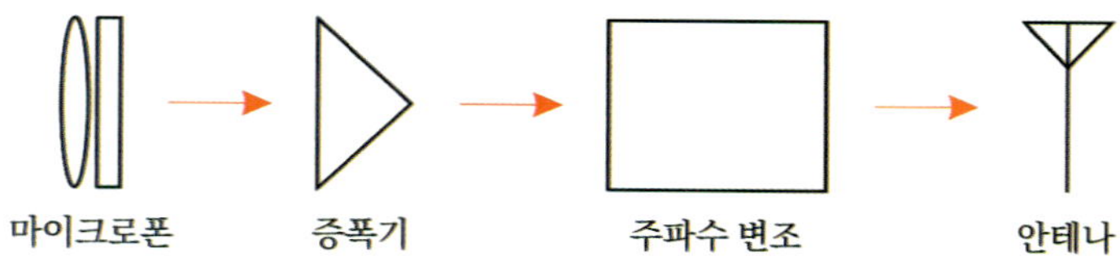

(a) 송신 과정

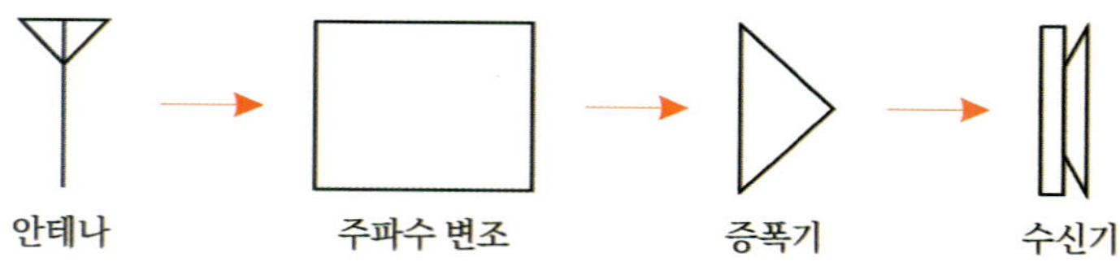

(b) 수신 과정

〈그림 10-1-4〉 FM 신호의 송신과 수신 과정

section 10.2 텔레비전

10.2.1 텔레비전의 진화

텔레비전(TV, television)은 전기 신호가 닿는 곳이면 어디서나 영상을 볼 수 있는 기기이다. 텔레비전이란 이름은 그리스어로 '멀리'를 뜻하는 'tele'와 라틴어로 '본다'를 뜻하는 'vision'이 합쳐진 단어다.

(1) 기계식 텔레비전

1843년 스코틀랜드의 기술자인 알렉산더 베인(Alexander Bain, 1810~1877)이 영상을 전기 신호로 바꾸어 전송하는 기술을 발표했다. 이 기술은 후에 팩스 개발의 뿌리가 되었는데 이뿐만 아니라 텔레비전의 개발에도 일정부분 영향을 미친 것으로 평가되고 있다. 다만 전기 신호를 전달할 수는 있어도 이를 다시 영상으로 변환해 볼 수 있게 하며, 더욱이 정지된 영상이 아닌 움직이는 영상을 표현하는 것은 더욱 어려운 일이었다.

그러던 1884년 독일의 발명가인 파울 닙코(Paul Nipkow)는 전기 신호를 움직이는 영상으로 변환해 표시할 수 있는 기계 장치인 주사판(scanning disk), 일명 닙코 디스크(Nipkow disk)를 발표하여 화제를 되었다. 이 장치는 소용돌이 모양으로 구멍이 뚫린 금속 디스크를 회전시키며 작동하는데 이 원판에 전기 신호에 따라 밝기가 달라지는 빛을 발사하여 이 빛이 구멍을 통과하면 움직이는 영상이 반대쪽에 표시되는 원리였다. 그리고 이를 역으로 이용하면 움직이는 영상을 전기 신호로 바꾸는 것도 가능했다.

1925년에 스코틀랜드의 존 로지 베어드(John Logie Baird, 1888~1946)는 개량된 주사판을 이용해 빛을 전기 신호로 변환하는 것(촬상)과 화면을 표시하는 것(수상)을 동시에 하는 세계 최초의 기계식 텔레비전을 개발하는 데 성공한다.

그리고 1929년에 영국의 BBC에서 기계식 텔레비전을 위한 시험 방송을 시작함으로써 본격적인 텔레비전의 시대가 열린다. 다만, 기계식 텔레비전은 시청 중에 끊임없이 주사판을 돌려야 하며, 화질을 높이는 데도 한계가 있어 널리 보급되지는 않았다.

(2) 전자식 텔레비전

주사판 없이도 움직이는 영상을 표시할 수 있는 전자식 텔레비전의 개발은 1897년 독일의 물리학자인 카를 페르디난트 브라운(Karl Ferdinand Braun, 1850~1918)이 음극선관(CRT, Cathode Ray Tube)을 개발하면서 본격적으로 시작되었다. 브라운관은 전자총에서 음극 전자를 발사해 형광물질이 칠해진 유리면을 때리면 빛이 나는 원리를 이용한 것으로 닙코의 주사판과 달리 움직이는 부품이 없는데다 한층 높은 화질의 화면을 구현할 수 있는 장점이 있었다.

그리고 1926년 일본의 공학자인 다카야나기 겐지로(高柳 健次郎, 1899~1990)가 브라운관을 이용한 최초의 텔레비전을 발표했다. 다만 이 텔레비전은 화면의 표시가 전자식이었지만 촬상 과정은 여전히 기계식 주사판을 이용했기 때문에 완벽한 전자식 텔레비전은 아니다.

완전한 전자식 텔레비전의 최초 발명자로 인정받고 있는 것은 미국의 필로 판즈워스(Philo Taylor Farnsworth)다. 판즈워스는 1927년 촬상과 수상 과정이 모두 전자식으로 이루어지는 브라운관 텔레비전을 발표해 대중들에게 공개했다. 판즈워스의 이 텔레비전은 이후 등장하는 모든 텔레비전의 기초가 되었다.

(3) 컬러 텔레비전

초기의 텔레비전은 흑백 화면밖에 표시하지 못했고 화질도 매우 조악했다. 하지만 기술의 발전으로 인해 총천연색을 표현할 수 있고, 화질도 향상된 컬러텔레비전이 등장했다. 컬러텔레비전 역시 처음에는 기계식이었는데 최초의 기계식 텔레비전을 발명한 바 있는 존 로지 베어드가 1928년에 기계식 컬러텔레비전의 방송 송출 실험에 성공했다. 그리고 1953년에 미국 RCA사에서 컬러 브라운관을 실용화하고 이듬해부터 출시에 들어갔으며, 같은 시기에 미국 NBC와 CBS가 전자식 컬러텔레비전용 방송을 시작하여 전자식 컬러 TV가 본격적으로 세상에 등장하게 되었다.

(4) 평판 디스플레이 텔레비전

브라운관은 1897년에 첫 개발된 이후 한 세기 이상 동안 텔레비전의 대표적인 화면 표시장치로 쓰였다. 하지만 화질을 높이는데 한계가 있으며, 특히 화면 크기가 커질수록 앞뒤로 차지하는 공간도 기하급수적으로 불어난다. 그래서 1990년대 후반 및 2000

년대 초반부터는 벽걸이로 장착할 수 있을 정도로 두께가 얇은 평판 디스플레이(flat-panel display) 방식의 텔레비전이 브라운관 방식의 텔레비전을 대체하기 시작했다.

텔레비전에 주로 사용되는 평판 디스플레이는 LCD(Liquid Crystal Display)와 PDP(Plasma Display Panel) 방식이 대표적이다. LCD는 전기 신호에 따라 다른 빛을 반사시키는 액정(液晶) 입자를 조밀하게 배치한 패널로 화면을 구성하는데 패널 뒤쪽의 후방 조명(back light)에서 발사되는 빛이 액정 입자를 통과하면서 화면을 빛나게 하는 방식이다.

한편 PDP는 얇은 유리 사이에 가스를 채워 넣은 튜브로 구성된다. 이 튜브에 전압을 가하면 플라즈마 상태가 된 가스가 빛을 발하는데 이를 이용해 화면을 출력한다. LCD는 소비 전력과 발열, 선명도 등에서 유리하다. PDP는 시야각이나 잔상, 색감 면에서 상대적으로 우위에 있다.

21세기가 되면서 브라운관 방식의 제품은 거의 사라졌으며, 그 자리를 LCD와 PDP 방식의 제품이 채우고 있다. 그리고 LCD와 PDP보다 화질을 향상시킨 유기발광다이오드(OLED, Organic Light Emitting Diode) 방식의 평판 텔레비전이 생산되고 있다.

(5) HD 텔레비전

21세기에 들어 전자기기 전반의 디지털화가 진행되면서 텔레비전 역시 아날로그 방식에서 디지털 방식으로 전환되기 시작했다. 디지털 방식 텔레비전 최대의 장점은 화질인데 기존의 아날로그 텔레비전보다 5배 이상 정밀한 HD 텔레비전(high definition TV)이 생산되고 있다. 그리고 화질뿐 아니라 음향 역시 한층 발전한 홈시어터 장비를 이용한다면 5.1 채널의 입체음향을 감상할 수 있다.

또한, 디지털 방송은 기존의 아날로그 방송에 비해 많은 신호를 전달할 수 있다. 따라서 같은 대역폭에서 아날로그 방송보다 훨씬 많은 채널수를 제공할 수 있으며, 단순한 실시간 방송 시청 외에 쌍방향 데이터 방송, 주문형 비디오(VOD, Video On Demand), 프로그램 가이드 등의 다양한 서비스가 가능하다.

(6) 3D 텔레비전과 스마트 텔레비전

텔레비전에 디지털 기술이 더해지고 화질도 HD TV로 향상된 이후 3D 입체영상을 볼 수 있는 3D TV가 등장해 보급되고 있다. 3D TV는 시청자의 양쪽 눈에 각각 다른 각도에서 촬영된 영상을 전달하여 입체감 있는 화면을 볼 수 있다. 3D TV는 전용 안경을 착용하면 화질의 입체감을 더 실감할 수 있다.

그리고 최근에는 인터넷 접속 기능을 기본으로 갖추고 PC 및 스마트폰과 유사한 기능을 제공하는 스마트 TV도 인기를 끌고 있다. 스마트 TV는 각종 응용프로그램의 설치 및 활용이 가능하며, 소셜 네트워크 서비스, UCC(user created contents) 감상, 정보 검색 등 다양한 방법으로 활용이 가능하다. 텔레비전은 최초의 원천 기술이 개발된 이후 두 세기 동안 단순한 방송 시청을 넘어 디지털 종합 멀티미디어 기기로 진화하고 있다.

(7) OLED 텔레비전

유기발광다이오드 텔레비전(OLED TV)는 유기발광다이오드(OLED, Organic Light-Emitting Diode)를 이용한 것으로 빛을 내는 층이 전류에 반응하여 빛을 발산하는 유기 화합물의 필름을 제작한 것이다.

OLED의 광 원리는 음극과 양극에 전압을 걸면 각각의 극에서 전자와 정공을 주입한다. 주입된 전자와 정공이 각각의 전자 수송층, 정공 수송층을 통과해 발광층에서 결합한다. 결합에 의한 에너지로 발광층의 발광재료가 들뜬 상태가 된다. 들뜬 상태에서 다시 기저상태로 돌아갈 때 빛이 발생한다. 들뜬 상태에서 그대로 기저상태로 돌아가는 발광이 형광이며, 들뜬 상태에서 다소 에너지 준위가 낮은 들뜬 상태를 경유해 기저상태에 돌아갈 때의 발광을 이용하면 인광이다. 들뜬 상태가 되어 빛으로 잘 이용하지 못하는 에너지는 방사되지 않고 불활성화한다.

음극에는 알루미늄과 은-마그네슘 합금, 칼슘 등의 금속박막을 사용하며, 양극에는 ITO(Indium Tin Oxide)라고 불리는 산화인듐주석 등의 투명한 금속박막을 사용한다. 발생한 빛은 반사면에 반사되고 투명 전극과 기판(유리판과 플라스틱판 등)을 투과한다.

OLED의 RGB(적색, 녹색, 청색) 픽셀이 자체 발광하며 빛과 색을 표현한다. 이에 따라 별도 컬러필터가 필요 없어 두께는 볼펜보다 얇은 1.7 [mm]이고, 무게는 LCD 대비 3분의 1 수준인 3.2 [kg] 정도이다. 화질은 총천연색이며, 스스로 빛을 내는 OLED 픽셀로 인해 무한대로 명암비 구현이 가능하다.

10.2.2 텔레비전의 구조와 기능

(1) 영상표시부

텔레비전(TV, television)의 화면을 비추어 내는 방법은 3가지 방식이 있고 일반적인 것이 브라운관 방식이다. 브라운관은 깔때기 형태의 유리관으로 되어 있고, 전방면 부분이 스크린(screen)에 해당하며 유리 내부에는 빨강, 초록, 파랑의 3원색 형광체가 도포되어 있고 전자가 형광체에 의해 여러 가지의 빛깔을 재현한다. 제2의 방법은 반도체 기술이 적용된 액정(LCD)에 의한 것으로 액정은 반도체 박막이 전압에 의해서 빛이 통과할 때 변화하는 성질을 이용하고 있다. 제3의 방법은 대화면 텔레비전을 보기 위한 프로젝터라고 불리는 투사형이다. 그리고 PDP, LCD, OLED 등이 보급되고 있다.

(2) 전기회로

텔레비전 속에 삽입되어 있는 전기회로는 방송국에서 보내는 텔레비전 전파를 수신하는 수신회로(튜너), 영상을 재생하는 영상회로, 스피커를 구동시켜 소리를 내는 음성회로, 수상기 각부 회로의 전자관에 히터전류, 양극전압 등을 공급하는 전원회로, 텔레비전에서 떨어져 작동시킬 수 있는 전원의 ON/OFF, 채널변환, 볼륨조절 등을 하는 원격제어회로가 있다.

10.2.3 조사의 요점

(1) 기판의 땜납불량 및 흑연화에 의한 출화

① 기판에 전자부품을 땜납으로 설치할 때에 단자의 땜납붙이 부분의 접촉 불량에 의해 발열 출화한다.

② 기판 내의 볼륨저항체가 단선되어 스피커에 의해 기판이 흑연화되어 출화한다.

③ 기판 내부에 높은 전압 및 전류가 큰 부분에 현저한 소손이 있는가를 확인한다.

④ 기판에 설치된 부품의 주위가 소손 혹은 부품의 단자가 용융되어 있는지 확인한다.

⑤ 기판의 땜납붙이가 균열이 생겼는지 확인한다.

⑥ 기판의 탄화부분에 저항치의 저하 등을 확인한다.

(2) 누설방전에 의한 출화

① 일반적으로 승압전용변압기 고압부의 절연불량으로 기판, 덮게 등의 접지 방향으로 방전하고 방전경로에 부착하고 있는 먼지 등에 착화하여 출화하는 경우가 있다.

② 텔레비전 영상이 비치고 있는 상황에서 출화했는가를 확인한다.

③ 누설 방전한 흔적, 덮개 손상, 기판 접지부분의 소손을 확인한다.

④ 텔레비전 전체가 현저히 소손된 경우

- 승압전용변압기가 설치되어 있는 측이 많이 소손되어 있다.
- 승압전용변압기 주위의 기판이 희게 재로 되어 있는지 확인한다.
- 승압전용변압기 초점 유닛부를 절단하여 기판의 초점 전극 땜납붙이 부분으로부터 외측 방향으로 탄화하여 누설방전하고 있는 상황을 확인한다.

(3) 승압전용변압기의 층간단락

① 오랜 사용에 의해 권선의 절연피복이 열화되어 상하 및 좌우의 권선과 권선이 단락되어 발열하여 승압전용변압기 내의 충전수지(에폭시수지)의 균열에 의해 외부 포장몰드 용기의 밖으로 분출하는 것이 있다.

② 텔레비전의 영상이 비치고 있을 때에 출화되고 있는가를 확인한다.

③ 승압전용변압기 측면의 일부만이 소손되어 있는지 확인한다.

④ 승압전용변압기를 절단하면, 내부의 권선 및 권선의 주위 수지가 소손되어 있는지 확인한다.

⑤ X선 촬영에 의해 내부 권선의 일부가 용융되었는지 확인한다.

(4) 전원코드의 단락

① 기구첨부 코드의 출화사례와 마찬가지로 코드에 기계적인 힘이 가해진 경우에 반단선 상태가 발생하여 발열 출화한다.

② 전원플러그 또는 칼받이의 단선에 의한 출화가 발생될 수 있다.

section 10.3 오디오기기

10.3.1 오디오기기의 종류

오디오(audio)는 가청 주파 또는 저주파 등의 약칭이다. 일반적으로는 사람이 들을 수 있는 음역 내의 음파 및 그것을 변환한 전기신호를 다루는 시스템을 가리킨다. 라틴어의 듣다(audire)에서 유래하였다. 음악, 사람의 목소리, 자연음 등 가청 주파수대역 내의 음파 약 16 ~ 20,000 [Hz]를 전기에너지로 변환하여 녹음 드는 기록된 신호를 음파 에너지로 변환하여 공간에 재생하는 시스템이다.

주로 음파를 전기신호로 변환하는 마이크로폰(microphone), 공중에 발사된 전파를 선택하여 그 속에 포함된 음성신호를 추출하는 튜너(tuner), 레코드의 소리 홈의 기계진동을 전기신호로 변환하는 레코드플레이어(record player), 전기신호를 자기신호로 변환하여 기록하고 기록된 자기 에너지를 전기신호로 변환하는 테이프레코더(tape recorder), 미소한 전기신호를 증폭하는 증폭기(amplifier), 증폭된 전기신호를 기계진동으로 변환하여 음파로서 공간에 복사하는 스피커(speaker) 등이 포함된다.

10.3.2 오디오기기의 구조와 기능

(1) 마이크로폰

<그림 10-3-1>은 마이크로폰(microphone)의 구조와 명칭을 나타낸 것으로 일반적으로 마이크라고 한다. 마이크로폰의 기본적인 기능은 공기의 소밀파인 음파를 전압 또는 전류로 바꾸어 전기신호로 변환하는 것이다. 이 변환 기구는 마이크로폰이 음압을 받으면 기계적으로 진동하는 진동판이 있고, 그 진동이 여러 가지 원리에 의해 전기신호로 변환된다. 마이크로폰으로서 실용화되어 사용하고 있는 종류는 동전형, 정전형, 전자형, 압전형 및 탄소형 등이 있다.

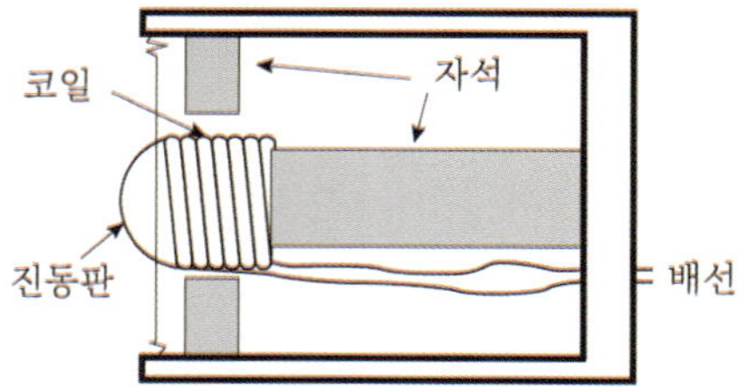

〈그림 10-3-1〉 마이크로폰의 구조와 명칭

(2) CD 플레이어

<그림 10-3-2>는 CD 플레이어(compact disk player)의 구조와 명칭을 나타낸 것으로 레이저 광선을 이용해서 CD(compact disk)에 녹음된 소리를 재생하는 장치이다. CD는 아날로그신호로부터 부호화된 신호로 변환하는 방식(PCM)의 디지털신호로 소리를 기록하고 있다.

CD 신호를 읽는 방법은 레이저 다이오드의 레이저광이 반사경으로 반사되어 CD의 바닥면에 맞아 거기서 반사한다. CD의 반사광, 반사경, 빔 분할기를 통하여 광다이오드에 입사한다. CD의 반사광은 구멍이 있는 곳에서 레이저광의 간섭성에 의해 변화한다.

따라서 피트를 타고 있는 신호가 반사광의 변화에 의한 신호로 변한다. 반사광의 변화는 광다이오드에 의해 전압의 변화로 변화해 주기 때문에 광다이오드로부터 전기의 신호출력을 얻을 수 있다.

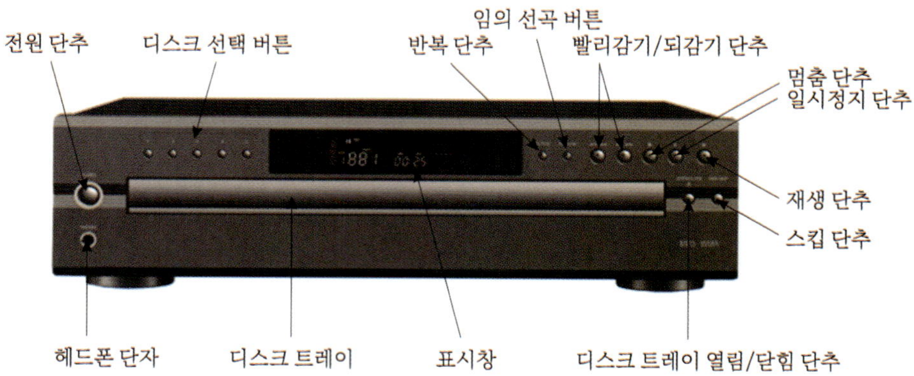

〈그림 10-3-2〉 CD 플레이어의 구조와 명칭

(3) 튜너

<그림 10-3-3>은 튜너(tuner)의 구성 회로를 나타낸 것으로 무선수신 장치의 입력부에 사용된다. 일정한 전기신호의 주파수에 동조하여 그 전파만을 선택하여 꺼내는 것으로 동조기라고도 하며, 적당한 코일과 콘덴서를 조합시킨 장치를 말한다. 튜너로 수신되는 전파는 FM과 AM 등이다.

FM 튜너로서 일반적인 슈퍼헤테로다인 수신 장치로 수신된 전파는 고주파 증폭회로에 들어가 증폭되고 원하는 주파수를 선택하고, 혼합회로에서는 발진회로의 신호와의 차를 취하여 중간주파수를 만든다. 여기까지의 회로를 정리하여 전단부라고 부른다. 그 이후에 증폭된 검파회로에 들어가 가청대역의 신호로 변환된다.

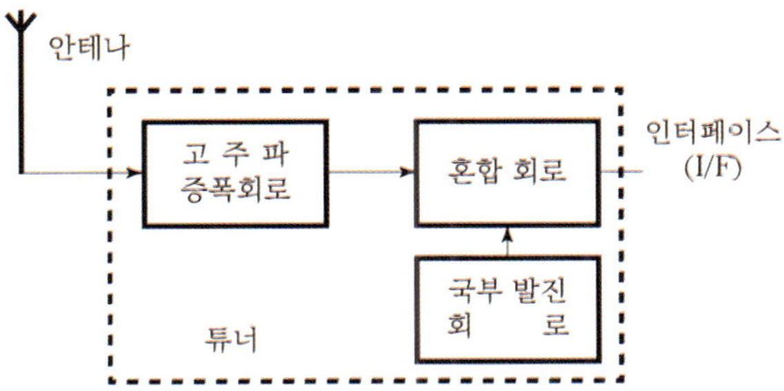

〈그림 10-3-3〉 튜너의 구성 회로

(4) 앰프

앰프(amplifier)의 구동은 마이크로폰, CD 플레이어, 테이프 레코더 및 튜너 등에서 받은 신호를 어떤 크기까지 증폭을 하거나 스피커를 구동하여 필요한 출력을 공급한다.

(5) 스피커

스피커(speaker)는 증폭기로부터 전기신호를 음파로 변환하는 기기이다. 동작원리는 마이크로폰에서 서술한 것을 역방향으로 해석하면 같은 원리로 전기신호와 음파의 상호 변환을 할 수 있는 것을 가역변환기라 부른다. 어느 쪽이든 한쪽 방향으로만 할 수 있는 것을 불가역 변환기라고 부른다. 현재 스피커로서 사용되고 있는 것은 대부분 동전형이고, 보통 다이나믹 스피커라 부른다. 이 형태의 다이나믹 마이크로폰이란 반대로 자계 중에 놓은 가동코일에 전기신호가 흐르면 전자유도작용에 의해 가동체인 코일이 변위하는 원리를 이용한 것으로 신호전류의 변화에 따라 진동하는 가동코일과 일체가 된 진동판의 움직임이 공기의 소밀파로 되어 물결을 방사하여 스피커의 기능을 한다.

<그림 10-3-4>는 스피커의 배치 및 명칭을 나타낸 것이며, 각각의 기능은 다음과 같다.

① 스피커 덮개(speaker cover)는 섬유 또는 금속으로 제작된 얇은 그릴이며, 스피커를 덮어서 보호한다.

② 고음역 스피커(tweeter)는 고주파 음향 신호를 재생하기 위해 고안된 스피커이다.

③ 중음역 스피커(midrange)는 중간 주파수의 음향 신호를 재생하기 위해 고안된 스피커이다.

④ 저음역 스피커는 우퍼(woofer)라고 하며 저주파 음향 신호를 재생하기 위해 고안된 스피커이다.

⑤ 공명판(diaphragm)은 공기 중에 음파를 생성하기 위해 진동하는 원뿔 모양의 유연한 부품이다.

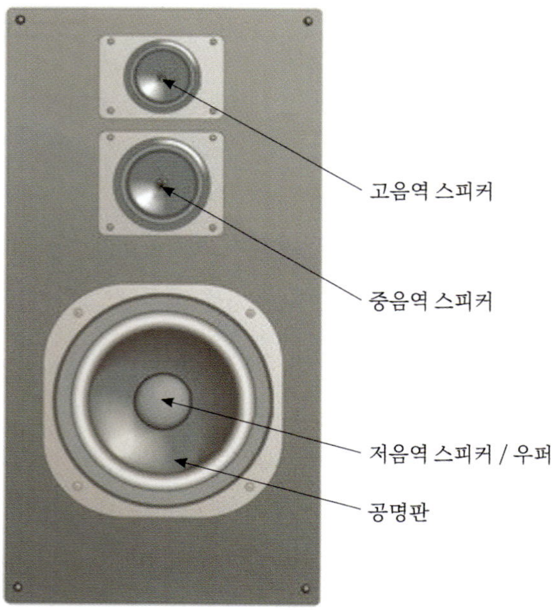

〈그림 10-3-4〉 스피커의 배치 및 명칭

(6) 오디오용 테이프레코더

테이프레코더(tape recorder)는 카세트 자기테이프에 소리 신호를 기억시켜 이것을 재생하는 기기이다. 자기테이프는 얇은 플라스틱의 테이프에 미세한 산화철 가루를 도포한 것이다. 철편 또는 철분은 자석에 의해서 자화되고 철편의 성질에 의해서는 자기가 영구자석으로서 남는다. 이와 같이 남은 자기를 잔류자기라 하고 자기테이프는 잔류자기에 의해서 소리 신호를 기록한다.

음성 신호전류를 헤드라고 부르는 전자석의 코일에 흘리면 헤드에는 극히 좁은 간극이 있어서 거기에 N극과 S극이 될 수 있다. 자기테이프는 이 헤드에 닿으면서 감긴다. 재생을 할 때는 테이프의 잔류자기에 의해 헤드의 철심에 자속이 발생하여 그 자속은 시간과 동시에 기록한 신호에 의해 변화한다. 그래서 헤드의 코일과 쇄교한 자속이 변화하기 때문에 헤드의 코일에는 전자유도에 의해서 전압이 나온다. 이 전압을 증폭하여 원래 음성의 파형으로 바뀌어 스피커를 울린다.

section 10.4 비디오테이프 레코더

10.4.1 비디오테이프 레코더의 구조와 기능

비디오테이프 레코더(video tape recorder)는 텔레비전의 영상신호와 그것에 따르는 음성신호를 기록한다. 기록의 원리는 오디오용 테이프 레코더와 같고 자기테이프를 쓰고 있다.

영상신호가 음향용과 가장 다른 것은 신호 주파수이다. 음향용 테이프 레코더는 30 [Hz]에서 20 [kHz]의 신호를 기록 및 재생할 수 있으면 좋지만 비디오의 경우는 10 [Hz]에서 3 [MHz]의 넓은 범위의 주파수 신호를 기록해야만 한다. 단순히 생각하면 20 [kHz]까지밖에 기록할 수 없는 음향용의 구조대로 150배가 높은 주파수 신호를 기록한다고 하면 테이프를 150배 속도로 보내지 않으면 안 된다.

이 문제를 해결하기 위해 <그림 10-4-1>과 같이 비디오 회전 드럼의 구조가 쓰이고 있다. 헤드는 회전드럼에 2개 설치하고 있다. 이 헤드를 예를 들면 6 [m/s]의 속도로 회전하면 헤드를 고정하였다고 해서 테이프를 약 6 [m/s]의 속도로 보낸 것과 같게 되고, 비디오테이프에 신호를 기록한 패턴이다. 비스듬하게 스트립을 한 줄로 세운 것 같은 것이 회전헤드에 의한 영상신호의 기록이다. 텔레비전의 주사선은 525본을 홀수 번과 짝수 번과의 2조로 나눠 주사하고 있다.

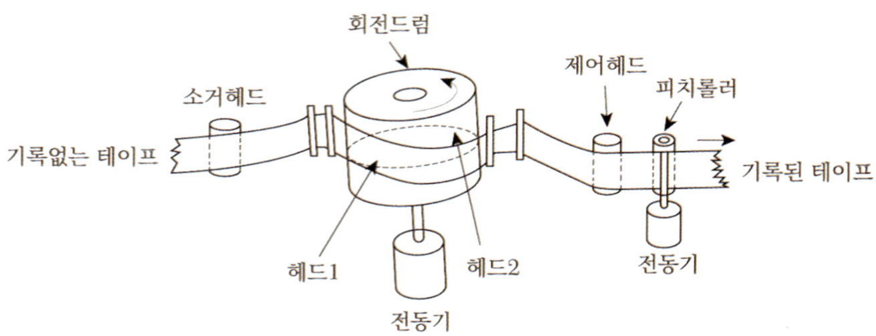

〈그림 10-4-1〉 비디오 회전 드럼의 구조

10.4.2 조사의 요점

① 전원의 통전 유무를 확인한다.

② 전원부의 연결 플러그에 접촉 불량이 발생했는지 확인한다.

③ 전원선 또는 내부 연결선에 반단선이 발생하여 탄화된 흔적이 있는지 확인한다.

④ 기판 내부에 높은 전압 및 전류가 큰 부분에 현저한 소손이 있는가를 확인한다.

⑤ 기판에 설치된 부품의 주위가 소손 혹은 부품의 단자가 용융되어 있는지 확인한다.

⑥ 기판의 땜납붙이가 균열이 생겼는지 확인한다.

⑦ 기판의 탄화부분에 저항치의 저하 등을 확인한다.

⑧ X 선 촬영에 의해 내부 권선의 일부가 용융되었는지 확인한다.

section 10.5 비디오카메라

10.5.1 비디오카메라의 종류

비디오카메라(video camera)는 텔레비전 수상기와는 반대로 화상을 전기적 신호로 변환시켜 재현하는 장치이다. 비디오카메라에서 광학렌즈를 통과한 피사체의 영상은 촬상면(target) 전면에 광학상으로 결상되는데 이 광학상은 광전변환에 의해 촬상면의 후면에서는 광학상의 밝기에 상응한 전하상이 된다. 이때 텔레비전에서와 마찬가지로 전자빔이 촬상면을 주사하는데 이에 따라 전하상에 비례하는 전류가 발생하여 이 전류의 변화가 한 영상을 나타내는 비디오신호가 된다. 이 비디오신호를 규격신호(NTSC, National Television System Committee)에 맞게 처리하여 비디오테이프레코더(VTR, video tape recorder) 및 모니터 텔레비전에 연결하면 피사체의 영상이 재현된다. 비디오카메라에서는 촬상 장치가 가장 중요한 부분으로 촬상 장치의 종류 및 방식에 따라 종류를 구분하며, 성능과 가격이 결정된다.

(1) 촬상관식 비디오카메라

촬상관식 비디오카메라는 촬상관의 수에 따라 3관식, 2관식, 단관식 등으로 구분한다. 그리고 촬상관의 크기에 따라 1", 2/3", 1/2" 등으로 구분한다.

① 3관식 촬상관

3관식 촬상관은 피사체상의 RGB(적색, 녹색, 청색) 3원색 성분을 각 전용 촬상관으로부터 꺼내는 표준방식으로서 화질이나 감도가 좋으므로 방송용 또는 프로용으로 쓰인다. 그러나 시스템이 복잡하고 고가인 단점이 있다.

② 2관식 촬상관

2관식 촬상관은 2개의 촬상관 중에서 1 개를 휘도신호용으로, 다른 1 개를 색신호용으로 사용한다.

③ 단관식 촬상관

단관식 촬상관은 구조가 간단하고 가격이 비교적 저렴하기 때문에 가정용 비디오카메라의 주류를 이루고 있으며, 피사체상의 RGB 3원색은 1 개의 촬상관으로 분해 및 처리한다.

(2) 고체촬상관식 비디오카메라

고체촬상관식은 촬상관 방식에 비해 작고 가볍다. 기본 원리는 광전효과를 이용한 것으로서 입사광에 대응한 광전하가 발생하여 그것을 화소(畵素, pixel)를 형성하는 미소한 정전용량에 일시 축적하여 고체주사방식에 의해 그 신호를 읽어내는 것이다. 기본 기능 3가지는 광전변환, 광전하 축적, 주사 등이다.

녹화방식은 VHS 방식, β 방식, 8 [mm] 방식 등이 있다. 비디오는 비디오카메라에 소형 VTR을 내장한 것으로 촬영녹화나 재생이 가능한 제품이다. 8 [mm] 비디오는 소형 및 경량화를 실현하기 위해 주로 고체 촬상 디바이스 및 1 / 4" 테이프 등을 채택하고 있다.

10.5.2 비디오카메라의 구조와 기능

비디오카메라의 촬영소자, 요컨대 보통의 카메라의 필름에 상당하는 것으로 촬영관 또는 고체촬영 소자가 쓰인다. 촬영관은 일종의 진공관이다. 고체촬영소자의 대표적인 것은 전하결합소자(CCD, charge coupled device)라고 하는 촬영소자이다. 촬영관 또는 CCD 촬영소자는 그 수광면에 비친 화상을 비디오의 영상신호로 하는 도구이다.

가정용의 비디오카메라에는 대개 CCD 촬상 소자가 쓰이고 있다. CCD 촬상 소자는 광다이오드와 CCD를 합친 것이다. 광다이오드는 화상소자이고 하나의 적은 수광면 위에 수십만 개의 LSI 기술에 의해서 만들어진다. CCD는 일종의 반도체소자로 말하자면 전하를 나르는 벨트 컨베이어(belt conveyer)이다. 광다이오드에 의해서 빛의 강에 비례한 출력전하를 얻을 수 있으며, 그 전하를 수직으로 운반하는 CCD에 옮긴다. 수직 CCD의 전하는 수평 CCD에 옮겨지고 수평 CCD의 전하를 순차 신호로 바꾸면 영상신호를 얻을 수 있다.

10.5.3 조사의 요점

① 전원의 통전 유무를 확인한다.

② 전원부의 연결 플러그에 접촉 불량이 발생했는지 확인한다.

③ 전원선 또는 내부 연결선에 반단선이 발생하여 탄화된 흔적이 있는지 확인한다.

④ 기판 내부에 높은 전압 및 전류가 큰 부분에 현저한 소손이 있는가를 확인한다.

⑤ 기판에 설치된 부품의 주위가 소손 혹은 부품의 단자가 용융되어 있는지 확인한다.

⑥ 기판의 탄화부분에 저항치의 저하 등을 확인한다.

⑦ X선 촬영에 의해 내부 권선의 일부가 용융되었는지 확인한다.

section 10.6 전기시계

10.6.1 전기시계의 종류

전기시계(電氣時計, electric clock)는 전기에너지를 동력으로 하여 작동하는 시계를 총칭한다. 전기시계의 동력원이 되는 전원에 의해 분류하면 교류전기시계와 직류전기시계 또는 광전지에 의해 구동되는 광전자시계로 구분된다. 고류전기시계는 가정에서 사용하는 전원을 동력원으로 하는 시계이므로 휴대할 수는 없고 탁상용이나 벽걸이용 그리고 옥내·외에 장치하는 시계로 대개 사용된다. 직류전기시계는 전지를 동력원으로 하는 시계이므로 탁상용, 벽걸이용은 물론 손목 등에 휴대할 수 있는 휴대시계 및 전반에 해당된다. 시간의 기준이 되는 조속방법을 조속기에 의해 분류하면 전자식, 템포식, 음차식, 수정발진식, 원자시계 등으로 구분된다.

구동방식은 조속기를 작동시키거나 진동시키기 위하여 교루와 직류 전원을 이용하는데 구동력을 얻는 수단으로 전자구동방식과 모터구동방식으로 분류한다.

(1) 전자구동방식

전자구동방식은 조속기를 직접 구동하는 것으로 역탈진기에 의해 윤열을 회전시켜 지시 기구를 운행하게 되어 있다. 보통 기계시계는 태엽으로부터 윤열을 거쳐 탈진운동에 의해 템포가 진동을 하지만 역탈진기는 템포의 운동에 의해 역으로 탈진하며 윤열을 회전시키게 된다.

(2) 모터구동방식

모터구동방식은 교류 모터구동방식과 직류 모터구동방식이 있다. 교류 모터구동방식에는 교류전기시계가 있는데 이것은 발전소에서 결정되는 주파수에 동기하여 회전하는 동기모터에 윤열을 연결하여 지시부를 운행시켜 시의 변화를 나타내게 한 것이다. 직류 모터구동방식은 전자구동방식과는 다르게 보통 태엽시계와 같이 탈진기나 진자를 작동시키게 되어 있는데 연속회전모터와 간차회전모터 방식으로 구동하는 것으로 구분된다. 간차회전모터를 이용하는 것이 수정 아날로그 시계방식이다.

10.6.2 전기시계의 구조와 기능

전기시계는 동기전동기가 사용되고 고정자로 만들어진 회전자계에 회전자가 잡아당기면서 회전자계와 같은 속도로 회전한다. 이 회전수는 교류의 주파수 60 [Hz]와 자극수에 의해서 결정되는 일정한 속도로 된다. 일정속도의 회전을 기어에 전달하여 움직이고 있다.

수정시계는 수정진동자를 사용하고 있는 시계이다. 수정은 1 초에 32,768회 진동하는 수정진동자를 진동원으로 하고 있다. 이 진동을 IC 회로를 통해서 2분의 1 씩 15회, 진동수를 떨어뜨리면 1 초간에 1 회의 펄스가 된다. 아날로그시계의 경우는 이 펄스로 스텝 전동기를 구동하여 초침을 움직이고 장침, 단침으로 회전을 전한다. 디지털시계는 전자회로를 통해 1 초 1 회의 펄스를 60회씩 계측하여 시분을 만들고 각각의 출력으로부터 액정표시를 움직이는 전압을 출력하여 간다.

10.6.3 조사의 요점

① 전원부 및 전동기부를 중심으로 확인한다.

② 건전지의 연결 삽입 및 배선을 확인한다.

③ 인쇄회로기판(PCB)의 소손을 확인한다.

section 10.7 가습기

10.7.1 가습기 원리 및 종류

가습기(加濕器, humidifier)는 실내의 습도를 적정 습도로 유지시키는 전자제품이다. 실내의 공기는 적당한 습도를 55 ~ 60 [%] 정도로 유지함으로써 호흡장애 및 질병을 예방할 수 있고, 건조한 계절이나 장소에서도 쾌적한 실내분위기를 유지할 수 있다. 전기에 의하여 깨끗한 물을 입자화하여 실내에 뿜어지게 하는 것이다. 가습기의 종류는 가열식 가습기, 초음파 방식 가습기, 복합식 가습기 등이 있으며, <그림 10-7-1>은 가습기의 원리 명칭을 나타낸 것이다.

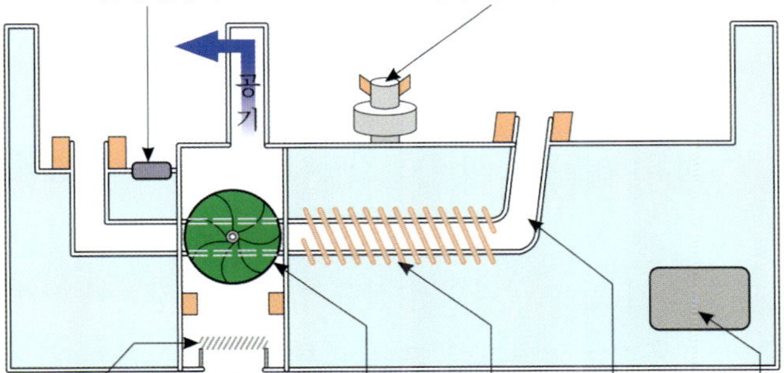

〈그림 10-7-1〉 가습기의 원리 명칭

(1) 가열식 가습기

가열식 가습기는 물을 가열하면 김이 나오게 되고 자연히 방안에 습도가 높아지게 되는데 이러한 원리를 이용한 것이다. 전기 커피포트처럼 가습기 안에서 히터나 전극봉으로 물을 가열시켜 증기를 발생시키고, 그것을 강제적으로 방안에 내뿜는 것이다. 이렇게 뿜어져 나온 증기가 방안의 찬 공기를 만나면 수증기가 응결되어 하얗게 보이게 된다.

뜨거운 물에서 나오는 김은 이론적으로는 증류수이기 때문에 중금속 등이 섞여 있지 않아 깨끗하다는 장점이 있다. 그러나 물을 끓이기 때문에 세균살균효과는 우수하지만 뜨거운 증기로 인해 유아들이 화상을 입을 가능성이 있다. 또한, 수증기 발생량이 적어

충분한 가습이 이루어지지 않을 수 있으며 전력 소모가 많아 경제적 부담이 존재한다는 단점이 있다.

(2) 초음파 방식 가습기

초음파 방식 가습기의 구조를 보면 진동판은 물의 바닥면에 설치되어 있는데 그 뒷면에는 초음파 진동자[1]가 붙어 있다. 초음파 진동자는 전류가 흐르면 형상이 변하는 물질로서 재료에 따라 그 진동수가 다르지만 세라믹형은 보통 0.3 ~ 25 [MHz] 정도이며, 1 초에 30만 ~ 2500만 번 진동한다. 그런데 이 재료에 교류전류가 흐르면 주파수에 따라 진동자의 크기가 변하고 여기에 붙어있는 진동판이 진동하게 된다. 그 진동에 의해 초음파가 발생되고, 물의 진동을 일으킨다. 가습기는 전자레인지와 달리 물 분자에 진동을 일으키는 것이 아니라 물 분자의 덩어리에 진동을 일으킨다.

초음파 가습기는 물을 가열하지 않으므로 뜨겁지 않아 화상을 입을 염려는 없지만 실내에서 기화되기 때문에 기화열에 의한 주변 온도 강하현상이 나타난다. 또한, 물속에 들어 있던 세균이 살균되지 않은 채로 습기와 함께 방안으로 분출되기도 하며, 중금속이나 염소 같은 것도 분출되어 가구나 전자제품, 벽 등을 더럽히는 백화현상을 일으키기도 한다.

그래서 초음파 가습기 안에는 자외선 살균기와 정수 장치가 들어 있다. 가습기 사용시에는 물을 매일 갈아주고 가능하면 끓였다 식힌 물을 사용하는 것이 좋다. 그리고 정수 필터도 청소해주어야 하는 번거로움이 있다. 그러나 이러한 여러 단점에도 불구하고 초음파가습기는 약 45 [W]의 낮은 전력을 소모하므로 운영비가 적게 들고, 가습량은 가열식 가습기에 비해 풍부하다는 장점이 있다.

(3) 복합식 가습기

복합식 가습기는 히터 가열방식의 장점인 살균기능과 초음파식의 여러 장점을 고루 이용한 방식이다. 이 가습기의 핵심기술은 물의 표면장력이 물의 온도가 상승함에 따라 약해지는 원리를 이용해서 가습량을 증가시키는 것이다.

데워진 물은 상온의 물에 비해 표면장력이 감소하기 때문에 물 입자들이 훨씬 쉽게 쪼

1) 초음파 진동자는 전기 에너지를 초음파로 바꾸거나 초음파를 전기 에너지로 바꾸는 장치이다.

개질 수 있다. 이런 원리를 이용해 기존의 가습기보다 최소 50 [%]에서 최대 100 [%] 이상의 가습량 향상을 얻을 수 있어 습도를 빠른 시간 내에 조절할 수 있을 뿐 아니라 여러 단계의 가습 조절양식을 설치할 수 있어 사용자들이 편리하게 원하는 습도를 유지할 수 있다. 또한, 물을 섭씨 75 ~ 80 [℃]로 데운 후 초음파의 1.525 ~ 1.74 [MHz]로 가습하도록 되어 있어 미생물 및 중·저온성 세균을 없애주며 가습기 내부의 불순물 침전도 적다. 분사되는 습기 온도도 섭씨 35 [℃] 정도로 체온과 비슷하기 때문에 화상의 위험이 없을 뿐 아니라 실내의 온도를 따뜻하게 유지시켜 주는 등 여러 가지 장점이 있다.

10.7.2 가습기의 구조와 기능

<그림 10-7-2>는 가열식 초음파 가습기의 구조를 나타낸 것이다. 그리고 탱크로부터 보내진 필요한 물만을 약 100 [℃]까지 가열한 후 팬으로 증기를 약 75 [℃]까지 내려 노즐로부터 내뿜는다.

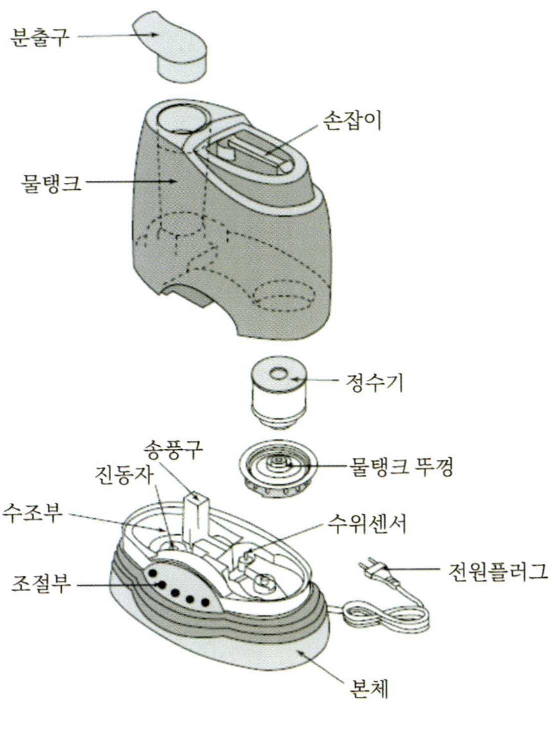

〈그림 10-7-2〉 가열식 초음파 가습기의 구조

10.7.3 조사의 요점

전원부, 히터부, 전동기부 및 온도퓨즈의 작동상황 등을 중심으로 확인한다.

① 전원부의 연결 플러그에 접촉불량이 발생했는지 확인한다.

② 전원선 또는 내부 연결선에 반단선이 발생하여 탄화된 흔적이 있는지 확인한다.

③ 발열히터의 소손 상태를 확인한다.

④ 발진기의 소손 상태를 확인한다.

⑤ 누수에 의해 트래킹된 흔적이 있는지 확인한다.

⑥ 인쇄회로기판(PCB)의 소손을 확인한다.

section 10.8 온수세정좌변기

온수세정좌변기의 대부분은 끓인 물이 분출되어 세정, 온풍에 의한 건조, 좌변기 난방을 하지만 그 위에 탈취 또는 세정 등을 하는 것도 있고 점차로 기능이 좋아지고 있다. 세정용의 온수를 분출하는 노즐 주변의 기구는 관을 신축시켜 분출구의 위치를 결정하는 슬라이드식(slide type) 또는 측면의 지점으로부터 돌려 정위치로 움직이는 스윙식(swing type) 등이 있다. 온수, 온풍의 제어범위는 세정용의 온수온도 30~40[℃], 건조용의 온풍온도 40~60[℃], 좌변기의 표면온도 30~40[℃]로 되어 있다.

10.8.1 온수세정좌변기의 구조와 기능

(1) 좌변난방기능

좌변기에 튜브형으로 히터를 내장하였고, 온도 센서는 서미스터를 사용하고 있다. 또한, 내장된 마이크로컴퓨터로 설정온도를 검지한다.

(2) 세정기능

앉아 있지 않을 때 실수로 세정스위치를 ON 하여도 물이 분출하지 않도록 좌변기에 앉으면 중력스위치가 ON으로 되어 세정장치가 사용가능 상태가 된다. 원하는 노즐 스위치를 누르면 노즐이 바뀌어 전자밸브가 열린다. 그것과 동시에 설정한 물의 압력이 되도록 펌프 전동기가 작동하여 탱크의 물은 급수호스를 통하여 온수탱크로 보내진다. 온수탱크에 유입한 물은 온수히터로 따뜻하게 되고 밀어 올려 노즐 변환밸브를 통해 수압에 의해 노즐이 나와 분사된다. 정지스위치를 누르면 펌프 전동기가 정지하여 노즐을 변환하여 전자밸브도 닫힌다. 정지스위치를 누르고 좌변기를 떠나면 중력스위치가 OFF로 되어 작동이 정지한다.

(3) 건조기능

중력스위치가 ON의 상태에서 동작 상태로 되어 건조스위치를 ON 하면 건조전동기와 건조히터가 기능을 발휘하여 좌변기 후방으로부터 온도 센서에 의해 적절한 온도로 조정된 온풍을 내뿜는다.

10.8.2 조사의 요점

① 전원회로, 좌변기 히터를 함유하는 좌변기회로, 온풍전동기를 함유하는 온풍회로를 중심으로 실시한다.

② 물을 사용하는 제품이므로 방수장치의 열화, 트래킹에 대해서도 유의하여 관찰할 필요가 있다.

③ 내장된 PCB의 절연 열화 및 소손 등을 확인한다.

④ 인쇄회로기판(PCB)의 소손을 확인한다.

section 10.9 퍼스널 컴퓨터

10.9.1 퍼스널 컴퓨터의 구성

<그림 10-9-1>은 퍼스널 컴퓨터(personal computer)의 구성을 나타낸 것이다. 퍼스널 컴퓨터는 기업이나 가정에서 개인적으로 쓸 수 있는 컴퓨터이다. 퍼스널 컴퓨터는 기억장치(memory)와 CPU(제어회로와 연산회로가 일체로 된 것)로 된 본체와 키보드(keyboard) 및 마우스(mouse)라고 하는 입력장치, 표시장치(display), 프린터라고 하는 출력장치, 기억장치의 일종인 플로피 디스크(floppy disk), 하드디스크, CD-ROM(광디스크), MO(광자기디스크)의 구동장치 및 모뎀변환기 등의 주변장치로 구성된다.

워드프로세서(word processor)는 문장작성 전용의 퍼스널 컴퓨터라고도 할 수 있는 것으로 내용은 퍼스널 컴퓨터와 동일하다. 퍼스널 컴퓨터에 워드프로세서가 가지고 있는 프로그램을 기억시키면 퍼스널 컴퓨터를 워드프로세서로 쓸 수 있다. 워드프로세서가 퍼스널 컴퓨터와 다른 점은 프린터를 표준사양으로 가지고 있는 점이라고 말할 수 있다. 가장 일반적인 워드프로세서는 가변식 탁상형의 것으로 LCD를 표시장치로 하고 있다.

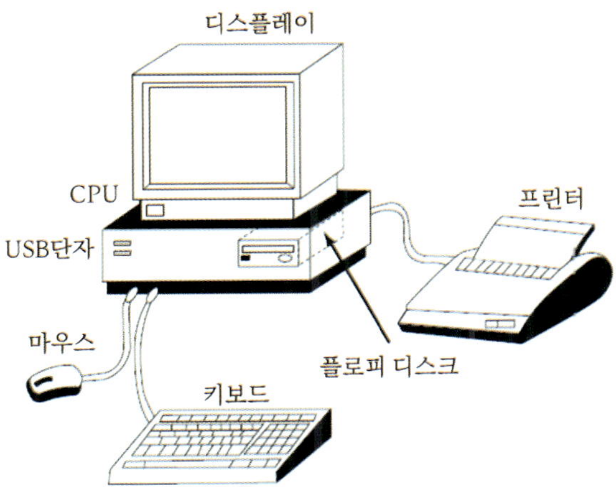

〈그림 10-9-1〉 퍼스널 컴퓨터의 구성

10.9.2 퍼스널 컴퓨터의 외부장치

(1) 플로피디스크 드라이브

플로피디스크 드라이브(floppy disk drive)는 모든 퍼스널 컴퓨터에 붙어 있는 가장 가까운 표준이라고도 할 수 있는 주변기기이다. 기록은 플로피디스크 내부의 기록매체를 자기적으로 변화시키는 것으로 행한다. 기록매체는 자기가루가 도포된 원반형의 플라스틱 시트를 사용하고 있다. 기록 및 읽는 방법은 회전하는 플로피디스크 위를 자기헤드가 이동하며 행한다. 이동은 자기헤드 측에 붙어 있는 특수한 전동기에 의해 행해진다. 2개의 전동기가 상호작용으로 플로피디스크 드라이브는 기록되어 있는 데이터도 극히 짧은 시간에 읽을 수 있다.

(2) 하드디스크 드라이브

하드디스크 드라이브(hard disk drive)는 가벼운 알루미늄 원판에 자성체를 도포하여 조립한 여러 장이 밀폐된 케이스 내에 고속 회전한다. 대용량, 고속도로 불리는 기록메모리로서 중요한 2가지 포인트를 균형 있게 클리어하는 기억메모리이다. 내부의 기록판이 고속으로 회전하고 있기 때문에 회전에 의한 공기의 흐름막이 형성되며, 이것이 헤드를 0.5 [μm] 정도 부상하게 한다. 이 때문에 밴드 디스크 드라이브에는 먼지가 누적되게 되므로 외부의 공기가 직접 유입되지 않는 구조로 되어 있다. 기록은 복수매수 회전판의 양면에 있는 자기밴드가 그리는 원주상에서 행해진다.

(3) MO(광자기디스크 드라이브)

광자기디스크 드라이브(magneto-optical disc drive)는 광자기효과를 이용한 저에너지의 레이저광선과 자성방향을 변화시키는 자석을 병용하여 읽고 쓰기를 가능하게 하고 있다. 기록층의 변화를 레이저광선의 반사 분산도를 계산하여 읽어 낸다. 기록은 자석을 배당하면서 연속하여 레이저광선을 조사하여 과거의 데이터를 소거한다. 다음에 읽을 때와 반대로 극의 자석을 배당하면서 레이저광선을 조사한다. 이것으로 기록을 할 수 있는 것이지만 레이저가 먼지에 가려진 경우에 정확하게 쓰이지 않는 경우가 있기 때문에 정보 오류의 유무를 검사하는 청공을 숙독하여 체크한다. 이 때문에 억세스를 고속화할 필요가 있으며, 디스크를 매분 3,600회 정도의 고속으로 회전시키고 있다.

(4) 프린터

프린터(printer)의 대부분은 많은 점을 찍어 글자 및 그림을 그리는 점(dot)매트릭스 방식이 사용되고 있다. 감열식은 발열저항체로 열의 점을 만드는 열헤드(thermal head)가 있으며, 감열지가 사용된다. 열전사식은 헤드와 보통지의 사이에 잉크리본(ink ribbon)을 끼워 열로 녹은 부분을 보통지에 그린다.

레이저 프린터는 복사기와 같은 전자사진방식으로 레이저광을 사용하여 점을 구성한다. 그 외에 발광다이오드, 형광등 및 액정셔터(shutter)를 사용하는 것도 있다.

잉크젯프린터(ink jet printer)는 기록지로 이어지는 압전소자의 진동 및 가열로 부풀어 커진 기포의 압력 등을 이용하여 잉크의 알맹이를 뿜는 방식이고, 조용하고 인쇄 속도가 빠르다.

와이어도트프린터(wire dot printer)는 종축으로 나란히 가는 강철선을 잉크리본(ink ribbon) 사이에 끼워 종이에 강하게 부딪친다. 인쇄 속도는 빠르지만 기계적인 동작에 의한 소음이 발생한다.

10.9.3 조사의 요점

① 출화위험은 역시 큰 전류가 흐르고 있는 부분이며 전원 유닛 및 그것으로부터 나와 있는 각 보드 등의 전원선, 디스플레이의 고전압 부분 및 기억장치 구동용의 전동기 등을 중점적으로 살펴본다.

② 조사의 요점도 퍼스널 컴퓨터와 같다고 생각해도 좋다. 단지, LCD는 CRT와 다르고 소비전력이 매우 적고, 이것으로부터 출화는 거의 없다. LCD back light는 인버터회로에 의해 전압을 약 500 [V]로 승압하여 점등시키고 있기 때문에 유의할 필요가 있다. 프린터에 대해서는 각종 구동용 전동기 및 문자머리 회전에 유의한다.

③ 어느 쪽의 외부장치도 사용하는 전원은 AC 220 [V] 이지만 내부 장치에 의해 사용하는 전압이 다르다. 중앙처리장치, 기억장치 등의 기판 위의 부품에는 일반적으로 DC 5 [V]가 사용되며, 이 때문에 AC 220 [V]를 DC 5 [V], 12 [V] 등으로 정류, 강압시키기 위한 전원회로가 내장되어 있다.

④ 노이즈가 발생하기 쉬운 결점이 있지만, 조밀하고 손실이 적은 스위칭 전원장치가 사용되고 있다. 이 전원장치 부근에서는 비교적 큰 전류를 흘리는 것이 가능하고 변

압기도 사용되고 있기 때문에 주목하여야 할 점이다.

⑤ 외부기억장치에는 디스크를 회전시키는 스핀들(spindle) 전동기와 읽고 쓰는 헤드를 이동시키기 위한 스텝전동기가 사용되고 있다. 이러한 전동기 사용에 대해서는 가동부의 동작불량에 의한 전동기의 과부하 및 고속회전의 가능성이 있다.

⑥ CPU 등 열에 약한 소자를 식히기 위해서 냉각용의 팬을 내장하고 있는 것은 냉각을 위해 빨아들인 먼지와 수분에 의해 트래킹이 생성될 가능성에 대해서도 주목하여야 한다.

section 10.10 게임기

10.10.1 가정용 게임기

가정용 게임기(consumer machine)는 기능적으로는 퍼스널 컴퓨터의 본체와 같은 것으로 보통은 키보드 대신 제어기가 붙어 있고, 텔레비전의 비디오 입력단자 또는 안테나단자에 접속하여 사용된다. 게임 소프트는 전용의 카세트 및 CD-ROM에 의해 공급되기 때문에 그 단자 및 CD-ROM 구동장치가 붙어 있다.

10.10.2 상업용 게임기

상업용 게임기는 게임센터, 쇼핑센터 등에 설치되어 있는 비교적 대형의 게임기를 말한다. 브라운관 및 프로젝터 영상장치를 사용하여 실제 상황에 가까운 게임기 및 경품을 얻을 목적으로 한 게임기, 동전을 사용하여 카지노(casino) 분위기의 실내에서 행하는 게임기 등 수많은 게임기가 존재한다.

10.10.3 조사의 요점

① 화재위험이 높은 부분은 흐르고 있는 전류치가 큰 부분이고 전원부 및 CD 구동용 전동기, 전원코드를 주의하여 살펴봐야 한다.

② 전원 공급부, 조명관 연결부, 전동기 부분 등을 중심으로 살펴본다.

section 10.11 팩시밀리

팩시밀리(facsimile)는 문자 또는 도형을 전기신호로 변환하여 전화회선을 통해서 상대방에게 이송하고, 상대측은 전기신호를 기록 장치로 종이 위에 재현하는 것이다. 이 전기신호는 디지털 신호지만 전화회선은 아날로그 신호가 아니면 송신할 수 없기 때문에 디지털 신호를 아날로그 신호로 변환하는 회로인 모뎀이 필요하다. 수신측은 아날로그 신호를 다시 디지털 신호로 변환하는 모뎀회로를 통하여 기록 장치로 기록한다.

10.11.1 팩시밀리의 전송 원리

<그림 10-11-1>은 팩시밀리의 전송 원리를 나타낸 것이다. 팩시밀리는 송신하는 원고에 빛을 주사하여 광 신호를 전기적인 신호로 변환시킨 다음 화소로 분해한 것을 전송로를 통해 전송하고, 수신측에서는 그 전기적 신호를 수신하여 송신측과 동기를 맞춘 후 원래의 기록화를 받는 것이다. 팩시밀리의 기본 과정은 광전 변환, 전송, 기록 변환 및 송수신 주사로 되어 있는데 원고를 삽입시키면 종이를 이동시키는 스테핑 모터가 원고를 빨아들이면서 지면에 빛을 주사해 화소로 분해한 것을 광전 변환에 의해 전기 신호로 바꾼 다음 전화 회선을 통해 보낸다. 이때 화소로 분해된 정보의 양을 줄이기 위해서는 부호화 방식이 고안되었다. 이런 신호를 전송로로 보내는 변조장치(모뎀)가 필요하다. 수신자 측에서는 전기 신호를 다시 빛으로 변환하여 감광지나 감열지에 주사하여 원고와 같이 복원한다.

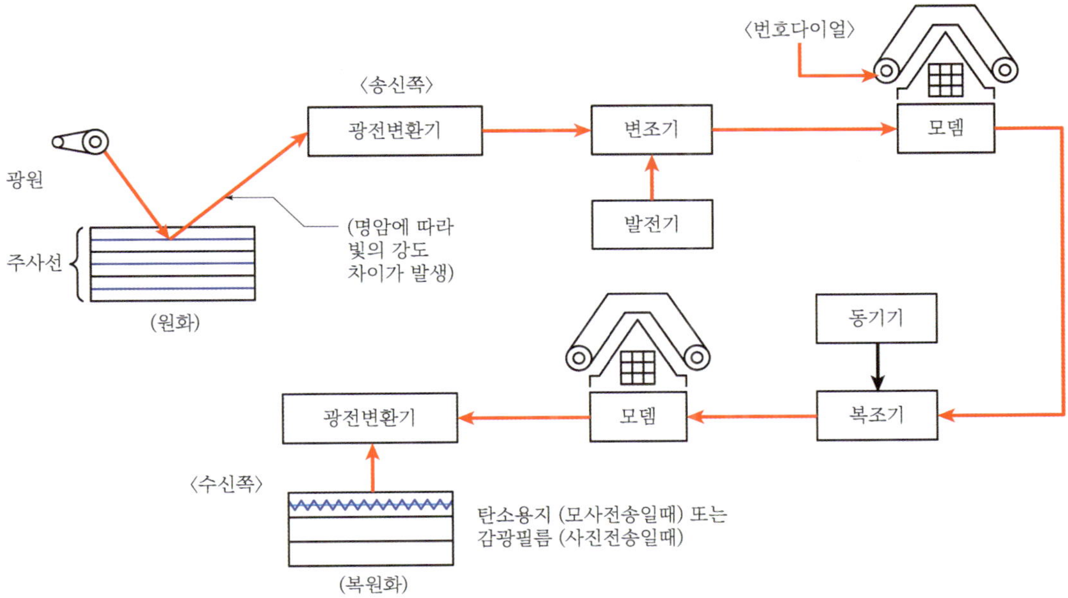

〈그림 10-11-1〉 팩시밀리의 전송 원리

10.11.2 팩시밀리 통신망

<그림 10-11-2>는 팩시밀리 통신망의 개략도를 나타낸 것이다. 팩시밀리 전용망은 전화 교환망을 이용하는 기존 팩시밀리와는 별도로 데이터를 축적하였다가 전송하는 방식의 전용망을 구성해야 한다. 전송하고자 하는 원고 내용을 메모리에 일단 저장한 후 송신 팩시밀리 전용 호스트를 설치하고, 이를 가입자끼리 고속 고품질로 전송하기 위한 디지털 회선망을 구축한다. 초당 전송속도가 최고 9,600 [bit/s]까지 가능한 일반 공중전화망에 비해 팩시밀리 전용망은 56 [kbit/s], 64 [kbit/s], 256 [kbit/s], 512 [kbit/s] 등까지 가능하기 때문에 원고 전송 시간을 대폭 단축할 수 있어 통신요금도 절약할 수 있다.

팩시밀리 전용망의 장점은 축적-전송 방식의 채택으로 다양한 서비스가 가능하다. 같은 내용의 원고를 동시에 송신하는 동보 전송, 수신자가 비밀번호를 입력하지 않으면 원고를 볼 수 없는 친전 수신, 기종이 다른 팩시밀리 간의 통신을 가능하게 해주는 프로토콜 변환 등의 부가서비스가 있다.

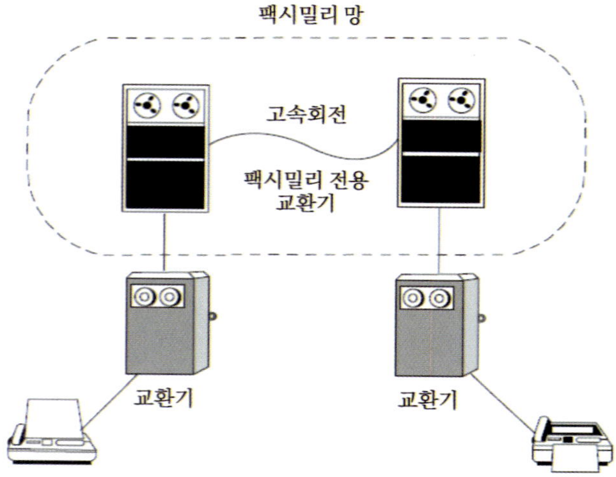

〈그림 10-11-2〉 팩시밀리 통신망의 개략도

10.11.3 조사의 요점

출화위험은 큰 전류가 흐르고 있는 부분, 전원 유닛 내부 및 그것으로부터 나와 있는 각 보드 등의 전원선, 프린터부의 구동용 전동기 및 인쇄벨트를 주의하여 살핀다.

① 전원부의 연결 플러그에 접촉 불량이 발생했는지 확인한다.

② 전원선 또는 내부 연결선에 반단선이 발생하여 탄화된 흔적이 있는지 확인한다.

③ 방열판이 벽에 너무 가까이 설치되었거나 하여 방열이 잘 되지 않아서 열적 스트레스 흔적이 있는지 확인한다.

④ 고전압 발생부에서 탄화된 흔적 또는 전선의 단락 용융 흔적이 있는지 확인한다.

⑤ 열롤러부의 기계적 마찰(機械的 摩擦, turning color)이 발생했는지 확인한다.

⑥ 구동부의 층간 단락, 절연파괴 등이 발생했는지 확인한다.

⑦ 인쇄회로기판(PCB)의 소손을 확인한다.

section 10.12 이동전화기

전화기는 음성을 전기신호로 변환하여 전송로를 통해서 전송된 전기신호를 음성으로 변환하여 통화하는 기능과 많은 전화기 중에서 희망하는 상대를 골라 호출하는 기능을 가진 것이다. 구체적으로는 음성을 전기신호로 변환하는 장치가 송화기이고, 반대로 전기신호를 음성으로 변환하는 장치가 수화기이다. 또한, 희망하는 상대를 골라 접속하기 위한 신호를 발생하여 송출하는 장치가 다이얼 또는 버튼이며, 접속한 상대를 호출하기 위한 호출음을 발생하는 것이 벨이다.

그리고 이것들을 전기적, 기계적으로 결합하여 하나의 장치에 세트한 것이 전화기이다. 최근에 회전 다이얼식보다 누르는 버튼식이 일반적이며 회선도 증가하고 있다. 또한, 전화기에 정보저장기능 및 팩스기능 등을 부가한 것, 같은 전화로 유무선 기능을 갖도록 한 것, 이동전화(mobile phone) 및 PCS(personal communication system)와 같이 전파를 이용하여 옥외에서 이동이 가능한 것 등 여러 가지 기종이 공급되고 있다.

10.12.1 무선전화기의 구성

무선전화기는 기존 유선전화기의 기본적 특성을 유지하며, 본체(本體, base)와 휴대장치(handset) 사이에 코드 대신 전파 또는 주파수를 이용하여 음성 및 기타 데이터 신호를 처리하게 함으로써 사용상의 편리성을 극대화시킨 전화기이다. 일반적으로 CLP(cordless phone)이라고 칭한다.

① 종단부(안테나부)는 모든 신호가 출입하는 관문이며, 듀플렉스 필터(duplex filter)는 수신되는 신호와 송신되는 신호를 분리시켜 준다.

② 수신부는 전파를 수신하여 필요한 신호를 검출, 증폭하여 준다.

③ 복조부는 송신측으로부터 변조된 특정신호를 추출하는 회로이다.

④ 제어부는 마이크로컴퓨터를 사용하여 모든 기능 수행에 필요한 제어신호를 발생시킨다.

⑤ PLL(phase locked loop)은 송신부와 수신부의 필요한 발신주파수를 정확하게 발신하는 IC이다.

⑥ 송신부는 음성신호와 모든 데이터를 전파로 송출하는 회로부이다.

⑦ 변조부는 모든 필요한 음성신호, 데이터신호 등을 증폭하여 송출 주파수에 실어서 안테나로 전송한다.

⑧ 전원부는 교류(AC)를 직류(DC)로 공급받고, 휴대 전원 장치는 축전지(蓄電池, battery)로 전원을 공급한다.

⑨ 라인부는 무선주파수에서 복조된 음성신호를 전화국에 전달하고, 전화국선으로부터의 신호를 송신부로 전달하는 기능을 수행한다.

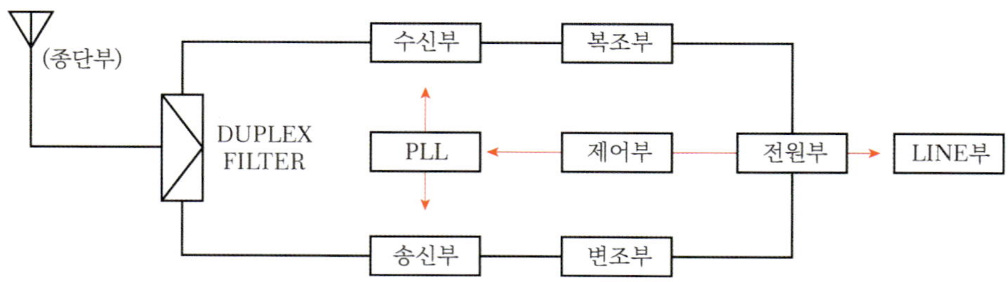

〈그림 10-12-1〉 무선전화기의 구성

10.12.2 무선통신의 종류

무선통신(無線通信, wireless communications)은 전파를 이용해 선에 의한 연결 없이 원격지에 정보를 전달하는 통신기술을 말한다. 이에 포함되는 기술로는 마이크로웨이브 전송기술, 안테나 설계기술, 레이더 기술, 이동통신기술, 위성통신기술, 근거리 무선통신기술 등을 모두 포함한다.

이동통신(移動通信, mobile telecommunication)과 위성통신(衛星通信, satellite communication)의 고유한 기술 내용은 별도의 주제로 다루고, 근거리 무선통신도 유비쿼터스 컴퓨팅(ubiquitous computing)의 주제 하에 기술할 수 있어서 무선통신의 제하에서는 마이크로웨이브 전송기술, 안테나 설계기술 그리고 레이더 기술 등이 있다.

[표 10-12-1]은 무선전화기의 구분 및 사용 주파수대역을 나타낸 것이다. 주파수 공용방식(MCA, multi channel access)을 적용하므로 사용자들의 상호 혼선을 피할 수 있도록 각각의 대역을 지정하는 것이다. 그리고 무선통신은 다양한 주파수의 전파가 사

용되는데 주파수가 낮은 장파에서 중파 및 단파로 발전하여 오늘날은 마이크로파가 가장 많이 쓰인다.

장파는 주로 전신용에 사용되었으며, 중파는 라디오 방송에, 단파는 국제통신과 원양선과의 통신에, 마이크로파는 시외통화회선과 텔레비전에 각각의 특성에 맞추어 사용된다. 마이크로파는 3 ~ 30 [GHz]이고, 대역폭이 27,000 [MHz] 범위이기 때문에 동시에 최고 1,800명 이상의 통화가 가능하다. 다만 마이크로파, 동축케이블 등에 의한 전송에는 전파의 감쇠를 방지하기 위하여 도중에 많은 중계기(中繼器, repeater)가 필요하다. 또한, 초단파 및 극초단파를 사용한다면 로켓이나 움직이는 운송수단인 자동차, 기차, 선박 등에서 통화할 수 있다.

[표 10-12-1] 무선전화기의 구분 및 사용 주파수대역

구 분	사용 주파수대	제1 색띠	이동방식	출 력 [mW]	비 고
형 식	고정장치 송신주파수	휴대장치 송신주파수			
1형(CTO)	46 [MHz]	49 [MHz]	주차수 공영방식 (15CH)	3	아날로그
2형(CT1)	950 [MHz]	910 [MHz]	주차수 공영방식 (40CH)	10	아날로그
3형(CT2)	900 [MHz]		주차수 공영방식 (40CH)	10	디지털

10.12.3 조사의 요점

전원부 연결선, 유닛 내부, 축전지, 플러그 등을 주의하여 확인한다.

① 전원부의 연결 플러그에 접촉 불량이 발생했는지 확인한다.
② 전원선 또는 내부 연결선에 반단선이 발생하여 탄화된 흔적이 있는지 확인한다.
③ 층간 단락, 절연파괴 등이 발생했는지 확인한다.
④ 제어용 기판의 탄화 흔적을 확인한다.
⑤ 인쇄회로기판(PCB)의 소손을 확인한다.

section 10.13 복사기

10.13.1 복사기의 구조와 기능

복사기(photocopier)는 기계의 중심부에 보통의 상태에서는 전기를 통과시키지 않으므로 빛이 닿으면 양도체가 되는 셀렌(selen)의 얇은 막을 증착한 알루미늄 드럼이 있다. <그림 10-13-1>은 복사기의 실체사진 및 명칭을 나타낸 것이고, <그림 10-13-2>는 복사기의 드럼 구조 및 명칭을 나타낸 것이며, 작동 순서는 다음과 같다.

① 드럼을 미리 (+)로 대전시켜 놓는다. 이때 셀렌은 전기를 통과시키지 않기 때문에 (+) 전기는 셀렌 증착 막의 위에 쌓이게 된다.

② 광원이 원고를 비추면 원고가 흰 부분에 맞닿은 빛은 반사하여 드럼에 맞닿는다. 셀렌은 빛이 맞닿으면 그 부분이 양도체가 되어 셀렌막상의 (+) 전기는 알루미늄을 통하여 없어진다. 원고가 검은 부분은 빛이 반사되지 않기 때문에 드럼상의 전기는 그대로 남는다.

③ (−) 전기를 대전시킨 탄소가루(toner)가 들어가 있어서 드럼상의 (+) 전기가 남아 있는 부분과 접촉하면 (+) 전기에 이끌려 드럼에 묻는다.

④ 복사용지는 (+)로 대전된다. 토너가 달라붙은 부분이 용지 위에 오면 (−)의 토너(toner)는 용지의 (+)에 끌려 용지 위에 옮긴다. 이 토너는 수지로 둘러 싸여 있기 때문에 롤러 열로 수지가 녹아 종이에 탄소가루가 스며들어 만지더라도 떨어지지 않도록 정착된다.

⑤ 드럼 위에 조금 남은 토너는 깨끗이 제거되며 복사가 완료된다.

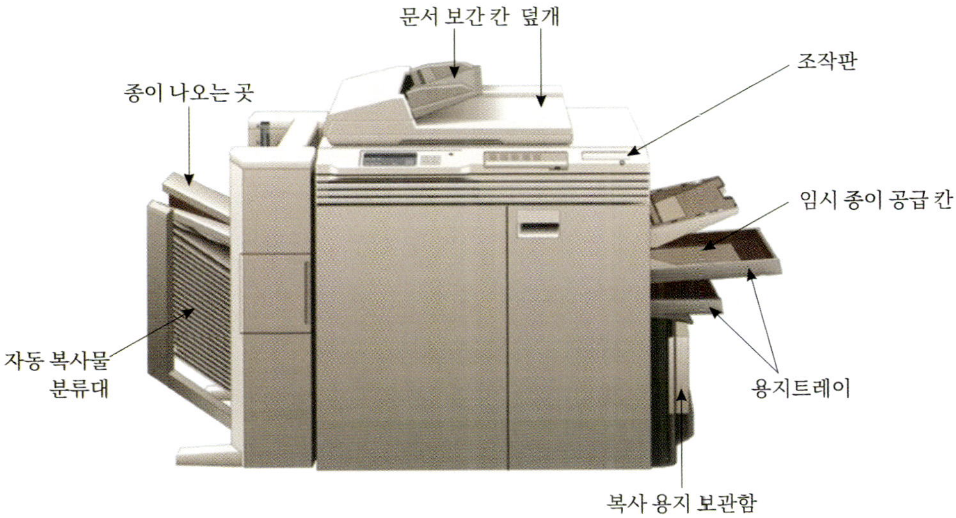

〈그림 10-13-1〉 복사기의 실체사진 및 명칭

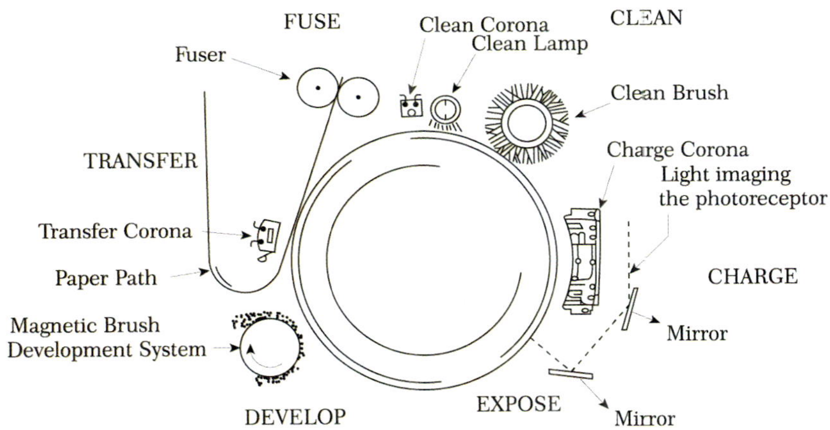

〈그림 10-13-2〉 복사기의 드럼 구조 및 명칭

10.13.2 조사의 요점

전원부, 전동기부, 열롤러부 등을 중심으로 확인한다.

① 전원부의 연결 플러그에 접촉 불량이 발생했는지 확인한다.

② 전원선 또는 내부 연결선에 반단선이 발생하여 탄화된 흔적이 있는지 확인한다.

③ 방열판이 벽에 너무 가까이 설치되었거나 하여 방열이 잘되지 않아서 열적 스트레스 흔적이 있는지 확인한다.

④ 고전압 발생부에서 탄화된 흔적 또는 전선의 단락 용융흔이 있는지 확인한다.

⑤ 열롤러부의 기계적 마찰(turning color)이 발생했는지 확인한다.

⑥ 전동기부의 층간 단락, 절연파괴 등이 발생했는지 확인한다.

⑦ 인쇄회로기판(PCB)의 소손을 확인한다.

section 10.14 전기피아노

10.14.1 전기피아노의 원리

전기피아노(electric piano)는 20세기 초반에 개발되었다. 전기피아노는 어쿠스틱 건반악기처럼 건반을 이용하여 조율된 금속 발음체를 때리거나 뜯어서 원음을 얻고, 이 진동을 픽업(pickup)을 통해 전기신호로 변환해 앰프(amplifier)와 스피커로 소리를 증폭시켜 재생하는 전기악기이다.

전기피아노는 일반 피아노와 마찬가지로 현을 때려 소리를 내는 기계적 타현 방식을 채택하고 있는 경우가 많지만 그 외에도 모델에 따라 금속 리드(reeds) 또는 소리굽쇠를 두드리거나 금속 리드를 튕기는 방식, 현을 뜯는 발현식 등 다양한 방식으로 소리를 내도록 설계된 악기들이 있다. 이렇게 생성된 소리는 전기 신호로 변환된 후 앰프와 스피커를 통해 증폭된다.

전기피아노는 이처럼 소리 자체를 기계적으로 생성한다는 점에서 소리의 신호 자체를 전자회로에 의해 생성하는 전자피아노 또는 신디사이저 등과는 완전히 다른 별도의 악기이다. 전자피아노나 신디사이저를 활용하면 전기피아노의 음색을 선택해 소리 내도록 할 수 있지만 이것은 어디까지나 전기피아노의 음색을 전자적으로 재현하는 것이다.

10.14.2 전기피아노의 구조와 기능

전기피아노는 외관상 건반 등은 같지만 내부를 보면 건반의 뒤편은 현 또는 밸브를 대신하는 스위치가 사용되며 IC를 중심으로 전자부품으로 구성되어 있다. 이 속의 메모리에는 악기의 소리로 수치화된 정보가 기억되어 있지만 이것을 건반 등의 지정에 따라 조합하여 스피커로 재생한다.

로즈 피아노(Rhodes piano), 클라비넷(Clavinet), 월리처 전기피아노(Wurlitzer electric piano), 호너 엘렉트라 피아노(Hohner electra piano) 등 다양한 종류가 있다. <그림 10-14-1>은 클라비넷의 액션 장치이다.

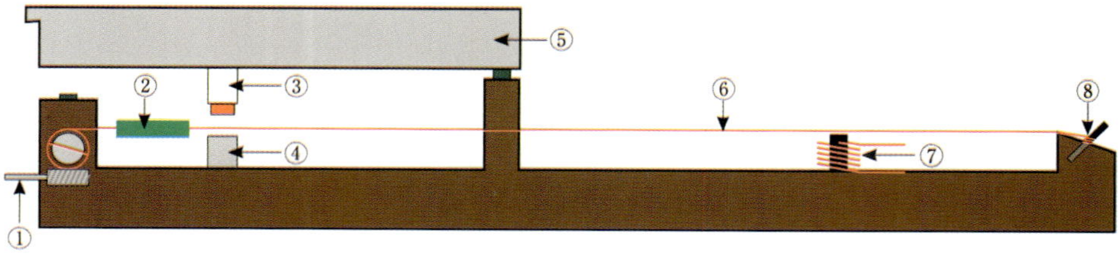

〈그림 10-14-1〉 클라비넷의 액션 장치
① 조율핀, ② 댐퍼, ③ 해머(탄젠트), ④ 모루(하프), ⑤ 건반, ⑥ 현, ⑦ 픽업, ⑧ 테일피스

10.14.3 조사의 요점

출화위험이 높은 부분은 흐르고 있는 전류치가 큰 부분이고 전원부, 증폭기부, 전원 코드를 주의하여 살펴본다.

① 내장된 전원 퓨즈의 소손상태를 확인한다.

② 전원선 또는 내부 연결선에 반단선이 발생하여 탄화된 흔적이 있는지 확인한다.

③ 전원부의 연결 플러그에 접촉 불량이 발생했는지 확인한다.

④ 제어용 기판의 트래킹 발생 유무를 확인한다.

⑤ 인쇄회로기판(PCB)의 소손을 확인한다.

section 10.15 정보통신기기

10.15.1 전산중계기의 출화사례

(1) 발생 개요

전산중계기는 은행 업무용으로 사용된 것으로 상시 부하가 연결되어 있다. 전원은 상용으로 220 [V]이며, 총 소비 전력은 227 [kW], 10.306 [kVA] 이다. 하나의 큐비클에 모니터, CD-ROM, SPC Board, Router, DSU, NT, FDSU, Vanguard 등이 수납되어 있다.

(2) 현장 수거품

전산 중계기 1대

(3) 감정 내용

〈1〉 전산 중계기의 구성

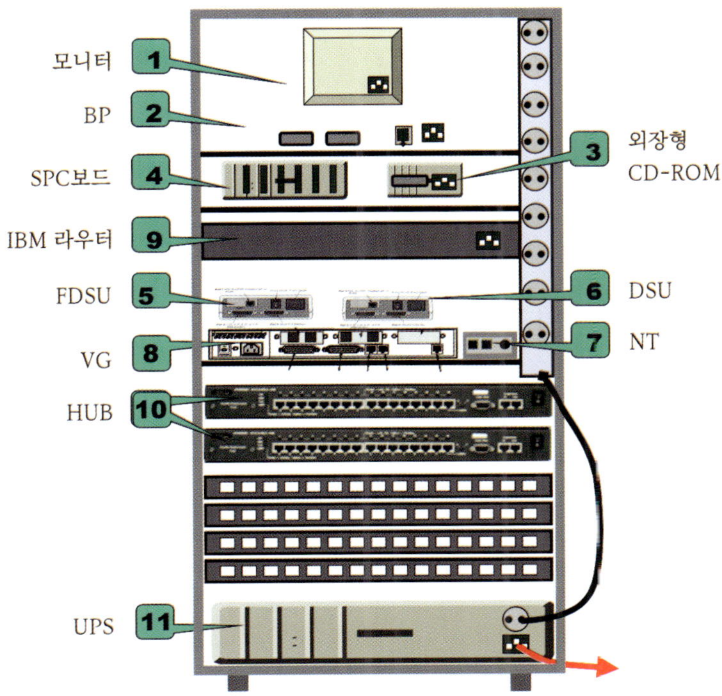

〈그림 10-15-1〉 전산 중계기의 구성도

전원 공급은 공통 멀티 콘센트를 설치하여 개별 전원이 공급되도록 되어있다. 구성품은 총 11 종류이며, 전력은 227.7 [W], 10.306 [kVA] 이다.

① BP용 모니터, 25[W]

② BP, 300 [VA]

③ 외장형 CD-ROM, 14.5 [W]

④ SPC board, 20 [W]

⑤ 한국통신 FDSU, 5 [W]

⑥ Comtec. 7422 DSU, 7 [W]

⑦ NT, 6 [VA]

⑧ Vanguard 6425, 52 [W]

⑨ IBM 2210 Router, 50 [W]

⑩ IBM 8224-002 HUB, 29 [W], 25 [W]

⑪ 케비넷 전원용 UPS, 10 [kVA]

〈2〉 소손된 전산 중계기 외함의 패턴 분석

○ 전산 중계기 외함의 크기 [mm] : 755×600×1760(가로×세로×높이)

○ 탄화 심도 분석을 통한 출화점 추정

<그림 10-15-2>는 전산 중계기의 외함을 평면도로 나타낸 것이다. 화염에 의해 소손된 외함의 소손 정도를 나타낸 것으로 상부를 기점으로 화염이 확산된 길이가 약 930 [mm] 이다. 즉, 우측에 위치한 외함이 가장 많이 화염에 노출되었으며(930 [mm]), 후면 외함이 870 [mm], 좌측 외함이 760 [mm], 상부 외함은 전체가 그을음으로 덮여 있었다. 또한, 정면의 문은 화염을 받지 않은 것으로 보아 사고 당시 문이 열려 있었음을 의미한다.

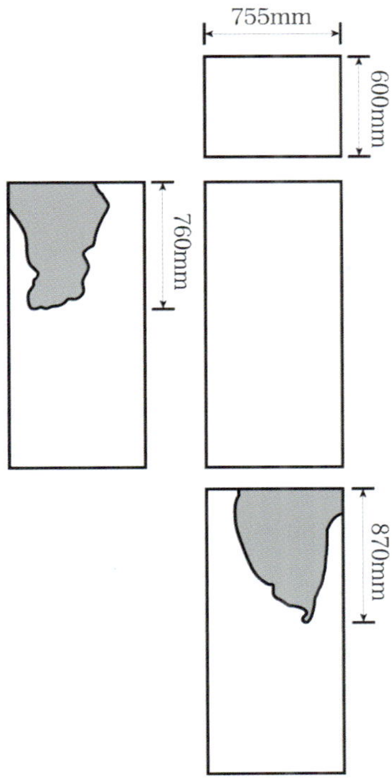

〈그림 10-15-2〉 전산 중계기 외함의 탄화 패턴

〈3〉 외함의 소손 패턴 분석

<그림 10-15-3>은 외함의 우측 실체사진이다. 외함의 우측 실체사진으로 탄화심도가 상부를 기점으로 930 [mm]까지 형성되어 있음을 확인할 수 있다. 이것은 화염의 진전속도를 고려할 때 이 근처에서 화염이 가장 왕성했음을 의미할 뿐만 아니라 가장 장시간 동안 화재가 진전되었음을 의미한다.

<그림 10-15-4>는 외함의 좌측 실체사진이다. 외함의 좌측 실체사진으로 탄화심도가 상부를 기점으로 760 [mm]까지 형성되어 있음을 확인할 수 있다. 이것은 화염의 진전속도를 고려할 때 <그림 10-15-3>에 나타난 930 [mm]보다 약 170 [mm] 정도 적게 화염이 확산된 것을 의미한다. 이것은 화재발생의 우선순위가 우측보다 나중에 발생했음을 의미한다.

<그림 10-15-5>는 외함의 후면 실체사진이다. 외함의 후면 실체사진으로 탄화심도가 상부를 기점으로 870 [mm]까지 형성되어 있음을 확인할 수 있다. 이것은 화염의 진전속도를 고려할 때, <그림 10-15-3>의 지점보다 나중에 화염을 받은 것으로 판단된다.

<그림 10-15-6>은 정면 내부의 실체사진이다. 정면에 위치한 문은 열려있는 상태에

서 화재가 진전된 것으로 나타났다. 본체의 가운데부터 화염에 노출되어 상부로 탄화심도가 깊어졌다. 특히 상부의 모서리 부분이 심하게 그을린 것을 볼 때 장시간 불완전연소가 지속된 것으로 판단된다. 그리고 중심 이하는 화염이 진전되지 않은 것으로 보아 유기성 용매에 의한 화재는 아닌 것으로 판단된다.

<그림 10-15-7>은 우측 내부의 실체사진이다. 우측에서 바라본 내부를 나타낸 것으로 가장 심하게 탄화심도가 형성되었다. 이것은 화재의 발생 가능성이 높음을 의미하는 것이다. 사진에서도 알 수 있듯이 매우 심하게 소손되었으며, 무질서한 상태이다. 그러나 중심부 아래로는 그을음에 의한 오염이 있을 뿐이며 소락되거나 전선의 용융 흔적을 발견할 수 없었다. 이것은 출화부위가 중심부 아래에는 아님을 역설적으로 증명하는 것이다.

<그림 10-15-8>은 좌측 내부의 실체사진이다. 좌측에서 바라본 내부를 나타낸 것이다. 탄화심도는 상부에서 760 [mm]까지 되었음을 알 수 있다. 사진에서도 알 수 있듯이 매우 심하게 소손되었으며, 무질서함을 알 수 있다. 그러나 중심부 아래로는 그을음에 의한 오염이 있을 뿐이며 소락되거나 전선의 용융 흔적을 발견할 수 없었다.

<그림 10-15-9>는 후면 내부의 실체사진이다. 후면에서 바라본 내부를 나타낸 것이다. 탄화심도는 상부에서 870 [mm]까지 확산되었다. 사진에서도 알 수 있듯이 상부는 매우 심하게 소손되었고, 대단히 무질서함을 알 수 있다. 그리고 화염에 의해 전선들이 녹아 흘러내렸으며 일부는 소락되었음을 알 수 있다. 그러나 내부의 기기는 화염에 의한 소손 정도가 심하지 않았다.

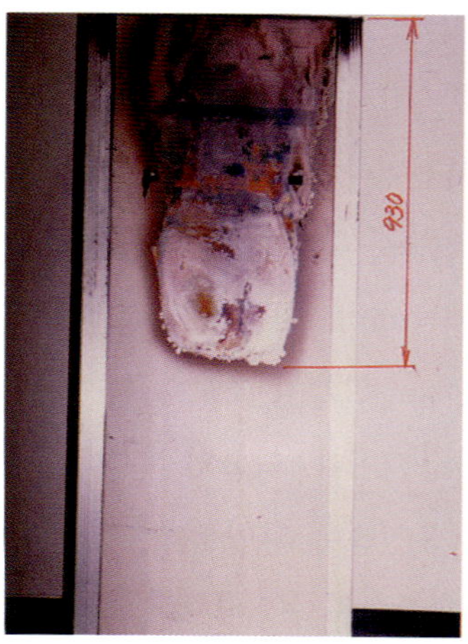

〈그림 10-15-3〉 외함의 우측

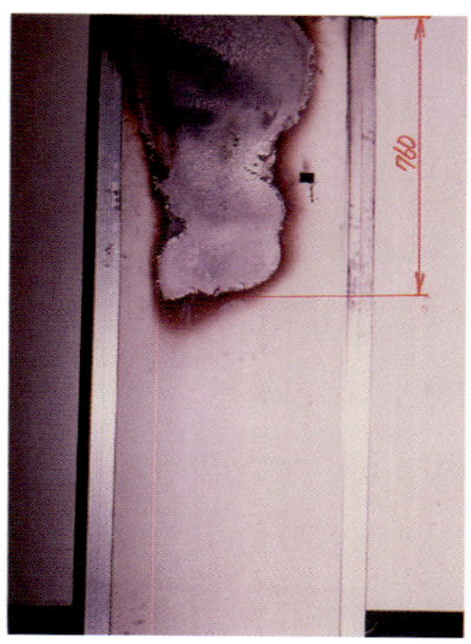

〈그림 10-15-4〉 외함의 좌측

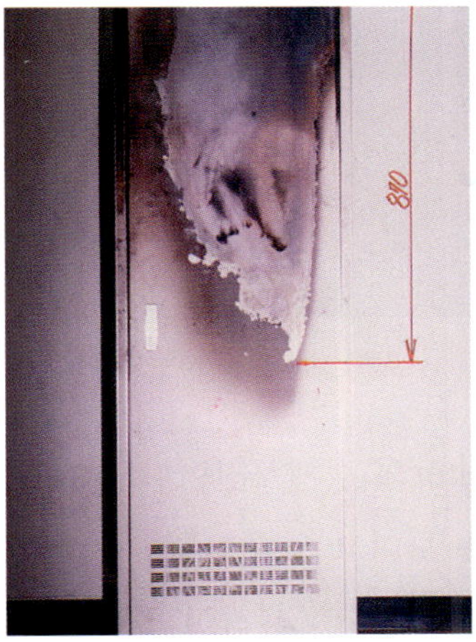

〈그림 10-15-5〉 외함의 후면

〈그림 10-15-6〉 정면 내부

〈그림 10-15-7〉 우측 내부

〈그림 10-15-8〉 좌측 내부

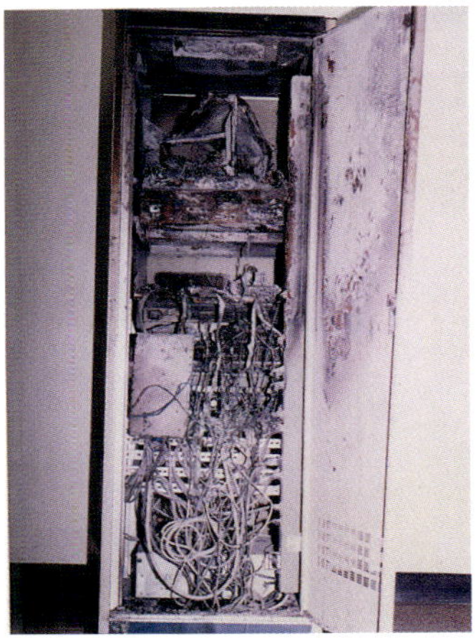

〈그림 10-15-9〉 후면 내부

<그림 10-15-10>은 외함의 상부 실체사진이다. 외함의 상부 실체사진으로 탄화심도가 고르게 분포되어 있는 것으로 보아 화염이 일정하게 영향을 미친 것을 의미한다. 따라서 하부에서 상부로 화원이 전달되었음을 의미한다.

<그림 10-15-11>은 외함 상부에 설치된 환풍기이다. 외함의 상부에 부착된 환풍기의 실체사진으로 환풍기 내부에서 발생한 열을 외부로 방사시켜 설비의 안전한 운용이 목적이다. 외부가 심하게 탄화되었으며, 내부의 전동기 권선(코일)에서 용융(녹은) 흔적을 발견할 수 없었다.

<그림 10-15-12>는 전동기 권선의 금속 현미경의 금속 현미경 사진이다. 즉, 외부 화염에 의해 구리 입자가 커졌으며 전기적인 단락(합선) 흔적이 발견되지 않았다.

〈그림 10-15-10〉 외함의 상부

〈그림 10-15-11〉 외함 상부의 환풍기

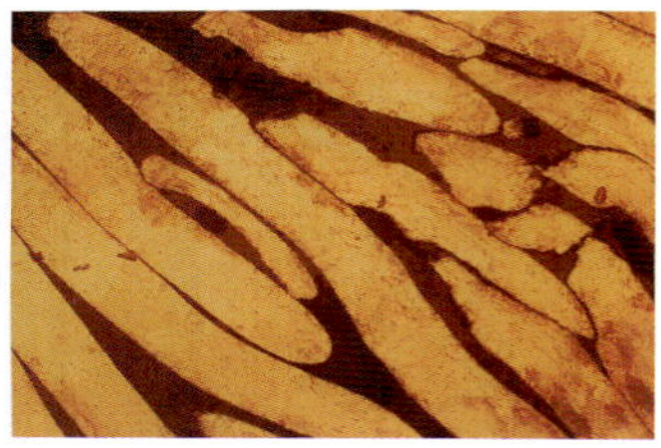
〈그림 10-15-12〉 권선의 금속조직

<그림 10-15-13>은 BP & BP monitor의 실체사진이다. BP 및 BP용 Monitor의 실체사진으로 매우 심하게 손상된 상태를 보이고 있다. 내부 부품의 화재원인 판정은 밝힐 수 없었으며, 전원 공급용 전선의 단락(합선) 흔적이 있는지 정밀 분석하였으나 전기적인 원인을 발견할 수 없었다.

<그림 10-15-14>는 CD-ROM & SPC Board 실체사진이다. 외장형 CD-ROM 및 SPC Board의 실체사진으로 매우 심하게 손상된 상태를 보이고 있다. 내부 배선을 분석한 결과 전기적인 원인에 의한 단락의 흔적은 발견할 수 없었다.

<그림 10-15-15>는 IBM 2210 Router 실체사진이다. IBM 2210 Router의 실체사진으로 매우 심하게 손상된 상태를 보이고 있다. 내부 부품 및 배선을 분석하였으나 너무 심하게 소손되어 전기적인 원인에 의한 단락의 흔적은 발견할 수 없었다.

<그림 10-15-16>은 Comtec. 7422 DSU 실체사진이다. Comtec. 7422 DSU의 실체사진으로 매우 심하게 손상된 상태를 보이고 있다. 이들을 분해하여 내부 부품 및 배선을 분석하였으나 심하게 소손되어 전기적인 원인에 의한 단락의 흔적은 발견할 수 없었다.

<그림 10-15-17>은 NT & FDSU의 내부 실체사진이다. NT와 한국통신 FDSU의 실체사진으로 화염의 탄화심도가 상부에서 아래로 확산되었음을 나타내고 있다. 이것은 화염이 위에서 발생했음을 의미한다. 분해된 실체사진에서도 알 수 있듯이 하부의 모서리만이 화염에 그을린 흔적을 나타내고 있다.

<그림 10-15-18>은 Vanguard의 내부 실체사진이다. Vanguard의 실체사진으로 화염의 탄화심도가 상부에서 아래로 확산되었음을 나타내고 있다. 분해된 실체사진에서도 알 수 있듯이 모서리 부분만이 화염에 그을린 흔적을 나타내고 있다. 즉 소손 상태가 비교적 적고 소손 범위도 한정된 것을 알 수 있다.

<그림 10-15-19>는 전산중계기 내부의 콘센트 및 플러그의 실체사진이다. 전산중계기 내부에 설치된 콘센트 및 플러그의 실체사진이다. 위에서 여섯 번째까지만 화염에

의한 소손된 흔적을 보이고 있고, 아래 다섯은 그을음에 의한 오염만 보이고 있다. 외형 분석에서 전기적인 단락흔적을 발견할 수 없었다.

<그림 10-15-20>은 플러그의 금속 현미경 사진이다. 전산중계기 내부에 설치된 콘센트 및 플러그의 금속 현미경 사진이다. 사진에 나타난 바와 같이 전기적인 특징을 발견할 수 없었다.

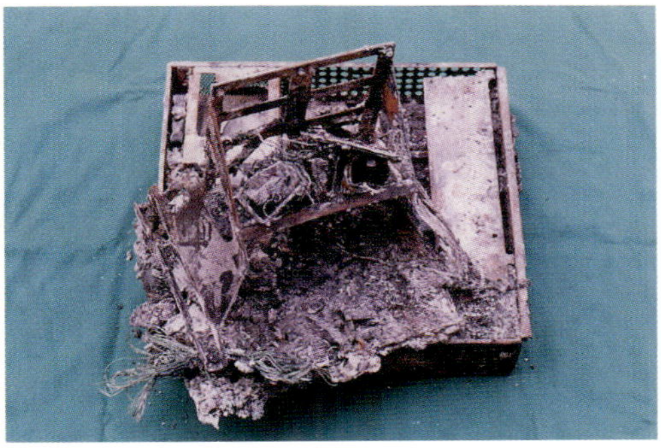

〈그림 10-15-13〉 BP & BP monitor

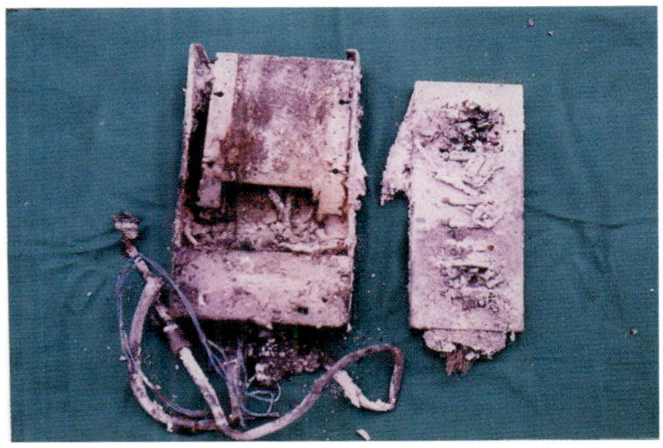

〈그림 10-15-14〉 CD-ROM & SPC Board

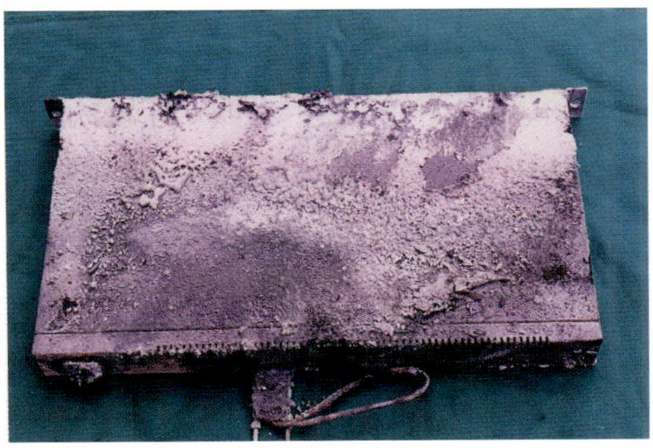

〈그림 10-15-15〉 IBM 2210 Router

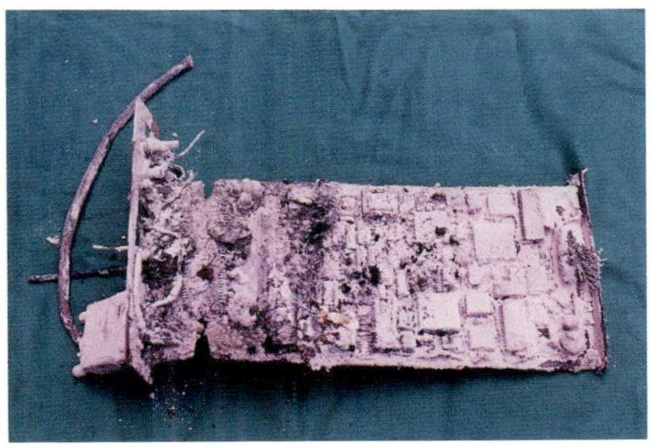

〈그림 10-15-16〉 Comtec. 7422 DSU

〈그림 10-15-17〉 NT & FDSU의 내부

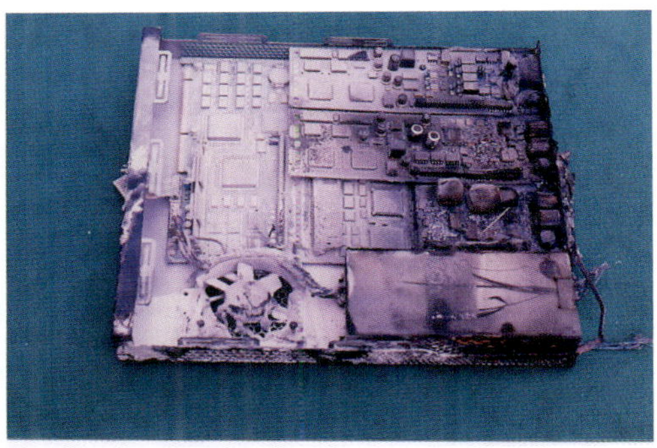

〈그림 10-15-18〉 Vanguard의 내부

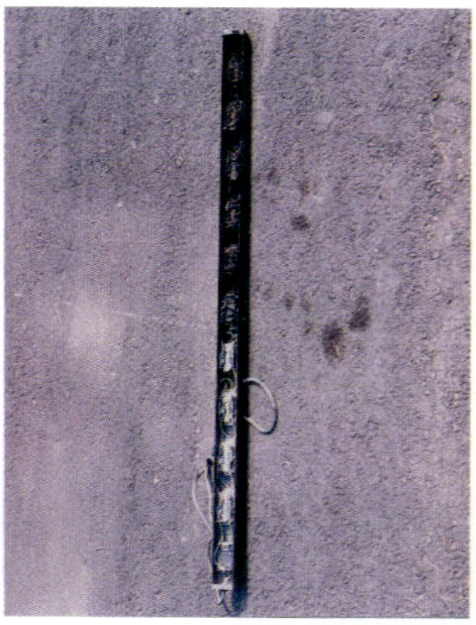

〈그림 10-15-19〉 콘센트

〈그림 10-15-20〉 플러그의 금속 현미경 사진

(4) 감정 결과

① 전산중계기 외함

a. 탄화심도에 따른 화염의 진전속도를 고려하여 전산중계기 외함을 분석한 결과 우측 외함이 가장 심하게 화염에 노출된 것으로 판단된다. 따라서 이 근처의 기기로부터 출화될 가능성이 높다.

b. 상부 외함은 비교적 일정한 화염에 장시간 노출된 것으로 판단되며, 상부에 설치된 환기용 환풍기에 의한 화재는 아닌 것으로 판단된다.

c. 화재가 발생했을 때 정면의 문은 열려 있었던 것으로 판단된다.

② 전산중계기 내부

a. 전산중계기 내부를 종합적으로 분석한 결과 화재는 중심부근에서 상부로 확산된 것을 알 수 있다. 특히, 우측의 외함 실체사진에서 알 수 있듯이 탄화심도가 가장 깊다.

b. 상부에 설치된 환풍기 권선(코일)을 금속현미경으로 금속조직 분석한 결과 전기적인 원인에 의한 단락(합선)의 흔적을 발견할 수 없었다.

c. 즉, 제시한 케비넷 구성도를 참고로 설명하면 ⑤번, ⑥번, ⑦번, ⑨번의 기기가 화재 발생 가능성이 높으나 기기가 심하게 소손되고 훼손된 관계로 정확한 위치 및 기기를 한정하기 어렵다.

③ 전산중계기 내부 단품

a. ①번~④번의 기기는 외부화염에 의해 심하게 소손된 것으로 판단된다.

b. ⑧번, ⑩번, ⑪번의 기기는 소손된 탄화심도 및 그을음의 방향성을 분석할 때 화재발생 가능성은 매우 희박한 것으로 판단된다.

c. 탄화심도 및 화염의 방향성 등을 분석한 결과 ⑤번, ⑥번, ⑦번, ⑨번의 기기에서 화재발생 가능성이 가장 높으나 기기가 심하게 소손되고 훼손된 관계로 정확한 위치 및 기기를 한정하기가 사실상 불가능하다.

d. 콘센트 및 플러그에 배선된 전선을 금속현미경으로 금속조직 분석한 결과 전기적인 단락(합선)의 흔적을 발견할 수 없었다.

(5) 결언

탄화심도, 화염의 방향성 및 금속 조직 등을 분석한 결과 ⑤번 한국통신 FDSU, 5 [W], ⑥번 Comtec. 7422 DSU, 7 [W], ⑦번 NT, 6 [VA], ⑨번 IBM 2210 Router, 50 [W]의 기기에서 화재발생 가능성이 가장 높으나 기기가 심하게 소손되었고 훼손된 관계로 정확한 위치 및 기기를 한정하기 어렵다.

(6) 예방 대책

전산중계기의 화재 원인을 분석한 결과 다음과 같은 사항은 건의하였으며 업무에 참고하면 전기설비 기계기구의 안전사고 예방할 수 있다.

① 전원선 및 내부배선의 정리 정돈

현장조사 및 사고 기기의 정밀분석 등에서 나타난 바와 같이 전선이 대단히 무질서하게 배열되어 있고, 바닥(틈)에 늘어져 있어서 위험요소가 대단히 높다.

② 환풍기 상단에 물건을 놓지 말 것

상부에 설치된 환풍기는 내부에서 발생한 열을 외부로 방출하기 위한 환기변이다. 그런데 그곳에 물건을 올려놓음으로써 환기가 원활하지 못하다.

③ 환풍기 전원선의 설치가 매우 불안정함

현장실측 및 사고기기를 분석한 결과 환풍기에 공급되는 전원이 대단히 불안정하여 본래의 기능을 다하지 못할 가능성이 대단히 높다.

④ 외함을 불필요하게 개방하지 말 것

전산중계기 외함의 문을 불필요하게 열어놓음으로서 내부가 심하게 오염되어 있습니다. 예를 들면 바퀴벌레, 거미, 쥐의 배설물, 먼지 등에 의해 오염되면 기기의 수명이 매우 짧아지므로 오염이 되지 않도록 지속적인 유지관리가 필요하다.

⑤ 연 2회 이상 정기적인 청소가 요구된다.

⑥ 전산중계기를 설치할 때 벽, 후면 등과 충분한 이격거리를 10 [cm] 이상 확보해야 한다.

⑦ 전산중계기가 설치된 곳 바로 상단에 화재경보기와 같은 보호 장치가 설치되어야 사고의 범위를 축소할 수 있다.

10.15.2 전산실 모니터의 출화사례

(1) 발생 개요

업무가 끝나고 직원들이 퇴근한 상태에서 무인 상태로 운용되던 전산실의 주전산기의 모니터 주변에서 화재가 발생하였다. 사고는 전산실의 가운데에 설치된 모니터에서 발생했으며, 인접한 모니터의 일부가 소손되었다. 사고 현장에는 사고가 발생한 컴퓨터 모니터 1 점, 6구 멀티 콘센트 1 점을 수거하였다.

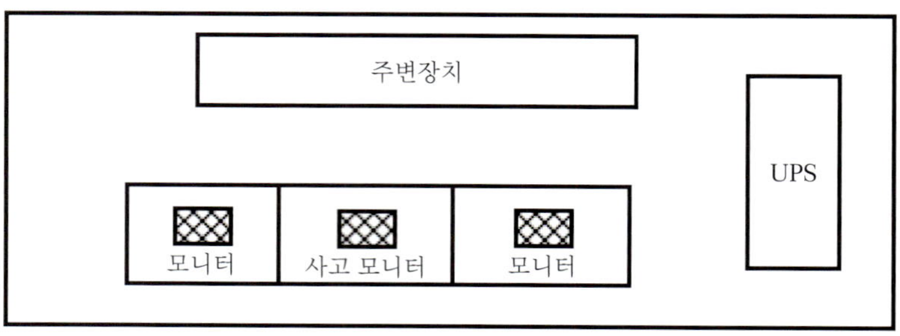

〈그림 10-15-21〉 사고 현장의 단면도

(2) 컴퓨터의 소손 형태 분석

<그림 10-15-22>는 사고 당시의 현장이다. 사고 당시의 현장 사진으로 모니터, 키보드 및 전원 공급용 6구 멀티 콘센트 전체가 심하게 소손되었으나 연결 코드는 정상 상태이다.

<그림 10-15-23>은 현장 조사 당시 현장이 원형으로 보존되어 있지 않고, 일부 변경된 것으로 조사되었다.

<그림 10-15-24>는 소손된 모니터의 정면 사진으로 형태를 알 수 없을 정도로 탄화되었고, 인접한 모니터의 일부도 소손된 것을 알 수 있다.

<그림 10-15-25>는 소손된 모니터의 후면 사진이다. 모니터에 전원을 공급하는 전원선의 일부를 확인할 수 있고, 그 밖의 것은 형태를 알 수 없이 소손된 것을 볼 수 있다.

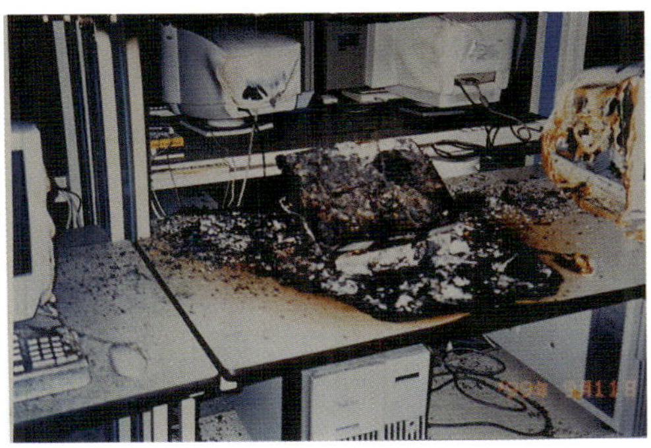

〈그림 10-15-22〉 사고 당시의 현장

〈그림 10-15-23〉 현장 조사 당시

〈그림 10-15-24〉 모니터의 정면 사진

〈그림 10-15-25〉 모니터의 후면 사진

(3) 6구 멀티 콘센트의 분석

<그림 10-15-26>은 사고 현장에 설치된 콘센트의 전원부 실체사진이다. 6구 멀티 콘센트로 분석되었으며 외형은 대부분 탄화되었고, 내부의 칼과 칼받이 등은 비교적 양호한 것으로 조사되었다.

<그림 10-15-27>은 콘센트의 안전장치를 촬영한 실체사진이다. 안전장치의 버튼이 작동한 것으로 분석되었다. 즉, 멀티 콘센트의 내부 또는 멀티 콘센트에 연결된 기기 등에서 단락이 발생한 것으로 판단하는 것이 과학적인 근거이다.

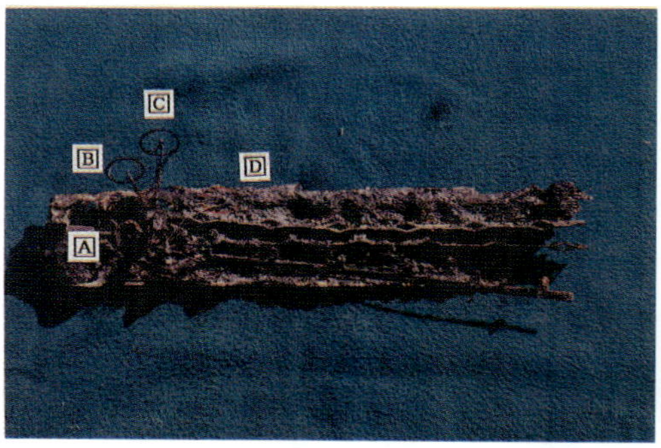

〈그림 10-15-26〉 콘센트의 전원부 실체사진

〈그림 10-15-27〉 콘센트의 안전장치 작동

(4) 금속 조직 분석

<그림 10-15-28>은 <그림 10-15-26>의 A 실체 현미경 사진이다. 도체의 표면이 심하게 탄화되고, 변형이 발생한 것을 알 수 있다. 그리고 끝단이 일부는 용융되고 재결합이 발생한 것을 알 수 있다.

<그림 10-15-29>는 <그림 10-15-28>의 금속 현미경 사진이다. 그리 고유의 조직이 없어지고 열적 스트레스에 의해 입자가 불규칙으로 변형된 것으로 분석된다.

<그림 10-15-30>은 <그림 10-15-24>의 D 실체 현미경 사진이다. 도체의 표면이 심하게 탄화되고, 변형이 발생한 것을 알 수 있다. 그리고 끝단이 일부는 용융되고 재결합이 발생한 것을 알 수 있다.

<그림 10-15-31>은 <그림 10-15-30>의 금속 현미경 사진이다. 그리 고유의 조직이 없어지고 열적 스트레스에 의해 입자가 불규칙으로 변형된 것으로 분석된다.

이상의 금속 조직분석에서 용단된 도체는 전기적인 단락에 의해 소손된 것이 아니고 외부적인 화열에 의해 용융된 것으로 판단된다.

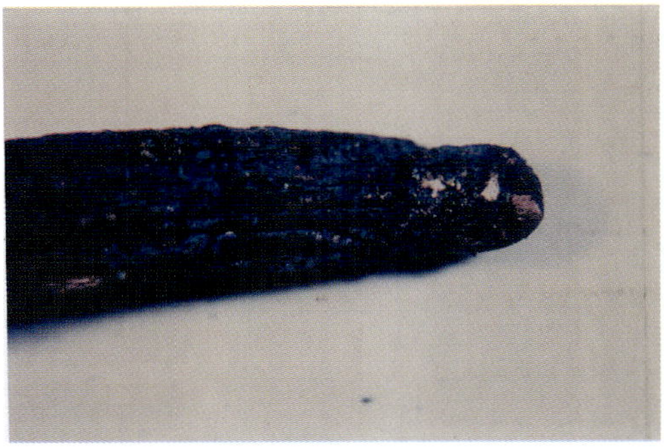

〈그림 10-15-28〉
〈그림 10-15-26〉의 A 실체현미경 사진

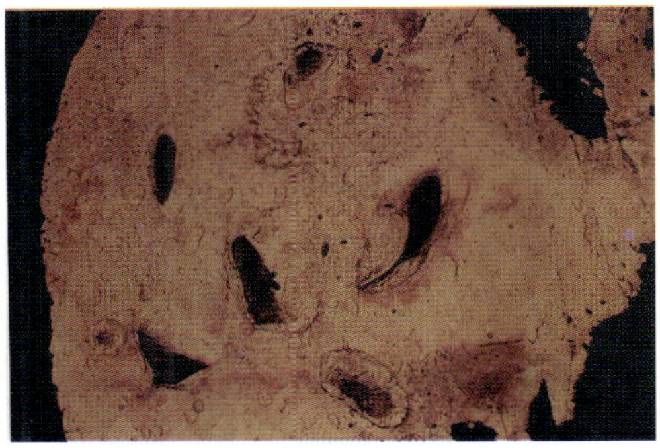

〈그림 10-15-29〉
〈그림 10-15-28〉의 금속현미경 사진

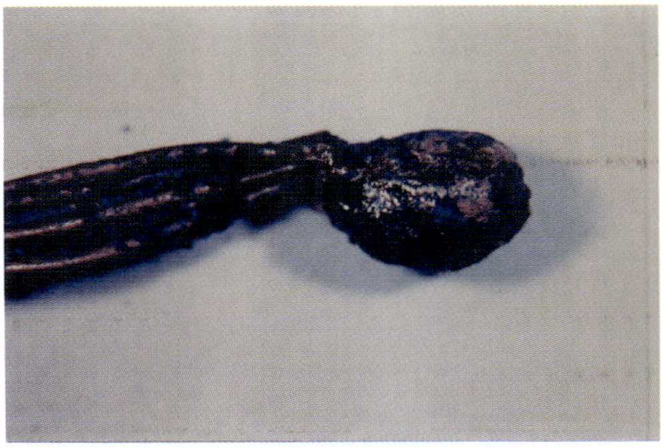

〈그림 10-15-30〉
〈그림 10-15-26〉의 D 실체현미경 사진

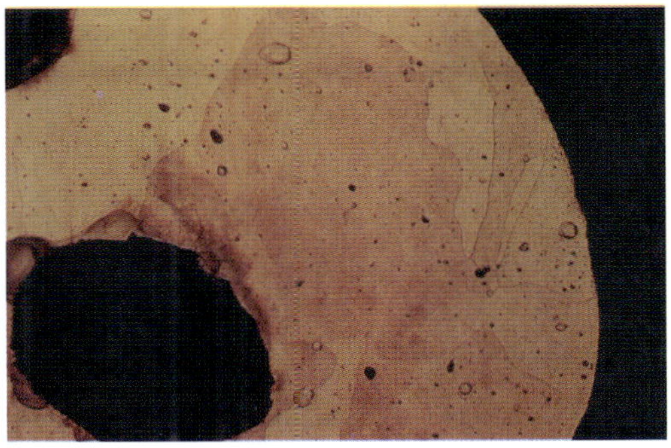

〈그림 10-15-31〉
〈그림 10-15-30〉의 금속현미경 사진

(5) 컴퓨터 부품의 분석

<그림 10-15-32>는 화재 현장에서 수거한 컴퓨터 모니터의 승압 변압기의 실체사진이다. 내부의 코일을 분석한 결과 용융흔 및 단락흔 등은 발견할 수 없었으며, 단지 표면이 탄화된 것으로 분석된다.

<그림 10-15-33>은 수거된 콘덴서류를 나타낸 것으로 폭발된 것은 발견할 수 없었고, 단락흔 역시 확인할 수 없었다.

<그림 10-15-34>는 수거된 컴퓨터에서 발굴한 저항 및 부품을 나타낸 것이다. 전기적인 단락흔은 발견할 수 없었고, 탄화된 흔적이 다수 발견되었다.

<그림 10-15-35>는 수거한 컴퓨터에서 분리한 전력 소자 및 방열판의 실체사진이다. 외부는 심하게 탄화되었으나 용융흔은 발견할 수 없었다.

〈그림 10-15-32〉 컴퓨터 모니터의 승압 변압기

〈그림 10-15-33〉 컴퓨터에 내장된 콘덴서류

〈그림 10-15-34〉 컴퓨터에 내장된 저항 및 부품

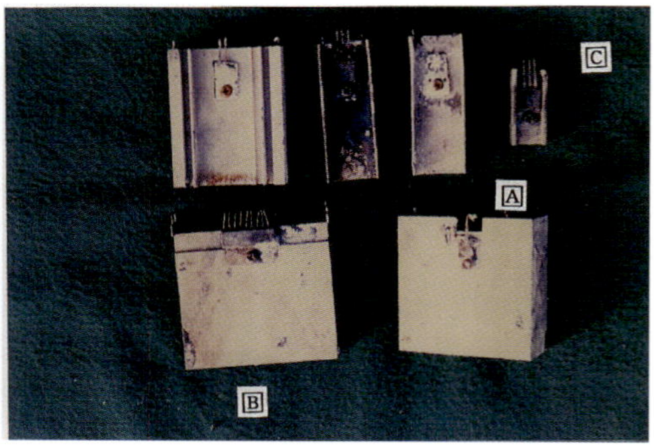

〈그림 10-15-35〉 내장된 전력 소자 및 방열판

(6) 감정 결과

① 6구 멀티콘센트

a. 6구 멀티콘센트의 안전장치는 동작되어 차단 상태이었다.

b. 콘센트 내에 합선된 용융흔이 4개 있어 금속조직을 분석한 결과 외부 열에 콘센트 외피(유기질)가 녹아 합선된 것으로 사료된다.

c. 콘센트 전원 공급측 전선이 소실되지 않은 것으로 보아 전원 측에는 이상이 없는 것으로 사료된다.

d. 화재의 원인을 발견할 수 없었다.

② 모니터

a. 재현실험 결과 모니터가 완전 소실되는데 소요되는 시간은 옥내인 경우 최초 축열로부터 3~4 시간이면 충분하다고 판단된다.

b. 모니터의 외부 재질은 자기소화성이 강하여 외부 열이 공급되지 않으면 1~2 시간 이내에 완전 소화됨을 알 수 있다.
c. 화재가 발생된 곳에서 모니터가 이동되어 객관적인 자료를 확보하는데 한계가 있었다.
d. 반도체 전력소자 중 열을 발산하는 방열판이 심한 열로 손상된 것을 발견하였으나 이를 화인으로 추정하는 데에는 현장보존이 안 된 관계로 한계가 있다.
e. 모니터의 화인으로는 전력소자의 발열, 콘덴서의 과열폭발, 저항 소자의 발열, 접속 부분의 접촉불량 등의 원인에 의해 화재가 발생할 수 있으며, 첨부한 바와 같이 사례로 보고되고 있으나 소실된 모니터는 현장보존이 되지 않고 훼손상태가 심하여 정확한 화재원인을 찾을 수 없다.

(7) 결언

최초 현장 사진과 내부 부품 분석 및 재현 실험을 통해 화재 과정을 추정해 보면 모니터 내부의 이상으로 과열이 되었으며, 1~2 시간 정도 축열 과정을 거쳐 출화가 될 수 있다. 그리고 출화된 상태에서도 모니터가 반소될 때까지 전기의 공급은 계속되어 전도성에 의한 소화가 되지 않았고, 모니터의 출화된 열에 의해 멀티콘센트에 불이 옮겨 붙은 것으로 판단된다. 또한, 이때 발생된 열에 의해 멀티 콘센트 내의 연결 전선이 단락되며 안전장치가 동작하여 전기 공급이 차단되었고, 전기 공급이 차단된 것이다. 즉, 전원의 공급이 중단됨에 따라 연소의 확산은 중단되고 난연성 재료이므로 스스로 소화된 것으로 판단된다.

exercise

연습문제

01 라디오의 신호 중에서 통달거리는 우수하나 잡음이 섞이는 단점이 있는 변조방식은? (　　)

① FM　　② AM　　③ UHF　　④ VHF

02 텔레비전의 통신 방법에 주로 사용하며 잡음이 적고 음질이 우수한 변조방식은? (　　)

① FM　　② AM　　③ UHF　　④ VHF

03 텔레비전의 내부에 설치되어 있는 승압전용변압기의 층간단락 화재의 원인규명 해석에 해당되지 않는 것은? (　　)

① X-ray 촬영으로 내부 권선의 일부가 용융되었는지를 확인
② 승압전용변압기의 측면의 일부만이 소손되었는지를 확인
③ 승압전용변압기의 내부 권선, 주위의 수지의 소손여부 확인
④ 텔레비전의 전원선에서 반단선이 발생했는지 X-ray로 확인

04 텔레비전의 화재조사에서 기판의 땜납불량 및 흑연화에 의해 출화가 있을 때 확인해야 할 대상이 아닌 것은? (　　)

① 기판 내부에 높은 전압 및 전류가 큰 부분에 현저한 소손이 있는가를 확인
② 기판에 설치된 부품의 주위가 소손 혹은 부품의 단자가 용융되어 있는지 확인
③ 기판의 땜납붙이가 일정하고 변형이 없는 것을 확인
④ 기판의 탄화 부분에 저항치의 저하가 발생했는지 확인

05 텔레비전의 화재조사에서 누설방전에 의한 출화일 때 확인해야 할 대상이 <u>아닌</u> 것은? (　　)

① 기판 내부에 높은 전압이 인가되었는지를 확인
② 텔레비전 영상이 비치고 있는 상황에서 출화했는가를 확인
③ 누설 방전한 흔적, 덮개 손상, 기판 접지부분의 소손을 확인
④ 승압전용변압기가 설치되어 있는 측이 많이 소손되어 있는 확인

06 오디오기기의 주요 부품에 대한 설명이 바르지 <u>못한</u> 것은? (　　)

① 주로 음파를 전기신호로 변환하는 마이크로폰이다.
② 공중에 발사된 전파를 선택하여 그 속에 포함된 음성신호를 추출하는 것이 튜너다.
③ 레코드의 소리 홈의 기계진동을 전기신호로 변환하는 것이 스피커다.
④ 미소한 전기신호를 증폭하는 것을 증폭기라 한다.

07 물을 가열하면 김이 나오게 되고 자연히 방안에 습도가 높아지게 도는데 이러한 원리를 이용한 가습기는 어느 것인가? (　　)

① 초음파가습기　② 적외선가습기　③ 가열식가습기　④ 자외선가습기

08 온수세정좌변기의 구조와 기능에 해당하지 <u>않는</u> 것은? (　　)

① 청소기능　② 좌변난방기능　③ 세정기능　④ 건조기능

09 퍼스널 컴퓨터의 구성에서 용어에 대한 설명이 바르지 <u>못한</u> 것은? (　　)

① 기억장치와 CPU는 본체이다.
② 키보드 및 마우스는 입력장치이다.
③ 표시장치 및 프린터는 출력장치이다.
④ 하드디스크 및 CD-ROM는 본체이다.

10 컴퓨터에 의한 전기화재를 예방하기 위해서 적절하지 <u>않은</u> 행동은? (　　)

① 먼지가 들어가지 않도록 모니터 위해 수건을 올려놓음
② 컴퓨터를 사용한 후 전원스위치를 OFF 상태로 함
③ 컴퓨터에 바퀴벌레가 들어가지 않도록 주위를 청결히 함
④ 컴퓨터 본체 위에 책, 화분 등을 올려놓지 않음

11 문자 또는 도형을 전기신호로 변환하여 전화 회선을 통해서 상대방에게 이송하고, 상대측은 전기신호를 기록 장치로 종이 위에 재현하는 기기는 무엇인가? (　　)

① 라디오　　② 팩시밀리　　③ 텔레비전　　④ 전화기

12 무선전화기의 구성 요소에서 설명이 바르지 못한 것은? (　　)

① 수신부는 모든 신호가 출입하며, 듀플렉스 필터는 수신되는 신호와 송신되는 신호를 분리시킨다.
② 복조부는 송신측으로부터 변조된 특정신호를 추출하는 회로이다.
③ 제어부는 마이크로컴퓨터를 사용하여 모든 기능 수행에 필요한 제어신호를 발생시킨다.
④ 변조부는 모든 필요한 신호를 증폭하여 송출 주파수에 실어서 안테나로 전송한다.

13 비디오테이프레코더의 조사의 요점에 대해 논하시오.

14 비디오카메라의 조사의 요점에 대해 논하시오.

15 전기시계의 조사의 요점에 대해 논하시오.

16 가습기의 조사의 요점에 대해 논하시오.

17 온수세정좌변기의 조사의 요점에 대해 논하시오.

18 퍼스널 컴퓨터의 조사의 요점에 대해 논하시오.

19 팩시밀리의 조사의 요점에 대해 논하시오.

20 이동전화기의 조사의 요점에 대해 논하시오.

21 복사기의 조사의 요점에 대해 논하시오.

22 전기피아노의 조사의 요점에 대해 논하시오.

[정답표]

1	2	3	4	5	6	7	8	9	10
②	①	④	③	①	③	③	①	④	①
11	12	13	14	15	16	17	18	19	20
②	①	본문 참조							
21	22								
본문 참조									

Chapter

11

전기설비

contents

chapter

11 전기설비

section 11.1 누전차단기(RCD)

11.1.1 누전차단기의 종류

누전차단기(漏電遮斷器, RCD, Residual Current Protective Device or ELB, Earth Leakage Breaker)는 전기설비기계기구가 접속되어 있는 전로에서 누전에 의한 인체 및 생명체의 감전위험을 방지하기 위해 사용되는 기기이다.

국제전기기술위원회(IEC, International Electrotechnical Commission)에서 전기설비 사용에 따른 감전전류가 인체에 미치는 영향에 대해 IEC 60479-1(1994) 및 IEC 61200-413(1996)에서 다음과 같이 제시하였다. 인체에 미치는 전류의 영향은 두 가지 인자로 정의되며, 인체에 접촉전압이 인가된 경우 유해한 생리적 영향을 미치지 않는 추정접촉전압과 그 지속시간을 확립하는 기초가 된다.

① 인체를 통과하는 전류의 크기와 시간이 인체에 미치는 영향

② 접촉전압 크기에 따른 인체의 전기 임피던스 변화

즉, 누전차단기는 감전보호를 목적으로 저압전로에서 설치하는 기기이다. 지락보호는 보호접지 방식, 과전류 차단방식, 누전 차단방식, 누설전류를 검출하여 차단하는 방식, 누전 경보방식, 절연변압기 방식 등이 있다. 저압전로에서 지락을 보호하는 적용예는 [표 11-1-1]과 같으며, 누전 검출방법에 따라 전압동작형과 전류동작형으로 구분된다.

[표 11-1-1] 저압전로의 지락보호방식 적용 예

보호방식 \ 접촉상태		제1종	제2종	제3종	제4종
보호접지	제 1 급	×	○	○	○
	제 2 급	×	×	○	○
	제 3 급	×	×	×	○
과전류 차단		×	×	○	○
누전차단	전압동작형	×	○주1)	○주5)	○
	전류동작형	○주1)	○주1)	○주5)	○
누전경보		×	×	○주6)	○
절연변압기	비 접 지	×	○주2)	○	○
	중성선접지	×	○주3)	○주4)	○

주1) 고속, 고감도형에 한함　주2) 1차 전압 600[V] 이하　주3) 2차 전압 50[V] 이하
주4) 2차 전압 100[V] 이하　주5) 시연형 제외　주6) 가변형기기 제외

[표 11-1-2]는 누전검출 방식에 의한 누전차단기의 비교한 것이다. 누설전류를 검출하는 방법에 따라 각각의 특징이 있지만 대부분의 전기설비에 설치하는 누전차단기는 시스템 연동과 작동의 효율성 등을 고려할 때 전류동작형을 채택한다.

[표 11-1-2] 누전검출 방식에 의한 누전차단기의 비교

구분 \ 종류	전압동작형	전류동작형
구　성	누전발생시 기기의 프레임에 발생하는 대지전압을 검출하여 차단	누전발생시 지락전류를 영상변류기로 검출하여 차단
보호범위	검출 코일에 접속된 기기는 감전보호만 하므로 전로의 지락보호기능은 없음	차단기의 부하측 전로 및 기기의 지락, 감전 등
접지공사	제3종 또는 특별제3종 접지와 검출용 접지가 필요	제3종 또는 특별제3종 접지만으로 가능
사용장소	접지저항값의 변화가 적은 장소로 한정	고정 및 가변설비에서 사용가능

(1) 전압동작형

부하기기의 절연불량에 의해 전기설비가 충전되면 대지 사이에 접지선을 통하여 전위차가 발생하므로 이를 검출하여 차단기를 동작시키는 방식이다.

(2) 전류동작형

누설전류를 검출하기 위한 영상변류기(ZCT, Zero Phase Current Transformer)의 출력을 감전안전 한계에서 정해진 기준치와 비교하는 비교부, 비교치의 출력에 의해 전로를 차단하는 차단부로 구성되며 기본구조는 <그림 11-1-1>과 같다.

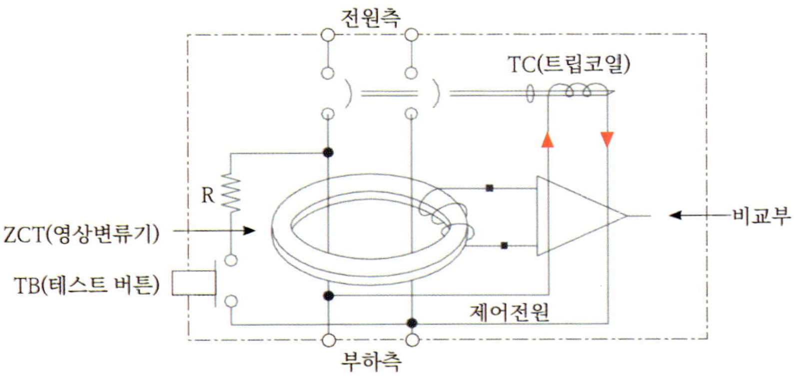

〈그림 11-1-1〉 전류동작형 누전차단기의 구조

누전차단기에 적용되는 영상변류기의 동작원리는 <그림 11-1-2>와 같다. 정상적인 회로에서는 ZCT를 관통하는 I_1, I_2는 동일한 크기이고 역방향이 되므로 $I_1 = I_2$가 되어 $\overrightarrow{\phi_1}$과 $\overrightarrow{\phi_2}$는 상쇄되므로 2차유기전압 e는 유기되지 않고 식 (11.1)과 같이 된다.

$$e = 0, \quad (\overrightarrow{\phi_1} + \overrightarrow{\phi_2} = 0) \tag{11.1}$$

그러나 누전이 발생된 경우 누설전류 I_g가 발생하면 입출력전류의 크기가 변하여 $\overrightarrow{I_1} = \overrightarrow{I_2} + \overrightarrow{I_g}$가 되며, 이때 I_g에 의하여 자속 $\overrightarrow{\phi_g}$가 발생하므로 식 (11.2)와 같이 된다.

$$e \neq 0, \quad (\overrightarrow{\phi_1} + \overrightarrow{\phi_2} = \overrightarrow{\phi_g}) \tag{11.2}$$

그러므로 절연열화 등에 의해 전기설비에 누전이 발생되면 $\vec{I_1} = \vec{I_2} + \vec{I_g}$ 가 되므로 ZCT에는 I_g에 의해 발생된 $\vec{\phi_g}$의 2차유기전압 e 가 발생된다. e 는 ZCT가 포화되지 않은 상태에서는 I_g에 비례하므로 e 에 의해 누설전류 신호를 출력하게 된다.

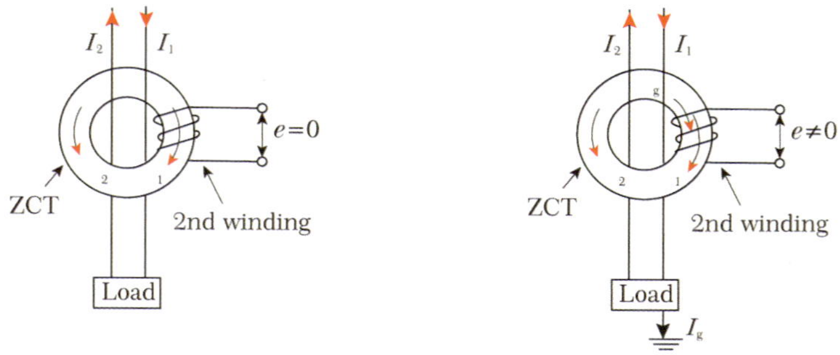

(a) 정상 작동　　(b) 누전 발생

〈그림 11-1-2〉 영상변류기의 동작원리

<그림 11-1-3>은 누전차단기의 결선 및 동작회로를 나타낸 것이다. <그림 11-1-3>(a)는 단상회로를 나타낸 배선 2가닥 모두 ZCT를 관통하도록 설치해야 하며, 변압기의 2차측 접지극이 접지되어 있으므로 누설된 전류가 귀로를 형성하여 누전차단기가 작동하게 된다. <그림 11-1-3>(b)는 3상회로를 나타낸 배선 3가닥 모두 ZCT를 관통하도록 설치해야 하며, 변압기의 2차측 중선선이 접지되어 있으므로 누설된 전류가 귀로를 형성하여 누전차단기는 작동하는 것이다.

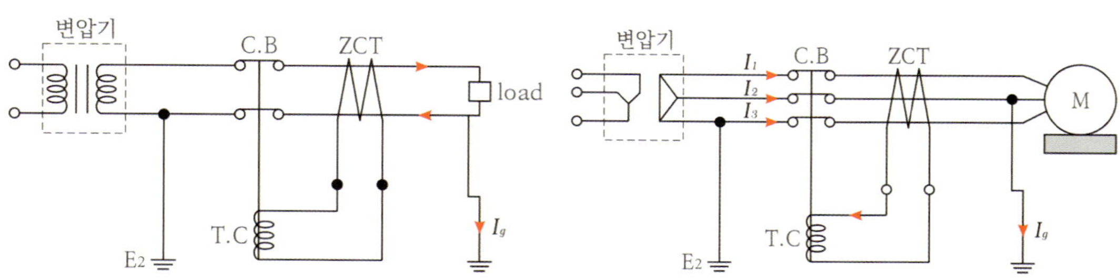

(a) 단상회로　　(b) 3상회로

〈그림 11-1-3〉 누전차단기의 결선 및 동작회로

또한, 전류동작형 누전차단기는 차단동작방법에 의해 영상변류기의 출력신호를 변환하지 않고 사용하는 電磁式(electromagnetic type)과 반도체 증폭기에 의해 증폭하여 사용하는 電子式(electronic type)으로 구분하며 이들의 특징을 비교하면 [표 11-1-3]과 같다.

[표 11-1-3] 누전차단기 트립기구 동작방법에 의한 비교

구분 \ 종류	電磁式(electromagnetic-type)	電子式(electronic-type)
구 성	영상변류기의 출력을 직접 트립기구에 보내 회로를 차단하는 방식	영상변류기의 출력을 증폭기에 보내 증폭시킨 후 트립코일을 작동하여 차단하는 방식
장 점	• 극간 절연저항의 측정 가능 • 결상시에도 지락전류가 흐르면 동작함 • 제어전원이 불필요 • 서지에 의한 오동작, 고장이 없음 • 온도의 영향이 거의 없음	• 고감도, 대용량의 제작이 가능 • 소형화, 시연형, 반한시형으로 제작가능 • 감도전류의 안정성이 우수 • 동작시간의 설정이 용이 • 반도체 부품의 돌드화에 의해 성능이 안정
단 점	• 고감도 릴레이의 환경영향이 많음 • 고감도, 대용량의 제작이 어려움 • 동작시간의 설정이 어려움 • 영구자석의 흡착력으로 가동철편을 흡착하고 있으므로, 이물질이 부착되면 안정성이 저하됨	• 전원이 필요 없어 개폐시나 뇌 발생시의 서지전압 등의 영향을 많이 받음 • 제어전원이 필요함 • 결상시(무전압, 저전압)에서는 지락이 발생해도 동작하지 않음 • 온도의 영향을 많이 받음

주택용 누전차단기(KS C 4621)는 정격전압 AC 380 [V] 이하, 정격전류 125 [A] 이하, 정격 단락차단용량 25 [kA] 이하에 적용된다. 또한, 정격감도전류[mA]는 6 [mA], 10 [mA], 15 [mA], 30 [mA], 50 [mA], 100 [mA], 200 [mA], 300 [mA], 500 [mA] 등이 있다. 그리고 산업용 누전차단기(KS C 4613)는 정격전압 AC 1,000 [V] 이하, 정격전류 2,000 [A] 이하, 정격 단락차단용량 200 [kA] 이하에 적용된다. 또한, 정격감도전류 [mA]는 6 [mA], 10 [mA], 15 [mA], 30 [mA], 50 [mA], 100 [mA], 200 [mA], 300 [mA], 500 [mA], 1 [A], 3 [A], 10 [A], 30 [A] 등이 있다.

단상으로 전원을 공급받는 주택에 주로 사용하는 전류동작형 누전차단기는 단락전류 2.5 [kA], 정격전류 30 [A], 최소감도전류 30 [mA], 최소동작시간 0.03 [s], 부동작전류 15 [mA] 등의 조건을 만족해야 한다.

11.1.2 누전차단기의 소손 패턴

<그림 11-1-4>는 누전차단기의 켜짐(ON) 상태의 실체사진을 나타낸 것이다. <그림 11-1-4>(a)는 켜짐(ON) 상태의 누전차단기를 정면에서 촬영한 것으로 작동손잡이가 상부를 향하고 있다. <그림 11-1-4>(b)는 누전차단기가 켜짐(ON) 상태에서 화염에 의해 소손된 것을 측면에서 촬영한 것이다. 누전차단기의 외함은 대부분 페놀수지(phenolic resin) 또는 ABS 수지(acrylonitrile butadiene styrene resin) 등으로 제작되어 있어서 약 500 [℃]의 화염에 탄화되어 소실된다. 그런데 누전차단기 내부의 기구부에 있는 금속 작동 고리는 금속이므로 일반 화염이 용융 및 변형 등이 발생하지 않는다. 그러므로 누전차단기의 금속 작동 고리의 방향을 보고 사고가 발생되었을 때의 작동 형태를 판정할 수 있다. 즉, 금속 작동 고리가 하부를 향하고 있으면 누전차단기는 켜짐(ON) 상태에서 소손된 것이고, 사고 당시 전기는 정상적으로 공급되고 있다는 것을 의미한다.

(a) 켜짐 상태, 전면　　(b) 켜짐 상태, 측면

〈그림 11-1-4〉 누전차단기의 켜짐(ON) 상태의 실체사진

<그림 11-1-5>는 누전차단기의 꺼짐(OFF) 상태의 실체사진을 나타낸 것이다. <그림 11-1-5>(a)는 꺼짐(OFF) 상태의 누전차단기를 정면에서 촬영한 것으로 작동손잡

이가 하부를 향하고 있다. <그림 11-1-5>(b)는 누전차단기가 꺼짐(OFF) 상태에서 화염에 의해 소손된 것을 측면에서 촬영한 것이다. 즉, 금속 작동 고리가 상부를 향하고 있으면 누전차단기는 꺼짐(OFF) 상태에서 소손된 것이고, 전기의 공급이 될 수 없는 상태이므로 전기화재가 발생할 수 없다.

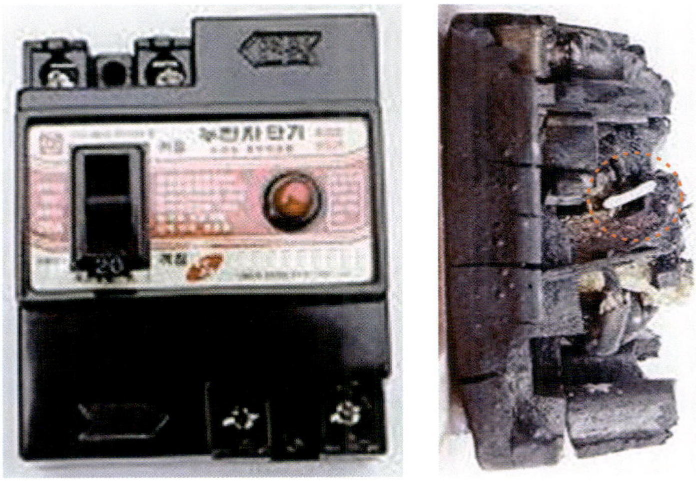

(a) 꺼짐 상태, 전면 (b) 꺼짐 상태, 측면

〈그림 11-1-5〉 누전차단기의 꺼짐(OFF) 상태의 실체사진

11.1.3 조사의 요점

① 작동손잡이의 작동 상태를 확인한다.

② 기구부의 위치 및 작동이 적절하지 확인한다.

③ 내장된 PCB의 상태 및 저항을 확인한다.

④ 기구부에 연결된 작동 핀 또는 봉의 위치를 확인한다.

⑤ 전원측 또는 부하측의 단자를 확인한다.

section 11.2 배선차단기(MCCB)

11.2.1 배선차단기의 정격

배선차단기(配線用遮斷器, MCCB, molded case circuit breaker)는 전기설비에서 발생되는 과부하 및 단락 사고로부터 전기설비를 보호하기 위해서 설치하는 장치이다. 주택용 배선차단기(KS C 8332)는 정격전압 AC 380 [V] 이하, 정격전류 125 [A] 이하, 정격 단락차단용량 25 [kA] 이하에 적용된다. 또한, 과전류 트립은 정격전류의 1.13배에서 부동작, 정격전류의 1.45배에서 동작이 요구된다.

산업용 배선차단기(KS C 8321)는 정격전압 AC 1,000 [V] 이하, 정격전류 2,000 [A] 이하, 정격 단락차단용량 200 [kA] 이하에 적용된다. 또한, 과전류 트립은 정격전류의 1.05배에서 부동작, 정격전류의 1.3배에서 동작한다. 순시트립은 트립전류 설정값의 80 [%]에서 0.2초 이내 비트립, 트립전류 설정값의 120 [%] 0.2초 이내 트립된다.

전력설비의 용량에 따라 다양한 제품이 있고, 비교적 조작이 안전하고 퓨즈를 끼우는 등의 수고가 필요 없다. 트립 장치에는 바이메탈이 차단기를 흐르는 전류에 의하여 가열되어 휘어지므로 트립 동작을 하는 열동식, 코일에 전류를 통하여 과전류에 의하여 철반을 흡인하여 동작하는 전자식, 양자를 결합한 열중전자식 및 전자식 등이 있다.

[표 11-2-1]은 배선차단기의 정격전류 및 작동시간을 나타낸 것이다. 배선차단기는 분기회로의 과전류차단기로서 사용하는 것으로 정격전류의 100 [%]에서는 정상적으로 전기를 공급한다. 그런데 전기설비에 과부하 또는 단락되면 관련 규정에 따라 적절하게 차단할 수 있어야 한다. 즉, 정격전류의 1.25배 또는 2배의 전류기가 배선차단기에 흐르면 주어진 [표 11-2-1]과 같은 조건에 따라 적절하게 차단해야 한다.

[표 11-2-1] 배선차단기의 정격전류 및 작동시간

차단기의 정격전류[A]	동작시간[min]	
	정격전류 200 [%] 전류	정격전류의 125 [%] 전류
30 이하	2 이내	60 이내
30 초과 50 이하	4 이내	60 이내
50 초과 100 이하	6 이내	120 이내
100 초과 225 이하	8 이내	120 이내
225 초과 400 이하	10 이내	120 이내
400 초과 600 이하	12 이내	120 이내
600 초과 800 이하	14 이내	120 이내
800 초과 1000 이하	16 이내	120 이내
1000 초과 1200 이하	18 이내	120 이내
1200 초과 1600 이하	20 이내	120 이내
1600 초과 2000 이하	22 이내	120 이내
2000 초과	24 이내	120 이내

11.2.2 차단기의 구성 요소

① 주접점은 차단기 주회로에 붙여진 접점이다.

② 아크접점은 차단 또는 투입에 따라 아크를 유인하고 주접점이 발호하는 것을 경감하기 위해 부가적으로 설치하는 접점이다.

③ 도전부는 전류를 흘리기 위한 차단기의 전로 부분이다.

④ 충전부는 차단기에 전압을 인가한 경우 직접 대전하는 부분이다.

⑤ 단자는 외부배선을 차단기에 전기적으로 접속하기 위해 설치된 부전부이다.

⑥ 트립장치는 개폐기구를 석방하여 차단기를 개방하는 장치이다.

⑦ 과전류 트립장치는 과부하전류 또는 단락전류에 대하여 트립동작을 하게하는 트립장치이다.

⑧ 소자(과전류트립)는 과전류 트립장치에서 각 극마다 과전류 검출기능을 가진 요소의 단위이다.

⑨ 전자식(반도체식) 과전류 트립장치는 트립장치에서 과전류 검출, 연산, 제어, 트립지령 등의 주된 기능이 전자회로에 따라 행해지는 과전류 트립 장치이다.

⑩ 호환형 과전류 트립장치는 동일 크램프 크기의 차단기에서 과전류 트립장치가 유닛화 되어 있고 정격전류를 변경할 할 경우에 과전류 트립 장치만을 변경함에 따라 정격전류가 다른 차단기가 얻어질 수 있도록 구성된 과전류 트립 장치이다.

⑪ 가조정식은 과전류 트립동작 시간 또는 동작전류가 소정의 범위 내에서 사용자에 따라 사용 조건에 맞게 조절할 수 있는 것이다.

⑫ 보조스위치는 그 차단기의 주회로 개폐기구에 연동하여 작동하는 스위치를 말한다.

⑬ 경보스위치는 그 차단기의 트립장치가 동작하여 차단하였을 때만 동작하는 스위치를 말한다.

11.2.3 차단기의 조작 성능

차단기의 조작 성능은 수동 조작 성능과 전기 조작 성능으로 구분하며, 전기 조작 성능은 다음과 같은 조건이 요구된다.

(1) 투입 조작 성능

전기 투입 조작 장치가 있는 것에 대하여 정격 조작 전압의 85 [%], 100 [%], 110 [%]의 범위에서 지장 없이 투입할 수 있어야 한다.

(2) 개방 조작 성능

전기 개방 및 리셋 조작 장치가 있는 것에 대하여 정격 조작 전압의 85 [%], 100 [%], 110 [%]의 범위에서 지장 없이 개방 및 리셋할 수 있어야 한다.

(3) 전압 트립 성능

전압 트립 장치가 있는 차단기는 [표 11-2-2]의 조건을 만족해야 한다.

[표 11-2-2] 조작 방식 및 트립 전압

조작 방식	트립 전압
교류 조작 방식의 것	정격 조작 전압의 85 [%] 이상 110 [%] 이하
직류 조작 방식의 것	정격 조작 전압의 85 [%] 이상 110 [%] 이하

(4) 부족 전압 트립 성능

차단기의 부족 전압 트립 장치는 다음의 조건을 만족해야 한다.

① 조작 회로의 정격 사용 전압의 85 [%] 이상의 전압으로 차단기의 투입 조작을 할 수 있을 것

② 투입 상태의 차단기는 조작 회로의 정격 사용 전압의 70 [%]가 넘는 전압에서는 트립하지 않을 것

③ 조작 회로의 정격 사용 전압의 20~70 [%]의 범위 내의 전압에서 트립할 수 있을 것

④ 조작 회로의 정격 사용 전압의 20 [%] 미만의 전압에서 차단기의 투입 조작을 하여도 투입 상태가 유지되지 않을 것

⑤ 조작 회로의 정격 사용 전압의 110 [%]에서 차단기를 투입한 후 무전압으로 한 경우, 지장 없이 트립할 수 있을 것

(5) 트립 자유 성능

① 전압 트립 장치 또는 부족 전압 트립 장치가 붙은 차단기는 다음의 조건에서 트립할 수 있어야 한다.

- 전압 트립 장치를 조작 회로의 정격 사용 전압으로 동작하고 또는 부족 전압 트립 장치를 무전압으로 해서 트입 지령을 부여한다.
- 투입 지령을 주어 즉시 전압 트립 장치를 동작하고 또는 부족전압 트립 장치를 무전압으로 한다.

② ① 이외의 차단기는 투입 지령을 주어 즉시 과전류 트립 장치를 동작하게 한다.

11.2.4 배선차단기의 작동

(1) 구조 및 명칭

배선차단기(MCCB)는 누전차단기와 다르게 전기설비 및 시스템 등에서 과전류 및 등의 전기적인 이상 현상이 발생하면 작동손잡이가 트립(TRIP) 상태로 이동하고, 회로를 통해서 전기의 공급이 멈추게 된다.

차단기가 정상적으로 기능을 회복하기 위해서는 회로의 이상 요인을 제거한 후에 안

전이 확인된 상태에서 작동손잡이를 아래로 내리면 꺼짐(OFF) 상태로 이동하게 된다. 그 다음의 절차는 정상 상태의 배선차단기의 작동 원리와 동일하게 운용할 수 있다.

<그림 11-2-1>은 배선차단기의 실체사진 및 명칭을 나타낸 것이다. 열동전자식 MCCB(1 Φ 2 W, AC 220 [V], 30 [A], 60 [Hz], DACO, DBE 32BE)이며, 각각의 구성 요소는 ① 작동 손잡이(actuator lever), ② 작동 기구부(actuator mechanism), ③ 온도조절장치(bimetallic strip), ④ 접촉점(contacts), ⑤ 상하 가동편(up and down operator), ⑥ 소호장치(arc divider or extinguisher), ⑦ 금속 작동핀(metal operation pin), ⑧ 전원측 단자(source terminal), ⑨ 부하측 단자(load terminal) 등을 나타낸다.

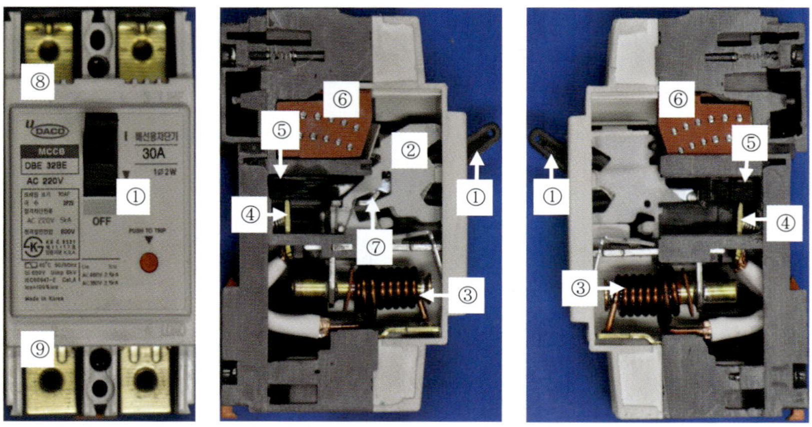

(a) 전면 사진　　(b) 측면 사진　　(c) 우측 사진

〈그림 11-2-1〉 배선차단기의 실체사진 및 명칭

<그림 11-2-2>는 열동전자식 MCCB를 분해한 실체사진이다. MCCB를 분해하였을 때 주요 구성 요소는 ① 상부덮개, ② 본체, ③ 하부받침대, ④ 트립바, ⑤ 소호 장치, ⑥ 상하 가동편, ⑦ 온도조절장치, ⑧ 부하측 단자, ⑨ 전원측 단자 등이다. 기존의 MCCB와 큰 차이는 없으나 작동 기구부의 상하 가동편 및 트립바 등이 플라스틱(PVC)으로 제작된 것도 있다.

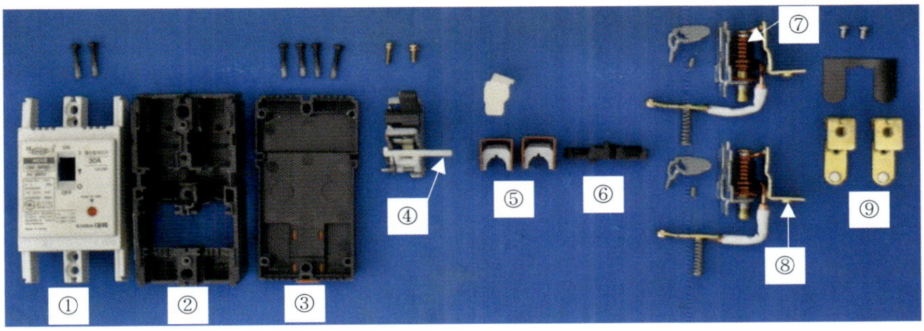

〈그림 11-2-2〉 배선차단기를 분해한 실치사진

(2) 작동 상태

<그림 11-2-3>은 배선차단기의 켜짐(ON) 상태의 실체사진을 나타낸 것이다. <그림 11-2-3>(a)는 켜짐(ON) 상태의 배선차단기를 정면에서 촬영한 것으로 작동손잡이가 상부를 향하고 있다. <그림 11-2-3>(b)는 배선차단기가 켜짐(ON) 상태에서 덮개를 제거하고 촬영한 내부사진이다. <그림 11-2-3>(c)는 배선차단기가 켜짐(ON) 상태에서 덮개를 제거하고 측면에서 촬영한 사진이다. 작동손잡이는 상부로 향하고 있고, 금속 봉이 가드 레일의 하부에 위치한다. 즉, 화재로 외함이 소손되면 내부에 있는 기구부의 금속 봉의 위치를 보고 배선차단기의 작동상태를 판정할 수 있다.

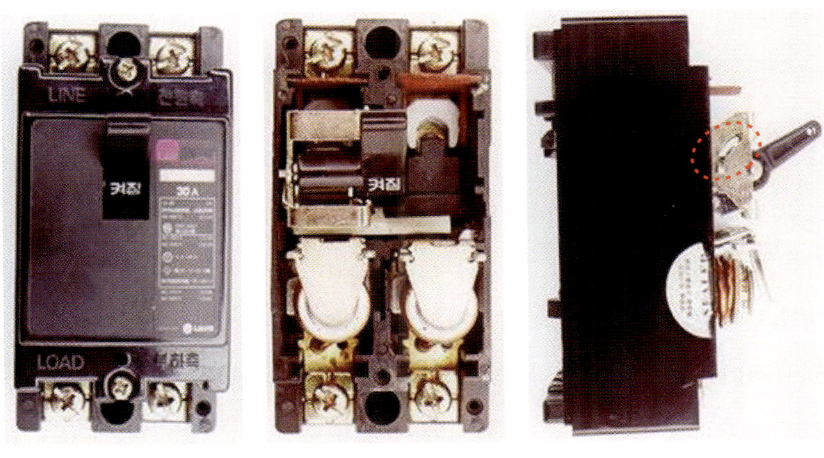

(a) 정면 사진　　(b) 내부 사진　　(c) 측면 사진

〈그림 11-2-3〉 배선차단기의 켜짐(ON) 상태의 실체사진

<그림 11-2-4>는 배선차단기의 꺼짐(OFF) 상태의 실체사진을 나타낸 것이다. <그림 11-2-4>(a)는 꺼짐(OFF) 상태의 배선차단기를 정면에서 촬영한 것으로 작동손잡이가 하부를 향하고 있다. <그림 11-2-4>(b)는 배선차단기가 꺼짐(OFF) 상태에서 덮개를 제거하고 촬영한 내부사진이다. <그림 11-2-4>(c)는 배선차단기가 꺼짐(OFF) 상태에서 덮개를 제거하고 측면에서 촬영한 사진이다. 작동손잡이는 하부로 향하고 있고, 금속 봉이 가드 레일의 상부에 위치한다. 즉, 화재로 외함이 소손되면 내부에 있는 기구부의 금속 봉의 위치를 보고 배선차단기의 작동상태를 판정할 수 있다.

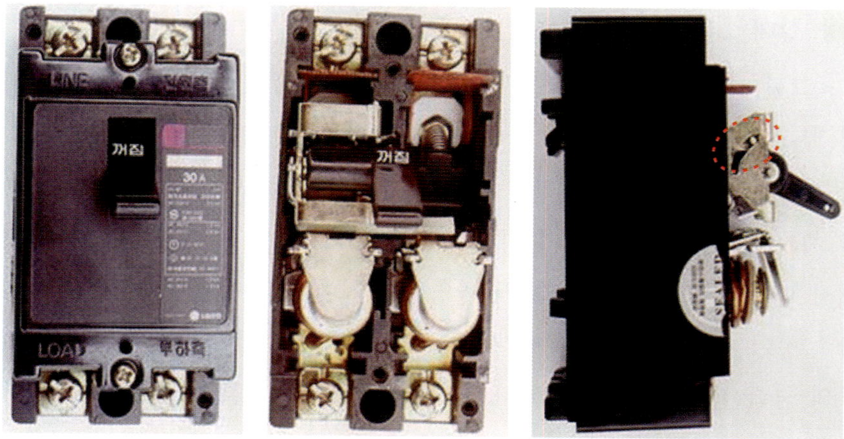

(a) 정면 사진 (b) 내부 사진 (c) 측면 사진

〈그림 11-2-4〉 배선차단기의 꺼짐(OFF) 상태의 실체사진

<그림 11-2-5>는 배선차단기의 트립(TRIP) 상태의 실체사진을 나타낸 것이다. <그림 11-2-5>(a)는 트립(TRIP) 상태의 배선차단기를 정면에서 촬영한 것으로 작동손잡이가 중앙에 위치한다. <그림 11-2-5>(b)는 배선차단기가 트립(TRIP) 상태에서 덮개를 제거하고 촬영한 내부사진으로 작동손잡이가 중앙에 위치한다. <그림 11-2-5>(c)는 배선차단기가 트립(TRIP) 상태에서 덮개를 제거하고 측면에서 촬영한 사진이다. 작동손잡이는 중앙으로 향하고 있고, 금속 봉이 가드 레일의 중앙에 위치한다. 즉, 화재로 외함이 소손되면 내부에 있는 기구부의 금속 봉의 위치를 보고 배선차단기의 작동상태를 판정할 수 있다.

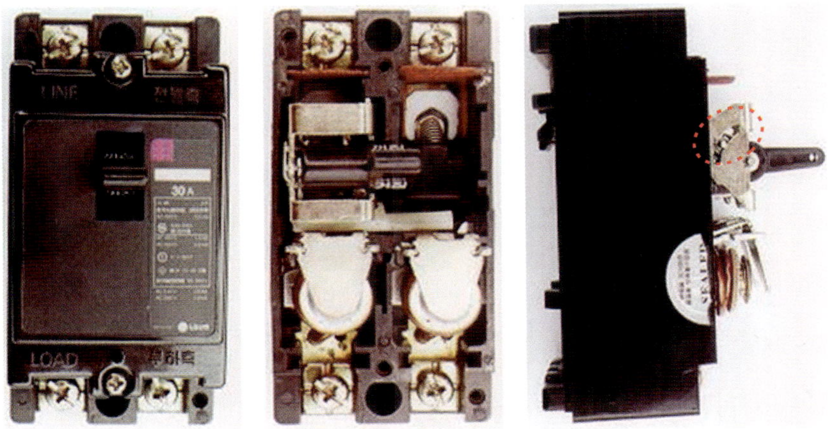

(a) 정면 사진 (b) 내부 사진 (c) 측면 사진

〈그림 11-2-5〉 배선차단기의 트립(TRIP) 상태의 실체사진

(3) 배선차단기의 소손 상태

① 화염에 의해 소손된 탄화 패턴

<그림 11-2-6>은 가스토치의 화염에 의해 소손된 MCCB의 실체사진이다. 화염은 가스 토치로 MCCB의 좌측 하단에서 60°로 인가하여 표면이 전소된 것이다. 연소 화염의 길이는 180 [mm] 이하를 유지시켰으며, 탄화된 MCCB의 패턴은 디지털카메라(Camera D90, 2009, Nikon, Japan)를 이용하여 촬영했다. 정면을 살펴보면 상부 덮개는 심하게 탄화되었고, 좌측 및 우측도 탄화 패턴이 확실하게 확인된다. 물질의 연소 속도와 등온 분포에 따라 화염의 공격이 직접적으로 영향 받은 곳은 탄화가 심하였고, 착화지점에서 먼 곳일수록 탄화의 흔적은 적고 그을림의 흔적이 나타나는 것을 확인할 수 있다.

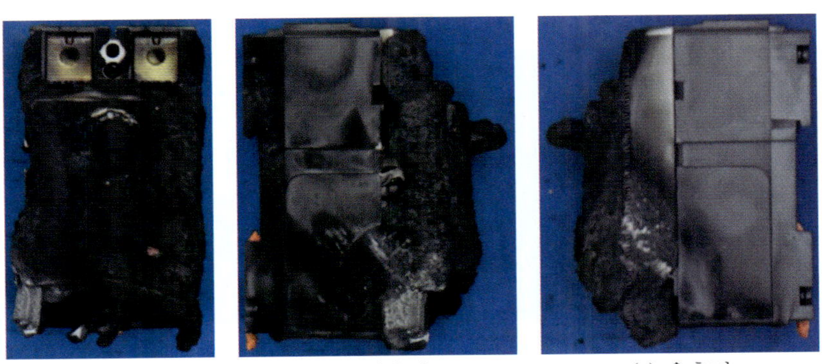

(a) 정면 (b) 좌측면 (c) 우측면

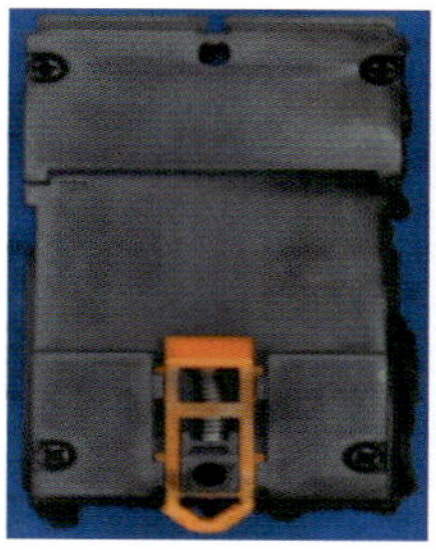
(d) 후면

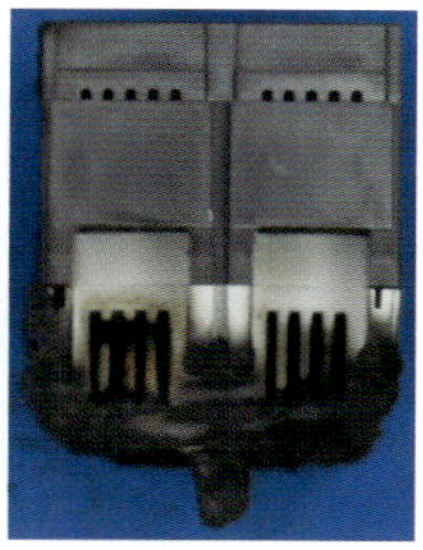
(e) 전원측

(f) 부하측

〈그림 11-2-6〉 가스토치의 화염에 의해 소손된 MCCB의 실체사진

<그림 11-2-7>은 <그림 11-2-6>의 내부를 나타낸 실체사진이다. 단자, 소호장치, 온도조절장치 등 내부는 화염의 공격으로 탄화 패턴이 형성되었다. 그리고 작동 기구부의 트립바는 녹아 흘러 내렸으며, 금속 작동핀은 트립 상태로 이동된 것이 확인되었다. 그러나 상하 작동핀(🡇)은 ON 상태를 유지하고 있다. 그러므로 KS C 3004를 준용한 난연성 전소 실험을 통해 열동전자식 MCCB는 전기적인 요인이 없이도 금속 작동핀(🡅)은 트립 상태로 이동할 수 있다는 것이 확인되었다. 따라서 사고 현장에서 수거된 열동전자식 MCCB의 금속 작동핀의 상태를 근거로 단락 또는 과부하 등이 발생했다고 단정하는 것은 오판의 우려가 있음을 알 수 있다.

(1) 정면 내부

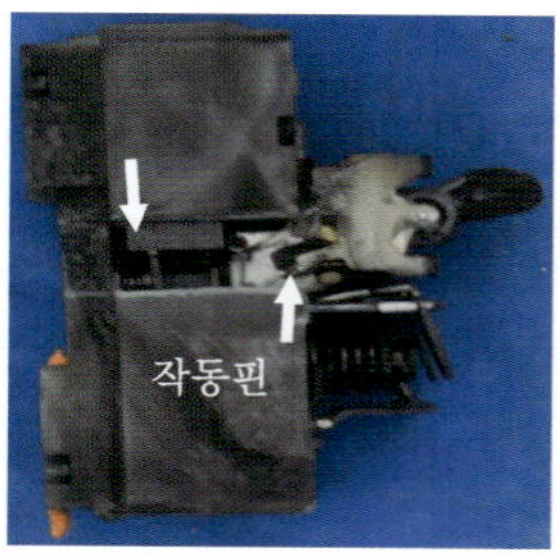

(2) 좌측면

(3) 우측면

(4) 덮개 외부

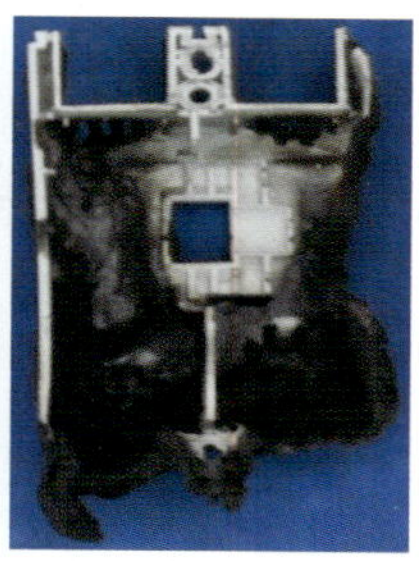
(5) 덮개 내부

〈그림 11-2-7〉 가스토치의 화염에 의해 소손된 MCCB의 내부 실체사진

② 트립바가 고장난 상태에서 과전류의 통전에 의한 소손 패턴

<그림 11-2-8>은 트립바가 고장 난 상태에서 과전류 600[A]를 대전류공급장치(PCITS)로 공급했을 때의 실체사진이다. PCITS로 과전류를 공급한 후 3초가 경과하였을 때 내부에서 흰 연기가 발생하고, 육안으로 확인할 수 있는 불꽃이 외부로 방사되었다. 그리고 탁(딱)하는 소리와 동시에 과전류의 공급이 중단되었다. 정면 내부 사진을 살펴보면 온도조절장치, 접점 및 소호장치 등에서 탄화 흔적이 확인되었다. 우측면 사진을 살펴보면 온도조절장치 및 접점 등이 소손되었다. 그러나 작동 손잡이와 상하 가동편은 정상제품의 켜짐(ON) 상태와 동일하였다. 그리고 덮개 외부는 색의 변화가 나타나지 않았지만 덮개 내부는 그을림 흔적이 확인되었다.

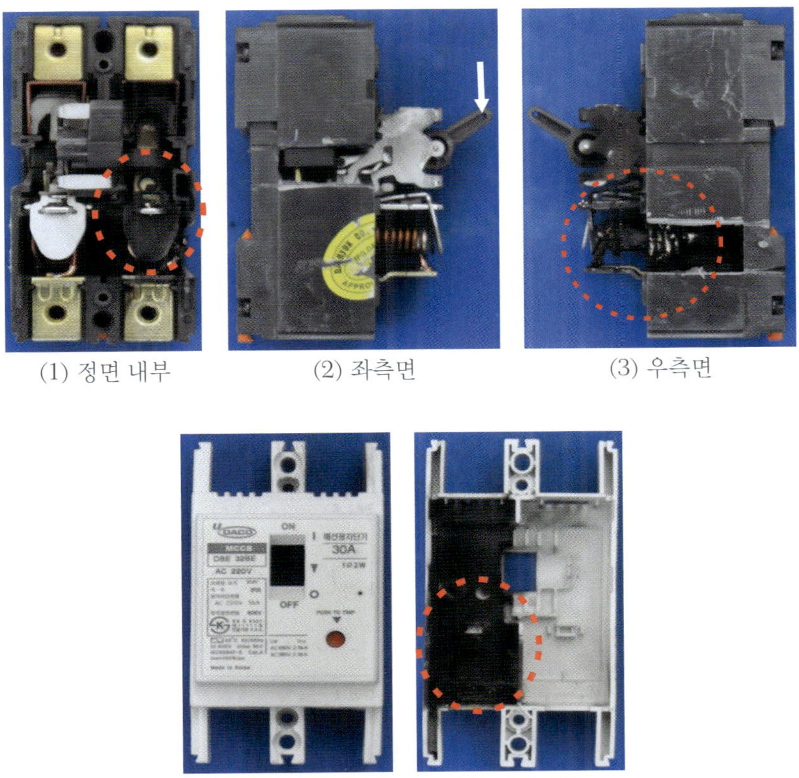

(1) 정면 내부 (2) 좌측면 (3) 우측면

(4) 덮개 외부 (5) 덮개 내부

〈그림 11-2-8〉 트립바가 고장난 상태에서 과전류 600A의 통전에 의한 소손 패턴

11.2.5 조사의 요점

① 작동손잡이의 작동 상태 및 트립 상태를 확인한다.

② 기구부의 위치 및 작동이 적절하지 확인한다.

③ 기구부에 연결된 작동 핀(봉) 또는 판의 위치를 확인한다.

⑤ 전원측 또는 부하측의 단자를 확인한다.

⑥ 트립바의 위치 및 소손 상태를 확인한다.

⑦ 소호장치 및 온도조절장치 등의 소손 상태를 확인한다.

section 11.3 예비전원설비

11.3.1 예비전원이 필요한 설비의 종류 및 대상

예비전원설비는 상용 전원 설비를 사용할 수 없는 상황이 되었을 때 운용하기 위한 설비이다. 일반적으로 축전지 설비, 자가용 발전설비, 무정전 전원 장치 등이 사용되고 있으며, 인간활동의 편의성, 안전성, 신뢰성 등이 강조되는 건축물에서는 대단히 중요한 전원 설비이다.

축전지설비(蓄電池設備, storage battery installation)는 상용전원이 공급되지 못하는 재해가 발생했을 때 예비전원으로 사용하기 위해서 시설하는 것이다. 따라서 축전지설비는 비상용 조명 전원, 유도등용 전원, 무정전 전원 장치 등의 예비전원이나 비상전원 등에 사용된다. 주요 구성은 축전지, 충전 장치, 보안 장치, 제어 장치 등이 있다.

자가발전설비(自家發電設備, inhouse power generating station)는 건물, 공장 등의 구내에서 시설을 운용하기 위해 자가용으로 설치하는 발전 설비이다. 정전이 발생했을 때 대비하는 비상용 발전기도 포함하며, 전력 회사가 전력 공급용으로 설치하는 것은 사업용 발전 설비라고 한다.

무정전전원설비(無停電電源設備, UPS, uninterruptible power supply system)는 상용전원에서 발생할 수 있는 전압 변동, 주파수 변동, 전압 파형의 왜형, 순간 정정 등으로부터 기기를 보호하고 양질의 전원을 안정적으로 주요 기기에 공급하기 위해서 설치하는 장치이다.

예비전원설비는 필요조건에 따라 보안상 또는 자위상 설치하게 된다. 건축법 및 소방법에 설비의 종류, 설치 대상 등을 구분하여 규정하고 있으며 그 내용은 [표 11-3-1]과 같다.

[표 11-3-1] 예비전원이 필요한 설비의 종류 및 대상

관계법령	설비의 종류	설치 대상	비 고
건축법	방화 셔터	전부	주1) 참조
	비상용 승강기	전부	주2) 참조
	배연 설비	전부	
	비상 급수 설비	전부	
소방법	옥내 소화전 설비	11층 이상의 소방대상물	화재시 펌프가 자동 기동되도록 비상 전원에 대신하여 내연기관을 설치한 경우는 제외
	스프링클러 설비	전부	
	물 분무 등 소화 설비	전부	
	포 소화 설비	전부	
	이산화탄소 소화 설비	전부	
	할로겐화물 소화 설비	전부	
	분말 소화 설비	전부	
	옥외 소화전 설비	(해당 없음)	
	자동화재 탐지 설비	전부	비상 전원용 수전 설비 또는 축전지 설비
	전기화재 경보 설비	(해당 없음)	
	전기화재 속보 설비	(해당 없음)	예비 전원 설비
소방법	비상 경보 설비	전부	비상 전원용 수전 설비 또는 축전지 설비
	유도등	전부	축전지 설비
	비상 조명등	전부	예비 전원을 내장한 것은 제외
	배연 설비	전부	
	연결 송수관 설비	전부	
	연결 살수 설비	(해당 없음)	
	비상 콘센트 설비	전부	
	무선 통신 보조 설비	전부	설비 자체에 부착

주1) 자동 방화 셔터의 예비 전원은 자동 충전 장치, 시험 충전 장치를 가진 축전지로서 충전을 하지 않고 30 [min] 동안 계속하여 셔터를 개폐시킬 수 있어야 한다.

주2) 비상용 승강기의 예비 전원은 상용 전원이 차단되는 경우 60 [s] 이내에 정격 전력 용량을 발생하는 자동 전환 방식으로 하되 수동 시동이 가능하도록 하고 120 [min] 이상 작동이 가능하여야 한다.

그리고 예비전원 설비는 설계를 할 때 예비전원의 종류와 사용할 시간의 기준으로 정해져 있다. [표 11-3-2]는 건축법 규제에 의한 설비를 예비전원에 따른 자가 발전 설비, 축전지 설비, 용량 등으로 나타낸 것이다.

[표 11-3-2] 건축법 규제에 의한 설비

예비전원		자가발전설비	축전지설비	자가 발전 설비와 축전지 설비와의 병용	용량(이상)
배연 설비	특별 피난 계단	○	○	—	20분간
	특수 건축물 등				20분간
	비상용 엘리베이터의 승강 로비				20분간
비상용 조명등	피난 계단 및 특수 피난계단	○	○	—	20분간
	특수 건축물				20분간
	비상용 엘리베이터의 승강 로비				20분간
비상용 진입구(적색등)		○	○	—	20분간
비상 급수 설비		○	○	—	20분간
비상용 엘리베이터		○	—	—	120분간
방화문		○	○		30분간

또한, [표 11-3-3]은 소방법 규제에 의한 설비를 비상전원이 필요한 소방용 설비에 따른 자가 발전 설비, 축전지 설비, 용량 등으로 나타낸 것이다.

[표 11-3-3] 소방법 규제에 의한 설비

비상 전원이 필요한 소방용 설비	비상전원 전용수전설비	자가발전설비	축전지설비	용량(이상)
옥내(외)소화전설비	○[1)]	○	○	20분간
스프링클러설비	○[1)]	○	○	20분간
물분무소화설비	○[1)]	○	○	20분간
포소화설비	○[1)]	○	○	20분간
CO_2 소화설비		○	○	20분간
할로겐화합물소화설비		○	○	20분간
분말소화설비		○	○	20분간
자동화재탐지설비	○[1)]		○	60분 상태 감시 10분 경보
가스누설화재경보설비		○[2)]	○	10분간
비상경보 및 방송설비	○[1)]		○	10분간
유도등			○	20분간
배연설비	○[1)]	○	○	20분간
비상콘센트설비	○[1)]	○	○	20분간
무선통신보조설비			○	30분간

주1) 특정방재대상물(여관, 호텔, 백화점, 병원, 영화관 등)에서 연면적이 1,000 [m^2] 이상은 사용할 수 없다.
주2) 지하층을 제외한 층수가 7층 이상으로서 연면적이 2,000 [m^2] 이상의 것

11.3.2 전지의 종류

(1) 화학전지

화학반응에너지를 이용한 전지를 말한다. 충전할 수 없는 1차 전지와 충전이 가능한 2차 전지로 나누어진다.

〈1〉 1차전지

① 망간전지

+극 ; 이산화망간, −극 ; 아연, 전해질 ; 염화암모늄, 염화아연

② 알카리전지

+극 ; 이산화망간, -극 ; 아연, 전해질 ; 수산화칼륨

③ 리튬전지

+극 ; 탄화불소, -극 ; 리튬, 전해질 ; 유기용매

④ 공기전지

+극 ; 산소, -극 ; 아연, 전해질 ; 수산화칼륨

⑤ 산화은전지

+극 ; 산화은, -극 ; 아연, 전해질 ; 수산화칼륨

⟨2⟩ 2차전지

① 납축전지

+극 ; 이산화은, -극 ; 납, 전해질 ; 황산

② 니켈전지

+극 ; 니켈산화물, -극 ; 카드늄, 전해질 ; 가성가리용액

(2) 물리전지

광, 열 등의 물리에너지를 이용한 전지를 말한다.

① 광전지

실리콘, 칼륨, 비소 등의 반도체로 만든다. 태양광의 약 7~8 [%]를 전기로 바꾸는 것이 가능하다.

② 열전지

열에너지를 이용한 전지로 열전대형과 열전자형이 있다. 태양전지와 같은 반도체를 사용한다.

③ 원자력전지

아직 일반적으로 실용화된 것은 없다. 실용화되면 반영구적인 전지가 될 것으로 전망된다. 여기에 언급된 것이 모두는 아니며 그 외에 수은전지, 리튬전지, 이온전지 등이 있다.

11.3.3 축전지의 종류

축전지 설비는 상용 전원이 공급되지 못하는 재해가 발생했을 때 예비 전원으로 사용하기 위해서 시설하는 것이다. 따라서 축전지 설비는 비상용 조명 전원, 유도등용 전원, 무정전 전원 장치 등의 예비 전원이나 비상 전원 등에 사용될 뿐만 아니라 수변전 설비 감시 제어용 및 각종 제어 설비의 전원으로 사용된다. 축전지는 독립된 하나의 전원 설비로 순수한 직류 전원 설비로 경제적이고 보수가 용이하며, 설비의 상황에 따라 탄력 운용이 가능하다.

축전지는 충전이 불가능한 1차 전지(건전지)와 충전이 가능한 2차 전지로 나누어진다. 일반적으로 축전지라하면 2차 전지인 납축전지, 알칼리 축전지 등을 말한다. 이와 같은 2차 전지는 극판의 형식, 설치 방식, 구조 등에 따라 다음과 같이 분류된다.

(1) 알칼리 축전지

대표적인 물질로 수산화제2망간과 금속카드뉴을 사용한다. 수산화제2망간[NiOOH]은 양극으로 사용되고 금속카드뉴[Cd]은 음극으로 사용된다. 즉, 니켈카드뉴식 알칼리 축전지는 가성칼리(KOH) 수용액 속에 옥시수산화 니켈[NiOOH]과 카드뉴을 서로 격리시켜 반응시키면 양극판 사이에 1.3 [V]의 전압이 발생하며, 이들의 충전과 방전 반응 과정은 다음과 같다.

$$\underset{\text{옥시수산화니켈}}{\overset{\text{(양극)}}{2NiOOH}} + \underset{\text{카드뮴}}{\overset{\text{(음극)}}{Cd}} + \underset{\text{물}}{2H_2O} \underset{\text{충전}}{\overset{\text{방전}}{\rightleftharpoons}} \underset{\text{수산화니켈}}{\overset{\text{(양극)}}{2Ni(OH)_2}} + \underset{\text{수산화카드뮴}}{\overset{\text{(음극)}}{Cd(OH)_2}} \quad (11.3)$$

전해액인 가성칼리(KOH)는 직접 충·방전에 관여하지 않고 전기에너지를 전달하는 역할만을 하므로 전해액 양은 축전지의 용량에 관계없다. 즉, 충·방전에 의한 전해액의 비중 변화가 거의 없다는 특징을 갖고 있다.

<그림 11-3-1>은 알칼리 축전지의 구조와 명칭을 나타낸 것이다. <그림 11-3-1>(a)는 포켓식 알칼리 축전지이며, 양극판과 음극판을 천공한 강판의 포켓 속에 활성화 물질을 충전하여 틀 속에 배열한 것이다. <그림 11-3-1>(b)는 소결식 알칼리 축전지이며, 양극판과 음극판은 니켈을 금속 분말을 소결하여 만든 다공성 기판의 가는 구멍 속에 활성화 물질을 충전한 것이다.

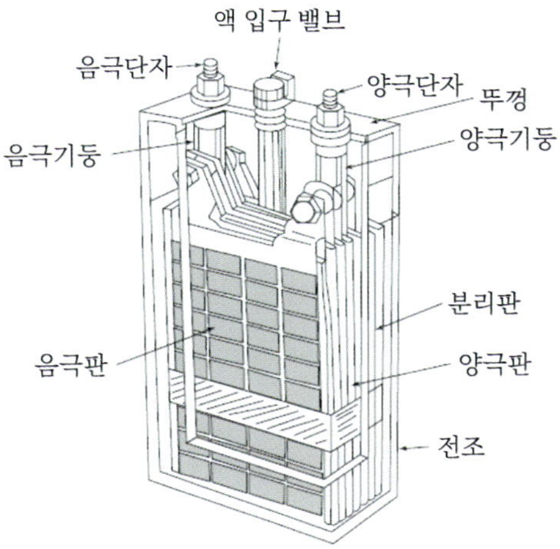

(a) 포켓식

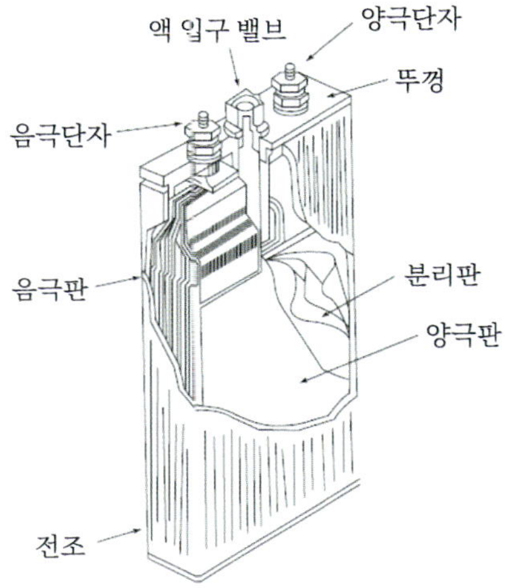

(b) 소결식

〈그림 11-3-1〉 알칼리 축전지의 구조와 명칭

(2) 납축전지

일반적인 전지는 원통형으로 망간전지, 알칼리전지, Ni-Cd 전지 등이 있다. 알칼리전지와 망간전지는 외관상 거의 변하지 않지만 알칼리전지는 정극합제를 외측에 놓고 부극의 아연을 중심에 놓기 때문에 그 위치관계는 망간전지와 반대로 되어 있다.

Ni-Cd 전지는 밀폐형니켈, 카드늄, 알칼리축전지 등이 있으며, 외관상 망간전지와 거의 동일하지만 충전이 가능하다. 공칭전압은 1.2 [V]로 망간전지에 비교하여 약간 낮지만 내부저항이 대단히 적게 대전류를 흘릴 수 있다는 특징이 있다.

승용차 등에 사용되는 납축전지는 하나의 셀 전압이 2 [V]이고, 6개의 셀을 직렬로 접속함으로써 12 [V]를 얻고 있다. 양극은 과산화납, 음극은 납, 전해액은 묽은 황산이다. 대용량으로 튼튼하고 저가이다. 보수 및 취급이 비교적 용이하지만 과충전을 하면 물의 전기분해가 일어나 수소 및 산소를 발생한다. 또한, 전해액으로 묽은 황산을 사용하고 있기 때문에 넘어지면 전해액이 배기구멍 등으로부터 흘러나올 우려가 있다. 전해액의 유출을 방지하기 위해서 전해액을 페이스트형 또는 특수한 형상의 분리형을 사용하여 액의 유동성을 감소시키는 등의 연구를 하여 밀폐형 납축전지가 개발되어 있다.

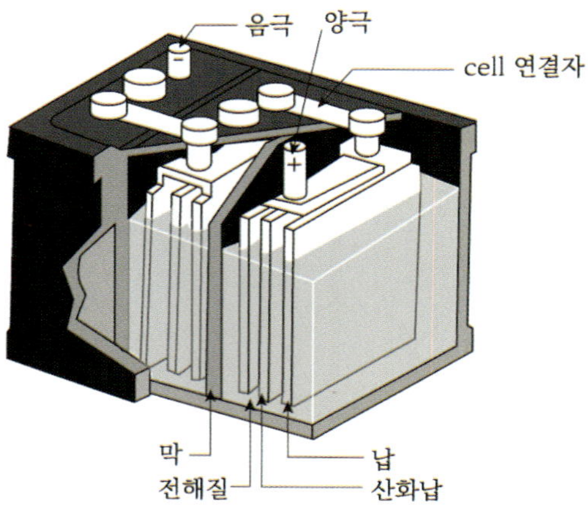

〈그림 11-3-2〉 납축전지의 구조

일반적으로 자동차에 쓰이는 축전지가 납축전지이며, 구성하는 축전지의 수에 따라 다양한 전압을 얻을 수 있다. 납축전지는 방전할 때 화학에너지를 전기에너지로 바꿔 설비에 공급하고, 충전할 때는 외부에서 전기에너지를 받아 이것을 화학에너지로 바꿔 저장하는 형식이다.

출력을 증가시키기 위해서는 각각의 구성 전지들은 서로 연결된 납 음극과 PbO_2의 양극으로 만들어진다. 이 전극들은 묽은 황산으로 이루어진 전해질 속에 담겨져 있다. 하나의 납축전지는 약 2 [V]의 전압을 발생하므로 6개의 전지를 직렬로 연결하면 12 [V]의 전압을 얻을 수 있다. 외부 회로를 구성하여 납축전지가 작동하면 다음과 같은 충전과 방전 반응을 나타낸다.

$$(+)\text{극} : PbO_2 + 4H^+ + SO_4^{2-} + 2e^- \rightarrow PbSO_4 + 2H_2O$$

$$(-)\text{극} : Pb + SO_4^{2-} \rightarrow PbSO_4 + 2e^-$$

(양극)　　(전해액)　(음극)　방전　(양극)　　(전해액)　(음극)

$$PbO_2 + 2H_2SO_4 + Pb \rightleftarrows PbSO_4 + 2H_2O + PbSO_4 \qquad (11.4)$$

이산화납　　황산　　납　충전　황산납　　물　　황산납

방전에 의해 양극의 활성 물질인 이산화납은 전해액 속의 황산과 반응하여 황산납으로 되고, 음극의 활성 물질인 납도 황산과 반응하기 때문에 전해액의 비중이 저하된다. 충전하면 양극의 황산납은 이산화납으로 되고, 음극의 황산납은 납으로 복귀되어 전해액의 비중도 원래대로 돌아간다. 즉, 충전과 방전이 이루어지면서 이중이 변화하는 것이 납축전지의 특징이다.

<그림 11-3-3>은 납축전지를 나타낸 것이다. <그림 11-3-3>(a)는 구조와 명칭을 나타낸 것이다. 또한, 사용되는 양극판의 종류에 따라 <그림 11-3-3>(b)와 같이 페이스트식 극판과 <그림 11-3-3>(c)와 같이 클래드식 극판이 있다.

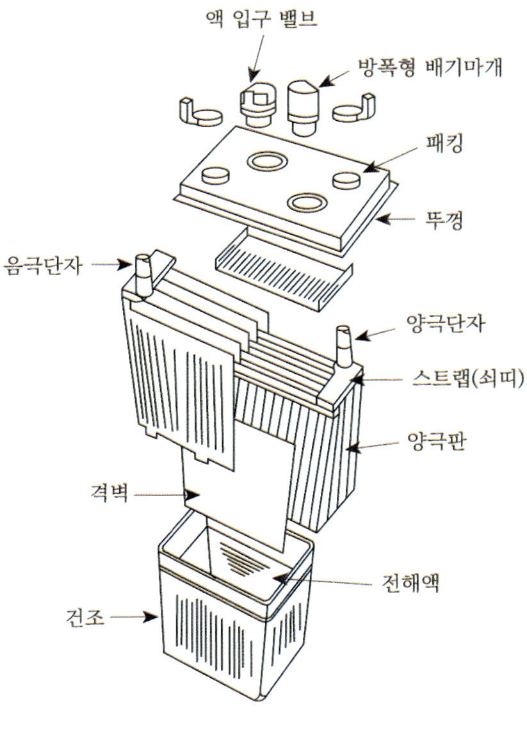

(a) 납축전지의 구조

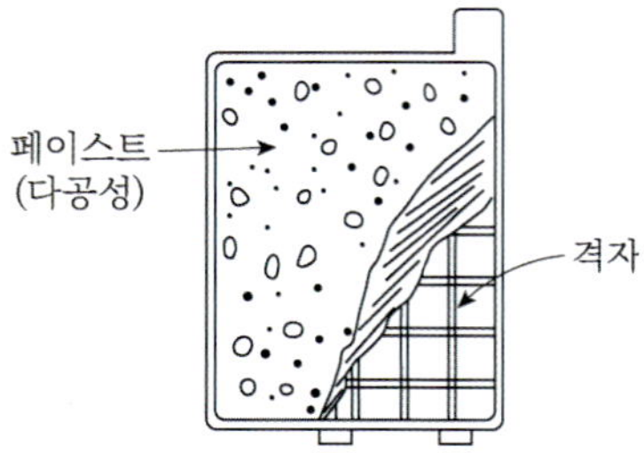

(b) 페이스트식 극판

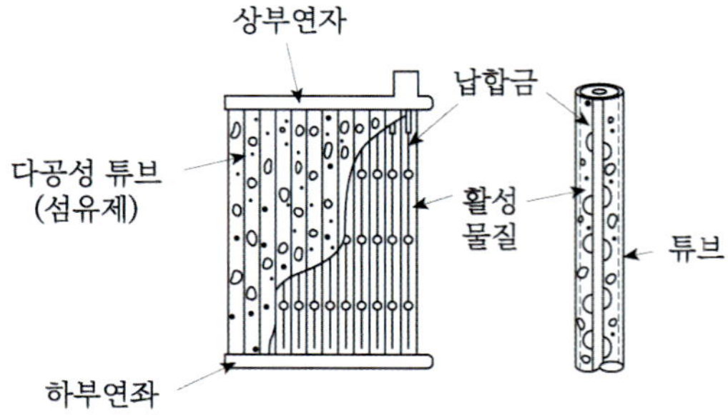

(c) 클래드식 극판

〈그림 11-3-3〉 납축전지의 구조와 극판

11.3.4 축전지의 충전 오류

축전지는 전기에너지를 저장하는 기기로 전해질, 주위온도 및 사용조건 등에 따라 수명 및 특성 저하에 영향을 미친다. 따라서 제품의 특성을 고려한 적절한 관리 및 운용이 필요하며 축전지의 충전 오류의 유형은 다음과 같이 나타낸다.

(1) 축전지의 과충전 원인

① 충전 전압이 높을 때

② 전해액의 비중이 높을 때

③ 전해액의 온도가 높을 때

(2) 축전지의 충전 불량 원인

① 극판에 설페이션 현상이 발생했을 때

② 축전지를 장기간 방치했을 때

③ 충전회로가 접지되었을 때

④ 단자대(+, −) 또는 연결 압착단자의 체결이 부적절할 때

(3) 축전지의 설페이션[1] 원인

① 과방전되었을 때

1) 설페이션(sulphation)은 축전지의 충전이 부족할 때 극판에 백색 또는 황색의 납이 발생되는 현상이다.

② 극판이 노출되어 산화되었을 때

③ 극판이 단락되어 있을 때

④ 불충분한 충전과 방전을 자주하였을 때

⑤ 전해액의 비중이 너무 높거나 낮은 상태일 때

11.3.5 축전지실의 고려 사항

(1) 건축적 측면

① 대용량 축전지 설비인 경우 건물의 집중 하중 및 평균 하증을 견디는 바닥 구조로 시설해야 한다.

② 축전지는 충전과 방전 과정에 유독성 가스가 발생하기 쉬우므로 내산성 또는 내알칼리성 도장을 실시해야 한다.

③ 축전지는 전도의 위험성이 발생하지 않도록 견고한 바닥 및 벽에 지지되어야 한다.

④ 축전지의 점검, 보수 유지가 용이한 실의 크기를 확보해야 한다.

⑤ 운전 중에 발생하는 가스를 적절히 배출할 수 있도록 시설해야 한다.

⑥ 축전지실과 축전지 지지대의 간격을 충분히 확보해야 한다.

- 축전지와 벽면과의 거리 : 1 [m] 이상
- 축전지와 비보수측 벽면과의 거리 : 0.1 [m] 이상
- 축전지와 보수 기기 사이의 거리 : 1 [m] 이상
- 축전지와 입구 사이의 거리 : 1 [m] 이상
- 축전지실 바닥과 천장의 높이 : 2.6 [m] 이상

(2) 전기적 측면

① 별도의 실로 시설하는 경우 수변전실과 인접하여 시설해야 한다.

② 진동이 발생하지 않는 곳에 시설해야 한다.

③ 충전, 방전 중에 가스 및 열이 발생하므로 배기 시설을 해야 한다.

④ 개방형 축전지를 사용하는 경우 조명등, 스위치 등은 내산형으로 한다.

⑤ 충전기는 가급적 부하에 근접하여 시설한다.

⑥ 축전지실의 전선은 비닐절연전선을 사용한다.

⑦ 기술자가 축전지를 점검할 때 감전의 위험성이 없도록 시설한다.

⑧ 외부인의 출입을 엄격히 통제할 수 있도록 해야 한다.

⑨ 기타 관계법령에 적합하도록 시설한다.

(3) 환경적 측면

① 축전지가 충전과 방전이 있을 때 부식성, 폭발성, 유독성 가스 등이 발생할 수 있으므로 적절한 환기시설이 설치되어야 한다.

② 축전지실에 물의 침입 및 침투가 없도록 시설해야 한다.

③ 축전지는 습도, 온도에 민감하므로 건조하고 상온을 유지하도록 해야 한다.

④ 기타 관계법령에 적합하도록 시설한다.

11.3.6 조사의 요점 및 출화사례

(1) 조사의 요점

어느 쪽의 전지도 그 자체가 전기를 공급하고 있으므로 성능의 차이는 있지만 단락시에 대전류를 흘리는 것이 가능하고 전지 자체가 발열한다. 기기 내부의 단락은 물론 전지용기의 상태 및 전지자체 절연의 상태에도 주목하는 것이 필요하다. 또한, 2차전지의 경우 그 충전이 적절히 되고 있는지 확인한다.

(2) 출화사례

무정전 전원장치의 축전지가 수명을 넘어 장기간 방치되어 +단자의 부식, 절연테이프(strap) 등의 변형에 의해 간극이 생겨 그것에 의해 충전전류에 의한 미소불꽃이 오랫동안 발생하여 주위의 수지 등을 탄화시키면서 결국은 단자 덮개 수지에 착화하여 출화하였다.

11.3.7 자가용발전설비

상용 전원의 신뢰도는 설비의 개발과 더불어 과학화되고 있는 것이 사실이지만 사고는 때와 장소를 가리지 않고 발생하는 것이다. 전기설비의 재해 발생을 최소화하기 위한 시스템 중의 하나가 자가용 발전 설비이다.

(1) 사용 목적에 의한 분류

자가용 발전 설비는 사용 목적, 설치 방법, 시동 방식, 내연 기관 등에 따라 다음과 같이 구분한다.

① 상용 발전기

전력 회사에서 전력을 공급받을 수 없는 도서, 산간벽지, 낙도 등의 설비, 계절적으로 피크 부하가 일시적으로 발생하는 설비, 부하 변동이 매우 심한 설비 등에 채용된다.

② 비상용 발전기

건축물에 상용 전원의 공급이 일시적으로 중단되었을 때 시설물의 긴급 운전, 보안, 안전 등을 목적으로 설치하는 발전기이다. 이것은 소방법, 건축법에 따른 시설 요건을 충족해야 한다.

③ 열 병합 발전기

대단위 아파트가 밀집한 지역에서 주로 채용하는 방식이다. 일명 total energy system으로서 열 병합 발전을 의미하며 폐열 회수가 가능한 발전 장치를 갖추고 있다. 발전기를 가동시켜 전력은 이용하고 여기서 발생되는 열원을 폐열에서 회수하여 에너지 생산성을 높인 시스템이다.

(2) 설치 방법에 의한 분류

① 고정식

건축물의 일부에 일정한 공간을 확보하여 디젤 발전 장치를 구성한 것이다. 중규모 이상의 빌딩, 공장 등이 여기에 속하며 비상 및 보완용 전원으로 많이 사용된다.

② 이동식

건축공사, 토목 공사, 도로공사, 방송 중계차 등 임시 전력이 필요한 경우에 차량용 또는 차량 탑재형 산업기계용 등으로 공랭식 냉각 방식을 채용한 발전기이다.

(3) 시동방식에 의한 분류

① 공기식

공기식 시동형 발전기는 중고속의 직접 분사식에 많이 채용되고 있다. 방폭 시설이 필요한 지역에 효과적이며 공기 압축기, 공기 압축 제어반, 공기도 등으로 구성되어 있다.

② 전기식

전기식 시동형 발전기는 엔진 구동 전동기에 의한 방식이다. 직류 24 [V]의 축전지에 구동 전동기와 피니언 기어를 연결시켜서 엔진의 프라이 휠(fly wheel)이 회전되어 시동하는 방식이다. 시동형 축전지, 충전기, 셀 전동기 등으로 구성되어 있다. 사용이 간단하고 운용이 쉽고 가격이 저렴하다는 장점이 있다.

③ 유압식

유압식 시동형 발전기는 엔진 구동 전동기에 유압을 이용한 방식이다. 이 방식은 제어 및 운용이 어려워 일반적으로 잘 채용하지 않고 있다.

(4) 내연 기관에 의한 분류

① 디젤 기관

디젤 기관을 이용한 발전 방식이다. 연료의 수급이 수월하여 가격이 저렴하다는 장점을 갖고 있다. 그러나 소음 및 대기 오염에 대한 대책 수립이 요구된다. 용량은 크게 할 수 있어서 중규모 이상의 설비에서 많이 채용되고 있으며, 신뢰성이 우수하고 열악한 환경에서도 가동이 잘되는 특징이 있다. 그러나 발전기가 가동 중에 발생되는 유독 가스와 소음 및 진동 등으로 적절한 방대 대책을 실시해야 한다.

② 가스 기관

가스 기관을 이용한 발전 방식이다. 상용 전원에 이상이 발생했을 때 신속한 대응이 가능하며, 중요설비의 예비 전원으로 많이 사용되고 있다. 용량을 크게 하기 위해서는 제한 조건이 있어서 소형 설비에서 많이 채용되고 있다. 가스기관을 이용한 발전설비는 오염이 적고, 신속한 기동의 장점이 있으나 한번 가동이 정지되면 재가동하는 데 약 20분 정도가 필요하다는 한계점이 있다.

③ 가스 터빈 기관

가스 기관의 장점과 디젤 기관의 장점이 부합된 발전 설비이다. 즉, 인텔리젠트빌딩(IBS), 데이터센터(IDC), 호텔, 병원, 쇼핑몰, 오피스빌딩 등의 설비는 정전이나 사고 시에도 지속적이고 안정적인 양질의 전원 공급이 요구되고 있다. 그리고 가스 터빈 기관은 유지 보수와 운반 및 설치가 용이한 발전 설비이다. 또한, 운전할 때 유독가스의 발생이 적은 환경 친화적인 발전 설비이다. 가스 터빈 기관은 발전기가 한번 정지하면 재가동하는 데 약 20분 정도가 필요하다는 한계점이 있다.

11.3.8 비상발전기실의 고려 사항

(1) 건축적 측면

① 발전설비는 매우 무겁고 부피가 크므로 장비 반입 및 반출을 할 수 있는 통로가 있어야 한다.

② 장비 배치가 용이하고 유지보수, 점검 등이 용이한 면적이 확보되어야 한다.

③ 장비가 안전하게 설치될 강도는 물론 벽, 천장 등과 충분히 이격되어야 한다.

④ 운전할 때 발생하는 소음, 진동을 고려하여 설치되어야 한다.

⑤ 발전기실의 벽, 바닥, 기둥 등은 내화구조로 되어야 한다.

⑥ 재해를 대비하여 출입문은 갑종방화문[2]으로 시설해야 한다.

⑦ 운전 중에 발생하는 가스를 적절히 배출할 수 있도록 시설해야 한다.

⑧ 운전 중에 발생하는 물의 급수 및 배수가 용이하도록 시설해야 한다.

⑨ 연료의 보급이 간편하도록 시설해야 한다.

☞ 방화문의 내화시험방법(KS F 2268-1)

〈1〉 비차열 방화문의 기준

① 시험 중 문지방 부위를 제외하고 이면에 발생되는 모든 개구부에 6 [mm] 균열 게이지를 적용하고 게이지가 시험체를 관통하여 길이 150 [mm] 이상 수평 이동되지 않아야 한다.

2) 갑종방화문은 방화문의 내화시험방법에서 정한 비차열 1시간 이상의 내화성능이 있어야 한다.

② 시험 중 이면에 발생되는 모든 개구부에 25 [mm] 균열 게이지를 적용하고 게이지가 시험체를 관통하지 않아야 한다.

③ 시험 중 이면에 10 [s] 이상 지속되는 화염발생이 없어야 한다.

〈2〉 차열 방화문의 기준

① 시험 중 문지방 부위를 제외하고 이면에 발생되는 모든 개구부에 6 [mm] 균열 게이지를 적용하고 게이지가 시험체를 관통하여 길이 150 [mm] 이상 수평 이동되지 않아야 한다.

② 시험 중 이면에 발생되는 모든 개구부에 25 [mm] 균열 게이지를 적용하고 게이지가 시험체를 관통하지 않아야 한다.

③ 시험 중 이면에 10 [s] 이상 지속되는 화염발생이 없어야 한다.

④ 면 패드를 적용하여 착화되지 않아야 한다.

(2) 전기적 측면

① 전력 공급이 원활하도록 수변전실 옆에 설치한다.

② 점검, 유지관리 등을 위해 변전실과 평면적, 입체적 관계를 고려하여 시설한다.

③ 부하의 중심이 되면 전기실에 가까울수록 효율적이다.

④ 온도, 습도 등이 높으면 절연이 저하되어 기기의 열화가 가속되므로 일정한 조건을 유지한다.

⑤ 변전설비는 무겁고 크므로 장비 반입 및 반출을 할 수 있는 통로를 확보한다.

⑥ 전기기기는 열적 스트레스에 취약하므로 실내 환기가 잘 되도록 시설한다.

⑦ 운전할 때 발생하는 소음, 진동을 고려하여 설치한다.

⑧ 운전 중에 발생하는 물의 급수 및 배수가 용이하도록 시설한다.

⑨ 연료의 보급이 간편하도록 시설해야 한다.

⑩ 건축물의 옥상에 시설하는 것은 위험하므로 피하는 것이 좋다.

⑪ 기술자가 변전설비를 점검할 때 감전의 위험성이 없도록 시설한다.

⑫ 외부인의 출입을 엄격히 통제할 수 있도록 해야 한다.

⑬ 기타 법규에 규합하도록 시설해야 한다.

(3) 환경적 측면

① 굴뚝의 드래프트 효과가 저해되지 않도록 시설해야 한다.

② 발전기실은 지속적인 진동과 소음이 발생하므로 구조적으로 견고해야 한다.

③ 외부 공기(급기)의 유입 및 배기가 용이하도록 덕트는 굴곡이 적고 최대한 짧게 시설한다.

④ 발전기에 급유가 편리한 장소이어야 하며, 통기관의 인출이 잘 되어있어야 한다.

⑤ 수냉식 엔진을 사용하는 경우 냉각수의 급수 및 배수가 용이한 장소이어야 한다.

⑥ 발전기실에는 발전기용도 이외의 가스, 물, 연료 등의 배관 시설을 금한다.

⑦ 화재, 폭발, 염해 등의 우려가 있거나 부식성 또는 유독성 가스가 체류되는 장소는 재해를 유발시킬 수 있으므로 피해야 한다.

⑧ 발전기실에서 발생한 소음 및 진동이 다른 설비에 영향을 주지 않도록 해야 한다.

11.3.9 무정전전원설비(UPS)

무정전전원설비(UPS, uninterruptible power system)는 상용 전원에서 발생할 수 있는 전압변동, 주파수 변동, 전압 파형의 왜형, 순간 정전 등으로부터 기기를 보호하고 양질의 전원을 안정적으로 주요 기기에 공급하기 위해서 설치하는 장치이다.

(1) UPS의 기본 구성

UPS는 정류 및 충전부, 인버터부, 동기절체 스위치부, 축전지부 등으로 <그림 11-3-4>와 같이 구성되어 있으며, 각각의 기능은 다음과 같다.

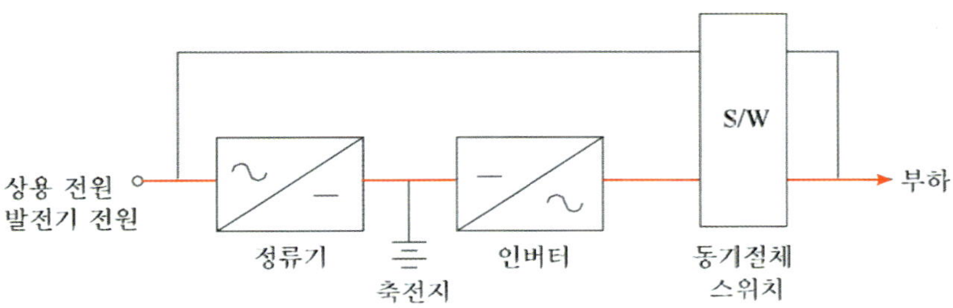

〈그림 11-3-4〉 UPS의 기본 구성도

① 정류 및 충전부

- 전력회사로부터 교류 전원 또는 발전기 전원을 공급받아 직류 전원으로 바꾸어 준다.
- 동시에 축전지에 양질의 전원을 충전시키는 장치이다.

② 인버터부

직류 전원을 양질의 교류 전원으로 변환시키는 장치이다.

③ 동기절체 스위치부

- 인버터부의 과부하가 발생했을 때 전원을 절체시켜 준다.
- 상용 전원에 이상이 발생했을 때 예비전원으로 신속하게 절체시켜 준다.

④ 축전지부

상용 전원에 정전이 발생했을 때 인버터부에 직류 전원을 공급하여 부하에 일정 시간 동안 무정전으로 전원이 안정적으로 공급하기 위한 설비이다.

(2) UPS의 동작 방식

UPS는 상용 전원 인입시에는 충전기와 인버터에 직류(DC)를 공급하여 항시 인버터로 동작하는 온 라인 방식(On-Line Type), 상용 전원 인입시에는 직접 상용 전원을 부하에 공급하고 있다가 정전이 발생했을 때만 인버터가 동작하여 부하에 공급하는 오프라인 방식(Off-Line type), Line Interactive 방식 등으로 나누어진다.

① ON-LINE TYPE

입력 전원과 관계없이 인버터를 구동하여 부하에 무정전 전원을 공급하는 방식으로 부하 전류를 지속적으로 인버터에 공급하기 때문에 신뢰도가 높은 방식이다. 따라서 중용량 이상의 설비에 많이 사용되며 기본 구성도는 <그림 11-3-5>와 같다.

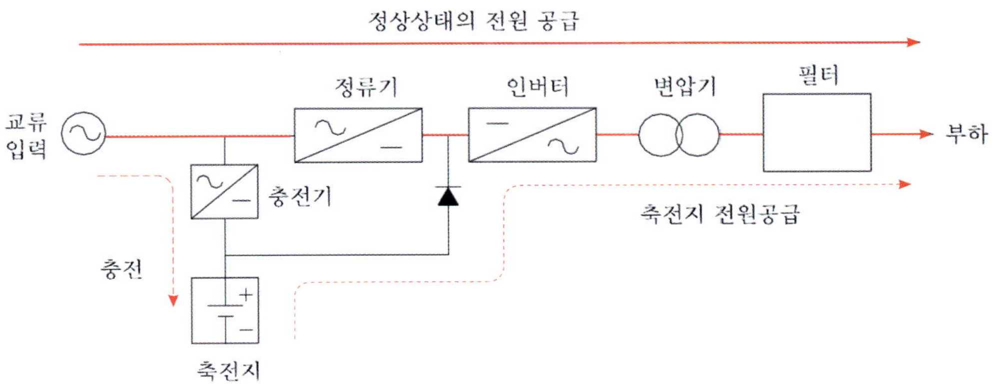

〈그림 11-3-5〉 ON-LINE 방식의 기본 구성도

a. 장점

- 상용 전원이 정전되었을 때 상용 전원과 관계없이 안정적으로 전원을 공급할 수 있다.
- 상용 전원의 품질과 관계없이 일정한 출력 전압을 얻을 수 있다.
- 상용 전원에 포함되어 있는 서지, 노이즈 등을 차단하여 안정한 전압을 공급할 수 있다.
- 출력 단락, 과부하, 누전 등에 대한 보호회로가 내장되어 있어서 시스템을 안정적으로 운용할 수 있다.
- 출력 전압을 일정 범위 내에서 조정할 수 있다.

b. 단점

- 회로 구성이 복잡하여 전문적인 기술이 요구된다.
- 회로 구성이 Off-Line 방식보다 복잡하고 효율이 낮다.
- 외형이 크고 중량이 무거워 시설조건이 까다롭다.
- 가격이 비싸 비경제적이다.

② OFF-LINE TYPE

상용 전원 인입시에는 직접 상용 전원을 부하에 공급하고 있다가 정전이 발생했을 때만 인버터가 동작하여 부하에 공급하는 방식으로 통신기기의 서버전용 등으로 사용되며, 기본 구성도는 <그림 11-3-6>과 같다.

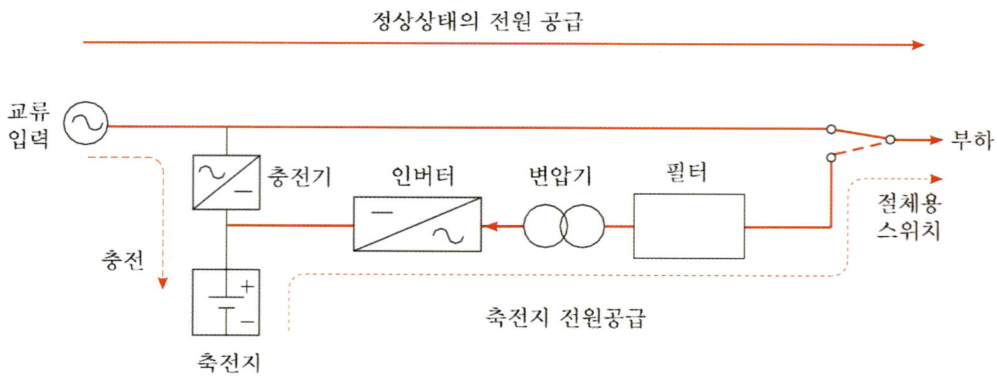

〈그림 11-3-6〉 OFF-LINE 방식의 기본 구성도

a. 장점

- 전력 소모가 적고 효율이 높다.
- 회로 구성이 간단하고 내부 고장이 적다.
- 소형화가 가능하고 경제적이다.

b. 단점

- 순간 정전이 발생했을 때 전원의 끊어짐이 발생한다.
- 입력 전원의 변화에 출력의 변화가 있다.
- 입력 전원과 동기가 되지 않아 정밀부하에는 적합하지 않다.

③ LINE INTERACTIVE TYPE

상용 전원이 공급될 때는 인버터 모듈(Inverter Module) 내부의 고전력스위칭용반도체(IGBT, Insulated Gate Bipolar Transistor)는 환류다이오드(Free Wheeling Diode)를 통한 풀브리지 정류방식으로 충전기 기능을 하도록 되어있다. 정전이 발생했을 때는 인버터로 동작하여 출력 전원을 공급하는 방식인 Off-Line 방식이지만 일정 전압이 자동적으로 조정되는 기능이 있으며, 기본 구성도는 <그림 11-3-7>과 같다.

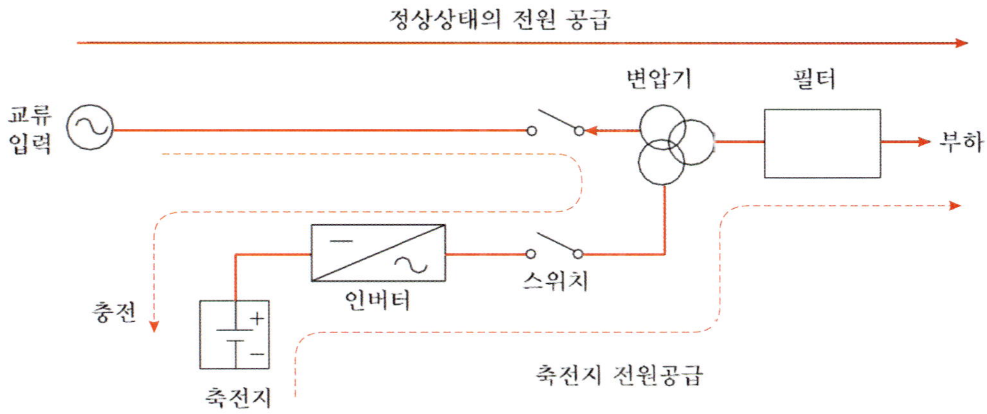

〈그림 11-3-7〉 LINE INTERACTIVE 방식의 기본 구성도

(3) UPS 선정시 고려 사항

① 대용량의 1대 보다는 중용량의 2대를 설치하는 것이 좋다

② UPS는 용량의 크기에 관계없이 입력은 3상 전원을 사용하는 것이 역률, 효율 등 전력 운용의 탄력성이 좋다.

③ 낙뢰의 발생이 빈번한 지역은 그에 대한 방호 시설을 해야 한다.

④ UPS 입력에 자동절환개폐기(ATS, automatic transfer switch)를 사용하는 경우 절체 시험을 검증하는 것이 서지에 대한 신뢰도를 높일 수 있다.

⑤ 주위가 한적한 공장, 해안지역, 기류 변화가 심한 곳인 경우에는 낙뢰 등의 서지에 대한 보호 시설을 해야 한다.

⑥ 배선은 가능하면 유연성이 좋은 전기기기용비닐절연전선(KIV)을 이용하는 것이 좋으며, 내열비닐절연전선(HIV)은 유연성이 좋지 못하여 반단선, 단락 등이 발생하기 쉽다.

⑦ 주파수변환기로 사용하는 UPS는 다음과 같은 부분을 충분히 고려해야 한다.

- 과부하 내량은 1.5~3배 이상 확보해야 한다.
- 발진주파수의 정확도를 확보해야 한다.

⑧ 생산현장의 주전원으로 사용하는 경우에 다음과 같은 부분을 충분히 고려해야 한다.

- 반도체 소자(main module)의 용량은 1.3배 이상을 유지할 수 있도록 하고, 과부하 내량은 150 [%] 이상 확보하는 것이 설비 운용의 신뢰성을 높일 수 있다.

- UPS의 설치는 생산현장 내에 설치함으로써 전력손실을 최소화할 수 있다.
- 출력 전압은 상에 관계없이 높을수록 시스템 운용이 유리하다.
- 출력 배선은 한 곳에서 분기하지 말고 분전함을 설치하여 분배하는 것이 좋다.
- 근로자 또는 엔지니어 등의 접촉에 의한 안전사고에 각별한 주의가 요망된다.

section 11.4 산업용 변압기(Tr)

11.4.1 변압기의 원리

변압기(變壓器, electric transformer)는 전자기유도현상을 이용하여 교류의 전압이나 전류의 값을 변화시키는 장치이다. <그림 11-4-1>에 나타낸 바와 같이 규소강판으로 성층한 철심에 2개의 권선을 감은 형태로 되어 있다. 한쪽의 권선에 정현파 교류전압을 가하면 철심에는 정현파 교번자속이 생기고, 이 자속과 쇄교하는 다른 쪽의 권선의 감은 횟수에 따라 서로 다른 크기의 교류 전압이 유도된다.

전원측에 접속되어 있는 권선을 1차권선(1次捲線, primary winding)이라고 하고, 부하측에 접속되어 있는 권선을 2차권선(2次捲線, secondary winding)이라고 한다. 1차 권선의 감은 수를 n_1, 2차 권선을 감은 수를 n_2라 하고 1차 권선에 가해 준 교류 전압을 V_1[V], 2차 권선에 유도된 교류 전압을 V_2[V]라고 하면 다음과 같은 관계가 성립한다.

$$\frac{V_1}{V_2} = \frac{n_1}{n_2} = a \quad \text{또는} \quad V_2 = \frac{n_2}{n_1} V_1 = \frac{1}{a} V_1 \tag{11.5}$$

여기서, $n_1 / n_2 = a$를 권수비라 하며, 1차 권선의 감은 수와 2차 권선의 감은 수를 적당히 정함으로써 일정한 공급 전압 V_1에 대하여 2차 권선에 유도되는 전압 V_2를 원하는 값으로 얻을 수 있다.

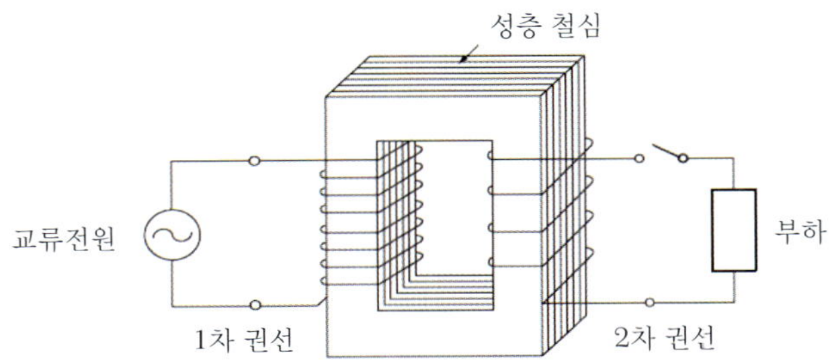

〈그림 11-4-1〉 변압기의 원리

11.4.2 전력용변압기의 종류 및 특징

전력용변압기(電力用變壓器, power transformer)는 전력회사에서 수용가로 공급할 때 송전효율을 높이기 위해 승압하거나 송전해 준 전력을 수용가가 사용할 전압에 맞게 강하시키기 위해 사용하는 기기이다. 전력용변압기는 종류에 따라 유입식, 몰드식, 건식, 가스식 등으로 분류한다.

(1) 유입변압기

유입변압기(油入變壓器, oil immersed transformer)는 철심과 권선을 탱크 내에 넣어 변압기 기름으로 깨끗하게 하여 냉각하는 변압기이다. 변압기 기름은 일반적으로 광유가 사용된다. 변압기 기름을 공기로 냉각하는 기름펌프(oil pump) 및 송풍기의 유무에 따라 유입자냉식, 유입풍냉식, 송유자냉식, 송유풍냉식 등이 있다. 절연유가 담긴 탱크 속에 권선이 담긴 구조로 제작되므로 가격이 저렴하며, 제작하기 쉽기 때문에 소용량에서 대용량까지 널리 사용된다.

① 장점

- 사용조건의 제약 없이 비교적 넓은 범위로 사용할 수 있다.
- 소음 및 진동이 적고, 서지에 강한 특징을 있다.
- 절연유를 정기 점검하고 그 이력을 관리하면 변압기의 수명 예측이 가능하다.
- 밀폐구조로 제작되므로 옥내 및 옥외 등에 사용할 수 있다.

② 단점

- 발화온도가 낮은 절연유를 사용하므로 화재의 우려가 있다.
- 절연유의 열화 및 소손 상태를 정기적으로 검사해야 한다.
- 절연유가 열화(劣化)되면 절연유 교체 비용이 필요하다.

(2) 건식변압기

건식변압기(乾式變壓器, dry transformer)는 절연유 속에 담그지 않고 사용하는 변압기이며, 절연유 대신 변압기 본체를 대기 중에 노출하여 자연 냉각시킨다. 공기의 코로나 발생전압이 낮고 충격절연내력이 약하기 때문에 대략 22 [kV] 이상에는 사용하기 곤란하다. 고체 절연체를 사용하여 절연을 유지하므로 소용량의 강압용 변압기에 주로 사용된다.

① 장점

- 절연유의 교체 및 오염 등이 없어서 청결하게 유지할 수 있다.
- 유입변압기에 비해 시스템이 단순하여 점검 및 보수가 용이하다.

② 단점

- 소음 및 진동이 크고, 서지에 약하다.
- 방열 특성이 낮아 용량이 큰 설비에는 효율이 나쁘다.

(3) 몰드변압기

몰드 변압기(molded transformer)는 권선 부분을 에폭시수지로 굳혀 절연한 건식변압기이다. 그러므로 바니스 함침 타입의 H종 건식변압기에 비하여 내습성이 있다. 절연방식은 철형에 의한 주형 타입, 철형이 없는 프리프레그 타입(prepreg type) 등이 있다. 고압 및 저압 권선에 에폭시 몰드로 절연한 방식의 변압기이므로 부피가 작은 장점이 있으나 인출부의 절연과 방열 문제로 고전압 대용량화 제품은 사고 위험성이 상대적으로 높다.

① 장점

- 절연물로 난연성 에폭시수지를 사용하여 감전사고의 위험성이 상대적으로 낮다.
- 일체형으로 제작되므로 기계적 단락 안정성이 우수하다.
- 내약품성, 내수성, 내열성 등이 우수하여 옥내용으로 적합하다.
- 소형이고, 유입변압기에 비해 상대적으로 무게가 가볍다.
- 유지보수가 편리하고, 무보수화 가능하다.

② 단점

- 유입변압기에 비해 큰 소음이 발생한다.
- 서지에 취약하므로 차단기 2차측에 서지보호기(SPD)를 설치할 필요가 있다.

• 물리적인 충격 및 이물질의 유입에 따른 사고의 위험성이 있다.

• 옥외에 설치할 때 오염될 수 있으므로 반드시 외함을 설치해야 한다.

(4) 가스절연변압기

절연 매체로 SF6 가스를 사용한 변압기로 불연성이고 전기적 특성이 좋다.

• 불연성이고 전기적 특성이 우수하다.

• 가격이 고가이고 정기적인 보수가 필요하다.

11.4.3 변압기의 절연 방식에 따른 특성 비교

[표 11-4-1] 전력용변압기의 절연 방식에 따른 특성 비교

구 분	유입변압기	건식변압기	몰드변압기
기본 절연	액체	기체	고체
절연체	크라프트지 광유물	공기, MICA	에폭시수지 + 무기물 충전제
내열계급	A종 105[℃]	H종 180[℃]	- B종 120[℃] - F종 150[℃]
권선허용온도 상승온도	- 절연유 55[℃] - 권선 50[℃]	102[℃]	- 금형 75[℃] - 무금형 150[℃]
단시간 과부하 내량	150[%], 15분		200[%], 15분
전력 손실	크다.	작다.	작다.
소 음	소	대	중
연소성	가연성	난연성	난연성
흡습성	높음	보통	낮음
방열 특성	좋음	보통	낮음
시스템 진단	우수	우수	보통
내습, 내진성	강함	흡습 가능	흡습 가능
단락 강도	매우 강함	강함	강함
외형 치수	대	대	소
중 량	무거움	보통	적음
설치 면적	넓음	보통	좁음
운전 경비	필요	없음	없음

[표 11-4-1]은 일반 산업 현장에서 사용되는 전력용변압기의 절연 방식에 따른 특성을 비교한 것이다.

11.4.4 출화사례

(1) 유입변압기의 소손 패턴

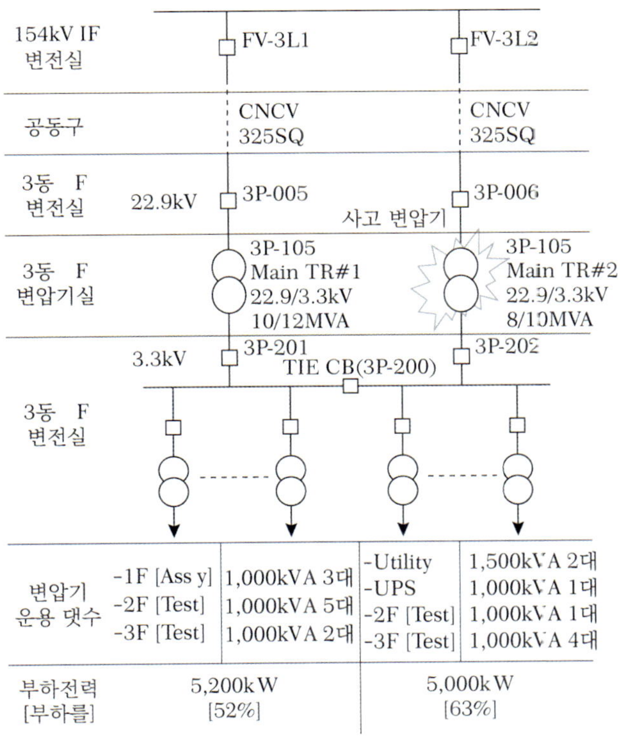

〈그림 11-4-2〉 고장이 발생된 변전설비의 계통도

<그림 11-4-2>는 사고가 발생된 변압기가 설치되어 있었던 변전설비의 계통도를 나타낸 것이다. 산업 현장에 전력을 공급하기 위해 설치된 것으로 22.9 / 3.3 [kV], 8 / 10 [MVA] 3상변압기이다. 사고가 발생된 유입변압기의 외형은 단순히 정압변으로 기름이 유출되어 일부가 오염되었고 그 밖의 부속설비는 소손된 흔적을 발견할 수 없었다. 유온 온도계는 약 50 [℃]를 지시했으며, 유온 온도계의 상한치가 120도를 나타내고 있었다. 2차측의 부하 전력(부하률)은 5,200 [kW](52 [%]) 및 5,000 [kW](63 [%])로

가동되었으며 적절한 설계용량을 확보하고 있었다. 즉, 고장의 발생 결과 및 전력의 공급 형태를 고려할 때 방화, 실화 또는 낙뢰, 번개 등은 배제할 수 있다.

<그림 11-4-3>은 사고가 발생된 3상 초고압변압기의 실체사진이며, [표 11-4-2]는 주요 사양을 나타낸 것이다. 변압기를 정상적으로 운용하기 위해 설치된 계기, 환기팬, 부싱(1차 및 2차), 방열판, 환기팬, 보조 장치 등의 소손 흔적을 발견할 수 없었다. 변압기 1차측(고압)은 스타(star) 결선으로 22.9 [kV](U, V, W)가 공급되며, 2차측(저압)은 삼각(delta) 결선으로 3,3 [kV](u, v, w)를 배전하도록 되어 있다. 유입변압기의 효율향상을 위해 외부에 공기냉각식 강제환기팬이 설치되어 있으며, 절연 등급은 A종이며 허용최고온도는 105 [℃]이다.

〈그림 11-4-3〉 사고가 발생된 3상 22.9 / 3.3[kV] 변압기의 실체사진

[표 11-4-2] 고장이 발생된 변압기의 주요 사양

용 량	8 / 10 [MVA]
정격전압 [V]	1차 : 22,900
	2차 : 3,300
온도 [℃]	유온: 50
	권선: 55
1차 BCT*3	300 / 5 [A], 25 [VA], 1.0CL
냉각 방식	OA(자냉식) / FA(풍냉식)

용 량	8 / 10 [MVA]
BIL [kV]	1차 150
	2차 50
2차 BCT*2 (U, V 상)	2,000 / 5 [A], 25 [VA], 1.0CL
2차 BCT*3	2,000 / 5 [A], 25 [VA], 1.0CL
% 임피던스	7.17
극 성	감극성
유 량	4,580 [ℓ]
주 파 수	60 [Hz]
중 량	15,400 [kg]
제 조 일	1993. 08

[표 11-4-3]은 변압기 사고 예방을 위한 보전 활동을 나타낸 것이다. 자체 규정을 설정하여 주기적으로 절연유 열화 감시(TOID, 60 [nA] 이상), 기름 온도(65 [℃]), 권선 온도(75 [℃]), 발열점검(70 [℃]), 열화상 점검, 절연유 분석 및 코로나 점검 등을 실시하였으나 특이한 징후를 인지할 수 없었다.

[표 11-4-3] 변압기 사고 예방을 위한 보전 활동

구 분	세부 사항	기 준	실 행	데이터 관리	발생 이력
원격감시	절연유 열화 감시(TOID)	60 [nA] 이상	자체	PC 저장	없음
일일점검	Oil 온도 권선 온도	65 [℃] 75 [℃]	자체	품질 이탈시	없음
월간점검	발열점검	70 [℃]	자체	FT-EMS	없음
년간점검	열화상 점검 절연유 분석 전력 케이블	1년 1년 3년	업체	진단 보고서	없음
특별점검	코로나 점검	-	-	이력 없음	-

[표 11-4-4]는 고장이 발생된 변압기의 외형, 내부 절연저항 및 보호계통을 점검한 결과를 나타낸 것이다. 대부분의 항목에서 합격 판정을 받았으나 방압 밸브의 파손, 절

연유의 유출, 1권선과 외함, 2차 권선과 대지 및 1차권선선과 2차권선 사이의 절연 특성은 부적합한 것으로 측정되었다.

[표 11-4-4] 고장이 발생된 변압기의 점검 결과

구분	점 검 항 목	점 검 기 준	결과	판정
외형 및 내부 절연 검사	변압기 탱크 변압기 방열판 1차 및 2차 부싱 각각의 부속기기 변압기 누유 변압기 접지 1차 케이블 체결 2차 부스바 체결	파손 없을 것 파손 없을 것 크렉, 파손 없을 것 파손 없을 것 누유 없을 것 접지 단선 없을 것 볼트 이완이 없을 것 볼트 이완이 없을 것	없 음 없 음 없 음 방압파손 누유발생 없 음 없 음 없 음	합 격 합 격 합 격 불합격 불합격 합 격 합 격 합 격
	1차 권선과 외함간 500 [MΩ] 이상 (5 [kV] 1 [GΩ], 메거)	R ↔ 외함 S ↔ 외함 T ↔ 외함	1.300 [MΩ] 1.260 [MΩ] 1.250 [MΩ]	불합격 불합격 불합격
	2차 권선과 대지간 500 [MΩ] 이상 (5 [kV] 1 [GΩ], 메거)	R ↔ 외함 S ↔ 외함, T ↔ 외함	0.083 [MΩ] 0.084 [MΩ] 0.081 [MΩ]	불합격 불합격 불합격
	1차-2차 권선간 0 [Ω] 이하 (5 [kV] 1 [GΩ], 메거)	R ↔ S S ↔ T T ↔ R	0.100 [MΩ] 0.200 [MΩ] 0.200 [MΩ]	불합격 불합격 불합격
	Tap 위치 변압기 온도	2 TAP 일 것 (기준TAP: 2TAP) 온도 75 [℃] 이하 일 것	2TAP 65[℃] 최고기록	합 격 합 격 불합격
보호 장치 동작 상태	VCB 동작 방압안전장치 동작 브흐홀쯔 동작 OCR 동작 87 계전기 동작	ON / OFF 동작 고압반 경보, VCB 트립 고압반 경보, VCB 트립 고압반 경보, VCB 트립 고압반 경보	동 작 동 작 동 작 동 작 동 작	합 격 합 격 합 격 합 격 합 격

[표 11-4-5]는 고장이 발생된 변압기의 계전기 시험 결과를 나타낸 것이다. 모든 계전기가 정상으로 작동하였고, 적절하게 경보한 것으로 확인되었다. 즉, 사고는 변압기 차체에서 발생한 것으로 한정할 수 있으며, 외부적인 인자(방화 또는 실화 등)는 배제할 수 있음을 의미한다.

[표 11-4-5] 고장이 발생된 변압기의 계전기 테스트 결과

구 분	SOURCE	결과
96D	방출안전장치	G
96B1	브흐홀쯔계전기 1차	G
96B2	브흐홀쯔계전기 2차	G
26D1	변압기 절연유 온도1차(85[℃])	G
26D2	변압기 절연유 온도2차(95[℃])	G
26W1	변압기 권선 온도, 1차(95[℃])	G
26W2	변압기 권선 온도, 2차(105[℃])	G
33Q	유면계	G
63N	N2 가스, 압력계전기	G
49F	냉각팬, 전동기 과부하	G

[표 11-4-6]은 변압기가 설치되어 있던 고압반의 점검 결과를 나타낸 것이다. 모든 보조 설비, 도체, 스위치, 경보(표시) 등은 정상 작동하였고 인접한 시스템과 적절하게 연동된 것으로 확인되었다.

[표 11-4-6] 고장이 발생된 변압기가 설치되어 있던 고압분전반의 점검 결과

구분	점검항목	점검기준	FV-3L2	3P-006	3P-202
고압반	구 조	각 기기의 형식 및 사양	G	G	G
		기기의 취부 상태	G	G	G
		부스바, 도체, 상배열	G	G	G
	조작시험	각 기기의 동작상태 표시등, 계전기, 스위치	G	G	G
		인출 접점 및 인입 접점	G	G	G

고장이 발생된 변압기의 사고개요, 변압기의 운전 이력 및 특성, 목격자의 진술, 소손 패턴, 오염된 기기의 상태 등을 종합적으로 해석할 때 외부적인 요인은 배제할 수 있고, 내부적인 요인으로 한정할 수 있다. <그림 11-4-4>는 해체된 변압기 W-상의 1차권선(고압)을 나타낸 것으로 bobbin과 bobbin 사이에 탄화된 흔적이 확인된다. 어떤 이유인지 단언할 수 없으나 上 bobbin과 中 bobbin 사이 및 中 bobbin과 下 bobbin 사이에서

탄화 심도 및 확산 패턴이 형성되었고, 하부보다 상부에서 탄화의 심도가 깊고 넓은 것은 것으로 확인된다.

〈그림 11-4-4〉 W-상 1차측 절연지의 소손된 패턴

<그림 11-4-5>는 W-상 저압 2차 권선의 소손 패턴을 해석하기 위해 나타낸 개략도이다. 상부 bobbin의 길이는 200 [mm]이며, 재료는 동판(copper plate)이다. 그리고 가운데 위치한 bobbin과 하부에 위치한 bobbin의 길이는 300 [mm]로 동일하다. bobbin 사이의 층간은 전기절연지를 이용하여 층간 절연이 되어 있으며, 유로를 원활하게 형성하기 위해 막대형 베이클라이트(bakelite)를 세로 방향으로 삽입한 것으로 확인되었다.

보빈의 표면이 심하게 굴절된 것으로 보아 권선을 할 때 일정한 압력으로 권선하지 못하고 불규칙적인 압력이 인가된 것으로 판단된다. 즉, 철심 위에 권선(coil, bus bar, bobbin etc)을 감을 때 내부권선보다 외부권선의 장력의 세기가 클 때 bobbin, 층간절연지, 권선 절연재료 등에서 물리적 변형이 발생하고 자로의 불평형에 따른 발열량의 증가로 가속열화(加速劣化, accelerated degradation)가 발생하여 설비 사고 또는 화재가 발생할 수 있다.

〈그림 11-4-5〉 W-상 1차측 보빈의 소손된 패턴

<그림 11-4-6>은 <그림 11-4-5>의 연소의 확산 패턴 해석을 위해 나타낸 개략도이다. 탄화 심도는 상부 bobbin과 가운데 bobbin 사이, 가운데 위치한 bobbin과 하부 bobbin 사이에 형성되었고 하부에서 상부로 V-pattern이 형성된 것으로 분석되었다. 즉, 일정한 압력으로 권선하지 못하고 물리적 균형이 깨진 상태에서 전기적인 진동이 합해져 연면 방전 및 트래킹 등에 의한 사고로 판단된다.

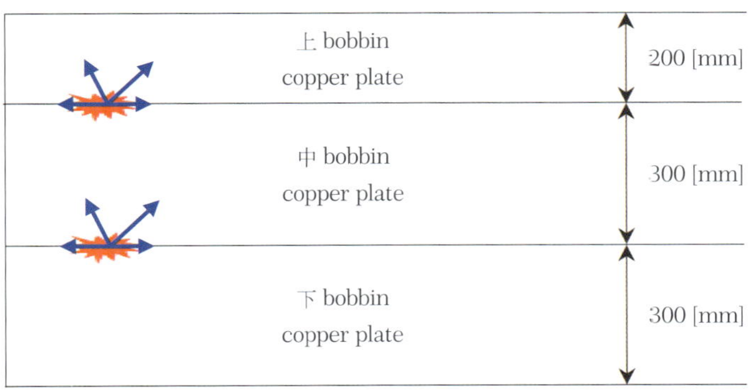

〈그림 11-4-6〉 〈그림 11-4-5〉의 개략도

<그림 11-4-7>은 사고 변압기의 1차측 bobbin에 형성된 탄화 심도 및 용융을 나타낸 것이다. 소손된 변압기 2차권선의 上 bobbin과 中 bobbin 사이 및 中 bobbin과 下 bobbin 사이에서 용융 흔적이 확인되었다. 탄화의 확산 패턴은 下에서 上으로 진행되

었고, bobbin의 접촉면에서 용융된 흔적이 확인된다. 2차권선의 내부 중심에서 발생하여 외부로 확산된 탄화 패턴 및 용융 특성을 고려할 때 발열 및 탄화는 비교적 적은 발열에 의해 점진적인 열화(劣化)가 진행된 것으로 판단된다. 즉, 어떤 이유인지 단언할 수 없으나 bobbin 사이의 미소방전(저항열)에 의한 소손이 발생한 것을 알 수 있다.

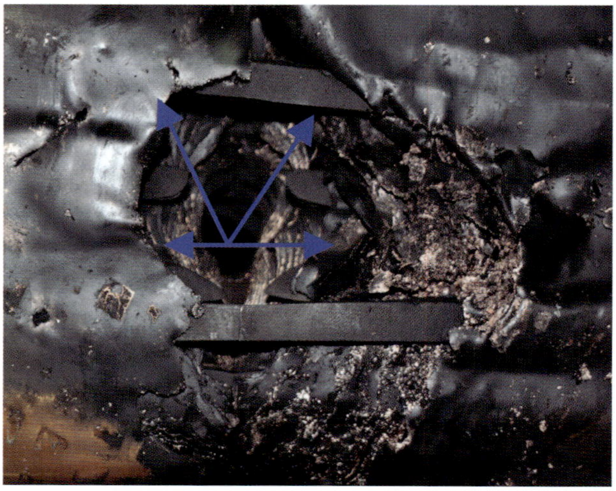

〈그림 11-4-7〉 W-상 1차측 bobbin에 형성된 탄화심도

이상의 결과에서 확인된 바와 같이 변압기는 설계 및 시공, 관리 및 운용, 변압기 내·외부의 열화, 절연지의 상태 등이 양호하고 외부인의 출입 및 방화 흔적, 부적절한 설비의 증설 및 회로 변경 등이 없는 것으로 보아 사고의 직접적인 관련성을 배제할 수 있다.

그러나 유입변압기 W-상의 2차권선 上 bobbin과 中 bobbin 사이 및 中 bobbin과 下 bobbin 사이에 용융이 확인되었고 V-패턴이 형성된 점, 권선의 하부보다 상부에서 탄화의 심도가 깊고 넓은 점, 철심에 권선을 감을 때 불균일한 장력으로 2차권의 안쪽에 심한 물리적 굴곡과 변형이 발생한 점 등을 종합할 때 제작 결함(권선 작업)에 의해 발생한 것이 명확한 바 사고에 대한 책임은 변압기를 제작한 업체에 있고, 구체적인 원인 규명도 제조물책임법(PL, Product Liability)에 의거 제작사가 증명하는 것이 적법하다.

(2) 몰드변압기의 소손 패턴

전기설비에 설치되는 몰드 변압기는 큐비클 내에 수납이 가능한 22.9 [kV] 수전설비에 많이 채용되고 있다. 몰드 변압기의 가장 큰 단점은 시스템 운용 중에 발생하는 열을 적절하게 방사시키기가 어렵다는 것이고, 변압기에서 발생되는 이상 현상 또는 징후를 적절하게 진단하는 데 한계가 있다는 것이다. 일반적으로 몰드 변압기의 절연은 주형 몰드를 이용한 금형 방식과 함침 몰드를 이용한 무금형 방식 등이 있다. [표 11-4-7]은 몰드변압기의 절연 방식의 특징에 대해서 나타낸 것이다.

[표 11-4-7] 몰드변압기의 절연 방식

특징 방식	몰드변압기의 특성
금형 방식 (주형 몰드)	- 주형법, 함침법, 함침주형법, FRP 주형법 등이 사용됨 - 단락강도(BIL)가 우수함 - 변압기의 신뢰성이 높음 - 특수 제작이 어렵고, 가격이 비쌈 - 고도의 주형 기술이 필요함
무금형 방식 (함침 몰드)	- 금형 방식의 단점을 보완한 방식 - 개별 사양의 제작이 가능함 - 대형의 경우 금형 방식보다 경제적임 - 보수 및 점검이 어려움 - 단락강도(BIL)가 낮음 - 대용량, 네트워크 변압기에 적합함

본 연구를 위해 사고 현장에서 수거된 3상 몰드변압기의 1차측 특별 고압은 F23,900 [V], R22,900 [V], 21,900V, 20,900 [V], 19,900 [V] 등이며, 2차측 저압은 380 / 220 [V]이다. 특별고압용 3상 몰드변압기의 제작은 한국산업규격 KS C 4311을 준용되었으며, [표 11-4-8]은 주요 사양을 나타낸 것이다.

몰드 변압기의 용량은 200 [kVA]이며, ○○ 중공업의 제품으로 1차측의 절연은 B 등급이며, 2차측은 F 등급이다.

[표 11-4-8] 화재가 발생한 몰드변압기의 주요 사양

Description		Specification
Manufacturer		○○ Heavy Industries Co., LTD.
Phase		3
Insulation resistance	1st	2,000 [MΩ]
	2nd	500 [MΩ]
Frequency		60 [Hz]
Standard		KS C 4311
Withstanding voltage	1st	50 [kV] / 60 [s]
	2nd	3 [kV] / 60 [s]
Rated Capacity		200 [kVA]
Rated H. V		22,900 [V]
Rated L. V		380 / 220 [V]
Rated Current	1st	5.04 [A]
	2nd	303.87 [A]
Load	impedance	937[V] / 4.09 [%]
	loss	3,184 [W]
No load	current	2.99[A] / 0.98 [%]
	loss	1,035 [W]
Insulation class		B / F

<그림 11-4-8>은 사고로 소손된 3상 몰드변압기의 실체사진을 나타낸 것이다. 변압기의 1차측은 특별고압 22.9 [kV]를 효율적으로 수전할 수 있는 삼각 결선(△-connection)으로 되어 있으며, 2차측은 사용의 편리성을 높이기 위해 Y-결선(Y-connection)으로 구성하여 380 / 220 [V]로 강압 배전하는 변압기이다. 수변전설비에 설치된 3상몰드변압기, 차단기(ACB), CNCV 케이블, 배선차단기(MCCB), 접지선, 전력용퓨즈(PF), 계기용변압변류기(MOF), 울타리 등의 관련 규정 및 시험성적서 등을 종합적으로 검토한 결과 기기의 선정 및 시험은 적절한 것으로 확인되었다.

그리고 본 수변전설비는 시공된지 1년 6개월이 경과된 설비이며 숙련된 엔지니어에 의해 시공된 것으로 확인되었고, 수변전실의 울타리 및 출입구는 상시 시건장치가 되어 있는 것으로 판단할 때 부적절한 취급이 있었다는 특이 사항을 확인할 수 없었다. 또한,

CCTV를 확인한 결과 외부인이 출입한 흔적 및 근거가 없었다. 사고 현장에서 수거된 변압기는 U-상의 상부와 V-상의 상부 사이가 심하게 탄화되었고, U-상과 연결된 철심 및 부스바(동대) 등에서 백화 현상을 확인할 수 있었다. 사고를 최초로 목격한 사무실 근무자에 의하면 일상적인 업무를 보고 있던 중 CCTV 모니터 화면이 나오지 않는 현상이 반복되는 것을 발견하였다.

그래서 근로자는 CCTV가 고장이거나 혹시 외부인이 침입하여 CCTV를 만지는 것으로 판단하고 건물 내부의 CCTV를 확인하였으나 특이 사항을 발견하지 못하였다. 또다시 반복적인 조명등의 너울거림 현상이 확인되어 건물 옥상으로 다른 설비를 확인하러 가는 도중 천둥소리와 같은 굉음을 듣고 급히 옥상으로 올라가 보니 수변전설비에서 검은 연기가 새어 나오는 것을 목격하여 소방서, 한전, 전기감리 및 시공업체 등에 연락하여 안전 조치를 하였다고 진술하였다. 수변전실에 설치되어 있는 변압기 이외의 설비는 정상적으로 작동한 것으로 조사되었다.

〈그림 11-4-8〉 사고로 소손된 3상 몰드변압기의 실체사진

<그림 11-4-9>는 변압기의 소손 패턴을 해석하기 위해 나타낸 실체사진이다. <그림 11-4-9>(a)는 화염의 확산 패턴을 상부에서 촬영한 것으로 화염은 U-상에서 발생하여 V-상, W-상으로 진행되었다. 그리고 변압기의 권선에서 전원을 인출하는 단자대가 심하게 열적 스트레스를 받은 것을 알 수 있고, 철심을 지지하는 금속밴드 역시 U-상 부분에서 백화 현상이 있었던 것을 확인 할 수 있다. <그림 11-4-9>(b)는 사고 제

품의 측면 사진을 나타낸 것으로 V-패턴(V-pattern)이 선명하게 형성된 것을 알 수 있다. 이와 같이 V-패턴이 형성되었다는 것은 상당시간 국부적으로 부분 방전(partial discharge)이 진행되었음을 의미한다.

(a) 전면 (b) 측면

〈그림 11-4-9〉 변압기의 소손 패턴을 해석하기 위해 나타낸 실체사진

<그림 11-4-10>은 소손된 3상 몰드변압기의 연소 확산 패턴을 해석하기 위해 분해된 실체사진이다. 탄화 심도는 고압측의 U-상에 형성되었으며, 화염은 U-상에 인접한 V-상을 거쳐 W-상으로 확산된 것으로 확인되었다. U-상의 절연 튜브는 화열로 탄화되어 소실되었고, V-상의 절연 튜브의 상부 일부가 탄화 및 변형된 것을 알 수 있다. 또한 철심 및 동대(bus bar)의 일부가 소실 및 변형되었다.

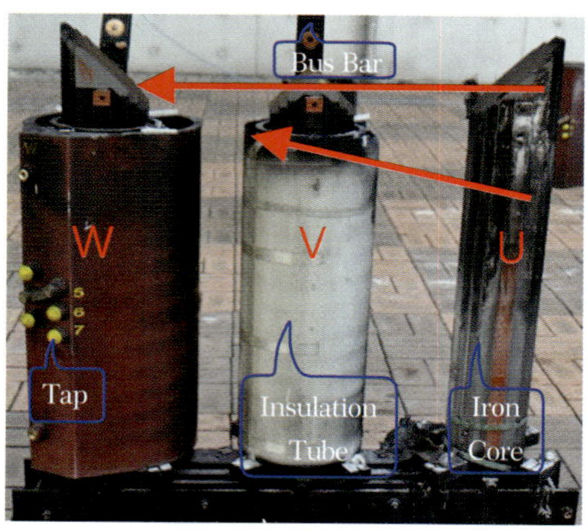

〈그림 11-4-10〉 소손된 3상 몰드변압기의 연소 확산 패턴

<그림 11-4-11>은 최초의 출화 지점으로 판단되는 U-상 내부를 촬영한 실체사진이다. 변압기의 1차측 권선의 내부 여러 곳에서 용융이 확인되고 V-패턴의 형상으로 탄화가 확산되었다. 즉, 어떤 이유인지는 단정할 수 없으나 최초의 발화 개소는 1차 권선의 안쪽이며, 그 때 발생한 에너지에 의해 상부 및 외부로 확산된 패턴을 보이고 있다.

〈그림 11-4-11〉 출화지점으로 판단된 U-상 내부의 실체사진

<그림 11-4-12>(a)는 <그림 11-4-11>의 용융 권선을 수거하여 금속현미경을 이용하여 분석한 금속 단면 구조이다. 단락(합선) 또는 층간 단락이 발생되었을 때 형성되는 규칙적인 주상 조직(columnar structure), 경계면(boundary surface) 및 보이드(void) 등이 확인되었다.

<그림 11-4-12>(b)의 정상 구리 전선(동)의 금속 단면 구즈와 비교하면 많은 차이가 있음을 알 수 있다. 구리(동) 전선은 연신 가공으로 제작되므로 전선(도체)의 길이 방향으로 비교적 일정하게 입자들이 배열된 상태를 유지하고 있음을 알 수 있다. 전기적인 스트레스에 의해서 용단된 구리 전선의 금속 단면 구조와 차이가 있음을 알 수 있다.

<그림 11-4-12>(c)는 열적 스트레스를 받은 구리(동)의 금속 조직의 단면 구조를 나타낸 것이다. 전선(도체) 본래의 연신 구조는 없어지고 구리 단괴의 불규칙적인 결정을 보이고 있다. 즉 비정질체의 전형적인 결합 구조로 무질서한 보이드(void) 및 그레인(grain)이 배열되어 있다.

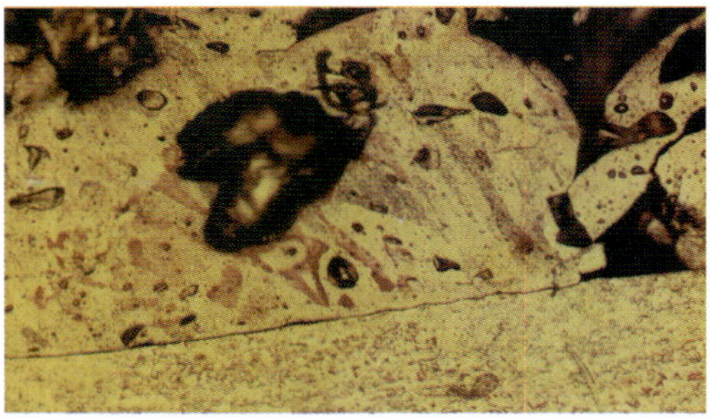

(a) 용융된 코일의 금속현미경 사진

(b) 정상 코일의 금속현미경 사진

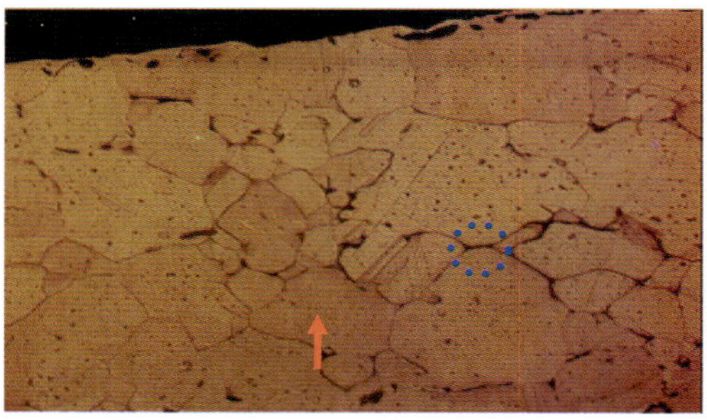

(c) 열적 스트레스를 받은 동의 금속조직

〈그림 11-4-12〉 금속현미경을 이용한 금속조직의 단면 분석

이상의 결과에서 알 수 있듯이 22.9 [kV] 3상 몰드변압기의 소손 패턴 및 연소 확산 패턴 분석에서 최초의 출화 지점은 U-상의 1차측 권선의 내부인 것으로 확인되었고, V-패턴의 형상으로 보아 탄화 및 화열이 V-상, W-상 등으로 확산되었다. 금속현미경을 이용하여 고압측 용융 권선의 금속 단면 구조 분석에서 층간 단락이 발생될 때 형성되는 규칙적인 주상조직(柱狀組織, columnar structure), 경계면(境界面, boundary surface) 및 보이드(void) 등이 확인된다.

section 11.5 케이블 및 부스바

11.5.1 케이블

(1) 전력용 케이블

① 600 [V] 폴리에틸렌 절연 케이블

600 [V] 폴리에틸렌 절연 케이블(600 [V] polyethylene insulated cables and 600 [V] cross linked polyethylene insulated cables)은 600 [V] 이하의 전력용 및 제어용회로에 사용하는 케이블로 절연체는 폴리에틸렌을 사용하며, 외부피복으로 염화비닐 또는 폴리에틸렌을 사용한 구조의 케이블이다. 외부피복으로 염화비닐 대신 폴리에틸렌을 사용한 케이블을 EE 케이블이라고 한다.

폴리에틸렌은 에틸렌의 고중합물로 전기적 특성이 절연 재료 중에서 최고의 것이며, 더구나 기계적, 화학적 성질이 매우 우수하다. 그러나 열에 비교적 약하여 105 ~ 110 [℃] 정도의 온도에서 연화하므로 주위 온도가 높아지는 장소에 사용하는 것은 부적절하다.

제조 방법에 따라 고밀도, 저밀도 폴리에틸렌으로 구분되고 있고, 최근에는 가교폴리에틸렌을 절연체로 사용한 CV 케이블이 주로 사용되고 있다. 이 케이블은 일반용 외에 지중 케이블, 수갱용 케이블, 수저용 케이블 등이 있다. 사용전압은 600 [V] ~ 6 [kV]가 규격으로 정해져 있다. 폴리에틸렌 케이블의 종류와 기호는 [표 11-5-1]과 같다.

[표 11-5-1] 600 [V] 폴리에틸렌의 종류와 기호

종 류	기 호
600 [V] 폴리에틸렌 절연 비닐시스 케이블	600 [V] EV
600 [V] 폴리에틸렌 절연 폴리에틸렌 시스 케이블	600 [V] EE
600 [V] 가교폴리에틸렌 절연 비닐시스 케이블	600 [V] CV
600 [V] 가교폴리에틸렌 절연 폴리에틸렌 시스 케이블	600 [V] CE

주) C : 가교폴리에틸렌(Cross Linked Polyethylene), V : 비닐(Vinyl), E : 폴리에틸렌(Polyethylene)

도체 재료로 KS C 3101에 규정된 전기용 연동선 등을 사용하여 원형연선, 원형압축연선 및 분할 압축연선으로 제작하며, 절연체 재료로 가교폴리에틸렌이나 폴리에틸렌

등을 사용한다. 또, 시스(sheath, 외장)재료로 비닐이나 폴리에틸렌을 사용한다. 선심의 식별은 절연체 또는 절연체 표면의 착색, 기타 적당한 방법으로 하며, 2심의 경우 흑, 백색, 3심의 경우 흑, 백, 적색, 4심의 경우 흑, 백, 적, 녹색 등이 적용된다.

제품의 호칭 방법은 종류 및 선심수 × 공칭단면적 또는 기호 및 선심수 × 공칭단면적으로 나타낸다. 적용 규격은 KS C 3611이며, <그림 11-5-1>은 600 [V] CV / EV 전선의 구조 및 명칭을 나타낸다.

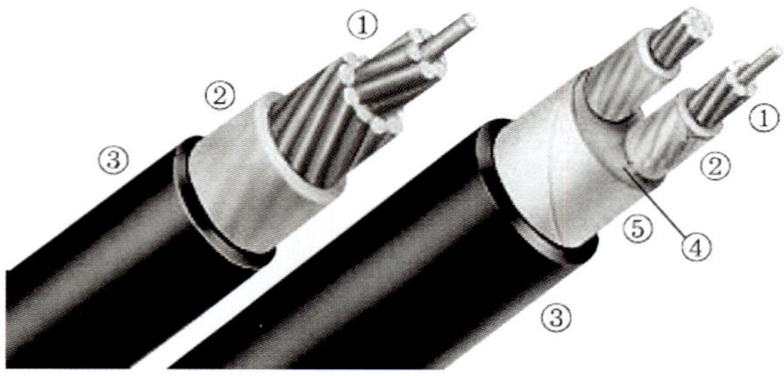

① 도체 ② XLPE / PE절연 ③ PE / PVC피복 ④ 개재물 ⑤ 바인더 테이프

〈그림 11-5-1〉 600V CV / EV 전선의 구조

② 600 [V] 가교폴리에틸렌 절연 폴리에틸렌 시스 케이블(CE)

600 [V] 가교폴리에틸렌 절연 폴리에틸렌 시스 케이블(CE, 600 [V] XLPE insulated cables)은 600 [V] 이하의 전력용 및 제어용 회로에 사용하는 전력케이블로 가교폴리에틸렌으로 절연하고, 폴리에틸렌으로 외장한 것으로, 도체의 최고허용온도는 90[℃] 이하이며, 전기적, 물리적, 화학적 특성이 우수하다. 절연체의 색상은 4심의 경우 흑, 백, 적, 녹색을 사용하고, 적용 규격은 KS C 3611이다.

③ 가교폴리에틸렌 절연 비닐시스 케이블(CV)

CV 케이블(cross-linked polyethylene insulated vinyl cable)은 가교폴리에틸렌 절연 케이블이라고 하는데 절연체는 폴리에틸렌을 가교(架橋, cross-linked) 처리하여 분자간의 결합을 입체 망상 구조로 만든 것이다.

폴리에틸렌 분자 간을 가교시킴으로써 열특성이 향상되어 250 [℃]에서도 변형되지 않고 연속 사용온도도 폴리에틸렌이 75[℃]인데 비하여 90 [℃]까지 사용가능하다. 내수성과 내화학 물질에 우수하며, 중량이 가벼워 포설이 간단하다. 건식형이기 때문에 접속이 간단하며, 폴리에틸렌에 비해 내열성, 내약품성, 내노화성, 기계적 특성 및 전기적 특성이 우수하다. 이러한 특성 때문에 전력케이블의 주력 절연재료로 저압에서 특별고압까지 넓은 범위에서 사용되고 있다.

반면에 OF 케이블과 같은 유통로가 없으며, 기름의 보수도 필요 없는 간단한 구조로 되어 있다. 이것은 가교폴리에틸렌 절연 전력케이블이라고도 부르며, 그 구조는 <그림 11-5-2>에 나타낸다.

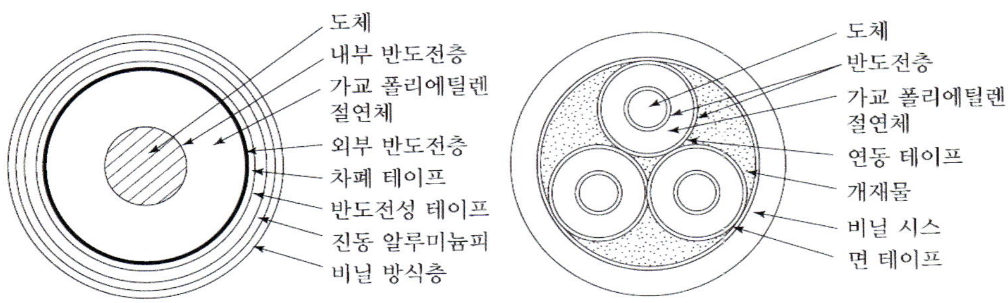

(a) 단심 CV 케이블 (b) 3심 CV 케이블

〈그림 11-5-2〉 CV 케이블의 구조 및 명칭

④ 600 [V] 가교폴리에틸렌 비닐절연 외장케이블

600 [V] 가교폴리에틸렌 비닐절연 외장케이블(600 [V] CV, 600[V] XLPE insulated and PVC sheathed power cable)은 600 [V] 이하의 전력용 및 제어용 회로에 가장 많이 사용하는 전력케이블로 가교폴리에틸렌을 절연의 주체로 하고 염화비닐수지 또는 폴리에틸렌으로 외장한 전력케이블로 도체의 최고사용온도는 90 [℃] 이하이다.

전기적, 물리적, 화학적 특성이 우수하여 최근 전력케이블 중 가교폴리에틸렌 절연 비닐절연 외장케이블을 가장 많이 사용하고 있다. 절연체의 색상은 흑, 백, 적, 녹색 등을 사용한다. XLPE(Cross-linked Polyethylene)는 가교폴리에틸렌 절연 비닐시스 케이블이란 뜻이며, 관련 규격은 KS C 3611이 적용된다.

⑤ 22.9 [kV] 동심중성선 전력케이블(22.9㎸ CN / CV 케이블)

22.9 [kV] 동심중성선 전력케이블(centric neutral conductor with water plocking tapes and PVC sheathed power cable)은 동심중성선 CV 케이블에 중성선을 추가함으

로써 다중접지계통의 전선로에서 발생 할 수 있는 과대한 지락전류를 흘릴 수 있도록 제작하여 지락사고로 인한 케이블의 소손이나 손상을 방지하는 데 사용되고 있다.

수밀층(including water proof type) 또는 차수층이 있는 케이블로 그 구조는 도체 위에 수밀층(차수형에는 없음)이 있고, 그 위에 내부 반도전층을 두며 반도전층 위에 절연층 XLPE(cross linked polyethylene)가 있다. 그리고 그 위에 외부 반도전층을 덮은 후 다시 반도전성 부풀림 테이프를 감고 중성선(연동선)을 모두 같은 중심을 가지는 동심으로 배치한 후 그 위에 일반 부풀음 테이프 PVC나 차폐층인 PE를 피복한 케이블이다.

도체의 단면적이 38 [mm^2]인 경우 중성선의 구성은 동선 17/1.0 가닥으로 13.4 [mm^2]이며, 도체단면적의 1/3 정도이다. 수밀형 케이블의 특징은 도체 소선간의 틈에 물이 침투하지 않는 화합물을 충전하고, 절연체를 압출 성형한 다음 중성선의 상하(上下)에 반도전 부풀음 테이프(swelling tape)로 물이 침투하지 않는 구조를 가지고 있다.

특히, 침수 우려가 큰 지중선 선로구간에서의 케이블 내에 물 침투를 방지할 수 있는 구조로 되어 있다. 전력케이블로 이 배전방식을 공급하기 위해서는 중성선을 겸한 차폐층의 케이블이 필요하므로 동심 중성선형 전력 케이블(CN/CV)을 사용한다. 22.9 [kV] CN/CV 케이블의 구조는 <그림 11-5-3>과 같고, 절연체는 가교 폴리에틸렌을 사용하고 외피는 PVC를 사용하고 있다.

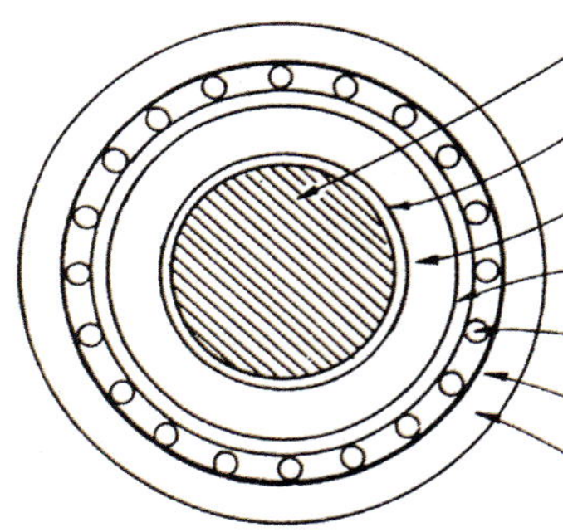

〈그림 11-5-3〉 CN/CV 케이블의 단면

⑥ MI 케이블

MI 케이블(mineral insulation cable)은 절연체로서는 산화마그네슘과 같은 무기질의 물질을 사용하고 있으므로 아래 <그림 11-5-4>와 같은 구조로 되어 있으며, 연속 250[℃]의 고온까지 사용할 수 있고 특히 내열성, 내연성이 요구되는 곳에 사용된다.

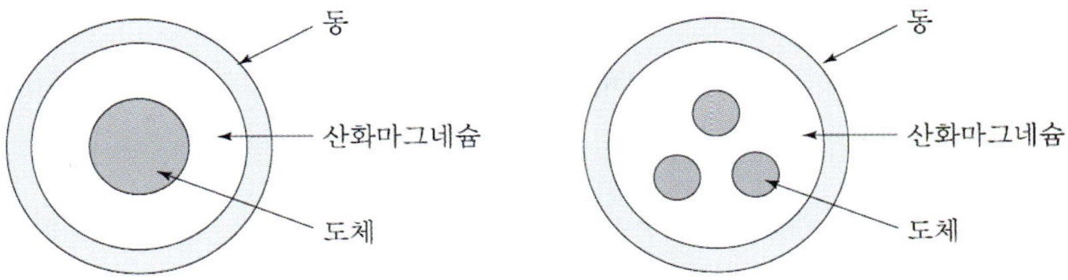

(a) 단심 (b) 3심

〈그림 11-5-4〉 MI 케이블의 구조 및 명칭

(2) 소방용 케이블

① 내열전선(FR-3)

FR-3(XLPE insulated and PVC sheathed heat resistant control and single cable)는 화재경보용 가교폴리에틸렌 내열절연 비닐외장케이블이다. 화재 경보 및 비상경보 장치의 회로에 사용되는 제어 및 신호용 전선으로 절연체의 최고사용온도는 90 [℃]의 XLPE(cross-linked polyethylene)를 사용된다. 코어를 원형으로 연합한 후 유리섬유 등의 내열 보호층을 둔 전선으로 내열 특성은 380[℃]에서 15분 동안 견딜 수 있는 성능이 있어야 한다.

주요 용도는 소방용 또는 약전계통의 제어 및 신호용으로 사용된다. 내열전선(FR-3)의 구조는 도체를 절연체로 덮고 그 위에 비금속 개재물(介在物, inclusion)로 감싼 후 내열 보호층(保護層, heat resistant layer)을 두른 후 피복체(sheath)로 외장한 전선을 FR-3 전선이라 하며, <그림 11-5-5>는 구조 및 명칭을 나타낸다.

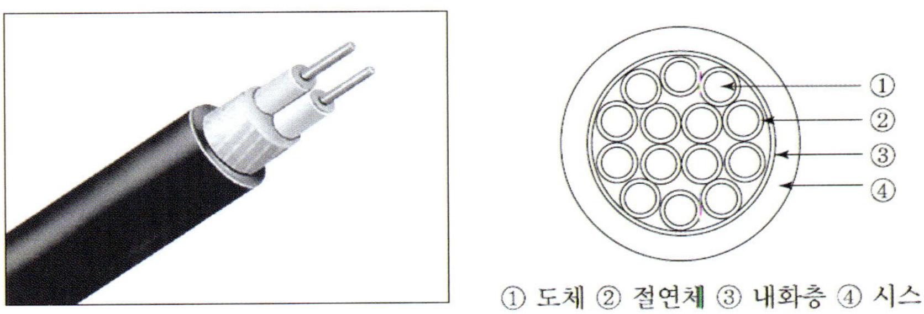

(a) 실체사진 (b) 단면구조

〈그림 11-5-5〉 FR-3(내열전선)의 구조 및 명칭

② 내화전선(FR–8)

FR-8(600 [V] PE 절연비닐외장내화전선, XLPE insulated fire proof layer and PVC sheathed fire resistant power cable)은 화재경보장치, 비상등, 스프링클러 등의 내화특성이 요구되는 소방용(동력, 전열, 전등) 회로에 사용된다. 내화특성은 840 [℃]에서 30분 동안 견딜 수 있는 성능이 있어야 하므로 불연재료인 마이카테이프 등을 내화층으로 도체 위에다 덮고, 절연체는 도체 최대사용온도 75 [℃]인 폴리에틸렌을 사용된다. 코어를 연합한 후 유리섬유 등의 내화층을 감싸고, 피복체는 난연PVC를 사용한다.

내화전선(FR-8)의 구조는 도체 → 내화층 → 절연 → 개재물 → 내화보호층 → 피복체로 되어 있고, 절연체의 색상은 흑, 백, 적, 녹색의 순으로 사용하고, <그림 11-5-6>은 FR-8(내화전선)의 구조 및 명칭을 나타낸다.

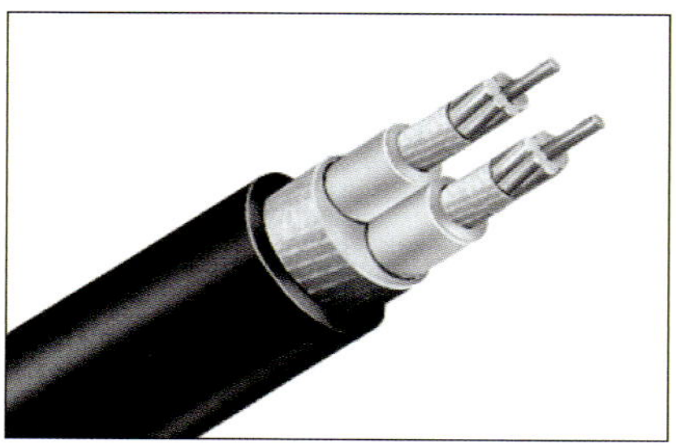

(a)실체사진

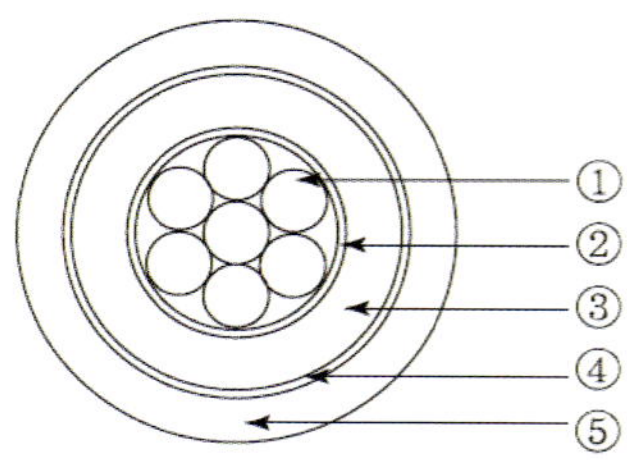

(b) 단면구조

〈그림 11-5-6〉 FR-8(내화전선)의 구조 및 명칭

③ 600 [V] 난연 XLPE 절연전선(600V XHHW)

600 [V] XHHW(600 [V] 난연 XLPE 절연전선, rubber insulated wire)는 600 [V] 이하의 상업용이나 주거용으로 사용하는 배전용 전선에 주로 사용된다. 도체 최고사용온도는 건조한 곳에서는 90 [℃]까지, 습기가 많은 곳에서는 75 [℃]까지 사용 가능하다. 도체는 연동선 또는 연동연선 등이며, 필요시에는 도체와 절연체 사이에 비금속 개재물을 두며, 난연 PVC(flame retardant poly vinyl chloride)를 절연체로 사용하고 절연체의 색상은 흑색, 또는 원하는 색상을 자유롭게 선택할 수 있다.

④ 저독성 난연 케이블(NFR)

NFR(non-toxin flame retardant free olefin cable)은 600 [V] 이하의 전력용 또는

제어용의 회로에 사용하는 전선이다. 절연체는 저독성의 난연 폴리올레핀 혼합물을 사용하고, 외장을 저독성 난연 폴리올레핀으로 차폐한 케이블로 시판되고 있다.

⑤ 난연 무독성 내화전선(NFR-8)

NFR-8(non-flaming mode XLPE)은 전선이 불 속에서 타면서도 전기의 공급이 가능하다. 따라서 옥내소화전설비, 스프링클러, 비상전원, 비상벨 등의 긴급 재난시를 대비하여 설치한 각종 설비를 장시간 작동할 수 있으므로 진화작업 및 긴급대피를 용이하게 하여 피해를 극소화할 수 있는 전선으로 노출배선이 가능하다.

내화배선은 알루미늄피복케이블, CD 케이블, CV 케이블, 실리콘고무절연전선, 4불화에틸렌절연전선, 연피케이블 등이 있으며, 1,000[℃] 화염 속에서 3시간, 불 꺼진 후 12시간 통전이 가능하다.

⑥ 600 [V] FR-CVVS

600 [V] FR-CVVS(600 [V] PVC insulated and flame retardant PVC sheathed control cable with copper tape shield)는 난연・동차폐부제어용 비닐절연 비닐 시스 케이블이다. 600 [V] 이하의 제어회로에 사용하는 염화비닐수지를 주체로 한 화합물 절연체이며, 난연재료를 첨가하여 제작한 외장케이블이다. 무게가 가볍고 가요성, 난연성, 내마모성 등이 우수하며, 심선의 색이 선명하고 잡음방지용 연동테이프로 차폐한 후 접지를 시킴으로써 발전소, 변전소 등의 원격제어용으로 많이 사용된다. 착색에 의한 식별은 7심 이하에서는 흑, 백, 적, 녹, 황, 갈, 청색으로 되어 있고, 적용 규격은 KS C 3330, IEEE 383 SEC2.5 등이다. <그림 11-5-7>은 FR-CVV 전선의 구조 및 명칭을 나타낸다.

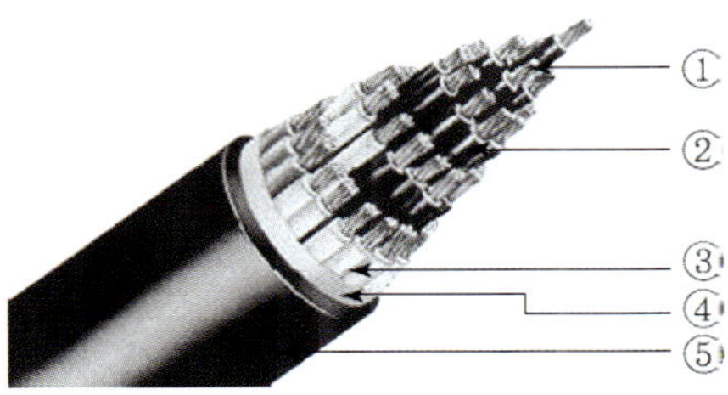

① 도체 ② 난연PVC절연 ③ 개재물 ④ 바인더테이프 ⑤ 난연PVC피복

〈그림 11-5-7〉 FR-CVV전선의 구조 및 명칭

(3) 용접용 케이블

용접용 케이블(welding cables)은 주로 아크용접기의 2차쪽에 사용하는 용접용 케이블에 사용된다. 이 전선의 종류는 [표 11-5-2]와 같으며, 도체재료로 리드용 도체는 주석도금연동선(KS C 3120)에 규정된 소선을 연합하여 사용하며, 홀더용 도체로는 전기용 연동선(KS C 3101)에 규정된 연동선을 연합하여 사용한다.

그리고 종이테이프를 도체 위에 감으며 종이테이프 대신에 면사 또는 견사를 감을 수도 있다. 또한, 홀더용 케이블은 고무절연체로 고무혼합물을 종이테이프 위에 균일한 두께로 피복한다. 1종 케이블은 리드용 케이블의 경우 테이프 위에 홀더용 케이블의 경우 고무절연체 위에 천연 고무 캡타이어를 피복한다. 2종 케이블은 리드용 케이블의 경우 테이프 위에 홀더용 케이블의 경우에는 고무절연체 위에 클로로프렌 캡타이어를 피복한다.

제품의 호칭 방법은 명칭, 종류, 공칭단면적 또는 기호 및 공칭단면적으로 나타낸다. 적용 규격은 KS C 3321이다. <그림 11-5-8>은 리드용 1종 케이블(WCT)의 구조 및 명칭이며, <그림 11-5-9>는 홀더용 1종 케이블(WRCT)의 구조 및 명칭을 나타낸다.

[표 11-5-2] 용접용 케이블의 종류와 기호

종 류	기 호	비 고
리드용 1종 케이블	WCT	리드용으로 천연고무 캡타이어를 피복한 것
리드용 2종 케이블	WNCT	리드용 1종 케이블과 같은 구조로서, 천연고무 캡타이어를 클로로프렌 캡타이어로 바꾼 것
홀더용 1종 케이블	WRCT	홀더용으로 천연고무 캡타이어로 피복한 것
홀더용 2종 케이블	WRNCT	홀더용 1종 케이블과 같은 구조로 천연고무 캡타이어를 클로로프렌 캡타이어로 바꾼 것

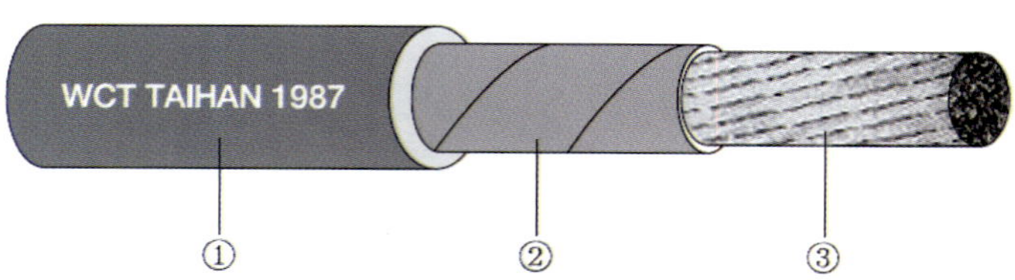

① 시스 ② 종이테이프 ③ 도체

〈그림 11-5-8〉 리드용 1종 케이블(WCT)의 구조 및 명칭

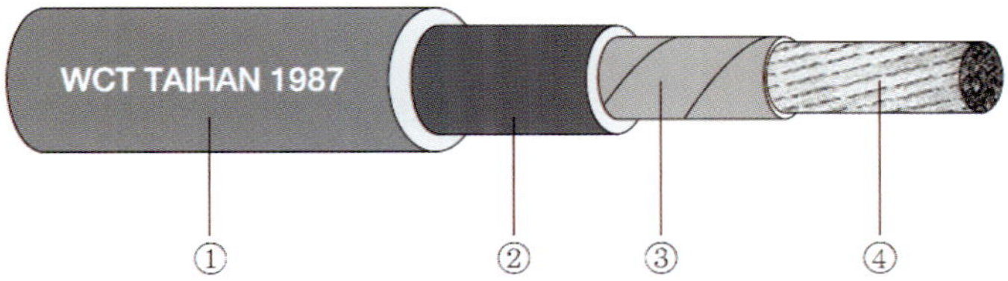

① 시스 ② 절연체 ③ 종이테이프 ④ 도체

〈그림 11-5-9〉 홀더용 1종 케이블(WRCT)의 구조 및 명칭

(4) 제어용 케이블

제어용 케이블(control cables)은 600 [V] 이하의 제어회로에 사용하는 염화비닐수지를 주체로 한 컴파운드, 폴리에틸렌, 가교폴리에틸렌으로 절연하고, 비닐 또는 폴리에틸렌으로 시스한 케이블로 다음과 같은 종류가 있다.

[표 11-5-3] 제어용 케이블의 종류와 기호

전 선 의 종 류	기 호
제어용 비닐절연 비닐시스 케이블	CVV
제어용 폴리에틸렌절연 비닐시스 케이블	CEV
제어용 폴리에틸렌절연 폴리에틸렌시스 케이블	CEE
제어용 가교폴리에틸렌절연 비닐시스 케이블	CCV
제어용 가교폴리에틸렌절연 폴리에틸렌시스 케이블	CCE

주) C : 제어용, V : 비닐, E : 폴리에틸렌, C : 가교폴리에틸렌

도체재료로는 전기용 연동선을 원형연선 또는 압축연선으로 사용하며, 적용규격은 KS C 3330 이다. 그리고 그 위를 비닐, 폴리에틸렌, 또는 가교폴리에틸렌으로 피복한 후 비닐이나 폴리에틸렌으로 차폐한다. 선심의 식별은 흑, 백, 적, 녹색으로 하고, 전선의 굵기는 CVV 전선의 경우 2, 3, 4심 각각 1.25 ~ 22 [mm^2]까지 7종류가 있으며, 5, 6심은 1.25 ~ 14 [mm^2]까지 6종류가 있다.

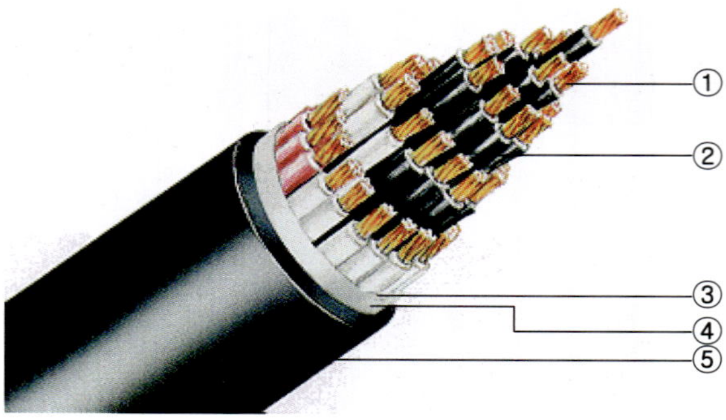

① 도체 ② PVC절연 ③ 개재물 ④ 바인더테이프 ⑤ PVC피복

〈그림 11-5-10〉 CVV(600 [V] 제어용 비닐절연 비닐시스케이블)의 구조와 명칭

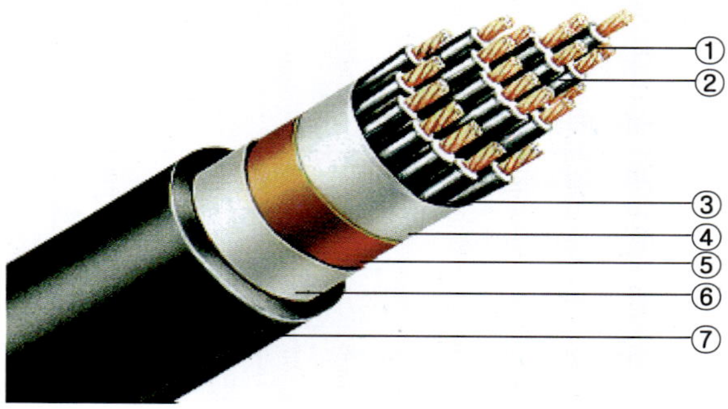

① 도체 ② PVC절연 ③ 개재물 ④ 바인더테이프 ⑤ 동테이프 ⑥ 바인더 테이프 ⑦ PVC 피복

〈그림 11-5-11〉 CVV-S(600 [V] 정전 차폐부 제어용 비닐절연 비닐시스 케이블)의 구조

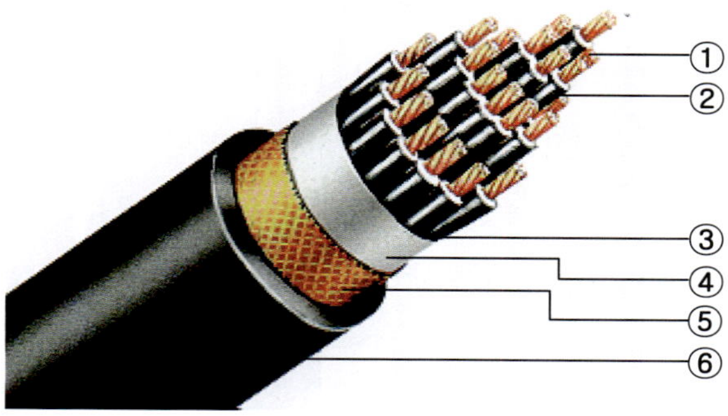

① 도체 ② PVC절연 ③ 개재물 ④ 바인더테이프 ⑤ 동망편조 ⑥ PVC피복

〈그림 11-5-12〉 CVV-SB(600 [V] 편조형 제어용 비닐절연 비닐시스 케이블)의 구조

① 도 체 ② PVC절연 ③ 충실 ④ PVC절연

〈그림 11-5-13〉 CVS(600 [V] 제어신호용 비닐절연 비닐시스 케이블)의 구조

11.5.2 부스바

(1) 부스바의 정의

부스바(bus bar)는 대전류를 공급하기 위해 사용되는 도전성 금속체로 평판형, 원통형 등이 있다. 부스바는 배전선로에서 변압기의 2차측과 각각의 전선로를 연결하여 저전압으로 대전류를 설비에 공급하는 도체로 동(Cu, copper), 알루미늄(Al, aluminium) 등이 사용된다. 또한, 일반 직류 모선은 전압 강하를 줄이기 위해 충분한 단면적이 되도록 설계하고, 일반 교류 모선은 전압 강하 외에 리액턴스를 줄여 역률을 좋게 하도록 그 치수나 배치 등을 고려한다.

부스바의 제작은 동판이나 알루미늄판을 이용하여 제작하며, 대용량의 설비에는 여러 장의 평판을 서로 겹친 샌드위치 형태의 배선을 제작한다. 그런데 이와 같이 여러 장으로 적층하여 제작한 부스바를 연속 설치하여 대전류를 공급하면 부스바와 부스바 사이의 접촉 불량, 연결부에 사용된 돌출된 볼트 및 너트의 전하 집중 현상 등으로 부분방전(部分放電, partial discharge)[3] 또는 연면방전(沿面放電, surface discharge)[4]에 의한 설비사고를 유발시킬 수 있다.

부스바의 설계 및 제작은 대전류를 흘려보내는 모선에서는 전압 강하를 줄이기 위해 충분한 단면적이 되도록 설계하고, 전압 강하 외에 리액턴스를 줄여 역률을 좋게 하도

3) 부분방전은 절연물의 표면에서의 고전계에 의한 부분적인 표면 방전 또는 절연물 내부에 존재하는 틈이나 기포에 생기는 내부 방전 등의 부분 방전으로 이곳에서 전압 스트레스에 의한 절연물의 열화가 진전한다.

4) 연면방전은 두 전극 사이에 고전압을 가함으로써 전극 사이의 절연물 표면을 따라서 방전이 일어나는 현상이다.

록 그 치수나 배치 등을 고려하여 설치해야 한다. 특히, 부스바는 연결점이 많고, 일정한 형태로 설치하는 것이 아니라 산업 현장의 특성에 따라 다양한 형태로 설계 및 제작되어 엔지니어에 의해 시공되므로 작업자의 수준 및 설계 능력에 따라 성능의 차이가 발생될 수 있다.

산업설비 중에서 물리적인 충격 및 진동이 있는 시설에 부스바를 이용한 배선을 실시하면 접속부 사이의 접촉불량 및 발열, 지속적인 변형 및 절연열화 등으로 사고를 유발시킬 수 있다. 또한, 동부스바가 비싸다는 이유로 알루미늄 부스바를 사용하는 경향이 있는데 알루미늄은 융점이 약 670 [℃]로 낮아서 미소방전 및 줄열에 견디는 성능이 좋지 못하다. 또한, 주변에 화학물질 및 부식성 가스가 있을 때 쉽게 산화 및 환원 반응이 일어나 부식이 발생하기 쉽고, 한번 표면의 소손이 발생하면 성능이 급격하게 저하되어 단선 또는 반단선 등이 쉽게 발생한다는 특징이 있다.

그리고 알루미늄의 낮은 도전율을 개선하고 표면 소손을 방지하기 위해서 알루미늄 부스바의 표면을 은도금하여 사용하는 경우가 있다. 그러나 은(銀, silver)은 확산성이 우수한 비철금속으로 상온에서도 시간의 경과에 따라 은이동(銀移動, silver migration)을 일으키는 대표적인 물질이다. 즉, 도금된 은이 시간의 경과에 따라 산화 및 환원 반응을 일으켜 주변의 기기로 확산되면서 도전로를 형성하고 그에 따른 연면방전 및 트래킹의 경로 등이 확보되어 전기설비의 사고를 유발시킬 수 있다.

(2) 부스바의 종류 및 특징

① 평판형 부스바

일반 수배전반에 사용되는 평판형 부스바의 주요 사양은 [표 11-5-4]와 같다. 두께는 보통 12 [mm]이고, 넓이는 약 125 [mm]를 사용한다. 또한, 합성저항이 크며, 효율이 원통형에 비해 낮다.

[표 11-5-4] 평판형 금속폐쇄 수배전반의 사양

항 목	평판형 금속폐쇄 수배전반
도체 구성	동대(copper bar)
	두께 12 [t], 너비 125 [mm], 구성 1~3장, 온도상승 70 [℃]
도체 배열	전자장의 중심에 도체가 배치되어 있다.

항 목	평판형 금속폐쇄 수배전반
전류	전류가 클수록 모선을 다중 설치하므로 비효율적이다.
교류저항(L)	전자장 간섭이 많은 부위에서 인덕턴스(L)가 높다.
	선로의 인덕턴스(L)가 높으므로 발열이 많고 효율은 낮다.
합성저항(Z)	접속점이 많고, 임피던스(Z)가 크다.
효율	원통형에 비해 낮다.

<그림 11-5-14>는 평판형 부스바의 전자기장 분포를 나타낸 것이다. 평판형 부스바는 접속점이 많고, 모서리가 직각이므로 전하집중현상이 잘 일어나고 부분방전 및 연면방전이 발생할 수 있으므로 충분한 이격거리의 확보 및 곡면처리를 해야 한다. 특히, 설계된 용량보다 높은 부하율 또는 급격한 부하변동 등이 있는 전선로는 부스바의 열화(劣化)가 가속되어 계측기 및 전력기기의 오작동 및 설비사고를 유발시킬 수 있다.

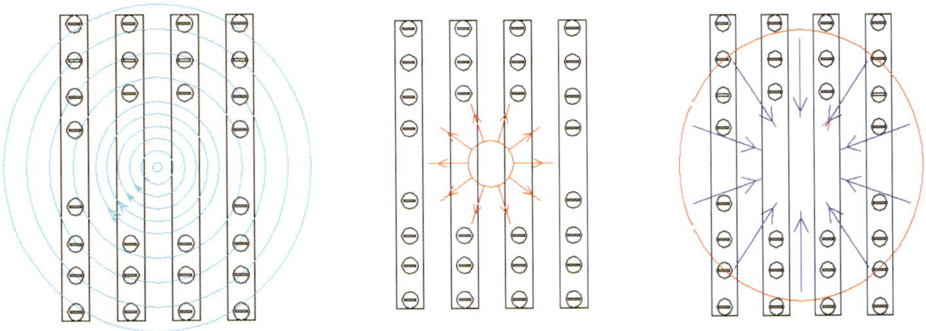

(a) 자력선 분포 (b) 전하의 반발력 (c) 인덕턴스 분포

〈그림 11-5-14〉 평판형 부스바의 전자기장 분포

<그림 11-5-15>는 평판형 부스바의 위험요소를 나타낸 것이다. 평판형 부스바는 연결부가 많고 절곡부가 다수 발생하므로 전하집중, 접촉불량 및 연면방전 등이 쉽게 발생할 수 있다. 항만, 공항, 대단위 공장 등과 같이 연속 공정으로 전선로가 길게 설치되어 있는 전선로에서 단락 및 낙뢰 등으로 대전류가 전선로에 유입되면 연결부 및 접속부 등의 소손 및 용단 등이 발생할 수 있고, 인접한 보호기기 및 계측기 등으로 피해가 확산될 수 높다.

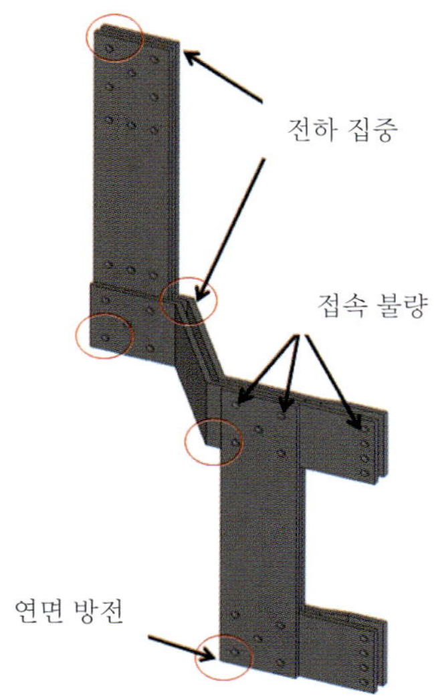

〈그림 11-5-15〉 평판형 부스바의 위험요소

② 원통형 부스바

대용량 중요 설비에 사용되는 원통형 부스바의 주요 사양은 [표 11-5-5]와 같다. 외경은 보통 60 [Φ] 정도이고, 내경은 약 36 [Φ]로 제작된다. 물론 설비의 용량 및 특성에 따라 그 크기를 다양하게 제작된다. 원통형으로 금형 제작되므로 접속부가 적고, 곡면 설계되어 있어서 발열 부분이 근본적으로 제거되어 배전선로의 신뢰성이 높다.

[표 11-5-5] 원통형 금속폐쇄 수배전반의 사양

항 목	원통형 금속폐쇄 배전반
도체 구성	동 파이프(copper pipe)
	외경 60 [Φ], 내경 36 [Φ], 구성 1 선, 온도상승 60 [℃]
도체 배열	원통형으로 배열되었기 때문에 인덕턴스가 고르게 분포되어 각 상별 간섭이 적다.
효율	각 상별 단일 모선을 사용함으로써 평판형 부스바를 사용할 때보다 효율이 우수하다.
교류저항(X)	곡면 제작되어 전자기장의 간섭이 적고, 인덕턴스가 적다.
합성저항(Z)	금형 제작으로 접속부가 적고, 곡면 설계되어 있어서 발열 부분이 줄어들어 배전선로의 신뢰성이 높다.

<그림 11-5-16>은 원통형 부스바의 전자기장 분포를 나타낸 것이다. 원통형 부스바는 금형으로 제작되기 때문에 접속부가 줄어들어 접촉 불량이 적고, 곡면 제작되므로

전계집중현상이 평판형 부스바에 비해 현저하게 적다. 원통형 구조이므로 전하의 반발력은 외부로 향하고, 인덕턴스는 중심으로 향하기 때문에 상호 상쇄되어 부스바의 발열이 적다. 따라서 원통형 부스바는 단락 및 낙뢰 등의 대전류가 유입되는 사고가 발생하더라도 충격을 줄일 수 있으므로 돌발 사고에 따른 계전기의 오작동이 적고, 보호기기의 협조가 잘되는 특징이 있다.

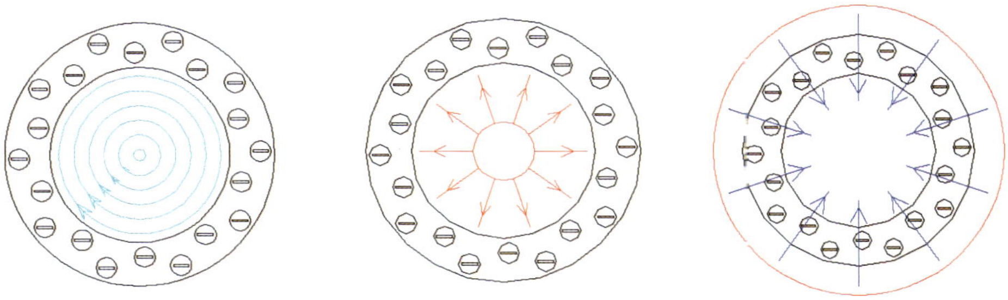

(a) 자력선 분포 (b) 전하의 반발력 (c) 인덕턴스 분포

〈그림 11-5-16〉 원통형 부스바의 전자기장 분포

<그림 11-5-17>은 원통형 부스바를 연결할 때의 실체사진을 나타낸 것이다. 부스바의 연결부가 적으며 각각의 연결부는 금형으로 제작되었기 때문에 접속 저항이 매우 적을 뿐만 아니라 전하 집중 현상이 없다. 따라서 항만, 공항, 대단위 공장 등과 같이 연속 공정으로 설치되는 전선로에서 단락 및 낙뢰 등으로 대전류가 전선로에 유입되어도 스트레스를 완충시키고 분산시키는 효과가 좋아 시스템의 안전성이 우수하다.

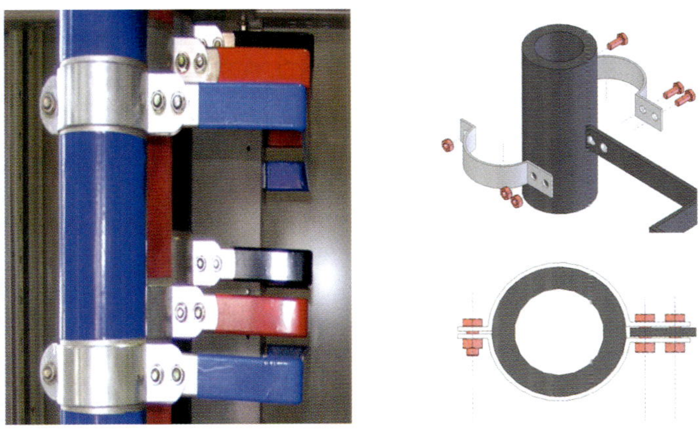

(a) 실체사진 (b) 접속 방법

〈그림 11-5-17〉 원통형 부스바의 실체사진 및 접속 방법

[표 11-5-6]은 원통형 부스바와 평판형 부스바의 특성을 비교한 것이다. 원통형 부스바는 절곡부가 완만하게 처리되어 있고, 연결부가 동일한 관처럼 체결되어 있다. 그러므로 평판형 부스바에 비해 전하 집중, 코로나 방전, 접속불량, 부분방전 및 연면 방전 등이 거의 없다. 또한, 배전반 내부의 설치 공간의 점유가 적고, 작업공정 및 설치 작업이 간단하여 작업 속도가 우수하나 초기 금형 비용이 발생된다. 원통형 부스바의 접속은 금형으로 제작된 홀더를 사용하며, 홀더의 내부에는 가로 및 세로의 나사산이 가공되어 있어서 접촉저항을 줄이며, 물리적인 충격 및 진동에 잘 견디는 효과가 있다. 또한, 내부의 나사산과 규칙적으로 가공된 구멍을 통해서 접촉부의 열과 내부에서 발생된 열을 외부로 자연 방사 또는 방열되므로 설비의 스트레스를 줄이는 효과가 있다.

[표 11-5-6] 원통형 부스바와 평판형 부스바의 특성 비교

형태 / 내용	원통형 부스바	평판형 부스바
전하 집중 현상	적게 발생	많이 발생
코로바 방전	적게 발생	많이 발생
설치 공간	적게 소요	많이 소요
재료비	보통	고가
금형 비용	필요	필요 없음
접촉(속) 저항	거의 없음	많이 발생
연면 방전	거의 없음	많이 발생
작업의 편리성	간단	복잡.
작업 시간	적게 소요	많이 소요

11.5.3 출화사례

(1) 전력용 케이블의 소손 패턴

<그림 11-5-18>은 사고가 발생된 수배전설비의 실체사진을 나타낸 것이다. 전선로는 3상 3선식을 구성되었으며, 22.9 [kV] 동심중성선 전력케이블 22.9 [kV] CN/CV 케이블을 사용하였다. R상의 케이블이 심하게 소손되었고, S상 및 R상 쪽도 일부 탄화되었다. <그림 11-5-19>는 각 상의 케이블을 부스바에서 해체한 것으로 접속부는 양호하며, 큐비클을 지지하기 위한 설치한 가로방향의 붐대 역시 R상 부위가 가장 심하게 탄화된 것이 확인된다.

〈그림 11-5-18〉 사고가 발생된 수배전설비

〈그림 11-5-19〉 케이블을 해체한 실체사진

<그림 11-5-20>은 CN/CV 케이블의 실체사진과 명칭을 나타낸 것이다. <그림 11-5-21>은 소손된 R상을 절단하여 촬영한 것으로 부스바 연결점은 양호하며, 케이블 헤드의 하단부 끝 부분에 탄화흔이 형상된 것이 확인된다. 그리고 접지선 및 케이블 헤드의 갓 역시 양호하다. 사고가 발생한 도체는 22.9 [kV] CN/CV 100 [mm^2] 케이블이며, 사용된 기간은 약 15년이다.

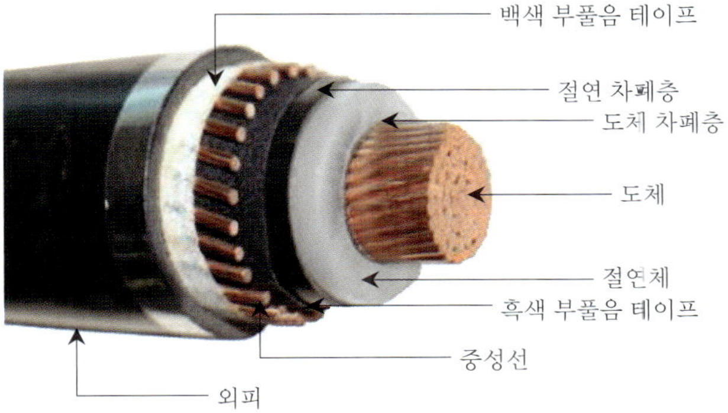

〈그림 11-5-20〉 CN/CV 케이블의 실체사진

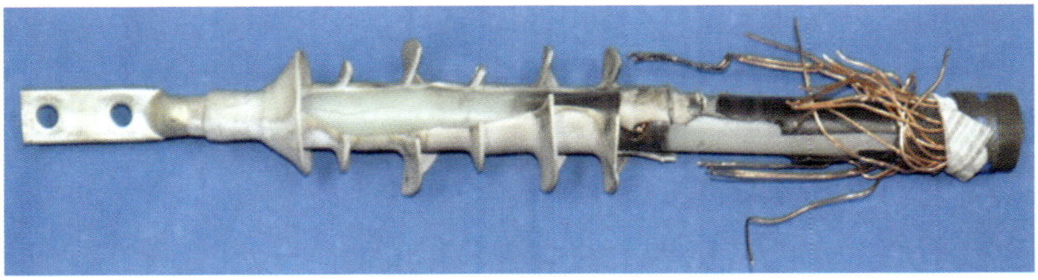

〈그림 11-5-21〉 R상의 케이블을 해체하여 촬영한 실체사진

<그림 11-5-22>는 소손되어 탄화심도가 형성된 부분을 촬영한 실체사진이다. 입구는 크고 원형으로 매끄럽게 형성되었고, 심선의 중심부로 갈수록 원추형과 같은 패턴으로 소손되었다. 또한, 심선이 용융되고 재결하여 형성된 용융흔이 확인된다.

<그림 11-5-23>은 <그림 11-5-22>의 부분을 절단하여 나타낸 단면 실체사진이다. 케이블의 표면은 넓게 소손되었고, 중심부는 좋게 소손된 것으로 확인된다. 그리고 다른 부분은 소손의 흔적이 없다. 즉, 케이블 사고의 유형은 설계 및 구조 불량, 취급 불량, 공사 불량, 경년 열화, 방화 또는 실화 등이 있다.

그런데 본 사고는 어떤 이유인지 단언할 수 없으나 케이블에 열화(劣化)가 발생하여 절연이 저하됨에 따라 소선과 소선 사이에서 지속적인 방전이 발생하였고, 그 때 발생된 고열로 도체를 용융시켜 사고가 확산된 것이다.

〈그림 11-5-22〉 소손된 부분을 확대한 실체사진

〈그림 11-5-23〉 단면

(2) 수트리 현상에 의한 케이블의 소손 특성

① 수트리 현상의 발생 과정

케이블의 절연체에 수분이 침투하면 수분이 이온화되고, 그 때 발생된 이온에 교번자계가 가해져서 진동함으로써 절연체 사이에 틈이 발생하게 된다. 따라서 그 틈을 통해서 수분이 점점 더 많이 수분이 침투되어 그 범위가 커지게 되고, 그 모양이 수지상으로 성장하게 되는데 이와 같은 과정을 케이블의 수트리 현상(water tree phenomenon)이라 한다.

② 수트리 현상의 발생

수트리 현상의 발생 원인은 케이블의 제작 과정의 잘못에 의한 것과 외부에서 수분의 침투에 의해서 발생되는 것으로 구분된다.

폴리에틸렌 절연체를 이용하여 케이블을 제작할 때 고온의 증기를 이용하여 습식가교

방법을 적용한다. 그런데 습식가교방법을 적용하여 케이블의 제작이 완료되었을 때 남아있던 잔류 수분을 완벽하게 처리하지 못하고 케이블 절연층 내부에 수분이 잔류됨에 따라 절연체가 점점 열화(열화)됨에 따라 절연파괴로 이어지는 것이다. 그리고 케이블의 단말처리 과정이 부적절하게 마무리됨에 따라 절연체 사이로 수분이 침투되어 절연 성능이 저하됨에 따라 절연파괴로 이어지는 것이다.

케이블에서 발생되는 수트리 현상은 그 진행속도가 느리고, 전계의 세기가 크지 않아도 지속적으로 수트리가 성장되다가 절연의 한계값에 도달하던 일순간에 절연 성능을 파괴시켜 불꽃을 수반하는 화염을 분출시키는 특징이 있다.

③ 수트리 현상의 예방대책

- 케이블 제작공법을 건식공법으로 변경하고, 절연층의 균질성을 향상시킨다.
- 도체와 절연체 사이의 경계면을 매끄럽게 마무리한다.
- 케이블에 물이 흡수되지 않도록 화합물로 완벽하게 충진한다.
- 절연체에 전압 안정제를 첨가하여 전계의 집중현상을 방지한다.
- 케이블의 단말처리를 완벽하게 한다.
- 케이블의 반도전층을 균일하게 배치한다.
- 케이블을 포설할 때 물리적인 충격이 없도록 주의하여 포설한다.
- 정기적인 검사 및 진단 등을 실시하여 케이블의 열화 이력을 관리한다.

(3) 부스바의 소손 패턴

본 시스템은 1차측에 6.6 [kV] / 440 [V] 3 [MVA]를 수전하여 UPS 5대를 병렬로 구성(1 set)하여 생산설비에 전기를 안정적으로 공급하도록 되어 있다. 부스바는 T-TYPE과 STRAIGHT-TYPE 등을 선로의 특성에 따라 길이의 조절이 가능하며, 최대허용전류는 3,200 [A]인 것으로 확인되었다. 그리고 절연재료는 폴리에스터 필름(polyester film)을 사용하여 도체를 도포하도록 되어 있고, 절곡부는 필름으로 테이핑 처리하여 절연하였다. 또한, 접속부의 부스바의 사이사이에 절연판을 삽입하였다.

<그림 11-5-24>는 사고가 발생한 3상 부스바의 전면 실체사진이고, <그림 11-5-25>는 하부 실체사진이다. UPS에 연결된 수직방향의 상순은 좌측으로부터 R, S, T 순서이고, 수평방향의 상순은 상부로부터 T, S, R 순서이다. 그리고 부스바가 지나치게 길게

포설되어 있고 UPS에서 발생되는 진동, 건물의 자체 진동 및 작업자들의 충격 등에 대한 방호설비 또는 완충 부분이 없어서 부스바의 T-TYPE과 STRAIGHT-TYPE 등의 연결 부분에 복합하중이 집중된다.

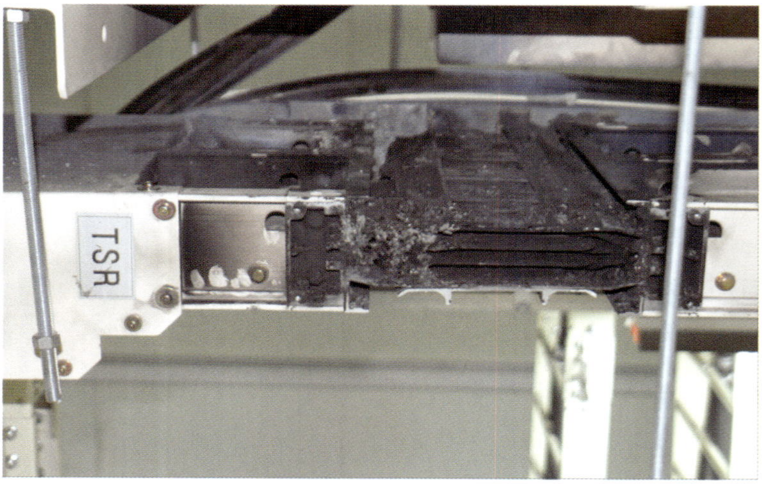

〈그림 11-5-24〉 사고가 발생된 부스바의 전면 실체사진

〈그림 11-5-25〉 사고가 발생된 부스바의 하부 실체사진

<그림 11-5-26>은 <그림 11-5-24>을 분해한 것으로 상부를 기준으로 했을 대 T-상, S-상, R-상 순서로 배치되어 있고, S-상 및 R-상 사이에 탄화심도 및 V-pattern 등이 형성되어 있다. 또한, 표면의 소손 패턴을 볼 때 1차 사고가 발생한 후 추가의 단락

이 발생할 때 형성되는 흔적이 있다. T-TYPE BUS DUCT의 단면을 나타낸 것으로 T, S, R 각각을 절연하여 한 개의 조(set)로 구성되어 있다.

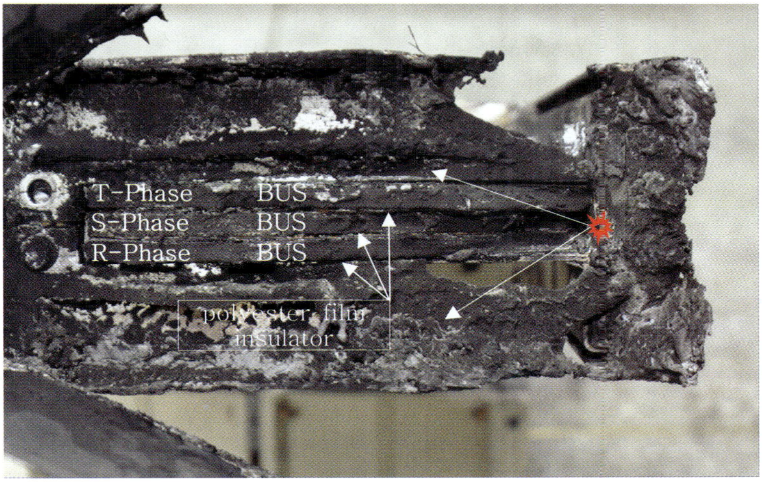

〈그림 11-5-26〉 〈그림 11-5-24〉의 분해된 실체사진

<그림 11-5-27>은 <그림 11-5-26>의 부스바 배치 및 절연재료를 나타낸 것으로 출화는 S-상과 R-상 사이에서 발생하여 탄화심도(✸) 및 V-Pattern 등을 형성하며 진행된 것이다.

〈그림 11-5-27〉 〈그림 11-5-26〉의 부스바 배치 및 절연재료

<그림 11-5-28>은 탄화심도가 형성된 연결부의 후면 상부 실체사진으로 부스바의 T-TYPE과 STRAIGHT-TYPE을 연결하는 우측 하단이 심하게 소손되어 있는 것을 확인할 수 있다. 볼트가 위치했던 부분(◌)이 심하게 소손되어 소실된 상태이며, 탄화심도가 형성되었다. 그러므로 UPS의 진동 및 충격 등이 발생하면 부스바의 흔들림 및 뒤틀림 등의 물리적인 충격에 견딜 수 없다.

〈그림 11-5-28〉 탄화심도가 형성된 연결부의 후면 상부 실체사진

<그림 11-5-29>는 탄화심도가 형성된 연결부의 후면 하부 실체사진으로 심하게 탄화되었고 좌측 부분(⁚)의 볼트가 없는 것을 확인할 수 있다. 즉, 어떤 이유인지 알 수 없으나 체결이 부적절하여 물리적인 충격 및 진동에 견딜 수 없고, 전기적인 스트레스가 가중되어 열화(劣化)가 가속된다.

〈그림 11-5-29〉 탄화심도가 형성된 연결부의 후면 하부 실체사진

<그림 11-5-30>은 부스바와 부스바 사이를 절연하기 위해 사용된 절연판을 나타낸 것으로 심하게 소손되었다. 이와 같은 패턴으로 절연물이 소락되기 위해서는 충격 및 진동, 지속적인 발열 및 미소방전(scintillation), 로렌츠 힘(Lorentz's force)에 의한 전계 불평형 등이 있다. 또한, 절연판에 탄화심도(⁚)가 형성되었고, 단락에 의해 용융된 알루미늄의 융착(↖)이 확인된다. 그리고 알루미늄 금속증기가 절연판에 흡착되어 탄화가 진행되었고, 탄화심도가 형상된 주변의 절연저항은 약 37 [Ω]로 측정되었다.

〈그림 11-5-30〉 탄화심도가 형성된 절연판 주변의 절연저항

이상의 결과에서 확인된 바와 같이 UPS에 체결된 부스바가 견고하게 설치되지 못한 점, 경간이 매우 길고 신축(완충) 구간이 없는 점, 수평 및 수직 하중 등에 대한 여유가 고려되지 못한 점, 설비의 진동 및 충격 등에 대한 설계가 미진한 점, 부스바의 T-TYPE과 STRAIGHT-TYPE의 연결 부분의 한쪽 나사 4개가 모두 체결되어 있지 않은 점, 부스바를 하우징 형태로 연결하는 중간 부분의 간극이 불균일한 점, 탄화심도가 형성된 절연판의 전기저항이 수십 옴 이하로 적게 측정된 점 등을 종합적으로 고려할 때 사고 유발 요인은 공사불량에 의한 것으로 판단된다.

section 11.6 배전반(분전반)

11.6.1 배전반의 정의

전기설비에 사용되는 배전반(distribution board)은 분기 과전류 보호기를 집합해서 설치한 것이다. 배전반은 분전반으로도 명칭하며 전압의 크기 및 용도 등에 따라 저압용, 고압용 및 특별고압용 등으로 분류된다. 또한, 다양한 기기를 하나의 금속 패쇄 용기에 수납하였다고 하여 큐비클(cubicle)이라고도 부른다.

즉, 부하에 전기를 공급하는 전선로 중에서 부하에 가장 가까운 곳에 퓨즈(fuse), 차단기(breaker)와 같은 단락전류를 차단할 수 있는 분기 과전류 보호기를 캐비닛(cabinet) 등에 집합해서 설치해 놓은 것이다.

일반적으로 분전반 내부에는 녹아웃(knockout), 주차단기(main breaker), 쌍극차단기(double circuit breaker), 단극차단기(single circuit breaker), 누전차단기(ground fault circuit interrupter), 중성선(neutral wire), 접지모선(ground / neutral bus bar), 단자(terminal), 접지 접속(ground connection), 접지선(ground wire), 플라스틱 절연체(plastic insulator), 접지(ground), 핫 부스 바(hot bus bar), 중성인입선(neutral service wire), 110 [V] 회선 (110 [V] circuit), 220 [V] 회선(220 [V] circuit), 접지 본드(ground bond), 주전원 케이블(main power cable), 이음매(connector), 380 / 440 [V] 급전 케이블 (380 / 440 [V] feeder cable), 배선접속상 (bonding jumper) 등이 설치된다.

그리고 배전반을 통해서 공급되는 전기설비의 부하는 전류, 전압 및 전력 등이 시간의 변화에 따라 다양하게 변화될 수 있다. 또한, 부하의 변동에 따라 발생되는 전류는 종합 누설전류, 저항성 누설전류, 인체 감전전류 등이 있다. 그러므로 분전반의 부하를 실시간 관리할 수 있는 분전반의 개발은 전기설비사고, 전기화재 및 감전사고 등을 예방할 수 있다.

11.6.2 배전반의 구조 및 명칭

<그림 11-6-1>은 배전반의 구조 및 명칭을 나타낸 것이다. 대부분의 배전반은 금속 패쇄 배전반이며, 전압이 높을수록 상부에 배치하고, 전압이 낮으면 하부에 설치한다. 또한, 하나의 배전반을 통해서 다양한 부하 및 전압을 공급하기 위해 중앙에 부스바를 이용하여 병렬 배치한다. 그리고 용량이 큰 것은 3상 4선식으로 배선하며, 저압은 단상 3선식 방식을 실시하며, 주요 용어의 정의는 다음과 같다.

① 녹아웃(knockout)은 부분적으로 절단된 금속 부분이다.

② 주차단기(main breaker)는 모선에 전기 공급을 조절하는 기구로 모든 회로에 들어가는 전류를 차단할 수 있다.

③ 쌍극차단기(double circuit breaker)는 주로 3상 회로용 보호 장치이다.

④ 단극차단기(single circuit breaker)는 주로 단상 회로용 보호 장치이다.

⑤ 누전차단기(RCD)는 인체 및 생명체의 감전사고 예방을 위해 설치하는 기기이다.

⑥ 중성선(neutral wire)은 전하를 띠지 않는 배선이다.

⑦ 접지모선(ground terminal)은 여러 회로의 중성 접지선으로부터 들어오는 전류를 받아 중성인입선과 접지접속으로 보낸다.

⑧ 접지단자대(ground terminal)는 배선의 중성선과 접지선을 물이는 접지모선의 일부분이다.

⑨ 접지접속(ground connection)은 전체 회선을 접지하기 위해 접지선에 부착하는 금속 도체이다.

⑩ 접지선(ground wire)은 단락이 일어나면 접지모선에서 접지접속으로 전류를 보내는 전선이다.

⑪ 절연재료(insulator)는 모선이 패널 뒷부분에 접촉되지 않도록 막아 주는 비전도물질의 판이다.

⑫ 접지(ground)는 회선의 중성선에서 나오는 전류가 중성인입선으로 전달되게 하는 중성모선을 연결하는 부품이다.

⑬ 모선(bus bar)은 각 회선의 차단기 플러그를 끼우는 배전반의 도체 부분이다.

⑭ 중성인입선(neutral service wire)은 전하를 띠지 않는 전선이다.

⑮ 저압용 배선(low-volt circuit)은 활선 1개, 중성선 1개, 접지선 1개 등으로 구성된다.

⑯ 고압용 배선(high-volt circuit)은 활선 2개와 중성선 1개, 접지선 1개 등으로 구성된다.

⑰ 접지본드(ground bond)는 설비의 임피던스 등가를 위해 설치하는 배선이다.

⑱ 주전원케이블(main power cable)은 전류를 전달하는 활선이다.

⑲ 접속기(connector)는 전기 연결관을 배전반 함에 나사로 고정시키는 장치이다.

⑳ 급전케이블(feeder cable)은 3개의 배선 또는 4개의 배선으로 구성되는 케이블이다.

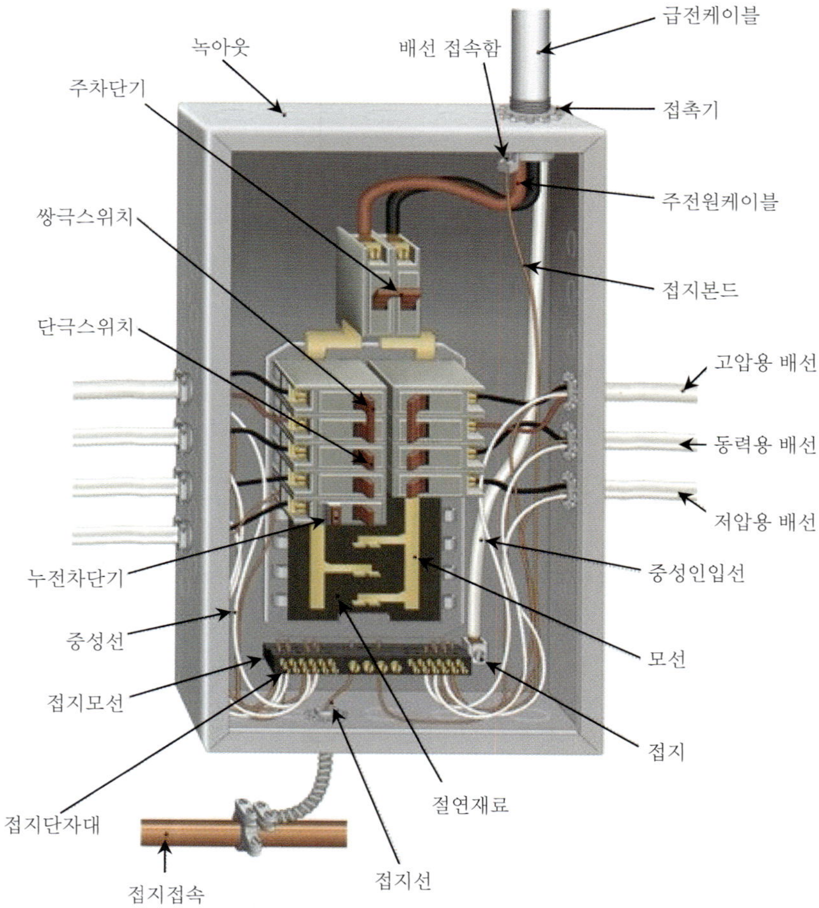

〈그림 11-6-1〉 배전반의 구조 및 명칭

11.6.3 전선의 단락에 의한 분전반 화재

(1) 발생 개요

금형 공장으로서 종업원이 퇴근하고 사람이 없는 상태에서 원인 미상의 화재가 발생하여 공장 내부 분전반이 설치된 근처가 소손되었다. 단상 2선식(1Φ 2W, 220 [V]) 5 [kW]와 3상 3선식(3Φ 3W, 220 [V]) 10 [kW]를 사용하는 금형 공장으로 인명피해는 없으나 내부에 시설된 공장설비 대부분이 소손되어 사용이 불가능한 상태였다. <그림 11-6-2>는 사고 현장에서 촬영한 실체사진으로 건물의 상부가 심하게 그을린 형태를 보이고 있으며, 연소의 패턴을 보면 공장 내부에서 외부로 화염이 확산되었다.

〈그림 11-6-2〉 화재 현장의 정면 실체사진

(2) 현장 수거품

배전차단기(MCCB) 5점, 누전차단기(RCD) 1점, 1차측 전선 15점

(3) 현장 상황

사고 현장은 단상 2선식(1Φ 2W) 220 [V] 전등부하의 주분전반에는 주개폐기 배선차단기(MCCB, 2P 50A) 1개와 분기개폐기는 누전차단기(RCD, 2P, 30 [A]) 2개가 설치

되어 있었고 심하게 소손되었다. <그림 11-6-3>은 동력용 주분전반으로 3상 3선식(3Φ 3W) 220 [V] 동력부하의 분기분전반에는 주개폐기(MCCB, 4P) 1개이다. 그리고 <그림 11-6-4>는 동력용 주분전반의 소손 상태를 촬영한 것으로 분기개폐기(MCCB, 3P) 3개가 설치되어 있었으나 3분기 개폐기는 예비로 시설되었고 각각의 개폐기 전체가 심하게 소손된 상태이다. 주분전반 우측에 설치된 분기분전반에는 좌측에 MCCB(3P) 5개와 우측에 MCCB(3P) 5개가 대칭으로 설치되어 있고, 외부 열에 의해 소손되었다.

3상 3선식(3Φ3W, 220 [V]) 10 [kW]용 주분전반의 주개폐기 1차 측에서 분전반으로 연결되는 IV 8 [mm^2] 중 1선은 분전함과 분전함 사이의 전선이 모서리 금속 부분과 아크를 형성하면서 용단되었으며, <그림 11-6-5>와 같다. 그리고 다른 1선은 용단되지는 않았으나 아크의 흔적이 심하게 발생했으며, 나머지 1선은 피복만 용융된 나선(裸線, bare wire) 상태로 아크 흔적은 없다.

〈그림 11-6-3〉 동력용 주분전반

〈그림 11-6-4〉 동력용 주분전반의 소손 상태

〈그림 11-6-5〉 주분전함의 아크 흔적

(4) 사고 현장 및 전력선의 단선 결선도

<그림 11-6-6>은 사고 현장의 평면도를 나타낸 것으로 공장은 도로변에 위치하고 있다. 주분전반의 재질은 금속이며 건물의 좌측 입구에 설치되어 있으며, 그 근처가 가장 심하게 소손되었다.

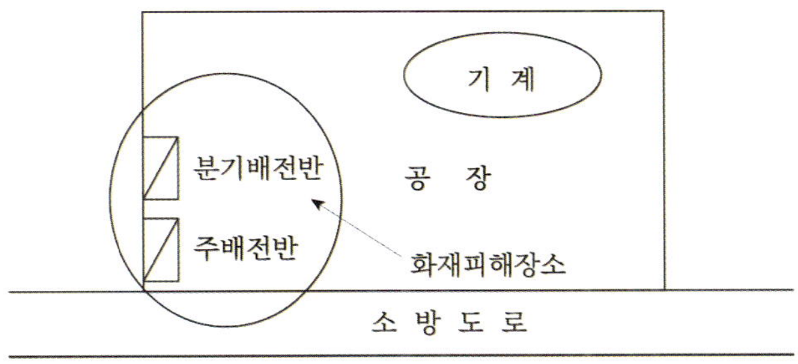

〈그림 11-6-6〉 사고 현장의 평면도

<그림 11-6-7>은 동력용 주분전반의 회로도를 나타낸 것이다. 주차단기는 MCCB를 사용하였고, 전선은 IV 3.5 [mm²]를 사용한 것으로 조사되었다. 그리고 3개의 분기차단기 역시 MCCB를 사용하였으며, 전선은 IV 1.2 [mm]를 사용하였다.

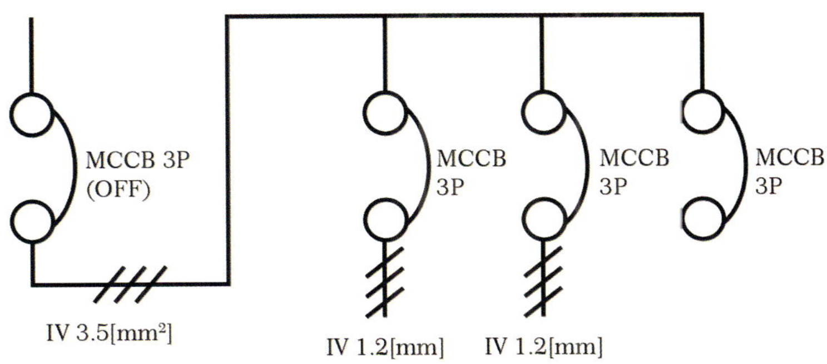

〈그림 11-6-7〉 동력용 주분전반의 회로도

<그림 11-6-8>은 전등용 주분전반의 회로도를 나타낸 것이다. 주차단기는 MCCB, 2P, 50 [A]로 꺼짐(OFF) 상태인 것으로 조사되었다. 그리고 2개의 분기차단기는 RCD, 2P, 30 [A]를 사용했으며, 전선은 IV 1.2 [mm]인 것으로 분석되었다.

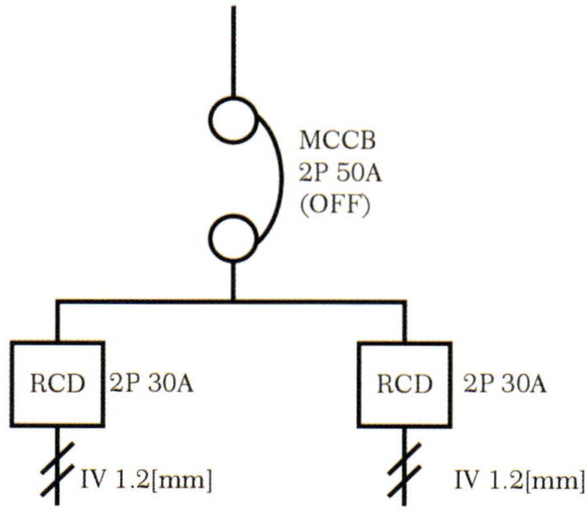

〈그림 11-6-8〉 전등용 주분전반의 회로도

<그림 11-6-9>는 동력용 분전반의 회로도를 나타낸 것이다. MCCB, 3P, 50 [A] 10개를 좌측과 우측에 각각 5개를 병렬 배선된 것으로 확인되었다. 좌측의 5개와 우측의 1개는 꺼짐 상태(OFF)이었으나 우측의 4개는 켜짐 상태(ON)인 것으로 조사되었다. 그리고 모든 전선은 IV 3.5 [mm^2]로 조사되었다.

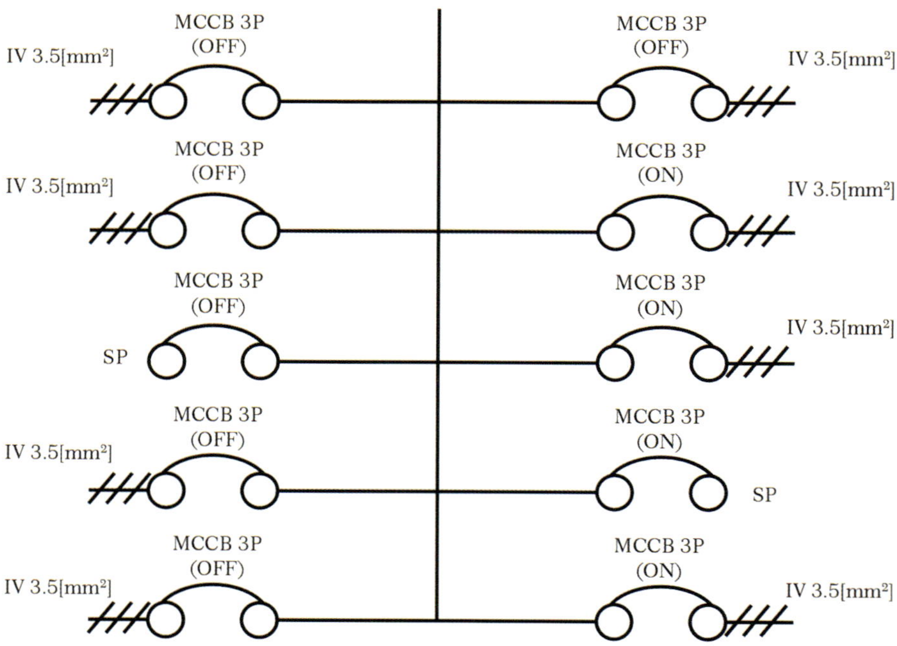

〈그림 11-6-9〉 동력용 분전반의 회로도

(5) 배선차단기 및 누전차단기 분석

<그림 11-6-10>은 수거된 배선차단기로 MCCB의 조작 스위치는 OFF 상태에 있으며, 연결 배선에 용융된 흔적이 없다. <그림 11-6-11> 역시 수거된 배선차단기 및 누전차단기이다. MCCB의 조작 스위치는 OFF 상태에 있으며, RCD의 조작 스위치는 ON 상태에 있다.

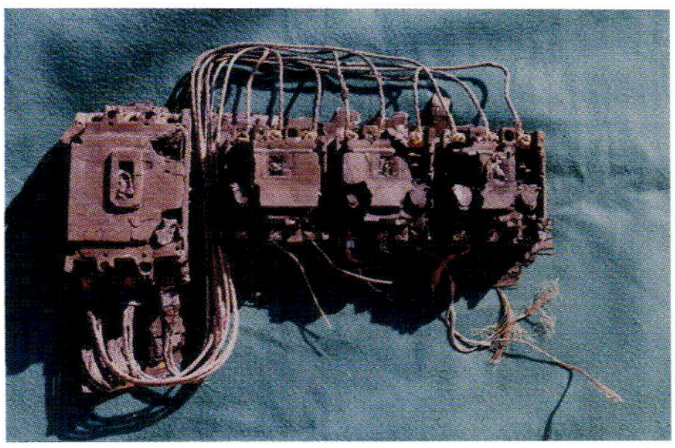

〈그림 11-6-10〉 배선차단기

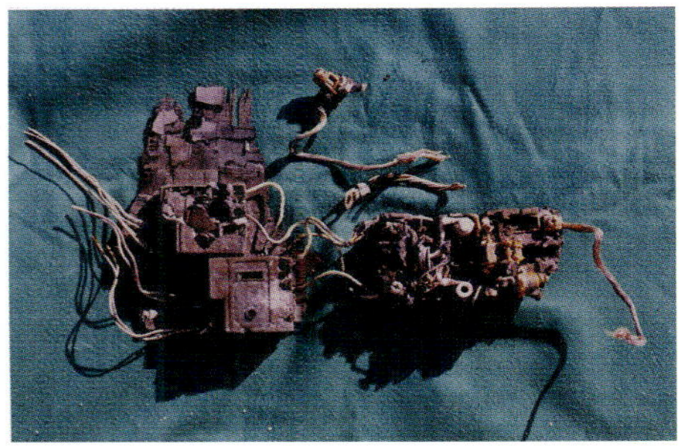

〈그림 11-6-11〉 배선차단기, 누전차단기

(6) 전선의 외형 및 금속조직 분석

<그림 11-6-12~14>는 사고 현장에서 수거한 전선으로 원형으로 표시한 부분에 용융된 흔적이 있다. 그리고 전선의 표면은 화열로 소실되어 없어 졌으며, 비교적 양호한 것을 알 수 있다.

<그림 11-6-16>은 <그림 11-6-12>의 A 부분의 실체 현미경 사진으로 표면이 심하게 소손되어 있고, 용융흔이 관측된다. <그림 11-6-16>은 <그림 11-6-16>의 사진으로 외부 화염에 의해서 피복이 소실된 후 단락될 때 발생하는 여러 형태의 구멍과 주상 조직이 관측된다.

<그림 11-6-17>은 <그림 11-6-13>의 O부분의 실체 현미경 사진으로 표면이 심하게 소손되어 있고, 용융흔이 관측된다.

<그림 11-6-18>은 <그림 11-6-17>의 사진으로 여러 형터의 구멍과 경계면을 중심으로 주상조직이 관측되는데 이것은 단락(합선)의 특징이다.

<그림 11-6-19>는 <그림 11-6-14>의 S부분의 실체 현미경 사진으로 표면이 심하게 소손되어 있고, 미세한 용융흔이 관측된다.

<그림 11-6-20>은 <그림 11-6-19>의 사진으로 외부 화염에 의해서 피복이 소실된 후 단락(합선)될 때 발생하는 여러 형태의 구멍과 주상 조직이 관측된다.

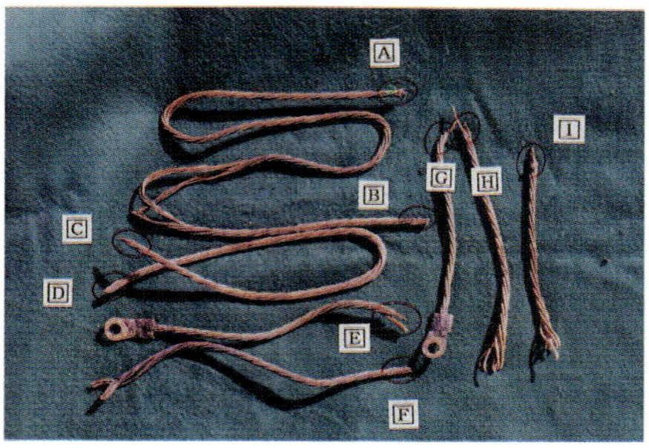

〈그림 11-6-12〉 수거한 전선

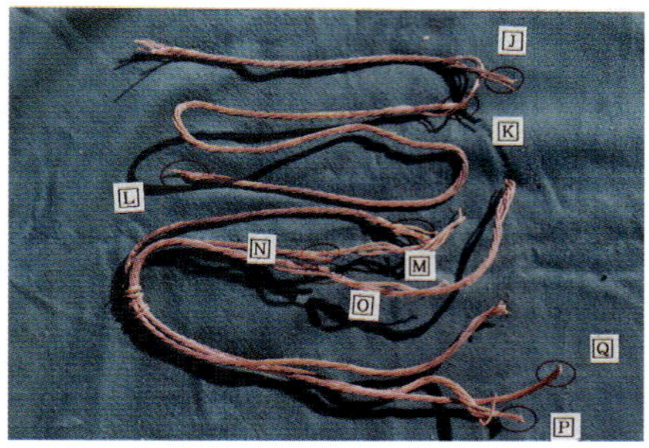

〈그림 11-6-13〉 수거한 전선

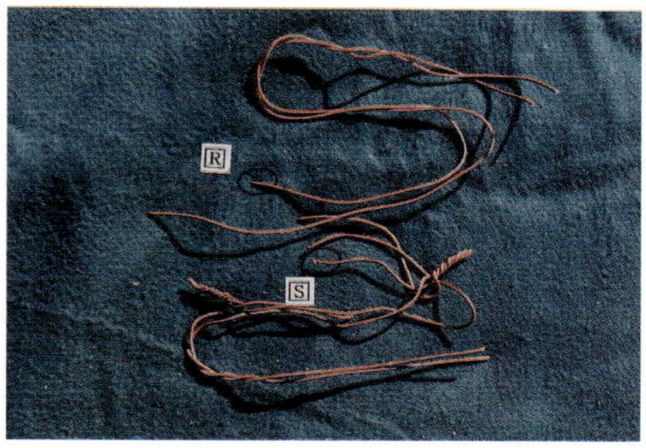

〈그림 11-6-14〉 수거한 전선

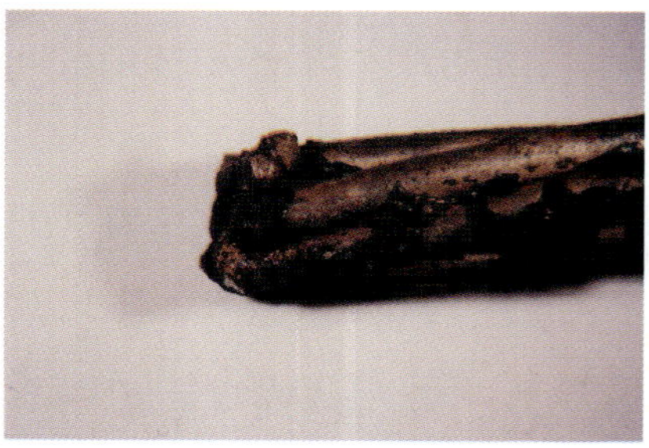

〈그림 11-6-15〉 실체 현미경 사진

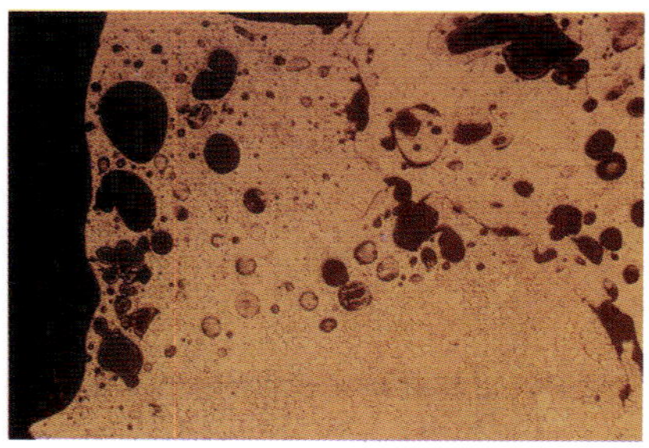

〈그림 11-6-16〉 금속 현미경 사진

〈그림 11-6-17〉 실체 현미경 사진

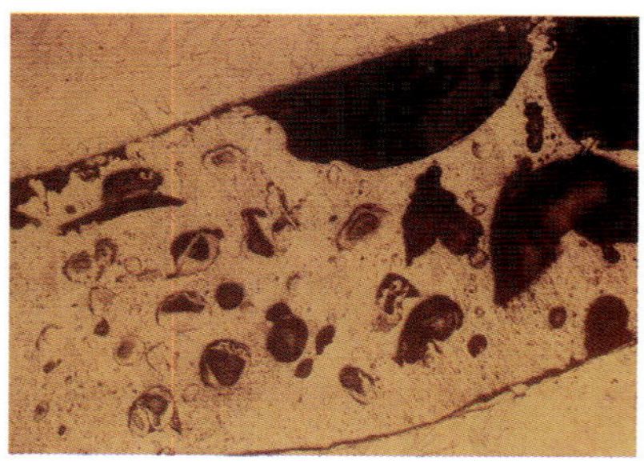

〈그림 11-6-18〉 금속 현미경 사진

〈그림 11-6-19〉 실체 현미경 사진

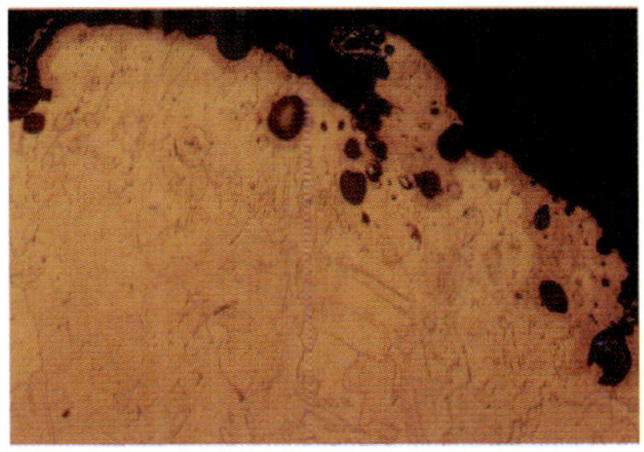

〈그림 11-6-20〉 금속 현미경 사진

(7) 결언

화재현장의 연소 패턴을 볼 때 화재는 건물의 내부에서 시작된 것으로 판단된다. 배선차단기(MCCB)의 조작 스위치는 OFF 상태에 있었는데 이들이 전기적인 원인에 의해 OFF로 되었는지는 판정할 수 없었다. 누전차단기(RCD)의 조작 스위치는 ON 상태이다. 용융 전선의 19개소를 분석한 결과 용융된 1 개소(⓪)의 금속 조직에서 여러 형태의 구멍(void)과 경계면(boundary surface)을 중심으로 규칙적인 주상조직(columnar structure)이 관측되는데 이것은 단락(합선)의 특징이다. 그러나 나머지 18개소의 금속 조직에서는 외부 화염에 의해서 피복이 소실된 후 단락(합선)될 때 발생하는 여러 형태의 구멍(void)과 불규칙적인 주상조직(columnar structure)이 관측된다. 즉, 용융된 1 개소(⓪)의 금속 조직에서 전기적인 단락(합선)이 있었음을 알 수 있고, 이때 주위에 가연성 물질이 있는 경우 화재로 진전된 것으로 판단된다.

section 11.7 발열전선

11.7.1 정온전선

정온전선(定溫電線, self requlation heating cable)은 두 도체 사이에 도전성 탄소와 폴리머를 충전하고, 도체에 전기를 인가하여 고분자의 정렬 변화에 따른 전열을 이용하는 특수한 발열 케이블이다. 즉, 정온전선은 플라스틱 절연체에 탄소와 도전성 물질을 첨가하여 반도전성 전기적 특성을 부여한다.

<그림 11-7-1>은 정온전선의 온도 변화에 따른 고분자의 정렬을 나타낸 것이다. 두 도체 사이에 무한 병렬회로가 형성된 반도전성 고분자는 주위온도(AT, Ambient Temperature)가 낮아지면 탄소 결합 상태가 조밀해져 전류가 증가하고 발열량(HV, Heating Value)이 증가한다. 반면에 주위 온도가 높아지면 발열체 분자구조의 팽창으로 부분적으로 탄소 도체의 결합을 끊음으로써 전류량이 감소하여 전류 흐름이 적어져 발열량이 감소한다.

정온전선은 최고 도달 온도가 일정하며, 설계된 일정 온도 이상을 넘지 않아 과열에 의한 소손 현상이 발생하지 않는다. 정온전선은 주위 온도의 변화에 따라 발열량이 증감되기 때문에 에너지 절감 효과가 탁월하다. 외부 충격에도 강한 특성이 있으며, 내구성이 뛰어나 수명이 반영구적이다. 임의로 히터 길이를 절단하여 사용하므로 시공 및 유지 보수가 용이하다.

일반적으로 전선 피복에 표기된 규격 온도는 최고내력온도(MWT, Maximum Withstand Temperature)로써 이는 열적 안정성에 영향을 주지 않는 최고 온도를 말한다. 즉, 최고내력온도 65 [℃]는 발열 온도를 나타내는 것이 아니라 65 [℃] 정도의 온도 상황에서 사용해서는 안 된다는 일종의 규격 상한선을 나타내는 것이다. 최고유지온도(MMT, Maximum Maintenance Temperature) 65 [℃]는 유지온도로써 그 이상의 온도에서 장시간 사용할 경우 고분자 재질에 문제가 발생된다는 것을 의미한다.

정온전선의 발열체는 니크롬선 등의 일반 열선이 아니라 특수 반도전성 고분자이다. 정온전선의 PTC(Positive Temperature Coefficient) 특성은 주위 온도의 변화에 따라 발열량이 증감되는 특성이다. 그리고 어느 일정 온도 이상으로 주위 온도가 상승할 경우 스위칭 현상에 의해 전류가 차단되는 특성이 있다. 스위칭 현상은 주위 온도가 계속

상승하여 제품의 융점까지 도달할 경우 일어나며, 고분자가 완전히 팽창하여 전류 흐름을 차단하는 원리를 이용하여 반도전성 스위치로 사용한다.

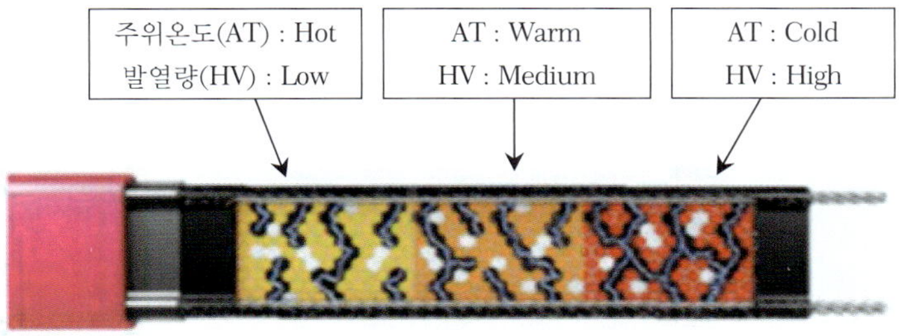

〈그림 11-7-1〉 정온전선의 온도 변화에 따른 고분자의 정렬

<그림 11-7-2>는 정온전선의 구조 및 명칭을 나타낸 것이다. 각각의 구성요소는 도체, 발열체, 절연체, 편조체 및 외피를 나타낸다. 도체는 전원을 공급해 주는 역할을 한다. 발열체는 PTC 특성을 지닌 반도전성 특성을 지닌 발열체로 고분자 물질과 도전성 탄소로 이루어졌다. 절연체는 고온 열처리 공정을 거치며 발열량 감소를 줄인다. 편조체는 접지력 향상을 위해 구성되어 있다. 외피는 부식 및 충격 등 외적 영향으로부터 제품을 보호하기 위해 정온전선을 감싸고 있는 비금속 물질이다.

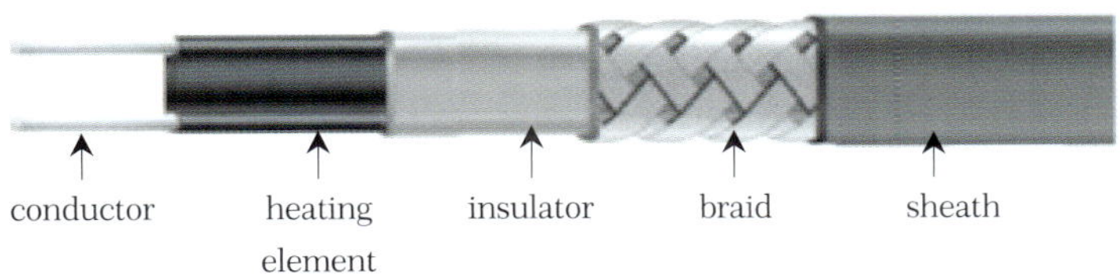

〈그림 11-7-2〉 정온전선의 구조 및 명칭

<그림 11-7-3>은 정온전선의 발열체의 온도 변화에 따른 발열량 및 저항의 관계를 나타낸 것이다. 도체에 전압 인가시 무한병렬회로로 구성되어 있는 반도전성 고분자가 자체 온도가 상승하면 저항이 커지고 전류량이 줄어들어 발열량이 줄어드는데 이때 온도 역시 떨어지고, 온도가 떨어지면 다시 저항이 올라가 발열이 시작되는 순환 과정을 갖고 있다.

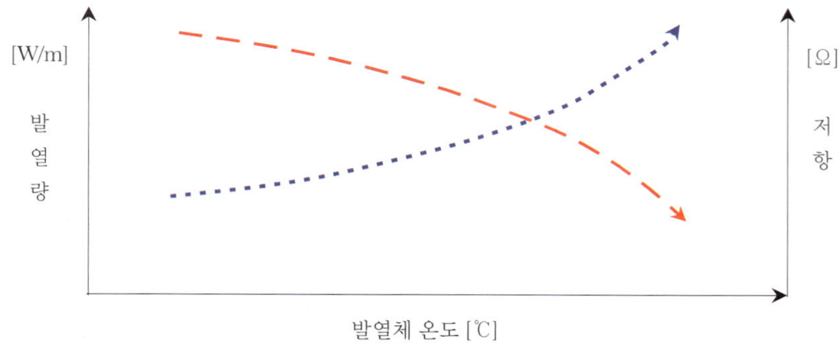

〈그림 11-7-3〉 정온전선의 발열체의 온도 변화에 따른 발열량 및 저항의 관계

11.7.2 벨트히터

벨트히터는 유리 섬유에 니크롬선 또는 철크롬선을 원주방향으로 감아 발열 처리한 열선 두 가닥을 실리콘 고무로 절연하였다. 벨트모양과 비슷하여 벨트히터라고 한다. 벨트히터는 제품에 따라 온도센서형과 일반형이 있으며, 완제품 형식으로서 임의로 잘라서 사용하는 것을 금지하고 있다. 벨트히터에 사용하는 발열선은 매우 얇아 이를 전원선에 연결할 때 약하게 결합하면 접촉저항에 따른 이상발열 현상이 나타날 수 있으며, 너무 강하게 조이면 단선으로 작동이 안 될 수 있기 때문이다.

벨트히터는 실리콘 재질의 직렬 히터방식으로 60 [℃] 이하 보온에 적합하고, 합금저항체인 니크롬선 등에서 발열하며 발열량은 10～40 [W/m] 이다. 실리콘 고무로 유연성이 뛰어나 장소에 관계없이 시공이 용이하다. 완제품 형식으로 판매되어 주택의 수도배관 및 보일러 배관에 많이 사용된다.

<그림 11-7-4>는 벨트히터의 내부 구조 및 명칭을 나타낸 것이다. 내부는 유리 섬유에 저항선을 나사 방향으로 감고 그 위에 실리콘 고무로 절연한다.

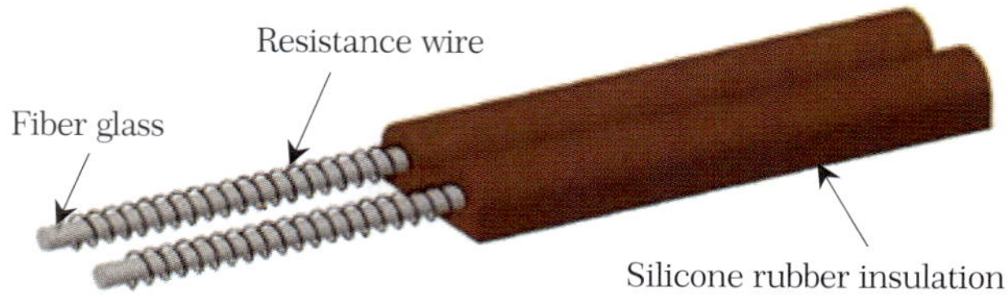

〈그림 11-7-4〉 벨트히터의 내부 구조 및 명칭

11.7.3 탄소발열체

탄소발열체(炭素發熱體, carbon heater)는 탄소가 전기저항에 의해 발열하는 것을 이용하여 만든 가열체이다. 원천 물질은 흑연이 사용되며 탄소-탄소복합재료가 사용되기도 한다. 탄소발열체는 금속과 같이 용융하는 일이 없기 때문에 일반 금속발열체에서 기대할 수 없는 1,500 [℃] 이상 열을 발생시킨다.

탄소발열체는 전극으로 은(Ag), 구리(Cu) 등을 이용하고 발열부로는 탄소페이스트, 탄소섬유 등을 사용한다. 발열체를 구성하는 탄소는 재질 특성상 얇은 면 위에 구성되고, 발열체의 종류 및 형상과 고분자 절연물의 종류에 따라 각각의 전기적 특성을 갖게 된다. 고분자 절연 물질로는 주로 폴리에틸렌, 폴리프로필렌, 폴리염화비닐 및 폴리아미드 등이 사용된다.

탄소발열체는 열처리 공정을 통해 원래의 물질과는 다른 특성을 갖는 새로운 물질로 바뀐다. 이 열처리된 저항체는 약 2,000 [℃] 정도까지 내열성을 갖는 다공체(porous body)의 탄소 저항체로서 역할을 한다. 카본 발열체의 발열은 전기가 흐름에 따라 전기적 저항에 의해 발열이 되며, 일반적으로 전기적 도체의 저항은 온도에 따라서 변화한다.

금속의 전기저항은 온도 상승에 비례하여 커지며, 금속 원자의 열진동이 심해져서 자유 전자의 운동을 방해하기 때문이다. 그러나 탄소 또는 탄소 성분을 포함하는 반도체 등은 온도가 상승하면 반대로 저항이 감소하는 부성 저항의 특성이 나타난다. 탄소 성분을 이용하여 개발된 제품 중의 하나가 정온전선이다.

11.7.4 출화사례

(1) 방화에 의해 소손된 정온전선의 소손 패턴

<그림 11-7-5>는 동파방지용 정온전선의 표면 및 단면 구조를 나타낸 것이다. 최고 내력온도(MWT, Maximum Withstand Temperature)는 85 [℃]이고, 30 [W/m](DECKER SRL 30-2, E&S Tec, 2014, Korea)이다.

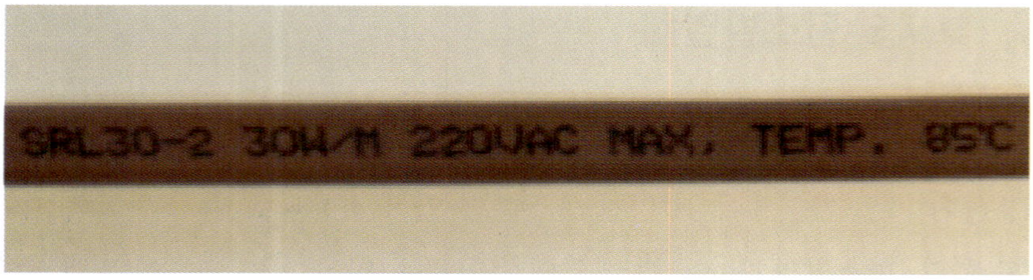

〈그림 11-7-5〉 MWT 85 [℃] 및 30 [W/m]인 정온전선의 실체사진

<그림 11-7-6>은 <그림 11-7-5>의 정온전선을 절단기(CM, cutting machine, Struers, Denmark)를 사용하여 절단하고, 표면을 연마한 후에 디지털 카메라(Digital Camera, D90, 2009, Nikon, Japan)로 촬영한 실체사진이다. 정온전선은 도체, 발열체, 절연체 및 외피 등으로 구성되어 있다. 도체는 니켈도금동선, 발열체는 도전성고분자, 절연체는 폴리올레핀, 외피는 폴리올레핀 재질이 사용된다.

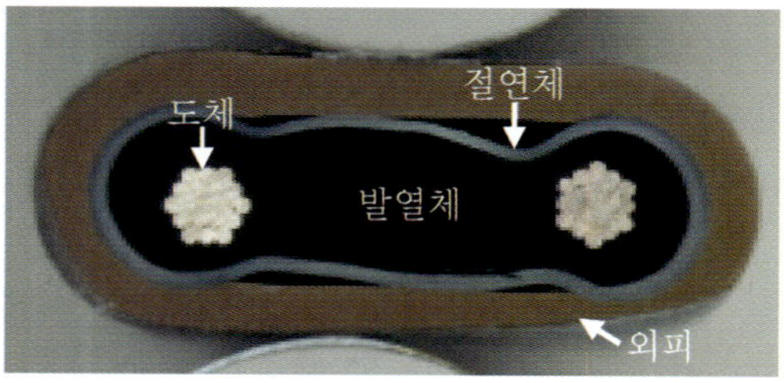

〈그림 11-7-6〉 〈그림 11-7-5〉의 단면 실체사진

<그림 11-7-7>은 휴대용 가스토치(Piezoelectric automatic ignition device, GIRAFE, 108 g/h, Korea)를 이용하여 인위적으로 소손시킨 정온전선의 실체사진이다. 정온전선의 최고내력온도는 85 [℃]이고, 30 [W/m]인 것이다. <그림 11-7-7>(a)는 화염을 직접 공격 받아 소손된 전면이며, <그림 11-7->7(b)는 후면의 실체사진이다. 화염을 직접 받은 곳은 균열과 수축을 수반하는 탄화 패턴을 나타내며, 탄화물이 견고하게 부착된다. 그리고 화염을 직접 받은 곳의 반대쪽은 화염 공격을 받은 방향의 반대쪽으로 정온전선이 말려 들어간다. 즉, 정온전선의 탄화 패턴을 보고 화염의 공격 및 진행 방향을 판정할 수 있다.

(a) 화염을 직접 공격 받은 곳

(b) 화염을 간접 받은 곳

〈그림 11-7-7〉 휴대용 가스토치를 이용하여 인위적으로 소손시킨 정온전선의 실체사진

<그림 11-7-8>은 <그림 11-7-7>의 탄화된 부분의 단면 실체사진을 나타낸 것이다. 정온전선의 외피는 탄화되며, 불규칙적인 구멍(void)이 형성된다. 그리고 발열체는 형태가 변형되고 일그러진 패턴을 나타내나 도체의 배열은 비교적 규칙적으로 유지한다. 즉, 일한 화염에 의해 정온전선이 소손되면 표면의 탄화 특성 및 단면의 탄화 패턴을 분석하면 화원의 공격 방향 및 소손 특징을 판정할 수 있다.

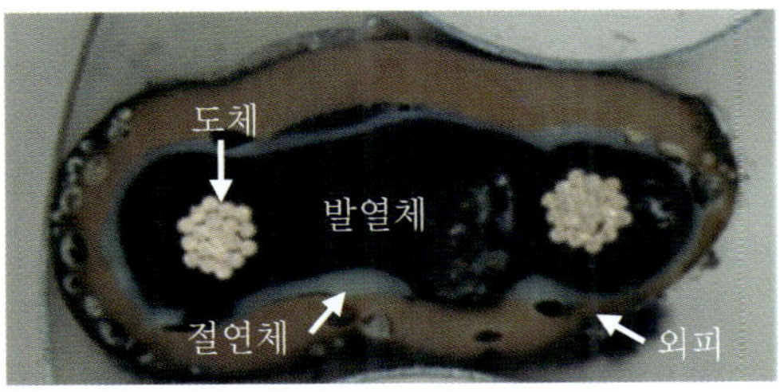

〈그림 11-7-8〉 〈그림 11-7-7〉의 탄화된 부분의 단면 실체사진

(2) 단락이 발생한 정온전선의 소손 패턴

<그림 11-7-9>는 다세대 주택에 시공된 수도배관의 동파방지를 위해 설치된 정온전선의 화재현장을 나타낸 실체사진이다. 수도배관 위에 정온전선을 감고, 그 위에 스티로폼을 씌웠으며, 파랑색의 비닐로 고정한 것이다. 정온선선이 감겨 있던 구간만 소

손되었고, 주변의 배관 및 통신선 등은 특이 사항이 없는 것으로 조사되었다.

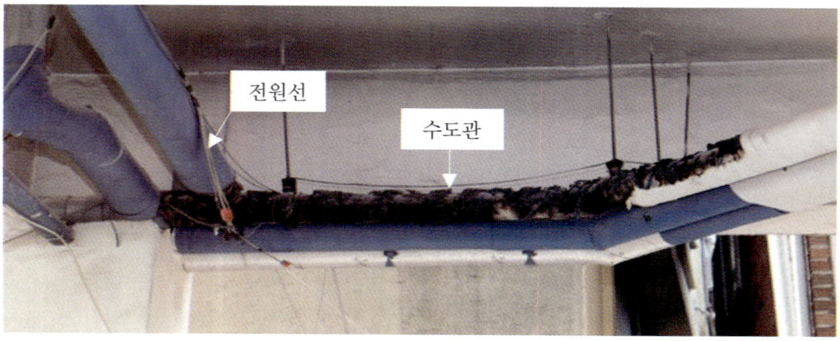

〈그림 11-7-9〉 수도배관의 동파방지를 위해 설치된 정온전선의 화재현장

<그림 11-7-10>은 화재현장에서 수거한 물품을 나타낸 실체사진으로 소손된 정온전선, 정온전선에 전원을 공급하기 위해 사용된 전원선이다. 소손된 정온전선의 일부에서 용융흔이 확인되며, 전원선은 특이 사항이 없다. 수도배관에 정온전선을 3겹으로 겹쳐서 감은 부분에서 용융흔이 확인되었고, 탄화 심도가 형성되었다. 즉, 정온전선을 겹쳐서 감음에 따라 과열에 의한 절연파괴가 발생했을 것으로 판단되어 도체가 노출되어 단락에 의한 출화로 판단된다.

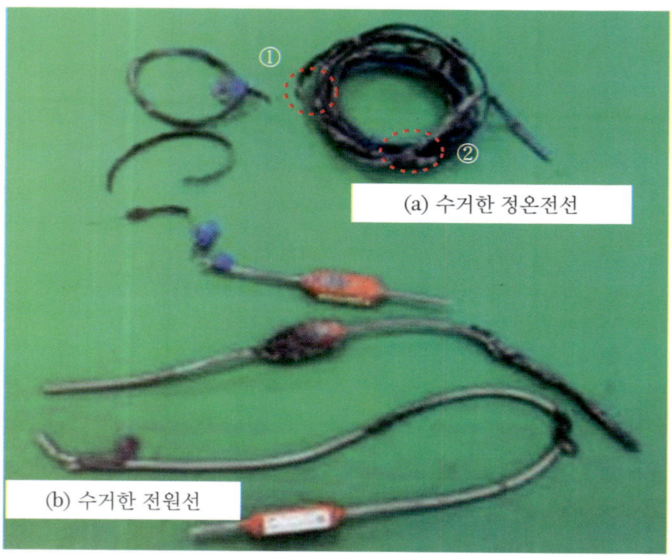

〈그림 11-7-10〉 화재현장에서 수거한 물품

<그림 11-7-11>은 <그림 11-7-10>의 ①과 ②를 용융흔을 확대하여 촬영한 실체사진이다. <그림 11-7-11>(a)는 <그림 11-7-10>의 ① 부분을 나타낸 것으로 용융흔이 확인된다. 그리고 <그림 11-7-11>(b)는 <그림 11-7-10>의 ② 부분을 나타낸 것으로 용융흔이 확인된다. 즉, 전온전선의 도체에 용융흔이 발생했다는 것은 절연이 파괴되어 단락이 있었다는 것을 의미하며, 그 발생된 열로 착화되어 화재가 진전된 것으로 판단하는 것이 과학적인 해석이다.

(a) <그림 11-7-10>의 ① 부분　　(b) <그림 11-7-10>의 ② 부분

〈그림 11-7-11〉 정온전선에 발생된 용융흔의 확대된 실체사진

section 11.8 전자개폐기(MC)

11.8.1 전자개폐기의 작동 원리

전자개폐기(電磁開閉器, magnetic switch)는 전자접촉기(電磁接觸器, MC, magnetic contactor)와 열동과전류계전기(熱動過電流繼電器, THR, thermal over current relay)를 하나의 구조로 결합하여 사용한다. <그림 11-8-1>은 전자접촉기의 실체사진을 나타낸 것이다. 전자접촉기의 주회로에 정상 전류값인 열동과전류계전기의 설정값 이상의 전류가 흐르면 열동과전류계전기가 동작하여 전자 코일을 끊어서 주접점 회로를 개로시킨다.

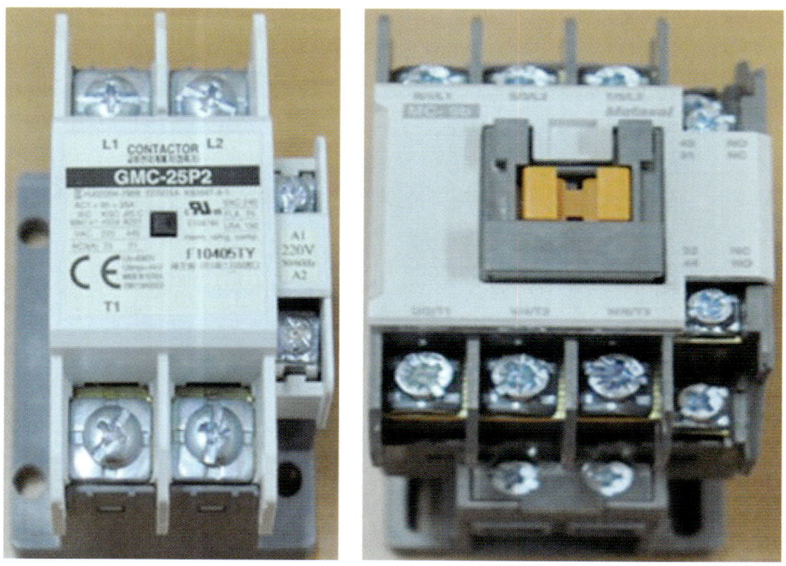

(a) 단상 220[V] (b) 3상 220[V]

〈그림 11-8-1〉 전자접촉기의 실체사진

<그림 11-8-2>는 전자접촉기의 구조 및 명칭이다. 가동접점, 가동접점홀더, 고정접점, 보조접점블록, 복귀스프링, 고정철심, 하부프레임, 코일, 가동철편, 상부프레임, 아크소호장치, 몰드덮개 등으로 구성되어 있다.

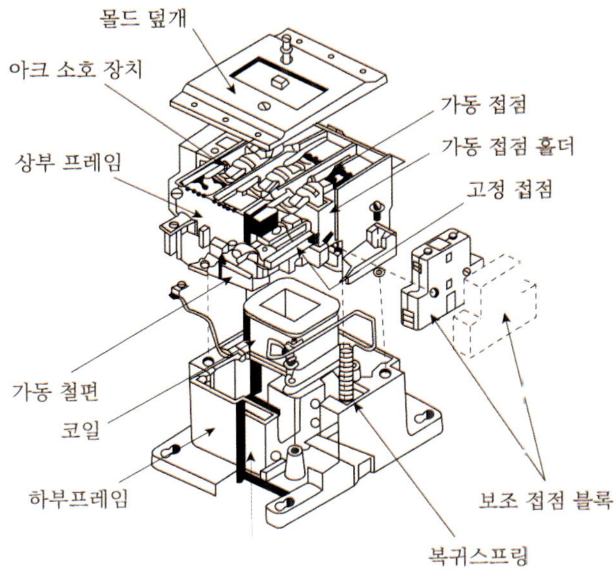

〈그림 11-8-2〉 전자접촉기의 구조 및 명칭

<그림 11-8-3>은 전자력을 이용한 전자개폐기의 작동 원리를 나타낸 것이다. <그림 11-8-3>(a)는 전자개폐기가 작동하기 전의 상태를 나타낸 것으로 하부에 가동철심이 스프링의 압력으로 고정철심 위에 이격되어 있다. 그런데 <그림 11-8-3>(b)와 같이 어떤 이유로 코일에 과전류가 흐르면 전자기력이 발생하여 가동철심이 코일의 반발력을 이기고 고정철심 쪽으로 이동하게 되므로 연동되어 있는 가동접점이 고정접점에 연결됨에 따라 입력측 단자와 출력측 단자는 접촉하게 된다. 그리고 코일에 과전류가 흐르지 않으면 자력이 없어져 스프링의 반발력으로 가동철심을 밀어내므로 연동되어 있는 가동접점은 원래 위치로 복귀한다.

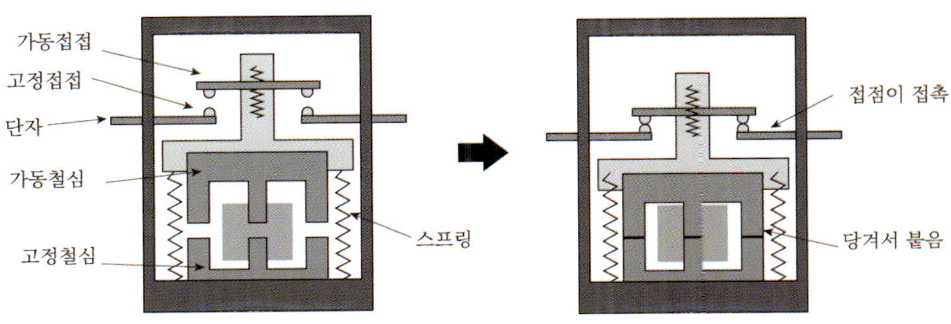

(a) 작동 전　　(b) 작동 후

〈그림 11-8-3〉 전자력을 이용한 전자개폐기의 작동 원리

<그림 11-8-4>는 전자접촉기와 열동계전기를 하나의 회로로 구성하여 전자개폐기로 사용할 때의 구조 및 회로를 나타낸 것이다. 주회로의 주접점과 제어회로의 보조접점이 연동되어 있고, 열동계전기 역시 연동되어 작동된다.

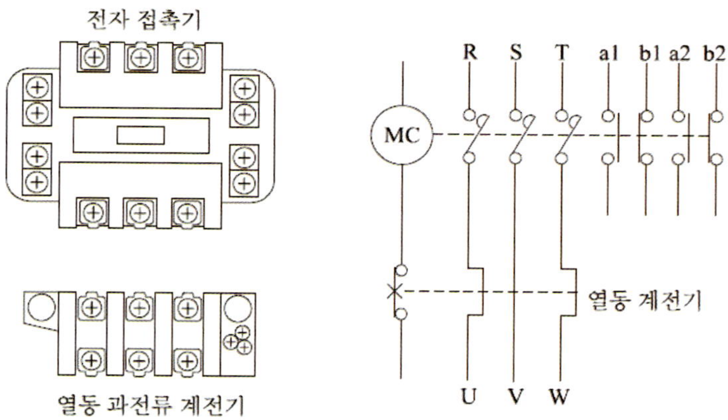

(a) 구조 (b) 회로

〈그림 11-8-4〉 전자개폐기의 구조 및 회로

11.8.2 열동계전기의 작동 원리

열동계전기(熱動繼電器, thermal relay)는 전류의 발열 작용을 이용한 것으로 일정 시간이 경과되어야 작동하는 계전기이다. 가열 코일에 전류를 흘림으로써 바이메탈이 동작하여 통전 후의 일정 시간에 접점을 닫는다. 긴 동작 시간이 얻어지지만 일단 동작하면 원상태로 복귀하는데 시간이 걸린다.

열동계전기의 역할은 과전류가 흐르는 전동기의 소손을 방지하여 설비사고를 예방하는 것이다. 열동계전기를 설치한 것만으로 전동기를 보호하는 것이 아니라 열동계전기의 a 접점과 b 접점을 이용하여 전동기를 켜고 끄는 전자접촉기의 회로와 연동시켜야 한다. 일반적으로 열동계전기는 약 600 [%]의 과전류가 흐르면 2 ~ 30 [s] 사이에 작동하며, 그리고 200 [%]의 과전류가 일정하게 흐르면 4분 이내에 작동한다. 또한, 125 [%]의 과전류가 흐르면 2시간 이내에 작동한다.

대부분의 열동계전기는 열동과부하계전기(熱動過負荷繼電器, THR, Thermal overload relay)를 의미한다. 사용 용도에 따라 전자접촉기와 연결하여 사용하거나 또는 단독으로 설치할 수 있도록 되어 있으며, 전자접촉기와 연결하여 사용하도록 되어 있다. <그림 11-8-5>는 3상 220 [V]의 열동계전기의 실체사진을 제시하고, 각각의 명칭을 나타낸 것이다.

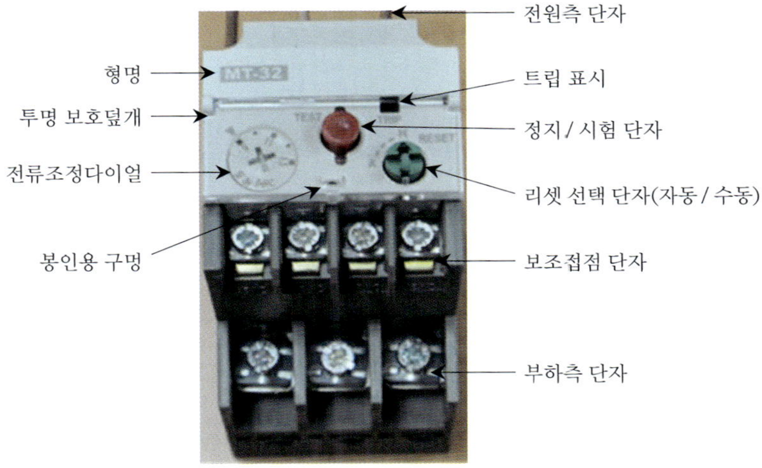

〈그림 11-8-5〉 3상 220[V]의 열동계전기의 명칭

<그림 11-8-6>은 열동계전기의 작동 원리를 나타낸 것이다. <그림 11-8-6>(a)는 바이메탈 위에 발열선을 감아 놓은 것이다. 정격전류가 흐를 때는 발열선에 온도가 정상 상태이므로 바이메탈은 직선을 유지한다. <그림 11-8-6>(b)와 같이 과전류가 흐르면 발열선의 온도는 점점 증가하여 그 때 발생된 열에 의해 바이메탈이 한쪽으로 구부러짐에 따라 연동되어 있던 판이 접점을 밀어서 접점은 켜짐 상태가 됨에 따라 전기의 공급을 차단하는 것이다.

한번 작동된 열동계전기의 리셋 방법은 수동과 자동이 있다. 수동으로 복귀시키는 방법은 리셋바(reset bar)를 누르면 최초의 상태로 돌아간다. 자동으로 복귀하는 방법은 일정시간이 경과되어 열원이 없어지고, 정상 상태의 회로가 되면 자동으로 최초의 상태로 복귀한다.

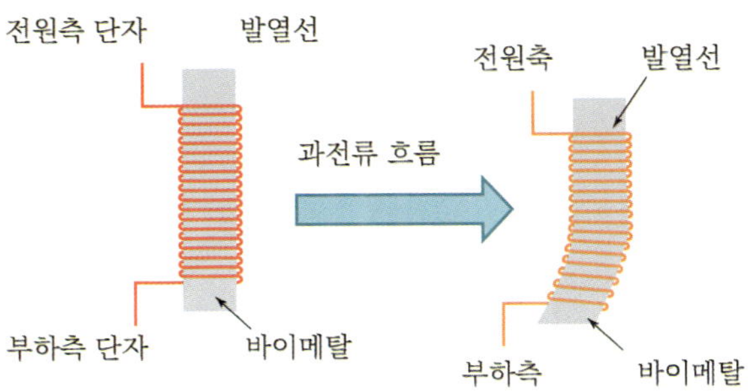

〈그림 11-8-6〉 열동계전기의 작동 원리

11.8.3 전자개폐기의 소손사례

<그림 11-8-7>은 전자접촉기(MC)의 소손 형태 및 패턴을 나타낸 실체사진이다. 일반적으로 전자접촉기의 소손유형은 전원측 및 부하측의 압착단자의 접촉 불량에 의한 사고와 전자접촉기 내부에 있는 접점의 열화에 의한 소손 등이다. <그림 11-8-7>(a)는 분전반에 설치된 MC의 소손 형태를 나타낸 것이며, <그림 11-8-7>(b)는 내부 접점이 소손된 패턴이다. 그리고 <그림 11-8-7>(c)는 내부에 설치된 접점의 종류를 나타낸 것으로 접점이 소손되었을 때의 패턴이다. <그림 11-8-7>(d)는 소손된 접점의 확대된 실체사진이며, <그림 11-8-7>(e)는 MC에 연결하는 배선의 압착단자가 접촉 불량에 의해 소손된 것이다. 즉, MC는 다양한 형태의 접점으로 구성되어 있는 접속기이므로 유지 및 관리가 부적절할 때 접촉(속) 불량에 의한 사고가 쉽게 발생될 수 있다.

(a) 소손된 MC

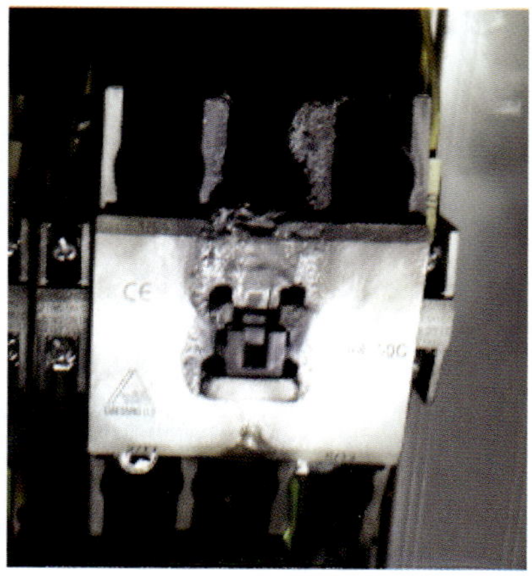

(b) 내부 접점의 소손

(c) 내부 접점의 종류 및 소손

(d) 내부 접점

(e) 압착단자

〈그림 11-8-7〉 전자접촉기의 소손 형태 및 패턴

section 11.9 전기용접기

11.9.1 전기용접기의 구조 및 기능

전기용접기(電氣溶接機, electric welder)는 전기용접을 능률적으로 할 수 있도록 만들어진 전용 기계를 말하며, 저항용접기와 아크용접기 등으로 분류된다.

(1) 저항용접기

용접하는 물건에 직접 대전류를 통전하는 것으로 국부적으로 용융 및 가압하여 눌러 붙이는 것을 저항용접이라고 하며, 이것에 사용하는 전원장치를 저항용접기라고 한다. 저항용접은 아크용접과 비교하면 용접온도가 낮은 것부터 모재의 열영향이 적고 용접부의 금속조직이 양호하다는 등의 장점이 있다. 그러나 대전류를 필요로 하는 것 또는 전극의 보수, 점검, 교환이 복잡하다는 결점이 있다.

<그림 11-9-1>은 저항 용접기의 종류를 나타낸 것이다. 저항용접은 용접하는 재료, 방법 등에 따라 점용접(spot welding), 프로젝션용접(projection welding), 시임용접(seam welding), 업셋용접(upset butt welding) 등이 있다. 용접온도를 조절하기 위해서 변압기의 전압을 바꾸고 사이라트론(thyratron) 및 사이리스터 등에 의해서 변압기의 1차 전류를 조정한다. 유도전압조정기를 사용하는 방법 등이 있다.

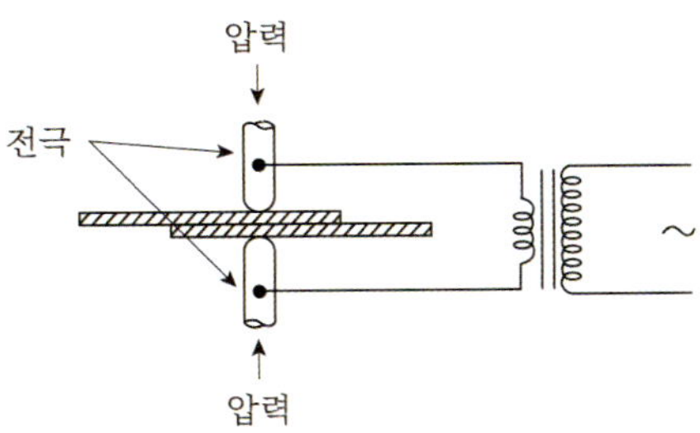

(a) 점용접

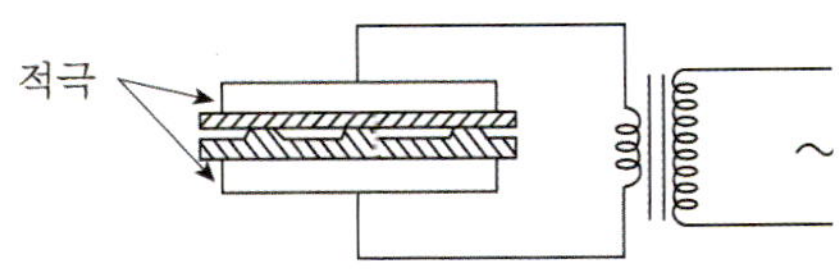

(b) 프로젝션 용접

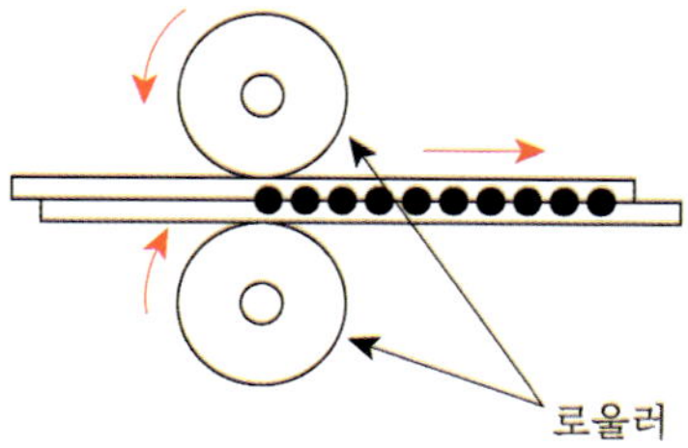

(c) 시임 용접

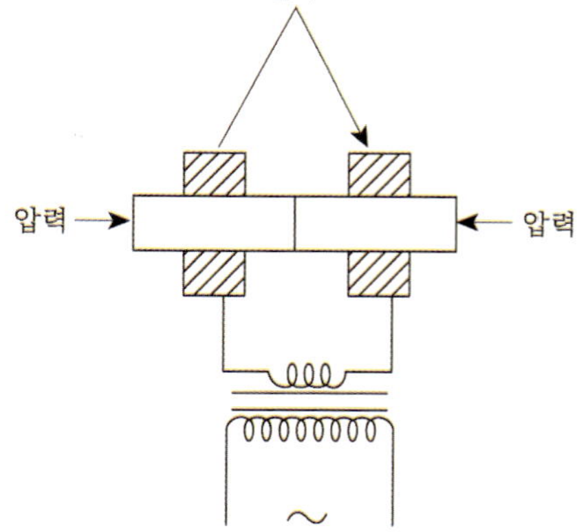

(d) 업셋 용접

〈그림 11-9-1〉 저항용접기의 종류

(2) 아크용접기

<그림 11-9-2>는 아크용접기의 권선 배치 및 회로도를 나타낸 것이다. 용접하고자 하는 금속모재와 금속전극막대 사이에 아크를 발생시켜 이 아크열에 의해 모재와 전극막대를 용융하여 접합하는 것을 아크용접이라고 하며, 이것에 사용하는 전원장치를 아크용접기라고 한다.

아크용접의 전원은 교류 또는 직류 어느 것이나 사용되지만 직류 아크용접기는 특수 용도에 사용되고 교류아크용접기가 일반적이다. 아크용접기는 아크를 안정시키며 지속하기 위해서 전류가 증가하면 2차 전압이 낮게 되는 것과 같은 수하특성(垂下特性, drooping characteristic)[5]이 필요하다. 직류아크용접기는 정류기 앞에 리액터를 삽입하며, 교류 아크용접기는 특수한 변압기에 의해 수하특성을 갖게 하고 있다.

5) 수하특성은 부하 전류가 증가하면 전압은 감소하고, 부하 전류가 감소하면 전압은 증가하는 특성이다. 그러므로 기기 및 설비의 출력은 일정한 특성을 유지한다.

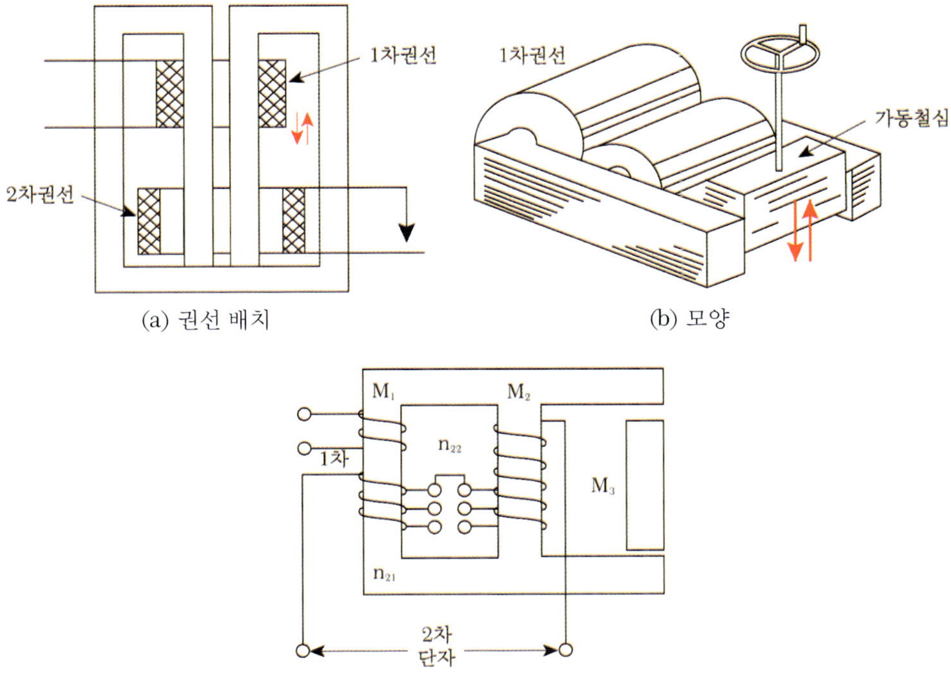

(a) 권선 배치

(b) 모양

(c) 회로도

〈그림 11-9-2〉 아크용접기의 권선 배치 및 회로도

11.9.2 조사의 요점

① 배선접속부가 풀어져 접촉 불량으로 출화하는 경우가 있다.

② 정격 사용률을 넘겨 사용했기 때문에 출화하는 경우가 있다.

③ 용접기 내부에 금속제 이물질이 들어가거나 습기를 함유한 먼지가 퇴적되어 누전 또는 내부 리크(leak)에 의해 출화하는 경우가 있다.

④ 용접불꽃이 가연물에 붙어 출화하였다.

⑤ 도장되어 있는 앵커볼트(anchor bolt)에 파우더 용접을 하였기 때문에 접속 불량으로 출화하는 경우가 있다.

11.9.3 출화사례

<그림 11-9-3>은 전기용접기로 크레인 붐대를 용접하던 중에 화재가 발생한 작업

장이다. 용접기, 붐대, 지지대 등이 있으나 특이사항을 발견할 수 없다.

<그림 11-9-4>는 사고가 발생한 작업장 옆에 있던 전기용접기에 전원을 공급하기 위한 배전반에서 화재가 발생하였다. 즉, 인접한 배전반의 좌측 하단에서 출화되었고, 화염이 상부로 확산되고 있다.

<그림 11-9-5>는 <그림 11-9-4>의 배전반에 설치된 접지선에 출화된 것을 나타낸 것으로 피복이 연소되어 연기가 발생하고 있다. 도체는 심하게 적열되었으나 옆에 배선된 전력선은 양호하다.

<그림 11-9-6>은 전기용접기에 사용된 접지선의 소손 상태를 나타낸 실체사진이다. 접지단자의 끝부분이 절단되었고, 용융된 흔적이 확인된다.

본 사고는 크레인 붐대를 제작하기 위해 전기용접을 하던 중 접지단자(−)가 부적절하게 체결되어 용접 중에 누전이 발생되었고, 인접한 배전반의 접지선으로 누설전류가 역방향으로 흘러들어가 화재를 발생시킨 것이다. 즉, 전기용접 작업을 할 때는 접지단자의 연결은 용접 모재와 가까운 곳에 저항이 발생되지 않도록 하는 것이 안전사고를 예방할 수 있을 뿐만 아니라 용접 효율도 좋다.

〈그림 11-9-3〉 전기용접작업이 진행된 작업장

〈그림 11-9-4〉 화재가 발생한 인접한 배전반

〈그림 11-9-5〉 인접한 배전반 접지선의 연소

〈그림 11-9-6〉 전기용접기에 사용된 접지단자

section 11.10 수배전설비

11.10.1 전기배선

발전소에서 가정까지 발전 · 송전에 대해서는 다음절에서 설명하는 것으로 하고, 여기서는 주로 전력회사와 수용가(일반가정)의 책임분계점에서 콘센트까지 수용가측의 배선에 대해서 일반적 해설과 출화 위험부위에 관해서 설명한다. <그림 11-10-1>은 옥내배선의 구조 및 배치를 나타낸 것이다.

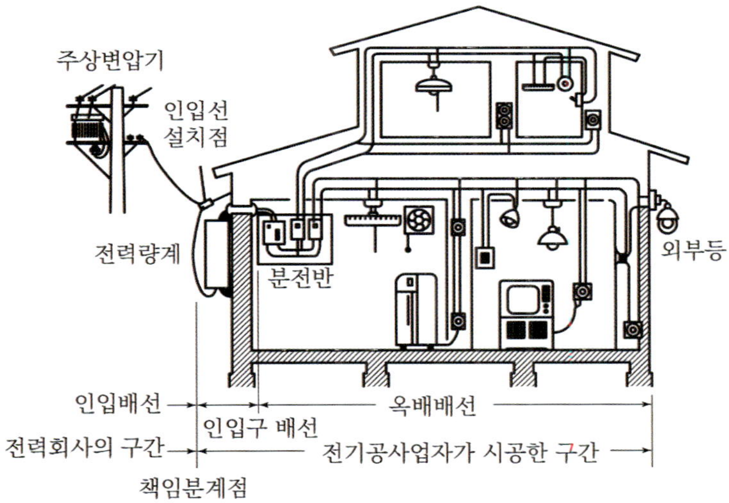

〈그림 11-10-1〉 옥내배선의 구조 및 배치

전선 및 케이블의 허용전류는 그 종류, 도체의 굵기 및 시설 조건 등에 의해서 결정되는데 이것은 전선의 온도가 어느 정도 이상 상승하면 절연체의 절연력을 약화시켜 전선으로서의 기능을 다하지 못하게 되기 때문이다. 허용전류는 각종 절연물의 도체 허용 최고 온도와 사용 장소에 따른 주위조건, 주위온도, 시설방법 등을 고려한 계산식에 의해서 구할 수 있다. [표 11-10-1]은 애자사용배선에 의하여 절연물의 최고허용온도 60 [℃]의 600 [V] 비닐절연전선(IV) 및 600 [V] 고무절연전선(RB)을 시설하는 경우의 허용전류를 나타낸 것이다.

(1) 인입선

인입선은 가공인입선 및 수용 장소의 조영물[6]의 옆면 등에 시설하는 전선으로서 그 수용장소의 인입구에 이르는 전선을 말한다. 일반적으로 전력회사 저압 배전선의 전주로부터 가정에 인입되기 시작해 장착 금구까지의 배선을 말한다. 지선의 장착 금구 이하의 배선은 전기공사업자가 담당한다. 인입선에는 2본의 전선으로 끌어들이는 단상2선식과 3본의 전선으로 인입하는 단상3선식 및 3상3선식 등이 있다.

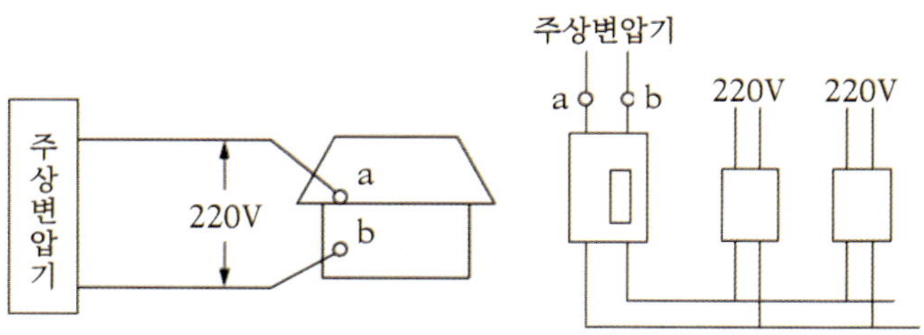

〈그림 11-10-2〉 가정의 전기방식

(2) 분전반

분전반은 인입선에서 들어온 전기를 나누는 곳이다. 소켓, 콘센트, 스위치류 및 전기기기가 고장 등으로 단락되고, 한 번에 많은 전기기기를 사용하여 설정된 값 이상의 전류가 흘러 옥내배선에 큰 부담이 걸릴 때에 발생하기 쉬운 소손 및 화재 등의 사고를 막기 위해서 전류제한기, 과전류차단기, 배선차단기 등이 설치되어 있다. 또한, 일반 주택에는 누전에 의한 감전사고 및 전기화재의 방지를 위해 누전차단기가 설치된다.

6) 조영물은 토지에 정착한 시설물중 지붕 및 기둥 또는 벽이 있는 시설물을 말한다.

[표 11-10-1] 전선의 굵기 및 허용전류 (주위온도 30[℃] 이하)

도체			허용전류 [A]	
선별	공칭단면적 [mm²]	소선수 / 지름 [본/mm]	도체가 동인 것	도체가 알루미늄인 것
단선	-	1.0	(16)	(12)
	-	1.2	(19)	(15)
	-	1.6	27	(21)
	-	2.0	35	27
	-	2.6	48	37
	-	3.2	62	48
	-	4.8	81	63
	-	5.0	107	83
연선	0.9	7 / 0.4	(17)	(13)
	1.25	7 / 0.45	(19)	(15)
	2	7 / 0.6	27	(21)
	3.5	7 / 0.8	37	(29)
	5.5	7 / 1.0	49	(38)
	8	7 / 1.2	61	48
	14	7 / 1.6	88	69
	22	7 / 2.0	115	90
	30	7 / 2.3	139	108
	38	7 / 2.6	162	126
	50	19 / 1.8	190	148
	60	19 / 2.0	217	169
	80	19 / 2.3	257	200
	100	19 / 2.6	298	232
	125	19 / 2.9	344	268
	150	37 / 2.3	395	308
	200	37 / 2.6	469	366
	250	61 / 2.3	555	434
	325	61 / 2.6	650	507
	400	61 / 2.9	745	581
	500	61 / 3.2	842	657

(참고)

1. 애자사용배선에 의하여 절연물의 최고허용온도 60 [℃]의 600 [V] 비닐절연전선(IV) 및 600 [V] 고무절연전선(RB)을 시설하는 경우의 허용전류를 나타낸 것이다.
2. 지름 1.2 [mm] 이하 및 단면적 1.25 [mm²] 이하의 전선은 일반적으로는 배선에 상용하는 전선으로 인정하지 아니한다.
3. ( )내의 수치는 참고로만 표시한 것이다.

11.10.2 자가용 수전설비

일반적으로 수전설비라 하면 수전점에서 변압기 1차측까지의 설비를 말한다. 자가용 수전설비는 건축물의 용도, 업종, 규모, 입지 조건, 중요도 등의 형식과 수전방식에 따라 다르며 특별한 경우를 제외하고 전력의 공급 지역은 구내로 한정한다. 즉, 전기에너지를 소모하는 전력 부하설비에 대해 충분한 공급 능력이 있어야 하며 최대전력을 예측하여 수전할 수 있는 기기 및 배선의 용량이 확보되어야 한다.

자가용 수전설비의 시설 규정은 발전, 송전, 전기 철도, 및 배전 사업 등을 목적으로 하지 않는 전기설비를 시설하는 자에게 적용함을 목적으로 하고 있다. 그러나 전압 30 [V] 이하의 것, 외부로부터 전력을 공급받지 않는 차량, 선박 등의 설비는 전기설비에서 제외되므로 자가용 수전설비에서 제외한다.

(1) 자가용 수전설비의 구비 조건

① 건축물의 사용 목적에 잘 부합하는 전기설비가 되도록 할 것
② 건축물의 신뢰도를 저하시키지 않고 운전, 보수, 점검, 검사 등이 가능한 설비가 되도록 할 것
③ 전기설비로 인해 감전사고, 전기화재 사고, 전기설비 사고 등이 발생하지 않도록 할 것
④ 부득이 재해가 발생했을 때는 조기에 안전조치가 가능하도록 할 것
⑤ 전기기기들의 성능이 우수하여 신뢰도가 높고 상호 보완적 요소가 되도록 할 것
⑥ 수전설비 공간의 확보와 경제성을 고려하여 소형, 경량의 기기를 사용할 것
⑦ 운전, 점검, 검사, 보수 등이 용이한 설비가 되도록 할 것
⑧ 기기 작동을 명확히 구분함으로써 오동작 사고가 발생하지 않도록 할 것
⑨ 기기 배치를 과학적이고 인체 공학적으로 함으로써 평상시 기술자가 기기 운전 상태를 쉽게 인지하도록 할 것
⑩ 충분한 조도, 쾌적한 환경, 적절한 온도 및 습도 등이 유지되도록 할 것
⑪ 환경 친화적 배치를 함으로써 건축물의 특성과 조화시킬 것
⑫ 건설비가 저렴하고 운전 및 유지비용을 절감시킬 수 있는 설비일 것

(2) 발전에서 가정까지

우리들의 일상생활에 필수적인 전기는 대단히 편리한 에너지로써 활용되고 광원 또는 열원 그밖의 동력원으로써 널리 이용되고 있다. 전기는 발전소에서 만들어지고 송전, 변전, 배전의 과정을 거쳐 수용가에 공급된다. <그림 11-10-3>은 발전한 전력을 수용가에 공급되기까지의 계통을 나타낸 것이다.

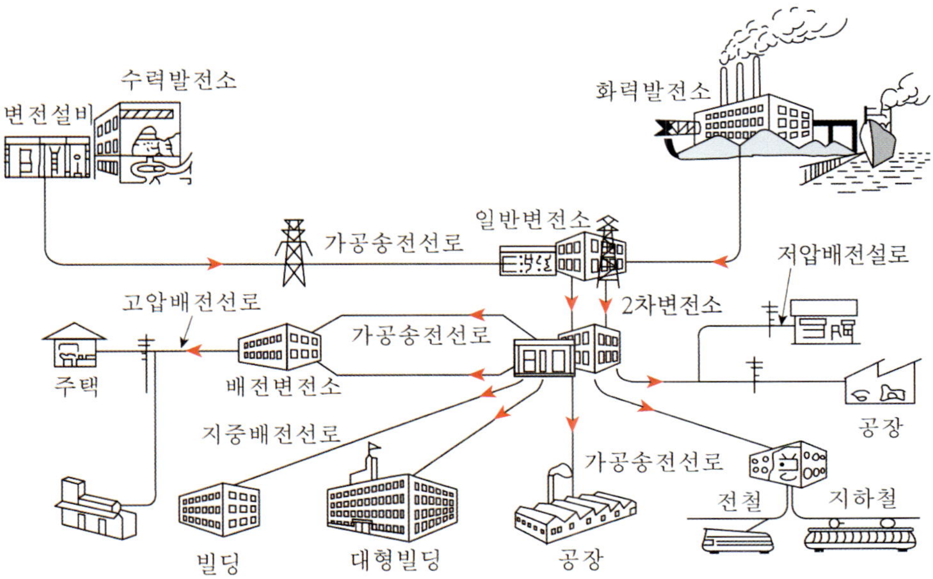

〈그림 11-10-3〉 전력계통의 예

(3) 발전설비

발전용으로 이용하는 에너지는 자원의 종류에 따라 수력, 화력, 원자력, 풍력, 지열, 조력, 수력 등으로 발전소를 나눈다. 현재 실용적인 발전방법으로 수력, 화력 및 원자력 발전 등이 있다.

(4) 전력수송설비

발전한 전력을 수송하여 분배하기 위한 설비로 송전선, 변전소, 개폐소, 배전선 등을 전력수송설비라고 한다. 전력을 보내기 위해서는 전선로를 사용한다. 전선로에는 지상에 시설되는 가공전선로와 지중케이블 등에 의해서 땅속에 시설되는 지중전선로가 있다.

(5) 송전설비

전력을 어떤 지점에서 다른 지점으로 보내는 것을 송전이라고 부르지만, 송전과 배전이라는 용어를 구별하기 위해서 통례로 발전소와 발전소, 발전소와 변전소 또는 변전소와 변전소 사이를 연결하여 전력 교환을 하는 것을 송전이라고 한다.

① 송전계통

송전계통이란 송전선로와 그것에 접속된 발전소의 변압기 및 변전소 때로는 총부하까지를 포함시킨 전력 수송설비의 총칭이다.

② 송전선로

일반적으로 발전소는 전력수요지점에서 떨어져 있는 것이 보통이기 때문에 발전전력은 어떤 거리의 구간을 송전선로에 의해서 수송해야만 한다. 그리고 송전거리가 길게 되어 송전전력이 커짐에 따라 고효율, 안정된 송전을 하기 위해서 높은 전압을 이용할 필요가 있다. 송전선로는 일반적으로 특별고압(7,000 [V]를 넘는 것) 전선로가 좋으며, 고압 이하(7,000 [V] 이하)의 배전선로와 구별된다. 송전선로는 가공송전선로와 지중송전선로로 나눈다. 가공송전선로는 전선과 지지물(철탑) 및 그 사이의 절연을 유지하기 위해 애자로 이루어진다. 지중송전선로는 지하에 전력케이블을 매설하여 송전한다. 지중송전선로는 가공송전선로에 비해 눈에 띄지 않고 천둥, 풍설 등의 영향이 적기 때문에 고장이 적으며 공급 신뢰도가 높은 장점이 있지만 건설비가 비싸고 일단 고장이 나면 발견 및 수리에 손실이 크다.

일반적으로 가공송전선로가 대부분이다. 그러나 시가지 등에서는 특별고압의 가공송전선로를 시설하는 것은 건조물과의 관계 등 여러 가지 곤란한 사정이 있다. 그 때문에 대도시에 가까운 화력발전소에서 송전선, 2차 또는 배전용 변전소간의 연락 송전선로에서 시가지를 통과할 때는 지중송전선로로 되어 있다.

③ 배전선

전력은 현대산업의 근간을 이루는 에너지이고 문화생활의 근원이기도 하다. 배전선은 발전소에서 송전 또는 변전된 전력을 정전 없이 무수히 많은 공장 또는 가정 등의 수용가에 분배 공급하는 것을 목적으로 하고 있다. 일반적으로 배전선이란 발전소, 변전소 또는 송전선로에서 다른 발전소를 경과하지 않고 수용 장소에 이르는 전선로에서 옥내선 이외를 말한다. 공급전압의 종류에 따라 특별고압선로, 고압선로, 저압선로로 나누어진다. 또한, 배전선에는 가공배전선로와 지중배전선로가 있지만 주로 가공배전선로가 사용되고 지중배전선로는 시설비가 비싸기 때문에 딜집한 시가지 등의 특별한 장소에 사용된다.

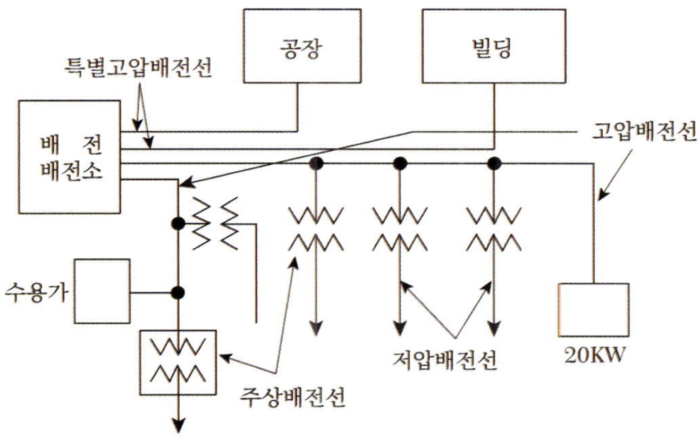

〈그림 11-10-4〉 배전선의 계통

④ 수변전설비

고압 수전설비는 전력회사에서 고압으로 전기를 구입하는 수용가가 변압기를 설치하여 고압으로부터 동력용의 3상 440 [V], 380 [V] 및 단상 220 [V]로 변성하는 설비이다. 이 때문에 차단기 및 보호계전기, 계기류, 진상콘덴서 등이 설치되어 있다. 수변전설비의 수전방식에는 1회선 수전방식, 2회선 수전방식, 루프수전방식, 네트워크수전방식 등이 있다.

a. 1회선 수전방식

1회선 수전방식은 전력회사 변전소에서 1회선으로 급전되는 방식을 말한다. 이 수전방식은 건설비는 비교적 염가이지만 배전선의 고장시에는 정전이 된다. 또한, 1회선 수전방식은 500 [kVA] 정도 이하의 수변전설비에 대부분 사용하고 있다.

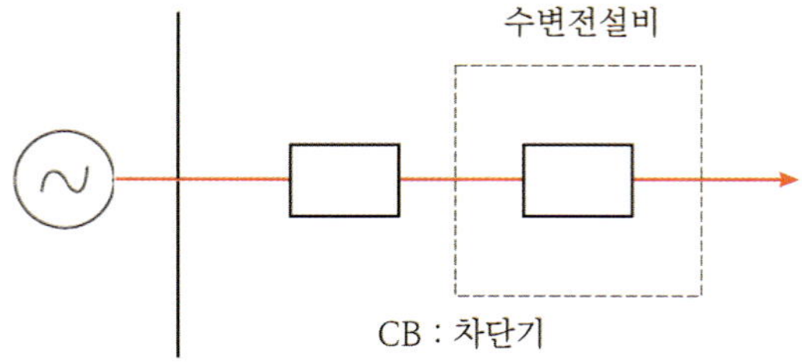

〈그림 11-10-5〉 1회선 수전방식

b. 2회선 수전방식

2회선 수전방식은 상용 인입선 외에 별도로 전용 또는 공용의 예비 옥내선을 설치한 것을 말한다. 이 방식은 건설비가 비싸지만 상용옥내선이 정전되더라도 즉각 예비 옥내선으로 바꾸어 수전할 수 있기 때문에 신뢰도가 높다.

c. 루프 수전방식

루프 수전방식은 전력회사가 복수의 수용가와 하나의 루프를 구성하고 있기 때문에 1 회선이 정전시라도 다른 1 회선으로 운전 가능하며, 1 회선 또는 2 회선 수전방식보다 전력공급의 신뢰성은 높다.

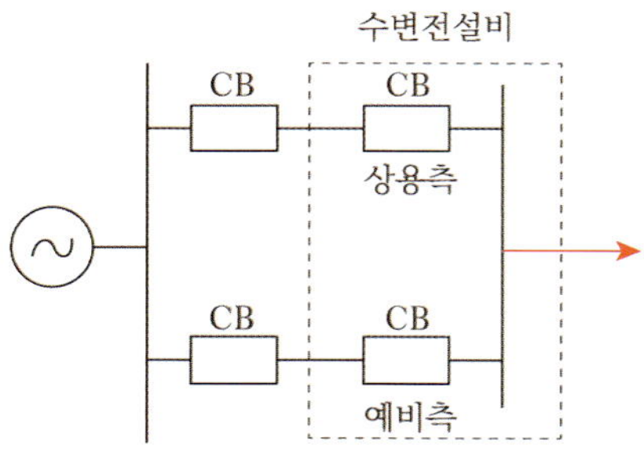

〈그림 11-10-6〉 2회선 수전방식

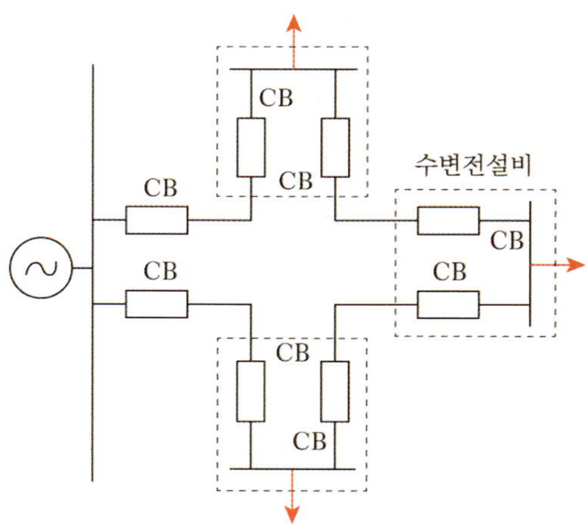

〈그림 11-10-7〉 루프 수전방식

d. 네트워크 수전방식

네트워크 수전방식은 동일계통의 2 회선 이상을 배전선으로부터 따로 따로 끌어들이는 방법으로 동일계통을 다중 수전방식이라고도 한다. 하나의 회선이 정전되더라도 다른 회선으로 이것을 보충할 수 있는 신뢰성이 높은 수전방식이다.

수변전설비는 전력회사에서 특별고압 또는 고압(600 [V]를 넘고 7,000 [V] 이하)으로 전력을 공급받아 이것을 변성하여 공장 및 건물 등에 설정된 부하설비(전등, 동력 등)에 전력을 공급하기 위해서 설치된다. 수전전압, 용량 및 방법은 건물의 규모, 설비에 따라 일정하지는 않지만 설비내용은 공통점이 많다. 또한, 고압의 수전설비, 변전설비 및 이들에 따르는 기기 하나를 접지한 금속상자 내에 수납하여 큐비클식 수전설비라고 한다.

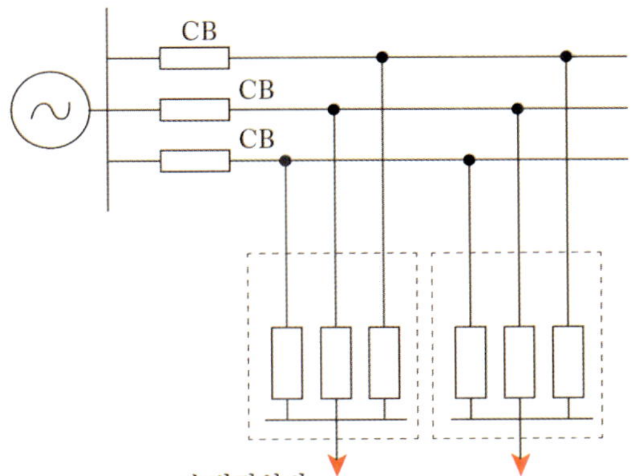

〈그림 11-10-8〉 네트워크 수전방식

11.10.3 전력용 수전설비

자가용 수전설비는 그 수전용량에 의해 특별고압으로 수전하는 것으로 고압으로 수전하는 것이지만 전력용 수전설비는 그 설치장소에 따라 옥의, 옥내 또는 큐비클 등의 형식이 있다. 이 수전설비의 기기배치는 특별고압이나 고압은 기본적으로 동일하지만, 특별고압에서는 수전전압이 크므로 설비상의 대응이 요구된다. 수전설비의 배열 등은 <그림 11-10-9>와 같이 되어 있고, <그림 11-10-10>은 22.9 [kV] 수배전설비의 계통도에 기기의 실체사진을 넣은 예를 나타낸 것이다. 그리고 이것들의 기기 일부는 수전설비의 규모, 형태, 보호방식 등에 따라 설치되지 않은 경우도 있다.

<그림 11-10-11>은 3상 3선식 22.9[kV] 자가용 수전설비의 단선결선도를 나타낸 예이다. 인입선은 대부분 케이블을 이용하여 배선하고, 계기용변성기(MOF)와 단로기(DS)를 거쳐 전원을 공급하는 구조이다. <그림 11-10-12>는 <그림 11-10-11>의 복선결선도 및 명칭을 나타낸 것이다. 따라서 각각의 기기가 어떤 배선과 결선을 하는지 알 수 있고, 시스템의 변경 및 점검 등을 실시할 때 많은 도움이 된다.

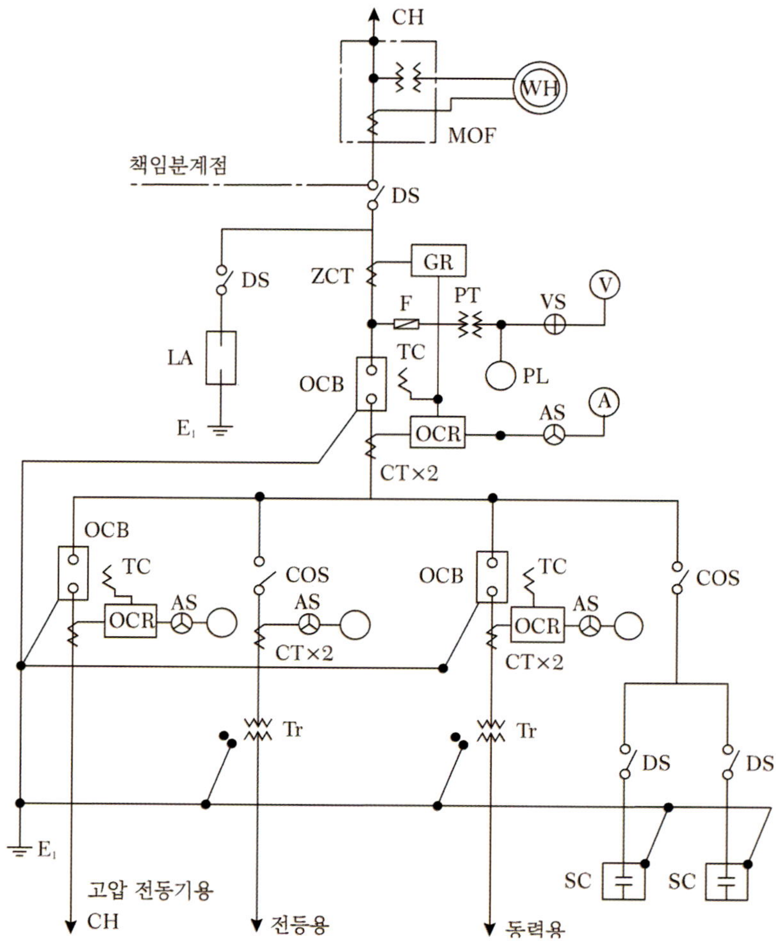

〈그림 11-10-9〉 전력용 수전설비의 단선도

[표 11-10-2] 자가용 사용기기의 종류

분 류	기 기 명	분 류	기 기 명
변압기, 부하기기	변압기 고압전동기 고압콘덴서 및 방전코일	차단기, 개폐기류	유중차단기, 진공차단기 기중부하개폐기, 단로기 고압한류 퓨즈 고압 컷아웃스위치
부속기기류, 보호계전기	계기용변압기, 변류기 지시계기, 절환개폐기 과전류계전기, 지락계전기 영상변류기, 피뢰기	기 타	전력케이블 적산전력계 등

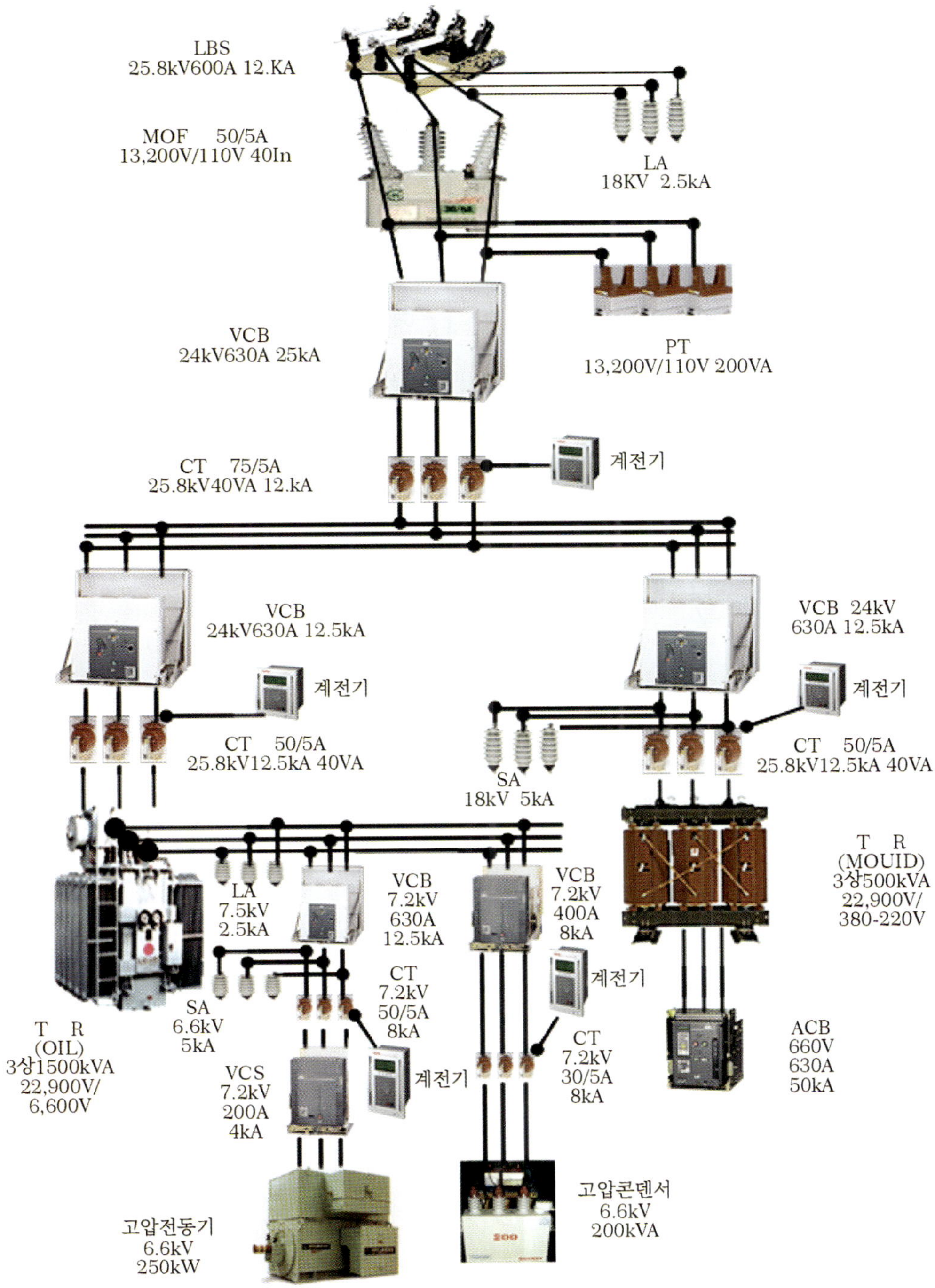

〈그림 11-10-10〉 22.9 [kV] 수배전설비의 실체도

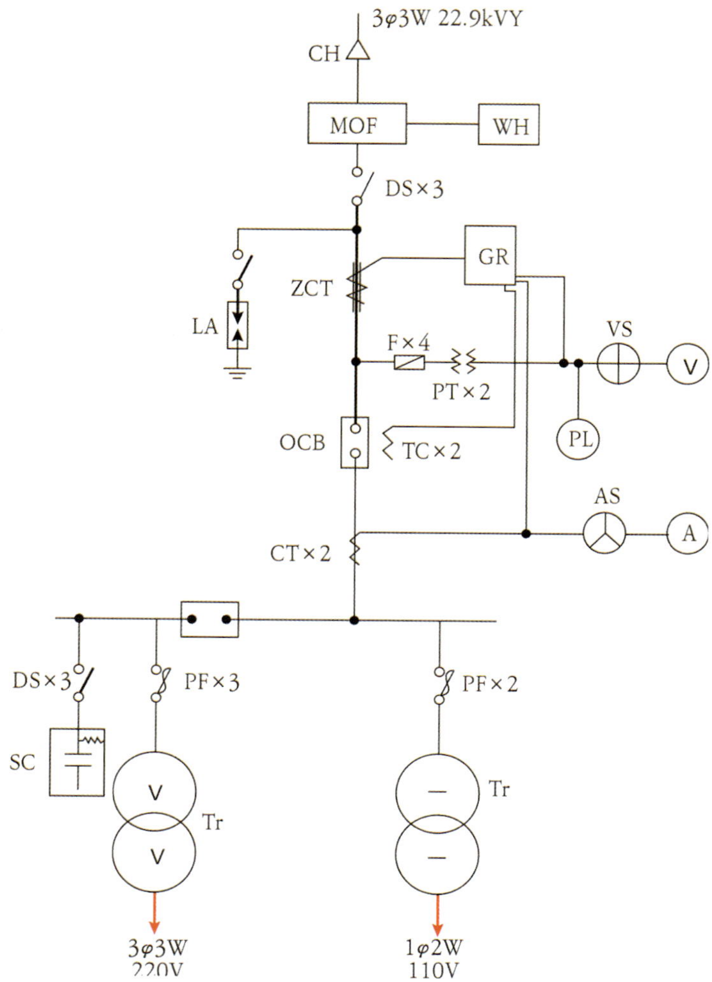

〈그림 11-10-11〉 3상 3선식 22.9[kV] 자가용 수전설비의 단선결선도

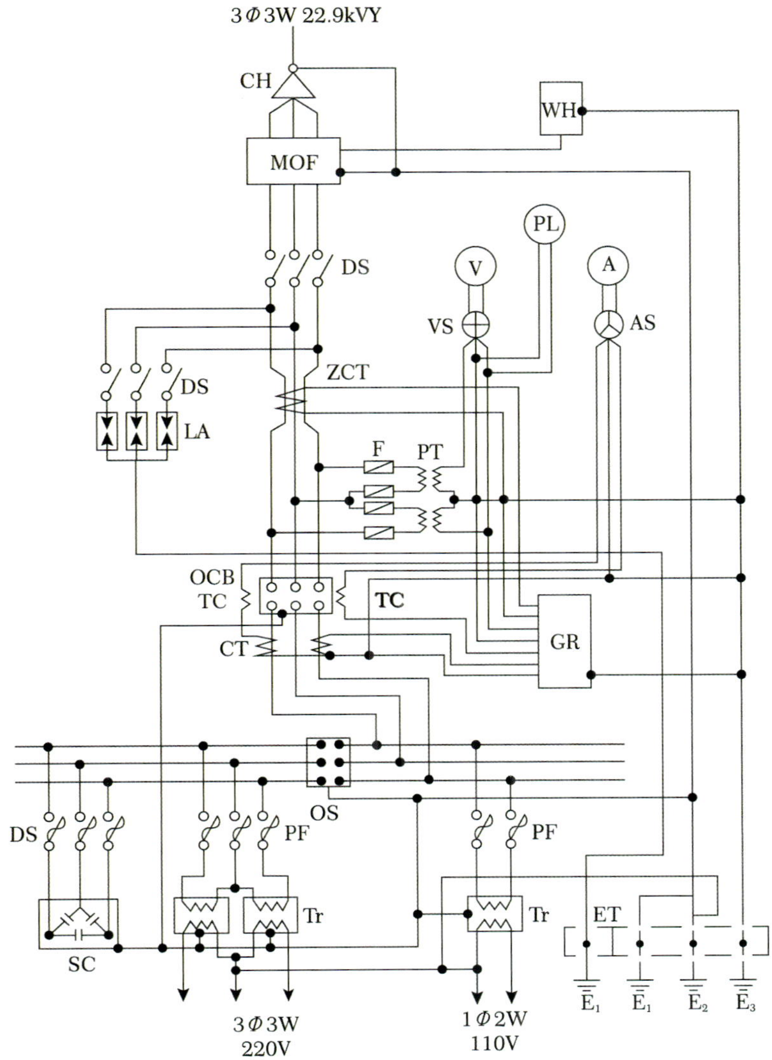

〈그림 11-10-12〉 3상 3선식 22.9 [kV] 자가용 수전설비의 복선결선도 및 명칭

[표 11-10-3] 수변전설비 전기심벌의 문자기호 및 호칭

문자기호	호 칭	영 어
CH	케이블 헤드	Cable Head
WH	적산전력계	Wattmeter
MOF	계기용 변성기	Metering Out Fit or instrument transformer
PCT	계기용 변압변류기	Potential Current Transformer
DS	단로기	Disconnecting Switch
ZCT	영상변류기	Zero-phase-sequence Current Transformer
OCB	유입차단기	Oil Circuit Breaker
OS	기름스위치	Oil Switch
LA	피뢰기	Lightning Arrester
GR	지락계전기	Ground Relay
F	퓨즈	Fuse
PT	계기용 변압기	Potential Transformer
CT	변류기	Current Transformer
TC	트립 코일	Trip Coil
OCR	과전류계전기	Over Current Relay
VS	전압계용 절환개폐기	Voltmeter change over Switch
AS	전류계용 절환개폐기	Ammeter change over Switch
V	전압계	Voltmeter
A	전류계	Ammeter
COS	컷아웃스위치	Cut Out Switch
SC	전력용 콘덴서	Static Condenser
Tr	변압기	Transformer
PL	표시등	Pilot Lamp
PF	전력용 퓨즈	Power Fuse
ET	접지단자대	Earth Terminal

11.10.4 154 [kV] 송전선로와 크레인 붐대의 접근에 의한 출화사례

(1) 발생 개요

공사장에서 건물 신축공사를 하고 있던 크레인이 00공장에 공급하는 154 [kV] 송전선의 위험 한계에 노출됨에 따라 사고가 발생하여 인근의 주택, 건물 등이 소손되었다. 인명피해는 없었지만 사고의 범위가 넓고 복잡하게 형성되었다.

(2) 현장 수거품

- 사고현장 공사장에서 수거한 분전함 및 임시 조작반 1점
- 사고현장에서 수거한 154[kV] 송전선 ACSR 240 [mm^2](Al 30/3.2, St. 7/3.2)
- 권능교회 주택에서 수거한 전선 5점(1.6 [mm] 4점, 5.5 [mm^2] 1점)

(3) 사고 현장 조사

사고 현장은 교회 신축 공사장으로 크레인을 이용한 H-beam 제거 작업 중 크레인 붐대가 154 [kV]송전선로에 근접하면서 발생한 사고이다. 크레인 붐대에 아크 흔적이 발견되었고, 공사장 임시 울타리 여러 부분에서 지락에 의한 아크 흔적을 확인할 수 있었다. 권능 교회(A), 그린 빌라(C), 지성 빌라(E), 삼양 빌라(I) 등이 피해가 컸다.

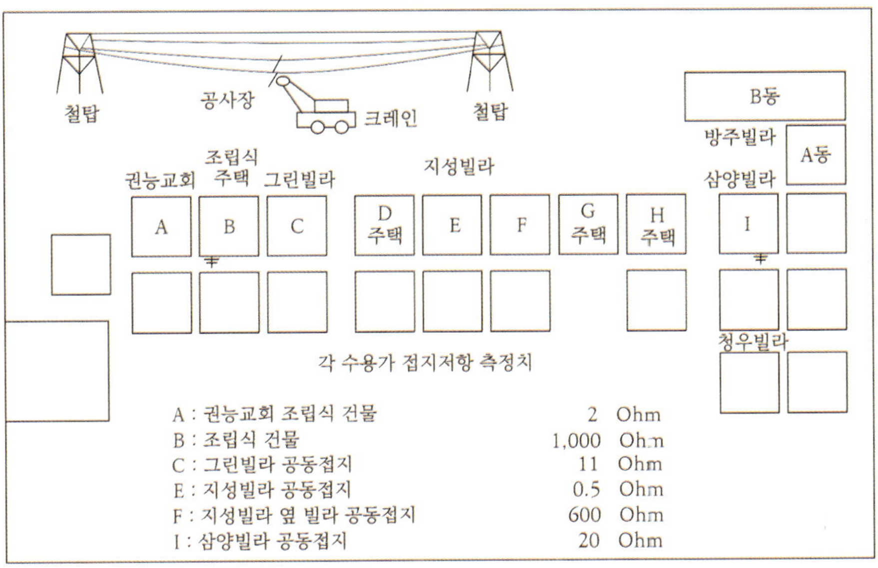

〈그림 11-10-13〉 사고 현장의 배치도

〈그림 11-10-14〉 사고 현장 공사장

〈그림 11-10-15〉 작업 중이던 크레인

〈그림 11-10-16〉 붐대의 아크 흔적

〈그림 11-10-17〉 울타리의 아크 용흔

〈그림 11-10-18〉 울타리에 형성된 용융흔

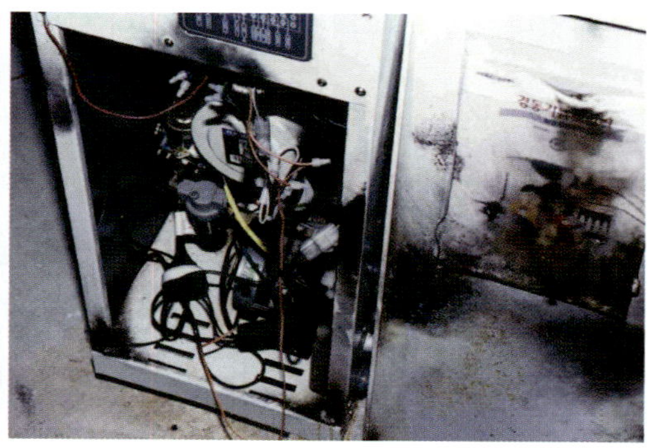

〈그림 11-10-19〉 지성빌라(F) 보일러의 용융흔

(4) 전기설비 및 전선의 금속 조직 분석

크레인 붐대와 근접한 송전선로 ACSR 240 [mm^2]에서 용융된 흔적이 있었으며, 공사장에 설치한 임시 조작반 및 분전반이 지락에 의해 소손되었다. 권능 교회 조립식 건물, 그린 빌라, 지성 빌라(F), 삼양 빌라 등에서 화재 발생, 보일러 및 전기설비(분전함, 적산전력계) 등이 지락에 의해 소손 되었다.

〈그림 11-10-20〉 154kV 송전 선로

〈그림 11-10-21〉 아크가 발생한 154kV

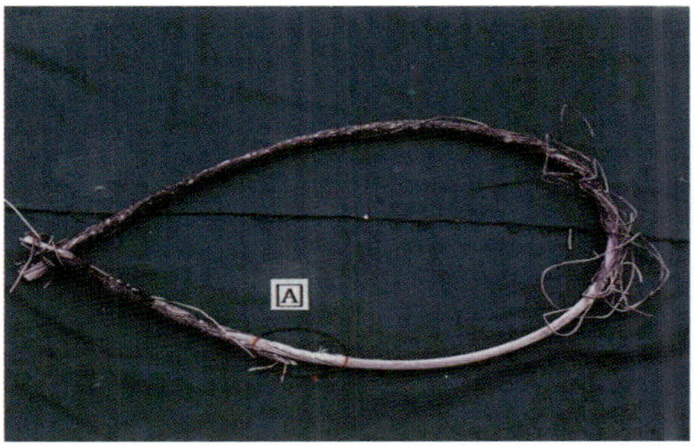

〈그림 11-10-22〉 〈그림 11-10-21〉의 실체사진

〈그림 11-10-23〉 공사장 분전반 내부

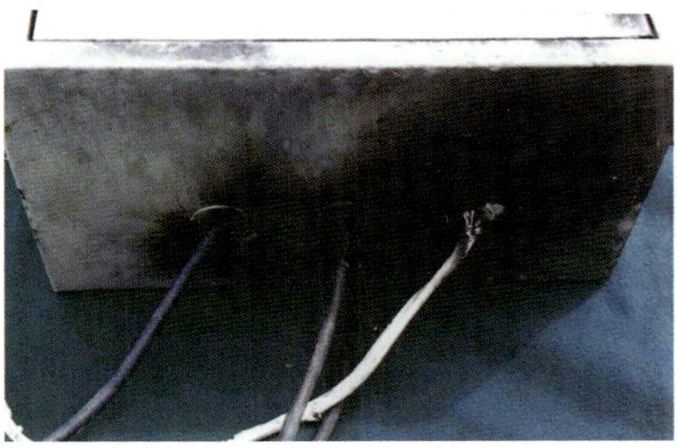

〈그림 11-10-24〉 〈그림 11-10-23〉의 분전반 하부

〈그림 11-10-25〉 삼양빌라 적산전력계

〈그림 11-10-26〉 지성빌라 101호 분전함

〈그림 11-10-27〉 그린빌라 301호 분전함

〈그림 11-10-28〉 삼양빌라 101호 분전함

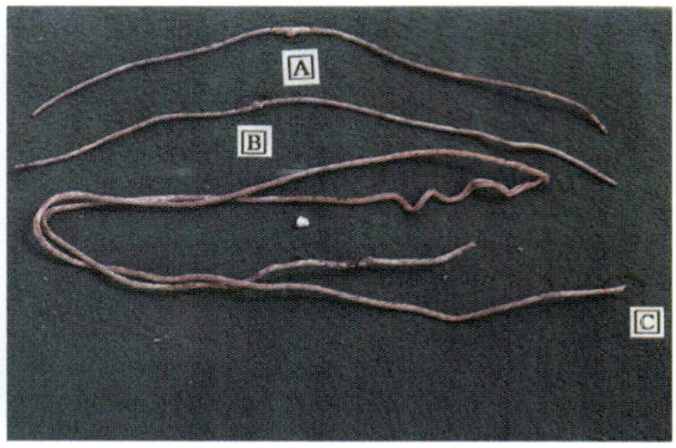

〈그림 11-10-29〉 주택에서 수거한전선

〈그림 11-10-30〉
〈그림 11-10-29〉 C의 실체사진

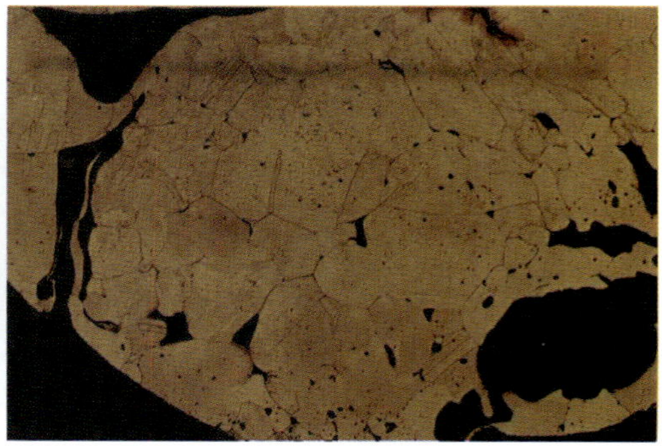

〈그림 11-10-31〉
〈그림 11-10-30〉 금속 현미경 사진

(5) 지락사고 해석 프로그램에 의한 대지전위 상승 분석

① 주변 환경

- 사고 현장의 토양 : 마사토
- 수도관 등이 매설되어 있음

② 인덕턴스 및 정전용량의 이론적 고찰

- 전선 1가닥의 단위 길이당의 인덕턴스 계산

$$L = 0.05 + 0.4605 \log_{10} \frac{D}{r} \ [\mathrm{mH/km}]$$

단, D ; 도체의 중심거리[m], r ; 도체의 반지름[m]

- 단심케이블의 정전용량 계산

$$C = 0.02413 \frac{\epsilon}{\log_{10} \frac{R}{r}} \ [\mu\mathrm{F/km}]$$

단, r ; 도체의 반지름[m], ε ; 유전율, R ; 연피의 안반지름(절연반지름)[m]

위 식에서 알 수 있듯이 사고현장의 구간은 약 200 [m]로 짧으므로 인덕턴스 및 정전 용량은 무시 할 수 있다.

③ 대지저항률 산정

- 대지저항률은 흙의 수분, 토양의 화학적 성질, 온도, 깊이, 토압 등에 의해서 변화됨
- 사고현장의 토양 ; 마사토
  - 대지저항률 ; 400 [Ω · m]

□ 사고현장 건물의 평면모델 (★ : 재해를 입은 수용가)

A★	B	C★	D	E★	F	G★	H	I★
대 지(G)								

A : 권능교회 조립식 건물	2 [Ω]
B : 조립식 건물	1,000 [Ω]
C : 그린빌라 공동접지	11 [Ω]
E : 지성빌라 공동접지	0.5 [Ω]
F : 지성빌라 옆 빌라 공동접지	600 [Ω]
I : 삼양빌라 공동접지	20 [Ω]

- 대지의 넓이 : 200 [m] × 20 [m]
- 접지도체의 지름 : Φ10 [mm], 내선규정 140-7
- 접지도체의 간격 : 가로 20 [m], 세로 20 [m]
- 접지극 매설 깊이 : 3 [m], 전기설비기술기준 20조

④ ①, ② 및 ③의 조건 하에서 지락시 대지전위 상승에 따른 사고 분석

- 접지극 주변의 대지전위 상승
  - ○ 대지에 유입된 지락전류 단, $R_f=0$ 완전지락시
    - 154 [kV]측에서 약식 계산된 1선 지락전류치
      - a. 전원측 임피던스

        정상분 : $\%Z_1 = 0.328 + j1.981$ [Ω]

        영상분 : $\%Z_0 = 1.486 + j5.713$ [Ω]

b. 1선 지락전류 계산

$$I_g = \frac{3 \times 100}{Z_1 + Z_2 + Z_0 + 3 \times R_f} \times \frac{100,000}{154 \times \sqrt{3}}$$

$$= \frac{112,500}{(0.328 + j1.981) \times 2 + 1.486 + j5.713 + 3 \times R_f}$$

$$= \frac{112,500}{2.142 + j9.675 + 3 \times R_f} \text{ [A]}$$

c. 지락점의 저항을 고려할 때 (완전지락, R_f=0)

$$I_g = \frac{112,500}{9.909} = 11,353 ≒ 11,400 \text{ [A]}$$

※ 참고사항 : 계통의 전원측 임피던스 값을 계산한 것으로 주변압기 및 선로에 대한 영향 등의 변동이 있을 경우 계산치는 감소될 수 있음

• 분석 데이터(SES, Safe Engineering Services & Technologies)

○ 대지전위 상승

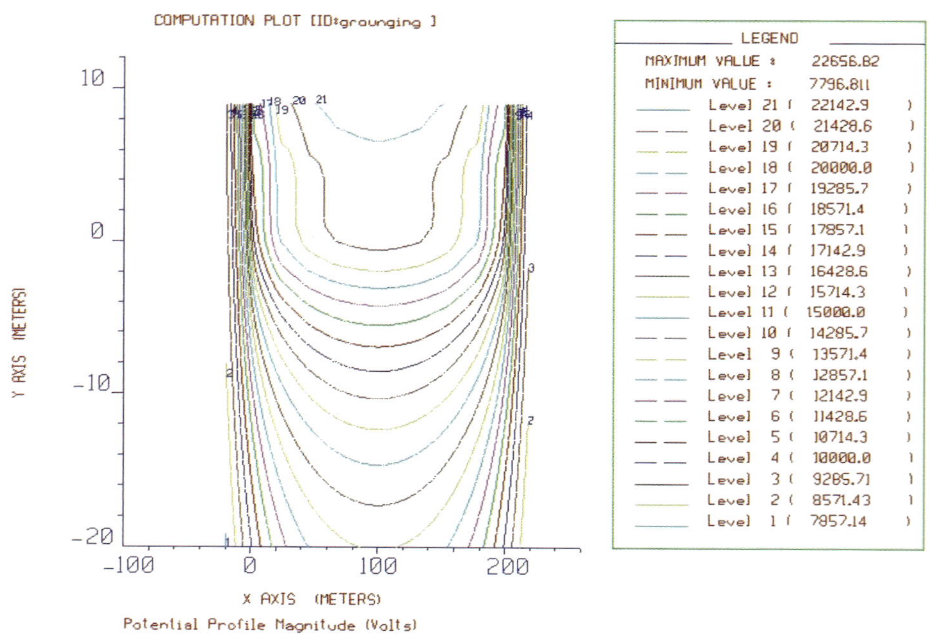

〈그림 11-10-32〉 대지전위 상승 분포

- 접지극 주변의 대지전위 상승 분포를 입체적으로 나타낸 것으로 중심부의 전위가 크게 나타남

  사고 지점 중심부 대지전위 : 22,656 [V]

  사고 지점 끝단의 대지전위 : 7,796 [V]

• 분석 결과

유입전류 [A]	대지저항률 [Ω · m]	접지저항 [Ω]	전 류 [A/m]	대지전위상승 [V]
11,400	400	$R_f=0$	14.25	28,178

(6) SEM, EDX에 의한 ACSR의 표면 및 조성 분석

① 알루미늄의 SEM 분석

〈그림 11-10-33〉 Standard Image of Al

〈그림 11-10-34〉 Image of Al wire

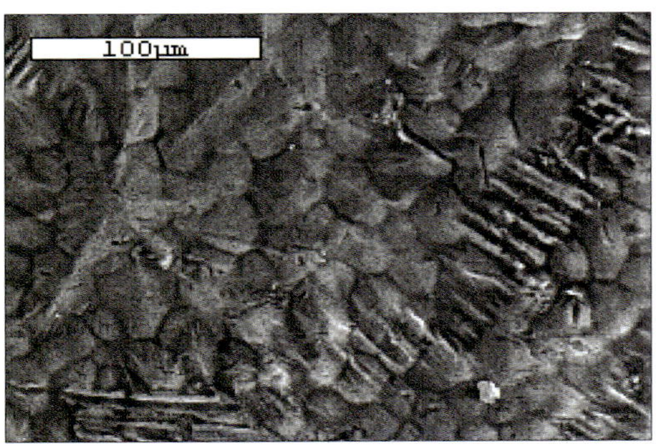

〈그림 11-10-35〉 Melted image of Al

W_d = 15[mm]

V_{acc} = 20[kV]

Mag. = ×500

(7) 결언

현장 조사, 전기 설비, 전선의 금속 조직 및 조성, 대지전위상승 등을 종합적으로 분석한 결과 공사장에서 작업 중이던 크레인 붐대가 154 [kV] 송전선로의 위험 반경에 근접하여 두 금속체 사이에 아크가 발생했고, 그에 따른 지락전류에 의해 역 서지 전류가 인근 건물에 유입된 화재로 판단된다.

section 11.11 태양광 발전시스템

태양광 발전시스템(photovoltaics system)은 태양빛을 직접 전기에너지로 변환하는 발전장치로서 햇빛을 받아 전기를 발생시키는 태양전지로 구성된 모듈, 전력변환장치(인버터), 분전반(접속반) 등으로 구성된다. 발전된 전기는 가정이나 산업설비에서 사용하고 잉여전력은 전력회사에 팔고, 반대로 일사가 적은 계절 및 시간에는 전력회사에서 전력의 공급을 받는 시스템이다. 장래의 에너지 위기대책의 하나로 또는 지구 온난화를 막는 깨끗한 에너지로서 일반적으로 널리 보급되고 있다.

태양전지는 N형과 P형 2종류의 실리콘반도체를 적층구조로 한 두께가 약 0.3 [mm] 유리 판형이다. 이 표면에 태양광이 입사하면 그 광자가 실리콘 원자의 전자와 충돌하여 전자가 결정으로부터 방출되어 그 결과 자유전자(−)와 정공(+)이 생긴다. 전자는 N형 실리콘에 정공(+)은 P형 실리콘으로 이동하여 기전력이 발생한다.

11.11.1 태양광 발전시스템의 구조와 기능

태양광 발전시스템의 일례를 <그림 11-11-1>에 나타낸다. 태양전지모듈, 접속상자, 인버터(inverter) 등으로 구성하여 주택용 접속반(분전반)을 통해 계통연계하고 있다. 이 밖에 상용전원의 정전시에 비상전원으로 사용하는 축전지설비를 대비하고 있는 경우가 있다.

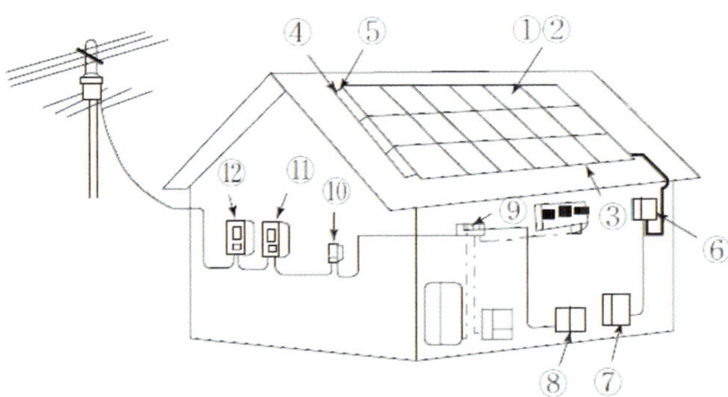

〈그림 11-11-1〉 태양광발전 시스템의 개략도

① 태양전지 모듈

태양전지 모듈은 태양에너지를 전기에너지로 변환하는 장치이다. 태양광 모듈(solar module)은 태양전지를 종 및 횡으로 연결하여 결합한 형태로 개별 태양전지에서 생산된 전기가 모듈에 동시에 모이게 된다. 태양전지를 많이 붙일수록 발전 용량은 커지게 되며 점차 대형화 추세이며, 일반적으로 전력용 태양광 모듈은 모듈 1 개당 100 [W] 또는 200 [W]로 다양하게 제작되고 있다.

② 태양전지 어레이

태양전지 어레이는 태양전지모듈 6개를 직렬로 1 유닛으로 하는 태양전지모듈의 집합체이다. 6개(612 [W]) 단위로 시스템의 용량에 따라 유닛의 수를 바꾼다.

③ 고정 시스템

고정 시스템은 태양전지 모듈을 주택의 옥상 등에 고정하는 시스템이다.

④ 조인트 박스

조인트 박스는 태양전지 모듈을 집합한 어레이 계통마다 배선케이블을 계통하기 위한 박스이다.

⑤ 태양전지 모듈 사이의 접속용 케이블

태양전지 모듈 사이의 직렬접속용 케이블이며, 태양전지 모듈 6개를 직렬 접속한다.

⑥ 분전반(접속반)

분전반(접속반)은 태양전지 어레이를 직류출력 전력케이블로 묶어서 서지 흡수소자, 역류방지용 다이오드, 직류 개폐기 등 매개로 인버터에 직류전력을 중계한다. 시스템 점검할 때는 태양전지의 전력을 차단하거나 이상이 발생했을 때는 역류방지 및 서지흡수를 한다.

⑦ 인버터

인버터는 태양전지 어레이의 직류출력 전력을 상용전력에 적합한 전압, 주파수, 위상의 교류전력으로 바꾸는 장치이다. 운전개시, 정지는 자동적으로 행하고 태양전지 출력이 최대로 되도록 제어운전한다. 전력계통의 이상 등을 검지하여 인버터 출력을 계통에서 분리 연계하는 보호기능이다.

⑧ 변압기

변압기는 인버터의 고장이 발생했을 때 직류전류를 배전계통에 흐르지 않도록 하는 보호 장치이다.

⑨ 주택용 분전반

주택용 분전반은 누전차단기를 매개로 배전계통의 전력을 주택 내부의 부하에 분배한다.

⑩ 교류측 개폐기

교류측 개폐기는 배전계통과 시스템을 차단하는 개폐기이다. 배전작업, 점검을 행할 때에 전력회사가 개폐한다.

⑪ 판매 전력용 전력량계

판매 전력용 전력량계는 전력회사가 구입하는 여유전력을 계량하는 계기이다.

⑫ 공급 전력용 전력량계

공급 전력용 전력량계는 전력회사가 판매하는 전력을 계량하는 계기이다.

11.11.2 조사의 요점

인버터 내부의 콘덴서, 케이블 등의 전선 접속부를 확인한다.

① 전원의 통전 유무 및 내장 퓨즈의 소손상태를 확인한다.
② 전원부의 연결 플러그에 접촉 불량이 발생했는지 확인한다.
③ 방열판의 소손 패턴을 확인한다.
④ 전원선 또는 내부 연결선에 반단선이 발생하여 탄화된 흔적이 있는지 확인한다.

⑤ 제어용 회로기판의 트래킹 상태를 확인한다.

⑥ 변압기의 층간단락 상태를 확인한다.

⑦ 태양전지 모듈 사이의 트래킹 상태를 확인한다.

11.11.3 태양광 발전시스템의 출화 사례

(1) 사고 개요

건축물의 옥상에 설치된 태양광 발전 설비에서 발생한 사고로 전기설비의 관제실에서 이상 현상을 인지하였다. 관계자에 의해서 화재가 확인되어 업무 담당자가 주전원을 차단하고, 화재 진압 및 책임자에게 상황을 보고하였다. 사고가 발생된 태양광 발전설비의 분전반(접속반) 내부에 설치되어 있던 MCCB, SR, 접지단자(−), PCB 등이 탄화 및 용융되었다. 또한, 분전반과 태양광 모듈을 연결하는 전력선 및 접지선 등에서 용융 및 탄화 흔적 등이 확인되었고, 인명의 피해는 없다.

(2) 사고가 발생한 태양광 발전설비의 성능 및 개통도

① 사고가 발생한 태양광 발전설비의 주요 성능

분류		주요 성능
부지면적		16,567 [m^2]
설비용량		1,202.86 [kWp] ≒1.2 [MWp]
발전용량		1.2 [MWp]
전지종류		단결정 실리콘
모듈수량		241 [Wp] 2,460장, 244[Wp] 2,490장, 총 4,950장
공급방식		3상 4선 22.9 kV-Y
수전계약전력		30 [kW]
인버터		SINVERT700MS 350 kVA × 4대 2Sets, 3상, SIEMENS
모듈	태양광 어레이	A : 20직렬 × 62병렬 B : 20직렬 × 53병렬 C : 20직렬 × 62병렬 D : 20직렬 × 61병렬, 19직렬 × 10병렬
	전지의 성능	1.5 [V], 25 [℃], 1000 [W/m^2]
연간 발전량		1,449.6 [MWh/년], 사업기간은 15년 평균 적용
발전 단가		380 [원/kWh]

② 사고가 발생한 태양광 발전설비의 모니터링 계통도

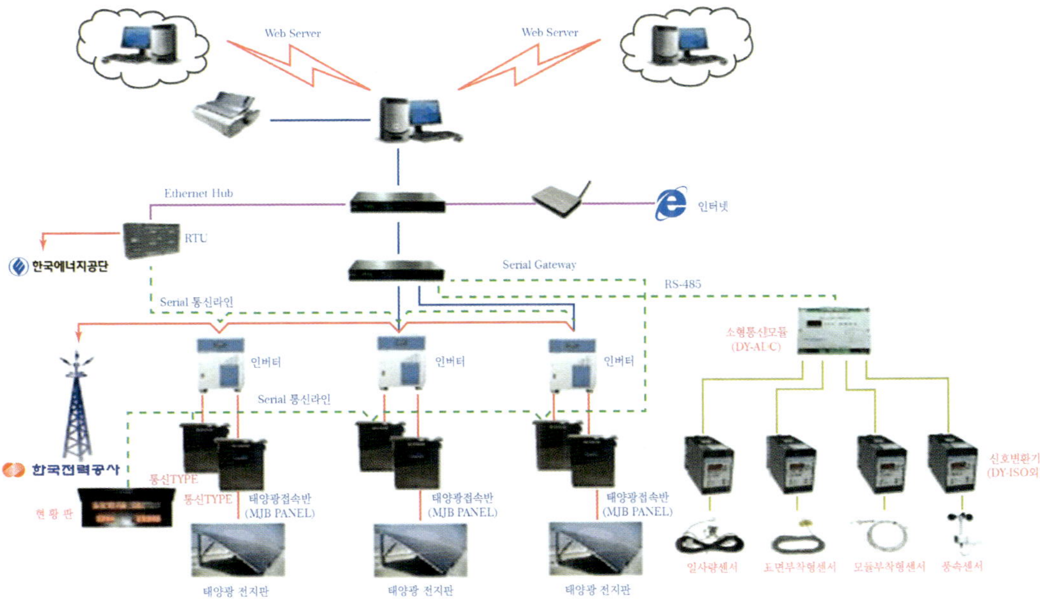

(3) 정상제품의 분전반 및 모듈 분석

① MJB B-3 분전반 및 태양광 모듈의 분석

<그림 11-11-2>는 화재가 발생한 태양광 발전설비와 동일한 사양으로 제작하여 동일 현장에 설치된 MJB B-3 분전반(접속반)의 전면 실체사진을 나타낸 것이며, <그림 11-11-2>는 MJB B-3 분전반 모니터를 나타낸 것이다.

〈그림 11-11-2〉 MJB B-3 분전반의 전면

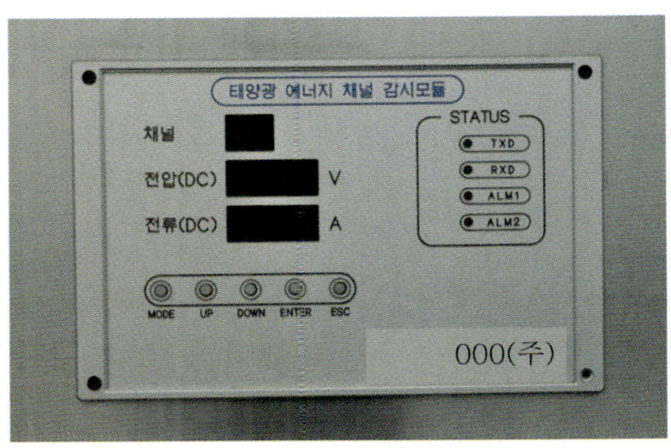

〈그림 11-11-3〉 MJB B-3 분전반 모니터

<그림 11-11-4~5>는 태양광 모듈과 케이블 트레이 등의 실체사진을 나타낸 것으로 물리적으로 안정된 형태로 설치되어 있다. 그러나 태양광 발전설비의 모듈과 분전반 사이의 점검, 진단 및 비상 상황 등에서 전선로를 자동 또는 수동으로 분리하는 안전장치 및 차단기는 없는 것으로 확인된다.

〈그림 11-11-4〉 태양광 모듈의 설치형태(1)

〈그림 11-11-5〉 태양광 모듈의 설치형태(2)

② 태양광 모듈(LPC241S)의 상세 내역

a. 전기적 특성

- Maximum power(Pmax) : 241 [Wp]
- Rated voltage(Vmp) : 30.2 [V]
- Open circuit voltage(Voc) : 37.4 [V]
- Rated current(Imp) : 7.97 [A]
- Short circuit current(Isc) : 8.50 [A]
- Operating temperature : -40 ~ 85 [℃]
- Maximum system voltage : DC 1,000 [V]

b. 물리적 특징

- Cell : Mono-crystalline silicon solar cells 156 [mm] × 156 [mm]
- No. of cells and connections : 60(6 × 10)
- 크기 : 1,630 [mm] × 981 [mm] × 47 [mm]
- 무게 : 18.6 [kg]
- Junction box : IP 65

c. 기 타

- Power tolerance : ±3 [%]
- Temperature coefficient of Voc : 47 [℃]
- Temperature coefficient of Isc : 0.042 [%/℃]
- Temperature coefficient of Voc : -0.33 [%/℃]

③ 태양광 인버터의 상세 내역

a. 입력 방식 및 출력 사양

- 용량 및 상수 : 350 [kW] × 4대(700MS × 2sets), 3상
- 최대 개방 전압 : DC 810 [V]
- MPPT 전압 범위 : DC 450 ~ 750 [V]
- 최대 입력 전류 : 820 [A]
- 정격 출력 : 357 [kVA]
- 최대 PV 출력 : 373 [kVA]
- 최대 출력 전류 : 518 [A]
- 정격 전압 및 주파수 : 3상, AC 230 / 400 [V], 60 [Hz]
- Maximum system voltage : DC 1,000 [V]
- Noise level : 〈 73 [dB]
- EMC - immunity : EN 61000-6-2
- EMC - emission : EN 61000-6-4
- Harmonics : EN 61000-3-4, DIN VDE 0838 Part 2

b. 시스템 사양 및 환경 조건

- Euro 효율 : 95.5 [%]
- Interface : RS-232C / RS485 / MPO / PROFIBUS-DP
- 보호 기능 : 입력 저 / 과전압, 계통 저 / 과전압, 저 / 과 주파수, 출력 과전류, 시스템 과열
- 동작 온도 및 습도 : 0~50 [℃], 0~85 [%], 무결로

④ 분전반(접속반)에 설치된 기기의 명칭 및 수량

No.	Description	Quantity, duct	
		40 × 100	60 × 100
1	TB AC 220 [V] 25 [A] / 15 [A]	15	7
2	BKM 2P, 10 [A]	1	1
3	DC Breaker 1000 [V] / 4P 200 [A]	1	1
4	Main Cable, HKIV 95 [mm^2] × 1C	2 lot	2 lot
5	Main TB 200 [A] 3P	1	1
6	Thermostat	1	1
7	Outlet	1	1
8	Bus bar 20 W] × 5.0 [T]	1	1
9	Fan AC 220 [V], 60 [Hz], 120 [mm] × 102 [mm]	2	2
10	PCB 일체형 접속모듈 DC 1000 [V] 4CH(−) DY-MJB-4	-	6
11	PCB 일체형 접속모듈 DC 1000 [V] 4CH(+) DY-MJB-4	6	6
12	Bus bar & MJB(−)	6	-
13	DC Arrester 1000 [V] / 40 [kA]	1	1
14	AC Arrester 1000 [V] / 40 [kA]	1	1
15	Communication Arrester	2	1
16	일사 변환기(수평 / 경사)	2	-
17	온도 변환기(외기 / 표면)	2	-
18	풍속 변환기	1	-
19	기상관측 통신 변환기	1	-

⑤ MJB B-3 분전반 내부의 분석

<그림 11-11-6>은 MJB B-3 분전반의 내부를 나타낸 것으로 일반 옥내용 분전반과 유사한 형태로 배치된 것이다.

<그림 11-11-7>은 분전반의 상부를 확대 촬영한 것으로 MCCB, RCD, Arrester 등이 설치되어 있다.

<그림 11-11-8>은 분전반의 하부를 확대 촬영한 것으로 MCCB, 접지단자(−), DR, DY-MJB 등이 확인된다.

<그림 11-11-9>는 분전반 내부에 설치된 MCCB는 교류용 MCCB를 설치하였고, R, S, T, N 각 상 사이에 셔터를 설치하여 상간에 발생될 수 있는 방전을 적절하게 차단하였다. 그러나 전력케이블의 단말처리를 위해 사용된 절연 투브가 일부 열화(劣化, deterioration)된 것으로 확인된다.

<그림 11-11-10>은 분전반 내부에 설치된 DR을 나타낸 실체사진이다. 그런데 전력케이블의 단말처리를 위해 사용된 절연 튜브 및 나사의 일부가 열화된 것으로 확인된다.

<그림 11-11-11>은 분전반 내부에 설치된 DY-MJB을 나타낸 실체사진이다. 그런데 전력케이블의 단말 처리를 위해 사용된 절연 튜브 및 나사의 일부가 열화된 것으로 확인된다. 또한, 분전반의 인쇄회로기판(PCB)에 내장된 다이오드의 소손 사례가 수차례 있었던 것으로 보아 시스템의 신뢰성 및 안정성 등을 신뢰할 수 없다.

즉, 분전반(접속반)의 내부 열기를 외부로 방출할 수 있는 위치가 부적절한 점, 소자 및 기기 사이의 충분한 절연 거리를 확보하지 못한 점, 적절한 보호 장치가 설치되지 못한 점 등이 확인되는 바 본 설비는 감전사고, 화재사고 및 전기설비 사고 등의 위험성이 있다.

〈그림 11-11-6〉 MJB B-3 분전반의 내부(1)

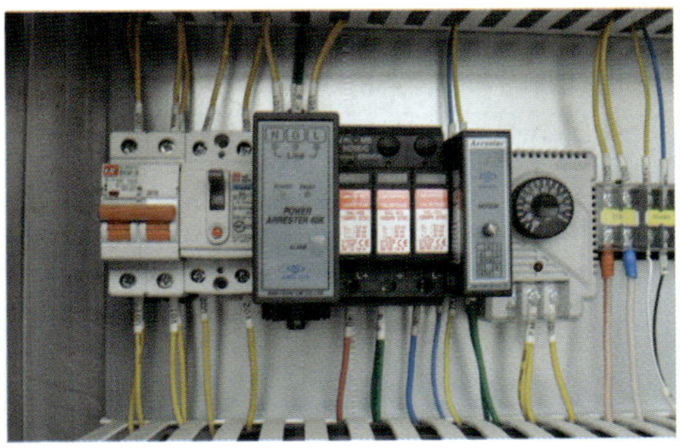

〈그림 11-11-7〉 MJB B-3 분전반의 내부(2)

〈그림 11-11-8〉 MJB B-3 분전반의 내부(3)

〈그림 11-11-9〉 MJB B-3 분전반의 내부(4)

〈그림 11-11-10〉 MJB B-3 분전반의 내부(5)

〈그림 11-11-11〉 MJB B-3 분전반의 내부(6)

(4) 발화 개소의 판정

사고가 발생한 태양광 발전설비의 옥외용 분전반(접속반)의 외함과 대지 사이의 전압은 0.3 [V]로 측정되었고, 저항은 1 [Ω] 이하로 측정되었다. 그러나 상(phase)과 상(phase) 사이는 어떤 조건이며, 누설전류는 어느 정도인지 측정된 기록이 없어서 태양광 발전설비의 대지전압, 절연저항, 접지저항 등에 대해 안정성은 평가할 수 없었다. 또한, 시스템의 발전 상태 및 운용 과정 등을 확인할 수 있는 데이터 및 자료 등을 확보하지 못했다.

① 화재가 발생한 MJB A-1 패턴 분석

<그림 11-11-12>는 태양광발전설비의 실체사진을 나타낸 것이다. 일정한 간격으로 각각의 모듈을 설치하였으며, 각각의 모듈에서 발생된 전기는 케이블 트레이 배선을 이용하여 송전한다.

<그림 11-11-13>은 사고가 발생한 MJB A-1 분전반의 전면 실체사진으로 하단부의 그을음이 확인된다.

<그림 11-11-14>는 MJB A-1 분전반의 우측면 실체사진으로 하단부의 환기창에 그을음이 확인되며, 케이블 트레이 및 임피던스 밴드 등 많은 부분에서 탄화 흔적을 확인된다.

<그림 11-11-15>는 MJB A-1 좌측면의 케이블 트레이 및 임피던스 밴드 등 많은 부분에서 탄화 흔적을 확인된다.

<그림 11-11-16>은 MJB A-1 분전반의 후면을 나타낸 실체사진으로 완벽한 브이패턴(V-Pattern) 및 용융된 청공(구멍)이 확인된다.

<그림 11-11-17>은 MJB A-1 분전반 내부의 탄화 패턴으로 배선차단기(MCCB)는 켜짐 상태(ON)에 있고, 접지 단자(-) 및 인쇄회로기판(PCB) 사이에 용융 및 천공 등이 형성된 것을 알 수 있다.

즉, MJB A-1 분전반(접속반) 내부의 절연파괴(breakdown)에 의해 플레시 오버(flashover)가 발생한 결과에 대해서는 의심의 여지가 없다. 즉, 탐화심도, 연소의 확산 패턴 및 등온 분포, 금속의 용융 패턴 등을 고려할 때 화염은 MJB A-1 분전반 내부 및 케이블 트레이 내부에 서 발생하여 외부로 확산된 것이다.

〈그림 11-11-12〉 태양광발전설비의 실체사진

〈그림 11-11-13〉 화재가 발생한 MJB A-1

〈그림 11-11-14〉 MJB A-1 분전반의 우측면

〈그림 11-11-15〉 MJB A-1 좌측의 케이블 트레이

〈그림 11-11-16〉 MJB A-1 분전반 후면

〈그림 11-11-17〉 MJB A-1 분전반 내부

② 화재가 발생한 MJB B-2 패턴 분석

<그림 11-11-18>은 사고가 발생한 MJB B-2 분전반의 전면으로 하부의 환기창이 소손되었다.

<그림 11-11-19>는 MJB B-2 분전반의 우측으로 케이블 트레이 및 임피던스 밴드 등에서 탄화 흔적을 확인할 수 있다.

<그림 11-11-20>은 MJB B-2 분전반 및 케이블 트레이의 좌측면을 나타낸 실체사진으로 탄화 흔적이 확인되며, 임피던스 밴드 및 케이블 트레이 등이 열적 스트레스에 의해 열화된 것을 알 수 있다.

<그림 11-11-21>은 MJB B-2 분전반 후면을 나타낸 실체사진으로 브이패턴(V-Pattern) 및 청공이 확인된다. 청공 패턴이 형성되었다는 것은 대전류에 의한 플레시 오버가 발생했다는 것을 의미한다.

<그림 11-11-22~23>은 MJB B-2 분전반 내부의 탄화 패턴을 나타낸 실체사진으로 배선차단기(MCCB)는 켜짐 상태(ON)에 있고, 접지 단자(−) 및 인쇄회로기판(PCB) 사이에 용융 및 청공 등이 형성된 것을 확인할 수 있다.

즉, MJB B-2 분전반 내부의 절연파괴(breakdown)에 의해 플레시 오버(flashover)가 발생한 결과를 입증하는 것이다. 즉, 탄화심도, 연소의 확산 패턴 및 등온 분포, 금속의 용융 패턴 등을 고려할 때 화염은 MJB B-2 분전반 내부 및 케이블 트레이 내부에 발생하여 외부로 확산된 것이다.

〈그림 11-11-18〉 MJB B-2 분전반의 전면

〈그림 11-11-19〉 MJB B-2 우측의 케이블 트레이

〈그림 11-11-20〉 MJB B-2 좌측의 케이블 트레이

〈그림 11-11-21〉 MJB B-2 분전반 후면

〈그림 11-11-22〉 MJB B-2 분전반 내부

〈그림 11-11-23〉 탄화 심도가 형성된 MJB B-2

(5) 화재가 발생한 MJB A-1 분전반 및 전력케이블의 소손 패턴 분석

<그림 11-11-24>는 화재가 발생한 MJB A-1 분전반(접속반)의 전면 실체사진으로 테두리는 빗물, 먼지 등이 들어갈 수 없도록 하우징(housing)되어 있다. 또한, 내부에 설치된 MCCB, RCD, Arrester, SR, 케이블, 퓨즈 등 거의 모든 소자 및 부품 등이 고르게 탄화된 것을 알 수 있다.

<그림 11-11-25>는 전력선에 연결된 MCCB를 분석한 것으로 작동손잡이는 켜짐(ON) 상태에 있는 것으로 보아 사고가 발생하여 종결될 때까지 작동하지 못한 것을 알 수 있다. 그러나 분전반 내부에서 발생된 열을 외부로 방출시킬 수 있는 환기창이 적절한 구조로 설계되지 못한 점, 일반 건물 내에 설치되는 분전반과 동일한 구조로 제작된 점, 내부에 배치된 소자 및 기기 등의 이격거리가 충분하지 못한 점 등을 고려할 때 시간의 경과에 따른 가속 열화(劣化, deterioration)는 필연적이다.

〈그림 11-11-24〉 MJB A-1 분전반의 전면 내부

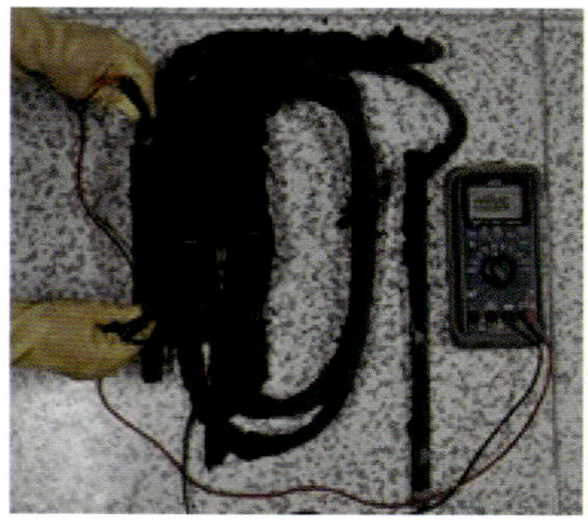

〈그림 11-11-25〉 MJB A-1 MCCB

<그림 11-11-26~27>은 화재가 발생한 MJB A-1 분전반 내부에서 분리한 접지단자(−)를 나타낸 실체사진이다. 분전반의 설계 용량을 고려할 때 접지단자의 용량은 적합한 것으로 판단된다. 그런데 접지단자의 일부는 용융되어 단선되었고, 표면의 여러 곳에서 용융 흔적을 확인할 수 있다. 즉, 접지단자와 인접한 SR 사이에 절연이 저하되어 연면 방전 및 표면 방전 등이 반복적으로 지속되었고, 급기야 대전류가 흐르는 섬락(flash over)이 발생한 사고라는 것을 입증하고 있다.

〈그림 11-11-26〉 MJB A-1 접지단자의 전면(2)

〈그림 11-11-27〉 MJB A-1 접지단자의 후면(2)

<그림 11-11-28>은 화재가 발생한 MJB A-1 분전반에 연결된 케이블 트레이의 상부 덮개를 제거했을 때의 실체사진으로 포설된 전력케이블은 일정한 간격으로 배치되어 있고, 전체적으로 고르게 탄화된 패턴을 보이고 있다. 이와 같이 각각의 전선이 고르게 탄화된 패턴을 나타낸다는 것은 동일 현상 또는 유사한 문제가 장시간 발생되었다는 것을 의미한다. 또한, 케이블트레이의 구간 구간을 연결하는 임피던스 밴드(impedance band)는 양호하게 설치됨에 따라 사고 전류 및 열원의 확산 역시 고르게 전달되는 데 기여한 것으로 판단된다.

<그림 11-11-29>는 <그림 11-11-28>의 A 부분을 확대 촬영한 실체사진으로 ①, ② 및 ③은 전력선이며, ④는 접지선이다.

<그림 11-11-30>, <그림 11-11-31> 및 <그림 11-11-32> 각각은 전력선의 단면을 나타낸 것이다. 절연체의 내부에 많은 보이드(void)가 형성되었고, 표면 쪽은 절연체의 고유 조직을 나타내는 것으로 보아 도체의 발열에 의한 탄화가 발생한 것을 알 수 있다.

<그림 11-11-33>은 접지선의 단면을 나타낸 것으로 절연체의 내부에 많은 보이드(void)가 형성되었고, 표면 쪽은 절연체의 고유 조직을 나타내는 것으로 보아 도체의 발열에 의한 탄화가 발생한 것을 알 수 있다. 즉, 전력선 및 접지선에 과전류가 지속적으로 흘렀다는 것을 입증하는 것이다.

〈그림 11-11-28〉 MJB A-1 소손된 케이블

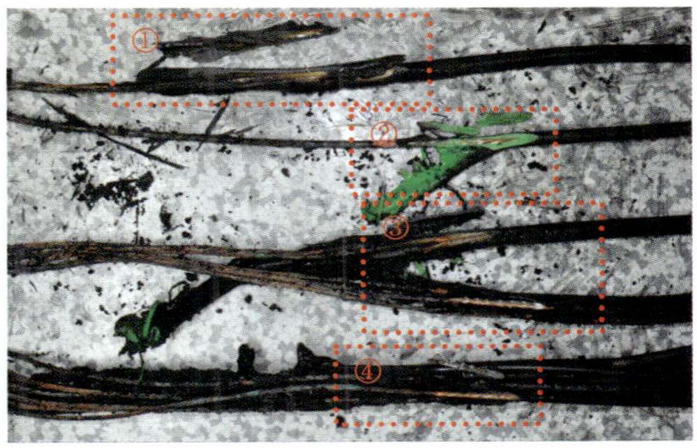

〈그림 11-11-29〉 MJB A-1 분전반 A의 확대

〈그림 11-11-30〉 ① 부분의 실체사진

〈그림 11-11-31〉 ③ 부분의 실체사진

〈그림 11-11-32〉 ④ 부분의 실체사진

〈그림 11-11-33〉 ② 부분의 실체사진

<그림 11-11-34>는 <그림 11-11-28>의 B 부분을 확대 촬영한 실체사진으로 분전반에 연결된 전력선 및 접지선 등이 고르게 탄화된 것이 확인된다.

<그림 11-11-35>는 D 부분을 확대 촬영한 실체사진으로 일부의 전선이 용융되어 단선된 것이 확인된다. 또한, 인접한 전력선 및 접지선 등이 심하게 탄화되었고 소손된 것을 알 수 있다.

<그림 11-11-36>은 D의 ① 부분을 나타낸 도체의 실체사진이며, <그림 11-11-37>은 D의 ② 부분을 나타낸 용융 전선을 나타낸 것으로 경계 형성형(demarcation formation type)과 흘러 내림형(bull nose type) 등이 형성된 것을 알 수 있다.

즉, 전선로에 단락(短絡, electric short) 전류가 흘렀고, 그 때 흐른 대전류에 의해 전선이 용융되었다는 것에 대해 이의를 제기할 수 없을 것이다.

〈그림 11-11-34〉 B 부분을 확대 촬영

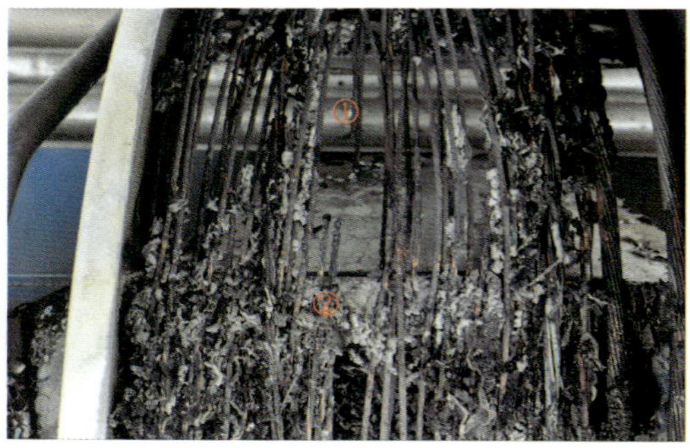

〈그림 11-11-35〉 D 부분을 확대 촬영

〈그림 11-11-36〉 ① 부분의 실체사진

〈그림 11-11-37〉 ② 부분의 실체사진

<그림 11-11-38>은 <그림 11-11-28>의 C 부분을 확대 촬영한 실체사진이며, <그림 11-11-39>는 <그림 11-11-38>을 확대 촬영한 것으로 전력선 및 접지선 등의 표면이 고르게 탄화된 것이 확인된다.

<그림 11-11-40>은 ① 부분의 접지선을 확대한 실체사진으로 절연체의 내부에 많은 보이드(void)가 형성된 것으로 보아 접지선에 과전류가 흘러 발열됨에 따라 내부에서 외부로 탄화가 진행된 것이 확인된다.

<그림 11-11-41>은 ② 부분의 전력선을 확대한 실체사진으로 절연체의 표면은 탄

화가 심하게 진행되었으나 내부는 절연체의 고유 특성을 나타내는 것으로 보아 화염은 외부에서 내부로 공격된 것을 입증하고 있다.

즉, 분전반과 태양광 모듈 사이의 전력선이 심하게 탄화되었다는 것은 전력의 생산과 공급이 진행되는 중간 부분에서 발열이 가장 많이 발생했음을 의미하는 것이다. 그리고 접지선 역시 전력선과 동일한 패턴으로 소손되었다는 것은 접지선에도 전력선과 유사한 과전류가 장시간 통전되었다는 것을 의미한다.

〈그림 11-11-38〉 〈그림 11-11-28〉의 C를 확대 촬영

〈그림 11-11-39〉 〈그림 11-11-38〉의 확대 촬영

〈그림 11-11-40〉 ① 부분의 실체사진

〈그림 11-11-41〉 ② 부분의 실체사진

(6) 화재가 발생한 MJB B-2 분전반 및 전력케이블의 소손 패턴 분석

<그림 11-11-42>는 화재가 발생한 MJB B-2 분전반의 전면 실체사진을 나타낸 것이다. 분전반의 내부를 확인할 수 있도록 유리로 제작되어 있고 테두리는 빗물, 먼지 등이 들어갈 수 없도록 하우징(housing)되어 있다. 또한, 내부에 설치된 MCCB, RCD, Arrester, SR, 케이블, 퓨즈 등의 거의 모든 소자 및 부품 등이 고르게 탄화된 것을 알 수 있다. 전력선에 연결된 MCCB의 작동손잡이는 켜짐(ON) 상태에 있는 것으로 보아 사고가 발생하여 종결될 때까지 작동하지 못한 것을 알 수 있다. 그리고 SR과 접지단자(−) 사이 후면의 분전반 강판에 청공(구멍)이 발생하였고, 접지단자의 일부가 용융으

로 소실되었으며 SR의 일부는 형태를 알 수 없을 정도로 심하게 소손되었다.

<그림 11-11-43>은 화재가 발생한 MJB B-2 분전반 내부에 설치되었던 MCCB를 나타낸 실체사진이다. 작동손잡이가 켜짐(ON) 상태에 있으며, 표면 및 내부가 고르게 탄화된 것을 알 수 있다. 그리고 소손된 MCCB의 저항을 디지털멀티테스터로 측정한 결과 각각의 R, S, T, N 상은 수 옴 정도로 적은 값으로 측정되었다. 저항 값이 매우 적은 것으로 보아 각각의 내부 회로는 정상인 것으로 판단된다. 또한, 화염의 공격은 MCCB의 외부에서 내부로 공격되었으며, 이는 비교적 작은 열원에 의해 장시간 탄화되었음을 의미하고 사고 역시 장시간 진행되었다는 것을 입증하는 것이다.

<그림 11-11-44>는 화재가 발생한 MJB B-2 분전반(접속반) 내부에서 분리한 접지단자(−)를 나타낸 실체사진이다. 분전반의 설계 용량을 고려할 때 접지단자의 용량은 적합한 것으로 판단된다. 그런데 접지단자의 일부는 용융되어 단선되었고, 표면의 여러 곳에서 용융 흔적을 확인할 수 있다. 즉, 접지단자와 인접한 SR 사이에 절연이 저하되어 연면 방전 및 표면 방전 등이 반복적으로 지속되었고, 급기야 대전류가 흐르는 섬락(flash over)이 발생한 사고라는 것을 입증하고 있다.

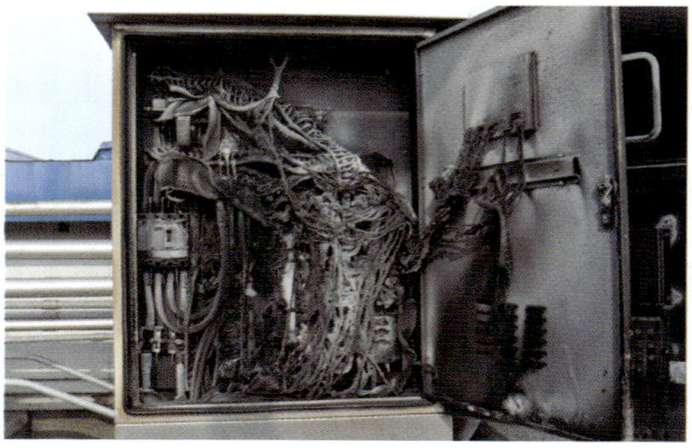

〈그림 11-11-42〉 MJB B-2 분전반의 전면

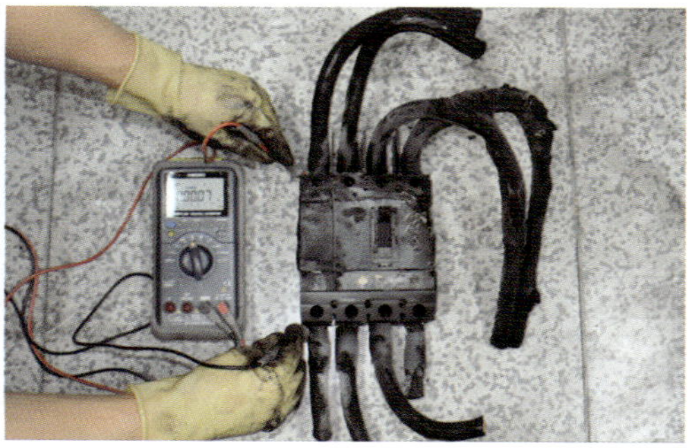

〈그림 11-11-43〉 MJB B-2의 MCCB

〈그림 11-11-44〉 MJB B-2 접속반 내부에서 분리한 접지단자(−)

<그림 11-11-45>는 전선이 T-분기된 지점을 촬영한 실체사진이며, 케이블 트레이에 수납된 전력선 및 접지선 등이 심하게 탄화된 것을 알 수 있다. 이와 같은 탄화 패턴이 전선에 형성되었다는 것은 과전류가 장시간 흘렀다는 것을 입증하는 것이다.

<그림 11-11-46>은 <그림 11-11-45>의 우측을 확대 촬영된 실체사진이며, <그림 11-11-47>은 <그림 11-11-45>의 좌측을 확대 촬영된 실체사진으로 전력선 및 접지선 등이 고르게 탄화된 것이 확인된다.

<그림 11-11-48>은 ① 부분의 통신 케이블을 확대한 실체사진으로 차폐선의 내부에 많은 보이드(void)가 형성되었고, 표면 쪽은 비교적 소손의 흔적이 적은 것을 알 수 있다.

<그림 11-11-49>는 ② 부분의 전선을 확대한 실체사진으로 절연체의 내부에 많은 보이드가 형성되었고, 표면 쪽은 절연체의 고유 조직을 나타내는 것으로 보아 도체의 발열에 의한 탄화가 발생한 것을 알 수 있다. 즉, 접지선에 과전류가 지속적으로 흘렀다는 것을 입증하는 것이다.

<그림 11-11-50>은 ③ 부분의 전선을 확대한 실체사진으로 절연체의 내부는 고유의 특성을 나타내고 있으나 표면은 심하게 탄화된 것으로 보아 화염은 외부에서 도체의 내부로 전달된 것을 알 수 있다.

<그림 11-11-51>은 ④ 부분의 전선을 확대한 실체사진으로 절연체의 내부는 고유의 특성을 보이고 있고, 표면은 심하게 탄화된 것으로 보아 화염은 외부에서 내부로 공격한 것을 알 수 있다.

<그림 11-11-52>는 ⑤ 부분의 통신 케이블을 확대한 실체사진으로 차폐선의 외부에 많은 보이드가 형성되었고, 안쪽은 소손의 흔적이 없는 것을 알 수 있다.

<그림 11-11-53>은 ⑥ 부분의 전선을 확대한 실체사진으로 절연체의 내부는 고유의 특성을 보이고 있고, 표면은 심하게 탄화된 것으로 보아 화염은 외부에서 내부로 공격한 것을 알 수 있다.

<그림 11-11-54>는 ⑦ 부분의 전선을 확대한 실체사진으로 절연체의 내부에 많은 보이드가 형성된 것으로 보아 도체의 발열에 의한 탄화가 발생한 것이다. 즉, 접지선에 과전류가 지속적으로 흘렀다는 것을 입증하는 것이다.

그리고 분전반과 태양광 모듈 사이의 전선이 심하게 탄화되었다는 것은 전력의 생산과 공급이 진행되는 중간 부분에서 발열이 가장 많이 발생했음을 의미하는 것이다. 또한, 접지선 역시 전력선과 동일한 패턴으로 소손되었다는 것은 접지선에도 전력선과 유사한 과전류가 장시간 통전되었다는 것을 의미한다.

〈그림 11-11-45〉
MJB B-2 케이블의 실체사진

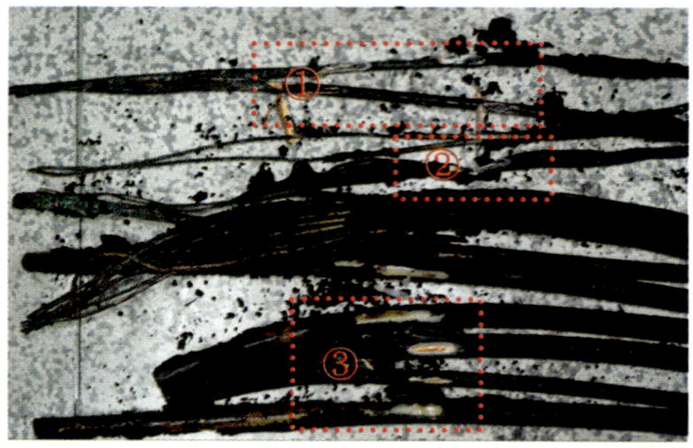

〈그림 11-11-46〉
MJB B-2 확대된 실체사진(1)

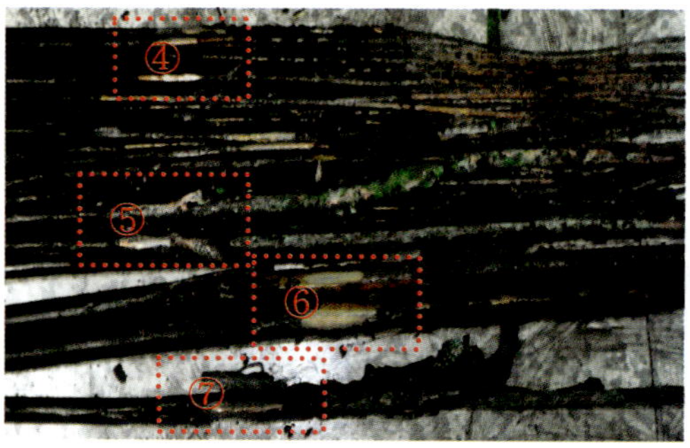

〈그림 11-11-47〉 MJB B-2 확대된 실체사진(2)

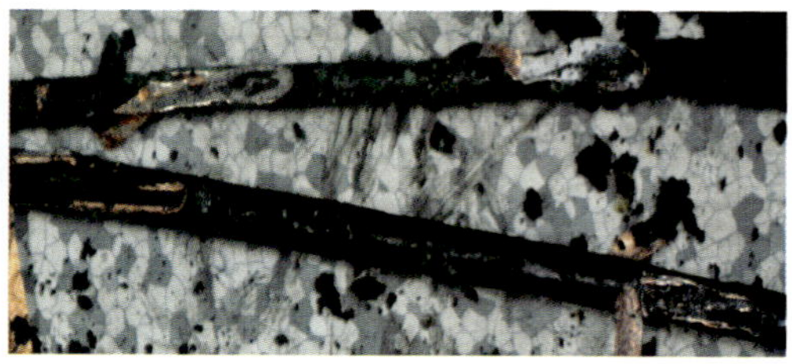

〈그림 11-11-48〉 ① 부분의 확대된 실체사진

〈그림 11-11-49〉 ② 부분의 확대된 실체사진

〈그림 11-11-50〉 ③ 부분의 확대된 실체사진

〈그림 11-11-51〉 ④ 부분의 확대된 실체사진

〈그림 11-11-52〉 ⑤ 부분의 확대된 실체사진

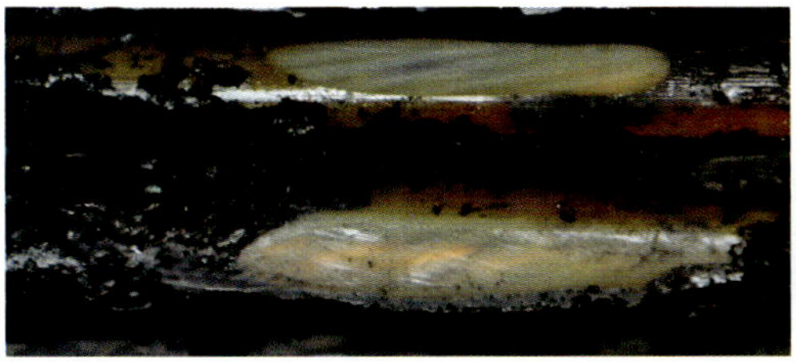

〈그림 11-11-53〉 ⑥ 부분의 확대된 실체사진

〈그림 11-11-54〉 ⑦ 부분의 확대된 실체사진

(7) 사고 원인의 종합적인 검토

태양광 발전설비는 생산된 직류(DC)를 안정적으로 공급하고 상용전원(AC)으로 변환하기 위해서는 인버터 시스템이 필연적이다. 또한, 기존의 발전 방식인 화력, 원자력, 수력 등에 비해 전기의 생산량의 편차가 크다는 특징을 갖고 있다.

기존의 교류(AC)는 시스템의 안전한 운용과 관리 등을 위한 보호 장치 및 기기 등이 폭 넓게 개발되어 설치되어 있는 반면 태양광 발전설비(DC)를 위한 보호 장치 및 기기 등은 극히 제한적으로 개발되어 있고, 설치하는 경우가 거의 없는 것이 현실이다.

심지어 일부의 전문가 및 비전문가는 교류용 MCCB 및 RCD 등을 이용하여 대양광 발전설비에서 발생되는 전기설비사고 및 감전사고 등을 예방할 수 있다고 주장하고 있으나 AC 보호기기로 DC 시스템을 보호한다는 것은 거짓이다. 직류와 교류는 특성이 다르기 때문에 시스템의 보호 및 관리 시스템 역시 다르게 구성해야 하며, 태양광 발전설비는 직류를 발생하는 구간과 교류를 전송하는 구간이 다르기 때문에 보호 방식 역시 다르게 구성해야 감전사고, 전기화재 및 전기설비 사고 등을 예방할 수 있다.

즉, 태양광 발전설비는 기존 화력, 수력, 원자력 발전설비와 전기의 생산방식 및 관리 방법도 차이가 있다. 특히 시스템을 관리하고 운용하는 방법과 보호 방식이 다르기 때문에 태양광 발전설비의 설계 및 구조, 공사 및 시공, 취급 및 관리, 환경적 인자 등을 고려해야 한다. 따라서 태양광 발전설비(DC)에서 고려되어야 할 내용을 요약하면 다음과 같다.

〈1〉 설계 및 구조 불량에 대한 분석

① 전기설비에서 발생되는 설계 및 구조 불량은 제조자와 밀접한 관계가 있다. 즉, 제조업자가 한국산업규격(KS), 전기용품안전관리법(KE), 전기설비기술기준, IEC, 제품의 규격 등을 고려하여 적절하게 제작하였는지 여부가 중요한 인자이다.

② 그리고 태양광 모듈, 분전반(접속반), 전력케이블, 접지선 및 통신선 등의 특성을 고려한 설계가 되어야 하며, 설계된 상태의 변형 및 성능 저하 등이 없이 시스템이 상호 연동될 수 있도록 설치해야 한다.

③ 그런데 본 설비는 일반 옥내용 상용전원(AC)에 사용하는 조건의 분전반의 규정을 준수하여 태양광 분전반(접속반)을 설계 및 제작하였다. 그러므로 실외에 설치된 분전반은 자연 환경의 변화에 직접적으로 노출됨에 따라 기기 및 소자 등의 성능의 안전성을 확보하는 데 한계가 있다. 특히, MCCB, RCD, SPD 등의 시험성적서 최고 허용 온도는 40[℃]로 되어 있는데 사고 현장에 설치된 분전반은 건축물의 콘크리트 옥상에 설치되어 있어서 복사열에 의해 내부 온도는 70 ~ 80[℃] 이상을 상회하는 것으로 판단된다.

④ 또한, 태양광 모듈에서 생산된 직류(DC)가 안정적으로 공급될 때는 문제가 없으나 모듈, 전력선, 접지선 및 통신선 등의 점검 및 검사 등을 수행할 때 회로를 분리하거나 차단할 수 있는 차단기 또는 스위치 등이 없는 것으로 확인되는바 감전사고, 화재사고 및 설비 사고 등을 발생시킬 수 있는 구조적 결함을 갖고 있다.

⑤ 그리고 분전반 내부에 설치된 터미널 및 단자대 등의 간격이 좁거나 물리적 충격에 취약한 구조로 설계되어 있어서 연면 방전 및 표면 방전 등을 발생시킬 수 있는 구조이다. 또한, 분전반의 온도가 상승했을 때 온도를 낮추거나 내부의 더운 공기를 외부로 방출시킬 수 있는 환기창 또는 환기팬 등이 적절하게 설계되지 못한 구조이다.

⑥ 분전반의 인쇄회로기판(PCB)에 내장된 다이오드의 소손된 사례가 있어서 수리한 기록을 미루어 볼 때 다이오드의 용량이 현재 가동 중인 설비에 부족한 것인지 또 다른 위험 요소가 있는지에 대해서 정밀 진단을 실시하여 적절한 조치를 취할 필요성이 있다.

⑦ 또한, 전력전자 소자의 오류 또는 오작동(malfunction) 등으로 내부 발열이 발생했을 때 경보하고 알리는 시스템이 부적절하고, 직류(DC)와 교류(AC)의 특성 차이가 있음에도 그에 따른 어떤 설계를 반영하지 못한 시스템으로 판단된다.

〈2〉 취급 및 관리 불량에 대한 분석

① 설계 및 구조가 우수한 태양광 발전설비도 전기사용자 또는 관리자 등이 적합한 용도에 안전한 방법으로 사용할 때 전기재해의 발생 확률이 낮다. 즉, 법정관리자, 사

용자 및 운용자 등이 사용 환경에 적합한 점검, 검사, 진단 및 관리 등이 되었는지 여부가 사고예방과 밀접한 관계를 갖고 있다. 또한, 설비의 증설 또는 변경 등이 있을 때 시스템의 특성을 고려하여 SOP(표준작업절차)를 설정하고 작업을 실시하였는지 여부 등이 사고유발 요소로 작용한다.

② 그런데 본 태양광 발전설비를 취급하고 관리하기 위한 매뉴얼은 지극히 단순하고 교류(AC) 시스템을 관리하고 취급할 때와 유사한 절차에 의존하고 있는 것으로 확인되었다. 따라서 직류(DC)와 교류(AC)의 특성을 충분히 학습하고, 태양광 발전 설비를 취급하고 관리할 수 있는 과정이 필요한 것으로 판단된다.

③ 즉, 상용전원(AC)은 전력의 공급 과정에 극성(+, -)이 교번적으로 발생하여 전기적인 부식(전식) 및 전기적인 응력 등이 분산되는 효과가 있다. 그러나 직류 태양광 발전설비(DC)는 (+) 극성과 (−) 극성이 언제나 동일하게 유지되고, 정전기적 응력 및 전자계의 영향 등이 일정한 방향성을 나타낸다.

④ 그러므로 전력 설비의 균형이 무너지거나 전계(electric field) 및 자계(magnetic field) 등이 불규칙적으로 발생하여 인접한 디바이스에 영향을 주면 절연 열화(劣化)의 속도가 더욱 빠르게 되어 사고의 발생 가능성이 상대적으로 높다. 따라서 전력전자 소자의 간격 및 배치 등을 적절하게 구성하지 못하면 오작동(malfunction) 및 재해(disaster) 등이 발생할 수 있다.

⑤ 그런데 현재 설치되고 있는 태양광 발전설비(DC)의 설계 기준에 대한 국가의 기준은 아직도 충분한 근거를 제시하고 못하고 있는 것이 현실이다.

〈3〉 공사 및 시공 불량에 대한 분석

① 공사 및 시공 불량에 의한 사고는 전기공사업자가 관련 엔지니어에게 관련 기술기준 및 주의 사항 등을 충분히 인지시킨 후 작업자가 공사를 성실하게 수행했을 때 사고 발생을 줄일 수 있다.

② 특히 설비가 무겁고 부피가 큰 경우에는 설비 자체의 하중에 의해 변형 또는 파손 등의 우려가 상존하며, 수평 및 수직의 균형을 유지하는 것이 중요하다. 또한, 옥외에 설치하는 시스템은 환경적 인자에 의해 기기 및 부품의 특성이 현저하게 변화될 수 있다.

③ 그런데 본 태양광 발전설비(DC)는 상용전원(AC)의 관련 기술 기준에 근거하여 시

공된 것으로 판단되나 관련 직류 태양광 발전설비(DC)의 특수성을 충분히 고려하지 못한 부분이 있는 것으로 확인된다. 분전반 내부에 설치된 전력전자 디바이스는 40 [℃]까지 성능을 발휘할 수 있는데 옥외에 설치된 분전반(접속반)은 적절한 차광 또는 차온 시설 등이 없이 시설되었다.

④ 즉, 태양광 발전설비(DC)에 대한 충분한 기술력이 확보되지 못한 상태에서 시공된 것으로 판단되므로 적절한 기술력의 확보 및 교육 등을 통해서 안전성과 신뢰성을 확보하는 것이 중요하다.

〈4〉 경년 열화(劣化)에 대한 분석

① 전기설비의 경년 열화(劣化)는 전기설비를 정상적으로 사용할 때 발생되는 자연적인 노화 현상으로 제품의 사용 기간과 밀접한 관계를 갖고 있다.

② 태양광 발전 설비에 분전반의 경년 열화 요소는 전기적 열화(전자기 및 발열), 기계적 열화(물리적 진동 및 충격), 열적 열화(축열), 환경적 열화(온도, 압력, 습도) 등이 있다.

③ 그런데 본 시스템은 사용 기간이 약 3년이 경과된 설비로 사용 기간은 적은 것으로 확인되나 분전반 내부의 열이 외부로 적절하게 방출되지 못하는 점, 부품 및 소자의 간격이 충분하지 못한 점, 옥외에 설치되어 있는 점 등을 고려할 때 시스템의 안전성과 신뢰성은 낮다.

④ 특히 태양광 발전설비(DC)의 용량은 상용전원(AC)에 비해 상대적으로 적은 전력 분담을 하고 있는 바 위험 요소도 적을 것이라는 안일한 생각과 판단을 하는 사례가 일부 전문가 및 관리자 등에 있는 것도 사실이다.

⑤ 그러나 태양광 발전설비(DC)의 용량이 메가와트(MW) 단위로 커지고 있고, 사고 전류 역시 크다는 사실을 정확히 인식하고 적절한 안전장치 및 기기를 설치하여 전원 품질의 향상 및 시스템 안전성을 확보할 필요가 있다.

〈5〉 그 밖의 요인에 대한 분석

① 전기에너지를 사용하는 전기설비에서 발생될 수 있는 그 밖의 화재는 방화 또는 실화가 대표적인데 사고 현장을 최초로 인지한 근로자들의 진술 및 현장조치 상황 등을 고려할 때 특이 사항이 발견되지 않는다.

② 사고 당시 현장에 자연재해가 없었던 것으로 확인되었다.

exercise

연습문제

01 일반 주택에 설치하는 누전차단기(RCD)의 목적은 무엇인가? (　　)

① 인체 및 생명체의 감전위험을 방지　② 건축전기설비의 전기화재 예방
③ 산업 설비의 고장 및 설비사고 방지　④ 단락 및 누전 사고 예방

02 대한민국에서 주로 사용되는 누전차단기의 종류는? (　　)

① 전압동작형　② 전력동작형　③ 전류동작형　④ 저항동작형

03 누전차단기에서 누설전류를 검출하는 기기는 무엇인가? (　　)

① CT　② PT　③ MOF　④ ZCT

04 누전차단기의 작동 상태를 적절하게 설명한 것은? (　　)

① ON / OFF　② ON / TRIP　③ TRIP / OFF　④ OFF / TRIP

05 일반 주택에 설치하는 고감도형 누전차단기의 최소감도전류는 얼마인가? (　　)

① 15 [mA]　② 30 [mA]　③ 45 [mA]　④ 60 [mA]

06 일반 주택에 설치하는 고감도형 누전차단기의 최소동작시간은 얼마인가? (　　)

① 0.01 [s]　② 0.02 [s]　③ 0.03 [s]　④ 0.04 [s]

07 전기설비에 설치하는 배선차단기(MCCB)의 목적은 무엇인가? (　　)

① 인체의 감전위험을 예방하기 위함
② 건축전기설비의 전기화재 예방하기 위함
③ 전기설비사고를 예방하기 위함
④ 단락 및 누전 사고를 예방하기 위함

08 배선차단기가 트립(TRIP)되었을 때 작동손잡이는 어느 곳에 위치하는가? (　　)

① 상부에 위치　② 중간에 위치　③ 하부에 위치　④ 예측할 수 없음

09 정격용량이 30[A] 이하인 배선차단기에 2배의 전류가 흘렀을 때 몇 분 이내에 자동 차단되어야 하는가? (　　)

① 1　② 2　③ 3　④ 4

10 예비전원으로 사용되는 축전지의 화재 조사 요인이 아닌 것은? (　　)

① 축전지 연결단자의 접촉불량 유무
② 축전지 외함의 파손의 의한 전해액 유출 유무
③ 축전지 전원 인출선의 단락 유무
④ 축전지실에 설치된 연기감지기의 작동 유무

11 어떤 축전지실의 건축적인 측면의 고려사항 중에서 축전지와 벽면과의 거리[m]는 얼마 이상인가? (　　)

① 0.5　② 1.0　③ 1.5　④ 2.0

12 축전지와 비보수측 벽면과의 거리[m]는 얼마 이상인가? (　　)

① 0.1　② 0.2　③ 0.3　④ 0.4

13 UPS의 동작 방식 중에서 ON-LINE(온라인) 방식의 장점이 아닌 것은? (   )

① 상용전원이 정전되었을 때 안정적으로 전원 공급이 가능하다.
② 상용전원의 품질과 관계없이 일정한 출력 전압을 얻을 수 있다.
③ 출력 전압을 일정 범위 내에서 조정할 수 있다.
④ 외형이 크고 중량이 무거워 시설 조건이 까다롭다.

14 UPS의 동작 방식 중에서 OFF-LINE(오프라인) 방식의 장점이 아닌 것은? (   )

① 전력 소모가 적고 효율이 높다.
② 회로 구성이 간단하고 내부 고장이 적다.
③ 소형화가 가능하고 경제적이다.
④ 입력 전원의 변화에 출력의 변화가 있다.

15 UPS를 선정할 때 고려 사항이 아닌 것은? (   )

① 대용량 1대 보다는 중용량의 2대를 설치하는 것이 좋다.
② 낙뢰 발생이 빈번한 지역은 그에 대한 방호시설을 해야 한다.
③ UPS의 설치는 생산현장과 멀리하는 것이 좋다.
④ 입력은 3상 전원을 확보하는 것이 전력 운용의 탄력성이 좋다.

16 유입변압기의 장점이 아닌 것은? (   )

① 사용조건의 제약 없이 비교적 넓은 범위로 사용할 수 있다.
② 소음 및 진동이 크고, 서지에 약한 특징을 있다.
③ 절연유를 정기 점검하고 그 이력을 관리하면 변압기의 수명 예측이 가능하다.
④ 밀폐구조로 제작되므로 옥내 및 옥외 등에 사용할 수 있다.

17 몰드변압기의 장점이 아닌 것은? (   )

① 절연물로 난연성 에폭시수지를 사용하여 감전사고의 위험성이 상대적으로 낮다.
② 일체형으로 제작되므로 기계적 단락 안정성이 우수하다.
③ 내약품성, 내수성, 내열성 등이 우수하야 옥내용으로 적합하다.
④ 대형이고, 유입변압기에 비해 상대적으로 무게가 무겁다.

18 소방용 내열전선(FR-3)의 특성을 바르게 설명한 것은? (　　)

① 380 [℃]에서 15분 동안 견딜 수 있어야 한다.
② 380 [℃]에서 30분 동안 견딜 수 있어야 한다.
③ 840 [℃]에서 15분 동안 견딜 수 있어야 한다.
④ 840 [℃]에서 30분 동안 견딜 수 있어야 한다.

19 소방용 내열전선(FR-8)의 특성을 바르게 설명한 것은? (　　)

① 380 [℃]에서 15분 동안 견딜 수 있어야 한다.
② 380 [℃]에서 30분 동안 견딜 수 있어야 한다.
③ 840 [℃]에서 15분 동안 견딜 수 있어야 한다.
④ 840 [℃]에서 30분 동안 견딜 수 있어야 한다.

20 용접용 케이블의 종류와 기호를 잘못 표기한 것은? (　　)

① 리드용 1 종 케이블(WCT)
② 리드용 2 종 케이블(WRNCT)
③ 홀더용 1 종 케이블(WRCT)
④ 홀더용 2 종 케이블(WRNCT)

21 배전선로에서 변압기의 2차측과 각각의 전선로를 연결하여 저전압으로 대전류를 설비에 공급하는 도체로 동(Cu) 또는 알루미늄(Al)으로 제작한 것은?

① 부스바　　② 케이블　　③ 단선　　④ 연선

22 케이블에서 발생되는 수트리 현상의 예방대책을 잘못 설명한 것은? (　　)

① 케이블 제작공법을 건식공법으로 변경하고, 절연층의 균질성을 향상시킨다.
② 도체와 절연체 사이의 경계면을 매끄럽게 마무리한다.
③ 케이블에 물이 잘 흡수되는 화합물을 완벽하게 충진한다.
④ 절연체에 전압 안정제를 첨가하여 전계의 집중현상을 방지한다.

23 배전반의 구조 및 명칭에서 설명이 잘못된 것은? (　　)

① 녹아웃(knockout)은 부분적으로 절단된 금속 부분이다.
② 쌍극차단기(double circuit breaker)는 주로 3상 회로용 보호 장치이다.
③ 중성선(neutral wire)은 전하를 띠지 않는 배선이다.
④ 모선(bus bar)은 각 회선의 차단기 플러그를 끼우는 배전반의 절연체 부분이다.

24 두 도체 사이에 도전성 탄소와 폴리머를 충전하고, 도체에 전기를 인가하여 고분자의 정렬 변화에 따른 전열을 이용하는 특수한 발열 전선은? (　　)

① 부스바　② 정온전선　③ 케이블　④ 송전선

25 전류의 발열 작용을 이용한 것으로 일정 시간이 경과되어야 작동하는 계전기는? (　　)

① 과부하계전기　② 영구자석계전기　③ 열동계전기　④ 전자식계전기

26 전기용접기의 출화 유형이 아닌 것은? (　　)

① 배선 접속부의 풀어짐에 의한 과열
② 정격용량 초과 사용에 의한 과부하
③ 용접용 모재의 기계적 강도가 높음
④ 용접기 내부에 금속이물질이 유입되어 단락

27 전력회사와 수용가의 책임분기점은 어디를 기준으로 하는가? (　　)

① 주상변압기 2차측　② 인입선 설치점
③ 적산전력계 1차측　④ 커버나이프스위치 1차측

28 인입선에서 들어온 전기를 나누어주는 곳은 무엇인가? (　　)

① 축전지실　② 변전실　③ 발전실　④ 분전반

29 옥내용 전선으로 가장 많이 사용되는 전선은 어떤 것인가? (　　)

① 600 [V] 고무절연전선(RV)　　② 인입용 비닐절연전선(DV)
③ 옥외용 비닐전연전선(OW)　　④ 600 [V] 내열비닐절연전선(HIV)

30 전력용 수전설비에 사용되는 기기의 명칭과 약어가 잘못 표시된 것은? (　　)

① 피뢰기(LS)　　② 단로기(DS)
③ 계기용변성기(MOF)　　④ 케이블 헤드(CH)

31 태양광 발전시스템의 구조와 기능에 해당하지 않는 것은? (　　)

① 태양전지 모듈　　② 태양전지 어레이
③ 인버터　　④ 역률계

32 누전차단기의 조사 요점에 대해 논하시오.

32 배선차단기의 조사 요점에 대해 논하시오.

33 축전지실의 의 조사 요점에 대해 논하시오.

34 용접용 케이블의 종류에 대해 논하시오.

35 원통형 부스바와 평판형 부스바의 특성을 비교하시오.

36 수트리 현상의 발생 과정에 대해서 논하시오.

37 전기용접기의 종류에 대해서 논하시오.

38 자가용 수전설비의 구비 조건에 대해서 논하시오.

40 3상 3선식 22.9 [kV] 자가용 수전설비의 단선결선도를 작성하시오.

41 태양광발전시스템의 조사 요점에 대해서 논하시오.

[정답표]

1	2	3	4	5	6	7	8	9	10
①	③	④	①	②	③	③	②	②	④
11	12	13	14	15	16	17	18	19	20
②	①	④	④	③	②	④	①	④	②
21	22	23	24	25	26	27	28	29	30
①	③	④	②	③	③	②	④	④	①
31	32	33	34	35	36	37	38	39	40
④	본문참조								
41									
본문참조									

Chapter

부록

01 용어의 정의
02 기호_단위 표기 및 물리량

01 용어의 정의

가공전선(架空電線, overhead wire)

송전선에 강선을 속에 넣은 알루미늄 연선, 알루미늄 합금선, 구리합금선 및 강선에 구리를 피복한 선, 속이 빈 구리선 등을 사용하고, 중소규모의 전선에는 나경동 연선을 사용한다. 저압의 배전선로에는 주로 경동 연선이나 단선 또는 드물게 알루미늄선을 사용한다. 대개 나선을 사용하지만 저압배전선과 같이 건물이나 나무 가까이에 가설하는 전선로에는 절연전선이 사용된다.

가공지선(架空地線, overhead earth wire)

낙뢰로부터 송전선을 보호하기 위하여 도체 위쪽에 도선과 평행하게 가설한 금속선으로 낙뢰 전류는 가공지선에서 철탑을 거쳐 땅으로 유도된다. 이때 철탑의 접지저항이나 낙뢰 전류가 크면 가공지선에 낙뢰가 떨어졌을 때 철탑의 전위가 현저하게 상승하여 반대로 철탑에서 도선으로 섬락(閃絡, flash over)될 수 있다. 이를 역섬락이라고 하는데 이것을 방지하기 위해서 접지저항을 10～30 [Ω] 이하로 해야 한다.

가공인입선(架空引入線, service drop)

가공 전선로의 지지물로부터 다른 가공 전선의 지지물을 거치지 아니하고 수용 장소의 인입선 붙임점에 이르는 가공 전선이다.

가연성 가스 및 증기(combustible gas and vapor)

상온에서 기체 상태인 가연성 가스(hydrogen, ethylene, ammonia), 가연성 액화가스(LP gas, liquefied ammonia), 그리고 가연성 액체의 증기(ether, alcohol, benzene) 등이 있다.

일반적으로 가연성 및 증기의 위험성 정도는 폭발한계, 최소발화에너지, 발화온도, 화염일주한계, 연소열 또는 분해열 등에 의하여 판정된다.

가연성 관통 재료(可燃性 貫通 材料, combustible penetration items)

플라스틱 파이프, 도관(액체나 기체를 통하게 하는 관), 전력케이블과 가연성 절연 파이프와 같은 물질을 말한다.

가연성물질(可燃性物質, combustible material)

종이, 실 등의 섬유제품과 나무, 석탄 등이 이 분류에 속한다. 이러한 가연성 물질의 위험성은 발화온도와 연소열에 따라서 분류된다. 한편, 이러한 물질의 화재는 최초 증발 또는 분해열에 의하여 생성된 가연성 가스에 착화되어 연소를 확대시킨다.

가연성분체(可燃性粉體, combustible powder)

이연성 물질(섬유제품, 나무, 석탄 등)이 분체 또는 액정상으로 공기 속에 분산되어 있는 상태에서 착화되면 분진폭발(粉塵爆發, dust explosion)을 일으킬 위험이 있다. 이와 같은 상태의 분진을 폭발성 분진이라 한다. 분진폭발의 위험성은 주로 분진의 폭발한계 농도, 발화온도, 최소발화에너지, 연소열, 분진폭발의 최고압력, 압력상승속도, 그리고 한계산소농도 등으로 나타낸다.

가연성액체(可燃性液體, combustible liquid)

인화점이 37.8[℃](100[°F]) 이상인 액체 표면에서 발생된 증기가 산소와 반응하여 화재나 폭발을 일으킨다. 따라서 가연성 액체의 위험성은 그 인화점(引火點, flash point)에 의해 분류된다.

간선(幹線, main line)

인입구에서 분기 과전류개폐기에 이르는 배선으로서 분기회로의 분기점에서 전원측의 부분을 말한다.

감전(感電, electric shock)

전기가 통하고 있는 도체에 몸의 일부가 닿아 육체에 충격을 주거나 기능장해를 초래하는 현상을 말한다.

감지전류(感知電流, sensitive current)

인체에 흐르는 전류가 수 mA를 넘으면 자극으로서 느낄 수 있는 전류를 감지전류라 하며 사람에 따라서는 1 [mA] 이하에서도 느끼는 경우가 있다.

◈ 전격에 의한 인체의 생리적 반응 ◈

인 체 반 응	교류 [mA] (60 [Hz])		직류 [mA]		정전기 방전에너지 [mJ]
	남자	여자	남자	여자	
약간 찌릿찌릿한 느낌	1.1	0.7	5.2	3.5	1
고통을 수반하지 않는 쇼크	1.8	1.2	9.0	6.0	10
고통을 수반하는 쇼크	9.0	6.0	62	41	100 (불쾌감 감지)
고통 수반한 쇼크 이탈한계	16	10.5	74	50	1,000 (심한 전격)
불수전류(근육경직)	23	15	90	60	10,000 (치사 전격)
심실 세동의 가능성 있음	1,000	1,000	1,300	1,300	통전시간 0.03초

강화절연(强化絕緣, reinforced insulation)

기구의 일부에서 구조상 이중 절연하기 어려운 경우에만 적용된다. 강화 절연은 감전에 대하여 이중 절연과 동등한 정도의 보호를 하고 전기적, 기계적 성능이 이중 절연 이상으로 강화된 기초 절연이다.

개폐서지(switching surge)

송전전압의 몇 배에 이를 때도 있다. 번개와 같이 외부로부터 침입하는 것에 대응하여, 내부이상전압 또는 내뢰라고도 한다. 초고압 송전선의 절연설계는 주로 이 개폐서지에 견디어 내는 것을 기준으로 하여 설계된다. 개폐서지의 전압파형은 상승 시간 50~500 [μs], 계속시간이 그 10배 정도의 넓은 범위에 걸쳐 있다.

결정(結晶, crystal)

일정한 법칙에 따라 기하학적인 관계를 갖는 몇 개의 평면으로 둘러싸인 형체를 이루며, 내부의 원자배열이 규칙적인 균질의 고체이다.

결정립(結晶粒, crystal grain)

금속의 단면을 보면 이것이 무수히 고운 입자로 되어 있는 것이다. 이것을 결정학적으로 보면 하나의 결정핵으로부터 성장한 결정격자의 집합체로 다른 핵으로부터 성장한 것은 다른 결정립이 된다. 결정립은 결정격자에 비하면 거대하고 각개로 성장하는 축 방향이 달라지므로 광선의 반사 상황이 달라진다는 사실로부터 현미경으로 이것을 식별할 수 있다. 금속조직이란 이런 결정립이 결합된 것이고 결정립의 형태, 크기, 결합 방식이 그 재질의 특성과 연결되는 것으로서 중요시된다.

결정립계(結晶粒界, crystal grain boundary)

용융 금속이 응고되어 결정이 성장할 때 인접 결정 성장면이 서로 닿게 되면 그 자리에 경계면이 형성된다. 이 경계면과 시편 평면의 교차선을 결정의 경계선이다. 즉, 결정립계라 한다. 결정립계는 비결정 상태(非晶質 常態, amorphous state)인 것으로 경계면 부근은 최종적으로 응고한 부분이므로 융점이 낮은 공정이나 불순물 등이 모이게 된다. 그러므로 결정립계는 다른 부분보다 부식되기 쉬우며 현미경으로 볼 때 검은 선으로 나타난다.

◈ 구적법에 의해 산출된 평균 입자크기 ◈

결정입도(grain size) $d[\mathrm{mm}] = 1/M \times (\sqrt{A}/n)$

$n = z + w/2, \quad n = 6 + 16/2 = 14$

$d = 1/2{,}000 \times (\sqrt{50} \times 50/14) = 0.00668[\mathrm{mm}]$

A : 측정면적[mm^2], d : 결정입도[mm], n : 전결정입자수, M : 사용배율
w : 주변부의 결정입자수, z : 면적 내에 완전히 속해있는 입자수

입계면적 S는 $S = 2 \times 1/d$, $S = 2 \times 1/0.00668 = 300[\mathrm{mm}^2]$

결정성장(結晶成長, crystal grain growth)

결정립의 크기가 온도의 상승과 함께 커지고, 어느 온도 이상에서 결정 간에 병합이 되어 커지는 것을 말한다. 이에 따라서 기계적, 화학적, 물리적 성질의 변화를 수반하게 된다.

경계선(境界線, boundary line)

용융 금속이 응고되어 결정이 성장할 때 인접 결정 성장면이 서로 닿게 되면 그 자리에 경계면이 형성된다. 이 경계면과 시편 평면의 교차선을 결정의 경계선이라 한다.

계기용변성기(計器用變成器, instrument transformer)

전압 측정용인 계기용변압기(PT), 전류 측정용인 계기용 변류기(CT), 대전류 회로 측정용인 계기용 변압변류기(MOF) 등이 있다. 상용 주파 교류용이 대부분이지만 변압변류기는 무선주파용도 있다. 교류회로에서는 1차 및 2차의 권선수가 각각 N_1, N_2인 철심들이 변성기에서 그 2차측에 임피던스가 높은 전압계를 접속하면 그 지시는 1차측에 가한 전압의 N_2/N_1이 된다. 또한, 2차측에 임피던스가 낮은 전류계를 접촉하면 그 지시는 1차측을 통하는 전류의 N_1/N_2가 된다. 그리고 변압변류계로 전력을 측정하는 경우는 역률의 점에서 1차와 2차의 전압 또는 전류의 위상각 변형이 작아야 한다.

고유저항(固有抵抗, proper resistance)

한 변의 길이가 1 [m]인 정육면체의 대향면 간의 저항을 말한다. 단위는 옴미터[Ω · m]로 표시한다.

고조파(高調波, harmonics frequency)

주기적이기는 하나 사인파가 아닌 반복파형은 그 기본주파수를 가지는 사인파 또는 기본파라 한다. 기본파의 정수배의 주파수를 가지는 파동으로 분해할 수 있는데 이 경우 반복파형을 구성하는 기본파 이외의 파동으로 주파수가 n배인 파동을 제n차 고조파라 한다. 진동이 사인파가 아닌 변형된 파형인 경우는 반드시 고조파를 포함하고 있는데, 악기의 음색은 고조파를 포함하는 정도에 따라 달라진다.

고조파필터(harmonics filter)

고조파 전류를 흡수 혹은 상쇄시키는 장치로서 흡수하는 것을 수동필터(passive filter), 상쇄시키는 것을 능동필터(active filter)라고 한다.

고주파(高周波, high frequency)

저주파에 대응하는 말이다. 고주파라는 말은 여러 가지 뜻으로 쓰이고 있어 명확한 구분이 없다. 전력공학 분야에서는 상용주파수인 50~60 [Hz]를 저주파로 분류한다. 그 이상을 고주파라고 하며, 보통의 전기계기에서도 같다. 통신공학에서는 가청 주파수대인 20~20,000 [Hz] 이상을 가리키는 경우가 많으나 신호파에 대하여 반송파를 가리킬 때도 있다. 그리고 슈퍼헤테로다인 방식의 수신기에서는 희망 수신주파수가 일반적으로 중간주파보다 높으므로 이것을 고주파라 하고 있다. 즉, 중파수신기에서는 500~1,600 [kHz]가 고주파이고 FM 수신기, 텔레비전 수상기에서는 각각 80 [MHz] 부근의 90~220 [MHz]가 고주파이다. 이 밖에 전화 관계에서는 음성주파수 이상(수 [kHz])을 가리킨다. 고주파에서는 전자파를 방사하기 쉬우므로 다른 것에 방해를 주기 쉽고, 또 다른 것으로부터 방사나 유도 등의 방해를 받기 쉽다. 그리고 고주파 전송계에서는 누설이나 손실이 커지고 귀환에 의한 발진도 일어나기 쉬우므로, 측정이나 기기의 설계 그리고 조정에는 충분한 주의가 필요하다.

공동구(共同溝, utility-pipe conduit)

도시의 미관, 도로구조의 보존, 교통의 원활한 소통 등의 효과를 얻는 데 그 목적이 있다. 1861년 영국 런던에 세계 최초의 공동구가 설치되었다. 도시계획 시설로서의 공동구를 설치하고자 하는 시장, 군수는 그 공동구에 수용될 각종 시설물의 관리를 하게 되는 공동구 점용예정자에게 위치, 구조, 당해 공동구 점용예정자의 명세, 점용예정자별 공동구 점용예정 부문의 개요, 공동구의 건설에 소요되는 비용과 그 비용의 부담에 관한 사항, 공사착수 및 준공예정 연월일 등을 미리 통지하여야 한다.

공정(共晶, eutectic)

하나의 액체에서 두 종류 고체(성분금속)가 일정한 비율로 동시에 정출되어 생기는 혼합물을 공정이라 하며, 공정이 생기는 변화를 공정반응(共晶反應, eutectic reaction)이라 한다. 그 변화 내용은 융체 ⇔ 고상(A)+고상(B) 이다. eutectic는 희랍어 eutektos(용해되기 쉽다)에서 온 말이며, 두 성분 금속과 그 모든 비율로 되는 합금 중에서 가장 낮은 용융점을 갖은 것으로 공정이라는 것은 두 성분 금속이 동시에 정출된다는 뜻이다. 이때 정출이라는 것은 액체에서 고체가 나오는 것을 뜻하는 것이며, 공정조직은 두 성분 금속이 동시에 응고되는 결과 높은 배율의 현미경이 아니면 검출이 어려운 미세한 박편이 서로 층 모양으로 되어 있는 층상공정(層狀共晶)과 한쪽 성분이 금속인 점 또는 입상도어 산재하고 있는 입상공정(粒狀共晶)의 두 가지가 있다. 공정은 혼합물이지만 단순한 기계적 혼합물이 아니고 두 결정 입자 상호 간에는 결합력이 작용하고 있다.

▌공정합금(共晶合金, eutectic alloy)

합금계에 있어서 2원계 또는 3원계의 하강하는 액상선 또는 면이 1점에서 만나는 조성의 것을 말한다. 다른 조성의 것보다 용융점이 낮고, 결정이 미세화되어 있기 때문에 온도도 높다. 이 용융점이 낮은 것을 이용한 것으로는 땜납, 활자합금, 전기퓨즈 등이 있다.

▌공중합(共重合, copolymerization)

두 가지 이상의 서로 다른 단량체가 중합하여 각 성분을 함유하는 중합체를 생성하는 반응이다.

▌공진기(共振器, resonator)

공진현상을 이용해서 특정 주파수의 파나 진동을 끌어내기 위한 장치로 공명기와 같은 의미로 사용될 때가 많으나, 보통은 전자파 또는 전기진동에 대한 것을 말한다. 전기회로에서는 코일과 콘덴서를 사용하여 만든다. 안테나로 수신한 전파 속에서 특정 주파수를 선택하기 위하여 사용하는 공진기를 동조회로라 한다. 공진의 예민도(양호도)는 Q값으로 나타내며, Q값이 높을수록 전파를 분리하는 능력이 강하다.

▌과도현상(過渡現象, transient phenomena)

일반적으로 하나의 정상상태로부터 다른 정상상태로 옮아가는 현상으로 예를 들면 전기회로에서 전압 v_o을 갖는 용량의 양단이 열린 스위치를 통해서 저항 R의 양단에 접촉되어 있을 때 시각 $t=0$에서 스위치를 닫게 되면 전류가 흘러 용량의 양단의 전압 $v = v_o e^{-t/RC}$가 되어 시정수 RC에서 감쇠하고 $t \to \infty$에서 '0'이 된다. 결국 $v = v_o$이라는 정상상태로부터 $v=0$이라고 하는 정상상태로 변하며, 그 도중의 기간은 정상상태가 아니고 시간적으로 상태가 변화해 간다.

과부하(過負荷, over load)

기기 또는 장치가 감당하는 정상값을 초과한 부하를 과부하라 한다. 과부하가 되면 신호처리 회로의 신호는 일그러짐이 발생하고, 전력처리 회로에서는 구성 부품 등이 과열하게 된다. 즉, 전기의 규정량을 초과해서 일을 시키는 것을 말한다.

과전류(過電流, over current)

허용 한계 이상으로 흐르는 전류이며, 과부하 전류 및 단락 전류를 말한다.

광섬유(光纖維, optical fiber) 또는 광케이블

광섬유 석영유리로 만들어진다. 실제 빛이 지나가는 코어와 빛이 코어 내부로만 도파 되도록 도와주는 피복(cladding)으로 구성되어 있으며, 눈으로는 두 부분을 거의 구별할 수 없다. 통신용으로 사용되는 광섬유의 피복 직경은 125 [μm] 정도이며, 코어의 크기는 단일모드인 경우 보통 10 [μm]이고, 다중모드인 경우는 50 [μm]에 이른다. 현재 광통신에는 대부분 단일모드 광섬유를 사용하고 있으며, 광케이블 내부에 장착된 광섬유를 통하여 광신호가 도파되기 때문에 전자파의 방해가 거의 없으며, 도청이 어렵다는 특성을 가지고 있다.

동손(銅損, copper loss)

변압기, 발전기, 전동기 등 전기기계에서 코일에 전류가 흐름으로써 도체(보통 구리선) 내에 발생하는 저항 손실로 동손이라고도 한다. 저항(R)인 도체에 전류(I)가 흐르면 그 내부에 $P = I^2R$ [W]의 에너지가 열로 발생하기 때문에 생기는 현상이다. 전기기계에서의 동손은 에너지의 손실을 가져올 뿐만 아니라, 온도가 상승하는 원인도 된다. 이러한 손실을 가져오는 주된 것으로서는 이 밖에도 철손, 표유부하손, 기계손 등이 있다.

균열흔(龜裂痕)

균열흔은 홈이 얕고 삼각 또는 사각 형태를 보이는 700~800 [℃] 정도의 수열흔인 완소흔(緩燒痕)과 900 [℃] 정도의 수열흔에서 볼 수 있는 홈이 깊은 요철(凹凸)이 형성된 강소흔(强燒痕), 홈이 아주 깊은 1,100 [℃] 정도에서 보이는 열소흔(裂燒痕)이 있는데 열소흔은 대형 목조건물 화재시에 볼 수 있는 현상이며 균열의 유형은 절대성은 없고, 탄화심도 비교과정에서 일단 확인되어야 할 현장조사 요인인 것이다. 또한 발열체가 목재면에 밀착되었을 때 그 발열체 이면 목재에는 훈소흔(燻燒痕)이 남는다.

금수성 물질(禁水性 物質, water reactive chemical)

공기 속의 습기를 흡수하든지 수분에 접촉하면 발화 또는 발열을 일으킬 위험성이 있는 물질을 말한다.

급전선(給電線, feeder line)

본래는 음식을 준다는 뜻의 'feed'에서 온 말인데 널리 원료공급 장치를 말하며, 일반적으로는 수신 안테나와 수신기를 연결하는 선을 말한다. 텔레비전과 같이 전파의 주파수가 높을 경우는 수신을 좋게 하기 위해 특정한 피더를 사용할 필요가 있다. 예를 들면 VHF 텔레비전의 경우는 평행 2선식, UHF 텔레비전의 경우는 동축케이블이 주로 사용된다. 이 밖에 송신기와 송신 안테나를 연결하는 선, 전기철도에서 변전소로부터 전력을 공급하기 위해 전차선과 평행하게 설치되는 전선(궤전선), 배전소 및 변전소에서 전력 수용지에 이르는 분기선이 없는 배전선 등도 피더라고 한다.

기전력(起電力, electromotive force)

도체의 내부에 전위차를 생기게 해서 그 사이에 전하를 이동시켜 전류를 통하게 하는 원동력이 되는 것을 말한다. 열전기더미의 열기전력, 전지의 화학적 기전력, 광전지의 광기전력, 발전기의 전자기유도에 의한 기전력 등이 있다.

기준충격절연강도(基準衝擊絕緣强度, BIL, Basic Impulse Insulation Level)

송배전 계통에 있어서 절연협조의 기준이 되는 절연강도, 계통의 공칭전압과 절연계수에 따라서 각 기기에 대한 BIL [kV]이 정해진다. BIL은 지정된 임펄스전압의 파고값으로 나타난 절연레벨이며 보통 1.2 × 50 [μs]의 임펄스가 사용된다. 1.2는 파가 시작된 후 파의 절정인 파두 길이에 이르는 시간을 뜻하며, 50은 개시 후 파의 절정을 지나 파의 절정 값의 반까지 파고가 감쇄하는 시간이다.

기중차단기(氣中遮斷器, air circuit breaker)

압축공기를 사용하여 아크를 끄는 전기개폐장치이며, 전로를 차단하려면 고정접촉자와 가동접촉자를 두고 항상 이들을 밀착시켜 전류를 흐르게 하는데 선로의 어디에선가 고장으로 인해 큰 전류가 흘렀을 때에는 신속히 가동부를 고정부에서 분리해서 전류를 끊어야 한다. 이때에 반드시 아크가 발생하는데 이 아크를 끄는 것이 가장 문제가 되며, 이 때문에 양 접촉자를 공기 속에 놓고 접촉자를 분리시키는 한편 압축공기로 불어서 아크를 끈다.

기타용흔(其他熔痕)

기타용흔은 통전상태로 되어 있지 않은 전선이 화재열(火災熱)에 의해 용단된 것을 말한다. 1차흔(一次痕) 및 2차흔(二次痕)은 용단된 선단이 비교적 동그란 형상을 이루는데 반하여 기타용흔은 전체적으로 융해 범위가 넓으며 절단면은 가늘고 거칠며 광택이 없다. 그리고 동이 녹아서 군데군데 방울이 생겨 밑으로 늘어지기도 하고 눌러 붙은 경우가 있다. 통상 소선의 일부가 용손되어 가늘게 되고 조직이 거칠게 되며, 1차(一次), 2차용흔(二次熔痕)보다는 외관적으로 판별이 용이하다.

기포(氣泡, blow hole)

용융상태의 금속에 포함된 용해가스가 응고시 외부로 방출되지 못하고 남게 되면 주괴(鑄塊, ingot) 내부에 기포(氣泡, blow hole)가 발생하는 것을 말한다.

꽂음접속기

꽂음 플러그와 플러그 받이로 구성되고, 꽂음 플러그를 꽂았다 뺐다 함으로써 배선과 코드 또는 코드 상호 간의 전기적 접속 및 단로를 수시로 쉽게 할 수 있도록 한 접속기이다.

꽂음플러그

핀(칼 포함) 및 절연물로 피복한 코드 접속부 등으로 구성되며, 이것을 손잡이로 잡고 플러그 받이에 꽂았다 뺐다 하는 구조인 것이다.

낙뢰(落雷, surge lightning)

뇌운(雷雲, 천둥에 비를 내리게 하는 구름) 내에 대전된 에너지가 불꽃 방전하여 그것이 땅에 뇌전(번개와 천둥)이 되어 떨어지는(접지) 외격 상태를 낙뢰라고 한다. 일반적으로 낙뢰 시에 흐르는 전류는 10~40 [kA]로 대단히 크고, 뇌격전류가 흐르는 시간은 40~60 [μs]로 대단히 짧다. 뇌격의 간격은 대략 5~10초 정도이며, 인체를 직격한 벼락으로 인한 전류의 흐름은 벼락의 종류에 따라 체내에 흐르는 체내전류와 신체의 외측을 따라 흐르는 연면(沿面) 전류가 있다. 연면전류보다 체내전류를 받은 경우에 사망 확률이 높다.

난연성(難燃性, fire retardant)

일반 가연성 물질보다 불에 잘 타지 않고 연소 속도가 상대적으로 느린 경우에 사용되는 용어로 불꽃, 아크 또는 높은 열에 의하여 쉽게 착화하지 아니하거나 착화하여도 불꽃 등 화원을 제거하면 자기소화(自己消化, autolysis)하는 성질이 있는 물질이다.

내화구조(耐火構造, fireproof construction)

불이 나도 잘 타지 않도록 한 건물의 구조이다.

내화성(耐火性, fire resistance)

불꽃, 아크 또는 높은 열에 의하여 연소되는 일이 없고 또한 실용상 지장을 주는 변형 또는 변질을 초래하지 않은 성질이다.

노화(老化, senescence)

물질이 시간의 경과에 따라 그 특성이 열화(劣化, deterioration)되어 가는 현상을 노화라 한다.

누름버튼스위치(push button switch)

누름 또는 당김 동작에 따라 버튼으로 접촉자를 개폐하는 스위치이다.

누설저항(漏洩抵抗, leakage resistance)

물체(주로 도체)와 대지 간의 전기저항(절연저항)을 말하며, 절연물에 누설전류가 흐를 때 이것에 가해진 전압과 전류의 비를 말한다.

누설전류(漏洩電流, leakage current)

전로 이외의 경로로 흐르는 전류로서 전로의 발열체(전선의 피복, 애자, 애관, 부싱, 기타 기기의 일부로 사용되는 절연체 등)의 내부 또는 표면, 공간을 통하여 선간 또는 대지 간에 흐르는 전류를 말한다.

누전화재경보기(漏電火災警報器, electric leakage alarm)

누전화재경보기는 건축물의 천장, 바닥, 벽 등의 보강재로 상용하고 있는 금속류 등이 누전의 경로가 되어 화재를 발생시키기 쉬우므로 이것을 방지하기 위하여 누설전류가 흐르면 자동적으로 누전경로의 발견하여 경보하는 것이다.

누전차단기(漏電遮斷器, RCD, Residual Current Protective Device or ELB, Earth Leakage Breaker)

누전차단기는 인체의 감전사고 예방을 위해 설치되는 기기이며, 누전경보기는 사용 전압 600[V] 이하의 소방대상물에서 누전과 같은 이상 징후가 발생했을 때 관계자에게 경보를 하는 설비이다.

누전화재(漏電火災)

전선 또는 전기기기의 절연이 열화되어 전류가 금속체 등 도전성 물질을 통하여 대지로 누설되는 현상을 누전이라 하며 이로 인하여 누설(또는 지락)전류가 목재 등의 건축재료 또는 그 외의 가연성물질 등의 근처를 흐르게 될 경우 누전전류의 줄열에 의하여 가연성 물질에 착화하여 누전화재가 발생하게 된다. 즉 충전부와 대지 사이에 누전경로가 일단 형성되면 누전전류로 인한 열이 절연재를 국부적으로 파괴시키게 되므로 누전상태가 점차적으로 누진된다. 따라서 누전전류가 밀폐된 환경 하에서 장시간 흐르게 되면 이로 인한 발열이 누적되어 주위의 인화성 물체에 대한 발화원이 된다. 일반적으로 발화까지 유발될 수 있는 누전전류의 최소치를 300~500 [mA]로 보고 있으며 누전화재가 입증되기 위해서는 누전점(전류의 유출점), 발화점(발화장소), 접지점(확실한 접지의 존재 및 적당한 접지저항치 등)의 3요건이 밝혀져야 한다.

단권변압기(單捲變壓器, auto transformer)

단권변압기는 1차와 2차 코일이 공통으로 되어 있다. 단권변압기의 특징은 1차와 2차 코일을 따로 두는 보통 변압기에 비해, 코일로서 필요한 구리의 양 및 철심의 양이 적어도 되는 점이지만(자체용량에 의해 양이 정해진다), 한편 결점으로는 1차와 2차 사이에 도통이 있기 때문에 전압이 높은 쪽에서도 높은 쪽의 전압값에 따른 감전의 위험이 있는 점이며, 이 때문에 1차와 2차 전압비가 1 에 가까울 경우에 특징이 가장 잘 발휘된다. 용도로는 배전선용 등의 전력용 외에 텔레비전이나 라디오 수신기 안에도 널리 사용되고 있다.

단락(短絡, electric short)

전선 또는 전기기기에 사용 중인 절연체가 전기적, 기계적 원인에 의하여 열화되거나 어떠한 물리적 외력에 의하여 절연파괴(絕緣破壞, breakdown) 또는 취급부주의 등에 의하여 전기회로의 선간(2~3점 사이)에 저항이 극히 낮거나, 전혀 없는 금속체를 사이에 두고 접촉하는 이상 현상이다. 이로 인해 전로의 통로가 바뀌며 접촉저항이 작기 때문에 과전류가 흘러 급격한 발열현상이 일어난다. 이와 같은 현상을 단락이라 하며 이때 흐르는 전류를 단락전류라 하고 이때 흐르는 전류는 일반 가옥의 경우 대략 수 100~수 1,000 [A] 정도이다. 단락에 의하여 큰 전류가 흐르게 되면 단락점에서 발생한 불꽃으로 주위의 인화성 물질에 착화되는 경우와 발열에 의한 전선의 용단, 절연피복의 연소, 차단기 폭발, 발전기와 변압기 권선의 소손 등이 일어나기도 한다.

단락전류(短絡電流, short current)

전로의 선간에 임피던스가 거의 없는 상태에서 접촉을 일으켜 이를 통하여 흐르게 되는 대단히 큰 전류를 말한다. 일반 가옥의 경우 대략 수 100~수 1,000 [A] 정도이다.

단로기(斷路器, disconnector)

보통의 부하전류는 개폐하지 않는다. 송전선이나 변전소 등에서 차단기를 개방한 무부하 상태에서 주회로의 접속을 변경하기 위해 회로를 개폐하는 장치이다. 단로기 양측에서 회로가 기계적으로 구분되므로 점검 및 수리 등에 편리하다.

단자전압(端子電壓, terminal voltage)

전기회로나 장치의 단자 사이에 나타나는 전압으로 어떤 부하의 단자전압을 V, 여기에 흐르는 전류의 세기를 I라 하면 여기서 소비되는 전력(전류에 의한 단위시간당의 일)은 VI로 주어진다. 단자 사이에 부하가 연결되어 있지 않을 때 나타나는 전압을 무부하 전압 또는 개방전압이라 하는데, 이러한 전압에 부하를 접속시키면 단자 사이에 있는 내부저항 때문에 단자전압이 떨어진다.

대기전력

대기전력(standby power)은 전원을 끈(OFF) 상태에서도 전기기기 및 전기제품에서 소비되는 전력을 말한다. 기기 및 장치의 동작과 관계없이 사용자가 의식하지 않는 사이에 소모되는 전기에너지를 말한다.

대류(對流, convection)

연소중인 불에 접촉되어 있는 공기와 같은 유체가 따뜻해지면 체적이 늘어서 가벼워지므로 위로 상승하게 되고 따뜻한 유체가 상승한 후의 빈자리를 차가운 유체가 흘러들어 메우며, 이 차가운 유체에 다시 열이 전달되어 따뜻해지면 따뜻해진 유체가 계속적으로 상승하여 이동해 가므로 열이 다른 곳으로 전달되는 효과를 나타낸다. 이러한 열의 전달을 대류라고 한다. 연소가 진행 중인 곳에 바람이 생기는 것은 그 부근의 공기가 대류운동으로 상승된 빈자리를 메우기 위하여 이동해 가고 있기 때문이다.

대전방지 직편물(帶電防止 織編物)

대전방지 직편물은 옷감에 도전성섬유가 거의 등간격 또는 균일하게 혼입되어 있는 직물 또는 편물을 말한다.

대지저항률(大地抵抗率, soil resistivity)

대지저항률은 토양(대지)의 일정 체적에 대한 전기저항이며, 다른 명칭으로 대지 고유저항이라고도 한다. 기호는 ρ로 표시한다. 단위는 [Ω · m] 또는 [Ω · cm]를 사용한다.

대지전압(對地電壓, voltage to ground or ground voltage)

접지식 전로에서는 전선과 대지 사이의 전압을 말하고, 비접지식 전로에서는 전선과 그 전로 중의 임의의 다른 전선 사이의 전압을 말한다.

도가니(vessel)

금속이나 철광석을 융해, 배소하는 등 고온처리에 사용되는 내열성 그릇이다.

도시가스

도시가스는 액화천연가스(LNG, Liquefied Natural Gas)와 액화석유가스(LPG, Liquefied Petroleum Gas)가 있다. LNG는 메탄이 주성분이며, 공기에 대한 비중이 0.66으로 공기보다 가벼워 누설되더라도 공기 중으로 증발하여 위험성이 적다. 그리고 LPG의 비중은 1.5로 공기보다 무거워 누설되면 낮은 곳에 체류하여 폭발위험이 높다.

도전로(導電路)

전기가 통하는 길 또는 전기의 전도이다.

도전성섬유(導電性纖維)

도전성섬유는 금속 또는 카본 등의 도전성물질 또는 이것을 일부 사용하여 섬유를 도전성(외부저항 10 [nΩ/cm] 이하)으로 한 직경 100 [μm] 이하의 단섬유를 말한다.

도전성모르타르(mortar)

탄소계 재료, 시멘트, 특수 첨가제 등을 주성분으로 하는 도전성 모르타르는 분말형태로 토양과 일체화되어 장기적으로 접지효과가 우수하며, 시멘트를 주체로 하기 때문에 우수한 강도성과 내식성 및 탁월한 전기도전성 등으로 대지 고유저항이 높은 모래땅이나 암반, 자갈 등이 많은 지역에도 사용이 가능하며, 좁은 면적에서도 우수한 접지저항 저감 효과를 발휘하는 제품으로 일명 전기가 통하는 콘크리트라고도 한다.

도전율(導電率, conductivity)

고유저항의 역수치를 말하며, 단위는 지멘스/미터([S/m]=[1/Ω · m])사용한다.

도전화(導電化)

어느 물체가 화학적 변화 등에 의해서 전기를 통하도록 변화한 것이다.

두루마리배선

전기배선 또는 이동용 전선 등을 시설한 후 남은 부분을 둥글게 말아서 포개어 놓은 상태로 사용하는 것이다.

드래프트효과(draft effect)

기체가 더워지면 체적은 증가하나 단위 체적당의 중량이 감소되어 더워진 공기는 상승하고 압력의 평형을 이루고자하는 원리 때문에 연소실 내의 연소 가스는 바깥 공기보다 가벼워지므로 부력이 생겨 바깥으로 빠져나가고 연소실 내에는 압력이 줄어들어 새로운 공기가 흡입되게 된다. 따라서 효과적인 연소를 위해서는 연소에 필요한 적당량의 공기를 항상 공급하고, 연소 가스는 빨리 배출시켜야 하므로 연통을 시설하여 이를 촉진시키는 것이다. 결국 연통 내에 통기력을 높이는 효과를 드래프트효과(draft effect)라고 한다.

라스(lath)

건축에 사용하는 외(椳) 또는 욋가지를 말하며 지붕, 바닥, 벽체 속에 엮는 가는 나무나 철망 등으로 흙이나 시멘트 등을 바를 때 쓰는 것이다.

레이저(LASER, Light Amplification by Stimulated Emission of Radiation)

레이저란 “유도방출에 의한 광증폭”의 머리글자를 딴 용어이다. 레이저광선은 방향성이 아주 좋고 파장도 거의 일정하며 완전에 가깝도록 위상이 고른 빛으로 전자파의 유도 방출을 이용한 빛의 증폭장치로 레이더·광통신 등에 응용된다. 또한, 레이저광선은 아주 휘도가 높고 단색성이 좋으며 제4의 불이라 한다.

로젯(rosette)

전원 전선을 접속하는 단자를 갖는 몸체 및 관통구멍을 갖는 뚜껑으로 구성되고 몸체와 뚜껑의 결합이 나사부로 된 것이다. 걸림식으로 조합되는 구조가 있으며 주로 저압 옥내천정에 부착하여 조명기구의 전원을 접속하는데 사용된다.

로터리스위치(rotary switch)

손잡이를 회전하여 접촉자를 개폐하는 스위치이다.

리셉터클(receptacle)

전구 따위를 끼우게 되어 있는 나사식의 리셉터클로 페놀수지와 자기제의 것이 있다.

리액턴스(reactance)

회로를 흐르는 사인파 교류에 대하여 그 전압과 전류 사이에 진폭 변화와 함께 위상차를 생기게 하는 작용을 말한다. 일반적으로는 복소수로 나타낸 교류저항(임피던스)의 허수부라고 정의된다. 콘덴서나 코일은 이러한 성질을 나타내는 대표적인 것이다. 전압에 대해서 전류의 위상이 뒤지는 것을 양(+) 또는 유도성 리액턴스, 앞서는 것을 음(-) 또는 용량성 리액턴스라고 한다. 리액턴스에서는 전력은 전기장 또는 자기장의 에너지로 축적 및 방출되어 저항에서와는 달리 손실이 생기지 않으므로 무효전력(無效電力, reactive power)이라고 한다.

마이크로쇼크(micro shock)

심장내의 카테터(catheter)를 통해 흘러나오는 모든 전류는 심장을 통하여 흐르는 전류의 유출점이 신체의 심장부의 안에서 발생하여 일어나는 쇼크를 말하며 위험전류치를 10[μA]로 한다.

매크로쇼크(macro shock)

외부적으로 가해지는 전류는 몸 전체로 전파된다. 전류의 유입 또는 유출점이 신체의 심장부에서 멀리 떨어진 경우의 쇼크를 말하며 위험전류치를 100 [μA]로 한다.

멀티탭(multi-tap)

꽂음 접속기의 플러그 받이 일종으로 칼받이(2구 이상), 코드, 접속부 또는 전원용 꽂음칼 등으로 구성된다. 1개의 콘센트 또는 코드로부터의 2개 이상의 분기 접속을 할 수 있으며 고정하지 않고 사용하는 것으로 사용목적에 따라 탁상 등에 놓고 사용하는 것을 테이블 탭, 코드에 매달아 사용하는 것을 펜던트형 멀티탭, 전원용 칼을 가진 것은 꽂음식 멀티탭이라 한다.

목재연소(木材燃燒)

목재가 방사열에 의해서 가열되거나 고온 공기에 의해서 가열될 때 온도가 100 [℃] 정도에 달하면 대부분의 수분과 일부 휘발성분이 증발하기 시작한다. 온도가 170 [℃] 정도에 이르게 되면 목재의 성분은 분해되기 시작하고 200～350 [℃] 정도에서 건조생성물의 상태인 목탄 직전의 상태에 이르러 열분해가 왕성하게 이루어지면 분해가스가 발생한다. 분해가스의 농도가 증가하면 이러한 혼합기체는 인화성을 가지게 되며, 일단 착화하여 연소하기 시작하면 공기의 공급이 충분할 때까지 연소열이 목재의 다음 부분을 발화점까지 온도를 높이는 한 계속된다. 이 발화점(또는 착화점)은 목재의 종류와 그 형상 가열원, 가열속도, 공기 공급량 등 여러 가지의 조건에 따라서 다르지만 나무 부스러기와 같은 작은 형태에서는 230 [℃], 조금 크면(손가락 굵기) 약 420～460 [℃] 이하에서 이루어진다. 목재가 표면으로부터 가열되면 점차 내부로 탄화가 진행되는데 탄화와 비탄화부와의 경계는 대부분은 명확하며, 온도는 약 300 [℃]의 정도에 상당하고 이 탄화층은 일종의 단열층으로서의 역할을 지닌다.

◈ 목재의 인화점 및 발화점 ◈

종 류	인화점 [℃]	발화점 [℃]	밀 도	종 류	인화점 [℃]	발화점 [℃]	밀 도
적 송	263	430～435	0.42	오동나무	269	435	0.32
소나무	253	446	0.35	계수나무	270	455	0.50
밤나무	260～272	460	0.68	느티나무	264	426	0.76

목재건물화재(木材建物火災)

목조건물 화재의 계속시간은 보통 일반 주택은 약 30분 정도로 보며 발염에서 소락까지 13~24분이 소요되는 것으로 본다. 목재의 발열량은 3,560 [kcal/kg]으로 화재 중에는 대부분 대류로 발산되고 또 주위와 지중에 복사, 전도되는데 발열 최고 온도는 건물의 구조나 집적물건의 종류, 측정 위치 등에 따라 다소 차이는 있으나 1,100~1,340 [℃]까지 이르며 지면이나 바닥부분은 300~500 [℃] 정도로 측정된다. 건조한 목재의 발화온도는 490 [℃]이므로 이러한 목재를 기온이 10 [℃]인 공기 중에서 연소시키려면 온도를 480 [℃] 이상으로 높여 주어야 한다. 목재의 비열(목재 1 [g]의 온도를 섭씨 1 [℃] 높이는데 필요한 열량)은 약 0.33이므로 이 경우 목재 1 [g]의 온도를 발화온도까지 높이려면 $480 \times 0.33 = 158.4$ [cal]의 열량이 필요하다. 일단 연소가 시작되면 목재 1 [g]의 연소열은 4,500 [cal]로 연소를 계속 시키기에 필요한 열로서 공급되어 더욱더 많은 열이 발생하여 연소가 확대된다.

몰드변압기(mold transformer)

몰드(mold)는 주물과 같이 형에 흘려서 만든 것으로 전기 및 기계적인 특성이 뛰어난 합성수지를 몰드화한 변압기이다.

모르타르(mortar)

회반죽을 말하며 돌, 벽돌 등을 붙이는데 사용된다.

무염화원(無焰火源 또는 燻燒火源)

담뱃불과 같이 불꽃 없이 연기만 내고 중심에서 암적색의 불씨만을 갖고 재로 둘러싸인 향불, 모기향불, 뜸불, 왕겨불, 톱밥불 등과 같은 불씨를 말한다.

미소방전(微少放電, scintillation)

국부적인 미소한 발광 및 방전현상으로 해변지역에서는 해수비말의 부착에 기인하므로 태풍이 있을 때에 볼 수 있는 경우가 많다. 미소방전이 일어날 때의 열에 의해서 절연체의 일부가 분해하며 어떤 재료에서는 탄화가 일어나고 다른 재료에서는 침식이 이루어진다. 이러한 미소방전이 반복됨으로써 전체적으로 절연이 파괴되는 현상이 발생되는 것을 미소방전이라 한다.

바이메탈(bimetal)

온도의 변화에 따라 현저하게 구부러지는 성질을 이용하여 온도변화의 검출, 온도조정 등의 목적으로 널리 사용되고 있다. 재료는 팽창이 적은 쪽에는 니켈과 철의 합금, 팽창이 큰 쪽에는 구리와 아연의 합금, 니켈, 망간, 철의 합금, 니켈, 몰리브덴, 철의 합금, 망간, 니켈, 구리의 합금 등 여러 가지가 있다. 가장 간단한 바이메탈은 저온 때에는 수평이던 것이 고온이 되면 니켈, 철 합금 쪽으로 구부러지며 저온에서는 바이메탈을 통해 전류가 흐르지만 고온 때는 접점이 떨어져 전류가 흐르지 않게 된다. 이와 같은 기구를 보온밥통 내에 장치하면 밥통 안의 온도가 오르내림에 따라 접점이 떨어졌다 붙었다 하여 온도를 어느 범위 내에서 유지할 수가 있다. 그러나 이런 바이메탈은 접점이 떨어질 때 불꽃이 발생하여 접점이 빨리 열화하므로 구성을 연구하여 접점의 동작이 빨라지도록 해야 한다. 가정용, 공업용, 수송용, 군사용 등 각 방면에 사용되고 있다. 특히 가정용 전기기구의 온도 조절장치나 일반 전기기구류 안에서 전류제한기, 자동개폐기 등 넓은 범위에 걸쳐 사용되고 있다.

박리(剝離, flaking)

목재가 연소하여 탄화하면 그 탄화부분이 떨어져 나가는 현상을 박리라 한다. 화재현장에서는 소화하기 위해 주수시 압력에 의해 탄화부분이 떨어져 나가는 경우와 물건의 연소가 강하기 때문에 껍질 또는 겉 표면이 벗겨져 떨어지는 경우가 있다. 물체가 강하게 연소하여 박리하는 경우는 일반적으로 박리부위가 많아지고, 박리부분이 넓고 깊어진다. 또한, 개개의 면적이 비교적 작고 박리 면이 거칠고 뾰족 하거나 혹은 박리부위가 변형된다. 주수시의 압력에 의해 박리된 경우는 비교적 넓고 평탄하며 광택이 있다. 소화 관계상 연소된 흔적에는 이와 같은 박리가 많이 있고, 물 이외의 물질적인 힘으로 탄화부분이 떨어져나간 경우도 많기 때문에 그 판별에 주의해야 한다.

박리대전(剝離帶電)

서로 밀착되어 있는 물체가 떨어질 때 전하의 분리가 일어나 정전기가 발생하는 현상으로 접촉면적, 접촉면의 밀착력, 박리속도 등에 의해 정전기의 발생량이 변화하며 마찰에 의한 것 보다 더 큰 정전기가 발생한다.

박편(薄片, flake)

얇은 조각이다.

반단선(半斷線, partial disconnection)

여러 개의 소선으로 구성된 전선이나 코드의 심선 일부 또는 전체가 단선되어 닿았다 떨어졌다 하는 현상이 반복적으로 지속됨에 따라 많은 열을 발생시키는 불안전한 상태의 전선으로 계속 사용하면 화재의 원인이 된다.

발연(發煙)

연기를 발생하는 것이다.

발화(發火, ignition)

불이 일어남. 또는 불이 타기 시작하는 것을 의미한다.

발화점(發火點, ignition point or ignition temperature)

공기 중에서 가연성 물질을 가열할 경우 화염 또는 불꽃 등을 가까이 하지 않아도 스스로 발화하는 것으로 연소를 개시하는 최저의 온도를 발화라 하며 이때의 온도를 발화점 또는 발화온도라 하고 보편적으로 인화점보다 수 백도씩 높은 온도이다. 물질을 연소시킬 때 성냥이나 라이터(lighter) 등의 발화용구를 사용하는 것은 이것들로 물질의 일부분의 온도를 발화온도 이상으로 높여 주기 위해서이다. 물질의 일부분만이라도 발화온도 이상이 되면 그로부터 연소가 시작된다. 연소가 일단 시작되면 그곳에서 많은 연소열이 발생되어 그 곳에 접해있는 다른 부분의 온도가 발화온도 이상으로 높아짐에 따라 연소가 계속된다.

◈ 각종 기체의 발화점(착화온도, 착화점) ◈

가연성 기체	발화온도[℃]	가연성 기체	발화온도[℃]
수소(H_2)	580~600	에틸렌(C_2H_4)	542~547
일산화탄소(CO)	641~658	아세틸렌(C_2H_2)	406~440
메탄(CH_4)	650~750	에탄(C_2H_6)	520~630
벤젠(C_6H_6)	560~580	톨루엔($C_6H_5CH_3$)	520~550

※ 가솔린의 인화점 : -43~20[℃], 착화점 300[℃]
※ 등유 인화점 : 30~60[℃], 착화점 254[℃]

방사(放射, emission or radiation)

물질은 그 온도에 대응하여 전자기파의 에너지를 방출하는데 이것을 방사 또는 복사라 한다.

방염(防炎, fire retardant)

어떤 가연성 물질을 화학적 또는 물리적으로 처리하여 보통 환경조건에서 불꽃 연소가 일어나지 않게 하는 것이다.

방재설비(防災設備, disaster prevention facilities)

재해의 미연방지와 확대를 방지하기 위한 방화문이나 방화벽 등의 방화설비, 소화전(消火栓, fire hydrant)이나 스프링클러 등의 소화설비, 피난이나 소화를 원활히 하기 위한 배연설비(排煙設備, smoke exhaustion equipment), 비상용 조명장치, 비상용 출구, 고층건물의 비상용 계단 및 승강기, 피뢰설비(避雷設備, lighting protection system) 등이 있다. 한편, 넓은 뜻으로는 화재, 해일, 홍수, 지진 등에 의한 재해를 방지하는 설비를 말하는데 이 경우의 화재에서는 방화지역을 설정하여 건축물을 집단적으로 불연화시키고, 공지를 확보하며, 해일, 홍수, 지진에 대해서는 제방을 만든 다든지 건축물의 견고화를 기하는 등 적절한 방조설비(防潮設備)와 방진설비(防震設備)를 한다.

방폭전기배선(放爆電氣配線)

방폭지역에서 사용되는 절연전선, 케이블, 전선관 및 기타 배선재료 등으로 구성된 전로이다.

방폭전기설비(放爆電氣設備)

방폭 전기기기와 관련배선, 전선관, 금구류 등을 총칭한다.

방폭지역(放爆地域, hazardous location)

인화성 또는 가연성 물질이 화재 및 폭발을 발생시킬 수 있는 농도로 대기 중에 존재하거나 존재할 수 있는 장소를 말한다.

방화(放火, arson or fire setting)

고의로 불을 낸 것이다.

방화(防火, protection)

화재를 미리 막음.

배기후드(exhaust gas hood)

가스나 연기를 다량 발생시키는 장치에서는 그 상부에 배기가스를 모으는 삿갓 모양의 후드를 마련한 것이다.

배선기구(配線器具, wiring apparatus)

점멸기(點滅器, 텀블러, 로타리, 풀스위치 등), 개폐기(開閉器, 전자개폐기, 누전차단기(漏電遮斷器), 과전류차단기(過電流遮斷器), 접속기(接續器, 콘센트, 플러그, 소켓, 리셉터클, 로젯, 조인트박스 등) 및 기타 이와 유사한 기구이다.

배선차단기(配線用遮斷器, MCCB, molded case circuit breaker)

전자작용 또는 바이메탈의 작용에 의하여 과전류를 검출하고 자동으로 차단하는 과전류차단기로서 그 최소동작 전류(동작하고 아니하는 한계전류)가 정격전류의 100[%]와 125[%] 사이에 있고 또 외부에서 수동, 전자적 또는 전동적으로 작용할 수 있는 것을 말한다.

백열전구(白熱電球, incandescent lamp)

진공의 유리구 안에 필라멘트(융해점이 높은 텡스텐 등의 금속 코일)를 봉입하여 전류를 통하면 고온방사에 의하여 발광하며 연색성이 좋고, 따뜻한 광색을 연출할 수 있다.

변류기(變流器, CT, current transformer)

구조의 주요부는 변압기와 같은 성층철심에 권선수가 적은 1차 코일과 권선수가 많은 2차 코일을 감은 것인데 2차 코일에는 전류계, 전력계, 계전기 등을 연결한다. 1차·2차의 전류비는 각기 코일 권선수의 반비례와 비슷하다. 1차 전류의 정격 값은 수십 암페어에서 수천

암페어까지 여러 가지가 있으나 2차 전류의 정격값은 대부분이 5[A]이다. 변류기를 회로에 연결할 때 2차 코일은 접지하고, 1차 코일은 전압에 따라서 충분한 절연을 하기 때문에 1차 회로가 높은 전압일지라도 2차 회로에 손을 대어도 위험이 없다. 변류기에는 주요부를 탱크 속에 넣고, 이것에 기름을 가득 채운 유입형과 기름을 사용치 않는 건식이 있는데 건식은 회로의 전압이 약 2만[V] 이하의 것에 사용한다. 건식으로 몰드형의 것이 널리 사용되고 있는데 이것은 코일에 절연을 한 후 코일과 철심을 합성수지로 싸서 한데 모은 것이다. 변류기는 변압기와 달라서 2차를 단락하는 것은 안전하나 개방하는 것은 위험하다. 이것은 2차를 개방할 때 1차 전류가 모든 철심을 자화하는 작용을 하여, 철심이 포화되어 발열하기 때문이다. 또 2차에 많은 계기를 직렬로 넣는 것도 바람직하지 못하다. 어느 정도의 계기를 연결할 수 있는가 하는 것은 각 변류기마다 정격부담으로서 볼트암페어 값이 표시되어 있으므로 그것에 따라야 한다.

복사열(輻射熱, radiant heat)

가열된 물질에 접촉되어 있지 않고 떨어져 있는 물체에 열이 직접 전달되는 방법을 복사라 하고 모든 물체는 복사열을 방출한다. 화염에서 발생하는 복사열로 인해 인화점에 달하기도 하며 복사열은 화염의 면이 크면 클수록 또는 지속시간이 길면 길수록 열을 받은 거리는 멀어져서 100 [m] 이상에 달하는 경우도 있다. 화재시 가열된 물체의 표면은 열을 복사시켜 매우 먼 거리에 있는 가연성물질을 발화시킬 수 있다. 복사 에너지는 복사체가 가열되면 될수록 급속히 증가한다. 즉 복사에너지는 복사체의 절대온도(℃+273.16)의 4제곱에 비례한다.

※ 방출하는 복사열의 크기 $E = \sigma T^4$

본드(bond)

전기설비 또는 기계기구 등을 전기적으로 결합시키기 위하여 사용하는 굵은 동선 또는 동봉을 말한다. 임피던스본드(impedance bond), 리본본드(ribbon bond), 압력본드(pressure bond) 등 여러 종류가 있다.

본딩(bonding)

2개 이상의 금속도체를 전기적으로 접속하여 서로 같은 전위(동전위)로 만드는 것을 말하며 본딩의 대상은 금속도체 상호간 또는 대지에 대해서 전기적으로 절연되어 있는 2개 이상의 금속에 접촉된 금속도체이다.

부식(腐蝕, etching)

금속재료의 육안적 조직, 현미경적 조직을 보기 위해서 표면을 연마한 후 부식액(산, 알칼리 등)으로 표면의 변질층을 제거하여 조직을 노출시키는 것과 내식성이 있는 도료 등으로 금속 표면에 형상을 그린 다음 노출부분의 금속 표면을 약품으로 용해, 침식시켜 판화, 사진 제판 등을 만드는 조작을 말한다.

부식(腐蝕, corrosion)

습기, 기타의 조건에 따라서 금속이 화학적 또는 전기 화학적으로 점차 침식되는 현상이다.

부싱(bushing)

애관이라고도 한다. 단일형 부싱, 유입 부싱, 콘덴서형 부싱 등이 있다. 주름이 있는 자기 또는 플라스틱의 통과 내부절연으로 되어 있다.

부하(負荷, load)

발전기, 전동기 등의 기계를 움직여 일을 시키는 작업량이다.

분로(分路, shunt circuit)

전류를 나누어 흐르게 하기 위한 회로 또는 전류 측정시에 사용하는 분류기이다.

분진(粉塵, dust)

고체성 물질이 물체의 외부에서 작용하는 힘에 의해서 깨어지고 부스러져 생긴 미립자(입자의 크기 0.01~100 [μm])로 공기 중에 분산된 미세한 입자로 분진의 종류는 진폐증을 일으키는 분진(유리규산 SiO_2), 알레르기성 분진(꽃가루), 중독성 분진(수은), 자극성 분진(산, 알칼리), 불활성 분진(석회석), 발암성 분진(석면) 등이다. 단위는 백만분의 1비율을 나타내는 PPM (Parts Per Million, 1 PPM = 1 / 1,000,000) = mg / m³(25 [℃], 760 [mmHg])을 사용한다.

불꽃방전(sparking discharge)

대전물체와 접지도체의 형상이 동시에 비교적 평활할 때에 강한 파괴음과 동시에 대기 중에서 돌연 발생하는 방전으로서 대전물체가 도체일 때에 일어나기 쉽다. 방전에너지 밀도가 크고, 정전기 장해의 원인이 되는 것을 말하며, 전극 간에 인가하는 전압을 증대해 가면 전리작용이 활발하게 되어 암류가 흐르고 이것이 자속방전으로 옮아간다. 이 방전을 불꽃방전이라 한다.

불수전류(不隨電流, freezing current)

이탈 한계전류를 말한다. 도체를 잡은 상태로 인체에 흐르는 전류를 증가시키면 15~20[mA] 정도의 범위에서 고통을 수반하는 격한 쇼크, 호흡곤란, 근육이 수축 경련을 일으켜 도체에서 손을 뗄 수 없는 상태에 이르게 되는 전류를 말한다.

불연(不燃, incombustible)

보통 환경조건에서 불꽃연소와 불꽃 없는 연소가 모두 일어나지 않는 경우로 타지 않는 것이다.

불티(spark)

타는 불에서 튀는 아주 작은 불똥으로 불티화재는 용접작업 중 발생하는 용접불티가 비산되어 인화성 물질에 착화되는 경우와 화기취급 중 불티가 인근가연물에 떨어지면서 화재가 발생하는 경우가 주종을 이루고 있다. 불티화재의 발화원인은 용접불티, 모닥불불티, 아궁이불티, 굴뚝불티, 그라인더불티, 충돌불티 등으로 분류된다.

브이패턴(V-Pattern)

화재에서의 V 패턴이란 불길이 그 발화점으로부터 위로 그리고 밖으로 타므로 생기는 형태를 말한다. 불이 타면 연소가스가 발생되어 그 주위의 공기를 뜨겁게 데우고 이 뜨거운 공기와 연소 가스는 위로 향하게 되며 이에 따라 불도 올라가게 된다. 이렇게 올라가면 주위 양쪽을 또 뜨겁게 데우게 된다. 그러므로 화재가 벽 아래쪽에 있는 콘센트(outlet)에서 시작되었다면 화재의 피해형태가 V자를 그리게 된다. V자의 뾰족한 부분이 아울렛을 가리키며 위로 V자를 그리는 형태가 되는 것이다. 하지만 이 V 패턴이 명확하지 않은 것이 있고 또 계속된 화재 진행에 의하여 없어지기도 하여 화재 규명은 쉽지가 않다. 화재감식에 있어 V 패턴은 자주 이용되고 있으며 잘 이용하면 화재에 대한 많은 정보를 얻을 수 있다.

비계(飛階, scaffold)

높은 곳에서 일을 할 수 있도록 긴나무나 쇠파이프 등으로 가로 세로 얽어서 만든 시설이다.

비선형부하(非線型負荷, nonlinear load)

전압과 전류파형 사이의 관계가 비직선성인 경우이다.

비열(比熱, specific heat)

어떤 물질 1 [g]을 1 [℃] 만큼 온도를 높이는 데 필요한 열량으로 물질마다 비열이 다르다. 비열의 단위는 [cal/g℃], [kcal/kg℃] 이다.

비화(飛火)

화점에서 먼 거리에 있는 지역에 불꽃이 날아가 발화하는 현상으로 화점으로부터 바람이 불어가고 있는 쪽의 약 30°의 범위로 분포하나 10∼15° 범위가 위험하다. 비화로 인한 연소는 바람이 강하고 온도가 낮은 기상조건일 때이며 비화범위는 4 [km]까지 이르나 800 [m] 전후에서 흔히 발생한다.

사물인터넷(IoT)

사물인터넷(IoT, Internet of Things)은 인터넷을 기반으로 모든 사물을 연결하여 사람과 사물, 사물과 사물 간의 정보를 상호 소통하는 지능형 기술 및 서비스를 말한다.

산소결핍(酸素缺乏, oxygen deficiency)

보통의 공기 중 산소 농도가 21 [%]에서 16 [%]로 떨어지면 근육이 말을 듣지 않으며, 14∼10 [%]로 떨어지면 의식을 잃지는 않더라도 자신도 모르게 판단력을 상실하고 피로가 빨리 온다. 10∼6 [%]면 의식을 잃지만 신선한 공기 중에 있으면 소생할 수는 있다. 기진한 상태에서는 산소 요구량이 많아지므로 위의 농도보다 높아도 증세가 나타날 수 있다.

▌산화작용(酸化作用, oxidation reaction)

어떤 물질이 산소와 화합되는 현상을 말하며 산화작용은 쇠가 녹슨다든지 물질이 부패하는 경우처럼 매우 천천히 진행되는 것도 있지만 급격하게 진행되는 경우도 있다. 급격한 산화작용을 연소라 한다.

▌상대습도(相對濕度, relative humidity)

어떤 온도에서 실제로 함유해 있는 수증기의 중량과 그 온도에 있어서 공기 중에 함유할 수 있는 수증기의 중량과의 백분비이다.

▌샹들리에(chandelier)

천장에 매달은 여러 개의 가지가 달린 호화로운 장식등으로 가지 끝마다 불을 켠다.

▌섬광(閃光, flash)

순간적으로 번쩍 빛나는 빛, 불꽃, 소광점의 빛남을 말한다.

▌섬유상조직(纖維象組織, fibrous structure)

금속을 인장하면 처음에는 각 결정이 임의의 방향을 향하고 있으나 영구 변형이 현저해지면서 각 결정립은 회전하여 장력의 방향으로 정렬하게 된다. 최후에 생기는 조직은 섬유를 다발로 만든 것 같이 된다. 이 같은 조직을 섬유상 조직이라 한다. 강하게 가공한 금속판이나 금속선은 모두 섬유상 조직이다. 섬유상 조직을 나타내는 것의 기계적 성질은 섬유의 방향으로 평행한 경우와 직각인 경우에 따라 다르다. 일반적으로 인장강도와 연신율은 섬유에 평행할 때가 크다. 섬유상 조직으로 된 것은 이를 재결정 온도(철, 450 [℃]) 이상으로 가열함으로써 본래의 표준 조직으로 고칠 수가 있다.

▌섭씨온도(攝氏溫度, Celsius temperature scale)

1 기압 상태에서 얼음이 녹는 온도(물의 융해점 즉 물의 어는 온도)를 0 [℃], 물의 끓는

온도(비등점)를 100 [℃]로 정한 온도로 그 사이를 100등분하고 단위는 ℃로 표시한다. 화씨 온도를 섭씨온도로 환산하면 $C = 5/9 \times (F - 32)$ [℃]로 나타낸다.

소각(燒却, incineration)

불에 태워 없애버림이다.

소둔(燒鈍, annealing)

소둔은 풀림을 의미한다. 철 또는 강의 연화, 결정조직의 조정 또는 내부응력의 제거하기 위하여 적당한 온도로 가열한 후 서서히 냉각시키는 조작이다. 내부응력의 제거 또는 연화를 목적으로 할 경우에는 적당한 온도로 가열하고 결정조직의 조정을 목적으로 할 경우는 AC3 변태점 +약 50 [℃]의 온도로 가열한 후 노냉 또는 회냉을 하는 것이다. 풀림에는 완전풀림, 저온, 연화, 구상화, 가단화, 흑연화 등의 종류가 있다.

소락물(燒落物)

불에 타 떨어진 잔존물이다.

소사(燒死, death by fire)

불에 타 죽음이다.

소성(塑性, plasticity)

고체에 외력을 가하여 탄성한계 이상으로 변형시켰을 때 외력을 제거하여도 본래의 자리로 돌아가지 않는 성질을 말한다. 소성이란 탄성의 반대 성질로 외력에 의해서 생긴 변형이 외력을 제거하여도 그대로 잔류할 때는 그 재료는 완전한 소성을 갖는다고 한다.

소성변형(塑性變形, plastic deformation)

일반적으로 응력이 제거된 후에도 소실하지 않는 변형을 소성변형 또는 점성변형이라고 한다. 소성변형 속에는 탄성변형을 포함하는 일이 있다. 이때에는 탄성변형을 제외한 나머지를 순수한 소성변형이라고 한다. 재료가 조금이라도 소성변형이 되었을 때는 재료가 파손을 시작했다고 하며, 파손이 커지면 파괴된다.

소손(燒損, damage by a fire)

타서 못쓰게 됨이다.

소실(消失)

사라져 없어짐 또는 사라져 잃어버림.

소실(燒失)

불에 타서 없어짐이다.

소잔 형태(燒殘 形態)

불에 타버린 형태 또는 불에 의해 소멸된 형태이다.

소켓(socket)

전구 따위를 끼우게 되어있는 전기기구(나사형, 삽입형, 스완형 등)이다. 소켓의 투입구 크기에 따라 대형(E39, 300 [W] 이상), 보통(E26, 250 [W] 이하), 중형(E17), 세형(E12), 소형소켓(E10)으로 구분한다. 재질로는 페놀수지, 자기제 등이며, 스위치의 개폐유무 및 구조에 따라 다음과 같이 분류된다.

소혈(小穴, gas porosity)

작은 구멍이 많음 또는 다공성(多孔性).

소훼(燒毁)

불에 타서 헐어짐 또는 불에 태워버림.

소흔(燒痕)

불탄 자리, 불탄 흔적.

수구(受口, outlet or socket)

소켓, 리셉터클, 콘센트 등의 총칭이다.

수용 장소(需用 場所)

전기 사용 장소를 포함하여 전기를 사용하는 구내 전체를 말한다.

수지상정(樹枝狀晶, dendrite)

용융금속이 응고할 때에 제일 먼저 극도로 적은 핵(核, nuclei)이 되고, 이 핵을 중심으로 하여 금속이 규칙적으로 응고 퇴적하여 수지의 골격이 형성되며, 이것을 수지상정(樹枝狀晶, dendrite)이라고 한다. 이 수지의 방향은 결정계에 따라서 다르며 등축정계(等軸晶系, cubic system)에 속하는 것으로는 상호수직의 방향으로 생성되어 인접해서 생성한 다른 수지상정과 만날 때까지 점차 성장하여 늘어남과 동시에 그 수가 증가하여 결국은 수지의 간극이 전부 충전되어 다면체의 외형이 결정된다.

연기(煙氣, smoke)

유기물의 불안전 연소에 의하여 생긴 미립자(입자의 크기 0.01~1 [μm])이다.

순간지락

순간지락은 지락(grounding)의 한 형태이다. 지락은 전로와 대지와의 사이에 절연이 저하되어 아크(arc or spark)의 발생 또는 도전성 물질에 의해서 통전으로 전로 또는 기기의 외부에 위험한 전압이 나타나거나 전류가 흐르는 현상이다. 그리고 이 전류를 지락전류라 하며, 이 현상을 일반적으로 누설전류 또는 누전이라고도 한다.

스트링거(stringer)

가공 방향으로 합금 조성 결정이 나열된 현미경 조직이다.

슬러리(slurry)

물 기타의 액체를 가하여 이상으로 한 내화 재료로서 인베스트먼트 주조법의 조영재의 재료로서 쓰인다. 에틸실리케이트로 녹인 이상내화재(泥狀耐火材)를 슬러리라고 부른다.

슬립(slip)

어느 금속의 결정이 다른 결정에 대하여 일부가 불가역적인 전단변위를 함으로서 소성변형을 하는 과정으로 이것은 어느 한정된 결정방향으로 생기는 것이며 일반적으로 특정한 결정면에서 이루어진다. 따라서 슬립은 전위현상을 포함하는 것을 필요조건으로 할 때도 있다.

시멘타이트(cementite)

탄화철(Fe_3C, 탄소량 6.67 [%])을 야금학상으로 시멘타이트라고 한다. 시멘타이트는 금속적인 광택이 있으며 대단히 단단하고 취성이 있어 자성을 갖고 있다. 25[℃]일 때 자성을 상실하고 비자성체가 된다(철과 탄소의 화합물임).

실링(sealing)

금속전선관 배선 공사를 한 경우 전선관로를 통하여 가스 등이 이동하거나 폭발시 화염이 전달되는 것 등을 방지하지 위하여 전선관로를 밀봉하는 것이다.

실링재

금속관, 금속덕트, 버스덕트 및 케이블 랙이 방화 구획을 관통하는 경우 또는 방호 구획된 배선실 내부의 바닥을 관통하는 부분에서의 연소 방지 처리를 요하는 개소에 대하여 이음매나 간격 등을 충전하여 수밀, 기밀의 기능을 다하기 위한 재료를 말한다.

실링로젯(ceiling rosette, KS C 8310)

전선을 달기 위해 천장에 붙여두는 전기기구로 교류 300 [V] 이하의 전로에서 옥내 배선과 조명기구의 코드를 접속하는 것으로 실링(ceiling)이라고도 한다. 정격전류 6[A] 이하이며 원형과 각형이 있다.

실화(失火, actionable fire)

화기, 가연물질 등의 취급 부주의로 발생하는 화재를 말하며, 잘못하여 낸 불이다.

심실세동전류(心室細動電流, ventricular fibrillation current)

인체에 통전되는 전류가 수 10 [mA]에 이르고 그 경로가 심장을 통과하면 심장이 정상적인 맥동을 하지 못하여 불규칙적으로 세동을 하게 되면 결국 혈액의 순환에 장해를 가져오게 하는 현상을 심실세동이라 한다.

심실세동 전류값 I는 통전시간 T와 밀접한 관계에 있으며 전류 값의 계산식은 달지엘(CF. Dalziel)에 의한 다음과 같이 식이 인정되고 있다.

$$I = \frac{115}{\sqrt{T}}\ [\mathrm{mA}] \quad \text{or} \quad I = \frac{165}{\sqrt{T}}\ [\mathrm{mA}]$$

I는 1,000명 중 5명 정도가 심실세동을 일으키는 값, T는 통전시간 [s]이며 체중에 따라 115(57.4 [kg] 이상) 또는 165(70 [kg] 이상)를 적용한다.

쌍입(雙入)

콘센트에 플러그가 꽂혀진 상태.

쌍정(雙晶, twin crystal)

상온가공 후 풀림을 한 구리, 황동, 은, 기타 금속 또는 합금에 흔히 나타나는 조직이다. 한 결정립을 직선적으로 횡단한 평행 부분을 쌍정이라 한다. 영구 변형시에 이 부분만의 결정이 일정한 각도로 회전하여 생긴 것이다. 쌍정은 주조된 상태로 조금이라도 변형 받지 않은 금속과 합금은 풀림해도 되지 않으며, 가공하여 변형시키는 것만으로도 되지 않는다. 변형을 주었다가 후에 풀림을 했을 때 비로소 쌍정이 된다. 변형이 심할 때 쌍정은 직선형이 아니며, 만곡하는 경우가 있다. 쌍정은 활선(滑線, slip line, 미끄럼선)과는 다르며 연마 수정한 후에도 부식시키면 검출할 수 있다. 소성가공으로 생긴 쌍정을 기계적 쌍정이라 한다.

안전(安全, safety)

인간의 사망, 상해 또는 설비나 재산의 손실, 상실의 원인이 될 수 있는 상해가 전혀 없는 것으로 위험하지 않는 상태이다.

안전사고(安全事故, safety accident)

고의성이 없는 어떤 불안전한 행동이나 조건이 선행되어 일을 저해하거나 능률을 저하시키며 직접 또는 간접적으로 인명이나 자산의 손실을 가져올 수 있는 사건을 말한다.

안전사고율(安全事故率)

재해발생으로 말미암아 어느 만큼의 빈도로 사고가 일어나는가 하는 도수율과 재해발생의 강도에 따라서 안전사고의 율을 나타내는 것을 안전사고율이라고 한다. 안전사고율에는 재해율, 도수율, 빈도율, 강도율 등이 있다.

안정기(安定器, ballast)

철심에 코일을 감은 초크코일을 형광램프와 직렬로 연결하여 램프전류를 제한하고 방전의 안전성을 확보하는 일과 램프의 시동을 돕는 역할을 한다. 형광램프는 저압 수은 증기속에서 방전에 의해 발광하며, 방전등의 일반적인 성질로서 램프전류가 커지면 전압은 떨어지므로 일정한 전압을 가하여 방전이 지속되게 한다. 이때 전류가 지나치게 증가하면 램프를 파괴할 염려가 있으므로 안정기를 형광등 회로에 직렬로 넣어 전류가 증가하는 것을 방지한다. 원리적으로는 금속저항으로도 되지만 전류에 의해 발열하므로 발열이 적은 초크코일을 사용한다. 안정기의 종류는 글로우스타터식(glow starter type), 래피드식(rapid starter type), 전자식(electric type), 절전형 자기식(magnetic type) 등이 있다.

암류(暗流, dark current)

기체중의 방전으로 방전전의 자속성을 일그러지게 한 방전의 총칭이다.

연마(研磨, polishing)

현미경 조직을 관찰하기 위한 전처리로서 시료면을 평활하게 하기 위한 연마 작업이다.

연소(延燒)

화재의 불길이 번져 다른 곳까지 타는 것이다.

연소(燃燒, combustion)

연소라고 하는 것은 빛과 열을 발산하면서 일어나는 매우 빠른 화학반응의 일종이다. 연소는 화학반응 중에서 반응열이 극히 크고, 그 결과로서 발광을 수반하는 반응으로 이와 같은 반응은 산화반응이 많으므로 연소란 "빛과 열의 발생을 수반하는 산화반응"이라고 정의할 수 있다. 연소는 대개 불꽃연소와 불꽃을 내지 않고 연소하는 표면연소의 두 가지 양상으로 분류된다. 연소속도가 빠르다는 것은 단위 시간당 방출하는 열량이 많다는 것이며, 불꽃의 온도는 열의 방출속도와 연소가스 발생량 및 열용량에 의하여 결정되는 것이다. 일반적인 분석에 의하면 연소에서 발생하는 열량의 약 3분의 2정도가 방출되는 연소가스의 가열에 소모되고 약 3분의 1이 주위로 복사에 의해 방출된다.

연소가스(combustion gas)

상온으로 냉각되어도 기체 상태로 존재할 수 있는 연소생성물이다.

연소가스의 유해성			
	시각적 유해성	:	피난상의 장해 요인
	생리적 유해성	:	독성 및 호흡 장해
	심리적 유해성	:	공포감(Panic)

연소온도(燃燒溫度, combustion temperature)

연소가 시작되면 많은 연소열이 발생하여 그곳의 온도는 발화온도 이상으로 높아진다. 그리하여 발생하는 열량이 전도, 대류, 복사에 의해 잃어버리는 열량과 완전히 같아지면 그 이상은 온도가 상승하지 않는다. 이때의 온도를 연소온도라 한다.

연소점(燃燒點, fire point)

연소상태가 계속될 수 있는 온도이며, 인화점보다 약 10[℃] 정도 높은 온도로서 5초 이상 연소상태를 유지할 수 있는 온도이다. 인화점에 달하여 인화될 때에 연소를 계속하기에 충분한 증기량을 발생시키는 온도의 최저치를 연소점이라 하며 일반적으로 인화점보다 17~27[℃] 높은 온도를 나타내지만 인화온도가 낮은 액체에서는 차이가 적고, 인화온도가 높은 액체에서는 그 차이가 큰 경향이 있다.

열가소성(熱可塑性, thermo-plastic)

가열하면 연화하여 쉽게 변형되고 식히면 다시 굳어지는 성질을 말하며, 상온에서는 가소성을 보이지 않는다.

열가소성수지(熱可塑性樹脂, thermo-plastic resin)

가열하면 연해지고 가소성을 나타내지만 냉각하면 또 굳고, 다시 가열하면 연화하는 수지이다. 일단 고분자로 완성된 것에 열을 가하면 연화 또는 유동해서 가해진 외력에 응해 변형할 수 있는 성질의 것으로 이른바 선상 고분자로서의 성질의 것이다. 이 부류에 속하는 수지는 비닐, 폴리스티렌, 폴리에틸렌, 아크릴산계, 폴리아미드(나일론), 불소수지 등이 있다.

열경화성수지(熱硬化性樹脂, thermo-setting resin)

가열하면 처음에는 가소성을 나타내지만 가열을 계속하면 점점 단단해져 그 후 이것과 같은 정도의 온도를 가해도 다시 연화하지 않는 성질의 수지로 페놀수지, 에폭시수지, 요소수지, 멜라민수지, 알키드수지, 규소수지 등이 이 부류에 속한다.

열량(熱量, quantity of heat)

열의 많고, 적음을 나타내는 양으로 단위는 칼로리[cal], 킬로칼로리[kcal]를 사용한다. 1 [cal]란 물 1 [g]을 1 [℃] 만큼 온도를 높이는데 필요한 열량이다.

연소현상에 따른 유리의 형태

유리는 약 250 [℃]에서 균열이 생겨 떨어지며 약 650~750 [℃]에서 물러지고, 약 850 [℃]에서 용해되어 흘러 떨어진다. 유리의 뾰쪽한 끝은 약 600~650 [℃]에서 끝이 둥글어지므로 유리의 이와 같은 성질을 이해하고, 파손된 유리 조각이 깨끗하고 불규칙한 때에는 약 10분 이내에 강열한 열을 받은 것이며 매연이 낀 유리 조각들은 훈소화재 때와 같이 발열이 심하고 열을 서서히 받았음을 알 수 있게 된다. 견고한 물체가 유리를 파손케 한 경우는 그 접촉점을 기점으로 하여 방사상으로 파손되어 사각형이나 삼각형의 조각으로 분산 탈락하게 된다. 일반적으로 열을 많이 받은 유리조각은 아주 불규칙하고 특이한 모양으로 남게 된다.

열영향부(熱影響部, heat-affected zone)

금속의 용접이나 절단할 때 열 때문에 금속조직이나 기계적 성질이 변화된 부분이다.

열화(劣化, deterioration)

부품이나 재료의 품질 등의 특성이 시간의 경과에 따라 저하되어 가는 것을 말한다.

열화(烈火)

세차게 타는 불이다.

열화(熱火, furious flames)

뜨거운 불이다.

염분(鹽分, salinity)

해수 1 [kg]에 녹아있는 전체 염류의 양을 g의 단위로 나타낸 값이다. 단위는 퍼밀 [‰]을 쓴다.

외(椳, permill, lath)

흙 또는 콘크리트 벽을 만들 때 대나무나 싸리나무 철망 등으로 가로 세로를 얽어서 흙이나 시멘트 등을 발라 벽체로 삼는 것이다.

영상변류기(影像變流器, ZCT, Zero Phase Current Transformer)

회로의 누설전류를 검출하기 위해 설치하는 것으로 전선의 관통 유무, 결선의 형태, 접지선의 위치, 접지의 종류 등에 따라 특성이 다르게 나타난다.

용량성누설전류(Igc) = 오동작전류

용량성누설전류(Igc)는 전선로와 대지 사이에 필연적으로 생성되는 정전용량에 의해서 발생하는 충전전류이다. 따라서 기기, 장치 및 전선로 등에 용량성누설전류(Igc)가 많이 흐르거나 기기 자체(내부)에서 많이 발생하면 기기나 장치의 수명을 단축시키고 설비의 오동작으로 전원의 공급이 차단되는 문제점을 유발시키는 전류이다.

용융(鎔融, fusion or melting)

고체에 열을 가했을 때 액체로 되는 현상으로 융해라고도 한다.

◈ 주요 금속류 용융점 ◈

금속종류	용융온도[℃]	금속종류	용융온도[℃]
주석(Sn)	282	금(Au)	1,063
납(Pb)	327.5	동(Cu)	1,083
아연(Zn)	419.5	니켈(Ni)	1,452
마그네슘(Mg)	651	철(Fe)	1,535
알루미늄(Al)	660	크롬(Cr)	1,615
은(Ag)	960.5	텅스텐(W)	3,370

용융부근(熔融附近, fusion zone)

전선이 단락에 의해 용융되었을 때 과전류나 외부화염에 의한 조직과 확연히 다르며 용융부근 이외의 조직은 단락 가열시간이 없어 생전선의 조직과 비슷하며 용융부근에는 용융될 때 산소가 침투하여 무수히 많은 소혈(小穴, gas porosity)조직을 생성한다. 용융과 용융되지 않은 부근을 경계로 하여 명확한 경계선이 나타나고, 또한 단락용흔 생성부분에는 단락시에만 나타나는 특유의 주상조직(柱狀組織, columnar structure) 이 생성되어 단락입증을 위한 결정적인 단서가 된다.

용흔(熔痕, melten mark)

전기배선이나 금속부분에 생기는 용흔의 감식은 전기화재의 원인을 입증하는데 대단히 중요하다. 전선의 용흔은 1차흔, 2차흔, 기타의 용흔으로 분류한다.

위험분위기(危險雰圍氣, hazardous atmospheres)

대기 중의 인화성 또는 가연성 물질이 화재 및 폭발을 발생시킬 수 있는 농도로 공기와 혼합되어 있는 상태이다.

유기용제(有機溶劑, organic solvent)

상온, 상압 하에서 액체 상태로 있고, 휘발성이 있으며 다른 물질을 녹이는 성질을 가지고 있는 유기화합물을 말한다. 제1종 유기용제(사염화탄소), 제2종 유기용제(톨루엔), 제3종 유기용제(가솔린) 등이 있다.

유염화원(有炎火源, naked light)

불꽃이 있는 성냥불, 촛불, 라이타불, 화덕불 등과 같이 화재의 위험성이 있는 불씨로서 공기 중이나 가연성 혼합가스 등에 연소를 일으킬 수 있는 불꽃이다.

융점(融點, melting point)

녹는점을 말하며, 물질이 그 증기압 하에서 액체-고체의 평행상태에 있는 온도를 융점 또는 응고점이라고 한다. 순수한 물질이 용해하는 온도 범위는 좁으며 불순물이 혼입되면 현저하게 융점이 강하한다.

이동전선(移動電線, migration electric wire)

고정된 전원과 이동전기기기 또는 가변형 전기기기와 접속하는 전선으로 조영물 등에 고정하지 않고 사용하는 전선이다. 전구선, 전기사용 기계기구내의 전선, 케이블의 포선 등은 포함하지 않는다.

이방성(異方性, anisotropy)

물질의 물리적 성질이 그 물체 안에서 방향에 따라 다르게 작용하는 성질이다. 빛의 굴절, 열전도, 전기저항, 팽창률 등이다.

2차용흔(2次熔痕, secondary melten mark)

2차용흔(2次熔痕)은 전압인가 또는 통전 상태에 있는 배선이 화재시 열에 의해 전선의 절연피복이 소실되어 전선 등의 선이 서로 접촉하여 단락 되었을 때 생기는 용흔이다. 2차흔(2次痕)은 화재발생 후에 생기는 용흔이므로 화재의 온도에 의한 열영향을 많이 받는다. 단락시 동선의 온도가 높아 연화되어 있는 상태에서 단락하기 때문에 용흔에는 동 본연의 광택이 없고 동이 녹아서 방울이 된 상태로 아래로 늘어지는 양상을 나타내거나 또는 그와 비슷한 형상을 나타내는 것이 보통이다. 연선(꼬임선)의 경우는 소선이 용착되어서 용해의 범위가 크며 조직이 거칠어지므로 잘 살펴보고 판단해야 한다.

EMC(Electromagnetic Compatibility)

전자파 적합성은 전자기적 환경에서 적절히 기능을 수행하며, 그러한 환경에 오염원으로 작용하지 않는 것이다.

인화(引火, flash)

수소(H_2), 메탄(CH_4), 아세틸렌(C_2H_2), 에틸렌(C_2H_4), 프로판(C_3H_8)등의 가연성 가스와 에테르, 이황화탄소, 가솔린 등의 가연성액체에서 발생한 가연성의 증기는 공기와 적당하게 혼합한 상태에서 점화원을 접하면 용이하게 인화하여 가스 또는 증기의 화재나 폭발을 일으킨다.

인입구(引入口, service entrance)

옥외 또는 옥측에서의 전로가 가옥의 외벽을 관통하는 부분을 말한다.

인입구장치(引入口裝置)

인입구 이후의 전로에 설치하는 전원측으로부터 최초의 개폐기 및 과전류차단기를 합하여 말한다.

인입선(引入線, service wire)

가공인입선, 지중인입선 및 연접인입선의 총칭을 말한다.

인화성(引火性, flamble)

불이 잘 붙는 성질 또는 다른 화열(불씨)에 의해서 가연성의 물질이 발화하는 성질이다.

인화점(引火點, flash point)

가연성가스(flammable gas)나 가연성증기(flammable vapor)가 전기불꽃, 정전기, 화염열원 등의 점화원에 의해 착화하는 것을 인화라 하며, 물질이 공기 중에서 인화하는데 충분한 증기를 발생할 때의 온도를 그 물질의 인화점이라 한다. 동일의 온도, 압력, 습도 하에서 인화점이 낮을수록 화염에 용이하게 연소하므로 그 위험성이 높다. 가연성가스나 증기를 발생하는 액체 또는 고체가 공기 중에서 그 표면에 작은 불꽃을 낸 경우 그 불꽃에 의해 표면부근에 인화하는데 충분한 농도의 증기를 발생하는 최저온도를 인화점(인화온도)라고 한다. 따라서 인화점(引火點)이란 불을 끌어당기는 온도라는 뜻으로 가연물에 점화원을 접촉하였을 때 연소가 시작되는 최저온도를 말하며 가연성액체 또는 고체가 공기 중에서 생성한 가연성증기가 폭발(연소) 범위의 하한농도에 달할 때의 최저온도를 말한다.

1차용흔(1次熔痕, primary melten mark)

1차흔(1次痕)이라는 것은 화재 전에 생긴 용흔 또는 화재의 원인으로 된 용흔을 말한다. 전기배선 또는 코드가 어떠한 물리적 외력에 의해 피복이 파괴되어 심선이 서로 접촉하던가 다른 금속물(도체)과 접촉하여 단락상태에 이르게 되면 불꽃이 생겨 그 개소에는 용흔이 생기게 된다. 그것은 도체의 접촉에 의하여 과대전류가 흘러 접촉저항이 생기기 때문에 그 부분에 줄열이 발생하여 급격한 발열현상이 일어나고 그 때 발생한 열이 도체금속을 용해하여 그 일부는 비산되고 그 일부는 그 자리에 남게 되어 용흔이 생기는 것이다. 화재의 발생 전에 생긴 용흔 또는 화재의 원인이 된 용흔을 1차용흔(1次熔痕)이라 한다. 1차흔은 단락 전에는 그 개소의 온도가 별로 높지 않은 상태에서 단락과 동시에 국부적으로 고열화 되어 단락지점의 온도는 2,000~3,000 [℃]에 달한다. 이 때문에 용융부의 조직은 치밀하여 동 또는 금속체 본연의 광택을 띄고 있는 것이 보통이다. 그리고 표면이 비교적 구형에 가까운 것이 많고 연선의 경우에도 국부적인 발열관계로 인하여 소선의 선단에만 용착이 생긴다. 단락시에는 주위의 가연물(피복 등)은 탄화되어 있지 않는 것이 많기 때문에 용흔 중에 탄화물을 포함하고 있는 것은 거의 없다. 동일 전선에 수 개소의 단락에 의한 단선이 있는 경우에는 당연히 부하측의 것이 1차흔일 가능성이 가장 높다. 또, 꼬임선의 경우도 같은 상태로 국부적으로 발열하기 때문에 소선의 선단에 용착이 생기고 반대측의 소선에는 용착 등의 변화가 없는 것이 일반적이다. 1차 흔이 발생한 후에 화재열로서 그 표면이 융해한 경우가 있고 마치 2차적인 융해상태인 것 같은 경우가 있으므로 주의하지 않으면 안된다.

임장(臨場)

어떤 일이나 문제가 일어난 현장에 나옴. 화재의 원인조사를 위해 화재의 현장에 나옴.

자기차폐(磁氣遮蔽, magnetic shielding)

강자성체로 둘러싸인 구역 안에 있는 물체나 장치에 외부 자기장의 영향이 미치지 않는 현상 또는 그렇게 하는 조작. 자력선속이 흡수되는 형태로 자성체 속을 통과하기 때문에 일어나는 현상으로서 전기차폐만큼 완전하지는 않지만 실용상 지장이 없을 정도로 자기장의 영향을 받지 않도록 장치를 보호할 수 있다.

자기회복(自己回復, self-restoration)

콘덴서에서 유전체의 일부가 절연 파괴된 경우 파괴점의 전극 일부의 증착막이 퓨즈작용을 하여 파괴된 부분의 콘덴서 분할 전극만을 전기적으로 순시에 분리해 버리기 때문에 콘덴서 전체의 파괴에 이르지 않고 약간의 용량만 감소하는 것으로 정상적인 콘덴서 기능을 계속 유지하는 것을 말한다.

자연발화성물질(自然發火性物質, spontaneous combustible substance)

열원이 없이 상온에서 자연 발열되어 연소를 일으키는 물질을 말한다. 자연발화를 일으키는 원인으로 분해열, 산화열, 중합열 등이 있다. 반응공정과정에서 비교적 발화온도가 낮은 물질의 생성은 폭발사고의 위험도를 증대시킨다.

가연성 물질	자연발화 온도[℃]	가연성 물질	자연발화 온도[℃]	가연성 물질	자연발화 온도[℃]
목재(針葉樹)	250	유연탄(瀝靑炭)	360	유황(硫　黃)	232
목재(廣葉樹)	260	무연탄(無煙炭)	490	적인(赤　燐)	240
목탄(木　炭)	300	코　크　스	500	황인(黃　燐)	30

잠재성화원(潛在性火源)

전기, 기계, 화공 등의 장치로서 온돌, 연통, 스팀, 전열 매체장치, 전기의 발열장치나 접속불량의 결함여건, 자연발화, 혼촉 등의 발화, 광학적 요인, 기계적 마찰 같은 요인들이 광범위한 상태로 존재한다.

재결정(再結晶, recrystallization)

일반적으로 금속은 가공작용 때문에 결정립이 삐뚤어지고 있으나 적당한 고온으로 가열하면 응력이 없어지며 결정입자에 변화를 일으킨다. 이 현상을 재결정이라고 하며 재결정에 의한 입자의 크기는 가공정도와 가공온도에 의해서 크게 다르고 철의 재결정 온도는 약 450 [℃] 이다.

재난(災難, calamity)

인간의 사망, 상해 또는 설비 및 재산의 손실 또는 상실에 귀착하는 계획되지 아니한 사상 또는 사상의 연속을 말한다.

재해(災害, disaster)

안전사고의 결과로 일어난 인명과 재산의 손실을 말한다.

저항성누설전류(Igr) = 화재전류

저항성누설전류(Igr)는 전선로의 소손 또는 절연저항의 감소를 유발시키는 전류이며, 전기화재의 발생시키는 누설전류이다.

전광(電光, lightning)

뇌우에 동반되는 가시방전현상이며, 일반적으로 천둥이라 한다.

전격 또는 감전(電擊, 感電, electric shock)

강한 전류에 의한 갑작스런 전기충격을 받는 것으로 인체가 받은 전격은 주로 인체 통과 전류량에 따라 결정된다. 정전기로 대전되어 있는 인체에서 접지측으로 방전될 때 또는 대전 물체에서 인체로 방전되면서 인체에 전류가 흘러 충격을 느끼는 현상으로 인체의 전격발생 전하량은 2~3 × 1 / 10,000,000 [C]이다.

전계부재(電界不齋)

정전력이 작용하는 공간으로 전장의 세기가 불규칙하게 분포되는 현상이다.

전구선(電球線, electric wire)

전기사용장소에 시설하는 전선 가운데서 조영물에 고정하지 아니하고 백열전등에 이르는 것으로서 조영물에 고정하여 시설하지 아니하는 코드 등을 말한다.

전기기구(電氣器具, electric appliance)

전기 에너지를 이용하는 각종 기구를 통틀어 이르는 말이다.

전기기계기구(電氣機械器具, electric equipment)

배선기구, 가정용 전기기계기구, 공업용 전기기계기구, 백열전등 및 방전등(관등회로 배선은 제외)을 말한다.

전기사용장소(電氣使用場所)

전기를 사용하기 위하여 전기설비를 시설한 장소를 말한다.

전기용품(電氣用品)

전기설비의 부분이 되거나 또는 여기에 접속하여 사용되는 기계기구 및 재료 등을 말한다.

전로(電路, electric circuit)

보통의 사용 상태에서 전기를 통하는 회로의 전부 또는 일부를 말한다.

전면화재(全面火災)

지진 또는 무차별 폭격에 의한 화재들은 어떤 한 지역이나 제한된 소수의 지역에서만이 아니라 여러 곳에서 동시에 발생하여 한 도시나 지역을 전면적으로 화재에 휩싸이게 하는 화재로서 대형화재보다도 더욱 심한 화재이다.

전선로(電線路, electric line)

발전소, 변전소, 개폐소, 이와 유사한 장소 및 전기사용장소 상호간의 전선(전차선, 소세력 회로 및 출퇴표시등 회로의 전선 제외) 및 이를 지지하거나 보장하는 시설물을 말한다.

전선접속기(電線接續器)

전선 상호의 접속에 사용하는 금속물 및 전선의 끝에 부착하여 기계기구의 단자부 접속에 사용하는 금속물로서 납땜을 하지 않은 것이다.

절연(絕緣, insulation)

전기 또는 열을 통하지 않게 하는 것이다.

절연재료(絕緣材料, insulating material)

전기의 절연재료는 기체, 액체, 고체로 나눌 수 있다. 공기 외에드 산소 · 질소 · 수소 등과 같은 일반기체도 양호한 절연재료가 된다. 액체로 된 절연재료는 석유계 절연유, 실리콘유, 염소화유 등의 합성절연유 등이 있다. 고체절연재료에는 무기계, 자기계, 유리계, 섬유질계, 수지계, 고무계, 니스계 등 많은 종류가 있다.

접점(接點, contact)

일반적으로 도체와 도체가 외부압력(힘)이 가해져 접촉된 상터로 도전기능(導電技能, conduction function)을 갖는 용품을 접촉용품이라고 하며 그 중에서도 부하회로를 개폐하는 것을 목적으로 한 것을 접점이라고 한다. 유접점 기기란 접점을 갖는 기기를 말한다.

접지저항(接地抵抗, grounding resistance)

대지에 매설된 접지극(접지된 물체)과 대지간의 전기저항을 말한다. 접지저항은 영 저항으로 멀리 떨어진 접지전극(grounding electrode)과 전극 사이에서 대지의 저항을 접지저항계를 이용하여 측정한 것으로 단위는 ohm[Ω]를 사용한다. 사용전압과 목적에 따라 접지저항은 제1종(10 [Ω] 이하), 제2종, 제3종(100 [Ω] 이하), 특별 제 3종(10 [Ω] 이하) 접지저항으로 분류한다.

접촉저항(接觸抵抗, contact resistance)

접촉저항(R)은 외관상으로 보는 것 보다 훨씬 작은 접촉면적에 의하여 접촉하고 있는 실제 접촉부에 전류가 집중하여 흘러서 생기는 집중저항(集中抵抗, convergence resistance,

R_1)과 접촉면 사이에 존재하는 산화 또는 황화학 등과 같은 오염피막의 전기저항으로 생기는 경계저항(境界抵抗, boundary resistance or film resist, R_2)의 합으로 성립된다.

$R = R_1 + R_2$ [Ω]

접촉전압(接觸電壓, contact voltage)

접촉전압은 접지된 철 구조물과 대지표면의 한 점에서 동등하게 보통 수평으로 최대로 도달되는 약 1 [m] 사이의 전위차(電位差, potential difference)를 접촉전압이라고 한다.

정전기(靜電氣, electrostatic or static electricity)

두 물체를 마찰시키게 되면 각각의 물체에는 양전기와 음전기로 대전된다. 이와 같이 어떤 물체가 양전기나 음전기만을 띠는 대전체로서 외부에 나타나는 전기적인 현상을 정전기라 한다. 정전기는 방전할 경우 정전에너지에 의하여 자동화설비 등에 오동작을 유발하여 사고 및 생산 장해를 주고 또한 주변의 가연성 가스 · 증기 등에 착화하여 화재 및 폭발을 발생시킨다.

정전기대전(靜電氣帶電, static electricity electrification)

물체와 물체사이에 접촉 또는 분리, 마찰, 충격, 유동 및 분사 등으로 인하여 전하가 축적된 상태를 말한다.

정전기접지(靜電氣接地)

도체는 접지했을 때 정전기에 의해 대지에 흐르는 전류치는 일반적으로 1 / 100,000 [A] 이하이고, 접지도체의 누설저항이 100 [kΩ] 이하이면 충분한 대전방지 효과를 얻을 수 있다. 따라서 대전방지를 위한 접지에서는 어떠한 경우도 확실히 누설저항이 100 [kΩ] 이하로 또 접지저항을 1,000 [Ω] 이하로 하는 것이 바람직하다.

정전유도(靜電誘導, electrostatic induction)

양(+) 또는 음(-)의 전기를 띤 대전물체 가까이에 전기를 띠지 않는 다른 도체를 접근시키면 가까운 도체표면에 반대되는 대전이 일어나는 현상으로 정전감응이라고도 한다. 이는 정전계의 작용에 의해 국부적으로 과잉전하가 나타나는 현상을 말한다.

정전차폐(靜電遮蔽, electrostatic shielding)

정전기 작용을 차폐, 완화하기 위해 대전물체의 전부 또는 일부를 접지도체로 에워싸거나 덮는 것을 말한다.

정출(晶出, crystallization)

용융체에서 성분금속이 응고되어 출현하는 것을 정출이라고 한다. 최초에 정출하는 결정을 초정(初晶, primary crystal)이라 하며, 두 성분이 동시에 정출하는 것을 공정(共晶, eutectic)이라 한다.

제전기(除電機)

제전의 목적은 주로 부도체의 정전기 대전을 방지하는 것으로 제전기를 대전물체 가까이에 설치하면 제전기에서 생성된 이온(+이온과 －이온) 중 대전물체와 반대 극성의 이온이 대전 물체로 이동하여 대전 물체의 전하가 재결합 또는 중화되어 대전 물체의 정전기가 제전되어지는 것으로 제전기에 의해 발생한 이온의 이동이다. 즉, 제전기와 대전물체의 사이에 이온전류가 흐르는 것이며 이온전류가 크면 단시간 내에 제전된다.

조성(組成, composition)

두 가지 이상의 요소나 성분으로 이루어진 물질이다.

조영물(造營物)

건축물, 광고탑 등 토지에 정착하는 시설물 중 지붕 및 기둥 또는 벽을 가지는 시설물을 말한다.

조영재(造營材)

조영물을 구성하는 부분을 말한다.

주상조직(柱狀組織, columnar structure)

용융금속이 응고하는 과정에서 모재로부터 결정이 성장할 때에 온도가 높은 방향으로 길게 뻗은 조직이다. 이와 같은 조직은 결정립계에 불순물이나 수소가스를 함유하는 약한 입계가 생기기 쉬우며, 냉각중이나 그 후의 가공 중에 균열이 일어나는 원인이 된다. 용접금속이 고온에서의 균열은 주상조직(柱狀組織, columnar structure) 때문인 경우가 많다.

주상변압기(柱上變壓器, pole transformer)

1차 전압은 3,300/6,600 [V], 2차 전압은 110/220 [V]의 어느 것으로도 만들 수 있다. 용량은 2, 3, 5, …, 50 [kVA]에 걸쳐 표준값이 있는데 특별히 경량구조로 만든 75/100/133 [kVA]인 것도 있다. 외함 구조의 대부분은 강판제이며 속에 든 것은 철심과 권선인데 이것이 절연유 속에 놓여진다. 철심으로는 이전에는 규소판이 사용되었으나 최근에는 거의 규소강대로 바뀌었다. 이 때문에 여자전류나 철손이 감소되었다. 1차 단자 · 2차 단자 모두 퓨즈를 통해서 선로에 이어진다. 또한, 2차 권선의 중점은 사람에 대해서 안전접지가 되어 있다. 상수는 단상과 3상이 있다.

주연흔(走煙痕)

화재가 진화된 뒤 대형 건물의 외벽에 나타나는 가장 흔한 연소의 잔재로 연소의 확대와 진행상황을 말해주는 것이 주연흔이다. 화재의 진행에 있어서 주연흔을 남기는 경우는 내장 회벽이나, 타일류, 불연성 외벽에 잘 나타난다. 토스터, 다리미, 연통 또는 광택이 나는 특수 금속류는 열에 노출되면 특이한 색체가 나타나는데 이러한 종류의 변색상황으로 화재 현장 내의 위치별 수열도나 확대 진행된 상황을 파악하기도 한다.

◈ 광택 금속류 수열 변색 ◈

수열온도[℃]	변 색	수열온도[℃]	변 색	수열온도[℃]	변 색
230	황 색	590	진 홍 색	980	연 황 색
290	홍 갈 색	760	심 홍 색	1,200	백 색
480	연 홍 색	870	분 홍 색	1,320	회 백 색

주염흔(走焰痕)

일반화재에서 연기를 왕성하게 내면서 타는 상태가 지나치게 되면 가연성 물질에 따라서 차이는 있으나 활활 타오르는 단계를 지나 연기가 줄고(가연물이 줄고 산소 공급이 좋아지는 여건) 불꽃의 양이 커지는 것 같은 상태로 바뀌면서 건물 등 불연성 구조물이나 재질에 흔적을 남기는 것이 주염흔이다. 주염흔은 대체로 연한갈색, 상아색, 백색을 띄기도 하고 박리 현상도 생긴다.

주형(鑄型, mold)

높은 온도의 용융금속을 주입하여 응고시켜서 소요되는 주물을 만들 수 있도록 공간이 있는 형을 말한다.

중합(重合, polymerization)

포개어 합침. 같은 화합물의 분자 두개 이상의 결합하여 분자량이 큰 다른 화합물이 되는 일.

증기운폭발(蒸氣雲爆發)

저장용기나 배관에서 유출된 LPG가스가 대기 중에 공기와 혼합, 가연성 혼합기체를 형성하고 발화원인이 주어지면 격렬한 폭발현상을 일으키는데 이를 증기운 폭발이라 한다.

지락(地落, ground)

전선 또는 전로 중 일부가 직접 또는 간접으로 대지(접지)로 연결된 경우로, 즉 전로와 대지간의 절연이 저하하여 불꽃 또는 도전성 물질의 영향(섭동을 일으키게 하는 물체의 인력)으로 전로 또는 기기의 외부에 위험한 전압이 나타나거나, 전류가 흐르게 되는 상태를 말한다. 이렇게 하여 흐르는 전류를 지락전류라 하며 인체감전, 누전화재 또는 기기의 손상 등을 일으키는 원인이 된다.

진화(鎭火)

일어난 불을 끔. 또는 일어난 불이 꺼짐.

집적물(集積物)

모여서 쌓인 물질 또는 물질 등이 모아 쌓임.

차동변압기(差動變壓器, differential transformer)

1차 권선에 일정한 교류전압을 인가하면 2차 권선에 각각 e_1, e_2의 전압이 발생하며, 이것을 차동 접속함으로써 철심의 변위에 비례한 교류출력 전압을 얻을 수 있다. 직선성은 수십 [mm]이고, 정밀도는 1 [μm]이다. 자동제어계의 위치 검출기로서 공업에서 널리 사용된다.

추정(推定), [법]

어떠한 법률관계 또는 사실이 명료하지 않을 경우 쟁의를 피하게 하기 위하여 그것에 대하여 법이 일단 내리는 판단. 당사자가 이에 대하여 사실과 다르다는 것을 입증하였을 때는 그 효과를 잃으며, 미루어 헤아려서 판정한다.

축전지(蓄電池, battery)

축전지란 전기에너지를 화학에너지로 변화시켜 보존하였다가 필요에 따라 전기에너지로 꺼내어 쓰는 전기기계로서 2차 전지라고도 한다. 여기서 전기에너지를 꺼내어 쓰는 일을 방전이라 하고 전기에너지를 화학에너지로 바꾸어 넣어주는 일을 충전이라 한다. 충전 및 방전을 여러 번 할 수 있는 전지가 축전지이다.

축합(縮合, condensation)

두 가지 이상의 물질이 공유결합에 의하여 이루어지는 화합이다.

출화(出火, outbreak of fire)

불이 남.

출화부(出火部)

발화부에서 시작한 화재가 연소를 계속하다가 공기의 소통에 의하여 왕성하게 연소를 개시한 부분을 말하며, 연소속도는 신속하고, 왕성하여 그에 상응한 흔적을 남긴다.

출화율(出火率)

출화율이란 건물 연면적 1,000 [m^2] 당의 연간 출화 횟수이다. 이것은 실제의 화재통계에서 구하는 것을 원칙으로 한다.

충전(充電, electric charge)

축전기나 축전지 따위에 전기를 축적한다.

침상조직(針狀組織, acicular structure)

바늘처럼 가늘고 뾰족한 모양을 나타내는 조직을 총칭하는 것이다.

코로나방전(corona discharge)

불평등 전계에 의해 전계의 집중이 일어난 부분만이 전리를 일으키는 국부적인 방전이다. 코로나방전은 방전에너지 밀도가 작기 때문에 정전기 재해·장해의 원인이 되는 확률은 낮다.

코킹재

실링(sealing) 재료 중에서 비탄성형인 것을 말함(KS F 4032 건축용 실링재).

콘센트(electric outlet)

꽂음 접속기의 플러그 받이 일종으로서 칼받이, 배선 접속단자 등으로 구성되며 조영재, 기기 등에 고정할 수 있는 것이다.

큐비클(cubicle)

메탈클래드(metal clad) 또는 폐쇄형 배전반이라고도 한다. 금속판 또는 철망으로 둘러싸여 있으며 직육면체로 되어 있다. 이 속에 주로 수용되는 것은 차단기 또는 유입개폐기이며, 그밖에 차단기의 조작기구, 외부로부터 인입되는 케이블이나 모선 등의 단자, 이들을 지지하는 애자 등도 수용된다. 차단기나 유입개폐기를 설치하기 위한 고전압의 도선이나 단자가 노출된 배전반도 있지만, 이에 대하여 큐비클은 조작하는 사람에 대한 안전성이 높아지고, 차단기에 고장이 생겼을 때 그 영향을 자체에 국한시키는 가능성이 크며, 큐비클 치수의 규격화로 설치계획이 용이해지고 또한 경제적이라는 특징을 가진다.

탄소(炭素, carbon)

원소기호는 C로 표기하며, 원자번호는 6 이다. 비금속 원소의 한가지로 빛깔과 냄새가 없는 고체이다.

탄화(炭火, carbonization)

유기물이 열분해 또는 다른 화학적 변화로 말미암아 탄소로 되는 일. 목재의 목탄화, 석탄의 코크스(숯)화 등으로 연료로부터 휘발성 물질을 제거하는 것을 말함.

탄화도전로(炭火導電路)

유기물(목재, 플라스틱 등)이 열분해 또는 다른 화학적 변화 등으로 탄소화 되어 전류가 흐르는 통로(회로)를 만드는 것이다.

탄화심도(炭火深度)

기둥이나 보 등의 목재 표면의 탄화된 깊이를 뜻하므로 수열도가 심할수록 그 심도가 깊어지기 때문에 탄화심도 측정기를 사용하여 목재 표면의 연소면에 직각으로 일정한 압력을 가하여 그 심도를 각 자료별로 측정 비교함으로써 연소 경로를 판단하게 된다.

텀블러스위치(tumbler switch)

손잡이를 상반(반대)되는 두 방향으로 조작함으로써 접촉자를 개폐하는 스위치이다.

트래킹현상(tracking phenomenon)

전선, 케이블(전기제품 등)의 충전전극 간의 절연물 표면에 도전성 습기, 수분, 먼지, 오존 등 오염된 곳의 표면을 따라서 전류가 흐르면 줄열(Joule's heat)에 의해서 표면이 국부적으로 건조하여 전계부제로 인한 미소방전, 또는 탄화되어 소호, 섬락 등이 생기고 그 때의 열에 의해서 절연체의 일부가 분해되어 탄화 또는 침식에 따라 탄화도전로가 생겨 결국에는 절연물 자체를 침식, 파괴시켜 단락, 지락으로 발전하여 출화하는 현상을 말한다.

판상(板狀, laminar)

널빤지 같이 생긴 모양이다.

폭발(爆發, explosion)

정지상태의 물질이 급격히 팽창하는 현상이며 열, 빛, 소리와 충격적인 압력을 수반하며 순간적으로 완료되는 화학적 변화로, 일종의 연소형태이다. 혼합가스가 연소 범위에서 점화되었을 때 고온과 빠른 연소 속도로 인해 체적이 급격히 팽창함으로써 음향 그리고 주위의 기계적 파괴력을 미치는 현상이다. 폭발재해의 분류는 폭발전의 물질의 상태에 따라 기상폭발, 의상폭발로 대별한다.

폭연(爆燃)과 폭굉(爆轟)

모두 폭발의 일종으로 폭풍압의 파동속도가 음속 이하의 경우를 폭연이라고 하며, 음속이상으로 충격파를 수반하고 파괴 작용이 생기는 경우를 폭굉이라 한다.

폭굉현상(爆轟現狀, detonation phenomenon)

혼합가스 중의 일점에서 착화되었을 때 연소파가 어떤 거리를 진행한 후 갑자기 연소 전파속도가 증가하여 마침내 그 속도가 1,000~3,500 [m/s] 달하는 경우가 있다. 이와 같은 현상을 폭굉현상이라고 한다. 폭굉파의 전파속도는 음속을 앞지르기 때문에 그 진행전면에는 충격파가 형성된다.

폭발성물질(爆發性物質, explosive substance)

고체 또는 액체의 응고상태에서 폭발성을 가진 화합물을 폭발성 물질이라고 하며 폭발성 혼합가스, 폭발성 분진으로 구분한다.

표피박탈(表皮剝脫)

고전압에 의한 아크, 스파크 등 폭발적 고열이 발생되어 표피가 박탈된 것.

풀스위치(pull-swith)

당김줄을 조작함으로써 접촉자를 개폐하는 스위치이다.

풍상측(風上側, windward)

어떤 기준이 되는 사물을 중심으로 하여 바람이 불어오고 있는 쪽을 풍상측이라 한다.

풍하측(風下側, leeward)

어떤 기준이 되는 사물을 중심으로 하여 바람이 통과하여 불어가고 있는 쪽을 풍하측이라 한다.

피난설비(避難設備, fire escape apparatus)

피난설비는 크게 피난기구와 유도등 및 유도표지로 나누어진다. 피난기구는 응급적, 보조적 피난수단이며 피난계단 등으로 피난할 수 없는 경우에 쓰인다. 손쉽게 조작할 수 있고, 기능이 확실하며, 지나치게 불안감을 주지 않는 성능의 것이라야 한다. 유도등과 표지는 비상구의 위치와 피난 방향을 알리기 위한 것으로 조명장치가 붙은 유도등과 붙어 있지 않는 유도표지로 나누어진다. 유도등과 유도표지의 표시는 누구나 쉽게 식별할 수 있고 멀리서도 구별할 수 있어야 한다. 표시내용은 피난구를 나타내는 기호, 피난방향의 화살표, 비상구라는 문자 등이다.

합선(合線) 또는 단락(短絡, electric short)

전기배선 또는 코드가 어떠한 물리적인 외력에 의하여 절연피복이 파손되어 그 결과로 심선 또는 소선이 서로 접촉되어 한데 붙는 것이다.

해리(解離, dessociation)

분자나 결정이 보다 작은 분자나 원자단 및 이온 따위로 분해하고, 상황에 따라서는 반대로 진행하기도 하는 현상(열해리, 전기해리 등)이다.

허용전류(許容電流, allowable current)

전선의 단면적에 대응하여 안전하게 흘릴 수 있는 전류의 한도로서 이 한도 이내의 전류를 안전전류라고 한다. 전선에 전류를 흐르게 하면 전기저항 때문에 발열해서 전선재료가 약화되거나 전선의 피복 재료가 변질되어 절연 성능이 열화할 우려가 있으므로, 그 전선에 따른 안전전류를 지켜야 한다. 그러나 단면적이 같다고 할지라도 나선이냐 피복선이냐에 따라 허용전류가 달라진다. 예컨대 단면적이 2 [mm^2]인 절연구리선에서는 허용전류가 27 [A]이지만 경질 비닐파이프에 수용하였을 때는 27 [A]의 60 [%] 정도밖에 흘릴 수가 없다.

화염(火焰, flame)

불꽃 또는 붉게 타오르는 불 또는 가연성가스가 연소할 때 열과 빛을 내는 부분이다.

화원(火源)

불이 난 근원이다.

화원부(火源部)

발화의 기점이 되는 발화부를 포함하는 넓은 공간부를 의미하며 최초 발화한 층이나 호실을 화원부, 화원층 또는 화원방이라 한다. 소적(燒迹) 현상은 거의 평면적으로 남은 것이지만(철근, 철골, 철근콘크리트 구조는 반드시 그렇지 않다.) 화재 당시의 건물은 물론이거니와 불 자체는 입체적으로 존재한 것이므로 항상 입체적(3차원적)으로 생각해야 한다.

화재감지기(火災感知器, fire detector)

실내의 출화를 자동적으로 감지하여 경보를 발하는 장치로 화재경보기의 일부이다. 화재를 감지하는 형식에 따라 정온식, 차동식 및 보상식 등이 있다.

환원(還元, restoration)

어떤 물질이 산소의 일부 또는 전부를 잃거나 수소와 화합하는 화학변화이다. 그리고 산화(酸化, oxidation)는 본래의 상태로 되돌아가는 것을 말한다.

화상(火傷, burn)

열, 불 또는 전기에 의한 화상은 그 정도에 따라서 일시적으로 1도, 2도, 3도, 4도로 분류된다.

① 1도화상 : 피부나 점액이 충혈하여 빨갛게 되고, 통증이 약간 있는 화상.

② 2도화상 : 피부 깊숙이 침투된 것으로 열을 받은 피부부위가 분홍색으로 되고 염증을 일으켜 표피 밑에 장액(분비액)이 많이 채워져 차차 수포를 만드는 화상.

③ 3도화상 : 피부와 피하지방까지 깊숙이 침투된 것으로 단백질이 고열로 인해 황색 또는 암갈색등 피부 부위가 건조된 상태이며 신경이 죽은 상태이어서 통증이 없는 화상이다.

④ 4도화상 : 탄화 또는 회화성 화상이다.

화재(火災, fire)

화재라 함은 사람의 의도에 반하거나, 고의에 의하여 발생하는 연소현상으로서 그 결과가 재해와 관련되는 것이고, 소화시설 또는 동등이상의 시설을 이용하여 소화할 필요가 있는 것을 말하며 재해와 관련되지 않는 것은 화재라고 하지 않는다.

※ 화재의 소실정도

① 전소 : 건물의 70 [%] 이상(입체면적에 의한 비율)을 소실하였거나 또는 그 미만이라도 잔존부분에 보수를 하여도 재사용이 불가능한 것

② 반소 : 건물의 30 [%] 이상, 70 [%] 미만이 소실된 것

③ 부분연소 : 전소, 반소 및 즉소에 해당되지 아니한 것

④ 즉소 : 화재발생 즉시 소화된 화재로 피해액이 경미한 화재

합성누설전류(Ig)

합성누설전류(Ig)는 저항성누설전류(Igr), 용량성누설전류(Igc), 유도성누설전류(Igl)의 합이다. 그러나 전선로의 누전으로 인한 화재는 저항성누설전류(Igr)에 비례하고, 절연 상태는 저항성누설전류(Igr)에 반비례한다. 그리고 옥내용 전기설비에서는 유도성누설전류(Igl)는 무시한다.

훈소(燻燒, smoldering)

훈소는 물질이 착화되어 불꽃 없이 연기만 내면서 타거나, 타다가 어느 정도 시간이 경과되면서 발염될 때까지의 연소 상태를 말하며 훈소흔은 이러한 상황 하에서 목재에 남겨진 흔적이라고 보면 되고, 발화부 판단은 물론이고 화재의 원인까지드 포함하게 된다. 더운 연기에 쐬여 열이 축적(축열)되어 불이 나는 것이다.

훈소화원(燻燒火源) 또는 무염화원(無焰火源)

담배불과 같이 불꽃 없이 연기만 내고 중심에서 암적색의 불씨간을 갖고 재로 둘러싸인 향불, 모기불, 뜸불, 왕겨불, 톱밥불 등과 같은 불씨를 말한다.

02 기호_단위 표기 및 물리량

〈표 1〉 단위의 표기, 읽는 법 및 물리량

표기	단 위	단위 읽는 법	물리량	물리량(영문)
Q, q	[C]	Coulomb	전하	electric charge
			전기량	quantity of electricity
I, i	[A]	Ampere	전류	electric current
R, r	[Ω]	Ohm	저항	electric resistance
V, v	[V]	Volt	전압	voltage
C	[F]	Farad	정전용량 커패시턴스	electrostatic capacity or capacitance
C	[Ah]	Ampere hour	축전지 용량	capacity of battery
ε	[F/m]	Farad per meter	유전율	permittivity
L	[H]	Henry	인덕턴스	inductance
f	[Hz]	Hertz	주파수	frequency
D	[C/m^2]	Coulomb per meter square	전속밀도	electric flux density
	[J/m^3]	Joule per meter cubic	에너지 밀도	energy flux density
E	[N/C]	Newton per Coulomb	전계의 세기	intensity of electric field
	[V/m]	Volt per meter		
σ	[W/s]	Watt per second	전도율	conductivity
ω	[rad/s]	radian per second	각주파수	angular frequency
			각속도	angular velocity
Θ	[rad]	radian	각도	angular measure
N_s	[rpm]	revolution per meter	동기속도	synchronous speed
			회전속도	rotating speed
G	[S]	Siemens	컨덕턴스	conductance
	[℧]	mho		

표기	단 위	단위 읽는 법	물리량	물리량(영문)
V	[V/cell]	Volt per cell	축전기 1개의 최저허용전압	a minimum allowable voltage of a battery
P	[W]	Watt	전력	electric power
			유효전력	effective power
P_r	[Var]	var	무효전력	reactive power
P_a	[VA]	Volt Ampere	피상전력	apparent power
Φ	[Wb]	Weber	자속	magnetic flux
μ	[H/m]	Henry per meter	투자율	permeability or magnetic permeability
F	[AT]	Ampere Turn	기자력	$m.m.f$, magnetomotive force
M	[Mx/m^2]	Maxwell per meter square	자화력	magnetizing force
m	[Wb · m]	Weber meter	자기모멘트	magnetic moment
J	[G]	Gauss	자화의 세기	intensity of magnetization
	[Wb/m^2]	Weber per meter square		
G_b	[Gb]	Gilbert	기자력의 단위	unit of magnetomotive force
P_e	[W/m^3]	Watt per meter cubic	와전류손	eddy current loss
T, τ	[N · m]	Newton meter	회전력	torque
P	[HP]	Horse Power	마력	horse power
	[PS]	PferdeStärke		
P	[atm]	atmosphere	기압	atmosphere
			압력	pressure
t	[h]	hour	시간	time
	[s]	second		
v	[m/min]	meter per minute	속도	velocity
	[m/s]	meter per second		
A	[m^2]	meter square	면적	area
l	[m]	meter	길이	length
P	[lb]	pound	중량	weight
m	[g]	gram	질량	mass
F	[N]	Newton	힘	force
	[dyne]	dyne		
w	[erg]	erg	에너지	energy
			일	work
mol	[mol]	mole	물질의 양	amount of substance

표기	단 위	단위 읽는 법	물리량	물리량(영문)
vol%	[vol%]	volume percent	퍼센트 농도	percent concentration
H	[J]	Joule	열량	quantity of heat
	[cal]	calorie		
	[BTU]	British Thermal Unit		
Q	[W/m^2]	Watt per meter square	대류열	convective heat
h	[W/m^2 · ℃]	Watt per meter square degree Celsius	열전달계수	heat transfer coefficient
k	[W/m · K]	Watt per meter Kelvin	열전도율	thermal conductivity
Q	[cal/g]	calorie per gram	융해열	heat of fusion
			증발열	heat of vaporization
W	[kg/m^2]	kilogram per meter square	화재하중	fire load
σ	[W/m^2 · K^4]	Watt per meter square raise Kelvin to 4th power	스테판-볼츠만 상수	Stefan-Boltzmann constant
ϕ	[rad/m]	radian per meter	위상정수	phase constant
ɣ	[m^{-1}]	inverse meter	감광계수	photosensitive coefficient
α	[dB/m]	deciBel per meter	감쇠정수	damping integer
			감쇠상수	damping constant
K	[K]	Kelvin	켈빈온도	Kelvin temperature
°F	[°F]	degree Fahrenheit	화씨온도	Fahrenheit temperature
°R	[°R]	degree Rankine	랭킨온도	Rankine temperature
℃	[℃]	degree Celsius	섭씨온도	celsius degree(temperature)

〈표 2〉 그리스문자의 알파벳

호칭(영어)	한국어	대문자	소문자	호칭(영어)	한국어	대문자	소문자
Alpha	알파	A	α	Nu	누	N	ν
Beta	베타	B	β	Xi	크사이	Ξ	ξ
Gamma	감마	Γ	γ	Omicron	오미크론	O	ο
Delta	델타	Δ	δ	Pi	파이	Π	π
Epsilon	엡실론	E	ε	Rho	로우	P	ρ
Zeta	제타	Z	ζ	Sigma	시그마	Σ	σ, ς
Eta	에타	H	η	Tau	타우	T	τ
Theta	세타	Θ	θ	Upsilon	입실론	Y	υ
Iota	이오타	I	ι	Phi	파이	Φ	φ
Kappa	카파	K	κ	Chi	카이	X	χ
Lamda	람다	Λ	λ	Psi	프사이	Ψ	ψ
Mu	뮤	M	μ	Omega	오메가	Ω	ω

〈표 3〉 단위 환산표

(1) 호칭, 기호 및 크기

호칭	기호	크기	호칭	기호	크기
deka	D	10^{1}	yocto	y	10^{-24}
hecto	h	10^{2}	zepto	z	10^{-21}
kilo	k	10^{3}	atto	a	10^{-18}
mega	M	10^{6}	femto	f	10^{-15}
giga	G	10^{9}	pico	p	10^{-12}
tera	T	10^{12}	nano	n	10^{-9}
peta	P	10^{15}	micro	μ	10^{-6}
exa	E	10^{18}	milli	m	10^{-3}
zetta	Z	10^{21}	centi	c	10^{-2}
yotta	Y	10^{24}	deci	d	10^{-1}

(2) 길이 [L]

환산 전의 단위	환산 후의 단위	환산 계수
cm	in	0.3937
cm	ft	0.0328
ft	m	0.3048
in	cm	2.54
m	ft	3.2808
m	in	39.3701
yd (yard)	ft	3
yd	m	0.9144
자	cm	30.3030

(3) 질량 [M]

환산 전의 단위	환산 후의 단위	환산 계수
kg	lb	2.2046
lb	kg	0.4536
t (metric ton)	kg	1000
t (metric ton)	lb	2204.6
돈	g	3.75
관	kg	3.75
t (long ton)	lb	2240
t (short ton)	lb	2000

(4) 넓이 [L^2]

환산 전의 단위	환산 후의 단위	환산 계수
acre	ft^2	4356
acre	m^2	4046
m^2	ft^2	10.7639
평	m^2	3.3058

(5) 부피 $[L^3]$

환산 전의 단위	환산 후의 단위	환산 계수
cm^3	ft^3	3.5314×10^{-5}
cm^3	Gal (U.S.)	2.6417×10^{-4}
ft^3	cm^3	2.8316×10^{4}
ft^3	Gal (U.S.)	7.4805
ft^3	L	28.3168
Gal	in^3	231
barrel	Gal (U.S.)	42
in^3	cm^3	16.3871
m^3	ft^3	35.3147
m^3	Gal (U.S.)	264.17

(6) 시간 [T]

환산 전의 단위	환산 후의 단위	환산 계수
h	min	60
h	s	3600

(7) 속도 [L / T]

환산 전의 단위	환산 후의 단위	환산 계수
빛의 속도	m / s	2.9979×10^{8}

(8) 가속도 $[L / T^2]$

환산 전의 단위	환산 후의 단위	환산 계수
표준 중력 가속도	m / s^2	9.8066
표준 중력 가속도	ft / s^2	32.1740

(9) 힘, 무게 [ML / T^2=F]

환산 전의 단위	환산 후의 단위	환산 계수
N (newton)	d (dyne)	1×10^5
N	lb_f	0.2248
kg_f	N	9.8066
kg_f	lb_f	2.2046
lb_f	kg_f	0.4536
lb_f	lbl (poundal)	32.1740
lb_f	N	4.4482

(10) 압력 [F / L^2=P]

환산 전의 단위	환산 후의 단위	환산 계수
atm	N / m^2 = Pa	1.0132×10^5
atm	kg_f / cm^2	1.0133
atm	lb_f / in^2 (psi)	14.696
atm	mmHg (0℃) = torr	760
bar	N / m^2 = Pa	1×10^5
bar	lb / in^2	14.504
lb / in^2	N / m^2 = Pa	6.8947×10^5
N / m^2=Pa	lb / in^2	1.4498×10^{-4}

(11) 에너지, 일, 열 [F / L=E]

환산 전의 단위	환산 후의 단위	환산 계수
BTU	J	1054.35
BTU	cal	251.99
BTU	$lb_f \cdot ft$	777.65
$lb_f \cdot ft$	$N \cdot m$ = J	1.35
$lb_f \cdot ft$	$kg_f \cdot m$	2.14
$lb_f \cdot ft$	$kW \cdot h$	3.76×10^{-7}
J = $N \cdot m$	BTU	9.48×10^{-4}
J	$W \cdot s$	1
J	$kg_f \cdot m$	0.10
$kg_f \cdot m$	BTU	9.28×10^{-3}
$kg_f \cdot m$	$N \cdot m$ = J	9.80
$kg_f \cdot m$	$W \cdot h$	2.74×10^{-3}
cal	$N \cdot m$ = J	4.18
cal_{IT}	J	4.18

(12) 일률, 동력 [E / T, W]

환산 전의 단위	환산 후의 단위	환산 계수
HP (Horse Power)	$lb_f \cdot t / s$	550
HP	W = J / s = J	745.7
HP	$kg_f \cdot m / s$	76.040
PS (PferdeStärke)	$kg_f \cdot m / s$	75
$kg_f \cdot m / s$	W	9.8066
$lb_f \cdot ft / s$	W	1.3558

참고문헌

(1) 최충석, "소방전기설비", 도서출판 동화기술, 2018.

(2) 최충석, "소방전기회로", 도서출판 동화기술, 2018.

(3) 최충석, "전기공학개론", 도서출판 동화기술, 2018.

(4) 최충석 외 9, "화재감식(Ⅰ, Ⅱ)", 도서출판 동화기술, 2013.

(5) 신백균, 박강식, 이경섭, 이선우, 최충석, "전기응용", 동일출판사, 2013.

(6) 김현우, 백동현, 최충석, "소방전기실습", 성안당, 2010.

(7) 양승렬, 안병권, 최충석, 황한열, "자연과학개론", 도서출판 동화기술, 2014.

(8) 김진수, 조정형, 진병일, 최재연, 최충석, "전기일반", 대한교과서주식회사, 2003.

(9) 이덕출, 이능헌, "전기회로", 동일출판사, 2002.

(10) 전춘생, "전자기학", 동명사, 1998.

(11) 이복희, 백용현, "송배전공학", 보성문화사, 1989.

(12) 이윤종, "신편 전기기계", 동명사, 1988.

(13) 김두현, 김상철, 김응식, 김찬오, 이동훈, 이성일, 정재희, 최충석, 강성화, 조성곤, "전기안전공학", 동화기술, 2013.

(14) 이덕출, 정연택, "신편 전기철도", 동명사, 1986.

(15) 김광렬, 노수영, 김영주, "최신 연소공학", 동화기술, 1998.

(16) 이덕출, "전열공학", 동일출판사, 1996.

(17) 김창주 외 3 공역, "금속조직학", 학문사, 1993.

(18) 양훈영, "신금속재료학", 문운당, 1996.

(19) 김남, 김수형, 신용섭, "정보통신공학", 기전연구사, 1999.

(20) 김진수, 이덕출, "전기공학기초", 동일출판사, 2000.

(21) D. S. Miller, "Discharge Characteristics", A.A.Balkema, 1994.

(22) Malcolm P. Stevens, "Polymer Chemistry", Third Edition, Oxford, 1999.

(23) L. H. Sperling, "Introduction to Physical Polymer Science", Second Edition, Wiley- Interscience, 1992.

(24) J. S. T. Looms, "Insulators for High Voltages", Peter Peregrinus Ltd., 1988.

(25) J. R. Cogdell, "Foundations of Electric Power", Prentice Hall, 1999.

(26) 日本火災學會編, "火災と建築", 共立出版株式會社, 2002.

(27) Ohmsha, "電氣設備技術基準解釋", 2003.

(28) 최충석 외 5, "저압용 누전차단기의 차단특성 및 그라파이트 분석에 관한 연구", J. of KOSOS, Vol.14, No.1, pp.49-54, 1999.3.

(29) 최충석 외 2, "열열화된 600V 2종 비닐절연전선의 특성변화 분석", J. of KIEE, Vol.49C, No.1, pp.8-12, 2000.1.

(30) 최충석 외 1, "형광등용 안정기의 화재원인 판정에 관한 연구", J. of KIFSE, Vol.14, No.3, pp.1-5, 2000.3.

(31) 송길목 외 3, "층간단락에 의해서 소손된 PT의 특성해석에 관한 연구", pp.131-134, KIFSE 학술지, 2000.4.28.

(32) 김혁수 외 3, "환풍기용 전동기 권선의 층간단락에 의한 화재위험성 분석", pp.135-139, KIFSE 학술지, 2000.4.28.

(33) 최충석 외 2, "옥내용 전선의 전류변화에 따른 아산화동 증식현상", pp.90-93, KOSOS 학술지, 2000.6.2.

(34) 최충석 외 4, "동선 접속부에서의 전기적 적열현상에 관한 연구", pp.41-43, KIIEE 학술지, 2000.6.3.

(35) 최충석 외 4, "몰드형 계기용변압기의 소손원인 해석에 관한 연구", pp.1557-1559, KIEE 학술지, 2000.7.18-20.

(36) 최충석 외 4, "연동선의 아산화동 증식속도와 전류와의 관계", pp.1513-1515, KIEE 학술지, 2000.7.18-20.

(37) 최충석 외 2, "동전선의 열열화에 의한 특성변화 분석", pp.64-67, KOSOS 학술지, 2000.11.3.

(38) 최충석, "열적 스트레스 변화에 따른 600V 비닐절연전선의 특성 분석", J. of KIFSE, Vol.15, No.1, pp.108-115, 2001.3.

(39) C. S. Choi et al 2, "A Study on the Growing Properties of the Cu2O with Variation of Load Current", APSS 2001, pp.271-274, 2001.11.28-30.

(40) C. S. Choi et al 2, "A Study on the Properties of RCD(ELB) Case Deteriorated by Tracking", APSS 2001, pp.275-278, 2001.11.28-30.

(41) 최충석 외 2, "강제 열화된 몰드 변압기의 열 특성 해석", pp.124-126, KIEE 학술지, 2001.4.27.

(42) 최충석 외 2, "저압설비에 사용되는 누전차단기의 트래킹 특성에 관한 연구", pp.74-79, KOSOS 학술지, 2001.5.11.

(43) 최충석 외 4, "전선 접속부 생성물 분석에 의한 전기화재 판정", pp.134~142, KSFS 학술지, 2001.5.25.

(44) 최충석 외 4, "염수에 의해 열화된 누전차단기 절연재료의 특성에 관한 연구", pp.878-881, KIEEME 학술지, 2001.7.12-14.

(45) 최충석 외 5, "Standby Mode에서 출화된 콘센트의 화염 패턴 및 전기적 특성에 관한 연구", J. of KIFSE, Vol. 16, No.1, pp.39-44, 2002.1.

(46) C. S. Choi et al 3, "A study on the characteristics of tracking deterioration between electrodes on phenolic resin used for low voltage", ICEE 2002 Vol.3, pp.1135-1138, 2002.7.7-11.

(47) C. S. Choi et al 2, "A study on the electrical properties for the contact part of crimp-type terminal according to the current variation", ICEE 2002, Vol.3, pp.1187-1190, 2002.7.7-11.

(48) C. S. Choi et al 2, "Thermal Characteristics of RCD Case according to Water Treatment", 29th Int. symposium on Combustion, pp.67, 2002.7.21-26.

(49) C. S. Choi et al 3, "Heating Characteristics according to the Mechanical Pressure at the Terminal of Circuit Breaker for Low Voltage", 29th Int. symposium on Combustion, pp.68, 2002.7.21-26.

(50) C. S. Choi et al 4, "A Study on Electric Fire Analysis of Insulating Materials Due to the Tracking Deterioration", ACED 2002, pp.606~609, 2002.11.17-20.

(51) 최충석 외 5, "비닐절연전선의 소손 원인 판정기법에 관한 연구", pp.129-137, KSFS 학술지, 2002.6.28.

(52) 최충석 외 5, "과부하에 의해 변형된 비닐절연전선의 구조변화 분석", pp.398-401, KIEEME 학술지, 2002.7.8-10.

(53) 최충석 외 5, "열 열화 온도에 따른 IV의 수축률 및 조직 분석", pp.1416-1418, KIEE 학술지, 2002.7.10-12.

(54) 최충석 외 5, "수처리에 의한 페놀수지의 표면 특성에 관한 연구", pp.1431-1433, KIEE 학술지, 2002.7.10-12.

(55) 최충석 외 2, "누전차단기 외함 전원측 단자사이의 트래킹에 의한 탄화특성 분석", J. of KIFSE, Vol.17, No.4, pp.13-19, 2003.12.

(56) C. S. Choi et al 4, "A Study on the Carbonization Characteristics of Insulating Materials between RCD Terminals Deteriorated by NaCl Solutions", ICPADM 2003 Vol.1, pp. 427-430, 2003.6.1-5.

(67) C. S. Choi et al 2, "The properties variation of PVC insulated plug damaged by poor contact", ICPADM 2003 Vol. 1, pp. 431-434, 2003.6.1-5.

(58) C. S. Choi et al 3, "The Analysis of Dendrite Structure of Electric Wire Melted Fusing Current", J-K Joint Sym., on

ED & HVE, 2003.11.6-7.

(59) 최충석 외 4, "열적 피로에 의한 전원 코드의 발화 특성과 전기화재 분석에 관한 연구", pp.164-170, KIFSE 학술지, 2003.4.18-19.

(60) 최충석 외 4, "기계적 피로에 의한 전원 코드의 화재위험성", pp. 366-371, KOSOS 학술지, 2003.5.16-17.

(61) 최충석 외 4, "탄화물질 분석을 통한 전기화재 판정", pp. 89-94, KSFS 학술지, 2003.5.30.

(62) 김향곤 외 2, "구부림 피로에 의한 연선의 반단선 특성 해석", pp.464-467, KIEEME 학술지, 2003.7.10-12.

(63) 김향곤 외 3, "과전류에 의해 열화된 비닐코드의 특성 분석", pp.489-492, KIEEME 학술지, 2003.7.21-23.

(64) 송길목 외 4, "과전류 열화에 의해 용단된 전선의 수지상 조직 성장특성에 관한 연구", pp.1463-1465, KIEE 학술지, 2003.7.21-23.

(65) 김향곤 외 3, "저압용 전원선의 접촉 불량에 따른 열적 특성에 관한 연구", pp.1466-1468, KIEE 학술지, 2003.7.21-23.

(66) 최충석 외 4, "기계적 피로에 의한 연선의 열화패턴 분석", pp. 99-104, KIFSE 학술지, 2003.10.17-18.

(67) 최충석 외 2, "일체형 비닐코드의 과전류 열화에 의한 열적 특성 분석", pp. 105-111, KIFSE 학술지, 2003.10.17-18.

(68) 최충석 외 3, "전압파형 해석을 통한 전원코드의 접촉불량 특성에 관한 연구", pp. 305-310, KOSOS 학술지, 2003.10.31-11.1.

(69) 최충석 외 2, "과전류에 의해 용단된 연동선의 단면조직 분석", pp. 311-316, KOSOS 학술지, 2003.10.31-11.1.

(70) 최충석 외 5, "과전류에 의해 용단된 전선의 수지상 조직분석 및 전기화재 분석기법", pp. 167-173, KSFS 학술지, 2003.12.5.

(71) 송길목 외 3, "트래킹에 의해 열화된 페놀수지의 탄화특성", J. of KIEE, 53C-1-1, pp. 1-7, 2004.1.

(72) 최충석 외 2, "과전류에 의해 용단된 소선의 특성 해석에 관한 연구", J. of KOSOS, Vol.19, No.1, pp.60-65, 2004.3.

(73) 최충석 외 2, "외부화염에 의해 소손된 비닐코드의 단락 특성에 관한 연구", J. of KIFSE, Vol.18 No.4, pp.72-77, 2004.12.

(74) 최충석 외 4, "저압용 누전차단기 접속부의 발열 및 금속조직 분석에 관한 연구", J. of KIFSE, Vol.18 No.4, pp.57-63, 2004.12.

(75) 최충석 외 2, "VCTFK의 반복피로에 의한 소손 패턴의 특성 해석", J. of KOSOS, Vol.19 No.4, pp.42-47, 2004.12.

(76) C. S. Choi et al 3, "The Fire Characteristics of MOF Insulation Cover Used in 22.9 kV Class Temporary Power Installations", Fire Science and Technology, Pro. of the sixth Asia-Oceania Sym., pp. 711-716, 2004.3.17-20.

(77) C. S. Choi et al 5, "The Scattering Patterns Analysis of Particles by Varying Short-Circuit Angles between Electric Wires", Fire Science and Technology, Pro. of the sixth Asia-Oceania Sym., pp. 717-722, 2004.3.17-20.

(78) C. S. Choi et al 5, "Electrical Properties of PVC Insulated Plug by Poor Contact", Fire Science and Technology, Pro. of the sixth Asia-Oceania Sym., pp. 723-727, 2004.3.17-20.

(79) C. S. Choi et al 4, "The Electrical arc Direction Patterns by Short-circuit angle", pp. 218, 30th Int. Sym. on Combustion, 2004.7.25-31.

(80) C. S. Choi et al 3, "A Study on the Dielectric Breakdown Process of Insulation Cover for Instrument Transformer by Salt Water", pp. 224, 30th Int. Sym. on Combustion, 2004.7.25-31.

(81) C. S. Choi et al 4, "The Fire Dispersive Patterns of Power Cord Sets Occurred in the Wall-model", pp. 227, 30th Int. Sym. on Combustion, 2004.7.25-31.

(82) 김동욱 외 4, "전선 단락시 접촉각도에 따른 화염 및 용흔 특성 분석", pp. 53-58, KOSOS 학술지, 2004.4.30-5.1.

(83) 최충석 외 4, "벽면 모델에서 외부화염에 의해 단락된 비닐코드의 화재확산 패턴", pp.163-168, KSFS 학술지, 2004.5.13-14.

(84) 송길목 외 5, "벽면 모델링을 이용한 저압용 일체형 코드의 화재확산 패턴", pp. 330-334, KIIEE 학술지, 2004.5.7-8.

(85) 최충석 외 4, "외부화염에 의한 고무코드의 단락화재 및 비산특성", pp. 20-25, KIFSE 학술지, 2004.6.25-26.

(86) 최충석 외 4, "외부화염에 의해 단락된 비닐코드 및 고무코드의 화재 패턴", pp. 1655-1657, KIEE 학술지, 2004.7.14-16.

(87) 최충석 외 3, "염수에 의해 열화된 절연커버 및 옥외용 가교폴리에틸렌 절연전선의 표면 구조 변화", pp. 1897-1899, KIEE 학술지, 2004.7.14-16.

(88) 최충석 외 4, "누전차단기 접속부의 스위칭에 따른 아크 비산 특성", pp. 125-130, KIFSE 학술지, 2004.11.4-5.

(89) 송길목 외 4, "단자대의 조임토크 불량에 의한 아크패턴 및 성분분석", pp. 131-136, KIFSE 학술지, 2004.11.4-5.

(90) 김향곤 외 3, "22.9kV 수전설비에 사용되는 절연커버의 화재위험성", pp. 206-212, KIFSE 학술지, 2004.11.4-5.

(91) 김동우 외 3, "외부화염에 의한 휴대폰 충전기 배터리의 출화 특성", pp. 165-166, KSFS 학술지, 2004.12.3.

(92) 최충석 외 4, "옥내용 비닐코드 및 고무코드의 화재확산특성 분석", J. of KIIEE, Vol.19, No.1, pp.130-135, 2005.1.

(93) 김향곤 외 3, "22.9kV 수전설비 시스템에 설치된 계기용변성기의 소손원인 판정에 관한연구", J. of KIFSE, Vol.19, No.1, pp.93-98, 2005.3.

(94) 길형준 외 3, "건설현장의 수전설비에 사용되는 계기용변성기 절연커버의 성능개선에 관한연구", J. of KIIEE, Vol.19, No.2, pp.55-62, 2005.3.

(95) 최충석 외 3, "전원코드의 접촉 불량에 의해 형성된 파형 및 플러그의 특성", J. of KOSOS, Vol.20, No.1, pp.87-93, 2005.3.

(96) 최충석 외 3, "22.9kV 수변전설비의 실태 및 계기용변성기 절연커버의 출화특성에 관한 연구", J. of KOSOS, Vol.20, No.2, pp.56-60, 2005.6.

(97) 최충석 외 3, "고감도형 누전차단기 접점의 스위칭에 따른 아크 비산특성", J. of KIFSE, Vol.19, No.2, pp.63-68, 2005.6.

(98) C. S. Choi et al 4, "Analysis of Dispersive Characteristics and structures of Copper Wire Melted by Overcurrent", IEEJ Trans. PE, Vol.125, No.12, pp.1327-1331, 2005.12.

(99) C. S. Choi et al 2, "The Fire Hazard of Screwed Electric Contacts Due to Mechanical Vibration at Low Voltage Equipment", Inter. J. of Safety, Vol.4 No.2, pp.18-23, 2005.12.

(100) C. S. Choi et al 4, "Analysis of Dispersive Characteristics and structures of Copper Wire Melted by Overcurrent", IEEJ Trans. PE, pp.51-1～5, 2005.8.11.

(101) C. S. Choi et al 2, "Deterioration Properties of Screwed Electric Contacts Damaged by Mechanical Vibration", Pro. of APSS 2005, pp.1925-1930, 2005.11.3.

(102) 최충석 외 4, "22.9kV 수전설비에 사용되는 계기용변성기(MOF)의 소손원인판정", KSFS 학술지, pp.314-321, 2005.3.

(103) 김향곤 외 4, "옥내용 텀블러 스위치의 화재 메커니즘 해석", KSFS 학술지, pp.322-327, 2005.3

(104) 김동욱 외 3, "부주의에 의해 출화된 모발건조기의 화재사례연구", KIFSE 학술지, pp.26-30, 2005.5.27.

(105) 최충석 외 5, "직렬아크에 따른 도체의 산화물 증식 및 전압파형분석", KIEE 학술지, pp.1832-1834, 2005.7.1.
(106) 송길목 외 3, "6.6kV 케이블 사고분석", KIEE 학술지, pp.60-63, 2005.11.25.
(107) 송길목 외 3, "220V / 110W 백열전구의 온도특성에 따른 화재분석에 관한 연구", J. of KIFSE, Vol.20, No.1, pp.43-49, 2006.1.
(108) 송길목 외 4, "AC 전류에 의해 용단된 나전선의 발열 특성", J. of KIIEE, Vol.20, No.1, pp.77-84, 2006.1.
(109) 최충석 외 4, "직렬아크에 따른 도체의 산화물 증식 및 전압 파형 분석", J. of KIEE, Vol.55P, No.3, pp.146-152, 2006.9.
(110) 최충석 외 4, "22.9kV 변압기 부싱 절연커버의 실태 조사 및 열화 특성", J. of KIFSE, Vol.20, No.3, pp.35-41, 2006.9.
(111) 송길목 외 2, "22.9kV 폐쇄분전반의 사고모델을 통한 실험적 검증", J. of KIEE, Vol.55P, No.2, pp.110-114, 2006.6.
(112) C. S. Choi et al 3, "Poor Contact Dependent Characteristics of Electric Fire for Terminal Block", J. of KIEEME Vol.7, No.7, 2006.11.
(113) C. S. Choi et al 4, "Analysis of Surface Structure and Composition for Terminal Block caused by Poor Contact", CMD 2006, 2006.4.2-5.
(114) D. O. Kim et al 3, "The properties of oxidation growth and overheating by poor contact", ICPADM 2006, pp.392-395, 2006.6.26-30.
(115) C. S. Choi et al 3, "The Analysis of Fire Characteristics of Tumbler Switches due to Deterioration of Contacts", ICPADM 2006, pp.944-947, 2006.6.26-30.
(116) C. S. Choi et al 3, "Flame Spread and Damaged Properties of RCD Cases by Tracking", IEEJ, pp.32-1-32-6, 2006.9.13-15.
(117) 김동욱 외 3, "세탁기에서 접촉 불량에 의한 화재위험성", KSFS 학술지, pp.167, 2006.6.2.
(118) 김영석 외 4, "드럼세탁기에서의 진동분석 및 접촉 불량에 의한 화재가능성", KOSOS 학술지, pp.79-84, 2006.6.8-9.
(119) 김향곤 외 4, "전기기기용 비닐절연전선에서의 직렬 아크에 의한 열화 특성 분석", KIEEME 학술지, pp.234-235, 2006.6.22-24.
(120) 김동우 외 4, "가연물 특성에 따른 저압용 차단기의 스위치 아크에 의한 화재특성", KIEE 학술지, pp.37-38, 2006.7.12-14.
(121) 김동욱 외 4, "이상전압에 따른 PCB의 동작특성", KIIEE 학술지, pp.279-282, 2006.11.3.
(122) 김동우 외 4, "저압용 차단기의 단자구조에 따른 접촉면적 및 접촉저항에 관한 연구", KIFSE 학술지, pp.99-104, 2006.11.17-18.
(123) 김향곤 외 3, "전열기의 열선 단락 특성 및 화염 패턴 분석", KSFS 학술지, pp.115, 2006.12.8.
(124) C. S. Choi et al 3, "Flame Spread and Damaged Properties of RCD Cases by Tracking", IEEJ Trans. PE, Vol.127, No.1, pp.321-326, 2007.1.
(125) 김향곤 외 3, "비닐절연전선의 산화물 성장 특성과 화재조사에의 적용", J. of KIEE, Vol.56P, No.1, pp.37-44, 2007.3.
(126) 이기연 외 4, "냉온정수기의 전원 제어 시스템 개선에 관한 연구", J. of KIEE, Vol.56P, No.1, pp.45-50, 2007.3.
(127) 김동욱 외 4, "이상전압에 따른 정수기 PCB의 보호대책", J. of KIIEE, Vol.21, No.8, pp.64-70, 2007.6.

(128) 김동우 외 4, "저항부하에서 배선용 차단기 접속단자부의 접속결함에 의한 화재위험성 분석", KIEE 학술지,pp.88-90, 2007.4.20.

(129) 김동욱 외 4, "사용 환경에 따른 서모스탯의 발열요소에 관한 연구", KOSOS 학술지, pp.207-212, 2007.4.26-27.

(130) 최충석 외 4, "과전류에 의해 탄화된 KIV의 소손패턴 해석에 관한 연구", KIFSE 학술지, pp.289-293, 2007.4.26-27.

(131) 김동욱 외 4, "과전류에 따른 KIV 전선의 열화 특성", KSFS 학술지, pp.170, 2007.6.29.

(132) 이기연 외 4, "가정용 전기제품의 과전압 보호장치에 관한 연구", KSFS 학술지, pp.175, 2007.6.29.

(133) 김향곤 외 4, "저압용 전기제품의 접촉불량에 의한 소손 패턴 해석", KIEE 학술지, pp.76-81, 2007.10.26.

(134) 김동욱 외 4, "이상전압이 인가된 드럼세탁기의 PCB의 특성 해석", KIEE 학술지, pp.89-94, 2007.10.26.

(135) 김동우 외 4, "저압용 전기설비 접속부의 접촉불량 감지기법 분석", KIFSE 학술지, pp.332-337, 2007.11.15-16.

(136) 이기연 외 4, "전자회로기판의 소손원인 판정 기법에 관한 연구", KSFS 학술지, pp.176, 2007.6.29.

(137) 최충석 외 3, "백열전구의 소손패턴 해석을 통한 화재조사 기법", KSFS 학술지, pp.85-87, 2007.12.13.

(138) 문현욱 외 4, "멀티탭의 구조 분석을 통한 접속단자 결함요소 개선", KSFS 학술지, pp.132, 2007.12.13.

(139) C. S. Choi et al 3, "Temperature Diffusion Distribution of Electric Wire Deteriorated by Overcurrent", IEEJ Trans. PE, Vol.128, No.1, pp.194-198, 2008.1.

(140) 최충석 외 1, "저압용 방수 콘센트의 개발 및 평가에 관한 연구", J. of KIEE, Vol.57P, No.2, pp.181-185, 2008. 6

(141) 김동욱 외 1, "원적외선 히터에서 출화된 화재의 원인분석", J. of KIFSE, Vol.22 No.2, pp.91-96, 2008.6

(142) 최충석 외 1, "열 스트레스에 의한 비닐절연전선의 탄화 패턴 및 결정 구조의 변화", J. of KIEE, Vol.57P, No.3, pp.332-337, 2008.9.

(143) 김향곤 외 4, "외부 화염에 의한 백열전구의 소손 패턴 분석", J. of KIEE 논문지, Vol.57P, No.4, pp.451-456, 2008.12.

(144) 김동우 외 4, "MCCB 및 단자대 접속부의 접촉불량에 의한 소손특성 및 과열 감지 기법에 관한 연구", J. of KIFSE, Vol.22, No.4, pp.54-60, 2008.11.

(145) 김향곤 외 4, "백열전구의 소손 패턴 분석을 통한 화재조사 연구", J. of KIFSE, Vol.22, No.5, pp.22-28, 2008.12.

(146) 최충석 외 2, "저항성 누설전류(Igr) 검출 콘센트의 개발 및 안전성 평가", J. of KIEE 논문지, Vol.58P, No.2, pp.221-226, 2009.6.

(147) 최충석 외 1, "LED 가로등의 발열 패턴 및 전류 특성에 관한 연구", J. of KIEE, Vol.58P, No.4, pp.357-361, 2009.9.

(148) 최충석, "조명등기구 배선용 커넥터의 안전성 평가 및 분석에 관한 연구", J. of KIEE, Vol.58P, No.4, pp.541-545, 2009.12.

(149) 최충석 외 1, "PL에 근거한 LED 가로등의 결함 요소 발굴 및 분석", J. of KIEE, Vol.58P, No.4, pp.633-638, 2009.12.

(150) 최충석, "PL 판정을 위한 저압용 스위치의 소손 패턴 해석기법", J. of KIFSE, Vol.24, No.5, pp.136-141, 2010.

(151) 최충석, "유효성분 동작형 누전차단기(Igc Free ELB)의 원리 및 동작 특성 해석", J. of KIEE, Vol.59P, No.20, pp.456-461, 2010.12.

(152) 최충석, "하우징 형태(Housing Type)로 제작된 배선 연결 커넥터의 안전성 평가에 관한 연구", J. of KIEE, Vol.59P, No.20, pp.462-466, 2010.12.

(153) 최충석, "층간 단락된 3상 몰드변압기의 소손 패턴 및 금속 조직 해석", J. of KOSOS, Vol.25, No.6, pp.86-91, 2010.

(154) C. S. Choi, "Efficient Safety Management and Finding Causes for Faults in 22.kV, 3-Phase Mold Transformers", ICAP 2010 Conference, pp.398-403, Oct. 20-22, 2010.

(155) C. S. Choi et al 1, "Safety Management of Auger Crane Extenders to Ensure Efficient Construction of Distribution Lines", ICAP 2010 Conference, pp.392-397, Oct. 20-22, 2010.

(156) 최충석, "3상 22.9 / 3.3kV 유입변압기의 소손패턴 해석 및 발화원인 판정에 관한 연구", J. of KIEE, Vol.60, No.6, pp.1274-1279, 2011.6.

(157) 최충석, "3상 170kV 가스절연개폐장치(GIS)의 사고 원인 분석 및 예방 대책", J. of KOSOS, Vol.26, No.4, pp.41-46, 2011.

(158) 박형기 외 1, "가전용 커패시터의 소손원인 규명 및 발열 메커니즘 해석", J. of KOSOS, Vol.26, No.6, pp.13-19, 2011.

(159) 최충석, "에너지원에 따른 이동전화기 배터리의 소손패턴 해석에 관한 연구", J. of KIFSE, Vol.25, No.6, pp.21-26, 2011.

(160) 최충석, "에너지원의 종류에 따른 비닐평형코드(VFF)의 소손원인 판정기법에 관한 연구", J. of KIFSE, Vol.25, No.6, pp.83-88, 2011.

(161) 최충석, "생리식염수에 의해 손상된 이동전화기용 배터리의 특성 해석에 관한 연구", KIFSE 학술지, pp.20-23, 2011.4.23.

(162) 박형기 외 1, "가전제품의 스위칭 고장 원인에 대한 신뢰성 평가", KIFSE 학술지, pp.77-79, 2011.4.23.

(163) 최충석, "PL 판정을 위한 3상 몰드변압기의 소손 패턴 분석", J. of FISET, Vol.3, No.1, pp.4-8, 2012.

(164) 최충석, "누수가 발생한 정수기의 위험요소 발굴 및 소손패턴 해석에 관한 연구", J. of KOSOS, Vol.27, No.3, pp.57-62, 2012.

(165) 최충석, "일반화염에 의해 소손된 정수기의 연소 확산 패턴 및 화재위험성 평가", J. of KIFS, Vol.26, No.3, pp.35-39, 2012.

(166) 최충석, "정수기용 압축기의 안전성 평가 및 소손 패턴 분석에 관한 연구", J. of KOSOS, Vol.28, No.2, pp.21-25, 2013.

(167) 박형기 외 1, "전자기기의 신호전송을 위한 Photo Couplers(P / C) 의 위험 요소 발굴", J. of KOSOS, Vol.28, No.2, pp.26-30, 2013.

(168) 박형기 외 1, "전기시스템의 절전모드에 적용되는 PCB의 오작동 원인 개선에 관한 연구", J. of KOSOS, Vol.28, No.3, pp.51-55, 2013.

(169) 이재혁 외 1, "열동전자식 MCCB의 열적 스트레스에 따른 소손 패턴 및 작동 특성", J. of KOSOS, Vol.28, No.3, pp.69-73, 2013.

(170) 김승삼 외 1, "2.5 mm2 HIV에 일반화염 및 DC 단락 전류를 인가하여 생성된 기공의 정량적 분포 해석", J. of KOSOS, Vol.28, No.4, pp.38-42, 2013.

(171) 이병설 외 1, " 3상 3선식 Plug-In MCCB의 인장력 및 접촉저항 평가에 관한 연구", J. of KOSOS, Vol.28, No.4, pp.43-47, 2013.

(172) 이병설 외 1, " 3상 4선식 Plug-In MCCB의 온도 특성 및 단시간 전류 성능에 관한 연구", J. of KOSOS, Vol.28, No.7, pp.14-18, 2013.

(173) 최충석 외 1, "1ϕ 2W MCCB의 기준 비교 및 내열 특성 평가에 관한 연구", J. of KIFSE, Vol.28, No.4, pp.21-28, 2014.

(174) 최충석 외 1, "PCITS에 의해 소손된 1ϕ 2W MCCB의 소손 패턴 및 작동 특성, J. of KIFSE, Vol.28, No.5, pp.8-13, 2014.

(175) 김점식 외 1, "축소 모의된 22.9 kV-Y 배전선로의 유도 전압에 대한 신뢰성 검증", J. of KOSOS, Vol.30, No.4, pp.1-6, 2015.

(176) 김점식 외 1, "낙뢰 예방 배전선로의 현장 적용을 위해 모의된 22.9 kV-Y의 접지저항에 따른 유도전압의 평가", J. of KOSOS, Vol.30, No.5, pp.1-6, 2015.

(177) 임종민 외 1, "구리-카본 전극을 이용한 아크 방전 장치의 구성 및 특성 해석", KIFSE 학술지, pp.77-78, 2016.11.17-18.

(178) J임종민 외 1, "평면형 구리-카본 전극을 사용한 직렬 아크 방전의 방사 패턴에 관한 연구", KIFSE 학술지, pp.91-92, 2017.4.27-28.

(179) 이형일 외 1, "벨트 히터의 난연성 시험 및 소손 패턴 해석", KIFSE 학술지, pp.93-94, 2017.4.27-28.

(180) 산업자원부, "전기설비기술기준의 외국기준 비교 조사연구", 1997.1-1997.12.

(181) 산업자원부, "유기질 절연재료의 열화에 의한 발화현상 연구", 1997.1-1998.12.

(182) 산업자원부, "전열기구에 의한 발화현상 연구", 1997.1-1999.12.

(183) 산업자원부, "배선용 및 기기용 전선의 화재위험성에 관한 연구", 1999.1-2001.12.

(184) 기술표준원, "전기분야 KS 규격의 국제규격 부합화-절연협조", 2001.4-2001.12.

(185) 산업자원부, "저압기기용 일체형 코드의 열화특성과 화재위험성 연구", 2002.1-2003.12

(186) 산업자원부, "도로 전기시설물 및 임시전력설비 전기안전 조사 연구", 2004.4-2005.10.

(187) 산업자원부, "저압용 전기설비 접속부의 화재위험성 평가기법 및 화재예방 대책기술 개발", 2004.4-2007.3.

(188) 한국전기안전공사, "화재발화점 조사 및 잔존물 수거지침", 2005.3.1-12.31.

(189) 산업자원부, "가정용 전기제품의 전기화재 안전성평가 연구", 2006.1.1-2007.12.31.

(190) 산업자원부, "인공지능형 방향성 유도등 개발 및 신뢰성 평가 기법 개발", 2007.10.1.-2008.09.30.

(191) 대우전자(주), "가전기기 신뢰성 향상에 관한 연구", 1991.9-1992.5.

(192) 두산FMBU(주), "전력용 케이블 및 MOF의 사고원인 분석", 2015.7-8.

(193) 춘천지방법원, "전기화재 원인 규명을 위한 정밀 감정", 2000.9.

(194) 정전기연구회, "정전기에 의한 분진의 최소착화에너지(MIE) 측정", 1998.12-2000.11.

(195) 한국가스공사, "천연가스 사용시설에서의 정전기 발생과 방지에 관한 연구", 1999.9-2000.6.

(196) 서울지방법원 의정부 지원, "화재현장에서 수거한 수중모터의 화재원인 감정", 2002.7.

(197) 삼성전자(주), "충전기 전원공급용 전원선의 열화특성 및 원인분석", 2003.2.1-3.31.

(198) (주)원봉, "냉온수기 소손 원인 판정에 관한 연구", 2004.5.24-6.7.

(199) (주)SK텔레텍, "휴대폰 충전기 및 콘센트의 출화원인 판정", 2004.5.3-6.9.

(200) 삼성전자(주), "시스템 에어컨 실외기의 안정성 평가에 대한 연구", 2004.4-2015.7.

(201) 인천지방법원, "2횡권 실리콘 히타선의 화재원인 판정", 2005.1.18-2.17.

(202) (주)광명전기, "계기용 변성기(MOF) 소손원인 판정", 2005.1.5-1.14.

(203) 롯데호텔(주), "조명용 스위치의 소손원인 판정", 2005.1.10-1.21.

(204) 삼성전자(주), "드럼세탁기의 시스템 안정성 평가에 대한 연구", 2005.1.1-7. 30.

(205) 델타EGCS(주), "감전보호 시스템의 안전성 평가", 2005.1.15-6.30.

(206) 유닉스전자(주), "모발건조기의 출화원인 판정", 2004.11.1-11.23.

(207) 서울지하철공사, “고압 케이블 및 궤도 분전함의 소손원인 규명”, 2005.5.
(208) 일진디스플레이(주), “24kV VCB 및 고압 패널간의 절연파괴 사고 분석”, 2005.12.5-12.26.
(209) 삼성화재해상보험(주), “소손된 분전반의 화재 원인 규명”, 2006.1.16-1.27.
(210) 현대건설(주), “Underground에 시공된 LV Cable의 사고원인 분석 및 검증”, 2005.11.29-2006.2.17.
(211) 웅진코웨이(주), “냉온정수기의 전기안전성 평가”, 2006.1.25-6.30.
(212) 인코크손해사정(주), “원적외선 히터의 출화원인 판정”, 2006.9.18-9.29.
(213) 삼성전자(주), “170kV SPACER 사고원인”, 2010.4.29-5.6.
(214) 삼성전자(주), “전력케이블의 화재원인 조사 및 분석”, 2011.3.16-4.14.
(215) 삼성전자(주), “UPS ROOM BUS DUCT 사고 원인의 분석”, 2012.5.26-6.7.
(216) 삼성전자(주), “태양광발전시설 소손 사고의 원인 분석”, 2014.7.1-7.15.
(217) 삼성전자(주), “3상 변압기의 소손 분석”, 2010.9.2-9.16.
(218) 삼성전자(주), “이동전화기의 소손 및 화재 재현 실험”, 2010.9.6-10.30.
(219) 서울남부지방법원, “전기용접기의 화재 원인 및 분석”, 2014.6-2015.3.
(220) 서울고등법원, “가정용 휴대폰 충전기의 동종 여부에 대한 분석”, 2017.3-6.
(221) 두산인프라코어, “누전화재의 조사 및 분석”, 2016.7-8.
(222) J. D. Dehaan, “Kirk's Fire Investigation”, 2012.
(223) David R. Lide et al, “Handbook of Chemistry and Physics”, CRC Press, 1995.
(224) 화학교재연구회 옮김, “일반화학”, 사이플러스, 2014.
(225) 김병희 외 15, “이화학사전”, 한국사전연구사, 1992.
(226) Giorgio Rizzoni, “Electrical Engineering”, Fifth Edition, Mc Graw Hill, 2008.
(227) Hayt Kemmerly Durbin, “Engineering Circuit Anlaysis”, Mc Graw Hill, 2008.
(228) Colin Bayliss and Brian Hardy, “Transmission and Distribution Electrical Engineering”, Newness, 2007.
(229) 이원강, “소방전원보존형 자가발전 시스템(EPS-F)의 개발 및 특성 분석에 관한 연구”, 전주대학교 박사학위 논문, 2012.
(230) 이장우, “가스시설 금속플렉시블호스(CSST)의 소손 패턴 및 해석 기법에 관한 연구“, 전주대학교 박사학위 논문, 2017.
(231) 이재오, “제연구역 출입문의 작동패턴 해석 및 최적모델 설정에 관한 연구”, 전주대학교 박사학위 논문, 2014.
(232) 박형기, “가전제품의 최적 설계를 위한 위험 요소 발굴 및 신뢰성 평가 기술에 관한 연구”, 전주대학교 박사학위 논문, 2014.
(233) 조희수, “인화성 액체의 연소 거동 및 탄화 패턴의 조사기법에 관한 연구”, 전주대학교 박사학위 논문, 2016.
(234) 김점식, “22.9 kV-Y 배전선로 낙뢰사고 예방기술의 개발 및 통계적 분석에 의한 신뢰성 평가”, 전주대학교 박사학위 논문, 2016.
(235) 이병설, “스마트 분전반용 누전 및 과부하 관리시스템의 개발에 관한 연구”, 전주대학교 박사학위 논문, 2018.
(236) 조희수, “인화성 액체의 화염 전파 속도 및 소훼 패턴 해석에 관한 연구”, 전주대학교 석사학위 논문, 2013.
(237) 김승삼, “DC12V의 병렬 아크에 의해 소손된 전선의 패턴 해석에 관한 연구”, 전주대학교 석사학위 논문, 2015.
(238) 이병설, 배전반의 최적화를 위한 플러그인 배선용차단기(Plug-In MCCB)의 특성 평가에 관한 연구“, 전주대

학교 석사학위 논문, 2014.
(239) 이재혁, "열동전자식 MCCB의 소손 패턴 및 작동 기구부의 메커니즘 판정에 관한 연구", 전주대학교 석사학위 논문, 2013.
(240) 이형일, "동파방지용 정온전선 및 벨트히터의 소손 패턴 분석에 관한 연구", 전주대학교 석사학위 논문, 2018.
(241) 고완수, "분전반에 설치된 저항성 누설전류 시스템의 특성 평가에 관한 연구", 전주대학교 석사학위 논문, 2017.
(242) 박민수, "연소시험법에 따른 바닥재의 연소 및 탄화 특징에 관한 연구", 전주대학교 석사학위 논문, 2019.
(243) 박은주, "먼지 조건에 따른 모터발화 현상 및 탄화 패턴에 관한 연구", 전주대학교 석사학위 논문, 2019.
(244) 유상효, "축열식 지열설비 제어시스템의 안전성 평가에 관한 연구", 전주대학교 석사학위 논문, 2019.
(245) 이정훈, "동물성 지방의 발화 및 탄화 패턴 해석에 관한 연구", 전주대학교 석사학위 논문, 2019.
(246) 임종민, "구리-탄소 전극을 이용한 직렬 아크 방전 장치의 구성 및 특성 해석에 관한 연구", 전주대학교 석사학위 논문, 2017.
(247) B. S. Lee, C. S. Choi, " A Study on the Fabrication of the Sensor Module for the Detection of Resistive Leakage Current (Igr) in Real Time and Its Reliability Evaluation", Journal of the Korean Society of Safety, Vol. 33, No. 1, pp. 28-34, 2018
(248) W. S. Ko, B. S. Lee, C. S. Choi, "Process Development of a Standard Operating Procedure (SOP) for the Manufacturing of Standardized Distribution Boards", Journal of the Korean Society of Safety, Vol. 33, No.5, pp. 21-27, 2018
(249) H. S. Joe, C. S. Choi, "Growth Characteristics and Hydrocarbon Patterns of Flammable Liquid on a Vinyl Layer", Fire Sci. Eng., Vol. 32, No. 5, pp. 15-21, 2018
(250) J. W. Lee, C. S. Choi, "Patterns and Characteristics of Corrugated Stainless Steel Tubing for a Yellow Insulation Ring Type by Artificially Deteriorated", Fire Sci. Eng., Vol. 32, No. 5, pp. 1-6, 2018
(251) E. J. Park, C. S. Choi, "Heat and Thermal Image Patterns of Fan Motors according to Dust Types", Proceeding of 2018 KIFSE Annual Fall Conference, 과학기술회관, pp.39-40, 2018.11.8-9
(252) M. S. Park, C. S. Choi, "A Study on the Weight Reduction and Glass Transition Temperature of Vinyl linoleum for Indoor", Proceeding of 2018 KIFSE Annual Fall Conference, 과학기술회관, pp.95-96, 2018.11.8-9
(253) S. H. Yu, C. S. Choi, "A Study on the Fabrication and Insulation Resistance Characteristics of Geothermal Facilities Control System", Proceeding of 2018 KIFSE Annual Fall Conference, 과학기술회관, pp.97-98, 2018.11.8-9
(254) W. S. Ko, C. S. Choi, "Development of a Test Device to Evaluate Leakage Current and Overload Alarms", Proceeding of 2018 KIFSE Annual Fall Conference, 과학기술회관, pp.99-100, 2018.11.8-9
(255) D. I. Kang, E. P. Lee, C. S. Choi, "A Study on the Fire-extinguishing Characteristics of Diesel using Field Treated Water", Proceeding of 2018 KIFSE Annual Fall Conference, 과학기술회관, pp.119-120, 2018.11.8-9
(256) J. M. Lim, C. S. Choi, "Restrike Voltage and Discharge Continuous Time when Series Arc is Generated", Proceeding of 2018 KIFSE Annual Fall Conference, 과학기술회관, pp.133-134, 2018.11.8-9
(257) J. H. Lee, C. S. Choi, "A Study on the Operating Distance of the Single Alarm Detector in Kitchen", Proceeding of 2018 KIFSE Annual Fall Conference, 과학기술회관, pp.135-136, 2018.11.8-9
(258) C. S. Choi, D. I. Kang, W. S. Ko, J. M. Lim, J. O. Lee, "Malfunction and the Accidental Cause Judgment for Industrial MCCB", Proceeding of 2018 KIFI Annual Fall Conference, 대전대, p.255, 2018.11.16.

찾아보기

(ㅂ)

(ㅅ)

(ㅇ)

(ㅈ)

(ㅊ)

(ㅋ)

(ㅌ)

(ㅍ)

(ㅎ)

(ABC)

(123)

최 충 석 (공학박사)

○ 연락처

E-mail : enetek@naver.com / choi365@jj.ac.kr
이동전화 : 010-3695-7460 연구실 : 063-220-3119

○ 학력 및 경력

(현) 전주대학교 공과대학 소방안전공학과 정교수
인하대학교 공과대학 전기공학과 공학사 / 공학석사 / 공학박사
서울대학교 공과대학 산업안전최고전략과정(AIS) 수료
Kumamoto University, Japan, 객원연구원(한국과학재단우수과학자선발)
인하대학교 산업과학기술연구소 선임연구원
KESCO 전기안전연구원 과장 / 부장 / 팀장 / 수석연구원 / 부원장
2011년 전주대학교 수퍼스타 교수상 수상

○ 전문가 활동

(사)한국화재조사학회, 부회장, 학술이사, 평의원, 종신회원
(사)한국화재소방학회, 학술이사, 편집이사, 평의원, 종신회원
(사)대한전기학회, 학술이사, 편집이사, 평의원, 시니어회원, 종신회원
(사)한국조명전기설비학회, 평의원, 종신회원
(사)한국안전학회, 편집이사, 편집위원, 평의원, 종신회원
(사)한국법과학회, 이사, 평의원, 종신회원
IEEE, NFPA, JAFCN, IEEJ etc member
한국안전보건공단, "KOSHA CODE 제정위원회" 위원
전기신문사, "전기설비" 편집자문위원
강원도, 전라북도, "화재조사연구회" 자문위원
한국수력원자력(주), "산업안전증진위원회" 위원
한국화재보험협회 방재시험연구원, "FILK 품질인증 심의회" 심의위원 등
Marquis Who's Who 세계인명사전에 등재
2017, 2018, 2019 알버트 넬슨 마르퀴즈 평생공로상 수상
(2017, 2018, 2019 Albert Nelson Marquis Lifetime Achievement Award)

○ 관심 분야

첫째, 전기재해(화재, 감전, 설비사고) 원인분석 및 감정
둘째, 융합기술을 이용한 전기설비의 안전성 향성 및 신뢰성 평가
셋째, 에너지 절감 및 환경 친화적인 시스템 개발 및 현장 적용 등

전기화재공학 실무편

1판 1쇄 발행 2019년 2월 20일

저 자 | 최충석

발 행 인 | 서철종
발 행 처 | 도서출판 지우북스
주 소 | 경기도 고양시 일산서구 강성로 147 동문시티프라자 814호
전 화 | 031-915-6670(代)
팩 스 | 031-915-6671
이 메 일 | jwbooks@nate.com
홈페이지 | wwww.jwbooks.co.kr
출판등록 | 2017년 2월 16일 제 410-2017-000032 호

ISBN 979-11-88673-32-2

정가 58,000원

ELECTRICAL FIRE ENGINEERING
(THEORY AND PRACTICE)

이 책의 특징

전기화재공학은 이론과 실무가 융합된 학문으로 전문적인 지식과 실무적인 경험을 과학적으로 제시할 수 있어야 한다. 따라서 본 서적은 각 장마다 전문 용어에 대한 기초 지식과 개념을 설명하였고, 학습자의 이해를 돕기 위해 각각의 기기 및 설비마다 실제도, 회로도 및 실체사진 등을 제시하였다.

그리고 본 서적은 전기화재에 대한 그 동안의 연구 결과와 사고 현장에서 객관적으로 수집된 방대한 자료를 과학적으로 분석하여 사례별로 제시하였으며, 향후 유사한 전기화재의 조사 및 연구는 물론 사고 예방에 기여할 수 있도록 하였다.

서적의 전반부는 전기의 일반, 전기화재의 종류, 전기화재의 형태 및 발생 메커니즘, 전자계의 특징 및 차단기의 한계점, 온도제어 및 안전장치, 공통 전기부품 등을 제시하였다. 그리고 서적의 후반부는 전열기기, 백열전구, 전동기기, 생활가전기기 및 정보통신기기, 전기설비 등을 제시하였다. 또한, 서적의 말미에 용어의 정의, 기호, 단위표기 및 물리량, 참고문헌 등을 제시함에 따라 학습자들이 더 많은 정보와 지식을 얻는데 도움이 되도록 구성하였다.

ISBN 979-11-88673-32-2